U0308370

载人航天出版工程

总主编：周建平

总策划：邓宁丰

航天工程设计实践

（上）

冉隆燧　编著

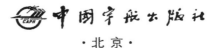

中国宇航出版社

·北京·

图书在版编目（CIP）数据

航天工程设计实践：全 2 册/冉隆燧编著. --北京：
中国宇航出版社，2013.12

国家出版基金项目

ISBN 978－7－5159－0593－8

Ⅰ．①航…　Ⅱ．①冉…　Ⅲ．①航天工程—设计　Ⅳ.
①V4

中国版本图书馆 CIP 数据核字（2013）第 298387 号

责任编辑　易　新　　　**封面设计**　姜　旭

出　版 **发　行**	中国宇航出版社		
社　址	北京市阜成路 8 号	**邮　编**	100830
	(010)68768548		
网　址	www. caphbook. com		
经　销	新华书店		
发行部	(010)68371900	(010)88530478(传真)	
	(010)68768541	(010)68767294(传真)	
零售店	读者服务部	北京宇航文苑	
	(010)68371105	(010)62529336	
承　印	北京画中画印刷有限公司		
版　次	2013 年 12 月第 1 版	2013 年 12 月第 1 次印刷	
规　格	880×1230	**开　本**　1/32	
印　张	37	**字　数**　1140 千字	
书　号	ISBN 978－7－5159－0593－8		
定　价	198.00 元(上下册)		

《载人航天出版工程》总序

　　中国载人航天工程自 1992 年立项以来，已经走过了 20 多年的发展历程。经过载人航天工程全体研制人员的锐意创新、刻苦攻关、顽强拼搏，共发射了 10 艘神舟飞船和 1 个目标飞行器，完成了从无人飞行到载人飞行、从一人一天到多人多天、从舱内实验到出舱活动、从自动交会对接到人控交会对接、从单船飞行到组合体飞行等一系列技术跨越，拥有了可靠的载人天地往返运输的能力，实现了中华民族的千年飞天梦想，使中国成为世界上第三个独立掌握载人航天技术的国家。我国载人航天工程作为高科技领域最具代表性的科技实践活动之一，承载了中国人民期盼国家富强、民族复兴的伟大梦想，彰显了中华民族探索未知世界、发现科学真理的不懈追求，体现了不畏艰辛、大力协同的精神风貌。航天梦是中国梦的重要组成部分，载人航天事业的成就，充分展示了伟大的中国道路、中国精神、中国力量，坚定了全国各族人民实现中华民族伟大复兴中国梦的决心和信心。

　　载人航天工程是十分复杂的大系统工程，既有赖于国家的整体科学技术发展水平，也起到了影响、促进和推动着科学技术进步的重要作用。载人航天技术的发展，涉及系统工程管理，自动控制技术，计算机技术，动力技术，材料和结构技术，环控生保技术，通信、遥感及测控技术，以及天文学、物理学、化学、生命科学、力学、地球科学和空间科学等诸多科学技术领域。在我国综合国力不断增强的今天，载人航天工程对促进中国科学技术的发展起到了积极的推动作用，是中国建设创新型国家的标志性工程之一。

　　我国航天事业已经进入了承前启后、继往开来、加速发展的关键时期。我国载人航天工程已经完成了三步走战略的第一步和第二步第一阶段的研制和飞行任务，突破了载人天地往返、空间出舱和空间交会对接技术，建立了比较完善的载人航天研发技术体系，形成了完整配套的研制、生产、试验能力。现在，我们正在进行空间站工程的研制工作。2020 年前后，我国将建造由 20 吨级舱段为基本模块构成的空间站，这将使我国载人航天工程进入一个新的发展阶段。建造具有中国特色和时代特征的中国空间站，和平开发和利用太空，为人类文明发展和进步做出新的贡献，是我们航天人肩负的责任和历史使命。要实现这一宏伟目标，无论是在科学技术方面，还是在工程组织方面，都对我们提出了新的挑战。

以图书为代表的文献资料既是载人航天工程的经验总结，也是后续任务研发的重要支撑。为了顺利实施这项国家重大科技工程，实现我国载人航天三步走的战略目标，我们必须充分总结实践成果，并充分借鉴国际同行的经验，形成具有系统性、前瞻性和实用性的，具有中国特色的理论与实践相结合的载人航天工程知识文献体系。

《载人航天出版工程》的编辑和出版就是要致力于建设这样的知识文献体系。书目的选择是在广泛听取参与我国载人航天工程的各专业领域的专家意见和建议的基础上确定的，其中专著内容涉及我国载人航天科研生产的最新技术成果，译著源于世界著名的出版机构，力图反映载人航天工程相关技术领域的当前水平和发展方向。

《载人航天出版工程》凝结了国内外载人航天专家学者的智慧和成果，具有较强的工程实用性和技术前瞻性，既可作为从事载人航天工程科研、生产、试验工作的参考用书，亦可供相关专业领域人员学习借鉴。期望这套丛书有助于载人航天工程的顺利实施，有利于中国航天事业的进一步发展，有益于航天科技领域的人才培养，为促进航天科技发展、建设创新型国家做出贡献。

周建平

2013 年 10 月

贺　词

祝贺航天老战友冉隆燧同志近半个世纪的航天科研实践总结《航天工程设计实践》一书,即将出版!

从 20 世纪 60 年代初,中国航天从自行设计第一个型号开始,至 2011 年正在执行的中国载人航天工程第二步任务,我们共同为中国航天事业奋斗了半个世纪。中国航天事业从无到有,取得今天航天大国的地位,这是几代中国航天人奋斗的结果。我们这代人也已进入古稀之年,总结经验教训,培养航天新人,是我们的责任和义务。冉隆燧同志在为"两弹一星"和"载人航天工程"作出重要贡献的同时,又勤于著述,总结实践经验,传授知识培育新人,实在难能可贵!

本书的基础篇(第 1 篇和第 2 篇),曾作为清华大学航天航空学院 2005 年硕博研究生班"航天工程设计概论"专业课的讲义,并应我(兼任该院院长)的邀请,冉隆燧同志亲自授课,效果很好,学生们均取得了优良的成绩。本书的出版,将为我国航天新人的培养、推进我国航天科技持续发展起促进作用。

2011 年 12 月

序 一

冉隆燧同志和我是在"航天战线"上共同奋斗 50 多年的老战友。他在过去的半个多世纪中从为我国第一个自行设计的东风二号导弹研制横偏校正系统开始，而后参加了东风四号导弹、长征一号运载火箭（东风四号弹体加一级固体火箭，用以发射我国首颗东方红一号卫星）和东风五号导弹的地面自动化系统的研制。在 331 工程（用长征三号运载火箭发射地球同步卫星）中，他曾任长征三号运载火箭控制系统主任设计师，克服了重重困难和技术难题，出色地完成了各研制阶段的任务，获得了多项科研成果奖，出席了航天 30 周年劳模大会，荣立了航天工业部一等功。他是中国载人航天工程大总体的研制骨干，获突出贡献奖两次。他的作风认真、深入、细致，航天知识渊博，勤于总结经验。

《航天工程设计实践》就是隆燧同志参阅了大量文献和他自己亲身实践总结出来的。其目的是为后来航天人和热心于航天的读者提供一本航天科研入门教材和工作参考书。本书有以下特点。

一、现身说法，实践第一

每个参加中国航天事业工程设计方面的新人，必须在业务上从 3 个方面狠下苦功，那就是：

1）建立正确的航天工程基本概念；

2）深入掌握航天工程基础理论；

3）积极投入航天工程设计任务。

这是隆燧同志半个多世纪以来对航天工程设计实践的系统性总结，简称"航天科研三步骤方法"，反复进行螺旋上升，不断深化。这也是本书"3 篇 22 章"的论述结构。

二、理论与实践相结合

在航天事业初创时期，领导就提出"出成果"、"出人才"的"双出方针"。理论与实践相结合就是培养科技人才的正确而有效途径。本书第 1 篇从第 1 章到第 7 章的内容就是讲航天工程中最基本的概念。只要基本概念搞清楚，就知道每项航天工程需要"做些什么"。本书第 2 篇从第 8 章到第 14 章的内容讲航天工程中的基础理论。只要"基础理论"学得扎实就能发现中外文献中的核心内容，加上自己的推论就会找出某项工程"怎样做"的办法。本书第 3 篇从第 15 章到第 22 章的内容讲工程设计任务本身。就是采取措施"实际去做"。"做"有可能成功，也有可能失败，失败并不可怕。只要你认真总结，纠正错误，你就会在认识上提高一步。理论与实践相联系又相互促进，也就是"理论与实践"由低级向高级的螺旋循环上升的过程。这个过程就是一个大学毕业生或硕、博研究生锻炼成一位能攻克航天科技难题的航天专家的成长过程。

三、本书有不少"亮点"

我认为第 20 章航天工程供电与接地的电磁兼容性设计就是"亮点"之一。一般人会觉得供电与接地是小事一桩，不足为道。但凡是干过大电子系统工程的人对供电与接地处理不当都会大伤脑筋、头痛不已。隆燧同志在这章里进行了深入分析，很详尽透彻，并提出解决措施。这是他经过多年磨炼而显出功力的表现，很值得一读。当然还有不少其他"亮点"，这有待读者深入地品味。

四、人才是 21 世纪一个国家最重要的资源

培养高级工程人才是我国的当务之急。《航天工程设计实践》这本书内容全面、详细，深入浅出，是一本培养航天工程师的好书，它将为我国培养"新一代航天接班人"作出积极贡献。

梁思礼

2011 年 10 月

序 二

《航天工程设计实践》即将出版，值得庆贺！我们有幸受作者和出版社的邀请，审阅本书。该书是作者近半个世纪（1960 年 5 月～2009 年 10 月）从事中国航天科技的经验总结，目的是为后来航天人提供一本航天科研入门教材和工作参考书。

理论与实践相结合是培养航天科技人才的正确途径。我们完全同意作者对"航天科研三步骤方法"的解释：

1）"概念"是人们认识过程中，把事物（这里指航天工程）的共同特性抽出来，加以概括提炼，形成"概念"。也可以说，"概念"是初级阶段的"理论"。"基本概念"是诸多概念中最根本和最重要的部分。航天工程中最"基本的概念"，这是本书第 1 篇的内容。只要"基本概念"清楚，就能自学阅读中外文献，知道每项航天工程需要做些什么。

2）"理论"是人们从实践中概括出来关于自然界和社会的知识（这里指自然界中的航天知识）的系统性和规律性结论（通常可用数学方法描写成数学公式，并能进行数量计算），称为"理论"。将"概念"进行系统性的概括，可升华为"理论"。基础理论是知识系统结论中的起点和最根本的部分。航天工程中的基础理论，就是本书第 2 篇中的内容。只要基础理论扎实，就能发现中外文献中的核心内容，加上自己的推论，就能找出完成某项航天工程的方法。

3）"设计任务"是指航天工程研制人员所担任的具体工作和职责。它是我们建立正确的航天工程基本概念、深入掌握航天工程基础理论的最终目的。"三步骤"的前两步是"理论"学习，第三步是"实践"任务。理论与实践既相互联系，又相互促进。

这就是理论与实践由低级到高级的循环发展过程。这就是一位大学毕业生变成一位能攻克航天科技难题的专家的修炼成长过程。

本书取材完全符合著书目的，并来自国内外公开出版的书刊（详见本书参考文献），符合国家的有关规定，建议正式出版。本书具有较强的实用性和可操作性，可作为新参加航天工程设计与试验的大学毕业生和硕博研究生的专业入门教材和工作参考书。本书将为我国航天事业今后的发展，发挥积极作用。

2011 年 9 月

前　言

　　本书是我从 1960 年投身新中国航天事业以来，至 2009 年近半个世纪的航天工程研制实践总结。我正赶上了中国航天从无到有的大发展时期。1960 年我从成都电讯工程学院无线电工程系雷达专业毕业后，被分配到国防部第五研究院（1965 年改名为第七机械工业部，后又更名为航天工业部、航天工业总公司等），在一院十二所从事运载火箭的控制系统和测试发控系统的研制工作，先后担任技术员、工程组长、研究室主任（高级工程师）、研究所副所长（研究员）、航天工业部航天民品总公司总工程师等技术职务（职称）；1960 年～1976 年，主要担任东风四号导弹（后改为长征一号运载火箭，发射我国第一颗人造地球卫星东方红一号）和东风五号导弹（后改为长征二号运载火箭，发射我国低轨道重型卫星）自动化测试系统数字仪器（数字电压表、测时测频仪、数字比较器和数字打印机等）研制主管设计师（工程组长），后期担任数控系统计算机和计算机测试发控系统技术攻关组长；1977 年～1984 年，担任发射地球同步卫星工程（即"331工程"）运载火箭（长征三号）控制系统主任设计师（总体研究室主任）；1984 年 10 月～1992 年，在研究所任技术副所长和副总工程师，负责长征三号运载火箭外星发射和航天民品开发领导工作；1992 年～1994 年，担任航天工业部航天民品总公司总工程师，兼航天地铁与高速铁路专家组组长；1995 年～2005 年，在中国载人航天工程办公室任研究员（军职），主要负责工程电气与控制专业的大总体设计与技术协调工作。在我近 50 年的"航天设计人生"中，有 16 年（1960 年～1976 年）的航天仪器设备研制经历，有 17 年（1977 年～1994 年）的控制系统、测试发控系统、民用自动化系统研制经历，有 10 年（1995 年～2005 年）的航天工程大总体研制经历，最近 5 年主要担任"专家组"成员和教学工作。我在较长的航天型号研制中，编写了多个航天工程型号研制报告，公开发表过 20 多篇论文，正式出版了 60 多万字的个人专著《运载火箭测试发控工程学》（1989 年被评为部级优秀教材）；荣立过航天工业部和部队的三等功（1961 年）、一等功（1984 年）、二等功（1993 年），并获突出贡献奖两次（1999 年和2004 年），享受政府特殊津贴；荣获国家科学技术进步特等奖两项（"331 工程"和"921 工程"），全国科技大会重大科技成果奖一项，国防科工委重大科技成果特等奖一项，一等奖、二等奖、三等奖多项；先后受聘多所军队院校和地方大学为硕博研究生讲授《航天工程设计》专业课。本书就是对上述部分型号研制报告、学术论文和授课讲义的系统性整理。本书可作为新参加航天工程设计的大学毕业生、硕博研究生、航天发射场的指战员等的入门教材和工作参考书。

从事现代航天工程设计与试验的技术人员，必须牢固掌握三个方面的航天知识和技能。

（1）建立正确的"航天工程基本概念"（第 1 篇）

了解从古代火箭技术与航天理论的建立到现代适用火箭问世和人类进入航天新时代的发展进步过程（第 1 章），全面而系统地掌握现代运载火箭与航天器的分类、定义、组成和关键技术，掌握重要部件或仪器的工作原理和技术参数（第 2 章、第 3 章），进一步掌握运载火箭和航天器的地面支持系统——测控通信系统（第 4 章）和测试发控系统（第 5 章）的设计原理与重要作用，建立航天工程总体设计概念（第 6 章），掌握航天工程安全性与可靠性设计的基本内容（第 7 章）。

（2）深入掌握"航天工程基础理论"（第 2 篇）

这些基础理论包括天文、地球物理与航天运动学（第 8 章），航天动力学及其应用（第 9 章），火箭推进与飞行动力学（第 10 章），火箭的飞行轨道与总体参数计算（第 11 章），航天器的运行轨道设计（第 12 章），航天器的返回轨道设计（第 13 章），登月轨道设计（第 14 章）等。

(3) 积极投入"航天工程设计任务"（第 3 篇）

这是基本概念与实际工作的结合，基础理论在设计实践的应用，可以检验自己能否担当航天工程各层次（工程大系统、火箭或飞船系统、推进/结构和控制分系统、仪器设备、原材料与元器件）的设计、制造与试验任务。参加设计实践的最好途径是先承担基层的"仪器设备设计"任务（同时可掌握新材料和新元件的研制与选用），再承担"分系统和系统设计"任务，最后承担"工程大系统设计"任务。因为上层的设计是建立在下层次设计基础上的，这与建设高楼大厦是一样的道理（万丈高楼从地起）。但是，你不一定有这样好的机遇，可能你一进入航天工程设计部门就担任系统设计任务，对下面层次的设计一无所知。较好的补救办法是到仪器设备研制单位去实习一段时间。若没有这样的机会，那只好去请教那些有经验的仪器设备设计师们了。这一课不补，你的系统设计会困难重重，你还可能会犯终生遗憾的错误。还有一个忠告，你若是承担控制系统设计任务，你还要抓住时机学习相邻专业（如推进和发动机、结构与机构等专业）的设计知识，因为它们通常是控制系统的设计条件或控制对象。若相邻系统间的接口关系搞不好，控制系统的设计质量也肯定上不去。还要强调一点，研制一个新型号时，各层次的设计是按设计阶段分步实施的，一般分为方案论证和方案设计阶段、初样研制阶段、试样研制阶段。每一研制阶段必须完成本阶段规定的研制任务，更不能跨阶段去做下阶段的工作。各阶段规定完成的任务，详见第 6 章。

航天工程师们将在具体的型号研制中，深化对基本概念的认识和基础理论的掌握，并以此指导自己的设计实践；同时，在实践中会遇到新技术和新问题，要通过分析计算和试验相结合的办法解决这些问题；从而，又提高和充实了原有的概念和理论，并获得了更新更高级的概念和理论。每通过一个新型号的设计实践，都将在航天概念和航天理论方面大大提高一步，这是唯物辩证法中理论与实践的循环发展。这就是攻克航天科技难题的"三步骤"方法。因此，本书以"航天工程基本概念"、"航天工程基础理论"、"航天工程设计任务"的 3 篇结构，论述航天工程设计实践。愿你在中国航天的广阔天地里，出色地完成你担负的任务，为进一步提高我国的航天技术水平作出自己的贡献。

在此，我首先要感谢老一辈中国航天开创专家黄纬禄、沈家楠、梁思礼、王汝龙、徐延万等老师对我的指导和帮助！感谢我在多个航天型号研制中的领导和战友们。我们共同战斗的惊险和喜悦，今生难忘！感谢我的爱妻、同学和同事黄国玉，我的科研成果中有她的辛劳和奉献。

这里，我还要感谢在本书写作和出版过程中，中国载人航天工程办公室和航天一院十二所新老领导和同事们对我的鼓励和帮助！感谢中国载人航天工程办公室提供了主要的出版经费。感谢王永志、王汝龙、陈炳忠、谢名苞等领导，详细地审阅书稿并提出了宝贵的修改意见。感谢周雁飞、宋伟和易新等同志，在本书出版工作中付出的辛勤劳动。

最后，我要特别感谢本书参考文献中所列出的著者（译者）们！我引用了文献中的技术观点或论述方法。由于本人理论修养和写作水平有限，书中难免有错误与不妥之处，敬请批评指正，万分感谢！

冉隆燧
2005 年 8 月初稿
2011 年 12 月修改于北京

目　录

第 1 篇　航天工程基本概念

第 2 篇　航天工程基础理论

第3篇　航天工程设计任务

第1篇
航天工程基本概念

　　航天工程概念是我迈进国防部第五研究院（以下简称老五院）大门要解决的第一个难题。因为我不是学航天专业的大学毕业生，当时（20世纪50年代初）国家也没有这个专业，少数从国外回来的老专家（我的老师，所长黄纬禄、副所长沈家楠和梁思礼等）也不是研究这个专业的。他们告诉我们："你们就用在大学读自己专业的办法，去自学吧！"我们走遍了老五院内外的图书馆和资料室，仅找到几本书。其中，В·И·费奥多西耶夫和Г·Б·西亚列夫合著的《火箭技术导论》是我读得最细的一本入门书，其次是钱学森著的《工程控制论》。后来，老五院一分院和二分院分别创办了内部译文刊物。这对我们建立正确的航天工程概念和掌握世界航天型号研制动向，起到了关键作用。本篇的内容主要取材于我阅读上述书刊的读书笔记和预研报告，偏重论述航天工程的主要系统、系统中的主要分系统、分系统中的主要子系统、子系统中的主要仪器设备。

　　希望读者在学习已有的航天型号中，掌握较系统的"航天工程概念"。这样学习第2篇"航天工程基础理论"就容易了。概念就像航线、理论就像轮船，设计经验就像船工们的驾驶技巧。让我们驾驶着中国航天的巨轮，在快捷的航道上，迎头赶上先进航天大国的船队吧！

　　第1章讲航天工程发展简史，从古代中国火箭到人类进入航天新时代；第2章和第3章讲运载火箭和航天器的基本概念，是本篇的核心，学习美、苏/俄先进的航天技术，以实现跨越式发展；第4

章讲测控通信系统，它是运载火箭和航天器的飞行控制系统功能的地面外延；第5章讲测试发控系统，它是运载火箭和航天器的地面设备中枢，是诊断和发射运载火箭和航天器的工具，是人一箭（星、船）的桥梁；第6章讲航天工程总体设计概念，其目的是让读者掌握航天工程的基本组成和研制层次、各设计阶段应完成的任务，以及完成航天任务的各类有效载荷；第7章讲航天工程的安全性与可靠性保证，它是航天工程各系统和各研制阶段设计的主体内容和核心指标。

第1章　航天工程发展简史

1.1　古代的飞天传说和航天理论

"地球是人类的摇篮，但是人类不可能永远生活在摇篮里"。中国古代就有嫦娥奔月的神话，古希腊有代达罗斯父子逐日的故事。它们都反映了人类飞天的憧憬和追求。

13世纪，中国宋朝名叫冯继升的军官，造出把火药绑在箭杆上，箭尾装羽毛稳定的火箭，如图1.1所示。

图1.1　最初的火药火箭

美国火箭专家赫伯特·基姆著的《火箭与喷气发动机》一书记载，约在14世纪末，中国有一位叫万户的人，在一把座椅的背后装上了47枚当时可能买到的最大火箭。他把自己捆绑在椅子的前边，两只手各拿一个大风筝；然后叫他的仆人同时点燃47枚火箭，企图从山头冲上天。果然椅子冲出山头，急速飞入半空，但突然火焰消失，风筝飞脱椅子，万户随椅子跌落山下，壮烈牺牲。这是世界上最早的载人飞行。为纪念他，月球上的一座环形山被命名为万户山。

16世纪中叶，波兰天文学家哥白尼创立日心地动学。之后，开普勒发现行星运动三定律。17世纪，伽利略用望远镜观测宇宙，发现自由落体定律和惯性定律。1678年，英国牛顿发现万有引力定律和三大运动定律，创立天体力学。他在《自然哲学的数学原理》一书中，阐述了摆脱地球束缚，遨游太空的经典原理。19世纪，在牛顿原理基础上，载人登月幻想小说应运而生，法国作家儒勒·凡尔纳创作了《从地球到月球》和《环游月球》两部宇宙科幻小说。1901 年，英国作家威尔斯发表了《最初登月球的人》科幻小说。

1.2　中国古代火箭和欧洲火箭

　　早在三国时期，就有了在箭杆前部绑有火箭筒、点燃后用弓弩射出的火箭。

　　唐代发明了黑色火药后，开始用火药制造火箭。

　　宋朝军官冯继升、岳义方制成了火药火箭，称为炮仗，这是喷气推进火箭的雏形。

　　宋将唐福用自制火箭，在御前作射击表演，后用于与西夏、金兵、元军作战。

　　明代名将戚继光作战时使用火箭布阵，火箭射程达 300 步。

　　1621 年，明人茅元仪编《武备志》记载靠喷气推进的多种火箭图形：震天雷炮（见图 1.2）直径为 12 cm，带有长为 10 cm 的药筒，是原始的火箭弹；神火飞鸦（见图 1.3），能飞数百米，是早期的并联式火箭；飞空砂筒，是早期的可回收火箭；火龙出水（图 1.4），是原始的两级火箭；一窝蜂，是一个木制筒内装 32 支火箭，是最早的集束式火箭。

图 1.2　震天雷炮　　　　　　　　图 1.3　神火飞鸦

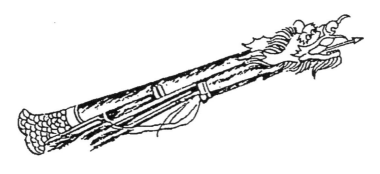

图1.4 火龙出水

14世纪初，中国古代火箭技术随元军西征和贸易交往经印度、中亚、阿拉伯国家传入欧洲。英国的威廉·康格里夫（1772年～1828年）以入侵印度缴获的中国火箭为基础，经改进提高造出了新型的欧洲火箭。康格里夫在1805年生产出一种实用火箭，质量为14.5 kg，长为1.06 m，直径为0.1 m，装一根4.6 m长的平衡杆，射程达1 800 m，击败了拿破仑。这种火箭还没有制导与控制，精度差。1844年，英国的威廉·霍尔研制成功自旋稳定器，改进了康格里夫的火箭，提高了精度。霍尔火箭的质量为4.5 kg，长为0.47 m，直径为0.07 m。这就是欧洲近代火箭的雏型。

1.3 现代航天理论的建立

20世纪初，俄国科学家К·Э·齐奥尔科夫斯基最早从理论上阐明利用多级火箭克服地球引力进入太空的思想，建立了火箭运动基本数学方程，奠定了宇宙航行的理论基础。他于1883年发表了论文《外层空间》，首次提出用喷气运动原理制造宇宙飞船，给出了第一张宇宙飞船工作图；1903年发表著名论文《利用喷气工具研究宇宙空间》，提出了火箭自由空间运动原理，推导出了火箭运动方程，即齐奥尔科夫斯基公式，奠定了火箭飞行和宇宙航行的理论基础。液体火箭发动机、利用旋转飞轮的陀螺效应保持火箭稳定、多级火箭、喷气冲击控制舵、摇摆发动机、双层飞船结构、座舱生命保障系统、穿航天服出舱活动等，都是他预见的。他说："只要火箭飞速达到 8 km/s，离心力与地球引力抵消，飞行器就可在天上旋转，飞行器还可按螺旋式轨道返回地球，利用空气阻力减速，滑翔返回而不爆炸。"完全描述了宇宙航行的轮廓。齐奥尔科夫斯基晚年还发表了《进入宇宙空间的火箭》、《宇宙火箭推进的列车》、《航天员和火箭飞机加速升空》、《火箭燃烧》、《火箭的最大速度》等论文，同时培养了赞德、吉洪拉沃夫、科罗廖夫、格鲁什科等一批苏联航天科学家。他的名言是："地球是人类的摇篮。但是，人类不可能永远生活在摇篮里，而会不断探索新的天体和空间。人类首先将小心翼翼地穿过大气层，然后再去征服太阳系。"

　　美国科学家罗伯特·戈达德，1911 年获物理学博士学位，先研究固体燃料火箭。经对比，认为液体燃料比固体燃料更利于宇宙航行。他与齐奥尔科夫斯基的构想相同。1919 年，他发表了《到达极大高度的方法》一文，阐述了火箭运动基本数学原理，论证了飞往月球的方案。为实现这个方案，1920 年开始研制液体火箭，1926 年 3 月 16 日研制了世界上第一枚液体火箭，长 3.04 m、重 5.5 kg、飞行 2.5 s，达到 12 m 高，56 m 远，试飞成功。1932 年用陀螺控制燃气舵操纵火箭，1935 年火箭以超声速飞行，最大射程达 20 km。戈达德还有段名言："很难说有什么办不到的事情，昨天是梦想，今天是希望，明天就可变为现实。"

　　在戈达德致力于液体火箭研究的同时，罗马尼亚出生的德国科学家赫尔曼·奥伯特在火箭研究上也取得突破性进展，1923 年出版了《飞往星际空间的火箭》一书，提出液体火箭和人造卫星的设想，建立了第一个宇宙旅行协会。小型液体火箭于 1930 年试射成功。1931 年 5 月，进行了一枚带 4 个铝制尾翼的推力式火箭试验，达 61 m 高，射程为 610 m。同年 8 月，进行了一枚火箭飞行试验，达到 1 000 m 高。

1.4　从 V—2 导弹到发射美国第一颗人造卫星的丘辟特 C 火箭

　　在德国的一批年青火箭专家中，冯·布劳恩最突出，把液体火箭

发展到应用阶段,为德国陆军作战效力。冯·布劳恩 1912 年生于德国,1932 年受聘于德国陆军军械部,试制出一台小型水冷火箭发动机。1933 年,他与一批专家组成库麦多夫液体火箭小组,在库麦多夫试验场研制 A 系列火箭;1934 年研制成两枚 A—2 火箭并在试验场发射成功,飞行高度达到 2 400 m。1937 年他又转到佩内明德基地,研制成功 A—3、A—4 和 A—5 火箭;1939 年应德国发动战争的需要,加紧 A—4 火箭的研制,并改为 V—2 导弹,又称为复仇武器 2 号。1940 年,布劳恩全力投入 V—2 导弹的研制。V—2 导弹长 15 m,直径为 1.65 m,起飞质量为 13 t,可将 1 t 战斗部发射到 275 km 处。1942 年年底定型,并投入批生产;1944 年 9 月用于实战,成为德国法西斯的屠杀工具。第二次世界大战结束后,布劳恩和德国一批火箭专家被俘,送美国陆军装备设计研究局工作。在他的领导下,先后研制成功红石、丘辟特、潘兴等导弹。1958 年 1 月 31 日,美国用布劳恩在红石和丘辟特导弹基础上,主持研制成功的丘辟特 C 火箭,成功发射了美国第一颗人造地球卫星探险者 1 号。

在美国第二次世界大战俘获布劳恩等高级火箭专家的同时,苏联也俘获了德国一批中低级 V—2 设计人员,把火箭研制推向了一个新高度。在齐奥尔科夫斯基领导下成长了第一批火箭专家,其中科罗廖夫总设计师,仿制了 V—2 导弹,研制成功了近程和中程导弹,并把这些导弹改装成探空火箭;1953 年开始研制 P—7 洲际导弹,后来又将这些洲际导弹改装成运载火箭。1957 年 10 月 4 日,苏联赶在美国之前,将世界上第一颗人造卫星——人造地球卫星一号送上了太空,开辟了人类航天史的新纪元。

1.5　人类进入航天新时代

人类用半个世纪时间,把航天理论变为航天现实,美苏开始太空竞赛。

美国 1926 年研制成功世界上第一枚液体火箭,到 1941 年研制成功代号为 A、K、L、P 的 4 种系列火箭。其主要工作是加大发动机尺寸,试验燃料混合比,用陀螺控制燃气舵使火箭稳定,研制小型离心泵来喷注推进剂等技术，以提高火箭性能。戈达德为美国日后的火箭研制打下基础，他于1945年病逝。

冯·卡门在美国加州理工学院喷气推进实验室工作，在20世纪30年代几乎与戈达德同时研制火箭。1938年，冯·卡门在助手马林纳和钱学森的帮助下，发射了第一枚小型火箭，并在火箭理论上有新建树。1941年8月，成功试验了火箭助推飞机的飞行；1942年，在飞机上装了两台推力各为4 449 N的火箭发动机进行试验，并获成功。第二次世界大战后，冯·卡门先后研制成功下士、女兵下士和中士等火箭。这为与德国布劳恩小组相结合创造了技术条件。

1944年9月，第二次世界大战尚未结束，冯·卡门受命制订航空发展规划，提出包括钱学森博士在内的36名科学家和工程师组成科学顾问团。当第二次世界大战结束时，这个顾问团被派到战败国德国，接收了布劳恩、德布斯等著名火箭专家和约100枚A—4火箭部件。回国后，将这些部件装配起来在白沙试验场进行了发射试验，验证火箭的性能，并于1946年5月改装成A—4火箭，发射高度达到112 km。1947年1月16日，美国成立A—4火箭高层大气专门研究小组，用A—4火箭和下士火箭结合，获得了两级火箭的研制经验。1954年，美国陆军和海军联合提出"轨道器计划"，用改进的红石导弹研制运载火箭，发射小型卫星。当苏联抢先一步发射成功世界上第一颗人造卫星后，美国重组陆军计划，将红石导弹与中士火箭结合，研制成功四级丘辟特C火箭，终于在1958年1月31日成功发射了美国第一颗人造卫星。两个月后，美国海军研制的先锋号火箭也把卫星送入轨道。

苏联的运载火箭由赞德、科罗廖夫、格鲁什科等人继承和发展。1932年，列宁格勒喷气推进研究组和莫斯科气体动力研究室合并，成立国立推进研究所，由科罗廖夫主持，集中开展火箭研制工作。1933年8月17日，苏联第一枚液体火箭发射成功。第二次世界大战后，科罗廖夫为总设计师，与格鲁什科、吉洪拉沃夫等一起，组织仿制V—2火箭，并实施发展弹道式导弹。1951年，科罗廖夫和吉洪拉沃夫提出研制运载火箭发射人造卫星计划。1957年8月研制成功P—7洲际弹道导弹，后改装成第一枚发射卫星的运载火箭，同年

10 月 4 日把世界上第一颗人造卫星送上了天。

中国到 1970 年，也用自己研制的长征一号运载火箭，把东方红一号卫星送上了太空。

1.6　中国的航天计划与成就

1956 年 10 月 8 日，我国第一个导弹研究机构——国防部第五研究院成立。1957 年开始仿制苏联援助的 P—2 导弹，1960 年 11 月 5 日第一枚近程导弹试验发射成功，掀开了中国导弹发展的序幕。这时正是世界上第一颗人造卫星问世不久。

1960 年 2 月，中国科学院上海机电设计院研制的第一枚 T—7M 探空火箭试验成功，飞行高度为 8 km，奠定了中国探空火箭和空间科技的基础。

1962 年 3 月 21 日，我国自行研制的第一枚近程导弹由于控制失稳和发动机起火失败（升空 69 s 在发射台附近坠毁）。经过两年改进，1964 年 6 月 29 日，我国的中近程导弹发射成功。从此，中国走上了独立发展航天技术的道路。

1966 年，"两弹结合"试验成功；1970 年，中远程二级导弹发射成功；1970 年 4 月 24 日，由中远程导弹（二级）改进成三级的长征一号运载火箭，把东方红一号人造卫星送入太空。从此，中国进入世界航天国家的行列。

1971 年，我国的远程导弹发射成功。由于"文化大革命"的影响，直到 1980 年 5 月 18 日，我国的洲际导弹才在海上完成了全程发射试验，并获成功。

1975 年，用洲际导弹改进成的长征二号运载火箭，成功发射了返回式卫星。这也为我国以后的载人航天工程的返回技术奠定了基础。

1977 年，我国开始研制发射地球同步轨道卫星的大型运载火箭长征三号；1984 年 4 月 8 日，成功发射地球同步轨道卫星。中国成为第五个能独立研制地球同步轨道卫星和运载火箭的国家。长征三号火箭开创了国际卫星发射市场的商业服务，在运载火箭商业营运方面取得了可观的经济效益。

1982 年 10 月 12 日，我国潜艇水下发射潜地导弹试验获得成功。

1988 年 9 月 7 日和 1990 年 9 月 3 日，我国成功发射两颗风云一号太阳同步轨道气象卫星。

1997 年 5 月 12 日和 6 月 10 日，我国先后用长征三号甲运载火箭把新一代通信卫星送入地球同步轨道，用长征三号运载火箭把新一代气象卫星风云二号送入地球同步轨道。经过几十年的发展，中国已有了多种型号长征系列运载火箭，覆盖近地轨道、太阳同步轨道和地球静止轨道的所有轨道范围，发射成功了几十颗不同类型的国产人造卫星（科学试验、国土普查、通信广播、气象观测和资源探测等），可以一箭多星，高能低温无毒氢氧燃料火箭技术、卫星测控技术、火箭捆绑技术等，已跻身世界先进行列。

特别是 1992 年开始实施的载人航天工程，经过 8 年从方案论证、总体设计、初样设计与研制到试样设计与研制，于 1999 年 11 月 20 日发射了神舟一号飞船。该飞船在地球轨道飞行 14 圈后，其返回舱于 1999 年 11 月 21 日（飞行 21 h）安全着陆，圆满完成了第一次无人飞行试验，这是中国载人航天技术的第一次突破。神舟一号是一艘简化型飞船，主要考验载人航天工程七大系统方案的正确性与系统间的协调性；从系统到单机，硬件到软件，飞行程序到指挥协调等都得到了全面考核，飞船与火箭的结构、控制和推进系统得到了完整的检验；难度较大的飞船返回防热设计、制导导航与控制设计、返回轨道与程序设计、分离解锁设计、返回着陆设计等，都得到全面的考核。

2001 年 1 月 10 日，中国载人航天工程进行了第二次无人飞行试验。这是一艘基本型飞船，主要考核飞船各分系统方案的正确性和分系统间的协调性，考核飞船的可靠性和安全性，考核飞船载人环境和航天员生活环境的正确性和可靠性；首次进行轨道舱留轨利用试验，保障有效载荷在轨试验获取数据。经过 7 天的飞行，工程七大系统又一次得到了考核。从此，船箭系统更加重视安全性设计，严格落实各项冗余措施。

2002 年 3 月 25 日，中国载人航天工程进行了第三次无人飞行试验。飞船在天上飞行 107 圈后，结束在轨飞行，实施调姿制动返回，轨道舱分离留轨，推进舱分离，进入大气层配平攻角升力控制正常，10 km 高抛伞舱盖并拉出引导伞，引导伞拉减速伞，减速伞拉主伞，飞船以 6～8 m/s 的速度徐降，抛防热大底，返回舱距地面 1 m 时着陆缓冲发动机工作，实现软着陆（4 月 1 日 16 时 51 分安全着陆），试验全面成功。这次试验，飞船和火箭均有较大改进：

1）飞船增加待发段和上升段应急救生；

2）飞船 13 个分系统全配套；

3）载人环境得到了考核；

4）飞船返回着陆实现了冗余设计，提高了可靠性；

5）火箭增加平台/速率捷联系统冗余；

6）火箭加强了供电冗余设计；

7）火箭完善了故检和逃逸等分系统的可靠性设计（完善了上升段地面辅助逃逸判断功能）。

七大系统载人飞行的各项功能得到了全面考核。

2002 年 12 月 30 日，中国载人航天工程进行了第四次无人飞行试验。这是在天气最寒冷时进行的试验，相关系统受到一次寒冷状态的考验。这次试验与前三次不同的是：

1）完善航天员设备和生活工作必用品考核；

2）改进密封，完善舱内大气环境考核；

3）飞船控制系统完善航天员手动控制功能考核；

4）仪表照明功能考核；

5）飞船舱门快速检漏考核；

6）着陆通信考核等。

总之，这是一次载人飞行前最完善最实战的演练（包括航天员的各项实战飞行操作考核）。为第一次载人飞行作好了全面准备。

2003 年 10 月 15 日 9 时整，中国载人航天工程第五次飞行任务，也是首次载人飞行任务开始。飞船升空，航天员杨利伟和神舟五号飞船绕地球 14 圈后，于 16 日 6 时 23 分在我国内蒙古草原主着陆场安全返回，圆满完成了中国首次载人航天任务。这次任务的主要成果是：

1) 证明了载人飞船、火箭等七大系统总体方案的正确性和系统间的协调性；

2) 证明了飞船生活条件和工作条件满足航天员系统的要求；

3) 证明了飞船返回着陆满足要求；

4) 轨道舱留轨试验成功；

5) 全面考核了待发段和上升段逃逸与应急救生功能；

6) 飞船自主应急返回方案得到试验考核；

7) 获取了大量飞行试验数据，为下一步设计提供了依据。

首次载人飞行任务圆满成功，标志着中国载人航天工程第一步任务完成，实现了中华民族千年的飞天梦想，全球中华儿女为之振奋，欢欣鼓舞。

2005 年 10 月 12 日 9 时整，中国载人航天工程第六次飞行任务开始。神舟六号飞船载着费俊龙和聂海胜两名航天员准确入轨，第五圈开始变轨，飞行 5 天后返回地面（10 月 17 日 4 时 33 分），飞船返回舱和两名航天员安全着陆。这次飞行任务与神舟五号的差别是：航天员由 1 人到 2 人；飞行时间由 1 天到多天（5 天）；航天员活动扩大到全舱（进轨道舱休息和工作），脱航天服。"神六"是中国载人航天工程第一步的结束，第二步的开篇，起到承上启下的作用。其技术进步点为：突破多人多天太空飞行技术；继续进行空间科学实验（真空、微重力环境下科研，生产材料和药物，第一次有人参与，有更多发现）；继续考核工程各系统性能（"神一"到"神五"都成功，但成功并不意味成熟，还有不少薄弱环节，甚至有危险环节，需迫切改进和完善，提高可靠性和安全性，为"神七"和"神八"作好准备）。

2008 年 9 月 25 日 21 时 10 分，我国用长征二号 F 火箭，把第三艘载人飞船——神舟七号送入太空，船内搭载 3 名航天员。9 月 27 日 16 时 41 分，航天员翟志刚走出神舟七号飞船，进行了太空行走，完成了中国航天史上首次出舱活动，使我国成为继苏联/俄罗斯和美国之后第三个实现太空行走的国家。27 日 16 时 34 分，北京航天飞行控制中心（简称北京飞控中心）发出出舱活动命令，翟志刚开启轨道舱舱门（持续约 6 min）；16 时 41 分，翟志刚在刘伯明帮助下出舱；翟志刚在出舱活动时身着中国自己研制的"飞天"舱外航天服，刘伯明身着俄制"海鹰"舱外航天服，刘伯明上身探出舱外，递给翟志刚一面中国国旗，翟志刚接过国旗在太空挥舞；随后，翟志刚朝轨道舱固体润滑材料试验样品安放处缓缓移动，取回样品，递给航天员刘伯明。航天员景海鹏一直在返回舱值守。16 时 58 分，北京飞控中心发出指令，航天员返回神舟七号轨道舱，16 时 59 分，翟志刚太空漫步胜利结束。9 月 28 日 17 时 37 分，神舟七号飞船经过 68 h 的飞行后，在内蒙古草原安全着陆。3 位航天员安全出舱，并向全国人民致敬。第三次载人飞行任务圆满完成。神舟七号载人航天飞行任务，是中国载人航天工程第二步任务的首次航天飞行。在这次任务中，实施了航天员第一次太空出舱活动，掌握了出舱活动相关技术，同时成功开展了卫星伴飞、卫星数据中继等空间科学和技术试验。

中国载人航天工程的 13 大特点是：

1）各系统、分系统、整机和部件研制，均在工程大总体顶层设计下，协调进行。

2）飞船为三舱方案，轨道舱可留轨试验，必要时可作为交会对接目标航天器。神舟飞船比俄罗斯的联盟—TM 飞船重 800 kg，体积大 3.1 m³，有两对太阳电池板，轨道舱可作对地观测卫星用。

3）用拟人装置代替动物试验，完善和考核了环控生保系统的全面功能。

4）飞船、火箭采用了多种冗余容错系统结构，大大提高了可靠性（可靠性指标为 0.97）。

5）火箭采用了故障检测分系统和逃逸救生分系统，飞船采取了各飞行段（发射段、运行段和返回着陆段）应急救生、自主应急返回和航天员手控返回等安全性措施，安全性指标达到 0.997。

6）突破了 18 项飞船关键技术，突破了 55 项运载火箭新技术，实现了高可靠性和高安全性的技术创新。

7）测试发控采用"三垂一远"模式，火箭在发射工位的时间缩短至 3 天内。

8）上升段为高发故障段，可利用飞船动力和控制，再入海上预定救生区。

9）设计了两天回归轨道，可做到主场或副场着陆。

10）建立了统一 S 波段陆海测控网，确立了以北京飞控中心为主体的指挥系统。

11）确保关键段控制安全和覆盖（美阿波罗号飞船测控覆盖率为 30%，俄联盟号飞船测控覆盖率为 22%，我国神舟号飞船测控覆盖率为 15.2%），采用程控、遥控和手控 3 种互为冗余的控制方式。

12）制定了航天员选拔、训练方法。

13）建立了空中、地面、海上立体搜救体系（我国采用选取陆地/海上应急救生区的办法溅落，将溅落海域缩小五分之一）。

第 2 章　运载火箭

由第 1 章可见，航天工程每一个发展阶段的创立和发展，都是以运载火箭的性能提高为基础的。只有在此基础上，才能研制出不同用途的航天器（卫星、空间探测器、载人飞船和空间站等）。因此，不管你是从事航天设计、制造还是试验，都必须从学习运载火箭开始。没有坚实的运载火箭技术基础，发展航天事业也是一种幻想。世界公认，我国是最早发明火箭的国家。远在中国宋代就用黑色火药发射过火箭，这是最早利用火箭推进原理制成的飞行器。几百年后，欧洲人才从中国的火箭技术中学到造火药火箭。现代火箭技术表现最突出的是德国在第二次世界大战中，袭击伦敦的 A－4 导弹，即 V－2 火箭。德国战败后，苏联和美国均获取了德国大量火箭实物和技术人员，成为苏联/俄罗斯和美国 60 多年航天技术飞速发展的基础。通过广大科学先驱们的辛勤劳动，新材料、新工艺、新技术（特别是现代高技术）的采用，运载火箭技术取得了巨大发展。据统计，苏联/俄罗斯知名的运载火箭就有 7 个系列（东方号、联盟号、宇宙号、质子号、旋风号、天顶号、能源号）10 多个型号；美国知名的运载火箭有 6 大系列（雷神、宇宙神、德尔它、侦察兵、土星、大力神）90 多个型号；我国的运载火箭已有 4 大系列（长征一号、长征二号、长征三号、长征四号）10 多个型号；欧空局的运载火箭有阿里安系列 5 个型号；日本知名的运载火箭有 H 系列 4 个型号；印度的运载火箭有卫星运载火箭系列 4 个型号。美国除运载火箭外，还有重复使用的航天飞机系列，6 架轨道飞行器，即 OV－101 企业号（Enterprise）、OV－102 哥伦比亚号（Columbia）、OV－099挑战者号（Challenger）、OV－103 发现号（Discovery）、OV－104 阿特兰蒂斯号（Atlantis）、OV－105 奋进号（Endeavour）。航天飞机是运载火箭与航天器合一的航天运输系统，将在第 3 章论述。

　　本章 2.1 节论述导弹与运载火箭的定义、分类和主要性能；2.2 节论述导弹与运载火箭的组成；2.3 节论述箭体结构与分离系统；2.4 节着重论述运载火箭的化学型动力装置，它是构成火箭的核心系统（液体火箭动力装置和固体火箭动力装置是当代重型运载火箭的基础），而小推力的核能型动力装置、核能/电弧型动力装置、核能/离子型动力装置和太阳帆型动力装置等，多用于航天器飞行姿态和轨道控制，因此将在第 3 章中论述；2.5 节论述运载火箭的控制系统；2.6 节介绍中国的运载火箭，使读者掌握现代火箭的重要系统（典型常规液体推进与发动机系统、超低温高能液体推进与发动机系统和火箭控制系统）的构成原理和技术指标；2.7 节通过对苏联、俄罗斯和美国运载火箭发展途径的论述（详见附录 A），归纳出运载火箭技术的发展规律和多快好省的研制途径。掌握运载火箭的三大核心系统——结构与分离系统、推进与发动机（动力装置）系统和控制系统，是本章论述的重点。

2.1　概述

2.1.1　导弹与运载火箭的定义

　　火箭是用火箭发动机作飞行动力的飞行器。

　　导弹是带战斗部的有控火箭。

　　运载火箭通常为多级火箭，可发射多种卫星（如侦察卫星、通信卫星、气象卫星、导航卫星、数据中继卫星、飞船和空间探测器等）。

　　大约在 18 世纪，欧洲出现了现代火箭的雏形，其射程为 2～3 km，但精确度很差，还竞争不过准确度高的火炮。

　　第二次世界大战时期，出现了射程高、精度好的固体导弹，如图 2.1 所示。典型的远程液体导弹如图 2.2 所示，其质量为 13 t，其射程为 300 km。

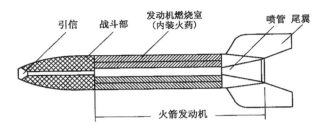

引信　　战斗部　　发动机燃烧室　　　　喷管　尾翼
　　　　　　　　　（内装火药）

火箭发动机

图 2.1　第二次世界大战中典型的近程固体导弹

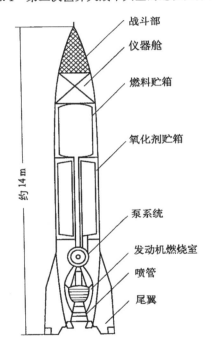

战斗部

仪器舱

燃料贮箱

氧化剂贮箱

约 14 m

泵系统

发动机燃烧室

喷管

尾翼

图 2.2　第二次世界大战中典型的远程液体导弹

2.1.2　导弹与运载火箭的分类

　　导弹的分类比较复杂，如图 2.3 所示。运载火箭的分类比较简单，如图 2.4 所示。

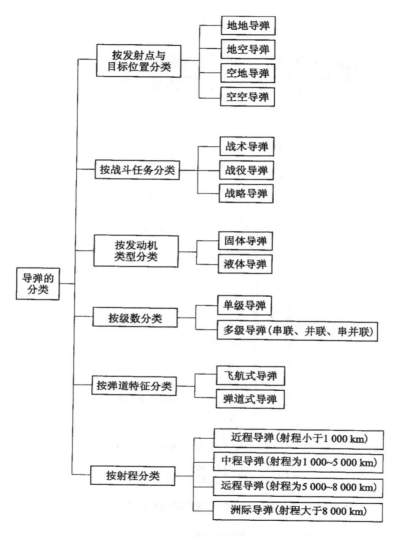

图 2.3　导弹的分类

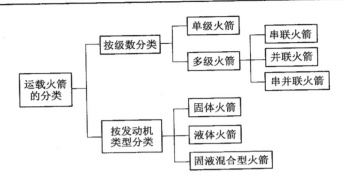

图 2.4　运载火箭的分类

2.1.3　导弹与运载火箭的主要性能

导弹与运载火箭的主要性能包括运载能力（射程）、威力、命中精度和可靠性。运载火箭还有其他总体指标，以及各子级的指标，详见 2.6 节。

2.1.3.1　运载能力

导弹命中目标所飞行的路程称为射程。

运载火箭能送入预定轨道的有效载荷质量，称为火箭的运载能力。火箭的运载能力也可以用末速度的大小表示。

2.1.3.2　威力

弹头爆炸后产生的破坏力，称为弹头的威力。不同威力的当量值与威力半径的关系如表 2.1 所示，各种目标承受冲击波的能力如表 2.2 所示。

表 2.1　弹头威力与威力半径的关系（$\Delta p = 2.1$ MPa）

TNT 当量/10^4 t	距爆心的距离/m
2 000	2 000
120	800
12	368
5	270

表 2.2　各种目标承受冲击波的能力

	超压 Δp/MPa			
	轻微破坏	中等破坏	严重破坏	完全破坏
人员	0.020~0.030	0.030~0.050	0.050~1.000	>0.100
金属骨架房屋	0.005~0.020	0.020~0.070	0.030~0.060	0.060~0.080
永久工事	0.30~0.50	0.500~1.000	1.000~3.000	3.000~20.000
中/重型坦克	0.045~0.050	0.200~0.250	0.400~0.500	1.000~1.500
飞机	0.013~0.015	0.030~0.040	0.045~0.050	0.060~0.080

目前的突防技术大致分为多弹头、机动变轨、部分轨道（将弹头的高轨变为绕地球低轨飞行，避开拦截）、施放干扰物、假弹头等几种。

2.1.3.3　精度

导弹的命中精度就是射击散布度，如图 2.5 所示；运载火箭的精度就是将航天器送入目标轨道，在入轨点的轨道参数偏差。

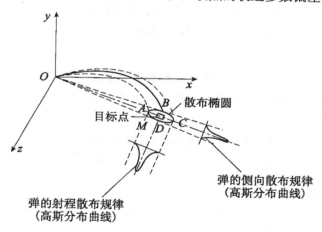

图 2.5　弹头命中散布图

2.1.3.4　可靠性

火箭的可靠性是指在规定的设计要求下，准确完成规定任务的可靠程度。例如，某火箭的可靠性为 0.9，其含义是大量发射后，平均有 90% 的火箭按要求完成了任务。

2.2　导弹与运载火箭的组成

从原理上讲，运载火箭加上弹头（战斗部）就是导弹。

不论是导弹，还是运载火箭，都必定有有效载荷系统、箭体结构与分离系统、推进系统（含动力装置）和控制系统。常称后 3 个系统为导弹或运载火箭的 3 大主系统（3 个系统中只要有 1 个系统失效，就会发生灾难性后果）。其他系统还有遥测系统、外测安全系统、瞄准调平系统、测试发控系统等。运载载人飞船的火箭，还有故障检测系统和逃逸救生系统。

有效载荷系统是火箭的运载对象。有效载荷系统分为弹头和航天器（各式卫星、宇宙飞船、空间站、空间探测器等）两大类。

2.2.1　弹头

弹头由壳体和爆炸物组成。

壳体用于承力结构，容纳和固定爆炸物，以保证击中目标前不受损伤。

爆炸物用于摧毁目标。根据目标的不同，爆炸物有以下几种：

1）爆破弹头，依靠爆炸形成的冲击波将摧毁建筑物，军事阵地，舰艇等，并杀伤有生力量。

2）杀伤弹头，依靠有很大动能且有一定密度的弹头来摧毁敌方作战装备和杀伤人员。

3）反装甲弹头，依靠爆炸产生的气体、固体粒子和金属熔体组成的聚能流，穿透厚装甲或混凝土防御工事。

4）核弹药弹头，即原子弹或氢弹。

原子弹头依靠原子核裂变时放出大量能量摧毁目标。其构造如

图 2.6（a）所示。原子弹头威力从几吨到几百万吨 TNT 当量。

TNT 当量：达到与原子弹爆炸威力相同的威力，所需的 TNT 炸药数量。

氢弹头依靠由轻原子核聚合成较重原子核的过程中释放出大量能量来摧毁目标。

氢有 3 个同位素，氢、重氢（氘）和超重氢（氚），氘和氚在超高压和超高温下彼此聚合成氦原子，并放出巨大能量，这种反应叫热核反应。聚变出的能量数十倍于核裂变。氢弹的构造示意图，如图 2.6（b）所示。

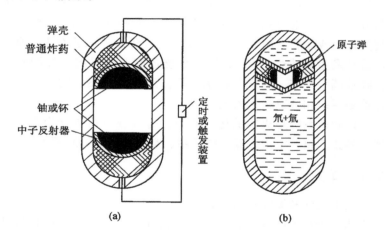

图 2.6　原子弹和氢弹构造示意图

原子弹相当于氢弹的引信，当原子弹爆炸时产生的高温、高压，促使氘和氚聚合。氢弹的威力可高达几千万吨 TNT 当量。

核弹头爆炸时，产生 4 种破坏能量：

1）冲击波。它是核爆炸的主要破坏因素，其能量约占核弹释放总能量的 50%。

2）光辐射。它由核爆炸的超高温造成，通过烧灼作用进行杀伤破坏，其能量约占核弹释放总能量的 35%。

3）贯穿辐射。它是一种看不见的辐射线，其作用与 X 射线类似，强度大时能破坏人体细胞，引起射线病，其能量约占核弹释放总能量的 5%。

4）放射性污染。它来源于核爆炸后形成的各种放射性物质，如核材料的残留碎片和爆炸地区各种物质的原子在吸收中子后形成的放射性同位素。其能量约占核弹总能量的 10%。

2.2.2　航天器

航天器包括卫星、宇宙飞船和宇宙探测器等，详见第 3 章。

2.3　箭体结构与分离系统

箭体结构是火箭各个受力和支承结构的总成。分离系统是指多级火箭间连接与分开的结构。液体火箭的结构最具有代表性（参见图 2.7），包括推进剂（燃料和氧化剂）贮箱、仪器舱、箱间段、尾段和有效载荷整流罩，对于多级火箭来说，还有级间段和级间分离机构。

固体火箭的推进剂都贮存在发动机燃烧室内，因此没有推进剂输送系统和箱间段。

箭体结构的功能是：安装（连接）有效载荷、仪器舱和动力装置，贮存推进剂，承受地面操作和飞行中的载荷，维持火箭良好的气动外形，保证火箭的完整性。

推进剂贮箱占火箭结构的大部分，其作用除贮存推进剂外，还是火箭的承力结构件。由于贮箱底为椭球形，通常在贮箱之间增加一个结构件称为箱间段。但共底贮箱无须箱间段。仪器舱的作用是安装控制系统和其他系统的仪器和设备。尾段在火箭的尾部，一般是火箭竖立在发射台上的承载构件，又是发动机的保护罩，有时为改善火箭在大气层飞行的稳定性，在尾段上装有尾翼。

运载火箭或多弹头导弹一般在头部有有效载荷整流罩，其作用是承受火箭或导弹在大气层飞行时的气动力和气动热，以保护有效载荷。对弹头或可回收卫星，由于外壳较强，自身能承受返回大气层时的气动力和气动热，而上升段（主动段）的气动载荷远小于再入段的气动载荷，所以不需要整流罩保护。多弹头导弹头部还有动力装置。

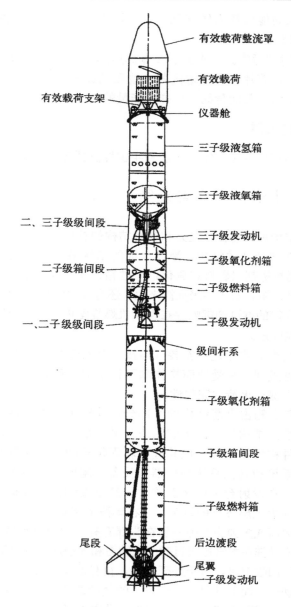

图 2.7　长征三号火箭结构示意图

2.4　运载火箭的推进系统

　　火箭推进系统常分为液体火箭推进系统和固体火箭推进系统两种，这是大型运载火箭目前用的两种化学能推进系统。还有航天器在空间小推力状态用的核能推进系统、核能/电弧推进系统、核能/离子推进系统和太阳帆推进系统等，将在航天器一章中介绍。

　　化学能火箭推进系统的发展历史最久，完善适用；但燃气温度不高（不超过4 300℃），平均分子量较高（最低为 8.9）；火箭最大比冲，海平面为 1 320 N·s/kg，高空真空中为 4 704 N·s/kg；火箭推力/质量比不大，单级不大于 10（因此要采用多级火箭）。

2.4.1　液体火箭推进系统

　　液体火箭推进系统的组成如图 2.8 和图 2.9 所示。该系统由液体火箭发动机和推进剂输送系统组成，采用液体推进剂。

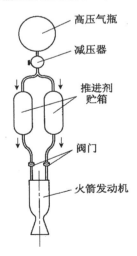

图 2.8　挤压式输送推进系统组成

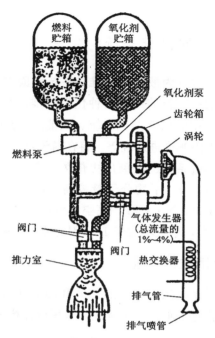

图 2.9　泵压式输送推进系统组成

　　液体推进剂分为单组元推进剂和双组元推进剂两种类型。单组元推进剂（如过氧化氢和肼）在催化剂作用下分解，产生高温高压燃气，不需要氧化剂，简单；但比冲 I_{sp} 较低，最高可达 2 450 N·s/kg。双组元推进剂不但有燃料，还要有氧化剂（如煤油/液氧、偏二甲肼/四氧化二氮等），比冲 I_{sp} 较大，最高可达 4 018 N·s/kg。某些常用的液体推进剂组合的特性如表 2.3 所示。

　　从图 2.8 和图 2.9 可见，双组元推进剂的燃料和氧化剂分别放在两个贮箱中，经输送系统压入发动机推力室燃烧产生推力。多数推进剂组合需要靠点火装置点燃（如煤油/液氧），但有些推进剂组合（如偏二甲肼/四氧化二氮）是自燃的，称为自燃推进剂。常用的输送推进系统有挤压式输送推进系统（见图 2.8）和泵压式输送推进系统（见图 2.9）两种。

表 2.3 常用液体推进剂组合的特性指标

燃料	氧化剂	混合比 $r=\dfrac{m_{氧化剂}}{m_{燃料}}$	燃烧温度 T_c/K	比冲 $I_{sp}/(\text{N}\cdot\text{s/kg})$	推进剂平均密度 $\rho/(\text{kg/m}^3)$	体积比冲 $I_v/(\text{N}\cdot\text{s/m}^3)$
液氢(H_2)	液氧(O_2)	4	2 980	3 822	280	109.2×10^4
	液氟(F_2)	8	4 117	4 018	460	188.6×10^4
	二氟化氧(OF_2)	5.9	3 590	4 018	390	159.9×10^4
	液氧(O_2)	2.45	3 687	2 950	1 020	307×10^4
	液氟(F_2)	2.8	3 917	3 136	1 230	393.6×10^4
煤油	红烟硝酸(RFNA)	4.8	3 156	2 626	1 355	369.1×10^3
	四氧化二氮(N_2O_4)	4.3	3 460	2 705	1 260	347.8×10^3
	过氧化氢(H_2O_2)	7	3 008	2 724	1 362	378.5×10^3
	液氟(O_2)	0.9	3 410	3 067	1 070	334.9×10^3
肼(N_2H_4)	液氟(F_2)	2.18	4 687	3 567	1 310	476.8×10^3
	硝酸(HNO_3)	1.3	2 967	2 724	1 310	364.2×10^3
	四氧化二氮(N_2O_4)	1.3	3 255	2 852	1 225	356.5×10^3
偏二甲肼 $(CH_3)_2NNH_2$	液氧(O_2)	1.67	3 623	3 038	970	300.1×10^3
	液氟(F_2)	2.5	4 183	3 067	1 119	350.2×10^3
	硝酸(HNO_3)	3	3 222	2 705	1 220	336.7×10^3
	四氧化二氮(N_2O_4)	2.65	3 436	2 803	1 185	338.9×10^3
氨(NH_3)	液氧 O_2	1.36	3 104	2 891	890	262.6×10^3
	液氟 F_2	3.15	4 576	3 234	1 170	386.1×10^3
单组元推进剂:						
硝基甲烷(CH_3NO_2)			2 646	2 303	1 137	290×10^3
肼(N_2H_4)			966	1 950	1 011	201.2×10^3
过氧化氢(H_2O_2)			1 278	1 617	1 442.2	238×10^3

注:表中各值是在 $P_c=7$ MPa,理想膨胀到 $P_e=0.1$ MPa 条件下得到的。

挤压式输送推进系统用高压气瓶中的高压气体，通过减压器降到所需的压强进入贮箱。只要阀门一打开，推进剂即进入发动机推力室。该输送法一般用于小型液体火箭，因只有推进剂贮箱内压强高于推力室内燃气压强时，才起挤压作用。如果发动机推力大，推力室压强大，反过来也要求贮箱压力更大，贮箱结构、材料及壁厚都要增强增大才行，而贮箱壁原与贮箱直径成正比，直径越大、壁也越厚，贮箱质量剧增，降低了运载能力。所以，大推力火箭不宜用挤压式输送系统。

泵压式输送系统在发动机开始工作时，首先要启动涡轮泵，通过泵把管路的推进剂增压送入推力室。启动泵的能源可以用高压气体，也可以用固体火药的高压燃气。通常启动能源工作时间都很短。涡轮转动后，通过齿轮带动泵工作，将推进剂送入主系统阀门和副系统阀门前面。当主系统阀门开启时，推进剂进入推力室，产生推力。当副系统阀门开启时，推进剂进入气体发生器，燃烧后形成燃气接替已耗尽的启动能源，吹动涡轮，保持推进剂源源不断地进入推力室和气体发生器。图 2.9 中的热交换器是利用高温的涡轮废气加热，从泵后送来的氧化剂和（或）燃料，并使之各自气化。该气体被送入相应的推进剂贮箱，进行增压，这种增压方式称为"自生增压"。特别要指出的是，该种输送系统的推进剂贮箱也是需要气体增压的。因为推进剂不断流出，箱内空间（称为"气枕"）随之增大，如不补充气压，贮箱内气压会降低到会使推进剂停止流出。因此，泵压式输送系统中贮箱也需要增压，使气枕压强满足泵入口压强即可。当需要关闭发动机的时候，箭上计算机送来指令信号关闭主系统和副系统的阀门，即可使发动机停止工作。

下面介绍推进剂加注与推进剂利用系统。一般情况，火箭推进剂加注是按发动机燃烧混合比加注的，但在实际飞行中由于外界条件变化和发动机制造、调试中的误差等因素，最终会有一种推进剂组元剩下，无法利用，变为死重，消耗火箭运载能力。因此，现代大型运载火箭，在上述的输送系统中设有一支路，上面有一个小的旁通阀门，用来调节推进剂组元混合比。这就是推进剂利用系统（其原理见图 2.10）。在火箭飞行过程中，根据贮箱中液体传感器信号（可算出推进剂的剩余量），通过计算，保持燃料和氧化剂预定的比例，最终使燃料耗尽时，氧化剂也同时耗尽，没有剩下的推进剂。图 2.10 中，变换器是将液体传感器信号变为控制计算机识别的输入电信号，计算机时刻计算贮箱里的推进剂工作量是否符合预定比例，如果不成比例，则通过两个发动机上液氧系统旁通阀门 1 和旁通阀 2进行调节：当液氧量偏多时，则打开旁通阀门 1 和旁通阀门 2，以增加液氧流量；当液氧量偏少时，则关闭旁通阀门 1 和旁通阀门 2，以减少液氧流量；当贮箱内推进剂符合比例时，旁通阀门 1 和旁通阀门 2 中一个开，一个关，以保持额定流量。在发射前地面加注推进剂时，该系统用来保证加注精度。对于多级火箭来说，二级三级推进剂余量比一级推进剂余量影响小得多，因此只在一级采用推进剂利用系统，二级和三级一般不用。

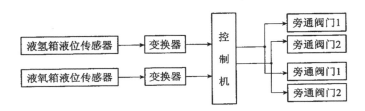

图 2.10　火箭推进剂利用系统原理

2.4.2　固体火箭推进系统

固体火箭发动机主要由推进剂（装药）、燃烧室、喷管、挡药板（有时不用）和点火器等部分组成（参见图 2.11）。它没有液体火箭推进系统的输送子系统。与液体火箭推进系统相比，固体火箭推进系统具有 4 大优点：

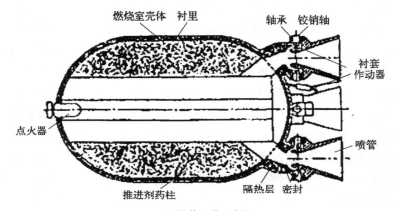

(a) 装药固结于壳体

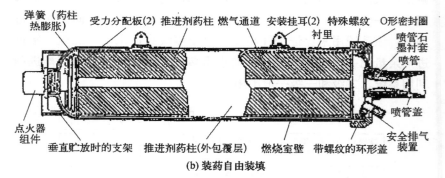

(b) 装药自由装填

图 2.11　典型固体火箭发动机结构示意图

1）贮存寿命长适于军用；

2）人员接触无毒害；

3）无冷却系统，无推进剂输送系统，成本低；

4）不需加注，可随时处于待发状态，部件少，可靠性高。

与液体火箭推进系统相比，固体火箭推进系统的缺点是：

1）比冲 I_{sp} 较低（但一部分可由高的体积比冲所补偿）；

2）在低温状态易变脆产生裂纹，点火后造成较高燃烧压力，导致爆炸；

3）实现推力调节控制较困难；

4）停机和重新点火困难；

5）因没有主动冷却系统，燃烧的固体微粒会引起喷管严重侵蚀和沉积金属氧化物，使设计工作复杂化。

固体推进剂主要有两种类型，一种是均质（或胶体）推进剂和复合推进剂；另一种是混合型推进剂，是在复合推进剂中使用均质推进剂的各种成分，又称为复合改进型双基（CMDB）推进剂。

均质推进剂主要是双基（DB）推进剂，常作火药使用，主要由硝化纤维（NC）和硝化甘油（三硝酸甘油酯，NG）组成，燃烧后完全分解成气体，无烟，这是军事上很重要的优点；但为防止自燃要添加稳定剂和其他附加物（如炭黑、铝粉等），以改善其机械性能和燃烧性能。表 2.4 给出了常用双基推进剂的特性，如推进剂名称、成分、热化学特性及某些性能参数（μ、γ、T_c、I_{sp}^0、C^*、ρ_p、π_k），其中 I_{sp}^0 表示理想膨胀下的比冲；可由 I_{sp}^0 和 ρ_p 求得容积比冲。

复合推进剂通常由无机盐（作氧化剂）和有机燃料加粘合剂组成。但也有用有机氧化剂的，高氯酸铵（AP）是目前最常用的氧化剂。表 2.5 示出了常用复合推进剂的成分和特性参数。

2.4.2.1 推进剂装药

推进剂的选择因素是高比冲、大比重，因为比冲高装药量就可较小，比重大可减小燃烧室容积，两者可使火箭结构质量减小，从而增加运载能力。

装药的形状大致可归纳为 3 种：第一种装药是内外表面同时燃烧，其特点是药柱的燃烧面积保持恒定，因而燃烧室压力不随时间变化，这是固体火箭初期药形，现已淘汰。第二种装药是外表面燃烧，其燃烧表面越烧越小，燃烧室压力也越来越小。因此，这种装药也不常用。第三种装药是内表面燃烧（参见图 2.11）内孔截面呈星形，通过改变星角的形状和数量，可以选择燃烧面的变化情况。这种装药燃烧到最后时，高温燃烧气体才接触到壳体，因此改善了燃烧室工作条件，从而减轻了燃烧室的结构质量压力。这种装药目前仍广泛采用。

表2.4　常用双基(DB)推进剂及其特性参数

进剂名称	成分(质量百分数)	比热比 γ	燃烧温度 T_c/K	比冲 $I^0_{sp}/$(N·s/kg)	特征排气速度 $C^*/$(m/s)	推进剂平均密度 $\rho_p/$(kg/m³)	压力范围 $p/$MPa	燃烧速度 $r(r=ap^n)/$(mm/s) a	n	推进剂燃烧灵敏度 π_k/K^{-1}
HH	NC55.2;NG32.7;三醋精8.1;二硝基二苯胺1;水杨酸铅1.5;L—261.5	1.23	2485	2205	1402	1601	2.76~4.83	39.77	0.7	1.26×10⁻³
							4.83~5.21	8.74	0.2	0.81×10⁻³
							5.21~7.58	21.67	0.35	1.53×10⁻³
							7.58~8.62	39.64	0.65	
							8.62~10	5.98	0.23	
							10~25	1.40	0.86	
TN	NC40;NG48.4;三酸精6.4;二硝基苯胺1;铝—β一二硝基苯酸2;水杨酸铅2;碳黑虫胶I0.2	1.22	2822	2305	1453	1602	3.10~7.58	7.01	0.49	5.04×10⁻³
							7.58~13.10	116.42	0.07	2.34×10⁻³
							13.10~16.89	4.31	0.59	4.32×10⁻³
FU	NC54.5;NG23.1;三精精18.1;乙基中定剂0.6;二硝基二苯胺0.3;硬脂酸铅3.4	1.26	1963	1921	1225	1514	3.79~6.21	4	0.24	2.16×10⁻³
							6.21~9.65	112.87	0.4	6.66×10⁻³
							9.65~17.24	6.35	0.56	
PN	NC51.22;NG43;酞酸二乙酯3.25;乙基中定剂1;硫酸钾1.25;炭黑0.2;石蜡0.08	1.215	3125	2450	1523	1620		8.9	0.69	12.26×10⁻³

NC—硝化纤维;NG—硝化甘油。

表 2.5　常用复合推进剂及其特性参数

推进剂名称	成分（质量百分数）	比热比 γ	燃烧温度 T_c/K	比冲 I_{sp}^0/(N·s/kg)	特征排气速度 C^*/(m/s)	推进剂平均密度 ρ_p/(kg/m³)	压力范围 p/MPa	燃烧速度 $r=ap^n$/(mm/s) a	n	推进剂燃烧灵敏度 π_k/K⁻¹
JPL 540A	PU20,AP80	1.2	2 600	231	1 434	1 660	0.1~0.45	5.13	0.679	
							0.45~1.65	4.13	0.406	
							1.65~5.5	4.6	0.189	
推荐给航天飞机助推器用的推进剂	PBAN12.5;铝16;环氧固化剂1.5;氧化铁0.1;AP69.9	1.18	3 480	260	1 583	1 772	5~7	7.53	0.33	8.3×10⁻⁴
ANP-2639AF	PU24.1,铝15;炭黑0.5;亚铬酸铜0.4;AP60	1.18	2 703	254	1 480	1 669	1.38~4.14	4.5	0.313 5	2.8×10⁻³
							4.14~8.96	5.61	0.159	
Arcite 373	AP58.9;铝21;PVC8.62;二辛基脂肪酸酯10.79;XB82 0.17;X23-74 0.17;英国净化剂0.25	1.18	3 370	242	1 523	1 772	3.45~4.83	6.74	0.176	19.8×10⁻⁴
							4.83~13.1	5.64	0.295	

续　表

推进剂名称	成分（质量百分数）	比热比 γ	燃烧温度 T_c/K	比冲 I_sp/(N·s/kg)	特征排气速度 C*/(m/s)	推进剂平均密度 ρ_p/(kg/m³)	压力范围 p/MPa	燃烧速度 $r=ap^n$/(mn/s)		推进剂燃烧灵敏度 π_k/K^{-1}
								a	n	
CDT(80)	NC26；NG27.2；AP19.5；铝18.9；二硝基二苯胺1；三醋精6.4；氧化镁1	1.168	4 000	203	1 635	1 745	4.14~20.68	6.99	0.48	8.46×10^{-3}
H-3515	AP35；季戊四醇三硝酸酯35；NC14.25；铝15；乙基中定剂0.75		3 450	255		1 772	4.14~13.79	2.87	0.68	12.4×10^{-3}
Flexadyne RDS-509（洛克达因公司）	CTPB12；AP82；铝4；添加剂2	1.20	3 176	248	1 518	1 758		8.25	0.39	2.11×10^{-3}
Flexadyne RDS-556（洛克达因公司）	CTPB15；AP69；铝14；添加剂2	1.20	3 246	252	1 544	1 747	2.76~6.85 6.85~20.68	10.79 18.86	0.65 0.36	2.48×10^{-3} 2.10×10^{-3}

注：AP——高氯酸铵；NC——硝化纤维；NG——硝化甘油；CTPB——端羧基聚丁二烯；PBAA——聚丁二烯—丙烯酸聚丁二烯；PBAN——聚丁二烯—丙烯酸—丙烯腈三聚合物；PU——聚氨基甲酸甲酯乙酯；PVC——聚氯乙烯。

2.4.2.2　燃烧室

燃烧室要承受燃气的高温和高压，燃烧室压强过高就要求发动机结构质量增大；燃烧室压强太低会使比冲下降，所以，燃烧室压强要权衡利弊。有一点是肯定的，燃烧室压强必须大于推进剂稳定燃烧压强的下限，否则推进剂将无法正常燃烧。为改善燃烧室受热状况，通常采用多种绝热涂层措施。

2.4.2.3　喷管

固体火箭发动机喷管常用锥形喷管，但也有采用特型喷管的，形如二次曲线的旋转体。喷管的工作条件很恶劣。对于工作时间长的发动机，喷管喉部可以用特殊材料镶衬起来，如镶衬石墨、陶瓷、钨铜合金等；也可在喉部进行离子喷钨，以提高喷管的抗烧蚀性能。

2.4.2.4　挡药板

在用自由装填的装药（参见图 2.11（b））时，需要挡药板。挡药板要能保证燃气流畅通，并在工作中不变形。

2.4.2.5　点火器

固体火箭最常用的点火器是用电流信号控制的烟火式点火器，其结构如图 2.12 所示。

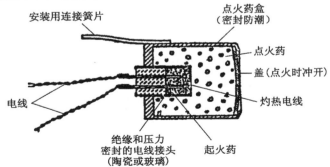

图 2.12　烟火式点火器结构示意图

2.4.3　液体火箭发动机

液体火箭发动机主要由推力室、涡轮泵（参见图 2.8 所示的挤压式输送系统，无涡轮泵）和自动器组成。

2.4.3.1　推力室

推力室由头部、燃烧室和喷管 3 部分组成，其结构剖面如图 2.13 所示。

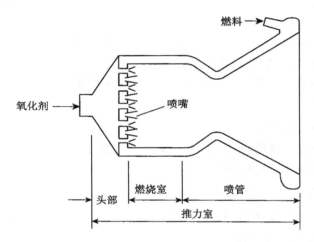

图 2.13　液体火箭发动机推力室结构示意图

（1）头部

头部的功能是形成推进剂的混合气体，混合的品质的好坏与头部形状、喷嘴形式和喷嘴的排列方式有关。头部一般有平顶式、篷式和球形 3 种形状。篷式头部形成的混合气体分布不均，目前少用；球形头部与球形燃烧室相配，强度和刚度都较好，但结构复杂；平顶式头部通常与圆柱形燃烧室相配，形成的混合气体分布比较均匀，燃烧稳定，结构简单，但头部刚度较差。喷嘴的功能是使推进剂雾化，按原理不同可分为直射式喷嘴和离心式喷嘴两大类。直射式喷嘴结构简单、流量大，但雾化品质稍差，即液珠大，喷射角小，常用于对雾化品质要求不高的推进剂（如液氢/液氧）；离心式喷嘴的特点是推进剂进入喷嘴后，产生旋转运动，推进剂喷出在离心力作用下形成锥形薄膜，同时受表面张力作用分裂成细小液珠，雾化细微而匀，但流量较小。喷嘴排列方式必须保证推进剂在燃烧室中均匀分布。通常在头部周围增加燃料的喷嘴数量，以便在燃烧室壁附近造成低混合比燃烧，即增大燃烧的比例，在燃烧室壁附近产生一个低温区，保护燃烧室壁不致因高温而被烧毁。

（2）燃烧室

燃烧室有双层壁式和管束式两种结构形式。双层壁式燃烧室的内壁外表上铣有很多纵向沟槽，与外壁焊接成燃烧室。发动机工作时，燃料从喷管下端进入沟槽，到达头部后从喷嘴进入燃烧室，燃料从喷管流向头部过程中，可将内壁的热量带走，以降低燃烧室内壁温度，保证内壁不被高温烧毁。这种形式的燃烧室结构质量较大。管束式燃烧室由很多根特定成型的导管排列通过焊接组成。燃料从喷管下端进入，通过这些特型导管流向头部，再进入燃烧室；降低燃烧室内壁温度的原理与双层壁式燃烧室相同，只是特型管的承载能力大，管壁薄，结构质量较小。

（3）喷管

液体火箭发动机的喷管和燃烧室都是做成一体的。喷管的形状为锥形或特型。特型喷管性能较好，与锥形喷管相比，如果推力一样，特形喷管短 30%～50%；如果喷管长度一样，特型喷管的比冲要高 2%～3%。

2.4.3.2　涡轮泵

涡轮泵是涡轮和泵联合体的总称。涡轮的工作原理如图 2.14 所示，从气体发生器来的燃气通过喷管吹动叶轮旋转，由于叶轮轴连着泵轴，从而带动离心泵叶轮旋转（详见图 2.15），当推进剂从泵入口进入泵的叶轮后，被叶轮带动旋转，并产生离心力，从而提高了压力势能和动能。泵的涡壳收集从叶轮出来的推进剂，再将其部分动能转变成压力势能，使推进剂从泵口管排出，送往推力室。可见，泵是将机械能转化为液流压力能和功能的机械，泵的类型有 5 种，其结构原理和优缺点如图 2.16 所示。

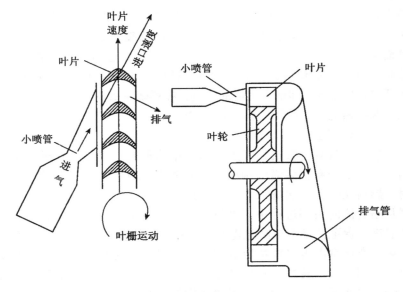

图 2.14　涡轮工作原理

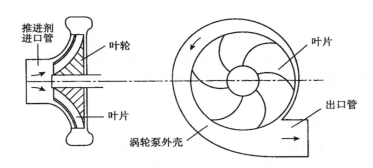

图 2.15　离心泵工作原理

图 2.16 中压头，效率和气蚀的定义如下。

(1) 泵的压头 H

$$H = h_2 - h_1 \qquad (2.4-1)$$

式中 h_2 和 h_1 分别为泵出口和入口每千克液体的机械能（含位能和动能，亦即静压头和动压头）。如果泵的出口流量与入口流量相同，压头可用泵的出口压强与泵的入口压强的差表示。

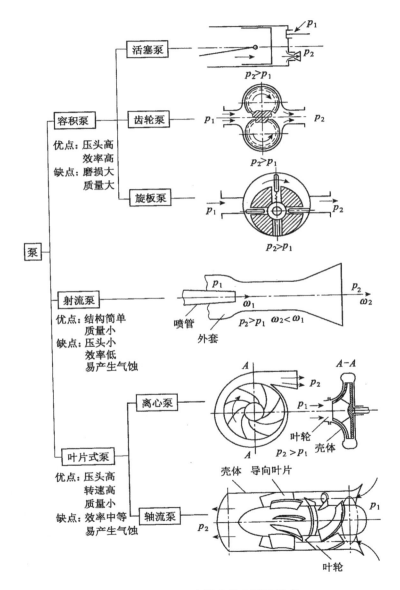

图 2.16　泵的分类及其主要优缺点

（2）泵的效率 η

$$\begin{cases} \eta = \eta_1 \eta_2 \eta_3 \\ \eta_1 = \dfrac{H}{H_o} \\ \eta_2 = \dfrac{Q}{Q + \Delta Q} \\ \eta_3 = \dfrac{N_o - N_m}{N_o} \end{cases} \qquad (2.4-2)$$

式中　η_1——泵的流动效率，表示泵的流通部分完善的程度；

　　　η_2——泵的容积效率，表示泵的增压腔渗漏的程度；

　　　η_3——泵的机械效率，表示泵的轮盘损失和机械损失的程度；

　　　H——实际压头，包含液体在流动中与壁面的摩擦损失、液体的黏性和紊流层引起的内部摩擦以及因液体流速大小和方向变化造成的损失；

　　　H_o——理论压头；

　　　Q——实际容积流量；

　　　ΔQ——渗漏量，即指在泵工作过程中从增压腔透过密封装置回到吸入腔（入口）或通过排液孔漏掉的液体流量；

　　　N_o——传动机构传给泵的总功率；

　　　N_m——由于叶轮两侧表面与流体摩擦，以及在支点和密封处的机械摩擦所损失的功率。

（3）气蚀

气蚀是泵中液体在局部区域内，由于流体动力的作用，在最小压强区形成气泡的过程，而到高压强区气泡又消灭的过程。其后果是机器主要性能下降，并使机器的流通部分发生腐蚀损坏。当液体进入泵腔被加速后，压强降低，温度升高。当压强低于汽化压强时，液体就发生强烈汽化，气泡占据了泵腔空间，使液体再无法进入，造成液体的流量和动能大幅下降，破坏了泵的正常工作。另一方面，气泡从低压区移到高压区时，压强变高，当超过该温度下液体汽化压强时，蒸气急剧凝结，气泡突然消失，周围液体则以高速充填空间，形成水力冲击，持续时间长时，易使机械受损，这是非常危险的。防止气蚀的方法是提高泵入口液体的压强，使泵的低压区仍高于当地汽化压强。如果用给贮箱增压的办法增高泵入口压强，则要加厚贮箱壁厚，使质量增加，不划算。如果使用组合泵（两个泵串联使用，入口泵工作压强较低，后面泵压强较高，总压头是两个泵的压头之和），则既能保证贮箱增压不高，又能保证不发生气蚀。基于这个原理，将多泵做成一整体，就形成了各式各样的"多级泵"。

2.4.3.3　自动器

自动器和各种导管一起，构成了推进剂进入发动机推力室的流体的完善流道。常用的自动器有减压器、单向阀门、电动气阀门、保险阀门、调压器等。

2.4.4　各类火箭发动机的特征参数比较

2.4.4.1　液体火箭发动机燃烧室气体压力对火箭性能的影响

从表 2.6 可见，酒精（燃料）液氧（氧化剂）推进剂的混合比不同，随着燃烧室气体压力增大，火箭发动机的气体燃温 T 越高，比冲 I 越大。目前氢/氧发动机的比冲最高，是航天运载火箭发动机的优选。

表 2.6　液体火箭发动机燃烧室气体压力对火箭性能的影响

推进剂 / 燃烧室气体压力/kPa	1 013.3		2 026.6		5 066.5	
平衡时气体燃温和比冲	T/K	I/(N·s/kg)	T/K	I/(N·s/kg)	T/K	I/(N·s/kg)
61.1%液氧+38.9%（75%酒精,25%水）	2 997	2 009	3 125	2 234	3 330	2 479
56%液氧+44%（75%酒精,25%水）	2 847	2 058	2 858	2 283	2 886	2 509
88.8%液氧+11.2%液氢	3 386	2 656	3 485	2 911	3 649	3 342
76.2%液氧+23.8%液氢	2 664	3 165	2 664	3 469	3 670	3 802

2.4.4.2　火箭发动机的比冲

从表 2.7 可见，在 3 种液体火箭推进剂发动机中，液氢/液氧发动机的比冲最高（3 528 N·s/kg）；而在 3 种固体推进剂发动机中，复合火药（加铝粉）发动机的比冲最高（2 450 N·s/kg）。因为与固体火箭发动机相比，液体火箭发动机的比冲要高得多，再加上推力控制和关机控制简单，所以液体火箭发动机是航天运载火箭的优选；但其加注复杂，准备发射时间长，机动性差，不适用于导弹武器。因此，导弹武器常选机动性好、准备时间短的固体火箭发动机。

表 2.7　火箭发动机的比冲

发动机类型	推进剂	比冲/（N·s/kg）
液体火箭发动机	液氧煤油/液氧	2 450～2 646
	液氢/液氧	3 332～3 528
	偏二甲肼/四氧化二氮	2 450～2 548
固体火箭发动机	双基火药	1 764～1 960
	改性双基火药	约 2 352
	复合火药（加铝粉）	2 352～2 450

2.4.4.3　各种发动机装置的特征

表 2.8 所示是 7 种类型发动机的典型燃料（推进剂）、最高工作温度、真空比冲、质量比和寿命的比较。可见，液体火箭发动机和固体火箭发动机（统称为化学火箭）的比冲较大、质量比小，是当前大推力运载火箭的优选，其他发动机都有突出缺陷。但化学火箭不宜于远距离的星际航行，核动力火箭克服了化学火箭燃烧热值低、燃烧产物分子量高的缺点。尽管核动力火箭能量密度高，但受设备材料耐热和导热能力的限制，解决不了"反应堆在高温与高功率密

度下结构的完整性"和"飞行状态下反应堆的控制"两大难题，所以核动力火箭离实际应用还有相当距离。太阳帆是利用航天器在空间飞行接受光压来产生很小的加速度，其原理与风力推船帆相似，故称"光帆"，或称"星际帆船"。光帆没有质量消耗，全靠太阳光压产生推力。1 000 m^2 的帆，可产生 10^{-3} N 的推力，如果航天器为100 kg，则加速度为 10$^{-6}g_0$，这么小的推力用于航天器空间姿态控制是可以的。

表 2.8　各种发动机装置的特征

序号	发动机类型	典型燃料	最高工作温度/℃	真空比冲/(N·s/kg)	质量比	寿命
1	液体发动机	{ 自然的　H$_2$/F$_2$	2 300~3 200　42 100	1 960~2 940　3 332~4 312	0.02~0.012 5　0.02~0.012 5	受燃烧室壁面材料寿命的限制
2	固体发动机	{ 双基的　复合的	3 100　3 500	1 960　2 450	0.05　0.005	受燃烧室燃料储量的限制
3	核动力发动机	H$_2$	1 650	3 920~10 780	0.1~10^5	受反应堆及燃烧室壁面寿命限制
4	太阳帆	—	—	—	10 000	实际上无限制
5	电热发动机	H$_2$	1 650~3 200	6 860~9 800	20~66	受电极寿命的限制
6	静电发动机	Cs, Rb, Li	400	83 300~196 000	2 000~20 000	
7	电磁发动机	Hg, Li	—	49 000~245 000	1 000~100 000	

表 2.8 中后 3 种是电火箭发动机的 3 种类型。电热火箭发动机又分直流电弧加热式火箭发动机（利用电流在电弧中放电，使推进剂氢、氦元素分子电离高速射出，产生推力）和电热肼火箭（通过电能产生热能的一种肼发动机）。这种发动机能量利用率低，不太适用。静电发动机主要是依靠静电场加速带电推进剂粒子而获推力，例如汞离子发动机，其推力为 10 mN，比冲约 29 400 N·s/kg，总功耗为 360 W，主要用于小型航天器上作调姿。电磁发动机主要是用电磁场加速放电形成等离子体而产生推力。由于直流加速场的电极与管道的热损耗很大，排气速度只能限制在 40 km/s 以下。人们乐于采用脉冲工作方式保持同步卫星轨道位置和行星探测器姿态，因此电脉冲等离子火箭发动机在航天器上得到了广泛应用。

2.5 运载火箭控制系统

运载火箭控制系统是构成运载火箭的三大主系统之一，其主要任务如下：

1）保证火箭沿着设计轨道飞行，发出多级火箭关机与分离指令，把有效载荷（各类航天器）送入预定轨道，并保证入轨精度。这一任务由导航与制导分系统完成。

2）保证火箭在轨飞行和在关机、分离等恶劣状态下的姿态稳定性，把横法向过载与纵向过载限制在规定范围之内，有效阻尼弹性振动和液体晃动。这一任务由姿态稳定分系统完成。

3）保证火箭控制系统仪器和设备可靠供电与用电，这一任务由电源配电分系统完成。按导航与制导分系统的关机输出指令，产生规定的时串指令，完成多级火箭结构分离和推进系统关机或启动等。这一任务由时序控制分系统完成。

4）保证火箭完成发射准备、射前测试、加注、转电和点火起飞等。这一任务由测试发控分系统完成。

一般情况下，完成上述前三项任务的分系统在箭上，完成最后一项任务的分系统在地面。但也有例外，如采用无线电导航的控制系统的，大部分设备都在地面（庞大的无线电收发地面站），但这种系统的机动性差，实战能力不强，少用。

图 2.17 示出了二级液体运载火箭惯性平台－计算机控制系统的原理。三轴稳定平台系统惯性坐标系（发射点惯性坐标系）的 3 个加速度表 Ax、Ay、Az（及加速度表放大器）和制导计算机，构成了导航与制导分系统。三轴稳定平台的框架角传感器、分解器和程序器构成了火箭姿态角（俯仰角 $\Delta\varphi$、偏航角 ψ 和滚动角 γ）输出；装在火箭相应位置的角速率陀螺构成火箭各级飞行状态的姿态角速率输出（$\dot{\varphi}$、$\dot{\psi}$、$\dot{\gamma}$）。经过姿态信息求和、检测、前置滤波器到姿态控制计算机进行模/数转换、数值滤波、输出综合和数/模转换后，送各级综合放大器去控制伺服机构，完成火箭姿态控制，这就是姿态稳定分系统。主电源（电池 I）和主配电器供给控制系统各仪器（如平台系统、计算机、综合放大器和开关放大器等）电源变换器（又称二次电源）用电，副电源（电池 II）和副配电器供给伺服机构马达和火工器工作电源（瞬时大电流负载电源）。

图 2.17 未包含地面系统，下面将分小节论述箭上各分系统的工作原理和构成。

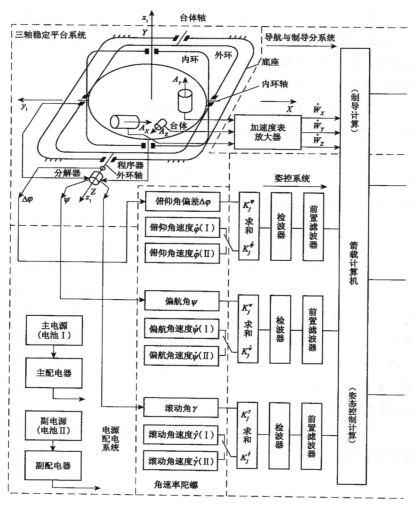

图2.17　二级液体运载火箭的惯性

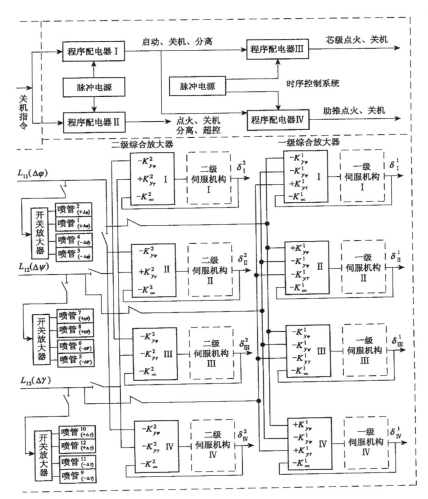

平台 - 计算机控制系统原理框图

2.5.1 控制系统的组成

如图 2.18 所示，运载火箭的控制系统主要包括箭上系统和地面系统，这里主要介绍控制系统的箭上系统（箭上的 4 个分系统）。地面系统将在 5.4 节和 5.5 节中介绍。

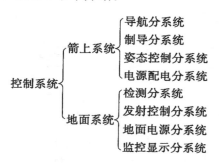

图 2.18 运载火箭控制系统的组成

2.5.2 导航分系统

导航分系统是由测量元件测得火箭运动参数，经计算求得火箭在规定坐标系中的角度、速度和位置等状态参数，并给出火箭的初始状态和飞行状态的系统。测量元件可能是惯性测量元件，也可能是无线电测量设备。采用惯性测量元件的称为惯性导航系统，采用无线电测量设备的称为无线电导航系统。描述火箭运动参数的坐标系如图 2.19 所示。

运载火箭是个六自由度的运动体，即惯性坐标系的 3 个视加速度 $\dot{W}_X$、$\dot{W}_Y$ 和 $\dot{W}_Z$，3 个箭体坐标系的姿态角，即 φ（俯仰角）、ψ（偏航角）和 γ（滚动角）。

负责测量这些参数的惯性测量元件的安装方式有两种：

1）惯性测量元件装在常平架上，以惯性坐标系作为测量参照系，称为"平台方案"。

2）惯性测量元件直接固定在箭上，测量参照基准是箭体坐标系，称为"捷联方案"。用数学方法可把箭体坐标系的运动参数转换

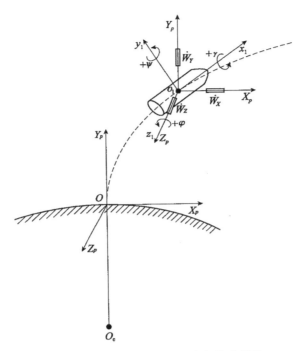

图 2.19 坐标系与火箭运动参数示意图

$OX_pY_pZ_p$——平台惯性坐标系；$o_1\,x_1\,y_1\,z_1$——箭体坐标系

为惯性坐标系的运动参数。因此，常将捷联测量系统的坐标转换计算，称为"数学常平架"或"数学平台"。

下面分别介绍导航系统的姿态角测量与测速定位。

2.5.2.1 三轴陀螺稳定平台的姿态角测量

平台方案的姿态角测量，是由平台的内外框架轴上的角传感器输出的，如图 2.20 所示，而台体（上面放置加速表和陀螺）惯性空间的保持是由平台稳定控制回路实现的。

平台调平瞄准状态，箭体坐标系的箭姿态角与平台框架轴角传感输出之间的关系如下：

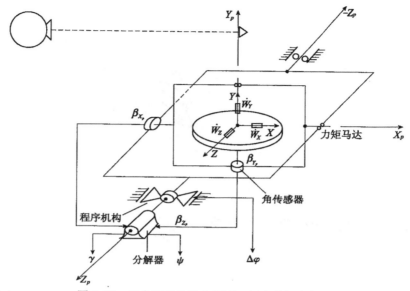

图 2.20　平台姿态角输出原理（平台外框架轴与
火箭俯仰轴方向完全一致，即调平瞄准状态）

$$\begin{cases} \varphi = \beta_{Z_p} + 90° \\ \psi = -\beta_{X_p} \cos\beta_{Z_p} + \beta_{Y_p} \sin\beta_{Z_p} \\ \gamma = +\beta_{X_p} \sin\beta_{Z_p} + \beta_{Y_p} \cos\beta_{Z_p} \end{cases} \quad (2.5-1)$$

式中　β_{X_p}——平台内框轴角传感器测量角；

　　　β_{Y_p}——平台台体轴角传感器测量角；

　　　β_{Z_p}——平台外框轴角传感器测量角；

　　　$\varphi,\ \psi,\ \gamma$——火箭的俯仰角、偏航角、滚动角。

　　$\beta_{Z_p} = 0$ 是平台 Y_p 轴垂直于地平面 X_p 和 Z_p 在地面水平面内的状态。这时（为火箭在发射塔上的射前状态）$\varphi = \beta_{Z_p} + 90°$，平台俯仰角程序机构的程序角 $\beta_{CX} = 90°$。因此，起飞前的 $\Delta\varphi = \beta_{CX} - \varphi = 0°$。这就是目前运载火箭控制系统常采用的平台方案。

　　三轴陀螺稳定平台保持惯性空间的平台控制回路，其原理如图 2.21 所示。

　　X 向单自由度陀螺控制的内环轴回路的工作原理如图 2.21 所示。

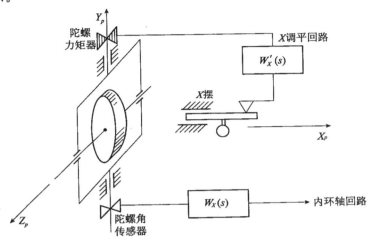

图 2.21　平台内环控制回路和 X 调平回路

　　Y 向单自主陀螺控制的台体轴回路的工作原理如图 2.22 所示。

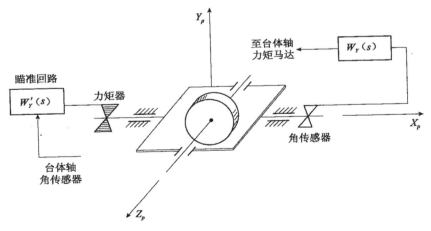

图 2.22　平台台体控制回路和瞄准回路

Z 向单自由度陀螺控制的外环轴回路的工作原理如图 2.23 所示。

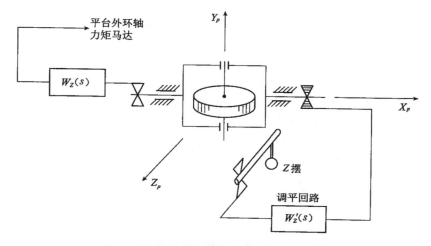

图 2.23　平台外环控制回路和 Z 调平回路

2.5.2.2　捷联惯性导航的姿态角测量

安装在箭体上的两个二自由度陀螺仪——水平陀螺仪与垂直陀螺仪，能共同拾取 3 个姿态角而构成姿态控制和导航计算的坐标转换。这就是角位置捷联惯性导航系统。陀螺的安装方向如图 2.24 所示。

图 2.24 为位置捷联惯导系统陀螺安装图。如果将角位置陀螺改为角速率陀螺仪，可测得绕惯性主轴的角速率，经计算可求得角度，也可直接用角速率值构成速率捷联惯导系统（详见 18.4 节）。

2.5.2.3　测速定位

运载火箭的速度和位置，是导航与制导所需的重要状态参数，在惯性导航与制导的系统中，一般是由惯性坐标系的 3 个加速度表测得的 3 个方向加速度分量，再经箭载计算机对时间积分得到速度和位置。

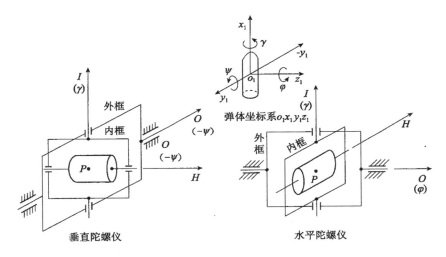

图 2.24　捷联惯导系统陀螺的安装方向示意图

γ—内框轴测滚动角；ψ—外框轴测偏航角；φ—外框轴测俯仰角；

PH—陀螺转子矢量方向；PI—陀螺内框轴指向；PO—陀螺外框轴指向

　　箭载的加速度表不能测量引力加速度，仅能测量火箭受外力合力作用所产生的视加速度 $\dot{W}$。证明如下：

　　火箭及加速度表（质量为 m）受力如图 2.25 所示，证明 $\dot{W}$（火箭感受的加速度）与 g（重力加速度）无关，$\dot{W}$ 称为视加速度。

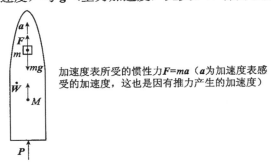

加速度表所受的惯性力 $F=ma$（a 为加速度表感受的加速度，这也是因有推力产生的加速度）

图 2.25　火箭及加速度表受力图示

火箭的起飞条件是发动机的推力 P 大于火箭所受的重力 Mg，即 $P>Mg$。起飞后，火箭的受力为

$$P - Mg = Ma \qquad (2.5-2)$$

式中　　a——火箭的加速度，$a = \dfrac{P-Mg}{M}$；

　　　　M——火箭的质量。

火箭中加速度表的质量为 m，也感受到加速度 a，则加速度表所受惯性力 F 为

$$F = ma = m\left(\frac{P-Mg}{M}\right) \qquad (2.5-3)$$

因此，加速度表所受的力为惯性力 F 加地心产生的重力 mg，即

$$F + mg = ma + mg = m\dot{W}$$

加速度表受到 $(F+mg)$ 的力，就产生一个 $\dot{W}$，故有

$$
\begin{aligned}
\dot{W} &= \frac{F+mg}{m} \\
&= \frac{m\left(\dfrac{P-Mg}{M}\right)+mg}{m} \\
&= \frac{P}{M} - g + g \\
&= \frac{P}{M} \qquad (2.5-4)
\end{aligned}
$$

从（2.5-4）式可见，加速度表测得的加速度 $\dot{W}$，只与发动机的推力 P 和火箭质量 M 有关，与重力加速度 g 无关，故称 $\dot{W}$ 为视加速度。

为了获得火箭运动的显式状态参数，需要利用地球引力模型，对视加速度进行计算处理，而后得到真加速度、真速度、真位置（这就是显式状态参数，是全量，而不是增量）。

三轴稳定平台上的 3 个惯性坐标轴上的加速度表，可直接测得 3 个视加速度 $\dot{W}_x$、$\dot{W}_y$ 和 $\dot{W}_z$。而在捷联式制导系统中的 3 个加速度表，由于固连于箭体坐标系的 3 个轴向上，测得的是弹体坐标系中

的轴向视加速度 $\dot{W}_{x_1}$，同时也可测得横向加速度 $\dot{W}_{y_1}$ 和 $\dot{W}_{z_1}$。如要得到惯性坐标系中的 $\dot{W}_x$、$\dot{W}_y$ 和 $\dot{W}_z$，必须进行坐标轴转换，其转换关系为

$$\begin{bmatrix} \dot{W}_x \\ \dot{W}_y \\ \dot{W}_z \end{bmatrix} = A \begin{bmatrix} \dot{W}_{x_1} \\ \dot{W}_{y_1} \\ \dot{W}_{z_1} \end{bmatrix} \qquad (2.5-5)$$

（2.5-5）式为捷联式惯性导航系统坐标转换式，其中 A 为箭体坐标系与惯性坐标系的视加速度转换关系矩阵。

在速率捷联型控制中，根据速率陀螺仪提供的角度增量信息，利用"四元数法"确定两个坐标系之间的转换关系比较方便。使用"欧拉角转换法"物理概念显得易理解，现以 $o_1 x_1 y_1 z_1$ 与重力惯性坐标系 $OXYZ$ 间的转换来说明欧拉角转换法。$o_1 x_1 y_1 z_1$ 在 $OXYZ$ 中的位置即说明箭在惯性空间内的姿态，3 个姿态角为 φ（俯仰角）、ψ（偏航角）和 γ（滚动角）。箭体坐标系 $o_1 x_1 y_1 z_1$ 与发射点重力惯性坐标系 $OXYZ$ 的坐标转换如图 2.26 所示。

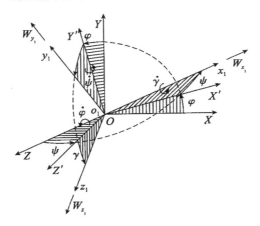

图 2.26　箭体坐标 $o_1 x_1 y_1 z_1$ 与发射点重力惯性坐标系 $OXYZ$ 关系

φ，ψ，γ——箭体姿态角；$\dot{\varphi}$，$\dot{\psi}$，$\dot{\gamma}$——姿态角速率

坐标转换矩阵 $\mathbf{A}$ 的推导过程如下：

1）将 $OXYZ$ 坐标系以 Z 轴转动（$\dot{\varphi}$ 的正向与 Z 轴同）角 φ；

2）Y 轴的新位置为 Y'，再以 Y' 为轴旋转 ψ，X' 转到 x_1 方向；

3）以 x_1 为轴，旋转 γ 角，Y' 转到 y_1 的位置，Z' 转到 z_1 位置，从而得到了箭体坐标系 $o_1 x_1 y_1 z_1$。

下面写出每一次转动的转角函数：

1）第一次绕 Z 轴转动角 φ。角投影图如图 2.27 所示，可得 （2.5-6）式

$$\begin{cases} X' = X\cos\varphi + Y\sin\varphi \\ Y' = -X\sin\varphi + Y\cos\varphi \\ Z' = Z \end{cases} \tag{2.5-6}$$

写成矩阵式为

$$\begin{bmatrix} X' \\ Y' \\ Z \end{bmatrix} = \begin{bmatrix} \cos\varphi & \sin\varphi & 0 \\ -\sin\varphi & \cos\varphi & 0 \\ 0 & 0 & 1 \end{bmatrix} \begin{bmatrix} X \\ Y \\ Z \end{bmatrix} \tag{2.5-7}$$

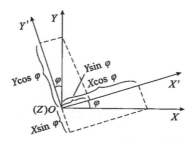

图 2.27　以 Z 轴转动角 φ

2）第二次绕 Y' 旋转动角 ψ。角投影图如图 2.28 所示，可得 （2.5-8）式

$$\begin{cases} x_1 = X'\cos\psi - Z\sin\psi \\ Y' = Y' \\ Z' = X'\sin\psi + Z\cos\psi \end{cases} \tag{2.5-8}$$

写成矩阵的式为

$$\begin{bmatrix} x_1 \\ Y' \\ Z' \end{bmatrix} = \begin{bmatrix} \cos \psi & 0 & -\sin \psi \\ 0 & 1 & 0 \\ \sin \psi & 0 & \cos \psi \end{bmatrix} \begin{bmatrix} X' \\ Y' \\ Z \end{bmatrix} \tag{2.5-9}$$

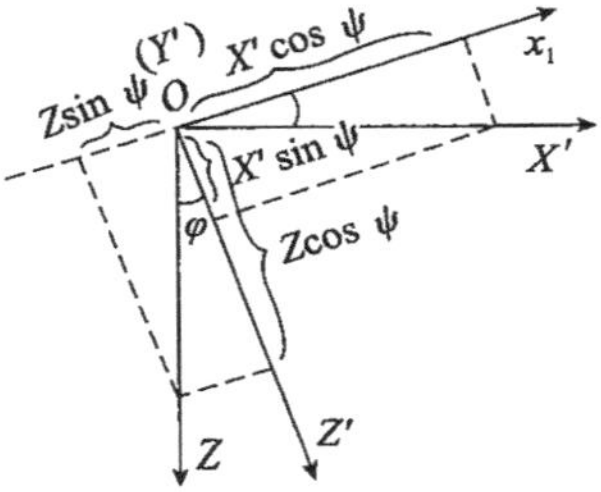

图 2.28 以 Y' 轴转动角 ψ

3) 第三次绕 z_1 轴转动角 γ。角投影图如图 2.29 所示，可得到 (2.5－10) 式

$$\begin{cases} x_1 = x_1 \\ y_1 = Y' \cos \gamma + Z' \sin \gamma \\ z_1 = -Y' \sin \gamma + Z' \cos \gamma \end{cases} \tag{2.5-10}$$

写成矩阵式为

$$\begin{bmatrix} x_1 \\ y_1 \\ z_1 \end{bmatrix} = \begin{bmatrix} 1 & 0 & 0 \\ 0 & \cos \gamma & \sin \gamma \\ 0 & -\sin \gamma & \cos \gamma \end{bmatrix} \begin{bmatrix} x_1 \\ Y' \\ Z' \end{bmatrix} \tag{2.5-11}$$

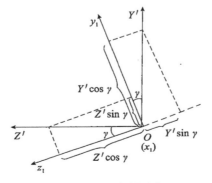

图 2.29 以 x_1 轴转动角 γ

将（2.5—9）式代入（2.5—11）式得

$$
\begin{bmatrix} x_1 \\ y_1 \\ z_1 \end{bmatrix} = \begin{bmatrix} 1 & 0 & 0 \\ 0 & \cos\gamma & \sin\gamma \\ 0 & -\sin\gamma & \cos\gamma \end{bmatrix} \begin{bmatrix} \cos\psi & 0 & -\sin\varphi \\ 0 & 1 & 0 \\ \sin\psi & 0 & \cos\psi \end{bmatrix} \begin{bmatrix} X' \\ Y' \\ Z' \end{bmatrix}
$$

$$(2.5-12)$$

将（2.5—7）式代入（2.5—12）式得

$$
\begin{bmatrix} x_1 \\ y_1 \\ z_1 \end{bmatrix} = \begin{bmatrix} 1 & 0 & 0 \\ 0 & \cos\gamma & \sin\gamma \\ 0 & -\sin\gamma & \cos\gamma \end{bmatrix} \begin{bmatrix} \cos\psi & 0 & -\sin\psi \\ 0 & 1 & 0 \\ \sin\psi & 0 & \cos\psi \end{bmatrix} \begin{bmatrix} \cos\varphi & \sin\varphi & 0 \\ -\sin\varphi & \cos\varphi & 0 \\ 0 & 0 & 1 \end{bmatrix} \begin{bmatrix} X \\ Y \\ Z \end{bmatrix}
$$

$$(2.5-13)$$

$$\underbrace{\overset{\gamma}{\longleftarrow} \qquad\qquad \overset{\psi}{\longleftarrow} \qquad\qquad\qquad \overset{\varphi}{\longleftarrow}}_{\boldsymbol{B}}$$

可简写为

$$
\begin{bmatrix} X \\ Y \\ Z \end{bmatrix} = \boldsymbol{B}^{-1} \begin{bmatrix} x_1 \\ y_1 \\ z_1 \end{bmatrix}
$$

$$(2.5-14)$$

式中　$\boldsymbol{B}^{-1}$ 为 $\boldsymbol{B}$ 的逆矩阵

$$
\boldsymbol{B}^{-1} = \begin{bmatrix} \cos\varphi\cos\psi & \cos\varphi\sin\psi\sin\gamma-\sin\varphi\cos\gamma & \cos\varphi\sin\psi\cos\gamma+\sin\varphi\sin\gamma \\ \sin\varphi\cos\psi & \sin\varphi\sin\psi\sin\gamma+\cos\varphi\cos\gamma & \sin\varphi\sin\psi\cos\gamma-\cos\varphi\sin\gamma \\ -\sin\psi & \cos\psi\sin\gamma & \cos\psi\cos\gamma \end{bmatrix}
$$

$$(2.5-15)$$

因此有

$$
\begin{bmatrix} \dot{W}_x \\ \dot{W}_y \\ \dot{W}_z \end{bmatrix} = \boldsymbol{B}^{-1} \begin{bmatrix} \dot{W}_{x_1} \\ \dot{W}_{y_1} \\ \dot{W}_{z_1} \end{bmatrix}
$$

$$(2.5-16)$$

式中　$\dot{W}_{x_1}$、$\dot{W}_{y_1}$ 和 $\dot{W}_{z_1}$ 是捷联惯性组合 3 个加速度表测得的箭体坐标系的 3 个加速度，乘以矩阵 $\boldsymbol{B}^{-1}$ 后，即可求得发射点重力惯性坐标系的 3 个加速度 $\dot{W}_x$、$\dot{W}_y$ 和 $\dot{W}_z$。

2.5.3　制导分系统

利用导航参数，按给定的制导规律，操纵火箭推力矢量来控制其质心运动，以达到期望的终端条件，准确关机，保证入轨精度的系统称为制导系统。一般要求采用主动段惯性制导，要求高的采用复合制导。制导系统的分类如图 2.30 所示。

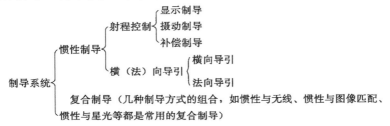

图 2.30　制导系统的分类

2.5.3.1　惯性制导

（1）射程控制

①显示制导

根据目标数据（或入轨精度数据）和火箭现时运动参数，按控制泛函（即控制目标函数是落点偏差为零的函数）的显函数（即控制参数的全量，而不是增量表示的函数）表达式，进行实时计算的制导方法称为显示制导。

射程是飞行轨道参数和时间的函数，在标准的关机情况下，标准射程 $\widetilde{L}$ 为

$$\widetilde{L} = \mathcal{L}\left[\widetilde{V}_a(\widetilde{t}_k), \widetilde{a}(\widetilde{t}_k), \widetilde{t}_k\right] \qquad (2.5-17)$$

式中　$\widetilde{V}_a$——预定惯性速度在直角坐标系中的 3 个分量（$\widetilde{V}_x$，$\widetilde{V}_y$，$\widetilde{V}_z$）；

$\widetilde{a}$——惯性直角坐标系表示的预定位置量（X，Y，Z）；

$\widetilde{t}_k$——预定的关机时间。

在各类干扰下，实际飞行轨道会偏离预定轨道，因而导弹的实际射程是

$$L = \mathcal{L}[V_a(t_k), a(t_k), t_k] \qquad (2.5-18)$$

式中　V_a——惯性速度实际值；

　　　a——惯性坐标实际定位值；

　　　t_k——实际关机时间。

因此，射程偏差 ΔL 为（2.5—17）式与（2.5—18）式之差，为射程关机余量，表示为

$$\Delta L = L - \tilde{L} \qquad (2.5-19)$$

用（2.5—19）式来控制主动段终点的参数，当计算出的 L 与预先计算值 $\tilde{L}$ 相等，即 $\Delta L=0$，关闭发动机。但是，要使关机时刻的 7 个参数（V_x，V_y，V_z，X，Y，Z，t_k）都等于预定值，需对发动机进行推力调节，从而调节飞行轨道，使火箭沿规定方向飞行，使 7 个参数与预定值相等。这实际上是困难的，也没有这个必要。射程是由关机时刻的 7 个参数的组合值确定的，因此即使飞行轨道不同，也能达到 $\Delta L=0$。若以 $\Delta L=0$ 作为主发动机控制函数（也称控制泛函），在主动段飞行中连续计算导弹速度、位置，并利用这些参数采取解析或数值计算方法，求解制导方程，形成制导信号进行制导。同时不断地预测此结果所产生的射程偏差，当 $\Delta L=0$ 时，发出最后关闭发动机的指令，结束主动段，进入中段飞行。

显示制导（状态参数——关机控制函数的 7 个变量）是指关机控制函数采用全量计算，即实时计算火箭运动速度、位置的全量，利用全量值算出射程 L；采用增量计算，即在测算周期内，根据测量采样值计算速度增量、位置增量，据此计算出射程增量，并按此递推求得下一计算周期及以后各次射程增量，当各射程增量叠加值等于预定射程 $\tilde{L}$ 时，发出关闭发动机指令。也就是说，先以全量（V_a，a，t_k）计算出射程（标准的或实际的值），后用实际的 L，减去标准的 $\tilde{L}$，得出射程增量，最后达到 $\Delta L=L-\tilde{L}$ 为零的制导，称为显示制导。

②摄动制导

摄动制导又称为 δ 制导，由于飞行实际轨道与预定轨道偏差不大，允许射程差 ΔL（或其他量）按预定轨道摄动，展开成自变量增量的泰勒级数。泰勒级数的展开点，原则上应选择在预定轨道的所有点，这样的展开式系数是时变的。因为关机时刻的运动参数对射程起主要作用，所以泰勒级数在多点展开没有必要，只要在预定关机时刻附近精确展开，减少了箭载计算机的容量和速度。将关机点 t_k 时的射程偏差 ΔL 对预定关机点参数 $\widetilde{V}_a(\widetilde{t}_k)$、$\widetilde{a}(\widetilde{t}_k)$、$\widetilde{t}_k$ 作泰勒级数展开，取一阶近似，即为摄动制导。射程偏差展开式为

$$\Delta L = \frac{\partial L}{\partial V_a}(V_a(t_k) - \widetilde{V}_a(\widetilde{t}_k)) + \frac{\partial L}{\partial a}(a(t_k) - \widetilde{a}(\widetilde{t}_k)) + \frac{\partial L}{\partial t}(t_k - \widetilde{t}_k)$$

$$(2.5 - 20)$$

式中，$a=X$，Y，Z，即将关机点的 $V_a(t_k)$、$a(t_k)$、t_k 进行射程偏差 ΔL 的泰勒展开，取一阶近似，即为摄动制导。

（2.5—20）式可简写为

$$\Delta L \approx J(t_k) - \widetilde{J}(t_k) \qquad (2.5 - 21)$$

即，当实际关机控制函数（又称关机特征量）$J(t_k)$ 与预定关机特征量 $\widetilde{J}(\widetilde{t}_k)$ 相等时，关闭发动机。

为了保证关机控制函数在关机点附近按线性展开，需要加导引（横向和法向）以调节飞行轨道，使之靠近预定轨道。

对于多级火箭，有多级多次关机。主动段的多次关机，除用射程偏差作关机控制函数外，也可用时间或最大速度等作关机函数，如定时关机、最大速度关机、耗尽关机等。

显式制导的关机控制函数是火箭运动参数的显函数，要计算实时值与目标值之差，计算复杂，但制导精度高。

摄动制导的关机控制函数是运动参数增量的展开式，利用箭上计算机求摄动制导方程比较简单，但要事先在大计算机上计算较多的预定值存于箭上计算机中。由于存储的射程偏差数、导引系数等是标准弹道预定的值，所以在大干扰下制导精度低。

③补偿制导

补偿制导是根据弹道式导弹落点精度只取决于主动段关机点运

动参数组合值的特点，在保证终端不变性约束条件下，简化测算和制导过程实时计算，而实现控制射程的制导方法。

补偿制导是不用导航计算的参数进行制导函数的计算，而用测量信息对外干扰进行补偿，以代替显函数式的坐标转换和导航计算。因此，导弹的运动方程是测量量组成的非齐次微分方程，利用伴随方程将关机控制函数的计算化为求解加速度表输出积分和测角元件输出积分的线性组合，这就避免了复杂的导航计算。

制导信号是以测量元件测量值积分为基础形成的，并由此得出关机特征量。关机特征量的一种形式为

$$J(t_k) = W_{x_1}(t_k) + \int_0^{t_k} K_1(t)\delta W_{x_1}\,\mathrm{d}t + \int_0^{t_k} K_2(t)\delta W_{y_1}\,\mathrm{d}t + \int_0^{t_k} K_3(t)\delta W_{z_1}\,\mathrm{d}t$$

$$(2.5-22)$$

式中　K_1，K_2，K_3——时变补偿系数。

（2）横（法）向导引（控制）

①横向导引

由于干扰，火箭飞行偏离射面，为保证落点横向偏差小于容许值，需采用横向制导将火箭导引回射面内。为此，以运动参数组成横向控制函数，形成横向导引指令，通过推力矢量控制构成闭环反馈，构成横向控制系统，导引导弹（运载火箭）质心横向运动（参见图 2.31）。

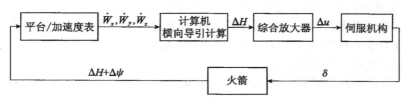

图 2.31　横向导引控制回路框图

对于摄动制导的横向偏差 ΔH 作为横向控制函数，即

$$\Delta H(t) = H(\xi(t), t) - \tilde{H}(\tilde{\xi}(\tilde{t}_k), \tilde{t}_k) \qquad (2.5-23)$$

式中　$\tilde{\xi}(\tilde{t}_k)$—— 特征弹道值，$\tilde{\xi}(\tilde{t}_k) = \tilde{V}_x(\tilde{t}_k), \tilde{V}_y(\tilde{t}_k), \tilde{V}_z(\tilde{t}_k),$

$$\tilde{X}(\tilde{t}_k), \tilde{Y}(\tilde{t}_k), \tilde{Z}(\tilde{t}_k);$$

$\xi(t)$—— 实测值,$\xi(t) = V_X(t), V_Y(t), V_Z(t), X(t), Y(t),$
$Z(t)$。

对于中程导弹,横向导引可以采用 V_{cz}(导弹在惯性空间弹道平面垂直方向的速度)作控制函数。

②法向导引为了实现关机方程的线性化,要求实际飞行弹道偏离预定弹道尽量小,因而采用法向导引。因弹道倾角(导弹惯性速度矢量与当地水平面夹角)的偏差对射程影响较大,所以通过法向导引,使导弹接近预定弹道飞行,并达到关机时弹道倾角偏差 $\Delta\theta_H(t_k)$ 小于容许值(参见图 2.32)。以 $\Delta\theta_H$ 作为法向控制函数,法向导引系统使 $\Delta\theta_H(t_k)$ 减小,当飞行时间趋近关机点时,则 $\Delta\theta_H(t_k) \rightarrow 0$。在二阶以上的射程偏导数中,$\dfrac{\partial^2 L}{\partial \theta_H^2}$ 和 $\dfrac{\partial^2 L}{\partial \theta_H \partial V}$ 最大,因此,控制 $\Delta\theta_H(t_k)$ 小于允许值。

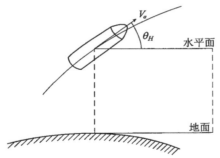

图 2.32　法向导引控制原理示意图

2.5.3.2　复合制导

目前采用的几种复合制导都以惯性制导为基础。不同用途的导弹或运载火箭,常用的复合制导方案有:

1)惯性制导与无线电制导组合;

2)惯性制导与星光制导组合;

3)惯性制导与图像匹配制导组合;

4)主动段(或中段)辅助以星光跟踪定位;

5)在中段辅以无线电测速、测距、测地形;

6)在再入段辅以图像匹配等。

1)～3) 方案可用于主动段，也可用于全程制导——主动段、中段、再入段。

上述复合制导比较复杂，具体内容将在第 3 篇中介绍。

2.5.4　姿态控制分系统

姿态控制分系统是控制和稳定导弹或运载火箭绕质心运动的控制系统。它是实现飞行程序、执行制导导引要求和克服各种干扰影响保证姿态角稳定在允许范围内的系统。

绕质心运动可分解为绕箭体坐标系 3 个惯性主轴的角运动（见图 2.33），因而姿态控制是三维控制系统。3 个基本控制通道分别对导弹的俯仰轴、偏航轴、滚动轴进行控制和稳定。

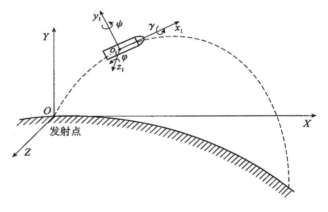

图 2.33　导弹绕质心控制的坐标系

姿态控制通道是闭合回路，3 个控制通道之间经过执行机构、气动力、惯性力和控制力相互交连。由于弹道式导弹是小角度绕质心运动，正常条件下交连不严重，所以可对 3 个通道独立进行分析设计。

目前，姿态控制系统有连续式和数字式两种。

2.5.4.1　连续式姿态控制系统

大型运载火箭由于结构弹性振动，液体推进剂晃动，应将火箭视为刚性、弹性振动和晃动的综合体。另外，多数火箭没有尾翼，是静不稳定的运动体；火箭的参数，如转动惯量、质心位置、谐振频率等均随飞行时间和飞行状态而变化，状态控制装置由于生产制造公差带来了参数偏差等，都使设计变得复杂化。大型运载火箭都采用姿态角、角速度和线加速度的多回路控制，称为内控回路；而横向和法向导引的控制是外回路控制。

俯仰控制回路的一般原理如图 2.34 所示。其他两个回路，偏航和滚动控制回路的原理基本相同。

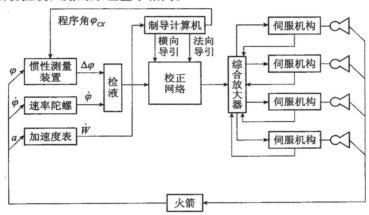

图 2.34　火箭俯仰多回路控制原理框图

具体控制过程为：

1）两个二自由度角速率陀螺仪；

2）三轴陀螺稳定平台测量姿态角；

3）捷联方案用速率陀螺测角速度经导航计算给出姿态角，针对火箭弹性振动的姿态稳定而采用速率陀螺，为控制气动载荷引起的发动机摆角大而采用法（横）向加速度表，分别装在火箭上合适位置。这些信号送入变换放大器而操纵发动机产生控制力，进行火箭姿态控制和稳定。

产生控制力的方式有气体动力和推力矢量控制两种：气体动力型执行机构包括燃气舵、反作用喷管；推力矢量控制是改变发动机推力方向而产生主推力的侧向分量作控制力。

改变推力矢量的伺服机构由伺服作动器和油源组件两大部分组成,伺服作动器将油源组件液压力转化为摆动发动机的机械力。

伺服机构也是一个伺服系统,按其反馈方式不同分为电反馈和机械反馈两种。

电反馈伺服机构通过反馈电位计和综合放大器形成反馈回路,如图 2.35 所示。

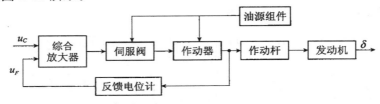

图 2.35　电反馈伺服机构原理框图

机械反馈伺服机构通过作动杆的位置与机构反馈装置构成闭环,如图 2.36 所示。机械反馈装置是一个锥形杆,与作动杆做成一体。当作动杆移动时,锥杆上滚球在垂直锥杆方向移动一个距离,连接滚球的弹簧使伺服机构的油路喷嘴开度向外方向改变,达到负反馈的目的。

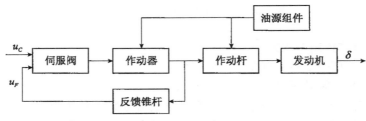

图 2.36　机械反馈伺服机构原理框图

火箭的测量装置和执行机构选定后,参数不易改变。为改变控制特性和稳定性,只能改变放大器中放大系数和校正网络参数、飞行稳定的动、静态参数。

设计控制回路时要考虑以下几点:

1）单机特性，如伺服机构的速度特性容易引入饱和状态；

2）火箭弹性振动通过姿态回路构成反馈，当弹性振动信号过大时，伺服机构、变换放大器进入非线性区，会使刚体控制信号减小，严重时发动机将无足够的摆角和摆角速度来提供需要的控制力，导致姿态角增大而失稳；

3）推进剂晃动对姿态控制稳定性有影响，这可由校正网络来解决。

校正网络应起到以下作用：

1）产生微分作用的信号——与姿态角速率成比例的信号（采用速率陀螺或微分网络都可以得到刚体超前调节所需的姿态角速率信号，但采用速率陀螺后，校正网络微分作用可以减小），以补偿控制装置的惯性；

2）进行高频滤波——消除由高频干扰带来的不利影响。

总之，设计校正网络时要考虑相位超前、高频滤波和相位整形特性等要求，寻求使刚体运动、弹性振动和晃动，都能稳定控制并有足够的余量。

对于大型运载火箭，设计时还要考虑以下几点：

1）纵向耦合振动效应 POGO，即推进剂输送管路系统与导弹结构频率共振产生的纵向脉动力。

2）推进剂晃动惯性力和纵向耦合振动的脉动力通过发动机推力矢量控制可能形成正反馈而导致系统不稳定。

3）解决这些问题的办法是增加机械阻尼，即在箱体中设置防晃板，或在推进剂管路中设抑制器（旁通缓冲器）。

2.5.4.2 数字式姿态控制系统

该系统与连续式姿态控制系统无多大差别，只是用计算机代替变换放大器而形成闭合回路。测量装置仍用连续装置，只需在测量装置后加A/D转换器，在伺服机构前面有D/A转换器。这就可以实现导航、制导和姿态控制一体化。典型数字化姿态控制系统原理如图2.37所示。

数字式姿态控制系统的原理与连续式姿态控制系统的关系和设计方法详见第18章。

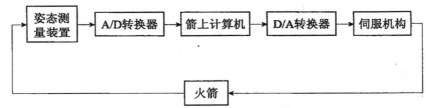

图 2.37　火箭数字式姿态控制系统原理框图

2.5.5　电源配电分系统

该系统由一次电源（银锌电池Ⅰ和银锌电池Ⅱ）和二次电源及其相应的主配电器和副配电器组成（参见图 2.38）。一次电源的电池Ⅰ通过主配电器给控制系统主要仪器（惯性平台、速率陀螺、变换放大器和箭上数字计算机）的二次电源（将 28 V 直流电源变换成各种集成电路或电动元件需要的交直流电源，如 ± 5 V、± 15 V、交流 40 V/500 Hz 等）。一次电源的电池Ⅱ通过副配电器给大电流负载——一级伺服机构、二级伺服机构和各级火工品电路供电。

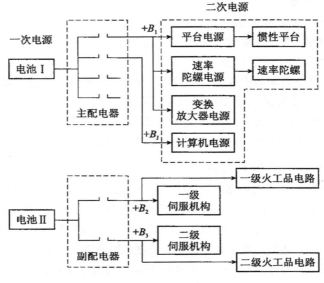

图 2.38　电源配电系统原理框图

2.6　中国的运载火箭

1970 年 4 月 24 日发射了我国第一颗人造卫星的长征一号运载火箭，由东风四号导弹改进（增加固体火箭作第三级）而成。

1974 年 11 月 26 日成功发射我国第一颗返回式遥感卫星的长征二号运载火箭，由东风五号洲际导弹改进而成。后来又发展了为发射不同类型卫星的长征二号 C、风暴一号、长征二号 E、长征二号 D、长征二号 C/FP 运载火箭。

1984 年 4 月 8 日发射成功我国第一颗地球同步轨道通信卫星的长征三号运载火箭，是在长征二号火箭基础上加高效推进剂（液氢/液氧）的第三级用来发射地球高轨道卫星（高度为 36 000 km）的大型运载器。后来又发展成长征三号 A、长征三号 B 运载火箭。

1988 年 9 月 7 日成功发射我国第一颗气象卫星的长征四号 A 运载火箭，是在风暴一号火箭基础上加上常规燃料第三级的另一种发射高轨道卫星的大型运载火箭。后来又发展了长征四号 B 和长征四号 C 运载火箭。

1999 年 11 月 20 日成功发射我国第一艘载人飞船（神舟一号）的长征二号 F 运载火箭，是在长征二号 E 捆绑式重型火箭基础上采用较完善的高可靠/高安全性措施（新增了故障检测系统和逃逸系统）的载人运载火箭；2003 年 10 月 15 日执行了首次载人飞行任务（发射神舟五号），获得圆满成功。

下面分别叙述我国四大系列运载火箭的性能和构成原理，以建立适用型运载火箭完整的工程概念。

2.6.1　长征一号系列运载火箭

长征一号系列包括长征一号（CZ—1）和长征一号 D（CZ—1D）两个型号，都是三级火箭，其箭体结构如图 2.39 所示。

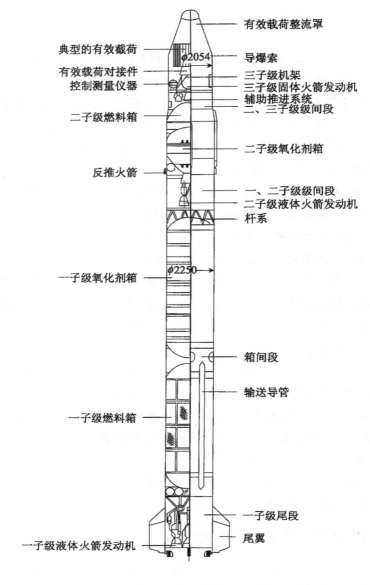

图 2.39　长征一号 D 火箭结构示意图

长征一号火箭主要用于发射我国第一颗卫星——东方红一号，后又研制了其改进型长征一号 D。20 世纪 90 年代长征一号 D 火箭投入商业发射。长征一号系列运载火箭的总体参数和运载能力如表 2.9 所示。

表 2.9　长征一号系列火箭总体参数

名　称	级数	全长/m	箭体最大直径/m	起飞质量/t	起飞推力/kN	运载能力/kg
长征一号	3	29.86	2.25	81.570	1 020.0	300（440 km 圆轨道，倾角 70°）
长征一号 D	3	28.22	2.25	81.465	1 101.2	360（700 km 太阳同步轨道）

箭体由一、二、三子级结构和整流罩组成。长征一号 D 火箭主要改进有：

1）提高了一子级发动机推力（从 1 020 kN 到 1 101.2 kN）；

2）提高了二子级性能，更换氧化剂（用四氧化二氮代替硝酸一27 S），更换发动机（两元双向摆，并用可二次启动的 YF－40 代替固定的 YF－3 发动机），去掉了燃气舵，并在一、二级分离时将二级尾段抛掉等；

3）提高了三子级性能，更换了固体发动机（用 FG－36 发动机取代 FG－02 发动机，提高了真空比冲），组装双组元推进剂姿控发动机（多次使用，用于滑行段和动力飞行段调姿和提供轨道转移冲量）；

4）将位置捷联控制系统改为平台/计算机全惯性控制系统；

5）提高了运载能力；卫星入轨可自旋，也可三轴稳定状态。

长征一号火箭的控制系统采用"位置捷联补偿纵向制导，加坐标转换横向/法向导引"的制导系统方案；实用"全惯性敏感元件（水平陀螺仪、垂直陀螺仪、速率陀螺仪及横法向仪）加校正网络/综合放大器"组成的连续式模拟稳定控制系统方案。该控制方案原理详见第 18 章。

长征一号火箭的推进系统由一、二子级液体火箭发动机和推进剂增压输送系统组成。三子级为固体火箭发动机。一级由 4 台 YF－1 发动机组成。YF—1 发动机采用偏二甲肼＋硝酸—27S 自燃推进剂，海平面推力为 1 020 kN，海平面比冲为 2 349 kN·s/kg，真空比冲 2 607 kN·s/kg，推进剂总流量为 434. 4 kg/s，混合比为 2.46，工作时间为 14 s。二子级采用 YF—1 单机基础上设计的高空发动机 YF—3，真空推力为 294.2 kN，真空比冲为 2 746 kN·s/kg，推进剂流量为 113.77 kg/s，混合比为 2.48，工作时间为 102 s，发动机质量为 350 kg。三子级采用 FG—02 固体发动机，装药 1 800 kg，真空平均比冲约为2 472 N·s/kg，工作时间为 40 s，总质量为 2 056 kg。

2.6.2　长征二号系列运载火箭

长征二号系列包括长征二号（CZ—2）（1974 年首次发射）、长征二号 C（CZ—2C）（1982 年首次发射）、长征二号 E（CZ—2E）（1990 年首次发射）、长征二号 D（CZ—2D）（1992 年首次发射）、长征二号 F（CZ—2F）（1999 年首次发射）等多种型号。它是为我国发射重型近地轨道航天器而设计的。该系列火箭的总体参数如表 2.10 所示，火箭的外形结构如图 2.40 所示。

表 2.10　长征二号系列火箭总体参数

型号名称	级数	全长/m	箭体最大直径/m	起飞质量/t	起飞推力/kN	运载能力/kg
长征二号	2	31.17	3.35	192	2 786	1 800（200 km LEO，倾角 63°）
长征二号 C	2	43.027	3.35	245	2 962	3 850（200 km LEO，倾角 63°）
长征二号 C/SM	3	43.027	3.35	245	2 962	1 250（GTO，倾角 28°）
长征二号 C/SMA	3	43.027	3.35	245	2 962	1 900（600 km SSO）
长征二号 D	2	41.056	3.35	249	2 962	1 350（600 km SSO）
长征二号 E	2	49.686	11.45	462	5 923	9 200（200 km LEO，倾角 28°）
长征二号 F	2	58.343	11.45	480	5 923	8 080（200 km LEO，倾角 42°）
风暴一号	2	32.57	3.35	192	2 746	1 500（200 km LEO，倾角 42°）

注：LEO——近地轨道；GTO——地球同步转移轨道；SSO——太阳同步轨道。

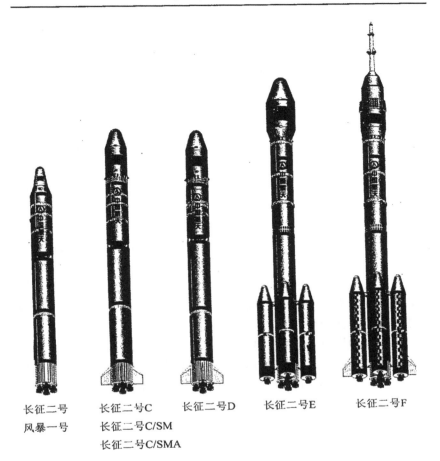

长征二号　　　长征二号C　　　长征二号D　　　长征二号E　　　　长征二号F
风暴一号　　　长征二号C/SM
　　　　　　　长征二号C/SMA

图 2.40　长征二号系列火箭

　　长征二号运载火箭是中国航天运载器的基础，后又发展形成了长征二号系列、长征三号系列和长征四号系列运载火箭。

2.6.2.1　长征二号 C 运载火箭

　　长征二号 C 运载火箭由整流罩、仪器舱、推进剂贮箱、级间段、箱间段、尾段等部分组成。电子/电气控制设备主要安装在火箭最前端的仪器舱中，箱间段和级间段也安装了部分控制设备。为使火箭重心尽量靠前以提高其静稳定性，将密度比较大的一、二子级氧化剂箱安排在前，密度较小的一、二子级燃料箱安排在后。级间段有壳段式和杆系式两种结构形式，一、二级间段用杆系式，以便一、二级热分离时可顺畅排出二子级发动机喷出的燃气。电缆、导管均从贮箱外面通过，并对称布置。氧化剂输送管路从燃料箱中间穿过。两种整流罩结构形式具有不同的对接部位，以适应不同的有效载荷结构需求。发射支点设在一子级发动机机架的最前端，以利于发射支撑的稳定和传力结构的合理利用。一、二子级的级间分离面设在二子级机架与壳体的连接面处，以最大程度减轻二子级的结构质量，提高运载能力。这样，一、二子级就有 3 m 长的重合段，级间分离时，二子级发动机及其机架系统需从级间段中脱出。箭体结构材料主要是 LD10 铝合金。

长征二号 C 火箭的推进系统由液体火箭发动机、泵压式推进剂输送系统和自生增压系统组成。采用自燃烧推进剂（氧化剂为四氧化二氮，燃料为偏二甲肼）。长征二号 C 火箭的一子级推进系统如图2.41 所示，由组合发动机、推进剂输送系统、增压系统、火工品及电缆、机架等部分组成。

一级发动机由 4 台独立单机通过机架并联成组合发动机，采用推进剂为四氧化二氮/偏二甲肼，海平面总推力为 2 962 kN，海平面比冲为 2 556 N·s/kg，工作时间为 147 s。为使组合发动机的质心在箭体纵轴线上，并使发动机推力的合力与箭轴线重合，4 台发动机对称呈×形布局安装，每台发动机机安装角均为 2°50′（发动机中轴线与箭体轴线间夹角）。4 台发动机可切向摆±10°，为火箭飞行姿态控制提供控制力矩。一子级发动机的外形与安装如图 2.42 所示。

一子级推进剂输送系统由推力室推进剂供应系统（简称主系统）、涡轮工质供应系统（简称副系统）和自主增压推进剂供应系统3 部分组成。主系统由启动阀门、可摇摆软管、涡轮泵、主节流阀、主阀门和导管组成，完成推进剂按比例流入推力室燃烧，产生推力，同时利用燃料对推力室冷却。在发动机关机后，断绝推进剂供应，使力室不再产生推力。副系统由火药启动器、燃气发生器，氧化剂副系统和燃料副系统组成，氧化剂副系统有副断流阀门、过滤器、气蚀管、单向阀门及导管，燃料副系统有气蚀管、单向阀门及导管。

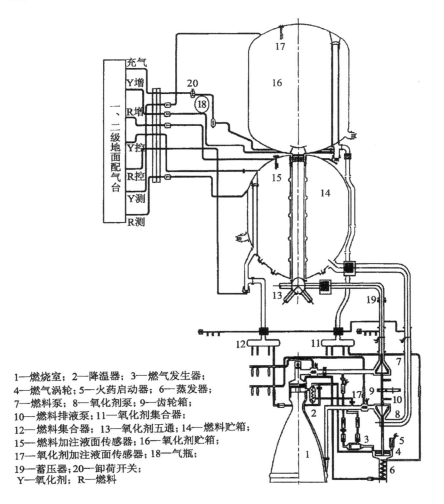

图 2.41　长征二号 C 火箭的一子级推进系统

1—燃烧室；2—降温器；3—燃气发生器；
4—燃气涡轮；5—火药启动器；6—蒸发器；
7—燃料泵；8—氧化剂泵；9—齿轮箱；
10—燃料排液泵；11—氧化剂集合器；
12—燃料集合器；13—氧化剂五通；14—燃料贮箱；
15—燃料加注液面传感器；16—氧化剂贮箱；
17—氧化剂加注液面传感器；18—气瓶；
19—蓄压器；20—卸荷开关；
Y—氧化剂；R—燃料

副系统的作用是提供涡轮泵工作所需的高温高压燃气，并为燃料贮箱提供增压气体。增压系统由自主增压系统、气瓶补压系统和地面增压系统 3 部分组成。自主增压系统分为氧化剂自主增压系统和燃料自主增压系统组成。氧化剂自主增压由推力室头部引出一股四氧

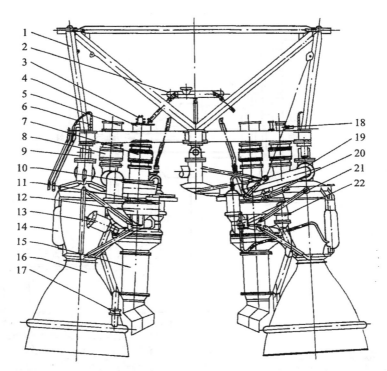

图 2.42　长征二号 C 火箭的一子级发动机及其安装图

1—机架；2—环形集合器；3—六通；4—氧化剂启动阀门；
5—燃料启动阀门；6—组合接头；7—氧化剂摇摆软管；8—燃料摇摆软管；
9—常平座；10—氧化剂副单向阀门；11—燃气发生器；12—涡轮泵；
13—火药启动器；14—降温器；15—蒸发器；16—推力室；17—燃料节流圈；
18—带法兰盘三通；19—氧化剂主阀门；20—氧化剂副断流阀门；
21—燃料副单向阀门；22—燃料主阀门

化二氮液体进蒸发器，经高温涡轮废气加热，变为蒸气（有 4 套蒸发器），再到环形集合器中集合，通过增压主管路输送到氧化剂贮箱增压。燃料自主增压由燃气发生器产生的富燃料高温燃气中，引出一小股燃气，经降温由燃气集合器集中起来，经增压主管路输送到燃料贮箱进行增压。气瓶补压系统是点火前自主增压系统未工作时的补救措施，每个贮箱有 1 个高压气瓶作补压气源。地面增压系统是为减少箭上增压气体消耗，发动机启动前的地面配气台。

二子级推进系统由推力室、涡轮泵、涡轮工质供应系统、推进剂供应系统、增压系统、火工器及电缆、机架等组成（参见图 2.43）。发动机由 1 台主发动机和由 4 台推力室构成的游动发动机

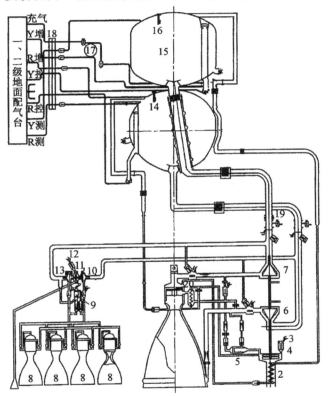

图 2.43 长征二号 C 火箭的二子级推进系统

1—主燃烧室；2—蒸发器；3—主火药启动器；4—主燃气涡轮；

5—主燃气发生器；6—燃料主泵；7—氧化剂主泵；8—游机燃烧室；

9—游机燃气发生器；10—游机燃料泵；11—游机涡轮；12—游机火药启动器；

13—游机氧化剂泵；14—燃料加注液面传感器；15—氧化剂贮箱；

16—氧化剂加注液面传感器；17—气瓶；18—七管连接器；19—蓄压器；20—降温器

（YF—23）并联组成。主发动机安装在中轴线上固定，提供二子级推力。游动发动机呈＋形安装，并有10°安装角，使推力线交于二级火箭质心，切向摆动±60°，提供力矩以实现姿态控制。二子级的两种发动机均采用四氧化二氮/偏二甲肼推进剂。主发动机真空推力为741 kN，真空比冲为2 922 N·s/kg，工作时间为140～190 s。4台游动发动机真空推力约为47 kN，真空比冲为2 834 N·s/kg，工作时间为420～650 s。

二子级推进输送系统由主发动机推进输送系统和游动发动机推进输送系统组成。工作原理与一子级推进输送系统相同，只是对推进剂量的调节由气蚀管代替节流圈，涡轮泵去掉了齿轮箱，涡轮转速较一子级涡轮转速高。

该火箭控制系统，采用三轴气浮陀螺稳定平台/数字计算机方案，由制导系统和姿态控制系统组成。制导系统控制火箭沿预定轨道飞行，满足有效载荷（卫星或飞船）入轨精度要求。姿态控制系统控制火箭飞行姿态，以保证稳定飞行和入轨精度。该控制方案的组成与工作原理，详见长征四号运载火箭系列控制系统。

该火箭还有遥测与跟踪（测轨）系统、安全自毁系统、电源配电系统（一般控制、遥测和安全系统各自配有独立的电源配电系统，由箭上电池、配电器和各类二次电源组成）；地面还有火箭综合测试发射控制（简称测试发控）系统、发射方位瞄准系统、火箭垂直度调整系统和推进剂加注测试系统等。

该火箭的主要技术性能还有：推重比1.2；入轨精度（200 km近地轨道1σ）——近地点高度偏差为1.67 km，倾角偏差为0.05°，近地点幅角偏差为1.67°，升交点经度偏差为0.05°。

该火箭在发射返回式卫星时，卫星质量为1.7～2.1 t；轨道参数为$H_p/H_a=$（177～211 km）/（311～470 km），$T=89$～91.2 min，$i=56.95°$～63°。典型发射轨道特征曲线如图2.44所示。

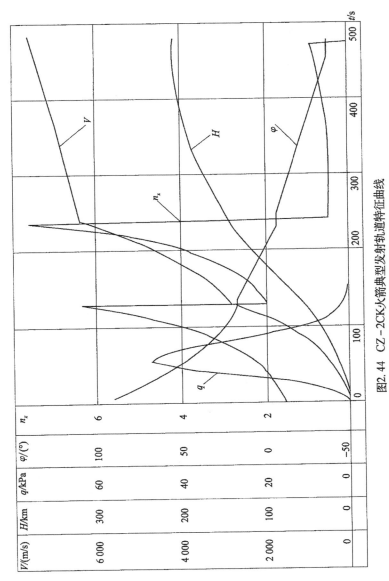

图2.44　CZ-2CK火箭典型发射轨道特征曲线

V—飞行速度；H—高度；q—动压力；φ—俯仰角；n_x—轴向过载

2.6.2.2　长征二号 D 运载火箭

长征二号 D 运载火箭是采用增加推进剂加注量和增大起飞推力的方法，使运载能力提高到 3 100 kg（175～355 km，$i=63°$）。其箭体结构形式、推进系统、控制系统等主要系统与长征二号 C 火箭基本相似。

2.6.2.3　长征二号 E 运载火箭

长征二号 E 是以加长型的长征二号 C 为芯级，捆绑 4 个液体助推器组成的两级液体推进剂火箭。其运载能力可达 9 200 kg（LEO），其主要技术性能如表 2.11 所示。图 2.45 和图 2.46 示出了长征二号 E 火箭的圆轨道运载能力和椭圆轨道运载能力。长征二号 E 火箭的外形和结构如图 2.47 所示，助推器的布局与芯级结构连接如图 2.48 所示。长征二号 E 火箭主要是为国内外发射重型近地轨道卫星而设计的，1990 年 7 月 16 日首次飞行试验成功；1992 年进行商业发射，将带近地点发动机的澳大利亚第二代通信卫星 OPTUS B1 送入高 200 km 的停泊轨道。截至 1995 年年底，长征二号 E 火箭已成功地进行了 7 次发射。这为在此型号基础上改进的长征二号 F 火箭发射飞船奠定了坚实基础。

2.6.2.4　长征二号 F 运载火箭

长征二号 F 是按载人航天任务的要求在长征二号 E 火箭基础上研制的两级运载火箭，主要用于发射神舟号飞船和大型近地轨道航天器。

长征二号 F 火箭于 1999 年 11 月 20 日首次成功发射了神舟一号试验飞船，2003 年 10 月 15 日首次成功发射了载人飞船。截至 2008 年 9 月 25 日，长征二号 F 火箭一共发射了 7 次飞船，3 次载人飞船，4 次不载人飞船，全部获得成功。

表2.11　长征二号E火箭主要技术性能参数

级数	2级
全长/m	49.686
最大直径/m	11.45(包括助推器)
起飞质量/t	462.46
起飞推力/kN	5 923.2
推重比	1.31
运载能力/t	9.2(200 km,倾角28.5°)
入轨精度(200 km,停泊轨道,1σ)　近地点高度偏差/km	2.0
偏心率	0.000 22
倾角偏差/(°)	0.05
升交点经度偏差/(°)	0.07
入轨姿态精度/(°)	0.5(任意方向)

助推器		
长度/m	15.326	
直径/m	2.25	
起飞质量/t	4×40.754	
结构质量/t	4×3.0	
推进剂质量/t	4×37.754	
发动机	4×YF—20B	
推进剂	四氧化二氮/偏二甲肼	
地面推力/kN	4×740.4	
地面比冲/(N·s/kg)	2 556.2	
工作时间/s	127.26	

一子级		
级长/m	28.465	
直径/m	3.35	
起飞质量/t	198.825	
结构质量/t	12.55	
推进剂质量/t	186.28	
发动机	YF—21B(4×YF—20B)	
推进剂	四氧化二氮/偏二甲肼	
地面推力/kN	2 961.6	
地面比冲/(N·s/kg)	2 556.2	
工作时间/s	160.43	

续表

二子级		
级长/m		14.233
直径/m		3.35
质量/t		91.414
结构质量/t		4.955
推进剂质量/t		84.759
发动机	主机	YF-22B
	游机	YF-23B
推进剂		四氧化二氮/偏二甲肼
真空推力	主机/kN	738.4
	游机/kN	47.07(4台)
真空比冲	主机/(N·s/kg)	2 922.4
	游机/(N·s/kg)	2 834.1
工作时间	主机/s	301.18
	游机/s	414.68

近地点级	
长/m	3.62
直径/m	1.7
质量/t	6.084
推进剂质量/t	5.40
推进剂	固体
发动机	EPKM
真空比冲/(N·s/kg)	2 863.5
工作时间/s	70

整流罩	
长/m	10.5
直径/m	4.2
质量/t	1.9

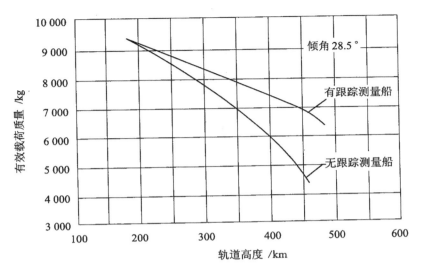

图 2.45　长征二号 E 火箭圆轨道运载能力

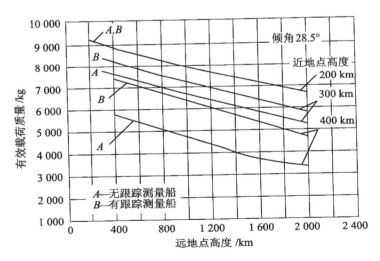

图 2.46　长征二号 E 火箭椭圆轨道运载能力

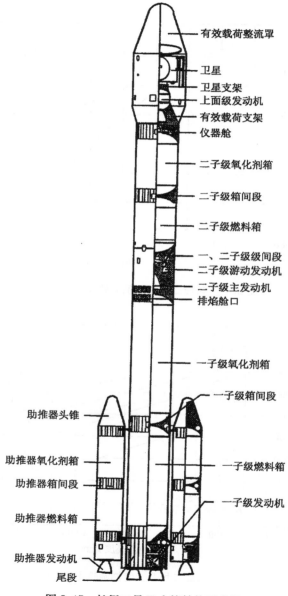

有效载荷整流罩

卫星

卫星支架

上面级发动机

有效载荷支架

仪器舱

二子级氧化剂箱

二子级箱间段

二子级燃料箱

一、二子级级间段

二子级游动发动机

二子级主发动机

排焰舱口

一子级氧化剂箱

一子级箱间段

助推器头锥

助推器氧化剂箱

一子级燃料箱

助推器箱间段

一子级发动机

助推器燃料箱

助推器发动机

尾段

图 2.47　长征二号 E 火箭结构示意图

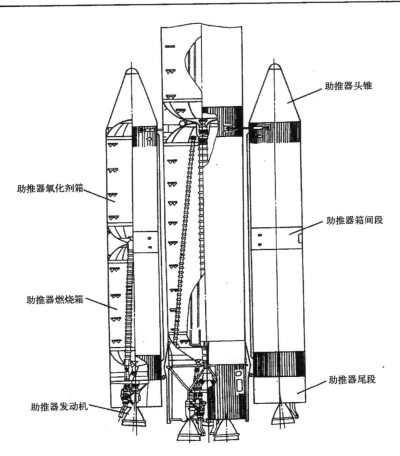

图 2.48　长征二号 E 火箭助推器与芯级结构图

2.6.3　长征三号系列运载火箭

　　长征三号系列包括长征三号（CZ－3）、长征三号 A（CZ－3A）、长征三号 B（CZ－3B）和长征三号 C（CZ－3C）4 种火箭，其总体性能参数如表 2.12 所示。它是在长征二号系列火箭基础上发展起来的，是专为发射高轨道（36 000 km）地球同步卫星而研制的，其突出特点是：

　　1）4 种火箭都是三级火箭；

2）三子级使用液氧和液氢作为推进剂；

3）三子级氢氧发动机可以二次启动；

4）可以直接将有效载荷送入地球同步转移轨道。

该系列火箭各型号外形如图 2.49 所示。

表 2.12　长征三号系列火箭总体参数

型号名称	级数	全长/m	箭体最大直径[1]/m	起飞质量/t	起飞推力/kN	运载能力[2]/kg
长征三号	3	44.86	3.35	205	2 961.6	1 600
长征三号 A	3	52.52	3.35	243	2 961.6	2 600
长征三号 B	3（4 助）	56.33	3.35	456	5 923.2	5 500
长征三号 C	3（2 助）	56.33	3.35	367	4 442.4	4 000

注：1）芯级直径；

　　2）标准地球同步转移轨道的运载能力。

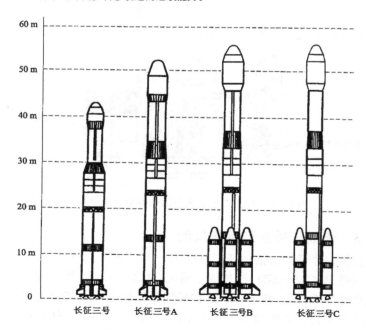

图 2.49　长征三号系列火箭外形

2.6.3.1　长征三号运载火箭

长征三号火箭的一子级和二子级引用了长征二号火箭的技术，其长度和结构强度略有改进，其结构和推进系统的新进展全部表现在三子级上。研制中的氢氧发动机和推进系统共进行了 120 次热试车，累计时间达 32 000 s。三子级的绝热共底贮箱缩比试验、推进剂蒸发试验、液氢/液氧填充爆破试验，共底绝热试验、内压试验、外压试验等关键技术均通过验证。另外，对液氢、液氧的防爆措施，仪器舱的隔低温措施，防液氢进入仪器舱和伺服机构的措施，电气上的屏蔽、接地和防雷等都进行了精心的考虑，保证了火箭的可靠性和安全性。长征三号火箭于 1984 年 1 月 29 日首次发射，因三级第二次点火失败，卫星未入大椭圆过度轨道；1984 年 4 月 8 日发射获完全成功。

长征三号火箭的箭体结构可参见图 2.7。

长征三号火箭的主要结构材料为 LD10 铝合金。一、二子级结构与长征二号 C 火箭相似，只是一子级尾端增加了尾翼（直角梯形，翼根弦长 2.2 m，翼展 1.4 m），发射支撑点由长征二号 C 火箭尾端上方改为尾段下端，还设置了大梁以增加支点结构强度。长征三号火箭体结构的突出进展是三子级结构和超低温推进系统，这是本小节论述的重点。

三子级主要由共底贮箱（见图 2.50）、仪器舱（见图 2.51）、有效载荷支架，转接锥及阀门、导管等组成。共底贮箱的上箱贮存液氢，下箱贮存液氧。液氧箱由后短壳、后底、圆筒段和共底组成。共底的型面与下底相同，由非金属蜂窝结构与上、下面板构成，其外侧焊有抽空管嘴和真空度测量及气体分析管嘴。加注推进剂之前，将共底抽至真空，加注后腔内气体冷凝，真空度进一步提高，达到绝热的目的。液氢箱由共底、圆筒段、前底和前短壳组成。贮箱外表面的绝热层是以喷涂聚氨酯泡沫塑料为主体的多层密封缠绕式结构。

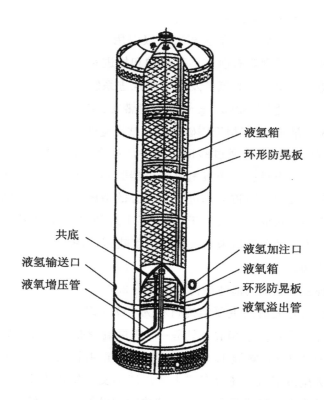

图 2.50　长征三号火箭三子级共底贮箱结构图

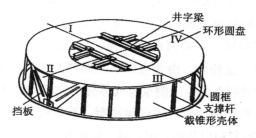

图 2.51　长征三号火箭仪器舱结构图

仪器舱位于三子级贮箱上端，是安装火箭仪器和支撑卫星有效载荷的结构件。仪器舱由锥形壳体、环形圆盘、支撑杆和井字梁组成。其最突出特点是，仪器舱与液氢箱之间有一层隔离膜，以防止可能产生的氢气进入仪器舱（若氢气进入仪器舱有的电子设备可能爆炸）。

三子级推进系统由 YF−73 氢氧发动机、输送系统、增压系统、推进剂管理系统和其他系统组成。这是一个全新的推进系统，其构成如图 2.52 所示。

YF−73 氢氧发动机采用燃气发生器循环系统，由 1 台涡轮泵供应 4 台推力室，液氢泵和液氧泵均为一级离心泵，涡轮为一级冲动式涡轮。发动机可作二次启动，每次启动都用气瓶启动，用火药点火器点火。发动机由推力室、涡轮泵、燃气发生器、自动器、启动气瓶和火药点火器组成。推力室身部焊有传动通道，轴端有齿，与伺服机构啮合，以实现推力室单向摆动。涡轮泵由涡轮、液氢泵、液氧泵和齿轮箱等组成。燃气发生器由头部和身部构成。共有 24 种 41 个自动器，主要包括液氢泵前阀门、液氧泵前阀门、液氢主阀门、液氧主阀门、氢副系统控制阀门、氧副系统控制阀门、氢泄出阀门、氧泄出阀门、氦气减压器、液氧移压器、气动阀门和电动器阀门等器件，用以控制发动机的启动和关机。共有 20 个火药点火器，燃气发生器头部和每个推力室头部各装 4 个，每次点火各消耗 2 个，其中 1 个为冗余。点火器由电点火系统、能量释放系统（包括引燃药、烟火药、过渡药和惰性药等）和结构件组成。YF−73 发动机主要性能参数如表 2.13 所示。该发动机的输送系统、增压系统、推进剂管理系统等，都有设计独到之处，考虑到液氢、液氧的低温易爆特点，还有排气系统、吹除和气封系统等。

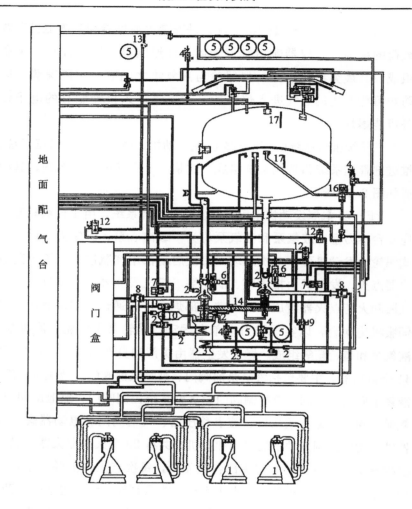

图 2.52　长征三号火箭三子级推进系统

1—燃烧室；2—单向阀门；3—换热器；4—电动气阀门；5—气瓶；

6—泵前阀门；7—泄出阀门；8—主阀门；9—稳压器；10—燃气发生器；

11—副系统控制阀门；12—减压器；13—卸荷开关；14—涡轮泵；15—输送管；

16—安全溢出阀门；17—加注液位指示器

表 2.13　YF-73 液氢/液氧发动机主要性能参数

真空推力/kN	44.43	验收时的工作时间/s	第一次工作	800
真空比冲/（N·s/kg）	4 119		滑行段	200
推进剂总流量/（kg/s）	10.786		第二次工作	600
推进剂质量混合比	5.0	外廓尺寸（高×直径）/mm		1 438×2 220

　　长征三号火箭的控制系统由制导系统和姿态控制系统组成。制导系统采用平台/计算机方案；姿态控制系统采用平台/速率陀螺连续控制摇摆发动机方案，滑行段采用开关放大器控制无水肼喷管方案。

　　火箭发射地球同步转移轨道卫星（在西昌卫星发射中心）的轨道倾角为 31.1°～27°，轨道分为 7 段，即一级飞行段、二级飞行段、三级一次飞行段、滑行段（停泊轨道）、三级二次飞行段、末速修正段和姿态保持段。典型飞行程序示意图和飞行时序如图 2.53 和表 2.14 所示。

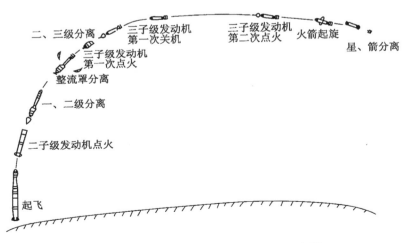

图 2.53　长征三号火箭典型飞行程序示意图

表 2.14　长征三号火箭典型飞行时序

时间/s	事　件	时间/s	事　件
T−3.00	一子级发动机点火	T+263.25	二、三级分离
T+0.00	起飞	T+688.88	三子级发动机第一次关机，进入停泊轨道
T+10.00	程序转弯开始	T+935.70	三子级发动机第二次点火
T+126.66	一子级发动机关机	T+1 253.71	三子级发动机第二次关机
T+127.89	一、二级分离	T+1 261.71	末速修正喷管关机
T+255.25	二子级主机关机	T+1 291.71	星、箭进入转移轨道，起旋火箭点火
T+259.25	整流罩分离	T+1 292.21	起旋火箭熄火
T+262.25	二子级游机关机	T+1 292.71	星、箭分离

2.6.3.2　长征三号 A 运载火箭

长征三号 A 火箭是在长征三号火箭基础上改进的。其三子级液氢/液氧发动机 YF−75 的推力比 YF−73 发动机有显著提高，有一组两个发动机，真空推力为 2×78.453 kN，真空比冲为 4 334.54 N·s/kg，工作时间为 469 s，因此，地球同步转移轨道运载能力达到 2.6 t。控制系统改进为四轴平台/计算机显示制导控制方案，姿态控制系统改进为四轴平台/速率陀螺数字化控制方案。长征三号 A 火箭于 1994 年首次发射成功。

2.6.3.3　长征三号 B 运载火箭

长征三号 B 火箭是在长征三号 A 火箭和长征二号 E 火箭基础上改进的三级液体捆绑式火箭，是为发射重型地球同步转移轨道卫星设计的，其运载能力大于 5 t。长征三号 B 火箭于 1996 年首飞并投入商业发射。

2.6.3.4　长征三号 C 运载火箭

　　长征三号 C 火箭与长征三号 B 火箭同时研制。它的主要区别在于捆绑助推器的数量。长征三号 C 火箭捆绑了两个助推器（比长征三号 B 火箭减少了两个），发射地球同步转移轨道卫星运载能力为4 t。长征三号 C 火箭于 2008 年首飞并投入商业发射。

2.6.4　长征四号系列运载火箭

　　长征四号系列包括长征四号（CZ－4）、长征四号 A（CZ－4A）、长征四号 B（CZ－4B）和长征四号 C（CZ－4C）4 种火箭，其总体参数如表 2.15 所示。各型火箭外形如图 2.54 所示。

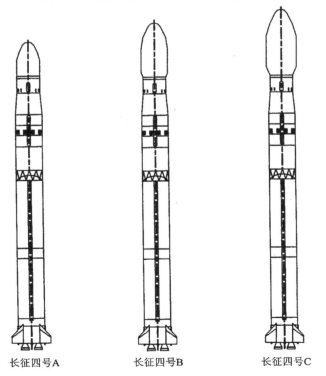

長征四号A　　　　　長征四号B　　　　　長征四号C

图 2.54　长征四号系列火箭外形

表 2.15　长征四号系列火箭总体参数和运载能力

型号名称	级数	全长/m	箭体最大 直径/m	起飞 质量/t	起飞 推力/kN	运载能力/kg
长征四号	3	41.901	3.35	248.926	2 961.6	1 250 （地球同步转移轨道）
长征四号 A	3	41.905	3.35	241.092	2 961.6	2 500 （600 km 太阳同步轨道）
长征四号 B	3	47.977	3.80	249.150	2 961.6	2 650 （600 km 太阳同步轨道）
长征四号 C	3	47.977	3.80	249.250	2 961.6	3 100 （600 km 太阳同步轨道）

　　长征四号火箭是在长征二号火箭和长征三号火箭基础上研制的，作为发射地球同步轨道卫星的另一种方案，1982 年停止研制，后又研制了长征四号 A 火箭，专为发射太阳同步轨道卫星，于 1988 年 9 月发射第一颗试验气象卫星。

　　长征四号 A 火箭的主要性能参数和运载能力曲线如表 2.16 和图 2.55 所示；其结构如图 2.56 所示，其一、二子级的结构同长征二号火箭的一、二子级。

表 2.16　长征四号 A 火箭主要性能参数

级数	3 级	运载能力/kg		1 500（高度 901 km 太阳 同步轨道，倾角 99°）
全长/m	41.901	入 轨 精 度	近地点高度 偏差/km	40
最大直径/m	3.35		远地点高度 偏差/km	40
翼展/m	6.15		轨道倾角 偏差/（°）	0.12
起飞质量/t	241.092			
起飞推力/kN	2 942		偏差率偏差	0.005
推重比	1.24			

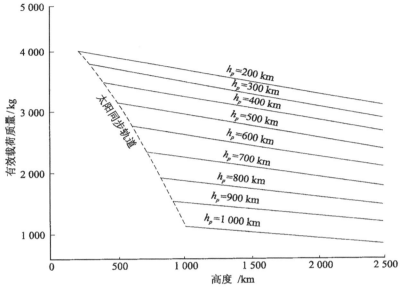

图 2.55 长征四号 A 火箭的运载能力曲线

长征四号 A 火箭的三子级采用了四氧化二氮/偏二甲肼推进剂，采用两台双向摆并联发动机 YF－40，真空推力为 98.0 kN，真空比冲为 2 942 N·s/kg，工作时间为 329.8 s，最大摆角为±4.5°。三子级燃料箱上是仪器舱。三子级主发动机关机后，由三子级姿态控制发动机（12 台）控制姿态（俯仰、偏航和滚动）和末速修正。该发动机为氮气挤压式单组元无水肼发动机（FY－82），其组成如图 2.57 所示。

1#、3#和 2#、4#完成±φ 控制，6#和 5#完成±ψ 控制，8#、10#和 7#、9#完成±γ 控制，11#和 12#完成末速修正。

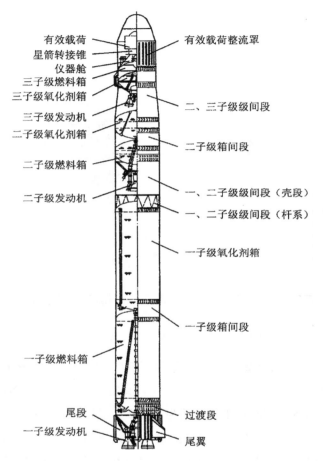

有效载荷
星箭转接锥
仪器舱
三子级燃料箱
三子级氧化剂箱
三子级发动机
二子级氧化剂箱
二子级燃料箱
二子级发动机
一子级燃料箱
尾段
一子级发动机

有效载荷整流罩
二、三子级级间段
二子级箱间段
一、二子级级间段（壳段）
一、二子级级间段（杆系）
一子级氧化剂箱
一子级箱间段
过渡段
尾翼

图 2.56　长征四号 A 火箭结构示意图

　　长征四号 A 火箭的控制系统主要由制导系统和姿态控制系统组成。制导系统完成发射轨道控制，具体由导航计算和制导计算（包括横法向导引计算，通过稳定系统执行）完成，各级飞行到达理论关机点即关闭发动机，飞行程序角 φ_{cx} 由计算机向平台程序机构发程序脉冲 N_{cx} 完成。长征四号 A 制导系统的原理如图 2.58 所示，火箭的飞行时序（配电时间控制时序、箭体结构分离时序和发动机开机/

关机时序等）由计算机发程配脉冲给电子程配器执行。导航计算采用递推计算法，将视速度增量转换成速度和位置，目的是实时获得火箭瞬时速度和位置，以保证较高的制导精度。制导计算有关机计算和导引计算两部分；关机计算在一、二级飞行段采用射程关机，三级第一飞行段采用速度关机（在发射地球同步转移轨道卫星时，三级还有滑行段，三级二次启动采用绝对定时，三级二次关机采用大椭圆轨道的半长轴控制关机），末速修正段采用增量型关机计算。导引计算：一级飞行段和末速修正段不导引，二级飞行段进行减少横向散布的侧向导引，二级飞行段和三级一次飞行段控制高度导引，三级二次飞行段（发射地球转移轨道和椭圆轨道航天器时）控制近地点幅角的法向导引。

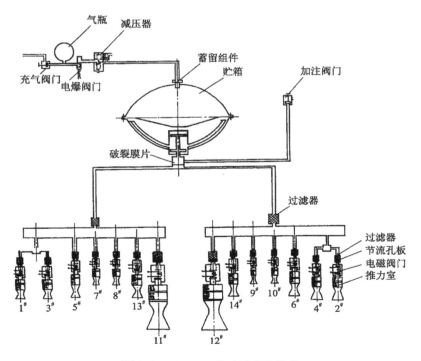

图 2.57　**FY－82** 发动机系统组成

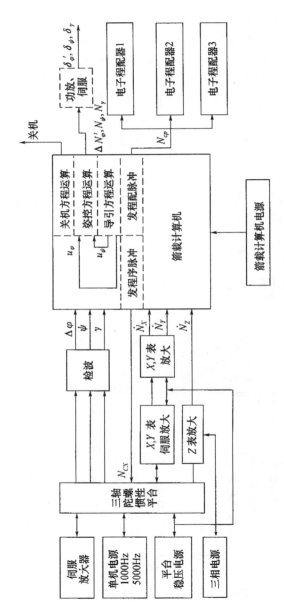

图2.58 长征四号A火箭制导系统原理框图

　　姿态控制系统一、二级飞行段用平台姿态角信号、箭体速率
陀螺角速率信号，通过滤波网络（这里采用计算机数字网络实
现）和摇摆发动机（提供火箭姿态角控制力矩）完成姿态控制。
一级 4 台大发动机×形安装，二级由 4 台游动发动机切向摆＋形
安装。一级姿态控制系统原理如图 2.59 所示，二级和三级动力
飞行段采用平台姿态角、速率陀螺角速率，经微分网络（数字计
算机数字网络实现）和双向摇摆发动机实现姿态控制，其原理框
图与图 2.59 相似。

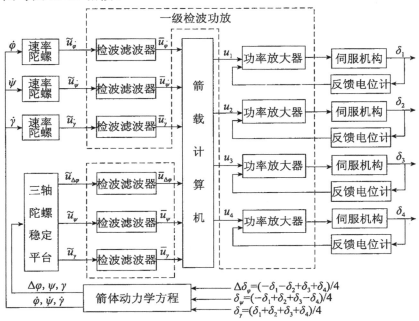

图 2.59　长征四号 A 火箭一级姿态控制系统原理框图

　　由于一、二、三级姿态控制的摇摆发动机安装形式和发动机摆
向不一样。

　　三级末速修正段采用平台姿态角、数字式滤波网络和开关放大
器方案。

　　世界各国的运载火箭性能详见附录 A。

2.7　结　论

1）运载火箭是用火箭发动机作飞行动力的飞行器，是现代航天工程的基础，是现代航天大国技术先进性的重要标志。

2）作为发射卫星、飞船、空间站和行星探测器的现代运载火箭，大都是由军用导弹改进而成。美国、苏联/俄罗斯和中国的运载火箭系列，都反映了这一特征（详见附录 A 和本章 2.6 节）。因此，火箭技术是军民两用技术，首先是军用。它完全具有高技术的特征，首先由迫切的军事需求创新而发展，然后从国家经济建设的需要（民用产品的更新换代）而逐步推广到民用。

3）决定火箭技术的基础是推进系统（由火箭发动机系统和推进剂输送系统组成）。化学型火箭推进系统是现代火箭推进系统的主要类型。其他小推力的核能、核能/电弧、核能/离子、太阳帆等推进系统，目前仅限于在轨运行的航天器中使用，还在研制改进之中。化学型推进系统主要由液体火箭推进系统和固体火箭推进系统两种组成，各有优缺点，用于不同类型的火箭和导弹。

4）运载火箭由推进系统（发动机系统和推进剂输送系统）、箭体结构与分离系统、控制系统三大主系统组成。发射时这三个主系统只要有一个系统失效，就会发生灾难性后果。运载火箭的其他系统还包括遥测系统、外测安全系统、调平瞄准系统、测试发控系统等。通过对 2.6 节的深入学习，应掌握典型的常规液体推进系统、典型的超低温液体推进系统和典型的火箭控制系统的组成、工作原理和技术指标等方面的设计实践重要内容。

5）通过学习附录 A 的 A1 节和 A2 节，掌握先进航天大国运载火箭发展途径，为我所用。苏联/俄罗斯运载火箭技术发展的经验是：集中统一，进步快，成功率高，适应性强。美国的经验则是军方和宇航局提出要求，由多家航天公司承包研制，技术面广，投资大，规模大，型号多，成果多，但效率低，进展慢，往往落后于苏联（世界上第一颗人造卫星发射成功，世界上第一次载人飞行，都由苏联夺冠）。美国随即实施"阿波罗登月计划"，航天员首先着陆月面，夺回了世界航天大国的领先地位。美国某些火箭，成功率不高，原因有两个：一是技术不成熟，新技术上得太多，试验不充分；二是研制机构分散，技术继承性差，新型号技术基础薄弱，财力、技术、研制周期均显不足。处理好技术成熟性（继承性）和技术先进性（突破性）之间的关系是航天工程总体设计的关键。

6）通过学习附录 A 的 A1 节、A2 节和 A3 节，掌握先进航天大国优秀系列运载火箭的特点和技术指标、关键技术和发射成功率。从中总结经验教训，为我所用，学习先进火箭研制之长，避各国火箭研制失败之短，实现我国运载火箭技术的跨越式发展。

7）中国的长征一号、长征二号、长征三号和长征四号等系列各型号运载火箭，是我国跳跃式发展高科技的典范。用较短的时间走完美国和苏联/俄罗斯近半个世纪的航天历程。最主要的经验是："集中统一领导，全国各行业大协作。"不走先进航天大国发展航天技术走过的弯路。通过自力更生和科学实践去牢固掌握新技术。每一个技术研制单位，都必须同时开展 3 个层次的研制任务：预研型号的关键技术突破、当前的研制型号飞行试验、定型型号的批生产装备。3 个层次的任务要出色完成，否则就没有后劲和效益。

第3章 航天器

在第 2 章中介绍的运载火箭，就是为把航天器运入预定轨道而克服地球强大引力的运输工具。掌握火箭的基本原理、组成和关键技术，是我们学习航天工程设计的第一步。本章将介绍在地球轨道上运行的航天器。我们既可以把航天器作为运载火箭的有效载荷，也可以把航天器作为运载火箭的上面级，即当做多级火箭的末级。因为航天器凸两部分组成：一部分是有效载荷（又称专用系统），即是实现各类航天应用（科学实验、对地观测、通信广播、导航定位等）的系统设备；另一部分是保障系统（又称通用系统或通用平台），由结构机构、推进与电子控制等系统组成，后者是为了保证前者正常工作而设置的，同运载火箭的三大主系统类似。因此，本章讲述的内容也由三部分构成，即：

1）航天器的基本概念与各类航天器概述（3.1 节）；

2）航天器的两大组成部分（专用系统与通用系统）的构成与工作原理（3.2 节和 3.3 节）；

3）我国的航天器（3.4 节）。

构成航天器（或运载火箭）硬件规模大小不同的名称含义如下：

1）航天器由有效载荷和通用平台两部分组成。常称有效载荷部分为航天器的有效载荷系统（有科学试验系统、对地观测系统、通信广播系统和导航定位系统等）；航天器的通用平台部分，一般由结构机构系统、推进系统和控制系统三大主系统（还有其他辅助系统）组成（详见 6.1 节），与运载火箭的构成硬件类似。

2）系统由若干分系统组成（有时分系统又由若干子系统组成，美欧等国常将分系统与子系统等同使用）。分系统由若干仪器设备或部件组成。这里以航天器的推进系统为例：

化学能火箭——→化学能推进系统——→化学能发动机

核能火箭——→核能推进系统——→核能发动机

上例中，火箭规模最大，推进系统规模次之，发动机规模最小；但发动机是推进系统的核心设备，又称发动机装置。推进系统除发动机外还有推进剂贮箱、管路、阀门、增压设备等。而化学能火箭不但有化学能推进系统，还有控制系统和结构机构系统等。

3）火箭又有大型和小型两种，3.5 节介绍的火箭是小型火箭（如化学能火箭或核能火箭等），安装在航天器上，为航天器变轨和姿态控制提供小的控制力和力矩。第 2 章介绍的火箭（包括液体火箭和固体火箭）是大型火箭，是为运载航天器有效载荷、克服地球强大引力而进入工作轨道的大推力火箭。

3.1　概述

3.1.1　航天器的分类与基本组成

3.1.1.1　航天器的分类

航天器（又称空间飞行器）指用空间运载工具（火箭或航天飞机）发射到地球大气层之外的宇宙空间，并按天体力学规律运行的人造物体。

航天器在宇宙空间的活动范围，目前基本上还局限在太阳系。航天器分为无人航天器和载人航天器两大类（见图 3.1）。其运动方式有以下两种：

1）环绕地球运动，如人造卫星、空间站、航天飞机；

2）飞离地球的星际航行，如登月飞船、行星探测器。

3.1.1.2　航天器的组成

各类航天器通常由专用系统和保障系统组成。

（1）专用系统

专用系统又称有效载荷，用于执行特定的航天任务；

专用系统随航天器执行的任务而定，分为探测仪器、遥感仪器和无线电转发器三类：

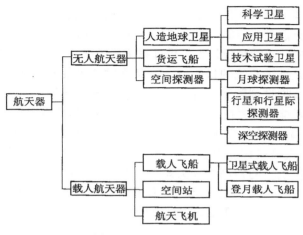

图 3.1　航天器的分类

1) 天文卫星有空间望远镜、光谱仪、粒子探测器等；

2) 侦察卫星有可见光照相机、电视摄像机、无线电侦察接收机等；

3) 通信卫星有转发器和天线等；

4) 导航卫星有双频发射机、高精度振荡器和原子钟等。

（2）保障系统

保障系统又称通用系统或通用平台，用于保证专用系统正常工作。

保障系统为各类航天器通用，仅少数航天器由于使命不同而有所增减，通常包括结构与机构、温控、姿态控制、轨道控制、测控、通信、电源配电、应急救生、生命保障、数据管理等系统。

3.1.2　人造地球卫星及其分类

人造地球卫星是人类最早使用的航天器，由运载火箭发射，克服地球引力，达到环绕地球飞行的第一宇宙速度，成为环地球轨道卫星。

人造地球卫星的分类方法很多（其一般分类参见图 3.2），按卫星轨道面与地球赤道面的夹角（称为轨道倾角 i）的大小分类，人造卫星可分为以下 4 类：

1）$i<90°$，顺行轨道卫星。通常有科学实验卫星、照相侦察卫星等。

2）$i=90°$，极轨道卫星。通常有气象卫星、地球资源卫星等。

3）$i>90°$，逆行轨道卫星。通常有太阳同步轨道卫星、气象卫星等。

4）$i=0°$，赤道同步轨道卫星。通常有地球静止轨道卫星、同步通信卫星、导航卫星等。

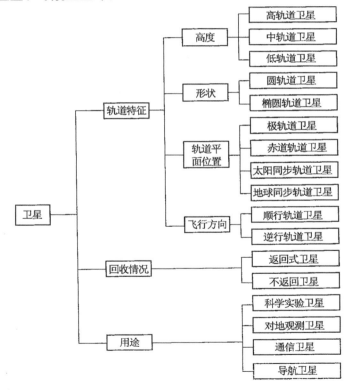

图 3.2　卫星的分类

按用途分类，人造卫星可分为以下几类：

1）科学实验卫星，如科学卫星、天文卫星；

2）对地观测卫星，如侦察卫星、气象卫星、地球资源卫星、海洋卫星；

3）通信卫星，如国际通信卫星、国内或区域通信卫星、军用通信卫星、海事通信卫星、直播卫星、跟踪与数据中继卫星、移动通信卫星等；

4）导航卫星，如导航星全球定位系统、交通管制卫星、搜索救援卫星、测地卫星等。

3.1.3　空间探测器及其探测成果

空间探测器是对月球和月球以外的天体和空间进行探测的无人航天器。

按空间探测器的目标不同，可分为月球探测器、行星和行星际探测器、深空探测器。空间探测器要具有比人造卫星更大的速度，即第二宇宙速度才能克服地球引力。空间探测器进行探测的方式有：

1）从月球或行星近旁飞过，进行近距离观测；

2）进入月球或行星的运行轨道上长期反复观测；

3）在月球和行星表面硬着陆进行短暂的探测；

4）在月球或行星表面软着陆进行实地考察，或将取得的考察样品送回地面研究；

5）在深空飞行，进行长期考察。

从 1959 年第一个月球探测器发射成功以来，已有针对金星、火星、木星、土星、哈雷彗星和太阳的探测器。目前，太空已有几百个探测器在飞行。美国先驱者 10 号探测器已历时 20 多年的空间飞行，成为第一个飞出太阳系的航天器。美苏的空间探测器已发回了上万张照片，取得了月球和行星探测的丰硕成果。

3.1.4　宇宙飞船及其载人飞行

宇宙飞船分载人和不载人两种。

载人飞船是能保障航天员在太空生活和工作，并能返回地面的航天器。它的运行时间有限，仅能一次性使用。它既可作天地往返的渡船，也可与空间站或其他航天器对接后进行联合飞行。

载人飞船常由乘员返回舱、轨道舱、服务舱、推进舱等组成。常有对接装置和应急救生系统。登月飞船还有登月舱。

不载人货运飞船是专门用于向空间站运送物品的往返渡船。

3.1.4.1 苏联/俄罗斯的飞船

苏联/俄罗斯发展了三代载人飞船，即东方号飞船、上升号飞船和联盟号飞船。1961 年 4 月 12 日，苏联发射东方号载人飞船，把世界第一位航天员加加林送上了环地球轨道，飞行 1 圈后返回。东方号飞船全长为 7.35 m，质量约为 4.73 t，只载 1 人。1964 年 10 月 12 日，苏联发射上升号飞船，载 3 名航天员，在空间运行 24 h，绕地球 16 圈返回地面。上升号飞船是在东方号飞船基础上改进的，技术上进展不大。1967 年 4 月 23 日，苏联发射联盟号飞船，载一名航天员科马罗夫。由于故障，飞船绕地球飞行 13 圈提前返回，因降落伞故障，科马罗夫不幸罹难。联盟号飞船由轨道舱、返回舱和服务舱（包括推进电源等公用系统）组成，总长为 7.5 m，总质量为 6.8 t，最大直径为 2.7 m，翼展（太阳帆板）宽 10 m。联盟号飞船改进了两次，第一次改进为联盟 T 号飞船，1980 年 6 月首次发射；第二次改进为联盟 TM 号飞船，1987 年 2 月首次发射。

苏联研制了进步号和进步 M 号两种不载人飞船。1978 年 1 月 20 日，进步 1 号货运飞船发射成功，并与礼炮 6 号空间站对接，送去航天员所需的食品和仪器设备等补给品。进步号飞船是由联盟号飞船改装而成的。

3.1.4.2 美国的飞船

美国也发展了三代载人飞船，即水星号飞船、双子星座号飞船和阿波罗号飞船。水星号飞船呈圆锥形，总质量约为 1.35 t，高约 2.9 m，底部直径约为 1.8 m，尖顶直径为 0.5 m，仅能容纳 1 名航天员。1962 年 2 月 20 日，美国航天员格伦乘水星号飞船入轨，绕地球 3 圈后返回，使美国迈出了载人航天的第一步。1963 年～1966 年，美国实施双子星座号计划。双子星座号飞船是在水星号飞船的基础上改进的，也呈圆锥形，像个大漏斗，全长为 5.7 m，底部最大直径为 3.05 m，顶部直径为 0.8 m，总质量为 3.7 t，比水星号飞船重 1 倍。从 1966 年开始，美国实施阿波罗登月计划。阿波罗号飞船由指挥舱（锥形，高 3.2 m，底部直径为 3.1 m、质量为 6 t，能供 3 名航天员居住和工作）、服务舱（圆柱形，长为 6.7 m，直径为 4 m，质量为 25 t，后部装 1 台 10 t 主发动机）、登月舱（甲虫形状，高为 7 m，宽为 4.3 m，质量为 14.7 t，分上下段）3 部分组成。后来，阿波罗号飞船还增加了月球车。1966 年～1968 年，阿波罗号飞船进行了 6 次不载人飞行试验。1968 年～1969 年，阿波罗号飞船进行了 4 次载人飞行。1969 年 7 月 16 日，阿波罗 11 号飞船把 3 名航天员送往月球，7 月 21 日航天员阿姆斯特朗第一个在月球上登陆。6 次载人登月成功，有 18 名航天员参加了登月飞行，12 名航天员登上月球。他们带回了月球土壤和岩石标本，在月面建立了核动力科学站，驾驶月球车探测，在月面共停留 302 h 20 min，行程约90.6 km，共采集 384.2 kg 月球土壤和岩石样品，实拍月面照片多张。

3.1.5　空间站及其载人太空活动

空间站，又称轨道站或航天站，是可供多名航天员长期探访、工作和居住的载人航天器。

空间站通常由对接舱、气闸舱、生活舱、服务舱、专用设备舱、太阳电池装置等部分组成。

空间站在太空运行时间较长，航天员轮换、物资设备补给均由载人飞船、无人货运飞船或航天飞机完成。由于空间站有对接口，还可与其他航天器一起组成更庞大复杂的组合空间站，又称轨道联合体或轨道复合体。

美国只有过一座空间站——天空实验室（Skylab），1973 年 5 月 14 日发射上天，在轨运行 2 249 天，于 1979 年 7 月 12 日坠入南太平洋上空大气层烧毁。该空间站长为 36 m，最大直径为 6.7 m，总质量为 76 t，轨道倾角为 50°，环地球 1 周的时间为 93 min。

苏联共发射了三代 8 座空间站。1971 年 4 月～1977 年 2 月，苏联发射第一代空间站礼炮 1 号～礼炮 5 号，1971 年 4 月 19 日苏联发射的礼炮 1 号空间站是世界第一座空间站，总长为 12.5 m，最大直径为 4 m，总质量为 18.5 t。1977 年 9 月 29 日～1982 年 4 月 19 日，苏联先后发射第二代空间站礼炮 6 号和礼炮 7 号。1986 年 2 月 20 日，苏联发射和平号空间站，为苏联第三代空间站。该空间站装有 6 个对接机构，全部组装完毕的空间站全长为 87 m，质量为 123 t，有效容积达 470 m³。从 1995 年 6 月到 1998 年 6 月，和平号空间站与美国航天飞机进行了 9 次联合飞行。

欧洲空间局用 10 年研制了一座组合式空间站——空间实验室（Spacelab）。它不能在地球轨道上自主飞行，而是放到美国航天飞机上，作为货舱随航天飞机飞行，航天员在货舱内开展空间试验活动。1983 年 11 月 28 日，空间实验室随哥伦比亚号航天飞机进入预定轨道，6 名航天员在实验室内工作 10 天之后由航天飞机载回地面。

美国、俄罗斯、日本、加拿大和欧空局等联合研制的国际空间站，是在美国自由号空间站计划和苏联和平号空间站实践基础上实施的一项永久性载人航天工程。它是采用桁架式结构的大型组合式空间站，桁架跨度为 110 mm，宽为 88 m，总质量约为 420 t，居住舱面积为 1 200 m²，可供 7 名航天员活动。

3.1.6　航天飞机及其载人飞行

航天飞机是一种往返于地球和近地轨道之间运送有效载荷并可重复使用的航天器。

航天飞机集中了现代科技的新成果，是火箭、宇航和航空技术的综合产物。火箭技术的特点体现在起飞入轨的上升飞行段，宇航技术的特点体现在轨道飞行段，航空技术的特点体现在再入大气层的滑翔飞行和水平着陆段。航天飞机可重复使用，发射成本低，用途广。航天飞机的飞行轨道是近地轨道，可直接将各种有效载荷送入近地轨道。航天飞机进入近地轨道的轨道器，可向近地轨道施放各类卫星，也可捕捉、维修和回收卫星；还可在轨道器安装高轨道卫星发射器，将卫星发射到地球同步的高轨道上去。

美国共有 5 架航天飞机，第一架哥伦比亚号（1981 年 4 月 12 日首航，2003 年 2 月 1 日在进入返回轨道 44 min，距地 61 km 时爆炸解体，7 名航天员遇难）；第二架挑战者号（1983 年 4 月 4 日首航，1986 年 1 月 28 日第 10 次飞行时，起飞后 73 s 发生巨大爆炸解体，7 名航天员全部遇难）；第三架发现号（1984 年 8 月 30 日首航）；第四架阿特兰蒂斯号（1985 年 10 月 3 日首航）；第五架奋进号是挑战者号失事后新研制的，有 50 多项改进（1992 年首航）。自从 2003 年 2 月哥伦比亚号航天飞机失事后，直到 2005 年 7 月美国才恢复发现号航天飞机的发射。2011 年 7 月，随着阿特兰蒂斯号航天飞机完成了最后一次飞行，历时 30 年的美国航天飞机项目画上了句号。据统计，截至 2010 年 5 月 31 日，美国、苏联/俄罗斯、中国的载人飞船，以及航天飞机等载人航天器，共进行了 274 次载人飞行，其中发射失败 3 次，返回失败 3 次（不包括不载人飞船、货运飞船及空间站和组件的发射）：美国载人航天飞行 161 次，其中航天飞机 133 次，载人飞船 28 次，挑战者号和哥伦比亚号航天飞机失事。苏联/俄罗斯载人航天飞行 110 次，其中联盟 18A 号和联盟 T10A 号飞船 2 次发射失败，联盟 1 号和联盟 11 号飞船 2 次返回失败。中国载人飞行 3 次，均获成功。

从 1961 年 4 月 24 日首次载人飞行成功到 2010 年 5 月 31 日，全世界共有 1 134 人参加了载人航天活动（包括"太空旅客"），飞行中遇难航天员 18 人（载人飞船 4 人，航天飞机 14 人），占飞行总人数的 1.5%，地面试验和训练遇难的航天员 5 人。

到目前为止先后有 10 个空间站在轨运行。天空实验室 1 个，礼炮号 7 个，和平号 1 个，国际空间站 1 个。

3.2　航天器的有效载荷（专用系统）

航天器的有效载荷是完成航天任务的系统设备。一般分为科学实验、对地观测、通信广播和导航定位类型的系统设备。本节只作概念性论述，在介绍航天任务与总体设计时，再深入论述。

3.2.1　科学实验卫星的有效载荷

科学实验卫星是人造卫星的一种，专门用于进行科学探测和实验研究，包括空间物理探测、天文和科学实验。科学实验主要是用空间环境，特别是在微重力环境下进行生物医学、生命科学、材料科学、农业科学等实验。例如空间技术中的新原理、新技术、新方法、新材料、新仪器等飞行试验验证，以及新型遥感器的飞行试验、无线电新频段的传输试验、航天器交会对接试验、生物空间环境适应性试验、生命保障系统和返回系统验证性试验等。还有很多应用型卫星，都要在工程化之前进行许多验证性试验，如无线电通信中继通信卫星试验、从外层空间对地球大气层进行气象观测试验，在太空获取军事情报侦察试验、勘测地球自然资源试验、空间用户导航定位试验、空间飞行器拦截试验等。这些有效载荷包括空间试验设备、空间通信设备，空间遥感设备等。

3.2.2 对地观测卫星的有效载荷

对地观测卫星是人造卫星的另一类，包括对地面物体摄影侦察，地球资源探测，气象云图观测等应用功能。有效载荷涉及的技术称为遥感技术。人眼一般只能看清几十米以内的物体，而遥感是不直接接触目标物，而是通过一种媒体转换来实现，这种媒体就是电磁波。电磁波携带目标物内部的信息。电磁波的传播速度 c 是 3×10^8 m/s，这是人类目前所知的最大速度。电磁波用波长 λ 或频率 f 来描述，频率是电磁波每秒振动的次数。c、λ、f 的关系为 $c = \lambda f$ 或 $f = c/\lambda$ 或 $\lambda = c/f$。电磁波按波长 λ 分类，如表 3.1 所示。

表 3.1 电磁波分类

波长	<0.01 Å	0.01～1.5 Å	1～1 000 Å	25～4 000 Å	4 000～8 000 Å	0.008～0.04 cm	0.1～10^4 cm
名称	宇宙射线	γ射线	X射线	紫外线	可见光	红外线	无线电
备注	来自宇宙空间				人眼可见 3 600～7 600 Å		长波、短波、微波

注：1 Å=10^{-10} m

　　遥感技术还用太阳辐射特性来测试。太阳由核聚变形成大火球，表面温度高达 6 000 ℃，并不断向四周散发能量，除喷出微粒外，主要以电磁波形式辐射，因此太阳是地球最大的电磁辐射源。太阳辐射谱段为：紫外线—可见光—红外线。太阳辐射通过地表大气衰减到达地面，其总能量相当于 1.73×10^{16} J/s。地球上的万物都靠太阳维持生命。

　　遥感技术还用地球辐射特性来测试。地球表面物体会产生辐射，是由于太阳电磁波被地球大气层吸收、散射和反射，透射到地表的太阳电磁波谱有很大改变。同时，地球上所有物体对太阳辐射的电磁波都有独特的吸收谱段和反射谱段。另外，在宇宙背景条件下，温度高于 -273℃ 的所有物体都能辐射出不同波长的电磁波，这是由各种地物的理化性质和自身的电磁波波谱特征所决定的。地球由大气圈、水圈、岩石（含土壤）圈组成，地表万物可分为许多类别和等级。按资源分，可分为气候资源、水资源、土地资源、生物资源、矿产资源等；按土地利用分，可分为耕地、园地、林地、牧草地、居民点、工矿用地等；按水域分，可分为海洋、河流、湖泊、冰川等；按植物群落分，可分为乔木、灌木、藤木、苔类等；按土质分，可分为黏土、粉沙、沙粒、砾石等。

　　综上所述，电磁波、太阳辐射、地物辐射都是遥感技术的基础。因此，通过一种电磁波和辐射装置，可远距离收集到地表物体的特征信息，这就是遥感。图 3.3 示出了几种地表物体的反射波谱曲线，图 3.4 示出了岩石的发射波谱特性曲线。

　　能够把地面物体或岩石反射波谱辐射能量及特征记录下来的设备，称为遥感器（又称遥感传感器）。遥感器的分类方法一般有两类。一种是按工作方式分类，分为被动方式和主动方式（参见图 3.5）。被动方式的遥感器是直接利用太阳辐射和地物自然辐射观测，不需人工辐射源；主动方式的遥感器具有辐射源，主动照射目标物体进行观测。另一种是按遥感器的谱段分类，详见表 3.2。

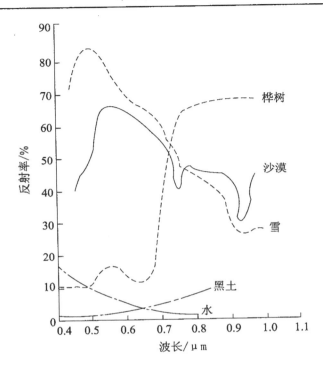

图 3.3 几种地物的反射波谱曲线

表 3.2 遥感器按谱段的分类

谱 段	特 点	遥感器
可见光	用感光胶片或光电探测器为感测元件。地面分辨率高,但只能在晴朗的白天使用	可见光摄影仪、电视摄像机等
红外	近红外常用感光胶片,中远红外常用光学机械扫描仪,具有昼夜工作能力	红外光学扫描仪
紫外	对波长 0.3~0.4 μm 的紫外光感测	紫外摄影机
微波	具有昼夜工作能力,能提供高图像分辨率,并与日照与云层遮挡无关,有一定穿透能力	合成孔径雷达
多谱段	用多种谱段对同一目标感测后,将多谱段信息组合,有利于判释	多光谱相机,多通道扫描辐射仪,成像光谱仪,CCD 相机

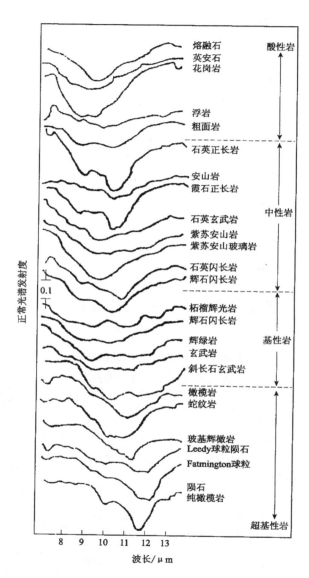

图 3.4　岩石的发射波谱特性曲线

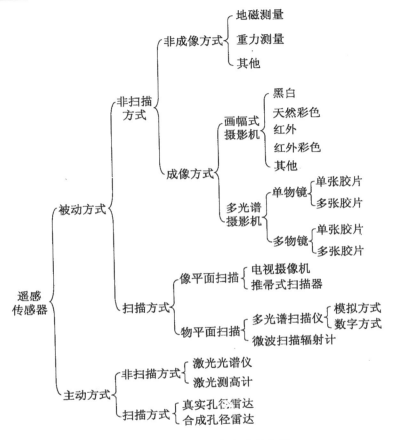

图 3.5　遥感器按工作方式的分类

从表 3.2 可见，对地观测两种典型的遥感器是电荷耦合器件 (Charge Coupled Device，CCD) 相机和多通道扫描辐射仪。CCD 相机具有多谱段和全色谱段，并具有侧视功能，可获取立体图像数据。相机前端是镜头、光圈和快门，聚焦成像和传统感光胶片相机一样，不同点是成像后的载体不是感光胶片上的卤化银，而是 CCD 的芯片。芯片将光信号转换成模拟信号，经模数转换、数据压缩、记录实时传向地面站。

多通道扫描辐射计是气象卫星主要的遥感仪器，用光机扫描获取地球大气辐射图像的多谱段成像设备，具有可见光、红外和水汽三个光谱特性，可同时观测对地气象系统的现象，特别是对快速变化气象的连续实时观测。其主要功能指标如表 3.3 所示。

表 3.3　多通道扫描辐射仪主要功能指标

项　目	可见光	红　外	水　汽
探测器谱段/μm	0.5～1.05	1.05～12.5	6.2～7.6
探测器类型	硅光二极管	碲镉汞	碲镉汞
星下点分辨率/km	1.44	5.76	5.7
全盘图扫描线/条	2 500×4	2 500	2 500

3.2.3　通信卫星的有效载荷

通信卫星的有效载荷一般称为卫星通信系统。它是整个卫星通信网的空间部分，负责接收地球站发来的微弱信号，进行放大并转发，完成通信信号从一个地方到另一个地方的中继任务。有时，也可完成地面和其他卫星之间，以及各种卫星之间的信息中继。无论是地球静止轨道、还是近地轨道的通信卫星，有效载荷的设计水平，首先要受通信技术水平和相关技术能力的限制，其次还受卫星平台技术水平的限制。但是，通信卫星的有效载荷将决定通信卫星的整体技术水平，并对卫星的实用能力起着决定性的作用。

卫星通信系统的主要指标通常分 3 个方面提出，即系统整体技术性能、通信天线技术性能、通信转发器技术性能。

3.2.3.1　系统整体技术性能

（1）通信容量 C

可用 Shannon 定理来描述，即

$$C = B \log_2 \left(1 + \frac{S}{N}\right) \tag{3.2-1}$$

式中　B——通信带宽；

$\dfrac{S}{N}$——通信系统信噪比。

可见，通信容量 C 与带宽 B 成正比，且随信噪比 $\dfrac{S}{N}$ 的增加而增大。

（2）系统的信噪比

在地面设备（接收/发射、天线和通信体制等）一定的情况下，卫星通信系统的信噪比可表示为

$$\frac{S}{N} = \left(\frac{C}{N}\right)_l P \qquad (3.2-2)$$

式中　$\dfrac{C}{N}$——系统的总信噪比；

P——通信体制等有关的参数。

总信噪比的倒数即为卫星通信链路上行信噪比倒数、卫星通信链路下行信噪比倒数、通信系统所有噪声相对应的信噪比倒数之和，即

$$\left(\frac{C}{N}\right)_l^{-1} = \left(\frac{C}{N}\right)_u^{-1} + \left(\frac{C}{N}\right)_d^{-1} + \left(\frac{C}{N}\right)_i^{-1} \qquad (3.2-3)$$

（3）品质因数

品质因数是在进行卫星通信网络设计时通信卫星设备的性能参数之一。它是卫星通信系统的接收天线增益 G 与通信系统等效噪声温度 T 之比 $\left(\dfrac{G}{T}\right)$，单位为 dB/K。品质因数直接取决于通信系统上行链路的信噪比 $\left(\dfrac{C}{N}\right)_u$，即

$$\left(\frac{C}{N}\right)_u = P_s - L_d + \left(\frac{G}{T}\right)_s - 10\lg K - \lg B \qquad (3.2-4)$$

式中　P_s——通信系统的等效全面辐射功率（EIRP）；

L_d——卫星通信地球站之间电波传播损耗；

K——玻耳兹曼常数；

B——通信带宽。

（4）等效全向辐射功率

等效全向辐射功率是通信系统发射天线增益与通信转发器输出功率

之和 P_s，单位为 dB（以 1 W 为基准）。等效全向辐射功率取决于通信系统下行链路的信噪比 $\left(\dfrac{C}{N}\right)_d$，即

$$\left(\frac{C}{N}\right)_d = P_s - L_d + \left(\frac{G}{T}\right)_e - 10\lg K - 10\lg B \qquad (3.2-5)$$

式中　L_d——卫星到通信地球站之间电波传传播的损耗。

（5）饱和功率通量密度

饱和功率通量密度表示通信系统接收信号的能力，与通信系统状态下输入信号功率 W_s（单位为 dB，以 1 W/m² 为基准）有关。它可用卫星通信链路上行信噪比 $\left(\dfrac{C}{N}\right)_u$ 表示

$$\left(\frac{C}{N}\right)_u = W_s - 10\lg\left(\frac{4\pi}{\lambda^2}\right) + \left(\frac{G}{T}\right)_s - 10\lg K - 10\lg B$$

$$(3.2-6)$$

3.2.3.2　通信天线技术性能

（1）覆盖区

根据需要可将覆盖区设计成全球覆盖、半球覆盖、区域覆盖、点覆盖、移动区域覆盖等。其目的是将卫星能量集中于所关心的区域，以完成特定的任务。

（2）频率范围

国际电信联盟将无线电频谱划分为不同用途的各个频段。用于卫星通信的有 C、Ku、Ka 等频段；还有用于特殊卫星通信的其他特殊频段，如军用通信 UHF、X 频段，星际通信链路的 S 频段等。该频率范围为该卫星通信满足用户提出的通信任务，而特定的通信频段内选定的频率范围。

（3）覆盖区内增益

天线增益是指特定方向接收信号的方向性系数。卫星通信中，不但关心天线的覆盖区，也关心覆盖区中的天线增益，以满足特定通信需求。

（4）极化隔离

在频率复用的通信系统中，通过极化隔离的方法来实现频率复

用。为有效区分复用信号，天线对不同极化的信号之间的接收（或发射）增益必须相差一定数值，这称为极化隔离。

（5）交叉极化

天线在某种极化信号发出的同时，由于工艺或其他因素，总含有其他相反的极化成分。这两种极化成分之比作称为交叉极化。

（6）无源互调

通信系统中，无源器件在同时处理多个通信载波时，由于表面处理的不均匀性，表面接触部分的不均匀性等因素，会产生新的通信信号成分（类似有源器件非线性引起的互调），从而对有用信号产生干扰。

（7）微放电

微放电是指在真空条件下，当射频功率高时，无源部件中出现的射频击穿现象。

3.2.3.3 通信转发器的技术性能

（1）增益

增益是通信转发器对信号的放大倍数，单位为 dB。增大增益，可减小上行信号地面站的发射功率，但通信链路的信噪比会减小，通信容量也减少了。因此，增益不是越大越好，而是要与通信容量协调。

（2）增益调整范围

为通信链路设计，分配通信网各段电平，需对转发器增益进行调整。因此，转发器中都设置一定步长的衰减器，可补偿使用中转发器增益的调节。

（3）输出功率

输出功率是指转发器与通信天线连接处的功率。它直接影响卫星通信系统的等效全向辐射功率。

（4）功耗

功耗是指卫星通信系统正常工作时，需卫星平台提供的直流功耗。

（5）幅度频率特性

幅度频率特性是指转发器的增益相对输入频率的关系，一般用通信频带内的增益起伏峰值表示，单位为 dB。

（6）增益斜率

增益斜率是指通信频带内增益相对于频率变化的程度，即幅度频率特性曲线对频率的一次微分，单位为 dB/MHz。

（7）群时延

群时延反映通信转发器的相位与频率的非线性关系，单位为 ns。

（8）总相移

总相移，反映通信转发器的相位与输入功率的非线性关系，单位为（°）。

（9）调幅调相变换

转发器输入信号上的调幅信号，经转发器传输后，在输出信号上会产生相应的调相信号。

（10）杂波

杂波是指由转发器中各部件供电的电源引入的或变频器件产生的寄生信号，一般用转发器饱和单频载波的相对值来表示，单位为dB。

（11）无源互调

同通信天线技术性能中的无源互调。

（12）微放电

同通信天线技术性能中的微放电。

在设计卫星通信系统时，要涉及通信天线设计、通信接收机设计、统一频率源设计、输入滤波分路器和输出滤波分路器设计、信号处理设计、馈线低损耗设计、可靠性设计等技术。

3.2.4 导航定位卫星的有效载荷

导航定位卫星定位系统就是"利用导航卫星进行测时和测距"，构成"全球定位系统"（Navigation Satellite Timing and Ranging/Global Positioning System），NAVSTAR/GPS，简称 GPS。1957 年10 月世界上第一颗卫星发射成功后，1958 年年底，美海军武器实验室委托霍布金斯大学应用物理实验室研究美军用舰艇导航服务卫星系统，即海军导航卫星（Navy Navigation Satellite System，NNSS），并于 1964 年 1 月研制成功。该卫星用于北极星核潜艇的导航系统，又称为子午仪卫星导航系统。该系统由 5～6 个卫星组成导航网，卫星运行高度为 1 000 km，周期为 107 min，采用多普勒定位原理。为克服子午仪系统存在的缺点，20 世纪 60 年代以来，美海军提出了"Timation 计划"，采用 12～18 颗星组成全球定位网，卫星高度为 10 000 km（圆轨），周期为 8 h，但也暴露出固有的缺陷。1973 年，美国国防部批准，成立联合计划局，海陆空军、国防制图局、交通部、北大西洋公约组织和澳大利亚的代表，联合开始研制 GPS。该系统有 6 条轨道，每条轨道布 4 颗卫星，共 24 颗，运行轨道呈圆形，长半轴为 26 560 km，倾角为 64°，轨道高度约 20 000 km。GPS 星座的卫星分布图如图 3.6 所示。在地球上任何位置可看到 6～9 颗卫星，粗码定位精度约 100 m，精码定位精度约 10 m。GPS 由 GPS 卫星（空间部分）、地面支撑系统（地面监控部分）、GPS 接收机（用户部分）3 部分组成。从 GPS 研制计划提出到建成历经 20 年，1993 年建成，耗资 300 亿美元（为美国"阿波罗计划"和"航天飞机计划"之后的第三大计划）。本小节主要论述卫星上的有效载荷，它们包括 4 台高精度原子钟（2 台铷钟和 2 台铯钟）、导航电文存储器、伪码发生器、微型计算机、L 波段双频发射机、S 波段接收机等。其主要任务是接收和储存由地面发来的导航信息，接收并执行地面的控制指令，利用微型计算机进行必要的数据处理工作，利用高精度原子钟提供高精度的时间标准，利用信号发送设备向用户提供定位信息等。

　　GPS 定位采用被动定位原理，星载高稳定度原子钟是关键。文富拉德姆公司的铷原子钟，外形尺寸为 10 cm×10 cm×11 cm，质量为 1.3 kg，耗电 13 W，频率稳定度为 $(5\sim10)\times10^{-13}$/d，造成卫星位置偏差为 8 m。马斯频率和时间系统公司的铯原子钟，外形尺寸为 12.8 cm×19.5 cm×38.1 cm，质量为 11.3 kg，频率稳定度 $(1\sim2)\times10^{-13}$/d，造成卫星定位误差为 2.9 m。休斯公司的氢原子钟，频率稳定度达到 10^{-15}/d，定位误差会更小。关于 GPS 的定位原理，详见 3.3.3.1 节。

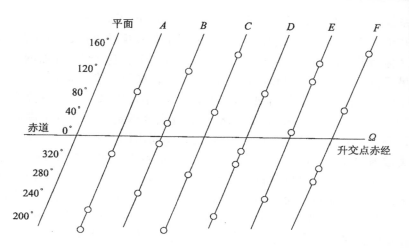

图 3.6　**GPS** 星座的卫星分布

3.3　航天器的通用系统（通用平台）

航天器（卫星、空间探测器、飞船、空间站或航天飞机轨道器）通常都由结构与机构、姿态控制、推进、电源配电、热控温控、测控通信、应急救生、生命保障、数据管理等系统组成，支持航天器的有效载荷系统完成各种不同的航天任务。这些系统统称为航天器的通用系统或通用平台。3.2 节论述的各类有效载荷都装在不同类型的航天器上直接完成航天任务，但卫星、飞船、空间站和航天飞机轨道器等通用系统的规模和类型是不同的。卫星有结构和机构、姿轨控、推进、电源配电和测控通信等系统，而飞船、空间站、航天飞机轨道器除有卫星上的系统外，还有与载人有关的系统，如生命保障、应急救生、数据管理等系统。下面分小节介绍通用平台的几个主要系统——结构与机构系统、推进系统、控制系统。

3.3.1　航天器的结构与机构系统

各类航天器的结构与机构都有相同性，但也有其特殊性，它是航天器的主要构成系统之一。航天器结构是支撑航天器中有效载荷和其他各系统的骨架；航天器机构是航天器上产生动作的部件（如分离机构——包带或爆炸螺栓）。航天器的结构和机构属于机械系统。随着航天器的大型化（分级）和展开附件（太阳电池阵、天线等）的增多，在设计、分析、试验等方面出现许多特殊的要求和处理方法，使结构与机构系统变得更多样化和复杂化。因此，该系统的技术独立性是很强的。

3.3.1.1　航天器结构的功能

航天器结构的主要功能如下：

1）承受和传递航天器上所有载荷，包括地面试验、火箭发射、轨道运行、再入大气与返回着陆的各种载荷。航天器结构不但要保证在这些试验段不产生结构损坏，还要保证能够减轻有效载荷和通用系统所承受的载荷。

2）为航天器的有效载荷和通用系统提供安装空间、安装位置和安装方式，把有效载荷与通用系统连成一个整体（为电缆网和机构提供安装条件），以便于工作、操作和维护。

3）为航天器上的特殊设备（如天线、太阳电池阵、遥感设备等）提供所需的刚性支撑条件。

4）为航天器上的特殊设备提供特殊的物理性能，如导热、绝热性能，导电、绝缘性能等。

3.3.1.2　航天器结构的组成与形式

（1）主结构

主机构即主承力结构，是航天器结构中的"脊梁"，是所有航天器部件在运载火箭上的支撑，也是从运载火箭到航天器主要载荷的传递路径。卫星的结构形式有中心承力筒式、构架式或舱体式。主结构由航天器与运载火箭的对接段和航天器的发动机支架组成。设计依据，由刚度要求（运载火箭对航天器最低自然基频要求，详见表 3.4）、发射时的稳态和瞬态载荷的作用大小来确定。

表 3.4　运载火箭对航天器的基频要求

运载工具	纵向基频/Hz	横向基频/Hz
宇宙神 II / II A	15	10
阿里安 4		10
德尔它 6925/7925	35	15
长征二号 E	26	10
质子号	30	15
飞马座	20	20
航天飞机	13	13
大力神 2	24	10
大力神 3	26	10

　　目前，卫星常采用的中心承力筒式主结构，如图 3.7 所示。推进剂贮箱装在中心承力筒内部，承力筒通过对接框（9）与运载火箭的对接段连接。图 3.8 示出了公用舱的主结构。

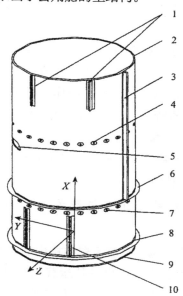

图 3.7　中心承力筒式主结构实例

1—东馈源与天线隔板的角片；2—东板安装面；3—通信舱隔板的角片；
4—上推进剂贮箱安装点；5—出入孔；6—中框；7—下推进剂贮箱安装点；
8—西板安装面；9—对接框；10—服务舱隔板的角片

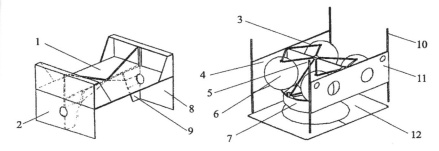

图 3.8　公用舱主结构实例

1—顶板；2—南辐射板；3—贮箱支架；4—西板；5—十字板；6—推进剂贮箱；
7—对接段；8—北板；9—垂直剪切板；10—四角立柱；11—东板；12—公用舱底板

图 3.8 中对接段（7）的一侧与火箭相连。

（2）次结构

次结构是主结构分出来的其余各种结构仪器设备安装结构和航天器的外壳结构等。还包括展开式太阳电池阵结构和各种天线结构等。设计时，要考虑各类载荷，发射时的噪声载荷作用、空间温度交变环境影响、姿控分系统的相互干扰、空间飞行的稳定性等诸多因素。次结构的典型代表是展开式太阳电池阵结构，如图 3.9 所示，它表示出 3 块太阳电池板构成太阳电池阵的状态，即收拢状态（见图 3.9（a））、部分展开状态（见图 3.9（b））、完全展开状态（见图 3.9（c）和（d））。

3.3.1.3　航天器机构的用途

航天器机构的主要用途如下：

1）航天器上特殊部件或舱段的连接或紧固状态的释放；

2）航天器与运载火箭之间、航天器各舱段之间的相互分离；

3）航天器上展开部件（太阳电池阵、天线、遥感器等）收起状态与展开状态的控制；

4）航天器上特殊设备（太阳电池阵、天线、遥感器等）指向（太阳、地球等方向）的控制；

5）在空间完成航天器间的交会对接（完成该任务最复杂的部件就是空间交会对接机构）。

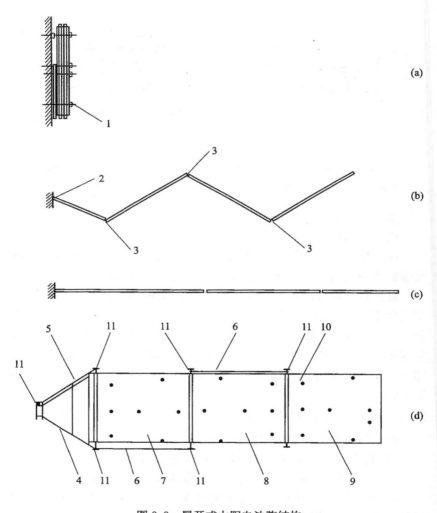

图 3.9　展开式太阳电池阵结构
1—压紧与释放机构；2—根部铰链；3—板间铰链；4—连接架；
5—连接架侧联动绳索装置；6—板侧联动绳索装置；7—内板；
8—中板；9—外板；10—压紧点位置；11—联动轮

3.3.1.4　航天器机构的类型

航天器机构的类型繁多，有太阳电池阵的解锁、展开和锁定机构、太阳定向驱动机构，有天线的锁定、展开、驱动机构，舱段连接解锁机构，弹簧分离机构，防热大底抛盖机构，舱前连接的包带解锁机构等，均属于低循环机构类型。在载人航天器设计中，对这些机构还有特殊的要求，如对可靠性、安全性要求很高，动作过程冲击要小，操作维护方便，不能放出有毒有害气体等。这里仅介绍连接、解锁与分离装置和飞船舱门。

（1）连接、解锁与分离装置

连接、解锁与分离装置主要用于舱段之间与舱段和部件间的连接、解锁与分离。用火工品驱动比电气驱动简单可靠，所以在火箭和航天器上广泛应用这一机构，如点火系统、分离系统、控制系统、推进系统、环控生保系统、回收着陆系统都用火工品控制的机构完成各种工作程序动作。动作有解锁分离、弹射分离、切割绳索和电缆、开关管路阀门、开启和切断电源等。火工装置在空间机构中占有重要地位。火工装置在美国的阿波罗号飞船上超过了 300 件，在俄罗斯的联盟号飞船上用了 166 件，在美国的航天飞机上超过了 500 件。单个火工装置由装药部分、反应腔室和动作机构等部分组成。装药部分又由起爆元件和主装药组成。起爆元件分为电起爆元件和非电起爆元件两种。常用的火工连接装置有爆炸螺栓、剪切销式解锁螺栓、钢球连接式解锁螺栓、分离装置等。

①爆炸螺栓

爆炸螺栓又称为开槽式解锁螺栓，如图 3.10 所示。在爆炸螺栓圆柱形金属药室的外壁开有一圈球形凹槽，形成一个强度上的薄弱环节。爆炸螺栓作为一个连接件将两个物体连成一体，当主药点火燃烧或燃爆时，药室压力升高，开槽部位断裂，两个物体自然分开。

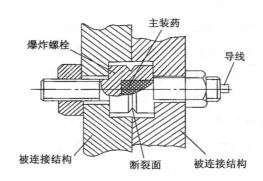

图 3.10　开槽式解锁螺栓结构图

②剪切销式解锁螺栓

螺栓结构如图 3.11 所示，被连接的两物体（内外筒）由剪切销连接。当药室引燃，压力增加，超过剪切销时，两者解锁分离。该螺栓仅用于连接力较小的部位。

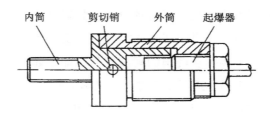

图 3.11　剪切销式解锁螺栓结构图

③钢球连接式解锁螺栓

解锁螺栓在 3 种不同状态下的内部结构如图 3.12 所示。该螺栓不用剪切销，而用若干小球（滚珠）来限制其相对位移和承受的轴向拉力。连接分离面仍然是内筒和外筒的套接面。在外筒内表面的某个截面上，开一圈环形的正梯形槽，梯形槽的两个斜边互相垂直，梯形槽的宽度和深度能容半个钢球。在内筒相应的位置截面上，沿周向均匀开若干个直径大小和钢球外径相同的径向圆孔，每个孔安装一粒小钢球，内筒设一活塞顶住钢球，活塞的相对位置由一抗剪能力较弱的剪切销固定。这一圈小钢球限制着内外筒之间的相对运动（连接状态）。当接收到解锁指令后，燃气发生器产生高压燃气，并通过集流环送到每个连接锁，当压力增高到一定程度时，剪断剪切销，将活塞推出去，钢球失去依托滑滚下来，内外筒失去限制，完成解锁（解锁状态），当钢球从活塞侧面滑至轴向时，完成分离（分离状态）。该螺栓适用于连接力大、解锁小的部位。

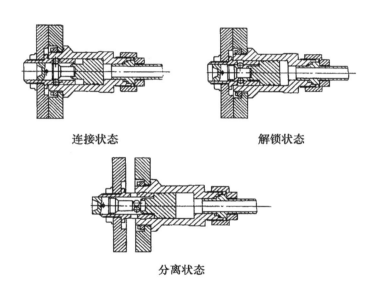

连接状态　　　　　　　　　　　解锁状态

分离状态

图 3.12　钢球连接式解锁螺栓及其分离过程结构图

④分离装置

分离装置繁多，常用的有分离火箭和分离推杆两种。分离火箭反向装在被分离级上，分离时给分离掉的级加一个反向推力，使之与前级分开。分离推杆又分为弹簧分离推杆（见图 3.13）和火工分离推杆（见图 3.14）两种，前者由弹簧推动分离套筒实现分离，后者是用火药产生燃气推动活塞实现分离。

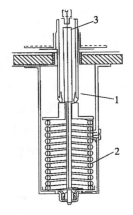

图 3.13　弹簧分离推杆结构图

1—附加导向套筒；2—弹簧；3—推杆

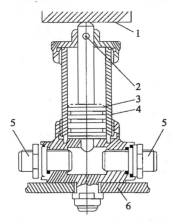

图 3.14　火工分离推杆结构图

1—被分离部分；2—剪切销；3—活塞；4—套筒；5—火工品；6—固定部分

⑤连接解锁装置

连接解锁装置由引爆装置、燃气发生器装置和动作执行装置 3 部分组成。其工作原理是，控制系统发来解锁指令后，引爆装置发火，点燃燃气发生器中的主装药，产生高压燃气，推动动作执行机构动作，从而完成解锁功能。因引爆装置提供初始爆炸能量，故对其可靠性要求很高。近年来常用非电传爆装置方案，如图 3.15 所示。当电起爆器在解锁指令下引爆后，通过多路传爆歧管把所连的导爆索引燃，再把所连的多个非电隔板起爆器引爆，实现舱段解锁。阿波罗号飞船和联盟号飞船都用了这种非电传爆装置代替电爆装置。

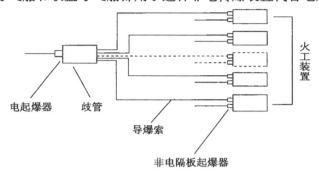

图 3.15　非电传爆装置结构图

　　动作执行机构是解锁、分离和弹抛的最终功能执行者，是连接解锁装置最复杂的部分。联盟号飞船返回舱与仪器舱的分离解锁执行机构是火工锁（见图 3.16）。它有两个作用：一是舱段连接（承载能力为 80～100 kN），二是解锁。由于采用冗余结构，只要两个爆炸螺栓中，一个炸开，就可实现解锁。如果爆炸螺栓可靠性为 0.99，而火工锁的可靠性就能达到 0.999 9。

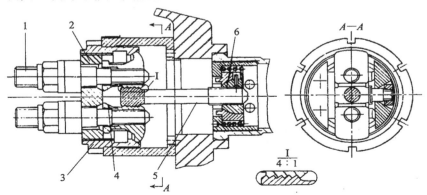

图 3.16　联盟号飞船返回舱与仪器舱连接的火工锁结构图

1—爆炸螺栓；2—螺套；3—夹紧块；4—连接螺栓；5—螺母组件；6—定位套

（2）飞船舱门机构

载人飞船航天员出入的舱门，必须方便打开（出舱活动）、关闭密封。飞船舱门分为气闸舱门和直穿舱门两类（有时还设应急舱门）。舱门的驱动既可手动，也可自动，根据舱门结构形式（压紧框加载方式可是中心式，也可是周边式）和使用特点来确定。例如，联盟号飞船返回舱舱门，如图 3.17 所示，安装在返回舱前端框上，门上装有天线、高频插座和平衡阀。转动门把手，通过开关放大机构，将力传到加力与调整杆上，推动滚轮沿斜面移动压紧门框和框上的密封圈，实现舱门的压进和密封。

连接、解锁与分离装置和飞船舱门，是航天器机构的典型代表，而更为复杂的航天器空间交会对接机构，则是航天器机构先进技术的代表，将在第 21 章中介绍。

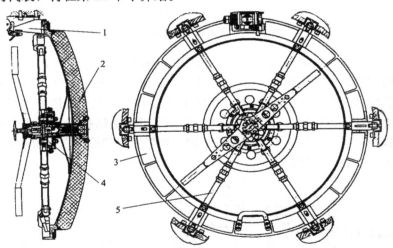

图 3. 17　联盟号飞船返回舱舱门结构图
1—铰链；2—防热层；3—门框；4—开关力放大机构；5—加力与调整轩。

3.3.2　航天器的推进系统

航天器推进系统主要为航天器的轨道运动提供推力，为航天器的姿态控制提供力矩。主要功能是为航天器变轨、调姿、交会对接和航天员舱外活动等提供推力和力矩。它与火箭推进系统的最大区别是推力小（小于 5 000 kN），因而构成现代航天器推进系统的类型比较多，各类推进系统的主要特性如表 3.5 所示。

表 3.5　航天器推进系统所用推进剂和能源的性能及特性参数

类　型		推进剂	能源	真空比冲 I_{sp}/(N·s/kg)	推力范围/N	平均体积密度/(g/cm³)	优　点	缺　点
固体发动机		有机聚合物+高氯酸铵+粉末状铝	化学	2 800~3 000	50~5×10⁶	1.80	简单、可靠，成本较低	性能有限，推力较高，安全性有争议
冷　气		N_2,NH_3,F_{14},He	高压气体	500~750	0.05~200	0.28¹⁾,0.60,0.96	极其简单，可靠，成本很低	性能很低，系统最重
液体	单组元推进剂	H_2O_2,N_2H_4	放热分解	1 500~2 250	0.05~0.5	1.44,1.0	简单、可靠，成本低	性能低，比双组元推进剂重
	双组元推进剂	O_2和RP-1	化学	3 500	5~5×10⁶	1.14和0.8	性能高	系统较复杂
		O_2和H_2	化学	4 500	5~5×10⁶	1.14和0.07	性能很高	低温，复杂
		N_2O_4和MMH(N_2H_4,UDMH)	化学	3 000~3 400	5~5×10⁶	1.43和0.86(1.0,0.79)	可贮存，性能好	复杂
		F_2和N_2H_4	化学	4 250	5~5×10⁶	1.5和1	性能很高	有毒、危险，复杂
		OF_2和B_2H_6	化学	4 300	5~5×10⁶	1.5和0.44	性能很高	有毒、危险，复杂
		ClF_5和N_2H_4	化学	3 500	5~5×10⁶	1.9和1	性能高	有毒、危险，复杂
水电解		$H_2O→H_2+O_2$	电/化学	3 400~3 800	50~500	1.0	性能高	复杂，功耗大

续表

类型		推进剂	能源	真空比冲 I_{sp}/(N·s/kg)	推力范围/N	平均体积密度/(g/cm³)	优 点	缺 点
电热	电阻加热	N_2,NH_3	电阻加热	1 500~7 000	0.000 5~0.5	0.28¹⁾,0.60	性能高,供给系统简单	接口较复杂,功耗比化学推进大,推力小
	电弧加热	N_2H_4,H_2　$\eta^{2)}\approx0.9$ NH_3,N_2H_4 H_2　$\eta\approx0.9$	电弧加热	4 500~1 500	0.05~5	1.0,0.019¹⁾ 0.60,1.0,0.019¹⁾	性能高,供给系统简单	功耗大,接口复杂(热接口尤甚)
静电	离子	Hg,Ar,Xe,Cs	静电($\eta\approx0.75$)	20 000~60 000	5×10⁶~0.5	13.5,0.44¹⁾,2.73¹⁾,1.87	性能极高	功耗很大,推力较小,复杂
	胶体	Glycerine	静电	12 000	5×10⁶~0.05	1.26	性能中等	开发风险高,功耗大,复杂
电磁	磁等离子	Ar	磁	20 000	25~200	0.44¹⁾	性能高	功耗大,开发风险和成本大,复杂
	脉冲等离子	Telfon	磁	15 000	5×10⁶~0.005	2.2	性能高	低推力,功耗大,有污染,复杂
	脉冲电感应	N_2H_4	磁	25 000	2~200	1.0	性能很高,推力适中	开发风险高,成本昂贵,功耗很大

注:1)在24 MPa(3 500 psia)和0℃时的密度。
2)η为能量转换效率。

航天器推进系统主要分为主动控制式（如冷气、化学推进和电推进等）和被动控制式（如重力或引力推进，太阳帆推进、核推进和激光推进等）两类。现代航天器推进系统主要用主动控制式推进系统，被动控制式由于不太成熟极少使用。

3.3.2.1　冷气推进系统

苏联的东方号飞船，采用了比冲很低，但简单可靠的冷氮气推进系统，作为姿态控制的执行机构，其系统组成如图 3.18 所示。图中 16 个冷氮气喷嘴分成两组，提供姿控力矩；12 个氮气球形瓶分为 3 组，两组保证自动姿控供气，另一组保证手动姿控（姿控安全性冗余措施）供气。东方号飞船能容纳 1 名航天员，航天员出舱活动，也用冷气推进系统。

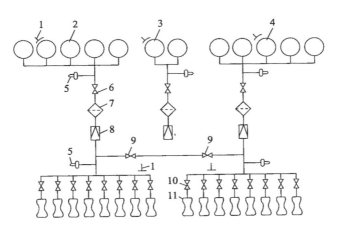

图 3.18　东方号飞船的姿控推进系统原理

1—温度传感器；2—第一基本组气瓶；3—备份组气瓶；

4—第二基本组气瓶；5—压力传感器；6—高压阀门；7—过滤器；

8—减压阀；9—备份气输送阀门；10—电磁阀；11—喷嘴

3.3.2.2 双组元液体推进系统

双组元液体推进系统由挤压式推进剂输送系统和辐射冷却式液体发动机构成，其典型结构如图 3.19 所示。它用于航天器变轨，推力较大，其原理与运载火箭的液体发动机类似。该推进系统采用地球环境条件下可贮存的挤压式推进剂，氧化剂为 N_2O_4，燃料为甲基肼（MMH）。两个正排出燃料贮箱，两个正排出氧化剂贮箱，一个挤压气体贮箱（氮气，高压瓶），一个四备份调压器（用来调节推进剂流量），爆破膜片和安全阀与它装在一起。经减压后，推进剂贮箱保证规定压力，若一个调压器发生故障不会影响推进系统工作。贮箱下面连接一台发动机（辐射冷却式液体火箭发动机）。爆破膜片和电爆阀用来隔开高压气体与推进剂贮箱之间的联系，开始工作后它才打开，提高了系统可靠性。该系统有可加注和泄放阀，把推进剂和挤压气体加到系统中去。在调节阀和电爆阀两边附加了手动阀，以便对系统进行检漏。止逆阀保证流体按规定方向流动，除在发动机中，氧化剂和燃料不会在系统任何部位相遇。该系统还有压力传感器、过滤器、温度传感器、管路和部件加热器等，以保证系统可靠地工作。

3.3.2.3 单组元液体推进系统

单组元液体推进系统也常用于航天器变轨和调姿。图 3.20 是采用单组元肼（N_2H_4）的火箭发动机。它有良好的处理特性，在贮存条件下相当稳定，分解产物清洁。其工作原理如下：

1）当航天器控制系统发出推力器工作指令后，燃料箱（肼贮箱）输送管电磁阀打开，肼流入发动机，可以是脉冲式（短到 5 ms）工作或长期稳定工作。

2）推进剂贮箱（N_2H_4）的压力，迫使液态肼流入喷注器，然后以雾状进入推力室，与催化剂床接触。

3）催化剂床铺有表面浸透铱的氧化铝载体（这里采用壳牌 405 催化剂）。液态肼由喷注器喷入与催化剂接触，发生放热反应，使液肼蒸发，灼热的肼蒸气离开催化床。肼的温度提高到某一温度值以后，肼分解速度很高，化学反应足以靠自身的放热维持。

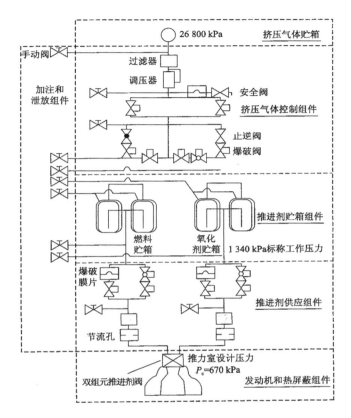

图 3.19　双组元 N_2O_4/MMH 液体推进系统

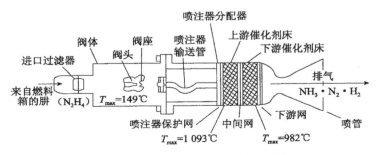

图 3.20　单组元肼（催化）火箭发动机

4）控制流动变量和催化床几何尺寸，就可控制化学产物的组成比例、排气温度、排气分子量，由此满足某种特定应用对焓的要求。（焓（H）是发动机总焓（I）的一部分，$I = E_{ch} + H$，E_{ch} 为化学能，H 为物质的焓。焓定义为物质具有的内能加上势能。焓就是含热量的意思。）推力器的比冲是最重要的参数，比冲高就要求催化剂床具有较高的胺离解度（推力室胺离解度为 30％～40％）。

5）肼分解产物离开催化床，从推力室排出，通过一个大膨胀比的排气喷管产生推力。

单组元肼推进系统就是上述单组元发动机加上推进剂组贮箱与输送系统（参见图 3.21）。这是卫星最大的肼系统，4 个正排出弹性隔膜大型贮箱，每个贮箱装 450 kg 肼，共装 1 800 kg 肼。该系统为完全双机容错结构（完全冗余），采用吹下（落压）方式工作，肼与挤压气体在同一贮箱中，肼从贮箱中排除时，贮箱内的压力下降。该系统有 12 个推力器（单组元发动机），其中 8 个最大推力为 30 N，作反作用控制；4 个最大推力 535 N，作调整轨道和控制高度。两组肼推力器功能完全互为冗余。两组推力器都用壳牌 405 催化剂，工

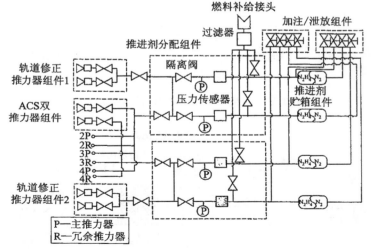

图 3.21　单组元肼推进系统（吹下式供给系统）

作方式如图 3.21 所示。在每个流道中都串有自锁隔离阀，用以隔断贮箱与任一个推力器之间的联系。自锁隔离阀的开关状态（开或关）取决于最后一个指令（开或关）。因此，在 200 ms 的指令期间需要消耗功率。该系统有 8 个手动加注/泄放阀。每个贮箱分别有 1 个加注肼和挤压氮气的推进剂阀和气体阀，装在贮箱的两边。该系统还有过滤器（防止系统污染）、压力传感器、温度传感器、催化床和管路加热器等。该加热器可防止推进剂冻结，以提高推力器寿命。

3.3.2.4　电推进系统

电推进系统比化学推进系统有更高的比冲，化学推进系统最高比冲为 5 100 N·s/kg，常用的只能达到 2 550~3 400 N·s/kg，使推进系统质量占航天器总质量的 1/2~3/4。而电推进系统比冲高达 3 200~71 360 N·s/kg，因而推进剂量小，质量小，可使航天器的有效载荷加大，寿命延长，成本降低。但航天器要为电推进系统提供充足的能源（如太阳能、核能、化学能等），并通过能源管理与配电系统向电推进系统提供电力。电推进系统可作航天器的主推进系统，也可作辅助推进系统执行变轨、轨道保持、姿态控制、定向控制等任务。电推进系统的组成及原理如图 3.22 所示。推进系统分为电热式推进系统、静电式推进系统和电磁式推进系统 3 种。

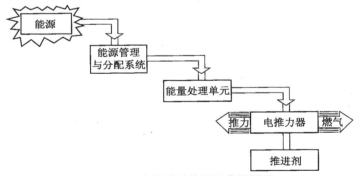

图 3.22　电推进系统的组成及原理

（1）电热式推进系统

电热式推进系统是推进剂（如肼）利用电热（电阻加热电离）或电弧（喷管阳极与电阴极间产生电弧）加热扩张加速排出，产生推力的系统。图 3.23 示出了推进剂通过一个阻抗元件加热的发动机，称为电阻加热电离式发动机。图 3.24 和图 3.25 示出了通过电弧加热推进剂的电弧加热发动机和由该发动机构成的电弧加热推进系统。用肼推进剂构成的电弧加热推力器的功率可达 500～800 W，效率为 26%～41%，比冲为 3 200～5 300 N·s/kg，能量处理单元效率大于 90%，系统质量仅为 7 kg（含推进剂供给系统）。

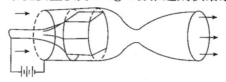

图 3.23　电阻加热电离式发动机

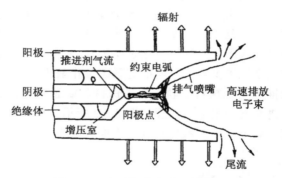

图 3.24　电弧加热发动机结构图

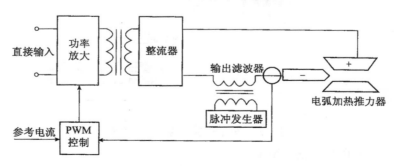

图 3.25　电弧加热推进系统

（2）静电式推进系统

静电式推进系统是推进剂（典型用氙）先被电离然后被静电加速而产生推力的推进系统。该系统推力器的推进速度大大超过化学推力器和电热式推力器。静电式推进系统的推力器分为霍尔推力器和离子推力器两种。

①霍尔推力器

霍尔推力器又称静电等离子体推力器，其结构和系统如图 3.26 和图 3.27 所示。离子被一个静电场加速，静电场由一个可阻碍电子从外层空心阴极流向阴极的径向磁场产生。俄罗斯航天器已用过功率为 700 W 的推力器，比冲为 15 680 N · s/kg，效率为 50%，推力器总质量为 13 kg/kW。

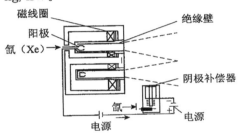

图 3.26　霍尔推力器结构示意图

②离子推进器

离子推进器常用汞推进剂，因此又称为汞离子火箭发动机，其原理如图 3.28 所示。汞被在贮罐上的钽管电加热蒸发，蒸气穿过钨塞到空心阴极，被阴极发射的电子轰击而电离；正电汞离子不断轰击阴极，保持适当温度以维持电子发射；阴极与触特级间发生放电（同日光灯中汞蒸气放电一样）。当阳极有电压后，电子、汞离子、汞原子就通过阴极极靴和挡板之间的空隙，进入放电室，放电现象就很快遍及整个放电室。在磁作用下，电子在放电室以磁力线为导向，作螺旋式振荡，加速了电子的运动，提高了汞原子的电离概率，降低了产生汞离子的功耗。放电室下端的屏栅极和加速极上，有许多互相匹配的小孔，构成离子引出系统。热运动到屏栅极的汞离子受加速极电压的作用，被引出放电室，形成离子束，其速度达

30 km/s。高速离子流再给发动机一个反作用力，即为推力。这种原理构成的发动机 RIT－10 型离子推力器的推力为 10 mN，比冲为 29 400 N·s/kg，总功耗为 360 W。

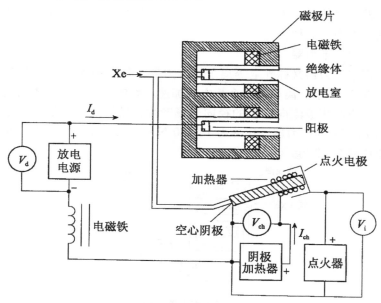

图 3.27　霍尔推力器系统

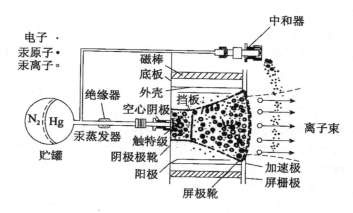

图 3.28　汞离子火箭发动机原理

（3）电磁式推进系统

电磁式推进系统是利用电磁场加速放电形成的等离子体而形成推力的推进系统，分为电脉冲等离子火箭和直流电磁流体火箭两种。

①电脉冲等离子火箭

电脉冲等离子火箭是用引燃器产生火花，使电容器通过电极产生微秒至毫秒级的大电流脉冲放电（其原理如图 3.29 所示），使固体推进剂（聚四氟乙烯）表面发生烧蚀和气化。气态物质在放电过程中形成的等离子体，在磁场作用下高速排出，形成推力。

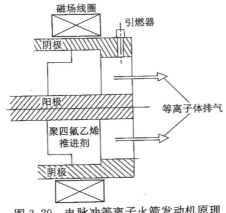

图 3.29　电脉冲等离子火箭发动机原理

②直流电磁流体火箭

直流电磁流体火箭是利用低温电弧使气体电离，通过加速导管，在磁场和直流电场相互作用下，使工质（气体）变成高度电离气体喷出而产生推力，其排气速度可达 40 km/s。其原理如图 3.30 所示。

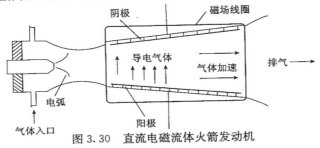

图 3.30　直流电磁流体火箭发动机

3.3.2.5　核能推进系统

前面所述化学火箭发动机最大喷气速度只能达到 4 km/s 左右，离宇宙速度甚远，需要加大喷气速度。化学火箭释放能量来自原子核外电子层的变迁，获能甚小；而原子核裂变所释放的能量比燃烧释放能量大 100 万倍。单位质量的核能比单位质量的化学能大 10^6 倍。因此，利用核火箭发动机航天器可获得更高的飞行速度。核能分为重原子核的裂变和轻原子核的聚变两种。因此，核火箭发动机既可用裂变，也可用聚变获得能量。利用核裂变的火箭发动机，称为原子能火箭发动机，利用核聚变的火箭发动机称为氘火箭发动机。

（1）原子能火箭发动机

原子能火箭发动机是利用核反应堆获取裂变所释放能量的发动机，其工作原理如图 3.31 所示，它用液氢作为工质，液氢泵 7 将贮箱内的液氢抽出管道 9，并送入氢冷却套 3 内，液氢变成气态氢，进入并驱动氢气涡轮，进行局部膨胀，然后进入反应堆 1。氢吸收反应堆的热量后，温度急剧上升，进入喷管内膨胀，从而高速喷出气流，产生推力。反应堆依靠控制棒 2 工作，控制棒由吸收中子的材料做成，目的在于吸收裂变时释放的过量中子，以调节堆中反应，维持适当反应速度。发动机的工质根据喷气速度的大小确定，一般要求分子量比较小的物质（氢分子量小，廉价易得，采用广泛）。氢气加热到 2 500℃时，发动机比冲可达 7 840 N·s/kg。

（2）氘火箭发动机

氘火箭发动机是利用氢的同位素——氘进行聚变，生成氦、质子和中子，从而产生能量。据估计，氘聚变后，可产生温度为 1 亿℃的等离子体。因此，氘火箭发动机的比冲很大，可达 150 000 N·s/kg，排气速度可达 15 000 km/s。该火箭发动机正在研制中，若能实现，航天将进入新时代。

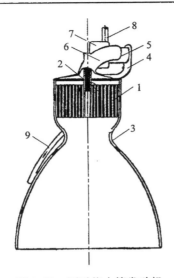

图 3.31　原子能火箭发动机

1—反应堆；2—控制棒；3—氢冷却套；4—来自冷却套的气氢；5—氢涡轮；
6—氢涡轮排气入反应堆；7—液氢泵；8—来自液氢贮箱的导管；
9—高压液氢导管至冷却套

3.3.2.6　其他推进系统

其他类型的推进系统还有光子火箭（该火箭能向后喷射光子，其速度是当今物质运动的最高速度）、太阳帆（利用光压产生很小的加速度，作用原理与风帆类似）、场共振推进系统（物理学家采用"统一场论"提出一种新时空理论——时空场共振理论，认为时间是能量在时空中高频振荡的结果，进而提出场共振推进的设想）等。

3.3.2.7　小结

（1）火箭推进系统是发展航天工程的前提，火箭推进技术是发展航天技术的首要技术。

（2）化学火箭（包括液体火箭和固体火箭）是发展最久、最完善、最适用的火箭推进系统，但化学燃料热值低，燃气温度最高不超过 4 300 ℃，平均分子量较高（最低为 8.9）。地平面比冲为 3 920 N·s/kg，真空比冲为 4 704 N·s/kg，火箭质量比不大于 10，但可用多级火箭来补救，最适合发射卫星和航天探测器。化学火箭发展方向有两个：一是大推力（土星Ⅴ火箭的一级由 5 个推力为 6 664 kN 的 F—1 火箭组成，总推力达 33 320 kN；航天飞机有 3 个液氢/液氧发动机，2个固体助推器，总推力可达 32 046 kN），二是高能燃料火箭（如液氢/液氧火箭发动机，比冲比普通的火箭发动机高 30%）。

（3）核能火箭克服了化学火箭燃料热值低与燃烧物分子量高的缺点，采用低分子量工质，比冲高。但受设备材料耐热与导热能力限制，技术难点有二：一是如何保证反应堆在高温度功率密度下工作时结构的完整性；二是如何保证飞行状态下反应堆的控制。采用核反应堆作能源后，电火箭显示了很大优越性，其单位功率装置的质量最低可达（3.5～5）kg/kW。

（4）各类推进系统的性能比较

①比冲和推力比较

各类推进系统的比冲、推力等参数如表 3.6 所示。化学推进系统和核能推进系统的比冲较低，但推力大。

核能电弧与太阳帆推进系统的比冲较高，但推力非常小。因此，前者常用于克服地球引力的运载火箭，后者只能用于星际轨道间的往返飞行；化学推进系统仅适用于发射人造卫星和宇宙探测器，而核火箭的应用范围不受限制，可广泛用于宇宙航行。

表 3.6　功率/推力和比冲的比较

推进系统	比冲/（N·s/kg）	推力/总质量	功率/推力/（kW/N）
化学	3 332～4 312	10^{-2}～10^{2}	3
核能	4 900～10 780	10^{-2}～10	4～6
核能电弧式	6 860～14 700	10^{-2}～10^{-3}	—
核能离子式	4 900～19 600	10^{-3}～10^{-4}	100
太阳帆	∞	$2×10^{-4}$	—

②效率比较

表 3.6 示出了产生 1 N 推力所需的功率，核能离子式推进系统可达 1 000 kW/N，比化学火箭和核能火箭所需功率大几十倍。电

火箭的比冲大，但单位功率装置质量比化学火箭和核能火箭大得多。表 3.7 示出了各种推进系统的能量转换效率。化学火箭与核能火箭的转换效率最高（40%～80%）。因此，从能量的观点看，化学火箭与核能火箭最理想。

表 3.7　各类推进系统的能量转换效率

推进系统	效率/%				
	0　　20　　40　　60　　80　　100				
化学					
核能					
电弧加热					
等离子体					
离子					

③运载能力比较

各类推进系统的运载能力与航行时间等参数列表于表 3.8。在相同的航行时间下，化学火箭的运载能力仅为核能加热式火箭运载能力的 1/3～1/5。核能离子式火箭的运载能力虽比核能加热式火箭的运载能力稍大，但所耗费的时间也较多。

表 3.8　各类推进系统的运载能力与航行时间

推进系统	比冲/（N·s/kg）	运载能力/t	航行时间/d
化学	3 920	0.80	973
核能加热式	4 802	2.45	973
核能离子式	49 000	4.55	1 099

④转移轨道所需时间与采用推进系统类型的关系

表 3.9 示出了卫星有效载荷在轨道转移时，卫星总质量与航行时间的关系。可见，时间是一个重要因素。若选用核能电弧式或核能离子式火箭，其质量是卫星总质量的 1/2，则航行时间就大大延长（1 300 h）；而化学火箭或核能加热式火箭，航行时间就只有 5.4 h 或 6.3 h。

表 3.9　　各类推行系统所需转移轨道时间

推进系统	卫星载荷/kg	卫星总质量/kg	飞行加速度/g	航行时间/h
化学	227	1 090	1	5.4
核能加热式	227	1 680	0.125	6.3
核能电弧式	204	454	10^{-4}	1 300
核能离子式	204	500	10^{-4}	1 300

对于行星探测器，由于采用不同类型火箭需要的辅助设备的多少不同，核能火箭所需辅助设备最少。因此，核能火箭具有广阔的发展前景。

3.3.3　航天器的控制系统

航天器的控制系统是指航天器被运载火箭送入初始轨道分离后所使用的控制系统。航天器的轨道一般分为主动飞行段和自由飞行段。例如，地球同步卫星的发射，运载火箭把卫星送入初始轨道（又称停泊轨道），即轨道高度为 200 km 左右的近地轨道，卫星的辅助推进级（有时也把该级放在大运载火箭上面作末级，这由研制分工而定）在停泊轨道规定点点火，使卫星进入大椭圆过渡轨道（200 km/35 793 km），再将辅助推进级分离掉；卫星在大椭圆轨道远地点调姿，卫星远地点发动机点火，使卫星轨道面与赤道面重合，并在 35 793 km 高度使轨道圆化；再用卫星上小推进系统微调卫星至规定同步轨道位置。这段卫星轨道的改变过程，即为主动飞行段；卫星进入地球同步轨道后，即进入自由飞行段。主动飞行段的轨道控制是通过导航、制导和姿态控制来完成的。而近地轨道卫星或飞船等航天器，一般无主动飞行段，只有自由飞行段。

导航就是确定轨道，即确定航天器的位置和速度。

制导是根据航天器的现有位置、速度和飞行目标，以及受控运动的限制条件，确定航天器在推进系统的推力作用下，继续飞行的规律，即导引律。导引律是利用控制力改变航天器运动速度的大小和方向，使它沿着所要求的轨道飞行。

姿态控制是把航天器由本体坐标系确定的姿态（俯仰角、偏航角和滚动角）稳定在要求的基准坐标系附近。

在自由飞行段，轨道控制主要用于导航，同时为下一个主动段调整飞行姿态。

航天器的姿态控制就是获取并保持航天器在空间姿态的定向技术，包括姿态稳定和姿态机动。一般在稳定姿态之前，都有一个姿态确定和姿态捕获过程。

航天器的轨道控制与姿态控制，既相互联系又彼此独立。一般来说，轨道变化比姿态变化要缓慢些，因此需要把两者分开来讲述。但作为轨道控制和姿态控制的敏感器（如空间六分仪、太阳敏感器或惯性系统等）两种控制都要用。经过计算机处理就可得到轨道或姿态的数据，然后进行实时控制。本节先讲述轨道控制（导航与制导）的原理，再讲述姿态控制的原理，最后讲述卫星和飞船的控制系统。本节未介绍控制系统轨道和姿态参数获取的敏感器、中间处理装置（计算机或变换放大器）和执行机构（变轨或姿控发动机、动量轮等）。对这些设备的介绍，详见第19 章和第 22 章。

3.3.3.1 航天器的导航系统

远程导航系统常用无线电导航、惯性导航、天文导航，以及上述两种或多种结合使用的组合导航。

（1）卫星导航

卫星导航是无线电导航中最先进最精确的导航技术。卫星导航由以下 3 部分组成：

1）卫星空间导航台，接收和贮存地面站制订的导航信号，依次向陆地、海上和空中的用户接收机发射。它接收地面站的控制指令，并向地面站发回卫星遥测数据。

2）地面站，由多个地面收发站和计算中心组成，它接收来自卫星及其工作状态的信息数据，对数据进行处理，计算，产生导航信号和控制指令，并发给卫星。

3）用户设备，是陆上、海上、空中运动物体的总称。它接收和处理导航信息，进行定位计算和导航。

卫星导航系统的工作原理如图 3.32 所示。

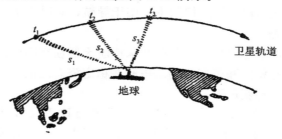

图 3.32　卫星导航原理

设卫星向海上船接收机发送信号，发送时刻分别为 t_i（t_1、t_2、t_3 3 个时刻），卫星至接收机的径向距离为 s_i（s_1、s_2、s_3），卫星 t_i 时刻发送信号至船接收机所需时间为

$$\Delta t = \frac{s_i}{c} \qquad (3.3-1)$$

式中　c——光速。

卫星以固定频率 f_t 发射信号，船接收机收到信号的频率为 f_r，可得

$$f_r = f_t \left(1 + \frac{\dot{S}}{C}\right) \qquad (3.3-2)$$

式中　$\dot{S} = \frac{c}{f_t}(f_r - f_t)$。

用接收频率 f_r 与接收机中稳定参数频率 f_R 比较，可计算卫星从船接收机上方通过期间的多普勒计数，则多普勒计数 N_{12} 为

$$N_{12} = \int_{t_1 + \Delta t_1}^{t_2 + \Delta t_2} (f_r - f_R) \mathrm{d}t \qquad (3.3-3)$$

式中　$t_1 + \Delta t_1$——接收信号开始时刻；

　　　$t_2 + \Delta t_2$——接收信号结束时刻。

由于 f_R 为常数，则（3.3-3）式可写为

$$N_{12} = \int_{t_1 + \Delta t_1}^{t_2 + \Delta t_2} f_r \mathrm{d}t - f_R(t_2 - t_1) - f_R(\Delta t_2 - \Delta t_1) \qquad (3.3-4)$$

因在 t_1 到 t_2 时间间隔内，发射的完整计数应与 $(t_1 + \Delta t_1)$ 到

（$t_2 + \Delta t_2$）时间间隔内接收到的计数相同，因此有

$$\int_{t_1+\Delta t_1}^{t_2+\Delta t_2} f_r \mathrm{d}t = \int_{t_1}^{t_2} f_t \mathrm{d}t = (t_2 - t_1) f_t \qquad (3.3-5)$$

则（3.3-4）式变为

$$N_{12} = (t_2 - t_1) f_t - (t_2 - t_1) f_R - (\Delta t_2 - \Delta t_1) f_R \qquad (3.3-6)$$

解得

$$(\Delta t_2 - \Delta t_1) = \frac{(f_t - f_R)(t_2 - t_1) - N_{12}}{f_R} \qquad (3.3-7)$$

乘以传播速度 c，即得距离的变化量

$$\delta_s = \frac{c(\delta_f \delta_t - N_{12})}{f_R} \qquad (3.3-8)$$

式中　δ_s——卫星在船接收机上方通过时，距离的变化量；

　　　$\delta_f = f_t - f_R$；

　　　$\delta_t = t_2 - t_1$。

因此，利用（3.3-8）式，由多普勒计数 N_{12} 直接算出在轨运行卫星与船接收机（用户）之间距离的变化量 δ_s。根据 δ_s 和卫星在轨道上每一时刻的位置参数，就可确定用户在地球上的坐标。

（2）GPS 全球定位系统

上述卫星导航是单星导航，从导航精度和实时性两方面来看水平都比较差，对于高速飞行的航天器（比"海上船速度"）就更显不适应了。因而在 20 世纪 90 年代初，美国建立了 6 条轨道 24 颗卫星群组的全球卫星定位系统（GPS）（详见 3.2.4 节）。航天器用 GPS 导航，可以达到理想的效果。

GPS 由空间卫星 24 颗、地面支撑系统和 GPS 接收机（用户）3 部分组成。GPS 定位采用被动定位原理、星载高稳定频率标准，实时向用户接收机发送卫星星历电文（又称导航电文）。用户接收机收到导航电文（同时可收到 4 颗卫星的导航电文）后，即可算出用户的所在位置，完成导航任务。

在导航定位中，首先必须知道导航卫星的位置。该位置是由卫星星历计算出来的，地面支撑系统测量和计算每颗卫星的星历，编

辑成电文发送给卫星，卫星再实时广播给用户。这就是卫星提供的"广播星历"。工作卫星的地面支撑系统由 1 个主控站，3 个注入站和 5 个监测站完成，GPS 卫星地面站的分布如图 3.33 所示，主控站位于科罗拉多的斯普林斯（Colorado Springs）的联合空间执行中心（CSOC）。3 个注入站分别在大西洋、印度洋和太平洋的 3 个美军基地（阿森松（Ascension），迪戈加西亚（Diégo Garcia），夸贾林（Kwajalein））。监测站主要向主控站提供卫星观测数据，每个监测站有 GPS 接收机，对每颗导航卫星进行长年不断的监测，每 6 秒进行 1 次伪距测量和积分多普勒观测，采集气象数据。监测站是无人值守的数据采集中心，受主控站控制，定时向主控站发送观测数据。5 个监测站分布在美国本土和三大洋，保证 GPS 定轨的精度要求。5 个监测站提供的数据形成了 GPS 卫星实时发布的广播星历。

图 3.33　GPS 卫星地面站分布

GPS 的地面支撑系统如图 3.34 所示。其主控站中有大型计算机，完成数据采集、计算、传输、诊断、编辑等任务。主控站将编辑的卫星电文传到三大洋的 3 个注入站，定时将这些信息注入各个卫星，然后由 GPS 卫星发送给广大用户（"广播星历"）。

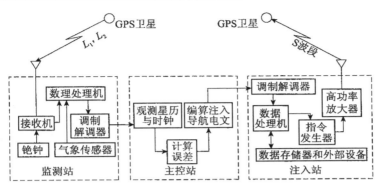

图 3.34　GPS 地面支撑系统框图

用户接收机是航天器卫星导航的重要设备。GPS 接收机的组成如图 3.35 所示。它由天线单元和接收单元组成。GPS 接收天线常采用定向天线、偶极子天线、微带天线、一（二、四）线螺旋天线、圆锥螺旋天线等。前置放大器的接收信噪比要高，增益要高，动态范围要大，一般采用场效应 FET 放大器。接收单元由变频、放大、滤波等组成，输出位置数据信息，一般设计成 1～12 通道供任意选用。每个通道在某一时刻跟踪一颗卫星，当某颗卫星被锁定后，便占用这一通道，直到失锁为止。接收机由码延迟锁定环和载波相位锁定环组成。

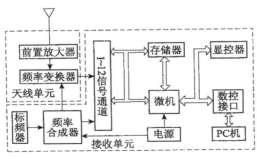

图 3.35　GPS 接收机的组成框图

用户接收机收到的导航电文包含卫星的星历、工作状态、时钟改正，电离层时延改正、大气折射改正，以及由 C/A 码捕获 P 码等导航信息。P 码导航信息是卫星信号中解调出来的数据码 $D(t)$。这些信息以 50 bit/s 数据流调制在载波上，数据采用不归零制（NRZ）二进位码。导航电文的格式如图 3.36 所示。它由主帧、子帧、字码和页码组成。每主帧电文长 1 500 bit，播送速率为 50 bit/s，因此发播 1 帧电文要 30 s。每子帧 300 bit，传时 30 s。1～3 子帧各有 10 个字码，每个字码 30 bit。这 3 个子帧的内容每 30 s 重复 1 次，每小时更新 1 次。4 子帧和 5 子帧有 25 页，共有 15 000 bit。1 帧电文共 37 500 bit，需要 750 s 才能传完，用时长达 12.5 min。其内容仅在卫星被注入新的导航数据后才更新。

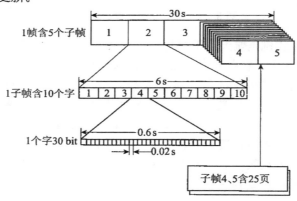

图 3.36 导航电文的格式

导航电文的内容结构如图 3.37 所示。它包括遥测码（TLW）、转换码（HOW）、第一数据块、第二数据块和第三数据块 5 部分。

遥测码为每一个子帧的第一个字码，作捕获导航电文的前导。1～8 bit 为同步码（100001001），9～22 bit 为遥测电文，包括地面监控系统注入数据时的状态信息、诊断信息和其他信息，以指示用户是否选用该卫星。23 bit 和 24 bit 无意义。25～30 bit 为奇偶检验码。

转换码为每个子帧第二个字码，它为用户从已捕获的 C/A 码转换到 P 码的捕获（C/A 码是用于粗测和捕获的伪随机码；P 码是卫星的精测码）。1～17 bit 表示 Z 计数，表示从每星期六/星期日午夜零

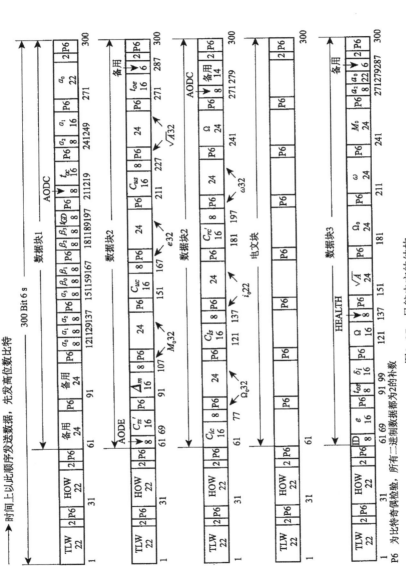

图3.37　导航电文的结构

时起算的对 P 码中 $PN_1(t)$（周期 1.5 s）的累计数，量程为 0～4 032 000。知道 Z 计数，就知道观测时刻 P 码在周期中的准确位置，以此较快地捕获 P 码。18 bit 表明卫星注入电文后有否发生滚动量矩缺载现象。19 bit 指示数据帧的时间是否与 $PN_1(t)$ 钟信号同步。20～22 bit 是子帧识别标志。23 bit 和 24 bit 无意义。25～30 bit 为奇偶检验码。

第一数据块为第一帧的第 3～10 个字码，有标识码、数据龄期和卫星时钟改正数。通过本数据块可估算出卫星测距精度（URA），即

$$\text{URA} = \sqrt{\sigma_R^2 + \frac{1}{16}\sigma_a^2 + \frac{1}{16}\sigma_c^2 + \sigma_T^2 + \sigma_p^2 + \sigma_m^2 + \sigma_{SA}^2} \qquad (3.3-9)$$

式中　σ_R——卫星位置误差在轨道平面的径向分量；

σ_a——卫星位置误差在沿轨迹的切向分量；

σ_c——卫星位置误差在垂直轨道平面的分量；

σ_T——卫星测时引起的测距误差；

σ_p——卫星扰动引起的测距误差；

σ_m——平滑监测站数据改正的均方测距先验残差；

σ_{SA}——政策（美国政府的 GPS 两种服务标准：粗码（DA 码），精度 100 m；精码（P 码），精度 10 m）引入的径向等效误差。

第二数据块为第二子帧和第三子帧共同构成。它表示 GPS 卫星的星历，是 GPS 定位中最有用的电文。它包括：

1）开普勒轨道 6 参数（半长轴 a 的 $\sqrt{a}$）、偏心率 e、参考时刻 t_{oc} 的轨道倾角 i_a，t_{oc} 时升交点赤经 Ω_a，近地点角距 ω、t_{oc} 时的平近点角 M_a）；

2）轨道摄动修正 9 参数；

3）时间 2 参数。

第三数据块由第四和第五子帧构成。它提供 GPS 卫星的历书数据。当捕获到某颗卫星后，利用第三数据块提供的其他卫星的概略星历、时钟改正、码分地址和卫星工作状态等数据，用户可选择正常工作和位置适当的卫星，还可选择所有位置的最佳卫星。

可见，用户接收机处理电文后，就能准确地处理出用户所在的位置。由于可以同时处理 4 个 GPS 导航星的电文，这就大大提高了定位精度和可靠性。

（3）惯性导航系统

航天器的惯性导航系统与运载火箭的惯性导航系统（见 2.5.2 节）的基本结构和原理基本相同。运载火箭的实时性和可靠性要求更高，上升段的飞行环境条件比较恶劣，给惯性元件带来更大的考验。航天器被火箭送入初始轨道后的主动段轨道飞行和被动段轨道飞行的条件比较好，但惯性器件工作时间比较长（数天，数月，数年），性能参数的漂移大就显露出来，影响导航、制导和姿控的精度。因此，航天器上的惯性系统就有一个定时校准问题。航天器的惯性导航系统还有一点区别于运载火箭的惯性导航系统，即惯性坐标系的选择比较多（主要是选用发射点惯性坐标系）。例如，金星探测器的惯性导航与制导系统就要控制探测器沿设计的轨道（见图 3.38）飞行到达金星。惯性导航系统可实时测出飞行器的位置、速度和加速度，并与设计轨道的参数进行比较，求出偏离轨道值，并对探测器施加力和力矩，以改变其速度冲量的大小和方向，修正偏差，使之向设计的轨道飞行。

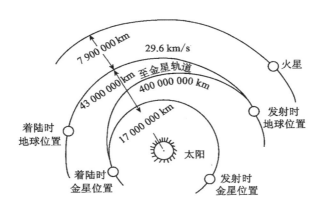

图 3.38　金星探测器的设计轨道示意图

　　由于行星轨道是用太阳为中心的黄道坐标系描述的（图 3.39），所以金星探测器的惯性导航系统的惯性坐标系选用黄道坐标系 O_s $X_0Y_0Z_0$。X_0 和 Y_0 两轴在地球轨道平面上（即黄道面上），X_0 指向角宿一星，Z_0 轴垂直于黄道面。如果惯性导航系统选用三轴惯性平台方案，在平台台体上的 3 个加速度表安装在黄道坐标的 3 个轴向，则金星探测器的惯性导航原理如图 3.40 所示。探测器所在位置，由 3 个加速度表决定。该系统包括三轴稳定平台及其在台体上的 3 个加速度表、积分器（也可以用计算机代替）、计算机（用于制导计算）和反馈元件。加速度 a_X、a_Y、a_Z 经一次积分得探测器质心的速度 $\dot{S}_X$、$\dot{S}_Y$、$\dot{S}_Z$，再积分一次得到位置坐标 S_X、S_Y、S_Z。从惯性系统的每个通道，可得到以下运动方程。

$$\begin{cases} \iint\left[\int(a_X-g_{XK})\mathrm{d}t+\dot{X}_0\right]\mathrm{d}t+X_0=S_X \\ \iint\left[\int(a_Y-g_{YK})\mathrm{d}t+\dot{Y}_0\right]\mathrm{d}t+Y_0=S_Y \\ \iint\left[\int(a_Z-g_{ZK})\mathrm{d}t+\dot{Z}_0\right]\mathrm{d}t+Z_0=S_Z \end{cases} \quad(3.3-10)$$

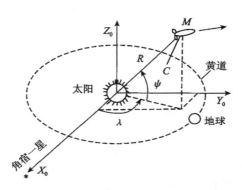

图 3.39　金星探测器惯性导航坐标系选定的黄道坐标系

式中　$\dot{X}_0$，$\dot{Y}_0$，$\dot{Z}_0$——飞行器初速度；

　　　X_0，Y_0，Z_0——飞行器初始位置；

　　　g_{XK}，g_{YK}，g_{ZK}——飞行器所在位置的太阳引力加速度。

图 3.40 就是一个典型的三轴惯性稳定平台/计算机导航系统原理框图。

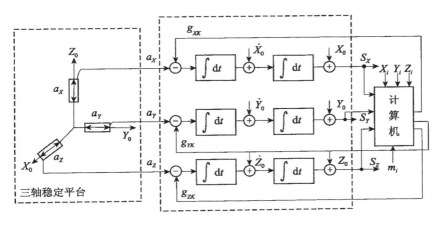

图 3.40 金星探测器惯性导航系统原理框图

（4）天文导航

天文导航是利用测量恒星的方法来确定航天器在空间飞行的位置坐标，特别适用星际航行和深空探测的航天器导航。美国阿波罗号飞船在月地往返中用天文导航成功地进行了轨道修正、高精度登月和返回地球。

天文导航的原理如图 3.41 所示。航天器上装有两个测量姿态角的设备，即星光跟踪器和空间六分仪。星光跟踪器常放在惯性稳定平台上，即基座保持惯性空间坐标，由计算机发来的指令自动跟踪星体，以修正航天器飞行的位置、方位和惯性平台的漂移。空间六分仪不放在惯性平台上，当它随航天器进入星际空间后，不再受大幅度扰动，在自由飞行时它本身就是一个良好的稳定平台。空间六分仪可利用计算机发来的指令自动跟踪星体，也可以由航天员操作跟踪星体，还可以独立于其他导航设备确定航天器的速度和位置。这两个设备在测角原理和内部结构上都很相似。它们主要是通过测量月球的明亮边缘和恒星之间的角度来实现导航。首先要校准月球的球心（对月球非球度和月球地势效应的补偿）。决定航天器状态就是"被测角",预先贮存在航天器中的月球星历表、月球地势模型和精确记录测量时间。

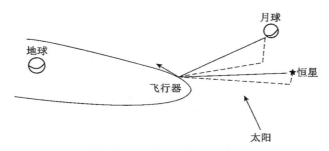

图 3.41　天文导航原理示意图

天文导航的测角,采用转轮角测量原理(参见图 3.42),每个跟踪器(星光跟踪器或空间六分仪)捕获各自的目标,一个很窄的窗孔随轮子以常值角速度转动。当该窗孔通过跟踪器 A 的光轴时,计时敏感元件 A 拾取到一个光脉冲(t_1)。当窗孔沿着自由圆弧继续旋转时,它将通过跟踪器 B 的光轴,此刻计时敏感器元件 B 拾取到一个脉冲(t_2)。夹角 $\theta_1 = \omega_1(t_2 - t_1)$。当这个窗孔继续沿自己的圆弧旋转时,它将再次通过跟踪器 A 的光轴,这时计时敏感器元件 B 拾取到一个脉冲(t_3),产生夹角 $\theta_2 = \omega_2(t_3 - t_2)$。$\theta_2$ 是 θ_1 的余角,并依次补充传递到计算机,作为测角的第二次测量。

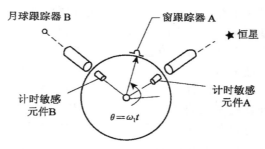

图 3.42　转轮角测量原理

（5）天文—惯性组合导航

随时间和距离的增大，惯性导航系统会因漂移产生的位置误差，需要有一个外基准系统来予以定时校准才能满足高精度和高可靠的要求；而天文导航就能担任这个校准的角色，它不会随时间和距离的增大产生累计误差。天文导航系统因稳定性而获得高准确性，又因天体目标的不可干扰性而获得高可靠性。星体跟踪器安装在惯性平台上，当对准星体时，星体跟踪器可测得相对平台坐标系的 3 个投影分量（星体方位角 A_p 和瞄准线长度 L），即可算出天文导航跟踪器测得的角度值 Δh 和 ΔA（星体高度角变化量 $\Delta h = h_p - h_c$，星体方位角变化量 $\Delta A = A_p - A_c$），正好反映了陀螺的漂移。这为惯性系统的状态提供了最优估计，并进行了补偿，提高了惯性导航精度。因此，天文—惯性组合导航是当今比较精确合理的导航组合方式。

通过"导航"确定了火箭或航天器所在的位置和速度后，则要进行"制导控制"、火箭上升段（主动段）的轨道控制、航天器在轨飞行段的变轨控制（轨道捕获、轨道保持、轨道转移）和返回轨道控制等，这些内容将在第 9 章和第 13 章介绍。

3.3.3.2　航天器的姿态稳定系统

航天器在轨飞行中，保持规定的姿态是非常重要的。在轨飞行需要保持某种姿态才能稳定，需要保持某种姿态才有利于太阳电池板对准太阳，需要某种姿态才能满足对地观测摄影要求等。但是，航天器在大多数情况下不能单独利用某种敏感器获得所需的姿态角，而是要用一组测量敏感器系统，经数据处理和坐标转换来实现。如图 3.43 所示，它不但要有惯性基准系统（平台系统或捷联系统），还要有基准修正系统（星扫描器、星图仪、空间六分仪、地平仪太阳敏感器、全息摄影星跟踪器、干涉仪、陆标跟踪器、离子敏感器等）。用星载计算机完成敏感器启动、跟踪控制、数据处理和坐标转换等任务。

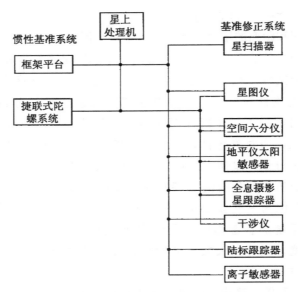

图 3.43　姿态确定系统框图

通过两台数字太阳敏感器可实现卫星的自旋姿态稳定，敏感器所安装的位置如图 3.44 所示。

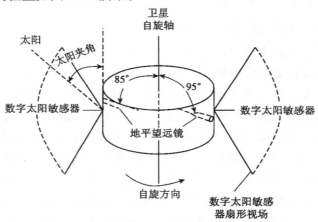

图 3.44　CTS 卫星自旋式姿态敏感器安装位置

太阳敏感器测出卫星自旋轴与太阳－卫星连线之间的夹角，同时红外地平仪（地平望远镜）可测出卫星自旋轴和地心－卫星连接之间的夹角。两个夹角分别形成两个圆锥面（见图 3.45），卫星自旋轴必须同时在这两个圆锥面上，即两圆锥面的交线。因此，通过太阳敏感器和红外地平仪的信息，利用计算机就可算出卫星自旋轴。

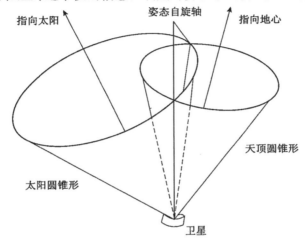

图 3.45　太阳敏感器与红外地平仪测姿原理

航天器的姿态由航天器受内外力矩的作用而决定。航天器的外力矩由周围环境通过介质接触或场的相互作用而产生，主要有气动力矩、太阳辐射压力矩、重力梯度力矩和磁力矩等。环境力矩是客观存在的，既是航天器的干扰力矩，也是被用来稳定或控制姿态的力矩。通常，将气动力矩作为低轨道（高度小于 500 km）航天器的主要外力矩；将太阳辐射压力矩作为高轨道（高度大于数千千米）航天器的主要外力矩；而重力梯度力矩和磁力矩作为高度在 500 km 到数千千米的航天器的主要外力矩。

由航天器本身因素而产生的力矩称为内力矩，通常包括航天器为控制自身姿态控制系统产生的力矩（又称为"控制力矩"）、推进系统发动机推力偏心产生的力矩（又称推力偏心力矩）、航天器内部活动部件运动产生的质心移动力矩（又称质心偏移力矩），以及由于航天器向外电磁辐射和热辐射、漏气、漏液、升华等因素造成的干扰力矩等。

航天器的姿态控制就是在充分利用各种内外力矩的基础上，考虑各种主要的制约因素，采取必要手段，使航天器姿态满足各种特定任务的要求。航天器的姿态控制系统一般由姿态稳定和姿态机动控制两部分组成。

航天器的姿态稳定，按其消耗航天器上能源（电能或燃料化学能）和控制力矩方式，分为被动式姿态稳定和主动式姿态稳定两大类，也有介于二者之间的半被动和半主动式姿态稳定。

（1）被动式姿态稳定

被动式姿态稳定是利用航天器本身的动力学特性（如角动量、惯性矩等）、航天器与周围环境相互作用产生的外力矩作为控制力矩源，几乎可以不消耗航天器能源而实现的姿态稳定。被动式姿态稳定包括自旋稳定、重力梯度稳定、磁力稳定和气动稳定等。

①自旋稳定

航天器利用自身自旋轴旋转获得陀螺定轴性的稳定方式称为自旋稳定。我国发射的第一颗地球同步通信卫星就采用这种稳定方式。自旋轴在惯性空间定向，但它不具备控制自旋速率、再定向，或使自旋轴进动的能力。采用这种方式稳定飞行器的最大优点是：简单（在星箭分离前，星箭一起旋转，然后再分离）；抗干扰能力强（受恒定干扰力矩作用时，自旋转等速漂移，而不加速漂移）；能使推力偏心或结构不对称等影响程度减至最小。其缺点是：只有一个轴可控；当扰动力矩使卫星自旋动量有较大变化时，要考虑卫星自旋速度控制措施；由于卫星天线指向地球，充分利用辐射功率，卫星天线需要消旋。

②重力梯度稳定

航天器内各部分因质量不同，在重力场中表现出不同的重力，在轨道运动时产生不同的离心力，重力和离心力的合力产生一个使航天器稳定的恢复力矩，可使航天器姿态保持稳定，这就是重力梯度稳定。现用哑铃式卫星说明重力梯度稳定原理。图 3.46 示出了哑铃式卫星在轨道平面（俯仰平面）内偏离当地垂线的情况，设哑铃臂长相等，质量也相等（$m=m'$）。由于质量 m 比较靠近地心，所受重力 F_g 比质量 m' 所受重力 F'_g 大，并且较大的重力 F_g 对哑铃质心 O 的力臂也较大

$(L > L')$，所以哑铃两端质量所产生的恢复力矩 M 为

$$M = F_g L - F'_g L' \qquad (3.6-11)$$

由图 3.46 的几何关系可见，m 和 m' 所受的离心力 F_C 和 F'_C 产生的力矩相互抵消，在俯仰面内的恢复力矩 M 仅由 m 和 m' 在重力场中所受重力 F_g 和 F'_g 的重力矩之差产生。M 使哑铃卫星的纵轴稳定在当地垂线方向。

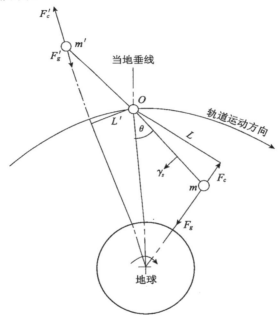

图 3.46　哑铃式卫星的重力梯度稳定原理

对于刚体卫星，若它本体坐标系的三轴惯量 I_X、I_Y、I_Z 满足 $I_X > I_Y > I_Z$，卫星最小惯量（I_Z）轴将稳定在当地垂线方向上，最大惯量（I_Y）轴稳定在轨道平面法线方向。月球就是一个质量不均匀的天体，是地球的唯一卫星，因此其最小惯量轴始终指向地球。这就是重力梯度稳定的实例。

③磁力稳定

磁力稳定是利用航天器的磁力矩 $M = mH$ 构成的稳定状态。m 是

航天器的磁矩，H 是地磁场强度。被动式磁力稳定系统，一般是在航天器上安装产生磁矩的永久磁铁。磁矩与地磁场相互作用，产生磁力矩。该力矩把航天器姿态稳定在地磁场方向，稳定度可达 $1°\sim3°$，但在一个轨道周期中航天器要翻滚两次（这是地球磁场决定的）。早期的卫星曾用该方法，目前很少采用，只能作为稳定姿态的辅助手段。

（2）半被动式姿态稳定

半被动式姿态稳定需要消耗航天器上的少量能源，其他方面与被动式姿态稳定相同，常用的有重力梯度加惯性轮姿态稳定和重力梯度加控制力矩陀螺姿态稳定两种。

①重力梯度加惯性轮姿态稳定

重力梯度加惯性轮姿态稳定是利用重力梯度实现俯仰和滚动两轴稳定，在俯仰轴上装一个恒值动量轮以实现偏航稳定，并改善滚动轴稳定性，其原理如图 3.47 所示。这种姿态稳定系统一般只适用于三轴稳定和对地定向的航天器。

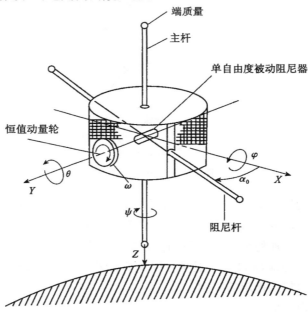

图 3.47　重力梯度加惯性轮姿态稳定原理

②重力梯度加控制力矩陀螺姿态稳定

重力梯度加控制力矩陀螺姿态稳定是利用重力梯度与控制力矩陀螺相结合，实现航天器的三轴稳定和对地定向。这是一种常用的姿态稳定方法，其原理如图 3.48 所示。这类姿态稳定系统还有重力梯度加装有固定线圈装置，线圈上有电流通过，产生磁场与地磁场相互作用，产生磁力矩，以此克服经常性的干扰。通信卫星克服太阳电池板的辐射压力干扰，就采用此法。

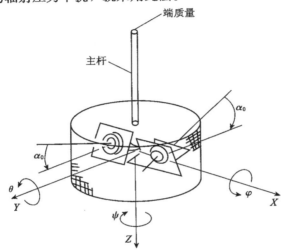

图 3.48　重力梯度加控制力矩陀螺姿态稳定原理

（3）半主动式姿态稳定

半主动式姿态稳定方法是采用最少自由度的姿态敏感器，去控制较多自由度的姿态。它用自然环境和物理的力矩源作为某些自由度的姿态控制力矩；另一些自由度需要控制逻辑线路加以控制。这类姿态稳定系统主要有自旋稳定姿态控制和双自旋稳定姿态控制两种。

①自旋稳定姿态控制

如图 3.49 所示，除航天器 Z 轴为自旋轴外，控制系统具有再定向、进动和自旋速度控制的能力，但仍需要使用一些简单的敏感器、章动阻尼器和进动推力器联合完成航天器的姿态控制。

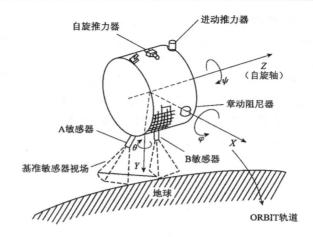

图 3.49　自旋稳定姿态控制系统原理

②双自旋稳定姿态控制

如图 3.50 所示，该系统分为自旋和消旋两部分，每部分有一个或多个自旋体或消旋体，两者的总动量不为零。消旋部分带有指向地球的稳定平台，系统的动量积累可由喷气、主动磁控、重力梯度等控制。当自旋部分绕最大惯量方向旋转时，自旋是稳定的，但需要采用章动阻尼器。

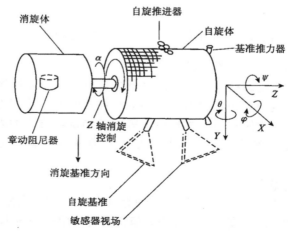

图 3.50　双自旋稳定姿态控制系统原理

（4）主动式姿态稳定

主动式姿态稳定是对所需要的自由度，都使用姿态敏感器和相应的控制逻辑线路，使姿态稳定性达到最优。这类姿态稳定系统包括以飞轮为主（含控制力矩陀螺）的三轴稳定、喷气三轴稳定、角动量为零的双自旋稳定。

①以飞轮为主的三轴稳定

以飞轮为主的三轴稳定系统的工作原理如图 3.51 所示。该系统用飞轮储存动量，通过动量交换实现姿态控制。卫星本体坐标系的 3 个方向装有飞轮和姿态敏感器，还装有 3 个俯仰、偏航和滚动喷管。当飞轮的动量饱和时，可使用喷管、磁力或重力梯度等力矩来卸载。

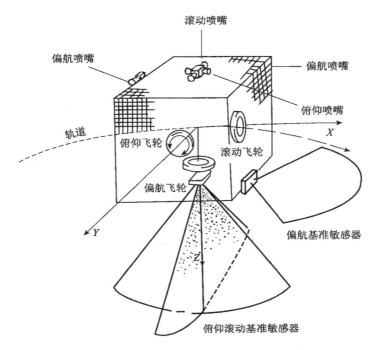

图 3.51　以飞轮为主的三轴稳定系统原理

②喷气三轴稳定

喷气三轴稳定系统的工作原理仍可参见图 3.51。这类姿态稳定系统必须具有姿态敏感器和相应的控制逻辑线路，小推力喷管工作时产生控制力矩控制航天器三轴（X，Y，Z）姿态。该系统适用于短期工作和克服非周期姿态扰动的航天器，系统寿命受推进剂消耗量和电磁阀（控制喷管工作的阀门）寿命的限制。

③角动量为零的双自旋稳定

角动量为零的双自旋稳定系统的工作原理如图 3.52 所示。该系统与双自旋卫星相似，区别在于其自旋体角动量（$I_1 \omega_1$）与消旋体或飞轮的角动量（$I_2 \omega_2$）的大小相等方向相反，故卫星总角动量为零。其特点是星体既具有旋转特性，又没有动量偏置；星体易实现姿态机动，但没有一般自旋卫星的章动作用。

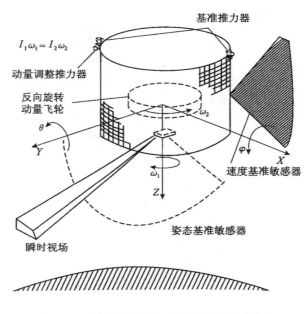

图 3.52　角动量为零的双自旋稳定系统原理

（5）混合式姿态稳定

混合式姿态稳定又称为多体式稳定控制（如星体与天线分开控制）和多级式稳定控制（粗与精两级控制），采用两种以上姿态稳定方式，一般具有 3 个以上控制自由度。几种控制方式混合使用，比单独用一种控制方式效果好得多。该稳定方式特别适用于长寿命、高精度的通信卫星、对地观测卫星等。典型的混合式姿态稳定系统原理如图 3.53 所示。

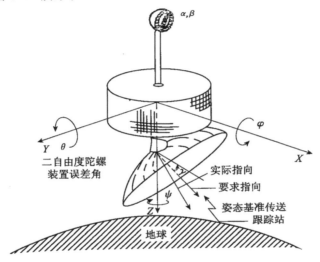

图 3.53　混合式姿态稳定系统原理

3.3.3.3　航天器的姿态机动控制系统

航天器从一种姿态转变到另一种姿态的再定向过程，称为航天器的姿态机动控制。负责执行这一任务的硬件和软件通称为姿态机动控制系统。如果航天器的起始姿态是未知的（例如运载火箭将航天器送入轨道分离时，由于受到各种干扰，航天器姿态不能预先确定），从未知姿态到预定姿态的过程，称为姿态捕获。姿态捕获是姿态机动控制的一种类型，还有自旋轴机动和惯性制导机动等类型。

（1）自旋轴机动

自旋轴机动是指航天器在轨道平面内，自旋轴机动 90°，即与轨道平面垂直。常用的自旋轴机动方法有磁控和喷气控制两种。磁控是在自旋轴上安装一线圈，线圈内通电后产生磁矩（与地球磁场作用产生），使航天器自旋轴在进动力矩作用下机动 90°。

（2）惯性制导机动

惯性制导机动是指航天器上的科学探测仪器对目标探测时，需要变换姿态；而这种姿态的转换是由惯性部件（陀螺和加速度表）提供信息，控制航天器上的反作用轮完成的。

（3）姿态捕获

姿态捕获有全自主、半自主和地面控制 3 种方法。

①全自主姿态捕获

全自主姿态捕获方法是由航天器上的模拟式太阳敏感器和磁强计得到姿态信息，通过航天器载计算机，控制电磁铁，使自旋轴指向太阳；或用磁强计和装在飞轮上的地平扫描仪来控制磁力矩，使航天器姿态稳定地指向地球。

②半自主姿态捕获

半自主姿态捕获方法是由地面站和航天器上设备协同完成姿态捕获。如天文观测卫星用模拟式太阳敏感器使卫星自旋轴指向太阳；地面站计算机根据星跟踪器的数据，精确算出卫星三轴姿态，并可算出星上陀螺漂移数据，再发到星上扣除陀螺漂移，最后发出指令控制肼推力器产生力矩，使卫星姿态精确指向目标。

③地面控制姿态捕获

地面控制姿态捕获方法是将航天器上的姿态敏感器数据传至地面站，经地面计算机按控制规律处理后，估算出各种控制指令，经分析选择后，再通过遥控通道，将指令发至航天器的执行机构，而达到姿态捕获的目的。这种方法有闭环与开环两种；闭环式与航天器上全自控相似，敏感器和执行机构在航天器上，中间数据处理和控制规律由地面站计算机完成，一般中间由人干预，速度比较快；而开环式是由地面站计算机处理并显示，人要介入分析选择控制指令，滞后时间比较长，一般需要 30 s 以上才能完成一次控制。

（4）完成姿态机动的航天器部件

完成姿态机动的航天器上的主要部件有自旋轴上磁线圈（无章动自旋稳定卫星自旋轴上磁线圈在地磁场中产生进动，完成姿态机动）、自旋平面上的磁线圈（用自旋平面上的磁线圈来控制航天器的总角动量幅值，完成姿态机动控制；用沿自旋轴安装的磁偶极子进行航天器的定向控制；用与自旋轴垂直方向的磁偶极子进行航天器的动量控制）、安装在航天器上不同位置的小推力器（由热气喷嘴（约 5 N）或冷气喷嘴（约 1 N）产生推力的合力矩，完成姿态指向控制、自旋角速率大小控制、章动控制、飞轮速度控制、轨道修正等任务）。

3.3.3.4　航天器姿态控制系统模块化硬件构成方案

各类卫星和飞船的控制系统，为便于功能的增减或提高可靠性和安全性（采用冗余技术），常采用模块化结构方式构成硬件系统。其突出优点是部件标准化、系统设计积木化、功能增减容易、研制周期缩短、成本降低。典型的卫星模块化姿态控制系统如图 3.54 所示。图左侧是各类敏感器、图中是控制电子装置（敏感器接口、控制逻辑、安全保护和驱动线路）、图右侧是姿态控制执行机构（反作用轮、磁力矩器或喷管），图上部是测控通信（遥测、遥控）接口装置和电源系统。该系统采用零动量方案，3 个相互垂直轴线上，装 3 个反作用轮，并有 1 个斜装反作用轮备用。输入端各类不同的敏感器，完成 3 种姿态参数的测量。这种系统适用于中、低轨道卫星姿态控制系统，并可对地球、太阳或其他星体目标定向。图 3.55 是该系统的硬件结构安装图，全系统设备安装在一块铝蜂窝模块结构内。

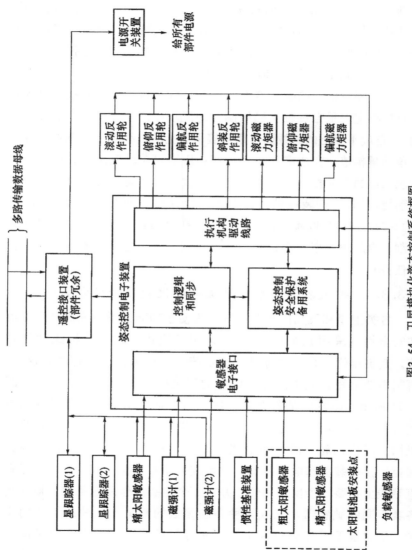

图3.54 卫星模块化姿态控制系统框图

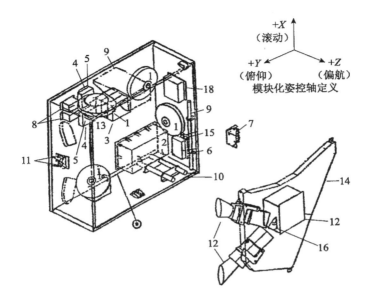

图 3.55　卫星模块化姿态控制系统硬件安装图

1—反作用轮（4）；2—姿控电子装置；3—遥测接口单元；4—磁强计电子线路（2）；

5—磁强计敏感器（2）；6—精太阳敏感电子线路；7—精太阳敏感器头部；

8—模块连接件托架；9—磁力矩（2）；10—磁力矩；11—明亮目标敏感器（2）；

12—星跟踪器（固定头部）（2）；13—惯性基准装置；

14—光学支架；15—电源开关装置；16—光学部分

3.4　中国的航天器

前面各节论述了航天器的概念、分类与组成，人造卫星、空间探测器、宇宙飞船、空间站和航天飞机等航天器的发展和基本概念。本节将讲述航天器工程设计的实践内容。我国航天器工程设计实践是随着长征一号系列火箭、长征二号系列火箭、长征三号系列火箭和长征四号系列火箭的发展同步进行的。不同类型的航天器，需要用不同类型的运载火箭把它准确地送入太空运行轨道，以实现不同的空间应用目标。中国航天器工程起步较晚（1958 年开始），在大致经历了 3 个阶段的发展后，目前已达到了国际先进水平。

第一阶段（1958 年～1970 年），技术准备阶段。开展了卫星工程基础性研究，在组织卫星工程实施方面进行了一系列准备工作。1965 年正式实施国家第一项卫星计划，1968 年建立中国空间技术研究院，1970 年 4 月 24 日，用长征一号火箭成功地发射了一颗人造卫星东方红一号，使中国成为第五个靠自己研制力量发射人造卫星的国家。

第二阶段（1971 年～1984 年），技术试验阶段。1975 年 11 月 26 日，首次用长征二号火箭成功发射返回式遥感卫星，使中国成为世界第三个掌握卫星返回技术的国家。1984 年 4 月 8 日，用长征三号火箭成功发射了第一颗地球静止轨道卫星（东方红二号），使中国成为世界第五个独立发射地球静止轨道卫星的国家。

第三阶段（1985 年至今），卫星工程技术试验走向工程应用阶段。返回式卫星多次发射成功，为国土普查、资源勘测、铁路选线等国民经济发展提供大量图片和数据。1986 年至 1990 年，成功发射 4 颗东方红二号甲实用通信广播卫星，为国内多家用户提供通信、广播、数据传输等服务。1988 年 9 月和 1990 年 9 月两次成功发射风云一号太阳同步轨道气象卫星，1999 年 5 月发射改进风云一号第三颗气象卫星，1997 年 6 月发射风云二号地球静止轨道气象卫星。1994 年 11 月首次发射 24 个转发器的东方红三号通信卫星，1997 年 5 月发射第二颗东方红三号同步通信卫星。自 1968 年 2 月中国空间技术研究院成立至 2011 年，我国共研制发射各类卫星 110 多颗，无人飞船 5 艘，载人飞船 3 艘，无人对接目标飞行器 1 艘。

3.4.1　中国的通信卫星

人类古老的通信手段有烽火、擂鼓、驿站、鸣金、旗语、信号灯、邮政等。随着电的发明，出现了现代通信——有线通信和无线通信。有线通信包括明线、电缆、海底电缆和光缆等，无线通信按频段分有长波、中波、短波和微波。从 20 世纪 60 年代开始了应用卫星通信，随着电子计算机技术的发展，电子邮件和信息高速公路已广泛用于通信。由于微波不像长波、中波那样能沿地表传播，只能穿过大气层，电离层不反射，因此在地球表面传输，就需要50 km设一中继站，这是地球曲率所决定的，如果把微波接力中继站放到卫星上去，那就可以照到地球 1/3 以上地表，如果卫星在赤道上空36 000 km 高度与地球同步旋转，在地面上看到卫星是不动的，称为地球静止轨道卫星。这种卫星通信的显著优点是：

1）通信距离远，成本低。地球静止轨道卫星覆盖地球大弧最长的距离是 18 100 km，即在直径为 18 100 km 球面内任意两点都可设置通信站实施卫星中继通信，相当于微波接力实现 18 100 km 距离之间的通信，不用卫星通信用微波中继通信需要设 361 个中继站。如果用光纤通信铺设 18 100 km 光纤电缆，中间也要好几段（每段不能超过 2 500 km）。因此，卫星通信的成本大大降低，通信质量大大提高。

2）不受地理环境影响。卫星通信不受海洋、湖泊、高山、沙漠、森林等影响，只要卫星天线能覆盖到之处都能通信。

3）便于实现多址连接。电缆、光缆、微波接力通信，只能在铺设方向两地间进行通信。而卫星通信只要在地面覆盖区两点间都可通信。为防相互干扰，采用多址通信，即某一通信站可对覆盖区内任意地点进行通信。特别对广播和移动通信，优点更突出。

4）通信容量大。随着卫星技术的发展，卫星电源功率扩大，一颗卫星最大功率可达 15 000 W 以上，转发器可达 90 个（休斯公司HS702 卫星），相当于 36 MHz 的转发器；频段高扩，除 UHF、X、L、C 频段外，还用到 Ku 和 Ka 频段，今后还将发展到毫米波和激光通信。目前，大容量卫星通信可达 40 万路（数字）以上。

5）通信质量好，稳定可靠。由于卫星通信环节少，地面站之间通信只通过中继星，所以电话、电视质量都很好。

6）不易受战争破坏。

7）可实时监测本站及其他站的电信号。卫星可对地面站及本站信号质量进行实时监测。

1963 年美国辛康静止通信卫星问世，优点突出，世界各国投入大量财力，研制实用通信卫星。我国第一颗卫星东方红一号发射成功，通信部门和使用部门结合，走自己的通信卫星发展之路。1970

年开始方案研究，1984 年 4 月 8 日，用新研制的三级火箭长征三号成功发射了东方红二号试验通信卫星，4 月 16 日定点于东经 125°赤道上空。后于 1988 年 3 月 7 日、1988 年 12 月 22 日和 1990 年 2 月 4 日发射了 3 颗东方红二号甲地球同步轨道通信卫星。1997 年 5 月 12 日由长征三号 A 火箭将东方红三号卫星送入太空，定点于东经 125°赤道上空。

东方红二号通信卫星是我国研制的第一代试验通信卫星，性能优于国际通信卫星Ⅲ号，寿命 3 a，功率 196 W。卫星由通信、结构、姿控、轨控、热控、测控（遥测、遥控和跟踪）及远地点发动机组成。卫星结构布局如图 3.56 所示，卫星上有两路转发器，一路 40 MHz宽带，另一路为 3 MHz 窄带。窄带较宽带增益高 6 dB，用

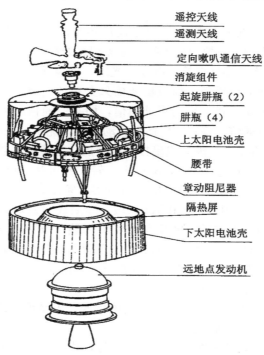

图 3.56　东方红二号卫星总体结构图

于舰船通信。卫星自旋稳定，40～60 r/min，定向天线为消旋定向地面的喇叭天线，波束宽度大于±7°。电源采用体装式太阳电池阵和镍镉电池联合供电方式。太阳电池阵采用效率为 10.3% 的硅电池，最大输出功率为 315 W，母线电压为 24～40 V，由二次电源调节到几种稳定电压向仪器供电。热控方案以被动热控为主，辅以电加热。远地点发动机采用固体火箭发动机，它将火箭完成的大椭圆过渡轨道（400 km/35 960 km，$i=31.5°$）变为地球同步轨道（圆轨道），并提供速度增量 1.882 6 km/s。卫星结构采用圆筒和杆系的主承力结构，结构轻，阻尼性好。

东方红二号甲实用通信卫星是在东方红二号卫星基础上改进的。卫星外形如图 3.57 所示，卫星的主要技术性能如表 3.10 所示。东方红二号甲卫星不论是通信系统性能、卫星的控制精度，还是卫星电源技术水平等，都比东方红二号卫星有明显提高。

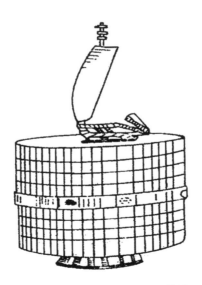

图 3.57　东方红二号甲卫星外形

表 3.10　东方红二号卫星和东方红二号甲卫星主要性能指标

项　目		东方红二号卫星	东方红二号甲卫星
通信分系统	转发器数量/个	2	4
	单频饱和输出功率/W	8	10
遥测子系统	遥测参数/路	197	219
	编码遥测码速率/（bit/s）	625	625
遥控子系统	遥控指令条数	68	94
	遥控码速率	100	100
控制分系统	卫星稳定方式	双自旋稳定	双自旋稳定
	卫星转速/（r/min）	50±10	50±10
	卫星定点位置/（°）	东经 125	东经 87.5，110.5，98
定点位置误差	东西向/（°）	1	0.2
	南北向/（°）	4	0.1
天线指向误差	东西向/（°）	1	0.42
	南北向/（°）	1	0.60
电源分系统	太阳电池阵输出功率/W	170（负载要求）	288（4.5 a）
	镍镉电池容量/A·h	13	15（4 a）
	卫星寿命/a	3	4.5

东方红三号通信卫星是在东方红二号甲的基础上研制的新一代通信卫星，具有 20 世纪 80 年代中期最先进的技术水平，由自旋稳定改为三轴稳定，克服了自旋稳定太阳电池体装效率低的缺陷，采用折叠式结构，功率大、效率高。该卫星的转发器、天线性能、变轨推进系统等技术性能都有大大提高。东方红三号卫星的在轨展开图和结构分解图如图 3.58 和图 3.59 所示，其主要技术性能指标及其与国外同类卫星指标的比较如表 3.11 和表 3.12 所示。东方红三号卫星由长征三号火箭发射定点完成后，于 1998 年 8 月 12 日正式交付使用，24 个 C 频段转发器全部用于国内公众通信网。

东方红三号卫星由有效载荷（通信广播分系统）和卫星平台（卫星结构、姿态与轨道控制、推进、电源、测控及热控等分系统）组成。

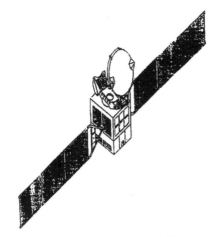

图 3.58　东方红三号卫星在轨展开图

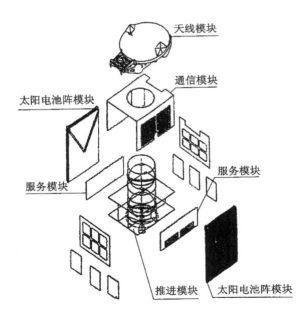

图 3.59　东方红三号卫星结构分解图

表 3.11　东方红三号卫星主要性能指标

项　目	指　标	备　注
转发器/个	24	
末级功放 1 功率/W	8	18 个通道
末级功放 2 功率/W	16	6 个通道
接收机/台	4（500 MHz 带宽）	2×2∶1 备份
通信天线/副	1（口径 2 m）	收发合一
天线覆盖区	中国	
天线增益（以全向天线为基准）/dB	≥27	
通信频段/MHz	5 925～6 425	上行
	3 700～4 200	下行
等效全向辐射功率（以 1 W 为基准）/（dB）	≥37	对应 16 W
	≥33.5	对应 8 W
卫星轨道	地球同步轨道	
卫星稳定方式	三轴稳定	
卫星定点位置/(°)	东经 125	
位置保持误差/(°)	±0.1（南/北方向）	
	±0.1（东/西方向）	
推进剂	一甲基肼	燃料
	四氧化二氮	氧化剂
远地点发动机推力/N	490	
太阳电池翼/个	2	每翼 3 块板
输出功率/W	1 700	寿命末期
蓄电池容量/A·h	2×45	
卫星分离时质量/kg	2 260	
卫星寿命/a	8	

表 3. 12　东方红三号与国外卫星主要性能比较

卫星名称	东方红三号		INTELSAT VA			ARABSAT	
研制单位	中国　CAST		美国　福特公司			法国　法宇航局	
设计寿命/a	8		7			7	
卫星发射质量/kg	2 260		2 140			1 262	
寿命末期功率/W	1 700		1 270			1 300	
转发器数量/个	18	6	22	4	6	25	1
射频功率/W	8	16	4.5	8.5	10.5	8.5	100
姿态稳定方式	三轴稳定		三轴稳定			三轴稳定	
发射日期	1997 年 5 月		1985 年 6 月			1985 年 2 月	

3. 4. 2　中国的返回式遥感卫星

　　美国 1959 年开始研制返回式遥感卫星（发现者号卫星），经过 38 次飞行试验，完成了卫星返回试验技术，并在轨进行了对地摄影，获取了大量观测资料。苏联是由载人航天计划开始研究航天器返回技术。我国则于 1965 年提出《关于发展我国人造卫星工作规划方案建议》，20 世纪 60 年代末展开研究，1974 年进行了第一次飞行试验，因火箭故障卫星未入轨；1975 年进行了第二次飞行试验，卫星在国内指定地点返回；1976 年进行了第三次试验，完全掌握了航天器返回技术，使我国成为美苏后第三个掌握卫星返回技术的国家。我国用 20 多年的时间共研制了 3 种型号的返回式遥感卫星：返回式卫星 0 号（FSW－0），第一代国土普查卫星 1 号（FSW－1）；摄影测绘 2 号（FSW－2），即第二代国土普查卫星。FSW－0 卫星前 4 颗由长征二号火箭发射，第一次火箭控制系统俯仰速率陀螺断线，失稳导致失败，后三次成功；1982 年后，用长征三号 C 火箭发射 FSW－0、FSW－1、FSW－2 卫星，至 1996 年年底，共发射 16 次，失败 2 次。即这三种型号的卫星共发射了 20 次，3 次失败，17 次成功。FSW－0、FSW－1、FSW－2 卫星的外形如图 3.60 所示，卫星主要性能指标如表 3.13 所示。

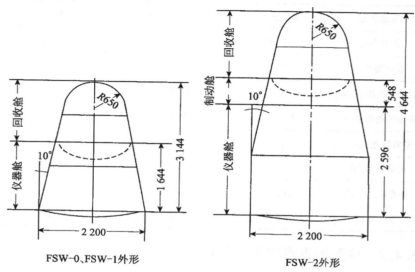

FSW—0、FSW—1外形　　　　　　FSW—2外形

图 3.60　FSW—0、FSW—1、FSW—2卫星外形

表 3.13　FSW—0、FSW—1、FSW—2卫星主要性能指标

项　目		FSW—0	FSW—1	FSW—2
卫星质量/kg		1 800	2 100	2 800～3 100
卫星体积/m³		7.6	7.6	12.8
有效载荷质量/kg	可返回的	260	260	500～600
	不可返回的	340	450	500～600
轨道运行时间/d		3～5	8	15～17
微重力量级/g		10^{-3}～10^{-5}		
轨道倾角/（°）		57～68	57～70	57～70
近地点高度/km		170～180	200～210	175～200
远地点高度/km		400～500	300～400	300～400

续表

项　目		FSW—0	FSW—1	FSW—2
轨道周期/ min		约 90		
姿态控制精度/(°)	俯仰	±1	±0.7	±0.5
	滚动	±1	±0.7	±0.5
	偏航	±2	±1	±0.7
姿态稳定度/((°)/s)	俯仰	±0.02	±0.01	±0.005
	滚动	±0.02	±0.01	±0.005
	偏航	±0.02	±0.01	±0.005

　　FSW—0 卫星有 11 分系统，即有效载荷、结构、热控、控制、程控、遥控、跟踪、遥测、天线、回收、电源。FSW—1 和 FSW—2 卫星增加了压力控制和相机控制分系统。

3.4.2.1　有效载荷分系统

　　这 3 种型号的卫星均装有胶片型可见光遥感相机——棱镜扫描式全景相机、画幅式相机、节点扫描式全景相机。卫星入轨后，按地面区域分段对地照相，获取地物目标，完成后带全部胶片返回地面处理。卫星进行了以下搭载科学实验和技术试验：

　　1）空间生命科学实验，包括空间蛋白晶体生长实验、空间细胞培养实验、微生物生长实验。

　　2）空间材料加工实验，包括两种半导体材料（砷化镓、碲镉汞）半导体实验，还有其他半导体材料，如锑化铟、锑化镓、钇钡铜氧化物等实验。

　　上述两种实验和材料加工，都安排在微重力环境下进行，样品要回收。

　　3）卫星应用技术，包括 CCD 图像传输试验，获取高分辨率 CCD 图像；空间微重力测试试验；电子信息接收试验；空间辐射剂量测试试验；GPS 自主定位试验，3 颗 FSW—2卫星在轨飞行，进行 GPS 数据注入和捕获；光盘信息存放试验；锂电池试验等。

　　4）农作物种子和微生物空间实验，包括用空间培养农作物优良品种，用多种微生物菌种作为无源搭载样品。

3.4.2.2 结构分系统

FSW－1和FSW－2卫星是两舱结构，由仪器舱和回收舱组成。仪器舱壳体为铝合金结构，安装相机及卫星在轨仪器设备。回收舱的内衬为铝合金，外部为耐高温烧蚀材料，回收舱再入大气层气动加热烧蚀并带走热量。两舱之间用爆炸螺栓连接，按需要由指令电信号分离。FSW－3卫星由仪器舱、制动舱和回收舱三舱组成，用材与FSW－1卫星相仿。

3.4.2.3 热控分系统

通过保温与散热等不同措施，保证星上设备工作环境，是热控分系统的功能。卫星在地球轨道运行，阳面高温，阴面低温，温差较大，仪器工作耗电发热、需散发，这都靠热控措施来解决。返回式卫星热控采用被动热控和主动热控两种方式，或两者结合方式。主动热控方式就是给设备加热升温。

3.4.2.4 控制分系统

控制分系统包括姿态控制和轨道控制。姿态控制是对地定向三轴稳定系统，以满足对地摄影姿态要求，以及在返回前调姿。它用陀螺和红外地球敏感器作姿控测量部件，用冷喷气系统作执行机构。轨道控制主要是完成长时间飞行轨道保持任务。

3.4.2.5 程控分系统

程控分系统的重要任务是产生时间程序控制指令，完成照相和星上设备开关机，一般由计算机来完成。计算机可以发射前进行时间程序的装定，上天后按时启动程序发出指令；也可以通过遥控注入修改程序控制指令。

3.4.2.6 遥测分系统

遥测分系统的任务是将星上设备需要监测的参数，经编码、调制后由射频传至地面站接收，以供地面分析星上设备工作状态。

3.4.2.7 遥控分系统

遥控分系统的主要任务是接收地面站传至星上的指令，控制星上设备的开关和工作状态。注入遥控的数据，可以改变星上飞行程序，以便满足对地摄影的需求。

3.4.2.8　跟踪分系统

跟踪分系统主要完成对星的地面测轨。星上有双频测速和雷达测距设备，地面星上配合系统测出卫星的距离和方位，经地面计算机计算出卫星运行轨道数据。

3.4.2.9　天线分系统

天线分系统主要是为星上遥测、遥控、跟踪、回收标位等设备完成发送和接收无线信号的任务。

3.4.2.10　返回分系统

返回分系统的任务主要是保证卫星在规定的时间和地点安全着陆。卫星在轨任务完成后，调整分离姿态，返回舱和仪器舱分离，并以分离时刻为零点执行卫星回收程序；调整制动姿态、制动发动机点火、无线设备开机、降落伞开伞等。返回舱按返回轨道奔向地球表面，在指定高度开伞，最后返回舱在指定地点软着陆。

3.4.2.11　电源分系统

电源分系统主要包括一次电源（银锌电池）、二次电源（电源变换器）、配电器和电缆等设备。

3.4.2.12　压力控制分系统

为保持舱内正常工作压力，在轨期间要经常补充工作压力，保持设备的正常工作环境。这一任务主要由压力控制分系统完成。

3.4.3　中国的气象卫星

从 20 世纪 60 年代初到 1978 年，是美苏气象卫星的发展、试验和试用时期，主要是用空间遥感技术获得图像资料。1978 年到 90 年代中期，其卫星性能提高，5 颗静止轨道气象卫星和 2 颗极轨道卫星组成了气象卫星全球观测网，全球 100 多个国家建立了不同规模的气象卫星数据接收站。90 年代中期以来美苏的气象卫星进入成熟应用期，全球、全天候、多光谱、高分辨率、高精度定向遥感数据，反映了取得的新进展。1998 年 5 月美国发射了第五代气象卫星 NOAA—15，共 5 颗，载有先进高分辨率辐射计（AVHRR）、先进的微波探测器（AMSU）和红外分光计（HIRS—3）。

我国采用极轨道和静止轨道两种气象卫星并行使用方案。1985 年开始研制风云一号卫星，1988 年 9 月发射风云一号 A 卫星，1990 年 9 月发射风云一号 B 卫星，1999 年 5 月发射风云一号 C 卫星。这 3 颗卫星的运行轨道参数如表 3.14 所示，风云一号 C 星的气象探测主要由 10 通道可见光和红外扫描辐射计（2 台，互为备份）来完成（风云一号 A 星和 B 星都为 5 通道，C 星增到 10 通道），各波段的应用如表 3.15 所示。

表 3.14　风云一号卫星的轨道参数

卫星	风云一号 A	风云一号 B	风云一号 C
发射时间	1988.9.7	1990.9.3	1999.5.10
轨道	太阳同步	太阳同步	太阳同步
轨道高度/km	901	901	863
轨道周期/min	102.86	102.86	102.30
倾角轨道/(°)	99.0	98.9	98.79
偏心率	<0.005	<0.005	<0.001 88
降交点时间	03：30	07：50	08：34～09：30

表 3.15　风云一号 C 卫星 10 通道可见光和红外扫描辐射计的参数

通　道	波长/μm	信噪比（S/N）（括号内为实测值）	应用范围
1	0.58～0.68	≥3（14.6）	白天云、冰雪、植被
2	0.84～0.89	≥3（18.4）	白天云、植被、水陆区界、大气状况、冰雪
3	3.55～3.93	温度探测灵敏度≤0.8 K（0.25 K）	昼夜图像，高温热源，地表温度，森林火灾
4	10.3～11.3	温度探测灵敏度≤0.45 K（0.20 K）	昼夜图像，海表、地面温度

续表

通 道	波长/μm	信噪比（S/N） （括号内为实测值）	应用范围
5	11.5~12.5	温度探测灵敏度 ≤0.45 K（0.27 K）	昼夜图像，海表、地面温度
6	1.58~1.64	≥3（4.5）	白天图像，云雪判识，干旱监测，云相区分
7	0.43~0.48	≥3（22.2）	低浓度叶绿素（大洋水体）
8	0.48~0.53	≥3（26.2）	中浓度叶绿素，泥沙，海水衰减系数，海冰
9	0.53~0.58	≥3（24.8）	高浓度叶绿素（近海水体），海流，水团
10	0.900~0.905	≥3（16.2）	水汽

　　风云一号 A 星因姿控系统失灵，只工作了 39 天，未达到寿命要求。风云一号 B 星的性能与风云一号 A 星一样，由于星上计算机故障，造成姿控系统失灵，只工作了 165 天，未达到寿命要求。风云一号 C 星工作良好，达到了其性能和寿命要求。其轨道设计为上午轨道，轨道偏心率小于 0.001 88（近圆轨道），利于卫星对地观测；云图存储容量（由 60 min 增到 300 min）、数传码速率（1.330 8 Mbit/s）、质量和寿命都有所提高。

　　风云二号卫星是在风云一号卫星基础上改进的，达到了美、苏当时（20 世纪 90 年代）使用的卫星水平。该卫星采用自旋稳定地球同步遥感卫星结构、机械消旋双旋稳定姿控、最大光学口径多通道扫描辐射计、多功能 S 频段数据传输和云图广播转发器。到目前为止，我国已发射了 5 颗风云二号卫星。

　　2008 年 5 月，我国又成功发射了第二代极轨气象风云三号 01 星，现正加紧研制第二代静止气象卫星风云四号。

3.4.4　中国的小卫星和地球资源卫星

20 世纪 70 年代到 80 年代，我国先后发射了 5 颗 400 kg 以下的卫星，即东方红一号、实践一号、实践二号、实践二号甲和实践二号乙卫星；1994 年 2 月 8 日，用长征三号甲火箭发射了实践四号科学实验卫星（203 km/36 000 km 大椭圆轨道）；1999 年 5 月，用长征四号乙火箭发射了实践五号卫星（搭载，卫星质量为 298 kg）。

1999 年 10 月 14 日，长征四号乙火箭，把我国和巴西联合研制的中巴地球资源一号卫星送入高度为 778 km 的太阳同步、回归、冻结轨道。该卫星外形如图 3.61 所示，其主要指标与美、法、印同类卫星的比较如表 3.16 所示。

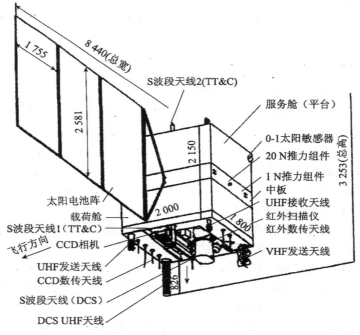

图 3.61　中巴地球资源一号卫星外形示意图

表3.16　中巴地球资源一号卫星与国外卫星主要性能比较

项　目	中　国	美　国		法　国	印　度
		LANDSAT-5	LANDSAT-7	SPOT-4	IRS-1C
卫星型号	中巴地球资源一号卫星	LANDSAT-5	LANDSAT-7	SPOT-4	IRS-1C
发射日期	1999年10月14日	1985年3月1日	1999年4月15日	1998年3月24日	1995年
设计寿命/a	2	5	5	5	3
轨道类型	太阳同步	太阳同步	太阳同步	太阳同步	太阳同步
姿控	三轴稳定	三轴稳定	三轴稳定	三轴稳定	三轴稳定
轨道　高度/km	778	705	705	832	817
倾角/(°)	98.5	98.2	98.9	98.7	98.69
降交点地方时	10:30	09:30	10:00±15 min	10:30±15 min	10:30
运行周期/min	100.26	98.9	98.9	101.4	101.35
轨道重复周期/d	26　WFI:4～5	16	16	16　VI:1～2	LISS-3:26　WIFS:5
主要有效载荷配置	CCD多光谱相机　IRMSS红外多光谱扫描仪　巴西 WFI 宽视场 CCD相机	主题测绘仪(TM)　多谱段扫描仪(MSS)	7号改进增强型 ETM+	2台高分辨率可见光-近红外相机 HRVIR,1台植被仪 VI	LISS-3 四谱段 CCD相机, WIFS 广角遥感器; PAN全色相机(具有士26°测试能力,5天重复周期)
扫描幅宽/km	CCD:113　IRMSS:119.5　WFI:890	185	ETM+:183	HRVIR:2×60　VI:2250	LISS-3:142/148　WIFS:774　PAN:70

续表

项　目	中　国	美　国	法　国	印　度
有效扫描视场/(°)	CCD: 8.32（具有±32°侧视能力） IRMSS: 8.8 WFI: 60	ETM+: 1.5	具有±27°侧视能力	LISS-3: ±5 WIFS: 54 PAN: ±2.5, 可在±27°侧摆
光谱范围/μm 与地面分辨率/m	CCD: 0.45~0.52 20 0.52~0.59 20 0.63~0.69 20 0.77~0.89 20 0.51~0.73 20 IR-MSS: 0.5~0.9 80 1.55~1.75 80 2.08~2.35 80 10.4~12.5 160 WFI: 0.63~0.69 256 0.77~0.89 256	TM: 0.45~0.52 30 0.52~0.60 30 0.63~0.69 30 0.76~0.90 30 1.55~1.75 30 2.08~2.35 30 10.4~12.5 120 MSS: 0.5~0.6 80 0.6~0.7 80 0.7~0.8 80 0.8~1.1 80 10.4~12.5 240 ETM+: 0.45~0.52 30 0.52~0.60 30 0.63~0.69 30 0.76~0.90 30 1.55~1.75 30 2.08~2.35 30 10.4~12.5 60 另新增—15 m 分辨率全色谱段 0.50~0.90 μm	HRVIR: 0.5~0.59 20 0.61~0.68 10 0.78~0.89 20 1.58~1.75 20 VI: 0.43~0.47 1 000 0.61~0.68 1 000 0.78~0.8 1 000 1.58~1.75 1 000	LISS-3: 0.52~0.59 23.5 0.62~0.68 23.5 0.77~0.86 23.5 1.55~1.70 70.5 WIFS: 0.62~0.68 188 0.77~0.86 188 PAN: 0.5~0.75 5.8

续表

项　目	中　国	美　国	法　国	印　度
辐射灵敏度	CCD: NE$\Delta\rho$=0.5% IR−MSS: NE$\Delta\rho$=0.5%~2% NEΔT=1.2 K	ETM+: NE$\Delta\rho$=0.5%~2.4% NEΔT=0.5 K		LISS−3 与 WTFS 信噪比>128; PAN: >64
数传码速率/(Mbit/s)	CCD: 两个通道53IRMSS: 6.13 WFI: 1.1	两个 75 TM: 85 MSS: 15	50	PAN: 84.9 LISS+ WIFS: 42.25
星上数据记录器	高密度数字磁记录器，用于 CCD 相机数据	378 GB 固态存储器	2 个 66 GB 固态存储器	磁记录器

2000 年 9 月发射的资源二号卫星是用于我国国土普查的传输型对地观测卫星，具有高分辨率光电成像的 CCD 相机、高码率图像传输系统和大容量高码率图像数据记录磁带机。卫星平台组成部分性能指标和观测有效载荷部分性能指标，如表 3.17 所示。

表 3.17　资源二号卫星主要性能指标

	序号	名　称	指　标
有效载荷	1	CCD 相机调制传递函数	优于 0.3
	2	CCD 相机侧视范围/(°)	±32
	3	数传码速率（单通道）/(Mbit/s)	102.25
	4	磁带机容量（单台）/Gbit	≥92
	5	系统比特差错率	≤1×10⁻⁷
公用平台	1	卫星质量/kg	约 1 500（服务），约 1 500（载荷）
	2	卫星电源/W	800（长），1 400（短）
	3	遥控命令	250（直接），80（间接）8（ML）
	4	遥测量	768（AL，BL），192（TH）12（DS）
	5	推进剂质量/kg	300
	6	姿态控制精度/(°)	优于 0.3（3σ）
	7	姿态稳定度/((°)/s)	1×10⁻³～5×10⁻⁴（3σ）
公用平台	8	姿态测量精度（有星敏）/(°)	0.03（3σ）
	9	卫星寿命/a	2
	10	平台可靠性（2 a）	0.76

该卫星采用高度 495.2 km、倾角 97.4°的圆形太阳同步轨道，轨道实现 46 d 回归周期，降交点地方时 10：30 AM，可兼顾覆盖南北纬 80°的能源和光学条件。

3.4.5　中国的载人飞船

中国载人航天工程从 1992 年实施，经过 8 年完成了方案论证、方案设计、初样研制与试样研制，于 1999 年 11 月 20 日用长征二号

F 火箭（CZ—2F）发射神舟一号飞船获圆满成功（飞船在地球低轨道飞行 14 圈后于 1999 年 11 月 21 日安全着陆）；经过 4 次无人飞船飞行试验后，于 2003 年 10 月 15 日进行了第五次飞行试验，也是第一次载人飞行试验，航天员杨利伟乘神舟五号飞船绕地球 14 圈后于 16 日 6 时安全返回，圆满完成了中国首次载人飞行任务。在短短的 11 年时间里，完成了七大系统的各项技术攻关，使我国成为继美俄之后第三个独立实现载人航天任务的国家。2005 年 10 月 12 日进行了神舟六号飞船的飞行试验，航天员费俊龙和聂海胜实现了 2 人 5 天（77 圈）飞行，扩大到在轨道舱休息和工作，为出舱活动作准备。2008 年 8 月 25 日进行了神舟七号飞船飞行试验，3 名航天员（翟志刚、刘伯明、景海鹏）完成了出舱活动飞行任务，为我国载人航天工程第二步计划开了好头。与神舟五号和神舟六号载人飞船相比，神舟七号飞船有更强的工作自主能力。神舟七号飞船的任务目标是：

1）完成出舱活动飞行任务；

2）在整个飞行期间为航天员提供必要的生活与工作条件；

3）为有效载荷提供相应的试验条件；

4）确保航天员和回收的有效载荷在完成飞行任务后，安全地返回地面；

5）在飞行过程中，一旦发生重大故障，在其他系统的支持下和（或）航天员的参与下，能自主或人工控制返回地面，并保证航天员的生命安全；

6）记录与飞船性能有关的数据。

神舟七号飞船仍保持三舱（轨道舱、返回舱和推进舱）结构（见图 3.62），3 人 5 天飞行，可进行有效载荷和伴随卫星技术试验。其中轨道舱的功能更加完善，除作航天员生活和工作舱外，还新增了气闸舱功能、舱外航天服贮运功能、舱外航天服舱载支持功能，另外还提供了应用载荷搭载试验支持功能。

返回舱是航天员发射和返回时的座舱，为钟形结构（见图 3.63），便于在返回地球的轨道飞行时，实现弹道—升力式返回轨道控制（详见 13.4 节）。返回舱有 3 套座椅，可载 3 名航天员执行飞行任务，并装载着飞船全部返回用的仪器和设备。

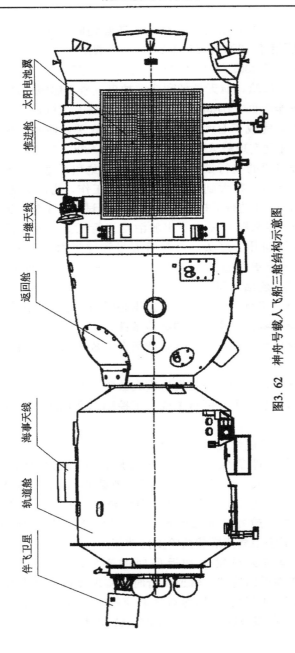

图3.62　神舟号载人飞船三舱结构示意图

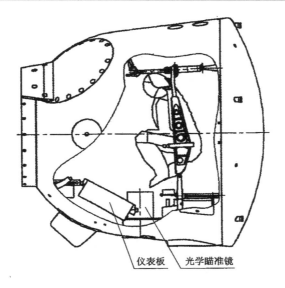

仪表板　　光学瞄准镜

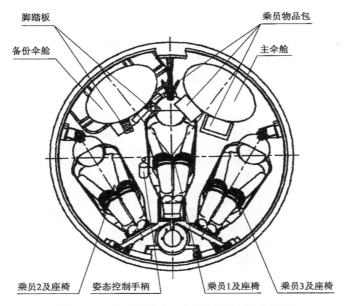

脚踏板　　　　　　　　　　　　　乘员物品包

备份伞舱　　　　　　　　　　　　主伞舱

乘员2及座椅　　姿态控制手柄　　　乘员1及座椅　　乘员3及座椅

图 3.63　神舟号载人飞船返回舱结构示意图

　　推进舱为飞船提供全部能源和动力，安装了支持中继通信试验的全部天线和仪器设备，并增设有舱外摄像机（为气闸舱舱外摄像机备份），确保舱外活动图像齐全可靠。

　　神舟七号飞船的轨道舱作了较大改进。它既是航天员的生活舱，也是有效载荷的科学实验舱，在出舱活动中还作航天员出入的气闸舱（见图 3.64），具有航天服贮存、装配、测试和舱外航天服舱载支持功能。俄罗斯的和平号空间站气闸舱和国际空间站气闸舱，都是出舱活动中泄压、复压、舱外航天服运输、装配、测试等任务专用的，而航天员生活与工作等任务是另设舱室的。这是中国载人航天出舱活动方案与俄美方案的重要区别。

图 3.64　神舟七号飞船轨道舱兼作气闸舱外形

3.4.6　中国的探月卫星——嫦娥一号

3.4.6.1　由地球调相轨道进入地月转移轨道途径

关于探月卫星的发射轨道设计原理，请参阅第 14 章。

我国于 2007 年 10 月 24 日 18 时 5 分，在西昌卫星发射中心，用长征三号甲运载火箭，发射了首颗探月卫星嫦娥一号（2 300 kg）。卫星进入地球调相轨道，形成周期为 16 h 的椭圆轨道，经 2 次近地点加速，形成 24 h 大椭圆轨道，经 3 次近地点加速形成 48 h 大椭圆轨道（详见图 3.65）。10 月 31 日，卫星在调相轨道近地点再加速，进入地月转移轨道，飞行速度达 10.58 km/s，距地面高度约 600 km。11 月 2 日 10 时 25 分至 33 分，北京飞控中心对嫦娥一号卫星实施了首次轨道中途修正，卫星飞行速度下降为 900 m/s。再飞一天多，卫星飞完了 30 000 km 的行程，到达月球捕获点。原计划有 3 次中途修正，由于第一次中途修正的轨道控制精度较高，取消了 1 次中途修正。

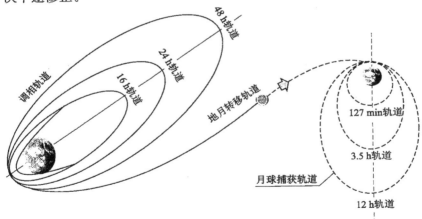

图 3.65　嫦娥一号卫星由地球调相轨道进入地月转移轨道示意图

3.4.6.2　由地月转移轨道进入环月轨道

嫦娥一号卫星飞离地球（10 月 31 日）5 天后，北京飞控中心于 11 月 5 日 11 时 15 分，对卫星进行了第一次近月制动，月球成功捕获嫦娥一号卫星，形成近月点 210 km、远月点 8 600 km 的月球极轨椭圆轨道（周期为 12 h）。11 月 6 日 11 时左右，进行了第二次近月制动，环月轨道调整到近月点 200 km，远月点 1 700 km，周期为 3.5 h。11 月 7 日 8 时 24 分，进行了第三次近月制动，环月轨道调整为高度 200 km 的绕月圆轨道（周期为 127 min）。嫦娥一号卫星正式进入科学探测使命轨道。其制动轨道过程如图 3.66 所示。

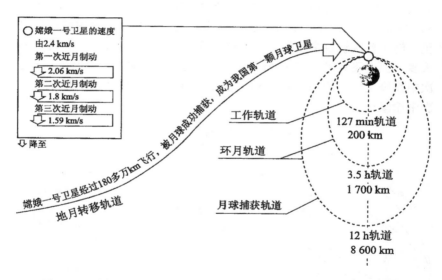

图 3.66　嫦娥一号卫星经 3 次近月制动进入月球工作轨道过程示意图

从图 3.65 和图 3.66 可见，10 月 31 日嫦娥一号卫星离开环地球轨道，在地月转移轨道上运行了 114 h，行程 436 600 km 到达环月球轨道，又经 3 次近月制动才进入目标轨道（200 km 绕月圆轨道）。但还需定向调姿，即科学探测有效载荷对月球表面定向、卫星太阳翼对日定向、卫星上定向天线对地球定向。这就是中国探月计划的第一步，向月球发射卫星，探测月面，获取月球三维地图，卫星寿命为 1 a。

中国探月计划的第二步，是向月球发射返回式探测器，将自己研制的"月球车"送上月球；第三步是载人登月，进一步在月球建立"中国月球科考站"。

第 4 章　测控通信系统

4.1　引论

　　国家任何一项航天计划都是由一个具体的航天工程来实现的。如 20 世纪 70 年代末 80 年代初实施的中国同步卫星发射工程（简称"331 工程"）、20 世纪 90 年代初开始实施的中国载人航天工程（简称"921 工程"）等。当今世界的航天计划很多，有国民经济性质的、科学研究性质的、技术探索性质的、国防建设急需的。但只有进入工程阶段的才算是计划得到实施。航天器载着有效载荷系统设备完成某一航天目标，需运行在不同类型轨道的航天器由运载火箭发射入轨。所以说，航天器又是运载火箭的有效载荷。任何一项航天计划，在完成研制任务的最终阶段都是飞行试验，以验证该航天工程的目标能否达到。

　　航天工程的飞行试验需要运载火箭和航天器来完成，并分为以下 4 段来实施：

　　1）发射段，从运载火箭和航天器运进发射场开始至运载火箭"点火"发射，离开发射塔"起飞点"接通为止。系统工程师们通过运载火箭测试发控系统等地面设备来完成这一段的航天任务。

　　2）运载火箭上升入轨段（简称上升段），从火箭点火"起飞"开始至火箭将航天器送入轨道"分离"为止。

　　3）航天器轨道运行段（简称运行段），从航天器与火箭"入轨分离"开始至"返回制动"工作为止。这段主要是航天器支持有效载荷设备完成各种航天任务。

　　4）航天器返回段（简称返回段），从航天器制动点火开始至航天器返回舱安全着陆为止。

以上 4 段，除发射段主要由测试发控系统完成对运载火箭和航天器的射前各项功能和精度检测外，最终实施发射运载火箭各种控制（包括火箭发动机"点火"）是由测控通信系统配合测试发控系统完成的；而后 3 个阶段主要由测控通信系统完成运载火箭上升段的遥测、跟踪测轨和故障火箭的安全控制等任务。航天器入轨后支持完成各项航天任务：接收遥测分析航天器状态，航天器定轨，航天器在轨运行管理；航天器完成航天任务后配合实施制动返回地球指定落点等。

因此，通常说航天工程中的测控通信系统是运载火箭和航天器控制系统的地面延伸，是航天器控制系统的地面部分（即陆海测控站和测控中心），是航天系统工程师们实施对飞行器进行监测（飞行器实时传送的遥测参数）和控制（根据飞行器遥测数据实施安全控制和各类飞行程序的遥控）的工具。由于该系统设备（硬件和软件）复杂，站点分布全球陆海，成为航天工程中最庞大的系统。该系统集运载火箭和航天器飞行状态的跟踪测轨（Tracking）、遥测（Telemetering）和遥控（Command）功能于一身，也称跟踪遥测遥控（TT&C）系统，再加上天地间的无线通信和地面站与中心之间的有线和无线通信的特征，故通称测控通信系统，本书采用该名称。图 4.1 和图 4.2 示出了苏联联盟－TM 载人飞船在运行段和返回段的轨道，以及轨道运行关键工作程序点在地面站和测量船测控范围内监控实施的状态。

各国的航天计划都是由发射人造卫星、空间探测器、载人飞船、空间站而逐步实施的，是由无人航天计划到载人航天计划而发展起来的。测控通信系统也是由简单到复杂、低级到高级逐步发展。因此，测控通信系统也标志着一个国家航天技术的水平。美国的测控通信系统的发展有代表性。20 世纪 50 年代末，美国为非载人地球轨道航天器的测控建立了全球比相干涉仪测量雷达站等空间跟踪和数据汇集网（STADAN）；为"水星"、"双子星座"和"阿波罗"等载人航天工程，在 60 年代末 70 年代初建立了载人航天测控网（MSFN），并把 STADAN 和 MSFN 合并为航天跟踪和数据网（STDN），同时为卫星和飞船发射服务。后来又把加利福尼亚州的戈

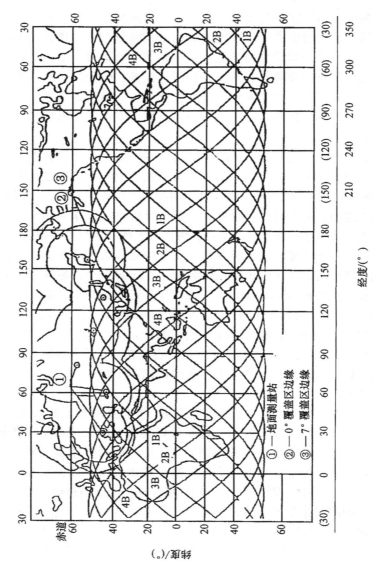

图4.1　联盟－TM飞船运行轨道及地面测控站点布置

①——地面测量站
②——0°覆盖区边缘
③——7°覆盖区边缘

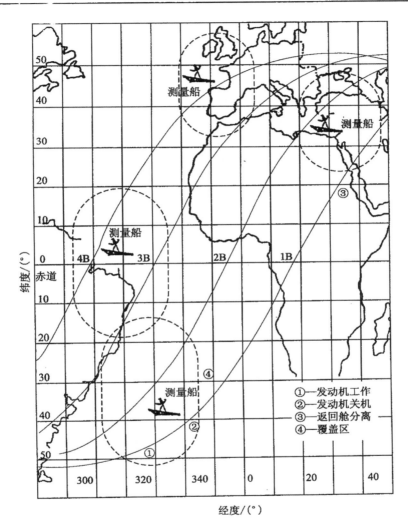

图 4.2　联盟－**TM** 飞船返回轨道及海上测量船布局

德斯顿站、澳大利亚的堪培拉站和西班牙的马德里站连起来，组成了深空网（DSN）。80 年代中期，将 STDN 和 DSN 合并成联合网（CN），最终建立起跟踪和数据中继卫星系统网（TDRSS），以后并逐步改进。现在用的就是该型的改进系统。

　　我国于 20 世纪 60 年代中期开始研制中远程导弹地面测控通信系统（即 154 一期工程），用连续波短基线干涉仪测速，用单脉冲雷达测角和测距，改进 COH－9A 雷达用作引导雷达完成火箭安全控制任务；并开展 651 一期工程研制，用 154 Ⅱ 型单脉冲雷达和多普勒测量仪测速和测距，用短波遥测设备接收遥测信息。70 年代初期开始建立 154 二期工程，用 157 前置站组成测量带，用连续波中长基线干涉仪（基线长 30 km）测距、测速和自动跟踪。测距信号采用混合体制，即伪码解模糊数据、双载波差频信号（达 80 MHz）为最高侧音。与此同时，我国开展了 C 波段统一载波测控系统的研制，即把跟踪、遥测和遥控信号，统一调制到一个载波上，大大简化了设备，减少了天线数量，使电磁兼容性和可靠性大大提高，并建立了国内 C 波段测控网、国际 C 波段测控网。同时研制成功中精度多站测控系统。80 年代末，研制成功海事卫星测控站，鑫诺卫星测控系统。TW－215 工程统一载波测控系统。并开始研制统一 S 波段测控通信系统，90 年代的卫星发射和载人航天工程飞行试验开始使用统一 S 波段测控通信系统。

　　本章将分上、下两部分来介绍测控通信系统的原理与设计。上部分（4.2 节～4.6 节）介绍航天器和运载火箭的测控通信系统一般原理（以特定型号的测控通信系统为例），下部分（4.7 节～4.11 节）介绍统一载波测控通信系统的基本设计内容。测控通信系统的各分系统设计、系统和分系统的测试与试验等内容从略，这是测控通信系统专业课的内容。

4.2　航天器测控计划执行过程

　　航天器飞行状态的测控，一般均按计划好的操作规程进行（又可分为正常状态操作规程和故障状态应急操作规程）。它包括了一系列作业计划，即飞行前制订飞行计划；确定以时间坐标相衔接的各种飞行作业，这是航天器在有效生存期内的初始总体飞行计划（又称为大纲）；再制订大纲规定下的航天器实施（实际控制）细则。

计划执行过程如下：

1）根据总体飞行计划制订某一时间间隔（一昼夜或几昼夜）内的具体行动计划（即详细飞行计划）；

2）根据详细飞行计划制订测控行动计划；

3）飞行过程中，总站的测控区内由控制中心（通过测控站）发出遥控指令或注入，通过航天器上控制系统来改变航天器状态；

4）测控站再接收航天器发下的遥测数据，判断航天器的新状态；

5）测控站或中心按参数偏差值判断航天器飞行是否正常，决定是否继续实施下步计划或进行紧急故障处理。

图4.3示出了航天器测控过程原理。

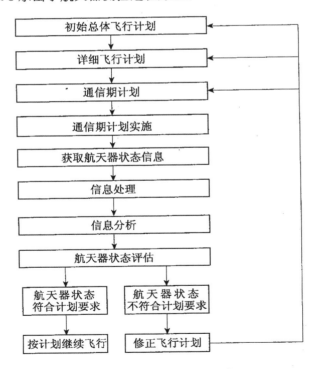

图4.3　航天器测控过程原理框图

4.3　航天器天地结合的控制方案

图 4.3 所述的控制过程由图 4.4 所示的整套设备来完成。从图中可见其信息的流通过程。

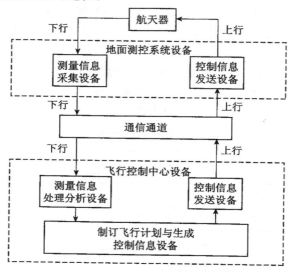

图 4.4　航天器控制回路流程图

控制回路由以下 4 部分组成：

1) 控制对象——航天器；

2) 地面测控系统；

·3) 通信系统，包括站与中心间、航天器与站间、站与站间的通信系统；

4) 飞行控制中心。

地面测控系统完成的主要任务如下：

1) 通过无线电线路同航天器通信；

2) 采集测量信息，并将其传至飞行控制中心；

3) 飞行控制中心通过无线电线路向航天器发送控制信息。

控制回路的通信通道保证上下行往返宽频带信息——从图像到

话音信号的传递。

飞行控制中心是自动化控制回路的主要部分，是技术装备软件和指挥控制人员的总和。

在控制回路中，往返航天器的信息分为以下几部分。

上行通往航天器的信息有：

1）控制信息，包括无线电遥控指令、给航天器数字计算机的数据信息块；

2）发送给航天员的信息，包括载有操作指示的无线电报；载有图表说明的电视信息；

3）无线电轨道测量系统的询问信号。

从航天器下行通道发来的信息有：

1）遥测信息；

2）与航天员有关的航天器状态：完成预定作业的进程、航天员医学状况、科研试验结果等方面的报告；

3）测量系统测得的航天器运行轨道数据。

4.4 航天器作为控制对象的特点

现代航天器机载专用计算机主要完成对航天器的自动控制。为实现既定的控制计划，由飞行控制中心向航天器控制系统发送综合控制信号；其形式有程序、编码装定值、启动固定控制操作过程的指令等。

航天器上控制系统根据工作逻辑将这些控制信号转换为具体的控制指令，并按一定的顺序发给航天器上各个系统执行。

无论是飞行控制中心，还是航天器上各系统，都有监测航天器状态和选取对计划进行偏差纠正决策的能力。航天器与飞行控制中心交换信息可在无线电可见区段内多次通信完成。在各通信期间隔内（盲区），所有控制功能由航天器上各系统完成。航天器上的航天员得到飞行控制中心同意后，可完成控制任务。

图 4.5 示出了两个控制回路，即飞行控制中心决策的主回路和飞行控制中心交航天员执行的辅助回路。这就提高了飞行控制任务的可靠性。

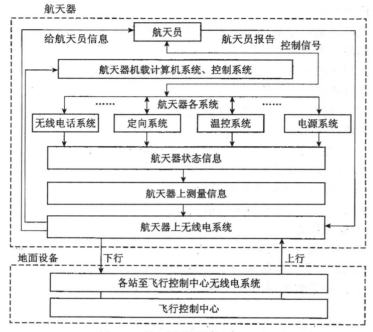

图 4.5　航天器控制流程原理框图

4.5　航天器飞行控制中心

飞行控制中心是航天器控制回路的主要机构，负责采集、处理、分析航天器下传的信息，形成控制航天器的决策，并把生成的控制信号发往航天器。因此，飞行控制中心备有必要的硬件、软件及完成任务的系统专家。飞行控制中心的组织机构如图 4.6 所示。

飞行控制中心专家组的主要职责如下：

1）飞行指挥长下的主控操作专家组负责完成航天器状态分析和控制决策等任务。

2）面向主控操作专家组的各专业专家负责控制信息的生成并发往航天器、飞行仿真、建立数据库、自动采集与处理遥测和弹道信息；负责参与航天器控制的各部门计算机间的信息交换，使这些部门的信息处理与控制指令的生成有关。与主控业务专家保持直接联系的职能勤务组要与基础保障勤务密切进行信息交换。

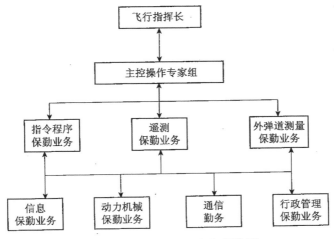

图 4.6　飞行控制中心组织机构图

4.5.1　指令信息计算机系统完成的任务

航天器自动化控制任务如下：

1）生成飞行总计划；

2）生成详细飞行计划；

3）生成控制航天器的指令信息，并发至航天器或地面有关系统；

4）监测控制指令执行情况；

5）制订调用地面控制设备工作计划；

6）用航天器研制部门仿真设备对控制指令进行仿真检验；

7）建立控制对象数据库；

8）实施指令信息计算机与航天器计算机、遥测计算机间的信息交换，以及其他研制部门计算机仿真的信息交换。

20 世纪 70 年代，指令信息计算机的水平是：硬件具有高可靠性，可利用率系数 $k_r = 0.999$，平均无故障工作时间为 450 h，平均恢复时间 $T_B < 1$ h。

20 世纪 80 年代美国和苏联/俄罗斯进行载人和非载人航天器试验时，指令信息计算机系统发出的信息特性指标如表 4.1 所示；指令信息计算机系统接收信息特性指标如表 4.2 所示。

表 4.1　美国和苏联/俄罗斯指令信息计算机系统发出信息特性

航天项目	信息类型	发至站信息量/kbyte	飞行轨道上发送量/kbyte	发送方式
和平号空间站	指令程序	2.5	12.5~15	通信期前存入站
暴风雪号航天飞机	指令程序，紧急控制指令	10 2.5	12.5	实时发往航天飞机
空间探测器	指令程序，通信期计划	20 50	40 50	通信期前存入站
仿真台	预定飞行数据块，通信计划，辅助程序，外弹道信息		200	通信期前按周期图表发送

表 4.2　美国和苏联/俄罗斯指令信息计算机系统接收信息特性

航天项目	信息类型	发至站信息量	飞行轨道上发送量	发送方式
和平号空间站	下行信息	2.5 kbyte	12.5~15 kbyte	通信期实时
暴风雪号航天飞机	下行信息，指令程序信息，回执	200 bit/s	200 bit/s $t=4$ h	实时
	机载计算机系统	200 bit/s	200 bit/s $t=4$ h	实时
空间探测器	回执	10 kbyte	10 kbyte	通信期实时

4.5.2　指令信息计算机系统的组成

指令信息计算机系统（以 20 世纪 80 年代苏联/俄罗斯的测控通信系统为例）由两个专用系统组成：

1）飞行控制计划生成和仿真计算机系统；

2）实时操作控制系统。

指令信息系统的组成如图 4.7 所示。

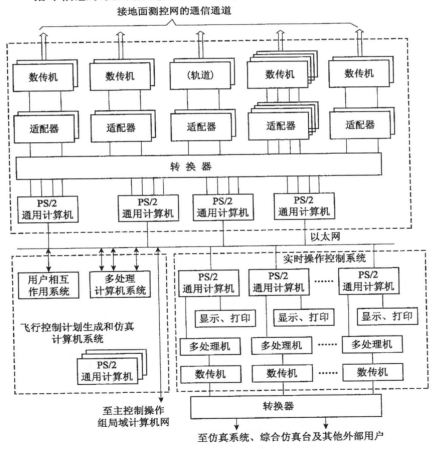

图 4.7　指令信息计算机系统结构框图

4.5.2.1　飞行控制计划生成和仿真计算机系统

控制计划生成和仿真计算机系统由多处理机组成，可制订 4 昼夜的详细飞行计划，并能根据前几次通信期结果，用计划制订组的术语，生成航天器覆盖区的通信计划，进而处理显示用信息，随后发送给用户信息交接系统。

图 4.7 所示的指令信息计算机系统分成两条线，一条为"工作线"（包括 2 台中心处理机，1 台输入/输出处理机），另一条为"维修线"（包括 2 台中心处理机，1 台输入/输出处理机）。

PS/2 通用计算机采用 L-76 编程语言（其功能超过高级编程语言 ALGOL-60、FOTRAN 和 PASCAL）。"工作线"用来解算控制题；"维修线"用来调试软件，更换"工作线"中的故障装置。对系统计算机的性能要求不高，运算能力达到 300 万次/s，内存存储容量达到 6 Mbyte，输入/输出处理机通道大于 32 个即可。

4.5.2.2　实时操作控制计算机系统

由通用计算机和专用数传设备组成，用于将指令程序信息编成指令码，以两种方式发送指令（直接发往航天器或先发到地面测控站再发到航天器）。在通信期，该系统接收和处理下行信息，并在发生异常情况时发出紧急控制指令。下行信息经地面站传到本系统，随后传到多处理计算机，并发送给显示、打印系统。不同的操作控制计算机和数据传输设备用于不同的航天器间通信。该系统对通用计算机的性能要求不高，16 位二进制数据格式，内存存储容量达到 256 kbyte，外存存储容量达到 10 Mbyte，数据交换速率达到 156 kbit/s 即可。

4.5.3　生成飞行计划与控制航天器指令程序信息用软件

生成飞行计划与控制航天器指令程序信息用软件包括以下程序：

1）航天飞行计划生成子程序；

2）航天器实时控制子程序；

3）指令信息计算机系统专用子程序，包括控制监视器子程序、数据库子程序、软件管理和维护子程序、计算机网管理子程序、制图子程序、专用文本编辑子程序、专用编辑子程序等。

4.5.4　小结

本节介绍了中心系统、指令信息计算机系统、遥测信息计算机系统，用于航天器飞行过程遥测数据的处理和分析。

中心与各测控站的信息传输可用无线通信或有线通信（光缆或电缆），前者容量大、传输速度快，后者可靠性高、保密性强。国外站和海上站只能用卫星无线通信，国内站多用专用光缆通信。

各测控站与航天器间的上下信息传输（包括跟踪轨道测量），主要采用统一载波测控通信系统完成跟踪测轨、遥测和遥控任务。这是测控通信系统目前较先进的体制，也是以下各节将要介绍的内容。

4.6　运载火箭测控方案

对于运载火箭飞行段的测控与弹道式导弹的测控，后者关机点的位置和速度决定于命中目标的精度，前者关机点的位置和速度取决于航天器的入轨精度。

4.6.1　火箭自主测轨法

火箭（导弹）的质心运动（发射点惯性坐标系 $OXYZ$）可由箭上稳定平台上的 3 个加速度表测得 3 个方向的视加速度 $\ddot{W}_X$、$\ddot{W}_Y$、$\ddot{W}_Z$，经过积分一次可得视速度 $\dot{W}_X$、$\dot{W}_Y$、$\dot{W}_Z$，再积分一次可得视位置 W_X、W_Y、W_Z。这些数据可由箭上计算机遥测通道测得，即 X、Y、Z（位置），$\dot{X}$、$\dot{Y}$、$\dot{Z}$（速度），$\ddot{X}$、$\ddot{Y}$、$\ddot{Z}$（加速度），称为遥测弹道，又称为火箭自主测量弹道。火箭的姿态角可从稳定平台的框架角求得，即俯仰角、偏航角和滚动角（φ、ψ、γ）。从火箭的稳定控制回路也可得到这些参数。火箭是否稳定飞行，主要由姿态角来衡量。若超过某不稳定姿态角，地面测控系统就要发出安全自毁指令。若地面来不及判断，平台有极限姿态角挡钉，只要该挡钉接通，即可发出自毁指令而中止火箭飞行。

4.6.2　外弹道测轨法

用外测系统雷达可测得火箭（导弹）的斜距 R、方位角 A、俯仰角 E。单站可测得导弹定位 R、A、E。但为确定火箭的弹道参数 X、Y、Z、$\dot{X}$、$\dot{Y}$、$\dot{Z}$，必须采用 6 个测量参数。常用的方法有以下几种。

4.6.2.1　非基线制

非基线制也称单站制。连续波雷达、脉冲雷达、加激光测距装置的光学经纬仪均属此体制，即测 R、A、E，微分平滑后得到 $\dot{R}$、$\dot{A}$、$\dot{E}$。该方法简单，但精度不高。

4.6.2.2　基线制

基线制包括短基线干涉仪体制、中基线干涉仪体制、长基线干涉仪体制和甚长基线干涉仪体制。短基线干涉仪体制由 1 个发射站、多个（$n \geqslant 3$）接收站（距离为 S，变化率为 $\dot{S}$）组成。短基线干涉仪体制的原理如图 4.8 所示。

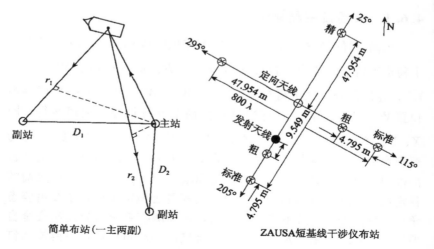

图 4.8　短基线干涉仪体制原理

D_1、D_2 分别为基线长度，r_1、r_2 为目标到副站的距离，$L=\dfrac{r_1}{D_1}$，$m=\dfrac{r_2}{D_2}$。短基线干涉仪的特点是用载频信号测距离差，精度很高，但存在距离模糊，需用基线上设置的多天线来解模糊。若基线过长、天线多，则成本就高。因此，一般基线长取十几米至几千米。

4.7　统一载波测控系统的基本概念

4.7.1　常用测控频段

目前常用于测控系统频段有 P、L、S、C、X，并有向高端发展的趋势，如 Ku、K、Ka，如表 4.3 所示。

表 4.3　无线电频段表

用　途	测控常用频段					
频段代号	HF	VHF	UHF	P	L	S
频率/MHz	3～30	30～300	300～1 000	230～1 000	1 000～2 000	2 000～4 000
频段代号	C	X	Ku	K	Ka	毫米波
频率/MHz	4 000～8 000	8 000～12 500	12 500～18 000	18 000～26 500	26 500～40 000	>40 000

4.7.2　常用天线及馈线

统一载波测控系统常用卡塞格伦天线和格里高里天线，详见图 4.9。

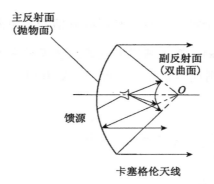

卡塞格伦天线

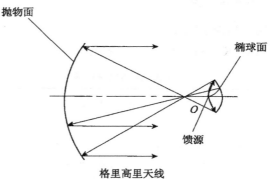

格里高里天线

图 4.9　统一载波测控系统常用的两种天线

天线效率 η_A 可表示为

$$\eta_A = \eta_1 \eta_2 \eta_3 \eta_4 \eta_5 \eta_6 \eta_7 \qquad (4.7-1)$$

式中　η_1——馈线效率；

　　　η_2——副反射器效率；

　　　η_3——主反射器不均匀照射损失效率；

　　　η_4——由主反射器接收副反射器效率；

　　　η_5——主反射器支架损失的效率；

　　　η_6——主反射器制造损失效率；

　　　η_7——馈源内部馈线传输损耗引入效率。

统一测控系统就是在一个微波信号上调制若干个测控基带信号（有测距、遥测、遥控、数传、话音等信号）的测控系统。

统一测控系统采用频分制和时分制两种体制之一，一般采用频分制。

4.7.3　信号频谱

下面以美国阿波罗号飞船系统为例，介绍美国地面航天跟踪和数据网（GSTDN）信号频谱。

4.7.3.1　双下行频谱

阿波罗号飞船系统（USB）双下行频谱参见图 4.10。

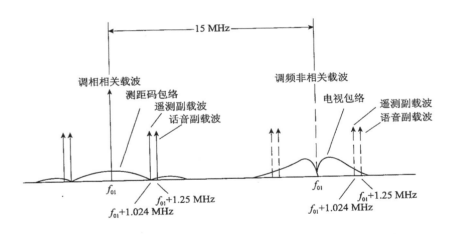

图 4.10　阿波罗号飞船双下行频谱

4.7.3.2　双上行频谱

阿波罗号飞船系统（USB）双上行频谱参见图 4.11。

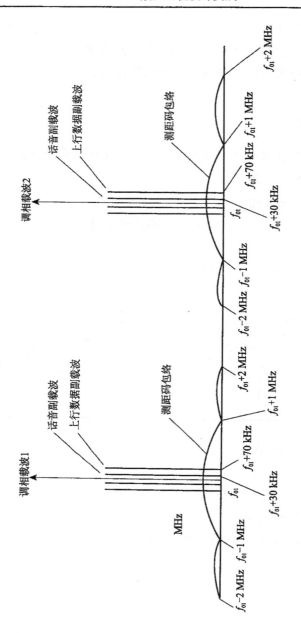

图4.11　阿波罗号飞船双上行频谱

4.7.3.3 测距多侧音频谱

阿波罗号飞船系统采用双载波和多副载波频分体制，这是因为多普勒测速与上、下行相关，其上载有测距码、遥测副载波和话音副载波，由 PCM 码对各副载波进行 BPSK 调制。阿波罗号飞船系统的测距多侧音频谱参见图 4.12。

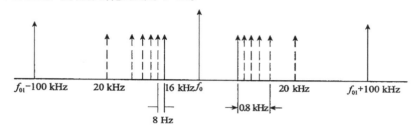

图 4.12 阿波罗号飞船测距多侧音频谱

4.7.3.4 各副载波信道频率

阿波罗号飞船系统各副载波安排如表 4.4 所示。

表 4.4 阿波罗号飞船各副载波信道频率

信息信道	信 道	频率/kHz
上行话音		30
上行数据		70
下行话音		1 250
脉码调制遥测		1 024
记录脉码调制遥测		1 024
记录话音		1 250
生理医学数据	1	4.0
	2	5.4
	3	6.8
	4	8.2
	5	9.6
	6	11.0
	7	12.4
应急键控		512

4.7.4　信号调制技术

4.7.4.1　调制的基本概念

把基带信号的频谱搬移到很高的射频段上的过程，称之为调制。调制的必要性是：

1）只有天线有效尺寸比辐射波长大时，信号才能被辐射出去。射频越高，天线尺寸越小。

2）国际无线电频率管理规定，分配给测控的频段为 S 波段、C 波段、Ku 波段、Ka 波段及光波段。因此，基带信号要进行一次或多次调制和上变频，才能搬移至上述频段内。

3）通过调制，把多个基带信号搬移到不同频率上，实现频分复用的多路通信。

4）有效地利用频带。

5）提高性能，特别是抗干扰性能。

4.7.4.2　解调的基本概念

在传输系统的接收端，必须进行频率的反向转移，以还原基带信号，这一过程称之为解调（或反调制）。传输系统解调出基带信号，标志着传输系统的任务完成。

4.7.4.3　调制—解调的基本概念

调制—解调是一个统一体。发射端调制的选择，直接影响接收端解调的难易和信噪比 $\left(\dfrac{S}{N}\right)$ 的大小。

4.7.4.4　常用的调制体制

测控通信系统常用的调制体制如表 4.5 所示。

表 4.5　测控信号的调制特性和体制

信号类型	调制特性	调制体制
连续波调制	非线性调制	相位调制 PM 频率调制 FM
	线性调制	常规双边带调幅 AM
	数字调制	相位键控 PSK、DPSK、QPSK 等 频率键控 FSK 幅度键控 ASK 其他高效数字调制 QAM、MSK、MFSK
脉冲信号调制	脉冲数字调制	脉码调制 PCM 增量调制 DM、CVSD、DVSD 等 差分脉码调制 DPCM 其他脉冲幅度编码调制 PACM

4.7.4.5　调相的基本概念

1 个已调正弦波可表示为

$$S(t) = A\cos(\omega_c t + \Delta\varphi(t)) \qquad (4.7-2)$$

式中　A——载波幅度；

　　　ω_c——载波的角频率；

　　　$\Delta\varphi(t)$——调制信号 $f(t)$ 引起载波的瞬时相位变化。

当 A 和 ω_c 保持恒定不变时，$\Delta\varphi(t)$ 是 $f(t)$ 的函数，称之为相位调制。这时有

$$\Delta\varphi(t) = K_{PM} f(t) \qquad (4.7-3)$$

式中　K_{PM}——相移常数，理想情况下 K_{PM} 为常数，称该调相特性（曲线）是线性的。若 K_{PM} 不为常数，称调相特性为非线性。

调相时已调载波表示为

$$S_{PM} = A\cos(\omega_c + K_{PM} f(t))t \qquad (4.7-4)$$

式中　A——振幅，恒定。

当载波瞬时频率是 $f(t)$ 的线性函数时，为调频。载波的瞬时角频率为

$$\omega = \omega_c + \Delta\omega = \omega_c + K_{FM}f(t) \qquad (4.7-5)$$

式中　K_{FM}——频偏常数，理想情况下 K_{FM} 为常数，称该调频特性为线性。

调频载波信号表示为

$$S_{FM}(t) = A\cos(\omega_c + K_{FM}f(t))t \qquad (4.7-6)$$

由于瞬时角频率存在下列关系，即

$$\omega = \omega_c + K_{FM}f(t) = \frac{d\varphi(t)}{dt} \qquad (4.7-7)$$

则有

$$\varphi(t) = \int \omega\,dt = \omega_c t + K_{FM}\int f(t)\,dt \qquad (4.7-8)$$

故有

$$S_{FM}(t) = A\cos\varphi(t) = A\cos(\omega_c t + K_{FM}\int f(t)\,dt) \qquad (4.7-9)$$

比较 （4.7-9）式和 （4.7-4）式，可用统一公式表示调相和调频信号，即

$$S(t) = A\cos(\omega_c t + \Delta\varphi(t)) \qquad (4.7-10)$$

在调相时

$$\Delta\varphi(t) = K_{PM}f(t) \qquad (4.7-11)$$

在调频时

$$\Delta\varphi(t) = K_{FM}\int f(t)\,dt \qquad (4.7-12)$$

如果 $f(t)$ 为非正弦波，可用傅里叶级数表示，即

$$f(t) = C_0 + \sum_{i=1}^{k} C_i\cos(\omega_i t + \varphi_i) \qquad (4.7-13)$$

式中　C_0——直流分量。

（4.7-13）式中第二项为交流分量，当 $i=1$ 时为基波；当 $i=2$ 时为二次谐波……

4.7.5　雷达方程

雷达方程是表示雷达作用距离的数学关系式。研究它的目的，

不仅在于估算雷达作用距离，而在于确定雷达设计的功率关系以及正确选择各分系统参数。雷达方程有两种形式，一种是雷达探测目标中有应答机状态，为信标式雷达方程；另一种为雷达探测目标中无应答机状态（只靠探测目标表面的反射），为反射式雷达方程。

4.7.5.1　信标式雷达方程

雷达接收机检波前，即接收机输入端的信号噪声功率比 $\dfrac{S}{N}\Big|_i$ 为

$$\frac{S}{N}\Big|_i = \frac{P_{tb}G_{tb}G_r}{L_1 L_z k T_s B_i} \tag{4.7-14}$$

式中　P_{tb}——应答机或信标机下发的信标机功率；

　　　G_{tb}——应答机天线发射增益；

　　　G_r——雷达天线接收增益；

　　　L_1——自由空间传播损耗，$L_1 = \left(\dfrac{4\pi R}{\lambda}\right)^2$；

　　　L_z——传播总损耗，$L_z = L_{tb}L_r L_{al}L_p L_o$（$L_{tb}$、$L_r$、$L_{al}$、$L_p$、$L_o$ 分别为应答机发射馈线、雷达接收馈线、大气、极化、波束对不准等损耗）；

　　　R——雷达到目标的距离；

　　　λ——雷达工作波长；

　　　T_s——接收机输入端系统等效噪声温度；

　　　B_i——接收机最末级中频放大器工作带宽；

　　　k——玻耳兹曼常数，$k = 1.38 \times 10^{-23}$ J/K。

（4.7-14）式即为信标式雷达方程。航天工程中的测控通信系统对目标的跟踪测轨，就用该雷达方程。

4.7.5.2　反射式雷达方程

雷达发射机功率为 P_t，采用全向天线辐射，距 R 处的目标功率 S_1'

$$S_1' = \frac{P_t}{4\pi R^2} \tag{4.7-15}$$

定向天线辐射（天线增益为 G_t），距 R 处的目标功率 S_1'' 为

$$S_1' = \frac{P_t G_t}{4\pi R^2} \tag{4.7-16}$$

考虑发射馈线损耗及上下程路径大气损耗 L_t 和 L_{al_1}，距 R 处的目标功率 S_1 为

$$S_1 = \frac{P_t G_t}{4\pi R^2 L_t L_{al_1}} \tag{4.7-17}$$

如果目标的高效横截面积（雷达方向看过去的目标散射截面积）为 σ，则目标收到功率为 σS_1，将收到的功率无损耗地反射回来（即二次辐射）的功率 S_2' 为

$$S_2' = \frac{P_t G_t \sigma}{4\pi R^2 L_t L_{al_1}} \tag{4.7-18}$$

在雷达接收天线处的功率 S_2 为

$$S_2 = \frac{P_t G_t \sigma}{(4\pi R^2)^2 L_t L_{al_1}} \tag{4.7-19}$$

考虑上下程路径大气损耗 L_{al_2}，雷达接收天线有效接收面积为 $A_e = \frac{G_r \lambda^2}{4\pi}$，则雷达收到的回波功率 P_r' 为

$$P_r' = \frac{S_2 A_e}{L_{al_2}} = \frac{P_t G_t \sigma A_e}{(4\pi R^2)^2 L_t L_{al_1} L_{al_2}} = \frac{P_t G_t \sigma G_r \lambda^2}{(4\pi)^3 R^4 L_t L_{al_1} L_{al_2}} \tag{4.7-20}$$

考虑接收馈线损耗 L_r，则接收机输入端功率 P_r 为

$$P_r = \frac{P_t G_t G_r \lambda^2 \sigma}{(4\pi)^3 R^4 L_t L_{al_1} L_{al_2} L_r} \tag{4.7-21}$$

（4.7-21）式两边同除以接收机输入端等效噪声功率 $N_i = kT_s B_i$，则有

$$\frac{S}{N}\Big|_i = \frac{P_t G_t G_r \lambda^2 \sigma}{(4\pi)^3 R^4 L_z k T_s B_i} \tag{4.7-22}$$

式中　L_z——总损耗，$L_z = L_t L_r L_{al_1} L_{al_2}$；

T_s——接收机输入端系统等效温度；

B_i——接收机最末级中频放大器带宽；

k——玻耳兹曼常数，$k = 1.38 \times 10^{-23}$ J/K；

λ——雷达工作波长。

（4.7－22）式即为反射式雷达方程。

当 $\dfrac{S}{N}\Big|_i = \dfrac{S}{N}\Big|_{imin}$ 为最小可检测门限信号噪声功率比时，该雷达对应的作用距离为可靠发现的最大作用距离 R_{max}，则有

$$\frac{S}{N}\Big|_{imin} = \frac{P_t G_t G_r \lambda^2 \sigma}{(4\pi)^3 k T_s B_i L_z R_{max}^4} \qquad (4.7-23)$$

测控系统一般都采用信标雷达，不用反射雷达。

4.7.6　电波传播特性

雷达方程中各种损耗不可忽视，下面仅讨论大气传播损耗和天线指向不准损耗。电磁波穿过电离层和对流层等大气层时产生的吸收衰减有以下几种。

4.7.6.1　电离层吸收衰减

电离层的吸收衰减主要发生在 D 层和 E 层，吸收损耗与工作频率的平方成反比，超短波和微波段电离层损耗小于 0.01 dB，对 S 和 C 波段的影响不大，可忽略不计。

4.7.6.2　法拉第衰减

由于电离层为多向异性介质，一个极化波可分解成两个幅度相等的左旋和右旋圆极化波。当通过电离层时，由于传播速度不同，两圆极化之间的相位差将发生变化，重新合成后的线极化波的极化面相对于入射波发生了旋转，称为法拉第旋转。由于极化面旋转引入极化失配损耗，称为法拉第衰减。

实验证明，超短波和微波的法拉第衰减很小。若不用圆极化天线接收，就要引入衰减。在频率大于 2 GHz 时，法拉第损耗不大于 0.4 dB，并随频率和仰角的增加而减小。若用圆极化天线接收，可不考虑这一损耗。

4.7.6.3　对流层吸收损耗

大气吸收损耗主要是大气中的水汽和氧的吸收产生的。标准大气下（地表大气折射率 $N_0=313$，水分为 $7.5\ \mathrm{g/m^3}$），电波通过对流层全程（往返双程）的吸收衰减与频率的关系，如图 4.13 所示。

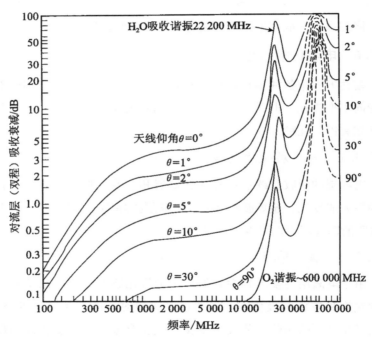

图 4.13　对流层（双程）吸收衰减与频率的关系

4.7.6.4　雨的衰减损耗

下雨时水吸收衰减增大，大气温度为 18℃时降雨速率、电波衰减与频率的关系如图 4.14 所示。由于衰减还与大气温度有关，因此从曲线上查出的数据还要乘上一个修正因子（见表 4.6）。

表 4.6　降雨衰减修正因子

降雨速率/(mm/h)	修正因子波长/cm	气温/°C 0	10	18	30	40
0.25	0.50	0.85	0.95	1.00	1.02	0.99
	1.25	0.95	1.00	1.00	0.90	0.81
	3.20	1.21	1.10	1.00	0.79	0.55
	10.00	2.01	1.40	1.00	0.70	0.59
2.50	0.50	0.87	0.95	1.00	1.03	1.01
	1.25	0.85	0.99	1.00	0.92	0.80
	3.20	0.82	1.10	1.00	0.82	0.64
	10.00	2.02	1.40	1.00	0.70	0.59
12.50	0.50	0.90	0.96	1.00	1.02	1.00
	1.25	0.83	0.96	1.00	0.93	0.81
	3.20	0.64	0.88	1.00	0.90	0.70
	10.00	2.03	1.40	1.00	0.70	0.59
50.00	0.50	0.94	0.98	1.00	1.01	1.00
	1.25	0.84	0.95	1.00	0.95	0.83
	3.20	0.62	0.87	1.00	0.99	0.81
	10.00	2.01	1.40	1.00	0.70	0.58
150.00	0.50	0.96	0.98	1.00	1.01	1.00
	1.25	0.86	0.96	1.00	0.97	0.87
	3.20	0.66	0.88	1.00	1.03	0.89
	10.00	2.00	1.40	1.00	0.70	0.58

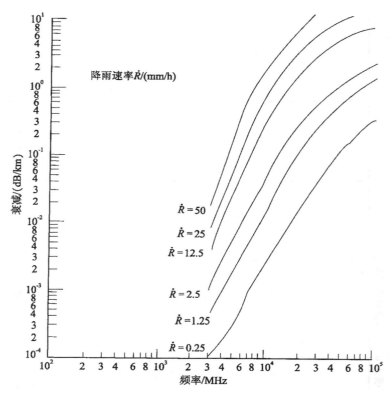

图 4.14　下雨衰减曲线

4.7.6.5　云、雾、雪的衰减

如图 4.15 和图 4.16 所示，当频率小于 10^4 MHz 时，云、雾、雪引起的衰减比较小，当频率大于 10^4 MHz 时引起衰减显著。下雪时对衰减的影响很小，可忽略不计。

4.7.6.6　波束指向不准损耗

天线增益 G_r 为波束最大值时，一般收发天线波束相互对不准。一般目标进入半功率点波束宽度内，就要能测出信号。对不准损耗 L_o 一般取 1～3 dB。在自动跟踪状态，不存在对不准损耗。

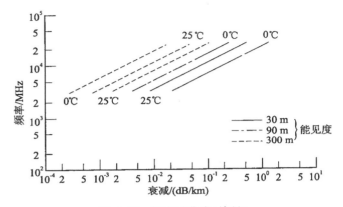

图 4.15　雾衰减曲线（单程）

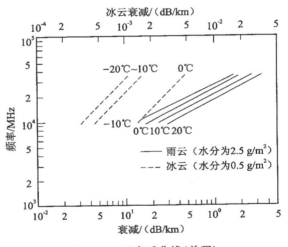

图 4.16　云衰减曲线（单程）

4.8　系统技术指标

　　统一载波系统就是利用统一的载波对星（船）进行跟踪、测量、遥测、遥控与通信数传的连续波测控通信系统。

统一载波系统采用频分技术将各种信息信号通过不同的副载波的调制，最后再由副载波对统一的载波进行调制达到综合利用信道的目的。

测速多采用连续波双向多普勒测速技术。

测距可采用纯码、纯音测距或音码混合测距技术。

测角多采用比幅单脉冲测角技术，不同的是这里采用的信号是连续波而不是调制脉冲信号。

统一载波系统通常发射功率较高，天线口径较大，因此应采用低信噪比的接收装置，以适应远距跟踪和通信的要求。下面介绍该系统的典型技术指标。

4.8.1　作用距离

4.8.1.1　最大作用距离

最大作用距离是指系统完成测轨、遥测、遥控、通信等功能的最大作用距离。

4.8.1.2　无模糊距离

无模糊距离是指系统可能达到的可分辨的最大距离。

4.8.1.3　最小作用距离

最小作用距离是指保证系统工作的最小作用距离。

4.8.2　工作频率范围及频点步进长度

工作频率范围及频点步进长度包括上行频率范围及频点步进长度、下行频率范围及频点步进长度、应答机相参转发比 $\rho\left(\dfrac{F_t}{F_r}\right)$、电视或多载波遥测的频率范围及频点。

4.8.3　定位误差

不同系统测量体制，采用不同的测量元素。测量元素的误差包括测角误差（方位与俯仰）、测距误差和测速误差。这些误差由系统误差 Δ 和随机误差 σ 组成。前者是由某些因素引起的固定误差（修正后的线差）；后者是随机的，用均方根表示。

4.8.4　遥控的技术指标

遥控多采用数字指令系统，其技术指标有：

1）指令条数，指系统提供的最大指令数目；

2）指令码速率，指指令码元的传输速率；

3）误指令概率，指指令传输过程中产生的错误概率，可分为漏指令概率与虚（串）指令概率；

4）单元误码率，指错误码元个数与传输总码元数之比；

5）指令延迟时间，指从地面发出遥控指令时刻到飞行器上译出并执行指令码时刻的最小间隔时间；

6）指令间隔，指连续发两条指令间允许的最小的时间间隔。

4.8.5　遥测的技术指标

遥测从信号特征上可分为数字和模拟两种遥测体制。

4.8.5.1　数字遥测的技术指标

1）路数，指通道数；

2）误码率，指传输码元误码数与总码数之比；

3）精度，指被测量变换成数字量可能达到的精度。

4.8.5.2　模拟遥测的技术指标

1）路数，指通道数；

2）精度，指被测量通过遥测传输后能达到的精度。

4.8.6　通信与数传的技术指标

通信与数传的技术指标有：

1）信息种类，指传递语音或图像数据，或者两者兼有；

2）码速率或信号基带宽度，虽然这两者是两种不同的概念，但均说明被送量所占带宽；

3）误码率或信噪比，用来描述所要求的传输质量。

4.8.7　工作范围

系统对各种轨道飞行器的跟踪范围，可分为最大工作范围与保精度的工作范围。

4.8.8　跟踪速度

跟踪速度是指对飞行器进行角度变化率与距离变化率自动跟踪的能力，又分为最大跟踪速度和保精度跟踪速度。

角跟踪速度包括：

1）最大方位角速度与保精度方位角速度；

2）最大俯仰角速度与保精度俯仰角速度；

3）最大方位角加速度与保精度方位角加速度；

4）最大俯仰角加速度与保精度俯仰角加速度；

5）最小方位与俯仰角速度。

距离变化率跟踪范围：

1）系统允许的最大径向速度与保精度径向速度；

2）系统允许的最大径向加速度与保精度径向加速度。

4.8.9　捕获时间

捕获时间是指系统进行频率（上下载频）、距离、角度捕获所需的时间。

4.8.10　工作方式

工作方式是指系统捕获飞行目标的方式，如自动、半自动、人工等；引导方式如数字引导、模拟引导等；测轨跟踪工作方式，如自动跟踪等。

4.8.11　测轨采样率

测轨采样率是指根据测轨采样数据和处理数据的时间而确定的采样率，如每秒 1 次、每秒 10 次、每秒 20 次等。

4.8.12　设备可靠性

设备可靠性是指系统在一个特定时间内正常工作的概率，常用系统可靠性、平均无故障时间（MTBF）、故障平均维修时间（MT-TR）、设备使用时间等来衡量。

4.8.13　环境条件

环境条件包括：

1）温度，指设备存放与工作温度要求（对室内、室外设备的要求有所不同）；

2）湿度，指设备存放与工作湿度要求（对室内、室外设备的要求有所不同）；

3）风速，指保证测角精度的风速条件，以保证天线不被破坏的最大风速；

4）设备防盐、碱、沙，以及其他可能被污染的因素；

5）设备运输条件。

4.8.14　使用条件

使用条件包括：

1）供电，指交直流电压和电流、频率及其变化范围；

2）接地，指系统地线、避雷地线和接地电阻要求；

3）对环境污染的限制，指电磁干扰、X 射线、噪声等级等的限制。

4.9　系统组成及其工作原理

4.9.1　典型系统组成

完整的统一载波测控系统由地面（船载、车载）部分和星（船）载部分组成。

4.9.1.1　统一载波测控系统的地面部分

统一载波测控地面系统的组成参见图 4.17。

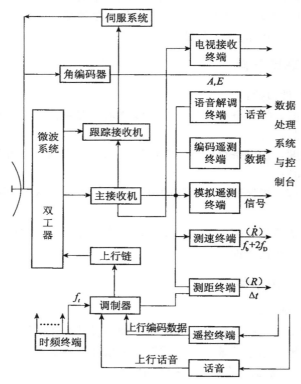

图 4.17　统一载波测控地面系统基本组成框图

（1）天线分系统

天线分系统常用收发共用的卡塞格伦（或格里高里）抛物面天线，其直径大小由作用距离和精度要求决定。

（2）载波信号接收分系统

载波信号接收分系统由一部低噪声、高灵敏度的相干接收机构成。其高频放大器采用低噪声放大器，有载波锁相环，可提取带有多普勒频率的载波信号和已调副载波信号。

（3）角度跟踪分系统

角度跟踪分系统常采用比幅单脉冲双通道测角体制，其跟踪接收机有和路与差路高频放大器（和路高频放大器与载波信号接收机共用，分别由中频跟踪接收机产生角误差信号 ΔA 和 ΔE 控制伺服系统，伺服系统控制天线转动跟踪目标）。天线方位角和俯仰角轴上有角编码器，输出方位角 A 信息和俯仰角 E 信息的编码信号，送至数据处理系统。

（4）测速终端

测速终端接收主接收机输出的载波环信号和参考信号中提取的双程多普勒频率信号，先测出带有固定偏置频率的多普勒频率 $f_b +$ $2f_D$，然后由数据处理系统算出 f_D 对应的径向速度 $\dot{R}$。

（5）测距终站

测距终端接收主接收机输出产生的测距信号，一是送至调制器调制载波，二是提取主接收机的测距信号先计算出发射信号与接收信号间的延时 Δt，再由数据处理机算出径向距离 R。

（6）编码遥测终端

编码遥测终端接收主接收机的副载波中调制的遥测信号，解调处理编码遥测信号，输送至数据处理系统与控制台。

（7）模拟遥测终端

模拟遥测终端解调处理主接收机的副载波中调制的模拟遥测信号。

（8）话音解调终端

话音解调终端解调主接收机输出的副载波中调制的话音信号。

（9）电视接收终端

电视接收终端接收处理从主接收机高频放大器输出的视频信号。

（10）时频终端

时频终端为全系统产生频率标准和时间标准。它常用高稳定度振荡器，经倍频、分频产生接收系统和发射系统中所需的标准频率信号，同时为各分系统提供各种定时信号。

4.9.1.2　统一载波测控系统的星(船)载部分(应答机)

应答机的体制与地面系统密切相关,其基本组成如图 4.18 所示。星（船）上天线(1～2 个)一般为全向天线（用于捕获地面信号）,经锁相接收机接收地面信号,送到各通道对应的解调器,解调出编码数据和话音信号送至星（船）上相应终端,解调出的测距信号送至应答机发射部分的调制器去形成下行载波。星（船）上要下传的各种模拟信号和编码信号以及语音信号,在预调器中各自的副载波上进行调制,调制后的信号和测距信号一起对下行载波调相或调频,最后由发射机的功率放大器,经双工器及天线转发至地面。

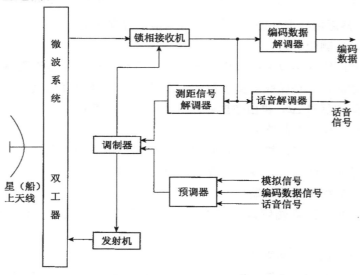

图 4.18　统一载波测控星（船）载部分（应答机）组成框图

4.9.2　系统工作原理

统一载波测控系统的测量参数一般包括测量站至目标的距离 R、目标相对测量站的径向速度 $\dot{R}$、目标相对测量站的方位角 A 和俯仰角 E。

4.9.2.1　测距原理

测距的原理是利用无线电波在空间的传播延时来测量目标相对于测量站的距离。用公式可表示为

$$R = \frac{c}{2}\lambda = \frac{c}{2}(t_r - t_t) \qquad (4.9-1)$$

式中　R——目标距离；

　　　c——光速；

　　　t_r——电波接收时刻；

　　　t_t——电波发射时刻。

4.9.2.2　测速原理

测速的原理是利用多普勒原理进行单向测速或双向测速。

单向多普勒频移为

$$f_D = \frac{\dot{R}}{c}f_t = -\frac{\dot{R}}{\lambda} \qquad (4.9-2)$$

双向多普勒频移为

$$f_D = -\frac{2\dot{R}}{\lambda} \qquad (4.9-3)$$

式中　f_D——多普勒频移，目标向地面接收站运动为正值，相反方向为负值。

　　　λ——工作波长。

4.9.2.3　测角原理

测角是测量目标相对于地面站间的角坐标位置。测角常和无线电测距数据综合求解。测角常用体制有圆锥扫描和比幅单脉冲两种，前者常用于自引导系统，后者用于主跟踪系统（精度较高）。

比幅单脉冲测角系统利用多模或多喇叭馈源、三通道（也有用二通道）接收机和角误差检波器以获得角误差信号。该信号是双极性视频电压，其幅度正比于角误差，其正负极性对应于误差方向。该电压经滤波处理后，送给伺服机构校正天线，实现目标跟踪；利用跟踪轴上的角编码器给出角度数据，实现目标相对于测量站的角度坐标测量。

4.10　系统信道电平设计与计算

信道设计是地面设备与星（船）载设备间传播路径参数的合理选择，决定了工作状态和工作性能，以保证设备在工作范围内的良好捕获跟踪性能和测量精度。其重要参数有天线尺寸和增益、发射功率、接收机带宽和灵敏度、伺服回路参数和锁相环路参数、各类噪声的影响等。

4.10.1　系统信道电平计算

系统上下信道计算，采用信标式雷达方程，即

$$\frac{S}{N} = \frac{P_t G_t A_{er}}{4\pi R^2 k T_n B_i L_z M}$$
$$= \frac{P_t G_t G_r \lambda^2}{(4\pi)^2 R^2 k T_n B_i L_z M} \tag{4.10-1}$$

或

$$P_t = \frac{(4\pi)^2 \dfrac{S}{N} R^2 k T_n B_i L_z M}{G_t G_r \lambda^2} \tag{4.10-2}$$

式中　$\dfrac{S}{N}$——接收机检波前信噪比；

　　　P_t——发射机输出功率；

　　　G_t——发射天线增益；

　　　G_r——接收天线增益；

　　　A_{er}——接收天线有效接收面积；

　　　λ——工作波长；

　　　R——测量距离；

　　　k——玻耳兹曼常数，$k = 1.38 \times 10^{-23}$ J/K；

　　　T_n——高频接收机输入端总等效噪声温度；

　　　B_i——接收机射频带宽；

　　　L_z——传输通道总损耗；

　　　M——设计余量。

在工程设计中，对于电离层损耗、法拉第旋转损耗，一般可忽略不计。

4.10.1.1　上行信道设计计算

（1）地面发射机功率

地面发射机功率 P_{gt} 取决于作用距离和测量精度，并由发射机功率放大器性能决定。连续波测量设备常采用永磁聚焦、风冷大功率速调管，额定输出功率为 $1\sim3$ kW，带宽为 $10\sim40$ MHz。

（2）地面发射天线增益

作用距离大、精度高的雷达常采用大口径、高效、低噪、焦距口径比 $\left(\dfrac{F}{D}\right)$ 大的抛物面跟踪天线。选择工作频率后，抛物面天线的发射增益 G_{gt} 由发射天线口径和天线频率决定，即

$$G_{gt} = \frac{4\pi A_e}{\lambda^2} = \eta(\frac{\pi D}{\lambda})^2 = \eta \frac{\pi^2 D^2 f^2}{c^2} \qquad (4.10-3)$$

一般 $\eta = 0.4\sim0.7$；c 为光速。

（3）发射馈线损耗

从发射管到天线的馈线常为波导结构。发射馈线损耗 L_{gt} 包括传输波导、发射支路微波器件和旋转关节等损耗。L_{gt} 与波导长度成正比（可查手册），微波器件和微波旋转关节等损耗，按插入损耗计算。

（4）有效辐射功率

等效全面有效辐射功率 EIRP 反映了发射信号的实际功率强度，是发射功率 P_{gt}（单位为 dB，以 1 W 为基准）、发射天线增益 G_{gt}（单位为 dB）和馈线损耗 L_{gt}（单位为 dB）之和，即

$$\text{EIRP} = P_{gt} + G_{gt} - L_{gt} \qquad (4.10-4)$$

（5）空间损耗

空间损耗 L_{sp}（单位为 dB）是指信号能量在空间传播扩散造成的损耗。计算时取最大作用距离 R（单位为 km）时的损耗值，包括功率扩散到 $4\pi R^2$ 球面造成的损耗和理想全向天线有效面积 $A_0(\lambda^2/4\pi)$ 造成的损耗。

$$L_{sp} = 20\lg R + 20\lg f + 32.44 \qquad (4.10-5)$$

式中　f——信号频率，MHz。

（6）极化损耗

极化损耗 L_p 是因发射电波和接收天线的极化方式和旋向不同，对接收信号造成的损耗。例如，圆极化损耗一般为 0～3 dB，当入射波和接收波为同向极化时，极化损耗为 0 dB。圆极化天线接收极化波时，损耗为 3 dB。

（7）上行信道其他损耗

上行信道其他损耗 L_z 可表示为

$$L_z = L_{ion} + L_f + L_{atm} + L_n + L_{sr} \qquad (4.10-6)$$

式中　L_{ion}——电离层损耗；

L_f——法拉第旋转损耗；

L_n——火焰衰减；

L_{atm}——大气吸收损耗；

L_{sr}——应答机馈线损耗。

（8）应答机接收天线增益

应答机接收天线一般采用方向性天线，其增益 G_{sr} 和方向图特性由测控总体根据轨道决定。

在测控设备信道计算时，常假定天线增益为 0 dB；采用低频段进行卫星测量时，星上天线一般为全向天线，其增益一般为 -5 dB 左右。

（9）应答机接收功率

地面发射功率为 P_{gt}（单位为 dB，以 1 W 为基准），经接收天线收到后，在应答机输入端的接收功率 P_{sr} 为

$$P_{sr} = P_{gt} + G_{gt} + G_{sr} - L_{gt} - L_{sp} - L_p - L_z$$
$$= \text{EIRP} + G_{sr} - L_{sp} - L_p - L_{sr} - L_{atm} - L_n \qquad (4.10-7)$$

（10）应答机等效噪声温度

由于星（船）上天线受背景噪声影响较小，因此应答机等效噪声温度 T_{sn}（单位为 K）可简化为

$$T_{sn} = (1 - \frac{1}{L_{sr}}) \times 290 + (F_{sn} - 1) \times 290 \qquad (4.10-8)$$

式中　L_{sr}——应答机馈线损耗；

F_{sn}——应答机噪声系数。

（11）应答机接收端等效噪声功率

折算到应答机输入端的等效噪声功率 P_{sn} 为

$$P_{sn} = kT_{sn}B_{si} = -228.6 + 10 \lg T_{sn} + 10 \lg B_{si} \qquad (4.10-9)$$

式中　B_{si}——应答机中频放大器带宽。

（12）应答机接收天线增益与接收等效噪声温度之比 $\left(\dfrac{G_{sr}}{T_{sn}}\right)$

利用 $\dfrac{G}{T}$ 计算结果，可得信号噪声功率谱密度比 $\dfrac{P_{sr}}{\varphi_{sn}}$ 为

$$\frac{P_{sr}}{\varphi_{sn}} = \frac{P_{sr}}{kT_{sn}} \qquad (4.10-10)$$

式中　φ_{sn}——应答机噪声功率谱密度，$\varphi_{sn} = kT_{sn}$。

（13）上行信道各信号要求的信噪谱密度比

计算出上行信道可能提供的信号噪声功率谱密度比 $\dfrac{P_{sr}}{\varphi_{sn}}$ 后，再计算各信号要求的信号噪声功率谱密度比 $\dfrac{S}{\varphi_0}$（φ_0 为单位带宽内的噪声功率）。若两者不相适应，则需要重新进行信道设计。由于信号噪声功率比 $\dfrac{S}{N}$ 能唯一反映信号功率的大小，随着带宽的变化，信号噪声比也在变化。

4.10.1.2　下行信道设计计算

上下行信道的空间传输部分是公用的，只是上下行信道所用频率不同。下行信道发射端为星（船）设备，接收端为地面设备。其计算与上行信道类似，故不重述，仅计算出地面设备的 $P_{gr}\varphi_{gn}$ 值即可。下面只介绍其中 3 个指标。

（1）下行信号总功率

下行信号总功率 P_{gr}（单位为 dB，以 1 W 为基准）主要取决于星（船）上天线增益 G_{st}（单位为 dB）、应答机发射功率 P_{st}（单位为 dB，以 1 W 为基准）、应答机发射支路馈线损耗 L_{st}（单位为 dB）、地面接收天线增益 G_{gr}（单位为 dB）及地面接收馈线损耗 L_{gr}（单位为 dB）。

$$P_{gr} = P_{st} + G_{st} - L_{st} + G_{gr} - L_{gr} - L_{sp} - L_p - L_z$$

$$(4.10-11)$$

为减少馈线损耗，常将高频放大器紧靠馈源之后放置。大型地面天线的接收系统，常将高频部分放在天线俯仰箱内，接收信号以中频信号通过中频滑环送至地面接收机。

（2）地面接收系统的噪声功率

在超短波和微波段，外部噪声比接收机内部噪声小得多。内部噪声主要是前端放大器的噪声系数和天线噪声温度。前端放大器已经历了晶体管、行波管、隧道二极管、常温参数和冷参数几个阶段，现在普遍使用场效应放大器。C波段、S波段场效应放大器的噪声温度可达到 50 K 以下或更低。地面接收系统的噪声功率 P_{gn} 为

$$P_{gn} = kT_{gn}B_i \qquad (4.10-12)$$

$$T_{gn} = \frac{T_a}{L_{gr}} + (1 - \frac{1}{L_{gr}}) \times 290 + T_{gr} \qquad (4.10-13)$$

式中　T_{gn}——地面接收机输入端等效噪声温度；

　　　T_a——地面天线噪声温度；

　　　T_{gr}——接收机本身的噪声温度。

（3）地面接收机输入端的信号噪声功率谱密度比

地面接收机输入端的信号噪声功率谱密度比 $\dfrac{P_{gr}}{\varphi_{gn}}$ 为

$$\frac{P_{gr}}{\varphi_{gn}} = \frac{P_{gr}}{kT_{gn}} \qquad (4.10-14)$$

4.10.2　系统工作门限

系统信道电平计算的重要内容之一就是先确定残留载波以及副载波各信道要求的信噪谱密度比 $\dfrac{S}{\varphi_0}$，即各信道工作门限；然后再根据最佳化准则进行功率分配，既保证残留载波分量有足够的功率，使系统易于捕获载波，又保证各副载波信道能同时达到门限，以便充分利用功率能量。

4.10.2.1　下行残留载波的 $\dfrac{S}{\varphi_0}$

测角、测速信号的捕获与跟踪都是利用残留载波信号能量完成

的。因此下行载波的 $\dfrac{S}{\varphi_0}$ 是一个主要指标。确定 $\dfrac{S}{\varphi_0}$ 时应考虑以下 3 个因素。

（1）测角精度要求

测角误差主要取决于雷达机械和电气性能、调整情况、目标性质、电离层和对流层电波传播条件等。$\dfrac{S}{\varphi_0}$ 正比于接收机热噪声电平引起的角误差。根据总体分配的热噪声测角误差 σ_{cn} 指标，以及给定的伺服带宽 B_n，天线方向图归一化斜率 K_e，可算出所需的 $\dfrac{S}{\varphi_0}$。

$$\frac{S}{\varphi_0} = \left(\frac{\theta}{K_e \sigma_{cn}}\right)^2 B_n \qquad (4.10-15)$$

式中　θ——测角值。

（2）测速精度要求

系统设计时所分配的热噪声测速误差 σ_{rn} 与 $\dfrac{S}{\varphi_0}$ 的关系为

$$\frac{S}{\varphi_0} = \left(\frac{\lambda}{4\pi T \sigma_{rn}}\right)^2 B_L \qquad (4.10-16)$$

式中　λ——下行载波长；

　　　　T——测速积分时间；

　　　　B_L——载波锁相环路噪声带宽；

　　　　σ_{rn}——系统设计时所分配的热噪声测速误差。

（3）环路跟踪锁定要求

在环路等效噪声带宽 B_L 之内，环路失锁概率 P_e 与环路输入信号噪声比 $\left(\dfrac{S}{N}\right)_i$ 有如表 4.7 所示的关系。

表 4.7　环路失锁概率与环路输入信噪比的关系

P_e	10^{-2}	10^{-3}	10^{-4}	10^{-5}
$\left(\dfrac{S}{N}\right)_i$/dB	3.46	5.91	7.41	8.62

一般取 $P_e = 10^{-4}$ 或 $P_e = 10^{-5}$，则要求 $\left(\dfrac{S}{N}\right)_i = 7.41$ dB 或 $\left(\dfrac{S}{N}\right)_i = 8.62$ dB，由此可算出维持环路锁定所需的 $\dfrac{S}{\varphi_0}$ 值为

$$\frac{S}{\varphi_0} = \left(\frac{S}{N}\right)_i B_L \tag{4.10-17}$$

4.10.2.2　高侧音所需的 $\dfrac{S}{\varphi_0}$

在音码组合测距设备中，利用低侧音作匹配，高侧音则是精确测距。由测距误差公式

$$\sigma_R = \frac{c}{18 f_{RH} \sqrt{\left(\dfrac{S}{N}\right)_i}} \tag{4.10-18}$$

式中　f_{RH}——高侧音环路频率。

可给出满足测距误差要求的 $\dfrac{S}{N}$ 值。高侧音环路带宽 $2B_{RH}$ 一般为几赫至十几赫，则有

$$\left(\frac{S}{\varphi_0}\right)_{RH} = \left(\frac{S}{N}\right)_i \times 2B_{RH} \tag{4.10-19}$$

4.10.2.3　低侧音所需的 $\dfrac{S}{\varphi_0}$

在预定的匹配概率下，按测距精度确定高侧音测相误差 $\Delta\varphi_1$ 后，可计算出低侧音的相位误差；然后将某一部分分配给热噪声，由此计算出 $\dfrac{S}{\varphi_0}$。

假设 σ_{φ_2} 中热噪声误差 $\sigma_{\varphi_{2n}}$ 占 $\dfrac{1}{2}$，由 $\sigma_{\varphi_{2n}}$ 求得 $\dfrac{S}{N}$ 值，再由 $\dfrac{S}{N} = \dfrac{1}{2}\left(\dfrac{57.3}{\sigma_{\varphi_{2n}}}\right)^2$ 得

$$\frac{S}{\varphi_0} = \left(\frac{S}{N}\right)_i B_{RL} \tag{4.10-20}$$

式中　B_{RL}——低侧音环路带宽。

4.10.2.4　PN 码所需的 $\dfrac{S}{\varphi_0}$

连续测距时，常用带时钟分量的复合伪码，伪码相关采用中频相关。测距机内码产生器的信号相位随输入信号码变化，采用积分判决法判断捕获与否。

（1）满足总捕获时间要求的 $\dfrac{S}{\varphi_0}$

总捕获时间 T_a 由各子码的码长度和每比特信息量的积分时间 T_1 决定，T_1 和 $\dfrac{S}{\varphi_0}$ 有确定的关系 $T_1\dfrac{S}{\varphi_0}=X$，$X$ 由错捕概率决定。而总的捕获概率 P 由错捕概率 P_L 和钟环失锁概率 P_X 决定，即

$$P = 1 - [(1 - P_L)(1 - P_X)] \qquad (4.10-21)$$

给定 T_a 和 P_L 后，可查曲线得到 $T_1\dfrac{S}{\varphi_0}$ 值，再由 (4.10-22) 式求出 $\dfrac{S}{\varphi_0}$ 值

$$T_a = \sum P_i \frac{X}{\dfrac{S}{\varphi_0}\lg 2P_L} \qquad (4.10-22)$$

式中　P_i——第 i 个子码分量 W_i 中单元的周期。

（2）计算维持锁相环锁定所需要的 $\dfrac{S}{\varphi_0}$

捕获过程开始，伪码不相关，时钟分量所占的功率比例小，时钟分量比总功率小 6 dB。只有当 $\dfrac{S}{N}$ 达 7 dB 以上，锁相环才稳定可靠地锁定。假定捕获带宽 $2B_L=10$ Hz，可以得出 $\dfrac{S}{\varphi_0}=6+7+10=23$（dB）。

在上述计算结果上加上 2~3 dB 余量，即可得到伪码捕获、锁定所需要的 $\dfrac{S}{\varphi_0}$ 值。

4.10.2.5　数据传输信道所需的 $\dfrac{S}{\varphi_0}$

数据传输信道包括上行遥控信道、下行遥测信道、上下行数传信道等。都以脉冲编码形式以不同调制方式先对各副载波进行预调

制，然后再对统一载波调相。其所需 $\dfrac{S}{\varphi_0}$ 值取决于传输要求的码速率、误码率，以及脉冲编码对副波的调制类型。

4.10.3　功率分配原则

计算好各通道的 $\dfrac{S}{\varphi_0}$ 后，就要选择一组调制指数，使各信道同时达到门限，满足功率分配原则。具体分配原则如下：

1）为迅速捕获，要保证载波有足够的功率；

2）为保证载波有稳定的振幅和相位，要求各载波信道达到门限值时，残留载波应高于其门限值；

3）为保证绝大部分信号功率集中在零阶和一阶边带内，并减少交调干扰，各信道调制指数应尽量小，总的调制指数一般取小于 $\dfrac{\pi}{2}$；

4）各通道应同时达到门限；

5）为保证不超调，应给交调分量留有一定比例的总功率。

4.11　系统频率流程设计

系统频率流程设计是总体设计的主要内容，与总体方案密切相关。一旦频率流程确定后，发射机、应答机、接收机、多普勒提取器等的频率关系也就确定了。

4.11.1　设计原则

4.11.1.1　上、下行频率的选择

选择上、下行频率的原则是：

1）符合国际、国内频段划分准则；

2）有利电波传播、大气衰减、折射性能、穿透等离子区的能力等；

3）尽量选用现有器件和测试仪器；

4）能继承现有设备和技术；

5）考虑测试精度高和信息容量大，应将载频选高些；

6）避免其他电子设备干扰。

4.11.1.2　转发比的选择

选择转发比的原则是：

1）满足上、下行载波频率范围；

2）考虑应答机易于研制；

3）上、下行载频差与上、下行频率不能成为整数倍关系，以免引起干扰；

4）应使相参体制和非相参体制的设备具有兼容性。

4.11.1.3　波道间因素的选择

1）满足系统对频率点数的要求；

2）收发信机和应答机电路应便于制作；

3）应考虑非相参和相参体制的兼容性。

4.11.2　系统主要设备的频率流程

4.11.2.1　应答机的频率流程

应答机相当于一个转发器，有收有发。

锁相应答机采用二次变频锁相接收机，当捕获上行信号频率 f_{up} 后，就发出一个相干的下行信号频率 f_{dow}。下上行频率比 ρ 为

$$\rho = \frac{f_{dow}}{f_{up}} = \frac{N_1}{N_2 \pm N_3 + N_4} \tag{4.11-1}$$

式中，N_1、N_2、N_3、N_4 为倍频次数。锁相应答机频率流程图如 4.19 所示。

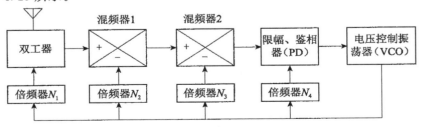

图 4.19　锁相应答机频率流程图

4.11.2.2 发射机的频率流程

发射机的频率流程比较简单。标准信号源（如原子钟）进行变频，变为上行频率，并满足一定波道间隔的频率点数的要求。发射机频率流程分为 70 MHz 调制器（完成上行信号调制和载波扫描）和上变频（将 70 MHz 变为上行频率的各个频点）两部分。

4.11.2.3 接收机的频率流程

对相干接收机采用两次变频方案，如图 4.20 所示。采用二本振闭环方案，便于环路测试，只需变本振频率，便于采用标准通用设备。

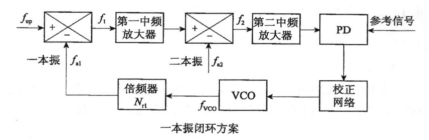

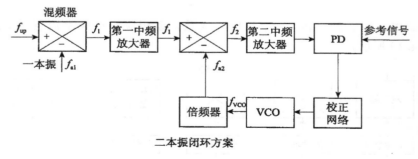

图 4.20 相干接收机的两种闭环方案

在相干接收时，接收主载波锁相环提取的多普勒信息输出为

$$f_{VCO} = f_{dow} K_1 K_2 \pm f_{a1} + f_2 \qquad (4.11-2)$$

式中　$f_{dow} = \rho f_{up}$

$\quad f_{VCO}$——VCO 输出频率；

$\quad f_{a1}$——本振倍频率，$f_{a1} = N_{r1} f_{r1}$；

$\quad f_2$——第二中频放大器参考频率；

$\quad N_{r1}$——本振倍频次数；

$\quad f_{r1}$——本振频率；

$\quad K_1$，K_2——上、下行多普勒因子。

4.11.2.4　测速分机的频率流程

接收带有多普勒信息的处理机可分出多普勒频移，供数字化终端测量。接收测速信号分机采用相参体制时（参见图 4.20），把接收机一本振倍频率 f_{a1} 和参考频率 f_{a2}，以及下行信号频率 f_{dow} 消去，则只剩下双程多普勒频移 f_D，即

$$f_D = \pm \frac{2\dot{R} f_{dow}}{c}$$

$$= \pm \rho f_{up} \frac{2\dot{R}}{c} \qquad (4.11-3)$$

式中　$\dot{R}$——距离的微分；

$\quad c$——光速。

4.11.2.5　系统频率流程图的拟定

相参体制频率流程如图 4.21 所示。图中上半部分为接收部分，下半部分为发射部分；f_r 为接收一本振频率，f_{r1} 为发射振荡器频率，Q_4、Q_b、Q_R 为分频器分频次数。

频率流程图反映频率关系的一般原理，并不反映设备硬件关系。图中的变频、分频、倍频等电路变换有多种不同的组合方式，在组合时应考虑以下因素：

1）电路组合干扰要小；

2）频率流程结构图尽量简单；

3）相参和非相参体制应尽量兼容；

4）应答机和收发信机中负有波道转换功能的电路应易于实现；

5）具体频率值的确定要考虑元器件的水平。

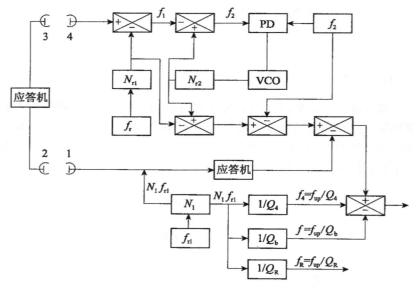

图 4.21　相参体制的频率流程图

4.12　常用无线电数据

4.12.1　电磁波谱

图 4.22 示出了宇宙射线、γ 射线、X 射线、紫外线、可见光区、红外线、无线电波、工业用电等所在电磁谱的区段、波长 λ 范围、波数 N 范围和能量 E 范围。

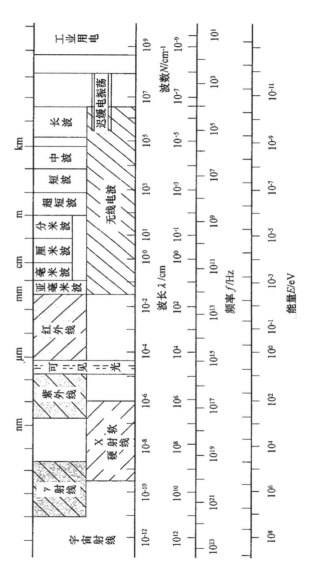

图 4.22 电磁波谱对照图

4.12.2　雷达频段名称

表 4.8 示出了地面大型搜索雷达、航天器载小型定位雷达、空间交会对接雷达等常用的波段和频率，并给出了美国三军名称、常用名称和旧军用名称三者间的对照。

表 4.8　雷达频段名称对照表

美三军用名称		常用名称		旧军用名称	
波段	频率/MHz	波段	频率/MHz	波段	频率/MHz
A	0~250	I	100~150	HF	3~30
B	250~500	G	150~225	VHF	30~300
C	500~1 000	P	225~390	UHF	300~1 000
D	1 000~2 000	L	390~1 550	P	230~1 000
E	2 000~3 000	S	1 550~3 900	L	1 000~2 000
F	3 000~4 000	C	3 900~6 200	S	2 000~4 000
G	4 000~6 000	X	6 200~10 900	C	4 000~8 000
H	6 000~8 000	K	10 900~36 000	X	8 000~12 500
I	8 000~10 000	Q	36 000~46 000	Ku	12 500~18 000
J	10 000~20 000	V	46 000~56 000	K	18 000~26 500
K	20 000~40 000			Ka	26 500~40 000
L	40 000~60 000			毫米波	>40 000
M	60 000~100 000				

4.12.3　空间—地面线路功率预算

典型空间—地面线路功率预算如表 4.9 所示。这是测控通信系统预算构成系统设备或路径的增益或衰减数据。

表 4.9 典型空间—地面线路功率预算

卫星输出	
输出功率（以 1 mW 为基准）/dB	+40
各种损耗/dB	−1
发射天线增益/dB	+3
有效辐射功率（以 1 mW 为基准）/dB	+42
传输路径	
路径损耗（500 km，2.14 GHz/dB）	−153
收到功率（以 1 mW 为基准）/dB	−111
接收终端	
接收天线增益/dB	+34
各种损耗/dB	−1
接收机噪声指数/dB	−3
接收增益/dB	+30
接收机有用信号电平（以 1 mW 为基准）/dB	−81
噪声功率（1 MHz 带宽，以 1 mW 为基准）/dB	−114
总的系统信噪比	+33

4.12.4 行星表面及大气层无线电物理参数

表 4.10 示出了各行星表面的温度、表面特征、介电常数和电导率参数，行星表面大气成分和大气压力等数据。这对电波传播计算是很有用的。

表 4.10 行星表面及其大气层的无线电物理参数

行　星	表　面				大气层	
	温度/K		表面特征	介电常数	电导率/$(m\Omega/m)$	成　分	压力/Pa
	最大	最小					
地球	350	220	水，陆	80～5	4.0	N_2,O_2	1.013×10^5
月球	270	200	岩石，灰尘	2～3	0.1	SO_2,CO_2	1
水星	620	56	岩石，灰尘	2～3	0.1	Ar,Kr	10^{-3}
金星	485	230	石头	4～5	0.1	CO_2,CO,N_2O	9×10^5
火星	310	200	平原	—	0.1	N_2,CO_2,N_2O	10^4

4.12.5　宇宙航行用频率

表 4.11 所示宇宙航行用频率是国际电信组织根据当今航天器无线电通信特点，对不同用途航天器有效载荷使用无线电频段进行的限制，以避免发生无线电系统设备间的相互干扰。

表 4.11　宇宙航行业务用的频率

频率/MHz	使用范围
15.762~15.768	宇宙研究
18.036	
30.005~30.010	
37.75~38.25	射电天文
73.0~74.6	
136~137	宇宙研究(遥测、跟踪)
146.60~143.65	
137~138	气象卫星、宇宙研究(遥测、跟踪)
149.90~150.05	卫星无线电导航
400.05~401.00	气象卫星(传送遥测)宇宙研究(遥测与跟踪)
401.00~403.00	宇宙研究(遥测)气象卫星
401.00~430.00	用于科学研究地球的卫星
460.00~470.00	气象卫星,科学研究地球的卫星
1 400~1 429	射电天文,宇宙研究(指令传输)
1 525~1 540	宇宙研究(遥测)
1 550~1 660	航空、海洋、移动式的卫星通信
1 660~1 700	气象卫星
1 690~1 700	科学研究地球的卫星
1 664.4~1 668.4	射电天文
1 700~1 710	宇宙研究(遥测和跟踪)
1 770~1 790	气象卫星
2 290~2 300	宇宙研究(深空遥测,跟踪)
2 690~2 700	射电天文

续表

频率/MHz	使用范围
3 400～4 200	卫星上的通信系统
4 400～4 700	
4 900～5 000	射电天文
5 250～5 225	宇宙研究
5 670～5 725	
5 725～5 850	卫星上的通信系统
5 850～5 925	
5 925～6 425	
7 250～7 300	
7 300～7 750	
7 900～7 975	
7 975～8 025	
8 025～8 400	卫星上的通信系统,科学研究地球卫星
8 175～8 215	气象卫星
8 400～8 500	宇宙研究
10 680～10 700	射电天文
10 950～10 750	卫星通信
11 750～12 500	直接电视广播卫星
14 000～14 500	卫星通信、卫星无线电导航
15 250～15 350	宇宙研究
15 350～15 400	卫星上的射电天文
19 030～19 400	
17 070～21 200	卫星通信
25 050～29 500	
21 020～22 000	科学研究地球的卫星
31 000～31 300	宇宙研究
31 050～31 800	
31 800～32 300	
34 020～35 200	
31 030～34 500	射电天文
31 080～32 300	

续表

频率/MHz	使用范围
34 020~35 200	
40 000~41 000	卫星通信
41 000~43 000	直接电视广播卫星
50 000~51 000	卫星通信
54 250~58 200	卫星之间的通信
59 000~64 000	
84 000~86 000	直接电视广播卫星
92 000~95 000	卫星通信
102 000~105 000	
140 000~142 000	
150 000~152 000	
105 000~130 000	卫星之间通信
107 000~182 000	
185 000~190 000	

第 5 章 运载火箭与航天器的测试发控系统

5.1 引论

测试发控系统是对运载火箭和航天器（总称为航天飞行器）的试样产品，在总装厂和发射场进行"综合测试与发射控制"的地面系统。它是航天工程师们最终诊断航天飞行器的工具，是航天发射场全部地面设备的中枢。

航天飞行器的构成设备按其规模大小和功能来分可分为仪器、分系统和系统三级；按研制阶段和性能成熟性分为模样（试制品或攻关样品）、初样和试样三级产品（含硬件和软件）。这些产品要进行一系列的地面试验，如研制性试验、鉴定性试验、验收性试验、发射前合格性试验等，最终进行飞行试验，并完成评估。不同研制阶段和不同性质的产品，试验的目的不同，因而对应的试验方法、试验环境和测试参数也不同。航天产品按其规模和作用的大小，常分为以下几种。

5.1.1 零件、部件和仪器

零件（part）一般由一个单件或两个以上单件相连而成，如电阻、电容、电感、继电器、集成电路等。

由各种零件组成部件（assembly）或仪器（instrument）。由各种部件或仪器组成分系统。

5.1.2 分系统

分系统（subsystem）一般由多个功能相关的部件或仪器组成，部件或仪器间用电缆或管道连接，如控制分系统、推进分系统、结构机构分系统、热控分系统等。

5.1.3　运载器

运载器（launch vehicle）又称为运载火箭，由推进系统、结构机构系统和控制系统等组成，它可把航天器送入预定轨道。

5.1.4　空间实验室

空间实验室（space experiment）通常是航天器的有效载荷部分，是航天器下面的一个装配级，又称为空间仪器分系统。

5.1.5　航天器

航天器（space craft）是运载器的有效载荷，是完成航天计划规定任务的轨道飞行器。它又分为载人的和不载人的两种，又可分为人造卫星和飞船两种。

5.1.6　系统

系统（system）是指完成某一综合性任务的设备组合，一般由多个分系统组成。我国航天工程常把火箭和卫星分别称为运载火箭系统或卫星系统。

5.1.7　航天工程

航天工程是国家某航天计划进入实施阶段的实体，一般由多个系统组成，故又称为组合系统（combined systems）。美国常把组合系统分为在轨系统（on-orbit system）和地面发射系统（launch system）。我国把在轨系统分为运载火箭系统和航天器（卫星或飞船）系统，地面发射系统分为地面测控通信系统、地面测试发控系统和地面回收着陆系统等。

5.1.8　特殊产品

航天地面试验中还有一些特殊的产品，如空中支持设备（airborne support equipment）、关键组件（critical unit）、研制试验件

(development test article)、爆炸装置（explosive ordnance device）、活动机械部件（moving mechanical assembly）、可重复使用产品（reusable item）等。

各级产品的地面试验，是根据产品在实际空间环境或地面环境条件下进行的试验。复杂的飞行环境往往只有用多个单项试验环境的许多组合来实现。每一种环境最好以实际飞行遥测数据为依据。如有必要，可用本航天器的差异进行换算，或通过分析预示来确定，常用的试验环境参数有最高和最低期望温度（maximum and minimum expected temperatures）、被动热控分系统余量（margins for passive thermal control subsystems）、主动热控分系统余量（margins for active thermal control subsystems）、振动、声和冲击环境的统计估计（statistical estimates of vibration, acoustic, and shock environments）、疲劳等效持续时间（fatigue equivalent duration）、极限和最高期望声环境（extreme and maximum expected acoustic environment）、极限和最高期望随机振动环境（extreme and maximum expected random vibration environment）、极限和最高期望正弦振动环境（extreme and maximum expected sinusoidal environment）、极限和最高期望冲击环境（extreme and maximum expected shock environment）等。这些环境参数在结构性产品、推进性产品和电气性产品的试验中（最高、最低、极限）具体数据的取得是有差别的。这在各国的专业标准文件中都有详细的规定。

本章主要介绍运载火箭系统和航天器（卫星或飞船）系统，在总装厂房完成总装后运至发射场这一段的试验以及该试验系统的设计，包括运载火箭系统的出厂验收性测试、航天器的出厂验收性测试、运载火箭与航天器间的匹配测试、运载火箭与航天器联合测试、火箭全系统发动机热试车状态测试、运载火箭发射控制试验等。负责上述试验的地面系统称为运载火箭测试发控系统、航天器综合测试系统。同时，简要介绍运载火箭或航天器研制过程的各项试验（研制试验、鉴定试验、组件鉴定试验、验收试验、替代策略、发射前合格认证及运行试验等）。

5.2　航天产品（运载火箭和航天器）的各类试验

航天产品的设计结果由各类试验来检验，只有通过了规定试验的合格产品才能参加航天飞行试验。航天产品必须进行以下各类试验。

5.2.1　研制试验

研制试验又称工程试验，是验证设计方案或成熟方案用于新航天工程型号的试验，是决定航天产品由方案阶段向实施阶段转变的试验，可检验出产品转入实施阶段的风险，可验证下一步鉴定试验和验收试验的程序，可研究出在鉴定试验合格后可能暴露的新问题。研制试验常在部件、设备和分系统级别上进行。研制试验的目的是为设计过程中较早发现问题，以便在鉴定试验前改正和修改设计。研制试验常用于验证结构及性能余量、工艺性、可试验性、可维修性、可靠性、概率寿命和系统安全性等内容，并用各种超过设计极限的工作条件来确定备用能力和临界设计性能。研制试验一般在设计研制单位进行，它经常是产品仿真试验的基础。运载器和航天器由于其飞行环境条件有所不同，因此研制试验的要求也不同。零件、部件、组件、设备、分系统都要进行研制试验，包括结构、推进、电器设备和系统的研制试验，热环境研制试验，冲击和振动研制试验，模态观测研制试验（大型飞行器缩比模型试验），声和冲击研制试验，热平衡研制试验，运输和装卸研制试验，以及风洞研制试验等。

5.2.2　鉴定试验

鉴定试验是验证产品设计和制造过程满足验收大纲规定要求的试验。鉴定试验还要验证包括试验技术、程序、设备、测试仪器和软件等内容在内的计划验收大纲的正确性。鉴定试验要严格按航天计划规定的要求进行。每一种飞行试验产品都必须经过鉴定试验合格后，才能进入分系统和系统中工作。一般产品都按适用环境试验，对于一次性使用产品（如爆炸装置或固体火箭发动机）要经多个鉴定试验件考验，用多个鉴定试验件来提高鉴定试验的可信度，这有专门的标准规定。试验件必须用相同的图纸、材料、加工工艺和工人制造的产品中抽样。

5.2.2.1　鉴定试验的环境应力和持续时间

鉴定试验件环境条件取比寿命期内的最高环境条件更严的严酷应力，但不能超过设计安全余量。若该设备在不同型号中使用，环境条件应取该型号安装的环境条件。这在不同航天工程中都有具体标准。典型的鉴定试验量级余量和持续时间如表 5.1 所示。

表 5.1　典型鉴定试验量级余量和持续时间

试　　验	组　　件	飞行器
冲击	最高期望环境上加 6 dB，3 个轴上 2 个方向各加 3 次	对所有冲击产生事件触发 1 次；对控制事件另触发 2 次
声	验收级上加 6 dB，持续 3 min	验收级上加 6 dB，持续 2 min
振动	验收级上加 6 dB，持续 3 min，对 3 个轴的每个轴	验收级上加 6 dB，持续 2 min，对 3 个轴的每个轴
热真空（见表 5.2 和表 5.3）	验收级温度扩展 10℃ 循环 6 次	验收级温度扩展 10℃ 循环 13 次
热真空和热循环组合试验（见表 5.2 和表 5.3）	验收级温度扩展 10℃ 热真空循环 25 次 热循环 53.5 次	验收级温度扩展 10℃ 热真空循环 3 次 热循环 10 次
静载荷	对无人飞行是最大使用载荷的 1.25 倍，对载人飞行是最大使用载荷的 1.4 倍，持续时间与实际飞行时间相同	同组件试验，但只在分系统级进行

5.2.2.2　鉴定试验的热真空和热循环试验

热循环试验的次数由产品使用寿命期中可能承受的热疲劳能力决定，这种能力的大小主要由验收试验决定。热循环（TC）和热真空循环（TV）试验温度范围的典型值如表 5.2 所示，热循环次数典型值如表 5.3 所示。表中注释是各种情况下的修改。电工和电子组件是通过热循环来达到环境应力筛选的目的，发现制造中的质量缺陷。因此热循环绝不是由任务热循环次数来决定的。不含电工电子组件的设备，一般只进行热真空试验，热循环次数可大大减少。

表 5.2　热循环（TC）和热真空循环（TV）试验的温度范围

要求的试验	组　件	飞行器	
	TC&TV	TC	TV
验收（ΔT_A）	105℃[1]	≥50℃	由首先达到高或低验收温度限的组件决定
鉴定（ΔT_Q）	125℃[2]	≥70℃[2]	由首先达到高或低验收温度限的组件决定，但仅对鉴定温度限

注：1）推荐值，但如不可行，可以减少，或如需要包含工作温度，也可增加。

2）$\Delta T_Q = \Delta T_A + 20$（$\Delta T_A$——验收温度范围；$\Delta T_Q$——鉴定温度范围）。

表 5.3　热循环（TC）和热真空循环（TV）试验的循环次数[1]

要求的试验	组　件				飞行器	
	验　收		鉴　定		验　收	鉴　定
	N_A[3]	N_{AMAX}[4]	N_Q[5]		N_A	N_Q[5,6]
二者：TC[2]	8.5	17	53.5		4	10
TV	4	8	25		1	3
仅作 TV	1	2	6		4	13
仅作 TC	12.5	25	78.5			

注：1）循环次数与表 5.2 中温度范围相关。

2）试验可以在真空中与 TV 试验结合进行。

3）用于剪裁：$N_A = 10 (125/\Delta T_A)^{1.4}$（$N_A$ 为要求的验收循环次数），仅作 TC 试验；当 TC 和 TV 都进行时为两者之和。

4）$N_{AMAX} = 2N_A$（N_{AMAX} 为包括再试验的验收级试验循环的最大允许次数），但可以考虑若干再试验而改变。

5）$N_Q = 4N_{AMAX}(\Delta T_A/\Delta T_Q)^{1.4}$（$N_Q$ 为要求的鉴定循环次数），假设在任务期间和其他工作中温度循环是不重要的；如果是重要的，应以相同的疲劳等效基础进行附加试验。

6）$N_{AMAX} = N_A$，假定将不进行飞行器级验收再试验。

5.2.2.3　声和振动鉴定试验

声和振动鉴定试验主要验证产品的两种承受力，一是验收试验谱，一是极限期望谱。飞行器验收振动试验在每个轴向的最大允许持续时间为 6 min，如果极限期望值按 4 倍持续时间算，就需要每轴向 24 min 的验收级振动时间来满足鉴定试验，然后再加上极限期望谱的试验，一般为 6 dB，每轴向 1 min。还有一种加速试验，就是缩短时间的鉴定级试验，表 5.4 给出了对任一频率上给定余量及谱值最大试验容差组合的时间缩短因子，取最接近的整数值。当鉴定余量 M 为 6 dB、某频段内谱值试验容差 T 为 3 dB 时，则时间缩短因子为 12。这样，24 min 验收试验可用 2 min 的鉴定级试验加速。

表 5.4　声和随机振动试验的时间缩短因子

余量 M/dB	谱值最大试验容差 T/dB	时间缩短因子
6.0	±1.5	15
6.0	±3.0	12
4.5	±1.5	7
4.5	±3.0	4
3.0	±1.5	3
3.0	±3.0	1

注：一般，时间缩短因子 $= 10^{M/5} [1 + (4/3)\sinh^2(T/M)]^{-1}$，其中 T 是鉴定试验负容差绝对值及验收试验正容差之和。

5.2.2.4　飞行器鉴定试验

飞行器鉴定试验的基本要求如表 5.5 所示，O 表示飞行器部件作为验收级试验而进行的其他一些特殊试验（如调直、仪器校准、天线辐射图和质量特性等），也应作为鉴定试验的一部分进行。飞行器上控制计算机软件应在最大实际可行范围内验证运行要求。飞行器鉴定功能试验应检验飞行器机械和电性能是否满足规范要求，并验证它与地面保障设备间的兼容性，证明全部试验内容采用的计算机指令和数据处理等软件的有效性，在最大实际范围内验证所有冗余组件运行的正确性。这类试验主要包括机械装置、阀门、可展开机构、分离机构在整个飞行阶段动作检验，电路光纤线路检验，冗余件和终端完整性检验，鉴定性电磁兼容性试验（辐射发射的敏感度、系统间辐射敏感度、外部射频干扰的敏感度等），鉴定性冲击试验（验证飞行器能否承受诱发的冲击环境），鉴定性振动试验（飞行器质量小，不超过 180 kg，可用振动试验代替声试验）；振动试验验证飞行器经受振动的能力，鉴定性压力及检漏试验，鉴定性热循环试验，鉴定性热平衡试验，鉴定性热真空试验，鉴定性模态观测试验（模态试验数据用来分析动力学等模型检验过程载荷时，还有相应的分析要求）。

表 5.5　飞行器鉴定试验基本要求

试　　验	建议实验顺序	运载器	末级飞行器	航天器
检查[1]	1	R	R	R
功能[1]	2	R	R	R
压力/检漏	3，7，11	R	R	R
电磁兼容	4	R	R	R
冲击	5	R	R	R
声或振动[2]	6	O	R	R
热循环[3]	8	O	O	O
热平衡[4]	9	—	R	R
热真空	10	O	R	R
模态观测	任意	R	R	R

注：1）如合适，每次试验前后都要求作；包括适用的特殊试验。

　　2）对于结构紧凑的质量不超过 180 kg 的飞行器，可以用振动试验代替声试验。

　　3）如果进行热循环验收试验，则要求作该项试验。

　　4）可以与热真空试验结合进行。

　　R——基本要求（要求作的概率高）；

　　O——其他（要求作的概率低）；

　　———不要求作（要求作的概率可忽略）。

5.2.2.5　分系统鉴定试验

分系统鉴定试验主要验证分系统设计的正确性。对载人航天飞行，设计极限载荷试验选最大使用载荷的 1.4 倍；对无人飞行，选最大使用载荷的 1.25 倍。屈服载荷试验对有人无人都选最大使用载荷的 1.0 倍。一般要进行"静载荷"、"振动"或"声"、热真空、分离、机械功能等试验项目。

5.2.2.6　组件鉴定试验

组件鉴定试验一般可在分系统级进行或在飞行器级上进行。组件鉴定性试验一般包括探伤、功能、检漏、冲击、振动、声学、加速度、热循环、热真空、气候、检验压力、电磁兼容、寿命、破坏等试验，但电工电子组件、结构组件和压力容器组件选做的项目是不同的。这在具体的航天工程中有明确的标准。

5.2.3　验收试验

验收试验是证明某产品的交付是否可以接收的依据。试验件应符合航天工程的相应规范的要求，并提供有工艺和材料缺陷的质量控制保证。验收试验的目的是对产品进行应力筛选，以暴露零件、材料和工艺中潜藏的缺陷。试验条件不应超过设计安全余量或引起不真实的故障模式。典型的验收试验量级和持续时间如表 5.6 所示。验收试验的温度范围应包括最高和最低期望温度，范围尽可能放宽，以满足环境应力筛选的目的。这在具体的航天工程中有明确的标准。

表 5.6　典型验收试验量级和持续时间

试验名称	组　件	飞行器
冲击	在 3 个轴的 2 个方向上皆有 1 次达到最高期望谱；如谱值很低，则可任选	至少激励出 1 次产生严重冲击的事件
声	同飞行器	最高期望谱和最低谱的包络，1 min
振动	最高期望谱和最低谱的包络每轴向 1 min	同组件，但最低谱按设计文件规定
热真空（见表 5.2 和表 5.3）	$-44 \sim +61{}^{\circ}\!C$，1 次循环，真空度为 13.3 mPa	$-44 \sim +61{}^{\circ}\!C$，4 次循环，压力同组件

续表

试验名称	组　件	飞行器
热循环 （见表 5.2 和表 5.3）	－44～＋61℃，12.5 次循环	按设计文件规定
热真空和循环组合	－44～＋61℃，8.5 次热循环和 4 次热真空循环	按设计文件规定
检验载荷	对黏结结构、复合材料制成的结构或加层结构，1.1 倍最大使用载荷	同组件，但只在分系统级进行
检验压力	对充压结构，1.1 倍最大期望工作压力，对压力容器及其他压力部件，按国军标执行	同组件

　　飞行器验收试验包括功能试验（机械的和电气的），飞行器主要的验收试验项目和要求如表 5.7 所示。首先要检查硬件和软件，如商用通用软件（COST）按规定项目检查，非 COST 软件按航天工程规定项目试验。功能试验按规定的电性能和机械性能进行检查。压力/检漏试验按液压分系统规定的流量、压力和检漏要求进行检查。电磁兼容试验按鉴定试验的临界电磁兼容来进行检查。冲击试验模拟飞行状态的动力学冲击环境。声或振动试验模拟飞行状态声环境和振动环境。热循环试验用飞行状态最低和最高两个极端温度循环，最少 4 次。热真空试验是用真空和热应力条件考验材料、加工和制造过程的缺陷，主要验证热控分系统。贮存试验是在飞行器贮存时间和条件试验后进行的振动、热、静载荷或压力等试验。这些验收性试验有组件级的，也有分系统级的。

表 5.7　主要的飞行器验收试验

试验名称	建议实验顺序	运载器	末级火箭	航天器
检查[1]	1	R	R	R
功能[1]	2	R	R	R
压力/检漏	3，7，10	R	R	R
电磁兼容	4	－	O	O

续表

试验名称	建议实验顺序	运载器	末级火箭	航天器
冲击	5	O	O	O
声或振动[2]	6	O	R	R
热循环	8	O	O	O
热真空[3]	9	O	R	R
贮存	任意	O	O	O

注：1）如可行，每次试验前都要求进行，包括适用的特殊试验。

2）对于结构紧凑的飞行器（质量小于 180 kg），可用振动试验代替声试验。

3）如果进行热循环试验，则要求可以更改。

R——基本要求（要求作的概率很高）；

O——其他（要求作的概率较低）；

———不要求（要求作的概率可忽略）。

5.2.4　发射前合格验证与运行试验

发射前合格验证与运行试验是运载火箭和航天器规模最大的试验，是在工厂和发射场进行的，其目的是验证运载火箭和航天器是否符合飞行试验的各项要求，并验证测试发控系统和整个发射场系统的状态是否合格。这一试验分为以下两个阶段。

5.2.4.1　综合系统试验

运载火箭和航天器在各自的总装厂完成装配后，要进行综合测试，给出出厂运输前飞行器的验收试验基本数据；然后将数据和飞行器一起交发射场；经运输后到发射场再将火箭各级和航天器组装起来进行测试。一般有两种方式：一种是运载火箭在发射场技术阵地，以水平状态进行测试，合格后再把火箭分级运到发射阵地垂直吊装，最后进行垂直测试，点火发射；另一种是火箭各级和航天器在技术阵地吊装，测试合格后，垂直运输至发射阵地，最后进行发射前测试，点火发射。一般在技术阵地还要把火箭和航天器上的关键仪器设备取下进行单元测试，完成精度鉴定（作为射前发射诸元装定的重要数据）。这些试验主要验证飞行器的性能和精度，以保证飞行试验的成功。

5.2.4.2　射前发射演练和评估

综合系统试验完成后，运载火箭和航天器要与测控通信系统和发射场的各系统进行联合演练，以证明航天工程各系统的协调性和匹配性，验证飞行器和发射系统性能是否完全合格，验证飞行器硬件、软件、地面设备、计算机软件之间、天地系统间是否完全兼容，以评估全部硬件和软件的有效性及适应性。这些试验还着重可靠性、应急计划的可行性、可维修性、可支持性，以及后勤保障的完备。

这里所讲的运行试验是指后继运行试验，是在发射场的运行环境下进行的，所有设备要处于发射状态之下进行飞行状态的测试，并由专门人员分析试验结果，找出飞行器可能隐藏的缺陷。用在轨试验来检验航天器在发射或变轨飞行后的功能完好性是最终的办法。（检验地面无法检验的内容。）

5.3　航天器的发射场测试

5.1 节和 5.2 节简要介绍了运载火箭和航天器的各类试验，以下各节将重点论述运载火箭和航天器的发射前综合测试和发射控制，以及测试发控系统的设计概况。前面已讲过，射前综合测试与发射控制是在运载火箭和航天器完成总装后，在厂房测试间进行的出厂验收性测试，其测试设备称为测试发控系统。该套测试发控方法和测试发控设备，就是将来在发射场技术阵地和发射阵地，完成射前综合测试和演练发射的基础。运载火箭和航天器的出厂测试只有测试发控系统参加，它是发射场全部地面设备的中枢。而发射场的综合测试和发射控制，除重复出厂测试的主要内容外，更为独特地是，航天工程的各大系统都要参加（包括陆上的测控中心和各测试站，还包括海上的测量船），完成以运载火箭和航天器为主体的全系统联合演练，以检验各大系统在不同飞行段（待发段、上升段、运行段、返回段、着陆段）的硬/软件的正确性和协调性。航天工程各系统测试除接口试验的内容比较新外，都重复着出厂测试已测试过的内容。因此，测试数据的重复性（稳定性）水平，代表了某设备在运载火箭或航天器中工作的性能或精度变化，从而可判断能否"点火"发射。若某设备在早期运行中出现故障，射前综合测试数据就会超正常限值（上限值和下限值）范围，测试发控系统就会在屏幕上"报警"，该故障设备就要被取下，换上其备份。这种情况就是到"转电"和"点火"前都可能出现，那也要停止发射程序，排除故障。只有射前检查参数全部合格，才能"转电"（地面供电改为箭上供电，一般在"点火"前 1 min 进行），接着"点火"（发射零秒）。若"点火"后一级和助推发动机建立推力时间超过规定时间，就要自动或手动发出"紧急关机"指令，停止发射。总之，射前综合测试内容和步骤是非常严格的，而发射控制也随测试的深入而交替实施，即使在最后的"转电"与"点火"控制中，还夹插着"关键参数"（如火箭与航天器的供电、发动机的零位、贮箱推进剂的液位和压力等）的采样。因此，世界先进航天大国的系统工程师们公认："射前测试与发射控制方案的完善性，是运载火箭与航天器系统设计水平的集中体现，是保证运载火箭和航天器高可靠水平的最后把关，是运载火箭和航天器完成飞行试验的最关键步骤。"由此可见，射前综合测试和测试发控系统设计的重要性和艰巨性。

5.3.1　航天器（飞船）的射前测试

　　航天器的射前测试是建立在航天器总装测试方案基础上的。而这些测试项目都是建立在构成航天器各分系统电测基础上的，一般包括结构与机构分系统、测控通信分系统、制导/导航/控制（GNC）分系统、数据管理分系统、电源（太阳电池板、电池、配电）分系统、热控分系统、环境控制和生命保障分系统、仪表与照明分系统、推进分系统、应急救生分系统、回收着陆分系统、航天员分系统、有效载荷分系统等的电性能指标测试和控制功能测试，分系统之间的接口测试和软件的匹配测试，航天器飞行系统与地面系统的匹配测试，航天器与运载火箭间的机械接口与电气接口检查与测试等。

在航天器的出厂测试中，除要对各分系统的性能进行检查外，还要对各分系统间匹配、航天器飞行系统与地面系统匹配、航天器与火箭间匹配进行检查。

航天器总装后要进行各种力学环境试验（结构部分的静力试验、航天器振动和噪声试验、航天器返回舱振动试验和噪声试验等），但一般只进行供电检查和上升段（主要力学性能考验段）飞行程序检查。

航天器总装后，还要进行热真空环境试验（验证热设计的正确性，考核热控分系统的工作能力），主要进行供电检查、模拟飞行检查。

航天器运输到发射场后，先在技术阵地进行总装、检漏、安装精度测量，太阳翼展开试验，各地面系统联合试验，航天器综合测试，完成航天器推进系统加注，并将航天器装入火箭的整流罩中运至火箭技术阵地测试厂房与运载火箭对接，完成航天器与运载火箭的匹配测试以及航天器与运载火箭地面测试发控系统、地面测控通信系统之间的电磁兼容试验；然后将航天器与运载火箭联合体运至发射区，完成发射区综合测试、航天器与火箭匹配试验和模拟发射试验。

5.3.2　航天器的地面综合测试系统

航天器和它的地面综合测试系统一起，完成 5.3.1 节所述的射前综合测试任务。航天器的地面测试系统结构是随电子测量技术和计算机技术发展而发展的。

20 世纪 50 年代上半期，运载火箭测试，采用单个电子测试仪器的手动测试系统。

20 世纪 50 年代下半期，运载火箭和卫星采用模拟计算机的自动测试系统，测试程序是预先固定的。

20 世纪 60 年代，运载火箭和航天器（卫星、飞船）采用数字逻辑控制的自动测试发控系统。

20 世纪 70 年代到 80 年代，集成电路小型计算机技术飞速发展，数字式仪表（数字电压表、数字频率计、数字打印机、数字显示器等）技术成熟，出现了以小型计算机或微型机为中心的全数字化自动测试系统。80 年代计算机网络技术成熟，也用到了航天测试系统中，形成分布式计算机自动测试发控系统。

20 世纪 90 年代，以以太网和标准总线数字仪表为基础的分布式测试系统的功能、精度和可靠性、可维修性都达到了较高的水平。现代航天器地面综合测试系统均采用该系统结构，完全实现了标准化和积木化的目标，系统功能增减灵活方便。图 5.1 是目前典型的测试系统结构图。该系统由总控测试设备、有线测试设备、各分系统专用测试设备和辅助测试设备等组成。

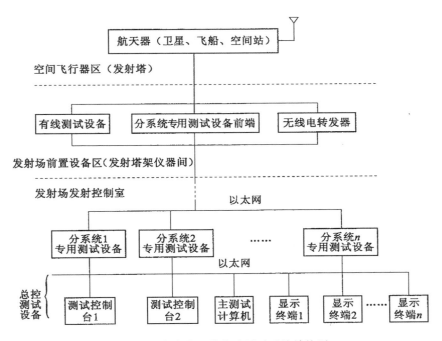

图 5.1　当代典型分布式测试系统结构图

总控测试设备是航天器地面综合测试系统的核心，是主要的人一机界面。总控测试设备通过"以太网"与航天器各系统专用测试设备连接，构成地面综合测试系统。其工作模式有实时在线测控模式（与专用测试设备、遥测遥控通道相连对航天器进行测试）、离线遥测数据回收模式（对已测的遥测数据进行回放和处理）、测试数据库和应用程序编辑模式（建立遥测数据库、建立图形和曲线数据库、对应用程序进行编译等工作）等。总控测试设备的一般配置有主测试处理机、测试控制台、快速打印机、控制终端、图形显示终端、遥测数据处理机、航天器等效模拟器和网络设备等。总控测试设备的软件有通用设备随机软件（操作系统和通用语言）、测试系统软件（数据处理软件、进程管理、数据库管理、专用测试设备管理、通信管理、测试语言编译等）和测试应用软件（测试人员用测试语言编制的具体测试过程软件、测试数据库和图形库应用软件等）。

地面有线测试设备有航天器（太阳翼）模拟器、地面稳压电源、前端监控设备（电源控制设备和前端测试设备）、上位控制机、各种等效模拟器等，其主要功能是对地面电源的管理、对航天器供配电、完成航天器有线模拟信号测量、完成航天器开关量测量、完成航天器工作状态的监控等。地面有线设备的主计算机一般都由工业控制机构成。

分系统专用测试设备完成各分系统的参数采集、状态监视、产生激励信号并执行测试命令，完成分系统的性能、功能测试和验证。各分系统专用测试设备通过局域网和总控设备相连接，接收总控设备的测试命令，接收总控设备分发的相关下行遥测数据和高速综合数据，向总控测试设备传送分系统工作状态。

航天器地面综合测试系统的构成要涉及数据采集、激励信号产生、网络构成协议、数据通信协议、计算机硬/软件等一系列的设计技术，由于篇幅限制，从略。

5.4　运载火箭的发射场测试

运载火箭在发射场的测试可分为技术阵地详细测试与发射阵地关键项目测试两类，其测试内容和测试程序都是建立在运载火箭出厂验收性测试基础之上的。以发射载人飞船的运载火箭为例，它与阿里安系列火箭（发射无人航天器火箭）最大不同点是，可靠性安全性要求更高。对载人火箭，有航天员安全性要求，因此它具有足够的系统冗余设计和航天员应急救生分系统设计。

由于飞行器的射前测试是最终的验收试验，受试件是将要进行飞行试验的产品，施加的环境应力完全是飞行过程中受到的环境应力；而不像鉴定试验那样，受试件不是交付产品，而是同批产品的抽样件，更不会是飞行试验产品。因此，运载火箭的射前测试的目的是验证构成火箭各分系统设计的正确性、合理性和协调性，检验各分系统性能和技术指标的稳定性（这些性能和技术指标在本测试之前早已验证，已满足要求），保证运载火箭上的全部硬/软件产品处于正常工作状态。为达此目的，测试必须全面完善，无漏洞，对于冗余设计的每个部件都要检查到。测试中施加的应力应完全与飞行环境一致，不应对产品产生任何不良影响。在选择测试方法时，要考虑发射场技术阵地和发射阵地的工作条件和环境（特别是发射供电与电磁环境）。一些较大改变箭上工作状态的测试和需手动操作仪器和电缆插头座的项目，必须在发射场技术阵地做完，发射阵地不宜做这些测试。下面分别介绍其测试内容。

5.4.1 单元测试

运载火箭各分系统的关键仪器和部件，一般在出厂运输前要取下，单独包装运输（保证更好的运输条件），如火箭控制系统的惯性测量仪表（惯性平台、捷联惯性组合、速率陀螺等）、箭上控制计算机、综合放大器和伺服机构等，运输到发射场技术阵地后要进行单元测试，检验其功能和技术指标的稳定性。单元测试合格的仪器和部件才能再装入火箭，单元测试的内容是测试该仪器或部件的主要性能和技术指标。

5.4.1.1 惯性测量仪表测试

在惯性平台供电正常的情况下，测试其调平瞄准性能是否满足要求。测 3 个惯性坐标系的加速度，Y 向加速度表应测出地球 1 个重力加速度（g_0）的脉冲输出值（即当量值），X 向加速度表和 Z 向加速度表处于调平方向，加速度值应趋近于零值。速率陀螺的测量是利用惯性空间的地球自转角速度（行星转速）15.041 07（°）/h作为输入值，再测角速率陀螺输出值。

5.4.1.2　箭上计算机测试

箭上计算机测试除要运行各检查程序测其硬件性能外，还要检查各接口和软件的功能。对有冗余结构的计算机，还要模拟各种故障状态下的判断和冗余切换（系统重组）功能。

5.4.1.3　综合放大器测试

测试时用要求的输入信号（由测试发控系统的函数发生器产生不同波形的交流或直流信号）作激励源，测量其输出零位和传递系数的正确性和稳定性。

5.4.1.4　伺服机构测试

伺服机构控制发动机摆动产生推力矢量的改变而产生力矩。使火箭产生姿态角改变的机电设备有石墨舵（小推力火箭用）和伺服机构（大推力火箭用）。单元测试通常要测试伺服机构的供电、油面、气压、摆角（或伸缩量）与控制电流（或电压）传递系数或延迟特性等。另外，漏油、漏气和漏电（简称"三漏"）也是主要指标。伺服机构的电机转速、电刷的磨损（接触特性）、温升等也是重要技术指标。只有单元测试合格的伺服机构才能安装到火箭上去。

5.4.1.5　其他测试

对结构系统的级间分离机构、控制机构和发动机管路的电爆管，供电电池和二次电源等，都要进行单元检查。有的是进行电气检查，有的是机械检查，对压力容器和管路还要进行密封检漏。

5.4.2　分系统测试

分系统测试是指控制系统、遥测系统、外测安全系统等电子和电气系统的电性能检查，结构与机构系统和动力系统的火工品电路检查，密封泄漏检查等。具体测试项目有以下几种。

5.4.2.1　电源系统测试

对一次电源和二次电源系统在正常供电负载下的电压和供电稳定性进行检查。

5.4.2.2　姿态控制系统测试

姿态控制系统测试分为开环（静态）或闭环（动态）测试两种。开环测试时伺服机构不启动，闭环测试时伺服机构启动。

5.4.2.3　速率陀螺指令检查

速率陀螺指令检查即向速率陀螺的力矩线圈加力矩电流，以产生输出信号，计算机按其后的检查输出测出传递系数。

5.4.2.4　转台测试

转台测试时是将放置惯性器件的转台转动（模拟火箭产生的俯仰、偏航、滚动 3 种姿态角的大小和极性），测试惯性器件的极性和传递系数的正确性。该测试只在出厂测试中进行，在发射场一般不作。对捷联惯性组合转台的测试包括极性检查、比例系数检查、冗余陀螺输出一致性检查。惯性组合中的 4 个加速度表输出存在的固定对应关系也可在转台测试中得到验证。

5.4.2.5　平台系统检查

平台系统检查包括供电检查、姿态角极性及传递系数检查、程序角控制机构检查、平台上 3 个惯性坐标轴上的加速度表检查，调平瞄准后可测量 Y 向加速度表的 1 g_0 输出检查（求得 Y 向加速度表的当量值）。用程序机构转动俯仰角 90° 后，可测量 X 向加速度表的 1g_0 输出检查（求得 X 向加速度表的当量值）。Z 向加速度表的当量值可用 X 陀螺加指令让台体转动一固定偏航角，测量 Z 向加速度表的输出求得。

5.4.2.6　捷联组合测试

捷联组合测试包括供电检查、速率陀螺指令检查、加速度表指令检查。

5.4.2.7　箭载控制计算机检查

箭载控制计算机检查的内容除包括正规的供电检查以及 CPU、

内存、输入/输出通道、对外接口的检查外，还包括对冗余设计的主
CPU 切换到从 CPU 的检查。

5.4.2.8　惯性平台程序机构检查

惯性平台程序机构检查是对飞行状态下自动改变飞行程序角的
机构进行检查。

5.4.2.9　时序系统检查

时序系统检查即在飞行状态和计算机控制状态下，对时序指令
发送的时间准确性进行检查。

5.4.2.10　导航与制导系统检查

导航与制导系统检查有两种方法：一是用惯性组合（平台在调
平瞄准状态下）Y 向加速度表在地球 $1g_0$ 作用下，对导航与制导软
件（用模拟轨道参数）进行检查（主要测试各"关机"时间的准确
性）；二是用地面模拟惯性组合装置（模拟火箭飞行轨道的 x 向、y
向、z 向加速度表脉冲输出）直送箭载控制计算机，检查导航与制导
软件（用真实轨道参数）的正确性。第一种方法常用于发射场发射
阵地，第二种方法常用于出厂测试或发射场技术阵地。

5.4.3　总检查

运载火箭的总检查一般也是建立在控制系统总检查程序基础上
的，其他分系统（如动力分系统和结构分离分系统）受控制系统
输出（"关机"、"分离"）指令的控制。遥测、外测安全分系统检
查围绕控制系统进行，甚至在发射段的航天器检查也围绕该总检
查进行。

总检查的目的是检查控制系统与各分系统（如控制系统与结构
分离、动力、遥测、外测安全分系统）之间工作的协调性，检查电
源配电系统、稳定系统、制导系统、时序控制系统等在火箭模拟飞
行状态下，性能参数的精度和稳定性。

总检查的方法一般由运载火箭的箭地线路连接状态的不同，分
为 3 种总检查，即全系统模拟飞行总检查、飞行状态总检查、发射

状态总检查。

总检查的 3 种线路状态是以箭地（箭体与地面测试发控系统）信息连接方式为基础的，即：

1）手动操作插头座（每个插头座从几芯到 100 多芯不同规格）连接的信息。主要传送箭上主要控制设备与地面测试发控系统间的激励、测量和监视信号。地面电缆网与箭上设备连接是通过火箭壳体上的专门窗口完成的，这种信息约占全部箭地信息量的 60％～70％。

2）电控脱落插头座连接信息。插头装在地面电缆网上，插座装在箭体上。插头座相连由人工操作完成，插头座脱开由电控信号完成。主要传送火箭在射前检查中要激励、测试和监视的信息，约占全部箭地信息量的 20％～30％；射前检查完毕后，在"点火"指令下达前 1 min 完成"转电"（火箭由地面电源供电转为箭上电池供电），相继自动发出"脱插脱落"指令，脱落插头座脱开，支撑脱落插头的电缆摆杆摆开，火箭进入准备"点火"状态。

3）力拉脱拔插头座连接信息。该插头座结构几乎与电控脱落插头座一样，只是插头上没有电控电磁机构而已。插座安装在箭体一级尾端，插头安装在地面电缆网上，并用钢丝绳固定在火箭发射基座上。主要传送发射状态下"转电"后需要监视的箭上信息，包括一级发动机点火信号、转电后还需要监视的信号，以及点火后在规定的时间内发动机若未建立推力地面发控台自动发出的"紧急关机"信号。这种信息量约占全部箭地信息的 5％～10％。当火箭点火、发动机建立正常推力后，箭体离开发射台，脱拔插头座自动拔掉。

总之，3 种箭地连接线路状态，确定了 3 种总检查。

5.4.3.1　全系统模拟飞行总检查

全系统模拟飞行总检查是在全部箭上系统和地面系统（包括动力系统、控制系统、箭结构与分离系统、外测安全系统、航天器及其地面测试系统、发射场火箭测试发控系统及其他地面系统等）的全部信息连接插头座都连好的状态下，完全按系统的射前检查、发射控制和火箭飞行程序进行的。检查测试的内容有：箭上和地面电源的启动过程、配电器的供电参数测试；稳定系统、制导系统、时序系统射前功能检查；对低温推进剂（液氢/液氧）的动力系统还有预冷、吹除、卸压、补加、增压等一系列控制功能的检查；箭上控制系统、遥测系统、外测安全系统、航天器系统的转电功能检查。但在这种测试状态下，地面发控线路发出"转电"指令，但不"真转电"（有动作，但仍转到地面供电状态），故称"假转电"；地面发控线路仍按自动时序发出"电脱落插头脱落"指令，但脱落插头并不执行脱落（因为在模拟飞行时仍要保持箭地最大信息连接），故称"假脱落"。这种状态，可获取箭上系统最完整的信息。地面系统可采集到箭上各系统各仪器最多最全的参数。由于这些参数（性能参数和时序指令参数）是地面测试发控系统与高精度数字仪表测得的，可以比较遥测系统（箭地无线通道传送）遥测参数的精度和误码率。这是发射场火箭与其他各系统（航天器系统、测控通信系统、发射场其他各系统等）联合试验用得最多的状态。

5.4.3.2　飞行状态总检查

箭地线路状态只连电控脱落插头和力拉脱拔插头，不连手动操作插头。火箭在"转电"前的测试同全系统模拟飞行总检查一样。当进入"转电"后，"真转电"（转由箭上电池供电，也可用模拟供电电缆由地面电源代替电池供电），"真脱落"。"点火"后火箭起飞，人操作拔开力拉脱拔插头（通常还保留一个监视火箭飞行过程的力拉脱拔插头）。火箭在基本断开与地面系统的联系下，执行模拟飞行程序。当火箭发出一、二级分离信号时，人操作拔开一、二级分离插头；当火箭发出二、三级分离信号时，拔开二、三级分离插头。在这种状态下，地面测试发控系统采集箭上各系统、分系统、子系统输出信号，判断系统工作的正确性。一般取不到仪器中间的信号（常用人工将插头座引出），但可用遥测系统下传的遥测结果判定设备的正常工作状态。

5.4.3.3 发射状态总检查

发射状态总检查的线路状态完全与飞行状态总检查一样，"真转电"、"真脱落"、"点火"前的测试内容也与之完全相同。"点火"、"起飞"后，经 7.5 s（一级发动机一般应经 3～5 s 建立推力起飞），地面发控台安全线路自动发出"紧急关机"信号（通过一级尾端脱拔插头座发至箭上一级发动机，实现紧急关机），同时整个火箭断电。这种总检查的目的主要是演练火箭真实发射过程；"起飞"后不测试，仅试验"紧急关机"的可靠性。

5.4.4 动力系统和结构分离系统的射前检查

动力系统和结构分离系统的射前检查是对这两个系统相应部位的温度、压力、冲击、过载、流量、行程、转速、液面、热流等传感器输出（电信号），由地面测试发控系统完成数据采集，并对控制系统发来的时序控制信号和执行状态进行开关量测试。同时，箭上遥测系统完成遥测数据的采集。属于这两个系统的测试项目主要有以下几个。

5.4.4.1 动力装置气密性检查

推进剂加注前要对推进剂贮箱、气瓶、输送管路、发动机进行气密性检查。具体方法是：充气到一定压力，测定压力降和漏气量；在管道接头处或阀门安装处涂中性肥皂液，检查有无泡沫；也可用氦气检漏，用氦检漏仪检查气密性。

5.4.4.2 电爆管电路和电动器阀门检查

用安全电流（为工作电流的 0.5%～5%）检查通路和通路阻值，判定电路和元件有无开路和短路现象。在检查时，要确保安全可靠。

5.4.4.3　各种传感器电路检查

模拟各种相应的传感器输入信号，测试传感器的放大器或变换器的输出是否符合要求。

5.4.4.4　电爆管和电动气阀门指令信号检查

控制系统箭上计算机和程序配电器按动力系统和结构分离系统的指令要求发送时序指令，使电爆管或电动气阀门按预定的时间接通或断开，地面计算机通过时序测试接口和时串测试接口，测试指令通断时间的正确性。

5.4.4.5　加注连接器和气管连接器脱落机构检查

地面加注系统通过加注连接器给火箭贮箱加注推进剂。地面增压系统通过气管连接器给火箭贮箱增压。当地面测试发控台发出"脱落指令"后，加注连接器和气管连接器应在规定的时间内脱落。

5.4.4.6　发动机的关机方式检查

发动机的关机方式检查通常有 4 种方式：

1）按推进剂燃烧"耗尽关机"检查；

2）按火箭飞行达到某一"速度值关机"检查；

3）按火箭飞行到某"规定时间关机"检查；

4）火箭一级发动机地面"点火"后未达到规定推力，判为故障而自动执行"紧急关机"的检查。

5.4.5　射前检查与发射控制

在发射场技术阵地，火箭、航天器和全部地面设备，要实施测试和发控演练。火箭的测试通常分两种情况。第一种是火箭各子级（含前端整流罩中的航天器）是水平置于钢轨支架上，一般不进行机械连接，只完成电缆连接（即电气连接），在技术阵地测试完成后运至发射阵地，在发射塔起重机协助下完成火箭各子级吊装对接，火箭进入发射前的垂直状态。这称为发射场水平转垂直测试发控方案。第二种是技术阵地有垂直测试工作塔，火箭各子级完成吊装对接，有效载荷（航天器）也完成与火箭的吊装对接后，在技术阵地就实现垂直状态测试（由技术阵地把测好的火箭和航天器垂直运输至发射阵地），火箭和航天器可在发射阵地用很短时间完成射前测试和发射任务。这称为发射场三垂（技术阵地垂直测试，转场垂直运输，发射阵地垂直测试发控）测试发控方案。两种方案的优缺点如表 5.8 所示。

表 5.8　两种发射场测试发控方案比较

项　目 ＼ 方　案	发射场水平转垂直方案	发射场三垂方案
测试有效性	好	好
测试效率	1）技术阵地测试时间较短； 2）发射阵地测试时间较长	1）技术阵地测试时间较长； 2）发射阵地测试时间短，突显优点
建设经济性	1）技术阵地设施简单，建设时间短，省资金； 2）技术阵地转发射阵地用公路运输，省时省钱； 3）发射阵地固定式发射台	1）技术阵地建立垂直厂房，有发射架，建设时间长，成本高； 2）技术阵地转发射阵地要用专用钢轨，垂直运输，成本高； 3）发射台建设要求活动性好，火箭装调自动化高，成本也相应增加

从表 5.8 可见，三垂方案的最大优越性是技术阵地的测试状态更接近发射阵地，缩短了运输转场时间，简化了发射阵地的测试，发射时间可缩短到 1~2 天；其缺点是技术难度大，成本高。

一般而论，两种方案在技术阵地和发射阵地的测试内容类型都是相同的，只有简繁之分，三垂方案由于发射转场级间电气和结构未动，自然发射阵地的加注前后检查都较简单。接着是射前测试（进入"点火"前 2 h 测试），箭地完成箭上计算机程序与参数装定

（正式飞行程序），完成射前诸元计算，装定飞行诸元系数。地面测试发控系统执行发射程序。下面以阿里安3火箭发射地球同步卫星的发射程序为例，来说明火箭在发射阵地射前检查与发射控制的具体内容：

1）－17 h（"点火"前17 h），加注前箭上分系统功能测试；

2）－17～－11 h，一、二级常规推进剂（偏二甲肼和四氧化二氮）加注，进行动力系统检漏和液位检查；

3）－11 h～－5 h 55 min，发射塔一、二级服务架撤离；

4）－5 h 55 min～－3 h 20 min，三子级"吹除"、"预冷"；

5）－3 h 20 min～－2 h 05 min，三子级开始加注液氧和液氢，一、二级贮箱增压；

6）－2 h 5 min，地面测试发控系统对火箭加电，火箭全部电子系统开始工作，展开临射前火箭关键项检查；

7）－1 h 5 min，三级液氧和液氢加注结束，补加开始；

8）－55 min，地面测试发控系统向火箭计算机装定飞行程序和诸元参数，复核程序和参数的绝对正确性；

9）－8～－6 min，各系统射前检查完毕，卫星"转电"（地面供电转星上电池供电）；

10）－6 min，测试发控系统执行同步发射程序（即与全航区时间统一勤务系统时间同步）；

11）－1 min，火箭"转电"（地面供电转入箭上电池供电），惯性平台解锁（－9 s），低温臂缩回（－4 s）；

12）0 s时，第一级发动机"点火"，一级点火后经3.4 s，建立推力，火箭离开发射基座"起飞"（为火箭飞行程序0 s，也是全飞行航区测控站0 s），同步发射结束，重新回到初始状态。

以上是典型大型液体火箭（并有三子级低温推进剂级）的发射控制程序，而对于载人航天器的发射，基本过程是一致的，仅在各程序环节增加了对航天员的安全性检测和箭地语音通话。航天员一般在火箭加注后进舱（—3 h 至—2 h 之间），之后执行加注后的射前检查与发控程序（即—2 h 发射程序）。

5.5　运载火箭的测试发控系统

运载火箭是由中远程导弹改进而来的，因此地面测试发控系统也是由导弹的测试发控系统改进而来的。导弹及其测试发控系统要求简单、快速，设备机动性好。运载火箭及其测试发控系统则要求测试全面细致，确保火箭不带任何问题起飞，测试时间没有导弹测试紧迫，不要求机动性，而要求好的维修性。

测试发控系统结构的进步，是由测试仪器数字化与计算机技术的发展而逐步发展的。它经历了导弹专用测试仪器时代（20 世纪 50 年代）、模拟机控制模数仪表测试的自动化系统时代（20 世纪 60 年代）、小型计算机为中心的数字化仪表测试发控系统（20 世纪 70 年代）、分布式局域网计算机测试发控系统（20 世纪 80 年代至 90 年代）。从 20 世纪 80 年代以来，通过各种计算机标准总线构成测试与发控系统，如工业标准微机总线 STD（STANDARD）、计算机自动化测试与控制总线 CAMAC（Computer Automated Measurement and Control）、微机总线 VME（Verbus Modular Extension）在仪器领域的扩展 VXI（即 VME bus eXtension for Instumentation）等。

载人航天工程的运载火箭测试发控系统为适应"三垂"发射模式测试参数容量大、可靠性要求极高的特点，选用了计算机网络的 VXI 结构的测试发控方案，包括 VXI 测试系统、多媒体多屏监视系统、计算机网络系统、光纤传输系统、综合发控系统（发控台、继电器柜、80 A 直流电源、250 A 直流电源、中频逆变电源、火箭等效器、火工品电路等效器、地面电缆网）及光纤电缆等。该系统如

图 5.2 所示。该系统分布在发射塔仪器间、发射塔下的电源间和测发大厅 3 处。测发大厅至发射台距离为 2 km，测发大厅至电源间距离为 1.5 km，电源间至发射塔（仪器间）距离为 80～100 m。测发大厅布置了各微型计算机系统、显示、打印、多屏显示设备，以及部分测试发控设备等；发射塔仪器间布置了各种等效器、部分测试设备；发射区电源间布置了各类电源、转换控制设备、部分测控设备等。

测试发控系统的主要功能为：

1）对火箭控制系统的功能和参数进行精确检测；对火箭动力系统"启动"和"关机"电路进行功能性检查；对火箭结构机构控制电路进行功能性检查；对火箭关键单机或设备进行单元检查；对火箭分系统间接口或匹配功能进行检查。

2）对火箭与航天器进行联合检查；对火箭与外系统间接口进行检查。

3）对火箭进行不同状态（地面全模拟飞行、发射状态模拟飞行和紧急关机模拟飞行）的总检查。

4）对火箭与各系统进行联合发射演练；进行火箭发射状态和总检查状态的时序控制指令和指令执行状态（指令"接通"或"断开"）时间检测（又称时串测量）。

5）完成火箭地面电源供电、转箭上电池供电等状态和参数检查；进行供电状态监控。

6）完成火箭发射状态的发射程序控制（诸元计算与飞行数据装定）、参数检测和状态监控。

运载火箭测试发控系统设计，详见第 17 章。

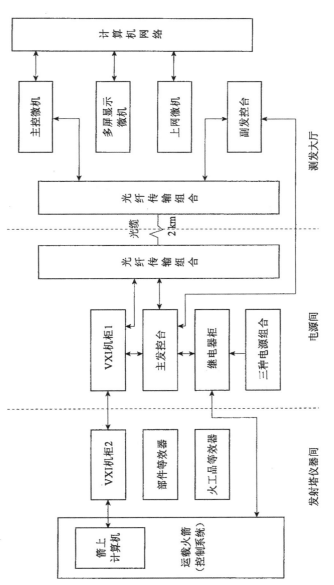

图5.2 载人运载火箭测试发控系统框图

第6章 航天工程总体设计概念

任何一项航天工程，总是从一个或几个总体目标和约束条件（政治、技术等限制条件）出发，确定满足最低成本和要求（在约束条件下）的航天系统（包括运载火箭、航天器和地面设备等）。本章重点介绍航天工程的组成与研制层次、总体设计步骤及应完成的任务；最后介绍直接执行航天任务的有效载荷，它决定了运载火箭和航天器设计的关键技术指标。

6.1 航天工程的组成与研制层次

不载人的航天工程（人造地球卫星、货运飞船和空间探测器）一般由五大系统组成，即卫星（探测器）系统、运载火箭系统、发射场系统、测控通信系统、有效载荷系统。

载人的航天工程（载人飞船、空间站、航天飞机）一般由不载人航天工程的五大系统，加上航天员系统和回收着陆系统，共七大系统组成。

不载人航天工程中的返回式人造卫星，也有回收着陆系统。

载人航天工程七大系统的内部组成如图 6.1 所示，各大系统的研制层次和组织机构如表 6.1 所示。

表 6.1 航天工程研制层次结构

航天工程研制层次	规模编制	执行组织机构
顶层（一层）	工程总体设计与管理	国家部委专项办公室
二层	系统级设计与管理	部、总公司、试验基地、研究院
三层	分系统级设计与管理	专业所或生产厂
四层	整机、部件设计生产	专业所或生产厂
五层	元件、原材料设计供应	国家地方专业厂或所

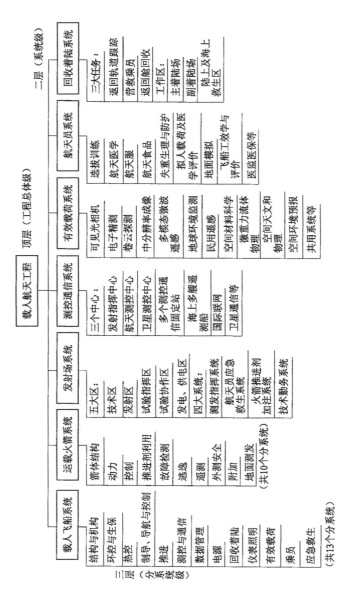

图6.1　载人航天工程系统组成框图

一个航天工程通常分为 5 个层次进行设计研制。尽管它们属于不同层次的行政或部门，但都是同等重要的。方案论证和总体设计各级都同时进行，是相互影响和相互促进的，特别是上层设计往往是在下层设计的基础上进行的。下面的方案不落实，就谈不上上层的方案。有的国家曾实施过载人航天计划、航天飞机计划和空间站计划，但大部分计划都由于技术基础准备不足而宣告财力无法支持而中断。载人航天工程的关键技术包括再入返回技术、控制技术、耐高温材料技术等，如果技术储备少，计划就无法深入，攻关项目太多，财力投入太大，研制进度慢（久不见成果，政府和人民不答应），只好中途下马，或投靠先进航天大国当"小伙计"。一个国家单干，没有技术实力，即使有经济实力也不行。

我国的航天工程是从火箭研制起步的，没有远程导弹和洲际导弹的基础，无从谈卫星的发射；无大型运载火箭，谈不上发射低轨道重型航天器（包括载人飞船和空间站）；没有大型三级火箭，就谈不上发射高轨道地球同步卫星（地球同步通信卫星和广播卫星）；没有前一个航天工程的成功，就没有更高一级航天工程的胜利。今后的航天工程，技术会越来越先进，系统规模会越来越庞大，逐步提高火箭和航天器的研制、发射、测控等技术，才是成功之路。超越必须以技术实力和科学的途径为基础。没有掌握返回式卫星技术，要搞载人航天工程也是困难的。每一项航天工程的实现，都标志着各系统和层次的研制技术水平（包括设计、制造和试验）上了一个新的台阶，树立了一个新里程碑。

6.2　航天工程的总体设计步骤和任务

6.2.1　设计项目与完成步骤

航天工程的总体设计项目和完成步骤如下：

(1) 确定目标 $\begin{cases} 1）确定总体目标和约束条件； \\ \\ 2）定量设计任务需求和支配要求。 \end{cases}$

(2) 描述工程特性 $\begin{cases} 3）确定可供选择的任务方案； \\ 4）找出系统主动量； \\ 5）描述任务方案的特性。 \end{cases}$

(3) 工程评价 $\begin{cases} 6）找出主导要求； \\ 7）评价工程的用途； \\ 8）确定工程主案（基线）。 \end{cases}$

(4) 确定系统 $\begin{cases} 9）确定系统要求； \\ \\ 10）将系统要求分配到各分系统。 \end{cases}$

6.2.2　设计内容

载人航天工程总体设计的 4 大项目，由 10 个步骤来完成，有的项目分两步完成，有的项目分三步才能完成。下面分述各步骤要完成的设计内容。

步骤一

首先对本航天工程的任务进行描述。例如，中国的载人航天工程要从发展载人飞船起步，分 3 步完成：

第一步，2002 年左右，发射载人飞船，把中国航天员送入太空，开展空间应用实验（1999 年～2002 年连续成功发射 4 艘无人飞船，2003 年 10 月完成首次载人飞行），初步建成我国载人航天工程研制、试验体系。

第二步，在首次载人飞行成功后，突破载人飞船与空间飞行器（轨道舱或空间站）交会对接技术，实现航天员太空行走；接着发射一艘有人短期照料的"空间实验室"。

第三步，在空间实验室基础上，建造空间站，实现有人长期照料的空间观测和空间应用试验活动。

以上三步都有时间限制和经费限制条件。

这是我国载人航天工程任务的总目标，也是我们分步实施的途径。要反复分析国外先进载人航天大国（美、俄）的技术途径、经验教训，结合我国航天工程已有的成就和基础，扬长避短，采用成熟技术和国家科技与工业生产具备的条件，制订自己的航天工程总体方案和实施步骤。关键技术一定要少，限期突破并经实验验证，使航天工程的完成在规定的期限内（3年、5年、10年，再长就会影响国家的需要），使航天工程的成本在规定的经费预算内（否则就会影响国家的经济支持能力）。

步骤二

在上一步确定的目标、技术要求、时间和经费的限制下，定量描述任务需求。例如，飞船的总体结构形式选择，两舱或是三舱，各舱的外形、体积和质量，飞船对运载火箭发射的轨道形式和入轨精度，飞船的有效载荷对飞船运行轨道的要求，对地观测有效载荷对飞船的定向和定姿的要求等，都是大的方案定量指标。飞船重，对入轨精度要求就高，对火箭的要求就复杂；有效载荷对轨道要求高，飞船的设计就复杂。应按实际功能需求的计算值，参照国外同类型设计的数据，通过实际能达到的水平，综合分析确定总体指标。这些总体性能指标方案不宜过早确定，要根据各层次总体设计结果权衡后再最终确定。我国载人航天工程的总体指标就是这样确定的，有的早期指标与最终指标接近，有的相差甚远。这一步的工作是要基本确定（今后可以纠正）总体指标和对各系统（七大系统）的要求。

步骤三

在以上两步完成的基础上，确定满足总体指标和系统要求的工程总方案及各系统方案。在确定方案的过程中，要把国外已有的方案和我们研究过的各种可行方案逐个进行比较，找出更适合我国科研生产水平并满足性能要求（包括研制周期和经费约束条件）的综合方案。我国的飞船、火箭、发射场、测控通信、着陆场、航天员和有效载荷系统方案，就是这样确定的。实际上是总体方案确定，而局部、个别指标一直到初样、生产阶段还有更改，这也是正常的。

例如着陆场选点、火箭逃逸/故障检测和控制系统等方案、飞船应急救生和返回着陆方案、发射场供电与接地方案、测控通信控制中心与测控站的任务分工方案等都是在方案设计阶段以后的研制阶段逐步完善的，但都是局部的更改，而不是推翻方案，这很重要；否则，正常的工程研制进度和管理就无法保证。在这一步，大总体最重要的办法是给出工程和各系统的组成框图，特别要细化系统间接口关系和工作时序图。要列几个表，如工程总体和各系统性能/技术指标表、系统间接口数据表（含工作时序）、新技术/关键技术项目表（含实验验证进展）、研制进度和经费预算表、基建技改项目及经费预算表等。利用这些图表，进行纵向（限制阶段）和横向（系统间）分析，计算和计算机仿真，最后确定系统方案和性能指标。

步骤四

在确定工程总体和各系统的方案后，要找出影响性能和成本的"关键主动量（项）"。中国载人航天工程的主动量（项）有：

1）工程分三步完成的内容、标志、时间、经费；

2）各系统的组成（分系统划分）及分系统仪器设备配套表、软件配套表；

3）各系统继承技术；

4）设备和新研制技术设备；

5）关键技术项目（硬件及软件）及其攻关计划保证；

6）工程级、系统级、分系统级研制性试验和验证性试验计划；

7）工程各系统上天设备和地面设备配套数、体积、质量等。

这些主动量（项）确定后，各级总体设计的精力都要放在对工程成本影响大的项目和参数上，并逐步优化设计。

步骤五

这一步是方案的进一步细化，需要更多各层专家的经验。具体确定各系统工程是什么、要干什么；确定体积、质量、控制和指向精度、可靠性安全性指标（火箭和飞船要排除I、II类单故障点），决定哪些任务在船（箭）上完成，哪些任务在地面完成；哪些任务是航天员在天上完成的，哪些任务是地勤人员完成的，更重要的是如何相互配合完成。对中国载人航天工程而言，要从试验各飞行段（待发段、上升段、运行段、返回着陆段）进行详细描述，特别是对子系统的性能和技术指标要求、系统间接口关系等，要重点反复权衡。对没有经验的航天工程项目要进行专题论证协调，如"航天员全程飞行的危险性分析"、"逃逸与应急救生实施方案及系统分工"、"航天员人工控制及人工操作实施方案和天地分工"、"工程大型验证性试验项目与实施细则"、"载人飞行试验安全性放行准则"等，都是工程总体要抓紧细微描述的方案专题，完成结果体现在大总体设计文件和工程设计手册上。

步骤六

通过上述 5 个步骤，已基本完成工程总体及各系统的设计，已备齐各类总体设计文件。从这一步开始要对已确定的工程总体和系统进行评价。首先要从"系统总体要求"中找出对系统性能、复杂性、可靠性安全性和成本起主要作用的"关键要求"。例如，飞船舱段数的确定，要考虑第二步交会对接要用的目标航天器（轨道舱留轨半年问题）；无人飞行次数问题，每艘船（每次无人飞行试验）要突破和验证的关键技术；火箭逃逸与故障检测设计的可靠性保障（不误逃，也不漏逃）；火箭Ⅰ、Ⅱ类单故障的排除与冗余设计；发射上升段陆海应急救生区的确定与落点控制方案；运行段自主应急返回及救生区的确定；返回舱准确再入大气层的安全问题与升力控制落点问题；返回舱回收系统的可靠启动（加电）与降落伞系统展开的冗余设计问题等。这些专题都是"工程评价"中的"主导要求"重点。

步骤七

这一步主要是进行工程定量说明。总体目标、性能参数和系统的要求，会随着经费的变化而变化，许多系统或分系统采用不同的实施方案，经费就会大不相同，特别是新方案，研制费用较多的项目。总体设计人员要为决策者们提供一张工程、系统、分系统的性能和实施方案与经费（成本）的关系图，如有效载荷和飞船定向精度（决定控制方案和设备精度）与成本的关系、飞船体积和质量与运载火箭选择（是新研制，还是改进）的关系，以及它们与投资的关系等。因此，这一步对航天工程的关键指标（飞船质量、火箭选型、有效载荷定位定向精度要求、航天员上升段和返回段安全保证方案等）与成本的关系，与研制周期的关系（涉及政治目的）更要分析清楚。这阶段是总体设计、决策者、用户、主要设备研制单位、生产厂（所）会商决策的过程。对各个可供选择的方案（如火箭与飞船的控制方案，是选用平台/计算机还是选用速率捷联/计算机方案，是选用星光/惯性混合控制还是选用红外/混合控制，惯性组合是选用液浮陀螺还是选用挠性陀螺等）都要给予评价，指出优缺点，并对工程、系统或分系统的用途和完成进度等（能否按性能要求、控制经费预算、按时完成）进行评估。

步骤八

这一步是要将工程的各系统可供选择的一个或两个方案确定下来，美国称为系统基线设计，也就是把满足大部分或全部系统要求的方案确定下来，把系统相容的规定（相容的所有系统参数值）确定下来，如飞船体积和质量、载航天员人数、运载火箭选择、轨道选择、入轨精度、返回着陆精度等。但是，这些是各系统的所有参数，要想全都满足也难办到。随着基线设计的深入，也是最终完成工程总体设计和系统设计的过程。这个过程是一个"迭代和权衡"的过程，决不能是系统参数的硬性确定。

步骤九

工程总体设计与各系统设计经过上述步骤后，确定了工程总目标、总性能、总指标，并全部确定了对各系统的要求（一般要求、定性要求和定量要求、约束条件）。工程总体方案及对各系统的技术要求，是各系统工程实施初样设计生产的依据。

步骤十

各系统要将航天工程大总体对各系统的要求分配和落实到各分系统中去，甚至要落实到关键整机、部件中去。然后自下而上，按系统硬件、软件配套表上报性能、成本、研制周期。工程总体和系统再审查这些是否满足本航天工程的总目标要求。

按航天工程研制阶段而言，首先是方案和系统设计阶段；其次是初样研制阶段、试样研制阶段、无人飞行试验阶段、载人飞行试验阶段。一般方案和系统设计阶段、初样研制阶段是独立进行的；而试样研制阶段和无人飞行试验阶段是交叉进行的，是逐步优化成熟的过程，最终研制出的试样系统，就是进行载人飞行试验的系统。

6.3　航天任务中的有效载荷技术

任何一项航天工程都是为了完成某项航天任务建立的，而直接完成航天任务的"尖兵"就是装在卫星或航天器上的有效载荷。这些有效载荷需要获得容纳它们的航天器和地面设备系统的支持，有时还需要其他天基系统的支持。同样的有效载荷，可以装在卫星、空间探测器、飞船或航天飞机上，也可以装在空间站上或空间实验室上。

6.3.1　有效载荷的分类

有效载荷大体可分为以下 4 类。

6.3.1.1　通信卫星有效载荷

通信卫星（包括国际通信卫星、国内通信卫星、军用战略战术通信卫星、中继卫星等）有效载荷在商业和军事上占统治地位。通信卫星通常由多颗卫星和至少两座地面站组成。地球同步轨道卫星采用北南和东西位置保持方式，地面站的发射和接收天线的方向对准卫星。通信卫星有效载荷要有足够的信噪比，最大距离发送误码率优于 10^{-5} 或 10^{-6}，能在恶劣大气条件（如连续下雨）下工作，常采用 K 以上频段。

6.3.1.2　观测型有效载荷

观测型有效载荷主要用于对地遥感，利用电磁波获得星下点景物图像。电磁波谱可用范围很宽，波长从几纳米起，到照相机和电子光敏感器工作波段，直到 $100\sim300$ MHz 射频波段。

遥感仪器用来观测地球表面或空间目标。雷达用于测量自身反射信号的特性。可见光（黑体温度为 600 K）系统可用于胶片或固态探测器成像。红外系统和微波辐射计系统用地球固有能量（黑体温度为 300 K）探测景物（不分昼夜），但在许多波段不能透过大气层，不能用来观测地面景物，只能用于探测大气层（如云层位置与厚度、云中水汽含量）。从红外波段开始，云、雨、雪都会产生噪声。地球大气层对电磁场波谱的传输率曲线如图 6.2 所示。

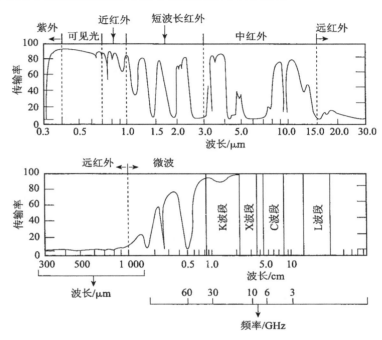

图 6.2　电磁波谱传输率曲线

观测型有效载荷常用 4 种遥感系统。

（1）可见光系统

可见光系统工作于可见光谱中紫外（波长为 0.3～0.4 μm）至红外波段（波长为0.7～1 μm），可达很高分辨率，但要依靠阳光反射，只在白天工作。常用的照相机用于飞机，电子光学系统用于卫星（回收曝光胶卷舱），美国于 20 世纪 70 年代后用纯电子光学系统取代了胶卷舱。

（2）红外系统

红外系统工作波段从仍可用胶片波段起（波长为 0.75～1 μm）至电子光学遥感用近红外波段（波长为 1.0～2.5 μm），至中红外（波长为 3.0～15.0 μm），直至远红外（波长为 20.0～100.0 μm），可昼夜工作。其探测信号强度为景物发射率乘以景物黑体温度四次方的函数。总的来看，由于探测能量较小，图像分辨率较低。

（3）微波辐射计

微波辐射计主要工作于毫米波段（工作频率为 20～200 GHz），为被动式探测器。其探测信号强度为景物发射率乘以景物黑体温度一次方的函数。因此，它探测的信号比红外系统探测的信号还弱。微波辐射计常用水平和垂直极化天线，昼夜都可以工作。它用电子扫描相控阵天线或旋转抛物面相控阵天线，对被测景物进行扫描。

（4）雷达成像器

雷达成像器工作于厘米和毫米波段，与上述 3 种系统不同，它是主动探测系统。按照景物反射回波信号的不同，机载雷达分为真实孔径雷达和合成孔径雷达两类，可获得与可见光系统相同的分辨率。距离和天气对它的影响小。

对地观测有效载荷安装在侦察监视卫星、气象卫星、资源卫星和返回式卫星上，可用于侦察（军用）、核爆炸探测、气象和水文、地球资源探测、海洋调查、农业生产调查、国土利用、人口和住宅调查等。对航空、航海或港口等方面的对地观测，工作在 36 000 km 高轨道（同步卫星）上，也有工作在太阳同步 800 km 高轨道上的，以便每天或定期以同一太阳角（地方时）通过某特定地区上空。

6.3.1.3　科学探测与科学实验有效载荷

科学探测与科学实验有效载荷主要是对地球环境和太阳系内行星进行探测，如 NASA 早期的地球轨道卫星"探测者号"（用于地球探测）、"先驱号"（用于太阳系探测），以及现代的行星际探测器、小行星探测器、月球车、火星车和火星取样返回飞行器等这些航天器上，都装有不同用途的有效载荷。

（1）用于太阳物理学的有效载荷

用于太阳物理学的有效载荷包括莱曼 α 日冕仪、X 射线望远镜分光仪、太阳光学望远镜等。观测孔径为 1.25 m，指向精度 0.003°，数据传送速率 0.4～50 Mbit/s。

（2）用于空间等离子体物理学的有效载荷

用于空间等离子物理学的有效载荷包括离子质谱仪，等离子束、等离子体诊断仪等。指向精度为 $1° \sim 5°$，数据传送速率达 $0.02 \sim 50$ Mbit/s。

（3）用于高能天体物理学的有效载荷

用于高能天体物理学的有效载荷包括 γ 射线爆发测试仪、宇宙线跃迁仪、X 射线分光计/偏振计等。探测孔径约为 3 m，指向精度为 $0.1°$，数据传输速率为 $0.01 \sim 0.1$ Mbit/s。

（4）用于地球环境的有效载荷

用于地球环境的有效载荷包括重力梯度仪、合成孔径雷达、多光谱中红外仪、专用测绘仪等。观测孔径为 $1 \sim 16$ m，指向精度为 $0.08° \sim 1.2°$，数据传输速率 $30 \sim 120$ Mbit/s。

（5）用于空间材料加工的有效载荷

用于空间材料加工的有效载荷包括材料试验装置和结晶实验装置等，数据传输速度为 0.02 Mbit/s。

（6）用于生命科学的有效载荷

用于生命科学的有效载荷包括生命科学实验室（质量为 1 100 kg），其功耗为 25 kW，数据传输速率为 1 Mbit/s。

（7）用于环境科学的有效载荷

用于环境科学的有效载荷包括临边扫进扫描辐射计、微波辐射计、双频率散射计、海洋合成孔径雷达、太阳光谱仪、多普勒成像仪、测光成像仪等。观测孔径为 4 m，指向精度为 $0.1° \sim 3°$，数据传输率为 $0.1 \sim 120$ Mbit/s。

这类有效载荷繁多，对其性能的改进速度飞快。它们多被安装在卫星、飞船、天空实验室和空间站，以及航天飞机货舱中，在地球、月球、行星探测中发挥了重大作用。

6.3.1.4　专用型有效载荷

国际上常把战略防御系统和全球卫星定位系统（GPS）划归为专用型有效载荷。

战略防御系统包括激光武器、射频武器、粒子束武器、智能卵石、自导引弹、天雷、作战反射镜等先进武器。

全球卫星定位系统用于对视察到的景物（或活动景物）进行定位，能精确地确定遥感图像的地理位置。美国于 20 世纪 90 年代已部署完 GPS，主要目的是用于高精度导航。未来 GPS 的发展包括增加波段（现有 L 波段，再增加 X 波段），对有效载荷和卫星加固，把卫星置于更高轨道（36 000 km 同步轨道高度的 2～3 倍）以保安全等。

6.3.2　有效载荷技术与电磁波谱

4 种类型的有效载荷技术几乎涉及了电磁波谱全波段在真空和大气中的传播特性（参见图 6.2）。可见光波段（波长为 0.4～0.7 μm）景物探测是利用被测景物的反射能（主要来自太阳），红外波段图像几乎全靠景物体自身发射的能量（反射能极小），有利于夜间使用。光学中的透镜、棱镜、平面镜和滤光片，既有利于收集可见光和紫外光能，也有利于收集红外光能，但在应用中有很大差别：普通玻璃对超过 3 μm 的红外线不透明；锗对可见光不透明，但对 1.8～2.5 μm 光透明（红外波段中的一段）。另外，大气中的气溶胶和粒子会引起大气散射（瑞利—米氏散射），散射的辐射量是波长的负四次方的函数。因此，红外线穿透霾和尘埃的能力比可见光强得多。

无线电技术、电波传播与天线理论、高灵敏度接收机技术、高功率发射机技术、光谱带和频率的选择、数字通信与计算机技术、图像处理技术等，都是掌握有效载荷技术的基础。

第 7 章 航天工程的安全性与可靠性保证

7.1 引论

7.1.1 可靠性

可靠性是衡量产品品质好坏的一个重要指标，国际上通用的定义是："产品在规定的条件下和规定的时间内，完成规定功能的能力"。

载人航天工程中的"产品"按其功能和规模大小不同分为：原材料或元器件、部件、子系统、分系统、系统、大系统或工程总体。我们日常生活中的家用电器（电视机、收录机、CD 机、DVD 机、电冰箱、微波炉等）都是典型的产品。例如，电视机被规定在室内条件下使用，在 10 年内（产品寿命期），能保证图像清晰、色泽鲜艳、音质优美（这就是它应有的功能）。但你要把它放到室外去，日晒雨淋，失去了它规定的工作条件，不但功能不能保证，寿命也达不到 10 年，早早就坏了。这里强调保证其功能，是在规定的工作条件下，规定的寿命期限内才能达到的。可靠性的数量量度为可靠度，可靠度的定义是："产品在规定的时间内，在规定的条件下，完成规定功能的概率。"这就把抽象的可靠性，用数学形式的概率表现出来，以衡量产品间可靠性高低的指标。但不同产品的可靠度所表示的物理含义的概率是不一样的，例如运载火箭的实际使用可靠度，是指该型号火箭发射完成运载任务的概率，或者称为"发射成功率"。苏联/俄罗斯的联盟号系列运载火箭，从 1963 年 11 月至 2003 年 5 月统计，总共发射 1 040 次，成功 1 014 次，失败 26 次，发射失败率约为 2.5%，发射成功率为 97.5%。中国长征系列运载火箭，从 1970 年 4 月 24 日长征一号火箭成功发射我国第一颗卫星东方红一号开始，至 2005 年 10 月 12 日长征二号 F 火箭成功发射我国神舟六号飞船，共发射 88 次，成功 82 次，失败 6 次，发射失败率约为 6.8%，发射成功率约为 93.2%。

7.1.2　安全性

安全性是衡量产品品质好坏的第二个重要指标，国际上公认的定义是："不发生事故的能力"，也可描述为"免除能造成人员伤亡、职业病，或设备损坏、财产损坏或环境破坏的条件（或状态）"。在载人航天工程中的安全性主要指"航天员安全性"，其定义为："在规定的时间内、规定的条件下，保证航天员生命安全的能力"。该定义对所有的载人交通工具（车辆、船舶、飞机等）都是适用的。对所有工农业生产工程中，保护劳动者安全性也用该定义，同时增加了生产设备不被破坏的安全性。在军事装备（包括各类武器装备）上都有保证使用者安全和军事设施安全的内容。定义中的"事故"是指"造成人员伤亡、职业病、设备损坏或财产损失的一个或一系列意外事件"。载人航天器中常发生的意外事件，就有火灾、毒气、环境条件突变恶劣、船体失稳翻滚、船体过载超限等。这些意外事件又称为对安全构成威胁的危险源。安全性也是可以用数量来量度的，称为安全性概率，定义为"在执行规定的载人航天任务中，未发生导致航天员永久性伤残的事件概率"。

在载人航天工程设计中，可靠性与安全性既相互密切关联，又各自有独立的特色。可靠性与安全性研究的对象及目的是有差别的，可靠性研究的对象是影响失去功能的故障，目的是减少故障发生；安全性研究的对象是危险，其目的是防止危险的发生。可靠性要求系统不失效，保证系统功能，完成规定任务。安全性要求系统不发生意外事故而伤害人员和损坏设备，但并不关心系统能否保持功能。

7.1.3　可靠性与安全性的关系

可靠性是安全性的基础，没有可靠的系统，其安全性也根本得不到保障。例如，载人火箭控制系统故障失稳，是一个可靠性问题，但它将造成航天员在翻滚中伤亡，又是个安全性问题，这是可靠性与安全性密切相连的一个例子。

系统是可靠的，但不一定安全。例如，美国阿波罗号飞船的舱门开启系统是可靠的，但舱门向内开，在舱内失火时内压剧增，舱门不能迅速开启，曾造成 3 名航天员被烧死，可见其安全性并不好。

系统增加逃逸救生功能，系统复杂化增加，可靠性下降（组成系统的设备越多，系统的固有可靠性下降），但系统可以在发生灾难性危险之前，使航天员能逃出危险系统，表现了高安全性。

上述可靠性、安全性以及两者之间的关系明白后，再来看载人航天工程是如何从设计、生产、试验入手，保证航天员的安全性和系统的可靠性问题，就容易了。载人航天工程大总体的可靠性与安全性设计是首位的设计任务，特别是安全性设计要构成工程的七大系统分担联合配合完成，本章将可靠性和安全性分两个部分来介绍。

7.2 航天员安全性保证

7.2.1 航天员的安全生存条件

现代航天先进国家在设计载人飞行器时，都把航天员安全性放在首位。但还是有灾难性事故发生，原因有两个：一是当时还未完全掌握空间环境；二是理论上想采取的技术措施，实际工业技术水平还办不到。

人类是生活在地球表面的生物，是地球上的高等动物。但人只适应地球表面的气候环境，水和空气是最基本的生存条件。人生活的空间气体压强为 81～101 kPa，气体成分是氧氮混合体，分压为 20～24 kPa。环境温度最好在（21±4）℃，最高温度不高于 40℃，最低温度为－10℃。湿度为 30%～70%。人离开这样的气候条件就会产生不适，甚至有生命危险。我们设计的航天器就要造就这个气候环境。这是设计要求之一。

人类是地球陆地上的高等动物，不会上天飞，不会水下生存，不管是乘飞机在大气层内飞，乘潜艇入大海中行，还是乘火箭和飞船在太空中飞行，人的座舱不但要满足人生存的气候环境条件，还要满足人在飞行状态下的力学环境条件，即冲击过载或瞬时加速度。

　　航天员的极限承受过载（一般用重力加速度 $g=9.8$ m/s² 作单位来表示）能力有限，在作用时间很短的情况下，人的胸背方向可承受过载为 $23\sim25$ g，头足方向可承受过载为 10 g。另外，航天员承受过载能力还与坐的姿势有关（固定在坐椅上好），除此之外还要考虑冲击过载（过载作用时间小于 1 s），作用时间大于 1 s 的称为静态过载，人体在站立状态能承受的过载应小于 4.1 g（平均过载）。

　　过载正负方向是这样规定的：$+n_x$ 为"胸背"向，$+n_y$ 为"头足"向，$+n_z$ 为"左右"向，$-n_x$ 为"背胸"向，$-n_y$ 为"足头"向，$-n_z$ 为"右左"向（与 $+n_z$ 影响相同）。

　　声频噪声对航天员的影响也不容忽视，运载火箭和飞船在正常飞行时用的发动机和在逃逸救生时用的发动机，它们工作时都要产生噪声，对人体的影响分 3 种情况：

　　1）噪声频率为 $0\sim50$ Hz，强度为 150 dB 时，会使人感到呼吸困难，并改变呼吸频率，但可以承受；

　　2）噪声频率为 $50\sim100$ Hz，强度为 150 dB 时，会使人视觉模糊、头疼，这已达到承受的极限；

　　3）如果超过上述数据，是不允许的，必须采取隔离降噪的措施。仪器安装、结构隔音、航天服降噪声等，都是有效方法。

　　舱内气候条件一般由航天器结构系统（防热、绝热、传热等措施）和环控系统设计来保证；过载环境限制一般由轨道设计、生保系统（坐椅、航天服等）和控制系统来保证。

7.2.2　航天员安全性的设计过程和基本方法

　　航天员安全性设计是整个载人航天工程安全性设计的中心任务，我国的载人航天工程安全性设计，包括七大系统的安全性设计，都要围绕航天员的安全性进行。其次是考虑本系统操作维护人员和设备的安全性。工程安全性和航天员安全性的定义，在本章开篇已讲述了，更具体地说，航天员安全性是在航天活动的各个阶段（待发段，即发射准备阶段；上升段，即火箭起飞至入轨飞行阶段；运行段，即飞船在轨飞行阶段；返回段，即飞船离开运行轨道、再入大气层、升力控制落点、软着陆飞行段；着陆后接出航天员段）保证不产生危及航天员健康和生命危险后果情况下，返回地面的能力。由于安全性涉及危险造成事故的危害程序及可能性，因此引入"风险"的概念。风险是用危险的可能性和严重性来表示发生事故的可能程度。安全性设计过程是：

1) 在概念清楚的基础上，首先要明确安全性设计要求，这也是航天工程（特别是载人航天工程）发展中总结出来的经验教训，称为"载人航天器设计准则"；

2) 对组成载人航天工程各系统或分系统进行安全性分析，以识别系统或分系统内有关产品在操作和工作环境等方面对航天员安全构成的危险，并对其严重性和可能性进行分析，提出对策措施；

3) 完成前两个过程后，即可提出各系统在各工作段采取的安全性措施，保证航天员的安全；

4) 进行安全性验证，检验所有安全性措施是否有效。

现将这 4 个过程及设计方法分述如下。

7.2.2.1　安全性设计要求

这是航天工程总体设计师，根据世界先进航天国家发展载人航天的经验和教训，根据我国发展不载人航天阶段的经验和教训，总结出《载人航天安全性设计准则》，是航天工程总体设计的主要任务。构成载人航天工程的七大系统，根据该准则制订了各系统的《安全性设计大纲》和《安全性设计内容和工作流程》（又称为标准）。准则是原则性的总体文件，要求下属各分系统设计按此准则进行。大纲是纲领性的总体设计文件，具有明确的目的和要求，包括引用的标准文件、一般要求、详细要求，规定了本系统要做的工作项目和做法。《设计内容和工作流程（方法）》（又称设计标准）一般为详细设计文件，是各级（系统、分系统、整机、部件、元器件）设计者必须贯彻的文件，要求本文件内容在各级设计文件和设计图纸中均有体现。强制规定照此办理，不准各行其是。

为保证航天员的安全性，飞船和火箭的设计师必须做到 8 个方面的设计。

（1）降低危险设计

系统、分系统或设备设计师，必须对产品的各工作环节进行风险分析，确定对航天员安全性构成风险的环节，在完成安全性分析的基础上，对已判断的危险和危险条件，按下列次序采取设计措施。

①最小风险设计

从方案设计开始（整个工程的研制阶段划分为：方案设计、初样研制、试样研制、试验验证、定型批量生产），对那些影响航天员安全性的危险和危险条件，从设计和使用概念上加以限制。

②最小危险设计

最小危险设计是在设计方案和设计措施中，尽量降低危险等级至最低，并限制航天员在此残余危险条件下工作的时间和次数。

③残余危险控制

所谓残余危险就是采取一系列措施降低危险后还遗留的部分。残余危险按下列次序进行危险控制：采用故障容限技术（即出此故障后有消除故障危害的措施，如"起火"有"断电"和"灭火"措施）、选取保守的安全系数、选用和控制原材料和元器件、设置安全装置、采取故障隔离等。例如，火箭和飞船的关键分系统和关键设备，都采用了故障容限技术，进行冗余设计（在系统或设备正常工作状态下，设置了一个多余的部分，又称为冗余部分，但在工作过程中发生故障使正常功能失效时，冗余部分顶上去继续工作，避免了故障的后果，这种设计称为冗余设计）；对于不能采取冗余设计的机械结构（如承载结构、各类机构、压力容器等）选取较大安全系数措施；对选取的原材料和元器件要严格进行生产质量控制，并加大应力实施筛选；与航天员安全有密切关系的系统和设备增设安全装置，以备功能失效时保证航天员安全；单个设备或系统故障时，必须迅速隔离，不能影响关键设备和系统的工作，确保航天员安全。

④逃逸与应急救生

从航天员登舱（一般在火箭"点火"／"起飞"前 2 h）开始，到上升段出大气层逃逸塔分离为止，若出现灾难性事件（如火箭失稳、着火、爆炸、飞船密封舱失压等）时，逃逸火箭工作，把乘坐航天员的返回舱带到远离危险区，并安全着陆，这就是运载火箭的逃逸救生功能。如果飞船与火箭在大气层以外飞行（逃逸塔已分离），发生灾难性事件时，船箭立即分离，飞船把航天员所乘的返回舱带到预定的海域降落，回收着陆系统实施营救。飞船在轨道运行段和返回段出现灾难性事件时办法类似。这就是飞船具备的应急救生功能。

（2）故障容限设计

关键的系统或设备，必须实施故障容限设计，保证做到：

1）单一故障不会导致灾难性危险的后果；

2）单一操作事故不会导致灾难性危险的后果；

3）单一故障和单一操作事故同时发生时，不会导致灾难性危险的后果。

对于直接影响航天员生命安全的系统或设备，应符合"一次故障仍能工作，二次故障仍保安全"的设计准则，也就是，出现一个故障系统仍能继续工作，出现两个故障还能保证航天员安全（允许系统失效）。

对于不能实现容限设计的设备（如承载结构、压力容器、输送管路等）或项目（如逃逸与应急救生、应急返回、分离等），应采用高可靠技术满足安全性要求。

（3）故障隔离设计

在硬件或软件设计时，应采用故障隔离措施，防止某部分发生故障时通过连接关系影响其他部分工作。

安全性功能通路要与非安全性功能通路隔离。

（4）防止误操作设计

在产品设计人机接口时，要使由于人操作错误引起的安全性事故可能性最小，对于关键性操作（如"点火"发射）要有防误操作措施。

要对人工调整的参数的极限值作出明确限制或锁定。

设备操作面板的标记、颜色、代称、开关位置、工作程序和通信语言进行统一标准规定。

参数显示和报警装置应具备防误判和误报功能。

（5）应急状态设计

应考虑出现危及航天员安全的紧急状态时，系统快速转入"应急工作程序"；系统重构、功能关机、非结构维修、中止试验（中止飞行），航天员能逃逸或应急返回。

载人飞船在飞行试验的所有阶段，均应具备航天员逃逸救生或应急返回的能力。并保证这一功能的可靠性。

（6）危险状态检测、报警和安全防护

飞船和火箭在发射场应具备对各种危险状态有检测、显示、报警和相应防护的功能。并要求该功能有其独立性，不因由于其他功能故障而受影响。该功能有最高的优先权。

（7）确保航天员工作和生活环境

飞船和火箭从航天员进舱后，至安全返回出舱，均要确保航天员安全生存条件（详见 7.2.1 节）

（8）设置航天员人工操作系统

航天员在进舱后，若在危及航天员安全的紧急状态时，自动逃逸与应急救生设备又失灵，航天员可启动"手动逃逸"或"手动应急返回"脱离危险。人工操作系统是考虑到自动控制系统可能失灵而设置的，设计上具有独立于自动系统之外使用的能力。

7.2.2.2　安全性分析

安全性分析的目的是，通过识别系统在工作过程中，可能产生对航天员安全构成威胁的危险，并对其严重性和可能性进行评价，采取措施予以消除。具体有三方面的工作，即危险识别、风险评价标准与危险处置原则、分析方法。

首先要考虑的是危险因素：

第一类是可能引起爆炸、燃烧、中毒等危险物品（如推进剂、火工品、压力容器和其他能源设备等）；

第二类是系统关键功能（如发射准备，火箭的起飞、级间分离，飞船的变轨、制动、开伞、着陆等）执行过程的安全，系统间机械或电气连接部分的安全，以及电磁干扰的影响等；

第三类是火箭和飞船的内外气候环境、力学环境和噪声环境的超限等，都是必须分析的危险因素。这就是危险识别。

其次是对上述危险因素进行危险严重性等级和危险可能性等级

划分，进行数量上的评价，即危险的风险指数评价。

最后确定对各种危险因素的风险处理原则。世界先进航天大国已制定了相关标准。

（1）危险严重性分类

危险严重性分为以下 4 类：

Ⅰ类为"灾难性"的，会使航天员死亡（火箭或飞船被破坏）；

Ⅱ类为"严重性"的，会使航天员严重伤害（火箭或飞船严重损坏）；

Ⅲ类为"轻度"的，会使航天员轻度伤害（火箭或飞船轻度损坏）；

Ⅳ类为"轻微"的，轻于Ⅲ类损伤。

（2）危险可能性分级

危险可能性分为以下 5 级：

A 级为"频繁"发生，对于某个设备是频繁发生，对于某个系统为连续发生；

B 级"很可能"发生，对某设备是在寿命期内发生若干次，对某系统是经常发生；

C 级为"有时"发生，对某设备是在寿命期内有时发生，对某系统是发生若干次；

D 级为"极少"发生，对某设备是在寿命期内不易发生但有可能，对某系统是不易发生但有可能；

E 级为"不可能"发生，对某设备而言不会发生，但对某系统而言是不易发生，但有极小的可能。

（3）危险的风险指数

危险的风险指数是根据危险严重性类别和危险可能性等级综合确定的：

Ⅰ/A 为 1，Ⅱ/A 为 3，Ⅲ/A 为 7，Ⅳ/A 为 13；

Ⅰ/B 为 2，Ⅱ/B 为 5，Ⅲ/B 为 9，Ⅳ/B 为 16；

Ⅰ/C 为 4，Ⅱ/C 为 6，Ⅲ/C 为 11，Ⅳ/C 为 18；

Ⅰ/D 为 8，Ⅱ/D 为 10，Ⅲ/D 为 14，Ⅳ/D 为 19；

Ⅰ/E 为 12，Ⅱ/E 为 15，Ⅲ/E 为 17，Ⅳ/E 为 20。

（4）对危险因素的处理原则

对于不同范围风险指数的危险因素的处理原则如下：

1）对 1～5 范围的危险因素，不可接受，必须采取措施消除，或降低到 18～20；

2）对 6～9 范围的危险因系，有条件接受，应采取针对性措施；

3）对 10～17 范围的危险因素，经专家评审后确定接受程度；

4）对 18～20 范围的危险因素，可以接受。

（5）安全性分析方法

目前常用的安全性分析方法有故障树分析法（FTA）、故障模式/影响危害性分析（FMECA）、危险状态/时序/处置分析、航天员安全性量化分析等。这些方法比较专业，读者要做这方面工作时，再去深入学习。

7.2.2.3　安全性措施

对不同的"严重性/可能性"组合确定了风险指数，并对不同范围的风险指数规定了处理原则后，就要对不同风险指数的危险源采取以下措施：

1）火箭和飞船根据发射试验不同工作段（发射准备段、等待发射段、火箭点火/上升段、飞船入轨运行段、飞船离轨返回段、着陆搜救段），对各种危险因素采取检测、数据处理、数据或图像显示、报警、逃逸及应急救生等措施。

2）对火箭和飞船的液体推进系统、固体火箭发动机、火工品、高压气体、易燃气体和惰性气体、γ 辐射源（测量设备的传感器）等危险源，在各飞行试验阶段，进行检测（测试推进剂泄漏量、贮箱漏气量、可能着火材料和设备的温度，对工作的推进系统实施紧急关机等），实时处理检测参数，并进行显示和报警。采取扑灭措施或逃逸措施。

3）对火箭和飞船的轨道控制和姿态控制进行冗余系统设计。工作的控制系统失灵后，必然会产生各种力学参数超限（加速度突变、过载超限、姿态翻滚失稳）。凡属灾难性事故的，要绝对杜绝发生。唯一的办法是设置一套冗余的控制系统，马上顶上去，代替故障系统工作。冗余控制系统可以是另外一种体制的控制系统，也可是航天员人工控制系统。一般这两种冗余控制系统都设置。

　　4）火箭在上升段大气层内飞行时，万一发生灾难性故障，可实施逃逸，航天员和返回舱逃离危险火箭的危险区。飞船在上升段大气层外飞行时（包括飞船在轨运行段和返回段）飞船有应急救生功能，可把航天员和返回舱应急着陆到指定海上应急区和陆地应急区。

　　上述 4 个方面的措施，将由载人航天工程的七大系统联合实施。

7.2.2.4　航天员安全性验证

　　上述各项安全性措施，在各系统（包括下属分系统、整机部件、原材料元器件）的设计和生产中落实后，要经过地面各种验收性试验、分系统和系统联合试验，对安全性措施是否达到设计要求进行验证性检验，并在地面模拟逃逸与应急救生功能（如逃逸塔地面点火试验、各系统逃逸与应急救生功能发射场联合演练等）。

7.2.3　逃逸与应急救生系统设计

　　如上所述，通过可靠性和安全性一系列的分析、设计、采取多种技术手段，火箭可靠性指标（可靠度）只能达到 0.97（长征系列火箭实际发射成功率达到 0.933，这也是应用可靠性），但载人火箭的安全性指标应为 0.997。可靠性是安全性的基础，这里 $1-0.97=0.03$ 的不可靠度带来灾难性后果，与航天员的安全性概率要求 0.997 有差距（意味着只允许 0.003 的不安全概率，即 1 000 次飞行试验只许失败 3 次）。而这个差距只能用逃逸与应急救生系统来解决。

　　苏联/俄罗斯载人航天可靠性安全性设计，有一个数值计算公式 $P_S^A = R^A + (1-R^A) P_B^A$，式中 P_S^A 是航天员在上升段的安全性概率，R^A 是运载火箭可靠性概率，P_B^A 是逃逸救生系统的可靠性概率。如果其数值为 $R^A=0.97$，$P_B^A=0.9$，则代入上式可得 $P_S^A=0.97+（1-0.97）0.9=0.997$，该值正好是要求的安全性概率。这说明具有一个可靠性达到 0.9 的逃逸救生系统，就能达到安全性概率为 0.997。这个指标是苏联联盟号载人火箭和飞船的可靠性和安全性的指标，也是美国双子星座号飞船的可靠性和安全性的指标。

7.2.3.1　逃逸与应急救生系统方案选择

　　在我国实施载人航天计划之前，只有苏联/俄罗斯和美国实施了载人航天计划。他们所采用的逃逸与应急救生系统方案总结起来有两种，一种是弹射座椅方案，一种是逃逸飞行器方案。美国双子星座号和苏联东方号飞船均用弹射座椅方案。美国水星号、阿波罗号以及苏联联盟号系列飞船，都采用逃逸飞行器方案。实践证明，从航天员的防护性、航天员人数适应性（1～3 人）、救生飞行时段等方面比较，逃逸飞行器比弹射座椅优越。但逃逸飞行器的技术难度比弹射座椅高得多，也复杂得多。苏联在执行联盟号飞船试验时，逃逸飞行器救生系统发挥了 3 次作用：

1）1966 年发射带假人的联盟号飞船时，发射准备阶段运载火箭出故障，因逃逸救生系统及时工作，把飞船返回舱送到安全区。

2）1975 年 4 月 5 日，联盟 18A 飞船载着两名航天员升空，当火箭一子级分离、第二子级工作时（高度为 170～180 km），火箭发生故障，俯仰姿态角超出偏差限值，逃逸救生系统启动，把飞船返回舱送入应急返回轨道，安全着陆、航天员生还。

3）1983 年 9 月 2 日，发射联盟 T—10A 飞船时，两名航天员已进舱，发射开始倒计时，突然燃料泄漏引起大火，发射场指挥员下达中止飞行指令，逃逸救生系统启动，逃逸飞行器迅速与火箭分离，把飞船返回舱连同两名航天员带到距离发射塔 4 km 的安全区。证明了联盟号飞船和火箭的逃逸救生系统方案正确有效。我国载人航天神舟号飞船和长征二号 F 火箭，采用了类似的逃逸救生方案。

7.2.3.2　逃逸与应急救生系统的任务和功能

系统的基本任务是：从航天员进舱到各飞行段，一旦发生灾难性故障，故障检测系统即发出逃逸指令，启动逃逸救生系统把飞船返回舱送入安全区着陆，保证航天员安全。

逃逸与应急救生系统具有以下 6 个功能：

1）待发段（—2 h 至 0 s "点火" / "起飞"）的紧急撤离与逃逸救生；

2）上升段大气层内（"起飞"至"逃逸塔分离"）有塔逃逸救生；

3）上升段大气层以外（"逃逸塔分离"至"船箭分离"）无塔逃

逸救生；

　　4）轨道运行段自主应急救生；

　　5）返回段应急救生；

　　6）着陆段应急救生。

　　下面将分别介绍各段逃逸与应急救生原理。

7.2.3.3　逃逸与应急救生系统组成

　　逃逸与应急救生系统的功能由运载火箭系统、飞船系统、发射场系统、测控通信系统和着陆场系统分担联合完成。该系统的组成如图 7.1 所示。运载火箭系统专门设置了故障检测分系统（简称故检分系统）和逃逸分系统。控制分系统、遥测分系统和外测安全分系统（简称外安分系统）属于配合的分系统。

　　飞船系统专门设置了应急救生分系统。制导、导航与姿控分系统，推进分系统，数管分系统，回收分系统，测控通信分系统，结构与机构分系统均属于配合的分系统。

　　发射场系统专门设置了待发段的逃逸指挥控制台和辅助决策分系统，完成待发段的救生任务。发射场还设置了防爆电梯、应急滑道和掩蔽室。

　　测控通信系统专门设置了上升段逃逸决策控制台、发射场和飞控中心应急救生计算机系统，协助火箭和飞船完成逃逸与应急救生任务。

　　着陆场系统专门设置了海上应急救生分系统（有 3 个海上落区（A、B、C））和陆上应急救生分系统（有 3 个国内落区和 10 个境外落区）。

7.2.3.4　逃逸与应急救生系统工作模式

　　模式也就是方式，是指完成救生过程的形式。

　　（1）待发段应急救生和逃逸救生

　　待发段是运载火箭发射载人飞船的最后准备阶段，航天员一般在推进系统加注完毕后的-2 h 进舱，救生设备和程序"启动"，一旦发生灾难性故障，先通过应急撤离把航天员救出来。应急撤离程序为：航天员打开返回舱舱门，按预定顺序出返回舱、进轨道舱、

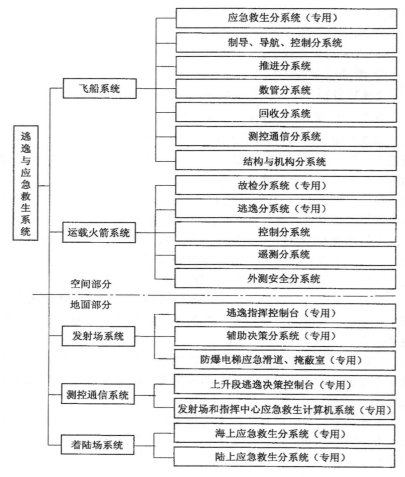

图 7.1　逃逸与应急救生系统组成框图

打开轨道舱压力平衡阀，开轨道舱舱门和整流罩（火箭的）舱门，到逃逸滑道（或电梯）进入地下掩体，完成撤离。如果灾难性故障发展很快（如大量泄漏、可能着火爆炸），地面逃逸指挥控制台发"逃逸指令"，火箭收到指令执行"地面逃逸"，把飞船返回舱送到离发射台 3 km 以远的安全区，保证航天员安全。实施逃逸救生的逃逸飞行器（或称逃逸塔）结构如图 7.2 所示。

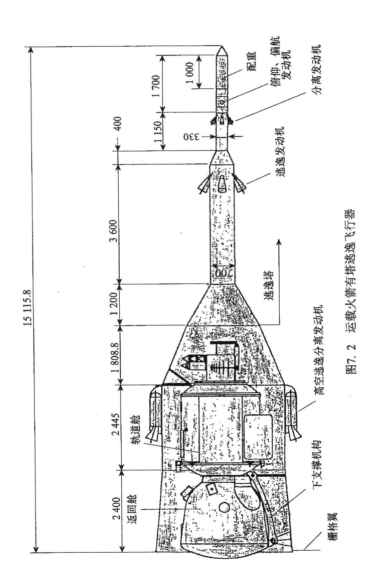

图7.2　运载火箭有塔有逃逸飞行器

（2）发射段的逃逸与应急救生

火箭发射段（火箭点火起飞至"船箭分离"）是故障高发区，一旦出现灾难性故障，即采用逃逸飞行器实施逃逸救生。有塔逃逸飞行器（参见图 7.2）由逃逸塔、上部整流罩、高空逃逸发动机、高空分离发动机、栅格翼、上下支撑架、灭火装置和飞船的轨道舱和返回舱组成。而逃逸塔又由逃逸主发动机、控制发动机、分离发动机、配重等组成。当火箭飞出大气层以外后，考虑火箭效率问题，要"抛塔"减重。从"抛塔"到"船箭分离"这段时间若需逃逸，则用无塔逃逸飞行器实施逃逸。无塔逃逸飞行器的结构如图 7.3 所示。

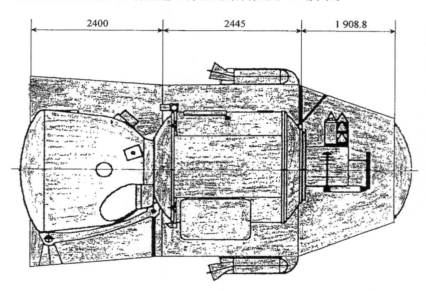

图 7.3　无塔逃逸飞行器

例如，长征二号 F 火箭，起飞后 120 s 抛逃逸塔，200 s 抛整流罩。如果在这一段发生灾难性故障，应用无塔逃逸飞行器实施逃逸救生，把飞船返回舱带入地面应急救生区，实施航天员救生，在火箭抛掉整流罩后到"船箭分离"（估计起飞后 583.2 s）这段时间发生灾难性故障时（这时飞船已被带到 115 km 高度之上），运载火箭实施"中止飞行"、船箭紧急分离，飞船实施上升段大气层外救生模式。这种模式又分 4 种情况：

1）"抛罩"至 277 s 段，飞船还在国内陆地区上空，船箭分离后，立即三舱（轨道舱与返回舱、返回舱与推进舱）分离，返回舱再入大气层，实施升力控制，当圈返回国内应急着陆区（Ⅰ、Ⅱ）。升力控制是利用返回舱外形的气动特性，控制其滚动角变化的大小和周期，即产生大小不同的升力，从而控制落点的控制方法。

2）277 s 至"船箭分离"（583 s）段，飞船已飞离我国陆地区，并有较大的高度和速度，仍执行当圈返回，但可能经升力控制落入海上应急着陆区（A、B、C）。

3）如果飞船在分离后，高度大于 160 km，已达到轨道飞行寿命 29 圈以上轨道，可以实施第二圈返回、落到我国四川遂宁地区。

4）若飞船在分离后，高度（比 160 km）更高，速度更大，判断轨道寿命可大于 29 圈时，可飞行 14 圈后至主着陆场（我国内蒙古）附近返回。

有塔逃逸、无塔高空逃逸、大气层外救生的飞行程序示意图，如图 7.4 所示。

（3）运行段应急救生

运行段应急救生是飞船已被运载火箭送入运行轨道后，飞船在轨运行出现灾难性故障时实施的救生。例如，当出现船的电源分系统故障（如推进舱上两个太阳电池板均未展开），可提前在第二圈返回；当飞船完成运行轨道飞行后，飞船要离轨返回，这里有 2 次调姿和制动发动机点火制动，共 3 个动作，如果第一次调姿失败，可中止飞船返回程序，实施推迟 1 天或 2 天返回；当飞船控制系统出现导航故障或无法实施升力控制返回时，可采用弹道式返回（即像导弹释放弹头的弹道返回，落点误差大），这时可能过载会达到8～9 g，航天员会受轻度伤害。

在运行段若发生灾难性故障，也可采用自主应急返回方式救生。其条件是需要 6 h 内应急返回的情况，由航天员根据仪表显示自主决定返回，并通过人工控制仪表选择应急返回方案（包括第几圈返回，着陆在哪个区域）和实施所选择的应急返回方案（弹道式方案或升力控制方案）。

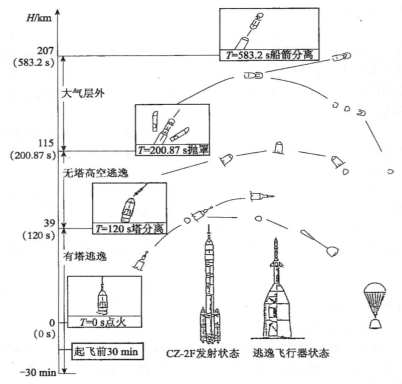

图 7.4　待发段和发射段各种逃逸救生模式飞行程序图

（4）返回段应急救生

返回段应急救生是飞船已进入"制动离轨"后的救生状态。这段也是载人航天故障高发区。一旦出现以下故障，可选择相应的救生模式：

1）飞船不建立制动姿态。这是在飞船惯性导航系统失灵后，航天员用光学系统（光学瞄准镜和舷窗）获取飞船姿态，操纵姿态手柄建立飞船返回姿态，实施手控制动，确保飞船在正常圈返回或推迟1天（或2天），以弹道式方式返回。

2）飞船变轨发动机不工作。其主要故障是变轨发动机故障，不能点火，或点火后关不了机，或中途熄火。这时可关闭这组发动机，启动另一组备份变轨发动机。如果备份发动机也故障，还可启动8

台 150 N 的发动机代替制动发动机实施制动返回。

　　3）返回段预定返回程序时间分离密封板未分离。分离密封板是连接返回舱与推进舱之间的气、液、电路的重要部件，它分不开，推进舱与返回舱就分不开，规定是在距地 140 km 高度时分离。若未执行，可由航天员手控使分离密封板分离。

　　4）当离地面预定高度（10 km）时主伞舱盖打不开，或主伞开伞不正常。如出现这种故障，回收着陆系统能分辨出来，立即切断主伞，并启动打开备份伞。

　　5）防热大底未抛掉或航天员座椅未提升。抛防热大底是为降低返回舱质量（减速），并露出反推发动机（为返回舱软着陆用）。提升座椅是为返回舱着陆时，为航天员减震。若遇这种故障，航天员可手控抛防热大底和手控提升座椅。

7.3　工程可靠性保证

7.3.1　概述

　　为了说明载人航天工程研制是如何实现高可靠性的，首先介绍我国制定的《航天产品研制与生产的可靠性通用大纲》（CJB450）工作项目（参见图 7.5）。

　　我国航天产品包括大系统、系统、分系统、单机、部件、元器件或原材料 6 个层次，只有保证了最基础的元器件与原材料、部件、单机的可靠性，才能有分系统、系统、大系统（工程总体）的可靠性。因此，图 7.5 所规定的可靠性工作项目是各级设计师们都要做的。例如，火箭或飞船系统的控制分系统的计算机设计师（单机设计师），不但要按上级分系统《控制分系统可靠性通用大纲》的要求，制定《计算机可靠性通用大纲》，执行可靠性工作的"一般要求"和"详细要求"，还要监督和验收下级产品（部件、元器件或原材料）是否达到规定的可靠性定性要求和定量要求。这样才能研制出达到可靠性要求的计算机，并提供给上一级控制分系统使用。同时，按照上级（分系统、系统、大系统）可靠性大纲和对计算机可

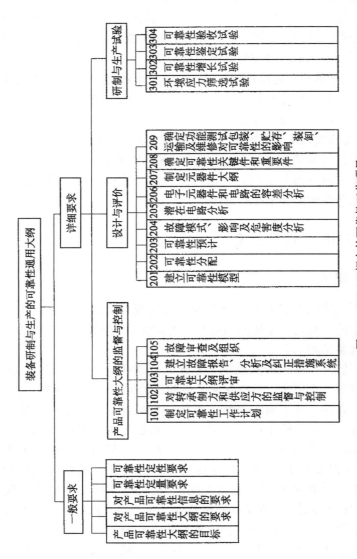

图7.5 CJB450规定的可靠性工作项目

靠性设计要求，计算机设计师也有监督上级设计师是否按规定的使用条件和寿命保障期正确使用计算机的权利。

可靠性是指产品在规定的条件下和规定的时间内，完成规定功能的能力。航天大系统是当今世界最复杂、最先进的产品，因此可靠性工作一直伴随着航天工程的各级（大系统、系统、分系统、单机、部件、元器件或原材料）和各研制阶段（立项论证、总体方案设计、初样攻关、试样生产、飞行试验、产品定型）研制工作同时进行。可靠性工作又称为可靠性工程。它工作的自然顺序是：设计→试验→分析→生产→使用。而可靠性管理贯穿于产品研制过程的始终。可靠性设计决定产品的固有可靠性，常说"某产品的高可靠性是设计出来的"就是这个道理。因为设计后面的可靠性工作，都在产品的可靠性设计中作了原则规定（当然不是细节，细节是根据原则来制定的）。产品的固有可靠性是产品的内在特性。产品的性能设计是与产品的可靠性设计同时进行的，工厂按设计图纸和工艺资料进行生产，固有可靠性就在产品的生产中完全确定下来。产品的使用和维护过程是维持已获得的固有可靠性过程。

《可靠性大纲》的可靠性要求，分为"一般要求"和"详细要求"两部分："一般要求"是产品订购方（使用方）或国家载人航天工程大总体机构提出的要求；"详细要求"是承制方（例如飞船系统或火箭系统研制方）应做的可靠性研制工作（即可靠性工程）。中国载人航天工程大总体（大系统）对各系统提出的可靠性要求也分为"定性要求"和"定量要求"两部分。

可靠性定性要求　　是工程总体对各系统可靠性要求的宏观管理规定，是可靠性设计的基础性规定（如"故障工作准则"、"故障安全准则"、"故障工作/故障安全准则"等）。

可靠性定量要求　　是工程总体对可靠性指标（可靠度）和安全性指标（特别是航天员安全性指标）的规定。

下面将分别介绍可靠性设计（基础技术与产品应力分析）、可靠性试验（失效物理分析和统计分析）、可靠性管理、中国载人航天工程的可靠性保证。用这 4 个方面的内容来说明载人航天工程的可靠性是如何实现的。

7.3.2　可靠性设计

　　"产品的高可靠性指标是设计出来的。"可见产品的可靠性设计的重要性。产品的可靠性设计从产品的可靠性分析开始，首先分析产品的结构和各组成部分的功能，即建立系统功能（或物理）模型。大系统由系统组成，系统由分系统组成，分系统由整机组成，整机由部件组成，部件由元器件或原材料组成，每一层设计师对自己设计的产品结构和组成产品的部分，进行分析和建立系统可靠性模型。因此，产品的可靠性设计是为保证产品可靠性而采用的一系列分析与设计技术，不存在独立于产品设计之外的可靠性设计。这里所说的产品是指规模大小不同的大系统、系统、分系统、整机、部件、元器件或原材料。下级产品设计师要按上级产品设计师的要求（一般要求和详细要求）进行产品的可靠性设计。

7.3.2.1　可靠性设计的基本原则

　　可靠性设计要遵循的基本原则如下：

　　1）构成产品的组成部分，结构简单，生产工艺简单，使用简单，维修简单，这样产品的可靠性就高。通常总结为"在保证功能实现的前提下，构成尽量简单"。

　　2）技术上成熟。构成产品的硬件（实物）和软件（计算机程序和设计文档）符合标准化要求，采用标准化方案。不采用看来先进而技术上不成熟的方案。

　　3）不能发生组成产品的某部分失效（性能失去）而影响全局（产品功能失效），这称为单点失效，设计中应避免。

　　4）预测可靠性指标要高，满足设计要求。组成产品的元器件、原材料的可靠性指标或失效率等参数，一般在元器件和原材料的研制单位是有"试验统计数据"提供的，可用于预测产品的可靠性指标。

　　这些基本原则，对整机设计和复杂系统设计，都是通用的。

7.3.2.2　建立系统可靠性模型

　　系统可靠性模型就是系统可靠性框图和数学模型（概率模型）。

系统可靠性框图是表示构成系统单元间的失效关系图，系统功能框
图是表示构成单元的功能关系图，图 7.6 示出了运载火箭系统的可
靠性框图，这是一个发射卫星任务的运载火箭系统可靠性框图。运
载火箭系统由 5 个分系统组成。这 5 个分系统只要有一个分系统失
效，都不能完成发射卫星的任务，完全失去了运载火箭的功能。所
以运载火箭的可靠性框图是一个"串联系统"，总可靠度为各分系统
可靠度之乘积，即

$$R_\Sigma = R_1 R_2 R_3 R_4 R_5 \qquad (7.3-1)$$

可靠度小于 1，大于 0，因此 R_Σ 总小于构成单个分系统的可靠
度。(7.3-1) 式就是运载火箭系统可靠性框图的数学模型。

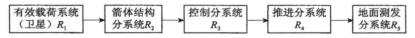

图 7.6　运载火箭系统可靠性框图

图 7.7 是电离层观测卫星的可靠性框图，有串联，也有并联，
凡是并联的框图都是双机，1 号为主机；2 号即为备用机。若主机失
效，备用机可继续完成任务，故为并联。并联系统（如指令接收机 1
和指令接收机 2）的可靠度高于等于单个指令接收机的可靠度。并联
系统的可靠度为

$$\begin{cases} R_1 = 1 - (1-R_{11})(1-R_{12}) \\ R_2 = 1 - (1-R_{21})(1-R_{22}) \\ R_5 = 1 - (1-R_{51})(1-R_{52}) \\ R_6 = 1 - (1-R_{61})(1-R_{62}) \end{cases} \qquad (7.3-2)$$

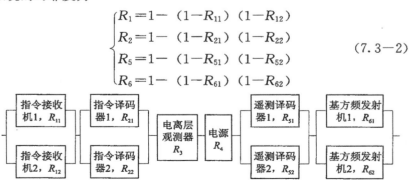

图 7.7　电离层观测卫星可靠性框图

卫星总可靠度为 R_1、R_2、R_3、R_4、R_5 和 R_6 的"串联",即

$$R_\Sigma = R_1 R_2 R_3 R_4 R_5 R_6 \tag{7.3-3}$$

(7.3—2) 式和 (7.3—3) 式就是图 7.7 的数学模型。

上面举例说明了串联系统和并联系统的可靠性框图和可靠度求法,这是最基本的可靠性框图及其数学模型。还有贮备冗余系统、表决系统等的可靠性框图及其数学模型,读者要想了解时,可在可靠性工程专著中查到。系统的可靠性框图和数学模型建好后,就可以进行以下可靠性设计工作:

1) 可靠性与可维修性指标的确定。一般是上一层设计师提出的,本层设计师要分析该指标是否适宜,工程上能否达到。

2) 可靠性与可维修性指标的分配。把上一层规定的产品的指标,按本层设计的可靠性框图和可靠度分配法把产品可靠性指标分配到各组成部分去。

3) 可靠性与可维修性指标的预测。按已有的可靠性数据(有关工业部门和设计部门提供的可靠性数据手册),预测产品的可靠性和可维修性指标。

4) 故障模式与后果分析(FMEA)。分析组成产品的各部分可能的故障模式对产品功能的影响。

5) 故障树分析(FTA)。通过事件逻辑图解方法,直接确定故障组合的传递逻辑关系。

7.3.2.3　系统可靠性分析

系统可靠性设计,一开始就要从可靠性分析入手。分析系统发生失效的条件与概率。而系统失效的条件取决于工作负荷(如结构材料所受的应力)、周围环境及元件或材料的性能。环境也是产生应力的根源。从美、苏联/俄罗斯和我国航天工程的统计数据看,故障由环境因素引起的占 50% 以上(温度引起的故障占 22.2%,振动占 11.38%,潮湿占 10%,沙尘占 4.16%,盐雾占 1.94%,低气压占 1.94%,冲击占 1.11%),其他因素占 47.27%。

运载火箭系统和航天器(卫星或飞船)系统,从生产、包装、运输、装卸、贮存、外场使用、发射准备、动力飞行、轨道飞行、

再入返回着陆（或着水），经历了各种极其复杂、严酷的海洋、陆地、空间等"自然环境"和航天器运行所产生的"诱发环境"。各级设计师必须熟悉这些环境的性质和特性，分析环境造成的各种影响，进行耐环境设计，进行各种地面仿真试验和考验。

航天工程设计中一般把环境分为自然环境和诱发环境两大类。

自然环境包括温度、湿度、大气压、降雨量、盐雾、风、雾气、冰冻、沙尘、臭氧、太阳辐射、霉菌、真空、高低能质子、高低能电子、磁场、静电场等。

诱发环境包括瞬间冲击、爆炸冲击、正弦振动、加速度、噪声、气动加热、温度梯度、高压、爆炸环境、腐蚀性气体或液体、核环境、失重等。

航天工程设计还会遇到一种特殊的环境——核环境。它又分为自然核环境和诱发核环境。

环境应力造成的系统失效，是最基本的可靠性物理失效，它又分为永久性损坏和功能故障两种情况。它使系统功能变坏，一旦外界环境条件消失，系统功能可能恢复，也可能不恢复而永久失效。各级设计师要根据产品的故障模式，采取措施，改进设计，并通过试验证明有效，以提高可靠性指标。

7.3.2.4 可靠性设计的基本程序

系统可靠性设计的基本程序如下：

1) 根据上层和本层总体给定的使用要求和环境要求，分析可靠性与可维修性指标。

2) 按已拟定的设计方案，作初步可靠性估计（预测），并与可靠性要求的指标比较。对于达不到可靠性指标的部分，要考虑冗余设计和容错设计。

3) 根据上层和本层总体给定的可靠性指标，对分系统、单机等进行可靠性指标分配。在分配中要留有余量，以防全部指标都达不到要求。

4) 随着设计的进展，修订预测值和分配值。结合工程设计及评审清单逐项进行可靠性评审，解决存在的问题，逐步改进可靠性。

5）进行各种故障模式（隐患）与后果分析，找出薄弱环节，重点改进解决。

6）对元器件、原材料和外购件进行严格的品质控制，对不适宜本工程规定环境条件的项目，要坚决取缔。

7）通过研制性和验证性试验暴露的缺陷，一定要彻底改进解决。

7.3.2.5　系统（产品）可靠性设计项目

（1）筛选试验

筛选试验包括部件、元器件和原材料的选用和筛选试验。

（2）电路可靠性设计

电路可靠性设计包括电路的成熟性选型、电路漂移与不稳定性分析、误差与统计性分析、稳定性分析、过渡过程分析等。

（3）潜电路分析

在某种环境下会产生不需要的引起故障的电路称为潜（藏）电路。潜电路分析技术是用拓扑图形方法来发现电路中估计不到的工作模式。采用潜电路分析技术（拓扑图形法）就能把潜（藏）电路找出来，加以克服。

（4）热设计

航天工程中的运载火箭和航天器（卫星或飞船），要经历－200～10 000℃飞行温度环境；工作时间从半小时至几年，都要承受如此恶劣的温度环境。对发热元件产生的温升等，必须精心进行热设计，否则将会造成飞行失败。电子设备的热能产生形式有电转换成热、空气动力加热、机械摩擦损失转换成热量等。电子设备热设计的方法如下：

1）提高元件或材料的允许工作温度，选用耐热性好和热稳定性好的元件和材料；

2）减少设备的发热量，尽量用小功率的能源和小功率的执行元件；

3）用冷却方法改变环境温度并加快散热速度等。

（5）冗余技术容错设计

采用上述办法后，如果产品的可靠性指标还达不到要求，就可以用两台以上的同一功能产品并行工作，只要一台能正常工作系统就不会失效，从而提高了系统的可靠性。在两台产品都正常时，有一台是多余的，因此这种方法被称为冗余设计。这种系统有故障检测、系统重组的能力，允许出故障允许出错，故称这种系统为容错系统。

冗余设计类型有以下几类：

1）硬件冗余，即加元器件、自控电路、备份部件等；

2）信息冗余，如检错及自动纠错的检校码、奇偶校验等；

3）时间冗余，如重复执行某些指令或程序段；

4）软件冗余，如诊断及管理软件、冗余编程或用不同方法的多组程序等。

容错设计方法有以下 3 类：

1）静态冗余，利用冗余资源工作，把故障的部分屏蔽掉，不改变原来的电路结构进行重组；

2）动态冗余，用冗余的部件去顶替故障部件，进行重组或恢复；

3）混合冗余，把静态冗余和动态冗余组合起来使用。

一个动态冗余的容错系统，从出错到恢复要经过下列步骤：

1）故障检测；

2）程序重复执行；

3）故障定位及诊断；

4）故障禁闭隔离；

5）系统重构/备份切换；

6）系统恢复；

7）重启动等。

以上步骤的顺序可改变，某些步骤也可简化。

（6）电磁兼容性设计

运载火箭或航天器（卫星或飞船）的电磁兼容性（Electro-

Magnetic Compatibility，EMC）设计是不可缺少的。EMC定义为电气或电子系统（包括分系统、设备仪器、部件组件、元器件等）在执行预定任务遇到各种电磁环境（系统内部、外部、人为、自然）时，其性能不降低，参数不超出规定上下限值，而仍能协调地、有效地进行工作的能力。

运载火箭或航天器的电子系统有两类，一类是产生有用电磁信号的系统，同时也产生不需要的电磁信号（电磁干扰）；另一类是接收电磁信号的系统，同时也感受到电磁干扰。由于这些不需要的电磁信号或干扰的存在，就出现了"系统内的电磁兼容性问题"，同时运载火箭或航天器在测试试验和飞行试验时，会遇到人为干扰（高压电力传输线、大型工业设备、无线电广播台、导航台、雷达站、其他航区无线电设备等）及自然干扰（大气雷电、静电及宇宙电磁干扰等）而产生的"系统间或系统外的电磁兼容性问题"。

解决电磁兼容性问题，也就是把电磁不兼容问题减少到允许的程度，就要对电磁兼容性设计三要素（干扰源、寄生耦合电路和受感器）采取有效措施。首先要对系统内或系统外的干扰源进行限制，使无用电磁信号和干扰信号减至最小；其次是降低寄生耦合电路传递系数，并使之接近零；受感器接收干扰的输入阻抗要尽量小。采取这些措施的基本方法是接地、屏蔽和滤波。其中，以接地尤为重要。若屏蔽良好，则可以降低滤波的要求。

（7）参数优化设计（第三次设计）

电路系统常选用最好的元器件构成，但这不一定是最好的系统。尽管可靠性高一点，但成本太高，忽略了元器件之间的相互搭配关系。用品质等级较低的元器件，只要相互搭配好，也能达到满意的可靠性指标，这就是参数优化设计（第三次设计）。这是满足电路系统可靠性最有效办法之一。电子系统性能指标有两类，一类是性能参数同电路元器件（零部件）参数间可建立函数关系的；另一类是性能参数与元器件参数不能建立函数关系的，只能用试验获取性能参数。无论哪一类产品的设计过程都由系统设计（第一次设计）、参数设计（第二次设计）、容许差设计（第三次设计）3个阶段组成。

　　系统设计，又称常规设计，由系统专业设计师承担。就系统结构组成进行论证、计算、选定，以满足特定功能要求。

　　参数设计是系统设计之后专业人员要做的第二步设计工作，普遍用计算机辅助分析的正交优选法进行参数优化，使得在使用环境下参数变化和元器件参数波动，也能保持系统性能的稳定性。参数设计只确定了系统诸因素的最佳中心值，但允许系统性能参数与构成元器件参数的最大偏差多少，还不知道。

　　容许差设计是除使产品性能指标满足容差要求之外，对影响产品性能指标大的元器件，要用误差小的元器件去取代误差大的元器件，以提高产品的品质；对不需要误差小的元器件，可以用误差大的元器件代替，可大大降低成本。这就是一个"降低成本，提高品质"的权衡过程。

　　电子系统的产品设计是一个复杂的技术问题，特别是容许差设计更要用到较高的数学基础，可参阅有关电路设计和可靠性设计的专著。

7.3.3　可靠性试验

7.3.3.1　可靠性试验的类型

　　可靠性试验是可靠性设计实际水平的检验。运载火箭和航天器的可靠性指标和性能是否达到，全靠可靠性试验来评估。只有经过全面可靠性试验的产品，才能进入发射场参加飞行试验。航天产品的可靠性试验分为两类，一类为可靠性增长试验，另一类为可靠性验证试验。

　　可靠性增长试验是可靠性增长管理中，一系列有计划的可靠性监测，基本目的是暴露产品在设计、工艺、原材料和元器件方面的缺陷，发现薄弱环节，加以改进。使产品可靠性逐步增长，使之达到预定的可靠性指标，同时也使产品可靠性进入比较稳定的使用寿命期。试验的具体内容包括性能试验、边缘性能试验（在上下限值条件下的试验）、随机寿命试验（由随机失效所决定的寿命，即无故障工作时间试验）、环境试验等。

　　可靠性验证试验包括设计鉴定性试验和生产验收性试验。

　　设计鉴定性试验的目的是设计定型时，按预定的可靠性指标对设计可靠性进行鉴定，判定设计是否能定型。试验件是从一批生产工艺和材料完全相同的产品中抽出来的，称为抽样试件。抽样件必须有代表性。

　　生产验收性试验是批生产阶段的验收性试验，也是一个验证性试验。目的是检验产品是否因工艺、材料和元器件等生产条件变动，使可靠性降低，以确定批生产产品能否验收。生产过程中的元器件和原材料的老炼和筛选试验，产品的老化试验（贮存期），机械产品的耗损寿命试验，都是生产验收性试验的重要内容。

　　可靠性试验的分类方法有两种：

　　1）按试验目的的分类，可分为可靠性增长试验、可靠性验证试验（设计鉴定）、筛选试验和环境应力筛选试验、生产验收试验、失效物理分析试验等。

　　2）按试验性质分类，可分为环境试验、边缘性能试验、性能试验、寿命试验（加速寿命试验）——工作寿命试验（随机寿命（MTBF）试验、耗损寿命试验）和贮存寿命试验。

7.3.3.2　运载火箭和航天器的试验计划（按试验顺序）

　　（1）元件和材料鉴定试验

　　元件和材料鉴定试验包括元件和材料工艺选择、宇航用元件试验、元器件耐辐射试验。

　　（2）研制试验

　　研制试验包括结构试验、电路分系统可靠性试验、分系统耐辐射性能试验、分系统功能试验、分系统环境试验、回路试验、航天器与运载火箭前级联合试验。

　　（3）鉴定性试验

　　鉴定性试验包括温度试验、湿度试验、振动试验、冲击试验、加速度试验、热真空试验、可靠度鉴定试验。

　　（4）验收试验

　　验收试验包括系统试验、振动试验、冲击试验、离心试验、热真空试验。这些试验与鉴定性试验中所加应力和环境是不一样的。

（5）发射试验

发射试验包括运送至发射场的火箭与航天器的构成设备的单元测试，技术阵地总装测试，技术阵地火箭与航天器联合测试、发射程序模拟演练，发射阵地加注前测试，发射阵地加注后测试，发射阵地运载火箭与航天器联合测试，发射程序全航区联合演练，发射前测试，运载火箭"点火"发射与火箭发射上升段遥测遥控。

必须说明，不同类型航天工程在不同研制阶段进行的可靠性试验方法，以及专用试验设备，是非常复杂的。试验方法和试验设备的品质优劣，直接影响着各类试验结果的可信度（试验结果的可依赖程度概率值）。

7.3.4　可靠性管理

可靠性管理是保证产品（航天系统）的可靠性指标，在设计和生产两个环节上，控制产品的可靠性指标达到规定水平的全部措施，同时还要延伸到产品在整个寿命周期内的分析、研究和管理。从分析产品的用户要求开始，到产品的使用寿命期结束，都要用科学的数据来证明产品的性能是稳定可用的。下面介绍可靠性管理的主要工作内容。

7.3.4.1　制订可靠性控制计划

可靠性控制计划是产品（航天工程）研制生产计划的重要组成部分。纳入整个研制网络图，统一计划调度。没有完善的可靠性控制计划的研制计划是没用的，因为各项任务是否按时保质完成是以达到产品可靠性要求为依据的。可靠性控制计划必须包括以下最基本的因素：

1）明确产品的可靠性水平，要求可靠性愈高的部分，工作安排愈细，检查项目愈明确；

2）产品在使用寿命期内所处的阶段，由于所述寿命期内不同，产品的性能可靠性水平是不一样的；

3）将本产品与国际国内同类产品的可靠性进行比较，以找出不同类型产品的可靠水平要求是不一样的；

4）提出对产品研制计划的约束条件，产品达到什么样的性能指标和可靠性指标，才算完成任务。

当然，研制周期和资金保障条件也要重点保证。

可靠性控制计划是按产品寿命周期的阶段来制订的。寿命周期分为研制、生产、使用3个阶段。研制期又可分为方案研究、方案验证、工程研制3个阶段。各个阶段规定了具体的可靠性管理项目。

7.3.4.2　建立可靠性保障体系

可靠性保障体系是制订可靠性控制计划、监督执行可靠性控制计划和检查可靠性控制计划的执行结果的组织保证。各研制层次的可靠性保障体系为一个产品的可靠性指标实现共同配合分工负责。可靠性保障体系有可靠性专业机构，设计单位、技术领导和行政指挥联合组成。其职责和分工各有侧重，工作非常具体明确。

可靠性专业单位是以本企业的各级领导人为首，具有各种高级技术人才，承担研制工作的企业的专业单位，主要任务是支持设计工作。订货方或使用方的专业单位，主要任务是监督、检验和审查研制单位的工作。在每个研制计划开始时，专业单位都有制订可靠性方针、计划和工作程序的任务。

设计单位的可靠性职责是：

1）负责可靠性设计；

2）向可靠性专业单位提供详细的可靠性资料，以供评审和分析；

3）负责FMEA和FTA工作，并与专业人员合作，但应以设计人员为主；

4）负责应力分析和边缘性能分析。

技术领导（总设计师）行政领导（总指挥）在可靠性方面的职责是：

1）掌握与控制型号可靠性计划；

2）主持并参加设计评审，解决各种可靠性问题；

3）在各种矛盾因素之间作出权衡决策。

可靠性保障体系，主要做好以下7个方面的工作。

（1）元器件与外协作部件的品质控制

要求设计人员对产品使用的外购元器件型号和数量要尽量少；新型元器件的选用要确保品质和供货可靠；元器件批量验收和品质指标要有严格的检验措施；关键元器件的比例要小，并有严格的品质控制规章；对外协作件不能仅靠验收，要与本研制单位有相同的品质控制过程。

（2）设计评审

设计评审是可靠性管理中极其重要的制度，其目的是集中各方专家对产品研制结果，进行周密客观的评价，发现存在问题，进一步改进。评审应在研制关键时段安排，即方案研制阶段末、方案设计验证阶段末、工程研制完成生产图纸资料末、投入生产前、使用寿命期中周期性评审。

评审项目（内容）有：

1）可靠性预测值与已达到可靠性水平比较；

2）FMEA、检查设计和制造中出现的隐患和问题；

3）参数变化敏感度和最坏情况引起的后果；

4）确定影响产品可靠性水平的关键项目；

5）试验计划执行、可靠性要求和可靠性试验结果；

6）研制计划进度和协调性；

7）维修方案；

8）其他有关产品品质事项。

（3）可靠性增长管理

可靠性增长管理的目的是在预定时间内，通过试验，使产品达到预定的可靠性水平。每经一阶段试验，就能提高产品的平均无故障时间。可靠性增长分 3 段进行：

1）研制阶段，可靠性增长试验主要排除设计和制造方面的缺陷；

2）设计定型时，产品要达到预定的平均无故障时间；

3）产品开始投入批生产时，由于生产设备新技术还未掌握、工人水平还不熟练，批生产开始可靠性水平会下降，随着问题逐步排除，产品可靠性水平会达到设计水平。

（4）失效反馈、分析与改正制度

建立信息流通基本回路，设计→试验→分析→设计。"试验"中的检验和测试数据，要反馈到回路各环节使用，过程一直延续到使用阶段。回路各环节要有严格的规章制度，例如提出完善的故障归零报告、基本失效分析程序、各种表格、改正缺陷程序、各种试验实施细则规定等。

（5）数据管理

产品品质及可靠性数据收集是产品定量管理的需要。数据有两类，一是原始数据（如失效报告、试验测试数据等）；另一类是统计分析数据（元器件失效数据）。一般"政府与工业界"有数据交换网（GIDEP）、工程数据库、失效经验数据库、可靠性/可维修性数据库、计量数据库、报警网、紧急数据查询网等。

（6）产品技术状态管理

产品技术状态管理包括所有产品技术状态管理、技术状态专项管理、产品技术状态控制等。

（7）可靠性教育

要对产品研制各种岗位人员（设计人员、行政管理人员、领导干部等）进行不同内容的可靠性专业培训。

7.3.5　中国载人航天工程的可靠性保证要点

中国载人航天工程总体机构对大系统下属的七大系统（航天员系统、应用系统、飞船系统、运载火箭系统、发射场系统、测控通信系统和着陆场系统）的可靠性设计、可靠性试验和可靠性管理提出了具体要求。这也是中国载人航天工程的最顶层的设计文件之一。这里仅简要介绍载人航天工程的可靠性保证。

7.3.5.1　可靠性设计要求

（1）定性要求

在宏观管理规定方面，工程总体制定了《关于加强载人飞船工程安全性和可靠性工作的若干规定》，对各系统的主要要求如下：

1）建立以安全性和可靠性为重点的品质保证体系；

2）明确各体系构成部分的分工，建全责任制；

3）制定本系统安全性可靠性规范，有法可依；

4）把各系统的安全性和可靠性指标要求（按工程总体分配给系统的安全性可靠性指标），向系统下面的各分系统分配，并制定检验方法；

5）加强系统下面的各分系统之间的接口协调，完善接口文件，严防出现死角；

6）系统、分系统和整机的软件，要按产品一样实施工程化管理；

7）建立本系统重大设计项目复核、复算制度，确保设计的可靠性水平；

8）采取加严措施，确保飞行中航天员的安全；

9）加强可靠性管理，创造有力的保障条件。

工程总体为上述文件的执行，还编制了以下配套文件：

《载人飞船工程承制及分承包可靠性认证和评审要求》；

《载人飞船工程原材料、工艺可靠性控制要求》；

《载人飞船工程软件研制设计与管理规定》；

《载人飞船工程标准化要求》；

《载人飞船工程电子元器件可靠性控制要求》等。

这里的"载人飞船工程"就是"中国载人航天工程"，这些配套文件是对七大系统的研制要求。

（2）定量要求

各系统的可靠性指标如下：

1）航天员系统的航天服可靠性指标为 0.96（无人飞行试验阶段置信度 0.6）；

2）飞船应用系统的装船设备在自主飞行段可靠性指标为 0.98（无人飞行试验段置信度为 0.6）；任务期间（在飞行中执行任务段）可靠性指标为 0.99（置信度为 0.6）；

3）飞船系统，在无人飞船状态可靠性指标达到 0.97（置信度为

0.6），其中轨道舱（留轨应用阶段）可靠性指标 0.8（置信度为0.6）；

4）运载火箭系统，在无人飞行阶段，可靠性指标为 0.97（置信度为 0.6）；

5）测控通信系统，在入轨段、在轨段变轨和制动过程中，可靠性指标为 0.995（置信度为 0.6）。

以上可靠性指标，在载人（有航天员）飞行阶段，可靠性指标的置信度将提高到 0.8 以上。

7.3.5.2　可靠性设计措施

（1）工程总体（大系统）的可靠性设计措施

工程总体（大系统）的可靠性设计措施如下：

1）载人航天工程各系统的功能及其可靠性措施，必须在无人飞行试验中得到检验，并证明合格。计划进行 4 次无人飞船飞行试验完成全部考核。

2）首次载人飞行试验，必须实现无人飞行试验连续两次圆满成功，才能计划进行。在决定首次载人飞行试验实施前（即"点火"升空前），各系统（特别是飞船系统和运载火箭系统）必须满足《首次载人飞行试验放行准则》的各项规定。是否符合《首次载人飞行试验放行准则》各项规定，由各系统产品的各种地面试验结果（各种试验数据）来证明。

3）严格飞船技术状态，4 艘无人飞行试验飞船基本技术状态是一致的，只是功能有逐步完善和可靠性安全性指标逐步增长的过程。技术参数、程序结构和试验条件应基本一致。首次载人飞船同无人飞行试验飞船属同批投产产品。

4）确保运载火箭和飞船在关键飞行轨道段，天地测控通信的可靠性。

5）载人航天工程各系统必须完成《可靠性大纲》规定的各种地面试验要求，并经评审合格。

6）尽量采用成熟技术，对各系统采用的新技术，必须加严地面试验和重点评审。

（2）载人飞船系统的可靠性设计措施

载人飞船系统的可靠性设计措施如下：

1）控制分系统和推进分系统采用系统级和单机级冗余设计。

2）结构机构分系统以材料/屈服极限 Gs 为准，安全系数取 1.4～2 范围。

3）逃逸与应急救生分系统的应急返回设备安全系数取 1.3，舷窗等玻璃结构安全系数为 5～7。

4）防热结构按最大热流载荷的 1.35 倍进行设计。

5）轨道舱与返回舱分离装置互为冗余的 2 套非电传爆组件和 2 个隔板起爆器，解锁机构也采用冗余设计，火工推杆采用双点火冗余方案。

6）返回舱与推进舱的连接分离火工锁 II 采用双爆炸螺栓冗余结构，火工锁 III 也采用双点火冗余设计。

7）舱门密封采用门框双层密封结构设计。

8）航天员坐椅缓冲装置的提升机构采用冗余配置的双点火器。

9）制导导航控制（GNC）分系统采用挠性陀螺惯性组合与液浮陀螺惯性组合冗余方案；模拟式太阳敏感器（用于太阳电池板对太阳入射角定向），船上 4 个太阳电池板每个板 2 个，互为备份。

10）GNC 分系统计算机采用三机冗余主机、双机冗余备机和人工控制器配置方案。

11）轨道舱姿态测量子系统采用 4 个液浮陀螺方案（其中一个斜装），执行机构采用 4 个动量轮方案（其中 1 个斜装），双机冗余的姿态控制器和应急控制器。

12）热控分系统的内外控制回路均采用主泵和副泵冗余配置；温控阀冗余配置；控制单元双机热备份。

13）环控生保分系统舱内总压和氧分压调节控制一套作主份，人工控制作备份；供氧分座舱供氧和向航天服供氧两种方式；有 2 个气体净化罐，1 个超氧化物罐作应急用；数据检测装置冗余配置。

14）推进分系统姿控发动机为主备两组，每组 8 台 5 N；增压气量有冗余量考虑，液路全冗余，4 台 180 N 滚动发动机有冗余；气路有冗余；发动机阀门驱动器为双机热备份；变轨发动机可自动控制，也可人工控制；姿态发动机采用双阀座电磁阀。

15）数管分系统的中央处理机采用三机热备份冗余方案。

16）电源分系统推进舱和返回舱太阳电池板为主电源，轨道舱太阳电池板为副电源，主副电源并网；主电源外还设应急电源；蓄电池为两组冗余配置；放电调节器采用 2 个 660 W 升压器互为备份；二次电源采用双机热备份方案。

17）回收着陆分系统采用主伞和备伞冗余方案；3 组静压高度计每组 2 个冗余；程序器用"3 取 2"控制工作方式；伞舱盖 16 个弹射器由两组互为冗余的非电传爆引爆；设置 3 套故障程序对主伞故障检测。若故障，开备份伞实施返回。

18）测控通信分系统 S 波段应答机在返回舱和轨道舱各配 2 台，互为冗余备份；推进舱还配置 2 台 S 波段数传机互为备份；推进舱有一台 C 波段测控应答机作 S 波段跟踪测轨功能备份。

19）仪表照明分系统采用两套冗余多功能显示器。

20）应急救生分系统的程序控制器采用双机热备份，软件用"看门狗"防"走飞"和"走死"故障。

（3）运载火箭系统的可靠性设计措施

运载火箭系统的可靠性设计措施如下：

1）总体设计（气动、载荷、环境、轨道、结构、分离机构等）采用多种方法进行计算或仿真，互相校验。关键结构机构采用大安全系数或冗余方案。

2）控制分系统采用共 15 项冗余措施，主要包括平台/捷联冗余的惯性系统；双 CPU 制导与控制计算机；伺服机构采用 3 冗余伺服阀回路，一路故障可被吸收；2 台俯仰/偏航速率陀螺互为冗余；时序控制器采用"3 取 2"冗余设计方案。

3）故障检测分系统设置 3 套 A/D 冗余方案，用软件实施"3 取 2"录取；指令输入为"10 取 10"高可靠方案。

4）逃逸程序器为 3CPU 冗余方案；指令输入为"10 取 10"高可靠性方案。

　　5）遥测分系统的测轨子系统采用 3 冗余方案。

　　6）推进分系统采用大安全系数和冗余设计方案。

　　上述可靠性措施，都是在大量可靠性分析（故障模式影响分析（FMEA）和故障树分析（FTA））和可靠性增长试验基础上确定的。它们在避免单点失效故障方面，发挥了巨大作用，符合"一个故障可以继续工作""两个故障航天员可安全返回"的可靠性安全性设计原则。

　　（4）测控通信系统的可靠性设计措施

　　测控通信系统的主要任务是：

　　1）测量运载火箭起飞漂移和飞行实况景象摄录；

　　2）跟踪测量箭/船组合体轨道；

　　3）收录箭/船/航天员天地双向话音链路；

　　4）计算/显示飞船飞行轨道和控制量；

　　5）在火箭上升段出故障时实施逃逸控制和安全控制；

　　6）向飞船发送指令或注入数据；

　　7）完成与有关系统间的数据交换；

　　8）船地对时校准；

　　9）提供调度指挥和通信保障。

　　测控通信系统完成上述任务的可靠性指标为 0.995（置信度在无人飞行试验阶段为 0.6，载人飞行试验阶段为 0.8 以上）。由于该系统规模大、分布广，综合给出可靠性定量分析是很困难的。但经比较、分析，在方案设计中遵循了如下的可靠性设计性原则：

　　1）确保关键飞行段的覆盖（上升段火箭飞船测控覆盖率达到 100%）；

　　2）系统关键环节采用部分冗余设计；

　　3）重要设备采用双机热备份等。

　　当两个站同时故障时，不危及航天员生命安全的具体措施如下：

　　1）吸取我国发射卫星以来测控通信技术的成熟经验；

　　2）上升段火箭和飞船作为独立的测控目标，用两套不同体制的测控设备分别完成测控任务，同时也互为备份；

3）飞船通信采用 USB（S 波段统一测控系统）和 VHF（超高频通信系统）两种手段，能保证不中断通信，并利用 HF 作应急通信，以提高通信覆盖率；

4）测控通信系统布站（船）时，重点保证关键弧段（入轨段和返回段）的测控通信；

5）通信网以国际、国内的通信卫星为主，岸船短波通信为备用通路，再用海事卫星作应急备份；

6）西安卫星测控中心做北京飞控中心在轨道、姿态测定、有关注入控制计算的备份，提高北京飞控中心关键控制事件的可靠性；

7）主要设备采用双机热备份，发生故障时快速切换（如 USB、中心计算机双工等），以提高应用可靠性；

8）除通过 USB 下传全部遥测信息流外，还通过 VHF 信道下传航天员的关键遥测参数；

9）利用脉冲雷达网，辅助 USB 提高入轨段、在轨运行段、返回段和应急救生时的外弹道测量可靠性；

10）用模拟仿真系统检验和完善载人航天地面测控网功能和可靠性；

11）与国际 S 波段测控网连接，以提高我国测控网的可靠性。

（5）发射场系统的可靠性设计措施

发射场系统的主要任务是：

1）完成运载火箭和飞船在发射场的各类测试发射任务；

2）为航天员提供射前生活、医监医保和锻炼设施；

3）为飞船有效载荷分系统提供测试发射条件；

4）为发射场区的气象和后勤保障提供条件；

5）为待发段紧急撤离和零高度逃逸救生提供判决、控制和指挥手段。

为完成上述任务，该系统采用了"三垂"（垂直总装、垂直测试和垂直运输）的测发工艺流程方案，采用了远距离（测发厂房距脐带塔 1.5 km）测试发控方案（用电缆和光缆完成信息传输）。

发射场系统由 5 大区（技术区、发射区、试验指挥区、航天员区和试验协作区）和 5 个系统（首区测控通信系统、火箭/飞船测发指挥系统、航天员应急救生指挥保障系统、火箭推进剂加注系统和技术或勤务系统）组成。其中，关键系统的可靠性设计措施分述如下。

火箭/飞船测发指挥系统的可靠性设计措施如下：

1）系统结构采用双网热备份方案；

2）系统主要设备和关键部件采用双机热备份方案；

3）系统软件和应用程序采用统一设计，同类设备系统软件和应用程序基本一致，以便在线实现互换；

4）系统地勤网采用以太网和 SINECL2 网两级异构网结构，L2 网采用级联结构，以隔离故障传播，当一台网络故障时，不影响整个地勤网正常运行。

逃逸指挥控制台可靠性设计措施如下：

1）采用高可靠性传输方式：火箭和飞船系统发出给逃逸指挥台的"逃逸请求"信号，采用微机点对点的直接通信，并屏幕显示和声光报警。线路采用光电隔离措施。逃逸指挥台向外发出的"有线指令"，由 20 点 20 线并传；向外发出的"无线逃逸"指令，由一路光缆、一路电线冗余传输。保证指令传输误发率达到 10^{-11}，漏发率达到 10^{-12}。

2）采用多种手段确保指挥员获取尽可能多的准确信息：火箭推进剂泄漏、着火等故障，有时不能从传感器或微机上获取信息，特设两台监视器（1 台监视火箭部位，1 台监视飞船部位）。临射前，逃逸指挥员通过指挥台可获微机显示、声音报警和指示灯报警 3 种信号，实施决策。

3）采用多重逻辑判断确保"逃逸"指令发送安全：只有在火箭、飞船、地勤系统都具备"允许逃逸"条件下，并已发出"允许逃逸"信号后，才能实施逃逸。逃逸指挥台的"解锁"指令必须在"试验"或"发射"状态才能发出去；"逃逸"指令必须在"发射"状态且已"解锁"情况下才能发出去。

4）采用多种可靠性设计措施确保信息的发送与接收的可靠：双

计算机冗余；采用高可靠元器件；采用双供电电源互为备用等。

5）逃逸指挥控制台软件按最高级 A 级设计与管理。

发射塔电缆摆杆和消防系统，从控制和信息传输等方面，采用了多种可靠性设计措施。

（6）航天员系统的可靠性设计措施

航天员系统的可靠性设计目标是防止航天员、医学保障和航天员系统装船产品等出现和引发故障或事故，保障航天员在飞行中的生命安全、身心健康和工作效率，完成预定的飞行任务。

航天员系统装船产品的可靠性指标为 0.998 8。装船产品一旦出现故障，不得危及飞船等其他系统。航天服及个人装备的可靠性指标为 0.999；船载医监设备的可靠性指标为 0.999 2；无人飞船的拟人载荷的可靠性指标为 0.99。采取的主要措施如下：

1）制定航天员系统的可靠性设计原则，即方案简单、技术成熟、避免单点失效，装船产品要满足医学和工效学要求，通过各类可靠性试验，提高可靠性并鉴定可靠性指标。

2）制定航天员系统的安全性设计原则，即装船产品符合“故障/工作准则”和“故障/安全准则”。采用冗余技术和容错技术达到可靠性指标和安全性指标。与火箭和飞船等系统配合完成“航天员人工控制”、“逃逸”和“在轨中止飞行”等任务。

3）建立研制过程的可靠性分析、可靠性设计、可靠性试验计划，使系统研制过程在严格的规章下可控开展。

（7）着陆场系统的可靠性设计主要措施

着陆场系统的主要任务是：

1）跟踪测量返回舱至主（副）着陆场的返回轨道（主要是返回舱出黑障后的轨道）和遥测数据；

2）及时搜索寻找到返回舱；

3）上升段逃逸救生和飞船应急返回时，尽快营救航天员；

4）保障着陆场至北京飞控中心的通信；

5）预报主（副）着陆场区的气象。

整个系统的可靠性和安全性设计目的是把航天员的安全放在首

位。大总体未对系统可靠性指标作具体要求，但制定了《主（副）着陆场返回舱搜索和航天员救援，应急救生的设计原则和具体实施细则》。

可靠性设计的具体措施如下：

1）对返回主（副）着陆场的关键设备进行冗余设计。

2）确保按时营救航天员的前提是有落点预报，因此必须把着陆场的返回轨道测量放首位。主（副）着陆场配制的空间测量雷达和微波统一测控系统等设备的主要部件，都采用双机热备份，并在布站设计中两站测量弧段有一定的搭接。数据传输系统也采用了双路由，互为备份。

3）迅速搜索与回收返回舱是营救航天员的中心任务。在主（副）着陆场有空中直升机搜索救援和地面特种车辆搜索救援，两种手段互为备份；在上升段应急救生航区，陆上各搜救点各配两架直升机；在海上搜救点，考虑了 3 种救援手段。

4）除着陆场配备了搜索定位设备外，还利用海事救援组织卫星及时预报返回舱落点。

（8）飞船应用系统的可靠性设计措施

根据中国载人航天工程的总任务需要，开展对地观测、空间科学技术试验，是飞船应用系统的主要任务。这些任务包括空间应用（可见光详查照相侦察系统、电子侦察详查精测系统、卷云探测系统）、对地观测（中分辨率成像光谱仪、多模态微波遥感器、民用遥感应用系统、地球环境监测系统）、空间科学实验（微重力流体物理、空间材料科学、空间天文和空间物理、空间生命科学、空间环境探测）、应用任务技术支持系统（有效载荷公用设备、有效载荷应用中心、空间环境预报中心）等。在执行这些任务中，飞船应用系统的可靠性设计实现了以下的可靠性要求：

1）有效载荷及公用系统设备，保证工作可靠、实验安全，在正常工作或故障状态下，不会影响其他系统的正常工作，特别不能危及航天员的健康和安全。

2）用于装船的有效载荷各系统设备在自主飞行期间的可靠性指

标为 0.98（置信度不低于 0.6）；在执行任务期间，有效载荷应用中心（地面）设备的可用度为 0.99。

　　3）为达到可靠性和可用度指标，有效载荷各系统设备采用了优选或筛选元器件、冗余或容错技术、各类可靠性增长试验措施等。

第 2 篇
航天工程基础理论

航天工程基础理论涉及数、理、化众多领域。仅就物理学中的力学而论，就涉及天体力学、星系动力学、飞行力学、空气动力学、航天运动学、航天动力学、火箭推进动力学、材料力学（金属或非金属力学）、流体力学等；而数学和化学包括的内容也很广。现代航天技术是 20 世纪末期发展起来的所有高技术（常称"十大高技术"——信息技术、微电子技术、计算机技术、自动化技术、激光技术、新材料技术、新能源技术、生物技术、航天技术和海洋技术）之一，它也涵盖了对其他高技术的应用。本书只介绍航天工程（执行某航天任务而实施的计划与研制过程）的主要系统共同涉及的理论与技术，特别是高技术中的交叉部分，更通俗地说，就是从事航天工程各专业设计与研制人员共同需要掌握的专业技术理论。这就把航天工程基础理论局限在一个较小的范围之内了，但至少也包括了 5 部分理论：

首先介绍天文、地球物理与航天运动学（第 8 章）。所谓航天，是人类从生存的地球到其他天体（空间）去的活动。当然，就要先介绍宇宙的形成、天体的运行、恒星世界，一直到太阳地球。由于我们要探索通向宇宙之路，就要有一个描述运动的方法。这就要用到"参考系与坐标系"的数学概念和时间概念（太阳时、世界时和地方时）。通向宇宙天体之路要靠运载火箭和航天器来完成。因此，就要介绍建造运载火箭和航天器的基础理论"航天运动学"。这是本篇的"第一部分"理论。

其次介绍航天动力学（第9章），用于航天器的轨道设计（轨道摄动、轨道机动、轨道矢量描述和轨道计算等）；火箭推进与飞行力学（第10章）和火箭的飞行轨道与总体参数计算（第11章），这是航天理论的根基——运载火箭飞离地球引力轨道（上升段轨道）设计。这3章是读者要掌握的较核心的航天理论，是本篇的"第二部分"理论。

第12章介绍航天器运行轨道设计。前3节介绍近地轨道航天器的运行轨道设计，这是航天器轨道设计的理论基础，然后介绍中轨道航天器运行轨道设计，最后介绍高轨道航天器运行轨道设计。所谓运行轨道就是航天器长期工作的轨道。航天器是运载火箭的有效载荷。正是运载火箭通过上升段轨道把航天器送入运行轨道的。本部分理论是"第二部分"运载火箭上升段轨道理论的自然延伸。

第13章介绍航天器的返回轨道设计。返回轨道设计是指在空间运行的航天器需要返回到地球（或进入其他天体）时的轨道设计。一般无人航天器在空间运行完成任务后，落入地球大气层烧蚀自毁，或落入其他天体自毁。但是，对于需要返回地面的航天器（返回式卫星或载人航天器的返回舱），在脱离运行轨道返回地球时则非常复杂。若有航天员在返回舱中，对返回轨道的过载（不大于4 g）、进入大气层的舱外发热、着陆时的冲击振动等，都有严格的限制。这也是载人航天工程最大的难点之一。这里重点介绍弹道式返回轨道设计和弹道升力式再入返回轨道设计，这是本篇的"第四部分"理论。

当然，推进与发动机理论、飞行器结构与机构理论、航天控制理论、无线电测控通信理论、飞行器综合测试与发射控制理论等，都是航天工程基础理论不可缺少的内容，但囿于本书篇幅，故从略。新参加航天工程研制的技术人员，大都是上述某一专业的学生，在学习完上述（第8章～第13章）基础理论后，可根据工作实践的需要，自修这些相关专业的理论。

最后介绍登月轨道设计（第14章）。这是我国实施的探月工程要使用的基础理论，也是本篇的"第五部分"理论。

第8章 天文、地球物理
与航天运动学

　　航天运动学是研究飞行器在宇宙空间运动的几何特性的学科，也是航天动力学的基础。掌握航天器在空间运动的规律，有助于选择适当的飞行轨道。要达到这一目的，首先要掌握天文和地球物理的有关概念。即从天文学和地球物理学开始，逐步建立太阳系内行星运动轨道和地球轨道航天器的概念。

　　无论是宇宙天体，银河系诸星座的运动轨道，太阳系内各行星的运动轨道，还是人造航天器围绕地球运动的轨道等，都必须选定一个参照坐标系。不同参照系，描述的运动参数大不一样。不考虑地球磁场影响，不考虑地球的扁率，航天器运动方程可简化为质点运动，可将航天器假设为由各种质量物质组成的刚体。

　　人类应用牛顿力学三定律、万有引力定律和开普勒行星运动三定律的运动学基本原理，研制出多级液体火箭来发射人造航天器。如果航天器的速度能达到第一宇宙速度 V_1（7.91 km/s），即构成绕地球旋转的卫星；如果航天器的速度能达到第二宇宙速度 V_2（11.18 km/s），将摆脱地球引力，逃离地球轨道，进入太阳系，成为太阳系人造行星；如果航天器的速度能达到第三宇宙速度 V_3（16.4 km/s），将逃离太阳引力圈，进入银河系，成为银河系的人造行星。因此，轨道特征、轨道方程和轨道参数是航天工程基础理论的重点。

　　本章从宇宙的形成开始，介绍宇宙的组成。银河系是宇宙中众多星系之一。太阳是银河系中的一颗恒星，地球是太阳系中的一颗行星。我们人类生活在美丽的行星——地球上。人类用最先进的现代航天工程制造出的火箭和航天器，能在地球外层空间、地球和月球空间，以及太阳系内的行星际空间飞行，实现行星际航行，这就是"航天工程发展现代期"。火箭和航天器能实现在银河系内恒星系间的航行，为"航天工程发展未来期"。火箭和航天器能实现跨越银河系到其他星系的航行，为"航天工程发展高级期"。因此，本书只能介绍"现代航天工程"。

8.1　大爆炸宇宙论

宇宙的起源要从"大爆炸宇宙论"的"原始火球模型"谈起。

大约150亿年前，宇宙中没有任何别的东西，只有一个爆炸着的高温、高密度的"原始火球"，它包含着当今宇宙的所有物质和能量。

"原始火球"在快速膨胀，基本粒子（如质子、中子和电子等）的气体在冷却过程中逐渐结合在一起（几乎所有物质都是以氢原子的形式开始的），经过若干阶段，才形成各种气团。

宇宙中的物质主要集中在尺度特大的复杂结构的天体——星系中。宇宙中有几十亿个星系，平均距离为 $10^{13} \sim 10^{20}$ km。我们所在的地球是太阳系的一个行星。太阳是银河系中的一颗恒星。银河系大约含 1 000 亿颗以上的各类恒星，银河系的形状像个铁饼。

太阳占整个太阳系内物质 99.86%，它在单位时间（1 h）内辐射的能量约为 4×10^{26} W。该能量是太阳内部核反应产生的。太阳内部温度约为 10^7 K，压力约为 10^{10} MPa。在这个条件下，氢（H_2）转变为氦（He）而释放出巨大能量形成光球。光球构成了太阳的可见光表面，其半径 R 为 7×10^5 km。太阳最外部分叫日冕，日食时在地球上可见。日冕延伸到几个光球半径，甚至更远，并不断地抛出物质（主要是质子和电子形成的粒子流），这就是太阳风。在地球轨道外，太阳风的速度为 $300 \sim 500$ km/s，每立方厘米内有 10 个质子。

8.2　恒星世界

宇宙是无边际的，太阳是离我们人类最近的一颗恒星。太阳周围有几大行星绕其转动，按与太阳由近至远为序，它们是水星、金星、地球、火星、木星、土星、天王星、海王星，还有彗星和流星等星体。彗星是围绕太阳运行的小行星，头部有个亮点，拖着长长的尾巴。流星是闯入地球大气层里的空中尘粒，大都与大气摩擦燃烧殆尽，只有少数成为陨石。这就是太阳系（参见图 8.1），各行星与太阳间的物理参数，如表 8.1 所示。可见，木星和土星很大、其次为天王星和海王星，地球排第五位。

地球是太阳系中的一颗行星，太阳系的半径约为 1 光年。离太阳系最近的一颗恒星是半人马座 α 星，离地球约 4.3 光年。由于距离太远，科学家用光年来量度星系间的距离，1 光年等于光走 1 年的距离，为 9.46×10^{12} km。

太阳系所在的星系是银河系，银河系半径约为 42 400 光年，比太阳到最近的恒星的距离大了 1 万倍。银河系只不过是亿万个星际系中的一个。现在可观测到离太阳 17 光年的邻近地区有 42 颗恒星（含太阳系在内），离我们 4.3 光年的半人马座 α 星，离我们 8.7 光年的天狼星（表面温度很高，发蓝光、紫外线最强），离我们 13.8 光年的白矮星（质量大，是地球的 36 000 倍，由原子核组成，温度高，密度大，而电子层外壳已被挤破）。

离太阳系更远的星体还有天鹅星座 V830 星，它是一双高温发蓝的巨星，附近的星看它是一个双太阳。

巨星——猎户座 α 星离我们 300 光年，红色星，半径为太阳半径的 330～460 倍，最小半径也是地球到太阳距离的 1.54 倍。

还有更大的星——武仙座 α 星，红色星，离我们 800 光年，其半径为太阳的 800 倍。

整个宇宙之大，无数可表，银河系只是宇宙无数星系之一，而太阳系只是银河系的一小部分。目前，我们的航天器只有每秒几十千米的速度，到最近恒星也得要几万年，还不可想象。因此，近几十年内主要是发展太阳系内的航行技术，称为星际航行技术。在设计人造航天器时，可参考附录 B 中的表 B1 至表 B12。

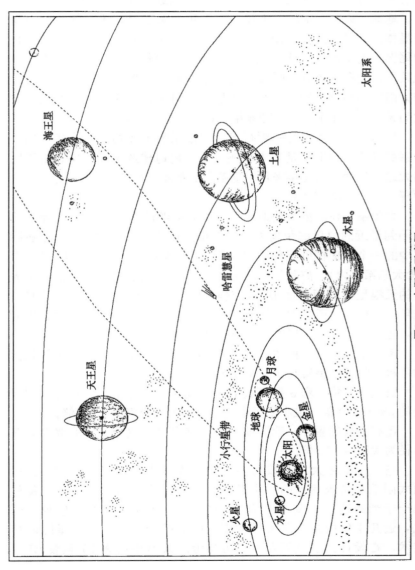

图8.1 太阳系示意图

表 8.1　太阳系的行星轨道与物理参数

	太　阳	水　星	金　星	地　球	火　星	木　星	土　星	天王星	海王星
至太阳平均距离/km	—	57 900 000	108 200 000	149 598 000	227 900 000	778 300 000	1 427 000 000	2 870 000 000	4 497 000 000
赤道半径/km	696 000	2 440	6 050	6 378	3 395	71 400	60 000	25 900	24 750
公转周期/d	—	87.97	224.70	365.26	686.98	4 322.59	10 759.2	30 685.4	60 189
自转周期	25.38 d	58.656 d	243 d	23 h56 min 4.1 s=1 d	24 h37 min23 s	9 h50 min30 s	10 h14 min	10 h49 min	15 h48 min
质量/kg	333 003M	0.058 8M	0.815M	$M=5.976\times10^{24}$	0.107 4M	317.891M	95.179M	14.629M	17.222M
平均密度/(g/cm³)	—	5.53	5.25	5.25	3.93	1.36	0.71	1.31	1.59
赤道引力加速度/(m/s²)	—	3.76	8.87	9.81	3.73	25.6	10.8	8.95	11.0
赤道处逃逸速度/(km/s)	617.7	4.3	10.4	11.2	5.0	60.3	36.1	21.3	23.5
赤道相对于轨道的倾角	—	0°	117°	23°27'	23°59'	3°5'	26°44'	97°55'	28°48'
离大阳最大/最小距/AU	—	0.467/0.307	0.728/0.718	1.017/0.983	1.666/1.381	5.452/4.953	10.081/9.015	19.997/18.272	30.340/29.682

注:AU 即天文单位,1 AU=1.495 979×10⁸ km。

8.3　太阳和地球

　　太阳是银河系中一颗普通的恒星，没有太阳就不会有太阳系，当然也就没有地球，也就更不会有地球上的生命。至今为止，还没有找到存在生命的类似地球的星球。地球距太阳约 1.5 亿 km，太阳半径为 69.6 万 km（约是地球半径的 109 倍），太阳的体积是地球的130 万倍。太阳由炽热的气体构成，主要成分是氢和氦，由本身强大的引力把可逃逸气体吸引住。太阳的质量是地球质量的 33 万倍。表面有一层厚 500 km 的发光体，表面温度约 6 000 K。

　　地球位于太阳系八大行星第三位，靠它最近的是太阳方向的金星和太阳反方向的火星。地球的体积和质量在八大行星中排第五位。它是一个赤道半径 R_{e0} 为 6 378.1 km、极半径为 R_{e1} 为 6 356.8 km 的扁球（扁率 $= \dfrac{R_{e0} - R_{e1}}{R_{e0}} = 0.003$）。地球自转 1 周（360°）所需时间为23 h56 min4 s，自西向东绕地轴旋转。地球绕太阳公转，周期为 365 d 5 h48 min46 s。天文学家把地球绕太阳旋转的平面定义为黄道面，并称地球绕太阳运行的轨道为黄道，离太阳最远距离为 $R_{e0} = 1.017$ AU，离太阳最近距离为 $R_{e1} = 0.983$ AU。地球赤道离自转轴 N 最远，赤道形成的平面称为赤道面。由于赤道面与黄道面始终保持着23°27′的夹角，太阳光直射的位置在地球赤道南北纬 23°26′ 之间周期性变化，就形成了地球北半球春夏秋冬四季的变化，详见图 8.2。定义地球自转矢量为地轴指向北极的矢量 N，地球绕太阳公转矢量为通过太阳球心的矢量 h，可见，N 与 h 夹角同样为 23°27′。由于太阳直射地球位置的变化，使地球产生了四季的温度差别，详见图 8.3。从图 8.3（a）可见太阳直射点为地球北回归线地区，故称夏至（夏天的第一天），是北半球的热天，北极圈至北极无黑夜，总能被太阳照射。这时南半球地面被太阳斜射，温度较低，正是冬季，南极圈至南极见不到太阳，总是黑夜，从图 8.3（b）可见，太阳从北半球南移直射到了赤道，即称秋分，秋天的第一天。从图 8.3（c）可见，太阳直射南半球南回归线，天热；而北半球为斜射状态，为冬季。北极圈至北极始终见不到太阳，这时南极圈总是白天，被太阳照射。

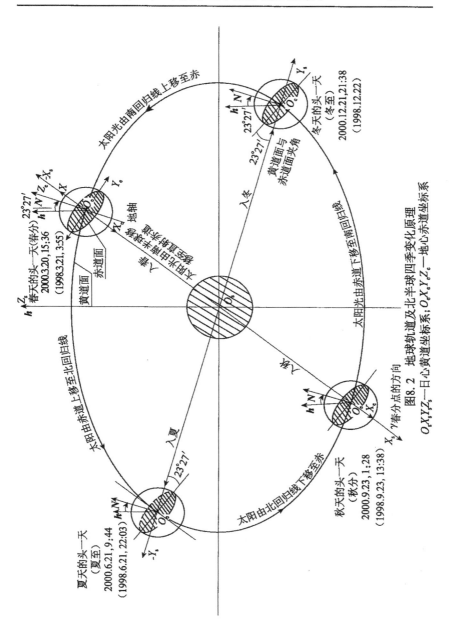

图 8.2　地球轨道及北半球四季变化原理

$O_sX_sY_sZ_s$—日心黄道坐标系；$O_eX_eY_eZ_e$—地心赤道坐标系

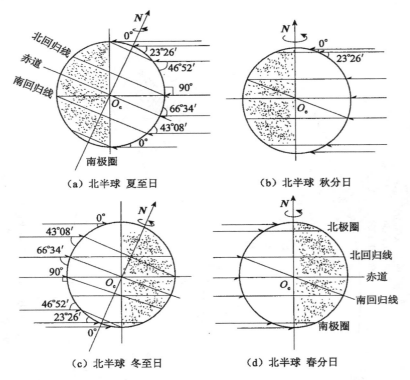

（a）北半球 夏至日　　　　　　（b）北半球 秋分日

（c）北半球 冬至日　　　　　　（d）北半球 春分日

图 8.3　太阳直射地球北半球四季变化原理

8.4　参考系和坐标系

　　不管是自然的星体还是人造的航天器，常用随时间变化的位置矢量及其时间导数（速度矢量）来描述其运动。这就需要一个参考系（即参照物）。以参考系为原点，加上 3 个相互垂直的坐标轴，即构成一个坐标系。常用的参考系和坐标系有以下几种。

8.4.1　地球地心赤道参考系

　　地球地心赤道参考系 $O_e X_e Y_e Z_e$ 常用于地球卫星轨道的描述。原点 O_e 为地心，Z_e 轴为地轴指北极，赤道面作为参考系的 $X_e Y_e$ 平面，X_e 轴指地球赤道上的子午线，Y_e 轴符合"右手定则"在赤道面上（详见图 8.2）。地球表面分为经度和纬度。该参考系用于描述地球卫星的运动状态。这个坐标系称为地心赤道参考系（即本初地心赤道坐标系），通常用于描述小火箭在地球表面的运动，它是一个转动的地心参考系。为描述洲际弹道导弹的弹道，有时需用原点在地心不转动的参考系，但这时 X 轴指向是赤道上的春分点。

8.4.2　日心黄道参考系

日心黄道参考系 $O_s X_s Y_s Z_s$ 常用于与太阳有关的航天器轨道描述。为描述太阳系中行星的位置或星际航行的轨道，通常将太阳作为参考系原点，取黄道平面作为参考系的 $X_s Y_s$ 平面，春分点 γ 依然作为日心黄道参考系 X_s 轴的定向参考点。空间位置依然可以用日心矢径长度、日心经度和日心纬度来描述。从图 8.2 可以清楚地看出春分点 γ 的物理意义和地球四季变化的原理。

这里特别要指出，作为不转动参考系的基准点——春分点 γ，在天球上的恒星间是固定不动的。然而，事实并非如此，由于地球质量分布不对称，造成太阳和月球引力变化，引起地球自转轴的进动和章动（即地球的非正球性，太阳对地球产生一个扭矩称为进动，周期为 26 000 a；地球赤道凸起，月球对地球产生一个扭矩称为章动，周期为 18.6 a）。

发射点惯性坐标系、火箭或飞船本体坐标系、航天器轨道坐标系等，都是常用的坐标系，以后再作介绍。

一个运动体（航天器）在不同坐标系中，有不同的运动参数，就像观察运行着的火车上走动的人，在车站上看和在火车上看是大不一样的。但是，坐标系之间是可以转换的。这在航天工程控制中是一个十分重要的内容，是导航与制导的基础。

8.5　太阳时、世界时和地方时

如上所述，宇宙的星体都按其固有的规律运动而达到一种稳定的平衡。人们长期以来想寻求一种"均匀的时间"，但事实上是难以实现的。没有可信赖的走得均匀的标准时钟，目前只能取一个可重复出现的合适的物理现象，并确定各次重复周期具有相当长度，由铯原子钟提供的时间与物理定律关联能达到最高精度，定义这种时间是均匀的，称为原子时（简称 AT）。为与传统的天文观测时间适应，测量时间间隔由地球自转确定。地球自转 1 周为 1 日，1 日分为24 等份，每等份为 1 h，1 h 再分 60 等份，每等份为 1 min，1 min再分 60 等份，每等份为 1 s。太阳时就是指以太阳日为标准来计算的时间，可分为"真太阳时"和"平太阳时"，但太阳时不是均匀的，引出了"平太阳"的概念。

平太阳时（简称 MT）定义为平太阳时角加上 12 h。真太阳时＝平太阳时＋真太阳时差。通常我们使用标准化太阳时，即格林威治太阳时，又称为世界时（UT）。恒星日是春分点相继两次通过观测者子午圈所经历的时间间隔。

太阳日是地球相对太阳自转 1 周的周期。恒星日（短）与太阳日（长）之差为 4 min（相当于地球绕太阳转 1°，地球自转 1 周）。

为了精确地确定时间，1950 年引入一种新时间——历书时（ET）。这是一个与天文学一致的时间，单位为"历书时秒"。它等于 1900 年 1 月 0 日格林威治"平太阳正午时刻回归年"长度的 1/31 556 925.974 7。1975 年，世界时与历书时差约 45 s。

历书时由天体动力学定律引出来。原子时由物理学引出来，用于物理实验，开始历元定在 1958 年 1 月 1 日世界时零时，秒长度定义是铯原子跃迁的谐振频率等于 91 926 731 770 Hz，在 1958 年 1 月1 日，原子时与历书时之差为 32 s，假定原子时与历书时有相同的快慢，直到现在仍差 32 s。

如果国际合作进行航天试验时，要注意世界时区的划分和本国地方时规定，并了解各地方时之间的换算关系。在进行测量船布局时，还要考虑国际日期变更线。

地球不停地从西向东自转，形成太阳每天东升西落现象。因此，在地球上，东边要比西边先看到太阳。人们习惯根据太阳在天空中的位置来确定时间，把当地所看到的当天太阳位置最高时定为"中午"，以此为标准计算的时间称为"地方时间"。随着社会的发展，按照各地的"地方时间"来计算时间，特别是在交通和通信方面就会造成很多困难。因此自 1884 年以后，大多数国家共同商定采用以时区为单位的标准时间。

时区的划分是以经过英国伦敦格林威治天文台原址的本初子午线（即 0°经线）为标准线，从西经 7.5°至东经 7.5°（经度间隔为 15°）划为中时区（又称零时区）。在这个时区内，以 0°经线的地方时为标准时间，即格林威治时间；然后，从中时区的边界分别向东、西每隔经度 15°划 1 个时区，东、西各划出 12 个时区，东十二和西十二区相重合，全球共划分成 24 个时区，详见图 8.4。各时区都以本区中央经线的地方时为本区共同的标准时间。例如我国北京在东经 116°，划在东八区，该区的中央经线为东经 120°（经山海关东侧），因此北京时间是东经 120°的地方时。各相邻时区的标准时间正好相差 1 h，即位于东面的时区比西邻的时区早 1 h。例如，当北京时间为星期二中午 12 时，东九区的日本为当天下午 13 时，而西边东一区的挪威、德国是凌晨 5 时，西半球西五区的美国东部则为星期一深夜 23 时。

实际上，时区的界线不完全按照经线，而往往是参照各国的行政区界或自然界线来划分。此外，各国还根据自己的需要来确定本国的时间，如巴黎位于中时区，却用东一区的标准时间。如果按照标准时区的划法，我国由西到东可划为东五区、东六区、东七区、东八区和东九区 5 个时区，最东的地方和最西的地方，时间相差 4 个多 h。为了有利于国家建设，我国采用首都北京所在的东八区标准时间——北京时间为全国统一的时间。北京时间与其他地方时差对照表，如表 8.2 所示。

某些国家法律规定将各地的标准时间在夏季提前 1 h 或 0.5 h，这种时间称为夏令时，夏季过去又恢复到原来的标准时间。例如叙利亚、黎巴嫩、埃及、古巴、洪都拉斯、巴西、加拿大、美国等在夏季都提前 1 h，多米尼加在夏季提前 0.5 h；俄罗斯为了避免这种季节性时间转换的麻烦，自 1930 年起，将所在各时区的原有标准时间都提前 1 h；印度、伊朗、阿富汗用其首都的时间作地方时，因此这些地方时与格林威治时间的差不是整时，而有时、分之差。

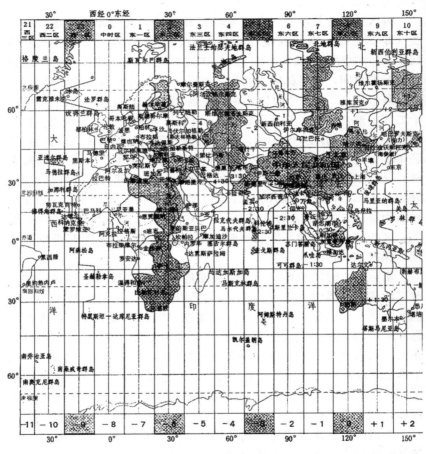

图8.4　世界

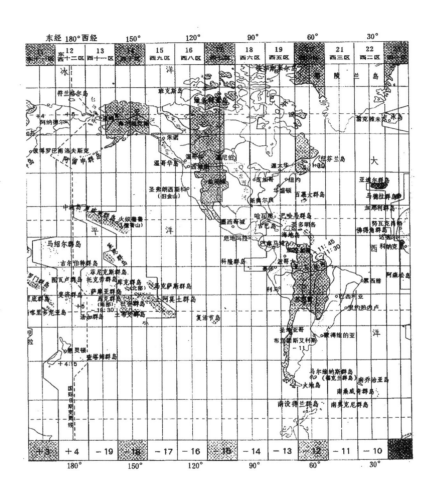

时区划分

表 8.2　世界各时区的标准时间与北京时间对照表

时区	西十二区	西十一区	西十区	西九区	西八区	西七区	西六区	西五区	西四区	西三区	西二区	西一区	中时区	东一区	东二区	东三区	东四区	东五区	东六区	东七区	东八区	东九区	东十区	东十二区
重要城市	阿皮亚		帕皮提	道森	温哥华	盐湖城	墨西哥城	纽约、哈瓦那	拉巴斯	巴西利亚		普拉亚、雷克雅未克	伦敦、加纳	地拉那、突尼斯、巴黎	安卡拉、开罗	莫斯科、内罗华	第比利斯	卡拉奇	达卡	金边、曼谷	北京	东京	堪培拉、墨尔本	努美阿、惠灵顿
时 间 对 照 （时）	5	6	7	8	9	10	11	12	13	14	15	16	17	18	19	20	21	22	23	0	1	2	3	4
	6	7	8	9	10	11	12	13	14	15	16	17	18	19	20	21	22	23	0	1	2	3	4	5
	7	8	9	10	11	12	13	14	15	16	17	18	19	20	21	22	23	0	1	2	3	4	5	6
	8	9	10	11	12	13	14	15	16	17	18	19	20	21	22	23	0	1	2	3	4	5	6	7
	9	10	11	12	13	14	15	16	17	18	19	20	21	22	23	0	1	2	3	4	5	6	7	8
	10	11	12	13	14	15	16	17	18	19	20	21	22	23	0	1	2	3	4	5	6	7	8	9
	11	12	13	14	15	16	17	18	19	20	21	22	23	0	1	2	3	4	5	6	7	8	9	10
	12	13	14	15	16	17	18	19	20	21	22	23	0	1	2	3	4	5	6	7	8	9	10	11
	13	14	15	16	17	18	19	20	21	22	23	0	1	2	3	4	5	6	7	8	9	10	11	12
	14	15	16	17	18	19	20	21	22	23	0	1	2	3	4	5	6	7	8	9	10	11	12	13
	15	16	17	18	19	20	21	22	23	0	1	2	3	4	5	6	7	8	9	10	11	12	13	14
	16	17	18	19	20	21	22	23	0	1	2	3	4	5	6	7	8	9	10	11	12	13	14	15
	17	18	19	20	21	22	23	0	1	2	3	4	5	6	7	8	9	10	11	12	13	14	15	16
	18	19	20	21	22	23	0	1	2	3	4	5	6	7	8	9	10	11	12	13	14	15	16	17
	19	20	21	22	23	0	1	2	3	4	5	6	7	8	9	10	11	12	13	14	15	16	17	18
	20	21	22	23	0	1	2	3	4	5	6	7	8	9	10	11	12	13	14	15	16	17	18	19
	21	22	23	0	1	2	3	4	5	6	7	8	9	10	11	12	13	14	15	16	17	18	19	20
	22	23	0	1	2	3	4	5	6	7	8	9	10	11	12	13	14	15	16	17	18	19	20	21
	23	0	1	2	3	4	5	6	7	8	9	10	11	12	13	14	15	16	17	18	19	20	21	22
	0	1	2	3	4	5	6	7	8	9	10	11	12	13	14	15	16	17	18	19	20	21	22	23
	1	2	3	4	5	6	7	8	9	10	11	12	13	14	15	16	17	18	19	20	21	22	23	0
	2	3	4	5	6	7	8	9	10	11	12	13	14	15	16	17	18	19	20	21	22	23	0	1
	3	4	5	6	7	8	9	10	11	12	13	14	15	16	17	18	19	20	21	22	23	0	1	2
	4	5	6	7	8	9	10	11	12	13	14	15	16	17	18	19	20	21	22	23	0	1	2	3

注：①②③为连续的3个日期的代号，若②为15日，则①为14日，③为16日。

地球不停地自转，子夜、黎明、中午、黄昏由东向西依次周而复始地在地球上各地循环出现。地球上新的一天由哪里开始，旧的一天到哪里结束呢？国际规定，在东、西十二区中部画一条国际日期变更线，又称日界线。地球上每一个新的日期由这里开始，因此该线两侧的日期不同。为了避免在一个行政区单位内使用两个日期，国际日期变更线略有曲折。航行在太平洋上的轮船由西向东越过此线，日期退后1天（如将星期二改为星期一），相反，轮船由东向西航行，通过此线，日期就提前1天（如将星期一改为星期二）。

8.6　航天运动学基础

航天运动学，是研究航天器在空间运动的几何特性的学科。航天运动学以物理力学基本定律为基础。

8.6.1　力学基本定律之一——牛顿三定律

8.6.1.1　牛顿第一定律

当无外力 F 作用于物体时，物体保持静止或保持匀速直线运动，即加速度 a 为零，或表示为 $F=0$ 时，$a=0$。

如图 8.5 所示，卫星绕地球作圆轨道运动，速度大小不变，方向在连续变化，速度矢量是变化的，因此有加速度存在，加速度的计算公式为

$$a=\frac{v^2}{r} \qquad (8.6-1)$$

式中　　v —— 速度；

　　　　r —— 圆轨道半径；

　　　　a —— 加速度，方向指向圆心。

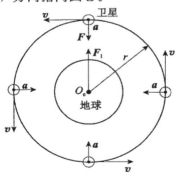

图 8.5　卫星在圆轨道上的运动

卫星按圆轨道飞行的原因是，地球引力的作用产生了圆周运动加速度。

8.6.1.2　牛顿第二定律

物体随时间变化的动量变化率等于物体所受外力之和，即

$$\sum \boldsymbol{F} = \frac{\mathrm{d}}{\mathrm{d}t}(m\boldsymbol{v}) \tag{8.6-2}$$

式中　m——物体的质量；

　　　v——速度。

当 m 为常数时有

$$\sum \boldsymbol{F} = m\,\frac{\mathrm{d}\boldsymbol{v}}{\mathrm{d}t} = m\boldsymbol{a} \tag{8.6-3}$$

8.6.1.3　牛顿第三定律

当物体 A 以力 $\boldsymbol{F}$ 作用在物体 B 上时，物体 B 也必定同时以力 $\boldsymbol{F}'$ 作用在物体 A 上；$\boldsymbol{F}$ 与 $\boldsymbol{F}'$ 在一条直线上，大小相等，方向相反，即

$$\boldsymbol{F} = -\boldsymbol{F}' \tag{8.6-4}$$

该定律有 4 个要点：

1）作用力和反作用力永远同时存在，互相依存；

2）作用力和反作用力的大小相等；

3）作用力和反作用力是分别作用在两个物体上的，所以不会抵消；

4）当 A 和 B 两物体相互作用时，若 A 施于 B 作用力，则对应的反作用力就一定是 B 施于 A 的力，如图 8.6 所示。

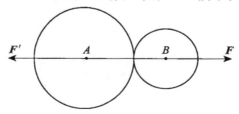

图 8.6　两物体相互作用的力

8.6.2　万有引力定律

在宇宙中，一个质量为 M_1 的质点，吸引着另一个质量为 M_2

（$M_2 = m$）的质点，吸引力为

$$F = \frac{-GM_1M_2}{r^2} = \frac{-GM_1m}{r^2} = -\left(\frac{GM_1}{r}\right)\frac{m}{r} \qquad (8.6-5)$$

式中　　r———两质点间的距离；

　　　　G———万有引力常数，$G = 6.672\ 59 \times 10^{-11}$ m³／（kg・s²）。

　　作用在 M_2 上的吸引力 F 用负号表示，使 r 有减小的趋势。由 (8.6-5) 式可以求出地球 M 对任意距离 r 处物体 m 的吸引力。若 M_e 是地球质量，R_e 是地球半径，则该物体（质量为 m）在地球表面受地球的吸力为 mg，$r = R_e$，则有以下关系

$$mg = \frac{GmM_e}{R_e^2} \quad \text{或} \quad G = \frac{R_e^2 g}{M_e} \qquad (8.6-6)$$

当 $r > R_e$ 时，有

$$F = \frac{GmM_e}{r^2} = \frac{GmM_e}{R_e^2} \cdot \frac{R_e^2}{r^2} = mg\left(\frac{R_e}{r}\right)^2 \qquad (8.6-7)$$

　　在地球赤道面上的圆轨道卫星（质量为 M_s）所受地球的引力为

$$F = \frac{GM_eM_s}{r^2} = M_s\left(\frac{GM_e}{r^3}\right)r = M_s\omega^2 r$$

即

$$\omega^2 = \frac{GM_e}{r^3} \qquad (8.6-8)$$

式中　　r———卫星轨道半径；

　　　　M_s———卫星质量；

　　　　ω———卫星在轨道上运动的角速度。

(8.6-8) 式可变换为

$$r^3 = \frac{GM_e}{\omega^2} = GM_e\left(\frac{T}{2\pi}\right)^2 \qquad (8.6-9)$$

式中　　T———卫星运动周期。

　　当卫星的 ω 与地球的 ω_e 相等时，为地球同步轨道卫星。通过 (8.6-9) 式可推算出地球同步轨道卫星的轨道半径 r，即

$$T = 24\ \text{h} = 8.64 \times 10^4\ \text{s}$$

$$\omega_e = \frac{2\pi}{T} = \frac{2\pi}{8.64 \times 10^4} = 7.3 \times 10^{-5}(\text{s}^{-1})$$

令 $\omega = \omega_e$ 得

$$r^3 = \frac{(6.67 \times 10^{-8})\,(5.98 \times 10^{27})}{(7.3 \times 10^{-5})^2} = 75 \times 10^{27}\,(\text{cm}^3)$$

$$r = 4.2 \times 10^4\,(\text{km})$$

地球半径为 6.37×10^3 km，此距离约等于地球半径的 6.6 倍。地球同步轨道的高度为 $(4.2 - 0.637) \times 10^4$ km，即通常说为 36 700 km。

8.6.3　开普勒行星运动三定律

8.6.3.1　开普勒第一定律（椭圆定律）

行星沿椭圆轨道绕太阳运行，太阳位于椭圆的一个焦点上。

8.6.3.2　开普勒第二定律（面积定律）

对任何一个行星，它的矢径(太阳到行星的位置矢量)在单位时间内扫过的面积相等（参见图 8.7）。

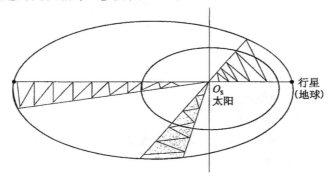

图 8.7　开普勒行星运动第二定律

8.6.3.3　开普勒第三定律（调和定律）

行星绕太阳运动的周期 T 的平方与椭圆轨道的长半轴 a 的立方成正比，即

$$\frac{T^2}{a^3} = 常数 \qquad\qquad (8.6-10)$$

该常数与行星的性质无关。

开普勒行星运动三定律，也完全适用于人造航天器绕行星运动的规律。

8.6.4　引力势能

普通物理学讨论重力势能时，不考虑地球对物体的引力随高度的变化；现在，根据万有引力定律，考虑到地球对物体的引力随高度而改变的因素来推导引力势能。

如图 8.8 所示，设质量为 m 的物体，沿地球半径 R 延长线方向运动一个位移增量 Δr_i 时，则引力所做的功为

$$\Delta W = F_{r_i}\,\Delta r_i = -G\,\frac{mM_e}{r_i^2}\Delta r_i \qquad (8.6-11)$$

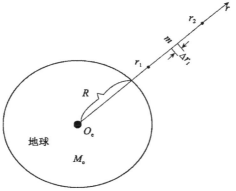

图 8.8　引力势能图示

物体由 r_1 运动到 r_2 过程，引力所做的功为

$$W = -\int_{r_1}^{r_2} G\,\frac{mM_e}{r^2}\mathrm{d}r$$

$$= -\left(G\,\frac{mM_e}{r_1} - G\,\frac{mM_e}{r_2}\right)$$

$$= -GmM_e\left(\frac{1}{r_1} - \frac{1}{r_2}\right) \qquad (8.6-12)$$

为引力势能计算公式。若考虑从 r_1 处运动到无限远，即 $r_2 \to \infty$ 则 (8.6-12) 可变为

$$W = -G \frac{mM_e}{r_1} \qquad (8.6-13)$$

由于引力做了功，它就有了势能，因此 r_1 与 r_2 间的引力势能之差为

$$\Delta E = \left(-G \frac{mM_e}{r_2} \right) - \left(-G \frac{mM_e}{r_1} \right) = mGM_e \left(\frac{1}{r_1} - \frac{1}{r_2} \right)$$
$$(8.6-14)$$

将 (8.6-6) 式代入 (8.6-14) 式得

$$\Delta E = mR_e^2 \, g \, \frac{r_2 - r_1}{r_1 r_2} \qquad (8.6-15)$$

8.6.5　3个宇宙速度

　　假设地球近似为球形，地球绕太阳运动的轨道是圆轨迹，则从式 (8.6-6) 式可得出地球表面的引力加速度公式为

$$g = G \frac{M_e}{R_e^2} \qquad (8.6-16)$$

而距地球心为 r 轨道上的卫星所受地球引力作用产生的引力加速度为

$$g_r = G \frac{M_e}{r^2} \qquad (8.6-17)$$

根据 (8.6-16) 式可得

$$G = g \frac{R_e^2}{M_e} \qquad (8.6-18)$$

将 (8.6-18) 式代入 (8.6-17) 式可得

$$g_r = g \left(\frac{R_e}{r} \right)^2 \qquad (8.6-19)$$

则可求出作用在卫星上的力为

$$F = mg_r = mg \left(\frac{R_e}{r} \right)^2 \qquad (8.6-20)$$

式中　m——卫星质量。

则单位质量（即 $m=1$ 时）的引力 F_1 为

$$F_1 = g \left(\frac{R_e}{r} \right)^2 \qquad (8.6-21)$$

此力产生向心加速度 A，由（8.6－1）式知 $A = \dfrac{v^2}{r}$，故可得

$$g\left(\frac{R_e}{r}\right)^2 = \frac{v^2}{r} \qquad (8.6-22)$$

或

$$v^2 = gR_e\left(\frac{R_e}{r}\right) \qquad (8.6-23)$$

$$v = \sqrt{gR_e\left(\frac{R_e}{r}\right)} = \sqrt{gR_e}\sqrt{\frac{R_e}{r}} \qquad (8.6-24)$$

由（8.6－24）式可见，卫星越高（即 r 大），速度 v 越小，即地球对卫星的引力小，所以速度也越小。卫星运行周期为

$$T = \frac{2\pi r}{v} = \frac{2\pi r}{\sqrt{gR_e}\sqrt{\dfrac{R_e}{r}}} = 2\pi\sqrt{\frac{R_e}{g}}\left(\frac{r}{R_e}\right)^{\frac{3}{2}} \qquad (8.6-25)$$

由（8.6－25）式可见，T 是 r 的函数，r 越远，周期越长，即 r 增加，引力变小，旋转速度下降，周期增加。

8.6.5.1　第一宇宙速度

人造卫星绕地球旋转，其旋转半径等于地球半径时所具有的速度叫第一宇宙速度 v_1；该速度不使卫星落地，又能提供自由地绕地球旋转所需的能量。因此，（8.6－24）式在 $r = R_e$ 时变换为第一宇宙速度的计算式，即

$$v_1 = \sqrt{gR_e}\sqrt{\frac{R_e}{R_e}} = \sqrt{9.81 \times 6\ 371\ 000} \approx 7.91 \text{（km/s）}$$

$$(8.6-26)$$

而绕地球旋转的周期为

$$T_1 = 2\pi\sqrt{\frac{R_e}{g}} \approx 5\ 070 \text{（s）} = 84.5 \text{（min）} \qquad (8.6-27)$$

我国第三颗卫星距地面 186 km（近地高度）到 464 km（远地高度），可计算出速度为 8 km/s，周期为 91 min。

8.6.5.2　第二宇宙速度

第二宇宙速度是指从地球表面发射一个能够永远摆脱地球引力

场的航天器所需要的速度 v_2。若不考虑空气阻力，只考虑地球引力的作用，航天器从地球表面飞向无限远处，对引力场所做的功应等于发射时所具有的动能 ($\frac{1}{2}mv^2$) 所做的功。它等于位移（即从地球表面到无限远处的距离）乘以作用力，而作用力是距离的函数 ($F=f(r)$)，将（8.6−21）式从 R_e 到 ∞ 范围内进行积分，可得

$$\int_{R_e}^{\infty} g\,\frac{R^2}{r^2}\,\mathrm{d}r = gR^2\left[-\frac{1}{r}\right]_{R_e}^{\infty} = gR_e \qquad (8.6-28)$$

所以有

$$\frac{1}{2}v_2^2 = gR_e$$

即

$$v_2 = \sqrt{2gR_e} = v_1\sqrt{2} \approx 11.18 \ (\mathrm{km/s}) \qquad (8.6-29)$$

航天器的速度为 v，当 $v_2 > v > v_1$ 时，航天器不能摆脱地球引力的束缚，只能在不同速度下相应的椭圆轨道上绕地球运行，成为地球卫星。当 $v > v_2$ 时，航天器将逃离地球轨道，成为太阳系的人造行星。

8.6.5.3 第三宇宙速度

第三宇宙速度指物体摆脱太阳引力场所需要的最小速度 v_3，即从地球表面发射航天器，不仅要摆脱地球的引力，而且还要逃出太阳系所需的最小速度。计算 v_3 比较复杂，但可用两步近似方法算出。

第一步，从地面把航天器发射到地球引力以外的空间，并使它具有一定的动能。这时忽略太阳的引力作用。

第二步，使航天器从无地球引力的轨道上进一步加速，逃出太阳的引力范围。这时忽略地球的引力。

航天器克服引力所需的动能在数值上必须至少等于其引力势能，即

$$\frac{1}{2}mv^2 = G\,\frac{mM}{r}$$

也即

$$v = \sqrt{\frac{2GM}{r}} \qquad (8.6-30)$$

令 V 为逃逸速度，M_s 表示太阳质量，r_s 表示地球到太阳的距离，则有

$$V=\sqrt{\frac{2GM_s}{r_s}}=42 \ （km/s）$$

这就是第二步开始时，所需要的相对太阳的速度。设 V' 表示地球对太阳的公转速度，根据圆轨道上飞行时引力等于向心力的原理（参见图 8.5），得

$$G\frac{mM}{r^2}=m\frac{v^2}{r}$$

即

$$v=\sqrt{\frac{GM}{r}} \qquad\qquad (8.6-31)$$

故

$$V'=\sqrt{\frac{GM_s}{r_s}}\approx30 \ （km/s）$$

为了充分利用地球公转的速度，应使航天器在第二步开始时，速度矢量指向公转的方向，这样，航天器相对于地球的速度为

$$V''=V-V'=12 \ （km/s）$$

因此，要使航天器既能逃脱地球的引力范围，又能逃脱太阳的引力范围，所需的最小动能（设此刻的速度为 v_3）应为上述两部分动能的总和，即

$$\frac{1}{2}mv_3^2=\frac{1}{2}m\ (V-V')^2+\frac{1}{2}mv_2^2$$

则有

$$v_3=\sqrt{(V-V')^2+v_2^2}=16.4 \ （km/s） \qquad (8.6-32)$$

即为第三宇宙速度。

8.7 航天器的地球轨道参数

利用基本力学和天体运动原理，可发射人造天体（卫星等各类航天器）绕地球运行。其运行轨道是一椭圆。图 8.9 是典型卫星椭

圆轨道，$O_eX_eY_eZ_e$ 为地心赤道坐标系；O_eX_e 和 O_eY_e 在赤道基准面上；i 为轨道倾角，$i=0°$ 为赤道轨道；$i=90°$ 为极地轨道；$0°<i<90°$ 运动纬度分量与地球旋转方向相同，为顺行轨道；$180°>i>90°$ 为逆行轨道。升交点是航天器由南向北飞行轨迹在赤道上的交点 A_e'，反之为降交点。升交点的赤经 Ω 为春分点 γ 方向与交线间的夹角。

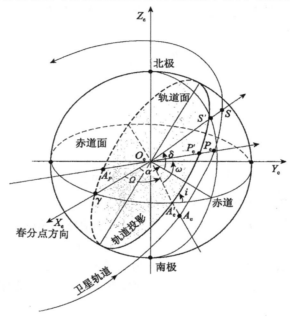

图 8.9　地球卫星轨道参数

　　轨道平面内的定向，用近点角 ω（当航天器在椭圆轨道时，升交点 A_e 与近地点 P_e 间的夹角）表示。

　　令 t 为飞行中任意时刻，n 为平均角速度，开普勒定律中的平均角速度 $n=\dfrac{2\pi}{T}$（T 为椭圆轨道周期）；则航天器在轨道上的位置可用平近点角 M 表示，即

$$M=n(t-\tau) \tag{8.7-1}$$

式中　τ——航天器通过近地点的时刻。

航天器的运动周期可表示为

$$T=\frac{2\pi}{M}(t-\tau) \tag{8.7-2}$$

或

$$M=\frac{2\pi}{T}(t-\tau) \tag{8.7-3}$$

尽管真近点角有意义，但很难求。因此引入偏近点角 E，它在真近点角 f 和平近点角 M 之间。M 和 E 的关系，可用图 8.10 求出，即

$$E-e\sin E=M \tag{8.7-4}$$

式中　e——偏心率。

（8.7－3）式即为开普勒方程。

由图 8.10 中的椭圆可见，f_1 和 f_2 是椭圆的两个焦点。若 f_2 是地球心，P 为近地点，A 为远地点，f 为真近点角，可列出如下关系式

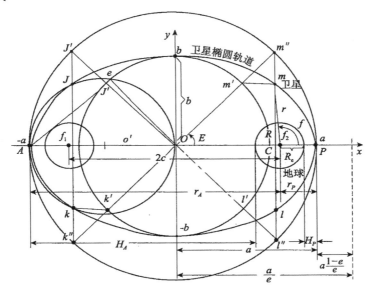

图 8.10　椭圆内外辅助圆作图法

P—近地点；A—远地点；H_P—近地高度；H_A—远地高度；a—长半轴；b—短半轴

$$\begin{cases} a(1-e)=R_e+H_P \\ a(1+e)=R_e+H_A \end{cases} \tag{8.7-5}$$

长半轴 a 可表示为

$$a=R_e+\frac{H_P+H_A}{2} \tag{8.7-6}$$

偏心率 e 可表示为

$$e=\frac{H_A-H_P}{2R_e+H_P+H_A} \tag{8.7-7}$$

以上参数构成了地球卫星轨道六要素，列于表 8.3。这些参数相互独立又相互联系，确定了轨道性质、航天器所在空间的位置（唯一的）。

表 8.3　地球卫星轨道的六要素

序号	参数	确定因素	符号	定　义	特　例
1	尺寸	长半轴	a	椭圆长轴的一半	
2	形状	偏心率	e	椭圆中心到焦点的距离除以长半轴 $\left(e=\dfrac{c}{a}\right)$，无量纲	圆轨道 $e=0$
3	轨道平面	轨道倾角	i	轨道平面与地球赤道平面之间的夹角	$i=90°$极轨道 $i=0°$赤道轨道
4	轨道平面	升交点赤经	Ω	赤道平面内地球中心处，从春分点向东测量到轨道升交点的角度	$\Omega=0$ 位于春分点
5	轨道在平面内的定向	近地点幅角	ω^*	升交点与近地点对地球中心的角度	$\omega=0°$或 $180°$近地点在赤道上空
6	卫星在轨道上的位置	平近点角	M^*	$M=\dfrac{2\pi}{T}(t-\tau)$	

　＊　有时不用该参数，而用卫星飞行周期 T 和飞过近地点的时刻 τ 代替。

8.8　航天器在星体中心引力场中的运动

首先研究航天器在近地空间的飞行。由于地球对航天器的引力作用远远大于太阳对航天器的引力作用，所以只考虑地球对航天器的引力，这完全符合开普勒行星运动三定律；但是，实际上地球大气的阻力，地球隆起部分的影响，日、月、行星的引力，地球周围的电场和磁场等，都在影响航天器的运行轨道，这种影响称为摄动。

这里暂不考虑摄动，将地球视为均匀中心球体，引力只集中于地心上。这种引力场称为中心引力场。

航天器在中心引力场中运动，其势能 E 为

$$E=-G\frac{Mm}{r_0} \tag{8.8—1}$$

式中　r_0——航天器与地球中心的初始距离；

　　　M——地球（天体）质量；

　　　m——航天器质量。

距地球距离为 r 处航天器的动能 E_T 为

$$E_T=-\frac{1}{2}mv^2 \tag{8.8—2}$$

式中　v——航天器在距地球 r 处的速度。

根据能量守恒定律，航天器初始动能与势能之和应等于任何时候的动能与势能和，即

$$\frac{mv_0^2}{2}-G\frac{Mm}{r_0}=\frac{mv^2}{2}-G\frac{Mm}{r}$$

得

$$v^2=v_0^2-\frac{2GM}{r_0}\left(1-\frac{r_0}{r}\right)$$
$$=v_0^2-\frac{2\mu}{r_0}\left(1-\frac{r_0}{r}\right) \tag{8.8—3}$$

式中　μ——地球引力常数，$\mu=3.986\times10^5$ km³/s²。

利用（8.8—3）式可算出航天器在距地球 r 处的速度 v 的值。

欲使航天器在预定的轨道上飞行，需考虑空间环境、运载火箭、预定轨道、选择最合理的入轨方式等众多复杂因素，但应主要考虑以下因素：

1）最合适的航天器速度。航天器速度来自火箭推力。推力过大，航天器通过稠密大气层时与空气摩擦，表面温度急剧上升，对

航天器不利。已知空气阻力与运动速度成指数函数关系（飞速 200 m/s 时，阻力与速度平方成正比；飞速 400～600 m/s 时，阻力与速度的 3 次方成正比）。因此，在低空航天器的速度不宜太大，只要能保证入轨高度即可。

　　2）分段加速或一次加速。从经济性讲，一次加速最好，但在低空一次加速不能满足高空入轨的要求，因此航天器入轨前必须施以小推力，给予第二次加速。

　　3）阻力最小。航天器通过稠密大气，阻力不可忽视。为使阻力小，必须使通过大气层的距离最短。因此，常用垂直起飞。但当航天器飞行到 100 km 高空后，大气稀薄，航天器高速飞行阻力小，可不考虑阻力。图 8.11 是发射卫星的合理轨道。

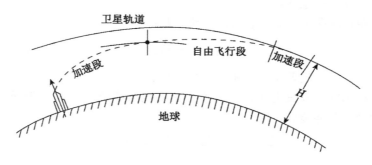

图 8.11　发射卫星的合理轨道

8.9　航天器轨道方程

　　卫星轨道由火箭熄火时的速度 v_0 确定（参见图 8.12）。这里仅考虑地球引力和火箭本身的推力对火箭（卫星是火箭的有效载荷）的作用，这是典型的"二体问题"应用实例。

　　r_0 为航天器 m（近地点）与地球的距离，f_0 为轨道近地点的真近点角，v_0 为火箭关机点速度，即航天器近地点速度，α 为航天器运动方向（即 v_0 方向）与径向的夹角。根据力学原理，质点 m 绕地

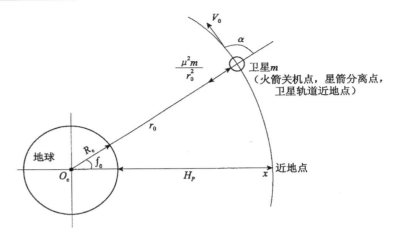

图 8.12　卫星轨道（真近点角 f 在极坐标系中为极角）

心运动的向心力 $mg\left(\dfrac{R_e}{r_0}\right)^2$ 与引力 $\dfrac{\mu^2 m}{r_0^2}$ 相等，即

$$mg\left(\frac{R_e}{r_0}\right)^2 = \frac{\mu^2 m}{r_0^2} \tag{8.9-1}$$

由此得

$$\mu^2 = gR_e^2 \tag{8.9-2}$$

航天器自由飞行时，若不计空气阻力，整个系统能量总合不变，对单位质量而言，其动能为

$$M = \frac{1}{2}v_0^2 = \frac{1}{2}(v_0^2 + v_{f_0}^2) = \frac{1}{2}\left[\left(\frac{dr}{dt}\right)^2 + \left(r\,\frac{df}{dt}\right)^2\right] \tag{8.9-3}$$

单位质量所有的势能为 $-\dfrac{\mu^2}{r}$；其总能量（动能加势能）为

$$E = \frac{1}{2}\left[\left(\frac{dr}{dt}\right)^2 + \left(r\,\frac{df}{dt}\right)^2\right] - \frac{\mu^2}{r} = \frac{1}{2}v_0^2 - \frac{\mu^2}{r_0} \tag{8.9-4}$$

质点的角动量也守恒，即

$$rr\,\frac{df}{dt} = r^2\,\frac{df}{dt} = 常数 = r_0 v_0 \sin\alpha \tag{8.9-5}$$

利用微分关系，得

$$\frac{\mathrm{d}r}{\mathrm{d}t} = \frac{\mathrm{d}r}{\mathrm{d}f} \cdot \frac{\mathrm{d}f}{\mathrm{d}t} = \frac{\mathrm{d}r}{\mathrm{d}f} \cdot \frac{v_0 r_0 \sin\alpha}{r^2} \tag{8.9—6}$$

将（8.9—5）式和（8.9—6）式代入（8.9—4）式得

$$\left(\frac{\mathrm{d}r}{\mathrm{d}f}\right)^2 \frac{v_0^2 r_0^2 \sin^2\alpha}{r^4} + \frac{v_0^2 r_0^2 \sin^2\alpha}{r^2} - \frac{2\mu^2}{r} = v_0^2 - \frac{2\mu^2}{r_0}$$

$$\left(\frac{\mathrm{d}r}{\mathrm{d}f}\right)^2 = \frac{v_0^2 - \dfrac{2\mu^2}{r_0} + \dfrac{2\mu^2}{r} - \dfrac{v_0^2 r_0^2 \sin^2\alpha}{r^2}}{\dfrac{v_0^2 r_0^2 \sin^2\alpha}{r^4}}$$

$$\frac{\mathrm{d}r}{\mathrm{d}f} = \frac{\sqrt{v_0^2 - \dfrac{2\mu^2}{r_0} + \dfrac{2\mu^2}{r} - \dfrac{v_0^2 r_0^2 \sin^2\alpha}{r^2}}}{\dfrac{v_0 r_0 \sin\alpha}{r^2}}$$

$$\mathrm{d}f = \frac{\dfrac{v_0 r_0 \sin\alpha}{r^2} \mathrm{d}r}{\sqrt{v_0^2 - \dfrac{2\mu^2}{r_0} + \dfrac{2\mu^2}{r} - \dfrac{v_0^2 r_0^2 \sin^2\alpha}{r^2}}} \tag{8.9—7}$$

因为

$$\mathrm{d}\left(\frac{v_0 r_0 \sin\alpha}{r}\right) = -\frac{v_0 r_0 \sin\alpha}{r^2} \mathrm{d}r \tag{8.9—8}$$

$$\frac{\mu^2}{r} = \frac{v_0 r_0 \sin\alpha}{r} \cdot \frac{\mu^2}{v_0 r_0 \sin\alpha} \tag{8.9—9}$$

将（8.9—8）式和（8.9—9）式一并代入（8.9—7）式得

$$\mathrm{d}f = \frac{-\mathrm{d}\left(\dfrac{v_0 r_0 \sin\alpha}{r} - \dfrac{\mu^2}{v_0 r_0 \sin\alpha}\right)}{\sqrt{\left(v_0^2 - \dfrac{2\mu^2}{r_0} + \dfrac{\mu^4}{v_0^2 r_0^2 \sin^2\alpha}\right) - \left(\dfrac{v_0 r_0 \sin\alpha}{r} - \dfrac{\mu^2}{v_0 r_0 \sin\alpha}\right)^2}}$$

进行积分得

$$f - f_0 = \arccos\left(\frac{\dfrac{v_0 r_0 \sin\alpha}{r} - \dfrac{\mu^2}{v_0 r_0 \sin\alpha}}{\sqrt{v_0^2 - \dfrac{2\mu^2}{r_0} + \dfrac{\mu^4}{v_0^2 r_0^2 \sin^2\alpha}}}\right)$$

最后得航天器距引力中心的距离为

$$r=\cfrac{v_0 r_0 \sin\alpha}{\cfrac{\mu^2}{v_0 r_0 \sin\alpha}+\sqrt{v_0^2-\cfrac{2\mu^2}{r_0}+\cfrac{\mu^4}{v_0^2 r_0^2 \sin^2\alpha}}\ \cos(f-f_0)}$$

可写成

$$r=\cfrac{\cfrac{v_0^2 r_0^2 \sin^2\alpha}{\mu}}{1+\cfrac{v_0 r_0 \sin\alpha}{\mu^2}\sqrt{v_0^2-\cfrac{2\mu^2}{r_0}+\cfrac{\mu^4}{v_0^2 r_0^2 \sin^2\alpha}}\ \cos(f-f_0)}$$

$$(8.9-10)$$

这就是极坐标轨道方程。

用（8.9－10）式与极坐标中的圆锥曲线方程比较可得出，航天器绕地球运动的轨道是圆锥曲线，地球中心是轨道的一个焦点。

已知圆锥曲线的方程为

$$r=\frac{p}{1+e\cos(f-f_0)} \qquad (8.9-11)$$

式中 p——半通径；

e——偏心率。

将（8.9－11）式与（8.9－10）式比较，可得半通径 p 的表示式，即

$$p=\frac{v_0^2 r_0^2 \sin\alpha}{\mu^2} \qquad (8.9-12)$$

偏心率为

$$e=\sqrt{1-\frac{v_0^2 r_0^2 \sin\alpha}{\mu^4}\left(\frac{2\mu^2}{r_0}-v_0^2\right)} \qquad (8.9-13)$$

（8.9－11）式～（8.9－13）式为行星绕太阳运动方程，也是航天器绕地球（焦点 f_2 为地心）的运动方程。由（8.9－13）式可看出，航天器的运动轨道取决于初始速度 v_0 与 $\sqrt{\dfrac{2\mu^2}{r_0}}$ 间的相对关系：

1）若 $\dfrac{2\mu^2}{r_0}-v_0^2>0$，则 $e<1$，轨道为椭圆形；

2）若 $\dfrac{2\mu^2}{r_0}-v_0^2=0$，则 $e=1$，轨道为抛物线；

3) 若 $\dfrac{2\mu^2}{r_0}-v_0^2<0$，则 $e>1$，轨道为双曲线。

由（8.9—11）式可见，航天器的近地点 $f-f_0$，即 $f-f_0=0$，$\cos(f-f_0)=1$，$1+e\cos(f-f_0)$ 最大，而 $r_P=\dfrac{p}{1+e}$ 最小，即为航天器的近地点。r_P 表示近地点距离。此时，f_0 的物理意义是极坐标中近地点的极角，这里 $f_0=0°$，称 f 为真近点角。

椭圆轨道远地点为 $f-f_0=\pi$ 的时候，$\cos(f-f_0)=1$，$1-e$ 为最小值，则 $r_A=\dfrac{p}{1-e}$ 距离最大。从图 8—10 可见

$$2a=r_P+r_A=p\left(\frac{1}{1+e}+\frac{1}{1-e}\right)=\frac{2p}{1-e^2}$$

$$r_A=\frac{p}{1-e}$$

$$r_P=\frac{p}{1+e}$$

因此椭圆的长半轴 a 和偏心率 e 为

$$a=\frac{p}{1-e^2} \tag{8.9—14}$$

$$e=\frac{r_A-r_P}{r_A+r_P} \tag{8.9—15}$$

由（8.9—14）式可得

$$1-e^2=\frac{v_0^2 r_0^2\sin^2\alpha}{\mu^4}\left(\frac{2\mu^2}{r_0}-v_0^2\right) \tag{8.9—16}$$

故得

$$a=\frac{\mu^2}{\dfrac{2\mu^2}{r_0}-v_0^2} \tag{8.9—17}$$

可见，长半轴 a 是 r_0 和 v_0 的函数，与运动方向和径向的交角 α 无关。不同的 α 角可产生不同的椭圆轨道，但所有轨道的长半轴都相等。而椭圆轨道的短半轴 b 为

$$b=a\sqrt{1-e^2} \tag{8.9—18}$$

将（8.9—16）式和（8.9—17）式代入（8.9—18）式得

$$b=\frac{v_0 r_0 \sin\alpha}{\sqrt{\dfrac{2\mu^2}{r_0}-v_0^2}} \tag{8.9-19}$$

由此可见，b 与 α 是有关的。

8.10　航天器的空间位置、速度和周期的确定

8.10.1　轨道位置的确定

根据 8.9 节航天器椭圆轨道方程（（8.9-11）式～（8.9-13）式），通过计算，可得航天器在任何时刻的极坐标位置 (r, f)。由图 8.10 知

$$a\cos E=\overline{OC}=\overline{Of_2}-\overline{f_2 C}=ae+r\cos f$$

因此有

$$r\cos f=a(\cos E-e) \tag{8.10-1}$$

式中　E——偏近点角。

已知椭圆的极坐标方程为

$$r=\frac{a(1-e^2)}{1+e\cos f} \tag{8.10-2}$$

将（8.10-2）式代入（8.10-1）式得

$$r=a(1-e\cos E) \tag{8.10-3}$$

又因　$r\sin f=\pm\sqrt{r^2-r^2\cos^2 f}$

$$=\pm\sqrt{a^2(1-e\cos E)^2-a^2(\cos E-e)^2}$$

$$=\pm a\sqrt{1-e^2}\sin E$$

利用　$1+\cos f=\dfrac{(1-e)(1+\cos E)}{1-e\cos E}$ 和 $1-\cos f=\dfrac{(1-e)(1-\cos E)}{1-e\cos E}$，

以上两式相除，并开平方后得

$$\tan\frac{f}{2}=\sqrt{\frac{1+e}{1-e}}\tan\frac{E}{2} \tag{8.10-4}$$

通过（8.7-4）式、（8.10-1）式和（8.10-4）式，可算出航天器在任何时刻 t 的极坐标位置 (r, f)。

8.10.2　轨道飞行速度的确定

航天器的飞行轨道选定后，就要确定发射方案，特别是确定合适的发射速度。航天器飞行轨道的性质由轨道参数决定。

根据开普勒第二定律得

$$\frac{1}{2}r^2\ \frac{\mathrm{d}f}{\mathrm{d}t}=常数 \qquad (8.10-5)$$

或

$$\frac{\pi a^2\ \sqrt{1-e^2}}{T}=常数 \qquad (8.10-6)$$

根据开普勒第三定律得

$$\frac{a^3}{T^2}=\frac{GM}{4\pi^2} \qquad (8.10-7)$$

因平均角速度 $n=\dfrac{2\pi}{T}$，所以（8.10－7）式改写为

$$n^2a^3=GM \qquad (8.10-8)$$

只要知道 a、T 和 n 中一个量，就可由（8.10－6）式和（8.10－7）式求出另两个量，而 a 和 T 的关系可写为

$$a=331.254T^{\frac{2}{3}} \qquad (8.10-9)$$

n 和 a 的关系可以写为

$$n=2.170\ 42\times10^6a^{-\frac{3}{2}} \qquad (8.10-10)$$

根据地心距和椭圆轨道长半轴与飞行速度的关系，在 a 确定后，可求出飞行速度 v，即

$$v=\sqrt{2GM\left(\frac{1}{r}-\frac{1}{2a}\right)} \qquad (8.10-11)$$

椭圆近地点 P 的速度 v_P 为

$$v_P=\sqrt{\frac{2GMr_A}{r_P(r_P+r_A)}} \qquad (8.10-12)$$

椭圆远地点 A 的速度 v_A 为

$$v_A=\sqrt{\frac{2GMr_P}{r_A(r_P+r_A)}} \qquad (8.10-13)$$

若 $a=r$（即没有远地点时），即为圆轨道，环绕速度 v_{kp} 为

$$v_{kp}=\sqrt{\frac{GM}{r}} \qquad (8.10-14)$$

式中 r——圆半径。

当 $a\rightarrow\infty$ 时（即远地点为 ∞ 时），为抛物线轨道，即航天器可脱离地心引力作用飞向宇宙空间。这时航天器的速度为逃逸速度 v_T，可表示为

$$v_T=\sqrt{\frac{2GM}{r}} \qquad (8.10-15)$$

将（8.10-14）式代入（8.10-15）式得

$$v_T=\sqrt{2}\,v_{kp}$$

8.10.3 轨道周期的确定

在忽略空气阻力和其他外力的条件下，航天器在椭圆轨道的周期 T 为

$$T=\frac{2\pi a^{\frac{3}{2}}}{\sqrt{gR_e^2}}$$
$$=2\pi\sqrt{\frac{R_e}{g}}\left(\frac{H_P+H_A}{2R_e}+1\right)^{\frac{3}{2}}$$
$$=84.5\left(1+\frac{H_P+H_A}{2R_e}\right)^{\frac{3}{2}} \qquad (8.10-16)$$

式中 H_P——近地点高度；

H_A——远地点高度；

R_e——地球平均半径。

根据（8.10-16）式可求出圆轨道周期（即 $H_P=H_A=H$）公式，则可方便求出地球同步轨道卫星的高度和速度。地球同步轨道卫星的轨道为圆轨道，周期为

$$T=2\pi\sqrt{\frac{R_e}{g}}\left(\frac{r}{R_e}\right)^{\frac{3}{2}} \qquad (8.10-17)$$

式中 r——圆轨道卫星的半径，$r=h-R_e$（h 为卫星高度）；

R_e——地球平均半径。

当 $T=86\ 164$ s 时，（8.10—17）式可写成（8.10—18）式

$$\frac{r}{R_e}=\left[\frac{T}{2\pi\sqrt{\dfrac{R_e}{g}}}\right]^{\frac{2}{3}} \tag{8.10—18}$$

算出 $\dfrac{r}{R_e}$ 的数值为

$$\frac{r}{R_e}=\left[\frac{86\ 164}{2\times3.\ 14\sqrt{\dfrac{6\ 371\ 000}{9.81}}}\right]^{\frac{2}{3}}$$

$$\approx6.\ 618$$

即地球同步卫星轨道半径为

$$r=6.\ 618R_e \tag{8.10—19}$$

故可算出地球同步卫星的轨道高度为

$$h=r-R_e=6.\ 618R_e-R_e=35\ 793\text{(km)}$$

由（8.6—24）式可求得地球同步卫星在圆轨道上的速度 v 为

$$v=\sqrt{gR_e}\sqrt{\frac{R_e}{r}}\approx3\ 075\text{(m/s)}$$

第9章 航天动力学及其应用

航天动力学是研究航天器运动的力学理论的学科。它是在天体力学基础上发展起来的航天器运动理论，由天体力学与火箭动力学相结合而构成。天体力学是专门研究天体质心运动和绕心运动以及天体形状的学科，研究对象是太阳系中的天体以及一些恒星系统，是天文学的一个分支，是航天动力学的基础。天体力学又是力学的重要组成部分。力学是以牛顿运动定律为基本原理、研究物体机械运动状态变化规律的学科。

航天动力学以数学、力学和控制理论为基础，又称星际航行动力学。它包含航天器质心运动的轨道动力学和航天器相对于质心转动的姿态动力学两部分，还包括航天器发射和航天器轨道机动的火箭动力学。这里先介绍航天器轨道动力学。

航天器的飞行轨道由发射段（待发段、上升段）、轨道运行段、降落返回段 3 段组成。9.1～9.4 节介绍运行段轨道的各种特性和轨道参数计算的代数法；9.5～9.9 节介绍轨道的矢量法计算；发射段轨道计算详见第 11 章；降落返回段轨道计算详见第 13 章。

9.1 航天器椭圆轨道常用公式

根据第 8 章有关航天运动学基础的论述，可总结出以下航天器椭圆轨道（参见图 8.10）参数计算公式（即二体问题常用公式）。

9.1.1 航天器轨道地心距 r

$$r = \frac{a(1-e^2)}{1+e\cos f} = a(1-e\cos E) = a\sqrt{1-e^2}\frac{\sin E}{\sin f} \qquad (9.1-1)$$

式中 a——航天器轨道长半轴；

e——偏心率；

E——偏近点角；

f——真近点角。

或

$$r\cos f = a\ (\cos E - e) \qquad (9.1-2)$$

或

$$r\sin f = a\sqrt{1-e^2}\sin E \qquad (9.1-3)$$

9.1.2　航天器轨道长半轴 a

$$a = \frac{\mu r}{2\mu - rv^2} = \frac{r_p + r_a}{2} = \frac{r_p}{1-e} = \frac{r_a}{1+e} = \frac{\mu}{v_a v_p} \qquad (9.1-4)$$

式中　μ——地球引力常数；

v——航天器速度；

r_a——远地点距离；

r_p——近地点距离；

v_a——远地点速度；

v_p——近地点速度。

9.1.3　航天器地心距矢量 r 和速度矢量 v 之间的夹角 α

$$\alpha = \arcsin\left[\frac{\sqrt{\mu a\ (1-e^2)}}{rv}\right] = \arctan\left(\frac{1+e\cos f}{e\sin f}\right) \qquad (9.1-5)$$

9.1.4　真近点角 f

$$f = 2\arctan\left(\sqrt{\frac{1+e}{1-e}}\tan\frac{E}{2}\right)$$

$$= \arccos\left(\frac{\cos E - e}{1 - e\cos E}\right)$$

$$= \arcsin\left(\frac{\sqrt{1-e^2}\sin E}{1 - e\cos E}\right)$$

$$= \arcsin\left(\frac{a\sqrt{1-e^2}\sin E}{r}\right)$$

$$=\arccos\left[\frac{a}{r}(\cos E-e)\right]$$

$$=\arccos\left\{\frac{1}{er}[a(1-e^2)-r]\right\} \qquad (9.1-6)$$

9.1.5　偏近点角 E

$$E=\arccos\left(\frac{a-r}{ae}\right)$$

$$=\arcsin\left(\frac{r\sin f}{a\sqrt{1-e^2}}\right)$$

$$=\arcsin\left(\frac{\sqrt{1-e^2}\,\sin f}{1+e\cos f}\right)$$

$$=\arccos\left(\frac{e+\cos f}{1+e\cos f}\right)$$

$$=\arctan\left(\sqrt{\frac{1-e}{1+e}}\tan\frac{f}{2}\right) \qquad (9.1-7)$$

9.1.6　偏心率 e

$$e=1-\frac{r_a v_a^2}{\mu}=\sqrt{1-\frac{r^2 v^2\sin^2\alpha}{a\mu}}=\frac{r_a}{a}-1=1-\frac{r_p}{a} \qquad (9.1-8)$$

9.1.7　航天器速度 v

$$v=\sqrt{\mu\left(\frac{2}{r}-\frac{1}{a}\right)}$$

$$=\sqrt{\frac{\mu(1+e\cos E)}{a(1-e\cos E)}}$$

$$=\frac{\sqrt{\mu a(1+e^2)}}{r\sin\alpha}$$

$$=\sqrt{\frac{\mu}{a(1-e^2)}(1+e^2+2e\cos f)} \qquad (9.1-9)$$

9.1.8 远地点速度 v_a

$$v_a = \sqrt{\frac{\mu(1-e)}{a(1+e)}} \qquad (9.1-10)$$

9.1.9 近地点速度 v_p

$$v_p = \sqrt{\frac{\mu(1+e)}{a(1-e)}} \qquad (9.1-11)$$

9.1.10 运动周期 T

$$\begin{cases} T = 2\pi a \sqrt{\dfrac{a}{\mu}} = \dfrac{2\pi}{n} \\ \dfrac{1}{n} = \sqrt{\dfrac{a^3}{\mu}} \end{cases} \qquad (9.1-12)$$

式中　n ——平均角速度。

（9.1—12）式就是开普勒第三定律。

9.1.11 平近点角 M

$$M = M_0 + n(t-t_0) = E - e\sin E \qquad (9.1-13)$$

（9.1—1）式～（9.1—13）式为著名的开普勒方程。

9.2 轨道摄动

第8章讨论了航天器在地球中心引力作用下的运动规律，但忽略了大气阻力、太阳和月球的引力等诸多干扰因素对航天器运动的影响。实际上，除地球中心引力外，航天器还受地球非球形摄动力、其他天体（太阳和月球等星体）引力、大气阻力和太阳辐射压力等影响。这些力统称干扰力或摄动力。航天器受摄动力影响将偏离开普勒标准轨道。在开普勒轨道上每一点都受摄动力的影响。这些各个时刻连续变化的开普勒轨道，称为密切轨道。

9.2.1 地球扁率摄动

开普勒轨道是假设地球为一圆球，地球中心的引力位为

$$U=\frac{\mu}{r} \tag{9.2—1}$$

但实际上地球不是圆球，而是近似一旋转椭球体，两极扁平，极半径比赤道半径短 21 km，"赤道膨胀"会引起航天器轨道摄动。地球扁率产生的引力位为

$$U=\frac{\mu}{r}\left[1+J_2\left(\frac{a_e}{r}\right)^2(1-\sin^2\varphi)\right] \tag{9.2—2}$$

式中　a_e——地球赤道半径（地球椭圆赤道面半长轴）；

　　　φ——地心纬度；

　　　J_2——二阶带谐项系数。

地球扁率引起的摄动力（(9.2—1)式与(9.2—2)式之差）随航天器与地球中心距 r 增大而减小，不能使轨道平面保持固定位置，而在空间不断旋转（轨道动量矩方向）形成以地轴（南北极轴）为转轴的角锥（详见图 9.1）。对于顺行轨道卫星的升交点赤经 Ω，每运行 1 周，Ω 将西进。

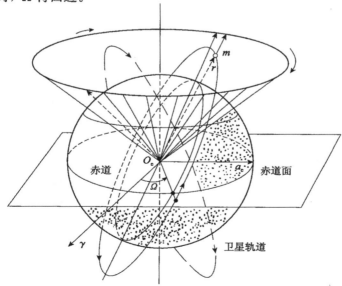

图 9.1　地球扁率引起的航天器轨道面进动

9.2.2　天体引力摄动

航天器绕地球运动时，地球引力是主要的。按万有引力定律，其他天体（太阳、月球）对航天器也有引力，但这一摄动力很小。月球摄动力是太阳摄动力的 2.2 倍。由于卫星接近地球，这种摄动力与地球重力加速度相比很小。航天器在 20 000 km 以下只考虑地球扁率摄动力，不考虑太阳和月球引起的摄动力；20 000 km 以上，这种天体摄动力仍小于地球扁率摄动力；只有在 50 000 km 以上，天体摄动力才超过地球扁率摄动力，这时才考虑天体摄动对轨道形状和平面位置的影响。

9.2.3　大气阻力摄动

地球被稠密大气包围，随高度增加大气变稀薄，对航天器产生阻力也变小，大气对飞行体（火箭或航天器）的运动阻力由（9.2—3）式确定，即

$$F = \frac{1}{2} C_d S \rho v^2 \qquad\qquad (9.2-3)$$

式中　C_d—— 阻力系数，取决于飞行体的形状，对上层大气可取
　　　　　　2～2.5；

　　　S——飞行体相对于大气飞行速度垂直的平面内的最大截面积；

　　　ρ——大气密度；

　　　v——航天器运行速度。

阻力 F 对航天器产生一个摄动加速度——大气阻尼摄动加速度 a_ρ。对 200 km 圆轨道，$a_\rho = 2.2 \times 10^{-4}$ m/s²；对 400 km 圆轨道，$a_\rho = 3.1 \times 10^{-6}$ m/s²；对 800 km 圆轨道，$a_\rho = 2.6 \times 10^{-8}$ m/s²；对 100 km 圆轨道，a_ρ 就可观了，达到 0.3 m/s²。

9.2.4　太阳辐射压力摄动

太阳辐射压力（或称太阳光压）对航天器施以摄动力，使航天器

产生摄动加速度 a_R 即

$$a_R = -4.5 \times 10^{-8} \frac{A}{m} \qquad (9.2-4)$$

式中　A——航天器迎太阳面的截面积;

　　　m——航天器质量。

　　航天器轨道高度低于 800 km 时,太阳辐射摄动加速度小于大气阻力摄动加速度;轨道高度高于 800 km 时,太阳辐射压力摄动加速度较大。美国于 1960 年 8 月 12 日发射的回声 1 号卫星,为质量 62 kg 的球罐状星,在 1 600 km 高圆轨道上运动,进行了无线电波试验;5 个月后,圆轨道变为近地点 900 km、远地点 2 200 km 的椭圆轨道;又过 6 个月,轨道又回到近圆轨道;后来又变为扁椭圆。当从近地点进入稠密大气层时,卫星成了大气阻尼帆,逐渐下降,于 1968 年 5 月坠入大气层。从这时开始,人们才开始关注太阳辐射压力对航天器的影响。

9.3　轨道机动

　　航天器在控制系统作用下,其轨道发生有意的改变,称为轨道机动。

　　轨道机动所需推力,由动力装置提供。动力装置一般为多次点火启动的火箭发动机。

　　当终轨道与初轨道相交或相切时,在交点或切点处施加一次冲量,使航天器具有终轨道的运行速度,即可使航天器由初轨道进入终轨道,这称为轨道改变。

　　当终轨道与初轨道不相切或不相交时,至少要施加两次冲量,才能使航天器由初轨道进入终轨道,这称为轨道转移。连接终轨道与初轨道的过渡轨道称为转移轨道。

9.3.1　霍曼转移轨道 (共面变轨)

　　与两个在同一平面内的同心圆轨道相切的椭圆转移轨道,称为霍曼转移轨道 (参见图 9.2)。

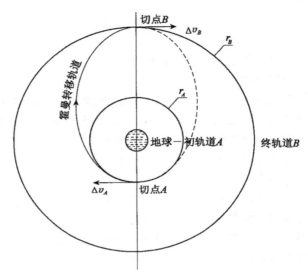

图 9.2　霍曼转移轨道

设初轨道地心距为 r_A，飞行速度为

$$v_A = \sqrt{\frac{\mu}{r_A}} \qquad (9.3-1)$$

终轨道地心距为 r_B，飞行速度为

$$v_B = \sqrt{\frac{\mu}{r_B}} \qquad (9.3-2)$$

令 $r_B > r_A$，$n_T = \dfrac{r_B}{r_A}$（终初轨道半径比率大于 1），则霍曼转移轨道参数为：

　　1）远心距为 r_B；

　　2）近心距为 r_A；

　　3）长半轴为

$$a_T = \frac{1}{2}(r_A + r_B) = \frac{1}{2}r_A(1 + n_T) \qquad (9.3-3)$$

　　4）偏心率为

$$e_T = \frac{r_A - r_B}{r_A + r_B} = \frac{1 - n_T}{1 + n_T} \tag{9.3-4}$$

5）近地点速度为

$$v_{TA} = \sqrt{\mu \left(\frac{2}{r_A} - \frac{1}{a_T} \right)} = \sqrt{\frac{\mu}{r_A} \left(2 - \frac{2}{1 + n_T} \right)} = v_A \sqrt{\frac{2n_T}{1 + n_T}} \tag{9.3-5}$$

6）远地点速度为

$$v_{TB} = \sqrt{\mu \left(\frac{2}{r_B} - \frac{1}{a_T} \right)} = \sqrt{\frac{\mu}{r_B} \left(2 - \frac{2n_T}{1 + n_T} \right)} = v_B \sqrt{\frac{2}{1 + n_T}} \tag{9.3-6}$$

7）切点 A 的速度增量 Δv_A 为

$$\Delta v_A = v_{TA} - v_A = v_A \left(\sqrt{\frac{2n_T}{1 + n_T}} - 1 \right) \tag{9.3-7}$$

8）当航天器进入霍曼转移轨道时，切点 B 的速度增量为

$$\Delta v_B = v_B - v_{TB}$$

$$= v_B \left(1 - \sqrt{\frac{2}{1 + n_T}} \right)$$

$$= v_A \left[\sqrt{\frac{1}{n_T}} - \sqrt{\frac{2}{n_T (1 + n_T)}} \right] \tag{9.3-8}$$

这时航天器完成轨道机动，进入终轨道。

【例】已知航天器初轨道 $r_A = 6\,567$ km，终轨道 $r_B = 42\,160$ km；求航天器完成轨道机动所需的速度增量。

解：由（9.3-7）式和（9.3-8）式可算出航天器所需速度增量

$$\Delta v = \Delta v_A + \Delta v_B = 3.94 \text{（km/s）}$$

9.3.2　轨道面改变（非共面变轨）

改变航天器的轨道平面方向，即改变轨道倾角。这就需要改变速度矢量的方向（如图 9.3 所示），需要改变轨道平面的 Δv（不限变轨道的大小，这时 $v_A = v_B$），即

$$\Delta v = 2 v_A \sin \frac{\theta}{2} \qquad\qquad (9.3-9)$$

式中　θ——v_A 与 v_B 之间的夹角。

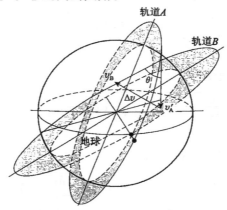

图 9.3　轨道面的改变所需速度增量 Δv

【例】已知初轨道高度为 185 km、倾角为 28°的低圆轨道，终轨道为同样高度的赤道圆轨（倾角为 0°）。求轨道转移所需速度增量。

解：首先，求出 185 km 高圆轨道的圆周速度 v_A；然后代入（9.3—9）式，即可求出

$$\Delta v = 2 v_A \sin \frac{28°}{2} \approx 3.77 \ (\text{km/s})。$$

当初轨道高度和终轨道高度不一样高时（即 $v_A \neq v_B$），轨道转移时需要同时改变轨道的大小和轨道的平面，此时仍可用余弦定律来计算所需速度增量 Δv，即

$$\Delta v = (v_A^2 + v_B^2 - 2 v_A v_B \cos \theta) \qquad (9.3-10)$$

式中　θ——v_A 与 v_B 间的夹角。

9.3.3　轨道保持

许多航天器入轨后，不需要变轨（轨道机动），但由于各种摄动力干扰改变了轨道参数，为保持原轨道参数不变，需要修正干扰引起的变化，这种修正轨道参数的过程，称为轨道保持。

对地球静止轨道卫星，要求南北漂移不超过±0.1°，东西方向漂移不超过±0.1°；一旦超过就需修正（轨道保持机动），使卫星重新回到定点位置。对回归轨道卫星，也要求轨道周期保持不变，过一段时间需要轨道保持机动。对太阳同步轨道卫星，也需要长时间与太阳保持"同步"。过一段时间就需要进行轨道保持机动。

9.4　航天器轨道动力学的应用

9.4.1　星下点轨迹及轨道覆盖

航天器在地球表面的投影点称为星下点，星下点构成的线称为星下点轨迹。星下点位置由地理经度 φ 和纬度 λ 表示（由球面三角计算），其方程为

$$\begin{cases} \varphi = \arcsin\left[\sin i \cdot \sin(\omega+f)\right] \\ \lambda = \Omega_e + \arctan\left[\cos i \cdot \tan(\omega+f)\right] - \omega_e(t-t_p) \end{cases} \qquad (9.4-1)$$

式中　i——轨道倾角；

Ω_e——升交点经度；

ω——近地点幅角；

f——真近点角；

t_p——经过近地点的时间；

ω_e——地球自转角速度。

常用地球平面图来表示星下点轨迹，各类卫星典型轨道的星下点轨迹如图 9.4 所示。

图 9.4 中 A 表示航天飞机停泊轨道星下点轨迹，轨道的长半轴 $a=6\ 700$ km，偏心率 $e=0$，轨道倾角 $i=28.4°$；B 表示低高度退行轨道星下点轨迹，$a=6\ 700$ km，$e=0$，$i=98°$；C 表示全球定位卫星（GPS）轨道星下点轨迹，$a=26\ 600$ km，$e=0$，$i=60°$；D 表示闪电卫星轨道星下点轨迹，$a=26\ 600$ km，$e=0.75$，$i=63.4°$。

通信卫星为传播电磁波，在空间旋转所形成的正圆锥体所包容的地球区域，称为覆盖区（参见图 9.5）。覆盖角 d 为

$$d = \arccos\frac{R_e}{R_e+h} \qquad (9.4-2)$$

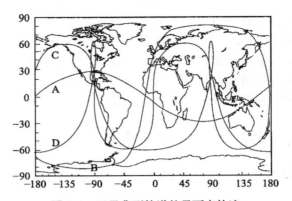

图 9.4　卫星典型轨道的星下点轨迹

A—航天飞机轨道；B—低高度退行轨道；C—GPS 轨道；D—闪电卫星轨道

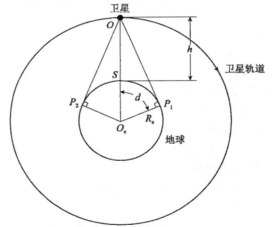

图 9.5　卫星对地面的覆盖

式中　R_e——地球半径；

　　　h——卫星轨道高度，$h=a-R_e$。

面积 A_s 为

$$A_s=2\pi R_e^2(1-\cos d)=4\pi R_e^2\sin^2\frac{d}{2} \tag{9.4-3}$$

覆盖区占全球面积的百分比 A 为

$$A=\sin^2\frac{d}{2}\times100\% \tag{9.4-4}$$

【例】已知地球静止轨道卫星的 $h=35\ 786$ km，$R_e=6\ 378$ km。求 d 和 A

解：将已知条件代入（9.4-2）式可求出 $d=81.3°$，代入（9.4-4）式可求出 $A=42.4\%$。

9.4.2　常用卫星或飞船的轨道

9.4.2.1　地球同步卫星轨道

运行周期与地球自转周期相同的顺行人造地球卫星轨道，称为地球同步轨道，俗称 24 h 轨道。

9.4.2.2　地球静止卫星轨道

倾角为零的圆形地球同步卫星轨道，简称地球静止轨道。其星下点轨迹为地球赤道上的一点，距地面高度为 35 786 km，运动速度为 3.07 km/s。

9.4.2.3　太阳同步轨道

轨道平面绕地球自转轴旋转的方向与地球绕太阳公转的方向相同、旋转角速度等于地球公转的平均角速度（即 360(°)/a）的人造地球卫星轨道称为太阳同步轨道。该轨道的长半轴 a、偏心率 e 和轨道倾角 i 满足以下关系

$$\cos i=-4.773\ 6\times10^{-15}\ (1-e^2)\ a^{\frac{7}{2}} \qquad (9.4-5)$$

由式（9.4-5）可知，太阳同步轨道倾角必须大于 90°，即太阳同步轨道为一条逆行轨道。当为圆轨道时，倾角最大为 180°，因此其轨道高度不会超过 6 000 km。由式（9.4-5）可得出轨道高度 h 与倾角的关系（见表 9.1）。

表 9.1　太阳同步轨道高度与倾角的关系

圆轨道高度/km	轨道倾角/(°)
200	96.3
400	97.0
600	97.8
800	98.6
1 000	99.5

太阳同步轨道上的卫星，以相同的方向经过同一纬度的当地时间是相同的，所以地面光照条件大致相同。倾角稍大于 90°的太阳同步轨道还兼有极轨道的特点，可俯瞰整个地球表面，特别适合拍摄地面目标图像的卫星（气象卫星、地球资源卫星和侦察卫星）。

9.4.2.4　极轨道

倾角为 90°的人造地球卫星轨道称为极轨道。在极轨道上运行的卫星，每圈都要经过地球两极的上空，可覆盖全球的目标。工程上把倾角稍偏离 90°但仍能覆盖全球的轨道，也称为极轨道。

9.4.2.5　回归轨道

星下点轨道周期性出现重叠现象的人造地球卫星轨道，称为回归轨道。重叠出现的周期为回归周期。

9.4.3　航天器轨道设计思想

航天器的飞行轨道需满足飞行任务的要求而确定。轨道设计通常将飞行任务分段考虑，每段轨道均有不同的选择标准。一般分 4 种轨道类型：

1）转移轨道，用来将航天器从一个轨道转移到另一个轨道。

2）等待轨道，是一种临时轨道，用来衔接航天器发射后进入转移轨道之前的各个阶段的不同工作状态。

3）空间基准轨道，是一种工作轨道，其主要特征是处于空间某一位置，具体的轨道参数并不重要。

4）地球基准轨道，是为地球表面或近地空间提供所需覆盖的一种工作轨道。

9.5　描述航天器运动的常用坐标系

前面在讨论航天器的轨道特性和轨道参数时，都是在航天器的椭圆轨道平面内用极坐标或垂直坐标来讨论的。因此二体问题椭圆轨道公式，简单明了。在讨论太阳系内地球运动（公转或自转）时，用到了日心坐标系和地心坐标系，即立体直角坐标系。因此描述地球与太阳间空间运行关系，而产生四季（春、夏、秋、冬）是简明的。用矢量计算法描述轨道公式，用正则单位来计算轨道参数也很简单明了。矢量计算与正则单位的概念和算法，详见附录 C。

以地面测控站来观测航天器飞行轨道的方法，称为外弹道测量。用装在火箭或航天器上的惯性导航仪或无线电测速定值仪测得的飞行轨道参数来确定轨道的方法，称为自主弹道测量。自主弹道测量的结果用于飞行器自主实时轨道控制；外弹道测量的结果用于地面定轨，作为地勤人员判断航天器飞行质量的依据，以便对航天器实施遥控。外弹道测量是个方向几何学问题，判读航天器在轨道上拍摄的地面照片，同时也要确定飞行轨道来定值图像。这些计算工作都要用到单位矢量法和天球表示法，并直接与常用的几种坐标系（日心黄道坐标系、地心赤道坐标系、赤经赤纬坐标系、航天器轨道平面的近焦点坐标系）的定义和应用场合相关联。航天器轨道的确定直接与所选坐标系有关，不同坐标系的轨道参数表示法不一样，而每种坐标都有以下两个特性：

1）坐标中心位置（坐标原点或参照点）；

2）坐标系空间三轴的取向。

9.5.1 日心黄道坐标系

在描述太阳系内航天器（经常是行星探测器）的运动状态时，常用日心黄道坐标系 $O_sX_sY_sZ_s$ 来描述。它是天体坐标系的一种，如图 9.6 所示（图中 $O_eX_eY_eZ_e$ 为地球赤道坐标系）。该坐标系原点在日心 O_s，X_s 轴和 Y_s 轴在黄道面上，X_s 轴方向是春季的第一天（春分点），地日连线指向 X_s，在天文学中用 γ 表示。

天体坐标系是典型的惯性坐标系，但并非对惯性空间固定。所谓惯性空间是指太阳附近恒星平均位置。天体坐标系的空间方向是由"地极"（即所谓的"天极"和"春分点"）方向确定的。春分点方向就是地球春季第一天太阳从南半球经赤道穿越至北半球时刻（地球赤道上这一点）至太阳的连线方向，同时指向白羊座方向。但由于地球是椭球形（赤道鼓出，南北极内收），太阳和其他行星对地球产生一个扭矩，使地球自转轴晃动，地球旋转方向在缓慢漂移，

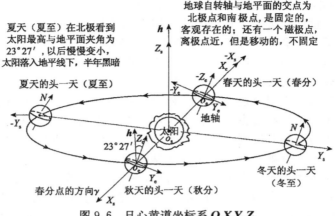

图 9.6　日心黄道坐标系 $O_sX_sY_sZ_s$

即导致地球赤道平面和黄道平面的交线（即 O_sX_s 轴线）缓慢向西漂移（又称为进动），如图 9.7 所示。进动周期大约为 26 000 a，即春分点向西漂移 360 （°）/26 000 a＝0.014 （°）/a。由于月球的椭球性，太阳会对月球产生扰动（扭矩），使月球轨道面进动，其周期是 18.6 a；月球再反过来影响地球进动，其周期也是 18.6 a。这就是图 9.7 所示进动圆锥上叠加的 18.6 a 的轻微"摆动"（又称为章动）。X_s 轴的春分点通常是只考虑太阳造成进动的平均春分点；进动和章动都考虑的春分点称为视春分点。

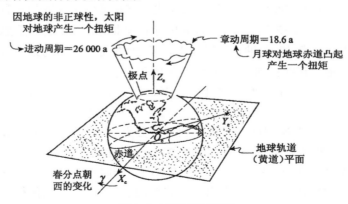

图 9.7　春分点的进动

由于地球在太阳、月球和行星引力的作用下，地球自转轴在空间的指向和地球公转轨道平面（即黄道面）发生改变，使赤道、黄道和春分点都有以星空为背景的运动。因而以它们为"基圈"和"主点"（坐标原点）的坐标系也时刻改变其天球上的位置，这种现象统称为岁差、章动。这在航天器的精确轨道设计中必须考虑（时间系统也必须要修正）。

9.5.2 地心赤道坐标系和赤经赤纬坐标系

地心赤道坐标系也属天体坐标系，如图 9.8 所示，其中心在地心 O_e，X_e 轴指向春分点，Z_e 轴指向地轴北极（或"天极"），Y_e 轴符合右手定则。

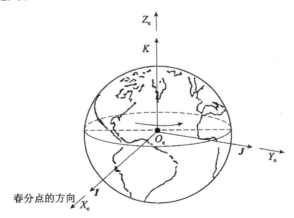

图 9.8 地心赤道坐标系 $O_e X_e Y_e Z_e$

$O_e X_e Y_e Z_e$ 坐标系不固定在地球上，跟随地球绕太阳转动，相对于恒星是不转动的（当然，如 9.5.1 节所述，只有春分点的进动），地球则相对于该坐标系 Z_e 轴自转。单位矢量 I、J 和 K 分别沿 X_e 轴、Y_e 轴和 Z_e 轴，用于描述地心赤道坐标系中的矢量。

把地心赤道坐标中的地球赤道平面无限延伸到一个假想的半径为无穷大的天球上所形成的平面，I 轴指向春分点，K 轴指向天体北极，J 轴由右手定则确定在天球赤道面上，称为赤经赤纬坐标系，I

轴、J 轴、K 轴与 X_e 轴、Y_e 轴、Z_e 轴重合，天球的球心为坐标原点与地球中心（地心）重合，天球的赤经、赤纬可精确地描述恒星的位置，可精确到零点几角秒。赤经 α 赤纬 δ 坐标系如图 9.9 所示。

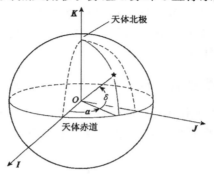

图 9.9　赤经赤纬坐标系 $OIJK$

9.5.3　航天器轨道平面的近焦点坐标系

近焦点坐标系常用于航天器运行轨道的描述。X_w 指向近拱点，沿轨道面运动方向转向 90° 为 Y_w 轴，Z_w 轴指向轨道面的 h 方向。符合右手定则的近焦点坐标系 $O_e X_w Y_w Z_w$，3 个方向的单位矢量为 p、q 和 w，如图 9.10 所示（图中 r 为地心距，f 为真近点角）。

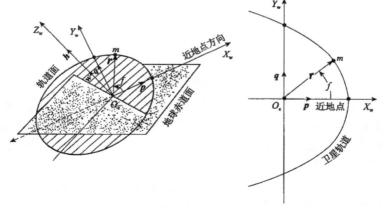

图 9.10　近焦点坐标系 $O_e X_w Y_w Z_w$

9.5.4　其他常用坐标系

9.5.1 节和 9.5.2 节介绍了日心黄道坐标系和地心赤道坐标系，前者用于航天器与太阳和太阳系内行星间的轨道和姿态关系，后者主要用于地球轨道航天器与地球间的轨道和姿态关系。描述航天器在不同的飞行阶段的轨道和姿态将用到不同的坐标系，这样才能使物理过程明了，数学公式简单。

1）对于地球轨道航天器的轨道常用地心惯性坐标系 $O_e X_e Y_e Z_e$（也称地心赤道坐标系，见图 9.11(a)）。坐标原点在地心 O_e，$O_e X_e$ 指向春分点，$O_e Y_e$ 在赤道平面内并与 $O_e X_e$ 垂直，$O_e Z_e$ 垂直于赤道平面指向地极，不随地球自转转动。它是天体坐标系的一种。惯性空间是指太阳附近恒星的平均位置。春分点不是绝对不动的，而是有移动的（0.014（°）/a），因此天体坐标系需要修正。通用的方法是在 1956 年坐标系、2000 年坐标系和真日期坐标系（TOD）的基础上，通过计算机上的标准修正程序进行小的修正。这对精确轨道数值分析很重要，但对飞行任务中的大多数问题并不需要。

2）在地理位置确定和卫星视运动中，常用地球固连坐标系 $O_e X' Y' Z'$（见图 9.11 (b)）。坐标原点在地心 O_e，$O_e X'$ 轴指向格林威治子午线（称为零经度线），$O_e Z'$ 轴指向北极，$O_e Y'$ 轴在赤道本面内，符合右手定则。

3）在描述航天器飞行姿态和姿态控制系统中，常用航天器固连坐标系 $O X_1 Y_1 Z_1$（见图 9.11 (c)）。坐标原点在航天器质心 O。X_1 轴、Y_1 轴、Z_1 轴常有两种不同的定向：

a）常用于对地定向姿态的卫星，将 X_1 轴指地心，Y_1 轴指飞行方向，Z_1 轴符合右手定则；

b）发射卫星的运载火箭常将 X_1 轴取为火箭轴向，Y_1 轴在发射面上并垂直于 X_1 轴，Z_1 轴符合右手定则。

4）在地球观测和姿态机动时，常用滚动、偏航、俯仰（RPY）

坐标系 $O_1 X'_1 Y'_1 Z'_1$（见图 9.11（d）），又称为当地垂线或当地地平线坐标系（LVLH），坐标原点固连在航天器质心 O_1 上，与图 9.11（c）中的卫星固连坐标系相似，X'_1 轴指向星下点（向地心），Y'_1 轴指向飞行方向，Z'_1 轴指向轨道面负法线方向。X'_1 轴为偏航轴，Y'_1 轴为滚动轴，Z'_1 轴为俯仰轴。

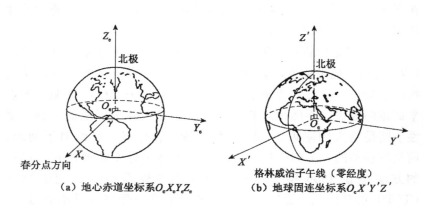

（a）地心赤道坐标系 $O_e X_e Y_e Z_e$　　　　（b）地球固连坐标系 $O_e X' Y' Z'$

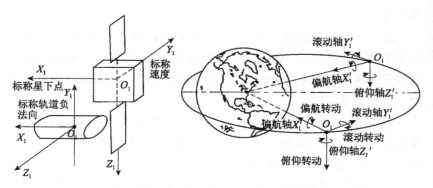

（c）航天器固连坐标系 $O_1 X_1 Y_1 Z_1$　　　（d）滚动、俯仰和偏航坐标系 $O_1 X'_1 Y'_1 Z'_1$

图 9.11　航天器和运载火箭常用的几种坐标系

9.6　多体问题和二体问题的矢量描述

8.6节～9.3节从基本力学的代数方程描述多体问题和二体问题。在9.5节建立了矢量计算法和坐标系的矢量描述。本节将用矢量描述航天运动学的多体问题和二体问题，使轨道计算简单化。

9.6.1　多体问题

牛顿第二定律的矢量表达式为

$$\sum \boldsymbol{F} = m\ddot{\boldsymbol{r}} \qquad (9.6-1)$$

（9.6-1）式表示作用在不变质量 m 物体上的合力 $\sum \boldsymbol{F}$，将使该物体产生 $\ddot{\boldsymbol{r}}$ 的加速度矢量。质量为 m 的物体在地心惯性坐标系 $O_e X_e Y_e Z_e$ 中的位置矢量 $\boldsymbol{r}$、加速度矢量 $\ddot{\boldsymbol{r}}$ 和合力矢量 $\sum \boldsymbol{F}$ 的关系如图9.12所示。

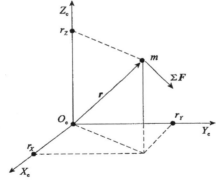

图9.12　牛顿第二定律的矢量示意图

万有引力定律的矢量表达式为

$$\boldsymbol{F}_g = -\frac{GMm}{r^2} \cdot \frac{\boldsymbol{r}}{r} \qquad (9.6-2)$$

（9.6-2）式表示质量为 m 的物体，受质量为 M 物体的引力 $\boldsymbol{F}_g$，$\boldsymbol{r}$ 为从 M 到 m 的位置矢量。它们在以 M 为中心的惯性坐标系 $MXYZ$ 中的关系如图9.13所示。万有引力常数 $G=6.672\,59 \times 10^{-11}$ m³/（kg·s²），

地球引力常数 $\mu = GM_e = 3.986 \times 10^5 \ \mathrm{km^3/s^2}$，太阳引力常数 $\mu_s = GM_s = 1.327\ 18 \times 10^{11} \ \mathrm{km^3/s^2}$，因此（9.6－2）式又可写为

$$F_g = -\frac{\mu m}{r^2} \cdot \frac{r}{r} \tag{9.6－3}$$

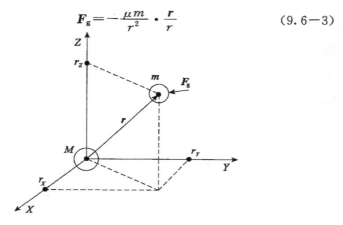

图 9.13　万有引力定律的矢量示意图

在有了（9.6－1）式～（9.6－3）式的矢量表示式后，再论述 n 个物体（m_1，m_2，m_3，…，m_n）构成的系统（参见图 9.14）就容易了。卫星、飞船等人造航天器在日、月、行星中均受到多个引力作用会产生轨道摄动；如果物体 m_i 是火箭（变质量物体），要排出一定质量的物体而产生推力；太阳辐射到 m_i 物体上要产生压力；行星（如地球，南北极内收，赤道处凸起）呈椭球状，要产生扭矩，会使行星进动和章动。万有引力定律仅适用于球状质量均匀体，可忽略引力误差，但考虑多体问题时对近地轨道航天器，误差量级约为 $10^{-3} g$。虽然误差很小，但会产生"交点线退行"、"拱点线转动"。n 个物体在惯性坐标系 $OXYZ$ 的位置矢量分别为 r_1，r_2，…，r_n，由万有引力定律，可写出 m_i 物体所受的引力 F_g 为

$$F_g = -Gm_i \sum_{\substack{j=1 \\ j \neq i}}^{n} \left(\frac{m_j}{r_{ji}} r_{ji} \right) \tag{9.6－4}$$

图 9.14 中 $F_{其他}$ 包括阻力、推力、太阳辐射压力、非球形摄动力等，所以 m_i 物体所受的合力 $F_总$ 为

$$\boldsymbol{F}_{总} = \boldsymbol{F}_g + \boldsymbol{F}_{其他} \qquad (9.6-5)$$

牛顿第二定律可写为

$$\frac{\mathrm{d}}{\mathrm{d}t}(m_i \boldsymbol{v}_i) = \boldsymbol{F}_{总} \qquad (9.6-6)$$

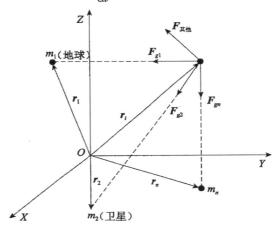

图 9.14 n 个物体的位置矢量和受力矢量图

把对时间的导数展开，得

$$m_i \frac{\mathrm{d}\boldsymbol{v}_i}{\mathrm{d}t} + \boldsymbol{v}_i \frac{\mathrm{d}m_i}{\mathrm{d}t} = \boldsymbol{F}_{总} \qquad (9.6-7)$$

对于变质量物体（火箭），（9.6-7）式第二项是不等于零的。在某些与爱因斯坦相对论有关的场合，m_i 也随时间变化。也就是说，牛顿第二定律 $\boldsymbol{F} = m\boldsymbol{a}$ 就不成立了。在空间运动学中，将（9.6-7）式各项除以 m_i，就得出 i 物体的"一般运动方程"为

$$\ddot{\boldsymbol{r}}_i = \frac{\boldsymbol{F}_{总}}{m_i} - \dot{\boldsymbol{r}}_i \frac{\dot{m}_i}{m_i} \qquad (9.6-8)$$

式中　$\ddot{\boldsymbol{r}}_i$——i 物体在 $OXYZ$ 坐标系的加速度矢量；

　　　m_i——i 物体的质量（如总是变质量物体的火箭，$\dot{m} \neq 0$，就

　　　　　有 $-\dot{\boldsymbol{r}}\, \dfrac{\dot{m}_i}{m_i}$ 项存在）；

　　　$\boldsymbol{F}_{总}$——i 物体所受合力，$\boldsymbol{F}_{总} = \boldsymbol{F}_g + \boldsymbol{F}_{其他}$；

　　　$\dot{\boldsymbol{r}}_i$——i 物体在坐标系 $OXYZ$ 中的速度 $\boldsymbol{v}_i = \dot{\boldsymbol{r}}_i$。

方程（9.6－8）是一个二阶非线性矢量微分方程，难以求解，只能作简化假设，可能产生大的轨道偏差，这就要看该航天工程项目是否允许。

例如，假设 i 物体质量保持不变（航天器在无动力飞行阶段 $\dot{m}_i = 0$），同时不考虑阻力等 $\boldsymbol{F}_{其他}$，只考虑物体所受唯一引力 $\boldsymbol{F}_g$ 的作用，则（9.6－8）式可简化为

$$\ddot{\boldsymbol{r}}_i = -G \sum_{\substack{j=1 \\ j \neq i}}^{n} \left(\frac{m_j}{r_{ji}^3} \boldsymbol{r}_{ji} \right) \tag{9.6－9}$$

假设 m_2 为一颗卫星，m_1 为地球，m_3，m_4，$\cdots$，m_n 为月球、太阳和其他行星；于是对 $i=1$ 的情况，写出方程（9.6－9）的具体形式为

$$\ddot{\boldsymbol{r}}_1 = -G \sum_{j=2}^{n} \left(\frac{m_j}{r_{j1}^3} \boldsymbol{r}_{j1} \right) \tag{9.6－10}$$

（9.6－10）式为地球运动方程。对 $i=2$ 的情况，（9.6－9）式可变为

$$\ddot{\boldsymbol{r}}_2 = -G \sum_{\substack{j=1 \\ j \neq 2}}^{n} \left(\frac{m_j}{r_{j2}^3} \boldsymbol{r}_{j2} \right) \tag{9.6－11}$$

（9.6－11）式为卫星运动方程。由于 $\boldsymbol{r}_{ni} = \boldsymbol{r}_i - \boldsymbol{r}_n$，所以 $\boldsymbol{r}_{12} = \boldsymbol{r}_2 - \boldsymbol{r}_1$，于是有

$$\ddot{\boldsymbol{r}}_{12} = \ddot{\boldsymbol{r}}_2 - \ddot{\boldsymbol{r}}_2 \tag{9.6－12}$$

将（9.6－10）式和（9.6－11）式代入（9.6－12）式得

$$\ddot{\boldsymbol{r}}_{12} = -G \sum_{\substack{j=1 \\ j \neq 2}}^{n} \left(\frac{m_j}{r_{j2}^3} \boldsymbol{r}_{j2} \right) + G \sum_{j=2}^{n} \left(\frac{m_j}{r_{j1}^3} \boldsymbol{r}_{j1} \right) \tag{9.6－13}$$

将（9.6－13）式展开，可得

$$\ddot{\boldsymbol{r}}_{12} = -\left[\frac{Gm_1}{r_{12}^3} \boldsymbol{r}_{12} + G \sum_{j=3}^{n} \left(\frac{m_j}{r_{j2}^3} \boldsymbol{r}_{j2} \right) \right] - \left[-\frac{Gm_2}{r_{21}^3} \boldsymbol{r}_{21} - G \sum_{j=3}^{n} \left(\frac{m_j}{r_{j1}^3} \boldsymbol{r}_{j1} \right) \right]$$

$$\tag{9.6－14}$$

由于（9.6－14）式中 $\boldsymbol{r}_{12} = -\boldsymbol{r}_{21}$，故将两中括号中第一项合并，得

$$\ddot{\boldsymbol{r}}_{12} = -\frac{G(m_1 + m_2)}{r_{12}^3} \boldsymbol{r}_{12} - \sum_{j=3}^{n} Gm_j \left(\frac{\boldsymbol{r}_{j2}}{r_{j2}^3} - \frac{\boldsymbol{r}_{j1}}{r_{j1}^3} \right)$$

$$\tag{9.6－15}$$

式中　$\ddot{r}_{12}$——卫星相对于地球的加速度；

　　　m_2——卫星质量；

　　　m_1——地球质量。

(9.6-15) 式为地球近地轨道卫星多体运动方程，其第二项，代表月球、太阳等星体对近地轨道卫星的"摄动影响"。表 9.2 示出了距地球表面 370 km 高的卫星受太阳、各行星、月球、地球扁率影响引起的摄动加速度。可见，卫星主要是受地球引力的影响（在地球表面（$h=0$），引力加速度为 $g=9.8$ m/s²；$h=370$ km，引力加速度减至 0.98 g），其次是受地球扁率和太阳引力的影响，而其他星体的引力影响甚微（小于 10^{-8}）可不考虑。

表 9.2　卫星（$h=370$ km）受太阳系某些星体和
地球扁率影响引起的相对加速度

卫星相对作用体	相对物体引起的相对加速度/g
地球	0.98
太阳	6×10^{-4}
水星	2.6×10^{-10}
金星	1.9×10^{-8}
火星	7.1×10^{-10}
木星	3.2×10^{-8}
土星	2.3×10^{-9}
天王星	8×10^{-11}
海王星	3.6×10^{-11}
冥王星	10^{-12}
月球	3.3×10^{-8}
地球扁率	10^{-3}

9.6.2　二体问题

地球卫星的质量为 m_2，只考虑地球（质量为 m_1）的作用，不考虑其他星体的影响，卫星的多体运动方程 (9.6-15)，略掉了第二项，就变成两个物体（卫星和地球）的运动方程。这就是二体问题理论。它是通过以下两个假设得出这一结论的：

1）物体为球对称体，把物体质量看成集中在其中心；

2）除两物体中心连线的作用引力外，没有其他外力和内力作用。

这两个假设在航天工程论证初期的定性分析中，是很有价值的，它会使工程设计与实验大大简化。但在精确轨道设计中是不行的，还必须使用多体问题理论来设计。

用牛顿第二定律导出两物体相对运动方程的前提是要找到一个惯性坐标系（无加速度、无转动），以便测量物体是处于运动状态或静止状态。牛顿定义这个惯性坐标系是固定在绝对空间内的，与外界无任何关系，永远保持那样而不动。为描述 M（地球）和 m（航天器）两个相对运动物体，假设已找到这个绝对静止的惯性直角坐标系 $O'X'Y'Z'$，原点在 M 中心的坐标系 $OXYZ$ 不转动，坐标轴向平行（参见图 9.15）。

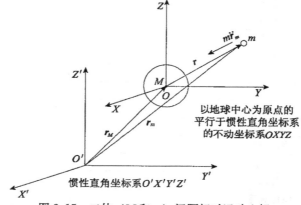

图 9.15　二体（M 和 m）问题相对运动坐标

M 和 m 在 $O'X'Y'Z'$ 内的位置矢量分别为 r_M 和 r_m，可得

$$r = r_m - r_M$$

$$m\ddot{r}_m = -\frac{GMm}{r^2} \cdot \frac{r}{r} \quad （牛顿第二定律，r 与 m\ddot{r}_m 方向相反）$$

$$m\ddot{r}_M = \frac{GMm}{r^2} \cdot \frac{r}{r} \quad （牛顿第二定律，r 与 M\ddot{r}_M 方向相同）$$

简化为

$$\ddot{\boldsymbol{r}}_m = -\frac{GM}{r^3}\boldsymbol{r} \qquad (9.6-16)$$

$$\ddot{\boldsymbol{r}}_M = \frac{GM}{r^3}\boldsymbol{r} \qquad (9.6-17)$$

用（9.6－16）式减去（9.6－17）式可得 M 与 m 之间的相对加速度表示式

$$\ddot{\boldsymbol{r}} = -\frac{G(M-m)}{r^3}\boldsymbol{r} \qquad (9.6-18)$$

这就是二体问题相对运动的矢量微分方程。该方程和（9.6－15）式去掉摄动项，用 $\boldsymbol{r}$ 代替 $\boldsymbol{r}_{12}$ 的方程是一样的。这就是二体问题，是多体问题的简化实质。

9.6.2.1　二体运动方程

由于航天器——卫星、导弹、飞船、探测器等的质量 m，比中心物体质量 M 小许多，因此 $M+m \approx M$，所以有 $G(M+m) \approx GM = \mu$（中心物体 M 的引力常数），则（9.6－18）式变为

$$\ddot{\boldsymbol{r}} = -\frac{\mu}{r^3}\boldsymbol{r} \quad \text{或} \quad \ddot{\boldsymbol{r}} + \frac{\mu}{r^3}\boldsymbol{r} = 0 \qquad (9.6-19)$$

这就是常用的二体运动方程。中心物体不同，μ 值则不一样。

由二体问题可容易导出，在引力场中运动的物体有动能和位能的转换，但总机械能 ε 不变，称为机械能守恒定律。同时，卫星绕中心引力场转动的角动量 h 为一常数，称为角动量守恒定律。

9.6.2.2　卫星的机械能守恒定律

当卫星沿轨道运动时，卫星的比机械能 ε（即单位质量的动能和单位质量的位能之和，$\varepsilon = \dfrac{v^2}{2} + \left(c - \dfrac{\mu}{r}\right) = 常数$）既不增加，也不减少，而保持正值。这里假设无穷远处位能为零值参考点，即任意常数 $c=0$；则 ε 可表示为

$$\varepsilon = \frac{v^2}{2} - \frac{\mu}{r} \qquad (9.6-20)$$

9.6.2.3　卫星的角动量守恒定律

如图 9.16 所示，卫星沿地球轨道运动，其位置矢量 $\boldsymbol{r}$ 与轨道速

度矢量 v 之积，即 $r \times v$ 必为一运动常数 h，称 h 为比角动量。h 的表达式

$$h = r \times v \qquad\qquad (9.6-21)$$

图 9.16 中，卫星的航迹角 φ 与天顶角 α 之和为 90°，即 $\varphi + \alpha = 90°$，(9.6—21) 式可写为标量式

$$\begin{aligned} h &= |\,r\,|\;|\,v\,|\sin\alpha \\ &= |\,r\,|\;|\,v\,|\cos\varphi \end{aligned} \qquad (9.6-22)$$

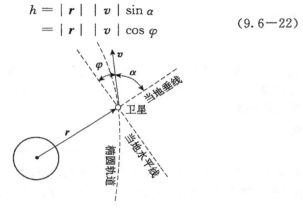

图 9.16　角动量守恒示意图

【例】在惯性坐标系内，卫星的位置和速度矢量分别为

$(4.185\ 2I + 6.277\ 8J + 10.463K) \times 10^7$(ft)(1 ft＝0.304 8 m)，即 $r = \sqrt{4.185\ 2^2 + 6.277\ 8^2 + 10.463^2} \times 10^7 = 12.899 \times 10^7$(ft)；

$(2.593\ 6I + 5.187\ 2J) \times 10^4$ (ft/s)，即 $v = \sqrt{2.593\ 6^2 + 5.187\ 2^2} \times 10^4 = 5.799\ 5 \times 10^4$ (ft/s)。

这里 I、J、K 为单位矢量，试求卫星的比机械能 ε 和比角动量 h 和航迹角 φ。

解：1）用机械能守恒定律 (9.6—19) 式将 r 和 v 值代入计算，可得比机械能 ε 为

$$\varepsilon = \frac{v^2}{2} - \frac{\mu}{r} = 1.573 \times 10^9 (\text{ft}^2/\text{s}^2)$$

2）用角动量守恒定律 (9.6—21) 式将矢量 r 和 v 代入计算，可得比角动量矢量为

$$h = r \times v = (-5.427\ 4I + 2.713\ 7J + 0.542\ 73K)10^{12}(\text{ft}^2/\text{s})$$

$$h = 6.092\ 2 \times 10^{12} (\text{ft}^2/\text{s})$$

3）根据（9.6－22）式可得 $h = rv\cos\varphi$，则 $\cos\varphi = \dfrac{h}{rv} =$ 0.814 3。

因 r，$v > 0$，故有 $\varphi = \arccos 0.814\ 3 = 35.42°$。

9.6.2.4　卫星的轨道方程

卫星的轨道方程有两种数学表示形式，极坐标轨道方程（参见图 9.17）和圆锥曲线轨道方程。

（1）极坐标轨道方程

极坐标轨道方程由二体运动方程（9.6－19）两边同乘以比角动量矢量 h，得

$$\ddot{r} \times h = \frac{\mu}{r^3}(h \times r) \tag{9.6－23}$$

（9.6－23）式左边为某矢量时间变化率。因为

$$\frac{\mu}{r^3}(h \times r) = \frac{\mu}{r^3}(r \times v) \times r$$

$$= \frac{\mu}{v}v - \frac{\mu\dot{r}}{r^2}r$$

又因 $r \cdot \dot{r} = r\dot{r}$，同时用 μ 乘单位矢量的导数为

$$\mu\frac{\mathrm{d}}{\mathrm{d}t}\left(\frac{r}{r}\right) = \frac{\mu}{r}v - \frac{\mu\dot{r}}{r^2}r$$

所以（9.6－23）式变为

$$\frac{\mathrm{d}}{\mathrm{d}t}(\dot{r} \times h) = \mu\frac{\mathrm{d}}{\mathrm{d}t}\left(\frac{r}{r}\right)$$

两边积分得

$$\dot{r} \times h = \mu\frac{r}{r} + B \tag{9.6－24}$$

式中　B——积分矢量常数。

由（9.6－24）式可得

$$h^2 = \mu r + rB\cos f \tag{9.6－25}$$

从图 9.17 可见，卫星在极坐标（B，f，p）内的表示。p 为半正焦弦（半通径），e 为偏心率（扁率），r 为卫星位置量，f 为极坐

标的极角（f 为 B 和 r 间的夹角），由（9.6—25）式可解出 r，即

$$r = \frac{\dfrac{h^2}{\mu}}{1 + \dfrac{B}{\mu}\cos f}$$ （9.6—26）

（9.6—25）式就是极坐标轨道方程。

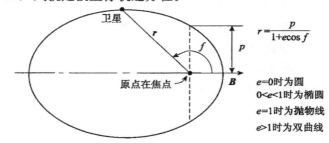

图 9.17　极坐标内任意圆锥曲线的一般方程

（2）圆锥曲线轨道方程

将（9.6—26）式与极坐标内写出的圆锥曲线的一般方程（8.9—11）比较，极坐标原点在椭圆一焦点上，极角为 f，B 指向近地点，偏心率矢量 e 为指向近拱点的恒定矢量，即

$$e = \frac{B}{\mu}$$ （9.6—27）

用（9.6—26）式与（8.9—11）式比较，半通径 p 仅与卫星比角动量 h 有关，任何轨道均有

$$p = \frac{h^2}{\mu}$$ （9.6—28）

这时，（9.6—26）式可写成

$$r = \frac{p}{1 + e\cos f}$$ （9.6—29）

（9.6—29）式称为圆锥曲线轨道方程。

在用上述矢量表示轨道参数和轨道方程后，就可以进行轨道计算了。为了使空间物体的距离和质量准确，选择太阳质量为"质量单位"，地球到太阳的平均距离为"距离单位"（称 1 天文单位），在数学计算中就会避开基本量不精确的麻烦，同时也避免了太大的数

据。天文学家称这种规范化单位制为正则单位。该定义和单位的计算细节，详见附录 C。

9.7 航天器轨道运行参数的矢量表示

9.7.1 经典轨道参数

经典轨道参数在轨道上的定义如图 9.18 所示。

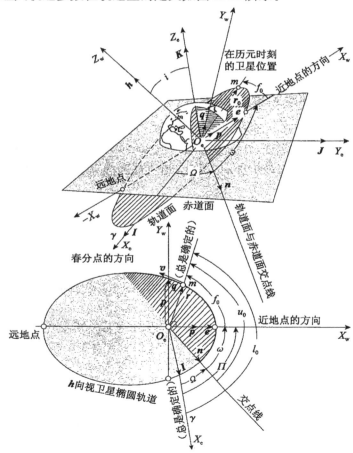

图 9.18 航天器运行轨道参数的定义示意图

经典的轨道参数有 6 个，即半长轴 a（确定椭圆轨道的大小）、偏心率 e（确定椭圆轨道的形状）、轨道倾角 i（单位矢量 K 和比角动量矢量 h 间的夹角）、升交点赤经 Ω（单位矢量 I 和航天器由南到北穿过基准面点——升交点间的夹角）、近地点幅角 ω（在轨道平面内升交点和近地点间的夹角）、近地点时刻 τ（航天器在近地点的时刻）。在图 9.18 中 r 为位置矢量，n 为升交点矢量、h 为比角动量矢量，e 为偏心率矢量（近地点 $B=e$），v 为航天器运行速度，p、q、w 为近焦点坐标系 $O_eX_wY_wZ_w$ 的单位矢量，I、J、K 为地心赤道坐标系 $O_eX_eY_eZ_e$ 的单位矢量。

上述参数在地心赤道坐标系和日心黄道坐标系中描述航天器轨道都是成立的，只是单位矢量的基准面不同而已。

9.7.2　可替代的轨道参数

近地点角距 ω（在地心赤道坐标系中）又称近拱点角距。近地点赤经 Π 可以代替 ω。Π 定义为单位矢量 I 与轨道近地点间的夹角。它由赤道平面 I 与升交点的夹角 Ω 和轨道面内升交点至近地点的夹角 ω 之和构成，即

$$\Pi=\Omega+\omega \tag{9.7-1}$$

若航天器轨道是圆轨道，无近拱量，不存在 ω 和 Π。

近地点时刻 τ 也有以下可代替的参数：

1）历元时刻的真近点角 f_0，为轨道平面内近地点与航天器在某一特定时刻 t_0（称为历元时刻或起始时刻）的位置间的夹角（参见图 9.18）。

2）历元时刻的升交点角距 u_0，为轨道平面内升交点与航天器 t_0 时刻矢径间的夹角（参见图 9.18），由图 9.18 可见，有

$$u_0=\omega+f_0 \tag{9.7-2}$$

若航天器轨道为地球同步的轨道（赤道轨道），不存在升交点，ω 和 u_0 均无定义。

3）历元时刻的真赤经 l_0，为春分点单位矢量 I 和 r_0（航天器 t_0 时刻的位置矢量）间的夹角，为 I 与升交点夹角 Ω 和轨道面内 γ_0 与升交点角距 u_0 之和，即

$$l_0 = \Omega + \omega + f_0 = \Pi + f_0 \qquad (9.7-3)$$

若航天器轨道为地球同步轨道（赤道圆轨道），不存在近地点，则 l_0 就是 I 至 r_0 的夹角，I 和 r_0 总是确定的。

9.7.3　顺行轨道和逆行轨道

通常称向东运行的轨道为顺行，向西运动的轨道为逆行。太阳、地球、大多数行星及其卫星绕自转轴转动的方向，以及所有行星绕太阳运动的方向，都是顺行。从图 9.18 可见，$0° < i < 90°$ 为顺行轨道，$90° < i < 180°$ 为逆行轨道。

9.8　由 r 和 v 计算轨道参数

假定地面雷达在某特定时刻 t_0 测得航天器在地心赤道坐标系 $O_e X_e Y_e Z_e$ 的轨道位置 r 和轨道运行速度 v，就可计算出航天器运行轨道参数。

9.8.1　3 个基本矢量 h、n 和 e 的确定

参见图 9.18 和图 9.19，首先要确定航天器运行轨道的比角动量矢量 h（轨道转角矢量，由地心指向轨道面的垂直方向），升交点矢量 n（地心指向升交点）和偏心率矢量 e（地心指向近地点）。

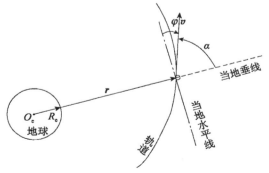

图 9.19　仰角 φ 与天顶角 α、位置矢量 r 和速度矢量 v

根据二体问题的角动量守恒（开普勒第二定律），航天器在轨道上运动的比角动量矢量 $\boldsymbol{h}$ 为位置矢量 $\boldsymbol{r}$ 和速度矢量 $\boldsymbol{v}$ 的叉积，即

$$\boldsymbol{h}=\boldsymbol{r}\times\boldsymbol{v} \tag{9.8-1}$$

因此有

$$\boldsymbol{h}=\begin{vmatrix} \boldsymbol{I} & \boldsymbol{J} & \boldsymbol{K} \\ r_I & r_J & r_K \\ v_I & v_J & v_K \end{vmatrix}=h_I\boldsymbol{I}+h_J\boldsymbol{J}+h_K\boldsymbol{K} \tag{9.8-2}$$

这里，$\boldsymbol{h}$ 是航天器轨道比角动量矢量，垂直于轨道平面，这很重要。

定义升交点矢量 $\boldsymbol{n}$ 为

$$\boldsymbol{n}=\boldsymbol{K}\times\boldsymbol{h} \tag{9.8-3}$$

因此有

$$\boldsymbol{n}=\begin{vmatrix} \boldsymbol{I} & \boldsymbol{J} & \boldsymbol{K} \\ 0 & 0 & 1 \\ h_I & h_J & h_K \end{vmatrix}=n_I\boldsymbol{I}+n_J\boldsymbol{J}+n_K\boldsymbol{K}=-h_J\boldsymbol{I}+h_I\boldsymbol{J} \tag{9.8-4}$$

式中　n_I，n_J，n_K——升交点矢量 $\boldsymbol{n}$ 在地心赤道坐标系 X_e 轴、Y_e 轴和 Z_e 轴上的投影。

所以，$\boldsymbol{n}$ 垂直于 $\boldsymbol{k}$ 和 $\boldsymbol{h}$，既在轨道平面内，又在赤道平面内。因此，$\boldsymbol{n}$ 是由地心指向升交点的矢量。$\boldsymbol{n}$ 的大小无关紧要，主要是方向。

偏心率矢量 $\boldsymbol{e}$，可由（9.8-5）式求得，即

$$\boldsymbol{e}=\frac{1}{\mu}\left[\left(v^2-\frac{\mu}{r}\right)\boldsymbol{r}-(\boldsymbol{r}\cdot\boldsymbol{v})\boldsymbol{v}\right] \tag{9.8-5}$$

$\boldsymbol{e}$ 矢量的方向是由地心（轨道的焦点）指向近地点，其大小正好等于轨道的偏心率。3 个矢量 $\boldsymbol{h}$、$\boldsymbol{n}$ 和 $\boldsymbol{e}$ 表示在图 9.18 上。

9.8.2　轨道参数的求解

知道 $\boldsymbol{h}$、$\boldsymbol{n}$ 和 $\boldsymbol{e}$，即可求轨道参数。如图 9.20 所示，椭圆轨道的半通径 p（又称半正焦径）和偏心率 e 可直接由 $\boldsymbol{h}$ 和 $\boldsymbol{e}$ 得到，其轨道位置参数 r 为

$$r=\frac{p}{1+e\cos f} \tag{9.8-6}$$

当 $e=0$ 时为圆轨道；$0<e<1$ 时为椭圆轨道，$e=1$ 时为抛物线轨道；$e>1$ 时为双曲线轨道。

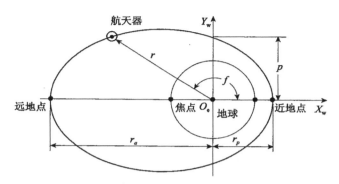

图 9.20　椭圆轨道的极坐标轨道（$O_e X_w Y_w Z_w$ 为近焦点坐标系）

如图 9.21 所示，已知两矢量 **A** 和 **B** 的夹角 α，根据矢量点积计算公式可求得 $\boldsymbol{A} \cdot \boldsymbol{B}=AB\cos\alpha$，因此有 $\cos\alpha=\dfrac{\boldsymbol{A} \cdot \boldsymbol{B}}{AB}$。

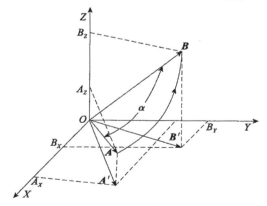

图 9.21　两矢量间的夹角 α

当然，用一个角的余弦不能完全确定该角，要确定该角是小于还是大于 $180°$，即确定象限，还需其他信息辅助。

根据二体问题和轨道方程，参见图 9.18 可以列出计算轨道参数的简单方程：

1) 轨道的半通径 p 仅与航天器的轨道比角动量 h 有关系，即

$$p = \frac{h^2}{\mu} \qquad (9.8-7)$$

2) e 矢量为地心指向轨道近地点，大小等于偏心率，即

$$e = |\boldsymbol{e}| \qquad (9.8-8)$$

3) 因为 i 是 $\boldsymbol{K}$ 和 $\boldsymbol{h}$ 间的夹角，所以有

$$\cos i = \frac{h_K}{h} \qquad （轨道倾角 i 总小于 180°） \qquad (9.8-9)$$

式中　h_K——航天器轨道比角动量矢量 $\boldsymbol{h}$ 在地心赤道坐标系 Z_e 轴上的投影。

4) 因为 Ω 为 $\boldsymbol{I}$ 和 $\boldsymbol{n}$ 间的夹角，所以有

$$\cos \Omega = \frac{n_I}{n} \qquad （若 n_I > 0，则 \Omega < 180°） \qquad (9.8-10)$$

式中　n_I——升交点矢量 $\boldsymbol{n}$ 在地心赤道坐标系 X_e 轴上的投影。

5) 因为 ω 是 $\boldsymbol{n}$ 和 $\boldsymbol{e}$ 间的夹角，所以有

$$\cos \omega = \frac{\boldsymbol{n} \cdot \boldsymbol{e}}{ne} \qquad （若 e_K > 0，则 \omega < 180°） \qquad (9.8-11)$$

6) 因为 f_0 是 $\boldsymbol{e}$ 和 $\boldsymbol{r}$ 间的夹角，所以有

$$\cos f_0 = \frac{\boldsymbol{e} \cdot \boldsymbol{r}}{er} \qquad （若 \boldsymbol{r} \cdot \boldsymbol{v} > 0，则 f_0 < 180°） \qquad (9.8-12)$$

7) 因为 u_0 是 $\boldsymbol{n}$ 和 $\boldsymbol{r}$ 间的夹角，所以有

$$\cos u_0 = \frac{\boldsymbol{n} \cdot \boldsymbol{r}}{nr} \qquad （若 r_K > 0，则 u_0 < 180°） \qquad (9.8-13)$$

8) 真赤经 l_0 为

$$l_0 = \Omega + \omega + f_0 = \Omega + u_0 \qquad (9.8-14)$$

（9.8-9）式～（9.8-14）式中，角所在象限的检查准则具有明显的物理意义（详见图 9.18）。下面举 3 个例题，以帮助理解。

【例 1】试求如图 9.22（轨道 I）、图 9.23（轨道 II）和图 9.24（轨道 III）所示 3 个轨道的参数，计算结果如表 9.3 所示（用（9.8-7）式～（9.8-14）式的计算过程略）。

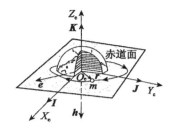

图 9.22 轨道 I（逆行赤道轨道）

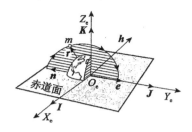

图 9.23 轨道 II（极地轨道）

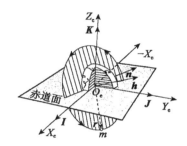

图 9.24 轨道 III（顺行圆轨道）

表 9.3 3 种轨道参数计算结果

轨道参数	轨道 I（逆行赤道轨道）	轨道 II（极地轨道）	轨道 III（顺行圆轨道）
半通径 p	1.5 DU	1.5 DU	1.5 DU
近地点赤经 Π	45°	近地点角距 $\omega=180°$	ω 无定义
偏心率 e	0.2	0.2	0
真近点角 f_0	270°	225°	无定义
轨道倾角 i	180°	90°	60°
升交点角距 u_0	无定义	45°	270°
升交点赤经 Ω	无定义	270°	150°
真赤经 l_0	315°	315°	420°

注：DU 为天文学用正则单位制的距离单位，1 DU＝6 378.145 km，详见附录 C。

【例 2】用地面雷达跟踪某卫星，跟踪数据为惯性位置矢量 r 和速度矢量 v，试用地心赤道坐标系轨道参数描述该卫星。已知 $r = 2I$ DU，$v = 1J$（DU/TU）（TU 为正则单位制的时间单位，1 TU = 806.8 s）。试求该卫星的 6 个轨道要素。

解：1）由（9.8−1）式求 h：

$$h = r \times v = 2K (DU^2/TU)$$

2）由（9.8−7）式求 p：

$$p = \frac{h^2}{\mu} = 4(DU) = 13\ 775.74 (n\ mile)$$

$$= 13\ 775.74 \times 1.852 = 25\ 512.67 (km)$$

其中，μ 为地球引力常数，$\mu = 1 (DU^3/TU^2)$。

3）由（9.8−5）式求偏心率 e：

$$e = \frac{1}{\mu} \left[\left(v^2 - \frac{\mu}{r} \right) r - (r \cdot v) v \right] = 1I$$

$$e = |e| = 1$$

因为 $h = 0$，且 $e = 1$，所以该卫星相对于地球的轨道是一抛物线。

4）由（9.8−9）式可求轨道倾角 i：

$$i = \arccos \left(\frac{h_K}{h} \right) = 0°$$

因此，该星在赤道平面内运动。

5）由（9.8−10）式求升交点赤经 Ω：

$$\Omega = \arccos \left(\frac{n_I}{n} \right)$$

由于赤道卫星的轨道不穿过赤道平面，因此不存在升交点（Ω 无意义）。

6）由（9.8−11）式求近地点幅角 ω，得

$$\omega = \arccos \left(\frac{n \cdot e}{ne} \right)$$

由于升交点不存在，ω 也无意义，这里可以代之以求近地点赤经 Π。由于轨道平面与赤道平面重合（$i = 0°$），所以 Π 为单位矢量 I 至近地点轴向的夹角，也就是 I 轴至矢量 e 的夹角，因此，根据点积定义得

$$\varPi=\arccos\left(\frac{e_I}{e}\right)=0°$$

由此可见，近地点位于 I 轴上。

7）由（9.8－12）式可求真近点角 f_0：

$$f_0=\arccos\left(\frac{e\cdot r}{er}\right)=0°$$

因此，该星正处于近地点。

8）由（9.7－3）式可求该星历元时刻的真赤经 l_0：

$$l_0=\varPi+f_0=0°$$

【例 3】用地面雷达观测一空间目标，它在地心赤道坐标系内的惯性位置为 $r=\dfrac{3\sqrt{3}}{4}I+\dfrac{3}{4}J+\dfrac{1}{\sqrt{2}}K$（DU）；速度为 $v=\dfrac{-1}{2\sqrt{2}}I+\dfrac{\sqrt{3}}{2\sqrt{2}}J+\dfrac{1}{\sqrt{2}}K$（DU/TU）；试求该目标的轨道要素。

解：1）由（9.8－1）式求 h

$$h=r\times v=\frac{1}{\sqrt{2}}\left(\frac{6}{8}I-\frac{6}{8}\sqrt{3}J+\frac{12}{8}K\right)\ (\text{DU}^2/\text{TU})$$

2）由（9.8－7）式求 p

$$p=\frac{h^2}{\mu}=2.25\ \text{DU}=7\ 748.85(\text{n mile})$$
$$=7\ 748.85\times1.852=14\ 350.87(\text{km})$$

其中 $\mu=1$（DU^3/TU^2）。

3）由（9.8－5）式求 e

$$e=\frac{1}{\mu}\left[\left(v^2-\frac{\mu}{r}\right)r-(r\cdot v)v\right]=\frac{\sqrt{3}}{4}I+\frac{1}{4}J$$

则矢量 e 的大小为

$$e=\sqrt{\left(\frac{\sqrt{3}}{4}\right)^2+\left(\frac{1}{4}\right)^2}=0.5$$

4）由（9.8－9）式求轨道倾角 i

$$i=\arccos\left(\frac{h_K}{h}\right)=45°$$

5）由（9.8－4）式和（9.8－10）式求升交点黄经 Ω。先由（9.8－4）式求 n

$$n=k\times h=\frac{3}{4\sqrt{2}}(\sqrt{3}I+J)$$

再由（9.8－10）式得

$$\Omega=\arccos\left(\frac{n_I}{n}\right)=30°$$

6）由（9.8－11）式求近地点幅角 ω

$$\omega=\arccos\left(\frac{n\cdot e}{ne}\right)=0°$$

7）由（9.8－12）式求真近点角 f_0

$$f_0=\arccos\left(\frac{e\cdot r}{er}\right)=0°$$

9.9 由轨道要素计算 r 和 v

9.8 节介绍了由某一历元时刻的 r 和 v 确定一组经典轨道要素的方法。现在讨论其逆问题，即给定 6 个轨道要素（半长轴 a、偏心率 e、轨道倾角 i、升交点赤经 Ω、近地点幅角 ω、近地点时刻 τ），确定 r 和 v。这很有实际意义，可预测未来某时刻航天器的位置 r 和速度 v。

地球航天器的轨道描述常用地心赤道坐标系 $O_e X_e Y_e Z_e$（见图 9.18），其各轴向单位正交矢量为 I、J、K，轨道面的参数描述常用近焦点坐标系 $O_e X_w Y_w Z_w$（见图 9.10），用半正交弦（半通径）p 代替半长轴 a，由 a 和 e 可以求 p，即

$$p=a(1-e^2) \tag{9.9-1}$$

根据椭圆轨道的极坐标方程（9.8－6）有：

1）当 $f=0°$ 时，$r=r_p$，$r_p=\dfrac{p}{1+e\cos0°}=\dfrac{p}{1+e}=a(1-e)$；

2）当 $f=180°$ 时，$r=r_a$，$r_a=\dfrac{p}{1-e\cos180°}=\dfrac{p}{1-e}=a(1+e)$；

3）当 $f=90°$ 时，$r=p$，$r=\dfrac{p}{1-e\cos90°}=p$；

4) $a = \dfrac{r_p + r_a}{2}$，$e = \dfrac{r_a - r_p}{r_a + r_p}$，代入 (9.9-1) 式得

$$p = \frac{r_p + r_a}{2}\left[1 - \frac{(r_a - r_p)^2}{(r_a + r_p)^2}\right] = \frac{2r_a r_p}{r_a + r_p} \qquad (9.9-2)$$

下面可用 6 个轨道要素的前 5 个（p、e、i、Ω、ω），求出真近点角 f 随时间的变化。给定时间段 $t - t_0$ 内的真近点角变化为 Δf，求出一组新轨道要素，再由新的轨道要素求出 r 和 v。

在近焦点坐标系（见图 9.10）中，写出 r 的表达式为

$$\boldsymbol{r} = (r\cos f)\boldsymbol{p} + (r\sin f)\boldsymbol{q} \qquad (9.9-3)$$

式中　$\boldsymbol{p}$——Y_w 的单位矢量；

　　　$\boldsymbol{q}$——X_w 的单位矢量。

标量 r 可由椭圆轨道的极坐标方程 (9.8-6) 得到。为了得到 v，仅对 (9.8-6) 式中的 r 进行微分即可。注意，近焦点坐标系是惯性坐标系（不随地球自转，不随太阳公转），因此有 $\dot{\boldsymbol{p}} = \dot{\boldsymbol{q}} = 0$，则

$$\boldsymbol{v} = \dot{\boldsymbol{r}} = (\dot{r}\cos f - r\dot{f}\sin f)\boldsymbol{p} + (\dot{r}\sin f + r\dot{f}\cos f)\boldsymbol{q} \qquad (9.9-4)$$

v 可进一步简化，在椭圆轨道上，航天器的比角动量 h 可由角动量守恒定律导出 $h = \dfrac{r^2 \mathrm{d}f}{\mathrm{d}t}$，整理后变为

$$\begin{cases} \mathrm{d}t = \dfrac{r^2}{h}\mathrm{d}f \\[2mm] \dot{v} = \dfrac{\mathrm{d}f}{\mathrm{d}t} = \dfrac{h}{r^2} \end{cases} \qquad (9.9-5)$$

可写出 $h = r^2\dot{f}$，$p = \dfrac{h^2}{\mu}$，对 (9.8-6) 式微分得

$$\dot{r} = \sqrt{\frac{\mu}{p}}\,e\sin f \qquad (9.9-6)$$

$$r\dot{f} = \sqrt{\frac{\mu}{p}}\,(1 + e\cos f) \qquad (9.9-7)$$

将 (9.9-7) 式代入 (9.9-4) 式，简化后得

$$\boldsymbol{v} = \sqrt{\frac{\mu}{p}}\left[(-\sin f)\boldsymbol{p} + (e + \cos f)\boldsymbol{q}\right] \qquad (9.9-8)$$

【例】地空跟踪系统探测到某一航天器的轨道数据如下：

$$p=2.25 \text{ DU} \qquad \Omega=30° \qquad e=0.5$$
$$\omega=0° \qquad i=45° \qquad f=0°$$

求该航天器轨道位置矢量 r 和速度矢量 v。

解：用近焦点坐标系（见图 9.10），可写出航天器在轨道运行段的 r 和 v 表示式。应用式（9.8－6）可求出 r 的大小，即

$$r=\frac{p}{1-e\cos f}=\frac{2.25}{1-0.5}=4.5 \text{ (DU)}$$

由（9.9－3）式可写出位置矢量 r 的表达式，求出 r 的值为

$$r=(r\cos f)\,p+(r\sin f)\,q=rp=4.5p \text{ (DU)}$$

由（9.9－8）式可得 v 的表达式，从而可求出 v 的值，即

$$v=\sqrt{\frac{\mu}{p}}\Big[(-\sin f)p+(e+\cos f)q\Big]$$
$$=\sqrt{\frac{1}{2.25}}\Big[0+(0.5+1)q\Big]$$
$$=\Big(\frac{1.5}{\sqrt{2.25}}\Big)q\approx 1q \text{ (DU/TU)}$$

第 10 章 火箭推进与飞行动力学

第 9 章论述了航天动力学的基础理论，它是在天体力学基础上发展起来的，由天体力学与火箭动力学组成。本章将从火箭推进开始，导出火箭在飞行过程中受力的火箭运动方程。

10.1 火箭推进与火箭发动机

10.1.1 推进的定义

推进是改变物体运动的作用力，推进装置是产生推动力的设备，推动力使原来运动着的物体改变运动状态（产生加速度、减速度或改变速度方向等）。

高速喷射某种物质时所产生的力是反作用力，而高速喷射气流产生反作用力的装置称为喷气发动机。喷气发动机可分为空气发动机和火箭发动机两类。利用周围大气作氧化剂，自带燃烧剂的喷气发动机称为空气发动机；而自身既带燃烧剂（又称燃料）又带氧化剂的喷气发动机称为火箭发动机。

10.1.2 火箭发动机的特点

火箭发动机有以下特点：

1）火箭发动机在内外大气层都可工作；

2）火箭发动机的推力随着飞行高度增加而增加，进入真空状态时，推力达到最大。

10.1.3 火箭发动机的分类

通常火箭发动机按其能源种类而分为化学能、核能、电能、太阳能火箭发动机。

10.1.3.1　化学能发动机

依靠推进剂的化学能作为能源的火箭发动机，称为化学能发动机。推进剂在燃烧室内进行化学反应：燃烧→分解→复合。

化学能发动机根据其推进剂状态不同，分为液体火箭发动机、固体火箭发动机和固液混合火箭发动机 3 种。

10.1.3.2　核能发动机

能量来自核推进剂的发动机，称为核能发动机。发生核转变时放出大量的热，必须要有另外的工质（通常为液氢）来吸收热量，以形成高温高速的喷射流。

核转变方式有 3 种，即放射性同位素的衰变、核裂变、热核聚变。

目前，这种发动机仅在研制中，未用于飞行。

10.1.3.3　电能发动机

电能发动机有 3 种类型：

1）电加热型火箭发动机；

2）静电（或称离子）火箭发动机；

3）电磁（或"等离子体"）火箭发动机。

这类发动机的优点是性能很高，缺点是推力太小，目前只达到 0.01～0.5 N，主要用于航天器调姿和轨道修正。

10.1.3.4　太阳能火箭发动机

用太阳能作能源的火箭发动机称为太阳能火箭发动机。它有两种类型，一种是将太阳能转换成电能，作为电能发动机的能源；另一种是将太阳能转换成热能，加热工质（如液氢）并高速排出，产生推力。目前，太阳能火箭发动机尚未达到实用阶段。

10.2　火箭发动机的工作原理和排气特性

10.2.1　火箭发动机的工作原理

火箭发动机的工作过程为推进剂的化学能转变成燃烧产物的动

能，进而转变为火箭飞行的动能的过程。

火箭推进剂由氧化剂和燃料组成，它们进入发动机燃烧室燃烧，高温高压燃气以数倍声速从喷管口排出，产生推力。其压强、温度、流速的变化如图 10.1 所示，图中 p 为燃气压强，T 为燃气温度，w 为燃气流速。

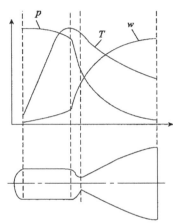

图 10.1　火箭发动机沿程参数的变化

10.2.2　理想的火箭发动机

实际的发动机，由于其复杂性，总有不平衡和不可逆的过程。为便于理论分析，需简化，使之抽象成一种理想的火箭发动机，也就是符合以下假设：

1）发动机工作过程是稳定的，工质的组成在燃烧室内和在喷管中都保持不变；

2）作为工质的燃烧产物遵循理想气体定律（包括玻意耳—马略特定律、查理定律、盖·吕萨克定律）；

3）工质在流动中与外界无热交换，无摩擦，也无黏性等其他损耗；

4）推进剂在燃烧室内完全燃烧；

5）发动机喷管排出的全部燃气只有轴线方向的速度；

6）在垂直于发动机轴线的任一截面上的燃气速度、压强、温度或密度都是均匀的。

10.2.3　理想火箭发动机的热力循环

火箭发动机是一种热动力装置，热动力装置都对应有各自的热力循环。所谓循环，就是周而复始进行动作。

火箭发动机中的工质膨胀后离开发动机，与原工质状态相同等量的新工质又能被输入，新工质再次重复膨胀作功。这种循环是将热转变为功的正向循环，又称为动力循环。

10.2.4　喷管理论

火箭发动机常用的喷管是拉瓦尔喷管。有关喷管的基本定律包括质量守恒定律、动量守恒定律、能量守恒定律、燃气的状态变化符合理想气体状态方程等。

10.2.5　火箭发动机的排气特性

火箭发动机的喷口处燃气压强 p_e 比外界大气压强 p_a 高 3～100 倍，羽焰向周围扩张，越高空羽焰扩张加大。羽焰会产生噪声、烟雾、光、热辐射、环境污染和信号衰减等多种效应。例如，遥测失锁就是羽焰引起的。

10.3　火箭发动机的主要参数

10.3.1　推力

通常把火箭发动机喷射高速物质使发动机结构承受的反作用力称为推力。

如图 10.2 所示，火箭发动机整个推力室外表面分布力 P_a 等于喷管喉部截面所受力（$-p_a S_t$）与推力室轴线合力（$-p_a(S_e-S_t)$）之和，即

$$P_a = (-p_a S_t) + [-p_a(S_e-S_t)] = -p_a S_e \qquad (10.3-1)$$

式中　p_a——推力室外表面压强；

　　　S_e-S_t——喷管喉部截面右边（像两端开口的喇叭筒）外表面的投影面积。

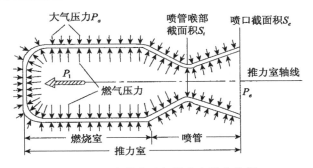

图 10.2　火箭发动机推力室受力分析

　　作用在内表面上的燃气压强沿推力室轴线的合力为 P_1，燃气团除产生 $-P_1$ 反作用力外，在喷口处截面上产生燃气压强 p_e，也反过来作用在燃气团上，其合力为 p_eS_e，燃气团外力合力为 $-P_1+p_eS_e$，该力在时间 t 内的冲量为 $(-P_1+p_eS_e)t$。同时，燃气团的"动量"变化为 $m(-w_e)$，w_e 为燃气排气速度，m 是喷口出口排出的燃气质量。根据动量定律可得

$$-(P_1-p_eS_e)t=m(-w_e) \tag{10.3-2}$$

即

$$P_1=p_eS_e+\frac{m}{t}w_e=p_eS_e+\dot{m}w_e \tag{10.3-3}$$

式中　$\dot{m}$——从喷管出口排出的燃气质量流量。

　　将推力室内、外表面的轴向力相加，即得发动机推力 P 为

$$P=P_1+P_a=\dot{m}w_e+p_eS_e-p_eS_e=\dot{m}w_e+(p_e-p_a)S_e$$
$$\tag{10.3-4}$$

式中　$\dot{m}w_e$——动量推力，占推力 90% 以上；

　　　　$(p_e-p_a)S_e$——压强推力或静推力。

　　在真空中 $P_a=0$，发动机推力最大，称真空推力。发动机在地面工作产生的推力称地面推力。当外界大气压强与排气压强相等时，发动机产生的推力称额定推力。

10.3.2　总冲

　　发动机推力 P 与推力作用时间 t 的乘积，称为总冲量 I，或称总

冲，表示为

$$I = Pt \tag{10.3—5}$$

10.3.3 比推力 (比冲)

单位推进剂质量流量 $\dot{m}$ 产生的推力 P 称为比推力 P_b，表示为

$$P_b = \frac{P}{\dot{m}} \tag{10.3—6}$$

单位推进剂质量产生的推力冲量称为比冲 I_{sp}，表示为

$$I_{sp} = \frac{P\,t}{\dot{m}} \tag{10.3—7}$$

式中　m——推进剂质量。

比冲的单位为 N·s/kg。比推力和比冲的量纲和数值都相同，但物理含义有区别：比冲是在一个时间区间内的参数，而比推力是瞬时参数，它们之间有如下的关系

$$P_b = \frac{P}{\dot{m}} = \frac{P}{\dfrac{m}{t}} = \frac{P\,t}{m} = I_{sp} \tag{10.3—8}$$

10.3.4 推力系数

喷管喉部截面积 S_t、燃气压强 p_e，所产生的实际推力 P 与真空推力之比称为推力系数 C_p，表示为

$$C_p = \frac{P}{p_e S_t} \tag{10.3—9}$$

式中　$p_e S_t$——真空推力。

10.3.5 火箭发动机的效率

发动机喷管出口截面上单位质量燃烧产物所具有的动能与相同量推进剂所具有的总焓 I_n（为物质的化学能 E_{ch} 与物质的焓 H 之总合，物质的焓 H 为物质具有的内能加上势能）之比，为火箭发动机的效率 η_e，表示为

$$\eta_e = \frac{w_e^2}{2I_n} \tag{10.3—10}$$

式中 $I_n = E_{ch} + H$。

对于化学能火箭发动机的效率 η 又可表示为

$$\eta = \frac{w_e^2}{2E_{ch}} \tag{10.3—11}$$

η 可衡量推进剂化学能转换为燃烧物动能的完善程度。转换经历了燃烧和膨胀两过程，因此 η 又可表示成两过程效率之乘积，即

$$\begin{cases} \eta = \eta_c \eta_e \\ \eta_c = \dfrac{Q_c}{E_{ch}} \\ \eta_e = \dfrac{w_e^2}{2Q_c} \end{cases} \tag{10.3—12}$$

式中 η_c ——燃烧效率，衡量单位质量推进剂的化学能转换成燃烧产物热能 Q_c 的完美程度；

η_e ——膨胀效率，衡量单位质量燃烧物的热能转换成动能的完善程度。

η_c 通常在 $0.94 \sim 0.99$ 之间，而 η_e 也总小于 1。

10.3.6 特征速度

推进剂产生的真空推力 $p_e S_t$ 与消耗推进剂的质量 m_p 之比，称为特征速度 C_v，表示为

$$C_v = \frac{p_e S_t}{m_p} \tag{10.3—13}$$

特征速度与比冲 I_{sp} 不同，与压力比无关。

影响发动机推力的因素有以下两个：

1）推力系数 C_p 是喷管的品质因子，见（10.3—9）式；

2）特征速度 C_v 是推进剂燃烧情况的品质因子。

10.4 火箭发动机的特性与墨氏方程

航天器的升空主要是靠火箭发动机产生的巨大推力，克服地球强大引力而实现的。

火箭发动机是根据"质量"被加速后再排出的原理而工作的。

这就是牛顿第三定律：排除燃气所需的力等于产生推动火箭前进所必需的反作用力。这也类似于飞机喷气发动机，但火箭发动机与飞机喷气发动机不同，差别在于火箭自带燃料和氧化剂可在真空中工作；而飞机只带燃料，燃烧时消耗周围大气中的氧。

10.4.1　化学火箭发动机

燃料与氧化剂在化学火箭发动机的燃烧室内，进行化学反应（燃烧）。化学火箭的理论，同样适用于核火箭发动机。

化学火箭发动机燃烧室气温大约在 2 000～3 500 K 之间，已超过多数金属的熔点，要防止燃毁。采取的措施有冷却、隔热、热沉或使用特种材料（石墨、陶瓷等）。化学火箭发动机的工作时间从几毫秒到几百秒之间。

化学火箭发动机一般分为液体火箭发动机、固体火箭发动机、固体－液体火箭发动机 3 种。

10.4.2　火箭发动机的热化学

根据火箭发动机燃烧室条件可计算推力和排气速度。燃烧室条件指燃烧室温度 T_c、燃烧产物平均分子量 M 和比热比 γ。在通常的计算中，假设 M 和 γ 在燃烧的过程中是不变的。在实际火箭发动机中，由于存在着离解和复合、比热比 γ 随温度变化、凝聚、不完全反应和电离等因素，因此存在实际火箭发动机与理想火箭发动机有差异。离解和复合对 M 和 γ 就不是常数。由于凝聚（往往伴随着放热），燃烧产物密度增大，还有两相流影响。燃烧室温度达到 9 000 K 量级时，电离就变成重要因素了；但化学火箭温度不超过 4 000 K，因此电离的影响不重要，可不讨论。

热化学的反应方程式、化学平衡状态、燃烧室的燃气成分和绝热火焰温度、燃气通过喷管的膨胀等问题，都是火箭发动机热化学要研究的重要课题。

10.4.3　火箭发动机的传热

火箭和航天器的温度必须保持在某一限定值内，才能正常工作。

火箭在稠密大气层内飞行时，气动加热是一个重要课题。载人飞船返回地面进入稠密大气层，防热也是个大问题。必须在结构设计上采取特殊措施，如装上防热层等。要考虑传热问题的另一领域就是火箭发动机燃烧产物的高温，使发动机结构温升，超过所用金属的熔点。主动式冷却系统往往必不可少。冷却剂吸收热量可用于驱动涡轮，或加热推进剂贮箱内的增压气体。显然，成功地设计火箭发动机，掌握火箭发动机的传热是相当重要的。

10.4.4　固体火箭发动机

固体火箭发动机有其独特的优点：

1）贮存寿命长，适宜军用；

2）推进剂无毒害；

3）不需主动式冷却系统，也不需推进剂输送系统；

4）机动性强，部件少，可靠性高。

固体火箭发动机的主要缺点是：

1）比冲 I_{sp} 较低；

2）固体推进剂低于某温度变脆、产生裂纹，点火后造成高燃烧室压力，可导致爆炸；

3）推力调节和推力矢量控制困难；

4）停机和重新启动困难；

5）由于没有冷却系统，喷管结构需要特殊设计；

6）燃烧不稳定。

固体火箭发动机常用于战术武器、探空火箭、运载火箭助推器、战略洲际导弹、飞船和运载火箭的逃逸和分离火箭等。

固体推进剂通常分为均质（或胶体）推进剂（如双基推进剂）、复合推进剂和混合型推进剂 3 类。

双基推进剂由诺贝尔于 1888 年发明，至今仍作火药使用。它由硝化纤维和硝化甘油组成。两种成分溶成胶体，推进剂变成均质结构，可完全分解成气体，所以无烟，这是最大优点。为防止自燃，需添加稳定剂（炭黑或铝粉）。

复合推进剂通常由无机盐（作氧化剂）和有机燃料或粘合剂组成。

10.4.5　液体火箭发动机

液体火箭发动机，由推进剂贮箱、输送系统、燃烧室、膨胀喷管等部件组成。液体火箭发动机的推力易调节，可关机和再启动是其最突出的优点。

液体推进剂一般分为单组元推进剂和双组元推进剂两类。

单组元推进剂有：过氧化氢（H_2O_2）和肼（N_2H_4），在催化剂作用下可分解，从而产生高温、高压燃气，但比冲较低（$I_{sp}^0 = 1\,950$ $N \cdot s/kg$），不常用。

双组元推进剂有：

1）液氢/液氧，比冲 $I_{sp}^0 = 3\,822$ $N \cdot s/kg$；

2）煤油/液氧，$I_{sp}^0 = 3\,067$ $N \cdot s/kg$；

3）偏二甲肼/四氧化二氮，$I_{sp}^0 = 2\,803$ $N \cdot s/kg$；

4）肼/四氧化二氮，$I_{sp}^0 = 2\,852$ $N \cdot s/kg$。

10.4.6　墨氏方程式的推导

运载火箭运动的基本原理是反作用原理。反作用运动是反作用力所生的后果，也是其发动机内喷发出的质量点流的反作用力作用的结果。

描述反作用运动的基本关系式是墨歇尔斯基方程式（墨氏方程式）。这是变质量物体运动状态描述最为直观的运动方程式。

10.4.6.1　墨氏方程的微分表示

设变质量物体 m 以速度 v 移动；

质量 Δm 以 $v - w$ 速度移动（参见图 10.3）。

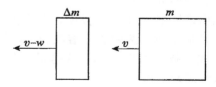

图 10.3　墨氏方程推导

则 m 与 Δm 之间以相对速度 w 运动而结合，即物体的质量将随时间而变化着。

变质量物体运动方程是以牛顿定律为基础的，也即动量的变化等于作用在系统上的力的冲量。

在 Δt 时间内，质量 Δm 以相对速度 w 附加到质量 m 上去，得结合前的动量为 $mv + \Delta m (v-w)$；两个物体结合后，动量为 $(m + \Delta m)(v + \Delta v)$。根据牛顿定律有

$$(m + \Delta m)(v + \Delta v) - mv - \Delta m(v - w) = \Delta t \sum P_i$$

$$(10.4-1)$$

式中　　$\sum P_i$——Δt 内作用于系统上外力之和。

(10.4-1) 式可简化为 $m\Delta v + \Delta m w + \Delta m \Delta v = \Delta t \sum P_i$，即

$$m \frac{\mathrm{d}v}{\mathrm{d}t} = -\frac{\mathrm{d}m}{\mathrm{d}t} w + \sum P_i \qquad (10.4-2)$$

(10.4-2) 式即为墨氏方程，又称火箭运动方程。

如果为不变质量，即 $\dfrac{\mathrm{d}m}{\mathrm{d}t} = 0$，则（10.4-2）式可写为

$$m \frac{\mathrm{d}v}{\mathrm{d}t} = \sum P_i \qquad (10.4-3)$$

即为牛顿第二定律 $(ma = F)$。

(10.4-2) 式中 $\dfrac{\mathrm{d}m}{\mathrm{d}t} w$ 为反作用力。

如果 $\dfrac{\mathrm{d}m}{\mathrm{d}t} > 0$，即系统的质量增加，为制动力（使物体 m 的速度降低的力）。

如果 $\dfrac{\mathrm{d}m}{\mathrm{d}t} < 0$，即系统的质量减小，力 $-\dfrac{\mathrm{d}m}{\mathrm{d}t} w$ 为推动力。这就是运载火箭的情况。令

$$-\frac{\mathrm{d}m}{\mathrm{d}t} = \dot{m} \quad （即质量的秒耗量） \qquad (10.4-4)$$

则（10.4-2）式可写成

$$m\dot{v} = \dot{m} w + \sum P_i \quad （墨氏方程的微分方程形式） \qquad (10.4-5)$$

式中　$\dot{v}$——系统的加速度，$\dot{v} = \dfrac{\mathrm{d}v}{\mathrm{d}t}$。

10.4.6.2　推力的微分方程

（10.4－3）式通常写为火箭运动方程的牛顿定律形式，即

$$m\dot{v} = \sum P_i \qquad\qquad (10.4-6)$$

式中　m——由质量抛射定律决定的时间函数；

　　　P_i——所有作用在火箭上的力（重力和分布在表面上的压力及其他力）。

（10.4－5）式比（10.4－6）式就多一项 $\dot{m}w$（在 $\dot{m}<0$ 时），为发动机的推力。

所谓推力，就是沿整个火箭表面分布压力的轴向合力：首先是火箭发动机喷出的并作用在其内表面上的气体压力 P_e；其次是作用在火箭外表面上大气压力的轴向力 P_a，如图 10.4 所示。

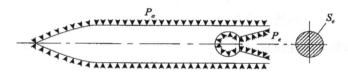

图 10.4　压力在火箭表面上的分布和推力形成示意图

这里，火箭表面的压力不是真正的压力，真正压力值的分布取决于火箭飞行速度和空气动力外形。由于火箭在大气中运动而产生的一切附加压力，常看成是空气动力的阻力。外部静压力的轴向分力为 $-p_a S_e$（其中，p_a 为外部静压强；S_e 为喷口截面积；负号说明力向后，称为制动力）。

求发动机内表面上压力的合力，可先求气体体积的表面合力 $P_1 - p_a S_e$，再求 Δt 时间内冲量与动量的关系，即

$$(P_1 - p_a S_e)\Delta t = -\Delta m w_e \qquad\qquad (10.4-7)$$

式中　P_1——燃气压强沿推力室轴线的合力；

　　　Δm——Δt 时间内以速度 w_e 喷出的气体质量。

将（10.4－7）式取极限，可得

$$P_1 - p_a S_e = -\frac{\Delta m}{\Delta t} w_e \qquad (10.4-8)$$

由于 $-\dfrac{\mathrm{d}m}{\mathrm{d}t} = \dot{m}$（参见（10.4－4）式），即 $P_1 = \dot{m} w_e + p_e S_e$，该值加入外部静压力轴向分量 $-p_a S_e$，可得出推力 P 最终表示式为

$$P = \dot{m} w_e + p_e S_e - p_a S_e = \dot{m} w_e + (p_e - p_a) S_e \qquad (10.4-9)$$

（10.4－9）式也可以由（10.4－5）式得到。

（10.4－9）式还可取另一形式，即用 p_0 表示地球表面的大气压强，用 p_h 表示高度 h 上大气压强，则（10.4－9）式可变为

$$P = \dot{m} w_e + S_e (p_e - p_0) + S_e (p_0 - p_h) \qquad (10.4-10)$$

式中　P_0——地球表面的推力，$P_0 = \dot{m} w_e + S_e (p_e - p_0)$。

则（10.4－10）式变为

$$P = P_0 + S_e (p_0 - p_h) \qquad (10.4-11)$$

（10.4－11）式给出了发动机推力 P 与高度的关系。（10.4－10）式可改写为

$$\begin{aligned}
P &= \dot{m} w_e + S_e p_e - S_e p_0 + S_e p_0 - S_e p_h \\
&= \dot{m} w_e + S_e (p_e - p_h) \\
&= \dot{m} \left[w_e + \frac{S_e}{\dot{m}} (p_e - p_h) \right]
\end{aligned} \qquad (10.4-12)$$

令

$$w_{\mathrm{eh}} = w_e + \frac{S_e}{\dot{m}} (p_e - p_h) \qquad (10.4-13)$$

式中　w_{eh}——有效流速。

则（10.4－10）式可写为

$$P = \dot{m} w_{\mathrm{eh}} \qquad (10.4-14)$$

（10.4－14）式常用于弹道上压强 p_h 变化不大、燃烧状态不变时，把有效流速 w_{eh} 值可视为常数。

10.4.6.3　火箭发动机比冲的有效流速表示

比冲 I_{sp} 是发动机的重要指标，定义发动机推力与每秒抛出质量可表示为

$$I_{sp} = \frac{P}{\dot{m}g} \qquad (10.4-15)$$

式中　P——发动机推力；

　　　$\dot{m}$——发动机每秒喷出的燃气质量。

将（10.4－12）式代入（10.4－15）式得

$$I_{sp} = \frac{\dot{m}}{\dot{m}g} \left[w_e + \frac{S_e}{\dot{m}}(p_e - p_h) \right]$$

$$= \frac{w_e}{g} + \frac{S_e}{\dot{m}g}(p_e - p_h)$$

$$= \frac{w_{eh}}{g} \qquad (10.4-16)$$

I_{sp} 是火箭飞行高度或外界大气压力的函数。从一个大气压到真空，比冲变化约 $120 \sim 140$ N·s/kg，比冲的数值可近似表示为

$$I_{sp} \approx 0.1 w_{eh} \qquad (10.4-17)$$

可见，比冲 I_{sp} 是由气体的有效流速 w_{eh} 决定的，而 w_{eh} 首先取决于推进剂的发热量，其次取决于发动机的品质。

10.5　火箭理想速度的齐奥尔科夫斯基公式

10.5.1　单级火箭的理想速度

首先，我们研究火箭在大气层外和地心引力外的理想情况下所能达到的速度。由（10.4－6）式有 $m\dot{v} = \sum P_i$（m 为火箭质量）；由（10.4－14）式有 $\dot{m}w_{eh} = P$；如果（10.4－6）式中的 $\sum P_i$ 只有发动机的推力，不考虑其他力，可得

$$m\dot{v} = \dot{m}w_{eh} \qquad (10.5-1)$$

式中　$\dot{v}$——系统的加速度，$\dot{v} = \dfrac{\mathrm{d}v}{\mathrm{d}t}$。

若为真空状态，（10.4－13）式中的 $p_h = 0$，则有

$$w_{eh} = w + \frac{S_e}{\dot{m}} p_e = w_e \qquad (10.5-2)$$

式中　w_e——真空中有效流速。

根据（10.4－4）式，将 $\dot{m}=-\dfrac{\mathrm{d}m}{\mathrm{d}t}$ 代入（10.5－1）式得

$$m\dot{v}=-w_e\frac{\mathrm{d}m}{\mathrm{d}t}$$

因为

$$m\frac{\mathrm{d}v}{\mathrm{d}t}=-w_e\frac{\mathrm{d}m}{\mathrm{d}t} \qquad (10.5-3)$$

所以

$$\mathrm{d}v=-w_e\frac{\mathrm{d}m}{m} \qquad (10.5-4)$$

对（10.5－4）式积分后得

$$v=w_e\,(\ln m-\ln C) \qquad (10.5-5)$$

式中　C——任意常数。

当 $v=0$ 时，火箭质量等于初始质量 m_0（结构＋燃料），为总质量。

因此，火箭理想速度 v 为

$$v=w_e\ln\frac{m}{m_0} \qquad (10.5-6)$$

式中　m——火箭结构质量。

（10.5－6）式称为齐奥尔科夫斯基公式，或称齐氏公式。其中 $\dfrac{m}{m_0}=\mu_q$（$\mu_q\leqslant1$），$\dfrac{1}{\mu_q}$ 为齐奥尔科夫斯基数，简称齐氏数，又称火箭结构系数。μ_q 越小，火箭速度越大。

设火箭发动机关闭时，火箭质量为 m_k（其中还剩有推进剂），火箭工作段发动机燃烧了的推进剂质量为 m_T，根据（10.5－6）式可求出发动机关闭时火箭的最大速度 v_k 为

$$v_k=w_e\ln\frac{m_k}{m_k+m_T} \qquad (10.5-7)$$

式中　μ_k——关机齐氏数，$\mu_k=\dfrac{m_k}{m_k+m_T}$

则

$$v_k = -w_e \ln \mu_k \qquad (10.5-8)$$

可见，要提高火箭的最大速度 v_k，一是提高 w_e（由推进剂确定），二是降低 μ_k。

【例】V-2 火箭，起飞质量为 12.9 t，结构质量为 3.9 t，推进剂为酒精/液氧，有效流速为 2 000 m/s，求火箭的最大速度为多少？

解：
$$\mu_k = \frac{3.9}{12.9} = 0.3$$

$$v_k = -2\ 000\ \ln 0.3 = 2\ 400\ (\text{m/s})$$

如果考虑地心引力和空气阻力，$v_k = 1\ 500$ m/s，（速度损失约 1 000 m/s）。

如果采用液氢/液氧作为推进剂，有效流速可达到 3 000 m/s，若火箭的 $\mu_k = 0.1$（取最小值），则有

$$v_k = -3\ 000\ \ln 0.1 = 6\ 900\ (\text{m/s})$$

接近第一宇宙速度，可发射人造卫星。

10.5.2　多级火箭的理想速度

现代运载火箭均为多级火箭。

设：一子级火箭不装推进剂的结构质量为 m_{k1}，火箭起飞质量为 m_0，推进剂的真空有效流速为 w_{e1}；

二子级火箭不装推进剂的结构质量为 m_{k2}，抛一子级后质量为 m_1，推进剂的真空有效流速为 w_{e2}；

三子级火箭不装推进剂的结构质量为 m_{k3}，抛二子级后质量为 m_2，推进剂的真空有效流速为 w_{e3}；

当一级火箭推进剂耗尽后，一级结构系数 μ_1 为

$$\mu_1 = \frac{m_{k1}}{m_0} \qquad (10.5-9)$$

式中　m_{k1}——一级结构质量；

　　　m_0——火箭起飞质量。

一级耗尽后的火箭速度为

$$v_1 = -w_{e1} \ln \mu_1 \qquad (10.5-10)$$

当二级火箭推进剂耗尽后，二级结构系数 μ_2 为

$$\mu_2 = \frac{m_{k2}}{m_1} \qquad (10.5-11)$$

式中　m_{k2}——二级结构质量；

　　　m_1——二、三级总质量。

二级耗尽后的火箭速度为

$$v_2 = - w_{e2} \ln \mu_2 \qquad (10.5-12)$$

由此类推，对于 n 级火箭，最后耗尽的火箭速度可达

$$v_k = - w_{e1} \ln \mu_1 - w_{e2} \ln \mu_2 - \cdots - w_{en} \ln \mu_n$$

$$= \sum_{i=1}^{n} (- w_{ei} \ln \mu_i) \qquad (10.5-13)$$

（10.5—13）式为未考虑空气阻力地心引力的齐氏公式。该式只能给出火箭速度的上限，对于火箭推力比空气阻力大、工作时间很短的火箭，足够精确，但对于远程火箭则要考虑空气阻力和地心引力。

10.6　齐氏公式的地心引力修正

首先研究垂直上升情况地心引力的影响。

根据（10.4—6）式和（10.4—14）式，考虑到受地心引力影响时质量为 m 的火箭所受的力，一是火箭发动机的推力 $P = \dot{m} w_{ch}$，二是地球引力 mg，所以有

$$m \frac{dv}{dt} = w_e \dot{m} - mg \qquad (10.6-1)$$

$$dv = w_e \frac{-dm}{dt} \cdot \frac{dt}{m} - mg \frac{dt}{m}$$

$$= - w_e \frac{dm}{m} - g dt \qquad (10.6-2)$$

又根据（10.4—16）式，对（10.4—2）式积分得

$$v = w_e (\ln m - \ln C) - gt \qquad (10.6-3)$$

当 $t = 0$ 时，$v = 0$ 和 $m = m_0$，因此

$$\begin{cases} C = m_0 \\ v = - w_{ei} \ln \mu_i - gt \end{cases} \qquad (10.6-4)$$

（10.6—4）式为考虑到地心引力后的齐氏公式，理想速度减少值为自由落体在 t 时间内的速度（t 是发动机工作时间）。

在火箭设计中，必须在地心引力和空气阻力影响与结构系数 μ_i 的损失之间，选择一个恰当的比值。例如 V—2 火箭上升飞行 4 s 前地心引力是主要的，以后程序转弯，引力损失减小，$gt = 640$ m/s，理想速度为 2 400 m/s，实际速度为 2 400－640＝1 760（m/s）。因此，V—2 火箭只飞行了 64 s。

10.7　火箭发动机的外部效率

发动机损耗包括两方面：一是发动机内部过程造成的热损失；二是与发动机喷出气流有关的损失。

发动机喷射气体动能与推进剂发热量之比（取决于推进剂和其燃烧过程），在 0.3～0.5 之间。

设时间 Δt 内有 Δm 推进剂烧掉，并以 w 速度喷出。它具有的动能为 $\frac{1}{2}\Delta m w^2$。在燃烧前，它具有的能量为 $\frac{1}{2}\Delta m v^2$（v 为火箭速度）。因此，离开火箭后的 Δm 的总能量为 $\frac{1}{2}\Delta m w^2 + \frac{1}{2}\Delta m v^2$（其中 $\frac{1}{2}\Delta m v^2$ 为预先能量的消耗，在燃烧前要由火箭运送）。在 Δt 内流出的质量 Δm 产生的推力为 $\frac{\Delta m}{\Delta t} w$。该推力在行程 $v\Delta t$ 上作的功为 $\frac{\Delta m}{\Delta t} \cdot wv\Delta t = \Delta m w v$，是从质量 Δm 的总动能中获得的。

因此，火箭发动机外部效率 η_e 为

$$\eta_e = \frac{\Delta m w v}{\frac{1}{2}\Delta m w^2 + \frac{1}{2}\Delta m v^2} = \frac{2\left(\dfrac{v}{w}\right)}{1 + \left(\dfrac{v}{w}\right)^2} \qquad (10.7-1)$$

由（10.7—1）式可见：

1）η_e 是飞行速度 v 的函数；

2）当 $v = w$ 时，η_e 最大，等于 1，即所有气流的动能都变为火箭的能量。

η_e 与 $\dfrac{v}{w}$ 的关系如图 10.5 所示。

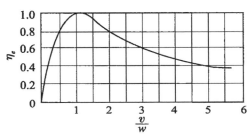

图 10.5　火箭发动机外部效率与 $\dfrac{v}{w}$ 的关系

10.8　作用在飞行火箭上的力和力矩

10.8.1　飞行火箭上的力系运动微分方程

10.8.1.1　火箭在空间的位置描述

火箭在发射点的惯性坐标系 $OXYZ$ 中（见图 10.6），火箭在射面 XOY 中飞行，它是描述火箭飞行的坐标系。

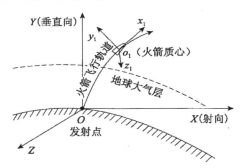

图 10.6　发射点惯性坐标系（地球坐标系之一，$OXYZ$）

火箭在箭体坐标系 $o_1x_1y_1z_1$（也称随动坐标系或动坐标系）中的状态，如图 10.7 所示。$o_1x_1y_1z_1$ 是描述火箭飞行姿态的坐标系（又称本体坐标系）。

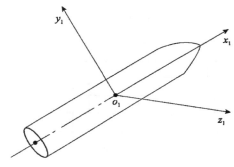

图 10.7　箭体坐标系 $o_1 x_1 y_1 z_1$

用 $OXYZ$ 坐标系和 3 个角 φ、ψ、γ（见图 10.8）完全可以确定火箭在空间的位置和姿态。

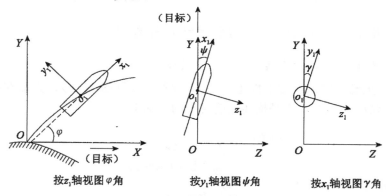

按 z_1 轴视图 φ 角　　　　按 y_1 轴视图 ψ 角　　　　按 x_1 轴视图 γ 角

图 10.8　俯仰角 φ、偏航角 ψ、滚动角 γ 角示意图

10.8.1.2　作用在火箭上的力

火箭冲角（攻角）α_1 与轨道倾角 θ_1 如图 10.9 所示。α_1 是火箭轴向与运动速度 v 之间的夹角，θ_1 是火箭运动速度 v 与当地水平线间的夹角。

一般 $\alpha_1 < 6°$，$90° \leqslant \theta_1 \leqslant 0°$，$\alpha_1 + \theta_1 = \varphi$（$\varphi$ 为俯仰角）。

火箭在空气中运动，受空气动力在表面上分布的力系作用，这些力的合力称为总空气动力。

总空气动力作用在火箭质心的运动轨迹切线方向的分力（即总空

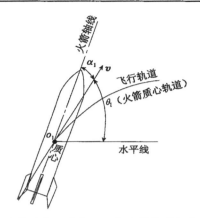

图 10.9　火箭冲角（攻角）α_1 与火箭轨道倾角 θ_1 示意图

气动力在速度方向的投影）称为迎面阻力 $P_{\rho X}$（力的指向与 v 相反）。

总空气动力在运动轨迹法线方向的分力（总空气动力在垂直于速度 v 向的投影）称为升力 $P_{\rho Y}$。

图 10.10 示出了 $P_{\rho X}$、$P_{\rho Y}$、推力 P、重力 mg 的方向。

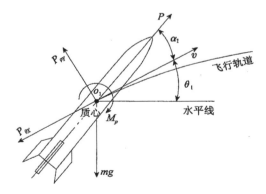

图 10.10　作用在火箭上的力和力矩
（将空气动力作用点移向火箭质心的状态）

作用在火箭上的空气动力系，总可以化为一个力（总空气动力）和一个力矩。而力矩值取决于力的作用点。将空气动力的作用点移到火箭质心，除 $P_{\rho X}$、$P_{\rho Y}$ 外，还有一个合力矩 M_{ρ}（可视为稳定力矩 M_{CT} 和阻力力矩 M_d 之和），即

$$M_{\rho}=M_{CT}+M_d \qquad\qquad (10.8-1)$$

M_{CT} 和 M_d 将在下面介绍。

如果火箭有控制机构（空气舵、燃气舵或转动式发动机），将有控制机构传来的力系（见图 10.11）。

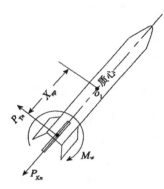

图 10.11　控制力（控制机构产生的力）示意图

这些力，以两个分力和一个力矩的形式，作用在距火箭质心 o_1 为 X_{np} 距离的控制机构铰链上。一个力为舵面阻力 P_{Xn}（不是控制力）顺着火箭轴，另一个力为舵面升力 P_{Yn}（是控制力）垂直于火箭轴。力矩 M_w 称为舵的铰链力矩。图 10.12 示出了火箭上的全部力和力矩，其物理意义如下：

P_{xn}——舵面阻力；

P_{Yn}——舵面升力，控制力；

P——火箭推力；

m——火箭质量；

g——当地重力加速度；

$P_{\rho X}$——空气阻力；

$P_{\rho Y}$——空气升力；

α_1——冲角，攻角；

θ_1——轨道倾角；

φ——俯仰角；

M_p——合力矩，$M_p = M_{CT} + M_d$；

M_{CT}——稳定力矩；

M_d——阻力力矩；

M_w——舵（铰链）力矩，$M_w = P_{Yn} X_{np}$。

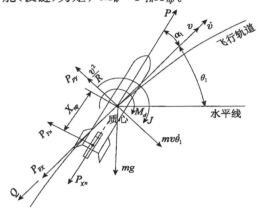

图 10.12　运动方程的推导

为了推出运动方程，应用达朗贝尔原理，引入惯性力 $\boldsymbol{Q}$。火箭沿轨道的切向速度的微分，即为轨道切向加速度 $\dfrac{\mathrm{d}v}{\mathrm{d}t} = \dot{v}$，相应的惯性力 $\boldsymbol{Q}$ 与 $\dot{v}$ 方向相反，可表示为

$$Q = -m\dot{v} \tag{10.8-2}$$

由于轨道曲率而产生的法向加速度为 $\dfrac{v^2}{R}$（R 为轨道曲率半径），且

$$\frac{1}{R} = \frac{\mathrm{d}\theta_1}{\mathrm{d}S} = \frac{\mathrm{d}\theta_1}{\mathrm{d}t} \cdot \frac{\mathrm{d}t}{\mathrm{d}S} = \frac{\dot{\theta}_1}{v} \tag{10.8-3}$$

式中　θ_1——轨道倾角；

　　　S——弧长。

因此，轨道曲率产生的法向加速度为

$$v^2 \frac{\dot{\theta}_1}{v} = v\dot{\theta}_1 \tag{10.8-4}$$

而反方向的惯性力等于 $mv\dot{\theta}_1$（参见图 10.12）。

惯性力矩 J 等于火箭的动量矩 $J\dot{\varphi}$ 对时间的导数 $\dfrac{d}{dt}(J\dot{\varphi})$，并与角速度 $\dot{\varphi}$ 方向相反，即顺时针方向。由于 $\theta_1+\alpha_1=\varphi$，所以惯性力矩为

$$J\frac{d}{dt}\left[J\frac{d}{dt}(\alpha_1+\theta_1)\right]=\frac{d}{dt}\left(J\frac{d\varphi}{dt}\right)=J_n+J_t \qquad (10.8-5)$$

式中　J——火箭在垂直于轨道平面中心轴的惯性力矩，也是时间的函数；

J_n——火箭惯性力矩的常量，$J_n=J\dfrac{d^2\varphi}{dt^2}$；

J_t——火箭惯性力矩随时间的变化量，$J_t=\dfrac{d\varphi}{dt}\cdot\dfrac{dJ}{dt}$。

在研究运动方程时，应将 J 与力矩 M 合并起来考虑。

10.8.1.3　运动方程

将所有作用力投影到轨道切线上（v 方向），得

$$m\dot{v}+P_{\rho X}-(P-P_{xn})\cos\alpha_1+mg\sin\theta_1+P_{Yn}\sin\alpha_1=0$$
$$(10.8-6)$$

由于 $\dot{v}=\dfrac{dv}{dt}$，当 α_1 较小时，$\cos\alpha_1\approx1$，可略去 $P_{Yn}\sin\alpha_1$，便得

$$\dot{v}=\frac{P-P_{\rho X}-P_{Xn}}{m}-g\sin\theta_1 \qquad (10.8-7)$$

将所有的力都投影到轨道法线上，得

$$P_{\rho Y}+P_{Yn}\cos\alpha_1-mv\dot{\theta}_1+(P-P_{Xn})\sin\alpha_1-mg\cos\theta_1=0$$
$$(10.8-8)$$

当 α_1 很小时有

$$\dot{\theta}_1=\frac{1}{mv}[(P-P_{Xn})\alpha_1+P_{\rho Y}+P_{Yn}]-\frac{g}{v}\cos\theta_1 \qquad (10.8-9)$$

式中　g——飞行高度上的重力加速度。

最后，取对于质心的力矩之和，得

$$J_n+M_p+P_{Yn}X_{np}=0 \qquad (10.8-10)$$

（10.8－7）式、（10.8－9）式和（10.8－10）式即为火箭在一个平面上的运动方程，未考虑横向空间轨道运动的可能性。近程火箭是可以用这些方程来求解的，但远程火箭不只在一平面上运动，要考虑 3 个坐标轴的作用力和力矩，要由 6 个方程代替上面的 3 个方程求解。

对于制导，除运动方程外，还需要一些控制方程，给出控制力或舵倾角与时间或运动参数之间的关系。方程的个数取决于控制系统和制导方法。

对于近程火箭，理想情况下，控制方程简单，除（10.8－7）式和（10.8－10）式外，加上程序角变化条件 $\varphi = \theta_1 + \alpha_1 = f(t)$（$f(t)$ 为给定时间的函数），即可完成火箭的"程序角飞行"。这是理想化的简单的火箭运动方程。

在工程上应注意：

1）解这些方程时要知道这些力和力矩数值随时间变化的函数；

2）火箭的空气动力和飞行速度与高度有关；

3）推力公式中的外界气动力在飞行轨道上也有变化，推力也有变化；

4）火箭质量随着推进剂的消耗也随时间减少；

5）高空重力加速度 g 也是变量。

10.8.2　地球大气及其性质

由于作用在火箭上的空气动力数值与大气性质有关，必须研究地球大气及其性质。空气密度 ρ，是影响空气动力的主要参数；其次是温度 T 和相关压力 p。

声音在大气中传播，声速 c 受大气的影响表示为

$$c = \sqrt{kgRT} \qquad (10.8-11)$$

式中　　T——大气温度；

　　　　R——气体常数；

　　　　k——绝热指数。

气压 p 是高度 h 的函数，随 h 的增大而下降。取大气中基面为 dF 和高度为 dh 的微柱体（见图 10.13），压力 p 从下面作用于柱体，随高

度增加 dh，气压 $p+dp$ 从上面作用。

设 γ 为高度 h 上空气的比重，平衡条件为 $dpdF+\gamma dhdF=0$，因此有

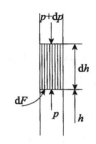

$$\frac{dp}{dh}=-\gamma \qquad (10.8-12)$$

或

$$\frac{dp}{dh}=-g\rho \qquad (10.8-13)$$

图 10.13　空气压力与高度之间的关系示意图

（10.8—12）式中负号表示压力随高度增加而下降，温度也要下降。

气体密度 ρ 和压力 p，与高度 h 有如下的关系，即

$$\frac{p}{p_0}=\left(\frac{\rho}{\rho_0}\right)^n \qquad (10.8-14)$$

式中　p_0——地球表面空气压力；

ρ_0——地球表面空气密度；

n——气体随温度 T 膨胀的指数（与高度 h 无关）。

将（10.8—14）式代入（10.8—13）式得

$$\frac{dp}{dh}=-g\rho_0\left(\frac{p}{p_0}\right)^{\frac{1}{n}} \qquad (10.8-15)$$

将（10.8—15）式中的变数分离，得

$$p^{-\frac{1}{n}}dp=-g\rho_0 p_0^{-\frac{1}{n}}dh \qquad (10.8-16)$$

对（10.8—16）式积分后得

$$\frac{n}{n-1}p^{\frac{n-1}{n}}=-g\rho_0 p_0^{-\frac{1}{n}}h+C \qquad (10.8-17)$$

（10.8—17）式中的常数 C 由下列条件决定，当 $h=0$ 时，$p=p_0$，因此有

$$C=\frac{n}{n-1}p_0^{\frac{n-1}{n}} \qquad (10.8-18)$$

将（10.8—18）式代入（10.8—17）式得

$$p^{\frac{n-1}{n}}=p_0^{\frac{n-1}{n}}-g\rho_0 p_0^{-\frac{1}{n}}\left(\frac{n-1}{n}\right) \qquad (10.8-19)$$

或

$$p=p_0\left(1-g\frac{\rho_0}{p_0}\cdot\frac{n-1}{n}h\right)^{\frac{n}{n-1}} \qquad (10.8-20)$$

因为

$$\frac{p_0}{\rho_0} = gRT_0 \qquad (10.8-21)$$

式中　T_0——地球表面空气温度。

因此压力与高度的最终关系为

$$p = p_0 \left(1 - \frac{n-1}{nRT_0}h\right)^{\frac{n}{n-1}} \qquad (10.8-22)$$

空气密度与高度的关系为

$$\rho = \rho_0 \left(1 - \frac{n-1}{nRT_0}h\right)^{\frac{1}{n-1}} \qquad (10.8-23)$$

根据所取的多变过程

$$T = T_0 \left(\frac{p}{p_0}\right)^{\frac{n-1}{n}} \qquad (10.8-24)$$

或考虑到（10.8－22）式，可得

$$T = T_0 - \frac{n-1}{nR}h \qquad (10.8-25)$$

从（10.8－25）式可见，温度按高度线性降低，下降梯度为 $\dfrac{n-1}{nR}$。

如果对于空气，取 $n=k=1.4$，$R=29.27$，可得

$$\frac{n-1}{nR} = \frac{1.4-1}{1.4 \times 29.27} = 0.009\,8 \ (\text{℃/m})$$

即每上升 100 m，空气温度约降 1 ℃，实际上平均降 0.65 ℃，相当于 $n=1.23$ 和在膨胀时有热量传出。n 值不是常数，随高度而变，（10.8－22）式～（10.8－25）式仅为近似式。研究表示，在 $h \leqslant 11$ km 时，用这些近似式计算出的值与实际值比较吻合；再高偏差增大。当 $h > 1$ km 时为平流层。（10.8－22）式、（10.8－24）式和（10.8－25）式有如下形式，即

$$\begin{cases} p = p_0 \left(1 - \dfrac{h}{44\,300}\right)^{5.256} \\[2mm] \rho = \rho_0 \left(1 - \dfrac{h}{44\,300}\right)^{4.256} \\[2mm] T = T_0 - 0.006\,5h \end{cases} \qquad (10.8-26)$$

在航天工程计算中常用空气参数对高度的变化表（参见表 10.1），表中数据是由国际标准大气的数据推算到高空区域得出的。

表 10.1　空气参数与海拔高度的关系

高度 h/km	$\dfrac{p}{p_0}$	$\dfrac{\rho}{\rho_0}$	$\sqrt{\dfrac{T_0}{T}}$
0	1	1	1
1	0.885	0.902	1.010
2	0.780	0.813	1.021
3	0.687	0.731	1.032
4	0.603	0.655	1.043
5	0.527	0.586	1.054
6	0.460	0.523	1.066
7	0.400	0.465	1.078
8	0.346	0.412	1.091
9	0.299	0.365	1.104
10	0.253	0.323	1.118
20	0.543×10^{-1}	0.697×10^{-1}	1.133
30	0.118×10^{-1}	0.145×10^{-1}	1.109
40	0.283×10^{-2}	0.302×10^{-2}	1.034
50	0.878×10^{-3}	0.764×10^{-3}	0.933
60	0.284×10^{-3}	0.282×10^{-3}	0.997
70	0.774×10^{-4}	0.895×10^{-4}	1.075
80	0.167×10^{-4}	0.229×10^{-4}	1.176
90	0.310×10^{-5}	0.429×10^{-5}	1.176
100	0.580×10^{-6}	0.800×10^{-6}	1.176

注：p——高空气压；p_0——地表气压；ρ——高空空气密度；ρ_0——地表空气密度；T——高空空气温度；T_0——地表空气温度。

10.9　火箭在大气中飞行的空气动力问题

10.9.1　空气动力系数

火箭飞行方向（v 方向）与火箭轴线一致时，即攻角 α_1 为零，

没有升力 $P_{\rho Y}$，但迎面阻力 $P_{\rho X}$ 在 α_1 任何角度下都存在。一般情况下有

气动升力为

$$P_{\rho Y}=C_Y\left(\frac{1}{2}\rho v^2 S\right) \qquad (10.9-1)$$

气动阻力为

$$P_{\rho Y}=C_X\left(\frac{1}{2}\rho v^2 S\right) \qquad (10.9-2)$$

式中　v——火箭速度（在火箭吹风试验中为空气速度）；

　　　　ρ——不同高度的气体密度；

　　　　S——垂直于火箭轴的特征面积；

　　　　C_X——空气阻力系数；

　　　　C_Y——空气升力系数（C_X 和 C_Y 统称空气动力系数）。

如图 10.14 和图 10.15 所示，当火箭飞行速度 v 不大时，马赫数（$Ma=\dfrac{w}{a}$）为 0.5～0.6 时，C_X 和 C_Y 与速度无关，取为定值；但随着航天器速度接近声速（$Ma\rightarrow1$）时，C_X 和 C_Y 便急剧增大；但到超声速（$Ma>1$）时，C_X 和 C_Y 的值又减小，逐渐接近一常数。

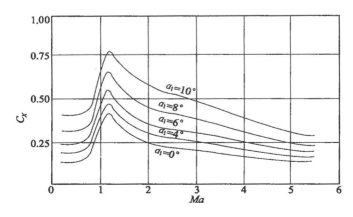

图 10.14　C_x 与攻角和马赫数间的关系曲线

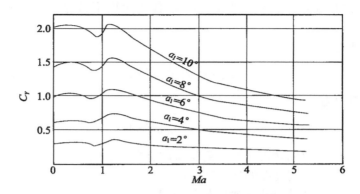

图 10.15　C_Y 与攻角和马赫数间的关系曲线

10.9.2　空气动力的分力与亚声速

空气动力因飞行速度为亚声速（即 $Ma<1$）或超声速（即 $Ma>$ 1）而异。无论在哪种情况下，迎面阻力 $P_{\rho X}$ 都可分解成两个力，即摩擦阻力 P_{Xt} 和压差阻力 P_{Xd}，表示为

$$P_{\rho X}=P_{Xt}+P_{Xd} \tag{10.9-3}$$

如图 10.16 和图 10.17 所示，可将 P_{Xt} 理解为与物体表面相切的阻力的合力 p_t，P_{Xd} 为垂直于物体表面的合力 p_n。因此有

$$\begin{cases} P_{Xt}=\displaystyle\int_{S} p_t \sin x \mathrm{d}S \\[2mm] P_{Xd}=\displaystyle\int_{S} p_n \cos x \mathrm{d}S \end{cases} \tag{10.9-4}$$

式中　$\mathrm{d}S$——火箭表面单位面积；

$\quad\quad x$——局部法线的方位角；

$\quad\quad p_t，p_n$——火箭局部表面单位面积上的力。

另外，（10.9-4）式也可写成气动系数关系式，即

$$\begin{cases} P_{Xt}=\dfrac{1}{2}C_{Xt}\rho v^2 S \\[3mm] P_{Xd}=\dfrac{1}{2}C_{Xd}\rho v^2 S \end{cases} \tag{10.9-5}$$

式中　C_{Xt}——摩擦力气动系数；

　　　C_{Xd}——压差阻力气动系数。

　　因此，总迎面阻力系数 C_X 为

$$C_X = C_{Xt} + C_{Xd} \tag{10.9-6}$$

C_{Xt} 和 C_{Xd} 都可以通过"缩小航天器吹风试验"得出。

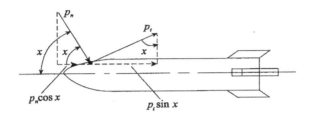

图 10.16　作用在火箭表面切向空气动力 p_t 和法向空气动力 p_n

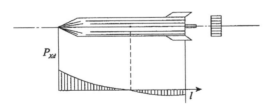

图 10.17　火箭沿轴向受压差阻力的分布

　　为减小亚声速迎面阻力，航天器侧面必须作成平滑的外形，以便绕流流动，防止气流分离，这就是常说的"流线型"。因此，对于回转体的火箭壳体来说，压差阻力分成头部阻力和尾部阻力两部分。

10.9.3　超声速气流对流线型物体的作用

　　超声速气流绕过钝头物体，物体的每一个点都可看做是微扰动源，发出的波在微扰动锥内传播。流线型物体前平面，在超声速气流作用下，每个点都出现扰动，物体前面形成一个高压区，即出现一个迎面气流运动的冲击波。在流线体头部范围外，冲击波是倾斜的，波强减弱了。在流线体头部范围内，冲击波对速度方向的倾斜角等于马赫角，冲击波转变为声波。在超声速空气动力学中，冲击波又称为激波。激波不但产生在流线体的前面，也产生在其尾部。

另外，激波也可能在亚声速飞行中发生。为了减低超声速气流的速度，必须减小气流的截面积。由于火箭的推力，一般比迎面阻力大几倍，所以不必精确地估计火箭的空气动力。这是火箭不同于飞机的地方，飞机在水平平稳飞行时，推力等于阻力。

高速飞行的火箭，在大气中飞行时，火箭表面会被加热。火箭发动机喷出气流也对空气动力有影响，在火箭总体设计时都要考虑。

10.9.4　空气动力稳定力矩和空气动力阻尼力矩

空气动力系的合力和力矩，集中到火箭的位置不同，将对火箭的飞行性能产生不同的影响。如果将空气动力设计到火箭的质心上，除产生阻力 $P_{\rho X}$ 和升力 $P_{\rho Y}$ 外，还可得到一合力矩，又称为恢复力矩或稳定力矩 M_{CT}。因为在有攻角 α_1 状态飞行时，M_{CT} 有使 α_1 减小的作用，M_{CT} 的确定与 $P_{\rho X}$ 和 $P_{\rho Y}$ 的公式类似，即

$$M_{CT}=C_m\left(\frac{1}{2}\rho v^2 S\right)l \tag{10.9-7}$$

式中　　ρ——空气密度；

　　　　v——飞行速度；

　　　　S——特征面积；

　　　　l——线性特征尺寸（通常为火箭长度）；

　　　　C_m——力矩的无因次系数。

亚声速时，C_m 与 v 无关，同 C_X 和 C_Y 一样，在 v 大时（$Ma > 1$），可将 C_m 看成 v 的函数。在小攻角 α_1 下，C_m 与 α_1 成正比，即

$$C_m=C_m^{\alpha}\alpha_1 \tag{10.9-8}$$

式中　　C_m^{α}——空气动力特征参数，其值与飞行速度 v 有简单关系。由于火箭飞行中推进剂消耗，质心是在移动的，所以 C_m^{α} 也在变化。

如果空气动力系移到火箭轴线的某一点上，能使力矩等于零，这点就叫压心。

压心可以看成空气动力合力与火箭轴线的交点，如图 10.18 和图 10.19 所示。压心和质心的相互位置对火箭飞行的稳定性会产生重要的影响：

1）压心在质心之后（见图 10.19），当火箭偏离飞行方面时，会产生一种减小攻角和恢复原来轴线方向的力矩。

2）如果压心在质心之前，火箭会偏离轴线飞行，空气动力产生的力矩会使偏离越来越严重，致使火箭不稳定。

为使 2）所述情况不出现，可利用加尾翼的方法使压心后移至质心之后。因此可以说，不带尾翼的火箭，是静不稳定的。

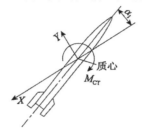

图 10.18　火箭飞行时质心与压心重合的情况

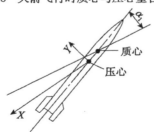

图 10.19　火箭飞行时质心、压心不在一点上的情况

对火箭本体坐标系而言，火箭绕 3 个坐标轴有旋转角速度，阻止这一角速度产生的力矩，称为阻尼力矩 M_d。M_d 值与角速度成正比，但其方向与角速度的方向相反。阻尼力矩 M_d 的公式与 $P_{\rho X}$、$P_{\rho Y}$ 和 M_{CT} 的公式类似，即

$$M_d = C_d \left(\frac{1}{2} \rho v^2 \right) \frac{\omega}{v} S l^2 \qquad (10.9-9)$$

式中　$\dfrac{1}{2}\rho v^2$——速度头；火箭转动（ω 为转动角速度）时，在距质

心 x 处受力为 ω_x，形成外阻力力矩，引起的附加攻

角为 $\alpha_m = \dfrac{\omega_x}{v}$（参见图 10.20）；

　　C_d——阻尼力矩的无因次系数，与火箭的速度有关。

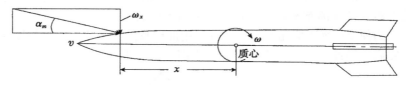

图 10.20　当火箭转动时产生的局部附加攻角 α_m

某近程火箭 $C_d - Ma$ 曲线如图 10.21 所示。

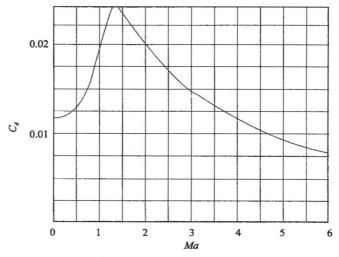

图 10.21　$C_d - Ma$ 曲线

　　内阻力矩 M_n 由哥氏加速度决定，即沿火箭推进剂贮箱和管路中运动的液体和气体在转弯时会产生哥氏加速度。M_n 容易确定，哥氏加速度 a_G 为

$$a_G = 2w\omega \qquad\qquad (10.9-10)$$

式中　w——火箭运动的气流速度；

　　　ω——火箭转动角速度。

则

$$M_n = \omega \left[m_1 (x_3'^2 - 2x_1'^2) + m_2 (x_3'^2 - 2x_2'^2) \right] \tag{10.9—11}$$

式中　m_1——氧化剂的秒耗量；

　　　m_2——燃料的秒耗量；

　　　x_1'，x_2'，x_3'——贮箱液位尺寸（如图 10.22 所示）。

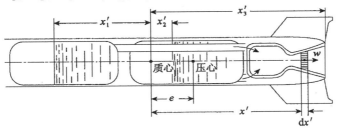

图 10.22　由发动机喷出的气流所构成的阻尼力矩

　　在稠密大气中，有尾翼火箭的阻尼力矩约为稳定力矩的 10%，而且在 10% 之内，大部分由外阻力矩产生，小部分由内阻力矩产生。在稠密大气层火箭轨道设计时，内阻力矩 M_n 可忽略不计。只有在大气层外（真空）中，M_n 独立存在，才考虑。

　　对石墨燃气舵偏转 β（舵轴与发动机轴间夹角）产生的箭体轨道倾角 θ_1（假设为俯仰方向的姿态角控制状态）的变化率 $\dot{\theta}_1$，（10.8—9）式变为

$$\dot{\theta}_1 = \frac{1}{mv} \left[(P - P_{Yn}) \alpha_1 + P_{\rho Y} \left(1 - \frac{e}{X_{np}} \right) \right] - \frac{g}{v} \cos \theta_1$$

$$\tag{10.9—12}$$

式中　m——火箭质量；

　　　v——火箭在轨道运动速度；

　　　$m\dot{v}$——加速度 $\dot{v}$ 方向的惯性力；

　　　P——发动机推力；

　　　P_{Yn}——火箭舵在 β 角下的舵面升力；

$P_{\rho Y}$——火箭在 α_1 攻角下升力；

X_{np}——P_{gn} 作用点到火箭质心的距离；

e——火箭当时压心到质心的距离；

g——火箭在该高度的重力加速度。

$$P_{Yn} = -P_{\rho Y}\frac{e}{X_{np}} \qquad\qquad (10.9-13)$$

（10.9－13）式是"舵机"状态的"控制力矩"的力 P_{Yn} 表示式。大型运载火箭不用"舵机"偏转产生控制力，而用发动机"摆动"产生控制力，（10.9－12）式和（10.9－13）式略有不同。

第 11 章　火箭的飞行轨道与总体参数计算

火箭的飞行轨道分两大类：一是作为导弹的火箭主要是弹道设计；二是作为发射人造航天器的运载火箭主要是"发射轨道设计"，其基本设计方法是相同的，但也各有特殊的地方。

弹道设计主要解决下列问题：

1) 研究各种发射条件对最大射程的影响，确定最大射程设计指标；

2) 研究导弹的飞行性能与总体设计参数、弹道设计参数的依从关系；

3) 根据给定的弹道设计参数，选择合理的飞行程序（这些内容不属本书论述的范畴）。

发射轨道设计是根据航天器在空间的运行轨道决定的，不同航天器的运行轨道有不同的发射轨道与之对应。航天器运行轨道有两种分类方法：

1) 按轨道高度分类，可分为低轨道（轨道高度为 500 km 以下）、中轨道（轨道高度在 1 000 km 左右）、高轨道（轨道高度为数千 km 到数万 km）。

2) 按轨道参考基准分类，可分为地球同步轨道（36 000 km 圆轨道）、太阳同步轨道（1 000 km 左右圆轨道）、非同步轨道（一般为低轨道）。

运载火箭要把这些航天器送入运行轨道，一般有两种基本形式：

1) 连续推力发射轨道。对于发射低轨道航天器可达到较好的效果，而发射中轨和高轨航天器就不合算了。这种一鼓作气一次完成，从耗能上看不佳，发动机推力大小有限制，动力飞行时间长对发动机性能要求高。

2）具有中间轨道的发射轨道。通过中间轨道（滑行段）过渡，把动能转化为位能，适用于发射中高轨道航天器。有一个中间轨道的，也有两个中间轨道的（如发射地球同步轨道卫星）。

本章前 3 节论述火箭在大气层内和大气层外的飞行轨道方程。接着用 3 节论述单级火箭和多级火箭的总体参数计算。最后一节（11.7 节），以发射地球同步卫星的发射轨道（这是最复杂的发射轨道之一）为例，来总结火箭发射轨道的设计与总体参数计算。

11.1　火箭飞行轨道的分段

火箭从发射点起飞，到击中目标（地面目标），可分为 3 大段，即主动飞行段、被动飞行段和再入飞行段（参见图 11.1）。

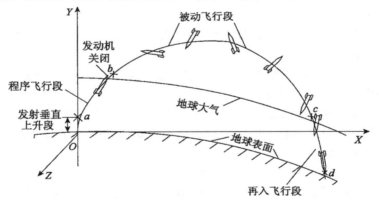

图 11.1　火箭飞行轨道的分段（用发射点惯性坐标系 $OXYZ$）

远程火箭的主动飞行段又分为发射垂直上升段（在最初几秒内为垂直上升 Oa）和程序飞行段，在该飞行段中火箭逐渐偏离垂直轨道直至关机，划出弧形轨迹 ab；然后，火箭进入弧形轨道的被动飞行段（无动力飞行段 bc）；最后，火箭进入再入大气层的再入飞行段（cd）。

根据火箭动力学方程（（10.8－6）、（10.8－9）式和（10.8－10）式），将（10.8－5）式写成（10.9－10）式的形式，将合力矩

M 用稳定力矩 M_{CT} 和阻尼力矩 M_d 代替。上述方程可写为

$$\dot{m}v = (P - P_{\rho X} - P_{Xn}) - mg\sin\theta \qquad (11.1-1)$$

$$\dot{\theta} = \frac{1}{mv}\left[(P - P_{Xn})\alpha + P_{\rho X}\left(1 - \frac{e}{X_{np}}\right)\right] - \frac{g}{v}\cos\theta \qquad (11.1-2)$$

$$J\frac{d}{dt}\left[J\frac{d}{dt}(\theta+\alpha)\right] + M_{CT} + M_d + P_{Yn}X_{np} = 0 \qquad (11.1-3)$$

（11.1-1）式为箭体质心运动方程，（11.1-2）式为箭体反方向惯性力（$mv\dot{\theta}$）方程，（11.1-3）式为箭体质心的力矩和方程。这些方程的解析解无法求得，但作一些简化分析，分段数值积分是适用的。（11.1-3）式是伺服机构用"舵机"状态。

（11.1-3）式中 X_{np} 为舵在 β 角下产生的舵面外力 P_{Yn} 点至火箭质心的距离。因此，$P_{Yn}X_{np}$ 为舵的铰接力矩 M_m（使火箭产生俯仰转动的力矩），即 $P_{Yn}X_{np} = -P_{\rho Y}e$ 与火箭攻角 α 产生的升力力矩配平（量值相等，方向相反）；而舵面升力 P_{Yn} 与舵转角 β 近似成正比关系。

对于控制摇摆发动机转 β 角的情况，控制力矩的力 P_{Yn} 为

$$P_{Yn} = P\sin\beta \approx P\beta \qquad (11.1-4)$$

式中 P——发动机的推力。

由于 β 角很小（一般只几度），所以 $\sin\beta \approx \beta$。

11.2 弹道式火箭的主动飞行段大气层内的运动方程

弹道式火箭的主动飞行段要达到的目的，就是达到预期的坐标位置（角度和方位）和速度（飞行速度大小和方向）。这要由火箭的飞行程序来保证。火箭点火后，先垂直上升，然后开始向射向"程序转弯"，即火箭轴与水平线夹角 $\varphi_{cx} = \theta + \alpha$（称为程序角），随时间变化，称为火箭的程序。单级火箭 V-2 的 $\varphi_{cx} = \theta + \alpha = f(t)$。

程序角度变化曲线如图 11.2 所示，开始为垂直上升段，程序角 φ_{cx} 从 90°到 43°，直到关机。

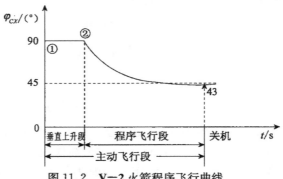

图 11.2　V-2 火箭程序飞行曲线

　　作为发射地球同步卫星的三级火箭程序飞行要比单级火箭程序飞行复杂（如图 11.3 所示）。垂直飞行 20 s 后开始程序飞行，一级工作段程序角由 90°到 24°；二级飞行段程序角由 24°到 12°；三级一次飞行段程序角由 +12°到 -36°，三级滑行段小开关发动机保持推进剂沉底控制程序角由 -36°到 -68°，三级二次飞行段（三级发动机二次启动，完成停泊轨道加速，实现远地点为 36 000 km 的大椭圆轨道）程序角由 -68°到 -71°；接着星箭分离。

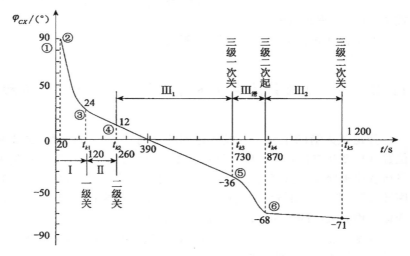

图 11.3　三级火箭程序飞行曲线

从图 11.2 和图 11.3 可见，垂直上升段，α 角很小，火箭的程序角为 $\theta = \varphi_{CX} = f(t)$。

θ 是给定的时间函数，这种情况下不依赖（11.1－2）式和（11.1－3）式，方程（11.1－1）可进行简单的数值积分，即

$$\dot{v} = \frac{\Delta v}{\Delta t} = \frac{P - P_{\rho X} - P_{Xn}}{m} - g\sin\theta$$

$$\Delta v = \left(\frac{P - P_{\rho X} - P_{Xn}}{m} - g\sin\theta \right)\Delta t \qquad (11.2-1)$$

根据发射点惯性坐标系 $OXYZ$，在射面上，火箭质心沿 X 轴和 Y 轴移动（见图 11.4）。

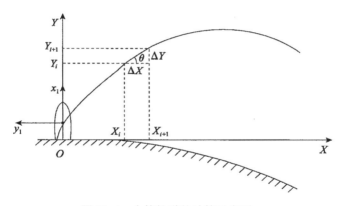

图 11.4　火箭轨道的计算示意图

（11.2－1）式中 ΔX 和 ΔY 是在时间间隔 Δt 内火箭的位移。Δt 越小，积分精度越高。Δt 可选为 20 ms、40 ms、80 ms、100 ms、200 ms，甚至 1 s（V－2 火箭）。这时有

$$\begin{cases} \Delta X_1 = v_0\cos\theta_0\Delta t \\ \Delta Y_1 = v_0\sin\theta_0\Delta t \end{cases} \qquad (11.2-2)$$

火箭点火时刻，速度等于零，$\varphi_{CX} = 90° = \theta_0 (\alpha_0 = 0)$，由（11.2－1）式可求出火箭起飞（离发射架，起飞触点接通时刻为 $t = 0$ s），经第一个 Δt 时的垂直向上的速度为

$$v_1 = \Delta v = \left(\frac{P_0 - P_{Xn}}{m_0} - g \right) \Delta t \qquad (11.2-3)$$

火箭起飞段垂直向上，即 $\Delta X = 0$，则 $Y_1 = \Delta Y = v_1 \Delta t$。在地面为标准大气，空气密度为 ρ，可由 $C_X = f(Ma)$ 求得阻力系数 C_X（这里 Ma 为马赫数），则可由 v_1 计算出迎面阻力

$$P_{\rho X1} = \frac{1}{2} C_X \rho v_1^2 S \qquad (11.2-4)$$

在 Δt 内，发动机推力 P 也在变化。随着高度增加，周围介质压力降低。火箭质量变小，相当于 Δt 内推进剂的消耗量，火箭质量为 m_1，可由 （11.2-1） 式得出第二个积分速度 v_2 值为

$$v_2 = v_1 + \left(\frac{P_1 - P_{\rho X1} - P_{Xn1}}{m_1} - g \sin \theta_1 \right) \Delta t \qquad (11.2-5)$$

按 （11.2-2） 式可求得

$$\begin{cases} X_2 = X_1 + v_1 \cos \theta_1 \Delta t \\ Y_2 = Y_1 + v_1 \sin \theta_1 \Delta t \end{cases} \qquad (11.2-6)$$

同理，可求出第三个时间间隔末的参数，即

$$\begin{cases} v_3 = v_2 + \left(\dfrac{P_2 + P_{\rho X2} - P_{Xn2}}{m_2} - g \sin \theta_2 \right) \Delta t \\ X_3 = X_2 + v_2 \cos \theta_2 \Delta t \\ Y_3 = Y_2 + v_2 \sin \theta_2 \Delta t \end{cases} \qquad (11.2-7)$$

按以上迭代式，可以把整个主动飞行段轨道的位置和速度都计算出来。最后按时间顺序归纳成一个表格，即可得出火箭速度、位置、空气阻力和惯性力与时间的关系曲线（见图 11.5 和图 11.6）。这就是火箭主动飞行段的轨道参数计算。

迎面阻力 $P_{\rho X1}$ 最初因火箭速度增加而迅速增加，然后因空气密度 ρ 减小而随之减小。由于在主动飞行段，质量 m_1 逐渐减小，加速度逐渐增大，在接近声速范围飞行段上，火箭迎面阻力急增，加速度才略有减小。

当给定程序角变化规律时，可根据 （11.1-1） 式，由 φ_{cx} 求出攻角 α 与时间的关系（见图 11.7）。对照图 11.8 可见，主动飞行段开始时火箭垂直上升，攻角 $\alpha = 0$。

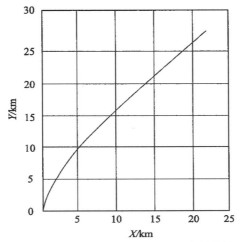

图 11.5　V－2 火箭主动飞行段轨道参数曲线

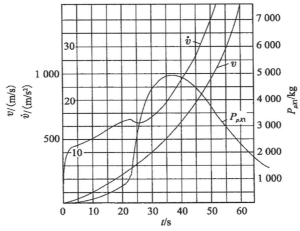

图 11.6　V－2 火箭的 v、$\dot{v}$ 迎面阻力 P_{pX1} 与 t 的关系

当火箭开始有程序角 φ_{cx} 飞行时，偏离垂线时攻角需为负值，如果轨道设计需急剧偏离垂线（低轨道时），则按其绝对值攻角会大些，α 通常不超过 2.5°～3°。火箭方案按速度头到最大值瞬间，按攻角等于零的原则（只有这样箭体结构受力最小）确定，这也能消除

侧面空气动力的影响（侧面空气动力也可使火箭受损）。继续按程序角飞行，攻角 α 变正。因为方案要求 $\varphi=\theta+\alpha$ 保持不变，而 θ 又由于重力加速度的作用而减小。

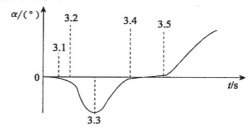

图11.7　火箭主动飞行段攻角随时间的变化曲线

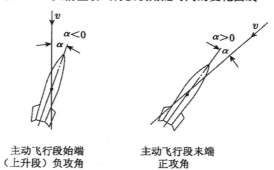

图11.8　火箭主动飞行段始末端的正负攻角状态

11.3　弹道式火箭在主动飞行段大气层外的运动方程

火箭在主动飞行段大气层外飞行时，由于空气稀薄，空气动力可忽略不计。如果发动机关闭后，火箭受地心引力运动，可对运动方程直接积分求解。发动机关机时火箭的倾角为 θ_0（火箭轨道速度 v_0 与地平线间的夹角），以速度 v_0 抛射出，其运动轨迹是一个抛物线，如图 11.9 所示。

关闭发动机时刻为抛物线起始零点（时间零点），经过时间 t 后的坐标为

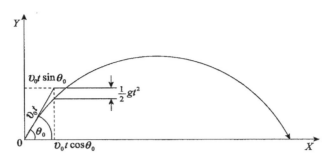

图 11.9 弹道式火箭主动段关机后的抛物线轨道

$$\begin{cases} X = v_0 t\cos \theta_0 \\ Y = v_0 t\sin \theta_0 - \dfrac{1}{2}gt^2 \end{cases} \quad (11.3-1)$$

消去 t，可求出抛物线方程为

$$Y = X\tan \theta_0 - X^2 \frac{g}{2v_0^2 \cos^2\theta_0} \quad (11.3-2)$$

（11.3-2）式中，假设重力加速度 g 在整个轨道上是不变的，g 的方向都平行于 Y 轴；实际上 g 随地心距的平方成比例递减。这个方程对近程导弹是可以的，对远程火箭，由于地球是圆的，不能用抛物线，而应用开普勒定律的椭圆轨道理论。火箭发射地球卫星时就要用到这种轨道原理（详见图 11.10）。

A 点为火箭靠惯性沿某轨道飞行，距地心为 r。当火箭运动到 B 点时，火箭的动能 $\dfrac{mv^2}{2}$ 改变了 $\mathrm{d}\left(\dfrac{mv^2}{2}\right)$ 值，位能改变了 $\mathrm{d}(mg_T r)$ 值，此时垂直加速度为 g_T，$g_T = g_0 \dfrac{R^2}{r^2}$（$g_0$ 为地球表面的重力加速度）。

火箭发动机未工作，火箭的动能变化等于位能的变化，即

$$\mathrm{d}\left(\frac{mv^2}{2}\right) = \mathrm{d}(mg_T r)$$

所以有

$$\mathrm{d}\left(\frac{mv^2}{2}\right) - \mathrm{d}(mg_T r) = 0 \quad (11.3-3)$$

由于在发动机未工作情况下，m 不变，所以有

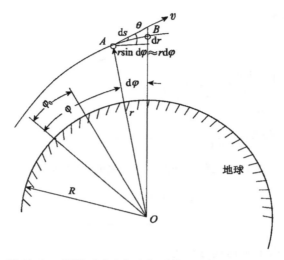

图 11.10　用地球中心极坐标系推导火箭运动方程

$$\frac{v^2}{2} - g_T r = \text{const}$$

即

$$\frac{v^2}{2} - g_0 \frac{R^2}{r} = \text{const} \tag{11.3-4}$$

在火箭的起点 A，当 $r=r_0$ 和 $v=v_0$ 时，得出

$$\frac{v^2}{2} - g_0 \frac{R^2}{r} = \frac{v_0^2}{2} - g_0 \frac{R^2}{r_0} \tag{11.3-5}$$

由于速度为火箭轨道的微分，可得

$$v = \frac{\mathrm{d}s}{\mathrm{d}t} = \frac{\sqrt{\mathrm{d}r^2 + r^2 \mathrm{d}\varphi^2}}{\mathrm{d}t} = \sqrt{\dot{r}^2 + r^2 \dot{\varphi}^2} \tag{11.3-6}$$

将 (11.3-6) 式代入 (11.3-5) 式可得

$$\frac{1}{2}(\dot{r}^2 + r^2 \dot{\varphi}^2) - g_0 \frac{R^2}{r} = \frac{v_0^2}{2} - g_0 \frac{R^2}{r_0} \tag{11.3-7}$$

根据火箭在被动段飞行时，地心的动量矩是一个常数，可导出第二个方程为

$$mrv\cos\theta = \text{const} \tag{11.3-8}$$

由图 11.10 可见，$v\cos\theta$ 为垂直于半径方向的速度分量。由 (11.3—8) 式可得

$$rv\cos\theta = r_0 v_0 \cos\theta_0 \qquad (11.3-9)$$

式中　r_0——A 点的地心半径；

　　　v_0——A 点的速度；

　　　θ_0——A 点的倾角。

从图 11.10 可见

$$\cos\theta = \frac{r\mathrm{d}\varphi}{\mathrm{d}s} \qquad (11.3-10)$$

因此有

$$rv\cos\theta = r\frac{\mathrm{d}s}{\mathrm{d}t} \cdot \frac{r\mathrm{d}\varphi}{\mathrm{d}s} = r^2\dot{\varphi}$$

且由 (11.3—9) 式可导出

$$r^2\dot{\varphi} = v_0 r_0 \cos\theta_0 \qquad (11.3-11)$$

将 (11.3—7) 式和 (11.3—11) 式联立解，并消去时间 t，可得出 r 与 φ 的关系式，即火箭轨道方程。推导过程如下：

(11.3—11) 式可写成

$$\dot{\varphi} = \frac{v_0 r_0 \cos\theta_0}{r^2} \qquad (11.3-12)$$

由于

$$\dot{\varphi} = \frac{\mathrm{d}\varphi}{\mathrm{d}t} = \frac{\mathrm{d}\varphi}{\mathrm{d}r} \cdot \frac{\mathrm{d}r}{\mathrm{d}t} = \frac{\mathrm{d}\varphi}{\mathrm{d}r}\dot{r} \qquad (11.3-13)$$

所以 (11.3—13) 式中

$$\dot{r} = \frac{\mathrm{d}r}{\mathrm{d}\varphi} \cdot \frac{v_0 r_0 \cos\theta_0}{r^2} = \frac{\mathrm{d}r}{\mathrm{d}\varphi} \cdot \frac{k}{r^2} \qquad (11.3-14)$$

式中　$k = v_0 r_0 \cos\theta_0$。

将 (11.3—12) 式和 (11.3—14) 式代入 (11.3—7) 式，可得

$$\left(\frac{\mathrm{d}r}{\mathrm{d}\varphi}\right)^2 \frac{k^2}{r^4} + \frac{k^2}{r^2} - \frac{2g_0 R^2}{r} = v_0^2 - \frac{2g_0 R^2}{r_0} \qquad (11.3-15)$$

由此得

$$\frac{\mathrm{d}r}{\mathrm{d}\varphi} \cdot \frac{k}{r^2} = \sqrt{v_0^2 - \frac{2g_0 R^2}{r_0} - \frac{k^2}{r^2} + \frac{2g_0 R^2}{r}} \qquad (11.3-16)$$

或

$$\mathrm{d}\varphi = -\mathrm{d}\left(\frac{k}{r}\right)\left(v_0^2 - \frac{2g_0R^2}{r_0} - \frac{k^2}{r^2} + \frac{2g_0R^2}{r}\right)^{-\frac{1}{2}} \qquad (11.3-17)$$

在根式中，加上和减去常数 $\dfrac{g_0^2R^4}{k^2}$，并把 $-\dfrac{g_0R^2}{k}$ 加入分子的微分符号内，得

$$\mathrm{d}\varphi = -\mathrm{d}\left(\frac{k}{r} - \frac{g_0R^2}{k}\right)\left[\left(v_0^2 - \frac{2g_0R^2}{r_0} + \frac{g_0^2R^4}{k^2}\right) - \left(\frac{k}{r} - \frac{g_0R^2}{k}\right)^2\right]^{-\frac{1}{2}}$$

$$(11.3-18)$$

将式（11.3－18）积分可得

$$\varphi - \varphi_0 = \arccos\left[\left(\frac{k}{r} - \frac{g_0R^2}{k}\right)\left(v_0^2 - \frac{2g_0R^2}{r_0} + \frac{g_0^2R^4}{k^2}\right)^{-\frac{1}{2}}\right]$$

$$(11.3-19)$$

将式（11.3－19）两边取余弦函数，并导出 r 的表示式为

$$r = \frac{k^2}{g_0R^2}\left[1 + \left(\frac{k}{g_0R^2}\sqrt{v_0^2 - \frac{2g_0R^2}{r_0} + \frac{g_0^2R^4}{k^2}}\cos(\varphi - \varphi_0)\right)\right]^{-1}$$

$$(11.3-20)$$

积分常数 φ_0 取决于计算的起始点角 φ（见图 11.10）。

引入以下表示式：

1）半通径为

$$p = \frac{k^2}{g_0R^2} = \frac{v_0^2r_0^2\cos^2\theta_0}{g_0R^2} \qquad (11.3-21)$$

2）偏心率为

$$e = \frac{k}{g_0R^2}\sqrt{v_0^2 - \frac{2g_0R^2}{r_0} + \frac{g_0^2R^4}{k^2}} \qquad (11.3-22)$$

或

$$e = \sqrt{1 - \frac{2v_0^2r_0\cos^2\theta_0}{g_0R^2} + \frac{v_0^4r_0^2\cos^2\theta_0}{g_0^2R^4}} \qquad (11.3-23)$$

将（11.3－21）式和（11.3－22）式代入（11.3－20）式得

$$r = \frac{p}{1 + e\cos(\varphi - \varphi_0)} \qquad (11.3-24)$$

（11.3－24）式即为主动段大气层外飞行轨道方程，是一个极坐标表示的二次曲线方程。曲线的一个焦点是极坐标原点，也是地球的"地心"。系数 e 是曲线的偏心率：

当 $e < 1$ 时，（11.3－24）式为椭圆轨道方程；

当 $e > 1$ 时，（11.3－24）式为双曲线轨道方程；

当 $e = 1$ 时，（11.3－24）式为抛物线轨道方程。

注意，（11.3－24）式在 $e = 1$ 时的抛物线，是重力加速度 g_0 的方向及绝对值均不变求出的。它与"自由抛射物体在地心引力场内运动曲线"不一样。

对于（11.3－24）式，当 $e = 0$ 时，即为圆轨道，有

$$r = p = \text{const} \qquad (11.3-25)$$

由于物体作圆周运动，这时（11.3－22）式变为

$$v_0^2 = \frac{g_0 R^2}{r_0} \left(1 \pm \sqrt{1 - \frac{1}{\cos^2 \theta_0}} \right) \qquad (11.3-26)$$

不难看出，$\theta_0 = 0$ 时，有

$$v_0 = \sqrt{\frac{g_0 R^2}{r_0}} = v_I \qquad (11.3-27)$$

（11.3－27）式就是第一宇宙速度的表示式。当 $r_0 = R$ 时，$v_I \approx$ 8 km/s。这也说明，只有初速度 v_0 平行于地平线时（$\theta_0 = 0$），物体才能作圆周运动。还可以分析出 $e > 1$ 的轨道特性，这里从略。

11.4 单级火箭设计参数

火箭在飞行轨道速度 v 方向的动力学方程（参见图 11.11）为

$$m \frac{\mathrm{d}v}{\mathrm{d}t} = P \cos \alpha - mg \sin \theta - C_D q S_m \qquad (11.4-1)$$

式中　　m——火箭质量；

　　　　v——火箭相对速度；

　　　　P——有效推力；

　　　　C_D——火箭阻力系数；

　　　　q——速度头，$q = \frac{1}{2} \rho v^2$；

S_m——火箭最大横截面积；

g——重力加速度；

α——冲角（攻角）；

θ——当地轨道倾角。

有效推力 P 由真空推力 P_v 和喷口静压产生的推力 $S_e p$（p 为工作高度大气压强）组成，即

$$P = P_v - S_e p \qquad (11.4-2)$$

将（11.4-2）式代入（11.4-1）式并简化积分，可得一级停火点速度 v_{K1} 为

$$v_{K1} = \int_0^{t_{K1}} \frac{P_v}{m}\mathrm{d}t - \int_g^{t_{K1}} g\sin\theta\mathrm{d}t - \int_0^{t_{K1}} \frac{C_D q S_m}{m}\mathrm{d}t -$$

$$\int_0^{t_{K1}} \frac{S_e p}{m}\mathrm{d}t - \int_0^{t_{K1}} \frac{P_v}{m}\cdot\frac{\alpha^2}{2}\mathrm{d}t$$

$$= v_{I1} - \Delta v_{g1} - \Delta v_{D1} - \Delta v_{T1} - \Delta v_{a1} \qquad (11.4-3)$$

式中　　v_{I1}—— 一级理想速度，$v_{I1} = \int_0^{t_{K1}} \frac{P_v}{m}\mathrm{d}t$；

Δv_{g1}—— 一级重力损失，$\Delta v_{g1} = \int_0^{t_{K1}} g\sin\theta\mathrm{d}t$；

Δv_{D1}—— 一级阻力损失，$\Delta v_{D1} = \int_0^{t_{K1}} \frac{C_D q S_m}{m}\mathrm{d}t$；

Δv_{T1}—— 一级喷口压力损失，$\Delta v_{T1} = \int_0^{t_{K1}} \frac{S_e p}{m}\mathrm{d}t$；

Δv_{a1}—— 一级攻角损失（因一级攻角小，可忽略），$\Delta v_{a1} = \int_0^{t_{K1}} \frac{P_v}{m}\cdot\frac{\alpha^2}{2}\mathrm{d}t$；

p—— 工作高度的大气压强；

S_e—— 喷管出口面积；

P_v—— 真空推力；

h—— 火箭高度；

q—— 速度头；

α—— 攻角，导致 P_v 损失。

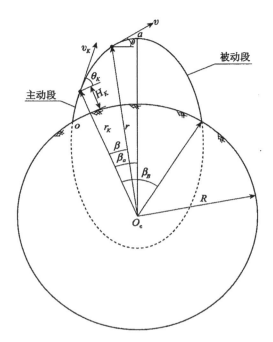

图 11.11　弹道式火箭的轨道示意图

为导出火箭速度与基本特征参数间的关系，需将参数对 t 变换，已知 $-\dot{m}=\dfrac{\mathrm{d}m}{\mathrm{d}t}$，则

$$\mathrm{d}t = \frac{\mathrm{d}m}{-\dot{m}} = \frac{\dfrac{-\mathrm{d}m}{m_0}}{\dfrac{\dot{m}}{m_0}} \qquad (11.4-4)$$

式中　$\dot{m}$——每秒火箭质量变化量，负号为质量变小；

　　　m_0——火箭初始质量，又称总质量，$m_0 = m + m_T$；

　　　m——结构质量；

　　　m_T——燃料质量。

则

$$\mathrm{d}t = \frac{\mathrm{d}\mu_J}{\dfrac{\dot{m}}{m_0}} = \frac{P_0 \mathrm{d}\mu_J}{g_0 \dot{m}\dfrac{P_0}{m_0 g_0}} = \frac{I_{sp0}\,\mathrm{d}\mu_J}{N_0 g_0} \qquad (11.4-5)$$

式中　P_0——地面发动机推力；

　　　μ_J——结构系数（齐氏系数），$\mu_J = \dfrac{m}{m_0}$；

　　　N_0——地面推重比，$N_0 = \dfrac{P_0}{m_0 g_0}$；

　　　I_{sp0}——地面比冲，$I_{sp0} = \dfrac{P_0}{\dot{m}}$。

　　将（11.4－5）式代入（11.4－3）式中，得

$$v_{l1} = \int_0^{t_{K1}} \frac{P_v}{m} dt = -\int_1^{\mu_{JK1}} \frac{P_v}{m} \cdot \frac{I_{sp0}}{N_0 g_0} d\mu_J - \int_1^{\mu_{JK1}} I_{sp0} \frac{d\mu_J}{\mu_J}$$

$$= -I_{spv} \ln \mu_{JK1} - I_{sp0} a_e \ln \mu_{JK1} \tag{11.4－6}$$

式中　a_e——比冲比，$a_e = \dfrac{I_{spv}}{I_{sp0}}$；

　　　μ_{JK1}——一级火箭停火点质量比，$\mu_{JK1} = \dfrac{m_{K1}}{m_0}$；

$$\Delta v_{g1} = \int_0^{t_{K1}} g \sin \theta dt = -\frac{I_{sp0}}{N_0 g_0} \int_1^{\mu_{JK1}} g \sin \theta d\mu_J \tag{11.4－7}$$

$$\Delta v_{D1} = \int_0^{t_{K1}} \frac{C_D q S_m}{m} dt = -\frac{I_{sp0}}{N_0} \cdot \frac{g_0}{P_m} \int_1^{\mu_{JK1}} \frac{C_D q}{m} d\mu_J \tag{11.4－8}$$

式中　P_m—— 单位面积上的起飞载荷，$P_m = \dfrac{m_0 g_0}{S_m}$

$$\Delta v_{T1} = \int_0^{t_{K1}} \frac{S_e p}{m} dt$$

$$= -\frac{I_{sp0}}{N_0 g_0} \cdot \frac{S_e}{m_0} \int_1^{\mu_{JK1}} \frac{p}{\mu_J} d\mu_J$$

$$= -I_{sp0}(a_e - 1) \int_1^{\mu_{JK1}} \frac{p}{p_0 \mu_J} d\mu_J \tag{11.4－9}$$

　　可见，单级火箭主要设计参数有 I_{sp0}（或 I_{spv}），μ_{JK1}、N_0、a_e、P_m 和 m_0，其中 m_0 不直接影响飞行速度，但它是确定火箭基本特征的重要参数。

11.5　多级火箭设计参数

　　多级火箭的速度等于各级的速度增量之和，即各级产生的理想速度之和减去各级的速度损失。

理想速度为

$$v_I = -\sum_{i=1}^{n} I_{spvi} \ln \mu_{JKi} = \sum_{i=1}^{n} I_{spvi} \ln \frac{m_{oi}}{m_{Ki}} \qquad (11.5-1)$$

式中　I_{spvi}——i 级真空比冲；

　　　m_{0i}——第 i 级的起飞质量；

　　　m_{Ki}——第 i 级的停火质量；

　　　n——级数。

（11.5-1）式是多级火箭的齐氏公式。

火箭子级结构系数 δ_i 为某子级除去推进剂后质量 m_{si} 与子级总质量（$m_{si}+m_{pi}$）之比（m_{pi} 为 i 级推进剂质量），即

$$\frac{m_{si}}{(m_{si}+m_{pi})} = \delta_i \qquad (11.5-2)$$

火箭级间比 ε_i 为 i 级火箭的质量除以上面 $i+1$ 级火箭（即载荷）的质量，即 i 级火箭质量为 m_i，$i+1$ 级质量为 m_{i+1}，则有

$$\varepsilon_i = \frac{m_i}{m_{i+1}} \qquad (11.5-3)$$

火箭载荷比 E 为火箭起飞总质量 m_A 与有效载荷质量 m_S 之比，即

$$E = \frac{m_A}{m_S} \qquad (11.5-4)$$

重力损失为

$$\Delta v_g = -\sum_{i=1}^{n} \Delta v_{gi} = -\sum_{i=1}^{n} \left(\frac{I_{spvi}}{a_{ei} N_{0i} g_0} \int_{0}^{\mu_{JK1}} g \sin\theta \mathrm{d}\mu_J \right)$$

$$(11.5-5)$$

对于上面级 $a_{ei}=1$；阻力损失和喷口损失可忽略不计；当要求攻角大时，应考虑攻角损失。

因此，多级火箭主要设计参数有 I_{spvi}、μ_{JK1}、N_{0i}、a_{ei}、P_m 和 m_{0i}。其中，各级起飞质量 m_{0i} 可以用一级起飞质量 m_{01} 和级间比 ε_i 来表示。

1）$I_{spvi} = \dfrac{P_{vi}}{\dot{m}_i}$ 称为第 i 级真空比冲，即第 i 级真空有效推力除以推进剂质量流量（即推进剂的秒耗量）。比冲是发动机的重要参数，

它与燃烧室压力、温度及喷管参数有关。影响比冲的主要因素是推进剂的能量特性、燃烧效率及燃气膨胀率等。火箭的理想速度与真空比冲成正比。

2）$\mu_{JKi} = \dfrac{m_{Ki}}{m_{0i}}$ 称为第 i 级停火点质量比。理想速度与 $\ln \dfrac{1}{\mu_{JK1}}$ 成正比，μ_{JK1} 越小 v_1 越大，μ_{JKi} 可用子级结构系数 σ_i 和级间比 ε_i 表示

$$\mu_{JKi} = \sigma_i + \frac{1}{\varepsilon_i}(1 - \sigma_i) = \left(1 - \frac{1}{\varepsilon_i}\right)\sigma_i + \frac{1}{\varepsilon_i} \qquad (11.5-6)$$

可见，σ_i 不变时，ε_i 越大，上面级所占比例越小，μ_{JKi} $\left(i=1, \mu_{JK1} = \dfrac{m_{K1}}{m_0}\right)$ 越小，理想速度越大。结构质量 m_i 越小，结构系数 σ_i 越小，理想速度越大。

3）$N_{0i} = \dfrac{P_{0i}}{m_{0i}g_0}$ 为 i 级推重比，表示火箭起飞加速度特性。N_{0i} 越大加速性越好。特别是第一级的重力损失越小，但阻力损失加大。推力加大，发动机结构质量加大，火箭过载加大。所以 N_{0i} 也不能太大，要选取适当。

4）$a_e = \dfrac{I_{spv}}{I_{sp0}}$ 称为比冲比，表示从地面到高空发动机比冲增加的倍数。它取决于燃烧室压力、喷管膨胀比和燃烧产物的比热比。通常按第一级高度选取膨胀比来确定，变化范围不大。

5）$P_m = \dfrac{m_{0i}g_0}{S_m}$ 称为作用在火箭单位横截面上的起飞载荷。当 $m_{0i}g_0$ 一定时，P_m 越小，表明 S_m 越大，火箭越短粗，空气阻力产生的速度损失越大。因此，P_m 表示空气阻力使火箭减速的程度。

6）m_{0i} 为火箭 i 级的起飞质量（即 i 级结构重 m_{si} 与第 i 级推进剂重 m_{pi} 之和，$m_{0i} = m_{si} + m_{pi}$），它可用一级起飞质量和火箭各级级间比 ε_i 表示。m_{0i} 反映火箭质量的大小。级间比 ε_i 反映火箭的质量分配特性，它影响 μ_{JKi}，从而影响火箭速度。

11.6　火箭主动段轨道参数

运载火箭把航天器（卫星或飞船）送入航天器运行轨道的入轨

分离点，导弹把弹头送入一定高度的停火分离点，这一飞行段称为主动段。该段参数的计算是火箭参数设计的核心（详见图 11.11）。运载火箭的轨道分为主动段和被动段，如图 11.12 所示。

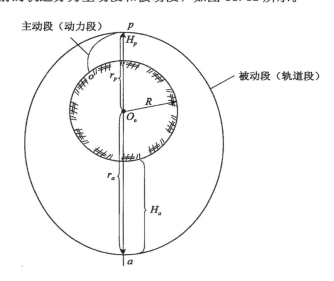

图 11.12　运载火箭发射卫星或飞船轨道示意图

运载火箭（导弹）的参数计算，常用积分法和估算法两种。积分法用计算机进行，求出停火点速度与设计参数间的关系，精确快速。估算法对于方案探讨比较方便。为估算方便简单，假设地球不旋转且为半径为 R 的圆球。但是，通常在运载火箭的计算中要考虑地球旋转的影响。这可从以下两方面求解：

1）主动段（动力段），已知运载火箭（导弹）的主要参数，求停火点参数。

2）被动段（轨道段），已知运载火箭（导弹）停火点参数，求导弹射程、飞行时间、最大高度以及弹道各点的速度和位置；求卫星轨道的近地点高度、远地点高度等参数。另一求解，为已知导弹射程或卫星轨道参数，求停火点速度。

上述两方面计算反复多次进行，即可求出火箭应选择的参数。

在方案设计初期，此法比较实用。

已知火箭主要参数，求停火点速度 v_K、轨道倾角 θ_K、高度 H_K 和航程 L_K（详见图 11.13）。

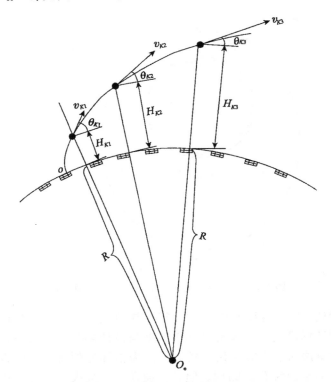

图 11.13　火箭主动段轨道示意图

11.6.1　第一级计算

11.6.1.1　停火点速度

由（11.4－3）式可得

$$v_{K1} = v_{I1} - \Delta v_{L1} = v_{I1} - \Delta v_{g1} - \Delta v_{D1} - \Delta v_{T1} \qquad (11.6-1)$$

由（11.4－6）式可得

$$v_{I1} = -I_{sp1}\ln\mu_{JK1} \qquad (11.6-2)$$

式中　I_{sp1}——第一级地面比冲。

（1）重力损失

$$\Delta v_{g1} = (g_0 t_{K1} - K_{gg})\left[1 - K_g(1 - \mu_{JK1})\left(\frac{90 - \theta_{K1}}{90}\right)^2\right]$$

$$(11.6 - 3)$$

式中　t_{K1}——第一级飞行时间；

$g_0 t_{K1}$——不变重力场内垂直飞行的重力损失（重力场随地心距平方反比变化），因该项估算偏高，故引进一修正系数 K_{gg}；

K_g——转弯修正系数；

K_{gg}——重力修正系数，由图 11.14 可查得。

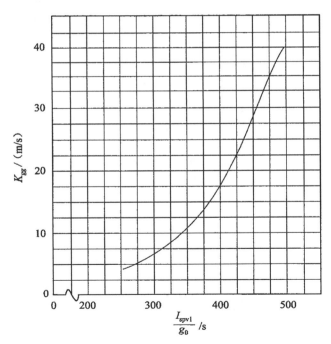

图 11.14　重力场修正系数 K_{gg}

（11.6－3）式中的 $\left[1-K_g\left(1-\mu_{JK1}\right)\left(\dfrac{90-\theta_{K1}}{90}\right)^2\right]$ 为弹道倾角

θ_{K1} 的函数，系数 K_g 是用最小平方曲线拟合确定的，其精度较高（与计算机计算结果相比不超过 10 m/s）。K_g 是起飞推重比 N_{01} 及真空比冲 I_{spv1} 的函数

$$K_g = C_\mu K_{g25} \tag{11.6－4}$$

式中　　K_{g25}——$\dfrac{1}{\mu_{JK1}}=25$ 时的转弯修正系数，可由图 11.15 查得；

　　　　C_μ——质量比修正系数，可由图 11.16 查得。

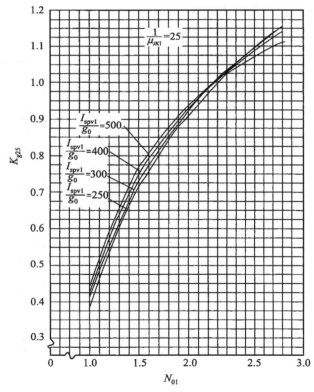

图 11.15　转弯修正系数 K_{g25}

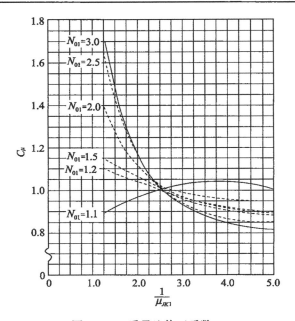

图 11.16　质量比修正系数

（2）阻力损失

$$\Delta v_{D1} = \frac{K_D C_{X_pD} S_m}{m_{01}} = \frac{K_D C_{X_pD} g_0}{P_m} \qquad (11.6-5)$$

式中　K_D——阻力损失系数，是 $\dfrac{\sqrt{\dfrac{I_{spv1}}{g_0}}}{N_{01}}$ 及 θ_{K1} 的函数，可由图 11.17 查得；

　　　C_{X_pD}——出现峰值阻力时的阻力系数，可先通过图 11.18 所示曲线，由 $\dfrac{\sqrt{\dfrac{I_{spv1}}{g_0}}}{N_{01}}$ 及 θ_{K1} 查得对应的 Ma 值，再由工程计算曲线 $C_{X_pD} - Ma$ 查得 C_{X_pD} 值。

（3）喷口压力损失

Δv_{T1} 是 $\dfrac{I_{sp01}}{I_{spv1}}$ 及 N_{01} 的函数，可由图 11.19 查得。

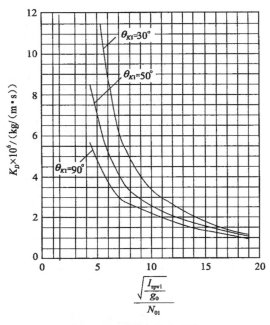

图 11.17　阻力损失系数

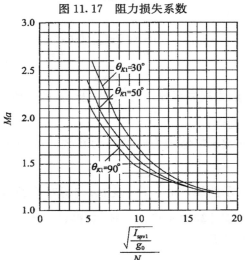

图 11.18　峰值阻力马赫数曲线

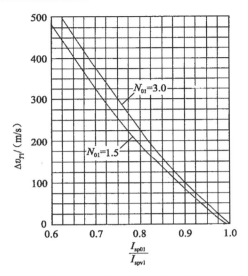

图 11.19　第一级喷口压力损失

11.6.1.2　停火点的高度和航程

（1）停火点的高度

停火点高度 H_{K1} 的计算公式为

$$H_{K1} = \left[H_s - (\Delta v_{D1} + \Delta v_{T1}) \frac{t_{K1}}{2} \right] \left[1 - \left(\frac{\frac{\pi}{2} - \theta_{K1}}{K_h} \right)^2 \right]$$

$$(11.6-6)$$

式中　　H_s——无大气垂直飞行时高度，$H_s = I_{spv1} t_{K1}$

$$\left(1 + \frac{\mu_{JK1} \ln \mu_{JK1}}{1 - \mu_{JK1}} \right) - \frac{g_0 t_{K1}^2}{2} ;$$

K_h——经验系数，单位为 rad，可由图 11.20 和图 11.21
求得，即由 N_{01} 查 T_E，再由 T_E 查 K_h。

（2）停火点的航程

停火点航程 L_{K1} 的计算公式为

$$L_{K1} = H_{K1} (1.657 - \theta_{K1})^2 \qquad (11.6-7)$$

（11.6—7）式中的 θ_{K1} 根据经验并结合火箭具体情况选取，单
位为 rad。

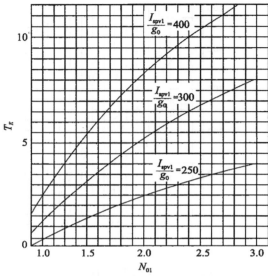

图 11.20 经验系数（之一）

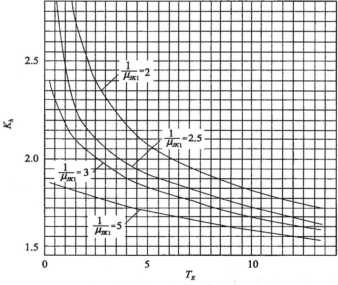

图 11.21 经验系数（之二）

11.6.2　上面级（二级、三级）计算

对于大型液体火箭，第二级以上动力飞行段一般在大气层外工作，可以不考虑大气的影响。

11.6.2.1　一般计算方法

这里以第二级为例（三级以上的计算方法同二级），第二级停火点速度为

$$v_{K2} = v_{K1} + v_{I2} + \Delta v_{g2} \qquad (11.6-8)$$

式中　$v_{I2} = -I_{spv2} \ln \mu_{JK2}$；

$\mu_{JK2} = \dfrac{m_{K2}}{m_{02}}$；

$\Delta v_{g2} = \bar{g}_2 t_{K2} \sin \bar{\theta}_2$；

$\bar{g}_2$——第二级飞行中的平均重力加速度；

$\bar{\theta}_2$——第二级飞行中的平均轨道倾角。

二级停火点的高度为

$$H_{K2} = H_{K1} + t_{K2} \sin \bar{\theta}_2 \left(v_{K1} + \frac{I_{spv2} K_{h2}}{g_0} - \frac{1}{2} \Delta v_{g2} \right)$$

$$(11.6-9)$$

式中　$K_{h2} = g_0 \left(1 - \dfrac{\mu_{JK2} \ln \mu_{JK2}}{1 - \mu_{JK2}} \right)$。

二级停火点航程为

$$L_{K2} = L_{K1} + (H_{K2} - H_{K1}) \cot \bar{\theta}_2 \qquad (11.6-10)$$

以上各式中的 $\bar{\theta}_2$ 和 $\bar{g}_2$ 需要根据经验选取，$\bar{g}_2$ 可由第二级飞行的平均高度求得。$\bar{\theta}_2$ 选取较复杂，导弹上面级 $\bar{\theta}_2$ 变化不大；发射低轨道卫星火箭，θ_{K2} 接近 0°，$\bar{\theta}_2$ 的变化很大，$\bar{\theta}_2$ 的选取较难，可由经验公式或曲线求得。

11.6.2.2　俯仰程序角为常值的情况

火箭按最小能耗选择飞行程序，第二级以后的程序角不大，常采用常值程序角，火箭轴向与发射坐标系 X 向（射向）的夹角俯仰角始终为 φ_{K2}，则停火时候 t_{K2} 的速度分量和坐标分量由（11.6-11）

式和（11.6－12）式求得（仅作 $g = \bar{g}$ 的假设），即
即

$$
\begin{cases}
v_{XK2} = v_{XK1} - I_{spv2} \ln \mu_{JK2} \cos \varphi_{K2} \\
v_{YK2} = v_{YK1} - I_{spv2} \ln \mu_{JK2} \sin \varphi_{K2} - \bar{g} t_{K2}
\end{cases}
\tag{11.6－11}
$$

$$
\begin{cases}
X_{K2} = X_{K1} + v_{XK1} t_{K2} + K_{h2} I_{spv2} t_{K2} \cos\varphi_{K2} / g_0 \\
Y_{K2} = Y_{K1} + v_{YK1} t_{K2} + K_{h2} I_{spv2} t_{K2} \sin \varphi_{K2} / g_0 - \dfrac{1}{2} \bar{g} t_{K2}
\end{cases}
\tag{11.6－12}
$$

（11.6－11）式和（11.6－12）式中的参数，可由（11.6－13）式求得

$$
\begin{cases}
v_{XK1} = v_{K1} \cos \varphi_{K1} \\
v_{YK1} = v_{K1} \sin \varphi_{K1} \\
X_{K1} = L_{K1} \\
Y_{K1} = H_{K1} \\
\varphi_{K2} = \varphi_{K1} - \dfrac{L_{K1}}{R}
\end{cases}
\tag{11.6－13}
$$

式中　R——地球平均半径。

第二级停火点的速度和倾角为

$$
\begin{cases}
v_{K2} = \sqrt{v_{XK2}^2 + v_{YK2}^2} \\
\theta_{K2} = \arctan \dfrac{v_{YK2}}{v_{XK2}} \quad \text{或} \\
\theta_{K2} = \theta_{K1} + \dfrac{L_{K2}}{R} = \theta_{K1} + \dfrac{X_{K2}}{R}
\end{cases}
\tag{11.6－14}
$$

11.6.2.3　俯仰程序角速率为常值的情况

最优轨道的每级程序角随时间的变化率是近线性关系，因此假设程序角变化率 $\dot{\varepsilon}$ 是常数，一般取 $0 \sim 0.2$（(°)/s）。各级计算坐标起点取该级起始点，用下标 i 表示起始点参数，其坐标定义如图 11.22 所示。

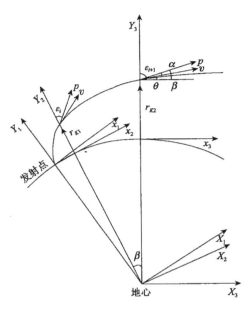

图 11.22　动力飞行坐标系

图 11.22 中

$$
\begin{cases}
r_K = r_i + t_K \left[v_i + I_{spv} \left(1 + \dfrac{\mu_{JK} \ln \mu_{JK}}{1 - \mu_{JK}} \right) - \dfrac{g_0 t_K}{2} \right] K_K \sin \theta_i \\[4mm]
K_K = \dfrac{0.016\,3N}{\mu_{JK} \left[1 - \mu_{JK} (1 - \ln \mu_{JK}) \right]} \\[4mm]
N = \dfrac{P_v}{m_i g_0} \\[4mm]
g_K = g_0 \left(\dfrac{R}{r_K} \right)^2 \\[3mm]
C_K = I_{spv} \\[3mm]
\dot{\eta} = N \dfrac{g_0}{g_K}
\end{cases}
$$

$$(11.6-15)$$

式中　P_v——真空推力。

设

$$\begin{cases} \xi = -\dfrac{C_s \varepsilon_i}{\eta g_0} \\[2mm] \nu = \varepsilon_i - \zeta \\[2mm] \zeta = \dfrac{C_K^2}{\eta g K} \\[2mm] \chi = \dfrac{\zeta}{C_K}\sqrt{\dfrac{g_K}{r_K}} \end{cases} \qquad (11.6-16)$$

式中　ε_i——该级起始时推力矢量和当地铅垂线间的夹角。

因此，可建立火箭飞行轨道微分方程组，并得出解析解（由火箭运动理论及运动方程求出），即

$$\begin{cases} \ddot{Y} + \chi^2 Y = \zeta f(p) \\[2mm] \ddot{X} + \chi^2 X = \zeta d(p) \end{cases} \qquad (11.6-17)$$

式中　$f(p) = \dfrac{\cos(\nu + \xi p)}{p}$；

　　　$d(p) = \dfrac{\sin(\nu + \xi p)}{p}$；

　　　$p = \dfrac{m}{m_0}$。

该方程为二阶非齐次线性微分方程组，可求解 X、Y、$\dot{X}$、$\dot{Y}$ 的解析表达式为

$$\begin{cases} X = \dfrac{\zeta}{\chi}\left[I_m(\omega) + \dfrac{\dot{X}_i}{c_s}\sin\big(\chi(1-\mu_J)\big) \right] \\[2mm] Y = \dfrac{\zeta}{\chi}\left[I_m(Z) + \dfrac{\dot{Y}_i}{c_s}\sin\big(\chi(1-\mu_J)\big) \right] + r_i\cos\big(\chi(1-\mu_J)\big) \\[2mm] \dot{X} = -C_s R(\omega) + \dot{X}_i\cos\big(\chi(1-\mu_J)\big) \\[2mm] \dot{Y} = -C_s\left[R(Z) + \dfrac{Y_i\chi}{\zeta}\sin(\chi(1-\mu_J)) \right] + \dot{Y}_i\cos\big(\chi(1-\mu_J)\big) \end{cases}$$

$$(11.6-18)$$

式中　$I_m(Z) = A\sin(\chi\mu_J) - B\cos(\chi\mu_J)$；

　　　$R(Z) = A\cos(\chi\mu_J) - B\sin(\chi\mu_J)$；

　　　$I_m(\omega) = C\sin(\chi\mu_J) - D\cos(\chi\mu_J)$；

　　　$R(\omega) = C\cos(\chi\mu_J) - D\sin(\chi\mu_J)$；

$$A = \frac{1}{2}(E\cos \nu + F\sin \nu);$$

$$B = \frac{1}{2}(G\sin \nu + H\cos \nu);$$

$$C = \frac{1}{2}(E\sin \nu + F\cos \nu);$$

$$D = \frac{1}{2}(-G\cos \nu + H\sin \nu);$$

$$E = \{C_i[(\xi+\chi)\mu_J] - C_i(\xi+\chi)\} + \{C_i[(\xi+\chi)\mu_J] - C_i(\xi-\chi)\};$$

$$F = \{S_i[(\xi+\chi)\mu_J] - S_i(\xi+\chi)\} + \{S_i[(\xi+\chi)\mu_J] - S_i(\xi-\chi)\};$$

$$G = \{C_i[(\xi+\chi)\mu_J] - C_i(\xi+\chi)\} - \{C_i[(\xi+\chi)\mu_J] - C_i(\xi-\chi)\};$$

$$H = \{S_i[(\xi+\chi)\mu_J] - S_i(\xi+\chi)\} - \{S_i[(\xi+\chi)\mu_J] - S_i(\xi-\chi)\}.$$

其中，S_i 和 C_i 分别为正弦积分和余弦积分，即

$$\begin{cases} S_i(u) = \int_0^u \frac{\sin \sigma}{\sigma}\mathrm{d}\sigma \\ C_i(u) = -\int_u^\infty \frac{\cos \sigma}{\sigma}\mathrm{d}\sigma \end{cases} \qquad (11.6-19)$$

由本级终点的 X、Y、$\dot{X}$、$\dot{Y}$ 计算速度 v，当地弹道倾角 θ，当地姿态角 ε、攻角 α、高度 H 及由发射点算起的航程 L 公式为

$$\begin{cases} r = \sqrt{X^2 + Y^2} \\ H = r - R \\ v = \sqrt{\dot{X}^2 + \dot{Y}^2} \\ \theta = \arcsin \dfrac{X\dot{X} + Y\dot{Y}}{V_r} \\ f = \arccos\left(\dfrac{Y}{r}\right) \\ \varepsilon = \varepsilon_i + \dot{\varepsilon}t_K - f \\ \varphi = \dfrac{\pi}{2} - \varepsilon \\ \alpha = \varphi - \theta \\ L = L_i + Rf \end{cases} \qquad (11.6-20)$$

式中　　φ——当地俯仰角；

　　　V_r——地心距为 r 时的火箭速度。

　　显然，一开始给出的俯仰角变化率 $\dot{\varepsilon}$ 不一定是最适合的，要通过迭代过程找到满足要求的参数。

11.6.2.4　停火点速度考虑地球旋转影响的情况

　　上述计算未考虑地球自转的影响，运载火箭的射程为平均射程。对于运载火箭，必须考虑地球自转的影响。考虑的方法是将地球旋转的牵连速度加到第一级关机点速度矢量上进行矢量合成，用 (11.6—21) 式和 (11.6—22) 式转换，即

$$\begin{cases} \omega_X = \omega_e \cos \varphi_{e0} \cos A_0 \\ \omega_Y = \omega_e \sin \varphi_{e0} \\ \omega_Z = -\omega_e \cos \varphi_{e0} \sin A_0 \end{cases} \qquad (11.6-21)$$

$$\begin{cases} v_{aX1} = v_{K1} \cos \theta_{K1} - r_{K1} \omega_Z \\ v_{aY1} = v_{K1} \sin \theta_{K1} \\ v_{aZ1} = r_{K1} \omega_X \\ r_{K1} = R + H_{K1} \\ v_{aK1} = \sqrt{v_{aX1}^2 + v_{aY1}^2 + v_{aZ1}^2} \\ \theta_{aK1} = \arcsin \dfrac{v_{aY1}}{v_{aK1}} \end{cases} \qquad (11.6-22)$$

式中　ω_e——地球自转角速度（15.041 07(°)/h）；

　　　　φ_{e0}——发射点的纬度；

　　　　A_0——发射点的发射方位角。

　　第一级相对速度转换为绝对速度后，即可用上述上面级计算方法进行计算，此时的航程应加上地球自转的影响，即

$$L_{aK} = L_K + R \omega_e t_K \qquad (11.6-23)$$

11.7　地球同步轨道卫星发射轨道设计

　　发射运行在不同轨道（高轨、中轨、低轨、地球同步轨道、太

阳同步轨道和非同步轨道）的航天器要用不同的发射轨道。一般有两种基本形式的发射轨道，一是连续推力发射轨道，另一是具有中间轨道的发射轨道。非同步的地球低轨道（轨道高度在 500 km 以下）航天器用连续推力发射轨道（见图 11.23），而同步轨道航天器用具有中间轨道的发射轨道（见图 11.24）。

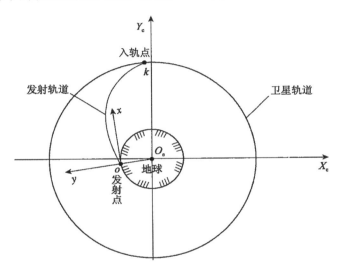

图 11.23　连续推力发射轨道

图 11.24 中，k_1 是中间轨道的近地点，k_2 是中间轨道的远地点，中间轨道是一个椭圆，k_1 与 k_2 间夹角约为 180°，又称为"最佳转移"轨道。这种轨道"入轨航程"（即发射点到入轨点的地面航程）最长。如果在非赤道区发射地球同步卫星，就需要二个中间轨道（见图 11.25）：第一个中间轨道为停泊轨道（与赤道面有夹角 i，即有轨道倾角，入停泊轨道点 k_1），并在停泊轨道的赤道附近 k_2 点加速，使构成一大椭圆轨道，远地点 k_3 在赤道附近，并使 k_3 的轨道高度为地球同步轨道高度（35 800 km），这时大椭圆轨道与停泊轨道共面，大椭圆轨道为第二中间轨道。在大椭圆轨道赤道附近的 k_3 点调姿、加速，使改变轨道面并变成圆轨道，卫星即进入最终轨道

——地球同步轨道（周期 $T=23$ h 56 min 04 s$=86$ 164 s，卫星速度为 3 075 m/s，$i=0$，$e=0$ 的圆轨道）。

发射地球同步卫星的最优轨道，如图 11.26 所示。

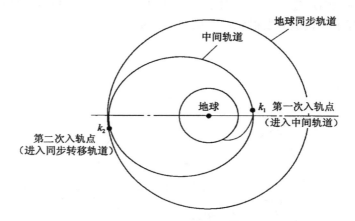

图 11.24　具有一个中间轨道的发射轨道

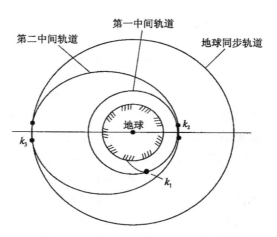

图 11.25　具有两个中间轨道的发射轨道

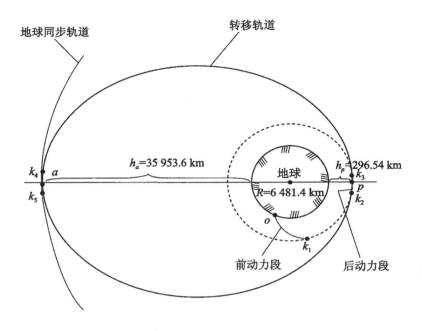

图 11.26　有停泊轨道的地球同步卫星发射轨道

11.7.1　有停泊轨道的地球同步卫星发射过程

火箭从发射点 o 起飞（见图 11.26），经前动力段（ok_1 段克服地球引力的最大推力段），在轨道的 k_1 点进入停泊轨道（k_1k_2 段），在停泊轨道上滑行到 k_2 点加速（发动机第二次点火），k_2k_3 称为后动力段，达到进入大椭圆轨道近地点速度时关机，星箭分离，卫星进入大椭圆转移轨道（k_3 点在赤道附近，使远地点高度为同步轨道高度），椭圆轨道半长轴 a 在赤道面内。在 k_3 点正好在赤道面附近的设计经度点，卫星调好姿（见图 11.27）并点燃远地点发动机，使产生速度 $v_{a1} = v$（同步轨道速度）$- v_{11}$（大椭圆远地点速度），关机点 k_4（k_3k_4 为进入同步轨道变轨段）。

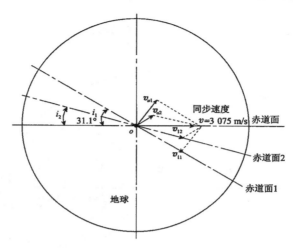

图 11.27　远地点变轨原理

11.7.2　轨道选择的入轨条件

地球同步卫星发射轨道有前动力段轨道（ok_1）；停泊轨道（k_1k_2）；后动力段轨道（k_2k_4）转移轨道（k_3k_4）、远地点变轨（k_4k_5）。

11.7.2.1　停泊轨道的选择与进入停泊轨道的条件

选择停泊轨道的原则是：满足轨道测量条件（外弹道测量条件）下，获取最佳运载能力，一般采用椭圆轨道为宜。进入停泊轨道的条件为

$$\begin{cases} h_{k1} = \dfrac{p}{1 - e\cos f_{at}} - R \\[2mm] v_{k1} = \sqrt{GM\left(\dfrac{2}{r_{k1}} - \dfrac{1}{a}\right)} \\[2mm] i_{k1} = \pm\arccos\sqrt{\dfrac{p}{r_{k1}}\left(2 - \dfrac{r_{k1}}{a}\right)^{-1}} \\[2mm] a = R + \dfrac{1}{2}\ (h_{at} + h_{pt}) \\[2mm] e = \dfrac{h_{at} - h_{pt}}{2a} = \dfrac{h_{at} - h_{pt}}{2R + h_{pt} + h_{at}} \\[2mm] p = (R + h_{pt})(1 + e) = \dfrac{2\ (R + h_{pt})\ (R + h_{at})}{2R + h_{pt} + h_{at}} \end{cases} \qquad (11.7-1)$$

式中　h_{k1}———轨道高度；

　　　i_{k1}———轨道倾角；

　　　v_{k1}———轨道速度；

　　　h_{pt}———停泊轨道的近地点高度；

　　　h_{at}———停泊轨道的远地点高度；

　　　f_{at}———入轨点到远地点的角距；

　　　a———停泊轨道椭圆的半长轴；

　　　e———椭圆偏心率；

　　　p———椭圆半通径；

　　　R———地球平均半径；

　　　GM———地球引力常数（$GM=\mu=3.986\times10^5$ km^3/s^2，地球赤
　　　　　　　道半径为 6 381.6 km）。

11.7.2.2　转移轨道的选择和进入转移轨道的条件

转移轨道的设计参数有近地点高度 h_p、远地点高度 h_a、近地点
幅角 ω。由于同步定点的要求，必须使 $\omega=0°$ 或 $180°$，而转移轨道的
近地点 h_p，取决于下列因素：

1）由于大气摄动，使近地点高度取下界；

2）由于外弹道测量要求，取近地点高度下界；

3）为满足远地点变轨（在赤道面上，高度为同步高度 38 000
km），对近地点高度有要求。

在给定卫星远地点发动机性能后，卫星质量与转移轨道近地点
高度的关系为

$$m_\omega=m_t\left(\frac{1}{1-e^{-\Delta v/g_0 I_{sp}}}-\frac{1}{\sigma}\right)\qquad(11.7-2)$$

式中　m_ω———卫星质量（不包含远地点发动机质量）；

　　　Δv———变轨速度增量，

$$\Delta v=\sqrt{\frac{GM}{r_a}\left(3-\frac{2r_a}{r_a+r_p}-2\sqrt{2-\frac{2r_a}{r_a+r_p}}\cos i\right)}\;；$$

　　　$r_a=R+h_a$；

　　　$r_p=R+h_p$；

　　　m_t———远地点发动机装药量；

σ——远地点发动机装填系数；

I_{sp}——远地点发动机比冲。

进入转移轨道的条件（近地点入轨）可表示为

$$\begin{cases} h_{k3} = h_p \\ v_{k3} = \sqrt{GM\left(\dfrac{2}{r_p} - \dfrac{1}{a}\right)} \\ i_{k3} = 0 \\ \varphi_{k3} = 0(赤道面内入轨) \end{cases} \qquad (11.7-3)$$

式中　h_{k3}——高度；

　　　v_{k3}——速度；

　　　i_{k3}——轨道倾角；

　　　φ_{k3}——纬度。

如果由于测控站等设置点限制，也可把转移轨道入轨点安排在偏离近地点的地方，称为非近地点入轨。

11.7.2.3　俯仰程序角的选择

（1）选择原则

选择火箭俯仰程序角必须满足入轨条件；同时要考虑各分系统的技术限制，例如，火箭飞行性能的运载能力、箭体结构强度、气动加热等；在稠密大气中飞行要保持小的攻角；俯仰程序角应是时间的连续函数；子级分离后落区的限制；外弹道测量区域的限制等。

（2）选择方法

一般发射同步卫星的火箭为三级，有 5 个飞行段，即一级飞行段、二级飞行段、三级第一次飞行段、三级滑行段（即停泊轨道段）、三级第二次（二次启动）工作段。这里不涉及转移轨道和变轨段的姿态设计。各段终点分别用 z_1、z_2、z_3、z_4、z_5 表示。

根据上述原则和方法，选定三级火箭、5 个飞行段的火箭。俯仰程序角随时间变化的曲线，如图 11.3 所示。

我国同步卫星在西昌卫星发射场发射，采用两个中间轨道方法，发射纬度 28.25°。从火箭性能和发射安全考虑，选取射向 $A_0 = 104°$

（对应轨道倾角 $i=31.10°$）。停泊轨道是一个近地卫星轨道，为满足跟踪测轨要求，选取停泊轨道参数为：

1）近地点高度 $h_{p1}=170$ km；

2）远地点高度 $h_{a1}=450$ km；

3）地心角 $f=18°$。

停泊轨道（见图 11.28）选择不同的近地点高度 h_{p1} 值，将对卫星有效载荷损失 ΔG_ω 产生较大的影响：$h_{p1}(\text{km})=200/\Delta G_\omega(\text{kg})=0$；$300/60；400/142；500/247$。可见 h_p 越高，载荷损失越大。

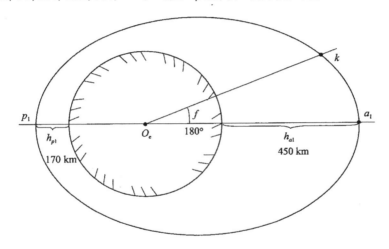

图 11.28　停泊轨道示意图

卫星标准过渡轨道（大椭圆轨道参见图 11.26）参数为：

1）远地点地心距 $r_a=42\ 335.3$ km，远地点高度 $h_a=r_a-R=35\ 953.6$ km；

2）近地点地心距 $r_p=6\ 778.14$ km，近地点高度 $h_p=r_p-R=296.54$ km；

3）轨道倾角 $i=31.1°$；

4）近地点幅角 $\overline{\omega}=177.55°$。

火箭把地球同步卫星送入大椭圆轨道近地点 p 时，星箭分离。卫星在过渡轨道（大椭圆轨道）运行，并通过地面站，对卫星远地

点 a 的轨道参数进行调整，并调姿态，远地点发动机点火（参见图 11.27），产生 $v_{a1} = v$（同步圆轨速度）$- v_{11}$（标准过渡椭圆轨道远地点速度），使地球同步卫星进入赤道面的同步轨道（轨道高度 36 000 km，轨道速度 $v = 3\ 075$ m/s，$i = 0$，$\bar{\omega} = 0$）。

第 12 章 航天器的运行轨道设计

12.1 引论

航天器的运行轨道设计是完成航天使命（航天工程的目标与任务）的航天器在空间飞行的路径设计。它是航天工程顶层设计（大系统或系统总体设计）的主要任务，是航天使命"概念性设计方案"的重要内容。

航天器运行轨道设计的专业基础是航天运动学和航天动力学（本书第 8 章和第 9 章），它是建立在天体力学基础上的一门实用力学。航天器是人造天体，它的运动规律与自然天体一样，但人们可对其运动初始条件作出各种选择，根据需要去选择或变更其飞行路径，去消除多种不利干扰。人们可根据需要，发射若干个飞行器来组成星座（Constellation）和星群（Cluster），完成更为复杂的航天使命。如全球定位系统（GPS）的 24 颗卫星座，就是一具体实例。这些人造天体利用力学及运动学的新成果，构成了现代航天器运行轨道设计的主要内容。

航天器的运行轨道设计，除要适应航天任务规定的路径外，必须与姿态控制、电源（太阳电池板）、热控等系统设计紧密配合。同时，还要与地面观测（天地联系的测控站）和着陆等系统紧密配合。

本章首先论述地球轨道航天器运行轨道设计，重点论述地球低轨道（轨道高度低于 500 km）航天器运行轨道设计，中轨道（轨道高度约为 1 000 km，即太阳同步轨道）设计、高轨道（轨道高度约为数千到数万千米，即地球同步轨道）设计。

12.2　近地轨道航天器运行轨道设计

近地轨道航天器运行轨道高度低于 1 000 km，一般围绕地球应用的航天器（卫星、飞船、空间站），都选用这种轨道。进行地球资源勘察的资源卫星、对地球特定区域进行侦察的侦察卫星、用于全球定位的定位卫星、用于全球气象检测预报的气象卫星、用于全球导航的导航卫星，以及天空实验室、空间站和载人飞船等，都是典型的地球低轨道航天器。因此，它们的运行轨道设计属同一种类型。

近地轨道航天器由于轨道低，受大气层阻力作用，般天器轨道高度迅速变低、变圆、并最后陨落于稠密大气之中而烧毁。因此，近地轨道航天器大气阻力轨道摄动分析和轨道寿命研究就很重要。

近地轨道还有近圆的特点，也就是近地轨道大椭圆形状保持困难，一般选用圆轨道或近圆小偏心率椭圆轨道。这样航天器轨道高度和速度变化小，轨道高度与轨道星下点地面速度之比近似常数。对可见光照相中由航天器运动引起的图像位移补偿十分有利，摄影分辨率高、图像清晰。导航卫星和返回卫星用圆轨道都十分有利。

近地轨道航天器的另一个特点就是便于返回地面，在轨道适当点制动，可完成定点返回，这点在载人飞船返回轨道设计中特别有用。

12.2.1　近地轨道参数的选择原则

根据二体问题原理（参见图 9.15 和图 9.18），对人造天体（卫星）只考虑地球引力作用时，卫星运动一般由运动初始条件（即初始时刻的位置矢量 r_0 和速度矢量 $\dot{r}_0$）确定，运动方程为

$$\ddot{r} = -\frac{\mu}{\gamma^3} r \tag{12.2-1}$$

方程中有 6 个常数（即 6 个轨道根数）：椭圆半长轴 a、椭圆偏心率 e、轨道倾角 i、近地点幅角 ω、升交点赤经 Ω、卫星过近地点时刻 τ 或初始时刻 t_0 的平近点角 M_0。所谓轨道选择就是选这 6 个参数来满足设计轨道要求。a 和 e 表示了轨道形状和大小，很容易由轨

道的近地点地心距 r_p 和远地点地心距 r_a 求出，即

$$\begin{cases} r_p = a(1-e) \\ r_a = a(1+e) \end{cases} \tag{12.2-2}$$

$$\begin{cases} r_p = h_p + R \\ r_a = h_a + R \end{cases} \tag{12.2-3}$$

式中　h_a——远地点高度；

　　　h_p——近地点高度；

　　　R——地球平均半径。

从（12.2-2）式和（12.2-3）式可得

$$\begin{cases} a = \dfrac{h_p + h_a}{2} + R \\ e = \dfrac{h_a - h_p}{2a} \end{cases} \tag{12.2-4}$$

从开普勒第三定律可得

$$\begin{cases} \dfrac{4\pi^2 a^3}{T^2} = \mu = GM \\ T = 2\pi \sqrt{\dfrac{a^3}{\mu}} \end{cases} \tag{12.2-5}$$

式中　T——椭圆轨道周期；

　　　μ——地球引力常数，$\mu = GM = 3.986 \times 10^5 \text{ km}^3/\text{s}^2$。

近地点幅角 ω，由升交点顺卫星运行方向度量到近地点的球面三角求得，即

$$\sin \delta_p = \sin i \sin \omega \tag{12.2-6}$$

式中　δ_p——近地点地理纬度（当近地点位置处在升轨时，有 $\omega = \arcsin(\sin \delta_p / \sin i)$；当近地点处于降轨时，有 $\omega = 180° - \arcsin(\sin \delta_p / \sin i)$）；

　　　i——轨道倾角。

近地点幅角 ω，由轨道倾角 i 与近地点位置确定，也就是 ω 由近地点位置选择决定。升交点赤经 Ω 由春分点逆时针到升交点的地心角，该角一般由发射时间来最后确定。因此，轨道设计中常用入轨时刻升交点地理经度 Ω_G 来代替 Ω，以下关系成立，即

$$\Omega = \Omega_G + S \tag{12.2-7}$$

式中　　S——入轨时刻的格林威治地方恒星时，以角度为单位，$S=$
　　　　S_0+M_F（S_0 为当天世界时为零时的格林威治恒星时，
　　　　M_F 为发射时刻的世界时）；

则从球面三角可知入轨点在升轨段时，有

$$\Omega_G=\lambda-\arcsin(\tan\varphi\cot i) \qquad (12.2-8)$$

当入轨点在降轨段时有

$$\Omega_G=180°+\lambda+\arcsin(\tan\varphi\cot i) \qquad (12.2-9)$$

式中　　λ——入轨点的地理经度；

　　　　φ——入轨点的地理纬度。

　　可见，在轨道倾角 i 确定情况下，升交点的地理经度 Ω_G 的选择，由入轨点位置选择所取代。

　　总之，轨道 6 根数的选择，也可用选择轨道近地点高度 h_p、轨道周期 T、轨道倾角 i 和近地点位置、发射时间与入轨点位置来代替。

12.2.1.1　轨道倾角 i 的选择原则

　　1）轨道倾角 i 的值必须不小于被摄影区的最高纬度或最低纬度的绝对值。卫星摄影区，由卫星用户定，由球面三角可知

$$\sin\varphi=\sin i\sin u \qquad (12.2-10)$$

对顺行轨道有

$$i=\arcsin\frac{\sin\varphi}{\sin u} \qquad (12.2-11)$$

对逆行轨道有

$$i=180°-\arcsin\frac{\sin\varphi}{\sin u} \qquad (12.2-12)$$

式中　　u——卫星历元时刻的升交点角距，$u=\omega+f$；

　　　　ω——近地点夹角；

　　　　f——历元时刻真近点角。

　　由上式可知 $i\geqslant|\varphi|$。可见极地轨道卫星覆盖南北纬 90°地区，轨道倾角 $i=90°$，对于研究地球物理特性（重力场、磁场、空间环境）、资源勘探、国土调查等非常有用。

　　2）轨道倾角必须大于所选发射场的地理纬度。例如中国西昌卫

星发射中心的地理纬度为 28°。发射地球同步卫星时，i 选择为 31°。

3）轨道倾角选取，必须考虑到运载火箭的推进能力。例如我国长征二号丙火箭，轨道倾角增加 1°，就要减少 15 kg 有效载荷。可见增大轨道倾角，就要消耗火箭更大能量，顺时针运行轨道（我国向东南或东北向发射）可借地球自转速度节省能量。

4）轨道倾角选取，必须注意与轨道周期的配合，使卫星的星下点轨迹经过重点目标。

5）轨道倾角选取，必须与地面测控站布局配合，保证卫星主动段、入轨段、运行段和返回段在地面（陆海）测控站作用范围内。

6）轨道倾角选取，必须注意发射方向的限制，注意瞄准间方位和各级火箭落点的安全。

7）轨道倾角选取，必须考虑火箭偏航方向的机动能力。

12.2.1.2　近地点位置的选择原则

1）资源卫星或侦察卫星，为提高在轨摄像的分辨率，近地点位置常安排在需勘察或侦察的区域中部上空。例如，我国的资源卫星近地点安排在北纬 35°附近；苏联的宇宙 286 号卫星（侦察卫星）近地点位置安置在两伊战争的战场上空。

2）对于要求返回地面的航天器的近地点位置，要考虑制动火箭点火的位置。一般放在制动火箭点火的后面（即飞行方向的前方）。只有这样，制动后的航天器速度方向（即航天器速度方向）与当地水平面的夹角，才可能是负的，这样能节省制动火箭能耗。

12.2.1.3　近地点高度、轨道周期（或远地点高度）的选择原则

（1）近地点高度的选择

近地点高度 h_p、轨道周期 T 与轨道关系密切。选取轨道高度的因素有：

1）轨道高度与摄影效果的关系是地面高度越低，影像分辨率越高。地面分辨率 S_w 由 （12.2—13）式确定

$$S_w = \frac{h_s}{R_z} f \qquad (12.2-13)$$

式中　h_s——摄影时的轨道高度；

　　　f——相机焦距；

　　　R_z——摄影综合分辨率（一般用每毫米摄线对表示）。

　　2）轨道高度与摄影地面覆盖的关系是轨道越高，地面覆盖宽度越大；如图 12.1 所示，α_r 为卫星摄影半视场角，β_r 为摄影地面覆盖的地心半张角，R 为地球半径，h_s 为卫星轨道高度。由图可得

$$\frac{\sin \alpha_r}{R} = \frac{\sin(180° - \alpha_r - \beta_r)}{h_s + R} \qquad (12.2-14)$$

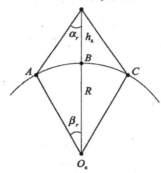

图 12.1　轨道高度与摄影地面覆盖

（12.2—14）式化简可得

$$\beta_r = \arcsin\left(\frac{h_s + R}{R}\sin \alpha_r\right) - \alpha_r \qquad (12.2-15)$$

从而可得地面覆盖宽度 $d = 2\beta_r R$，即

$$d = 2R\left[\arcsin\left(\frac{h_s + R}{R}\sin \alpha_r\right) - \alpha_r\right] \qquad (12.2-16)$$

可见，当相机视场角 α_r 确定后，轨道高度 h_s 越高，地面覆盖宽度 d 越大。

　　3）轨道高度越高，地面台站跟踪弧段越长。

　　4）轨道高度与返回式航天器的返回航程成正比关系，即轨道高度越高，返回航程越长。

　　5）轨道高度越高，气体阻力越小，轨道寿命越长。

　　6）轨道高度适当提高，可减小阻力摄动力，可提高测轨精度。

（2）轨道周期的选择

选择轨道周期应考虑如下因素：

1）摄影旁向重叠率；

2）星下点轨迹排列形式应有利于图像处理（应取偏心率 e 小的轨道）；

3）返回式航天器的制动点火轨道高度、速度、速度方向、方位等；

4）要求最后一圈星下点轨迹通过回收区的期望落点；

5）为航天器便于减少轨控推进剂，在入轨周期中设置正的偏置量；

6）轨道周期选择要注意航天器运行的天数。

入轨点位置由发射场位置和运载火箭轨道的飞行程序而定。

12.2.2　航天器星下点轨迹及轨道覆盖计算

航天器在围绕地球运动时，航天器质心 s 与地球中心 O_e 的连线在地球表面的交点，定义为星下点。若地球用参数椭球模型，为航天器质心至椭球表面的垂线交点为星下点，如图 12.2 所示。

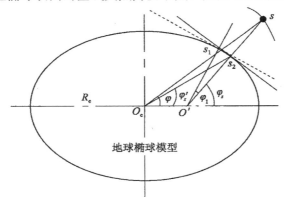

图 12.2　航天器的星下点

可见，两种地球模型星下点有差别 s_1 或 s_2，对应的地理纬度也不同 φ 或 φ_1。φ 和 φ_1 满足（12.2—17）式，即

$$\tan \varphi_1 = (1-\tilde{a})^{-2} \tan \varphi \qquad (12.2-17)$$

式中　$\tilde{a}$——椭球体参数，$\tilde{a} = \dfrac{1}{298.257}$。

同样，s_2 星下点的地理纬度用 φ_s' 表示，它与 φ_s 的关系为 $\varphi_s' = \varphi - \Delta\varphi_s'$。

$$
\begin{cases}
\Delta\varphi_s' = \arcsin \dfrac{h_s}{r}\sin(\varphi_s - \varphi_s') & \left(-\dfrac{\pi}{2} \leqslant \Delta\varphi' \leqslant \dfrac{\pi}{2}\right) \\[2mm]
h_s = \sqrt{r^2 - r_c^2 \sin^2(\varphi_s - \varphi_s')} - r_c \cos^2(\varphi_s - \varphi_s') \\[2mm]
r_c = R_e \sqrt{\dfrac{1-(2\tilde{a}-\tilde{a}^2)}{1-(2\tilde{a}-\tilde{a}^2)\cos^2\varphi_s'}} \\[2mm]
\varphi_s = \arctan\left(\dfrac{\tan \varphi_s'}{(1-\tilde{a})^2}\right) & \left(-\dfrac{\pi}{2} \leqslant \varphi_s' \leqslant \dfrac{\pi}{2}\right)
\end{cases}
$$

$$(12.2-18)$$

式中　R_e——地球赤道半径；

$\quad\quad\varphi$——s_1 星下点的地理纬度；

$\quad\quad\varphi_s'$——s_2 星下点的地理纬度。

星下点用经、纬度表示时，完全可以用 6 个椭圆轨道要素表示轨道。

星下点轨迹是卫星运动时星下点的连线。它表示了卫星飞行的地面轨迹。

卫星绕地球运动一圈分为升轨和降轨两段，升轨为卫星由南半球向北半球的飞行轨迹；降轨为卫星由北半球向南半球的飞行轨迹。

卫星运动受到各种摄动力的影响，其中，地球形状（椭球形）摄动力影响最大。由于地球有自转（由西向东转），产生相邻两圈星下点移动，其间距 Δl 为

$$\Delta l = (\tilde{\omega} + |\dot{\Omega}|)T \qquad (12.2-19)$$

式中　T——轨道周期（为升轨段飞行时间与降轨段飞行时间之和，即绕地球 1 圈的时间）；

$\quad\quad\dot{\Omega}$——升交点赤经变化率；

$\quad\quad\tilde{\omega}$——地球旋转角速度，$\tilde{\omega} = 0.25068(°)/\text{min}$。

如果已知卫星某历元时刻 t 的 6 个轨道根数，则有

$$\varphi = \arcsin(\sin i \, \sin u) \qquad (12.2-20)$$

再利用 (12.2—18) 式可求 φ_s' 和 φ_s，其星下点经度为

$$\lambda = \Omega_G + \lambda_\Omega - \widetilde{\omega} t \qquad (12.2-21)$$

式中 λ_Ω 满足以下关系

$$\tan \lambda_\Omega = \tan u \cos i \qquad (\lambda_\Omega \text{ 与 } u \text{ 同象限}) \qquad (12.2-22)$$

图 12.3 示出了某卫星星下点轨迹图，它的初始轨道根数为：

$a = 6\ 638.964$ km；

$i = 63°$；

$e = 0.008\ 651\ 07$；

$\omega = 140.896\ 7°$；

$\Omega_G = 305.481\ 7°$；

$M = 11.502\ 2°$。

该卫星星下点轨迹，相邻两圈的经度差为 $\Delta\lambda$，它对应的地面宽度 d_0 与纬度 φ 有关，其关系为

$$d_0 = \frac{\Delta\lambda R_e \pi}{180\cos\varphi} \qquad (12.2-23)$$

对勘测定位卫星的星下点轨迹，相邻两圈经度差 $\Delta\lambda$ 所对应垂直飞行方向的地面宽度为 d_1，d_1 与 d_0 的关系为

$$d_1 = d_0 \cos\left(\arcsin\frac{\cos i}{\cos\varphi}\right) \qquad (12.2-24)$$

d_1 与摄影地面覆盖宽度 $d_2 = 2\beta R$ 不同，但又有联系。对资源卫星和侦察卫星，要用到摄影的旁向重叠率 δ^*，即垂直于轨道飞行方向重复摄影的地面宽度 d_2 与摄影的地面宽度 d_1 之比，其关系式为

$$\delta^* = 1 - \frac{d_1}{d_2} \qquad (12.2-25)$$

如要求 $\delta^* > 0$，则必须 $d_2 > d_1$。从 (12.2—25) 式可见，在经度差相等的情况下，纬度越高轨道覆盖的地面宽度越小，近圆轨道摄影区轨道高度不变，d_2 也近似常数。因此，高纬度区摄影旁向重叠率比低纬度区摄影旁向重叠率高。这是资源卫星和定位卫星轨道设计的重要指标之一。

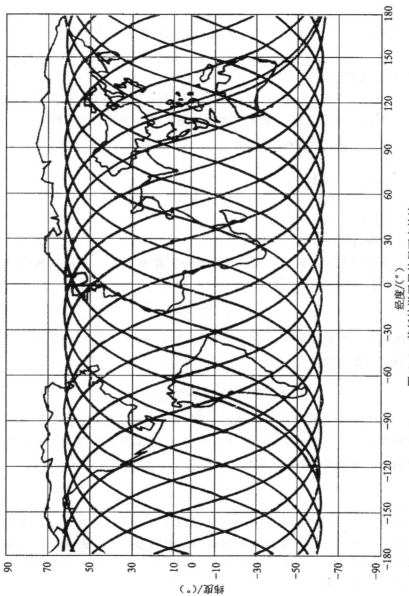

图12.3 某低轨道卫星的星下点轨迹

12.2.3　航天器位置矢量、速度矢量与轨道要素的计算

运载火箭将航天器运行轨道入轨点的位置、高度和速度（包括速度方向）确定后，就决定了航天器的位置矢量和速度矢量，航天器的轨道（6 根数）也就确定了。反之，知道了航天器在轨道某历元时刻的轨道要素，也就确定了航天器在空间的位置、高度、速度和速度方向。

12.2.3.1　已知轨道位置矢量和速度矢量求轨道要素（6 根数）

已知卫星某历元时刻 t 的位置矢量（地理纬度 φ、地理经度 λ、地心距 r）和速度矢量（绝对速度 v_a，绝对速度方向角 θ_a，绝对速度方位角 A_a），求轨道要素的公式如下。

设

$$v = r\frac{v_a^2}{\mu} \tag{12.2—26}$$

根据活力公式

$$v_a^2 = \mu\left(\frac{2}{r} - \frac{1}{a}\right) \tag{12.2—27}$$

得到

$$a = \frac{\mu r}{2\mu - rv_a^2} = \frac{r}{2 - \left(\dfrac{rv_a^2}{\mu}\right)} \tag{12.2—28}$$

即半长轴 a 为

$$a = \frac{r}{2 - v} \tag{12.2—29}$$

偏心率 e 为

$$e = \sqrt{1 - (2 - v)v\cos^2\theta_a} \tag{12.2—30}$$

轨道倾角 i 为

$$i = \arccos(\cos\varphi\sin A_a) \tag{12.2—31}$$

升交点地理经度为

$$\begin{aligned}
\Omega_G &= \lambda - \arctan(\sin\varphi\tan A_a) \\
&= \lambda - \arcsin(\tan\varphi\cot i) \quad（升轨）
\end{aligned} \tag{12.2—32}$$

或

$$\Omega_G = \lambda + 180° + \arctan(\sin\varphi\tan A_a)$$
$$= \lambda + 180° + \arcsin(\tan\varphi\cot i) \qquad （降轨） \qquad (12.2-33)$$

卫星幅角为

$$u = \arcsin\frac{\sin\varphi}{\sin i} \qquad （升轨） \qquad (12.2-34)$$

$$u = 180° - \arcsin\frac{\sin\varphi}{\sin i} \qquad （降轨） \qquad (12.2-35)$$

轨道真近点角 f 为

$$\cos f = \frac{\dfrac{p}{r}-1}{e} \qquad (12.2-36)$$

$$\tan f = \frac{v\sin\theta_a\cos\theta_a}{v\cos^2\theta_a-1} \qquad (12.2-37)$$

近地点幅角为

$$\omega = u - f \qquad (12.2-38)$$

除上述 6 个轨道参数（a、e、i、Ω_G、u、f）用卫星位置矢量和速度矢量表示外，还可写出近地心距 r_p、远地心距 r_a（即近地点高度 h_p、远地点高度 h_a）、轨道周期 T、偏近点角 E、平近点角 M 的位置矢量和速度矢量的表示式。

远地心距为

$$r_a = \frac{r}{2-v}\left[1+\sqrt{1+v\ (v-2)\ \cos^2\theta_a}\ \right] \qquad (12.2-39)$$

近地心距为

$$r_p = \frac{r}{2-v}\left[1-\sqrt{1+v\ (v-2)\ \cos^2\theta_a}\ \right] \qquad (12.2-40)$$

远地点高度为

$$h_a = r_a - R_\varphi \qquad (12.2-41)$$

近地点高度为

$$h_p = r_p - R_\varphi \qquad (12.2-42)$$

$$R_\varphi = \frac{R_e(1-\tilde{a})}{\sqrt{\sin^2\varphi+(1-\tilde{a})^2\cos^2\varphi}} \qquad (12.2-43)$$

式中　　R_e——为地球赤道半径；

　　　　$\tilde{a}$——地球椭球体参数。

远地点高度和近地点高度也可表示为

$$\begin{cases} h_a = r_a - R_e \\ h_p = r_p - R_e \end{cases} \qquad (12.2-44)$$

轨道周期为

$$T = 2\pi\mu^{-\frac{1}{2}} a^{\frac{3}{2}} = 2\pi\mu^{-\frac{1}{2}}\left(\frac{r}{2-v}\right)^{\frac{3}{2}} \qquad (12.2-45)$$

偏近点角 E 为

$$\begin{cases} e\sin E = v(2-v)^{-\frac{1}{2}}\sin\theta_a \\ e\cos E = v - 1 \end{cases} \qquad (12.2-46)$$

平近点角 M 与偏近点角 E 满足开普勒方程，即

$$M = E - e\sin E \qquad (12.2-47)$$

12.2.3.2　轨道要素（6 根数）变化对卫星位置和速度的影响

因为 $a = \dfrac{r}{2-v} = \dfrac{\mu r}{2\mu - rv_a^2} = a(r, v_a)$，所以有

$$\begin{cases} \dfrac{\partial A}{\partial r} = 2\left(\dfrac{a}{r}\right)^2 = 2(2-v)^{-2} \\[2mm] \dfrac{\partial A}{\partial \varphi} = \dfrac{\partial A}{\partial \lambda} = 0 \\[2mm] \dfrac{\partial A}{\partial v_a} = \dfrac{2a^2 - v_a}{\mu} \\[2mm] \dfrac{\partial A}{\partial \theta_a} = \dfrac{\partial A}{\partial A_a} = 0 \end{cases} \qquad (12.2-48)$$

由 (12.2-48) 式可见，轨道高度和速度对半长轴有影响，而位置和速度方向对半长轴无影响。

因为

$$e = \sqrt{1 + v(v-2)\cos^2\theta_a} = e(r, v_a, \theta_a)$$

所以

$$\frac{\partial e}{\partial r} = \frac{v \ (v-1) \ \cos^2\theta_a}{er} = \frac{(rv_a^2 - \mu) \ v_a^2 \cos^2\theta_a}{e\mu^2} \qquad (12.2-49)$$

$$\begin{cases} \dfrac{\partial e}{\partial \varphi} = \dfrac{\partial e}{\partial \lambda} = 0 \\[2mm] \dfrac{\partial e}{\partial v_a} = \dfrac{2(rv_a^2 - \mu)rv_a\cos^2\theta_a}{\mu^2 e} \\[2mm] \dfrac{\partial e}{\partial \theta_a} = \dfrac{rv_a^2(2\mu - rv_a^2)\sin 2\theta_a}{2\mu^2 e} \\[2mm] \dfrac{\partial e}{\partial A_a} = 0 \end{cases} \qquad (12.2-50)$$

从（12.2—50）式可见，偏心率 e 与位置标量无关。同时，当 e 很小时，地心距 r、绝对速度 v_a 和绝对速度方向角 θ_a 的微小变化，也将对偏心率有明显影响。

或由（12.2—37）式可得

$$f = \arctan \frac{v\sin\theta_a \cos\theta_a}{v\cos^2\theta_a - 1}$$

$$f = 180° + \arctan \frac{v\sin\theta_a \cos\theta_a}{v\cos^2\theta_a - 1}$$

则

$$f = f \ (r, \ v_a, \ \theta_a)$$

所以有

$$\begin{cases} \dfrac{\partial f}{\partial r} = \dfrac{v\sin 2\theta_a}{2re^2} \\[2mm] \dfrac{\partial f}{\partial \varphi} = \dfrac{\partial f}{\partial \lambda} = 0 \end{cases} \qquad (12.2-51)$$

$$\begin{cases} \dfrac{\partial f}{\partial v_a} = -\dfrac{v\sin 2\theta_a}{v_a e^2} \\[2mm] \dfrac{\partial f}{\partial \theta_a} = \dfrac{v(2\cos^2\theta_a - 1)}{e\cos f} \\[2mm] \dfrac{\partial f}{\partial A_a} = 0 \end{cases} \qquad (12.2-52)$$

根据（12.2—31）式得

$$i = \arccos(\cos\varphi \sin A_a) = i(\varphi, A_a)$$

所以有

$$\begin{cases} \dfrac{\partial i}{\partial r} = \dfrac{\partial i}{\partial \lambda} = 0 \\[2mm] \dfrac{\partial i}{\partial \varphi} = \tan \varphi \cos i \\[2mm] \dfrac{\partial i}{\partial A_a} = -\cot i \cot A_a \\[2mm] \dfrac{\partial i}{\partial v_a} = \dfrac{2i}{2\theta_a} = 0 \end{cases} \qquad (12.2-53)$$

根据（12.2—32）式得

$$\Omega_G = \lambda - \arctan(\sin \varphi \tan A_a) = \Omega_G(\lambda, \varphi, A_a)$$

所以有

$$\begin{cases} \dfrac{\partial \Omega_G}{\partial r} = 0 \\[2mm] \dfrac{\partial \Omega_G}{\partial \lambda} = 1 \\[2mm] \dfrac{\partial \Omega_G}{\partial \varphi} = -\dfrac{\sin 2A_a \cos \varphi}{2\sin^2 i} = -\dfrac{\tan A_a \cos \varphi}{1 + \tan^2 A_a \sin^2 \varphi} \\[2mm] \dfrac{\partial \Omega_G}{\partial v_a} = \dfrac{\partial \Omega_G}{\partial \theta_a} = 0 \\[2mm] \dfrac{\partial \Omega_G}{\partial A_a} = -\dfrac{\sin \varphi}{\sin i} = -\dfrac{\sin \varphi}{\cos^2 A_a + \sin^2 \varphi \sin^2 A_a} \end{cases}$$

$$(12.2-54)$$

根据（12.2—34）式可得

$$u = \arcsin \dfrac{\sin \varphi}{\sin i} = \arctan \dfrac{\tan \varphi}{\cos A_a} = u(\varphi, A_a)$$

所以有

$$\begin{cases} \dfrac{\partial u}{\partial r} = \dfrac{\partial u}{\partial \lambda} = 0 \\[2mm] \dfrac{\partial u}{\partial \varphi} = \dfrac{\cos A_a}{\cos^2 A_a \cos^2 \varphi + \sin^2 \varphi} \\[2mm] \dfrac{\partial u}{\partial v_a} = \dfrac{\partial u}{\partial \theta_a} = 0 \\[2mm] \dfrac{\partial u}{\partial A_a} = -\dfrac{\sin \varphi \cos \varphi \sin A_a}{\cos^2 A_a \cos^2 \varphi + \sin^2 \varphi} \end{cases} \qquad (12.2-55)$$

12.2.3.3　卫星位置和速度偏差对卫星轨道参数的影响

将（12.2—28）式代入（12.2—45）式，可得

$$T = 2\pi\mu r^{\frac{3}{2}}(2\mu - rv_a^2)^{-\frac{3}{2}} = T(r, v_a)$$

所以有

$$
\begin{cases}
\dfrac{\partial T}{\partial r} = 6\pi\mu^2 r^{\frac{1}{2}}(2\mu - rv_a^2)^{-\frac{5}{2}} \\[2mm]
\dfrac{\partial T}{\partial \varphi} = \dfrac{\partial T}{\partial \lambda} = 0 \\[2mm]
\dfrac{\partial T}{\partial v_a} = 6\pi\mu r^{\frac{5}{2}}(2\mu - rv_a^2)^{-\frac{5}{2}} v_a \\[2mm]
\dfrac{\partial T}{\partial \theta_a} = \dfrac{\partial T}{\partial A_a} = 0
\end{cases}
\qquad (12.2-56)
$$

根据（12.2—2）式和（12.2—3）式可得

$$h_p = a(1-e) - R_\varphi = h_p(r, v_a, \theta_a, \varphi) \qquad (12.2-57)$$

对（12.2—57）式求偏导数得

$$
\begin{cases}
\dfrac{\partial h_p}{\partial r} = (1-e)\dfrac{\partial A}{\partial r} - a\dfrac{\partial e}{\partial r} \\[2mm]
\qquad = (1-e)^2\left(\dfrac{a}{r}\right)^2 - a\dfrac{(rv_a^2 - \mu)v_a^2\cos^2\theta_a}{e\mu} \\[3mm]
\dfrac{\partial h_p}{\partial \varphi} = -\dfrac{R_\varphi^3(2\tilde{a} - \tilde{a}^2)}{2R_e^2(1-\tilde{a})^2}\sin 2\varphi \\[3mm]
\dfrac{\partial h_p}{\partial \lambda} = \dfrac{\partial h_p}{\partial A_a} = 0 \\[3mm]
\dfrac{\partial h_p}{\partial v_a} = (1-e)\dfrac{2a^2 v_a}{\mu} - a\dfrac{2(rv_a^2 - \mu)r\theta_a\cos^2\theta_a}{\mu^2 e} \\[3mm]
\dfrac{\partial h_p}{\partial \theta_a} = -\dfrac{r^2 v_a^2\sin 2\theta_a}{2\mu e}
\end{cases}
$$

$$(12.2-58)$$

同法，可以求 h_a 受轨道要素的影响，根据（12.2—2）式和（12.2—3）式可得

$$h_a = a(1+e) - R_\varphi = h_a(r, v_a, \theta_a, \varphi) \qquad (12.2-59)$$

对（12.2—59）式求偏导可得

$$
\begin{cases}
\dfrac{\partial h_a}{\partial r} = (1+e)^2 \left(\dfrac{a}{r}\right)^2 + a\,\dfrac{(rv_a^2 - \mu)v_a^2 \cos^2\theta_a}{e\mu} \\[2mm]
\dfrac{\partial h_a}{\partial \varphi} = -\dfrac{R_\varphi^3(2\tilde{a} - \tilde{a}^2)}{2R_e^2(1-\tilde{a})^2}\sin 2\varphi \\[2mm]
\dfrac{\partial h_a}{2\lambda} = \dfrac{\partial h_a}{\partial A_a} = 0 \\[2mm]
\dfrac{\partial h_a}{\partial v_a} = (1+e)\,\dfrac{2a^2 v_a}{\mu} + \dfrac{2a(rv_a^2 - \mu)rv_a \cos^2\theta_a}{\mu^2 e} \\[2mm]
\dfrac{\partial h_a}{\partial \theta_a} = -\dfrac{r^2 v_a^2 \sin 2\theta_a}{2\mu e}
\end{cases}
$$

$$(12.2-60)$$

12.3　近地轨道设计要考虑的摄动因素

前述内容未考虑影响轨道变化的摄动因素，是以二体问题来分析的。这在轨道的初步设计阶段是可以的。但在工程研制阶段和试验阶段，就要进行精确轨道设计，就要考虑航天器在空间飞行时所受的各种摄动力。究竟要考虑哪些摄动因素，各种因素对轨道的影响量级，轨道寿命是哪些摄动引起的，等等，这些问题都是本节要论述的内容。

对于人造航天器（分高轨、中轨、低轨三类），要考虑的摄动因素有：

1）地球扁率形状摄动；

2）空气阻力摄动；

3）日月摄动；

4）太阳光压摄动；

5）地磁摄动

6）潮汐（固体潮、海潮）摄动；

7）地球反照辐射摄动；

8）调姿力与轨控喷气力摄动等。

对于近地轨道航天器，主要考虑第 1)、第 2)和第 8)3 种摄动因素；第3)种因素小于 10^{-8}，第4)种因素小于 10^{-7}，第6)种因素小于 10^{-8}，第5)种因素更小，均为三阶小量，一般可忽略，但对轨道精度要求高的航天器要酌情考虑这些因素。

12. 3. 1　地球形状摄动

将地球看成圆球形模型时，万有引力定律为

$$F_g = \frac{GM}{r} \cdot \frac{m}{r} = V\frac{m}{r} \qquad (12.3-1)$$

式中　F_g——地球引力；

　　　m——人造航天器的质量；

　　　r——地球心至航天器质心距离（航天器的地心矢量绝对值）；

　　　G——万有引力常数；

　　　M——地球总质量；

　　　V——地球的引力位（$V = \dfrac{GM}{r}$ 在圆球形模型时为常数），但在

　　　　　非圆形模型时，引力位 V 就是一函数了，V 可由引力函数对距离（坐标）微分直接求得。

任何形状与密度分布的"星体"（地球是其中之一），对外部点（航天器所在位置）的引力位函数均可表示为

$$V = \frac{GM}{r}\Big[1 + \sum_{n=2}^{\infty}\sum_{m=0}^{n}\Big(\frac{R_e}{r}\Big)^{n}P_n^m(\sin\varphi)(A_{nm}\cos m\lambda + B_{nm}\sin m\lambda)\Big]$$

$$(12.3-2)$$

式中　$\dfrac{GM}{r}$——圆球形模型的引力位；

　　　R_e——地球参考椭球体的赤道半径；

　　　φ——航天器位置的地理纬度；

　　　λ——航天器位置的地理经度；

　　　$P_n^m(\sin\varphi)$——$\sin\varphi$ 的 n 阶勒让德多项式；

　　　A_{nm}，B_{nm}——地球形状及密度有关的引力系数。

在 GM，R_e 已知的情况下，只要知道 A_{nm} 和 B_{nm}，就能求得任意点（航天器在地球外某点）的引力位。A_{nm} 值和 B_{nm} 值可由大地测量和人造卫星运行数据反算求得（详见美国哥达德飞行中心的《地球模型参

数标准》GEM—8)。从 (12.3—2) 式可见，第一项 $\dfrac{GM}{r}$ 为圆球形模型的引力位，是常数项，第二项称为摄动函数 R 项，可表示为

$$R = \frac{GM}{r}\Big[\sum_{n=2}^{\infty} \sum_{m=0}^{\infty} \Big(\frac{R_e}{r}\Big)^n P_n^m (\sin \varphi)(A_{nm} \cos m\lambda + B_{nm} \sin m\lambda) \Big]$$

$$(12.3-3)$$

在近地轨道设计中，把 (12.3—2) 式和 (12.3—3) 式写成简化形式为

$$V = \frac{GM}{r}\Big[1 + \sum_{n=2}^{5} C_n \Big(\frac{R_e}{r}\Big)^n P_n (\sin \varphi) \Big] \qquad (12.3-4)$$

或

$$V = \frac{GM}{r}\Big[1 - \sum_{n=2}^{5} J_n \Big(\frac{R_e}{r}\Big)^n P_n (\sin \varphi) \Big] \qquad (12.3-5)$$

式中　$P_n (\sin \varphi)$——关于 $\sin \varphi$ 的 n 阶勒让德多项式，分别为

$$\begin{cases} P_0 (\sin \varphi) = 1 \\[4pt] P_1 (\sin \varphi) = \sin \varphi \\[4pt] P_2 (\sin \varphi) = \dfrac{3}{2} \sin^2 \varphi - \dfrac{1}{2} \\[4pt] P_3 (\sin \varphi) = \dfrac{5}{2} \sin^3 \varphi - \dfrac{3}{2} \sin \varphi \\[4pt] P_4 (\sin \varphi) = \dfrac{35}{8} \sin^4 \varphi + \dfrac{15}{4} \sin^2 \varphi + \dfrac{3}{8} \\[4pt] P_5 (\sin \varphi) = \dfrac{63}{8} \sin^5 \varphi - \dfrac{35}{4} \sin^3 \varphi + \dfrac{15}{8} \sin \varphi \end{cases}$$

因为 $J_n = -C_n$，所以将 (12.3—5) 式展开为

$$\begin{aligned} V = \frac{GM}{r}\Big[& 1 - J_2 \Big(\frac{R_e}{r}\Big)^2 \Big(\frac{3}{2} \sin^2 \varphi - \frac{1}{2}\Big) - \\ & J_3 \Big(\frac{R_e}{r}\Big)^3 \Big(\frac{5}{2} \sin^3 \varphi - \frac{3}{2} \sin \varphi\Big) - \\ & J_4 \Big(\frac{R_e}{r}\Big)^4 \Big(\frac{35}{8} \sin^4 \varphi + \frac{15}{4} \sin^2 \varphi + \frac{3}{8}\Big) - \\ & J_5 \Big(\frac{R_e}{r}\Big)^5 \Big(\frac{63}{8} \sin^5 \varphi - \frac{35}{4} \sin^3 \varphi + \frac{15}{8} \sin \varphi\Big) \Big] \end{aligned}$$

$$(12.3-6)$$

式中　　$J_2 = 1\ 082.63 \times 10^{-6} = 1.082\ 63 \times 10^{-3}$；

　　　　$J_3 = -2.5 \times 10^{-6}$；

　　　　$J_4 = -1.6 \times 10^{-6}$；

　　　　$J_5 = -0.2 \times 10^{-6}$。

一般将 10^{-3} 看成一阶小量，因此 J_2 是一阶小量；而 J_3、J_4、J_5 均为 10^{-6}，为二阶小量。从地球形状摄动的量级（摄动力与地球中心引力场引力之比）可见，J_2 项的影响是最主要的，它将使航天器轨道面旋转和轨道面内主轴旋转。

轨道面旋转，即轨道面进动，表现在轨道升交点赤经 Ω 的变化率 $\dot{\Omega}$（单位为 $(°)/\mathrm{d}$），表示为

$$\dot{\Omega} = -9.97(1-e^2)^{-2}\left(\frac{R_e}{a}\right)^{3.5}\cos i \qquad (12.3-7)$$

对于顺行轨道（即 $i < 90°$），$\dot{\Omega} < 0$，即轨道面西退；对于逆行轨道（即 $i > 90°$），$\dot{\Omega} > 0$，即轨道面东进。对于 $i = 90°$ 的极轨道而言，$\dot{\Omega} = 0$，即轨道面在惯性空间处于不动状态。

对于近地近圆轨道 $|\dot{\Omega}| \approx 10|\cos i|$，因此 $\dot{\Omega}_{max} \approx 10(°)/\mathrm{d}$，$\dot{\Omega}_{min} \approx -10(°)/\mathrm{d}$。图 12.4 示出了升交点赤经变化率 $\dot{\Omega}$ 与轨道倾角 i 的关系曲线。

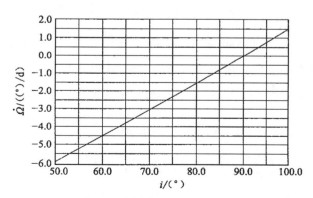

图 12.4　近地轨道升交点赤经变化率 $\dot{\Omega}$ 与轨道倾角 i 的关系曲线

近地点位置漂移可用近地点幅角 ω 的变化率 $\dot{\omega}$（单位为（°）/d）表示为

$$\dot{\omega}=9.97\ (1-e^2)\ \left(\frac{R_e}{a}\right)^{3.5}\left(\frac{5}{2}\cos^2 i-\frac{1}{2}\right) \qquad (12.3-8)$$

若令 $\dot{\omega}=0$，则可得 $\cos i=\pm\dfrac{\sqrt{5}}{5}$，即 $i=63.4°$ 或 $i=116.6°$。这表明：

1）当 $i=63.4°$（称为临界倾角）或 $i=116.6°$ 时，近地点位置不漂移，即轨道面内主轴方向不旋转；

2）当轨道倾角 $i<63.4°$ 或 $i>116.6°$ 时，$\dot{\omega}>0$，此时航天器轨道近地点位置沿航天器运动方向漂移，即主轴沿顺时针方向旋转，旋转角速度为 $\dot{\omega}$；

3）当轨道倾角 i 为 $63.4°<i<116.6°$ 时，$\dot{\omega}<0$，此时航天器轨道近地点位置沿着航天器运动的反向漂移，即主轴沿着逆时针方向旋转，旋转角速度为 $\dot{\omega}$。图 12.5 示出了近地点幅角变化率 $\dot{\omega}$ 与倾角 i 的关系曲线。

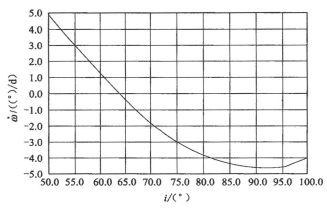

图 12.5　近地轨道近地点幅角变化率 $\dot{\omega}$ 与倾角 i 的关系曲线

升交点赤经变化率 $\dot{\Omega}$ 和近地点幅角变化率 $\dot{\omega}$ 是轨道设计必须考虑的重要因素，例如：

1）12.5 节中所介绍的太阳同步轨道设计就要利用 $\dot{\Omega}$ 导出地球绕太阳运动的角速度 $\dot{\omega_e}$。（$\dot{\omega_e} = \dfrac{360}{365.242\,2}$(°)/d = 0.985\,6(°)/d）；

2）在轨道覆盖中的星下点位置，也要考虑 $\dot{\Omega}$，否则需覆盖的地方就可能漏掉了；

3）在椭圆轨道设计中，为使某地区轨道高度变化较小，就要选取轨道倾角在 63.4° 附近；

4）在轨道维持设计中，常把轨道面主轴旋转作轨道维持来利用。

12.3.2　大气阻力摄动

由于近地轨道高度在几百千米以内，大气密度大，大气给航天器一个反向的阻力 $P_{\rho X}$，其表示式为

$$P_{\rho X} = \frac{1}{2}\rho v^2 S C_D$$

式中　S——有效面积（取卫星飞行方向最大截面积，有时取卫星表面积的 1/4）；

　　　C_D——阻力系数（与卫星形状、结构材料、飞行姿态等有关，通常取 $C_D = 2.2 \pm 0.2$）；

　　　ρ——大气密度；

　　　v——卫星相对大气运动的速度。

大气随地球旋转，准确计算有难度，一般大气密度用指数分布模型，随高度变化大气密度减小；还有周日、季节变化。用国际标准大气模式 CIRA−72 大气表，误差不超过 10%。大气阻力产生的摄动量级，采用大气阻力 $P_{\rho X}$ 与地球中心引力 F_0 之比来估计，即

$$\frac{P_{\rho X}}{F_0} = \frac{1}{GM}\left(\frac{SC_D}{2m}\rho v^2 r^2\right) \tag{12.3−9}$$

又用活力公式 $v^2 = GM\left(\dfrac{2}{r} - \dfrac{1}{a}\right) \approx GM\dfrac{1}{r}$，因此有

$$\frac{P_{\rho}x}{F_0} \approx \frac{S\,C_D}{2m}\rho r \qquad (12.3-10)$$

【例】 $S = 10\ \mathrm{m^2}$，$m = 5\ 000\ \mathrm{kg}$，$C_D = 2.0$，对于轨道高度 200 km 的航天器，$\rho \approx 10^{-10}\ \mathrm{kg/m^3}$，$r = R_e + h = 6\ 371 + 200 = 6\ 571$ (km)，将上面数据代入（12.3 — 10）式，可得

$$\frac{P_{\rho}x}{F_0} \approx 10^{-6} \qquad (12.3-11)$$

可见，大气阻力摄动，当二阶小量来处理（一阶小量为 10^{-3}）。对于阻重比大的卫星，若飞行高度大于 200 km，$\dfrac{P_{\rho}x}{F_0}$ 值总比 10^{-6} 还小。

12.3.3　调姿喷气摄动和轨道控制喷气摄动

在调姿过程姿控喷气工作情况下，俯仰、偏航、滚动所用动力喷气对轨道有影响，称为调姿喷气摄动。

在轨道控制过程中，也要用到轨控（通过质心的纵向/横向平移的）喷气，也对轨道有影响，称为轨道控制喷气摄动。

上述调姿和轨控喷气摄动的数学模型，要根据工程设计喷管的安装方式而定。调姿喷气一般是随机的，可采用常推力模型来描述，即把俯仰、偏航的喷气力分解成沿轨道纵轴和垂直于纵轴两方向的分量，又假设各通道正负喷气次数相等，这就使垂直于纵轴方向的分量正负抵消，只剩沿纵轴方向的分量。同样，滚动喷气也假定正负喷气抵消，另外还假定这种随机不连续，离散过程的喷气可简化成连续的力，且均匀沿卫星纵轴作用于航天器质心。

假设从航天器遥测可得，3 个通道（俯、偏、滚）喷气量分别是俯仰每圈喷气 W_1，偏航每圈喷气 W_2，滚动每圈喷气 W_3，假定俯仰喷管与卫星纵轴的夹角为 α，偏航喷管与纵轴夹角为 β。则作用于卫星纵轴方向的喷气推力 F 为

$$F = \frac{(W_1 \cos \alpha + W_2 \cos \beta)I}{T} \qquad (12.3-12)$$

式中　I——喷管燃料比冲；

T——轨道周期。

一般说，F 的量级与大气阻力量级相当。因此，低轨道航天器的轨道设计，必须把姿控喷气摄动考虑进去。关于轨道控制摄动在 12.3.4 节还要讨论。

12.3.4 近地轨道航天器的摄动运动方程

近地轨道航天器运动方程的一般形式为

$$\ddot{\boldsymbol{r}} = \ddot{\boldsymbol{r}}_1 + \ddot{\boldsymbol{r}}_2 + \ddot{\boldsymbol{r}}_3 + \cdots \tag{12.3—13}$$

式中 $\ddot{\boldsymbol{r}}_1$——地球（非圆球模型）引力场引起的航天器运动加速度；

$\ddot{\boldsymbol{r}}_2$——大气阻力引起的航天器运动加速度；

$\ddot{\boldsymbol{r}}_3$——调姿、轨控喷气引起的航天器运动加速度。

在近地轨道航天器的轨道设计中，常用摄动加速度的 3 个分量 S_1、S_2、S_3 表示摄动运动方程。S_1 为摄动加速度的径向分量；S_2 为摄动加速度在轨道面内垂直于径向的横向分量；S_3 为摄动加速度在轨道面的法向分量。

航天器摄动运动方程（又称为拉格朗日摄动运动方程）为轨道根数（6 根数）对航天器幅角 u（为近地点幅角 ω 与真近点角 f 之和）的微分式为

$$
\begin{cases}
\dfrac{\mathrm{d}p}{\mathrm{d}u} = \dfrac{2v}{GM} r^3 S_2 \\[2mm]
\dfrac{\mathrm{d}e}{\mathrm{d}u} = \dfrac{vr^2}{GM} \left\{ \sin f \cdot S_1 + \left[\dfrac{er}{p} + \cos f \cdot \left(1 + \dfrac{r}{p} \right) \right] S_2 \right\} \\[2mm]
\dfrac{\mathrm{d}\omega}{\mathrm{d}u} = \dfrac{vr^2}{GM} \left[-\cos f \cdot S_1 + \sin f \cdot \left(1 + \dfrac{r}{p} \right) - \dfrac{er}{p} \cos i \sin u \cdot S_3 \right] \\[2mm]
\dfrac{\mathrm{d}\Omega}{\mathrm{d}u} = \dfrac{vr^3}{GM} \cdot \dfrac{\sin u}{\sin i} S_3 \\[2mm]
\dfrac{\mathrm{d}i}{\mathrm{d}u} = \dfrac{vr^3}{GM} \cos u \cdot S_3 \\[2mm]
\dfrac{\mathrm{d}t}{\mathrm{d}u} = -\dfrac{vr^2}{\sqrt{GMp}}
\end{cases}
$$

$$\tag{12.3—14}$$

式中

$$v=\cfrac{1}{1-\cfrac{r^3}{GMp}\cot i \sin u \cdot S_3} \tag{12.3—15}$$

$$r=\frac{p}{1+e\cos f} \tag{12.3—16}$$

$$f=u-\omega \tag{12.3—17}$$

$$S_1 =\frac{GM}{r^2}\Big[\frac{3}{2}J_2\Big(\frac{R_e}{r}\Big)^2 \ (3 \sin^2 i \ \sin^2 u-1) \ +$$

$$2J_3\Big(\frac{R_e}{r}\Big)^3 \ (5 \sin^3 i \ \sin^3 u-3 \sin i \ \sin u) \ +$$

$$\frac{5}{8}J_4\Big(\frac{R_e}{r}\Big)^4 \ (35 \sin^4 i \ \sin^4 u-30 \sin^2 i \ \sin^2 u+3) \ +$$

$$\frac{3}{4}J_5\Big(\frac{R_e}{r}\Big)^5 \ (63 \sin^5 i \ \sin^5 u-70 \sin^3 i \ \sin^3 u+$$

$$15 \sin i \ \sin u)\Big]-6\rho v v_r+S_{10} \tag{12.3—18}$$

$$S_2 =\frac{GM}{r^2} \sin i \cos u\Big[3J_2\Big(\frac{R_e}{r}\Big)^2 \sin i \ \sin u+\frac{3}{2}J_3\Big(\frac{R_e}{r}\Big)^3 \cdot$$

$$(5 \sin^2 i \ \sin^2 u-1) \ +\frac{5}{2}J_4\Big(\frac{R_e}{r}\Big)^4 \cdot$$

$$(7 \sin^3 i \ \sin^3 u-3 \sin i \ \sin u) \ +$$

$$\frac{15}{8}J_5\Big(\frac{R_e}{r}\Big)^5 (21 \sin^4 i \ \sin^4 u-14 \sin^2 i \ \sin u+1)\Big]-$$

$$6\rho v \ (v_n-\tilde\omega r \cos i) \ +S_{20} \tag{12.3—19}$$

$$S_3 =-\frac{GM}{r^2} \cos i\Big[3J_2\Big(\frac{R_e}{r}\Big)^2 \sin i \ \sin u+\frac{3}{2}J_3\Big(\frac{R_e}{r}\Big)^3 \cdot$$

$$(5 \sin^2 i \ \sin^2 u-1) \ +\frac{5}{2}J_4\Big(\frac{R_e}{r}\Big)^4 \cdot$$

$$(7 \sin^3 i \ \sin^3 u-3 \sin i \ \sin u) \ +\frac{15}{8}J_5\Big(\frac{R_e}{r}\Big)^5 \cdot$$

$$(21 \sin^4 i \ \sin^4 u-14 \sin^2 i \ \sin u+1)\Big]-$$

$$6\rho v \tilde{\omega} r \cos u \sin i + S_{30} \qquad (12.3-20)$$

式中　$v = \sqrt{v_r^2 + (v_n - \tilde{\omega} r \cos i)^2 + (\tilde{\omega} r \cos u \sin i)^2}$;

$\qquad v_r = \sqrt{\dfrac{GM}{p}} e \sin f$;

$\qquad v_n = \sqrt{\dfrac{GM}{p}} (1 + e \cos f)$;

$\qquad S_{10}$，S_{20}，S_{30}——调姿喷气和轨控喷气在 3 个方向的加速度
　　　　　　　　分量；

$\qquad \rho$——大气密度，（可从"CIRA-72 大气密度表"中查得），
　　　　取决于大气顶层温度 T_∞ 与轨道高度。

顶层温度 T_∞ 的经验公式为

$$T_\infty = 1.15 \times (3.24 \tilde{F} + 379) + 14 K_p \qquad (12.3-21)$$

式中　$\tilde{F}$——10.7 cm 太阳辐射流量的 5 月"平滑值"；

$\qquad K_p$——地磁指数。

$\tilde{F}$ 与 K_p 的数据由天文台提供。系数 1.15 是周日变化的平均系数。从我国的卫星试验中测轨证实，计算顶层温度所用的大气密度值是准确的。在选取大气密度所要求的轨道高度算法为

$$h = r - R_e(r - \tilde{a} \sin^2 i \sin^2 u) \qquad (12.3-22)$$

在按高度内插值时，可用 ρ 值随高度变化的指数模型，即

$$\rho = \rho_0 \exp\left(\frac{h_0 - h}{H}\right) \qquad (12.3-23)$$

式中　H——大气密度标高。

对于小偏心率 e 的轨道，可引进新变量 $\xi = e \cos \omega$，$\eta = -e \sin \omega$，用 $\dfrac{d\xi}{du}$ 代替 $\dfrac{de}{du}$，用 $\dfrac{d\eta}{du}$ 代替 $\dfrac{d\omega}{du}$，这时方程变为

$$\begin{cases}
\dfrac{\mathrm{d}p}{\mathrm{d}u} = \dfrac{2v}{GM} r^3 S_2 \\[2mm]
\dfrac{\mathrm{d}\xi}{\mathrm{d}u} = \dfrac{vr^2}{GM} \Big\{ \sin u \cdot S_1 + \Big[\Big(1 + \dfrac{r}{p}\Big) \cos u + \dfrac{er}{p} \cos \omega \Big] S_2 + \\[2mm]
\qquad\qquad \dfrac{er}{p} \cot i \sin u \sin \omega \cdot S_3 \Big\} \\[2mm]
\dfrac{\mathrm{d}\eta}{\mathrm{d}u} = \dfrac{vr^2}{GM} \Big\{ \cos u \cdot S_1 - \Big[\Big(1 + \dfrac{r}{p}\Big) \sin u + \dfrac{er}{p} \sin \omega \Big] S_2 + \\[2mm]
\qquad\qquad \dfrac{er}{p} \cot i \sin u \cos \omega \cdot S_3 \Big\} \\[2mm]
\dfrac{\mathrm{d}\Omega}{\mathrm{d}u} = \dfrac{vr^2}{GMp} \dfrac{\sin u}{\sin i} S_3 \\[2mm]
\dfrac{\mathrm{d}i}{\mathrm{d}u} = \dfrac{vr^2}{GMp} \cos u \cdot S_3 \\[2mm]
\dfrac{\mathrm{d}t}{\mathrm{d}u} = \dfrac{vr^2}{\sqrt{GMp}}
\end{cases}$$

$$(12.3-24)$$

以上摄动运动方程是以航天器幅角 u 做自变量的，有时也可用时间 t 做自变量，其方程为

$$\begin{cases}
\dfrac{\mathrm{d}a}{\mathrm{d}t} = \dfrac{2}{n \sqrt{1-e^2}} \big[e \sin f \cdot S_1 + (1 + e \cos f) S_2 \big] \\[2mm]
\dfrac{\mathrm{d}e}{\mathrm{d}t} = \dfrac{\sqrt{1-e^2}}{na} \big[\sin f \cdot S_1 + (\cos E + \cos f) S_2 \big] \\[2mm]
\qquad = \dfrac{\sqrt{1-e^2}}{na} \Big\{ \sin f \cdot S_1 + \Big[\dfrac{er}{p} + \Big(1 + \dfrac{r}{p}\Big) \cos f \Big] S_2 \Big\} \\[2mm]
\dfrac{\mathrm{d}i}{\mathrm{d}t} = \dfrac{r \cos u}{na^2 \sqrt{1-e^2}} S_3 \\[2mm]
\dfrac{\mathrm{d}\Omega}{\mathrm{d}t} = \dfrac{r \sin u}{na^2 \sqrt{1-e^2} \sin i} S_3 \\[2mm]
\dfrac{\mathrm{d}\omega}{\mathrm{d}t} = \dfrac{\sqrt{1-e^2}}{nae} \Big[-\cos f \cdot S_1 + \Big(1 + \dfrac{r}{p}\Big) \sin f \cdot S_2 \Big] - \cos i \dfrac{\mathrm{d}\Omega}{\mathrm{d}t} \\[2mm]
\dfrac{\mathrm{d}M}{\mathrm{d}t} = n - \dfrac{\sqrt{1-e^2}}{nae} \Big[-\Big(\cos f - \dfrac{2er}{p}\Big) S_1 + \Big(1 + \dfrac{r}{p}\Big) \sin f \cdot S_2 \Big]
\end{cases}$$

$$(12.3-25)$$

同样，对于小偏心率 e 的轨道，也引入新变量

$$\begin{cases} \xi = e\cos\omega \\ \eta = -e\sin\omega \\ \lambda = \omega + M \end{cases} \qquad (12.3-26)$$

这时，摄动运动方程变为

$$\begin{cases}
\dfrac{\mathrm{d}a}{\mathrm{d}t} = \dfrac{2}{n\sqrt{1-e^2}}\left[e\sin f \cdot S_1 + (1+e\cos f)S_2\right] \\[2mm]
\dfrac{\mathrm{d}\xi}{\mathrm{d}t} = \dfrac{\sqrt{1-e^2}}{na}\left\{\sin u \cdot S_1 + \left[\dfrac{er}{p}\cos\omega + \left(1+\dfrac{r}{p}\right)\cos u\right]S_2 + \right. \\[2mm]
\qquad\qquad \left. \dfrac{er}{p}\cdot \sin\omega\sin u\cos i \cdot S_3\right\} \\[2mm]
\dfrac{\mathrm{d}\eta}{\mathrm{d}t} = \dfrac{\sqrt{1-e^2}}{na}\left\{\cos u \cdot S_1 + \left[-\dfrac{er}{p}\sin\omega - \left(1+\dfrac{r}{p}\right)\sin u\right]S_2 + \right. \\[2mm]
\qquad\qquad \left. \dfrac{er}{p}\cos\omega\sin u\cos i \cdot S_3\right\} \\[2mm]
\dfrac{\mathrm{d}\lambda}{\mathrm{d}t} = n - \dfrac{\sqrt{1-e^2}}{na}\left\{\left(\dfrac{e}{1+\sqrt{1-e^2}}\cos f + \dfrac{2r}{p}\sqrt{1-e^2}\right)S_1 + \right. \\[2mm]
\qquad\qquad \left. \left[\dfrac{e}{1+\sqrt{1-e^2}}\left(1+\dfrac{r}{p}\right)\sin f\right]S_2 + \dfrac{r}{p}\sin u\cot i \cdot S_3\right\} \\[2mm]
\dfrac{\mathrm{d}i}{\mathrm{d}t} = \dfrac{r\cos u}{na^2\sqrt{1-e^2}}S_3 \\[2mm]
\dfrac{\mathrm{d}\Omega}{\mathrm{d}t} = \dfrac{r\sin u}{na^2\sqrt{1-e^2}\sin i}S_3
\end{cases}$$

$$(12.3-27)$$

　　根据上述摄动运动方程，可计算出地球非圆球模型摄动力 F_1、大气阻力摄动力 F_2 和姿控、轨控喷管摄动力 F_3（详见（12.3－6）式、（12.3－10）式和（12.3－12）式），产生摄动加速度（$\ddot{r}_1$、$\ddot{r}_2$、$\ddot{r}_3$）的"三分量" S_1、S_2、S_3（详见（12.3－18）式～（12.3－20）式），再由摄动方程微分式（（12.3－14）式、（12.3－24）式、（12.3－25）式和（12.3－27）式）算出低轨道航天器轨道根数随自变量（u 或 t）变化的变化量（即摄动量）。

12.4　近地轨道航天器的轨道寿命计算

近地轨道航天器的轨道寿命是航天器在大气阻力摄动下，轨道逐渐衰减，即轨道高度和偏心率变小，最后落入大气层的总过程时间。轨道寿命方程就是航天器在大气阻力摄动下的运动方程，即

$$
\begin{cases}
\dfrac{\mathrm{d}a}{\mathrm{d}E} = -2a^2 \rho b \dfrac{(1+e\cos E)^{\frac{3}{2}}}{(1-e\cos E)^{\frac{1}{2}}} \\[4mm]
\dfrac{\mathrm{d}e}{\mathrm{d}E} = -2a\rho b \left(\dfrac{1+e\cos E}{1-e\cos E} \right)^{\frac{1}{2}} (1-e^2)\cos E
\end{cases}
\tag{12.4-1}
$$

（12.4-1）式中，$b=\dfrac{C_D S}{m}$，该值反映了航天器特性（C_D 为阻力系数，由航天器形状、结构材料、飞行姿态等而定，通常取 2.2 ± 0.2；S 为航天器的有效截面积，取下行方向最大截面，常取航天器表面积的 $1/4$；m 为航天器质量）。用（12.4-1）式计算轨道寿命时，必须对不同的 b 值与不同的 ρ 值，分别进行计算。对特定的航天器，认为 b 值是一常数，因此常将 b 作单位进行计算，而后用 b 除，即得真正的轨道寿命值。

为求解（12.4-1）式方便，引入一新变量 $x=ae$（即综合反映 a 和 e 逐渐变小），而（12.4-1）式变为

$$
\begin{cases}
\dfrac{\mathrm{d}a}{\mathrm{d}E} = -2a^2 \rho b \dfrac{(1+e\cos E)^{\frac{3}{2}}}{(1-e\cos E)^{\frac{1}{2}}} \\[4mm]
\dfrac{\mathrm{d}x}{\mathrm{d}E} = -2a^2 \rho b \left(\dfrac{1+e\cos E}{1-e\cos E} \right)^{\frac{1}{2}} (\cos E + e)
\end{cases}
\tag{12.4-2}
$$

（12.4-2）式可用四阶龙格－库塔法求解，如果能用解析法得到 a 和 e 的表达式，可直接得到轨道寿命直观值。若对（14.2-2）式积分，只需将被积函数展开式（$\cos E$）的级数，而大气密度 ρ 用指数模型展开成 $e^{z\cos E}\cos(nE)$ 的形式，再用贝塞尔函数及其性质得到。

由（12.4-2）式，可得 a 与 x 的变化量表示式为

$$
\begin{cases}
\Delta a = -4\pi b a^2 \rho_{p0} \exp[\beta(a_0 - a - x_0)] \cdot \left[I_0 + 2eI_1 + \dfrac{3}{4}e^2(I_0 + I_2) + \right. \\
\left. \qquad \dfrac{1}{4}e^3(3I_1 + I_3) + O(e^4) \right] \\[2mm]
\Delta x = -4\pi b a^2 \rho_{p0} \exp[\beta(a_0 - a - x_0)] \cdot \left[I_1 + \dfrac{1}{2}e(3I_0 + I_2) + \right. \\
\left. \qquad \dfrac{1}{8}e^2(11I_1 + I_3) + \dfrac{1}{16}e^3(7I_0 + 8I_2 + I_4) + O(e^4) \right]
\end{cases}
$$

$$(12.4-3)$$

（12.4—3）式中，下标为 0 的量为初始轨道根数及其能量，a 作为常数处理，一般近似地取 $a = a_0$，则（12.4—3）式变为

$$
\begin{cases}
\Delta a = -4\pi b a^2 \rho_{p0} \exp(-z) \cdot \left[I_0 + 2eI_1 + \dfrac{3}{4}e^2(I_0 + I_2) + \right. \\
\left. \qquad \dfrac{1}{4}e^3(3I_1 + I_3) + O(e^4) \right] \\[2mm]
\Delta x = -4\pi b a^2 \rho_{p0} \exp(-z) \cdot \left[I_1 + \dfrac{1}{2}e(3I_0 + I_2) + \dfrac{1}{8}e^2(11I_1 + I_3) \right. \\
\left. \qquad + \dfrac{1}{16}e^3(7I_0 + 8I_2 + I_4) + O(e^4) \right]
\end{cases}
$$

$$(12.4-4)$$

（12.4—3）式和（12.4—4）式中，$I_n(z) = \dfrac{1}{2\pi}\displaystyle\int_0^{2\pi} e^{z\cos E} \cos(nz)$ dE，为贝塞尔函数的定义，z 为贝塞尔函数的变量，z 取值不同，贝塞尔函数的展开项数也不同。当 $z > 3$ 时，贝塞尔函数取 3 项即可；当 $z < 3$ 时，项数就多些。当 $z < 1$ 时，项数就取得很大，很不便。这就要用数值积分法来求 $I_n(z)$ 的值。积分 $I_n(z)$ 可得（n 取 0，1，2，3，…）

$$
\begin{cases}
I_0(z) = \dfrac{\exp z}{\sqrt{2\pi z}} \left(1 + \dfrac{1}{8z} + \dfrac{9}{128z^2} + \cdots \right) \\[2mm]
I_1(z) = \dfrac{\exp z}{\sqrt{2\pi z}} \left(1 - \dfrac{1}{8z} - \dfrac{15}{128z^2} + \cdots \right) \\[2mm]
I_2(z) = \dfrac{\exp z}{\sqrt{2\pi z}} \left(1 - \dfrac{15}{8z} + \dfrac{105}{128z^2} + \cdots \right) \\[2mm]
I_3(z) = \dfrac{\exp z}{\sqrt{2\pi z}} \left(1 - \dfrac{35}{8z} + \dfrac{945}{128z^2} + \cdots \right) \\
\qquad \vdots
\end{cases}
$$

$$(12.4-5)$$

贝塞尔函数 $I_n(z)$ 有以下性质：

$$\begin{cases} \dfrac{2n}{z}I_n\ (z)=L_{n-1}\ (z)\ -L_{n+1}\ (z) \\[2mm] 2I'_n\ (z)=L_{n-1}\ (z)\ +L_{n+1}\ (z) \\[2mm] zL_{n-1}\ (z)=zI'_n\ (z)\ +nI_n\ (z) \\[2mm] zL_{n+1}\ (z)=zI'_n\ (z)\ -nI_n\ (z) \end{cases} \qquad (12.4-6)$$

轨道周期 T 和 $\dot{T}$ 与半长轴 a 和 $\dot{a}$，有以下关系

$$T=\sqrt{\frac{4\pi^2 a^3}{GM}}=2\pi\sqrt{\frac{a^3}{GM}} \qquad (12.4-7)$$

$$\dot{T}=\frac{3T}{2a}\dot{a}=\frac{3}{2}\cdot\frac{\Delta a}{a} \qquad (12.4-8)$$

将 (12.4-4) 式代入 (12.4-8) 式，可得

$$\dot{T}_0=-6\pi a_0 b\rho_{p0}\exp(-z_0)\Big[I_0(z_0)+2eI_1(z_0)+\frac{3}{4}e_0^2(I_0(z_0)+$$

$$I_2(z_0))+O(e_0^3)\Big] \qquad (12.4-9)$$

有了 (12.4-9) 式的轨道周期变化率 $\dot{T}$ 后，即可求出近地轨道航天器，在不同初始轨道状态下（4 种情况）的航天器轨道寿命 L_t。下面讨论 4 种轨道形状的 L_t 求法：

1）当 $z>3$，$e<0.2$ 时有

$$L_t=-\frac{3e_0 T_0}{4\dot{T}_0}\cdot\frac{I_0(z_0)}{I_1(z_0)}\Big[1+2e_0\frac{I_1(z_0)}{I_0(z_0)}-\frac{5e_0}{6}+\frac{5e_0^2}{16}+\frac{7H}{8a_0}+O\Big(\frac{He}{a},e_0^3\Big)\Big]$$

$$(12.4-10)$$

(12.4-10) 式可用贝塞尔函数的渐近表达式 $F(e_0)$ 代替，可简化为

$$L_t=-\frac{e_0 I_0(z_0)}{\dot{T}}F(e_0) \qquad (12.4-11)$$

式中

$$F(e_0)=\frac{3}{4}\Big[1+\frac{7e_0}{6}+\frac{5e_0^2}{16}+\frac{H}{2a_0 e_0}\Big(1+\frac{11}{12}e_0+\frac{3H}{4a_0 e_0}+\frac{3H^2}{4a_0^2 e_0^2}\Big)+$$

$$O\Big(e_0^2,\frac{H}{2a_0^4 e_0^2}\Big)\Big] \qquad (12.4-12)$$

2）当 $z=3$ 时，为圆轨道，轨道寿命 L_t 的公式最简单，即

$$L_t = -\frac{3HT_0\eta}{2a_0\,\dot{T}_0} \qquad (12.4-13)$$

式中，η 一般为 1，所以圆轨道航天器的轨道寿命 L_t 为

$$L_t = -\frac{3HT_0}{2a_0\,\dot{T}_0} \qquad (12.4-14)$$

3）当 $z<3$ 时，轨道寿命 L_t 为

$$L_t = -\frac{3e_0T_0}{4\dot{T}_0} \cdot \frac{I_0(z_0)}{I_1(z_0)}\Big[1+2e_0\frac{I_1(z_0)}{I_0(z_0)}-\frac{9e_0z_0}{40}+\frac{H}{2a_0}+O\Big(e_0^2,\frac{He_0}{a_0}\Big)\Big]$$

$$(12.4-15)$$

4）当 $e>0.2$ 时，轨道寿命 L_t 为

$$L_t = -\frac{e_0T_0}{\dot{T}_0}F(e_0) \qquad (12.4-16)$$

式中

$$F(e_0) = \frac{3(1-e_0)^{\frac{1}{2}}(1+e_0)^2}{8e_0^2}f(e_0)\Big[1-\frac{H(8e_0-3e_0^2-1)}{8r_{p_0}e_0(1+e_0)}+$$

$$O(5\times10^{-5})\Big] \qquad (12.4-17)$$

$$f(e_0) = \frac{3+e_0}{(1+e_0)\,\sqrt{1-e_0}} - 3 - \frac{1}{\sqrt{2}}\ln\frac{\sqrt{2}+\sqrt{1-e}}{(\sqrt{2}+1)\,\sqrt{1+e}}$$

$$(12.4-18)$$

一般近地轨道航天器都是近圆形轨道，很少有 $e>0.2$ 的椭圆轨道。在（12.4—11）式～（12.4—16）式中，H 为大气密度标高，可查表得到，也可由（12.4—19）式求得

$$H = -\frac{\rho}{\dfrac{\partial\varrho}{\partial r}} \qquad (12.4-19)$$

12.5　中轨道航天器运行轨道设计

轨道高度在 1 000 km 左右的航天器，为中轨道运行航天器。最具代表性的是太阳同步轨道卫星，常运行在轨道高度 800 km、轨道

倾角 98.6°左右轨道上。这样就能保证卫星的轨道面与日地连线间的夹角 β（即光照角）保持不变，如图 12.6 所示。这里以太阳同步轨道卫星（陆地卫星－I）为例，在赤道上设计的光照角为 37.5°（这时正好是秋分点），由于卫星轨道面对于惯性空间是不动的，地球带着卫星绕太阳公转，光照角每天都要增加 0.985 6°（360°/365.25），这样，地球公转到立冬时，光照角 β 就变成 82.5°，地球公转到冬至时，光照角 β 就会变成 127.5°。

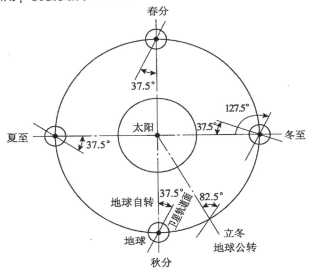

图 12.6　太阳同步轨道与日地连线的夹角保持不变原理

为了保持光照角 β=37.5°不变，实现太阳同步要求，就必须使卫星的轨道面亦向东转角，如果轨道面东转角恰好是 0.985 6 (°)/d，则由地球公转引起的光照角变化正好消除，达到了光照角不变的目的。

解决卫星轨道面左转（即 0.985 6 (°)/d 角速度向东进动）的方法是：利用地球赤道半径大于极半径的椭球体，赤道的凸出部分会对卫星产生一个摄动力矩（赤道卫星和极轨道卫星除外），迫使卫星轨道面进动，其转动角速度 $\dot{\Omega}$ 与轨道半长轴 a，轨道倾角 i 和轨道偏

心率 e 有以下关系，即

$$\dot{\Omega} = -9.97 \left(\frac{R_e}{a}\right)^{\frac{7}{2}} \frac{\cos i}{(1-e^2)^2} = 0.985\,6((°)/d)$$

$$(12.5-1)$$

式中　　R_e——地球赤道半径。

当偏心率 $e=0$ 时，卫星为圆轨道，（12.5-1）式可简化为

$$\dot{\Omega} = -9.97 \left(\frac{R_e}{a}\right)^{\frac{7}{2}} \cos i = 0.985\,6 \qquad (12.5-2)$$

（12.5-2）式十分重要，由此可得太阳同步圆轨道半长轴 a 与轨道倾角 i 的关系，可从 $h=a-6\,371.1$ 得到轨道高度 h 与轨道倾角的关系（有时 $h=a-6\,378.14$ km）。轨道高度 h 和倾角 i 的变化曲线，如图 12.7 所示。

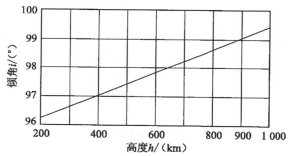

图 12.7　太阳同步圆轨道高度 h 和倾角 i 的变化曲线

由图 12.7 可见：

1）太阳同步轨道倾角永远大于 90°；

2）太阳同步轨道永远是逆行轨道，即降轨是从北半球的东北方向，向着南半球的西南方向飞行，而升轨则从南半球的东南方向，向着北半球的西北方飞行。

众所周知，资源卫星、气象卫星、侦察卫星或海洋卫星，由于要对地球某指定区域进行摄像观察，常采用太阳同步轨道。要进行太阳同步轨道设计，必须对太阳时、轨道某一纬度的地方时以及太阳同步轨道的太阳高度角等，进行精确的计算。

12.5.1　真太阳与平太阳

参见图 12.8 可见，地球绕太阳公转的大圆轨道面，称为黄道。黄道的定义是：太阳中心在天球上周年视运动的轨迹。地球绕太阳运动的轨道是一椭圆，太阳位于椭圆的一个焦点上，地球的公转速度不断地变化着。当地球在近日点时，运行速度最大，太阳视运动速度也最大，每天约 $1°1'10''$，大约发生在年初 1 月 3 日左右，当地球进行到远日点时，运行速度最小，太阳的视运动速度也最小，每天约 $0°57'11''$，大约发生在年中 7 月 4 日前后。这样，太阳从春分点运行到秋分点，再从秋分点到春分点，虽然在天球上恰好转半周，即 $180°$，但是，由于春分点经夏至点到秋分点历时 186 d，而由秋分点经冬至点回到春分点却只需 179 d，差 7 d。所以，太阳的"周年视运动"是不均匀的，同时还受月球及行星摄动的作用。因此，太阳黄经的增加是不均匀的。由于赤道与黄道有一夹角 ε，太阳不是在天球赤道上运动，而是在黄道上运动，即太阳的黄经增加是均匀的，它赤经增加仍是不均匀的。这种性质的太阳通称为真太阳。但这不方便，为方便起见，假设黄道上有一作等速运动的太阳，运动速度为真太阳运动速度的平均速度，同真太阳同时经过近地点和远地点，这个假想太阳称为黄道平太阳。再假设，赤道上作等速运动第二个太阳，它的运动速度和黄道上假设的第一个太阳速度相同，大致同时经过春分点，第二个假设的太阳叫赤道平太阳，简称平太阳。它在天球上的周年视运动是均匀的。

利用平太阳的概念，可引进地方时的概念。平太阳连续两次上中天的时间间隔，是一个平太阳日；一个平太阳日分成 24 个平太阳小时，一个平太阳小时等于 60 平太阳分，一个平太阳分又等于 60 平太阳秒。日常用的钟表就用平太阳为计时基础。地理经圈两地点的子午圈是不同的，因此，平太阳通过该两地的子午圈不在同一瞬间，即形成了各自的时间计量系统——地方时系统，一般称为地方平时。平太阳时 m 定义为平太阳时角 t_m 加上 12 h，即

$$m = t_m + 12 \text{ (h)} \tag{12.5-3}$$

若 $t_m > 12$ h，则应从 （12.5—3） 式中减去 24 h。平太阳时角是

指当地子午圈与平太阳所在子午圈之间的角距，且以顺时针方向为正。图 12.8 证明了（12.5－3）式的关系，pSp' 为 S 所在的子午圈，$\odot$ 表示平太阳，它所在的子午圈为 $p\odot p'$，t_m 为 pSp' 圈与 $p\odot p'$ 圈的夹角。

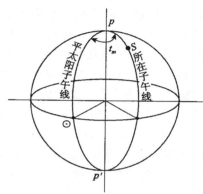

图 12.8　太阳时角示意图

12.5.2　太阳同步轨道某一纬度的地方时

从图 12.9（a）和（b）可见，太阳同步轨道从相同方向越过某一纬度（例如 φ）的地方时相同。从图 12.9（a）可见，春分点 γ，同一纬度 φ 的两处 A、B，所在子午圈与赤道的交点 A_1、B_1，两轨道 A、B 的升交点为 r_A、r_B，$\odot_A$ 为过 A 处的平太阳位置，$\odot_B$ 为过 B 处时的平太阳位置。根据地方时的定义，卫星过 A 点的地方时 m_A 为

$$m_A = t_{mA} + 12 \text{（h）} \tag{12.5－4}$$

式中　t_{mA}——太阳时角，参见图 12.9 可得 $t_{mA} = \overset{\frown}{\odot_A A_1}$。

若卫星从升轨到同一纬度 φ 的 A 点到 B 点时间为 t，则 B 点的地方时为

$$m_B = t_{mB} + 12 \text{（h）} \tag{12.5－5}$$

式中　$t_{mB} = \overset{\frown}{\odot_B B_1}$。

根据太阳同步轨道定义，有

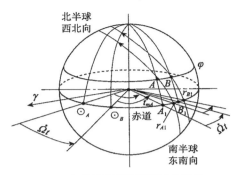

（a）卫星升轨飞过纬度φ的情况

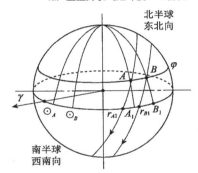

（b）卫星降轨飞过纬度φ的情况

图 12.9 太阳同步轨道（逆行轨道）在同一纬圈上的地方时

$$\widehat{\odot_A \odot_B} = \dot{\Omega}t \qquad (12.5-6)$$

又

$$\widehat{r_A r_B} = \dot{\Omega}t \qquad (12.5-7)$$

用球面三角定律，很容易证明 $t_{mA} = t_{mB}$，从而

$$m_A = m_B \qquad (12.5-8)$$

这说明，卫星从同方向飞经同一纬度的地方时相同。同时，可证明，对于平太阳，卫星从同方向飞过同纬度地区时，太阳高度角 $h_\odot$ 相等（详见图 12.10），即

$$h_{\odot B} = h_{\odot A} \qquad (12.5-9)$$

太阳高度角 $h_\odot$ 的计算，将在后面讨论。

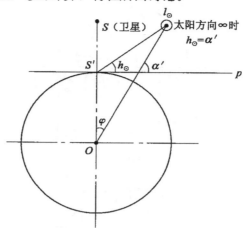

图 12.10　卫星星下点 S' 与太阳角 $h_\odot$

12.5.3　太阳同步轨道的太阳高度角缓慢变化

前面讲的是"平太阳"的情况，而实际应用上要看"真太阳"的情况。太阳与卫星的关系主要表现在太阳高度角 $h_\odot$ 的大小。因真太阳在黄道上作椭圆运动，且黄道面与地球赤道面有一黄赤交角 $\varepsilon =$ 23°16′，所以太阳同步轨道卫星从同一方向飞过同纬度地区时，虽然地方时相等，但它们的太阳高度角 $h_\odot$ 随真太阳在黄道上作南北运动而变化。即太阳高度角 $h_\odot$ 随季节而变化。由球面三角原理，可写出

$$h_\odot = \arcsin[\sin\varphi \sin l_\odot \sin\varepsilon + \cos\varphi \cos\lambda \cos l_\odot +$$
$$\cos\varphi \sin\lambda \sin l_\odot \cos\varepsilon] \qquad (12.5-10)$$

式中　$l_\odot$——太阳黄经；

　　　ε——黄赤交角；

　　　λ——卫星升轨经过地面的地理经度；

　　　φ——卫星升轨经过地面的地理纬度。

若太阳同步轨道卫星的参数选择为 $i = 99.37°$，$a = 7\ 355.31$ km，$\Omega = 50.27°$圆轨道，可利用（12.5—10）式算出：设发射日期

为 3 月 21 日，发射时刻升交点过赤道地方时为下午 3 点 21 分，则太阳赤经、赤纬分别为 $\alpha_\odot = 0°$，$\delta_\odot = 0°$，计算太阳高度角 $h_\odot$ 随纬度的变化，详见表 12.1。另外，也可计算同纬度的太阳高度角 $h_\odot$，随季节（春、夏、秋、冬）其变化范围也是不小的。因此，太阳同步轨道的选择，可分为两部分：

第一部分是选择适当的轨道高度（即圆轨道的半长轴 a），取决于地面覆盖、分辨率和覆盖周期的选择（与近地轨道卫星类似）；a 定后，就选轨道倾角 i。

第二部分是选择适当的升交点赤经 Ω，这取决于卫星的发射时间，使卫星轨道与太阳的相对位置满足规定要求（主要是满足太阳高度角 $h_\odot$ 的要求）。

表 12.1　太阳高度角 $h_\odot$ 与纬度 φ 的变化

$\varphi/(°)$	80	60	40	20	0	−20	−40	−60	−80
$h_\odot/(°)$	9.44	24.59	34.51	40.01	39.73	33.79	23.79	11.32	−4.93

12.6　高轨道航天器运行轨道设计

地球静止轨道卫星的运行轨道是典型的高轨道航天器。该卫星的最大特点是：相对地面任何地方观测，卫星是静止不动的，即卫星绕地球运动速度和周期与地球自转速度和周期相同。该卫星距地面高度为 36 000 km（距地心 42 164 km＝36 000＋6 164（即赤道半径 R_e）），可覆盖地区为地球表面的 40%。本节论述静止轨道设计的 3 个基本问题：静止轨道条件；发射轨道根数不满足要求引起的位置漂移；静止轨道运行期的摄动漂移。

12.6.1　静止轨道的基本条件

《运载火箭测试发控工程学》一书中，用了地球是理想圆球论述地球同步卫星轨道的基本条件，比较简单易懂；但实际上地球是一个椭球体，其"位函数"不那么简单，一般用地球旋转椭球体或地球三轴椭球体来描述。当然，克服椭球体带来的卫星漂移的方法也不同。

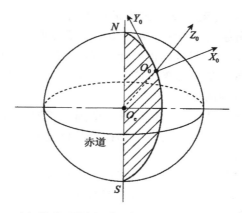

（a）地球平面坐标系又称测站球面坐标系 $O_0 X_0 Y_0 Z_0$

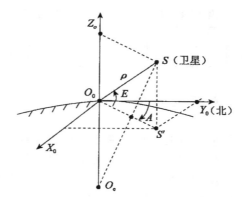

（b） $O_0 X_0 Y_0 Z_0$ 坐标系的方位角 A、仰角 E 和星站距 ρ

图 12.11　测站坐标系 $O_0 X_0 Y_0 Z_0$ 的 ρ、A、E 定义

　　卫星相对于地面测站应始终是静止的，在测站坐标系中，$\dot{\rho} = \dot{A} = \dot{E} = 0$。

　　由图 12.11 的测站坐标系 $O_0 X_0 Y_0 Z_0$ 的 ρ、A、E 定义可见，星站距 ρ、方位角 A 和仰角 E，对时间的微分总为零，这就是地球静止轨道卫星，即 $\dddot{\rho} = \dot{\rho} = \ddot{A} = \dot{A} = \ddot{E} = \dot{E} = 0$。再取地心赤道坐标系 $O_e X_{er} Y_{er} Z_{er}$（见图 12.12），Z_{er} 为地球北极轴，X_{er} 为赤道平面内指向春分点 γ，卫星 S 与地心 O_e 距离为 r，则卫星 S 的地心距为 r，地面

投影点 S' 的赤经为 α，S' 的赤纬为 δ。若 S 为地球静止轨道卫星，可导出

$$
\begin{cases}
\ddot{r} = 0 \\
\dot{r} = 0 \\
\ddot{\lambda} = 0 \\
\dot{\lambda} = \omega_e \\
\ddot{\varphi} = 0 \\
\dot{\varphi} = 0
\end{cases}
\tag{12.6-1}
$$

式中　ω_e——地球自转角速度，$\omega_e = 0.985\,6(°)/\mathrm{d}$。

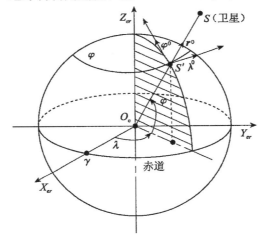

图 12.12　地心球面赤道坐标系 $O_e X_{er} Y_{er} Z_{er}$ 的卫星站距 r、卫星的赤经 λ、赤纬 φ

在 $O_e X_{er} Y_{er} Z_{er}$ 坐标系中，卫星 S 的运动加速度 $\boldsymbol{a}$ 可表示为

$$
\boldsymbol{a} = (\ddot{r} - r\dot{a}^2 \cos^2\varphi - r\dot{\varphi}^2)\boldsymbol{r}^0 + \left[\frac{1}{r}\frac{\mathrm{d}}{\mathrm{d}t}(r^2\dot{\varphi}^2) + \right.
$$

$$
\left. r\dot{a}^2 \sin\varphi\cos\varphi \right]\boldsymbol{\varphi}^0 + \frac{1}{r\cos\varphi}\frac{\mathrm{d}}{\mathrm{d}t}(r^2\dot{\varphi}\cos^2\varphi)\boldsymbol{\lambda}^0
\tag{12.6-2}
$$

式中　$\boldsymbol{r}^0$、$\boldsymbol{\lambda}^0$、$\boldsymbol{\varphi}^0$——径向、经度方向、纬度方向的卫星加速度 $\boldsymbol{a}$ 在 3 个方向的单位矢量。

卫星 S 受地球引力场的力可用地球位函数 U_E 的方向导数表示，

而位函数 U_E 的球坐标形式为

$$U_E = \frac{\mu}{r} - \frac{\mu}{2r}(3\sin^2\varphi - 1)\left(\frac{R_e}{r}\right)^2 J_2 + \cdots +$$

$$\frac{3\mu}{r}J_{22}\left(\frac{R_e}{r}\right)^2\cos(\lambda - \lambda_{22})\cos^2\varphi + \cdots \quad (12.6-3)$$

式中　J_2——地球旋转椭球项；

　　　J_{22}——三轴椭球项（地球赤道不圆）；

　　　λ——卫星定点的地理经度；

　　　φ——卫星定点的地理纬度；

　　　R_e——地球赤道半径。

根据牛顿第二定律，位函数 U_E 在卫星 3 个方向的微分，可得卫星动力学方程为

$$\begin{cases} \dfrac{\partial U_E}{\partial r} = \dfrac{\mathrm{d}^2 r}{\mathrm{d}t^2} - r\left(\dfrac{\mathrm{d}\lambda}{\mathrm{d}t}\right)^2\cos^2\varphi - r\left(\dfrac{\mathrm{d}\varphi}{\mathrm{d}t}\right)^2 \\[3mm] \dfrac{1}{r}\dfrac{\partial U_E}{\partial \varphi} = \dfrac{1}{r}\dfrac{\mathrm{d}}{\mathrm{d}t}\left[r^2\left(\dfrac{\mathrm{d}\varphi}{\mathrm{d}t}\right)^2\right] + r\left(\dfrac{\mathrm{d}\lambda}{\mathrm{d}t}\right)^2\sin\varphi\cos\varphi \\[3mm] \dfrac{1}{r\cos\varphi}\dfrac{\partial U_E}{\partial \lambda} = \dfrac{1}{r\cos\varphi}\dfrac{\mathrm{d}}{\mathrm{d}t}\left(r^2\cos^2\varphi\dfrac{\mathrm{d}\varphi}{\mathrm{d}t}\right) \end{cases}$$

$$(12.6-4)$$

将静止条件（12.6-1）式代入（12.6-4）式，可得简化式为

$$\begin{cases} \dfrac{\partial U_E}{\partial r} = -r\omega_e^2\cos^2\varphi \\[3mm] \dfrac{1}{r}\cdot\dfrac{\partial U_E}{\partial \delta} = r\omega_e^2\cos\varphi\sin\varphi \\[3mm] \dfrac{1}{r\cos\varphi}\cdot\dfrac{\partial U_E}{\partial \lambda} = 0 \end{cases} \quad (12.6-5)$$

从（12.6-5）式可见，取不同的地球形状模型（即 U_E 取不同项），可得不同结果。

12.6.1.1　地球形状取圆球形

地球形状取圆球形，U_E 的计算公式最简单，即

$$U_E = \frac{\mu}{r} \quad (12.6-6)$$

则 (12.6-5) 式为

$$\begin{cases} - r^2 \omega_e^2 \cos \varphi = - \dfrac{\mu}{r^2} \\ r \omega_e^2 \sin \varphi \cos \varphi = 0 \end{cases} \qquad (12.6-7)$$

分析 (12.6-7) 式可见:

1) 从 (12.6-7) 式的两式可解出 $r=0$ 或 $\varphi=0$ 或 $\varphi=\pm\dfrac{\pi}{2}$, 代

入 (12.6-7) 式中, $r=0$ 无意义, $\varphi=\pm\dfrac{\pi}{2}$ 时, $r\rightarrow\infty$, 表示在地球

南极或北极无穷远处有一个卫星, 它相对地面静止。就像一颗"北

极星", 没实际意义。

2) 当 $\varphi=0$ 时, 即卫星在赤道上, 代入 (12.6-7) 式为

$$r = \sqrt[3]{\frac{\mu}{\omega_e^2}} = 42\ 164.17\ \text{km}$$

说明, 在赤道上空 $r=42\ 164.171$ 处有一条轨道, 满足静止轨道卫星

条件。为满足 $\dfrac{\mathrm{d}a}{\mathrm{d}t}=\omega_e=0.985\ 6((°)/\mathrm{d})$, 卫星的线速度 $v=r\omega_e$, 代

入 r 值可得

$$v = 3.074\ 66\ \text{km/s}$$

这就是静止轨道卫星在轨道上的线速度。这时可算出轨道瞬时根数

$a=r$, $e=0$。

12.6.1.2　地球形状取旋转椭球体

(12.6-3) 式中的 U_E 取 J_2 项, 代入 (12.6-5) 式求解得

$$\begin{cases} - r \omega_e^2 \cos^2 \varphi = - \dfrac{\mu}{r^2} + \dfrac{3}{2} \dfrac{\mu}{r^2} (3 \sin^2 \varphi - 1) \left(\dfrac{R_e}{r}\right)^2 J_2 \\ r \omega_e \cos \varphi \sin \varphi = - 6 J_2 \dfrac{\mu}{2r^2} \left(\dfrac{R_e}{r}\right)^2 \sin \varphi \cos \varphi \end{cases}$$

$$(12.6-8)$$

将 $\varphi\neq0$, $\varphi\neq\pm\dfrac{\pi}{2}$, 分别代入 (12.6-8) 式, 解出 $r<0$, 不存

在, 舍去;

将 $\varphi=\pm\dfrac{\pi}{2}$, 代入 (12.6-8) 式第一式, 则 $r\rightarrow\infty$, 无意义,

舍去;

将 $\varphi=0$，代入（12.6－8）式第一式，则变为

$$-r\omega_{\mathrm{e}}^2=-\frac{\mu^2}{r}-\frac{3}{2}J_2\frac{\mu}{r^2}\left(\frac{R_{\mathrm{e}}}{r}\right)^2 \tag{12.6－9}$$

由（12.6－9）式可求出 $r=42\ 164.694$ km。为保证 $\frac{\mathrm{d}a}{\mathrm{d}t}=\omega_{\mathrm{e}}$，可求出线速度 $v=3.074\ 698$ km/s；再用 r 和 v 值，可求出半长轴 $a=42\ 166.261$ km，偏心率 $e=0.000\ 037\ 16$（很小，近圆轨道）。从而可见，可用半长轴和偏心率方法，来克服 J_2 项带来的卫星漂移。

12.6.1.3　地球形状取三轴椭球体

这时（12.6－3）式的 U_E 要取舍 J_2 和 J_{22} 两项，且令 $\varphi=0$ 时，（12.6－5）式简化为

$$\begin{cases} -r\omega_{\mathrm{e}}^2=-\dfrac{\mu}{r^2}-\dfrac{\mu}{2r^4}J_2R_{\mathrm{e}}^2+\dfrac{q\mu}{r^4}J_{22}R_{\mathrm{e}}^2\cos2(\lambda-\lambda_{22}) \\[2mm] 0=\dfrac{6\mu}{r}\left(\dfrac{R_{\mathrm{e}}}{r}\right)^2J_{22}\sin2(\lambda-\lambda_{22}) \end{cases}$$

$$\tag{12.6－10}$$

（12.6－10）式中，只有在 $\lambda-\lambda_{22}=0$，$\dfrac{\pi}{2}$，π，$\dfrac{3\pi}{2}$ 时，有解；若取 $\lambda_{22}=-14.9°$，$J_{22}=-1.8\times10^{-6}$，这些解的情况是：

1）定点在地理经度为 75.1° 和 255.1° 时，$r=42\ 164.783$ km，$a=42\ 166.705$ km；

2）定点在地理经度为 165.1° 和 345.1° 时，$r=42\ 164.794$ km，$a=42\ 166.749$ km；

3）定点在其他经度上，无解。其实际意义是：在 1）和 2）所述 4 个经度上，可"自然"满足静止条件。而定点在其他经度上，就不能达到完全静止，而有"位置"的"东西、南北"漂移，但十分缓慢，需要按时稍加控制微调，可满足要求。目前赤道上空高 36 000 km 的多数卫星属这种情况。

12.6.2　发射入轨误差会引起卫星位置漂移

下面将用二体问题的结果，定量给出入轨误差对"静止"的影响。

12.6.2.1　半长轴误差引起经度方向的长期漂移

卫星星下点地理经度由（12.6—11）式决定，即

$$\lambda = \arctan(\cos i \tan u) + \Omega - \omega_e(t - t_0) - S_0$$

$$(12.6 - 11)$$

式中　λ——卫星在历元时刻 t 时，卫星地面投影的地理经度；

　　　i——卫星轨道倾角；

　　　u——卫星幅角，

$$\begin{cases} u = \arcsin\left(\dfrac{\sin \varphi}{\sin i}\right) & （升轨） \\[2mm] u = 180° - \arcsin\left(\dfrac{\sin \varphi}{\sin i}\right) & （降轨） \end{cases} \quad (12.6 - 12)$$

　　　φ——卫星在历元时刻 t 时，卫星地面投影的地理纬度；

　　　S_0——t_0 时刻格林威治恒星时；

　　　Ω——卫星轨道升交点地理经度；

　　　ω_e——地球自转角速度。

设 $i = 0$，则（12.6—11）式为

$$\lambda = \Omega + \omega + f - \omega_e(t - t_0) - S_0 \qquad (12.6 - 13)$$

设 $e = 0$，则

$$\begin{aligned} \lambda &= \Omega + \omega + M - \omega_e(t - t_0) - S_0 \\ &= \Omega + \omega + n(t - t_0) - \omega_e(t - t_0) - S_0 \end{aligned} \qquad (12.6 - 14)$$

式中　ω——近地点幅角；

　　　f——真近点角，在二体问题中有 $\omega = u - f$；

　　　M——平近点角；

　　　n——平均角速度，在二体问题中可表示为

$$\begin{cases} M = \sqrt{\dfrac{a^3}{\mu}}\,(t - \tau) & （\tau \text{ 为近地点时刻}） \\[2mm] n = \dfrac{2\pi}{T} & （圆轨时，T \text{ 为轨道周期}） \\[2mm] n = \dfrac{E - e\sin E}{t - \tau} & （椭圆轨时为开普勒方程） \end{cases}$$

$$(12.6 - 15)$$

设 $t = t_0$，卫星的地理经度为 λ_0，则 t 时刻的 λ 表示为

$$\lambda = n(t-t_0) - \omega_e(t-t_0) + \lambda_0 \qquad (12.6-16)$$

在半长轴 a 无误差时，$n = \omega_e$，这样 $\lambda \equiv \lambda_0$。在半长轴有误差时，即

$$\Delta n = -\frac{3}{2} n \frac{\Delta a}{a} \qquad (12.6-17)$$

可以得到

$$\lambda = [(n_0 + \Delta n) - \omega_e](t-t_0) = -\frac{3}{2} n_0 \frac{\Delta a}{a_0}(t-t_0) \qquad (12.6-18)$$

从（12.6-18）式可见，当半长轴有 Δa 偏差时，卫星的经度方向发生左右漂移，其漂移率为

$$\dot{\lambda} = -540° \frac{\Delta a}{a_0} ((°)/ 恒星日) \qquad (12.6-19)$$

（12.6-19）式中的负号表示：

1）在 $\Delta a > 0$ 时，卫星向西漂移；

2）$\Delta a < 0$ 时，卫星向东漂移。

12.6.2.2　偏心率不为零时（即发射轨道不圆时）引起卫星方向周期性摆动

偏心率 $e \neq 0$ 时，可将真近点角 f 展开成平近点角 M 的级数，即

$$f = M + 2e \sin M + \cdots \qquad (12.6-20)$$

当 e 为小量时，取 e 的一次项，星下点经度为

$$\lambda = \lambda_0 + 2e \sin M \qquad (12.6-21)$$

式中　λ_0——$t = t_0$ 时卫星的地理经度。

从（12.6-21）式可见，当 $e \neq 0$ 时，卫星在 λ_0 处周期性摆动，摆动最大幅度为 $2e$（rad），摆动周期为卫星周期。

倾角 $i \neq 0$ 时，卫星上下（南北）摆动，也东西摆动。

假设 $\Delta a = 0$，$e = 0$，而 $i \neq 0$ 时，卫星的纬度为

$$\sin \delta = \sin i \sin u \qquad (12.6-22)$$

对于小 i，可以得到

$$\delta = i \sin u \qquad (12.6-23)$$

从（12.6-23）式可见，在 $i \neq 0$ 时，卫星在纬度方向作周期性（为 1 d）的摆动，摆动幅度为 i 值。更要注意东西方向的摆动，卫星的

地理经度 λ 为

$$\lambda = \Omega - S_0 + \arctan(\cos i \tan u) - \omega_e(t - t_0)$$

$$(12.6-24)$$

(12.6—24) 式中的 $\arctan(\cos i \tan u)$ 在 $i=0$ 处展开可得

$$\lambda = \arctan(\tan u) - \frac{i^2}{4}\sin 2u + \Omega - \omega_e(t - t_0) - S_0$$

$$= \lambda_0 - \frac{i^2}{4}\sin 2u \qquad (12.6-25)$$

从 (12.6—25) 式可见，倾角 $i \neq 0$ 时，卫星在经度方向有周期为半天、振幅为 $\frac{i^2}{4}$ 的摆动。综合倾角 i 在两个方向的影响，卫星星下点的摆动轨迹呈 "8" 形。

因此，静止轨道卫星位置在半长轴、偏心率、倾角有偏差时，星下点显现出复杂的摆动轨迹。

12.6.3　静止轨道卫星的摄动与轨道保持

静止轨道卫星的定点精度要求为：南北方向和东西方向不超过 $\pm 0.1°$。定点后的漂移影响因素为：

1）地球三轴性影响；

2）日、月引力影响；

3）太阳辐射压力影响。

12.6.3.1　倾角摄动

倾角摄动是由于日、月引力和地球扁率综合引起的。静止轨道法向应与北极重合，但 "偏离线" 在空间（在北极和黄极组成的平面内）转动。北极与黄极夹角为 7.5°，转动 1 圈历时 52 年，约 26 年达到最大倾角 15°。但在卫星自定点保持系统的条件下，保持南北方向和东西方向不超过 $\pm 0.1°$，也就是倾角变化限制在 $\pm 0.1°$ 之内是容易做到的。

12.6.3.2　太阳辐射压力引起偏心率变化

太阳辐射压力将引起静止轨道卫星偏心率 e 变化，半周太阳辐射压力使卫星加速，另半个周期使卫星减速。这使半长轴无长期变化，但偏心率变化较大，且有积累过程。卫星保持系统将 e 调到 $\pm 0.1°$ 之内。

12.6.3.3　地球赤道非圆形影响卫星经度方向漂移

地球并不旋转对称，赤道剖面不圆而为椭圆。地球摄动函数的引力场常数为

$$\begin{cases} J_{22} = -1.802 \times 10^{-6} \\ J_{31} = -0.221 \times 10^{-5} \\ J_{33} = -0.224 \times 10^{-6} \end{cases} \qquad (12.6-26)$$

引起卫星经度方向的漂移为

$$\ddot{\lambda} = 0.000\,029\,462 \sin 2(\lambda + 14.9°) - 0.000\,001\,367 \sin(\lambda - 7°) +$$
$$0.000\,004\,106 \sin 3(\lambda - 21.06°) \qquad (12.6-27)$$

从（12.6—27）式可见，静止卫星在定点保持中，可视 λ 为常数，$\ddot{\lambda}$ 也可视为常数（单位为 rad/d^2）。

12.6.3.4　静止卫星定点保持的推进剂消耗估计

倾角保持修正速度增量可用（12.6—28）式估算

$$\Delta v = 53.66 \Delta i \ (\text{m/s}) \qquad (12.6-28)$$

式中　Δi——年变化量；

　　　Δv——1 年需要的速度增量。

东西方向的轨道修正由两个因素引起，一是太阳辐射压力产生偏心率变化所需速度增量为

$$\Delta v = \frac{v_0}{2} \Delta e = 1\,537.33 \Delta e \ (\text{m/s}) \qquad (12.6-29)$$

式中　Δe——1 年所需修正量。

另一因素是修正经度方向加速度所需的速度增量 $\Delta v_y(\text{m/s})$：

$$\Delta v_y = 365.25 \frac{\Delta v}{\Delta t} = 365.25 \mid \ddot{\lambda} \mid \frac{v_0}{2 \times 540°} = 1\,039.83 \mid \ddot{\lambda} \mid$$

$$(12.6-30)$$

式中　Δv——一次修正速度，$\Delta v = \frac{v_0}{540} \dot{\lambda}$；

　　　v_0——定点时 t_0 时刻的卫星速度；

　　　$\ddot{\lambda}$——经度漂移加速度，单位为 $(°)/\text{d}^2$。

载人航天出版工程

总主编：周建平

总策划：邓宁丰

航天工程设计实践

（下）

冉隆燧　编著

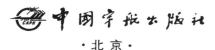

中国宇航出版社

·北京·

第 13 章　航天器的返回轨道设计

13.1　航天器返回过程概述

13.1.1　任务与设计原则

航天器从运行轨道离开，沿转移轨道到达它要着陆天体的大气层并安全通过大气层，利用大气层减速最终着陆天体的过程，称为航天器进入天体大气层的过程，或简称进入过程或返回过程。最基础的返回过程是返回地球的过程，本文主要论述这一过程。

返回过程涉及相当广泛的科学技术领域，主要有天体力学，航天动力学，空气动力学，防热结构学，航天导航、制导与控制技术，火箭推进技术，测控通信技术，回收与着陆技术等。

载人航天器的返回过程设计原则如下：

1）保证航天员的安全，过载要小（$n_x \leqslant 4g_0$，救生过载 $n'_x < 8 \sim 9g_0$），气动加热要小（航天器高速再入大气，产生高温高热，气体电离），着陆精度高（采用升力控制可达到高着陆精度，便于回收）；

2）机动调整能力要强，航程要短，节省推进剂；

3）返回航天器不因为再入加热小，选小再入角而再跳出大气层。

返回过程一般分为如下几个阶段：

1）脱离原运行轨道段，包括建立返回轨道姿态；

2）转入返回轨道过渡段，在建立好返回轨道姿态条件下，制动发动机工作；

3）转入返回轨道大气层外滑行段，完成再入前的各项准备，如分离与返回舱相连的舱段，建立再入角要求值的配平攻角姿态；

4）进入大气层内滑行段，快速减速、经黑障区、实施升力控制、保证着陆精度；

5）进入低空（高度为 10 km）返回着陆段，水平滑行着陆或降落伞减速着陆。

13.1.2　进入和返回航天器的分类

进入和返回航天器可按载人航天器与不载人航天器分类，也可按用途不同分类（试验型航天器、考察型航天器和应用型航天器），或按是否可重复使用分类（一次性型航天器、多次重复型航天器）等。每种航天器都是为某一目标设计的，都可算一个单独类型，显然讨论分类法没有多大意义。但从进入返回差异来分类，则是有意义的，航天器的外形不同，进入大气层和着陆方式差异很大。因此经常将返回航天器分为 3 类。

13.1.2.1　弹道式进入航天器

进入航天器往往是送入轨道运行航天器的一舱段。例如，苏联/俄罗斯联盟号飞船返回地球的是飞船的返回舱，美国航天飞机返回地球的是其轨道飞行器（两个大型助推器和燃料箱在入轨前就分离掉），常称返回地球的部分（如返回舱或航道飞行器）为进入航天器。进入航天器的外形对再入大气层和气动特性起着决定性作用。

进入航天器又简称进入器，如果该进入器进入大气层后，只产生阻力不产生升力，其升阻比 $\dfrac{C_L}{C_P}=0$，或有升力而不大，对升力的大小和方向均不加以控制和利用的航天器，称为弹道式进入航天器，进入轨道称为弹道式进入段。典型的弹道式航天器为美国水星号载人飞船，如图 13.1 所示。

再入点位置、再入角和再入速度，都由过渡轨道决定，过渡轨道由离轨点位置和离轨点速度决定。一旦离轨状态确定之后，整个再入轨道都定了，是不能调整的。运行轨道偏差、离轨点位置偏差、离轨制动姿态偏差、制动速度偏差和大气参数偏差等，都将累积到再入轨道终点（着陆点）的偏差上，使落点散布变大。但再入段较

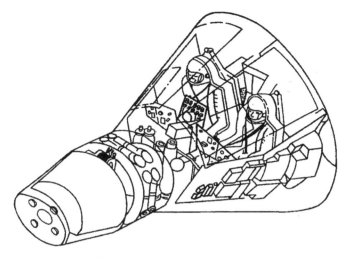

图 13.1　美国水星号载人飞船

陡峭，航程和时间较短，气动加热总量较小，防热较易处理。气动外形简单，自旋再入，结构和防热设计大为简化。因此，它成为最早发展的一类进入式航天器。由于弹道式再入航天器减速快，最大过载高，只有控制再入角和速度的大小，控制过载到允许值 8～10g。（要求再入角在 3°以下），最大过载不许超过 20g。（要求再入角放宽到 6°～7°）。着陆系统采用降落伞着陆系统（离地 10 km 时着陆系统工作），离地 1 m 时缓冲发动机工作，实现软着陆。

13.1.2.2　弹道—升力式进入航天器

通过对进入航天器配置质心的办法，使再入大气层时产生一定的升力，即为弹道—升力式进入器。进入器质心不在进入器中心轴线上，而通过配置质心，把质心配置在偏离中心线一小段距离的地方，这就使进入器再入大气层时产生一个不大的攻角，同时就产生一个不大的升力。其典型实例是俄罗斯的联盟 TM 载人飞船的返回舱（见图 13.2）和美国的阿波罗号登月载人飞船的返回舱（见图 13.3）。

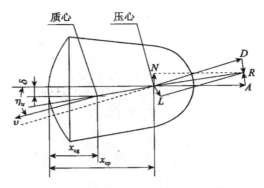

图 13.2　联盟 TM 载人飞船返回舱外形

v—飞行速度；R—气动力合力；L—升力；D—阻力；N—法向力；A—轴向力；

η_{tr}—配平攻角；δ—质心偏置距离；x_{cg}，x_{cp}—质心和压力中心的坐标

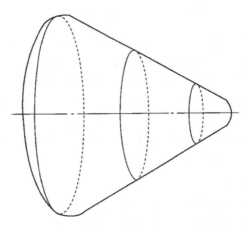

图 13.3　阿波罗号载人飞船返回舱外形

联盟 TM 飞船返回舱，质心偏离中心轴距离 δ，压心（压力中心）上的升力 L 和阻力 D 是由攻角（配平攻角）η_{tr}（约 $20°\sim30°$）产生的，一般 $L\leqslant\dfrac{D}{2}$，即 $\dfrac{L}{D}\leqslant0.5$。v 为返回舱飞行速度，R 为气动力合力，N 为法向力，A 为轴向力，δ 为质心偏置距离，x_{cg} 和 x_{cp} 为质心和压力中心的坐标位置。该返回器改善了再入走廊的宽度，增

大了升阻比，减小了最大过载（可达 $3\sim4g_0$），降低了热流密度峰值；可通过滚动角控制实现升力式返回轨道控制，大大提高了着陆点精度（30 km 内）。但由于升力控制比弹道式再入的航程和时间要长，接受总热量较大，防热设计较复杂。总的来看，利用升力控制带来的好处多，突出优点是最大过载大大减小，保证了航天员的安全。

阿波罗号载人飞船返回舱，也是一个弹道—升力式返回器，外形为简单的旋转体，迎气流端是大直径圆球面。

弹道—升力式进入器也是垂直着陆的，同样采用降落伞着陆系统，在离地面 1 m 高时，启动缓冲发动机，实现软着陆。

13.1.2.3　升力式进入航天器

具有足够大升力、使进入轨道平缓到适合水平着陆程度的航天器，称为升力式进入航天器。进入器的升力大，因此有调整轨道（机动飞行）的能力，平缓进入段可增大机动飞行的范围，使进入器水平着陆并着陆到指定的机场跑道上。典型的实例就是美国的航天飞机轨道器（见图 13.4）和苏联的航天飞机轨道器。它实现了进入器的水平着陆，避免了垂直着陆的两大缺点：一是垂直着陆冲击过载太大易损伤有效载荷（包括航天员）；二是垂直着陆不易控制落点散布大。升力式进入器（航天飞机轨道器）实现了无损和定点的水平着陆，为进入器多次重复使用创造了条件。

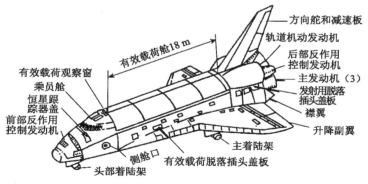

图 13.4　美国航天飞机的轨道器结构图

升力式进入器在着陆时的升力都大于阻力，即升阻比大于1，所以升力式进入器不用旋转体，用不对称的升力体。升力体又分为带翼和不带翼两种，都能产生大于1的升阻比。但不带翼升力体的升力全靠体形产生，会使体形复杂化，尺寸和质量都会增大，航天器一般不用。所以现在的升力式进入器都采用带翼升力体方案。由于返回进入段比较平缓，航程和时间比弹道式和弹道—升力式进入器大得多，虽然热流密度峰值和最大减速过载值都小，但总的加热热量大，加热时间长，再加上结构复杂、需多次重复使用，使这种进入器的气动问题、防热问题和结构可靠性问题变得十分复杂，成本太大。美国挑战者号航天飞机在上升段爆炸、哥伦比亚号航天飞机轨道器在返回段爆炸，从两次惨痛的事故，可以充分看出它的技术难题并未彻底解决。近年来发射故障不断，航天飞机退役的呼声越来越高。2011年7月，美国航天飞机终于退役。

13. 1. 3　返回式航天器的着陆方式

上节已述有3种进入返回航天器，它们在建立返回制动姿态和制动过程等方面都是类似的，从再入大气层的再入角和再入速度不一样，进入大气层飞行也不一样，到10 km高度后，采用的着陆方式也不一样：弹道式进入航天器和弹道—升力式航天器采用垂直着陆的降落伞系统；升力式进入航天器采用水平着陆的带翼升力体方案。

13.1.3.1　弹道式和弹道—升力式进入器的垂直着陆降落伞系统

这种返回器一般为大头朝前的锥形或钟外形，在气流中产生升阻比很小（0～0.5），返回舱受强大的气动阻力作用，沿陡峭的轨道急剧减速下降，在降至15 km高度时速度降至声速以下，返回舱所受气动阻力等于自身重力，进入稳定下降状态，保持平衡速度（约200 m/s）下降，不再减速，若不采取进一步减速措施，以200 m/s速度冲向地面，将粉身碎骨。因此在10 km高左右必须依靠降落伞着陆系统工作（一般采用主伞和副伞的冗余结构），过程是：弹开返回舱主伞盖（如图13.5所示），将两具串联的引导伞从伞舱拉出并打开，由引导伞的牵引力又将减速伞从伞舱拉出，减速伞先成为收口状，经 8 s 解除收口全张开；当减速伞工作到 16 s，返回舱降至 8 km 高度，速度减至 90 m/s，此时减速伞与返回舱分离，同时拉出主伞，这时主伞成为收口状并充满气，经 8 s 解除收口全张开；降至 5 km 高时抛掉防热大底，以进一步减小质量，并从单点倾斜吊挂转到双点垂直吊挂；降至 10 m 高时，着陆灯亮，告之航天员即将着陆；降至 1 m 高时，着陆缓冲发动机点火，返回舱软着陆。

弹底盖

弹引导伞
拉出减速伞

减速伞
收口状开伞

减速伞全开

减速伞脱离
拉出主伞

主伞收口状开伞

主伞全开

回收舱着陆

图 13.5　垂直着陆降落伞系统工作过程

13.1.3.2　升力式进入器的水平着陆过程

升力式进入器采用带翼升力体结构外形，形状似飞机，升阻比达 1.3～3。航天飞机的轨道器再入大气层后受强大的气动升力作用，沿平缓的轨道滑翔下降，并通过姿态控制系统控制俯仰和滚动改变升力的大小和方向。轨道器在几千千米范围内机动飞行，选择最佳再入路线，飞向预定目标地。在下降到 20 km 高度左右，气动力作用已增大到操纵活动翼面，即可控制轨道器的机动飞行和下滑状况，从此轨道器进入引导着陆状态（如图 13.6 所示）。该段开始（t_1），轨道器受导航系统引导，一面下滑一面机动飞行（t_2），最后达到准定常直线飞行状态所规定的高度、速度和距跑道的距离（t_3）。轨道器沿准定常直线轨道下滑到一定高度放下起落架（t_4），继续下滑到拉平高度为止。此后轨道器平飞减速（$t_4 t_5$ 段），到达跑道上空时（t_5），飘落（$t_5 t_6$ 段）下降到跑道上（t_6），滑跑减速到零而停止（t_7）。升力式再入航天器的水平着陆过程，就像飞机起落采用的起落架方案一样。

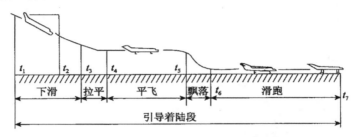

图 13.6　升力式再入航天器的水平着陆过程示意图

13.2　航天器返回过程基础理论

　　本节的重点是航天器（载人或不载人）返回地球表面的过程。返回航天器质心运动的轨迹称为航天器的返回轨道。该轨道是分段设计的，一般分为以下几段：

　　1）在运行段离轨前建立航天器制动返回姿态，但轨道未变。

　　2）航天器返回制动发动机工作，航天器离开运行轨道并进入返回轨道，直到制动发动机关机，建立返回轨道起始速度（即返回轨道的椭圆远地点速度）。椭圆降轨段前部为再入大气层前的飞行轨道，称为制动椭圆式轨道。

　　3）大气层外过渡轨道，从制动发动机关机，到进入大气层外沿（高度取 $80\sim120$ km）为止。这段轨道是椭圆轨道的一部分，一般不加以控制。但有时为了进入再入走廊时再入角和再入速度准确，也要进行返回器多次轨道修正。

　　4）再入段轨道，从再入大气层（取高度 100 km）开始至离地面高 $10\sim20$ km 为止。此段返回器要受最大过载和最大气动加热的考验，这是返回轨道最危险的段落，是返回轨道研究的核心。

5）着陆段轨道，该段从高度 10 km 开始，至返回航天器着陆。不同外形返回航天器着陆轨道是不一样的：

a）弹道式进入航天器（如中国第一代返回式卫星、美国水星号飞船、苏联东方号飞船）采用弹道式轨道，用降落伞着陆加缓冲发动机方案着陆；

b）弹道－升力式进入航天器，有再入大气层会产生升力 L 与阻力 R 的比值≤0.5 的效果，采用小升力控制轨道返回，用降落伞着陆加缓冲发动机方案着陆；

c）升力式进入航天器采用升力式轨道，平缓下降、滑翔在飞机跑道上着陆，这就是美国和俄罗斯航天飞机轨道器着陆方式。

上述为返回轨道的五段轨道构成法，也有将 1）段划入运行段，或将 1）段和 2）段合并的四段轨道构成法。本章采用五段轨道构成法进一步论述。

13.2.1 返回航天器返回轨道的分段

13.2.1.1 脱离运行轨道

返回轨道如图 13.7(a)所示。航天器运行轨道一般是偏心率 e 较小的椭圆，或接近圆轨道。航天器要返回地球表面时，利用航天器上的变轨发动机在返回调姿（偏航转 180°使变轨发动机朝前进方向，再俯仰－15°，使制动发动机略向上）状态工作，产生 ΔV_T，与运行轨道速度 $V_a = V_{kp}$ 合成，则为返回轨道远地点 $z_{1,2}$ 速度（即离轨速度）V_1，则 $V_1 = V_{kp} - \Delta V_T$。

航天器从运行轨道过渡到返回轨道的变轨点 $z_{1,2}$ 的矢径模 r_0，可用（13.2-1）式表示，即

$$r_0 = \frac{a_1(1 - e_1^2)}{1 + e_1 \cos \delta_D} \qquad (13.2-1)$$

式中　a_1——运行轨道椭圆的半长轴；

　　　e_1——运行轨道椭圆的偏心率；

　　　δ_D——变轨点 $z_{1,2}$ 的矢径 r_0 的真近点角（r_0 与近地点半径间的夹角）。

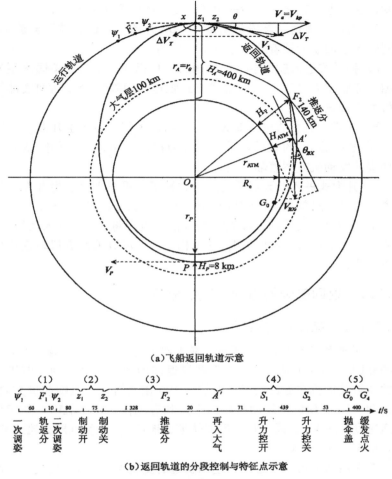

（a）飞船返回轨道示意

（b）返回轨道的分段控制与特征点示意

图 13.7　返回轨道的分段控制示意图

如果运行轨道为圆轨道 e_1 为零，$\delta_D = 180°$，代入（13.2—1）式，则有 $r_0 = a_1$。这说明运行轨道为圆轨道，在任何点离轨都可以，运行轨道半径就是返回轨道椭圆的半长轴。离轨速度 V_1（大小和方向）决定了过渡轨道进入稠密大气层再入点（高度100 km）A' 点的再入角 θ_{BX} 和再入速度 V_{BX}。这就是进入器的开普勒过渡轨道。近地点 P

为椭圆过渡轨道的最小矢径 r_P 和最大速度 V_P。

13.2.1.2　进入走廊

进入器离开运行轨道后，在大气层外滑行下降是一条开普勒轨道。当下降到气动力明显（如气动力达到重力的 1%）区域时，开始偏离开普勒轨道，到再入轨道（高度为 100～80 km），必须计算气动力的作用，这与进入器气动外形、体积和质量均有关。根据进入器的状态（弹道式返回器、弹道－升力式返回器、升力式返回器）确定过渡轨道范围，进入轨道的过渡段是进入地球大气层边界相交的一族开普勒轨道。族中每一条轨道都有其相应的虚近地点 P 和该点的最大速度 V_P。如果进入器轨道的虚近地点高度 H_P 超过某一限度，进入器在气动力作用过小时，不能继续深入大气层，就会再复出大气层。如果进入器轨道虚近地点高度 H_P 过低，进入器进入大气层轨道过陡，受到气动力作用过大，减速过激，过载和气动加热过大超限，返回器可能爆炸，非常危险。进入走廊如图 13.8 所示。

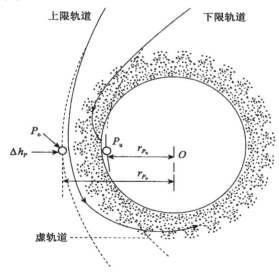

图 13.8　返回轨道进入走廊示意图

　　上限轨道（再人角小、再人速度小）虚近地点是 P_o 和下限轨道（再人角大，再人速度大）虚近地点 P_u 之间距，称为走廊宽度 $\Delta h_P = r_{P_\text{o}} - r_{P_\text{u}}$。具有升力的进入器可大大改善走廊的宽度，限制减小。

　　进入点 A'（见图 13.7）为进入轨道段的起点，也是稠密大气层的最高点。这点开始进入器轨道运动影响不能忽略，进入器就是要利用大气层来减速并消耗具有的最大能量。进入器受到和速度方向相反的气动阻力 D，与进入器的速度平方、大气密度、进入器特征面积和阻力系数成正比，即

$$D = \frac{1}{2} \rho v^2 C_D S \qquad (13.2-2)$$

式中　D——进入器的气动阻力；

　　　　ρ——大气密度；

　　　　v——进入器的速度；

　　　　C_D——大气阻力系数；

　　　　S——进入器的参考面积。

$\frac{1}{2} \rho v^2$ 又称为动压。气动阻力使进入器减速，航天员和有效载荷受减速过载影响，有严格限制。大气猛烈压缩与之摩擦，能量转变为周围空气加热，并以对流和激波辐射传给进入器，使表面升温加剧，必须减小和缓和气动加热，这与进入器防热传热技术密切相关。因此，参见图 13.9，进入航天器的进入段特征方程为

$$\begin{cases} \dfrac{\mathrm{d}\widetilde{U}}{\mathrm{d}\eta} = \dfrac{2\widetilde{U}}{\sin A} - \dfrac{1}{\varepsilon r_0 \eta} \\[3mm] \dfrac{\mathrm{d}\varphi}{\mathrm{d}\eta} = \dfrac{C_L}{C_D} - \dfrac{1}{\varepsilon r_0 \eta} \left(\dfrac{1}{2\widetilde{U}} - 1 \right) \end{cases} \qquad (13.2-3)$$

$$\widetilde{U} = \frac{1}{2} \left(\frac{v^2}{g_0 r_0} \right) \qquad (13.2-4)$$

$$\eta = \frac{\rho \varepsilon^{-1} S C_D}{2m} = \frac{\rho S C_D}{2m\varepsilon} \qquad (13.2-5)$$

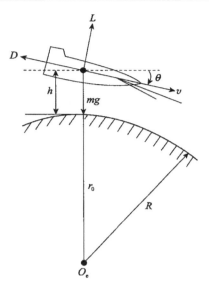

图 13.9　进入航天器与再入轨道段几何关系

式中　$\tilde{U}$——动能的无量纲数；

　　　r_0——进入器距进入天体（如地球）质心的初始距离，在进入段 $r_0 = R + h$（R 为进入天体半径（地球半径），h 为进入器进入天体表面高度）；

　　　g_0——进入器距进入天体（地球）质心 r_0 处的重力加速度；

　　　η——随高度变化的阻力质量比系数；

　　　m——进入器的质量；

　　　$\dfrac{m}{C_D S}$——进入器的弹道系数；

　　　θ——v 与当地水平线的夹角，上为正；

　　　ε——大气高度系数的倒数；

　　　C_L——升力系数；

　　　φ——恒等于 $\cos\theta$。

　　由（13.2-3）式可见，当进入器很高时（$h > 100$ km），$\rho_0 \approx 0$，$\eta_0 = 0$，在给定大气参数 εr_0 和升阻比 $\dfrac{C_L}{C_D}$ 的情况下，只要规定初

始 $\tilde{U}_0$ 和 θ_0，就可以利用（13.2－3）式，得出进入器的轨道。此时可不考虑进入器的其他物理特性。这就是说，在给定的大气层中，进入器有相同的 $\dfrac{C_L}{C_D}$ 和 $\tilde{U}_0$、r_0，则不论进入器的质量和外形如何，都可得相同的 $\tilde{U}_0$、θ 和 η 之间的关系。只不过对不同的进入器，进入时的实际高度要用（13.2－5）式算出。

从（13.2－3）式还可得出进入段的几点共性：

1）进入器在进入段随高度下降而速度减小；

2）进入器的升阻比对进入段轨道影响大，升阻比大进入轨道更趋平缓，进入点（再入点）至理论着陆点（即 $h=10$ km 着陆系统工作点）的航程增长；

3）升阻比增大进入器减速下降，进入器的过载值和热流密度峰值均减小。

进入器在进入段气动加热，受进入器形状和周围气流特性影响很大。进入器驻点热流密度 q 与驻点区直径 d 的平方根成反比，即

$$q \propto \frac{1}{\sqrt{d}} \qquad (13.2-6)$$

如果驻点区的直径加大，热流密度将减小。因此，对于大 q 峰值的进入器都做成大钝头形和轴对称的旋转体，迎气流面是一个直径相当大的球面。

13.2.1.3　着陆段

进入器在高度 10 km 左右，进入着陆段，着陆方式有垂直着陆和水平着陆两种。弹道式进入器和弹道－升力式进入器采用降落伞加缓冲发动机的垂直着陆方案。升力式进入器采用带翼升力体结构，进入器具有足够的升力，可实现缓变下降在跑道上滑行的水平着陆的方案。

降落伞着陆是进入器再入后接近平衡速度后，用降落伞系统再可靠减速。进入器平衡速度指进入器受气动阻力 D 等于它所受重力 W 时的速度。如果气阻力为

$$D = \frac{\rho v^2 S C_D}{2} \qquad (13.2-7)$$

则平衡速度为

$$V_E = \sqrt{\frac{2W}{\rho S C_D}} \qquad (13.2-8)$$

式中　　ρ——大气密度；

　　　　S——进入器的参考面积。

13.2.2　航天器进入轨道的基础理论

对于弹道式和弹道—升力式的返回器的垂直返回地球方案设计，具有代表性，但从初步轨道设计的简明出发，对进入轨道的近似理论做了以下基本假定：

1）球对称假定，即返回天体为球形，大气密度是天体中心起点矢量 r 的函数，天体质量均匀。

2）将进入器看做质量为 m 的点质量飞行器。

3）进入器仅受空气动力 R 和天体引力 mg 的作用。

13.2.2.1　进入轨道的基本运动方程

如图 13.10 所示，进入轨道采用行星固连坐标系 $O_p X_1 Y_1 Z_1$，O_p 为行星中心，$O_p X_1$ 为指向行星零子午线，$O_p Y_1$ 在行星赤道面中垂直于 $O_p X_1$ 方向，$O_p Z_1$ 垂直于赤道面（行星旋转轴），角速度 ω 相对于行星惯性坐标轴而旋转。

由图 13.10 和 3 个假设，可写出返回行星进入器的运动方程为

$$m\frac{\tilde{\mathrm{d}}v}{\mathrm{d}t} = R + G - 2m\boldsymbol{\omega} \times v - m\boldsymbol{\omega} \times (\boldsymbol{\omega} \times r) \qquad (13.2-9)$$

式中　　m——进入器质量；

　　　　v——进入器相对于坐标系 $O_p X_1 Y_1 Z_1$ 的速度矢量；

　　　　$\dfrac{\tilde{\mathrm{d}}}{\mathrm{d}t}$——相对于坐标系 $O_p X_1 Y_1 Z_1$ 的定位微商；

　　　　R——作用在进入器上的空气动力主矢量；

　　　　G——作用在进入器上的行星引力矢量；

　　　　r——进入器的位置矢量（即由行星中心 O_p 至航天器质心的矢量）。

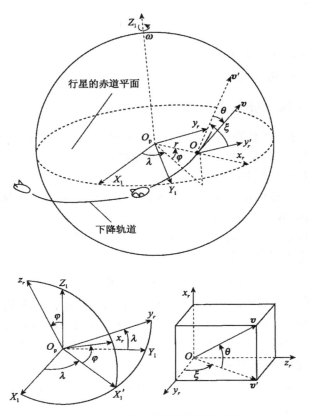

图 13.10 返回行星轨道用坐标系

下面用各矢量（r、ω、v、G、R）在旋转坐标系 $O_p x_r y_r z_r$ 中的分量来表示(13.2－9)式：坐标系 $O_p x_r y_r z_r$ 的 $O_p x_r$ 轴为矢径 r 的方向；$O_p y_r$ 为行星赤道平面内，正向指进入器运动方向，并垂直于 $O_p x_r$；$O_p z_r$ 符合右手定则。

如图 13.10 所示，坐标系 $O_p x_r y_r z_r$ 与坐标系 $O_p X_1 Y_1 Z_1$ 的关系角为经度角 λ（从 $O_p X_1$ 轴量起，在赤道平面内向东为正值）；φ 为纬度角（从赤道平面量起，沿行星子午线朝北为正）；$O_p y_r /\!/ Oy'_r$。

θ 为进入器飞行路径角，为当地水平面（通过进入器 O 并与 r 垂

直的平面 $O y_r z_r$）与进入器速度矢量 v 间的夹角，v 在水平平面上为正角；ξ 为速度方位角，为当地纬度平行线与 v 在当地投影间的夹角，并以 $O_p x_r$ 轴右手方向为正。令 x_r^0、y_r^0、z_r^0 为旋转坐标系 $O_p x_r y_r z_r$ 的 3 个坐标轴的单位矢量，由此可得 r 表示为

$$r = r x_r^0 \tag{13.2-10}$$

v 表示为

$$v = (v\sin\theta)x_r^0 + (v\cos\theta\cos\xi)y_r^0 + (v\cos\theta\sin\xi)z_r^0 \tag{13.2-11}$$

角速度 ω 可表示为

$$\omega = (\omega\sin\varphi)x_r^0 + (\omega\cos\varphi)z_r^0 \tag{13.2-12}$$

因此，（13.2－9）式中的 $\omega\times v$ 可表示为

$$\omega\times v = -(\omega v\cos\theta\cos\varphi\cos\xi)x_r^0 + \omega v(\sin\theta\cos\varphi - \cos\theta\sin\varphi\sin\xi)y_r^0 + (\omega v\cos\theta\sin\varphi\cos\xi)z_r^0 \tag{13.2-13}$$

$\omega\times(\omega\times r)$ 可表示为

$$\omega\times(\omega\times r) = -(\omega^2 r\cos^2\varphi)x_r^0 + (\omega^2 r\sin\varphi\cos\varphi)z_r^0 \tag{13.2-14}$$

行星引力 G 可表示为

$$G = mg = -mg(r)x_r^0 \tag{13.2-15}$$

空气动力 R 可表示为

$$R = L + D \tag{13.2-16}$$

式中　L——作用在进入器上的气动力升力；

　　　D——作用在进入器上的气动力阻力。

在平面（r 和 v 构成的平面，见图 13.11）中飞行时，升力 L 在 r 和 v 构成的铅垂平面中，此时无侧向力。如果在升力控制系统作用下，使 L 绕速度 v 旋转（即给一±γ 滚动角），则可得到一个 L 的侧向分量，会对返回轨道产生变化，升力与阻力平面将偏离铅垂平面产生一个 ζ 角，称为倾斜角 ζ，升力 L 可分解为在铅垂平面上并垂直于 v 的分量 L_{rp} 和垂直于铅垂平面的 L_h。令 Ox'_r，Oy'_r，Oz'_r 分别为进入器从位置 O 出发平行于旋转轴 $O_p x_r$，$O_p y_r$，$O_p z_r$ 的轴；令 Ox_3、Oy_3、Oz_3 分别是从点 O 出发，沿 L_{rp}、v 和 L_h 的方向，坐标系 $Ox_3 y_3 z_3$ 被称为第二速度坐标系。

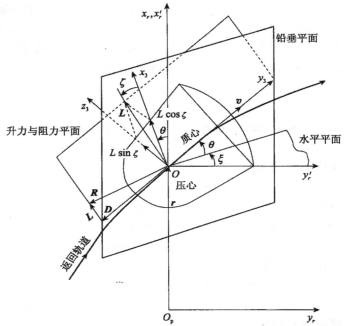

图 13.11　弹道—升力进入器产生的 L、D 和 L 的分量示意图

从图 13.10 可得 $Ox_3y_3z_3$ 与 $Ox'_ry'_rz'_r$ 两坐标间的转换式（即转换矩阵）

$$
\begin{bmatrix} x'_r \\ y'_r \\ z'_r \end{bmatrix} =
\begin{bmatrix} 1 & 0 & 0 \\ 0 & \cos\xi & -\sin\xi \\ 0 & \sin\xi & \cos\xi \end{bmatrix}
\begin{bmatrix} \cos\theta & \sin\theta & 0 \\ -\sin\theta & \cos\theta & 0 \\ 0 & 0 & 1 \end{bmatrix}
\begin{bmatrix} x_3 \\ y_3 \\ z_3 \end{bmatrix}
$$

$$(13.2-17)$$

即

$$
\begin{bmatrix} x'_r \\ y'_r \\ z'_r \end{bmatrix} =
\begin{bmatrix} \cos\theta & \sin\theta & 0 \\ -\sin\theta\cos\xi & \cos\theta\cos\xi & -\sin\xi \\ -\sin\theta\sin\xi & \cos\theta\sin\xi & \cos\xi \end{bmatrix}
\begin{bmatrix} x_3 \\ y_3 \\ z_3 \end{bmatrix}
$$

$$(13.2-18)$$

式中　ξ——$Ox_3y_3z_3$ 由 $Ox'_ry'_rz'_r$ 在水平面内的旋转角；

　　　θ——转完 ξ 后，又在铅垂平面内旋转的角度。

从图 13.11 可见，升力 L 在 $Ox_3y_3z_3$ 中的分量为 $x_3=L\cos\zeta$，$y_3=0$，$z_3=L\sin\zeta$。因此，升力 L 在坐标系 $Ox'_ry'_rz'_r$ 中的分量，与在旋转坐标系中的分量相同，即

$$L=(L\cos\zeta\cos\theta)x_r^0-(L\cos\zeta\sin\theta\cos\xi+L\sin\zeta\sin\xi)y_r^0-$$
$$(L\cos\zeta\sin\theta\sin\xi-L\sin\zeta\cos\xi)z_r^0 \qquad (13.2-19)$$

由于阻力 D 沿 v 的反方向，可参照（13.2—11）式写出

$$D=(-D\sin\theta)x_r^0+(-D\cos\theta\cos\xi)y_r^0+(-D\cos\theta\sin\xi)z_r^0$$
$$(13.2-20)$$

以上，导出了（13.2—9）式在 $O_px_ry_rz_r$ 旋转坐标系的表示式。下面要求矢量 r 和 v 在行星固连坐标系 $O_px_1y_1z_1$ 的时间导数，并先要求出旋转轴的旋转角速度矢量。将 $O_px_1y_1z_1$ 绕 O_pz_1 轴（正向）旋转角 λ，再绕 O_pY_1 轴旋转角度 φ，则得到 $O_px_ry_rz_r$（旋转坐标系）中的角速度 $\boldsymbol{\Omega}$ 为

$$\boldsymbol{\Omega}=\left(\sin\varphi\frac{d\lambda}{dt}\right)x_r^0-\left(\frac{d\varphi}{dt}\right)y_r^0+\left(\cos\varphi\frac{d\lambda}{dt}\right)z_r^0$$
$$(13.2-21)$$

根据相对的角运动泊松公式，则有

$$\begin{cases}\dfrac{dx_r^0}{dt}=\boldsymbol{\Omega}\times x_r^0=\left(\cos\varphi\dfrac{d\lambda}{dt}\right)y_r^0+\left(\dfrac{d\varphi}{dt}\right)z_r^0\\[2mm]\dfrac{dy_r^0}{dt}=\boldsymbol{\Omega}\times y_r^0=-\left(\cos\varphi\dfrac{d\lambda}{dt}\right)x_r^0+\left(\sin\varphi\dfrac{d\lambda}{dt}\right)z_r^0\\[2mm]\dfrac{dz_r^0}{dt}=\boldsymbol{\Omega}\times z_r^0=-\left(\dfrac{d\varphi}{dt}\right)x_r^0-\left(\sin\varphi\dfrac{d\lambda}{dt}\right)y_r^0\end{cases}$$
$$(13.2-22)$$

利用（13.2—22）式中第一式，并将（13.2—10）式的 r 对时间求导数，可得

$$\frac{dr}{dt}=\left(\frac{dr}{dt}\right)x_r^0+\left(r\cos\varphi\frac{d\lambda}{dt}\right)y_r^0+\left(r\frac{d\varphi}{dt}\right)z_r^0 \qquad (13.2-23)$$

由于（13.2－23）式与（13.2－11）式一致，所以可得出 3 个标量式

$$\begin{cases} \dfrac{\mathrm{d}r}{\mathrm{d}t} = v\sin\theta \\[2mm] \dfrac{\mathrm{d}\lambda}{\mathrm{d}t} = \dfrac{v\cos\theta\cos\xi}{r\cos\varphi} \\[2mm] \dfrac{\mathrm{d}\varphi}{\mathrm{d}t} = \dfrac{v\cos\theta\sin\xi}{r} \end{cases} \qquad (13.2-24)$$

（13.2－24）式则为运动学方程。

如果用（13.2－11）式的速度矢量 v 对时间求导数，同时用式（13.2－22）的单位矢量 x_r^0、y_r^0、z_r^0 的导数，然后再用（13.2－24）式的 $\dfrac{\mathrm{d}\lambda}{\mathrm{d}t}$ 和 $\dfrac{\mathrm{d}\varphi}{\mathrm{d}t}$ 式，可得到 $\dfrac{\mathrm{d}v}{\mathrm{d}t}$ 在 $O_p x_r y_r z_r$ 坐标系 3 个轴上的投影式；再利用（13.2－9）式、（13.2－13）式、（13.2－14）式、（13.2－15）式、（13.2－16）式、（13.2－19）式、（13.2－20）式，可得 3 个标量式，则可解出 $\dfrac{\mathrm{d}v}{\mathrm{d}t}$，$\dfrac{\mathrm{d}\theta}{\mathrm{d}t}$，$\dfrac{\mathrm{d}\xi}{\mathrm{d}t}$ 而得到 3 个标量式，即

$$\begin{cases} \dfrac{\mathrm{d}v}{\mathrm{d}t} = -\dfrac{1}{m}D - g\sin\theta + \omega^2 r\cos\varphi(\sin\theta\cos\varphi - \cos\theta\sin\varphi\sin\xi) \\[3mm] v\dfrac{\mathrm{d}\theta}{\mathrm{d}t} = \dfrac{1}{m}L\cos\zeta - g\cos\theta + \dfrac{v^2}{r}\cos\theta + 2\omega v\cos\varphi\cos\xi + \\[2mm] \qquad \omega^2 r\cos\varphi(\cos\theta\cos\varphi + \sin\theta\sin\varphi\sin\xi) \\[3mm] v\dfrac{\mathrm{d}\xi}{\mathrm{d}t} = \dfrac{1}{m}\cdot\dfrac{L\cos\zeta}{\cos\theta} - \dfrac{v^2}{r}\cos\theta\cos\xi\tan\varphi + \\[2mm] \qquad 2\omega v(\tan\theta\cos\varphi\sin\xi - \sin\varphi) - \dfrac{\omega^2 r}{\cos\theta}\sin\varphi\cos\varphi\cos\xi \end{cases}$$

$$(13.2-25)$$

（13.2－25）式称为动力学方程。该方程式由于行星自转而含 ω 项，如果大气与行星有相同旋转角速度，可视大气对行星相对静止，（13.2－25）式中 ω 很小，$\omega^2 r$ 项可略不计；而称作哥氏加速度的 $2\omega v$ 项在高速、长航程飞行中有重大影响。对于精确的分析计算，该项应保留。但这里仅研究高减速进入段的进入器速度与高度的变化，因此哥氏加速度影响也可不计，即可把大气和行星看成是不旋

转的（$\omega=0$），则（13.2－25）式可简化为

$$
\begin{cases}
\dfrac{\mathrm{d}v}{\mathrm{d}t}=-\dfrac{D}{m}-g\sin\theta \\[2mm]
v\,\dfrac{\mathrm{d}\theta}{\mathrm{d}t}=\dfrac{L\cos\zeta}{m}-g\cos\theta+\dfrac{v^2}{r}\cos\theta \\[2mm]
v\,\dfrac{\mathrm{d}\xi}{\mathrm{d}t}=\dfrac{L\sin\zeta}{m\cos\theta}-\dfrac{v^2}{r}\cos\theta\cos\xi\tan\varphi
\end{cases}
\qquad (13.2-26)
$$

13.2.2.2　进入行星大气的一般方程

进入行星大气的经典理论包括：

1）行星进入轨道的基本方程；

2）一阶行星进入解的分析；

3）罗赫（Loh）的进入轨道的二阶理论；

4）进入行星大气的雅罗谢夫斯基（Ярощевский）理论和查普曼（Chapman）理论等。

这些理论（除基本方程外）分别引入了便于运动方程积分的某些假定，推导出进入大气的各种近似解，这对初步设计十分方便。

由三维进入轨道的普通方程得出三维运动的进入轨道运动方程的过程如下。

从（13.2－24）式和（13.2－26）式可得到进入行星大气层有升力进入器的无推力运动方程

$$
\begin{cases}
\dfrac{\mathrm{d}r}{\mathrm{d}t}=v\sin\theta \\[2mm]
\dfrac{\mathrm{d}\lambda}{\mathrm{d}t}=\dfrac{v\cos\theta\cos\xi}{r\cos\varphi} \\[2mm]
\dfrac{\mathrm{d}\varphi}{\mathrm{d}t}=\dfrac{v\cos\theta\sin\xi}{r} \\[2mm]
\dfrac{\mathrm{d}v}{\mathrm{d}t}=-\dfrac{\rho SC_D v^2}{2m}-g\sin\theta \\[2mm]
v\,\dfrac{\mathrm{d}\theta}{\mathrm{d}t}=\dfrac{\rho SC_L v^2}{2m}\cos\zeta-\left(g-\dfrac{v^2}{r}\right)\cos\theta \\[2mm]
v\,\dfrac{\mathrm{d}\xi}{\mathrm{d}t}=\dfrac{\rho SC_L v^2}{2m\cos\theta}\sin\zeta-\dfrac{v^2}{r}\cos\theta\cos\xi\tan\varphi
\end{cases}
\qquad (13.2-27)
$$

式中　C_L——升力系数；

　　　C_D——阻力系数；

g——行星引力场作用产生的加速度 $g(r)$，是矢量距离 r 的函

数，$g(r) = \dfrac{\mu_m}{r^2}$；

μ_m——地球引力常数；

ρ——大气密度是高度的函数，可表示为微分形式 $\dfrac{\mathrm{d}\rho}{\rho} = -\varepsilon \mathrm{d}r$；

$\dfrac{1}{\varepsilon}$——比例高度，任意行星的大气都是矢量距离 r 的函数。

这里引入两个无量纲变量 $\tilde{u}$ 和 $\tilde{z}$，定义为

$$\begin{cases} \tilde{u} = \dfrac{v\cos\theta}{\sqrt{gr}} \\[2mm] \tilde{z} = \dfrac{\rho S C_D}{2m}\sqrt{\dfrac{r}{\varepsilon}}\,\tilde{u} \end{cases} \qquad (13.2-28)$$

对 $\tilde{u}$ 和 $\tilde{z}$ 进行修改后的变量 u 和 Z，使用更方便，即

$$\begin{cases} u = \dfrac{v^2\cos^2\theta}{gr} \\[2mm] Z = \dfrac{\rho S C_D}{2m}\sqrt{\dfrac{r}{\varepsilon}} \end{cases} \qquad (13.2-29)$$

查普曼用 $\tilde{u}$ 作自变量，但使用无量纲变量 S 作自变量更方便

$$S = \int_0^t \dfrac{v}{t}\cos\theta \mathrm{d}t \qquad (13.2-30)$$

最后可求得三维运动的进入轨道的运动方程为

$$\begin{cases} \dfrac{\mathrm{d}z}{\mathrm{d}S} = -\varepsilon r Z \tan\theta \\[2mm] \dfrac{\mathrm{d}u}{\mathrm{d}S} = -\dfrac{2\sqrt{\varepsilon r}\,Zu}{\cos\theta}\left(1 - v\tan\theta + \dfrac{\sin\theta}{2\sqrt{\varepsilon r}\,Z}\right) \\[2mm] \dfrac{\mathrm{d}\theta}{\mathrm{d}S} = \dfrac{\sqrt{\varepsilon r}\,Z}{\cos\theta}\left[v + \dfrac{\cos\theta}{\sqrt{\varepsilon r}\,Z}\left(1 - \dfrac{\cos^2\theta}{u}\right)\right] \\[2mm] \dfrac{\mathrm{d}\lambda}{\mathrm{d}S} = \dfrac{\cos\xi}{\cos\varphi} \\[2mm] \dfrac{\mathrm{d}\varphi}{\mathrm{d}S} = \sin\xi \\[2mm] \dfrac{\mathrm{d}\xi}{\mathrm{d}S} = \dfrac{\sqrt{\varepsilon r}\,Z}{\cos^2\theta}\left(\tau - \dfrac{\cos^2\theta\cos\xi\tan\varphi}{\sqrt{\varepsilon r}\,Z}\right) \end{cases} \qquad (13.2-31)$$

式中　$v = \dfrac{C_L}{C_D} \cos \zeta$；

$\tau = \dfrac{C_L}{C_D} \sin \zeta$。

（13.2—31）式为查普曼方程的普遍形式，被视为进入器进入行星大气层的精确方程，不受进入器质量、尺寸和形状的约束，大气特性以参数 εr 形式引入。一旦 εr 被指定，任何升阻比 $\dfrac{C_L}{C_D} =$ 常数和倾斜角 ζ 以及具有被指定的一套初始条件，普遍函数 Z 能被求出。因此，（13.2—31）式称为三维运动的进入轨道运动的普遍方程。这意味着该方程对于分析任何进入器的运动、减速度和热的普遍函数 Z，对于一个牛顿引力场中受到空气力作用的进入器的飞行来说，它们是精确方程。

13.3　弹道式再入航天器的返回轨道设计

弹道式再入航天器有两种：

1）有升力而不加以控制的弹道式航天器，用于返回式卫星；

2）无升力（升力为零）的弹道式航天器，用于美苏第一代飞船。

这两种航天器的再入返回轨道设计有所不同，本节主要介绍有升力而不加以控制的弹道式航天器的轨道设计。

13.3.1　不控升力的弹道式返回器轨道设计

13.3.1.1　返回器的飞行动力学特性

这里介绍的返回器具有以下特性：

1）一般不载人，允许较高过载（允许过载峰值 $20g$）；

2）对返回器着陆精度要求低（100 km 左右）；

3）不控制升力，设计简化、研制费低（轨道、姿态都不控）；

4）用返回器自身的稳定性保持头部朝前。

同时，要求返回舱在大气层中飞行时应具有以下特性：

　　1）返回器必须是静稳定的，具有足够的静稳定度（外形、结构、配重）；使压心在质心之后。稳定度为 $\dfrac{\text{压心与质心距}}{\text{返回舱总长}} \geqslant 5\%$，即可达到返回器尽快恢复头部朝前的姿态（有利于防热和开伞）；

　　2）返回器必须是动稳定的，当返回器的特征参数（升力系数对攻角的偏导数 $\dfrac{\partial C_L}{\partial \alpha}$、阻力系数 C_D、攻角变化率引起的阻力矩系数 $C_{\max}$、返回器绕横轴旋转引起的阻尼力矩系数 C_{mdz1} 等）满足一定条件时，返回器是动稳定的。

　　现在举两种返回器（旋转体）外形结构（如图 13.12 所示）来看其稳定性：

　　1）图 13.12(a)示出"小头朝前的球头→截锥→球尾体"的运动是动稳定的。

　　2）图 13.12(b)示出"大头朝前的球头→倒截锥→球尾体"的运动是动不稳定的，要使其运动稳定，必须加姿态控制。但大头朝前，空气阻力大、减速作用好，利于着陆安全。

　　3）这种返回器不具有倒向稳定性。

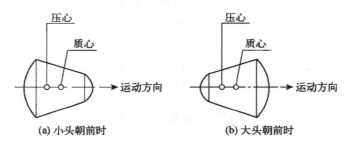

图 13.12　弹道式再入器外形结构与稳定性的关系示意图

13.3.1.2　制动参数的选择

　　从图 13.13 可见，制动参数具有以下特点：

　　1）制动速度 Δv 取决于制动发动机的总冲；

　　2）制动角 φ_z 是发动机推力方向与水平方向的夹角；

　　3）对于固定质量的返回器和固定运行轨道而言，当 φ_z 变化，航

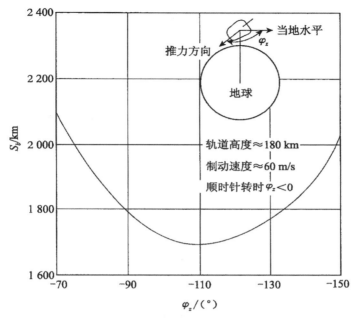

图 13.13　典型的返回器航程 S_b 随制动角 φ_z 的变化曲线

程 S_b 也变化，当 $\varphi_z = -110°$ 时，S_b 最小，制动角 φ_z 产生偏差 $\Delta\varphi_z$ 所引起的航程 S_b 的偏差 ΔS_b 也最小，因此称 $\varphi_z = -110°$ 为在制动速度 Δv 下的最佳制动角或最小航程制动角；

　　4）按不同制动速度 Δv 下，计算出若干条 S_b—φ_z 曲线，则可取一条最佳制动角下，使返回器航程 S_b、落点散布 ΔS_b、再入过载 a_b，均满足条件的轨道。这条曲线（轨道）将作为选制动发动机总冲的依据。这条曲线的 φ_z 也将作为设计的制动角。

13.3.1.3　起旋转速的选择

　　为防止返回器的制动火箭推力偏斜干扰，在制动过程中必须采用自旋稳定，若不采用稳定姿态措施，制动时返回器的姿态偏差过大，将使返回器轨道偏差过大。用喷气装置使返回器绕其纵轴旋转，称为起旋。通过最大干扰量按偏差轨道理论可算出自旋角速度（大于 90 r/min，可抗干扰；小于 70 r/min 的角速度，抗干扰能力差）。

13.3.1.4　消旋转速的选择

在自旋中完成制动的返回器，在再入大气层之前，必须消旋，即将自旋角速度降至 10 r/min 左右。若不消旋，以高旋转角速度再入大气层，则攻角将衰减很慢。

例如，自旋角速度 94 r/min 的返回器，不消旋，降至 47 km 高时，总攻角 η 平均值为 45°左右，给防热设计带来大困难。若将自旋角消旋到 10 r/min，则在 47 km 高总攻角 η 只有 17°左右，为返回器截锥及球底的防热设计创造了有利条件。

消旋设计也不能使自旋角速度接近零，将引起气动力热的不均匀性。它只能在某一子午面附近，作长期角运动。

13.3.1.5　着陆区的选择

海上力量强的国家，一般选择海上回收。而内陆环境好的国家（如，宽广的平坦草场）选择陆地回收。前者如美国，后者如俄罗斯、中国。

13.3.1.6　航天器（返回器是航天器的一部分）运载火箭的选择

有机动变轨能力的返回式航天器，对运载火箭的入轨精度要求不高，因为航天器有能力调整返回圈星下点轨迹。而无机动能力的返回式航天器，则需运载火箭来保证入轨精度。保证初始周期和近地点高度，就能保证近地轨道航天器的返回轨道制动点的横向偏差（影响着陆点横向偏差）最小。着陆点纵向偏差用制动火箭发动机点火点位置的办法消除。

13.3.1.7　航天器偏差返回轨道设计

航天器偏差返回轨道是航天器在各种干扰因素作用下的返回轨道。这些干扰有：

1）初始飞行高度偏差；

2）初始角速度偏差；

3）制动火箭发动机推力偏斜；

4）航天器的惯性主轴偏差；

5）大气密度偏差；

6）空气动力系数偏差；

7）航天器消旋后的初始自旋角速度偏差；

8）风的偏差等。

设计者可通过轨道分析提出限制干扰的要求，通过改进设计使干扰因素量值降低，但干扰影响不能降为零，因干扰因素是随机变量。

计算偏差返回轨道的目的是给出返回过程各种随机干扰因素作用下，返回轨道参数随时间或高度变化的包络线（返回轨道上下变化的最大值连线和最小值连线），为返回器的气动加热、外压计算、返回器防热、回收系统分析等提供确实可靠数据。也为着陆点误差分析提供改进意见。

偏差返回轨道计算法有多种。最合理的方法是独立干扰量偏差法（σ 为干扰量均方差，3σ 为最大偏差），按各干扰因素对应物理量的期望值 $\pm 3\sigma$ 值，分别算出某一干扰因素作用下的轨道，称为干扰轨道；并按飞行高度或飞行时间分别对各干扰轨道参数（速度、过载等）取其偏差量（干扰轨道值与标准轨道值之差）的均方和，作为各轨道参数在给定高度或时间的最大偏差量。从而根据标准轨道确定各参数的偏差范围。现按飞行高度对偏差轨道计算的方法，用公式表示为

$$\Delta\omega_j = \sqrt{\sum_{i=1}^{n}(\omega_{ij} - \omega_{0j})^2} \qquad (13.3-1)$$

式中　i——第 i 条干扰轨道；

　　　j——高度节点，从 90 km 至 0 km，按每 5 km 的间隔取点；

　　　ω_{ij}——第 i 条干扰轨道在高度节点 j 的轨道参数 ω（总攻角 η、速度 v 等）的值；

　　　ω_{0j}——标准轨道（无干扰的轨道）在高度节点 j 的轨道参数 ω 的值；

　　　$\Delta\omega_j$——轨道参数 ω 在给定点 j 的最大偏差量。

研究各种干扰因素作用的偏差轨道时，干扰的取法要适当，随高度变化的干扰要仔细研究。例如大气密度随返回高度变化，取固

定偏差（如 15%）用于各高度不合适，要根据实测值得到的随机大气密度统计模型来建大气密度模式，用蒙特－卡洛法进行模拟计算，得到模拟计算结果。

根据偏差轨道计算和分析，可导出返回轨道的主要偏差因素。如航天器运行轨道周期的偏差主要影响着陆点横向偏差。若加以修正，就不是主要因素。又如制动发动机初始仰角和初始偏航角偏差 $1°\sim2°$ 时，着陆点精度影响大。

13.3.2 无升力的弹道式返回轨道设计原理

13.3.2.1 返回轨道设计要用的坐标系

为描述航天器在空间运动轨迹和瞬时姿态，必须确定各坐标系及其相关角，详见 QJ1028—86《航天产品常用坐标系规范》。

（1）地心赤道坐标系 $O_e XYZ$

如图 13.14(a)所示，该坐标系为惯性坐标系，O_e 为地球中心，$O_e X$ 为赤道平面内，由地心指向春分点；$O_e Z$ 为垂直赤道面从地心指北极；$O_e Y$ 按右手定则。

（2）地面坐标系 $O_0 xyz$

如图 13.14(b)所示，该坐标系为地面固连坐标系，O_0 为返回时刻航天器在地球表面的星下点（制动发动机点火时刻，返回器质心重力方向与地球椭球表面的交点）；$O_0 y$ 为点火时刻，质心与 O_0 连线；$O_0 x$ 为在返回轨道平面内与 $O_0 y$ 相垂直，并指向返回器的运动方向；$O_0 z$ 符合右手定则。

（3）返回器坐标系 $Ox_1 y_1 z_1$

如图 13.14（c）所示，原点 O 为返回器质心；Ox_1 为返回器几何纵轴，并指向头部；Oy_1 轴垂直于 Ox_1 并指向返回器上固定子午线Ⅲ；Oz_1 符合右手定则。

（4）第二返回器坐标系 $Ox_2 y_2 z_2$

如图 13.14（d）所示，O 为返回器质心；Ox_2 轴为返回器的几何纵轴，并指向头部；Oy_2 在地面坐标系的 $O_0 xy$ 平面内，并垂直于 Ox_2 轴，指向上方；Oz_2 符合右手定则。

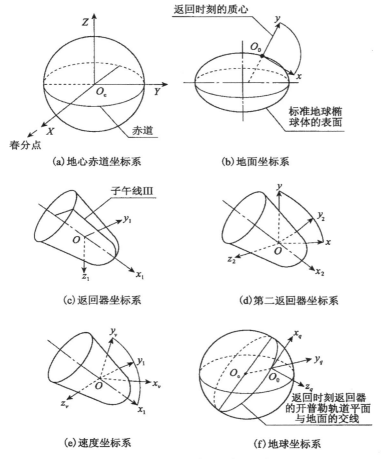

图 13.14　返回轨道设计常用坐标系

（5）速度坐标系 $Ox_vy_vz_v$

如图 13.14（e）所示，O 为返回器质心；Ox_v 轴为返回器质心相对于地面坐标系 O_0xyz 的速度 v 方向；Oy_v 轴在返回器的纵对称面 Ox_1y_1 内，且垂直于 Ox_1 轴（当 v 水平时，Oy_v 指向上方）；Oz_v 符合右手定则。

（6）地球坐标系 $O_0x_qy_qz_q$

　　如图 13.14（f）所示，O_0 与地面坐标系 O_0xyz 的原点定义相同；O_0y_q 为地球中心 O_e 与 O_0 连线；O_0x_q 在返回轨道面内，并与 O_0y_q 垂直；O_0z_q 符合右手定则。

13.3.2.2　两坐标系之间相关角的定义

　　（1）返回坐标系与地面坐标系间的相关角 φ、ψ、γ

　　$Ox_1y_1z_1$ 与 O_0xyz 两坐标系的关系角 φ、ψ、γ 的定义，如图 13.15 所示。

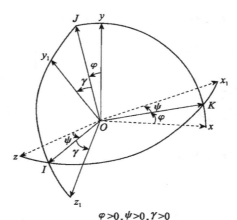

$$\varphi>0,\psi>0,\gamma>0$$

图 13.15　$Ox_1y_1z_1$ 与 O_0xyz 两坐标系的关系角 φ、ψ、γ 定义

图中　φ 为俯仰角（Oxy 平面绕 Oz 轴逆转 $+\varphi$ 角）；

　　　ψ 为偏航角（OKz 平面绕 OJ 轴逆转 $+\psi$ 角）；

　　　γ 为滚动角（OIJ 平面绕 Ox_1 轴逆转 $+\gamma$ 角）。

　　（2）返回器坐标系与速度坐标系间的关系角 α、β

　　$Ox_1y_1z_1$ 与 $Ox_vy_vz_v$ 间的关系角 α、β 的定义，如图 13.16 所示。

图中　α 为攻角（Ox_v 轴在 Ox_1y_1 平面的投影 OK_1 轴，与 Ox_1 轴的夹角 $+\alpha$）；

　　　β 为侧滑角（Ox_v 轴与 OK_1 轴的夹角 $+\beta$）。

　　（3）速度坐标系与地面坐标系间的关系角 θ、σ、γ_v

　　$Ox_vy_vz_v$ 与 O_0xyz 间的关系角 θ、σ、γ_v 的定义如图 13.17 所示。

图中　θ 为弹道倾角（Ox_v 轴在 Oxy 平面上投影 OQ 轴与 Ox 轴的夹

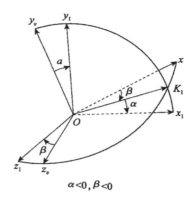

图 13.16　Ox_1y_1z 与 $Ox_vy_vz_v$ 间的关系角 α、β 定义

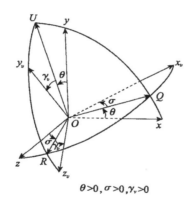

图 13.17　$Ox_vy_vz_v$ 与 O_0xyz 间关系角 θ、σ、γ_v 的定义

角 $+\theta$）；

σ 为弹道偏角（OQ 轴与 Ox_v 轴的夹角 $+\sigma$）；

γ_v 为倾侧角（OU 轴与 Oy_v 轴的夹角 $+\gamma_v$）。

（4）地面坐标系与地球坐标系间的关系角 A'、A、γ_p

O_0xyz 与 $O_ex_qy_qz_q$ 间关系角 A'、A、γ_p 的定义，如图 13.18 所示。

对图 13.18 首先要说明：地球坐标系 $O_ex_qy_qz_q$ 是按圆球模型定义的坐标系；地面坐标系 O_0xyz 是椭球模型（赤道半径大于极半径）定义的坐标系。所以，O_ey_q 重力方向轴通过地心，O_0y 重力方向轴

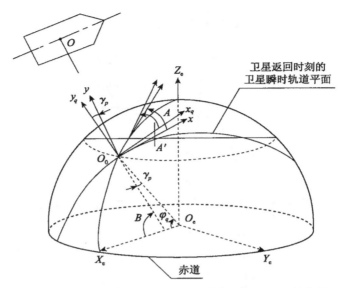

图 13.18　O_0xyz 与 $O_e x_q y_q z_q$ 间关系角 A'、A、γ_p 的定义

不通过地心，与赤道面的夹角分别为 φ_q 和 B（即地纬角或纬度）。因此，两个坐标系定义的方位角（航天器返回时刻地面投影 O_0，轨道地面投影方向 Ox_q（上）、Ox（下）；O_0 点所在经度正北指向也有上下之分）A 和 A' 也不一样：

A 为地面坐标系大地方位角（返回时刻星下点的子午面与 O_0x 轴的夹角）；

A' 为地球坐标系 O_0x_q 轴方位角（返回时刻星下点的子午面与 O_0x_q 轴的夹角）；

γ_p 为返回时刻星下点重力方向角（返回时用地面坐标系（椭球模型）的重力方向轴 O_0y 与该点地心连线 $O_e y_q$ 间的夹角）。

图 13.15～图 13.18 中关系角极性定义为：逆时针方向为正，顺时针方向为负。

13.3.2.3　同一矢量在两坐标系中分量之间的转换关系

（1）返回坐标系 $O_0x_1y_1z_1$ 与地面坐标系 O_0xyz 转换关系式

设同一矢量 C 的坐标系 O_0xyz 中 O_0x、O_0y、O_0z 轴上的分量分

别为 x、y、z，将坐标系 $Oxyz$ 经 3 次旋转，与坐标系 $Ox_1y_1z_1$ 重合（详见图 13.15）。

先转 φ，矢量 C 在坐标系 $Oxyz$ 分量 x、y、z 与坐标系 $Ox'y'$ 的分量 $x'y'z'$ 的关系为

$$\begin{bmatrix} x' \\ y' \\ z' \end{bmatrix} = \begin{bmatrix} \cos\varphi & \sin\varphi & 0 \\ -\sin\varphi & \cos\varphi & 0 \\ 0 & 0 & 1 \end{bmatrix} \begin{bmatrix} x \\ y \\ z \end{bmatrix} \quad (13.3-2)$$

再转 ψ，同样得

$$\begin{bmatrix} x'' \\ y'' \\ z'' \end{bmatrix} = \begin{bmatrix} \cos\psi & 0 & -\sin\psi \\ 0 & 1 & 0 \\ \sin\psi & 0 & \cos\psi \end{bmatrix} \begin{bmatrix} x' \\ y' \\ z' \end{bmatrix} \quad (13.3-3)$$

最后转 γ，可得

$$\begin{bmatrix} x_1 \\ y_1 \\ z_1 \end{bmatrix} = \begin{bmatrix} 1 & 0 & 0 \\ 0 & \cos\gamma & \sin\gamma \\ 0 & -\sin\gamma & \cos\gamma \end{bmatrix} \begin{bmatrix} x'' \\ y'' \\ z'' \end{bmatrix} \quad (13.3-4)$$

将 (13.3-2) 式代入 (13.3-3) 式，再将结果代入 (13.3-4) 式可得

$$\begin{bmatrix} x_1 \\ y_1 \\ z_1 \end{bmatrix} = \begin{bmatrix} 1 & 0 & 0 \\ 0 & \cos\gamma & \sin\gamma \\ 0 & -\sin\gamma & \cos\gamma \end{bmatrix} \begin{bmatrix} \cos\psi & 0 & -\sin\psi \\ 0 & 1 & 0 \\ \sin\psi & 0 & \cos\psi \end{bmatrix} \begin{bmatrix} \cos\varphi & \sin\varphi & 0 \\ -\sin\varphi & \cos\varphi & 0 \\ 0 & 0 & 1 \end{bmatrix} \begin{bmatrix} x \\ y \\ z \end{bmatrix}$$

$$(13.3-5)$$

将 (13.3-5) 式的矩阵乘积算出，得

$$\begin{bmatrix} x_1 \\ y_1 \\ z_1 \end{bmatrix} = \begin{bmatrix} \cos\varphi\cos\psi & \sin\varphi\cos\psi & -\sin\psi \\ \cos\varphi\sin\psi\sin\gamma - \sin\varphi\cos\gamma & \sin\varphi\sin\psi\sin\gamma + \cos\varphi\cos\gamma & \cos\psi\sin\gamma \\ \cos\varphi\sin\psi\cos\gamma + \sin\varphi\sin\gamma & \sin\varphi\sin\psi\cos\gamma - \cos\varphi\sin\gamma & \cos\psi\cos\gamma \end{bmatrix} \begin{bmatrix} x \\ y \\ z \end{bmatrix}$$

$$(13.3-6)$$

(13.3-6) 式就是同一矢量在两坐标系间转换关系式。

(2) 速度坐标系 $Ox_vy_vz_v$ 与返回器坐标系 $Ox_1y_1z_1$ 间的转换式

参见图 13.16，按前述（1）的转换法，转角两次：先转 β，后

转 α，可得关系式为

$$\begin{bmatrix} x_1 \\ y_1 \\ z_1 \end{bmatrix} = \begin{bmatrix} \cos\alpha\cos\beta & \sin\alpha & -\cos\alpha\sin\beta \\ -\sin\alpha\cos\beta & \cos\alpha & \sin\alpha\sin\beta \\ \sin\beta & 0 & \cos\beta \end{bmatrix} \begin{bmatrix} x_v \\ y_v \\ z_v \end{bmatrix}$$

$$(13.3-7)$$

（3）速度坐标系 $Ox_v y_v z_v$ 与地面坐标系 $O_e xyz$ 间的转换式

参见图 13.17，旋转 3 次两坐标系重合，可得转换式为

$$\begin{bmatrix} x \\ y \\ z \end{bmatrix} = \begin{bmatrix} \cos\theta\cos\sigma & \begin{array}{c}\cos\theta\sin\sigma\sin\gamma_v - \\ \sin\theta\cos\gamma_v\end{array} & \begin{array}{c}\cos\theta\sin\sigma\cos\gamma_v + \\ \sin\theta\sin\gamma_v\end{array} \\ \sin\theta\cos\sigma & \begin{array}{c}\sin\theta\sin\sigma\sin\gamma_v + \\ \cos\theta\cos\gamma_v\end{array} & \begin{array}{c}\sin\theta\sin\sigma\cos\gamma_v - \\ \cos\theta\sin\gamma_v\end{array} \\ -\sin\sigma & \cos\sigma\sin\gamma_v & \cos\sigma\cos\gamma_v \end{bmatrix} \begin{bmatrix} x_v \\ y_v \\ z_v \end{bmatrix}$$

$$(13.3-8)$$

（4）地球坐标系 $O_0 x_q y_q z_q$ 与地面坐标系 $O_0 xyz$ 间转换式

参见图 13.18，用同样的方法可得 A、A'、γ_p

$$\begin{bmatrix} x_q \\ y_q \\ z_q \end{bmatrix} = \begin{bmatrix} \begin{array}{c}\cos A\cos A'\cos\gamma_p + \\ \sin A\sin A'\end{array} & \cos A'\sin\gamma_p & \begin{array}{c}-\sin A\cos A'\cos\gamma_p + \\ \cos A\sin A'\end{array} \\ \cos A\sin\gamma_p & \cos\gamma_p & \sin A\sin\gamma_p \\ -\cos A\sin A'\cos\gamma_p & -\sin A'\sin\gamma_p & \begin{array}{c}\sin A\sin A'\cos\gamma_p + \\ \cos A\cos A'\end{array} \end{bmatrix} \begin{bmatrix} x \\ y \\ z \end{bmatrix}$$

$$(13.3-9)$$

13.3.2.4　坐标转换中两坐标系间各角度的关系

在 3 组角（θ，σ，γ_v；φ，ψ，γ；α，β）的 8 个角中，除轨道偏角 σ 和轨道倾角 θ 可由速度分量直接求出外，其余 6 个角中的每一个都可以表示为其余角度（最多 7 个角）函数的显表达式。

（1）θ 和 σ 的表达式

$$\begin{cases} \sin\theta = \dfrac{v_y}{\sqrt{v_x^2 + v_y^2}} \\ \cos\theta = \dfrac{v_x}{\sqrt{v_x^2 + v_y^2}} \end{cases} \qquad (-\pi < \theta \leqslant \pi) \qquad (13.3-10)$$

式中 v_x，v_y——速度 v 在 $Oxyz$ 坐标系中 Ox 轴、Oy 轴上的投影。

$$\sin \sigma = -\frac{v_z}{v} \qquad \left(-\frac{\pi}{2} \leqslant \sigma \leqslant \frac{\pi}{2}\right) \qquad (13.3-11)$$

式中 v_z——速度 v 在 $Oxyz$ 坐标系中 Oz 轴上的投影。

（2）φ 和 ψ 的表达式

$$\sin \psi = \cos \alpha \cos \beta \sin \sigma - \sin \alpha \cos \sigma \sin \gamma_v +$$
$$\cos \alpha \sin \beta \cos \sigma \cos \gamma_v \qquad \left(-\frac{\pi}{2} \leqslant \psi \leqslant \frac{\pi}{2}\right) \qquad (13.3-12)$$

$$\begin{cases} \sin \varphi = \dfrac{1}{\cos \psi} (\cos \alpha \cos \beta \sin \theta \cos \sigma + \sin \alpha \sin \theta \sin \sigma \sin \gamma_v + \\ \qquad \sin \alpha \cos \theta \cos \gamma_v - \cos \alpha \sin \beta \sin \theta \sin \sigma \cos \gamma_v + \\ \qquad \cos \alpha \sin \beta \cos \theta \sin \gamma_v) \\ \cos \varphi = \dfrac{1}{\cos \psi} (\cos \alpha \cos \beta \cos \theta \cos \sigma + \sin \alpha \cos \theta \sin \sigma \sin \gamma_v - \\ \qquad \sin \alpha \sin \theta \cos \gamma_v - \cos \alpha \sin \beta \cos \theta \sin \sigma \cos \gamma_v - \\ \qquad \cos \alpha \sin \beta \sin \theta \sin \gamma_v) \end{cases} \quad (-\pi < \varphi \leqslant \pi)$$

$$(13.3-13)$$

（3）γ 的表达式

$$\begin{cases} \sin \gamma = \dfrac{1}{\cos \psi} (\sin \sigma \sin \alpha \cos \beta + \cos \sigma \sin \gamma_v \cos \alpha + \\ \qquad \cos \sigma \cos \gamma_v \sin \alpha \sin \beta) \qquad (-\pi < \gamma < \pi) \\ \cos \gamma = \dfrac{1}{\cos \psi} (-\sin \sigma \sin \beta + \cos \sigma \cos \gamma_v \cos \beta) \end{cases}$$

$$(13.3-14)$$

（4）α，β，γ_v 的表达式

$$\begin{cases} \sin \alpha = \cos \psi \cos \gamma_v \sin (\varphi - \theta) + \cos \psi \sin \sigma \sin \gamma_v \cos (\varphi - \theta) - \\ \qquad \sin \psi \cos \sigma \sin \gamma_v \\ \cos \alpha = (\sin \psi \sin \gamma \cos \gamma_v - \cos \gamma \sin \sigma \sin \gamma_v) \sin (\varphi - \theta) + \\ \qquad (\sin \psi \sin \gamma \sin \sigma \sin \gamma_v + \cos \gamma \cos \gamma_v) \cos (\varphi - \theta) + \\ \qquad \cos \psi \sin \gamma \cos \sigma \sin \gamma_v \end{cases} \quad (-\pi < \alpha \leqslant \pi)$$

$$(13.3-15)$$

$$
\begin{cases}
\sin \beta = \sin \psi \cos \gamma \cos \sigma \cos (\varphi - \theta) + \sin \gamma \cos \sigma \sin (\varphi - \theta) - \\
\qquad \cos \psi \cos \gamma \sin \sigma \\
\cos \beta = (\sin \gamma \sin \sigma \cos \gamma_v - \sin \psi \cos \gamma \sin \gamma_v) \sin (\varphi - \theta) + \\
\qquad (\sin \psi \cos \gamma \sin \sigma \cos \gamma_v + \sin \gamma \sin \gamma_v) \cos (\varphi - \theta)
\end{cases}
$$

$$(-\pi < \beta \leqslant \pi)$$

$$(13.3-16)$$

$$
\tan \gamma_v = \frac{\sin \gamma \cos(\varphi - \theta) - \sin \psi \cos \gamma \sin(\varphi - \theta)}{\sin \psi \cos \gamma \sin \sigma \cos(\varphi - \theta) + \sin \gamma \sin \sigma \sin(\varphi - \theta) + \cos \psi \cos \gamma \cos \sigma}
$$

$$(-\pi < \gamma_v \leqslant \pi)$$

$$(13.3-17)$$

上述 θ, σ, γ_v; φ, ψ, γ; α, β 8 个角的显表达式，在返回轨道某条轨道计算中，只用 8 个显表达式中的某几个（详见以下各节）。

13.3.2.5　返回器在返回轨道运动中的作用力和力矩

（1）变质量物体力学的基本原理

返回器在离轨（离运行轨道）制动过程是一个变质量系统，不能直接用刚体力学的定理。但"刚体力学的经典定理"可证明"变质量系统的基本定理"。这里只给出变质量力学的基本定理结果。

①动量定理

变质量的返回器在返回地球的运动中，满足下列动量定理，即

$$\frac{\mathrm{d}\boldsymbol{Q}}{\mathrm{d}t} = \boldsymbol{F} + (-\boldsymbol{q}_r) + \left(-\frac{\delta \boldsymbol{Q}}{\mathrm{d}t}\right) + \boldsymbol{F}_{ic} \qquad (13.3-18)$$

式中　t——时间；

$\boldsymbol{Q}$——瞬时 t 被"固化"了的返回器相对于惯性坐标系的动量；

$\boldsymbol{F}$——瞬时 t 作用在返回器上的外力（不含发动机推力）；

$-\boldsymbol{q}_r$——返回器制动发动机喷出介质而产生的反作用力；

$-\dfrac{\delta \boldsymbol{Q}}{\mathrm{d}t}$——制动发动机喷出介质相对于返回器壳体运动的非正常性而产生的变体力；

$\boldsymbol{F}_{ic}$——内科氏惯性力主矢量。

②动量矩定理

变质量的返回器在返回地球的运动中，满足下列动量矩定理，即

$$\frac{\mathrm{d}L}{\mathrm{d}t} = M + (-L_r) + M_{ic} + \left(-\frac{\delta L_t}{\mathrm{d}t}\right) \qquad (13.3-19)$$

式中　L——瞬时 t 被固化了的返回器相对于惯性坐标系的动量对返回器质心 O 的动量矩；

M——瞬时 t 作用在被固化了的返回器上的所有外力（不含推力）对质心 O 的力矩；

$-L_r$——制动发动机喷出介质的反作用力对质心 O 的力矩；

M_{ic}——内科氏惯性力对质心 O 的力矩；

$-\dfrac{\delta L_t}{\mathrm{d}t}$——变体力对质心 O 的力矩。

（2）作用在返回器上的力

（13.3-18）式中，返回过程作用在返回器上的力可进一步具体化表示为

$$F = R + P_h + G \qquad (13.3-20)$$

式中　R——空气动力；

P_h——返回过程作用在返回器上的气体静压力之合力；

G——地球引力。

因此，（13.3-18）式可表示为

$$\frac{\mathrm{d}Q}{\mathrm{d}t} = (-q_r) + \left(-\frac{\delta Q}{\mathrm{d}t}\right) + P_h + R + G + F_{ic} \qquad (13.3-21)$$

由理论力学知，当 r 表示 O_e 至 O 的矢量（地球半径，矢径）时，有

$$\frac{\mathrm{d}Q}{\mathrm{d}t} = m\frac{\widetilde{\mathrm{d}^2 r}}{\mathrm{d}t^2} = m\frac{\widetilde{\mathrm{d}^2 r}}{\mathrm{d}t^2} + 2m\boldsymbol{\omega}\times\frac{\mathrm{d}r}{\mathrm{d}t} + m(\boldsymbol{\omega}\times\boldsymbol{\omega}\times r) + m\frac{\mathrm{d}\boldsymbol{\omega}}{\mathrm{d}t}\times r$$

$$(13.3-22)$$

式中　$\dfrac{\widetilde{\mathrm{d}}}{\mathrm{d}t}$——定位微商，即相对于地面坐标系的微商；

$\boldsymbol{\omega}$——地面坐标系相对于惯性坐标系的角速度，即地球自转角速度；

m——返回器的质量。

由（13.3－21）式和（13.3－22）式，并 $\dfrac{\mathrm{d}\tilde{\boldsymbol{\omega}}}{\mathrm{d}t}=0$，且忽略 $\boldsymbol{F}_{\mathrm{ic}}$，则有

$$m\frac{\mathrm{d}^2\tilde{\boldsymbol{r}}}{\mathrm{d}t^2} = \boldsymbol{P}+\boldsymbol{R}+\boldsymbol{G}+\boldsymbol{F}_{\mathrm{e}}+\boldsymbol{F}_{\mathrm{c0}} \qquad (13.3-23)$$

式中　$\boldsymbol{P}$——推力，$\boldsymbol{P}=-\boldsymbol{q}_r+\left(-\dfrac{\delta \boldsymbol{Q}}{\mathrm{d}t}\right)+\boldsymbol{P}_h$；

　　　　$\boldsymbol{F}_{\mathrm{e}}$——离心惯性力，$\boldsymbol{F}_{\mathrm{e}}=-m\boldsymbol{\omega}\times(\boldsymbol{\omega}\times\boldsymbol{r})$；

　　　　$\boldsymbol{F}_{\mathrm{c0}}$——科氏惯性力，$\boldsymbol{F}_{\mathrm{c0}}=-2m(\boldsymbol{\omega}\times\boldsymbol{v})$。

下面可求出作用在返回器上各种力，在地面坐标系 $Oxyz$ 中的分量表达式。

①推力 $\boldsymbol{P}$

推力 $\boldsymbol{P}$ 是指反作用力（$-\boldsymbol{q}_r$），变体力 $\left(-\dfrac{\delta \boldsymbol{Q}}{\mathrm{d}t}\right)$ 与返回器上大气静压力（$\boldsymbol{P}_h$）之和，即

$$\boldsymbol{P} = (-\boldsymbol{q}_r)+\left(-\frac{\delta \boldsymbol{Q}}{\mathrm{d}t}\right)+\boldsymbol{P}_h \qquad (13.3-24)$$

推力 $\boldsymbol{P}$ 可由制动发动机在地面试车试验中获得。

当推力 $\boldsymbol{P}$ 沿着 Ox_1 轴向时，$\boldsymbol{P}$ 可表示为

$$\boldsymbol{P} = P\boldsymbol{x}_1^0 \qquad (13.3-25)$$

P 可写作

$$P = P_0+(p_0-p)S_{\mathrm{ex}} \qquad (13.3-26)$$

式中　P_0——地面试车测得的发动机推力；

　　　　p_0——地面试车时的大气压力；

　　　　p——返回器飞行高度为 h 时处的大气压力；

　　　　S_{ex}——发动机喷口出口的截面积。

一般情况下，推力 $\boldsymbol{P}$ 不一定在 Ox_1 轴方向，此时 $\boldsymbol{P}$ 可写作在 Ox_1、Oy_1、Oz_1 轴上的分量形式，且它们是已知的，即

$$\boldsymbol{P} = P_{x_1}\boldsymbol{x}_1^0+P_{y_1}\boldsymbol{y}_1^0+P_{z_1}\boldsymbol{z}_1^0 \qquad (13.3-27)$$

式中　P_{x_1}——$\boldsymbol{P}$ 在 Ox_1 轴上的投影标量值；

P_{y_1}——P 在 Oy_1 轴上的投影标量值；

P_{z_1}——P 在 Oz_1 轴上的投影标量值；

x_1^0——Ox_1 轴上的单位矢量；

y_1^0——Oy_1 轴上的单位矢量；

z_1^0——Oz_1 轴上的单位矢量。

利用（13.3－6）式，可写出 P 在坐标系 O_0xyz 中各轴上的分量之和的形式，即

$$
\begin{aligned}
P = & P_{x_1}\big[(\cos\varphi\cos\psi)x^0 + (\sin\varphi\cos\psi)y^0 - (\sin\psi)z^0\big] + \\
& P_{y_1}\big[(\cos\varphi\sin\psi\sin\gamma - \sin\varphi\cos\gamma)x^0 + \\
& (\sin\varphi\sin\psi\sin\gamma + \cos\varphi\cos\gamma)y^0 + (\cos\psi\sin\gamma)z^0\big] + \\
& P_{z_1}\big[(\cos\varphi\sin\psi\cos\gamma + \sin\varphi\sin\gamma)x^0 + \\
& (\sin\varphi\sin\psi\cos\gamma - \cos\psi\sin\gamma)y^0 + (\cos\psi\cos\gamma)z^0\big]
\end{aligned}
$$

$$(13.3-28)$$

式中　x^0——O_0x 轴的单位矢量；

　　　y^0——O_0y 轴的单位矢量；

　　　z^0——O_0z 轴的单位矢量。

②空气动力 R

返回器在大气层中飞行，所受空气动力 R 的作用，可表示为气动法向力 N 与气动轴向力 A 之和，即

$$R = N + A \qquad (13.3-29)$$

N 和 A 在坐标系 $Ox_1y_1z_1$ 中的关系，如图 13.19 所示（图中的 α 和 β 按定义均为负值）。

总攻角 η 为 Ox_v 轴与 Ox_1 轴间的夹角。可表示为

$$\cos\eta = \frac{\overline{OB}}{\overline{OF}} = \frac{\overline{OB}}{\overline{OI}} \cdot \frac{\overline{OI}}{\overline{OF}} = \cos\alpha\cos\beta \qquad (13.3-30)$$

式中，η 取值范围定在区间 $[0, \pi]$ 之上。从图 13.19 可得

$$\cos\varphi_1 = \frac{\overline{IB}}{\overline{FB}} = \frac{\dfrac{\overline{IB}}{\overline{OI}}}{\dfrac{\overline{FB}}{\overline{OF}}\left(\dfrac{\overline{OI}}{\overline{OF}}\right)^{-1}} = \frac{-\sin\alpha}{\sin\eta\dfrac{1}{\cos\beta}} = \frac{\sin\alpha\cos\beta}{\sin\eta}$$

$$(13.3-31)$$

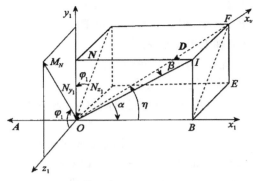

图 13.19　N 和 A 与坐标系 $Ox_1y_1z_1$ 间的关系

$$\sin \varphi_1 = \frac{\overline{IF}}{\overline{FB}} = \frac{\dfrac{\overline{IF}}{\overline{OF}}}{\dfrac{\overline{FB}}{\overline{OF}}} = -\frac{\sin \beta}{\sin \eta} \qquad (13.3-32)$$

所以有

$$
\begin{aligned}
\boldsymbol{N} &= N_{y_1} \boldsymbol{y}_1^0 + N_{z_1} \boldsymbol{z}_1^0 \\
&= -(N\cos \varphi_1)\boldsymbol{y}_1^0 + (N\sin \varphi_1)\boldsymbol{z}_1^0 \\
&= \frac{\sin \alpha \cos \beta}{\sin \eta} N\boldsymbol{y}_1^0 - \frac{\sin \beta}{\sin \eta} N\boldsymbol{z}_1^0
\end{aligned}
\qquad (13.3-33)
$$

式中　N——气动法向力 $\boldsymbol{N}$ 的模；

　　　N_{y_1}——气动法向力 $\boldsymbol{N}$ 在 Oy_1 轴上的投影；

　　　N_{z_1}——气动法向力 $\boldsymbol{N}$ 在 Oz_1 轴上的投影。

而

$$\boldsymbol{A} = -A\boldsymbol{x}_1^0 \qquad (13.3-34)$$

式中　A——气动轴向力 $\boldsymbol{A}$ 的模。

　　N 和 A 可表示为

$$
\begin{cases}
N = C_N qS \\
A = C_A qS
\end{cases}
\qquad (13.3-35)
$$

式中　C_N——气动法向力系数，$C_N \geqslant 0$；

　　　C_A——气动轴向力系数，$C_A \geqslant 0$；

q——动压，$q = \dfrac{1}{2}\rho v^2$（ρ 为大气密度，v 为返回器质心相对于坐标系 $O_0 xyz$ 的速度）；

S——参考面积。

由（13.3—29）式、（13.3—33）式和（13.3—6）式，可将 N 写成坐标系 $O_0 xyz$ 上各轴上的分量之和的形式，即

$$
\begin{aligned}
N &= \frac{\sin\alpha\cos\beta}{\sin\eta}C_N qS[(\cos\varphi\sin\psi\sin\gamma - \sin\varphi\cos\gamma)x^0 + \\
&\quad (\sin\varphi\sin\psi\sin\gamma + \cos\varphi\cos\gamma)y^0 + (\cos\psi\sin\gamma)z^0] \\
&= \frac{\sin\beta}{\sin\eta}C_N qS[(\cos\varphi\sin\psi\cos\gamma + \sin\varphi\sin\gamma)x^0 + \\
&\quad (\sin\varphi\sin\psi\cos\gamma - \cos\varphi\sin\gamma)y^0 + (\cos\psi\cos\gamma)z^0]
\end{aligned}
$$

$$(13.3-36)$$

用相同方法，由（13.3—34）式、（13.3—35）式和（13.3—6）式可得

$$
A = -C_A qS[(\cos\varphi\cos\psi)x^0 + (\sin\varphi\cos\psi)y^0 - (\sin\psi)z^0]
$$

$$(13.3-37)$$

用（13.3—29）式、（13.3—36）式和（13.3—37）式可写出空气动力 R 在坐标系 $Oxyz$ 中各坐标轴上分量的表达式，略。

③地球引力 G

只考虑地球取椭球模型，取地球扁率函数的一阶量，地球引力的势函数为

$$
U = \frac{\mu_m}{r} - \frac{\mu}{r^3}\left(\sin^2\varphi_e - \frac{1}{3}\right) \tag{13.3-38}
$$

式中　μ_m——地球引力常数；

μ——地球扁率常数；

φ_e——地心纬度；

r——地心 O_e 至返回器质心 O 的矢径 r 的模。

地球引力加速度为

$$
g = g'_r r^0 + g_{\varphi_e}\boldsymbol{\varphi}_e^0 \tag{13.3-39}
$$

式中　$g'_r = \dfrac{\partial U}{\partial r}$；

$$g_{\varphi_e} = \frac{\partial U}{r \partial \varphi_e}.$$

用 g_r，g_ω 分别表示 g 在矢径 r 负方向及地球自转角速度 ω 负方向的投影，则有

$$\boldsymbol{g} = -g_r \boldsymbol{r}^0 - g_\omega \boldsymbol{\omega}^0 \qquad (13.3-40)$$

将（13.3—39）式中的 $g_{\varphi_e} \boldsymbol{\varphi}_e^0$ 写成在 r 方向及 ω 方向两矢量之和的形式（见图 13.20），O_0 为返回器在地面的投影，则有

$$g_{\varphi_e} \boldsymbol{\varphi}_e^0 = \frac{g_{\varphi_e}}{\cos \varphi_e} \boldsymbol{\omega}^0 - \frac{g_{\varphi_e}}{\cos \varphi_e} \sin \varphi_e \boldsymbol{r}^0 \qquad (13.3-41)$$

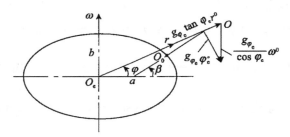

图 13.20 　$g_{\varphi_e} \boldsymbol{\varphi}_e^0$ 在 $-r$ 及 $-\omega$ 方向的投影

（O 为返回器质心，$O_0 O_e = R_0$，$O O_e = r$）

将（13.3—41）式代入（13.3—39）式，则有

$$\boldsymbol{g} = \left(g_r' - \frac{g_{\varphi_e}}{\cos \varphi_e} \sin \varphi_e \right) \boldsymbol{r}^0 + \frac{g_{\varphi_e}}{\cos \varphi_e} \boldsymbol{\omega}^0 \qquad (13.3-42)$$

将（13.3—40）式与（13.3—42）式比较，并利用（13.3—39）式及（13.3—38）式，则有

$$\begin{cases} g_r = \dfrac{\mu_m}{r^2} + \dfrac{\mu}{r^4}(1 - 3\sin^2 \varphi_e) \\[2mm] g_\omega = \dfrac{2\mu}{r^4} \sin \varphi_e \end{cases} \qquad (13.3-43)$$

因此，g 在地面坐标系 $O_0 xyz$ 中的各分量为

$$\boldsymbol{g} = \left(-\frac{x + R_{0x}}{r} g_r - \frac{\omega_x}{\omega} g_\omega \right) \boldsymbol{x}^0 + \left(-\frac{y + R_{0y}}{r} g_r - \frac{\omega_y}{\omega} g_\omega \right) \boldsymbol{y}^0 +$$

$$\left(-\frac{z + R_{0z}}{r} g_r - \frac{\omega_z}{\omega} g_\omega \right) \boldsymbol{z}^0 \qquad (13.3-44)$$

式中　R_{0x}，R_{0y}，R_{0z}——地心 O_e 至地面坐标系原点 O_0 的矢径 $\boldsymbol{R}_0$ 在坐标系 $O_0 xyz$ 的三轴 $O_0 x$、$O_0 y$、$O_0 z$ 上的投影；

　　　　ω_x，ω_y，ω_z——$\boldsymbol{\omega}$ 在坐标系 $O_0 xyz$ 的三轴 $O_0 x$、$O_0 y$、$O_0 z$ 上的投影。

$$G = mg \qquad (13.3-45)$$

④离心惯性力 $\boldsymbol{F}_e$ 和科氏惯性力 $\boldsymbol{F}_{c0}$

因地面坐标系固连于地球上，随地球自转，它不是惯性坐标系；因此，地面坐标系中描述返回器的运动时，必须考虑 $\boldsymbol{F}_{c0}$ 及 $\boldsymbol{F}_e$ 的影响。

地心 O_e 在地球坐标系中的坐标为 $O_e(0, -R_0, 0)$。由（13.3—9）式有

$$\boldsymbol{O}_0 \boldsymbol{O}_e = -R_0 \boldsymbol{y}_q^0 = R_0 \sin r_p \cos A \boldsymbol{x}^0 - R_0 \cos r_p \boldsymbol{y}^0 - R_0 \sin r_p \sin A \boldsymbol{z}^0$$
$$(13.3-46)$$

某一时刻，地心 O_e 至返回器质心 O 的矢量 $\boldsymbol{r}$ 为

$$\boldsymbol{r} = \boldsymbol{O}_e \boldsymbol{O} = \boldsymbol{O}_0 \boldsymbol{O} - \boldsymbol{O}_0 \boldsymbol{O}_e$$
$$= (x + R_{0x}) \boldsymbol{x}^0 - (y - R_{0y}) \boldsymbol{y}^0 + (z - R_{0z}) \boldsymbol{z}^0 \qquad (13.3-47)$$

由 R_{0x}、R_{0y}、R_{0z} 及 ω_x、ω_y、ω_z 的定义有

$$\begin{cases} R_{0x} = -R_0 \sin r_p \cos A \\ R_{0y} = R_0 \cos r_p \\ R_{0z} = R_0 \sin r_p \sin A \\ \omega_x = \omega \cos r_p \sin A \\ \omega_y = \omega \sin B \\ \omega_z = -\omega \cos B \sin A \end{cases} \qquad (13.3-48)$$

式中　B——返回器返回时刻星下点的大地纬度。

（13.3—48）式中的 R_0 可由（13.3—49）式求出，即

$$R_0 = \frac{ab}{\sin \varphi_{e0}} \sqrt{\frac{1}{a^2 + b^2 \cot \varphi_{e0}}} \qquad (13.3-49)$$

式中　a——地球标准椭球体的半长轴；

　　　　b——地球标准椭球体的半短轴；

　　　　φ_{e0}——返回时刻星下点的地心纬度。

由（13.3—49）式可求出 R_0，由（13.3—48）式可求出 ω_x、ω_y 和

ω_z，用（13.3—50）式求出 r

$$r = \sqrt{(x+R_{0x})^2 + (y+R_{0y})^2 + (z+R_{0z})^2} \qquad (13.3-50)$$

而（13.3—43）式中的 φ_e 即可用（13.3—51）式求出，即

$$\varphi_e = \arcsin\left(\frac{x\omega_x + y\omega_y + z\omega_z}{r\omega} + \frac{R_0 \sin\varphi_{e0}}{r}\right) \qquad (13.3-51)$$

离心惯性力为

$$\boldsymbol{F}_e = -m\boldsymbol{\omega} \times (\boldsymbol{\omega} \times \boldsymbol{r}) \qquad (13.3-52)$$

将（13.3—42）式及 $\boldsymbol{\omega} = \omega_x \boldsymbol{x}^0 + \omega_y \boldsymbol{y}^0 + \omega_z \boldsymbol{z}^0$ 代入（13.3—52）式，并化简，可得 $\boldsymbol{F}_e$ 在地面坐标系（$O_0 xyz$）中 3 个坐标轴的投影为

$$\begin{cases} F_{ex} = m[a_{11}(x+R_{0x}) + a_{12}(y+R_{0y}) + a_{13}(z+R_{0z})] \\ F_{ey} = m[a_{21}(x+R_{0x}) + a_{22}(y+R_{0y}) + a_{23}(z+R_{0z})] \\ F_{ez} = m[a_{31}(x+R_{0x}) + a_{32}(y+R_{0y}) + a_{33}(z+R_{0z})] \end{cases}$$
$$(13.3-53)$$

科氏惯性力为

$$\boldsymbol{F}_{\infty} = -2m(\boldsymbol{\omega} \times \boldsymbol{v}) \qquad (13.3-54)$$

$\boldsymbol{F}_{\infty}$ 在地面坐标系 $O_0 xyz$ 的 3 个坐标轴上的投影为

$$\begin{cases} F_{c\alpha x} = b_{12}v_y + b_{13}v_z \\ F_{coy} = b_{21}v_x + b_{23}v_z \\ F_{coz} = b_{31}v_x + b_{32}v_y \end{cases} \qquad (13.3-55)$$

在（13.3—53）式和（13.3—55）式中

$$\begin{cases} a_{11} = \omega^2 - \omega_x^2 \\ a_{12} = -\omega_x \omega_y \\ a_{13} = -\omega_z \omega_x \\ a_{21} = -\omega_x \omega_y \\ a_{22} = \omega^2 - \omega_y^2 \\ a_{23} = -\omega_y \omega_z \\ a_{31} = -\omega_z \omega_x \\ a_{32} = -\omega_y \omega_z \\ a_{33} = \omega^2 - \omega_z^2 \\ b_{12} = -b_{21} = 2\omega_z \\ b_{23} = -b_{32} = 2\omega_x \\ b_{31} = -b_{13} = 2\omega_y \end{cases} \qquad (13.3-56)$$

（3）作用在返回器上的力矩

从（13.3－19）式出发，作用在返回器上的力矩可进一步具体化：

1）发动机推力 $\boldsymbol{P}$ 的偏斜，会产生偏斜力矩 $\boldsymbol{M_P}$，即

$$\boldsymbol{M_P} = -\boldsymbol{L_r} - \frac{\delta \boldsymbol{L_r}}{\mathrm{d}t} \tag{13.3－57}$$

2）瞬时 t，作用在返回器上所有外力（不含发动机推力）对质心 O 的力矩（外力矩）为

$$\boldsymbol{M} = \boldsymbol{M_R} + \boldsymbol{M_d} \tag{13.3－58}$$

式中　$\boldsymbol{M_R}$——气动恢复力矩；

　　　$\boldsymbol{M_d}$——气动阻尼力矩。

3）忽略内科氏惯性力对质心 O 产生的力矩（内科氏惯性力矩）$\boldsymbol{M_{ic}}$。

这时，（13.3－19）式变为

$$\frac{\mathrm{d}\boldsymbol{L}}{\mathrm{d}t} = \boldsymbol{M_P} + \boldsymbol{M_R} + \boldsymbol{M_d} \tag{13.3－59}$$

①推力偏斜矩 $\boldsymbol{M_P}$

一般情况下，返回器的质心是在 Ox_1 轴上的（返回器坐标系 $Ox_1y_1z_1$），推力 $\boldsymbol{P}$ 却不在 Ox_1 轴方向，因此在推力 $\boldsymbol{P}$ 作用下就要产生绕某一个轴的力矩 $\boldsymbol{M_P}$，其值为

$$\boldsymbol{M_P} = P(l_0 - x_{cg})\sin \varepsilon_P \tag{13.3－60}$$

式中　l_0——由返回器头部端点至喷管喉部的距离；

　　　x_{cg}——返回器头部端点至质心的距离；

　　　ε_P——推力偏斜角（即推力 $\boldsymbol{P}$ 方向与 Ox_1 轴方向的夹角）。

②由气动力主矢量 $\boldsymbol{R}$ 引起的恢复力矩 $\boldsymbol{M_R}$

由图 13.19 可得

$$\begin{aligned}
\boldsymbol{M_R} &= N(x_{cp} - x_{cg})(\sin \varphi_1)\boldsymbol{y}_1^0 - N(x_{cp} - x_{cg})(\cos \varphi_1)\boldsymbol{z}_1^0 \\
&= -\frac{\sin \beta}{\sin \eta}N(x_{cp} - x_{cg})\boldsymbol{y}_1^0 - \frac{\sin \alpha \cos \beta}{\sin \eta}N(x_{cp} - x_{cg})\boldsymbol{z}_1^0
\end{aligned}$$

$$\tag{13.3－61}$$

式中　x_{cp}——返回器头部端点至压力中心的距离。

③气动阻尼力矩 $\boldsymbol{M}_d$

不控升力返回器的自旋纵轴，在再入大气层过程的攻角 α 及侧滑角 β 不为零时，就产生气动阻尼矩 $\boldsymbol{M}_d$，可写成

$$\boldsymbol{M}_d = C_{mdx_1}\, qSlx_1^0 + C_{mdy_1}\, qSly_1^0 + C_{mdz_1}\, qSlz_1^0 \qquad (13.3-62)$$

式中　　C_{mdx_1}——返回器滚转阻力矩系数，$C_{mdx_1} = K_{11}\dfrac{\omega_x l}{v}$；

　　　　C_{mdy_1}——返回器偏航阻尼力矩系数，$C_{mdy_1} = K_{22}\dfrac{\omega_{y_1} l}{v} +$

　　　　　　　$K_{22}\dfrac{\omega_{z_1} l}{v}$；

　　　　C_{mdz_1}——返回器俯仰阻尼力矩系数，$C_{mdz_1} = K_{32}\dfrac{\omega_{y_1} l}{v} +$

　　　　　　　$K_{33}\dfrac{\omega_{z_1} l}{v}$；

　　　　K_{11}，K_{22}，K_{23}，K_{32}，K_{33}——返回器再入外形、M_a、α、β

　　　　　　　　　　　　　　　　的函数；

　　　　l——参考长度；

　　　　ω_{x_1}，ω_{y_1}，ω_{z_1}——返回器对地面坐标系 $O_0 xyz$ 的旋转角速度

　　　　　　　　　　　　矢量 $\boldsymbol{\omega}_1$ 在返回器本体坐标系 $Ox_1 y_1 z_1$ 的三

　　　　　　　　　　　　轴 Ox_1，Oy_1，Oz_1 轴上的投影。

返回器上的干扰力矩，除 $\boldsymbol{M}_P$、$\boldsymbol{M}_R$、$\boldsymbol{M}_d$ 外，还可能有推力横移产生的力矩等，这里就不论述了。

13.3.2.6　弹道式返回器的运动方程

（1）返回器质心运动的精确力学方程

由（13.3—23）式可得

$$m\frac{\mathrm{d}v}{\mathrm{d}t} = \boldsymbol{P} + \boldsymbol{R} + \boldsymbol{G} + \boldsymbol{F}_e + \boldsymbol{F}_{co} \qquad (13.3-63)$$

式中　　v——返回器质心相对于地面坐标系 $O_0 xyz$ 的速度矢量；

　　　　$\dfrac{\mathrm{d}}{\mathrm{d}t}$——相对于地面坐标系 $O_0 xyz$ 的定位微商（$\dfrac{\mathrm{d}v}{\mathrm{d}t}$ 为 $O_0 xyz$ 坐

　　　　　　标系中的加速度矢量）。

将（13.3—28）式、（13.3—29）式、（13.3—36）式、（13.3—37）

式、(13.3—44) 式、(13.3—45) 式、(13.3—53) 式、(13.3—55) 式代
入 (13.3—63) 式，则可得返回器质心运动的精确动力学方程组，即

$$
\begin{cases}
\dfrac{\mathrm{d}v_x}{\mathrm{d}t} = \dfrac{1}{m}\Big\{ P_{x_1}\cos\varphi\cos\psi + P_{y_1}(\cos\varphi\sin\psi\sin\gamma - \sin\varphi\cos\gamma) + \\
\qquad P_{z_1}(\cos\varphi\sin\psi\cos\gamma + \sin\varphi\sin\gamma) + qS\Big[-C_A\cos\varphi\cos\psi + \\
\qquad \dfrac{\sin\alpha\cos\beta}{\sin\eta}C_N(\cos\varphi\sin\psi\sin\gamma - \sin\varphi\cos\gamma) - \\
\qquad \dfrac{\sin\beta}{\sin\eta}C_N(\cos\varphi\sin\psi\cos\gamma + \sin\varphi\sin\gamma) \Big] \Big\} - \dfrac{x+R_{0x}}{r}g_r - \\
\qquad \dfrac{\omega_x}{\omega}g_\omega + a_{11}(x+R_{0x}) + a_{12}(y+R_{0y}) + a_{13}(z+R_{0z}) + \\
\qquad b_{12}v_y + b_{13}v_z \\[2mm]
\dfrac{\mathrm{d}v_y}{\mathrm{d}t} = \dfrac{1}{m}\{ P_{x_1}\sin\varphi\cos\psi + P_{y_1}(\sin\varphi\sin\psi\sin\gamma + \cos\varphi\cos\gamma) + \\
\qquad P_{z_1}(\sin\varphi\sin\psi\cos\gamma - \cos\varphi\sin\gamma) + qS[-C_A\sin\varphi\cos\psi + \\
\qquad \dfrac{\sin\alpha\cos\beta}{\sin\eta}C_N(\sin\varphi\sin\psi\sin\gamma + \cos\varphi\cos\gamma) - \\
\qquad \dfrac{\sin\beta}{\sin\eta}C_N(\sin\varphi\sin\psi\cos\gamma - \cos\varphi\sin\gamma)] \} - \dfrac{y+R_{0y}}{r}g_r - \\
\qquad \dfrac{\omega_y}{\omega}g_\omega + a_{21}(x+R_{0x}) + a_{22}(y+R_{0y}) + a_{23}(z+R_{0z}) + \\
\qquad b_{21}v_x + b_{23}v_z \\[2mm]
\dfrac{\mathrm{d}v_z}{\mathrm{d}t} = \dfrac{1}{m}\{ -P_{x_1}\sin\psi + P_{y_1}\cos\psi\sin\gamma + P_{z_1}\cos\psi\cos\gamma + \\
\qquad qS\Big[C_A\sin\psi + \dfrac{\sin\alpha\cos\beta}{\sin\eta}C_N\cos\psi\sin\gamma - \dfrac{\sin\beta}{\sin\eta}C_N\cos\psi\cos\gamma \Big] \} - \\
\qquad \dfrac{z+R_{0z}}{r}g_r - \dfrac{\omega_z}{\omega}g_\omega + a_{31}(x+R_{0x}) + a_{32}(y+R_{0y}) + \\
\qquad a_{33}(z+R_{0z}) + b_{31}v_x + b_{32}v_y
\end{cases}
$$

$$(13.3-64)$$

(2) 返回器质心运动的运动学方程

该组方程是求大地坐标系 O_0xyz 3 个坐标向的返回器速度 v_x、

v_y、v_z 分量为

$$\begin{cases} \dfrac{\mathrm{d}x}{\mathrm{d}t} = v_x \\[2mm] \dfrac{\mathrm{d}y}{\mathrm{d}t} = v_y \\[2mm] \dfrac{\mathrm{d}z}{\mathrm{d}t} = v_z \end{cases} \tag{13.3-65}$$

（3）返回器绕质心运动的动力学方程

$$\begin{cases} J_x \dfrac{\mathrm{d}\omega_{x1}}{\mathrm{d}t} + J_{xy}\left(\omega_{x_1}\omega_{z_1} - \dfrac{\mathrm{d}\omega_{y_1}}{\mathrm{d}t}\right) + J_{yz}(\omega_{x_1}^2 - \omega_{y_1}^2) - J_{zz}\left(\omega_{x_1}\omega_{y_1} - \dfrac{\mathrm{d}\omega_{z_1}}{\mathrm{d}t}\right) + \\[2mm] \quad (J_z - J_y)\omega_{y_1}\omega_{z_1} = M_{px_1} + K_{11}qSl^2 \dfrac{\omega_{x_1}}{v} \\[4mm] J_y \dfrac{\mathrm{d}\omega_{y_1}}{\mathrm{d}t} - J_{xy}\left(\omega_{y_1}\omega_{z_1} + \dfrac{\mathrm{d}\omega_{y_1}}{\mathrm{d}t}\right) + J_{yz}\left(\omega_{x_1}\omega_{y_1} - \dfrac{\mathrm{d}\omega_{z_1}}{\mathrm{d}t}\right) + J_{zz}(\omega_{x_1}^2 - \omega_{z_1}^2) + \\[2mm] \quad (J_z - J_x)\omega_{x_1}\omega_{z_1} = M_{py_1} - \dfrac{\sin\beta}{\sin\eta}C_N qS(x_{cp} - x_{cg}) + qSl^2 \dfrac{K_{22}\omega_{z_1} + K_{23}\omega_{z_1}}{v} \\[4mm] J_z \dfrac{\mathrm{d}\omega_{z_1}}{\mathrm{d}t} + J_{xy}(\omega_{y_1}^2 - \omega_{x_1}^2) - J_{yz}\left(\omega_{x_1}\omega_{z_1} + \dfrac{\mathrm{d}\omega_{y_1}}{\mathrm{d}t}\right) + J_{zz}\left(\omega_{y_1}\omega_{z_1} - \dfrac{\mathrm{d}\omega_{x_1}}{\mathrm{d}t}\right) + \\[2mm] \quad (J_y - J_x)\omega_{x_1}\omega_{y_1} = M_{pz_1} - \dfrac{\sin\alpha\cos\beta}{\sin\eta}C_N qS(x_{cp} - x_{cg}) + qSl^2 \dfrac{K_{32}\omega_{y_1} + K_{33}\omega_{z_1}}{v} \end{cases}$$

$$\tag{13.3-66}$$

式中　　J_x，J_y，J_z——返回器绕 Ox_1 轴、Oy_1 轴、Oz_1 轴的转动惯量；

$\quad\quad\omega_{x_1}$，ω_{y_1}，ω_{z_1}——$Ox_1y_1z_1$ 坐标相对 O_0xyz 转动角速度 $\boldsymbol{\omega}_1$ 在 Ox_1 轴、Oy_1 轴、Oz_1 轴上的投影分量；

$\quad\quad J_{xy}$，J_{yz}，J_{zz}——返回器对 x_1y_1 平面、y_1z_1 平面、x_1z_1 平面的惯量积；

$\quad\quad M_{px_1}$，M_{py_1}，M_{pz_1}——推力 $\boldsymbol{P}$ 的偏斜力矩 $\boldsymbol{M_P}$ 在 Ox_1 轴、Oy_1 轴、Oz_1 轴上投影分量。

（4）返回器绕质心运动的运动学方程

返回器绕质心运动的运动学方程为

$$\begin{cases} \dfrac{\mathrm{d}\varphi}{\mathrm{d}t} = \dfrac{1}{\cos\psi}\ (\omega_{y_1}\sin\gamma + \omega_{z_1}\cos\gamma) \\[3mm] \dfrac{\mathrm{d}\psi}{\mathrm{d}t} = \omega_{y_1}\cos\gamma - \omega_{z_1}\sin\gamma \\[3mm] \dfrac{\mathrm{d}\gamma}{\mathrm{d}t} = \omega_{z_1} + \tan\psi\ (\omega_{y_1}\sin\gamma + \omega_{z_1}\cos\gamma) \end{cases} \quad (13.3-67)$$

将 (13.3-64) 式～ (13.3-67) 式的 4 组微分方程联立，在给定初始条件下即可在计算机上以数值积分方式求解，得出精确的标准返回轨道；也可在考虑干扰因素下推出偏差返回轨道。

13.4　弹道-升力式再入返回器的返回轨道设计

弹道-升力式再入返回器的返回轨道分为以第一宇宙速度再入和第二宇宙速度再入两种情况，近地轨道返回属于前者，从月球直接返回到地球大气层属于后者。

13.4.1　弹道-升力式返回器的轨道动力学

13.4.1.1　返回器外形方案

目前，航天器的返回器的方案大体有大升阻比式、中升阻比式、小升阻比式、弹道式 4 种 (详见图 13.21)。可见，返回器的外形不一样，其升阻比就不同，返回着陆方式也就不同。球形 (东方号、上升号飞船)，无升阻比，过载大 ($9\sim10g_0$)，用弹道式返回轨道；钟截球形和锥截球形 (联盟号、联盟 T 号、联盟 TM 号、双子星座号等飞船)，小升阻比 ($0.2\sim0.5$)，过载较小 ($3\sim4g_0$)，采用滑动式垂直返回轨道；翼形 (航天飞机)，大升阻比 ($1.2\sim3$)，过载最小 ($1\sim1.5g_0$)，采用滑翔式水平着陆返回。

上节论述了弹道式再入返回器的轨道设计，对图 13.21 中的球形返回器肯定是采用弹道式再入轨道，而对小升阻比的截球形返回器则可采用弹道式再入轨道返回，也可采用弹道-升力式再入轨道返回，后者的返回轨道最突出的优点是过载可控制在 $4g_0$ 以下，返回着陆精度较高，过载和落点都可以用升力控制来实现理想的结果。这是本节论述的核心内容。

返回型　参数	弹道式		小升阻比式		中升阻比式	大升阻比式
形状	球形 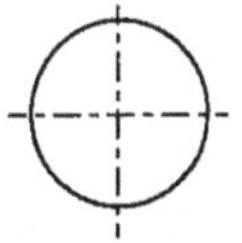	截球形 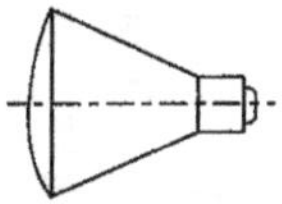	钟截球形 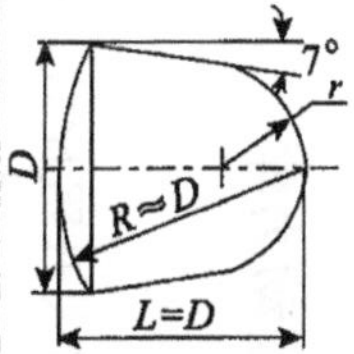	锥截球形 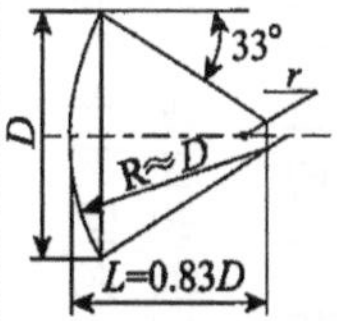	有升力壳体 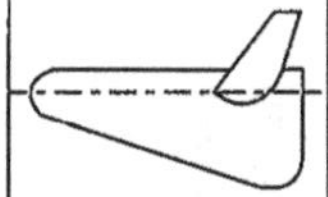	翼形
用于何处	东方号 上升号	水星号	联盟号、天顶号 联盟 TM 号	双子星座号 阿波罗号	(未实用)	航天飞机(美国)
高超声速时的升阻比	0	0	0.2~0.5	0.2~0.5	0.7~1.2	1.2~3
亚声速时的升阻比	0	0	0.2~0.5	0.2~0.5	0.8~3	3~5
大气返回时的过载	$9\sim10g_0$	$7.7\sim8g_0$	$3\sim4g_0$	$4\sim5g_0$	$2g_0$	$1\sim1.5g_0$
人造地球卫星轨道返回的方式	弹道式		滑动式		滑翔式	
着陆方式	垂直式		垂直式		垂直式或飞机式	飞机式

图 13.21　航天器的返回器方案

截球形返回器在空气中飞行时（详见图 13.22），由于质心 O 偏离纵轴一小段距离 δ，若质心在压心 O' 之前，返回器飞行在某一攻角之下（α 配平攻角），气动力 R 将分解成阻力 D 和升力 L。可表示为

$$R = L + D \qquad (13.4-1)$$

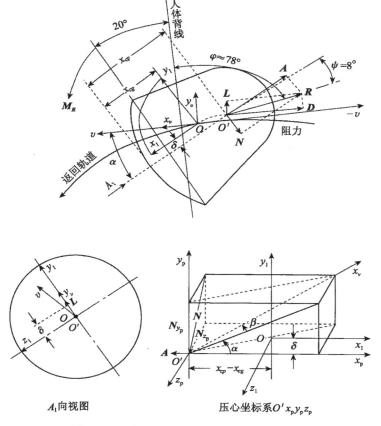

A_1 向视图　　　　　压心坐标系 $O'x_py_pz_p$

图 13.22　小升阻比截球形返回器在配平攻角
下的气动力示意图

对于压力中心坐标系 $O'x_p y_p z_p$，弹道－升力式返回器的空气动力 $\boldsymbol{R}$ 为气动轴向（A 轴）力 $\boldsymbol{A}$ 和气动法向力 $\boldsymbol{N}$ 之和

$$\boldsymbol{R} = \boldsymbol{A} + \boldsymbol{N} \qquad\qquad (13.4-2)$$

研究弹道－升力式返回器轨道要用到 6 种坐标系：

1）地面坐标系 $O_0 xyz$；

2）地球坐标系 $O_0 x_q y_q z_q$；

3）速度坐标系 $O x_v y_v z_v$；

4）返回器坐标系 $O x_1 y_1 z_1$；

5）第二返回器坐标系 $O x_2 y_2 z_2$；

6）压力中心坐标系 $O' x_p y_p z_p$。

这里常用到地面坐标系 $O_0 xyz$ 至第二返回器坐标系 $O x_2 y_2 z_2$ 的转换，其转换角有第二俯仰角 φ_2、第二偏航角 ψ_2、第二滚动角 γ_2，如图 13.23（a）所示。

还常用第二返回器坐标系 $O x_2 y_2 z_2$ 至压力中心坐标系 $O' x_p y_p z_p$ 的转换，其转换角为第二攻角 α_2、第二侧滑角 β_2，如图 13.23（b）所示。

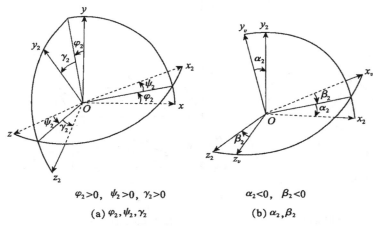

$$\varphi_2 > 0, \ \psi_2 > 0, \ \gamma_2 > 0 \qquad\qquad \alpha_2 < 0, \ \beta_2 < 0$$

$$\text{(a) } \varphi_2, \psi_2, \gamma_2 \qquad\qquad\qquad \text{(b) } \alpha_2, \beta_2$$

图 13.23　φ_2、ψ_2、γ_2、α_2、β_2 的转换角定义

很容易写出地面坐标系 $O_0 xyz$ 至第二返回坐标系 $O x_2 y_2 z_2$ 的转换式为

$$\begin{bmatrix} x_2 \\ y_2 \\ z_2 \end{bmatrix} = \mathbf{E} \begin{bmatrix} x \\ y \\ z \end{bmatrix} \tag{13.4-3}$$

$$\mathbf{E} = \begin{bmatrix} \cos\varphi_2 \cos\psi_2 & \sin\varphi_2 \cos\psi_2 & -\sin\psi_2 \\ \cos\varphi_2 \sin\psi_2 \sin\gamma_2 - \sin\varphi_2 \cos\gamma_2 & \sin\varphi_2 \sin\psi_2 \sin\gamma_2 + \cos\varphi_2 \cos\gamma_2 & \cos\psi_2 \sin\gamma_2 \\ \cos\varphi_2 \sin\psi_2 \cos\gamma_2 & \sin\varphi_2 \sin\psi_2 \cos\gamma_2 - \cos\varphi_2 \sin\gamma_2 & \cos\psi_2 \cos\gamma_2 \end{bmatrix}$$

$$\tag{13.4-4}$$

速度坐标系 $Ox_v y_v z_v$ 至第二返回坐标系 $Ox_2 y_2 z_2$ 的转换式为

$$\begin{bmatrix} x_2 \\ y_2 \\ z_2 \end{bmatrix} = \begin{bmatrix} \cos\alpha_2 \cos\beta_2 & \sin\alpha_2 & -\cos\alpha_2 \sin\beta_2 \\ -\sin\alpha_2 \cos\beta_2 & \cos\alpha_2 & \sin\alpha_2 \sin\beta_2 \\ \sin\beta_2 & 0 & \cos\beta_2 \end{bmatrix} \begin{bmatrix} x_v \\ y_v \\ z_v \end{bmatrix} \tag{13.4-5}$$

第二返回坐标系 $Ox_2 y_2 z_2$ 至返回坐标系 $Ox_1 y_1 z_1$ 或压力中心坐标系 $O'x_p y_p z_p$ 的转换式为

$$\begin{bmatrix} x_p \\ y_p \\ z_p \end{bmatrix} = \begin{bmatrix} x_1 \\ y_1 \\ z_1 \end{bmatrix} = \begin{bmatrix} \cos\alpha_n & \sin\alpha_n & 0 \\ -\sin\alpha_n & \cos\alpha_n & 0 \\ 0 & 0 & 1 \end{bmatrix} \begin{bmatrix} x_2 \\ y_2 \\ z_2 \end{bmatrix} \tag{13.4-6}$$

式中 α_2、β_2 与 α、β 的关系为

$$\begin{cases} \alpha_2 = \alpha - \alpha_n \\ \beta_2 = \beta \end{cases} \tag{13.4-7}$$

式中 α_n——Ox_2 轴与 Ox_1 轴间的夹角（自 Ox_2 轴量起，沿 Oz_1 轴负方向看去，逆时针时为正，顺时针时为负）。

13.4.1.2 作用在弹道—升力式返回器上的力和力矩

弹道—升力式返回器与不控升力的弹道式返回器受力和力矩基本相同，只是有了升力和升力矩。

这种情况下在（13.3-63）式右端的诸作用力中增加一项返回器喷气控制力 $\mathbf{F}_c$，在（13.3-59）式的右端力矩中增加一项返回器的喷气控制力矩 $\mathbf{M}_c$，并有

$$\mathbf{F}_c = F_{cx} \mathbf{x}^0 + F_{cy} \mathbf{y}^0 + F_{cz} \mathbf{z}^0 \tag{13.4-8}$$

$$M_c = M_{cx_2} x_2^0 + M_{cy_2} y_2^0 + M_{cz_2} z_2^0 \qquad (13.4-9)$$

式中　F_{cx}, F_{cy}, F_{cz}——F_c 在坐标系 $Oxyz$ 的 Ox 轴、Oy 轴、Oz 轴
上的投影；

　　　　M_{cx_2}, M_{cy_2}, M_{cz_2}——M_c 在坐标系 $Oxyz$ 的 Ox 轴、Oy 轴、
Oz 轴上的投影。

参考（13.3－33）式、（13.3－34）式和图 13.21 写出气动力和
气动力矩为

$$R = A + N$$

$$= -Ax_1^0 + \left(\frac{N\sin \alpha \cos \beta}{\sin \eta} \right) y_1^0 - \left(\frac{N\sin \beta}{\sin \eta} \right) z_1^0 \qquad (13.4-10)$$

将（13.4－6）式和（13.4－3）式代入（13.4－10）式得

$$R = \left[\left(-A\cos \alpha_n - N \frac{\sin \alpha \cos \beta \sin \alpha_n}{\sin \eta} \right) \cos \varphi_2 \cos \psi_2 + \right.$$

$$\left(-A\sin \alpha_n + N \frac{\sin \alpha \cos \beta \cos \alpha_n}{\sin \eta} \right) \cdot$$

$$(\cos \varphi_2 \sin \psi_2 \sin \gamma_2 - \sin \varphi_2 \cos \gamma_2) -$$

$$\left. N \frac{\sin \beta}{\sin \eta} (\cos \varphi_2 \sin \psi_2 \cos \gamma_2 + \sin \varphi_2 \sin \gamma_2) \right] x^0 +$$

$$\left[\left(-A\cos \alpha_n - N \frac{\sin \alpha \cos \beta \sin \alpha_n}{\sin \eta} \right) \sin \varphi_2 \cos \psi_2 + \right.$$

$$\left(-A\sin \alpha_n + N \frac{\sin \alpha \cos \beta \cos \alpha_n}{\sin \eta} \right) \cdot$$

$$(\sin \varphi_2 \sin \psi_2 \sin \gamma_2 + \cos \varphi_2 \cos \gamma_2) -$$

$$\left. N \frac{\sin \beta}{\sin \eta} (\sin \varphi_2 \sin \psi_2 \cos \gamma_2 - \cos \varphi_2 \sin \gamma_2) \right] y^0 +$$

$$\left[\left(A\cos \alpha_n + N \frac{\sin \alpha \cos \beta \sin \alpha_n}{\sin \eta} \right) \sin \psi_2 + \right.$$

$$\left(-A\sin \alpha_n + N \frac{\sin \alpha \cos \beta \cos \alpha_n}{\sin \eta} \right) \cdot$$

$$\left. \cos \varphi_2 \sin \gamma_2 - N \frac{\sin \beta}{\sin \eta} \cos \psi_2 \cos \gamma_2 \right] z^0 \qquad (13.4-11)$$

对弹道－升力式返回器，由于质心偏离轴线 δ，作用在压心 O'
的气动力 R 引起质心 O 的恢复力矩 M_R 将与 δ 有关，从图 13.22 可
见，轴向力 A 对 O 的力矩 M_A 为

$$M_A = -\delta A z_1^0 \qquad (13.4-12)$$

气动法向力 N 可以分解为

$$N = N_{y_p} y_p^0 + N_{z_p} z_p^0 \qquad (13.4-13)$$

式中　N_{y_p}——N 在 $O'y_p$ 轴上的投影；

　　　N_{z_p}——N 在 $O'z_p$ 轴上的投影。

N 对点 O 的力矩 M_N 为

$$\begin{aligned}
M_N &= -N_{y_p}(x_{cp}-x_{cg})z_1^0 + N_{z_p}(x_{cp}-x_{cg})y_1^0 - \delta N_{z_p}x_1^0 \\
&= -\frac{\sin\alpha\cos\beta}{\sin\eta}N(x_{cp}-x_{cg})z_1^0 - \frac{\sin\beta}{\sin\eta}N(x_{cp}-x_{cg})y_1^0 + \\
&\quad \delta\frac{\sin\beta}{\sin\eta}Nx_1^0 \qquad (13.4-14)
\end{aligned}$$

由 M_A 和 M_N 之和，可得作用在压心 O' 的气动力主矢量 R 对质心 O 的恢复力矩 M_R 为

$$M_R = M_A + M_N \qquad (13.4-15)$$

$$\begin{aligned}
M_R &= \delta\frac{\sin\beta}{\sin\eta}Nx_1^0 - \frac{\sin\beta}{\sin\eta}N(x_{cp}-x_{cg})y_1^0 + \\
&\quad \left[-\frac{\sin\alpha\cos\beta}{\sin\eta}N(x_{cp}-x_{cg})-A\delta\right]z_1^0 \qquad (13.4-16)
\end{aligned}$$

将 (13.4-6) 式代入 (13.4-16) 式得

$$\begin{aligned}
M_R &= N\frac{\sin\beta}{\sin\eta}\left[\delta\cos\alpha_n+(x_{cp}-x_{cg})\sin\alpha_n\right]x_2^0 + \\
&\quad N\frac{\sin\beta}{\sin\eta}\left[\delta\sin\alpha_n-(x_{cp}-x_{cg})\cos\alpha_n\right]y_2^0 + \\
&\quad \left[-N\frac{\sin\alpha\cos\beta}{\sin\eta}(x_{cp}-x_{cg})-A\delta\right]z_2^0 \qquad (13.4-17)
\end{aligned}$$

在再入过程中，一般攻角 α、侧滑角 β 不为零，气动阻尼力矩 M_d 为

$$M_d = C_{mdx_2}qSlx_2^0 + C_{mdy_2}qSly_2^0 + C_{mdz_2}qSlz_1^0 \qquad (13.4-18)$$

式中　$\begin{bmatrix} C_{mdx_2} \\ C_{mdy_2} \\ C_{mdz_2} \end{bmatrix} = \begin{bmatrix} L_{11} & L_{12} & L_{13} \\ L_{21} & L_{22} & L_{23} \\ L_{31} & L_{32} & L_{33} \end{bmatrix} \begin{bmatrix} \omega_{x_2}\dfrac{l}{v} \\[2mm] \omega_{y_2}\dfrac{l}{v} \\[2mm] \omega_{z_2}\dfrac{l}{v} \end{bmatrix}$;

$$L_{ij}(i, j=1, 2, 3)$$——返回器再入外形、M_d、α、β、α_n 和
质心偏置量 δ 的函数。

13.4.1.3　弹道一升力式返回器的运动方程

根据上述结果，（13.4－8）式、（13.4－9）式、（13.4－11）式、（13.4－17）式和（13.4－18）式，参考（13.3－64）式～（13.3－67）式，并假定作用在返回器上的推力 P 为零，则可得出弹道一升力式返回器的运动方程。

（1）返回器质心运动的动力学方程

返回器质心运动的动力学方程为

$$
\begin{cases}
\dfrac{\mathrm{d}v_x}{\mathrm{d}t}=\dfrac{1}{m}\left\{F_{cx}+qS\left[\left(-C_A\cos\alpha_n-C_N\dfrac{\sin\alpha\cos\beta\sin\alpha_n}{\sin\eta}\right)\cos\varphi_2\cos\psi_2+\right.\right.\\
\qquad\left(-C_A\cos\alpha_n+C_N\dfrac{\sin\alpha\cos\beta\cos\alpha_n}{\sin\eta}\right)(\cos\varphi_2\sin\psi_2\sin\gamma_2-\sin\varphi_2\cos\gamma_2)-\\
\qquad\left.\left.C_N\dfrac{\sin\beta}{\sin\eta}(\cos\varphi_2\sin\psi_2\cos\gamma_2+\cos\varphi_2\sin\gamma_2)\right]\right\}-\dfrac{x+R_{0x}}{\gamma}g_r-\dfrac{\omega_x}{\omega}g_\omega+\\
\qquad a_{11}(x+R_{0x})+a_{12}(y+R_{0y})+a_{13}(z+R_{0z})+b_{12}v_y+b_{13}v_z\\[4pt]
\dfrac{\mathrm{d}v_y}{\mathrm{d}t}=\dfrac{1}{m}\left\{F_{cy}+qS\left[\left(-C_A\cos\alpha_n-C_N\dfrac{\sin\alpha\cos\beta\cos\alpha_n}{\sin\eta}\right)\sin\varphi_2\cos\psi_2+\right.\right.\\
\qquad\left(-C_A\sin\alpha_n+C_N\dfrac{\sin\alpha\cos\beta\cos\alpha_n}{\sin\eta}\right)(\sin\varphi_2\sin\psi_2\sin\gamma_2+\cos\varphi_2\sin\gamma_2)-\\
\qquad\left.\left.C_N\dfrac{\sin\beta}{\sin\eta}(\sin\varphi_2\sin\psi_2\cos\gamma_2+\cos\varphi_2\sin\gamma_2)\right]\right\}-\dfrac{y-R_{0y}}{r}g_r-\dfrac{\omega_y}{\omega}g_\omega+\\
\qquad a_{21}(x+R_{0x})+a_{22}(y-R_{0y})+a_{23}(z+R_{0z})+b_{21}v_x+b_{23}v_z\\[4pt]
\dfrac{\mathrm{d}v_z}{\mathrm{d}t}=\dfrac{1}{m}\left\{F_{cz}+qS\left[\left(C_A\cos\alpha_n+C_N\dfrac{\sin\alpha\cos\beta\sin\alpha_n}{\sin\eta}\right)\sin\psi_2+\right.\right.\\
\qquad\left.\left.\left(-C_A\sin\alpha_n+C_N\dfrac{\sin\alpha\cos\beta\cos\alpha_n}{\sin\eta}\right)\cos\psi_2\sin\gamma_2-C_N\dfrac{\sin\beta}{\sin\eta}\cos\psi_2\cos\gamma_2\right]\right\}-\\
\qquad\dfrac{z+R_{0z}}{r}g_r-\dfrac{\omega_z}{\omega}g_\omega+a_{31}(x+R_{0x})+a_{32}(y+R_{0y})+a_{33}(z+R_{0z})+b_{31}v_x+b_{32}v_y
\end{cases}
$$

$$(13.4-19)$$

（2）返回器质心运动的动力学方程

返回器质心运动的动力学方程为

$$
\begin{cases}
\dfrac{\mathrm{d}x}{\mathrm{d}t} = v_x \\[2mm]
\dfrac{\mathrm{d}y}{\mathrm{d}t} = v_y \\[2mm]
\dfrac{\mathrm{d}z}{\mathrm{d}t} = v_z
\end{cases}
\tag{13.4-20}
$$

（3）返回器绕质心运动的动力学方程

返回器绕质心运动的动力学方程为

$$
\begin{cases}
\begin{aligned}
& J_{x_2}\dfrac{\mathrm{d}\omega_{x_2}}{\mathrm{d}t} + J_{x_2y_2}\left(\omega_{x_2}\omega_{t_2} - \dfrac{\mathrm{d}\omega_{y_2}}{\mathrm{d}t}\right) + J_{y_2z_2}(\omega_{z_2}^2 - \omega_{y_2}^2) - J_{x_2z_2}\left(\omega_{x_2}\omega_{y_2} + \dfrac{\mathrm{d}\omega_{z_2}}{\mathrm{d}t}\right) + \\
& (J_{z_2} - J_{y_2})\omega_{y_2}\omega_{z_2} = M_{cx_2} + C_N qS\dfrac{\sin\beta}{\sin\eta}[\delta\cos\alpha_n + (x_{cp} - x_{cg})\sin\alpha_n] + C_{mdx_2}qSl \\
& J_{y_2}\dfrac{\mathrm{d}\omega_{y_2}}{\mathrm{d}t} - J_{x_2y_2}\left(\omega_{y_2}\omega_{z_2} + \dfrac{\mathrm{d}\omega_{z_2}}{\mathrm{d}t}\right) + J_{y_2z_2}\left(\omega_{x_2}\omega_{z_2} - \dfrac{\mathrm{d}\omega_{z_2}}{\mathrm{d}t}\right) + J_{x_2z_2}(\omega_{x_2}^2 - \omega_{z_2}^2) + \\
& (J_{x_2} - J_{z_2})\omega_{x_2}\omega_{z_2} = M_{cy_2} + C_N qS\dfrac{\sin\beta}{\sin\eta}[\delta\sin\alpha_n - (x_{cp} - x_{cg})\cos\alpha_n] + C_{mdy_2}qSl \\
& J_{z_2}\dfrac{\mathrm{d}\omega_{z_2}}{\mathrm{d}t} + J_{x_2y_2}(\omega_{y_2}^2 - \omega_{x_2}^2) - J_{y_2z_2}\left(\omega_{x_2}\omega_{z_2} + \dfrac{\mathrm{d}\omega_{y_2}}{\mathrm{d}t}\right) + J_{x_2z_2}\left(\omega_{y_2}\omega_{z_2} - \dfrac{\mathrm{d}\omega_{x_2}}{\mathrm{d}t}\right) + \\
& (J_{y_2} - J_{x_2})\omega_{x_2}\omega_{y_2} = M_{cz_2} - qS\left[C_N \dfrac{\sin\alpha\sin\beta}{\sin\eta}(x_{cp} - x_{cg}) + C_A\delta\right] + C_{mdz_2}qSl
\end{aligned}
\end{cases}
$$

$$
\tag{13.4-21}
$$

式中　J_{x_2}，J_{y_2}，J_{z_2}——返回器对 Ox_2 轴、Oy_2 轴、Oz_2 轴的转动惯量；

　　　$J_{z_2y_2}$，$J_{y_2z_2}$，$J_{x_2z_2}$——返回器对 Ox_2y_2、Oy_2z_2、Ox_2z_2 平面的惯量积；

　　　δ——返回器质心偏离几何纵轴的距离。

（4）返回器绕质心转动的动力学方程

返回器绕质心转动的动力学方程为

$$
\begin{cases}
\dfrac{\mathrm{d}\varphi_2}{\mathrm{d}t} = \dfrac{1}{\cos \psi_2} \left(\omega_{y_2} \sin \gamma_2 + \omega_{z_2} \cos \gamma_2 \right) \\[3mm]
\dfrac{\mathrm{d}\psi_2}{\mathrm{d}t} = \omega_{y_2} \cos \gamma_2 - \omega_{z_2} \sin \gamma_2 \\[3mm]
\dfrac{\mathrm{d}\gamma_2}{\mathrm{d}t} = \omega_{x_2} + \tan \psi_2 \left(\omega_{y_2} \sin \gamma_2 - \omega_{z_2} \cos \gamma_2 \right)
\end{cases}
\tag{13.4-22}
$$

将（13.4—19）式～（13.4—22）式共 12 个微分方程式联立，并附加一些关系式和控制方程，给出初始条件数据，即可用数值积分方式求解，得出精确的标准返回轨道数据；也可在考虑干扰因素条件下，得出偏差返回轨道数据。

13.4.2　弹道—升力式返回轨道的参数选择

13.4.2.1　配平攻角 α 与升阻比（C_L/C_D）的选择

由 13.4.1 节可知，弹道—升力式返回器的外形采用钟截球形（联盟号飞船返回舱）和锥截球形（双子星座号飞船返回舱）。质心偏离返回舱纵轴一小距离 δ，同时质心在压心之前。返回舱在大气中飞行时，在某一攻角 α 下，空气动力对质心的力矩为零，这个攻角称为配平攻角。它由姿态控制系统保证。在此状态下，返回舱相应产生一定升力。但这升力与有翼返回器比不大，其值不超过阻力的 0.5 倍。返回舱姿控系统控制 $\pm\gamma$（滚动角），可改变升力在当地铅垂平面和水平平面的分量，以控制返回舱在大气中运动的轨道，控制着陆位置。着陆精度可控制到几千米至十几千米范围之内。而弹道—升力式返回器的再入最大过载可控制大大小于弹道式返回器的再入最大过载，从 $9\sim10g_0$ 降到 $3\sim4g_0$。

表 13.1 列出了俄罗斯和美国第一代飞船东方号和水星号与第二代飞船双子星座号和联盟号的升阻比和最大再入过载。

表 13.1　俄罗斯和美国第一代与第二代飞船参数比较

飞船型号		返回器升阻比	最大再入过载/g_0
第一代	东方号	0	$9\sim10$
	水星号	0	$7.7\sim8$

续表

飞船型号		返回器升阻比	最大再入过载/g_0
第二代	双子星座号	0.22~0.1	4~5
	联盟号	0.3	3~4
	联盟 T 号	0.3	3~4

13.4.2.2　制动参数的选择

　　制动参数的选择与前面讲的不控升力的弹道式返回器的制动参数选择类似，只是载人飞船返回器允许再入过载（$4g_0$ 以下）比返回式卫星的再入过载（$10g_0$ 左右）要求小得多。因此飞船返回器的制动速度 Δv 约为 $120\sim300$ m/s，比返回卫星制动速度小得多。一般选最小航程轨道为载人飞船的返回轨道。所谓最小航程轨道是指在运行轨道和制动速度一定的情况下，改变制动角 φ_z 而使航程最短的轨道。对于给定圆轨道高度 h 和制动速度 Δv，最小航程轨道的制动角 φ_z 的值，可按图 13.24 求出。这是制动点参数的选取方法。

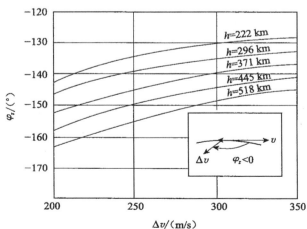

图 13.24　最小航程轨道的制动角 φ_z 与

运行圆轨道高度 h 和制动速度 Δv 的关系曲线

返回器再入大气层参数选取方法，也是以最小航程轨道为目标进行的。再入角 θ_{e0} 可根据圆轨道高度 h 和制动速度 Δv 的值，从图 13.25 中求得。

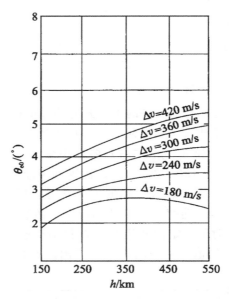

图 13.25　最小航程轨道的再入角 θ_{e0} 与圆轨道高度 h 和制动速度 Δv 的关系曲线

对于最小航程轨道的航程 S_b，对制动速度 Δv 的偏导数 $\dfrac{\partial S_b}{\partial \Delta v}$，与圆轨道高度 h 和制动速度 Δv 的关系曲线如图 13.26 所示。

从图 13.25 和图 13.26 可见，对于某固定运行圆轨道高度 h，制动速度越小，再入角越小，但 $\dfrac{\partial S_b}{\partial \Delta v}$ 越大。落点远（S_b 大）、落点散布大。因此，对于弹道式再入返回器，不可将制动速度 Δv 选得过小，以免落点散布过大，这是要注意的。但对弹道－升力式返回器，由于要控升阻比（控 γ 角），Δv 的大小可以放宽，落点一样可以准确。

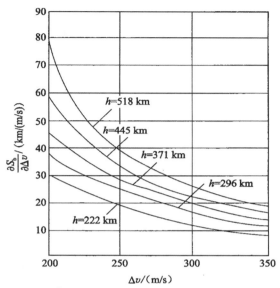

图 13.26 $\dfrac{\partial S_b}{\partial \Delta v}$ 与圆轨道高度 h 和制动速度 Δv 的关系曲线

13.4.2.3 返回器的气动外形与热防护结构

返回器集飞船座舱（载航天员）与独立大气飞行器两种功能于一体，可见研制的复杂性。返回器一旦进入返回轨道（即制动后）所发生的事件不可逆转，无法中断停止，不可避免地要通过稠密大气并接近地球表面，势必对返回器系统结构的可靠性、冗余度和机组人员安全都有严格的要求。

一旦出现高温或结构破裂，机毁人亡的后果不堪设想。返回与着陆两个阶段的分界线是 $5 \sim 10$ km 的某一高度定为返回轨道结束，着陆（开伞）开始。一般再入升力控制段结束时高度 $h = 20$ km，飞船返回舱飞行速度 v 降至 364 m/s，滑行至 $h = 10$ km 时，开始打开伞舱盖，v 降至 $100 \sim 200$ m/s，过载接近 $1g_0$。对于图 13.21 中的带翼飞行器，不仅在超声速下进入降落跑道区时，可保证有效的控制，而且在亚声速状态也能保证较小的垂直速度进行滑翔，对于这样的返回器，采用水平着陆——飞机降落方式是合理的。而对图 13.21

所示的钟截球形返回器，由于升阻比较小，壳体的承载能力又弱，着陆段几乎作垂直运动着陆，所以只能采用专门的减速设备（降落伞、着陆反冲发动机等）着陆，使撞击地面时减小过载，又称软着陆。航天员坐椅有减震装置。这就是联盟号和阿波罗号飞船返回舱的垂直着陆方法。美国的航天飞机和俄罗斯的暴风雪号航天飞机则采用水平着陆方法。

作用在返回器上的热气流与升阻比和再入大气层时的再入角有关，同时还决定了返回器的过载。升阻比为 0.3～0.5 的返回器，再入角 θ_{Bz} 取 $2°～3°$ 以下，过载不超过 $3～4g_0$。联盟号飞船在大西洋上空制动（$\Delta v=100～120$ m/s），此后沿过渡椭圆轨道下降，在轨道高度 $h=100$ km 时，进入大气层开始，再入角取 $1°～5°$，然后推进舱分离。只留返回舱转弯再入大气层某预测点的攻角 α 达到配平状态（配平攻角为 $20°$）。轨道返回时，最大单位热流可达 250 kcal/（$m^2 \cdot s$）（1 kcal＝4.17 kJ）。如果再入速度 v 和再入角 θ_{Bz} 不加控制，而以第二宇宙速度（11.18 km/s）再入大气层，最大单位热流可达 2 500 kcal/（m^2/s），总热流可达 20 000～150 000 kcal/m^2。动压头 q $\left(\dfrac{1}{2}\rho v^2\right)$ 通常在 3 000～7 000 kg · s/m^2 范围内。加热取决于边界层中的对流传热和冲击波与返回舱之间空气层的热辐射。从降低热流看，返回器头钝形更好。若返回器头部变尖，可降低空气辐射的热流，但与降低对流加热相矛盾，总的来说不适合。可见，热交换条件对返回舱形状选择影响较大。由于返回舱的烧蚀热防护层（受热伴有质量损耗）被破坏的气体对边界层有影响，所以热交换条件与防热材料选择还有关。为使返回舱不受气动热的影响，返回舱结构的外层常用足够耐热的固体绝热材料。联盟号飞船返回舱的迎面护板用烧蚀材料加石棉织物填料制成。其侧面防热层由 3 层组成，第一层是氟塑料升华材料；第二层用密实的玻璃胶布板烧蚀材料（做成结实的薄壳）；第三层是有少许浸胶的纤维材料绝热体。同时，热防护层的横截面（舱口、接合部等）用抗烧蚀材料制成边条密封。返回舱表面防热层厚在 8～50 mm 范围内，根据受热大小分布厚度不一样，受热多的地方厚、受热少的地方较薄。联盟号飞船返回舱结构与布局方案如图 13.27 所示，它是一个钟截球形小升阻比返回舱，结构上有防热层。整个布局能保障 3 名航天员在上升段和返回段有好的姿势，腹背向能承受较大的过载，能在固定状态下通过定向瞄准器进行观察。仪器设备布局使质心靠前，压心靠后，且使质心偏离返回舱中轴线一小距离 δ，以保证再入大气层有 $0.2 \sim 0.5$ 的升阻比，且过载为 $3 \sim 4g_0$，不超过 $5g_0$，航天员感到舒适。

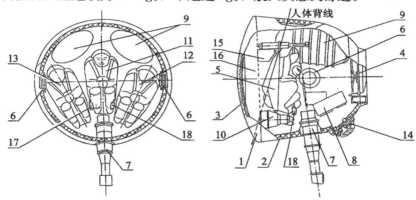

图 13.27 联盟 TM 号飞船返回舱结构与布局

1—壳体；2—防热层；3—迎面护板（可抛掉）；4—出入孔；

5—带减震器的航天员座椅；6—舷窗；7—定向瞄准器（外部可抛掉）；

8—航天员操纵台；9—降落伞；10—冷却干燥设备；11—船长；

12—随船工程师；13—宇航研究员；14—返回控制系统发动机；

15—有效载荷集装箱；16—仪器安装区；17—定向控制柄；18—飞船运动控制柄

第14章 登月轨道设计

在第3章中，已介绍了空间探测器及其探测成果。从1959年第一个月球探测器发射成功以来，已有金星、火星、木星、土星、哈雷彗星和太阳的探测器。目前太空已有几百个探测器在飞行。美俄空间探测器已发回了上万张照片、成果丰硕。从阿波罗登月计划结束至今30多年来，美国又提出了太空探索远景计划：将于2018年再登月球，并建立月球基地（2010年，美国宣布冻结重返月球计划）；并为2020年登火星作准备。

欧空局也计划在2020年到2025年载人登月，2030年至2035年载人登火星。2003年9月27日已发射第一个SMART-1月球探测器，2004年11月5日顺利到达近月轨道，2005年3月2日到达月面工作轨道（470 km/2 900 km椭圆终轨）；造价1亿欧元，质量为367 kg，体积为1 m³，两个太阳电池板展宽14 m。

日本1990年1月24日发射缪斯A科学卫星，进行月球探测。1996年又提出建造月球基地计划，现该计划已停止。日本媒体报道，2020年将把载人飞船送上月球，2025年将建成人居住的月球基地。印度也有探月/登月计划。

本书在介绍行星探测时，重点介绍月球探测和登月轨道设计，而其他行星探测的轨道设计方法类似。

14.1 日、地、月的相对运动及其不固定性

本篇第8章，已论述过日、地相对运动。月球是地球唯一的天然卫星，它自然是我们地球人第一个探测的星球，也是地球人想登上的第一个自然星球。俄罗斯于1959年1月2日发射了世界第一颗

无人月球探测器月球 1 号。美国于 1959 年 3 月 3 日发射了无人月球探测器，对月球进行了广泛的探测，拍回了大量照片，为载人登月作好了准备。1969 年 7 月 20 日，土星 V 大型运载火箭，载着阿波罗 11 号登月飞船，把航天员尼尔·阿姆斯特朗和詹姆斯·奥德林送上月球静海区，实现了人类登上地球外星球的伟大目标。

日、地、月的相对运动图如图 14.1 所示。

地月天文常数如表 14.1 所示（详见附录 B）

表 14.1　地月天文常数

地球天文常数	月球天文常数
太阳地球质量比：332 945 地球质量 $M_\oplus$：5.976×10²⁴ kg 平均密度：5.517 g/cm³ 引力常数 $\mu_\oplus$：3.986×10⁵ km³/s² 平均赤道半径 R_e'：6 378.140 km 极半径（椭球体）R_P：6 356.755 km 平均半径（圆球体）R_e：6 371 km 太阳地球距 $O_s O_e$：1.5×10⁸ km 恒星日长（1980 年）： 　23 h 56 min 4.09 s=86, 164.091 8 s 恒星年长（1980 年）： 　365.256 36 d=3.158 8×10⁷ s	地月质量比：81.3 月球质量 M_m：7.348 3×10²² kg 地月距 $O_e O_m$：384 401 km（平均值） 平均半径 R_m：1 378.2 km 平均密度：3.341 g/cm³ 引力常数 μ_m：4.902 65×10³ km³/s² 月轨面/黄道面倾角：5°8′43″ 赤道面/黄道面倾角：23°27′ 月轨面/赤道面倾角：18°19′～28°35′ 公转周期： 　27.321 66+T×1.6×10⁻⁷ 历表日（T 为 1900 年后的世纪） 自转周期：27.321 66 d 月轨平均偏心率： 　0.054 9（近地点 356 400 km，远地点 406 700 km）

实际上，地球和月球的运动参数不是固定的常数，而是变化的。这主要是日、月、行星的引力将对地球运动产生影响。

由于地球为一椭球（赤道附近隆起），太阳对地球心产生一引力外，还产生一个力偶，力偶在地球运行到春分点和秋分点时为零；而夏至点至冬至点时，力偶最大，地球赤道面与黄道面有重合的趋势（夹角减小）。因此，地球有一个绕自转轴（极轴）的转动，同时还有一个力偶作用引起的转动。

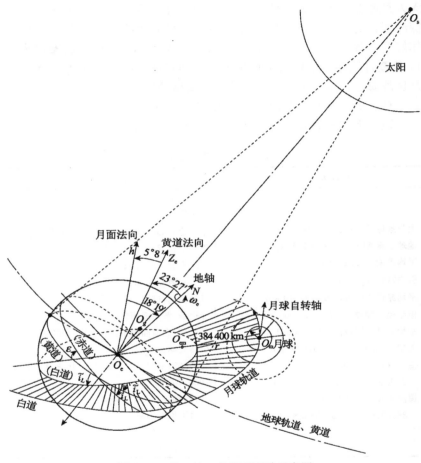

图 14.1　日、地、月相对运动示意图

$\tilde{i}_L$—白—黄倾角 5°8′（4°59′～5°18′，周期 18.6 a）；ε—赤—黄倾角 23°27′

（变化周期 26 000 a）；i_L—白—赤倾角 18°19′～28°35′（周期 18.6 a）；

r—地月心距，O_eO_m=384 400 km（地月质量比为 81.3）；

O_{em}—地月系统质心，O_eO_{em}=4 671 km；O_g—地月系统重心

　　由于月球是地球唯一的天然卫星。月球绕地球转动的白道，在地球上的黄道圈上产生一升交点（由地球南向北的交点）Ω，另一方向为降交点（由地球北向南的交点）$\mho$，$\Omega\mho$ 连线称为交点线。白道

与黄道交角称白黄交角（约 $5°9'$）。Ω 和 $\mho$ 两交点从北黄极看按顺时针方向转动，称为升降交点西退，每年移动 $19°21'$，每 18.6 年交点转过一周，引起白道与赤道的夹角在 $23°30'\pm5°8'$ 范围变化。由于月球离地球比太阳离地球近得多，所以月球影响地球要大 1 倍多。月球对地球赤道隆起引力作用，使地球自转轴在空间绕黄道轴进动，在空间绘一个圆锥面。使黄赤交角 ε 的小圆顺时针旋转，每年转动 $50.24''$，从而完成一个周期为 26 000 a。月—黄倾角平均值为 $5°8'$，实际是在 $4°59'\sim5°18'$ 之间变化，称为地球的章动。地球赤道面与黄道面倾角平均值为 $23°30'$，除地球旋转轴以 26 000 a 缓慢进动外，赤道平面是比较稳定的，这称为地球的进动（即缓慢的运动变化）。这将引起岁差的变化，称为日月岁差。

由于太阳系其他行星对地球有引力，黄道面也存在缓慢而持续的运动，引起黄极的运动，这种现象称为"行星岁差"，但行星岁差比日月岁差影响小得多。

以上所述就是地球在日、月、行星引力作用下，使地球自转轴指向和地球公转轨道面发生改变，导致赤道、黄道、春分点产生缓慢变化。因此，以它们为基圈和主点的坐标系在天球上的位置改变，这种现象称为岁差，又称章动。

14.2　描述日、地、月运动的天球坐标系

人立于地球表面，看到一个巨大圆球内壁的日、月、星辰，这就是天文学中常用的假想圆球，称为天球，其定义是：以空间任一点为中心（常以观测者、地心或日心为中心），以任意长为半径（数学上为无穷大半径）的圆球，为天球。它包含以下 5 个概念：

1）天体在天球上的投影，即天球中心与天体连线与天球面的交点，称为天体在天球上的位置，或称天体视位置。

2）天体在天球上的视位置，是天体沿视线方向在天球上的投影，所以天球半径可自由选取，不影响研究问题的实质。

3）天球上任意两天体之间的距离，是它们之间的角距离，即对观测者的张角。天球上没有线距离。

4）天体离地球的距离，可看成数学上的"无穷大"。因此，在地球上不同地方看同一天体的视线方向，可认为是相互平行的。反过来说，一个天体发射到地球不同地方的光是相互平行的。因此，所有平行的方向，将与天球交于一点。

5）一般把天球中心，定在观察者的眼睛上，但有时为研究问题方便，也需将天球中心定在地球中心或太阳中心，分别称为地心天球和日心天球。

尽管天球是一个假想圆球，作为描述日、月、星辰运动还是很有用的，人们围绕它建立起一套数学公式，研制出了天球仪、天象仪等仪器。

14.2.1　球面三角的基本概念

14.2.1.1　基本性质

把天体看成是分布在天球表面上的点，必须了解球面的基本性质。

（1）球面上的圆

用一个平面去截球面，所得截口是一个圆。这个圆有一圆心通过球心的圆是"大圆"，大圆心与球心重合。不与球心重合的圆是"小圆"。图14.2示出了大圆 $ABCD$ 的大圆弧 AB （总取小于 $180°$），天文学常用 AB 间角距来计量角度，记为 $\overset{\frown}{AB}$，它等于该大圆弧对应的圆心角 $\angle AOB$。

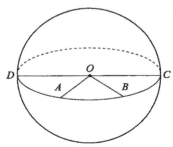

图 14.2　球大圆的圆心角

（2）球面上圆的极

在球面上任一圆的圆心，作垂直于圆面的垂线，该垂线通过球心，

并交球面上 P 和 P'，则 P 和 P' 为该圆的极。如图 14.3 所示，圆上任意一点 C 的极点 P 的角距为 $\angle COP$ 或 $\overset{\frown}{CP}$。大圆的角距为 $90°$。

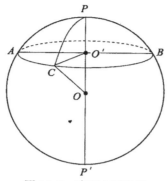

图 14.3　球面上圆的极

（3）球面角

两个大圆弧相交的角，称为球面角，如图 14.4 所示的 $\angle APB$，可用 $\overset{\frown}{A'B'}$ 弧量度。P 称为球面角顶点，OP 为球面角交线，QQ' 是以 P 为极的大圆，A' 为 $\overset{\frown}{PA}$ 与 QQ' 的交点，B' 为 $\overset{\frown}{PB}$ 与 QQ' 的交点，球面角 APB 等于 $\angle A'OB'$。因 $\angle A'OB' = \overset{\frown}{A'B'}$，所以球面角 APB 可用 $\overset{\frown}{A'B'}$ 度量。

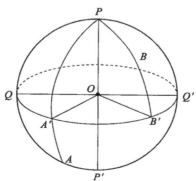

图 14.4　球面角度量

14.2.1.2　球面三角形

　　球面上 3 个大圆相交，圆弧构成的三角形，称为球面三角形，如图 14.5 所示，构成 8 个球面三角形，即$\triangle ABC$、$\triangle ABC'$、$\triangle AB'C$、$\triangle A'BC$、$\triangle A'BC'$、$\triangle A'B'C$、$\triangle AB'C'$、$\triangle A'B'C'$。其中一个球面三角形 ABC 的 3 个边都小于半圆周，称为简单球面三角形。这是经常用到的球面三角形。如图 14.6 所示，3 个大圆弧 $\overset{\frown}{AB}$、$\overset{\frown}{BC}$、$\overset{\frown}{AC}$ 称球面三角形的边，分别表示为 c、a、b，球面三角形 ABC 的顶角为 A、B、C，这称为球面三角形的 6 个元素。球面三角形 ABC 的顶点为球心 O，连线 AO、BO、CO 为棱线。AOB、BOC、COA 3 个平面构成一个三面角 $O-ABC$。$\angle AOB$ 可用 c 量度，$\angle BOC$ 可用 a 量度，$\angle COA$ 可用 b 量度；而两个平面间的夹角称为二面角，等于相对应的球面三角形的球面角。

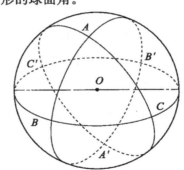

图 14.5　8 个球面三角形

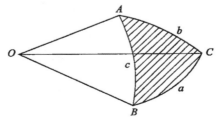

图 14.6　球面三角形的顶、边、棱

简单球面三角形具有以下性质：

1）球面三角形的两边之和大于第三边。

2）等边对应的角相等，等角对应的边相等。

3）大角对大边，大边对大角。

4）球面三角形的三边之和大于 0°，小于 360°。

5）球面三角 3 个角之和恒大于 180°，小于 540°。差值 $\delta=$ （$A+B+C$）$-180°$ 称为该球面三角形的球面角超。

6）球面三角形中两角之和减去第三角小于 180°。

14.2.1.3　球面坐标和直角坐标

用球面坐标系来记录天体位置，与直角坐标系记录航天器位置一样，同样具有"唯一的可逆关系"，即一点只能用一组坐标值来唯一表征，而一组坐标值也只能定义一点的位置。图 14.7 示出了天球的球面坐标和直角坐标。大圆 $BCDE$ 为球面坐标系的基圈，所在平面称为基本平面。基圈有两个极 A 和 A'，按一定原则选取其中之一（选 A）作球面坐标系的极，过极 A 的半个大圆 ACA'，作球面坐标系的主圈，主圈与基圈的交点 C，称为球面坐标系的主点。通过极 A 和天体 σ 的半个大圆，称为副圈。副圈与基圈的交点为 D。由基圈和主点可建立球面坐标系，则天体 σ，在天球上的坐标位置，可由两大弧段 $\overset{\frown}{D\sigma}$ 和 $\overset{\frown}{CD}$ 确定，$\overset{\frown}{D\sigma}$ 称为纬角，记为 ν；$\overset{\frown}{CD}$ 称为经角（等于球面角 $CA\sigma$），记为 μ。纬角 ν 有时也用它的余角（大圆弧 $\overset{\frown}{A\sigma}$）代替，$\overset{\frown}{A\sigma}$ 称为极距，记为 η，则有 $\eta=90°-\nu$。纬角 ν 或极距 η，称为球面坐标系的第一坐标，而经角 μ 称为第二坐标。可见，不同的基圈和主点，可建立不同的球面坐标系。

与上述球面坐标系相对应的直角坐标系是这样定义的：OZ 轴指向第一极，OX 轴指向主点，OY 轴在基圈平面上，符合右手定则。旋转方向按球面坐标系经角 μ 增加方向为正。

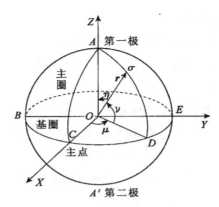

图 14.7　天球上的球面坐标和直角坐标

从图 14.7 可见，天体 σ 在球面坐标系（μ，ν）和直角坐标系（X，Y，Z）中有如下关系式

$$\begin{bmatrix} X \\ Y \\ Z \end{bmatrix} = \begin{bmatrix} \cos\mu\cos\nu \\ \sin\mu\cos\nu \\ \sin\nu \end{bmatrix} \tag{14.2-1}$$

或

$$\mu = \arctan\frac{Y}{X} \tag{14.2-2}$$

$$\nu = \arctan\frac{Z}{\sqrt{X^2+Y^2}} = \arcsin Z \tag{14.2-3}$$

由于（14.2-2）式计算 μ 值的多值性，若反正切函数只取主值，为定 μ 的象限，则按 $\mu = \arctan(Y/X) + [1+\text{sign}(X)]\,90°$ 计算。

天体 σ 在 $OXYZ$ 坐标系中的方向余弦 X、Y、Z，则天体方向的单位矢量 $\hat{\boldsymbol{r}}$ 为

$$\hat{\boldsymbol{r}}(\mu,\nu) = \begin{bmatrix} \cos\mu\cos\nu \\ \sin\mu\cos\nu \\ \sin\nu \end{bmatrix} \tag{14.2-4}$$

有时还要求知道天体 σ 在空间的位置，即三维坐标。r 为坐标原点至天体 σ 的线距离。二维球坐标上增加距离 r，构成三维球坐标系，也称三维极坐标系，位置矢量 r 为

$$r = r\hat{r}(\mu, \nu) \tag{14.2-5}$$

14.2.1.4 天球上的基本点和基本圈

在确定天体在天球上的坐标之前，必须明确天球上的基本点和基本圈，如图 14.8 所示。

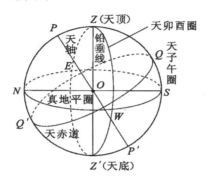

图 14.8 天球上的基本点和基本圈

（1）天顶和天底

观察者在球心 O，Z 在头顶上，称天顶。Z′ 在脚下，称天底。

（2）真地平圈

与直线 ZOZ′，过中心 O 的垂直平面、交球面的大圆 NS 称为真地平圈，又称地平经圈，也称垂直圈。与大圆平行的小圆称为地平纬圈或等高圈。

（3）天极和天赤道

通过球心 O，作一条与地球自转轴平行的直线 POP′，该线称为天轴。天轴与球面二交点 P 和 P′，称为天极。与地球南北极相对应，P 称为北天极，P′ 称为南天极。作垂直于天轴的大圆 QQ′，称为天赤道，这个平面称为天赤道面（即地球赤道面的延伸）。与天赤道垂直的大圆称为赤经圈，也称时圈；与天赤道平行的小圆，称为赤纬圈。

（4）天子午圈、四方点和天卯酉圈

通过天顶 Z、北天极 P 和天底 Z' 的大圆，称为天子午圈 ZPZ'（南天极 P' 也在圈上）。E、N、W、S 为观测者东、北、西、南向，合称四方点。通过天顶 Z、东点 E 和西点 W 作一平面与天球的交线，为一大圆，该大圆称为天卯酉圈（天底 Z' 也在该大圆上）。

从图 14.8 可见，真地平圈、天子午圈和天卯酉圈是 3 个相互垂直的大圆。地面上不同观测点的铅垂线方向不同，各地都有自己的天顶、真地平圈、四方点、天卯酉圈、天子午圈。

（5）黄道和黄极

通过天球中心 O 与地球公转轨道面平行的平面，称为黄道面。该面与天主球的交线形成的大圆，称为黄道（见图 14.9）。与黄道垂直的大圆，称为黄经圈；与黄道平行的小圆称为黄纬圈。在黄道面通过球心作一垂线与球面交点 K 和 K'，K 与北天极靠近，称为北黄极；K' 与南天极 P' 靠近，称为南黄极。黄道与赤道的交角称为黄赤交角，用 ε 表示。ε 是一变值，平均值为 23.5°。由于有 ε，地球绕太阳公转 1 周，太阳直射由赤道南逐渐北移，直射至赤道时的这点，称为春分点，符号为 γ；太阳直射由赤道北逐渐南移至赤道时的点，称为秋分点，符号为 Ω。太阳直射赤道最南的点，称为冬至点，符号为 δ；太阳直射赤道最北的点，称为夏至点，符号为 ♋（详见图 14.9）。在天文学中，由于春分点 γ 的周日视运动，有两个特殊的位置：一个是春分点和西点 W 重合（见图 14.10）；一个是春分点 γ 和东点 E 重合（见图 14.11）。

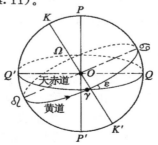

图 14.9　天球上的黄道、黄极与分点、至点

利用上述这些点和圈，就可在天球上建立坐标系。

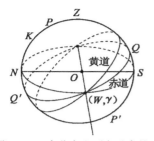

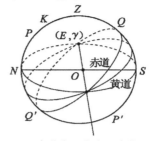

图 14.10 春分点和西点重合的天球　　图 14.11 春分点和东点重合的天球

14.2.2 4 种常用的天球坐标系

根据研究对象不同，选用不同的天球坐标系，常用的 4 种天球坐标系（地平坐标系、时角坐标系、赤道坐标系和黄道坐标系）没有本质的区别，只是选用的基圈、主点或者第二坐标的度量方法不同而已。

14.2.2.1 地平坐标系

基圈为真地平圈，主点为南点 S，如图 14.12 所示。通过天体 σ 的地平经圈为副圈，交真地平圈于 D。$\overset{\frown}{D\sigma}$ 称为地平纬度或地平高度，记为 h（范围为 $0° \sim \pm 90°$，真地平圈到天顶为正，真地平圈到天底为负）。$\overset{\frown}{Z\sigma}$ 为极距，或天顶距，记为 z（范围为 $0° \sim 180°$，从天顶向天底方向量度）。经角 $\overset{\frown}{SD}$ 称为方位角，记为 A（范围为 $0° \sim \pm 360°$，从南点 S，顺时针方向量度；也有由 S 分别向西、东量度的，范围为 $0° \sim \pm 180°$，向西为正，向东为负）。地平坐标系的直角坐标为 $OXYZ$，OX 轴和 OY 轴在真地平圈上，分别指南 S 和指西 W，OZ 轴通过极点 Z。天体 σ 在地平坐标系的单位矢量 $\boldsymbol{\rho}(A, Z)$ 表示为

$$\boldsymbol{\rho}(A, Z) = \begin{bmatrix} \cos A \cos h \\ \sin A \cos h \\ \sin h \end{bmatrix} = \begin{bmatrix} \cos A \sin z \\ \sin A \sin z \\ \cos z \end{bmatrix} \qquad (14.2-6)$$

地平坐标系，简便、直观，便于实现，易于直接观测。但局限

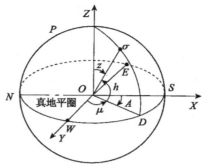

图 14.12　地平坐标系

是强烈的"地方性"。缺点有二：一是不同观测者，天顶不同、恒星的地平坐标也不同；二是恒星的地平坐标随周日运动而变，且是非线性的。这种随测站和时间而异的性质，使记录天体位置的各种星表不能采用地平坐标系。地平坐标系符合左手坐标系。

14.2.2.2　时角坐标系

基圈是天赤道 QQ'，主点是天赤道最高点 Q（即天赤道与天子午圈靠近南点 S 的交点），如图 14.13 所示。坐标系的极是北天极 P，天子午圈为主圈，过天体 σ 的赤经圈为副圈，与主赤道的交点为 D。纬角 $\overset{\frown}{D\sigma}$ 称为赤纬，记为 δ，向北天极为正，向南天极为负。极距称为北极距，记为 p，从北天极向南天极方向量度，范围 $0°\sim180°$。$\overset{\frown}{QD}$ 称为时角，记为 t，从 Q（天球外）向北天极看，按顺时针方向量，范围 $0\sim24\text{ h}$。该坐标系也是左手坐标系。

时角坐标系天体方向的单位矢量 $\boldsymbol{\rho}(t,\delta)$ 可表示为

$$\boldsymbol{\rho}(t,\delta) = \begin{bmatrix} \cos t \cos \delta \\ \sin t \cos \delta \\ \sin \delta \end{bmatrix} \qquad (14.2-7)$$

在时角坐标系中，任何方向的天体的赤纬 δ，不因观测的时间和地点而变。这与地平坐标系比有明显优点。但因各地的子午圈各不同，基点 Q 也随地而异，因此，同一天体的时角 t 随地点不同而不同。且对同一天子午圈的观测者而言，一个天体的时角随时间而同步增大。时角坐标系前称第一赤道坐标系。

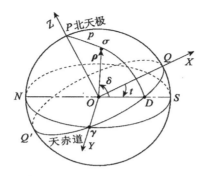

图 14.13　时角坐标系

14.2.2.3　赤道坐标系

基圈仍为天赤道 QQ'，主点选在春分点 γ 上（见图 14.14）。

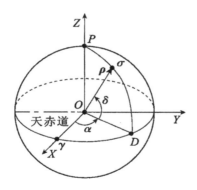

图 14.14　赤道坐标系

赤道坐标系过去又称第二赤道坐标系。北天极 P 仍是时角坐标系的极。过春分点 γ 的赤经圈为主圈，通过天体 σ 的赤经圈为副圈，交天赤道于 D。γ 基本是静止不动的。量度方法有所改变，$\overgroup{D\sigma}$ 仍称赤纬，记为 δ。$\overgroup{\gamma D}$ 为赤经，记为 α，由 γ 逆时针向度量，范围为 $0°\sim 360°$（或 $0\sim 24$ h）。应特别指出，赤经没负值。该坐标系符合右手定则。在本坐标系中，天体 σ 的方向单位矢量 $\boldsymbol{\rho}(\alpha,\delta)$ 为

$$\boldsymbol{\rho}(\alpha,\delta)=\begin{bmatrix}\cos\alpha\cos\delta\\\sin\alpha\cos\delta\\\sin\delta\end{bmatrix} \tag{14.2-8}$$

由于春分点本身在周日视运动，赤道坐标系中任何天体的坐标 (α,δ) 都是固定的。不因观察者在不同地点或不同时间观测而变化，所以赤道坐标系是最重要的天球坐标系。各种星历表、天文历都用赤道坐标系列出，供各地观测者使用。

14.2.2.4　黄道坐标系

基圈为黄道，主点为春分点 γ，称为黄道坐标系，如图 14.15 所示。北黄极 K 为坐标系的极，通过春分点 γ 的黄经圈为主圈，过天体 σ 的黄经圈为副圈，交黄道于 D 点。纬角 $\overset{\frown}{D\sigma}$ 称为黄纬，记为 β（从天赤道分别向南北量，范围为 $0°\sim\pm90°$，北为正、南为负）。极距 $\overset{\frown}{K\sigma}$ 称为黄极距，记为 γ（范围为 $0°\sim180°$，从北黄极向南黄极度量）。经角 $\overset{\frown}{\gamma D}$ 称为黄经，记为 λ（范围为 $0°\sim360°$，由 γ 逆时针向度量）。黄道坐标系符合右手定则。该坐标系中天体 σ 方向的单位矢量 $\boldsymbol{\rho}(\lambda,\beta)$ 为

$$\boldsymbol{\rho}(\lambda,\beta)=\begin{bmatrix}\cos\lambda\cos\beta\\\sin\lambda\cos\beta\\\sin\beta\end{bmatrix} \tag{14.2-9}$$

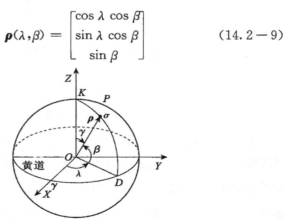

图 14.15　黄道坐标系

该坐标系和赤道坐标系一样，均不随观测地点和观测时间而改变。

上述 4 种坐标系的球面坐标和直角坐标的比较如表 14.2 所示。

表 14.2　4 种坐标系的比较

坐标系参数		地平坐标系 $\boldsymbol{\rho}(A, Z)$	时角坐标系（第一赤道坐标系）$\boldsymbol{\rho}(t, \delta)$	赤道坐标系（第二赤道坐标系）$\boldsymbol{\rho}(\alpha, \delta)$	黄道坐标系 $\boldsymbol{\rho}(\lambda, \beta)$
球面坐标系	基圈	真地平圈	天赤道	天赤道	黄道
	极	天顶	北天极	北天极	北黄极
	主点	南点（或北点）	天赤道最高点 Q	春分点 γ	春分点 γ
	经角 μ	方位角 A	时角 t	赤经 α	黄经 λ
	纬角 ν	高度 h	赤纬 δ	赤纬 δ	黄纬 β
	极距 η	天顶角 z	北极距 p	北极距 p	黄极距 γ
直角坐标系	左手/右手	左手	左手	右手	右手
	X 轴	南点（或北点）	天赤道最高点 Q	春分点 γ	春分点 γ
	Y 轴	$A=90°$	$t=6\text{ h}=90°$	$\alpha=6\text{ h}=90°$	$\lambda=90°$
	Z 轴	天顶	北天极	北天极	北黄极

14.2.3　4 种天球坐标系间的转换

14.2.3.1　地平坐标系 $OXYZ(A, z)$ 与时角坐标系 $OX'Y'Z'(t, \delta)$ 间的转换

地平坐标系和时角坐标系的关系与天文纬度 φ 有关，如图 14.16 所示。天体 σ 在地平坐标系中的坐标为 (A, z)，求在时角坐标系中的坐标 (t, δ)。$OXYZ$ 地平坐标系和 $OX'Y'Z'$ 时角坐标系都是左手坐标系。$OXYZ$ 绕 Y 轴旋转 $-(90°-\varphi)$ 就转换到 $OX'Y'Z'$，因此有

$$\boldsymbol{\rho}(t, \delta) = \boldsymbol{R}_2(\varphi - 90°)\boldsymbol{\rho}(A, z) \qquad (14.2-10)$$

坐标转换中的旋转矩阵 $\boldsymbol{R}_2(\varphi - 90°)$ 可写成

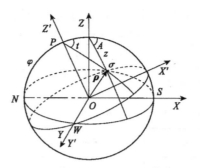

图 14.16　地平坐标系与时角坐标系间转换关系

$$\boldsymbol{R}_2(\varphi-90°) = \begin{bmatrix} \cos(\varphi-90°) & 0 & -\sin(\varphi-90°) \\ 0 & 1 & 0 \\ \sin(\varphi-90°) & 0 & \cos(\varphi-90°) \end{bmatrix}$$

$$(14.2-11)$$

将（14.2—6）式、（14.2—7）式和（14.2—10）式代入（14.2—10）式可得

$$\begin{bmatrix} \cos t \cos \delta \\ \sin t \cos \delta \\ \sin \delta \end{bmatrix} = \begin{bmatrix} \cos(\varphi-90°) & 0 & -\sin(\varphi-90°) \\ 0 & 1 & 0 \\ \sin(\varphi-90°) & 0 & \cos(\varphi-90°) \end{bmatrix} \begin{bmatrix} \cos A \sin z \\ \sin A \sin z \\ \cos z \end{bmatrix}$$

$$(14.2-12)$$

将（14.2—12）式右边乘出，可得

$$\begin{cases} \cos t \cos \delta = \cos z \cos \varphi + \sin z \sin \varphi \cos A \\ \sin t \cos \delta = \sin z \sin A \\ \sin \delta = \sin \varphi \cos z - \cos \varphi \sin z \cos A \end{cases}$$

$$(14.2-13)$$

（14.2—13）式可用图 14.16 中天极 P、天顶 Z（也表示 Z 轴）和天体 σ，构成球面三角形 $PZ\sigma$，其中 $\widehat{Z\sigma}=z$，$\widehat{P\sigma}=90°-\delta$，$\widehat{ZP}=90°-\varphi$，$\angle PZ\sigma=180°-A$，$\angle ZP\sigma=t$。（14.2—13）式的 3 个式子，可根据球面三角基本公式——第一五元素公式、正弦公式和边的余弦公式求证。

14.2.3.2　赤道坐标系和时角坐标系之间的转换

已知天体 σ 的 $\rho(t, \delta)$，求 $\rho(\alpha, \delta)$，如图 14.17 所示。时角坐标系 $OXYZ$，赤道坐标系 $OX'Y'Z'$，Z 和 Z' 轴均指北天极 P，但一个左手坐标系，一个右手坐标系，X 指向 Q'，X' 指春分点 γ。先将 Y 反向，然后将 $OXYZ$ 绕 Z 轴旋转 $-t_r$，使 X 轴和 X' 轴重合，并转到 $OX'Y'Z'$，所以可得

$$\rho(\alpha, \delta) = [\boldsymbol{R}_3(-t_r)\boldsymbol{P}_2]\rho(t, \delta) \qquad (14.2-14)$$

式中　$\boldsymbol{P}_2$——将 Y 轴反向的转换矩阵，$\boldsymbol{P}_2 = \begin{bmatrix} 1 & 0 & 0 \\ 0 & -1 & 0 \\ 0 & 0 & 1 \end{bmatrix}$；

$\boldsymbol{R}_3(-t_r)$——可以根据旋转矩阵写出 $\boldsymbol{R}_3(-t_r) = \begin{bmatrix} \cos(-t_r) & \sin(-t_r) & 0 \\ -\sin(-t_r) & \cos(-t_r) & 0 \\ 0 & 0 & 1 \end{bmatrix}$。

则两个坐标之间有以下关系

$$\alpha = t_r - t \qquad (14.2-15)$$

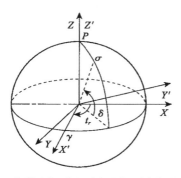

图 14.17　赤道坐标系和时角坐标系之间的转换关系

14.2.3.3　黄道坐标系和赤道坐标系之间的转换

已知天体 σ 在赤道坐标系中 $\rho(\alpha, \delta)$，求在黄道坐标系中的 $\rho(\lambda, \beta)$。转换关系如图 14.18 所示。$OXYZ$ 为赤道坐标系，$OX'Y'Z'$ 为黄

道坐标系，它们都是右手坐标系，$OXYZ$ 绕 X 轴旋转 ε，就转换到 $OX'Y'Z'$，因此有

$$\boldsymbol{\rho}(\lambda,\beta) = \boldsymbol{R}_1(\varepsilon)\boldsymbol{\rho}(\alpha,\delta) \qquad (14.2-16)$$

即

$$\begin{cases} \cos\beta\cos\lambda = \cos\delta\cos\alpha \\ \cos\beta\sin\lambda = \sin\delta\sin\varepsilon + \cos\delta\cos\varepsilon\sin\alpha \\ \sin\beta = \cos\varepsilon\sin\delta - \sin\varepsilon\cos\delta\sin\alpha \end{cases} \qquad (14.2-17)$$

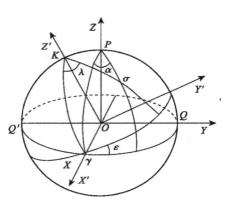

图 14.18　赤道坐标系和黄道坐标系之间的转换关系

14.2.3.4　其他天球坐标系之间的转换

用上述方法，可求其他两坐标系之间的转换。表 14.3 给出了天球坐标系之间的转换关系，可得

$$\boldsymbol{R}_1(\varphi) = \begin{bmatrix} 1 & 0 & 0 \\ 0 & \cos\varphi & \sin\varphi \\ 0 & -\sin\varphi & \cos\varphi \end{bmatrix}; \quad \boldsymbol{R}_2(\psi) = \begin{bmatrix} \cos\psi & 0 & -\sin\psi \\ 0 & 1 & 0 \\ \sin\psi & 0 & \cos\psi \end{bmatrix};$$

$$\boldsymbol{R}_3(\theta) = \begin{bmatrix} \cos\theta & \sin\theta & 0 \\ -\sin\theta & \cos\theta & 0 \\ 0 & 0 & 1 \end{bmatrix} \qquad (14.2-18)$$

表 14.3　天球坐标系之间的转换关系

		转换前系统			
		地平	时角	赤道	黄道
转换后系统	地平	$\boldsymbol{\rho}(A,h)$	$\boldsymbol{R}_2(90°-\varphi)$	$\boldsymbol{R}_2(90°-\varphi)\boldsymbol{P}_2\cdot\boldsymbol{R}_3(t_r)$	$\boldsymbol{R}_2(90°-\varphi)\boldsymbol{P}_2\cdot$ $\boldsymbol{R}_3(t_r)\boldsymbol{R}_1(-\varepsilon)$
	时角	$\boldsymbol{R}_2(\varphi-90°)$	$\boldsymbol{\rho}(t,\delta)$	$\boldsymbol{P}_2\boldsymbol{R}_3(t_r)$	$\boldsymbol{P}_2\boldsymbol{R}_3(t_r)\boldsymbol{R}_1(-\varepsilon)$
	赤道	$\boldsymbol{R}_3(-t_r)\boldsymbol{P}_2\cdot$ $\boldsymbol{R}_2(\varphi-90°)$	$\boldsymbol{R}_3(-t_r)\boldsymbol{P}_2$	$\boldsymbol{\rho}(\alpha,\delta)$	$\boldsymbol{R}_1(-\varepsilon)$
	黄道	$\boldsymbol{R}_1(\varepsilon)\boldsymbol{R}_3(-t_r)\cdot$ $\boldsymbol{P}_2\boldsymbol{R}_2(\varphi-90°)$	$\boldsymbol{R}_1(\varepsilon)\boldsymbol{R}_3(-t_r)\boldsymbol{P}_2$	$\boldsymbol{R}_1(\varepsilon)$	$\boldsymbol{\rho}(\lambda,\beta)$

注：$\boldsymbol{R}_1(\varphi)$、$\boldsymbol{R}_2(\psi)$、$\boldsymbol{R}_3(\theta)$ 为直角坐标 3 次旋转的旋转矩阵（绕 X 轴转 φ，绕 Y 轴转 ψ，绕 Z 轴转 θ）。

$\boldsymbol{P}_1$、$\boldsymbol{P}_2$、$\boldsymbol{P}_3$ 是 3 个反向矩阵，这是由于有左手直角坐标系和右手直角坐标系而引起的，即

$$\boldsymbol{P}_1=\begin{bmatrix}-1&0&0\\0&1&0\\0&0&1\end{bmatrix};\boldsymbol{P}_2=\begin{bmatrix}1&0&0\\0&-1&0\\0&0&1\end{bmatrix};\boldsymbol{P}_3=\begin{bmatrix}1&0&0\\0&1&0\\0&0&-1\end{bmatrix}$$

$$(14.2-19)$$

14.3　月球轨道运动特征和参数的天球表示

球面坐标系为我们描述月球的公转和自转提供了工具。

14.3.1　月球的轨道运动和自转运动

月球的运动，分为轨道运动（质心运动）和自转运动（绕质心的转动）。

近似研究月球质心运动，可将地球和月球看做质点，相互有引力作用，构成地月二体系统。在惯性坐标系内观察，二体系统的公共质点绕太阳公转，月球地球又分别绕公共质点转动，而公共质心又在地月质心连线上，距地心 4 671 km，地月系统如图 14.19 所示。

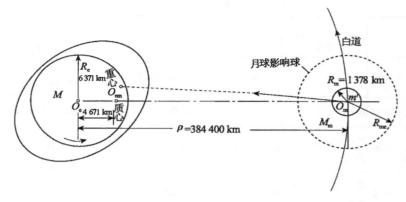

图 14.19　地月系统示意图

R_{me}—月球相对地球引力影响球半径，$R_{me} = \left(\dfrac{M_m}{M_e}\right)^{\frac{2}{5}} \rho = 6.62 \times 10^4$ km

月球是地球的自然卫星，可用卫星 6 轨道根数表示月球相对于地球的轨道运动。不同点在于月球轨道根数，应在地心、黄道和春分点为基准的地心黄道坐标系中描述。月球的 6 个轨道根数为：

1）$\tilde{a}_L$ 半长轴，384 400 km（椭圆近地点 363 300 km，远地点 405 500 km）；

2）$\tilde{\Omega}_L$ 升交点黄经，升交点西退，每年退 19°21′，每 18.6 年运动 1 周；

3）$\tilde{\Gamma}_L$ 近地点黄经，近地点沿公转方向运动，每 8.85 年运动 1 周；

4）$\tilde{e}_L$ 偏心率，0.054 9 $= \dfrac{1}{81}$（由于摄动作用，每隔 31.8 d 就出现 $\dfrac{1}{15} \sim \dfrac{1}{13}$ 小波动）；

5）$\tilde{i}_L$ 轨道倾角，平均值 5°9′（由于摄动作用，实际在 4°57′ ～ 5°19′ 间变化）；

6）$\tilde{L}_L$ 月球平黄经。

上述 1）～4）4 个根数，与经典的轨道根数定义一致。近地点黄经为在黄道上从春分点量至升交点，然后再沿白道量至近地点的角度之和；月球的平黄经为沿黄道从春分点量至升交点，再沿白道量至月的平位置的夹角之和。若地月以二体问题考虑，两者只有引力，6 个轨道根数为常数。但考虑太阳和其他行星的摄动力作用（主要是太阳的引力），轨道根数就不是常数了，其值不断随时间变化。长期变化的月球轨道根数，可由专门的天文表查出，月球精确的位置和速度也可由行星/月球历表（DE/LE403）计算出来。

白道、黄道和地球赤道间的相互关系，如图 14.20 所示。春分点 γ、白道相对于黄道的升交点 $\tilde{N}_L$、黄赤交角 ε 都不是固定不变的。$\tilde{N}_L$ 西退，白赤交角 i_L 变化，当 $\tilde{N}_L$ 与春分点重合时，白赤交角 i_L 达最大值 $23°27'+5°9'=28°36'$。当白黄降交点 $\tilde{N}_L'$ 与春分点重合时，白赤交角 i_L 达最小值 $23°27'-5°9'=18°18'$。因此，白赤交角 i_L 在 $18°18'\sim28°36'$ 之间变化，周期为 18.6 a。

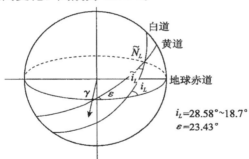

图 14.20　白道、黄道、地球赤道的相互关系

月球绕地球的周期运动，周期计算有 5 种基准选择：

1）恒星月，以恒星位置为基准的周期，即地月连线连续两次指向同一恒星所经过的时间。该周期就是月球绕地球旋转 360° 所用时间，恒星月的平均长度为 27.321 66 平太阳日。

2）朔望月，以太阳位置为基准的周期（如图 14.21 所示）。月球绕地球旋转（图内圈 8 位置）与太阳的相对位置不同，地球上观测者看到月球的月相（即月球的相貌）不同（外圈 8 位置），其中新月为"朔"，满月为"望"，朔望之间为"弦"。朔望月是月相连续两次相同所经过的时间（即从新月到新月的周期或满月到满月的周期），朔望月的平均长度为 29.530 6 平太阳日。我国农（阴）历，以朔望月为月的单位，阴历初一为新月，十五或十六为满月。朔望月比恒星月长约 2.2 d。

3）交点月，以月球轨道相对黄道升交点 $\tilde{N}_L$ 为基准的周期，即月球连续两次通过 $\tilde{N}_L$ 的时间，平均值为 27.212 22 平太阳日。

4）近点月，以月球轨道近地点为基准的周期。平均值为 27.554 55 平太阳日。

5）分点月（又称回归月），以春分点为基准点的分点月，即月球的黄经连续两次等于春分点黄经所需时间，长度为 27.321 58 平太阳日。

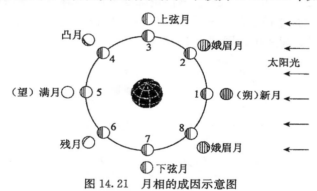

图 14.21　月相的成因示意图

一般用卡西尼三定律来描述月球的自转：

1）月球的自转轴垂直于月球赤道面，旋转周期等于月球绕地球公转的恒星月平均值 27.321 66 平太阳日；

2）月球赤道与黄道的倾角 $\tilde{I}_L$ 为常数，$\tilde{I}_L = 1°32'$；

3）月球的赤道面、黄道面、白道面，三者交于同一条线，且黄道面位于中间。

白道相对于黄道的降交点 $\tilde{N}'_L$，与月球赤道相对于黄道的升交点 $\tilde{N}'_L$ 重合。因白道与黄道间夹角 $\tilde{i}_L$ 也为常数，$\tilde{i}_L = 5°9'$。因此月球赤道面与白道夹角为 $\tilde{i}_L + \tilde{I}_L$ 为常数，$\tilde{i}_L + \tilde{I}_L = 6°41'$。

月球自转周期为1个恒星月（即27.321 66平太阳日），故月球自转角速度为 $\omega_L = \dfrac{2\pi}{27.321\ 66\times24\times3\ 600} = 2.661\ 699\times10^{-6}$ （rad/s）或为13.2((°)/d)

由于月球的赤道面与月球的白道面重合，月球的自转周期与公转周期一样，且公转轨道（白道）为圆形，所以地球观测者看到月面图像不变。如图14.22所示，月面 a 点始终对准地球，看到月球同一半面。但实际看到月球表面比一半要大些，这是月球具有天平动而引起的。天平动按起因不同分为两类：一类为月球本身无任何摆动，仅是地球上观测者视角差引起的，称几何天平动或光学天平动，分为经度天平动、纬度天平动、视差天平动、周日天平动，共4种；另一类是因月球本身固有摆动引起的，称物理天平动，仅1种。

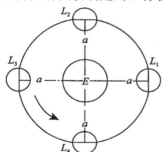

图14.22　月球自转周期等于公转周期，月面 a 点始终对准地球

具体定义如下：

1）经度天平动，因月球绕地球运动的轨道不是圆，而是椭圆，近地点角速度大，远地点角速度小，而自转角速度不变，地球观察者看月东边比西边多一点，可多达 $7°45'$。

2）纬度天平动，因月球自转轴垂直于月赤道面，而不垂直于白道面而引起的。地球观测者看到月球北极比南极多一点。因月赤道与白道夹角为 $6°41'$，所以多看到 $6°41'$。

3）视差天平动，因月球距地球较近，同一时刻在地球不同观察点，看到月面不完全相同。

4）周日天平动，也因月球距地球较近，在地球上同一点，不同时刻看到月面也不一样。视差天平动和周日天平动总和可达 1°。

　　5）物理天平动，因月球本身具有一种摆动引起的，这种天平动很小，只有 2′。这是由于地球非圆形，对月引力变化引起月球东西方向存在摆动。

　　上述 5 种天平动，使地球观测者看到月面达 59%。

14.3.2　用地心天球图描述日、地、月运动参数

　　首先介绍描述月面点及月球引力位的月固坐标系 $O_L x'y'z'$（如图 14.23 所示），坐标原点为月心 O_L，参考平面为月赤道面，x' 轴通过月面赤道上的中央湾 S.M.（Simus Medii），z' 轴与月球自转轴一致，y' 轴符合右手定则。通过 S.M. 的月理经度线为起始子午线，它与自转轴构成起始子午面，从起始子午面沿月赤道向东度量为月理东经，向西度量为月理西经，范围为 $0° \sim 180°$。月赤道把月球分为南、北两半球，北半球和南半球，北极和南极，类似地球。月球南、北半球也有月理南纬、月理北纬。月球赤道的月理纬度为 $0°$，北纬为正值、南纬为负值，范围各为 $0° \sim 90°$。

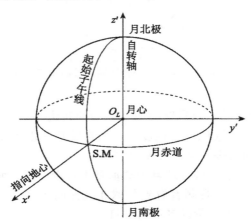

图 14.23　月固坐标系

　　日、地、月的特征圈、线、点、角，很容易在地心天球上表示出来，如图 14.24 所示。

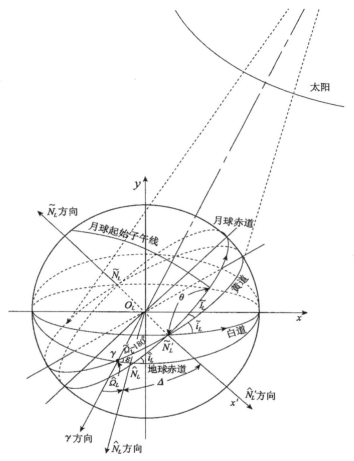

图 14.24　地心天球上表示的日、地、月运动参数

$\hat{N}'_L$—白道相对于黄道的降交点；$\widetilde{\Omega}_L$—白道升交点的黄经，$\widetilde{\Omega}_L-180°$为$\widetilde{N}'_L$的黄经；

θ—月球起始子午线至$\widetilde{N}'_L$的夹角；$\widetilde{N}_L$—白道相对黄道的升交点；γ—春分点；

x'—月球在白道上运动指向地球的方向，当x'指向降交点$\widetilde{N}'_L$时，月球在升交点；

$\hat{N}_L$—月赤道相对于地赤道的升交点；$\hat{\Omega}_L$—$\hat{N}_L$的赤经；Δ—$\overset{\frown}{\hat{N}_L\widetilde{N}'_L}$弧角；

ε—黄道与地球赤道的交角；$\widetilde{I}_L$—黄道与月球赤道的交角；

$\hat{i}_L$—地球赤道与月球赤道的夹角；$\widetilde{i}_L$—黄道与白道交角

地球赤道、月球赤道、黄道、白道、月球起始子午线等，都可在天球上投影。

月球自转的卡西尼第三定律，月球赤道、黄道和白道交于两点（$\widetilde{N'_L}$ 为白道相对于黄道的降交点，又是月赤道相对于黄道的升交点）。设白道升交点 $\widetilde{N_L}$ 的黄经为 $\widetilde{\Omega}_L$，则 $\widetilde{N'_L}$ 的黄经为 $\widetilde{\Omega}_L - 180°$，$\theta$ 为月球起始子午线至 $\widetilde{N'_L}$ 的夹角。

设月球的平黄经为 $\widetilde{L}_L$，当 x' 轴指南降交点 $\widetilde{N'_L}$ 时，由于 x' 轴（月固坐标系 Ox' 轴）指向地心 O_e，因此，月球在地球赤道的升交点上；当 x' 轴以月球自转角速度 ω_L 转过 θ 时，由于月球自转角速度与月球公转的平均角速度相等，因而月球在白道上以平角速度转过的角度为 $\widetilde{L}_L - \widetilde{\Omega}_L$，故有

$$\theta = \widetilde{L}_L - \widetilde{\Omega}_L \qquad (14.3-1)$$

设 $\hat{N}_L$ 为月球赤道相对于地球赤道的升交点（参见图 14.24），并设 $\hat{\Omega}_L$ 为 $\hat{N}_L$ 的赤经，$\hat{u}_L$ 为升交点 $\hat{N}_L$ 至月球起始子午线间的夹角（$\hat{u}_L = \Delta + \theta$），$\hat{\imath}_L$ 为地球赤道与月球赤道之间的夹角，则 $\hat{\Omega}_L$、$\hat{\imath}_L$ 和 $\hat{u}_L$ 为地心惯性坐标系 $O_e XYZ$ 转换到月固坐标系 $O_L x'y'z'$ 的 3 个欧拉角。

设 Δ 为 $\widehat{\widetilde{N}_L \widetilde{N'_L}}$ 弧角，在球面三角形 $\gamma \hat{N}_L \widetilde{N'_L}$ 中，以下计算式成立，即

$$\cos \hat{\imath}_L = \sin \widetilde{I}_L \cos \widetilde{\Omega}_L \sin \varepsilon + \cos \widetilde{I}_L \cos \varepsilon \qquad (14.3-2)$$

$$\begin{cases} \sin \hat{\Omega}_L = \dfrac{1}{\sin \hat{\imath}_L}(-\sin \widetilde{I}_L \sin \widetilde{\Omega}_L) \\[2mm] \cos \widetilde{\Omega}_L = \dfrac{1}{\sin \hat{\imath}_L}(\cos \widetilde{I}_L \sin \varepsilon - \sin \widetilde{I}_L \cos \widetilde{\Omega}_L \cos \varepsilon) \end{cases}$$

$$(14.3-3)$$

$$\hat{\Omega}_L = \arctan \frac{\sin \hat{\Omega}_L}{\cos \hat{\Omega}_L} \tag{14.3-4}$$

$$\begin{cases} \sin \Delta = \dfrac{1}{\sin \widetilde{I}_L}(-\sin \widetilde{\Omega}_L \sin \varepsilon) \\[3mm] \cos \Delta = \dfrac{1}{\sin \widetilde{I}_L}(\sin \widetilde{I}_L \cos \varepsilon - \cos \widetilde{I}_L \cos \widetilde{\Omega}_L \sin \varepsilon) \end{cases}$$

$$\tag{14.3-5}$$

则有

$$\Delta = \arctan \frac{\sin \Delta}{\cos \Delta} \tag{14.3-6}$$

$$\hat{u}_L = \Delta + \theta \tag{14.3-7}$$

在进行月球探测器的地月轨道设计时，可用欧拉角 ε、$\widetilde{\Omega}$、$\widetilde{L}_L$ 的近似计算式。在考虑月球物理天平动时，要对欧拉角进行修正。将探测器速度矢量从地心惯性坐标系 $O_e XYZ$ 转到月固坐标系 $O_L x' y' z'$ 时，要用到欧拉角变化速率 $\left(\dfrac{\mathrm{d} \hat{\Omega}_L}{\mathrm{d}t}、\dfrac{\mathrm{d} \hat{i}_L}{\mathrm{d}t}、\dfrac{\mathrm{d} \hat{u}_L}{\mathrm{d}t} \right)$。在近似计算中，第一项变化率取零，第二项、第三项变化率取 13.2(°)/d；而在精确计算中，欧拉角及其变化率，可查行星/月球历表（DE/LE403 手册）的值进行计算。

14.4　探月轨道的类型和设计约束条件

14.4.1　探月轨道的类型

探月轨道是登月（载人或不载人）轨道设计的第一步，也是必经之步骤。探测器飞离地面稠密大气层后，有两种方式飞向月球：在稠密大气层外加速、飞向月球；先进入地球近地停泊轨道，在该轨道适当位置加速，飞向月球。向月球飞行的轨道是探测器加速后的飞行轨道，又称奔月轨道。根据探测器加速后的轨道形状，有 6

种奔月轨道。

14.4.1.1　飞越月球

在近地停泊轨道适当位置加速后，探测器相对于地球的抛物线或双曲线轨道，飞向月球，到月球附近时由于速度仍大于月球逃逸速度（月球附近逃逸速度为 0.385 km/s，月球表面逃逸速度 2.38 km/s），越过月球进入太阳系其他行星。

14.4.1.2　击中月球（硬着陆）

探测器在地球停泊轨道适当位置加速后，形成对地球的椭圆（或抛物线、双曲线）轨道，飞向月球，并准确地撞上月面。

14.4.1.3　绕月飞行

探测器在地球停泊轨道适当位置加速后，相对于地心形成椭圆轨道，飞向月球。估计探测器加速后，相对于地球的速度为 10.9 km/s（大于 v_1＝7.9 km/s，小于 v_2＝11.2 km/s），在月球附近（影响球边界 H_s＝318.55 km）仍有 0.2 km/s 的速度，但月球自身对地球有 1 km/s 的速度，因而探测器相对于月球的速度在 0.8～1.2 km/s 之间，而此处探测器相对于月球的逃逸速度为 0.385 km/s。所以探测器相对于月球的速度超过了逃逸速度，即探测器相对于月心作抛物线轨道飞行。当抛物线的近月距 l_s 小于月球半径 R_m（1 378 km)时，将击中月球；当 $l_s > R_m$ 时，将绕过月球，而返回地球附近。

14.4.1.4　月球卫星

这是探测器要观测月面而要达到的目的，中国的探月卫星嫦娥一号就是这个轨道。探测器在地球停泊轨道上的指定点加速，以地球椭圆轨道，飞向月球。在月球引力作用范围内，以月心双曲线轨道绕月运动，在月心双曲线上适当位置（如近月点）探测器制动减速，使探测器成为月球椭圆轨道卫星。

14.4.1.5　月面着陆（软着陆）

这首先是让探测器成为月球卫星（详见 14.4.1.4 节），再将月球椭圆轨道修正为圆轨道（一般月球圆轨道星下点经过月着陆点）。

在月球圆轨道适当位置制动减速，按月球返回轨道设计（详见第 13 章），使探测器相对于月球的速度减小，并接近于零。这就是月面软着陆，以区别于硬着陆（探测器与月面碰撞而销毁）。

14.4.1.6　着陆月面并返回地球

探测器在月面软着陆（详见 14.4.1.5 节），在完成月面任务后，探测器再从月面垂直起飞，这时探测器相对于月面的速度要达到 3 km/s 左右，关闭发动机。超过了月球的逃逸速度，摆脱了月球引力场约束，相对于地球速度约为 1 km/s，探测器即可直奔地球，回到地球稠密大气层边界时，相对于地球的速度接近 11.2 km/s（这时与地球轨道高度在 200～500 km 范围之内），最后按返回轨道设计（详见第 13 章），返回地面。

月球探测器（或登月飞船）最完整的轨道（如图 14.25 所示）飞行有：探测器或飞船由大型运载火箭送入地球近地（高为 200～400 km）停泊轨道（发射点至停泊轨道入轨点，称为发射轨道）；登月飞船再在停泊轨道适当位置 A 加速进入地月转移轨道飞向月球影响球的入口点 B，入 B 点后适当位置减速，进入月球卫星轨道，在该轨道适当位置飞船指挥舱与登月舱分离，指挥舱留在月球卫星轨道上；登月舱制动，进入月球着陆轨道，并按程序制动减速，软着陆于月面。登月舱在月面完成登月任务后，按相反的过程回到地球：登月舱在月面重起飞（月面发射轨道），进入月球轨道与指挥舱对

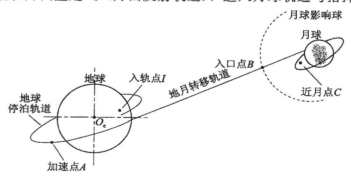

图 14.25　奔月轨道的分段示意图

接；在月球轨道适当位置加速，飞离月球轨道，进入月地转移轨道；经过 2～3 次轨道修正，进入地球大气层管状轨道区（走廊），再入速度 11 km/s，再入角约 6.5°，返回舱升阻比为 0.3，过载最高不到 12g，热流限制在允许值内。这就是返回着陆轨道。

14.4.2　探月轨道设计的约束条件

探月轨道设计是探月工程总体（大系统）设计的先导。以航天动力学为基础。根据探月工程总任务，综合考虑能耗、飞行时间和地面测控等因素进行轨道设计与优化。确定发射窗口（发射日期和发射时刻）；确定不同用途发动机能提供的速度增量；确定入轨或变轨时探测器的状态参数，给出标准轨道；确定修正轨道误差（发动机误差或推力偏差）的制导方法等。在奔月轨道的 4 个分段（地球停泊轨道、地月转移轨道、近月轨道、着月或绕月轨道）设计主要约束条件。

14.4.2.1　地球停泊轨道的约束条件

地球停泊轨道的约束条件如下：

1）停泊轨道的入轨点的地球固定坐标参数和轨道高度，受发射场位置、测控站的布局和性能、运载火箭运载能力的约束；

2）地球停泊轨道倾角，受发射场地心纬度和地面测控网限制，轨道倾角不低于发射场地心纬度；

3）探测器进入地球停泊轨道的入轨点开始，探测器飞行方向是升轨或降轨，将对发射航区安全有影响；

4）探测器在停泊轨道飞行，由于轨道较低（一般约为 200 km），轨道受大气摄动影响大，所以探测器在停泊轨道上滑行时间（寻找转换轨道起始点）不能太长，以免需进行轨道保持消耗能量。但也需要一定的滑行时间，以便探测器完成转移轨道前的准备工作（调姿或起旋等）。

14.4.2.2　地月转移轨道的约束条件

地月转移轨道的约束条件如下：

1）月球轨道与地球赤道交角（月轨地赤倾角）在 18°18′～28°

35′之间变化，变化周期为 18.6 a。从省能量考虑，发射探测器的地球停泊轨道的轨道倾角有限制，一般不与白道面重合。探测器在地球停泊轨道加速成地月转移轨道有两种方案：一是停泊轨道上加速时，使地月转移轨道面与白道面重合（探测器加速前要调姿，实现非共面变轨），这样消耗能量较大，工程实现难度大，不可取；另一种方案是在停泊轨道上共面变轨，地月转移轨道与停泊轨道共面，不与白道共面，这样简单省能源。

2）地月转移轨道的入轨速度值大小，一方面受运载火箭运载能力的限制不能太大；另一方面又受探测器地月转移轨道段飞行时间的限制，不能太小。因转移轨道时间长，会加重其他系统的负担。

14.4.2.3 近月轨道的约束条件

对于不同类型的奔月任务，约束条件重点不同。例如：

1）着月轨道。探测器直接着陆月球，需确定进入月球影响球后，轨道近月点半径是否小于月球半径，并且确定着月点的位置和着月速度应满足要求。

2）月球卫星轨道。探测器要成为月球卫星，必须在地月转移轨道终点（进入月球卫星轨道入轨点）探测器减速成月球卫星所需速度，并确定该轨道相对于月球赤道的倾角是否满足要求。

3）绕月飞行轨道。需确定探测器在近月点的位置/速度条件，满足飞出月球影响球的条件。若要确定探测器绕月后，回到地球的某位置，还要确定回到地球轨道的轨道倾角。

14.5 简化的探月轨道设计

这里重点讨论地月转移轨道段，同时论述开始的地球近地停泊轨道和接近月球的近月轨道，即采用"中间"带"两头"论述方式。精确设计探月轨道只能用运动方程的数值积分才能算出。在求解运动方程中要考虑地球扁率，太阳扰动、太阳辐射压力、月球终端引力等多种因素。加上月球运动的不确定性，实际飞行计算都要依赖于天文学制订的月球星历表（此表按年、月顺序列出月球位置），要求探月飞行任务按某年、月、日、小时顺序计算。

为简化探月轨道的计算，假设：

1）月球轨道（白道）是半径为 384 400 km 的圆轨道（实际为非圆，平均偏心率为 0.054 7），此假设不会引入太大的误差。

2）探月轨道在月球终端的引力可忽略不计，只研究与月球轨道相交的探月轨道。

3）探月轨道面与月球轨道面共面。在精确的探月轨道计算中，选择发射时间使探月轨道与月球轨道共面，以达到对探测器的速度增量 Δv 最小（否则用来改变轨道面的速度增量会较大）。

14.5.1 飞行时间随入轨速度的变化

简化的探月轨道平面示意图，如图 14.26 所示，O_e 为地心，O_L 为月心，P 为在地月转移轨道上运行的探测器，A 为停泊轨道进入地月转移轨道的入轨点。设 $r=r_A$ 为停泊轨道圆轨的半径，所以加速点（入轨点）A 的地心距为 r，θ_A 为入轨点速度 v_A 当地速度倾角（$\theta_A=0$ 时，A 与 A' 重合），Δt_r 为探测器地月转移轨道飞行时间，$\mathrm{d}f$ 为入轨点 A 到与月球相遇（这里指到达月心 O_L）点的真近点角差，也称为地心扫角。

根据共面变轨公式可知，只要给出加速点 A 的参数 r、v_A 与 θ_A，就能确定与月球交会的地月转移轨道。该轨道的计算式如下。

能量为

$$\varepsilon = \frac{v_A^2}{2} - \frac{\mu_E}{r} \qquad (14.5-1)$$

动量矩为

$$h = r v_A \cos \theta_A \qquad (14.5-2)$$

半通径为

$$p = \frac{h^2}{\mu_E} \qquad (14.5-3)$$

长半轴为

$$a = -\frac{\mu_E}{2\varepsilon} \qquad (14.5-4)$$

偏心率为

$$e = \sqrt{1 - \frac{p}{a}} \qquad (14.5-5)$$

A 点的真近点角为

$$f_A = \arccos \frac{p-r}{er} \qquad (14.5-6)$$

L 点的真近点角为

$$\begin{cases} f_L = \arccos \dfrac{p-R_{\text{月}}}{eR_{\text{月}}} \\[2mm] f_L = 180 - \arccos \dfrac{p-R_{\text{月}}}{eR_{\text{月}}} \end{cases} \qquad (14.5-7)$$

由图 14.26 可见，探测器一般不会飞过地月转移轨道的远地点，这称为升弧段与月球相交，按（14.5-7）式的第一式计算 L 点的真近点角 f_L；若在降弧段与月相交（图中虚线地月转移轨道），L 点的真近点角按（14.5-7）式的第二式计算。

地心扫角为

$$\mathrm{d}f = f_L - f_A + k360 \qquad (14.5-8)$$

式中　k——探测器在地月转移轨道上飞行的整圈数（$k=0,1,2,\cdots$）。

当探测器在地月转移轨道上飞行不足 1 圈时，$k=0$，并且入轨点 A 位于地月轨道近地点附近（或 A 就是近地点，$\theta_A \to 0°$）。同时，探测器与月球交会时，未飞过地月球转移轨道的远地点，则 $\mathrm{d}f < 180°$。

这里的地月转移轨道是圆锥曲线的一部分。圆锥曲线有椭圆、抛物线、双曲线 3 种类型。根据能量参数 ε，可以判定轨道属于哪种类型，可以分别计算出飞行时间 Δt_r。

14.5.1.1　地月转移轨道为椭圆轨道

根据二体问题，由位置矢量和速度矢量求轨道根数公式，$e<1$ 时，过近地点时间 τ，可表示为 $n(t-\tau)=E-e\sin E$，由该式可求

$$\Delta t_r = \sqrt{\frac{a^3}{\mu_E}} \left[(E_L - E_A) - e(\sin E_L - \sin E_A) \right] \qquad (14.5-9)$$

式中

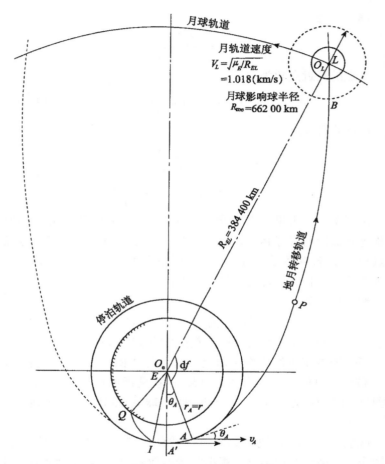

图 14.26　简化的探月轨道平面示意图

$$
\begin{cases}
E_L = 2\arctan\left(\sqrt{\dfrac{1-e}{1+e}}\tan\dfrac{f_L}{2}\right) \\[3mm]
E_A = 2\arctan\left(\sqrt{\dfrac{1-e}{1+e}}\tan\dfrac{f_A}{2}\right)
\end{cases}
\qquad (14.5-10)
$$

(14.5－10)式由椭圆参数定义(见图 14.27)的 E 与 f 的关系式

$E = 2\arctan\left(\sqrt{\dfrac{1-e}{1+e}}\tan\dfrac{f}{2}\right)$ 求得。

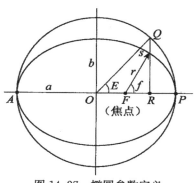

图 14.27　椭圆参数定义

E—偏近点角，f—真近点角

14.5.1.2　地月转移轨道为抛物线轨道

根据二体问题，由位置和速度矢量求轨道根数公式，$e=1$ 时，τ 的计算式为

$$2\sqrt{\dfrac{\mu}{p^3}}(t-\tau) = \tan\dfrac{f}{2} + \dfrac{1}{3}\tan^3\dfrac{f}{2} \qquad (14.5-11)$$

（14.5－11）式称为巴克方程，又称为抛物线型开普勒方程。由该式可求得

$$\Delta t_r = \dfrac{1}{2\sqrt{\mu_E}}\left[\left(pD_L + \dfrac{1}{3}D_L^3\right) - \left(pD_A + \dfrac{1}{3}D_A^3\right)\right]$$

$$(14.5-12)$$

式中

$$\begin{cases} D_L = \sqrt{p}\tan\dfrac{f_L}{2} \\[2mm] D_A = \sqrt{p}\tan\dfrac{f_A}{2} \end{cases} \qquad (14.5-13)$$

14.5.1.3　地月转移轨道为双曲线轨道

根据二体问题，由位置和速度矢量求轨道根数的公式，$e>1$ 时，τ 有计算公式为

$$\begin{cases} \sqrt{\dfrac{\mu}{a_1^3}}\,(t-\tau) = e\sinh H - H \\ a_1 = -a \end{cases} \qquad (14.5-14)$$

式中 H——双曲线近地点，与椭圆 E 相似。

由 (14.5-14) 式可求得

$$\Delta t_r = \sqrt{\dfrac{(-a)^3}{\mu_E}}\big[(e\sinh H_L - H_L)-(e\sinh H_A - H_A)\big]$$

$$(14.5-15)$$

（14.5-15）式中双曲线的近点角 H（H_A、H_L 分别为地月转移轨道起点 A 和终点 L 的近点角）可用（14.5-16）式求得

$$\begin{cases} \tan\dfrac{H_L}{2} = \sqrt{\dfrac{e-1}{e+1}}\tan\dfrac{f_L}{2} \\ \tan\dfrac{H_A}{2} = \sqrt{\dfrac{e-1}{e+1}}\tan\dfrac{f_A}{2} \end{cases} \qquad (14.5-16)$$

根据（14.5-1）式～（14.5-16）式，可以对地月转移轨道作如下分析。为使分析方便，假设入轨点 A 的速度 v_A 的速度倾角（又称航迹角）$\theta_A = 0°$，则地月转移轨道形状受 v_A 影响如图 14.28 所示。所以 $r_A = r$（见图 14.26）为 6 578.137 km，由于地球平均半径 $R_e = 6\,378.137$ km，所以探测器的停泊轨道高度 $H_A = 200$ km，$\theta_A = 0°$。通过 v_A 的改变，可以算出地月转移轨道偏心率 e 与 v_A 的变化关系曲线（见图 14.29（a））、地心扫角 $\mathrm{d}f$ 随飞行时间 Δt_r 的关系曲线（见图 14.29（b））、转移轨道飞行时间 Δt_r 随 v_A 的变化曲线（见图 14.29（c））。图 14.28 表示出地月转移轨道形状的定性分析，图 14.29 表示出偏心率 e、地心扫角 $\mathrm{d}f$、飞行时间 Δt_r 随 v_A 的变化曲线，即定量分析结果。其结论如下：

1）当转移轨道初速 $v_A = \infty$ 时，其轨道形状为一条直线，飞行时间最短。

2）随 v_A 减小（但 $v_A > 11.008\,6$ km/s），轨道形状变为双曲线。

3）当 $v_A = 11.008\,6$ km/s 时，$\mathrm{d}f = 165°$，$e = 1$，转移轨道变成抛物线。

4）当 v_A＜11.008 6 km/s 时，转移轨道形状为椭圆，并与月球轨道有交合点。这时选用 v_A 的上限值（从图 14.29 可查出 Δt_r＞60 h），飞行时间 Δt_r 接近 3 d，这是可以接受的。因为在载人登月时，Δt_r 不能太长，否则会给飞船其他系统带来重负，生命保障系统也更加难做。但从节省能量来看，希望 v_A 小（成椭圆形轨道），但 Δt_r 长。所以，节省推进剂与缩短飞行时间是相互矛盾的，要折中解决。

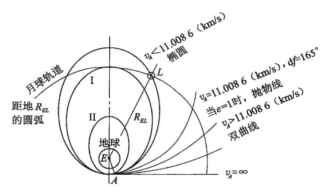

图 14.28　地月转移轨道形状受入轨点初速 v_A 的影响

5）根据霍曼转移公式可以算出最小转移初速 v_A＝10.915 6 km/s，相应的轨道长半轴 a＝195.489 07 km，偏心率 e＝0.966，与月球交会时探测器的速度 v_L＝186.8 m/s，飞行时间 119.47 h。因为月球对地球的速度约为 1 km/s，所以探测器对月球的速度为 0.8～1.2 km/s。可见，最小转移速度虽省能源，但飞行时间也最长（约 5 d）。若把轨移初速 v_A 略为提高至 v_A＝10.938 6 km/s，由图 14.29（c）可见，飞行时间可减至 72 h（即 3 d）。若停泊轨道的轨道高度所对应的圆轨速度 v_1＝10.915 6 km/s，而 A 点加速所需 Δv_A＝v_A-v_1＝23 m/s，能耗代价不大，但可得到较满意的飞行时间（不超过 72 h）。这就是美国阿波罗登月飞船的地月转移轨道飞行时间。

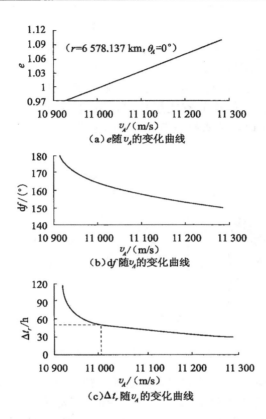

图 14.29　地月转移轨道的 e、$\mathrm{d}f$、Δt_r 随入轨初速 v_A 的变化曲线

14.5.2　地球停泊轨道与地球赤道和白道非共面时考虑的问题

一般来说，地球停泊轨道与地球赤道和白道是不共面的，图 14.30 示出了它们之间的关系。

图 14.30 中，N 为停泊轨道对地球赤道的升交点；N_L 为白道对地球赤道的升交点；$\widetilde{N}$ 为停泊轨道对白道的升交点；i、$\widetilde{i}$、i_L 为 3 个轨道面在升交点处形成的夹角；$\Delta\Omega$ 为停泊轨道和白道相对地球赤

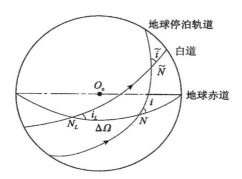

图 14.30 地球停泊轨道与地球赤道、白道之间的几何关系

道升交点间的赤经差。在地心球面上的 $\triangle NN_L\tilde{N}$ 中有

$$\tilde{i} = \arccos(-\cos i \cos i_L + \sin i \sin i_L \cos \Delta\Omega)$$

$$(14.5-17)$$

对于自然天体，地球和月球间的关系来说，N_L 沿赤道不断西退，倾角 i_L 在 18°18′ 至 28°36′ 之间缓变，周期为 18.6 a。对于单次地月转移轨道飞行来说，由于飞行时间远小于 18.6 a，所以飞行任务出发时间确定后，i_L 可视为常数，N_L 位置认为固定。但选择停泊轨道时，要考虑地月间的岁差和章动，这体现在夹角 i_L 上；地球受其他天体摄动力的影响，N 沿赤道进动；当 N 沿赤道变化 1 周时，$\tilde{N}$ 沿白道也约变化 1 周。最终 $\tilde{i}$ 的变化范围为

$$(i-i_L) < \tilde{i} < (i+i_L) \qquad (14.5-18)$$

14.5.3 地球停泊轨道、地月转移轨道和白道三者间的关系

地球停泊轨道、地月转移轨道和白道在地心天球图上的关系，如图 14.31 所示。$\tilde{N}$ 和 $\tilde{N}'$ 为地球停泊轨道相对于白道的升交点和降交点；$\tilde{i}$ 为停泊轨道与白道间的夹角；$df = \angle AO_eL$ 为探测器从转移轨道入轨点 A 至月球 L 的地心扫角，通过 A 点作一垂直于白道面的

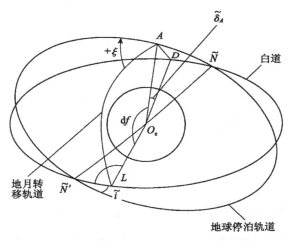

图 14.31　地球停泊轨道、地月转移轨道、白道三者的几何关系

大圆弧 $\widehat{AD}$，并交白道于 D 点。设 $\widetilde{a}_D$ 和 $\widetilde{a}_L$ 分别为 D 点和 L 点至 $\widetilde{N}$ 点之间的角距。在球面三角形 $\widetilde{N}AD$ 中，可得 A 点相对于白道的角距 $\widetilde{\delta}_A$ 为

$$\widetilde{\delta}_A = \arctan\left[\frac{\sin \widetilde{a}_D}{\cos \widetilde{i}}\right] \qquad (14.5-19)$$

在球面三角形 ADL 中可得

$$\mathrm{d}f = \arccos[\cos \widetilde{\delta}_A \cos(\widetilde{a}_L - \widetilde{a}_D)] \qquad (14.5-20)$$

探测器在地球停泊轨道运行，在 A 点改变姿态加速，使地月转移轨道与地球停泊轨道夹角为 ξ（非共面角），ξ 定义转移轨道面相对停泊轨道面向左为正，向右为负。在球面三角形 $AL\widetilde{N}'$ 中，有

$$\sin \xi = \frac{\sin \widetilde{a}_L \sin \widetilde{i}}{\sin \mathrm{d}f} \qquad (14.5-21)$$

为省能量，希望地月转移轨道与地球停泊轨道共面，即 $\xi=0°$。这就要求探测器与月球交会时，月球应处于升交点 $\widetilde{N}$ 或降交点 $\widetilde{N}'$ 位置。若探测器未能按时加速入轨，则应调整夹角 ξ 和在地月转移轨

道面内的地心扫角 $\mathrm{d}f$，这既花时，又费能量。

又由于地球的扁率摄动影响，地球停泊轨道的升交点 N（见图 14.30）产生进动，设进动率为 $\dot{\Omega}((°)/\mathrm{d})$，$N$ 沿地赤道进动 1 周的时间 T_N 为

$$T_N = \frac{360}{\dot{\Omega}} \ (\mathrm{d}) \qquad\qquad (14.5-22)$$

当 N 在 T_N 天内沿赤道变化 1 周时，$\widetilde{N}$ 沿白道也变化 1 周。可近似假设 $\widetilde{N}$ 的变化率与 N 的进动率相等，因月球以 $13.2(°)/\mathrm{d}$ 的角速度沿白道运动，所以 $\widetilde{N}$ 相对于月球以 $(\dot{\Omega}+13.2)((°)/\mathrm{d})$ 的角速度转动。月球从升交点 $\widetilde{N}$ 运行到降交点 $\widetilde{N}'$ 的时间 d_L 为

$$d_L = \frac{180}{13.2 - \dot{\Omega}} \ (\mathrm{d}) \qquad\qquad (14.5-23)$$

【例】设地球停泊轨道为圆轨，轨道高度 $h=200$ km，轨道倾角 $i=43°$（一般由发射场所在纬度选定）。通过地球非球形摄动公式（$\dot{\Omega}=\dfrac{-3J_2a_E^2}{2p^2}n\cos i$），可以算出 $\dot{\Omega}=-6.6(°)/\mathrm{d}$；再由 $(14.5-22)$ 式可知，升交点 N 变化 1 周的时间约为 $(360/6.6)\approx54$ d。而 $\widetilde{N}$ 相对月球以 $(6.6+13.2)=19.8(°)/\mathrm{d}$ 的平均角速度转动。由 $(14.5-23)$ 式可知，月球从升交点 $\widetilde{N}$ 运行至降交点 $\widetilde{N}'$ 的时间为 $180/19.8\approx9$ d。这说明，探测器一旦进入地球停泊轨道，加速进入地月转移轨道的时刻 A，以约 9 d 的周期不断出现。

14.5.4　地月转移轨道计算

在进行登月轨道设计计算时，一般由后往前算，即由探测器与月球的交会时刻 t_l 终端状态往前推：计算地月转移轨道后，再算地球停泊轨道，即前一轨道的初始条件，即为后一轨道计算的终端结果。

设探测器在地月转移轨道飞行末段，与月球交会时刻为 t_L，这

时月球在地心天球坐标系中对应的月球赤经和月球赤纬分别为 $\alpha_L(t_L)$ 和 $\delta_L(t_L)$。根据《日月位置的近似计算》（详见参考文献 [31]）和行星/月球历表，可由 t_L 计算出月球在地心惯性坐标系 O_eXYZ 中的位置分量 $X_L(t_L)$、$Y_L(t_L)$、$Z_L(t_L)$，则可求出 $\alpha_L(t_L)$ 和 $\delta_L(t_L)$ 为

$$\alpha_L(t_r) = \arctan\left(\frac{Y_L(t_L)}{X_L(t_L)}\right) \tag{14.5-24}$$

$$\delta_L(t_r) = \arctan\left(\frac{Z_L(t_L)}{\sqrt{X_L^2(t_L)+Y_L^2(t_L)}}\right) \tag{14.5-25}$$

探测器在地球停泊轨道面内的升段或降段与月球 L 各有 1 次交会机会，详见图 14.32。图中，γ 为春分点（坐标系 X 轴向），N 为地球停泊轨道升交点，i 为停泊轨道倾角，Ω 为停泊轨道升交点赤经，探测器在地月转移轨道上与月球交会时的纬度幅角为 u_L，探测器在停泊轨道上加速，进入地月转移轨道的时刻为 t_A，则可得出

$$t_A = t_L - \Delta t_r \tag{14.5-26}$$

式中 Δt_r——探测器在地月转移轨道上的飞行时间。

$$\begin{cases} \Omega = \alpha_L(t_L) - \arcsin\dfrac{\tan\delta_L(t_L)}{\tan i} & （升段） \\[2mm] \Omega = \alpha_L(t_L) + \arcsin\dfrac{\tan\delta_L(t_L)}{\tan i} - 180 & （降段） \end{cases}$$

$$(14.5-27)$$

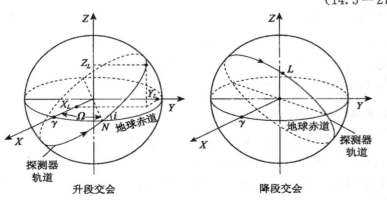

图 14.32　探测器与月球交会的两种状态

$$\begin{cases} u_L = \arcsin \dfrac{\sin \delta_L\ (t_L)}{\sin i} & \text{(升段)} \\[3mm] u_L = 180 - \arcsin \dfrac{\sin \delta_L\ (t_L)}{\sin i} & \text{(降段)} \end{cases} \qquad (14.5-28)$$

由 (14.5—27) 式和 (14.5—28) 式可见，每个公式有上下两式，探测器有升段和降段与月球交会的机会。

14.5.5 地球停泊轨道计算

前面已算出地月转移轨道的 6 个独立参数，再加上 2 个时间参数（t_A 和 Δt_r）；由 t_A 和 Δt_r 可算出 t_L，共 8 个地月转移轨道参数。本节同样要算出 8 个地球停泊轨道参数，即 6 个独立轨道参数和 2 个时间参数（入轨时刻 t_I 和滑行时间 Δt_P）。

一般将地球停泊轨道设计成圆轨道（参见图 14.26），轨道周期为 T_P，发射点为 Q，QI 为发射上升段，I 为探测器进入地球停泊轨道的入轨点，IA 为探测器在地球停泊轨道上的滑行段（$\theta_A=0$ 时 A 与 A' 重合），在 IA 段的滑行时间为 Δt_P，A 点为探测器加速后，地月球转移轨道的入轨点，也是探测器在地球停泊轨道段的终点。t_I 和 t_A 分别为探测器停泊轨道入轨时刻和地月转移轨道入轨时刻，u_I 和 u_L 分别为停泊轨道入轨点纬度幅角和地月转移轨道交会点纬度幅角，则有

$$t_I = t_A - \Delta t_P \qquad (14.5-29)$$

$$u_I = u_L - \mathrm{d}f - \frac{\Delta t_P}{T_P} \times 360 \qquad (14.5-30)$$

(14.5—30) 式中的 $\left(\dfrac{\Delta t_P}{T_P} \times 360\right)$ 项为滑行段 $\overset{\frown}{(IA)}$ 对应的纬度幅角。

如果 u_I 在第一、四象限，说明入轨点 I 在飞行方向升段；如果 u_I 在二、四象限，则说明入轨点 I 在飞行方向降段。设入轨点 I 的地心经度和纬度分别为 λ_I 和 φ_I，则有

$$\varphi_I = \arcsin(\sin i \sin u_I) \qquad (14.5-31)$$

$$
\begin{cases}
\lambda_I = \Omega - \widetilde{S}(t_I) + \arcsin \dfrac{\tan \varphi_I}{\tan i} & \text{(升段)} \\[3mm]
\lambda_I = \Omega - \widetilde{S}(t_I) + 180 - \arcsin \dfrac{\tan \varphi_I}{\tan i} & \text{(降段)}
\end{cases}
$$

$$(14.5-32)$$

式中 $\widetilde{S}(t_I)$ ——t_I 时刻的格林威治平恒星时。

本节用了 5 个小节，介绍了简化的探月共面轨道设计，现小结如下：

1）探月轨道的关键段是地月转移轨道段。该轨道段的入口速度 v_A 决定了轨道的形状（椭圆、抛物线、双曲线），也就确定了轨道参数计算的基本公式（这里完全用简化的二体问题轨道参数计算公式），同时也决定了转移轨道的飞行时间 Δt_r。这是探月轨道设计非常重要的指标。

2）探月轨道的初轨为地球停泊轨道。它一般都是与地球赤道、月球白道非共面的，这里特别指出要考虑的问题和计算方法，它与地球低轨道卫星发射完全相似。

3）地球停泊轨道、地月转移轨道和月球白道三者不共面时的参数描述和简化计算。

4）最后两小节是主题，简化的地球停泊轨道、地月转移轨道、月球白道三者共面的计算，在探月轨道的方案设计和初步设计中，占有重要的地位。

5）建立在二体假设下描述探月轨道的一组解析公式，并分别按地球停泊轨道（圆轨）和地月转移轨道（椭圆轨、抛物线、双曲线），对轨道建立解析式：

a）地球停泊轨道。从运载火箭载着探月器到发射段终点，即停泊轨道入轨点出发，经滑行一段后加速（停泊轨道结束地月转移轨道开始），这段轨道要求得 8 个参数：地球停泊轨道倾角 i、入轨点轨道半径 r（即停泊轨道高度 $H_P = r - R_e$。地球平均半径）、入轨点 I 的经度 λ_I、入轨点 I 的纬度 φ_I、探测器进入停泊轨道（I 点）的时刻 t_I、探测器在停泊轨道上（IA 弧段）的滑行时间 Δt_P、探测器在转

移轨道入轨点 A 的转移速度 v_A（又称地月转移轨道初速）、v_A 速度倾角 θ_A（在简化时设 $\theta_A = 0°$），工程上称为探月发射参数。

　b）地月转移轨道。在探月发射 8 参数的基础上，根据二体假设完全可以建立一组地月转移轨道解析公式，选取加速点 A 的 r（A 点的地心距，可求 A 点轨道高度 $H_A = r - R_e$）、v_A（转移轨道初速度，由停泊轨道圆轨速度 v_I 和加速增量 Δv_A 求得，$v_A = v_I + \Delta v_A$）和速度倾角 θ_A、探测器飞越地月转移轨道与月球交会的时刻 t_L（可由转移轨道飞行时间 Δt_r 求得，$t_L = t_A + \Delta t_r$）、该时刻的月球赤经 α_L（t_L）和赤纬 δ_L（t_L）、地球停泊轨道倾角 i 和探测器在停泊轨道上滑行时间 Δt_P，共 8 个参数。这是探月转移轨道参数。

　c）地球停泊轨道、地月转移轨道，都可以用 6 个独立的轨道参数确定。只要转移轨道的终点条件（即交会点 L）确定后，地球停泊轨道也随之确定了。这称轨道 6 独立参数。为确定整个探月轨道参数，还需两个确定探测器在轨道上具体位置参数——探测器与月球交会时刻 t_L 和探测器在地球停泊轨道上的滑行时间 Δt_P。这 8 个参数可完全描述探月轨道的状态。

14.6　双二体探月轨道设计

　14.5 节是把地球和探测器构成二体问题来设计探月轨道，称为二体法探月轨道设计。但这种方法没有考虑月球对探月轨道的影响，特别是在地月转移轨道的后段，是不真实的。因此，提出了探月轨道分 3 段设计的思想：地球停泊轨道和地月转移轨道地心段，用地球和探测器形成二体系统；地球转移轨道月心段，用月球和探测器构成二体系统，故称为双二体探月轨道设计。因此，本节除研究 14.5 节的地月转移轨道地心段外，还要研究地月转移轨道月心段，探测器要从地心的状态转入月心的状态。同样是 6 个独立轨道参数，但参数的选取方式不同。本节首先选到达入口时刻为 1 个时间参数（月球影响球入口点 B 时刻 t_B），以该时刻的白道面作为基准平面，建立白道坐标系；选取 6 个独立轨道参数，建立"地月转移轨道月心段"关系；将一个时间参数（入口时刻 t_B，参见图 14.25）和地月

转移轨道月心段 t_B 时刻 6 个独立参数作为地月转移轨道月心段在白道坐标系中的起始参数。下面的计算，完全按月球和探测器二体问题处理。

14.6.1 月球影响球入口点后的轨道计算常用坐标系及其转换

月心白道坐标系 $O_L xyz$（见图 14.33（a）），O_L 为月心，x 轴指向地心，并在白道上（这是 t_0 时刻的白道），xy 平面与白道重合，z 轴为 t_0 时刻白道的垂线，方向与月球绕地球公转动量矩方向一致，y 轴符合右手坐标系（以下把 $O_L xyz$ 作为惯性坐标系）。在月球探测器轨道设计时，要用到月心白道坐标系 $O_L xyz$ 与地心惯性坐标系 $O_e XYZ$ 和月固坐标系 $O_L x'y'z'$ 之间的位置矢量和速度矢量的转换。设这 3 个坐标系中的位置矢量和速度矢量为 R 和 V（$O_e XYZ$）、r 和 v（$O_L xyz$）、r' 和 v'（$O_L x'y'z'$）。相应的坐标转换如下。

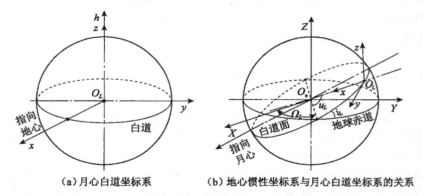

（a）月心白道坐标系　　　（b）地心惯性坐标系与月心白道坐标系的关系

图 14.33　地心惯性坐标系与月心白道坐标系

14.6.1.1 地心惯性坐标系和月心白道坐标系的转换

地心惯性坐标系 $O_e XYZ$ 和白道坐标系 $O_L xyz$ 的关系如图 14.33（b）所示，其中 Ω_L（白道对地赤道升交点赤经）、i_L（白道对地赤道的轨道倾角）和 u_L（白道上月球所在点的纬度）为地心惯性坐标系与月心白道坐标系之间转换的欧拉角。它们正好是 t_0 时刻月球吻切轨道在地心惯性坐标系中的升交点赤经、轨道倾角和月球的纬度。利用行星/月球历表查表或日月位置近似计算公式计算，可得 t_0 时刻月球在地心惯性坐标系中的位置矢量 $\boldsymbol{R_L}$ 分量（X_L，Y_L，Z_L）和速度矢量 $\boldsymbol{V_L}$ 分量（$\dot{X}_L$，$\dot{Y}_L$，$\dot{Z}_L$）；再根据位置矢量和速度矢量计算轨道根数公式，可算出相应的 Ω_L、i_L 和 u_L，即

$$\cos i_L = \frac{h_{ZL}}{h} \tag{14.6-1}$$

$$\tan \Omega_L = \frac{h_{XL}}{-h_{YL}} \tag{14.6-2}$$

$$\tan u_L = \frac{Z_L}{(Y_L \sin \Omega_L + X_L \cos \Omega_L)\sin i_L} \tag{14.6-3}$$

$$\begin{cases} \boldsymbol{h} = \begin{bmatrix} h_x \\ h_y \\ h_z \end{bmatrix} = \boldsymbol{R_L} \times \boldsymbol{V_L} \\ h = |\boldsymbol{h}| \end{cases} \tag{14.6-4}$$

因取 t_0 时刻的月心白道坐标系作为惯性坐标系，所以在任意时刻 t，地心惯性坐标系中的位置矢量 $\boldsymbol{R}$ 和速度矢量 $\boldsymbol{V}$ 与月心白道坐标系中的位置矢量 $\boldsymbol{r}$ 和速度矢量 $\boldsymbol{v}$ 的转换关系为

$$\boldsymbol{r} = \boldsymbol{M}(\boldsymbol{R} - \boldsymbol{R_L}) \tag{14.6-5}$$

$$\boldsymbol{M} = \boldsymbol{R}_3(u_L)\boldsymbol{R}_I(i_L)\boldsymbol{R}_3(\Omega_L) \tag{14.6-6}$$

式中　$\boldsymbol{R}_3(u_L)$——以欧拉角 u_L 为元素的旋转矩阵；

$\boldsymbol{R}_I(i_L)$——以欧拉角 i_L 为元素的旋转矩阵；

$\boldsymbol{R}_3(\Omega_L)$——以欧拉角 Ω_L 为元素的旋转矩阵；

$\boldsymbol{M}$——t_0 时刻由地心惯性坐标系转移到月心白道坐标系的转换矩阵。

$$\dot{\boldsymbol{r}} = \boldsymbol{M}(\boldsymbol{V} - \boldsymbol{V_L}) \tag{14.6-7}$$

14.6.1.2 地心惯性坐标系到月固坐标系的转换

从地心惯性坐标系 $O_e XYZ$ 到月固坐标系 $O_L x'y'z'$ 的转换关系如图 14.34 所示。图中，月赤道相对于地赤道升交点 $\hat{N}_L$、赤经 $\hat{\Omega}$、升交点 $\hat{N}_L$ 至月球起始子午线的夹角 $\hat{u}_L$、地赤道与月赤道间的夹角 $\hat{i}_L$

为转换欧拉角。$\hat{\Omega}$、$\hat{u}_L$、$\hat{i}_L$ 可从行星/月球历表查出算得，也可由日月位置近似计算公式（见文献［31］）算出。

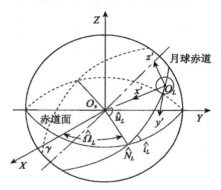

图 14.34　地心惯性坐标系与月固坐标系的转换关系

因此，可得任一时刻 t，地心惯性坐标系中位置矢量 R 和速度矢量 V 与月固坐标系中位置矢量 r' 和速度矢量 v' 转换关系为

$$r' = \hat{M}(R - R_L) \qquad (14.6-8)$$

$$\hat{M} = R_3(\hat{u}_L) R_I(\hat{i}_L) R_3(\hat{\Omega}_L) \qquad (14.6-9)$$

$$\dot{r}' = \hat{M}(R - R_L) + \hat{M}'(V - V_L) \qquad (14.6-10)$$

式中　　$R_3(\hat{u}_L)$——以欧拉角 $\hat{u}_L$ 为元素的旋转矩阵；

$R_I(\hat{i}_L)$——以欧拉角 $\hat{i}_L$ 为元素的旋转矩阵；

$R_3(\hat{\Omega}_L)$——以欧拉角 $\hat{\Omega}_L$ 为元素的旋转矩阵；

$\hat{M}$——地心惯性坐标系转换到月固坐标系的转换矩阵。

$$\hat{M}' = \frac{dR_3(\hat{u}_L)}{dt} R_1(\hat{i}_L) R_3(\hat{\Omega}_L) \frac{d\hat{u}_L}{dt} + R_3(\hat{u}_L) \frac{dR_1(\hat{i}_L)}{d\hat{i}_L} R_3(\hat{\Omega}_L) \frac{d\hat{i}_L}{dt} +$$

$$R_3(\hat{u}_L) R_I(\hat{i}_L) \frac{dR_3(\hat{\Omega}_L)}{d\hat{\Omega}_L} \cdot \frac{d\hat{\Omega}_L}{dt} \qquad (14.6-11)$$

（14.6-11）式中的 $\dfrac{d\hat{\Omega}_L}{dt}$、$\dfrac{d\hat{u}_L}{dt}$、$\dfrac{d\hat{i}_L}{dt}$ 可由行星/月球历表查出

算得，如《DE403/LE403》给出 3 个欧拉角的变化率为

$$\frac{\mathrm{d}\hat{\Omega}_L}{\mathrm{d}t} = 0$$

$$\frac{\mathrm{d}\hat{i}_L}{\mathrm{d}t} = 0$$

$$\frac{\mathrm{d}\hat{u}_L}{\mathrm{d}t} = 13.2((°)/\mathrm{d})$$

14.6.2　入口点后的轨道计算

14.6.2.1　探测器轨道参数在月心白道坐标系中的选取

探测器经地月转移轨道，进入月球影响球入口点 B 时，在月心白道坐标系中的关系如图 14.35 所示。图 14.35（a）为探测器入轨点 B 在月球卫星轨道升段的情况；图 14.35（b）为探测器入轨点 B 在月球卫星轨道降段的情况。λ_B、φ_B 为入口点月心经度和纬度；$\tilde{i}^L$ 为探测器轨道相对白道的倾角；$\tilde{\Omega}^L$ 为探测器轨道相对白道的升交点月心经度。

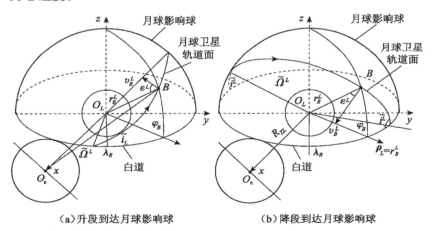

（a）升段到达月球影响球　　　　（b）降段到达月球影响球

图 14.35　探测器进入月球影响球处 B 轨道示意图

　　探测器作为月球卫星，在月心白道坐标系中，6 个独立轨道参数为便于实现轨道拼接，可选 λ_B（B 点月心经度）、φ_B（B 点月心纬度）、$\tilde{\imath}^L$（探测器轨道对白道的倾角）、v_B^L（探测器在 B 点的月心速度矢量）、r_B^L（B 点月心位置矢量）、ε^L（速度矢量 v_B^L 反方向夹角）、r（圆形地球停泊轨道的半径）、θ_A（地球停泊轨道加速点 A 速度倾角），共 8 个轨道参数。前 6 个参数为探测器在月心白道坐标系中的独立轨道参数，后 2 个参数 r 和 θ_A 为地球停泊轨道 A 点的参数，是探月器轨道设计的约束条件。而 λ_B、φ_B、$\tilde{\imath}^L$ 和 ε^L 为入口点的独立轨道参数。轨道设计中，探测器轨道相对于月赤道的倾角 i' 和近月距 r_L 有约束（白道与月赤道间夹角为 6°41′），因此可通过探测器轨道相对于白道的倾角 $\tilde{\imath}^L$ 来确定探测器轨道相对于月赤道的倾角 i'。另外，由于 ε^L 表示了探测器在月球影响球边界对月速度的方向，所以可直观看 ε^L 与 r_L 相关。参数 λ_B 和 φ_B 的引入方便轨道拼接，但它们并不是轨道的约束参数，与轨道约束参数的关系不直观。

14.6.2.2　入口点 B 月心速度方向

　　入口点 B 的位置矢量 r_B，可分别在地心坐标系和月心坐标系中表示为 r_B^E、r_B^L，则有

$$\boldsymbol{r_B^L} = \begin{bmatrix} x_B^L \\ y_B^L \\ z_B^L \end{bmatrix} = \begin{bmatrix} \rho_L \cos \varphi_B \cos \lambda_B \\ \rho_L \cos \varphi_B \sin \lambda_B \\ \rho_L \sin \varphi_B \end{bmatrix} \quad (14.6-12)$$

$$\boldsymbol{r_B^E} = \begin{bmatrix} x_B^E \\ y_B^E \\ z_B^E \end{bmatrix} = \boldsymbol{r_B^L} - \begin{bmatrix} R_{EL} \\ 0 \\ 0 \end{bmatrix} = \begin{bmatrix} \rho_L \cos \varphi_B \cos \lambda_B - R_{EL} \\ \rho_L \cos \varphi_B \sin \lambda_B \\ \rho_L \sin \varphi_B \end{bmatrix}$$

$$(14.6-13)$$

式中　　R_{EL}——地月球心距；

　　　　ρ_L——月球影响球半径；

　　　　r_B^E——入口点 B 到地心的距离；

　　　　r_B^L——入口点 B 到月心的距离，可表示为

$$r_B^E = \sqrt{(\rho_L \cos \varphi_B \cos \lambda_B - R_{EL})^2 + (\rho_L \cos \varphi_B \sin \lambda_B)^2 + (\rho_L \sin \varphi_B)^2}$$

$$= \sqrt{R_{EL}^2 + \rho_L^2 - 2R_{EL}\rho_L^2 \cos \lambda_B \cos \varphi_B} \qquad (14.6-14)$$

月球相对于地心的速度矢量 v_L^E 为

$$v_L^E = \begin{bmatrix} 0 \\ -V_L \\ 0 \end{bmatrix} \qquad (14.6-15)$$

轨道的升交点月心经度 $\tilde{\Omega}^L$ 为

$$\begin{cases} \tilde{\Omega}^L = \lambda_B - \arcsin \dfrac{\tan \varphi_B}{\tan \tilde{i}^L} & \text{（升段）} \\[4mm] \tilde{\Omega}^L = 180 + \lambda_B + \arcsin \dfrac{\tan \varphi_B}{\tan \tilde{i}^L} & \text{（降段）} \end{cases} \qquad (14.6-16)$$

（14.6-16）式中的第一式为探测器在轨道升段达 B 点，第二式为降段达 B 点。

设 B 点的纬度幅角为 u_B，则有

$$\begin{cases} u_B = \arcsin \dfrac{\sin \varphi_B}{\sin \tilde{i}^L} & \text{（升段）} \\[4mm] u_B = 180 - \arcsin \dfrac{\sin \varphi_B}{\sin \tilde{i}^L} & \text{（降段）} \end{cases} \qquad (14.6-17)$$

因此，B 点的月心速度的单位矢量 $\hat{v}_B^L$ 为

$$\hat{v}_B^L = \begin{bmatrix} l_B^L \\ m_B^L \\ n_B^L \end{bmatrix} = R_3(-\tilde{\Omega}^L)R_I(-\tilde{i}^L)R_3(-u_B + \varepsilon^L - 180) \begin{bmatrix} 1 \\ 0 \\ 0 \end{bmatrix}$$

$$(14.6-18)$$

14.6.2.3　入口点 B 的地心矢量

设 B 点相对地心的速度矢量为 v_B^E，则

$$v_B^E = \begin{bmatrix} \dot{x}_B^E \\ \dot{y}_B^E \\ \dot{z}_B^E \end{bmatrix} \qquad (14.6-19)$$

在 B 点处的对月速度单位矢量 $\hat{v}_B^L = v_B^E - v_L^E$，与矢量 $\hat{v}_B^L$（14.6-18）式平行，即

$$\frac{l_B^L}{\dot{x}_B^E} = \frac{m_B^L}{\dot{y}_B^E + V_L} = \frac{n_B^L}{\dot{z}_B^E} \tag{14.6-20}$$

令

$$\begin{cases} m_0 = \dfrac{n_B^L}{l_B^L} \\[3mm] n_0 = \dfrac{m_B^L}{l_B^L} \end{cases} \tag{14.6-21}$$

由（14.6-20）式可得

$$\dot{z}_B^E = m_0 \, \dot{x}_B^E \tag{14.6-22}$$

$$\dot{y}_B^E = n_0 \, \dot{x}_B^E - V_L \tag{14.6-23}$$

在地心段，由能量守恒和动量矩守恒分别得

$$(v_B^E)^2 = v_A^2 + 2\mu_E\left(\frac{1}{r_B^E} - \frac{1}{r}\right) \tag{14.6-24}$$

$$r\, v_A \cos\theta_A = r_B^E \, v_B^E \cos\theta_B^E \tag{14.6-25}$$

又因

$$\sin\theta_B = \frac{\boldsymbol{r}_B^E \cdot \boldsymbol{v}_B^E}{r_B^E \, v_B^E} \tag{14.6-26}$$

因 $\sin^2\theta_E^B + \cos^2\theta_B^E = 1$，故有

$$\left(\frac{rv_A\cos\theta_A}{r_B^E v_B^E}\right)^2 + \left(\frac{\boldsymbol{r}_B^E \cdot \boldsymbol{v}_B^E}{r_B^E v_B^E}\right) = 1 \tag{14.6-27}$$

即

$$r^2 v_A^2 \cos^2\theta_A + q_0 \ (\dot{x}_B^E)^2 + t_0 \, \dot{x}_B^E + u_0 = 0 \tag{14.6-28}$$

式中

$$t_0 = -2y_B^E V_L \ (y_B^E n_0 + x_B^E + z_B^E m_0) \ - \ (r_B^E)^2 S_0 \tag{14.6-29}$$

$$u_0 = (y_B^E V_E)^2 - (r_B^E)^2 V_L^2 \tag{14.6-30}$$

$$q_0 = (y_B^E n_0 + x_B^E + z_B^E m_0)^2 - (r_B^E)^2 p_0 \tag{14.6-31}$$

$$S_0 = -2V_L n_0 \tag{14.6-32}$$

$$p_0 = 1 + m_0^2 + n_0^2 \tag{14.6-33}$$

令

$$q = 2\mu_E\left(\frac{1}{r_B^E} - \frac{1}{r}\right) \tag{14.6-34}$$

由（14.6-24）式可求得 $\dot{x}_B^E = v_B^E$，由（14.6-23）式可求得 $\dot{y}_B^E =$

v_B^E，由式（14.6—22）可求得 $\dot{z}_B^E = v_B^E$，从而得到 B 点处探测器对地心速度矢量 v_B^E 和对月心速度矢量 v_B^l，即

$$v_B^E = \begin{bmatrix} \dot{x}_B^E \\ \dot{y}_B^E \\ \dot{z}_B^E \end{bmatrix} = \begin{bmatrix} \dot{x}_B^E \\ n_0\,\dot{x}_B^E - V_L \\ m_0\,\dot{x}_B^E \end{bmatrix} \qquad (14.6-35)$$

$$v_B^l = \begin{bmatrix} \dot{x}_B^E \\ \dot{y}_B^E + V_L \\ \dot{z}_B^E \end{bmatrix} = \begin{bmatrix} \dot{x}_B^E \\ n_0\,\dot{x}_B^E \\ m_0\,\dot{x}_B^E \end{bmatrix} \qquad (14.6-36)$$

14.6.2.4　地月转移轨道地心段参数

地心轨道参数的能量参数为

$$r_A = \frac{rv_A^2}{\mu_E} \qquad (14.6-37)$$

半通径为

$$p^E = rv_A\cos^2\theta_A \qquad (14.6-38)$$

长半轴为

$$a^E = \frac{r}{2 - v_A} \qquad (14.6-39)$$

偏心率

$$e^E = \sqrt{1 - \frac{p^E}{a^E}} \qquad (14.6-40)$$

B 点（地月转移轨道地心段终点）的真近点角为

$$f_B^E = \arccos\left[\frac{1}{e^E}\left(\frac{p^E}{r} - 1\right)\right] \qquad (14.6-41)$$

A 点（地月转移轨道起始点）的真近点角

$$f_A^E = \arccos\left[\frac{1}{e^E}\left(\frac{p^E}{r} - 1\right)\right] \qquad (14.6-42)$$

根据 v_A 值的大小，可确定转移轨道类型，分别计算相应的地心轨道时间 Δt^E。

（1）椭圆轨道

由二体公式 $n(t-\tau) = E - e\sin E$，可算出

$$\Delta t^E = \sqrt{\frac{a^E}{\mu_E}} \left[(E_B^E - E_A^E) - e^E (\sin E_B^E - \sin E_A^E) \right]$$

$$(14.6-43)$$

$$\begin{cases} E_B^E = 2\arctan\left(\sqrt{\frac{1-e^E}{1+e^E}} \ \tan \frac{f_B^E}{2} \right) \\ E_A^E = 2\arctan\left(\sqrt{\frac{1-e^E}{1+e^E}} \ \tan \frac{f_A^E}{2} \right) \end{cases} \quad (14.6-44)$$

（2）抛物线轨道

由二体问题运动方程的解，可求出抛物线轨道（$e=1$），真近点角 f 与时间 t 之间的方程（积分常数 τ 是过近拱点的时间）为

$$\tan \frac{f}{2} + \frac{1}{3} \tan^3 \frac{f}{2} = 2\sqrt{\frac{\mu}{p^3}} (t-\tau) \quad (14.6-45)$$

（14.6—45）式称为巴克（Berker）方程，或抛物线情况的开普勒方程。由（14.6—45）式可求得

$$\Delta t^E = \frac{1}{2\sqrt{\mu_E}} \left[\left(p^E D_B^E + \frac{1}{3}(D_B^E)^3 \right) - \left(p^E D_A^E + \frac{1}{3}(D_A^E)^3 \right) \right]$$

$$(14.6-46)$$

式中

$$\begin{cases} D_B^E = \sqrt{p^E} \tan \frac{f_B^E}{2} \\ D_A^E = \sqrt{p^E} \tan \frac{f_A^E}{2} \end{cases} \quad (14.6-47)$$

（3）双曲线轨道

由二体问题运动方程的解，可求得双曲线轨道（$e>1$）。按二体问题公式可得

$$e\sinh H - H = \sqrt{\frac{\mu}{a_1^3}} (t-\tau) = M \quad (14.6-48)$$

式中　τ ——过近拱点时间；

H ——双曲线近点角（$\cosh^2 H - \sinh^2 H = 1$）；

M——平近点角；

t——过近拱点的时间。

按（14.6—48）式可计算 τ 为

$$\begin{cases} \sqrt{\dfrac{\mu}{a_1^3}}(t-\tau) = e\sinh H - H \\ a_1 = -a \end{cases} \qquad (14.6-49)$$

由（14.6—49）式可知

$$\Delta t^E = \sqrt{\dfrac{(-a^E)^3}{\mu_E}}\left[(e^E\sinh H_B^E - H_B^E) - (e^E\sinh H_A^E - H_A^E)\right]$$

$$(14.6-50)$$

$$\begin{cases} \tan\dfrac{H_B^E}{2} = \sqrt{\dfrac{e^E-1}{e^E+1}}\,\tan\dfrac{f_B^E}{2} \\ \tan\dfrac{H_A^E}{2} = \sqrt{\dfrac{e^E-1}{e^E+1}}\,\tan\dfrac{f_B^E}{2} \end{cases} \qquad (14.6-51)$$

转移轨道地心段的轨道倾角 $\tilde{i}^E$（由二体问题轨道根数公式求得）

$$\cos\tilde{i}^E = \dfrac{h_z^E}{h^E} \qquad (14.6-52)$$

转移轨道地心段升交点月心经度 $\tilde{\Omega}^E$ 为

$$\tan\tilde{\Omega}^E = \dfrac{h_x^E}{-h_y^E} \qquad (14.6-53)$$

转移轨道 B 点的纬度幅角 $\tilde{u}_B^E$ 为

$$\tan\tilde{u}_B^E = \dfrac{z_B^E}{(y_B^E\sin\tilde{\Omega}^E + x_B^E\cos\tilde{\Omega}^E)\,\sin\tilde{i}^E} \qquad (14.6-54)$$

转移轨道地心段近地点纬度幅角 $\tilde{\omega}^E$ 为

$$\tilde{\omega}^E = u_B^E - f_B^E \qquad (14.6-55)$$

（14.6—52）式～（14.6—55）式中

$$\begin{cases} \boldsymbol{h}^E = \begin{bmatrix} h_x^E \\ h_y^E \\ h_z^E \end{bmatrix} = \boldsymbol{r}_B^E \times \boldsymbol{v}_B^E \\ |\boldsymbol{h}^E| = h^E \end{cases} \qquad (14.6-56)$$

转移轨道 A 点在地心轨道的位置矢量 $\boldsymbol{r}_A^E$ 和速度矢量 $\boldsymbol{v}_A^E$ 为

$$r_A^E = r\cos f_A^E \, \boldsymbol{p}^E + r\sin f_A^E \boldsymbol{Q}^E \qquad (14.6-57)$$

$$\boldsymbol{v}_A^E = -\frac{h^E}{p^E}\sin f_A^E \boldsymbol{p}^E + \frac{h^E}{p^E}\,(e^E + \cos f_A^E)\,\boldsymbol{Q}^E \qquad (14.6-58)$$

式中

$$\boldsymbol{p}^E = \boldsymbol{R}_3\,(-\widetilde{\Omega}^E)\,\boldsymbol{R}_1\,(-\widetilde{i}^E)\,\boldsymbol{R}_3\,(-\widetilde{\omega}^E)\begin{bmatrix}1\\0\\0\end{bmatrix} \qquad (14.6-59)$$

$$\boldsymbol{Q}^E = \boldsymbol{R}_3\,(-\widetilde{\Omega}^E)\,\boldsymbol{R}_1\,(-\widetilde{i}^E)\,\boldsymbol{R}_3\,(-\widetilde{\omega}^E - 90)\begin{bmatrix}1\\0\\0\end{bmatrix} \qquad (14.6-60)$$

由 r_A^E 和 v_A^E，可求地球惯性坐标系中探测器在 A 点的位置矢量 $\boldsymbol{R}_A$ 和速度矢量 $\boldsymbol{V}_A$

$$\boldsymbol{R}_A = \boldsymbol{M}^{\mathrm{T}}\, r_A^E \qquad (14.6-61)$$

$$\boldsymbol{V}_A = \boldsymbol{M}^{\mathrm{T}}\, \boldsymbol{v}_A^E \qquad (14.6-62)$$

式中　$\boldsymbol{M}^{\mathrm{T}}$——$t_B$ 时刻的地心惯性坐标系至月固坐标系的转换矩阵。

　　同理，也可用二体问题运动方程，分别计算出地球停泊轨道在地心惯性坐标系中的倾角 i、升交点赤经 Ω 和 A 点的纬度幅角 u_A，即

$$\cos i = \frac{h_z}{h} \qquad (14.6-63)$$

$$\tan \Omega = \frac{h_x}{-h_y} \qquad (14.6-64)$$

$$\tan u_A = \frac{z_A}{(y_A \sin \Omega + x_A \cos \Omega)\sin i} \qquad (14.6-65)$$

$$\begin{cases} \boldsymbol{h} = \begin{bmatrix} h_x \\ h_y \\ h_z \end{bmatrix} = \boldsymbol{R}_A \times \boldsymbol{V}_A \\ |\,\boldsymbol{h}\,| = h \end{cases} \qquad (14.6-66)$$

14.6.2.5　地月转移轨道月心段参数

　　探测器在地月转移轨道进入月心段（B 点后）的位置速度矢量，如图 14.36 所示。

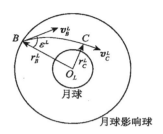

图 14.36　地月转移轨道进入月心段的轨道

B 点的月心位置矢量为 r_B^L；月心段轨道的近月点为 C，位置矢量为 r_C^L；B 点的月心速度矢量为 v_B^L；C 点的月心速度矢量为 v_C^L；r_B^L 和 v_B^L 构成月心轨道平面。r_B^L 和 v_B^L 的夹角 ε^L 表征探测器对月速度的指向，通过调节 ε^L，可调近月距。在月球影响球边界，脱离月球引力的逃逸速度可算出为 385 m/s。可见，探测器进入月球影响球的最小月心速度，也大于两倍抛物线速度，因此探测器的月心轨道总是双曲线（在月心轨道参数计算中只考虑双曲线情况）。相应的探测器月心轨道，参数计算公式为如下。

能量参数为

$$r_B^L = \frac{\rho_L \, (v_B^L)^2}{\mu_L} \qquad (14.6-67)$$

半通径为

$$p_2 = \rho_L v_B^L \sin^2 \varepsilon^L \qquad (14.6-68)$$

长半轴为

$$a^L = \frac{\rho_L}{2 - r_B^L} \qquad (14.6-69)$$

偏心率为

$$e_L = \left(1 - \frac{p^L}{a^L}\right) \qquad (14.6-70)$$

近月距为

$$r_C^L = \frac{p^L}{1 + e^L} \qquad (14.6-71)$$

近月点的速度为

$$v_C^L = \frac{\rho_L v_B^L}{r_C^L} \tag{14.6-72}$$

B 点真近点角为

$$f_B^L = \arccos\left[\frac{1}{e^L}\left(\frac{p^L}{\rho_L} - 1\right)\right] \tag{14.6-73}$$

因近月点 C 的真近点角 f_C^L 为 $0°$，所以月心段的月心扫角 $\mathrm{d}f^L$ 为

$$\mathrm{d}f^L = -f_B^L \tag{14.6-74}$$

飞行时间为

$$\Delta t^2 = \sqrt{\frac{(-a^L)^3}{\mu_L}}\,(e^L \sinh H_B^L - H_B^L) \tag{14.6-75}$$

B 点双曲近点角 H_B^L 为

$$\tan\frac{H_B^L}{2} = \sqrt{\frac{e^L - 1}{e^L + 1}}\tan\frac{f_B^L}{2} \tag{14.6-76}$$

转移轨道月心段相对于白道的近地点纬度幅角 $\widetilde{\omega}^L$ 为

$$\widetilde{\omega}^L = u_B^L - f_B^L \tag{14.6-77}$$

近月点 C 的真近点角 $f_C^L = 0°$，双曲线型月心轨道在 C 点的位置矢量 r_C^L 和速度矢量 v_C^L 为

$$r_C^L = r_C^L p^L \tag{14.6-78}$$

$$v_C^L = \frac{h^2}{p^L}(e^L + \cos f_C^L)Q^L \tag{14.6-79}$$

式中

$$p^L = R_3\ (-\widetilde{\Omega}^L)\ R_1\ (-\widetilde{i}^L)\ R_3\ (-\widetilde{\omega}^L)\begin{bmatrix}1\\0\\0\end{bmatrix} \tag{14.6-80}$$

$$Q^L = R_3\ (-\widetilde{\Omega}^L)\ R_1\ (-\widetilde{i}^L)\ R_3\ (-\widetilde{\omega}^L-90)\begin{bmatrix}1\\0\\0\end{bmatrix} \tag{14.6-81}$$

为了求探测器相对于月球赤道的轨道倾角 i'，首先要求探测器在月固坐标系中 C 点的位置矢量 R_C 和速度矢量 V_C 为

$$R_C = M^T r_C^L + R_L \tag{14.6-82}$$

$$V_C = M^T v_C^L + V_L \tag{14.6-83}$$

式中 $\boldsymbol{M}^T$——t_B 时刻的地心惯性坐标系至月固坐标系的转换矩阵；

$\boldsymbol{R}_L$——t_B 时刻，月球在地心惯性坐标系中的位置矢量；

$\boldsymbol{V}_L$——t_B 时刻，月球在地心惯性坐标系中的速度矢量；

r_C^l——探测器在月固坐标系中 C 点的位置矢量；

v_C^l——探测器在月固坐标系中 C 点的速度矢量。

在月固坐标系 $O_L x'y'z'$ 中 C 点的位置矢量 $r_C{}'$ 和速度矢量 $v_C{}'$ 为

$$r_C{}' = \hat{\boldsymbol{M}}(\boldsymbol{R}_C - \boldsymbol{R}_L) \qquad (14.6-84)$$

$$v_C{}' = \hat{\boldsymbol{M}}(\boldsymbol{R}_C - \boldsymbol{R}_L) + \dot{\hat{\boldsymbol{M}}}(\boldsymbol{V}_C - \boldsymbol{V}_L) \qquad (14.6-85)$$

式中 $\hat{\boldsymbol{M}}$——t_C 时刻的地心惯性坐标系至月固坐标系的转换矩阵；

$\boldsymbol{R}_L$——t_C 时刻月球在地心惯性坐标系中的位置矢量；

$\boldsymbol{V}_L$——t_C 时刻月球在地心惯性坐标系中的速度矢量。

按二体问题轨道根数计算位置矢量和速度矢量的公式为

$$\cos i = \frac{h_z}{h} \qquad (14.6-86)$$

$$\tan \varOmega = \frac{h_x}{-h_y} \qquad (14.6-87)$$

可求得月心轨道在月固坐标系中的倾角 i' 为

$$\cos i' = \frac{h_z}{h} \qquad (14.6-88)$$

(14.6-86)式~(14.6-88)式中

$$\begin{cases} \boldsymbol{h} = \begin{bmatrix} h_x \\ h_y \\ h_z \end{bmatrix} = r_C{}' + v_C{}' \\ h = |\boldsymbol{h}| \end{cases} \qquad (14.6-89)$$

以上建立了在二体假设下月球探测器轨道的解析表达式。当给定地月转移轨道的近地距 r、加速点轨道倾角 θ_A、升段或降段到达入口点 B 的经纬度 λ_B 和 φ_B、月心轨道倾角 $\tilde{i}^L$ 以及月球探测器在入口点处对月速度与月心矢量反方向夹角 ε，便可以求出地心轨道转移初速 v_A、加速点位置矢量 r、近月距 r_C 以及飞行时间 Δt^E 和 Δt^L 等参数。

14.6.3　入口点 B 位置的影响

14.6.3.1　入口点 B 分布区域的确定

入口点 B 位置分布主要取决于转移初速 v_A 的大小和月球探测器轨道倾角 θ_A。探测器的近月距 r_c'（见图 14.36）对入口点 B 区域的大小也有一定的影响。入口点 B 是否在月球影响球上，取决于是否存在一条通过该点的地月转移轨道。若该点是入口点，转移轨道初速 v_A 可能很大，相应的地月转移轨道的地心段轨道可能是抛物线轨道或双曲线轨道。如果对 v_A 进行约束，入口点 B 区域将进一步划分为椭圆速度入口点 B 区域、双曲线速度入口点 B 区域及抛物线速度入口点 B 曲线。在求出 r_B'' 后，可进一步求出转移初速 v_A，由（14.6－90）式来判断该点是何种类型的入口点，即

$$
\begin{cases}
v_A > \sqrt{\dfrac{2\mu_E}{r}} & \text{（双曲线转移初速度）} \\[2mm]
v_A = \sqrt{\dfrac{2\mu_E}{r}} & \text{（抛物线转移初速度）} \\[2mm]
v_A < \sqrt{\dfrac{2\mu_E}{r}} & \text{（椭圆转移初速度）}
\end{cases}
\tag{14.6－90}
$$

14.6.3.2　3 类轨道入口点分布区域的形状

图 14.37 示出了以白道倾角为 90°、近月距为 2 238 km（月面高为 500 km）的月球探测器轨道实例，给出的 3 类入口点分布区域的形状，可见：

1）入口点分布区域为对称于白道的一封闭区域，区域的对称性是由于升段到达影响球与降段到达影响球的轨道具有对称性。

2）自西经 80°左右向经度增大和减小的方向变化，依次经过椭圆速度入口点区域、抛物线速度入口点区域及双曲线速度入口点区域。说明入口点在西经 80°附近的转移轨道要求的能量较小。

3）整个入口点区域形状为两头带缺口的"纺锤"形，两头的小缺口是升段到达与降段到达影响球入口点的两块区域间的缝隙。入口点只能面向月球的西半球（负经度），从西经 3°到西经 175°的较大

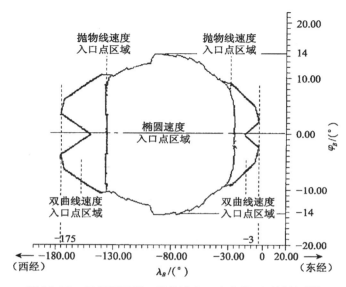

图 14.37 月球探测器 3 类轨道入口点在月面区域的形状

范围。入口点集中在白道附近纬度－14°到＋14°范围内。椭圆速度入口点区域为经度－130°到－30°，是 3 类区域中最大的一个区。

4）入口点区域的东西两头对应转移初速 v_A 最大：

当 $\lambda_B = -175.23°$、$\varphi_B = -3.65°$ 时，转移速度 $v_A = 18\ 343.3$ m/s；

当 $\lambda_B = -2.87°$、$\varphi_B = -2.28°$ 时，转移速度 $v_A = 18\ 382.6$ m/s。

在实际工程中不用大的转移速度 v_A，而用较小的 v_A。

14.6.3.3 探测器月轨相对于白道的倾角 $\tilde{i}$，对椭圆速度 v_A 入口点 B 区域的影响

从节能观点，探测器用椭圆速度 v_A 对入口点 B 区域控制最好。但月球探测器在月球轨道对白道的倾角 $\tilde{i}$，对入口点区域影响则很大。这里以近月距 2 238 km（即近月高度 500 km）、$\tilde{i}$ 分别为 90°、50°、20°、2°的探测器月球轨道为例，来看 v_A 对入口点 B 区域和 $\tilde{i}$ 的关系。图 14.38 示出了不同倾角 $\tilde{i}$ 对应的椭圆速度 v_A 入口点 B 区域。

图中虚线为降段到达影响球的入口点 B 区域；实线为升段到达影响球的入口点 B 区域；区域 1、7 分别为升段、降段到达影响球的对白道倾角为 90°的入口点区域；区域 2、6 分别为升段、降段到达影响球的对白道倾角为 50°的入口点区域；区域 3、5 分别为升段、降段到达影响球的对白道倾角为 20°的入口点区域；区域 4、8 分别为升段、降段到达影响球的对白道倾角为 2°的入口点区域。

从图 14.38 可得以下结论：

1）升段到达（入口点 B 的坐标为 λ_B，φ_B）与降段到达（入口点 B 的坐标 λ_B、$-\varphi_B$）影响球的入口点 B 区域对称于白道面。因此两条轨道的转移初速 v_A 正好相等。也可以说，在给定转移初速 v_A^E 和月球探测器轨道对白道倾角 $\tilde{i}^L$ 后，存在两条地月转移轨道，它们的转移初速同为 v_A^E，月心段轨道倾角同为 $\tilde{i}^L$，一条升段到达月球影响球入口点为（λ_B，φ_B），另一条降段到达月球影响球入口点为（λ_B，$-\varphi_B$）。

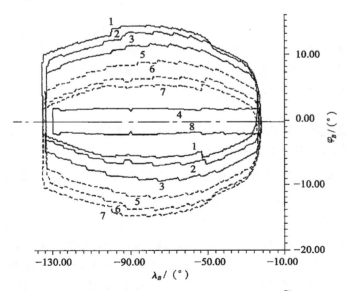

图 14.38　椭圆速度 v_A 入口点 B 区域位置与倾角 $\tilde{i}$ 的关系

2）入口点 B 区域的大小随月球探测器轨道倾角 $\tilde{i}^L$ 的增大而增大，虽然不同倾角对探测器的入口点区域的经度范围相差很小，但纬度范围相差甚大。90°倾角探测器轨道对应的入口点区域纬度为 $-14°\sim14°$；50°倾角探测器轨道对应的入口点区域纬度为 $-13°\sim13°$，20°倾角探测器轨道对应的入口点区域纬度为 $-2°\sim2°$。

3）升段到达月球影响球的入口点区域与降段到达月球影响球的入口点区域在白道附近稍有重叠。说明这一小区域内的入口点，既可能有升段到达影响球的探测器轨道通过，也可能有降段到达影响球的探测器轨道通过。

4）随着倾角 $\tilde{i}^L$ 的减小，升段到达与降段到达月球影响球的入口点区域都向白道方向移动，造成一定范围内重叠区域随着 $\tilde{i}^L$ 减小而增大。但随倾角 $\tilde{i}^L$ 的进一步减小，升段到达与降段到达月球影响球的入口点 B 区域本身就在迅速减小并最终重叠在一起，因此重叠区域也随之减小；入口点区域的形状也随着倾角的减小而变化，由最初的"纺锤"形变成了"细长棒"形。

火箭通常把月球探测器从地面送上 200 km 高的地球停泊轨道，再在停泊轨道的适当位置加速（v_A），将探测器送入地月转移轨道。只要控制好入口点 B 的参数 λ_B 和 φ_B、近月点 C 的参数 v_C'，就可得到需要的探测器月球轨道。

14.7　发射窗口与轨道约束（光照与测控）条件的关系

月球探测器的发射窗口指可供某发射点（发射场位置）的发射时间段。例如，月球探测器飞至近月点 C 的时间段，称为近月点窗口。月球探测器窗口选择是根据某些条件来选择月球探测器与日、地（地面发射点）、月（月面点）的相对位置应满足的条件。探测器轨道设计的典型约束条件为：

1）轨道运动学约束条件；
2）光照约束条件；
3）测控约束条件。

因此，窗口选择是各种约束条件合理满足和协调相互矛盾的综合决策。建立各种约束条件与时间的关系，经计算后选择窗口。对于月球探测器而言，窗口分为月窗口和日窗口。最终窗口由地面发射的日窗口确定。窗口要有几个，供发射时机动决策。

14.7.1　光照约束条件对发射窗口选择的影响

14.7.1.1　月面点的光照

如图 14.39 所示，O_L 为月心；P' 为月球北极；A 为月面上一点，其月理经纬度为 (L'_A, B'_A)；S 为太阳在月面上的星下点，其月理经纬度为 (L'_S, B'_S)。

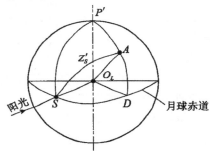

图 14.39　月面上 A 点的太阳光入射角

因黄道面与月球赤道面间的夹角很小，约为 $1°32'$，所以 $B'_S \leqslant 1°32'$，变化周期为 1 a。随着月球的自转，太阳在月球表面的星下点轨迹也近似与月球赤道面重合，周期为一朔望月。图 14.39 中，A 点的阳光入射角（即月面点 A 至太阳 S 的天顶距）为 $Z'_S = \angle SO_L A$。在球面三角形 $P'AS$ 中，有

$$Z'_S = \arccos[\sin B'_S \sin B'_A + \cos B'_S \cos B'_A \cos(L'_S - L'_A)]$$

$$(14.7-1)$$

月面参考点 A 的月理经线交月球赤道于 D 点，则 A 点最小阳光入射角为

$$Z'_{Smin} = |B'_A - B'_S|　　　　　　(14.7-2)$$

因 B'_S 较小，所以有

$$Z'_{Smin} \approx |B'_A|　　　　　　(14.7-3)$$

即月面上点 A 的阳光入射角最小值，近似为月理纬度绝对值。

14.7.1.2　星下点光照约束条件

月球卫星一般在沿轨道运行时有一段星下点轨迹有太阳光照，称为卫星星下点轨迹可见弧段，而其余星下点轨迹为卫星星下点轨迹不可见弧段。

可见弧段上任一点 A 的阳光入射角要求为 $Z'_S \leqslant 90°$，考虑对月面目标摄影时，要求入射角 Z'_S 满足条件 $Z'_S \leqslant 75°$。因太阳的月面星下点轨迹近似与月球赤道重合，所以太阳位于月球卫星轨道面内时，星下点光照弧段最大。有两种情况，一种是太阳位于月球卫星轨道的升交点（相应的光弧段为轨道的升段）；另一种是太阳位于月球卫星轨道的降交点（相应的光照弧段为轨道的降段）。因此，可选择发射窗口，使太阳与卫星轨道升、降交点重合，达到星下点光照弧段最大。

14.7.1.3　卫星光照约束条件

月球卫星在轨运行，主要靠太阳帆板提供电能。一般星体纵对称平面位于轨道面内，帆板转动轴垂直于纵对称平面，因此帆板的法向平行于卫星轨道面。在图 14.40 中，月球卫星轨道升交点为 N'，轨道倾角为 i'。

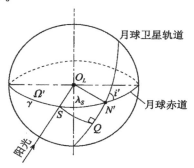

图14.40　月心天球图上太阳与月球探测器轨道面的关系

因黄道面与月球赤道面夹角很小，太阳月面星下点 S 和春分点 γ 可近似看成都在月球天赤道上，则 λ_S 为太阳的黄经，Ω' 为轨道升交点的赤经。过 S 点作垂直于月球卫星轨道的大圆弧 $\overparen{SQ}$。因太阳帆板的法向位于轨道面内，若控制帆板的法向恒指向天球上的 Q 点，则阳光与帆板法向的夹角 SQ 最小，帆板受日照最佳。因此，Q 为帆板最佳定向位置。由图 14.40 可得

$$\sin(SQ) = \sin(\Omega' - \lambda_S)\sin i' \qquad (14.7-4)$$

由 (14.7—4) 式和图 14.40 可见，当 $\Omega' - \lambda_S$ 等于 0° 或 180°，即太阳位于月球卫星轨道的升交点（或降交点）时，SQ 最小。这与 14.7.1.2 节的最佳星下点光照约束条件相符。

14.7.1.4　光照约束窗口

因月球自转角速度慢(约为 13.2(°)/d)，满足光照约束的时间可长达几天,故光照约束决定月窗口。

14.7.2　测控约束条件的影响

为发射探测器和测量探测器运行轨道的地面测控与通信网，称为深空网（Deep Space Net，DSN）。发射阿波罗号飞船的 DSN，由 1 个航天控制中心（位于美国加州帕萨迪纳（Pasadena））和 3 个分站（位于美国加州金石村（Goldstone）、澳大利亚堪培拉（Canberra）、西班牙马德里（Madrid））组成。DSN 用 26 m 天线站，下设 4 条 9.11 m 天线的船载站和若干陆基跟踪通信站组成大系统，基本可满足南北纬 40° 之间、经度相距 120° 的区域范围，保证满足 24 h 内任何时候至少有 1 个站测控到航天器的要求。由于近月特征点距地球约 380 000 km，要求测量仪器有较高性能（发射功率大、接收信噪比高），造价必然昂贵，所以地面站不可全球布局，只能在某个局部区域。本节就 2 个地面测控站的情况，论述其测控约束条件。

14.7.2.1　地面测控站对月球探测器的作用范围

地面测控站对月球探测器的测控范围，可用地心角 θ 来描述。借用图 14.39，将月心 O_L 改为地心 O_e。（若 S 点为地面站位，A 为探测器地面星下点，地心 O_e 的地心角 $\angle SO_eA$ 即为探测器 A 的地心角 θ）。θ 与测控站 S 的观测天顶距 Z 有关。最大天顶距 Z_{max}（即图 14.39 中的 Z_S'）等于 $\angle SO_eA$。随着探测器从地球附近经地月转移轨

道飞向月球，探测器高度 h 不断增大，这时的地心张角 θ 为最大地心张角 θ_{max}，也逐渐增大。θ_{max} 与 h 的关系曲线如图 14.41 所示。可见 $h > 100\ 000$ km 时，$\theta_{max} \to Z_{max}$（θ_{max} 约为 $70° \sim 75°$）；$h < 40\ 000$ km时，θ_{max} 急剧变小。

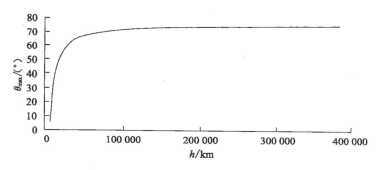

图 14.41　地面站对探测器测控的最大地心张角 θ_{max} 与
探测器高度 h 的关系曲线

14.7.2.2　探测器在近月轨道上飞行的特点

月球绕地球公转 1 周为 1 月，地面测控站观察月球从西向东在星座之间移动。该运动引起月赤经 a_L 和月赤纬 δ_L 的变化：a_L 的变化约为 $13.2(°)/d$，而 δ_L 变化则很小。因此，月球一天内的视运动近似为周日视运动，其星下点轨迹为纬度等于该天零时赤纬 δ_{L0} 的地心纬度圈。

月球探测器的近月飞行特征点 C（参见图 14.25，地月转移轨道的近月点 C，即减速进入月球卫星轨道的近地点）有如下特点：

1）月球探测器赤经、赤纬变化很小，地面上观测探测器与观测月球十分接近，探测器在地面星下点轨迹与月球在地面星下点轨迹几乎重合；

2）从图 14.41 可见，测控站对探测器地月转移轨道高度 h 的变化范围，确定了最大地心张角 θ_{max} 的范围。

14.7.2.3 对探测器近月飞行的连续测控约束条件

一般对探测器近月飞行的地面测控网设东、西两个站 a 和 b（见图 14.42），以 a 和 b 为圆心的两小圆为测控范围（θ_{max} 为圆弧半径），S 和 N 分别为两个小圆相交的南点和北点，P 表示地球北极。因为数小时内，月球的赤纬 δ_L 变化不大，可取其当天的零时赤纬 δ_{L0} 对应的纬度圈作为月球在地面的星下点轨迹。E 和 W 分别为月球星下点轨迹与测控范围相交的东点和西点。设 a 和 b 的地心经纬度分别为 (L_a, B_a) 和 (L_b, B_b)，两站测控的最大地心张角为 θ_{max}，某时刻月球相对于 a 和 b 两站的地心张角分别为 θ_a 和 θ_b；当 $\theta_a < \theta_{max}$ 或 $\theta_b < \theta_{max}$ 时，说明月球在测控网控制范围内。两小圆的南、北交点 S 和 N 的地心纬度分别为 B_S 和 B_N。E 和 W 为月球在地面的星下点轨迹与地面站 a 和 b 测控范围小圆相交的东点和西点，它们的地心经度为 L_E 和 L_W。W 与 a 的经度差为 $\Delta L_W = L_W - L_a$；E 与 b 的经度差为 $\Delta L_E = L_E - L_b$。ΔL_W 和 ΔL_E 可通过图 14.42 所示的球面三角求出，即

$$\Delta L_W = \arccos\left(\frac{\cos\theta_{max} - \sin\delta_{L0}\sin B_a}{\cos\delta_{L0}\cos B_a}\right) \qquad (14.7-5)$$

$$\Delta L_E = \arccos\left(\frac{\cos\theta_{max} - \sin\delta_{L0}\sin B_b}{\cos\delta_{L0}\cos B_b}\right) \qquad (14.7-6)$$

探测器近月飞行时，某特征点在前 M h 和后 N h，可被连续测控的约束条件为：

1）当 $B_S < \delta_{L0} < B_N$ 时，月球可被连续测控；

2）当 $L_E - L_W > 15(M+N)$ 时，连续 $(M+N)$ h，月球可被测控。

由图 14.42 可见，月星下点轨道，自 E 点向西、经度为 $15°M$ 作一点 E'，地球经度为 $L_{E'}$，对应时刻为 t'；月星下点轨道，自 W 点向东、经度为 $15°N$ 作一点 W'，地球经度为 $L_{W'}$，对应时刻为 t''；则在 $(t'-t'')$ 之间任何时刻的前 M h，后 N h，月球可被连续测控，且测控约束决定的窗口为 $(t'-t'')$。由图 14.42 可直观看出结论：

1) 地面站在同一纬度布站，或选择月球与站纬度差最小的时刻，探测器飞至近月点，会使（$L_E - L_W$）的数值增大，有利扩大窗口。

2) 当地面站数多于 2 个时，若它们的测控范围不超过 a 和 b 构成的范围，站多了也没用，窗口不变。因为地面站测控范围是所有站的"并集"。

3) 当站网一天内不能连续对月观测时，测控约束条件决定于日窗口。

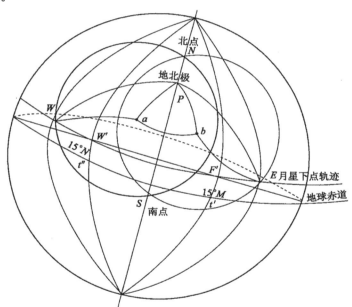

图 14.42 近月飞行探测器的地面测控网

如果根据 14.5 节和 14.6 节的设计，地月转移轨道近月点窗口为（$t'_L - t''_L$），可由（14.5－19）式～（14.5－26）式算出地球停泊轨道入轨点窗口为（$t'_I - t''_I$）。月球在白道上的运行角速度约为 13.2(°)/d，在（$t'_I \sim t''_I$）时间段内位置变化不大。而地球自转角速度约为 360(°)/d，为了发射的探测器与月球交会，探测器在地球停泊轨道升交点赤经 Ω 变化不大，地球停泊轨道入轨点窗口（$t'_I - t''_I$）的

宽度也很小，约为

$$(t'_I - t''_I) = \frac{a_L(t''_I) - a(t'_I)}{\omega_E - \omega_L} \qquad (14.7-7)$$

式中　　$a_L(t''_L)$——探测器在近月点时刻 t''_L 时的月球赤经；

　　　　$a(t'_L)$——探测器在近月点时刻 t'_L 时的地球赤经；

　　　　ω_L—— 月球自转角速度，约为 13.2(°)/d；

　　　　ω_E—— 地球自转角速度，约为 360(°)/d。

14.8　美国阿波罗登月工程概述

14.8.1　阿波罗号载人飞船

迄今为止，登月航天工程最具代表性的还是美国 1968 年开始实施的阿波罗登月计划。苏联于 1959 年发射第一个月球－1 探测器，1966 年发射月球－9 探测器。美国紧追，于 1966 年至 1968 年完成勘测者号月球着陆计划，接着执行土星－阿波罗计划。该计划实施 10 年，1969 年 7 月 20 日，航天员尼尔·阿姆斯特朗和詹姆斯·奥尔德林乘阿波罗 11 号（SA－506）飞船登月着陆，并安全返回地球。

阿波罗号飞船用土星 V 运载火箭和加速火箭组土星 IV B 发射入轨。飞船由指挥舱（即返回舱）、服务舱（含近月机动发动机装置）、仪器舱及两级（含降落和上升级）登月舱组成（如图 14.43 所示）。

服务舱主要包含巡航发动机装置，它用于修正往返飞行轨道、转入月球卫星轨道及离开月球返回加速。巡航发动机由万向吊挂接头与服务舱相连，推力为 91.2 kN，燃料为混肼 50，氧化剂为四氧化二氮。输送系统采用挤压式，增压用氮气瓶（压力 24 MPa）。电源系统采用燃料电池。生保系统与控制系统设备位于服务舱圆筒段内。交会对接控制发动机在服务舱侧壁上，分 4 组安装，每组 4 台发动机（一甲基肼/四氧化二氮），每台发动机推力约为 430 N。

指挥舱质量为 5.5 t，是往返飞行中的航天员座舱，也是飞行器主要控制系统集聚地。保证航天员返回地球并着陆水上。生活空间容积为 6 m³，侧壁有快速开启的舱门，中心有与对接机构相通的舱门。月球着陆降落伞系统位于生活舱潜行通道四周。底部的生活舱与防热层之间有两台独立的发动机装置，作返回进入大气时的姿态稳定控制用。座舱中有 3 个杠杆式着陆减震坐椅；左为指挥长，中为指挥舱驾驶员；右为登月舱驾驶员。生命保障系统（食物、水及氧储备）能保证 14 昼夜飞行、4 昼夜应急飞行需要。舱内保持压力 34.3 kPa 的纯氧；氧总储量为 290 kg，呈液态存于服务舱中 3 个容器里，压力为 6 208 kPa，约 1/3 的氧储量保持座舱压力用。座舱（返回舱）内还备有 1.7 kg 的应急用氧气瓶，可使 5 min φ13 mm 以下漏气得到补偿，维持压力 22.7 kPa，航天员可穿上航天服。指挥舱中还有座舱面罩、氧气瓶等。

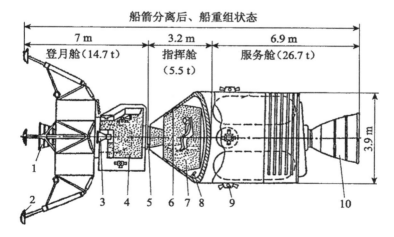

图 14.43　阿波罗号载人飞船结构图（三舱总重 47.9 t，可回收 450 kg）

1—登月舱巡航发动机；2—登月舱着陆支架；3—自月球起飞的发动机装置；

4—登月舱乘员室；5—带中心通道的对接机构；6—快速开启舱门；

7—指挥舱生活间；8—指挥舱稳定发动机；

9—操纵停靠对接的发动机装置；10—服务舱巡航发动机

　　登月舱质量为 14.7 t，由两级组成。降落级含软着陆发动机装置（混肼 50/四氧化二氮），采用氦气挤压式输送系统。液体火箭发动机 MIRA－10K 有万向吊挂接头，推力为 4.7~47 kN 可调。降落级内有生命保障系统。框架上固定着 4 根着陆支架，基底边长 10 m。起落架支柱装有月球着陆时用的蜂窝减震器。登月舱还有从月面上升回到绕月轨道与指挥舱对接的作用。登月舱中有控制系统、生命保障系统、温度调节系统等。上升级发动机推力为 15.6 kN（混肼 50/四氧化二氮），发动机固定在框架上，有 4 个吊架，每个吊架有 4 台稳定发动机（每台推力为 445 N，混肼 50/四氧化二氮）。登月舱生命保障系统设计工作时间为 49 h，座舱压力为 34.3 kPa，纯氧。航天员着航天服。登月舱电源用银锌电池（降落级用 4 个，上升级用 2 个）。

　　图 14.43 所示，阿波罗号飞船三舱连接是在地月转移轨道段内的飞行状态。阿波罗－土星ⅣB 在地球停泊轨道指定点（地月转移轨道入轨点 A），土星ⅣB 二次启动加速（工作 6 min），进入地月转移轨道后，舱段重组。指挥舱和服务舱一起脱离速度已经稳定的空间飞行组合体，掉转 180°后与登月舱对接。接着，登月舱与工作完毕的土星ⅣB 分离，飞船以图 14.43 所示状态继续向月球自由飞行。

14.8.2　土星Ⅴ载人火箭

　　土星Ⅴ运载火箭于 1962 年在马歇尔航天中心开始研制；1967 年 11 月 9 日首次发射不载人的阿波罗 4 号飞船获得成功；1968 年 12 月 21 日首次载人飞行，将阿波罗 8 号飞船送入绕月轨道飞行。至 1973 年 12 月，该火箭共发射 13 次，成功率 100%。土星Ⅴ火箭（SA－505）由一子级、二子级、仪器舱、级间段、级间分离装置、箭船分离装置、逃逸救生塔等组成，其总体布局如图 14.44 所示。

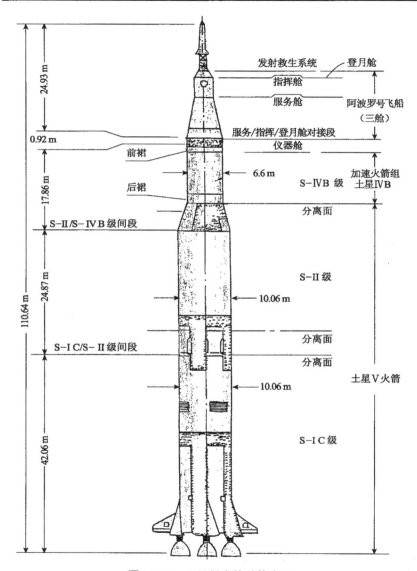

图 14.44 土星 V 火箭总体布局

土星 V 火箭的主要技术性能数据如表 14.4 所示。

表 14.4　土星 V 火箭主要技术性能数据

火箭级数	3	起飞质量	2 945.95 t
全长	110.64 m（含有效载荷）	起飞推力	34 029 kN
箭体最大直径	10.06 m	推重比	1.18
翼展	19.2 m	运载能力（逃逸轨道）	50 t

一子级（S—ⅠC）			
级长	42.06 m	推进剂	液氧/煤油
直径	10.06 m	海平面比冲	2 607 N·s/kg
起飞质量	2 279 t	海平面总推力	34 029 kN
推进剂质量	2 148 t	工作时间	168 s（主机）
发动机	5×F—1		

二子级（S—Ⅱ）			
级长	24.87 m	推进剂	液氧/液氢
直径	10.06 m	真空推力	5 148 kN
起飞质量	493 t	真空比冲	4 168 N·s/kg
推进剂质量	457 t	工作时间	366 s
发动机	5×J—2		

三子级（S—ⅣB）			
级长	18.1 m	推进剂	液氧/液氢
直径	6.6 m	真空推力	902 kN
起飞质量	122 t	真空比冲	4 217 N·s/kg
推进剂质量	110.53 t	工作时间	144 s＋336 s
发动机	1×J—2		

仪器舱			
长度	0.92 m	结构质量	1.95 t
直径	6.6 m		

注：表中数据为土星 V（SA—505～SA—507）火箭的性能数据。

14.8.3　典型飞行程序与飞行轨道

　　这里仅以阿波罗 10 号飞船载人绕月第一次飞行为例，来看登月飞行试验和地月飞行轨道设计。土星 V 火箭载着阿波罗 10 号飞船（载人），于 1969 年 5 月 18 日，从肯尼迪航天中心 39B 综合发射场起飞，方位角为 $72°\sim108°$。火箭发射与入轨飞行程序如表 14.5 所示。火箭一起飞上升就进行偏航操纵（参见图 14.45），以防地面风和发动机故障使火箭撞上发射塔架。火箭飞离塔架后，就开始俯仰和滚动飞行。$T+161$ s 一子级外围发动机关机，一、二子级分离；$T+163$ s 二子级点火，$T+459$ s 二子级中心发动机关机，二、三子级分离，S—ⅣB 级第一次点火，$T+700$ s S—ⅣB 关机，进入地球停泊轨道（见图 14.46①），S—ⅣB 级再次启动，把飞船送入地月轨道（图 14.46 中②），火箭与飞船分离（图 14.46 中③）。之后，S—ⅣB

表 14.5　土星 V 火箭发射阿波罗号飞船的飞行程序

时　　间/s	事　　件
$T+0$	起飞，插头脱落
$T+135$	S—ⅠC 级中心发动机关机
$T+161$	S—ⅠC 级外围发动机关机
$T+162$	S—ⅠC/S—Ⅱ级间分离
$T+163$	S—Ⅱ级发动机点火
$T+191$	S—Ⅱ级后级间段分离
$T+459$	S—Ⅱ级中心发动机关机
$T+554$	S—Ⅱ级外围发动机关机
$T+555$	S—Ⅱ级 S—ⅣB 级分离
$T+596$	S—ⅣB 级发动机点火
$T+700$	S—ⅣB 级发动机关机（第一次）
$T+713$	S—ⅣB 级进入地球停泊轨道
$T+9\,060$	S—ⅣB 级第二次启动，进入月球轨道
$T+9\,420$	S—ⅣB 级发动机第二次关机
$T+10\,920$	S—ⅣB 级/指挥/服务舱分离
$T+14\,437$	S—ⅣB 发动机故障检测系统关闭（2 号）
$T+17\,340$	S—ⅣB 级滑行
$T+18\,960$	S—ⅣB 级断电

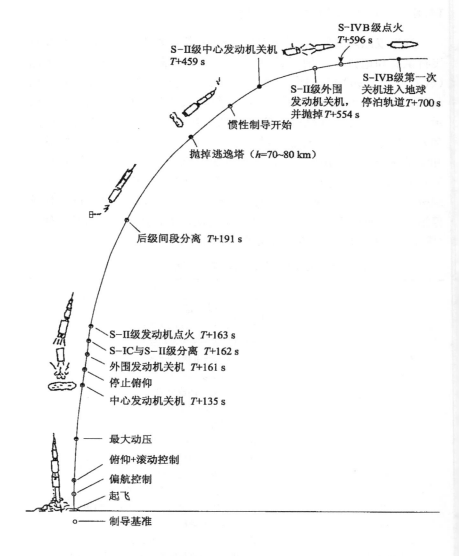

图 14.45　土星 V 火箭飞行程序示意图

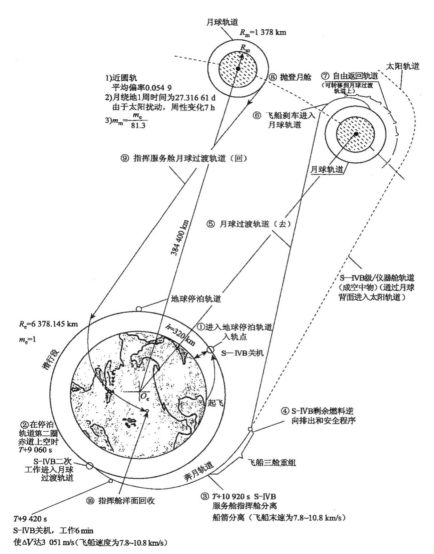

月球轨道
R_m=1 378 km

R_m

太阳轨道

⑧ 抛登月舱

⑦ 自由返回轨道
（可转移到月球过渡
轨道上）

1)近圆轨
　平均偏率0.054 9
2)月绕地1周时间为27.316 61 d
　由于太阳扰动，周性变化7 h
3)$m_m = \dfrac{m_e}{81.3}$

⑥ 飞船刹车进入
　月球轨道

⑨ 指挥服务舱月球过渡轨道（回）

月球轨道

⑤ 月球过渡轨道（去）

S—IVB级/仪器舱轨道
（成空中物）（通过月球
背面进入太阳轨道）

384 400 km

地球停泊轨道

R_e=6 378.145 km

m_e=1

滑行段

①进入地球停泊轨道
　入轨点

h=320 km

S—IVB关机

O_e

起飞

②在停泊
轨道第二圈
赤道上空时
T+9 060 s

④ S—IVB剩余燃料逆
　向排出和安全程序

S—IVB二次
工作进入月球
过渡轨道

飞船三舱重组

奔月轨道

⑩ 指挥舱洋面回收

③ T+10 920 s　S—IVB
　服务舱指挥舱分离
　船箭分离（飞船末速为7.8~10.8 km/s）

T+9 420 s
S—IVB关机，工作6 min
使ΔV达3 051 m/s（飞船速度为7.8~10.8 km/s）

图 14.46　阿波罗号载人飞船登月轨道关键点示意图

级超越分离，执行剩余推进剂逆向排出和安全程序（图 14.46 中④）。用火箭辅助推进系统中可用推进剂和主推进系统排气产生的推力推开已废弃的 S－ⅣB/仪器舱，使其通过月背面进入太阳轨道。在服务舱和指挥舱进入月球引力场时（图 14.46 中⑤），必须确定要停留在可转移至月球过渡轨道的自由返回轨道上（图 14.46 中⑥），还是刹车进入月球轨道（图 14.46 中⑦）。若决定飞向月球轨道，航天员进入登月舱检查系统状态。在进入月球轨道前，航天员应返回指挥舱。由服务舱推进系统制动飞船，使进入环月圆轨道。此时，航天员进入登月舱，指挥舱与登月舱开始分离，登月舱飞行模拟月球着陆下降和上升（若登月就要用返回月球轨道，着陆月面）。模拟阶段结束后，指挥/服务舱与登月舱对接，航天员结束登月活动，返回指令舱（图 14.46 中⑧）。然后，抛掉登月舱，再次启动指挥/服务舱（图 14.46 中⑨），进入月地过渡轨道，在再入大气层前，用服务舱的反作用控制系统，使指挥舱与服务舱分离，指挥舱再入大气层并回收（图 14.46 中⑩）。

第 3 篇
航天工程设计任务

　　航天工程设计任务是我们学习航天工程基本概念和航天工程基础理论的目的。由于篇幅限制，本篇重点介绍了 3 个层次的设计实例：

　　1）整机（仪器）工程设计。本书第 15 章和第 16 章所述内容是作者 16 年（1960 年～1976 年）从事整机设计经验的总结。其中包括了模拟电路（高频、低频、电源）、数字电路和计算机；着重于整机的性能设计、电路分析、误差计算、电磁兼容与可靠性设计等。

　　2）分系统与系统设计。本书第 17 章～第 19 章所述内容是作者 17 年（1977 年～1994 年）从事系统设计经验的总结，包括地面的综合测试发控系统，也包括箭上的飞行控制系统；着重于先进航天大国同类系统的优缺点分析，并结合中国工业/科技发展水平，制订可行的方案，强调性能分析、误差与精度计算、冗余设计、可靠性与安全性设计等。

　　3）工程总体（大系统）设计。本书第 20 章～第 22 章所述内容是作者 10 年（1995 年～2005 年）从事载人航天工程（大总体）设计经验的总结，包括了载人航天工程的关键技术、工程实施的难点；其中跨系统（各系统分担共同完成）的研制任务，其接口关系和系统间协调都非常复杂，这正是工程总体设计师们的主要职责。内容着重于方案制订、系统关键技术的分析、系统技术指标的要求、接口关系的协调、可靠性与安全性设计等。

　　设计任务的内容还有很多，如元器件与原材料的研制与选用、生产工艺与检验、各类地面试验（仿真试验）等设计任务，都非常重要，缺一不可，但由于篇幅有限，只好从略。

第 15 章　无线电控制系统仪器研制

　　仪器设备研制属于航天工程设计层次的第四层研制工作。设计控制系统综合测试仪器，不但要对无线电横校系统的原理、构成、关键技术等有深刻的了解，而且还要对它的优缺点（特别是不足之处）有具体的分析计算，围绕课题的主任务，从方案、电路、元器件、结构工艺、试验检验等各个研制环节，作深入仔细的工作。本章只介绍方案制订、波形信号数学描述、电路分析、误差鉴定等专题，具体的电路选用和试验验收从略，因为电路与元器件发展进步很快，老的电子管或半导体晶体管电路，早已不适用了。取而代之的是集成电路。

15.1　横校系统控制原理

　　1960 年的自行设计初期，我们还不能完全跳出无线电横校系统方案的框架。横校系统控制原理如图 15.1 所示。在火箭发射车后的射面上停着横校系统发射车，车前两个"八木天线"分别发射 5 kHz 正弦波调制射频（100 MHz）信号（B 波瓣）和 7 kHz 正弦波调制射频（100 MHz）信号（A 波瓣），两波瓣的波形如图 15.1 中 u_A 和 u_B 所示。0 点为等信号面上的一点，火箭在该位置接收机收到的波形如图 15.1 中的 u_0 所示。偏离等信号面的 p 点或 n 点，与等信号面形成的夹角 $\pm\varepsilon$，称为横偏角，火箭飞离等信号面 ε 横偏角接收到的波形为 u_p 和 u_n，由场强差形成 50 Hz（A、B 波瓣交替周期为 50 Hz）方波调制，其调制度 M 与横偏角 ε 成正比，即

$$M = \frac{U}{U_0} \tag{15.1-1}$$

式中　U——方波幅度；

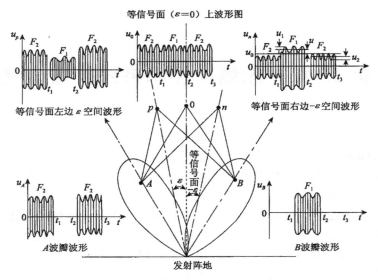

图 15.1　横校系统原理波形

U_0——射频幅度。

这是横校系统的第一个特征。

第二个特征是,在等信号面外任意一点接到的两个波瓣的 F_1（5 kHz,幅度为 U_1）和 F_2（7 kHz,幅度为 U_2）的调制度 M_1 和 M_2 不变,即

$$M_1 = \frac{U_1}{U_0 + U} \tag{15.1-2}$$

$$M_2 = \frac{U_2}{U_0 - U} \tag{15.1-3}$$

设计要求

$$M_1 = M_2 \tag{15.1-4}$$

15.2　横校系统综合测试仪的改进

图 15.1 中的 u_p、u_n 分别是火箭在偏离等信号面左右 ε 接收到的波形。空间调制度的正负极性由 F_1 或 F_2 调制的射频幅度大小而定。

若 F_2 调制射频幅度大于 F_1 调制射频幅度时 M 为正；反之，M 为负。p 点为 $+M$，n 点为 $-M$，对应横偏角 $\pm\varepsilon$。这时接收机输出信号直接控制火箭的 Ⅰ、Ⅲ 燃气舵产生力矩，把火箭拉回等信号面。这是火箭在空间等信号面左右飞行的情况。但在射前的各类地面试验中，就只能用横校系统综合测试仪模拟产生 $M=0$、$M=\pm\varepsilon$ 的信号（即 u_0、u_p、u_H 波形发生器）。原火箭的综合测试仪，只能产生某一固定调制度 M 的静态信号，不能模拟火箭在射面左右动态飞行的过程。因此，横校系统在地面无法得到动态特性参数（如频率响应特性和动态延迟特性等参数），整个火箭飞行的动态仿真试验也受到限制。原综合测试仪还有一缺陷，即方波（50 Hz）调制度 M 的精度，由电位器机械刻度决定，误差较大（相对误差大于 0.2）。这对横校系统实施传递系数测试、动态测试等，都达不到要求。因此，提出以下两大改进：

　　1）横偏角 $\pm\varepsilon$，由电位器刻度控制，改用输入信号 $f_i(t)$ 控制（参见图 15.3 的 $f_i(t)$ 和 $f_o(t)$ 波形），而输出模拟信号 $f_o(t)$ 的调制度 M 大小和极性，随 $f_i(t)$ 的电压大小和极性变化。用输入信号 $f_i(t)$ 的瞬时电压 U_H 代替 ε，即

$$M = kU_H \qquad\qquad (15.2-1)$$

式中　k——横校模拟信号源的传递系数。

　　2）改进后的综合测试仪横校模拟信号源的输出信号，专门设计一空间调制度计进行校准，以保证 M 的准确度。

15.3　横校模拟信号 $f_o(t)$ 的信号分析

　　横校模拟信号源的设计，可以看成一个四端网络的设计，如图 15.2 所示，$y_i(x)$ 网络的输入函数为 $f_i(t)$，输出函数为 $f_o(t)$。

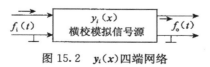

图 15.2　$y_i(x)$ 四端网络

　　$f_i(t)$ 为 0～5 Hz 的正弦波（与火箭在空间飞行横向摆动频率对应）。$f_o(t)$ 为要模拟的动态横校信号，是一个被复杂低频信号调幅的

射频（100 MHz）信号。

$y_i(t)$ 为四端网络的传递函数，这就是要设计的电路。

所谓网络综合是根据给定的传递函数特性出发，运用严密的数学方法，来求得物理上可实现的网络，以满足技术要求。网络综合法与网络分析法是设计四端网络的两种常用方法。前者根据给定传递函数特性 $y_i(x)$ 来设计网络结构，经济性准确性较好，但数学较深、运算烦琐、对元器件特性要求高，工艺水平也难以满足，因而在工程设计上受到限制。而网络分析法是根据电路理论，对基本网络结构特性进行分析，用试验与组合的方法使网络逐渐逼近工作特性，这种方法适宜电路熟练、实验经验丰富的人，理论易掌握、计算简便，因此采用网络分析法来设计横校模拟信号源。

第一步，将输出函数 $f_o(t)$，分解成若干简单波形，并写出简单波形的数学表示式，最后由简单波形数学表示式，写出 $f_o(t)$ 的数学表示式；

第二步，寻求产生简单函数波形的基本网络；

第三步，按基本函数（简单函数）在输出函数 $f_o(t)$ 构成中的关系，把基本网络联合起来，即构成 $f_o(t)$ 输出函数的网络 $y_i(x)$。这个网络 $y_i(x)$ 就是要求的横校模拟信号源。

15.3.1　$f_o(t)$ 波形分解

输入函数 $f_i(t)$ 和输出函数 $f_o(t)$ 的波形关系，如图 15.3 所示。

从图 15.3 可见，$f_o(t)$ 是一个复杂低频信号 $g(t)$ 调幅射频（100 MHz）的信号，根据无线电调制理论，$f_o(t)$ 可表示为

$$f_o(t) = U_0(1 + mg(t))\sin \omega_0 t \qquad (15.3-1)$$

式中　U_0——射频信号幅度；

　　　m——低频信号 $g(t)$ 调幅调制度；

　　　ω_0——射频角频率 $(\omega_0 = 2\pi f)$；

　　　f——射频频率。

$g(t)$ 波形如图 15.4 所示，可分解成 3 个基本函数之和，即

$$g(t) = f_1(t) + F_1(t) + F_2(t) \qquad (15.3-2)$$

（15.3-2）式中 3 个基本函数的波形如图 15.5 所示。

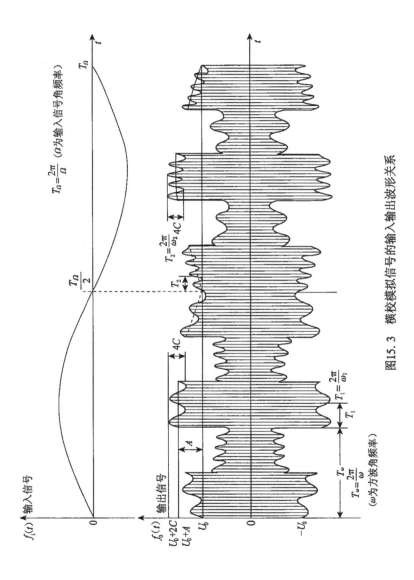

图15. 3　横校模拟信号的输入输出波形关系

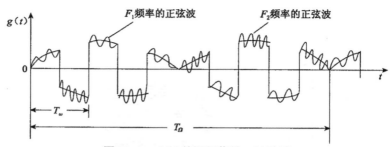

图 15.4　$f_o(t)$ 的调幅信号 $g(t)$ 波形

T_ω—50 Hz 方波的周期；T_Ω—0~5 Hz 指令信号周期；

F_1—5 kHz 正弦波；F_2—7 kHz 正弦波

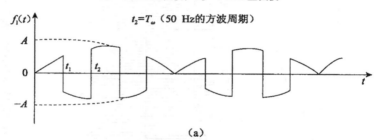

（a）

F_1 的正弦振荡频率为 5 kHz

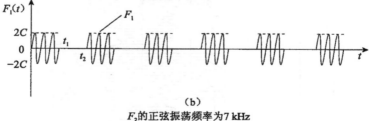

（b）

F_2 的正弦振荡频率为 7 kHz

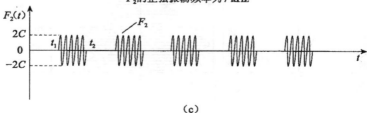

（c）

图 15.5　3 个基本函数波形及其相互关系

15.3.2　$f_1(t)$ 的解

从图 15.5（a）的波形可见，它是方波被输入函数 $f_i(t)$ 进行双边带调制的波形。方波及其调幅波如图 15.6 所示。

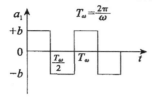

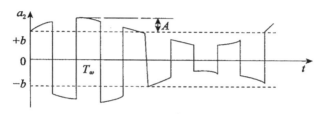

图 15.6　方波和方波的调幅波形

方波的傅里叶级数表示式为

$$a_1 = \frac{4b}{\pi}\left(\sin\omega t + \frac{1}{3}\sin 3\omega t + \frac{1}{5}\sin 5\omega t + \cdots + \frac{1}{n}\sin n\omega t\right)$$

$$= \sum_{n=1}^{\infty} \frac{4b}{n\pi}\sin n\omega t \qquad (15.3-3)$$

式中　$n = 1, 3, 5, \cdots, \infty$ 的正奇整数；

　　　　b——方波幅度；

　　　　ω——方波角频率。

方波被输入信号 $f_i(t)$ 调幅。如果输入信号 $f_i(t)$ 为正弦波，即

$$f_i(t) = A\sin\Omega t \qquad (15.3-4)$$

而方波幅度 b 的瞬时值为

$$b_0 = b(1 + m_\Omega\sin\Omega t) \qquad (15.3-5)$$

式中　b——未调制方波幅度；

　　　　m_Ω——方波被 $f_i(t)$ 调幅的调制度，$m_\Omega = \dfrac{A}{b}$；

Ω——$f_i(t)$ 的角频率（0～5 Hz）；

A——$f_i(t)$ 的幅值。

将（15.3－3）式中的 b 换成瞬时值 b。得方波的调幅波为

$$a_2 = \sum_{n=1}^{\infty} \frac{4b}{n\pi}(1+m_\Omega \sin\Omega t)\sin n\omega t \qquad (15.3-6)$$

将（15.3－6）式用三角级数展开，可求其频谱式为

$$a_2 = \sum_{n=1}^{\infty} \frac{4b}{n\pi}\left(\sin n\omega t + \frac{m_\Omega}{2}\cos(n\omega-\Omega)t - \frac{m_\Omega}{2}\cos(n\omega+\Omega)t\right)$$

$$= \sum_{n=1}^{\infty} \frac{4b}{n\pi}\sin n\omega t + \sum_{n=1}^{\infty} \frac{2A}{n\pi}\cos(n\omega-\Omega)t - \sum_{n=1}^{\infty} \frac{2A}{n\pi}\cos(n\omega+\Omega)t$$

$$(15.3-7)$$

式中　$n=1$，3，5，…，∞的正奇整数。

从（15.3－7）式可见，a_2 有 3 大项，一项为方波频谱（15.3－3）式，二项和三项各为方波调幅后的两个边频分量，其频谱如图 15.7 所示。

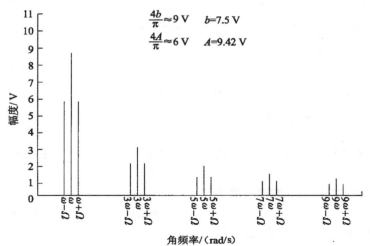

图 15.7　方波被输入信号 $f_i(t)$ 调幅的频谱

将（15.3—7）式中的第一项（中心分量）去掉，即为方波被 $f_i(t)$ 进行双边带调制后的解析式

$$f_1(t) = \sum_{n=1}^{\infty} \frac{2A}{n\pi}\cos(n\omega - \Omega) - \sum_{n=1}^{\infty} \frac{2A}{n\pi}\cos(n\omega + \Omega)t$$

$$(15.3 - 8)$$

因此，$f_1(t)$ 波形的频谱如图 15.8 所示。

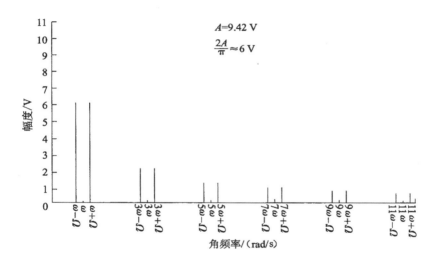

图 15.8　$f_1(t)$ 方波被 $f_i(t)$ 双边带调制后的频谱

15.3.3　$F_1(t)$ 的解

从图 15.5(b)可见，$F_1(t)$ 是 F_1 的正弦波被方波百分之百调幅的结果。调制理论指出，若调幅信号（方波）有多个频率分量，每个频率分量产生它自己的一对边带，相互间没有明显的互调作用。这就是调幅信号的独立作用性。注意，调频和调相不是这样。因此 $F_1(t)$ 可写成

$$F_1(t) = C(1 + m_1\sin\omega t + m_3\sin 3\omega t + \cdots)\sin\omega_1 t$$

$$(15.3 - 9)$$

式中　m_1——方波的一次谐波的调制度，$m_1 = \dfrac{4C}{\pi C} = \dfrac{4}{\pi}$；

　　　m_3——方波的三次谐波的调制度，$m_3 = \dfrac{4}{3\pi}$；

　　　m_n——方波的 n 次谐波的调制度，$m_n = \dfrac{4}{n\pi}$；

　　　C——F_1 正弦波振荡的幅度（未调制时的幅度）；

　　　ω_1——正弦波的角频率，$\omega_1 = 2\pi F_1$。

（15.2－9）式可写成

$$F_1\ (t)\ = C\Big(1 + \sum_{n=1}^{\infty}\frac{4}{n\pi}\sin n\omega t\Big)\sin\omega_1 t \qquad (15.3-10)$$

则 $F_1(t)$ 的频谱表示式为

$$F_1(t) = C\sin\omega_1 t + \sum_{n=1}^{\infty}\frac{2C}{n\pi}\cos(\omega_1 - n\omega)t - \sum_{n=1}^{\infty}\frac{2C}{n\pi}\cos(\omega_1 + n\omega)t$$

$$(15.3-11)$$

从（15.3－11）式可见，$F_1(t)$ 有一个中心分量和对应方波各谐波的边频分量，其频谱如图 15.9 所示。

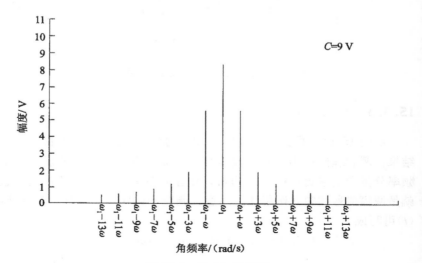

图 15.9　$F_1(t)$ 的频谱

15.3.4　$F_2(t)$的解

从图 15.5（c）可见，$F_2(t)$与$F_1(t)$有相同的性质，只不过调制的方波滞后了 180°，表示方波的函数式为

$$a_{1-\pi} = \sum_{n=1}^{\infty} \frac{4b}{n\pi} \sin(n\omega t - \pi) \qquad (15.3-12)$$

则 $F_2(t)$的函数表示式为

$$F_2(t) = C\left(1 - \sum_{n=1}^{\infty} \frac{4}{n\pi} \sin(n\omega t - \pi)\right) \sin\omega_2 t$$

$$= C\left(1 - \sum_{n=1}^{\infty} \frac{4}{n\pi} \sin n\omega t\right) \sin\omega_2 t \qquad (15.3-13)$$

将（15.3—13）式展开，可得其频谱式为

$$F_2(t) = C\sin\omega_2 t + \sum_{n=1}^{\infty} \frac{2C}{n\pi}\cos(\omega_2 + n\omega)t - \sum_{n=1}^{\infty} \frac{2C}{n\pi}\cos(\omega_2 - n\omega)t$$

$$(15.3-14)$$

$F_2(t)$的频谱如图 15.10 所示。

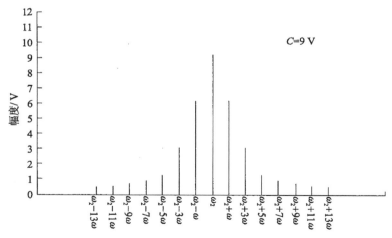

图 15.10　$F_2(t)$ 的频谱

15.3.5 $f_0(t)$ 的解析式和频谱式

根据（15.3—2）式、（15.3—8）式、（15.3—10）式和（15.3—13）式，可求得复杂低频信号 $g(t)$ 的解析式为

$$g(t) = f_1(t) + F_1(t) + F_2(t)$$

$$= \sum_{n=1}^{\infty} \left(\frac{2A}{n\pi}\cos(n\omega - \Omega)t - \frac{2A}{n\pi}\cos(n\omega + \Omega)t \right) +$$

$$C\left(1 + \sum_{n=1}^{\infty} \frac{4}{n\pi}\sin n\omega t\right)\sin\omega_1 t +$$

$$C\left(1 - \sum_{n=1}^{\infty} \frac{4}{n\pi}\sin n\omega t\right)\sin\omega_2 t \qquad (15.3-15)$$

将（15.3—7）式、（15.3—11）式和（15.3—14）式相加，得 $g(t)$ 的频谱式为

$$g(t) = \sum_{n=1}^{\infty} \left(\frac{2A}{n\pi}\cos(n\omega - \Omega)t - \frac{2A}{n\pi}\cos(n\omega + \Omega)t \right) +$$

$$C\sin\omega_1 t + \sum_{n=1}^{\infty} \left(\frac{2C}{n\pi}\cos(\omega_1 - n\omega)t - \frac{2C}{n\pi}\cos(\omega_1 + n\omega)t \right) +$$

$$C\sin\omega_2 t + \sum_{n=1}^{\infty} \left(\frac{2C}{n\pi}\cos(\omega_2 + n\omega)t - \frac{2C}{n\pi}\cos(\omega_2 - n\omega)t \right)$$

$$(15.3-16)$$

将（15.3—16）式简化得

$$g(t) = C(\sin\omega_1 t + \sin\omega_2 t) + \sum_{n=1}^{\infty} \frac{2A}{n\pi}\left(\cos(n\omega - \Omega)t - \cos(n\omega + \Omega)t \right) +$$

$$\sum_{n=1}^{\infty} \frac{2C}{n\pi}\left(\cos(\omega_1 - n\omega)t - \cos(\omega_1 + n\omega)t + \cos(\omega_2 + n\omega)t - \cos(\omega_2 - n\omega)t \right)$$

$$(15.3-17)$$

（15.3—17）式的频谱可借助图 15.8、图 15.9、图 15.10 绘出，如图 15.11 所示。

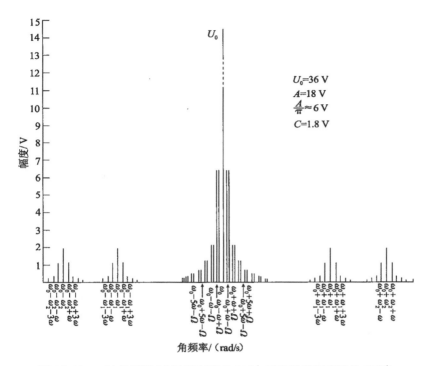

图 15.11　$g(t)$ 的频谱（方波调制度为 50％，正弦波调制度约为 10％）

将 (15.3－15) 式代入 (15.3－1) 式，可求得输出函数 $f_0(t)$ 的解析式为

$$f_0(t) = U_0 \Big[1 + \sum_{n=1}^{\infty} \frac{2A}{n\pi U_0} \cos(n\omega - \Omega)t - \sum_{n=1}^{\infty} \frac{2A}{n\pi U_0} \cos(n\omega + \Omega)t +$$

$$\frac{C}{U_0} \Big(1 + \sum_{n=1}^{\infty} \frac{4}{n\pi} \sin n\omega t \Big) \sin \omega_1 t + \frac{C}{U_0} \Big(1 -$$

$$\sum_{n=1}^{\infty} \frac{4}{n\pi} \sin n\omega t \Big) \sin \omega_2 t \Big] \sin \omega_0 t \qquad (15.3-18)$$

式中　$n = 1, 3, 5, \cdots$，正奇整数。

将 $g(t)$ 的频谱 (15.3－17) 式代入 (15.3－1) 式，可得 $f_0(t)$ 的频谱式为

$$f_o(t) = U_0\Big(1 + \sum_{n=1}^{\infty}\frac{2A}{n\pi U_0}\cos(n\omega - \Omega)t - \sum_{n=1}^{\infty}\frac{2A}{n\pi U_0}\cos(n\omega + \Omega)t +$$

$$\sum_{n=1}^{\infty}\frac{2C}{n\pi U_0}\cos(\omega_1 - n\omega)t + \frac{C}{U_0}\sin\omega_1 t -$$

$$\sum_{n=1}^{\infty}\frac{2C}{n\pi U_0}\cos(\omega_1 + n\omega)t + \sum_{n=1}^{\infty}\frac{2C}{n\pi U_0}\cos(\omega_2 + n\omega)t +$$

$$\frac{C}{U_0}\sin\omega_2 t - \sum_{n=1}^{\infty}\frac{2C}{n\pi U_0}\cos(\omega_2 - n\omega)t\Big)\sin\omega_0 t \qquad (15.3-19)$$

将（15.3—19）式简化得

$$f_o(t) = U_0\sin\omega_0 t +$$

$$\sum_{n=1}^{\infty}\Big(\frac{A}{n\pi}\sin(\omega_0 + (n\omega - \Omega))t + \frac{A}{n\pi}\sin(\omega_0 - (n\omega - \Omega))t\Big) -$$

$$\sum_{n=1}^{\infty}\Big(\frac{A}{n\pi}\sin(\omega_0 + (n\omega + \Omega))t + \frac{A}{n\pi}\sin(\omega_0 - (n\omega + \Omega))t\Big) +$$

$$\sum_{n=1}^{\infty}\Big(\frac{C}{n\pi}\sin(\omega_0 + (\omega_1 - n\omega))t + \frac{C}{n\pi}\sin(\omega_0 - (\omega_1 - n\omega))t\Big) +$$

$$\frac{C}{2}\cos(\omega_0 - \omega_1)t - \frac{C}{2}\cos(\omega_0 + \omega_1)t -$$

$$\sum_{n=1}^{\infty}\Big(\frac{C}{n\pi}\sin(\omega_0 + (\omega_1 + n\omega))t + \frac{C}{n\pi}\sin(\omega_0 - (\omega_1 + n\omega))t\Big) +$$

$$\sum_{n=1}^{\infty}\Big(\frac{C}{n\pi}\sin(\omega_0 + (\omega_2 + n\omega))t + \frac{C}{n\pi}\sin(\omega_0 - (\omega_2 + n\omega))t\Big) +$$

$$\frac{C}{2}\cos(\omega_0 - \omega_2)t - \frac{C}{2}\cos(\omega_0 + \omega_2)t -$$

$$\sum_{n=1}^{\infty}\Big(\frac{C}{n\pi}\sin(\omega_0 + (\omega_2 - n\omega))t + \frac{C}{n\pi}\sin(\omega_0 - (\omega_2 - n\omega))t\Big)$$

$$(15.3-20)$$

（15.3—18）式就是我们要获取的横校模拟信号解析式。从它的频谱（15.3—20）式可见，它是一个复杂的多项式，第一项是射频中心分量，其他项是 $g(t)$ 的各个频谱分量在调幅时产生的一对旁频分量。现在可借助图 15.11 所示的 $g(t)$ 频谱，绘出图 15.12 的输出函数 $f_o(t)$ 的频谱，即横校模拟信号的频谱。

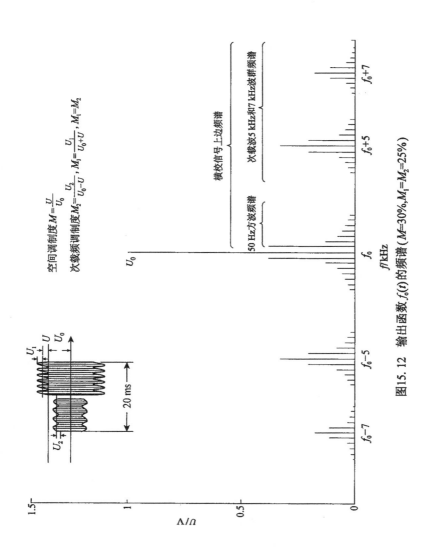

空间调制度 $M=\dfrac{U}{U_0}$

次载频调制度 $M_2=\dfrac{U_2}{U_0-U}$, $M_1=\dfrac{U_2}{U_0+U}$, $M_1=M_2$

图15.12　输出函数 $f_0(t)$ 的频谱（$M=30\%,M_1=M_2=25\%$）

15.4　根据 $f_o(t)$ 解析式求基本电路

$f_o(t)$ 的调幅低频信号 $g(t)$，是由 $f_1(t)$、$F_1(t)$、$F_2(t)$ 这 3 个基本函数合成的。其中 $F_1(t)$ 和 $F_2(t)$ 的性质相同，与输入函数 $f_i(t)$ 无关，$f_1(t)$ 与输入函数 $f_i(t)$ 有关。因此 $f_1(t)$ 与输入/输出函数都有关，这决定了 3 个基本函数的产生特点。

$f_1(t)$ 产生的特点如下：

1）方波的双边带调制器应具有良好的线性度和对称性（也就是 $f_i(t)$ 要工作在调制器的直线段）。

2）调制器要在输出函数 $f_i(t)=0$ 时，方波幅度为零，变成一直线。这就保证了 $g(t)$ 对射频调制时，剩余调制度最小。

3）调制器对输入函数 $f_i(t)$ 频率 0～5 Hz 都有良好响应。

4）为保证方波质量，调制器具有良好的高频响应和低频响应。

$F_1(t)$、$F_2(t)$ 产生的特点如下：

1）正弦波被方波调制时波形要良好，正弦波的起振和停息应有明显的突变；

2）$F_1(t)$、$F_2(t)$ 的方波调制，要与 $f_1(t)$ 中的方波严格同步。

15.4.1　产生 $f_1(t)$ 的 3 个基本电路

平衡输出器、对偶限幅器和平衡调制器是产生 $f_1(t)$ 函数波形的 3 个基本电路，它们之间的连接关系如图 15.13 所示。平衡输出器把输入函数 $f_i(t)$ 的 0～5 Hz 正弦波变成两个互为对称的正弦波（B 波形与 C 波形相差 $180°$）；对偶方波产生器把 220 V/50 Hz 电源正弦波变成两个（H 波形、I 波形）互为反相（相差 $180°$）的 50 Hz 方波。这两对波形（B 和 C，H 和 I）在平衡调制器中实现 $f_i(t)$ 对方波的双边带调制，J 波形就是 $g(t)$ 函数的波形。

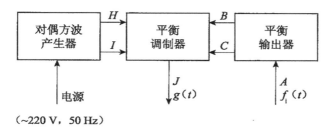

图 15.13　产生 $f_1(t)$ 的 3 个基本电路的连接关系

15.4.2　产生 $F_1(t)+F_2(t)$ 的基本电路和 $g(t)$ 波形

F_1 和 F_2 正弦波振荡器分别经调制器后、分别与平衡输出器的 B、C 波形相加，最后送入平衡调制器进行调制，即输出含有 $F_1(t)$ $+F_2(t)$ 的复杂低频调制信号 $g(t)$，其产生方框图如图 15.14 所示（虚线框是与 $f_1(t)$ 产生公用的电路）。

图 15.14 中各点的波形如图 15.15 所示（波形 A～波形 J 为 g (t) 波形在框图各点产生的波形）。

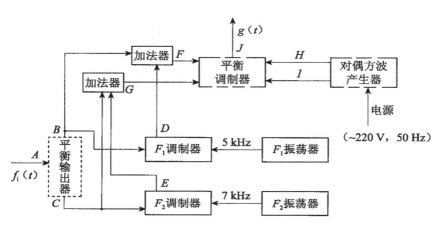

图 15.14　$g(t)$ 波形（包括 $f_1(t)$）产生框图

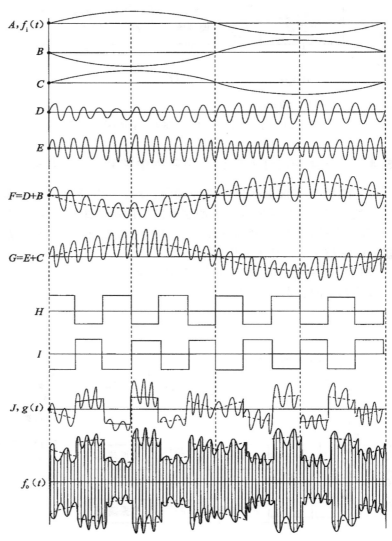

图 15.15　横校模拟信号源波形

15.5　横校模拟信号源总框图

整个横校模拟信号源由射频部分（晶体振荡器及倍频器、射频调制器）、低频部分（$g(t)$ 波形产生器）、信号源电源部分（变压器、整流器、滤波器和稳压电路）和空间调制度计（单独结构）4 部分组成，如图 15.16 所示。

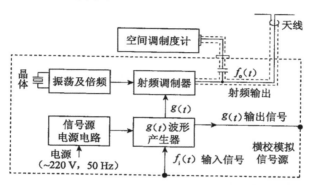

图 15.16　带有空间调制度计的横校模拟信号源总框图

15.6　横校模拟信号空间调制度计设计

横校模拟信号（见图 15.3 中 $f_o(t)$ 波形）的空间调制度 M（由 (15.3−1) 式计算出射频的 50 Hz 方波调幅调制度）是控制火箭偏离等信号面偏角 ε 减小的控制参数。火箭横向控制系统的综合测试、系统仿真试验和发射前测试等大型试验，都要求"横校信号"的稳定和空间调制度的准确。信号的稳定度由横校模拟信号源的研制来保证，而信号的空间调制度 M 给出值的准确性，则由空间调制度计的精度来保证。

15.6.1　空间调制度计的方案选择

查阅有关调制度 M 测量的文献，可供选择的方案有衰减法、极限衰减法、直流替代法、热电比较法、外差信号法和有效频谱法 6 种，其测量信号频段、对信号的要求和测量误差等参数详见表 15.1。

表 15.1 调制度测量方法比较表

序号	测量方法	频段/MHz	被测信号要求	误差/%	用途
1	衰减法	≤300	小信号（≥10 mV）	≤±2.5	作调制度计方案
2	极限衰减法	≤300	小信号（≥1 V）	≤±2.5	
3	直流替代法	≤300	大信号（≥15 V）	≤±1	作调制度计刻度校准用
4	热电比较法	≤30	小信号（≥1 V）	≤±1	作调制度计刻度校准用
5	外差信号法	—	无畸变的正弦调制信号	经校正可达±1	
6	有效频谱法	100	—	±2	

表 15.1 中，1、2 种方法系统误差大，但随机误差较小；3、4 种方法系统误差小，但随机误差大；5、6 种方法比较好，但不适合测复杂调制信号。

经分析比较，确定了空间调制度计的设计方案为：

1）选用随机误差小、系统误差稍大（但误差满足要求）的衰减法，作为测量仪器线路方案。仪器稳定性好，适合测复杂调幅波形的调制度。

2）用系统误差小、随机误差稍差的直流替代法和热电比较法作为空间调制度计的刻度校准方法，并用多次测量和测量数据处理来减小随机误差。

这样，就把复杂而烦琐的工作留在仪器出厂之前，交付用户（空间调制度计）使用方便。衰减法的工作原理如图 15.17 所示。

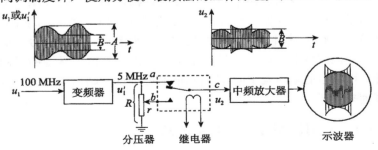

图 15.17 衰减法调制度测量原理

从图 15.17 可见，对于 u_1 信号的调制度为

$$M = \frac{A - B}{A + B} \qquad (15.6-1)$$

为便于分压器和继电器切换控制，被测信号 u_1（100 MHz）经变频器变为 5 MHz 中频调幅信号，u'_1（5 MHz），将调幅信号 u_1（或 u'_1）峰值半周衰减，使之等于谷值半周幅度（波形如图 15.17 中的 u_2 所示），即

$$kA = B \qquad (15.6-2)$$

式中

$$k = \frac{r}{R} \qquad (15.6-3)$$

将（15.6-2）式代入（15.6-1）式得

$$M = \frac{A - kA}{A + kA} = \frac{1 - k}{1 + k} \qquad (15.6-4)$$

从（15.6-4）式可见，M 的测量，变成了电阻的测量（$k = \frac{r}{R}$）。当前，电阻的测量精度可达 0.000 1 以上。用衰减法构成空间调制度计的组成如图 15.18 所示。图中各级输出波形可示出测量原理，基准

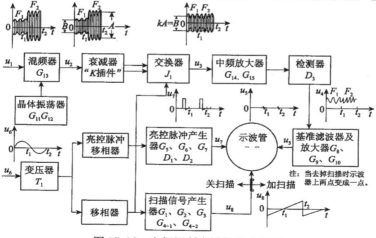

图 15.18　空间调制度计的组成框图

滤波器只滤掉横校信号中的 F_1 和 F_2 信号，从而在示波管上显示清晰的 $kA=B$ 图形。

15.6.2　空间调制度计的误差及其减小措施

用衰减法构成的空间调制度计测量误差来源有以下 3 点：

1）变频器引起的已调波的非线性失真和线性失真；

2）衰减器的分压系数 k 受电抗参数的影响和动点机械接触误差；

3）显示分辨度误差。

下面分别来分析这些误差，并采取线路措施和工艺措施使之减至最小。

15.6.2.1　变频器误差及其减小方法

变频器误差有非线性引起已调波失真误差和变频回路频率特性不良引起已调波失真误差（又称线性失真误差）。经电路分析和试验证明，非线性误差和线性误差可忽略不计。减小误差的措施主要是选择可靠的电路元件和调整最佳工作状态。

15.6.2.2　衰减器误差及其减小方法

由于 M 值的精度主要取定于分压器 k 值的精度，分压器的分布参数将影响 $k=\dfrac{r}{R}$ 的精度。显示波形的调整，将是阻抗比 $K=\dfrac{y}{z}$ 起作用，r 对应阻抗 y、R 对应阻抗 z。不难导出 M 误差公式为

$$\frac{\Delta M}{M} = \frac{-\dfrac{\Delta K}{K}}{\dfrac{2M}{1-M^2} - \dfrac{M}{1+M} \cdot \dfrac{\Delta K}{K}} \qquad (15.6-5)$$

式中

$$K = \frac{y}{z} \qquad (15.6-6)$$

$$\Delta K = K - k \qquad (15.6-7)$$

式中　K——真值；

　　　k——有误差的值（用直流电桥精测出的值）；

ΔK——交直流分压系数差值。

通过鉴定试验证明，当 $M = 30\%$ 时，衰减器引入误差为 -4.3%。可见，这是一个不可接受的值，必须采取减少误差的措施，即：

1）用两个柱形碳膜电阻器做成分压器，结构上设计成插件（称为"K 插件"，不同 M 值，选用不同 K 值的"K 插件"。）这样不但大大地减小了分布参数（分布电感和分布电容），而且去掉了电位器的动触点的机械误差。两个柱形碳膜电阻器的阻值可以用直流电桥校得很准确。

2）作为交换器（50 Hz 交替）的继电器，选用塑料外壳极化继电器控制结点直接从塑料壳引出控制被测信号，不从控制绕组上引出，大大减小了继电器引入的分压器分布参数对调制度测量的误差。

15.6.2.3　观察误差及其减小方法

用空间调制度计测模拟信号的 M 值时，调定电位器值是靠显示图形（详见图 15.19）决定的，观察图形误差将带来 k 值误差。

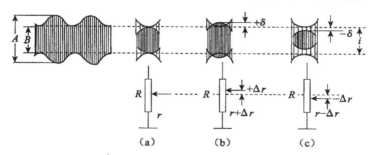

图 15.19　观察误差引起分压系数误差示意图

图 15.19(a)有

$$HA \frac{r}{R} - BH = 0 \qquad (15.6-8)$$

图 15.19(b)有

$$HA \frac{r + \Delta r}{R} - BH = \delta \qquad (15.6-9)$$

（15.6—8）式和（15.6—9）式中的 H 为示波管灵敏度与示波管至衰减器一段电路的放大系数之积，即显示图形的总放大量，即

$$HB = l \qquad (15.6-10)$$

式中　l——放大被测信号波谷的幅度。

图 15.19(a)没有误差的调制度为

$$M = \frac{1-\dfrac{r}{R}}{1+\dfrac{r}{R}} \qquad (15.6-11)$$

图 15.19(b)有误差的调制度为

$$M' = \frac{1-\dfrac{r+\Delta r}{R}}{1+\dfrac{r+\Delta r}{R}} \qquad (15.6-12)$$

由（15.6—9）式、（15.6—10）式和（15.6—12）式，可求出观察误差引起的调制度测量误差关系式为

$$\frac{\Delta M}{M} = \frac{\dfrac{\delta}{l}}{\dfrac{2M}{1-M^2}+\dfrac{M}{1+M}\cdot\dfrac{\delta}{l}} \qquad (15.6-13)$$

由（15.6—13）式，$\dfrac{\Delta M}{M}$ 的大小取决于观察误差 $\dfrac{\delta}{l}$。l 越大，δ 可控制到很小；$\dfrac{\delta}{l}$ 越小，$\dfrac{\Delta M}{M}$ 就越小。减小 $\dfrac{\delta}{l}$ 的措施如下：

1）增大调制度计中频放大器和低频放大器的放大值，但增大程度受外界干扰和元器件热噪声的限制，前者影响显示图形畸变，后者引起显示图形边缘模糊。

2）中频信号经检波后，只对 δ 值进行放大。

3）用点重合显示法（取被测波"峰值点"和"谷值点"重合显示，可用控制显示器"亮度"实现），可大大降低显示误差。

采取上述措施后，$\dfrac{\delta}{l}$ 可控制到 0.001，当 $M = 30\%$ 时，由（15.6—13）式算出，$\dfrac{\Delta M}{M} = 0.002$。这个误差很小（以随机误差表现

出来）。

除以上 1)、2) 和 3) 的误差分析外，还要考虑以下几点：

1) 中频放大器幅度特性和频率特性不良引起的误差；

2) 检波器的非线性和惯性引起的误差；

3) 基准波（F_1、F_2）滤波器的滤波特性引起的误差；

4) 电源对变频、中放、检波引起的产生调幅误差等。

以上这些都要实测，并在电路设计和结构安装时把误差限制到最小（如电源引入的高压波纹电压应不大于 3 mV）。

15.6.3　空间调制度计的精度鉴定

误差分析及采取的减小误差措施，都要在设计和生产中严格贯彻实施。其真正结果如何要由出厂前的鉴定性试验来检验。国际测量仪器界一致认为：鉴定仪器及其鉴定方法，必须比被鉴定仪器及构成原理的准确度高 3 倍。

通过对空间调制度计进行直流替代法、热电比较法和极限衰减法共 3 种鉴定性测试，可得到以下结论：

1) 直流替代法和热电比较法精度都较高，可作为校准方法。

2) 直流替代法接近空间调制度计工作状态，但采用该法设备多，校准操作麻烦，随机误差比热电比较法大。

3) 热电比较法与直流替代法有相同量级的系统误差，但设备和操作都较简单。该方法只限于校空间调制度计的主要误差来源部分，而且是静态校准，故与仪器实际工作状态差别大。

4) 把直流替代法和热电比较法联合起来用于校准，取两法之优点。第一步，先用直流替代法校"K 插件"（多次等精度测试、消除随机误差），再以热电比较法校同一"K 插件"。若两法调制度值接近（在系统误差范围内），说明仪器变频器、低频放大器和显示器皆未引入误差；第二步，用热电比较法校准仪器其他"K 插件"（即其他 M 值测点）。

5) 极限衰减法误差较大，不能作为校准办法，但可作旁证参考。

表 15.2 示出了 4 个"K 插件"（M 测值）用 3 种校准法鉴定试验数据的处理结果。

表 15.2　3 种校准法数据结果比较　　　　　%

M 校准结果　"K 插件"号 校准方法	2#	3#	4#	5#	备　注
直流替代法	9.3	14.1	21.05	28.8	作整机校准
热电比较法	9.5	14.2	20.9	28.7	作整机刻度校准
极限衰减法	8.48	13.81	20.5	28.03	作参考

15.7　小结

本章以横校模拟信号源为例，论述了航天工程第四层（整机/部件级）研制实践的基本内容和方法，但它也仅仅是一部分。要研制一台指标满足要求、可靠性高的仪器或部件，还有许多必不可少的工作要做，即：

1) 根据上层规定的仪器工作环境（气候环境、力学环境、电磁环境、空间环境等），在制订仪器原理方案的同时，要考虑元器件和原材料的选用，并满足性能指标和工作环境的要求；否则，巧妇难为无米之炊，理论分析和方案做得再好也没用。因此，寻求好元件、研制关键元件要同时解决。

2) 在进行电路设计和电路试验的同时，要考虑结构设计和使用（操作或运输等）及生产工艺问题，使验收试验和例行试验等出厂试验均能顺利通过。

3) 研制仪器时还要考虑与系统内外相邻仪器的接口关系协调，保证仪器能在航天工程中各类系统试验状态下稳定可靠地工作。

第 16 章 自动测试系统数字仪器研制

自动化测试系统是运载火箭的第二代测试发控系统（第一代为手动程序、单个测量仪器的测试系统）。其突出特点是测试过程全自动化；测试仪表为程控数字仪器（数字测试结果、数字显示、测试数字合格或不合格判断，测试数字列表打印）。程控数字仪器最基本的设备有模拟/数字转换器（A/D）、测时测频仪、数字信号源（由数字/模拟转换器（D/A）组成）、数字比较器（合格或不合格判断）、数字显示器、数字列表打印机等。20 世纪 60 年代，数字化仪器的研制在国内科技界处于起步阶段，无现成实物参考，只能走独立研制的道路。这就是中国航天的自力更生、奋发图强的道路。

美国从 20 世纪 50 年代开始至 1964 年的十几年间，研制成半自动化和自动化测试系统或数字仪表共 115 种，但大多数不适合导弹与运载火箭使用而被淘汰。其主要原因是：通用性和专用性的合理结合设计不当，数字化测量仪器抗干扰能力差、可靠性低等问题没有解决。因此，1960 年后，美国集中几家大公司（其中有马丁公司和惠普公司等）研究解决"15 年内飞行器和宇航地面自动化测试系统的通用性"问题。该系统采用了抗干扰能力好的积分式 V—F 型 A/D 转换器，最高转换频率 100 kHz（对应 1 V），抗干扰能力达到 50～100 dB（与干扰信号频率有关）。当时可用的 A/D 转换器体制有逐次比较型（用逻辑电路和电阻网络构成）、V—T 型（电压时间转换，模拟电路与数字逻辑电路并存）和 V—F 型（电压频率转换，关键电路是高稳定度磁芯脉冲形成电路）3 种。

　　本章主要论述 V－F 型 A/D 转换器的研制实践，其难度具有代表性。其他数字仪器（测时测频仪、数字打印机等）也有较多关键技术，但由于篇幅有限，故从略。

16.1　自动测试系统概述

　　运载火箭的自动测试与发射控制系统结构，大体经历了 4 代发展演变，即穿孔带测试程序自动化系统、火箭箭上计算机测试程序自动化系统、地面计算机（小型机或微型机）测试程序自动化系统、分布式计算机网络测试发控系统。其中数字仪表和数字打印是一贯的，只有技术性能的逐步提高，原理和方案均无大变化。典型的自动化系统的原理如图 16.1 所示。

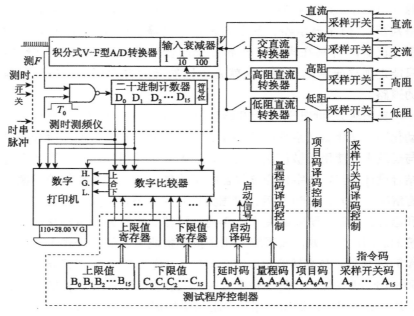

图 16.1　典型自动化测试系统原理框图

　　典型的自动化系统主要由采样开关、模拟数字转换器（即积分式 V－F 型 A/D）、交直流转换器、高阻直流转换器、低阻直流转换器组成。这些均属于模拟量数字仪器。高阻直流转换器用于绝缘电阻测试，低阻直流转换器用于导通电阻测试，一般精度（5% 左右）要求不高，但要求可靠性和抗干扰能力均好。仪器输入输出电路是浮地的，可对火箭任意两点进行测试，并对箭上设备工作无影响。

　　测时测频仪主要用于积分式 V－F 型 A/D 转换器的频率（F）输出计数，计数门 T_0（1 s、0.1 s、0.01 s）的大小，取决于测试精度和抗干扰能力的参数要求。测其他频率（例如电源频率、箭上计算机主频等）、测时和时间串（箭上计算机对箭体结构分离控制、动力系统启动/关机时序控制等的精确时间测量）都有严格的逻辑电路（包括测试程序控制指令）控制。

　　数字打印机把测试结果（数字量）和数字比较器的比较结果（G 表示合格，H 表示超上限值，L 表示低于下限值）列表打印。

　　测试程序控制器主要是发出测试指令（模拟量测试、测时、测频、测时串，指令型式有差别）、给出上、下限值，进行比较结果（H、G、L）处理。不同测试系统发展阶段，产生上述功能的手段不同：测试面板人工控制、穿孔纸带程序自动控制、计算机输出指令接口控制等。在进入计算机控制时代后，就不用数字比较器和上下限值寄存器了，而将测试结果（数字量由二十进制变为二进制，负数用补码表示）输入计算机 CPU 中进行数据处理。

　　现正在使用的计算机测试发控系统结构与分布如图 16.2 所示。以数字仪器为中心的数据采集子系统置于火箭最近（几米～几十米）的发射塔架仪器间，地面电源和配电转接器置于发射塔地下（几十米）电源间，计算机及其外部设备置于发射控制室，由发射人员操作。

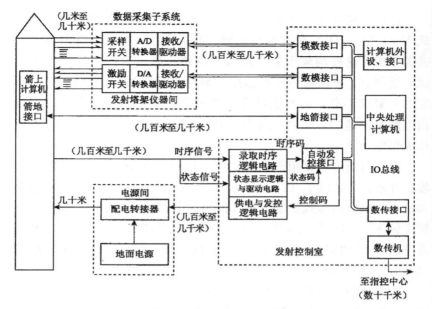

图 16.2　计算机测试发控系统的结构与布置

16.2　测试发控系统的抗干扰设计

　　测试发控系统分布很广（其线路从箭上到地面发射控制中心，再从发射控制中心到地面的其他系统）；信号复杂（频率从直流到射频、电压从几毫伏到几百伏、功率从几毫瓦到数千瓦）；强信号将干扰弱信号，造成小信号测不准，达不到诊断火箭质量的目的。这是系统工程师们遇到的最大难题。但是，只要仔细地进行系统分类，合理地布置系统，干扰就能大大减小。

　　如果被测信号叠加了干扰信号，只要采用积分式 A/D 转换器进行测量，就能有效地抑制这种干扰，达到高精度测试。

　　系统内部的干扰会作用到测量线路的两条输入线上，影响测试精度，如果测量输入模拟电路采用双层屏蔽结构，可以有效地抑制这种干扰。

16.2.1　测试发控系统的信号分类

按信号特征分类布局系统是系统抗干扰设计的有效办法。按信号特征的不同，可把测试发控系统信号分为 3 类，如表 16.1 所示。

表 16.1　测试发控系统信号的分类

分类	任务	功能及其硬件实现
测量类（数据采集子系统）	模拟量测试	1) 直流电压测量，采样开关⇒A/D 转换器⇒模数接口； 2) 交流电压测量，采样开关⇒交直流转换器⇒A/D 转换器⇒模数接口； 3) 导通和绝缘电阻测量，采样开关⇒高、低电阻/电压转换器⇒A/D 转换器⇒模数接口
	开关量测试	1) 交流信号或脉冲信号的频率或周期测量； 2) 脉冲数测量； 3) 计时测量 ——采样开关⇒测时测频仪⇒测时测频接口
	激励信号（完成箭上系统测试状态下的激励）	1) 可变交流或直流信号激励，激励开关⇐D/A 转换器⇐信号源接口； 2) 马达或电路供电激励，通过激励开关接通固定电源来实现⇐信号源接口
发射控制类	箭上系统供电	1) 控制系统总供电； 2) 稳定系统供电； 3) 制导系统供电； 4) 时序系统供电；——箭上电池↓箭上配电器⇐地面配转机柜⇐发控接口↑地面电源
	状态显示	1) 供电状态查询； 2) 系统工作状态查询； 3) 系统故障查询 ——查询开关⇐状态查询接口
数字信息交换类	箭上计算机与地面计算机双机信息交换	1) 用于箭上计算机的地面装定； 2) 制导系统测试； 3) 遥测数字量的地面计算机录取处理 ——箭上计算机接口⇐⇒（数传）地面计算机接口
	地面计算机与控制中心计算机的信息交换	1) 发射过程数据实时传至指控中心； 2) 指控中心指挥信号传至发射控制室 ——地面计算机数传接口⇐⇒（数传）指控中心计算机数传接口

3 种类型测试发控系统的信号具有如下特点。

16.2.1.1　测量类

箭上被测信号和地面激励信号大部分为几毫伏到几伏，少数几十伏，而且对信号幅度测试精度要求高，线路引起的相位移要小，直流电压测试精度要求优于 0.1%，频率标准精度要求为 10^{-7} 以上。

16.2.1.2　发射控制类

该类信号为系统的供电信号，其功率幅度都较大（幅度高达有效值 200 V，功率高达 30 kW)，它是系统中的干扰源。

16.2.1.3　数字信息交换类

该类信号为高速数字脉冲传输，频率从几千赫到几兆赫。要求可靠性高，误码率要求优于 10^{-7}。在箭上计算机进行数据装定时，则不许产生误码。

16.2.2　按信号特征分类合理布局系统

测量类和数字信息交换类系统最怕干扰，除本身线路提高抗干扰能力外，系统上要求与产生干扰的第二类隔离，减少相互间的耦合。测量类与数字信息交换类之间又有连续信号和数字信号的区别，也必须进行可靠的隔离。因此，测试发控系统按三类信号以三路相互独立的通路与火箭线路连接。三者之间是隔离的，地线是独立的，各自的信号线形成回路。

例如，数据采集子系统由采样通道（采样开关、A/D 转换器和接收/驱动器）和激励通道（激励开关、D/A 转换器和接收/驱动器）组成。这部分要尽量靠近火箭，使引线最多的模拟量电缆最短，拾取干扰也就最小。模数或数模接口与采集子系统之间的数字量传送有几百米至数千米，常用同轴电缆或光缆来完成。同时，数传线路的输出端，常用提高信号幅度，经脉冲变压器输出，完成隔离和匹配。输入电路常用门槛电压箝位，使幅度小于门槛电压的干扰进不去。

又如，自动发控接口主要由 3 部分组成：

1）计算机通过接口发出操作码控制配电转接器（发控台上的手动开关也可控制），完成地面向箭上供电和对火箭状态的控制。

2）接收火箭发出的时序控制信号，计算机测试这一时序的接通断开时刻。

3）火箭发出的状态信号，计算机通过接口查询这一状态是否应该建立或消失。地面电源和配电转接器要尽量靠近箭体，以减小供电电缆压降和电缆发热。由于它独走一路，因而不会干扰数据采集子系统和箭上计算机至地面计算机间的数据传输。

图 16.2 所示的系统按信号分类布局，完好地解决了系统的抗干扰问题。同时，带来系统设备最省的优点。

16.3　积分式 A/D 转换器

对运载火箭的连续式控制系统、电源和传感器输出信号进行高精度测试的关键，是检测系统中 A/D 转换器的性能。尽管系统工程师们在火箭的综合线路设计和地面测试发控系统设计中，都精心地考虑了抗干扰问题，但由于系统庞大、干扰源（强功率设备）多、被测信号（特别是小信号）难免叠加着干扰信号（造成信号/噪声比值很小）。这就使一般测量设备难以对有用信号进行高精度测试。然而，积分式 A/D 转换器很好地解决了这一难题。积分式 A/D 转换器常用的有单积分、双积分和三重积分 3 种形式。其中三重积分线路的转换速度最高。由于这种转换器都是对被测信号进行积分来完成数字转换的，因此对叠加到被测信号上的干扰有最好的免除率。这就是积分式 A/D 转换器的抗干扰特性。

16.3.1　单积分 A/D 转换器

单积分 A/D 转换器的转换原理如图 16.3 所示。当这个闭环系统稳定后，以下方程成立

$$\frac{1}{R_1 C} \int_0^{T_1} u_i dt = n \frac{1}{R_2 C} \int_0^{t_0} u_o dt \tag{16.3-1}$$

式中　R_1——信号积分电阻；

R_2——复原脉冲积分电阻；

u_i——被测电压函数；

u_o——复原脉冲函数；

t_0——复原脉冲宽度；

T_1——采样时间（u_i 的积分时间或计数时间）；

n——在采样时间内的复原脉冲个数。

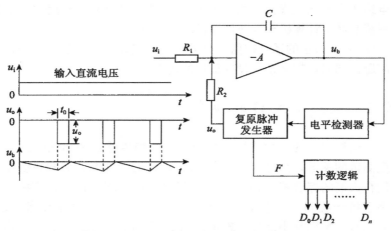

图 16.3　单积分 A/D 转换原理

当 u_i 为理想直流电压时，u_o 为常数。复原脉冲为理想的矩形脉冲时，由（16.3-1）式可得

$$\overline{U}_i = \frac{1}{T_1}\int_0^{T_1} u_i dt = \left(\frac{R_1}{R_2} u_o t_0\right)\frac{n}{T_1} \qquad (16.3-2)$$

式中　$\overline{U}_i$——输入函数 u_i 的平均值，$\overline{U}_i = \frac{1}{T_1}\int_0^{T_1} u_i dt$；

　　　　F——转换脉冲频率，$F = \frac{n}{T_1}$。

因此（16.3-2）式可写为

$$\overline{U}_i = \left(\frac{R_1}{R_2} u_o t_0\right)F \qquad (16.3-3)$$

（16.3-3）式称为单积分 A/D 转换器的转换方程，其中 $S_0 = u_o t_0$ 为复原脉冲面积。因此，本方法的转换精度仅取决于 S_0 的稳定度。在工程上做到 0.01％ 的精度是容易的。

16.3.2　双积分 A/D 转换器

双积分 A/D 转换器的原理如图 16.4 所示。图中被测电压 u_i 与标准电压 E_S 是极性相反的，所以积分器输出波形 u_o 的斜率是一上一下的。积分器的输入开关 S_1 和 S_2 是由计数逻辑来控制的。由于转换分两段进行积分，故称"双积分"。

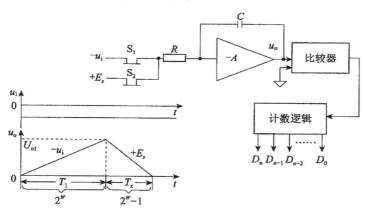

图 16.4　双积分 A/D 转换原理

T_1 时，S_1 通，S_2 断，u_i 积分，积分器输出电压可表示为

$$U_{o1} = \frac{1}{RC}\int_0^{T_1} u_i \mathrm{d}t = u_i \frac{T_1}{RC} \qquad (16.3-4)$$

T_x 时，S_1 断，S_2 通，参考电压 E_s 积分，输出到零时，计数逻辑通过零比较器控制积分停止。积分器输出为

$$U_{o2} = U_{o1} - \frac{1}{RC}\int_0^{T_x} E_s \mathrm{d}t = 0$$

$$\frac{1}{RC}\int_0^{T_1} u_i \mathrm{d}t = \frac{T_x}{RC}E_s$$

因此

$$\overline{U}_i = \frac{1}{T_1}\int_0^{T_1} u_i \mathrm{d}t = \left(\frac{E_s}{T_1}\right)T_x \qquad (16.3-5)$$

(16.3-5) 式为双积分的转换方程。转换精度与 RC 无关，仅取决

于 E_s 的稳定度。由于 T_1 和 T_x 时间的量化出于同一振荡源，故转换精度与 T_1 无关，并对时钟发生器的长期稳定性无要求。但特别要指出，时钟发生器在两次积分时间内频率不稳将引入误差。证明如下。

设时钟发生器的频率为 f_0，周期为 $T_0 = \dfrac{1}{f_0}$。

第一次积分时间 T_1 的量化关系式为

$$T_1 = n_1 T_0 \qquad (16.3-6)$$

式中　　n_1——常数。

这里取 $n_1 = 2^W$，W 为二进制计数器的位数。

第二次积分时间 T_x 的量化值为

$$T_x = N_x T_0 \qquad (16.3-7)$$

将 (16.3-6) 式和 (16.3-7) 式代入 (16.3-5) 式得

$$u_i = \frac{E_s}{2^W} N_x \qquad (16.3-8)$$

从 (16.3-8) 式可见，将 u_i 转换成 N_x 的精度仅取决于 E_s 的精度。工程上使精度达到 0.01% 是办得到的。双重积分的另一大优点是线路容易集成化。目前，世界市场上的 A/D 集成块大都采用这种方案。但它和单积分有共同的缺点，即转换速度较慢（10 MHz，14 级，转换速度为 300 次/s）。若要提高速度，就要失掉精度和抗干扰能力。

16.3.3　三重积分 A/D 转换器

三重积分 A/D 转换原理如图 16.5 所示。

为了解决计数时间长带来的慢速问题，标准信号积分采用两段计数，即粗计数（$2^{13} \sim 2^7$ 位）和游标计数（$2^6 \sim 2^0$ 位），加上被测信号积分的一段固定计数，故称三重积分。这种方法大大地减少了计数时间，提高了转换速度。

参看图 16.4 和图 16.5 的转换波形，可求出在相同测试精度（即相同计数位数）下三重积分比二重积分测试速度高的倍数 n。

二重积分	三重积分
符 号 位 ｜ 12 位计数器	符 号 位 ｜ 12 位计数器

$$T_d = T_1 + T_x = \left[2^W + (2^W - 1)\right] t_{c1} \qquad T_t = T_1 + T_{x1} + T_{x2} = \left[2^{W/2} + 2(2^{W/2} - 1)\right] t_{c2}$$

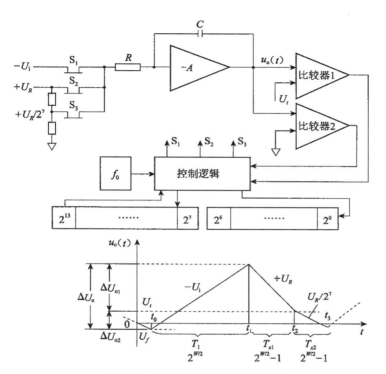

图 16.5　三重积分 A/D 转换原理

W 为计数级数，设 $W=12$；t_{c1} 和 t_{c2} 分别为二重积分计数脉冲周期和三重积分计数脉冲周期，并设 $t_{c1}=t_{c2}$，则可写出三重积分比二重积分转换速度高的倍数的表达式为

$$n = \frac{T_d}{T_t} = \frac{2(2^W)-1}{3(2^{W/2})-2} \qquad (16.3-9)$$

由 （16.3－9）式可算出：

$W=12$ 时，$n=43$　提高 43 倍；

$W=14$ 时，$n=86$　提高 86 倍。

参看图 16.5，t_0 时的电压为

$$u(t_0) = -U_f \qquad (16.3-10)$$

式中　U_f——由于电路短时间的延迟而形成的偏值电压。

计数器两部分都是零。控制逻辑使 S_1 合，S_2、S_3 断。$-u_i$ 以固定时间积分，其时间为

$$t_1 - t_0 = \frac{2^{W/2}}{f_0} \tag{16.3-11}$$

这时的积分输出为

$$u(t_1) = -U_f + \frac{1}{RC}\int_{t_0}^{t_1} u_i \mathrm{d}t \tag{16.3-12}$$

(16.3-12) 式用被测信号的平均值 $\overline{U}_i = \dfrac{1}{t_1-t_0}\displaystyle\int_{t_0}^{t_1} U_i \mathrm{d}t$ 表示为

$$u(t_1) = -U_f + \frac{\overline{U}_i}{RC}(t_1 - t_0) \tag{16.3-13}$$

在 t_1 时，第二次积分立即开始，S_2 闭合，基准电压 $+U_R$ 接入。S_1、S_3 断开。积分到 t_2 时，比较器 1 动作，产生 1 个脉冲输出。在 $+U_R$ 积分期间，$2^{13} \sim 2^7$ 计数器计数，t_2 时的计数值为

$$N_1 = 2^{W/2} f_0 (t_2 - t_1) \tag{16.3-14}$$

由于钟脉冲进入前半段计数器，每一个脉冲折成 $2^{W/2}$ 个脉冲进入（这就是速度快的原因），在 t_2 时积分器的输出电压为

$$\begin{aligned}
u(t_2) &= u(t_1) - \frac{1}{RC}\int_{t_1}^{t_2} (+U_R)\,\mathrm{d}t \\
&= -U_f + \frac{\overline{U}_i}{RC}(t_1 - t_0) - \frac{U_R}{RC}(t_2 - t_1)
\end{aligned} \tag{16.3-15}$$

第三次积分是游标积分，S_3 闭合，S_1、S_2 断开，t_2 开始以 $+U_R/2^{W/2}$ 的小基准电压积分，到 t_3 时刻比较器 2 动作，产生一个脉冲输出。这段时间 $2^6 \sim 2^0$ 段计数器工作。在 t_3 时刻计数器的脉冲数为

$$N_2 = f_0(t_3 - t_2) \tag{16.3-16}$$

若 N_2 超过 $2^{W/2}$，溢出进入 $2^W \sim 2^{W/2}$ 计数器。在 t_3 时的积分输出为

$$\begin{aligned}
u(t_3) &= u(t_2) - \frac{1}{RC}\int_{t_2}^{t_3} \left(\frac{U_R}{2^{W/2}}\right)\mathrm{d}t \\
&= -U_f + \frac{\overline{U}_i}{RC}(t_1 - t_0) - \frac{U_R}{RC}(t_2 - t_1) - \frac{U_R}{2^{W/2}RC}(t_3 - t_2)
\end{aligned}$$

$$\tag{16.3-17}$$

从图 16.5 可见，$u(t_3)$ 等于初始电压 $-U_f$，则（16.3—17）式可简化为

$$\overline{U}_i\ (t_1-t_0)\ =U_R\ (t_2-t_1)\ +\frac{U_R}{2^{W/2}}\ (t_3-t_2) \qquad (16.3-18)$$

由于 $(t_1-t_0)\ =\dfrac{2^{W/2}}{f_0}$；$(t_2-t_1)\ =\dfrac{N_1}{2^{W/2}f_0}$；$(t_3-t_2)\ =\dfrac{N_2}{f_0}$，所以（16.3—18）式可表示为

$$
\begin{aligned}
\overline{U}_i\Big(\frac{2^{W/2}}{f_0}\Big) &= U_R\ \frac{N_1}{2^{W/2}f_0}+U_R\ \frac{N_2}{2^{W/2}f_0}\\
&= U_R\ \frac{N_1+N_2}{2^{W}}\\
&= U_R\ \frac{N}{2^{W}} \qquad (16.3-19)
\end{aligned}
$$

（16.3—17）式为三重积分的转换方程，其转换精度仅取决于 U_R 的精度。

16.4　积分式 A/D 抗常态干扰能力的计算方法

单积分的转换方程（16.3—3）可写为

$$\frac{1}{T_1}\int_0^{T_1} u_i\mathrm{d}t = \Big(\frac{R_1}{R_2}S_0\Big)F \qquad (16.4-1)$$

双积分的转换方程（16.3—5）可写为

$$T_x = \frac{1}{E_s}\int_0^{T_1} u_i\mathrm{d}t \qquad (16.4-2)$$

三重积分的转换方程（16.3—19）可写为

$$N = \frac{2^{W}}{T_1 U_R}\int_0^{T_1} u_i\mathrm{d}t \qquad (16.4-3)$$

由（16.4—1）式～（16.4—3）式可见，单积分转换为频率 F，双极分转换为时间 T_x，三重积分转换为脉冲数 $N=N_1+N_2$。这些量通过二进制计数器均可进入计算机，统称为数字量 D。因此，可写出如下的一般式

$$D = p\int_0^{T_1} u_i\mathrm{d}t \qquad (16.4-4)$$

式中　p——转换函数，分别为

$$\begin{cases} p_F = \dfrac{R_2}{R_1 S_0 T_1} \\[2mm] p_T = \dfrac{1}{E_s} \\[2mm] p_N = \dfrac{2^W}{T_1 U_R} \end{cases} \qquad (16.4-5)$$

转换方式和转换电路确定后，p 值为一常数。为讨论简化起见，令 $p=1$，（16.4—4）式可简化为

$$D = \int_0^{T_1} u_i \, dt \qquad (16.4-6)$$

典型的常态干扰波形图 16.6 示出了有用信号 U_i 上叠加干扰 $U'_m \sin \omega' t$ 的情况，输入可表示为

$$u_i = U_i + U'_m \sin \omega' t \qquad (16.4-7)$$

将（16.4—7）式代入（16.4—6）式，可推导出干扰引起的误差表达式

$$\delta = -\frac{1}{2\pi} \cdot \frac{U'_m}{U_i} \cdot \frac{T'}{T_1} \left(\cos 2\pi \frac{T_1}{T'} - 1 \right) \qquad (16.4-8)$$

式中　T'——干扰信号周期，$T' = \dfrac{2\pi}{\omega}$。

（16.4—8）式为积分式 A/D 抗常态干扰的误差计算公式。可见，干扰引起的相对误差 δ 与 $\dfrac{U'_m}{U_i}$ 和 $\dfrac{T'}{T_1}$ 成正比。下面分两种极限情况来讨论：

1）当 $T_1 = nT'$ 时，即积分时间为干扰周期的整数倍时，（16.4—8）式中的 $\cos 2\pi \cdot \dfrac{T_1}{T'} - 1 = 0$，则 $\delta = 0$，不引入误差。从图 16.6 可见，信号对时间 T_1 的那块面积，与直流 U_i 下面的矩形面积 $OABT_1$ 完全相等。

2）当 $T_1 = nT' \pm \dfrac{T'}{2}$ 时，即信号积分时间正好为干扰周期的整数倍再加上半个干扰周期时间时，（16.4—8）式中的 $\cos 2\pi \left(n \pm \dfrac{1}{2} \right) - 1 = -2$，则得出最大误差表示式为

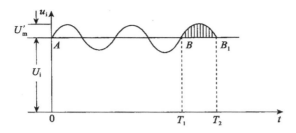

图 16.6 叠加有干扰的被测信号

$$\delta_{\max} = \frac{1}{\pi} \cdot \frac{U'_{\mathrm{m}}}{U_{\mathrm{i}}} \cdot \frac{2}{2n \pm 1} \qquad (16.4-9)$$

由（16.4—9）式可见，$\delta_{\max}$ 与 $\dfrac{U'_{\mathrm{m}}}{U_{\mathrm{i}}}$ 成正比，与 n 成反比，这就是拉长积分时间，可减少干扰误差的道理。

【例】 $\dfrac{U'_{\mathrm{m}}}{U_{\mathrm{i}}}=1$（干扰信号幅度与被测信号值相等时），$T_1=1$ s。求（50 ± 0.5)Hz 和（400 ± 0.5)Hz 电源干扰所引起的误差。

解：将已知参数代入（16.4—9）式可求得

（50 ± 0.5)Hz 时，$\delta_{\max}=-44$ dB；

（400 ± 0.5)Hz 时，$\delta_{\max}=-62$ dB。

$\delta_{\max}$ 的物理意义不难从图 16.6 看出，BB_1 段半周期干扰波的面积与矩形 OAB_1T_2 面积之比。当积分时间 T_2 比干扰波周期大许多时（即 n 大时），半周干扰波面积引起的误差变小。这就是积分时间短（为提高转换速度），干扰误差要增大的道理。

16.5 共态干扰的抑制方法

16.5.1 浮地输入及其共态电流

由于被测火箭与 A/D 转换器之间总有一定距离，造成被测信号源地线和 A/D 机壳地线之间存在一定的电位差，如图 16.7 所示。这种对转换器两个输入端共有的干扰噪声电压称为同相噪声或称为共态干扰。它可以是直流电压也可以是交流电压，其数字可达几伏甚至更大，这取决于系统的干扰源和布局。研究系统的信号分类和布局的主要目的之一，就是使系统中的共态干扰减至最小。显然，共态干扰是转变为常态干扰后产生误差的。测量通道减小共态干扰的办法就是浮空输入电路，把 A/D 转换器的模拟电路部分悬浮起来（包括它的供电电路）。转换部分与外部电路之间用脉冲变压器、光电耦合器和继电器等元件进行隔离。浮地输入时的共态电流如图16.8 所示。

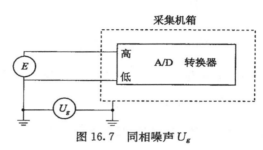

图 16.7　同相噪声 U_g

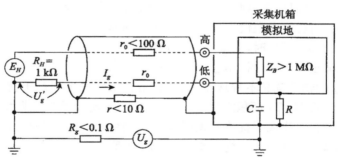

图 16.8　浮地输入时的共态电流

R_H—信号源内阻；r_0—输入电缆芯线电阻；r—屏蔽套电阻；

R_g—干扰源内阻；Z_B—A/D 转换的输入阻抗

模拟地与机壳浮置后，分布电容 $C \approx 1\,000 \sim 2\,000$ pF，$R \approx 10^8 \sim 10^{10}$ Ω，但对交流通路来说并未绝缘。因为电源变压器的浮置和模拟电路与逻辑电路之间的隔离总是有寄生电容的，在有共态干扰时就要产生影响。图 16.8 的等效电路如图 16.9 所示，共态干扰 U_g 作用到 A/D 输入端的电压为 U_g'。由于 $R_H \gg r_0$；$Z_B \gg R_H$，所以

$$U'_g = U_g \frac{R_H}{Z_1 + R_H} \tag{16.5-1}$$

（16.5—1）式用分贝表示为

$$\eta = 20\lg \frac{U'_g}{U_g} = 20\lg \frac{R_H}{Z_1 + R_H} \tag{16.5-2}$$

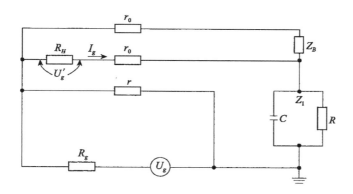

图 16.9　浮地输入等效电路

【例】　设信号源内阻 $R_H = 1$ kΩ，Z_1 的 $C = 1\ 000$ pF，$R = 10^{10}$ Ω，求抗 50 Hz 电源的干扰能力。

解：由于 $R \gg \dfrac{1}{wC}$，所以

$$Z_1 \approx -\frac{1}{wC} = \frac{1}{2\pi f \times 10^{-9}} = 3 \times 10^5 (\Omega)$$

将已知值代入式（16.5—2）得 $\eta = -70$ dB。

16.5.2　双层屏蔽对共态干扰的抑制

由于浮地输入在结构上还是不能达到理想的共模噪声抑制，进一步采用双层屏蔽浮地保护技术可以达到理想的效果。双层浮地屏蔽保护结构如图 16.10 所示，它的等效电路如图 16.11 所示。

从图 16.11 可见，$Z \gg (R_H + r_0)$，所以 $U_B \approx U_{Br}$。$(Z + R_H + r_0) \gg r_0$，所以 $(Z + R_H + r_0)$ 支路对 I_2 的分流作用很小，可忽略不计。

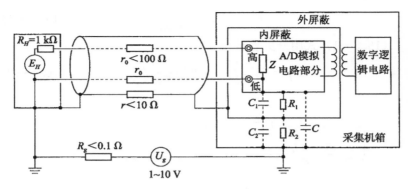

图 16.10 双层屏蔽浮地保护结构

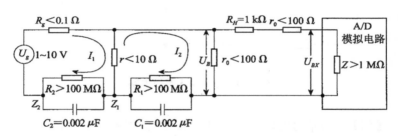

图 16.11 双层屏蔽浮地结构等效电路

令

$$\begin{cases} Z_1 = \dfrac{R_1}{1 + \mathrm{j}w'C_1R_1} \\ Z_2 = \dfrac{R_2}{1 + \mathrm{j}w'C_2R_2} \end{cases} \qquad (16.5-3)$$

式中 w'——同相干扰信号的角频率。

根据图 16.11 可求得

$$U_B = \frac{rr_0U_g}{(Z_1 + r_0)(Z_2 + R_g + r)} \qquad (16.5-4)$$

由于 $Z_1 \gg r_0$，$Z_2 \gg (R_g + r)$，所以

$$U_B = \frac{rr_0}{Z_1Z_2}U_g \qquad (16.5-5)$$

共态抑制率为

$$\eta = \frac{U_B}{U_g} = \frac{rr_0}{Z_1 Z_2} \qquad (16.5-6)$$

由（16.5-6）式可得出以下结论：

1）双层屏蔽结构设计要求 Z_1 和 Z_2 越大越好，即要求分布电容 C_1 和 C_2 尽量小，绝缘电阻 R_1 和 R_2 尽量大。

2）传输电阻 r_0 和外屏蔽金属网电阻 r 均要求越小越好，即输入电缆越短越好。因此要将 A/D 尽量靠近火箭布置。

3）η 与干扰频率有关，干扰频率增高，$Z_1 Z_2$ 变小，η 变大。频率低，分布电容影响减小，绝缘电阻作用增大。

【**例**】　双层屏蔽的参数为 $R_1 \approx R_2 = 100$ MΩ，$C_1 \approx C_2 = 0.002$ μF，已知 A/D 的输入电缆参数为 $r_0 = 100$ Ω，$r = 10$ Ω。求 50 Hz 电源的共态干扰作用下的免除率。

解：已知参数说明 $R \gg \dfrac{1}{wC}$，Z_1、Z_2 的阻抗主要取决于容抗，即

$$Z = \frac{1}{wC} = \frac{1}{2\pi f \times 2 \times 10^9} = 1.6 \times 10^6 (\Omega)$$

所以有

$$\eta = \frac{100 \times 10}{(1.6 \times 10^6)^2} = 0.39 \times 10^{-9} = -188 (\text{dB})$$

16.5.3　双层屏蔽线路的隔离技术

在工程设计上做到双层屏蔽的良好参数，除在结构设计上精心考虑外，A/D 浮地线路与系统线路之间的隔离良好是第二大关键。常用的方法如下：

1）A/D 转换器的数字输出与外部线路的信息联系经常采用脉冲变压器隔离（如图 16.12）和光电器件隔离（如图 16.13）两种。前者常用于窄脉冲（$\tau_u < 10$ μs）传送，后者常用于较宽的脉冲（包括直流）信号传送。例如，单积分的输出脉冲（$f = 0 \sim 100$ kHz，$\tau_u = 3 \sim 5$ μs），用脉冲变压器隔离输出。而系统对 A/D 的量程转换继电器常用光电开关完成隔离控制，对于延迟要求不高的

线路，也可直接用继电器进行隔离（继电器的线包与接点在电路上是隔离的）。

2）隔离元件在结构上的安装如图 16.14 所示，浮地电路与逻辑电路的线圈分绕在环形磁芯的两边，变压器磁芯安装在内屏蔽板上。隔离光电开关的安装如图 16.15 所示。程控对采样机箱的控制继电器的安装如图 16.16 所示。

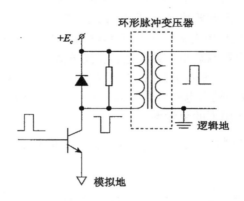

图16.12　A/D输出脉冲变压器隔离电路

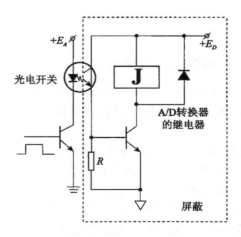

图 16.13　对 A/D 量程继电器进行控制的光电隔离电路

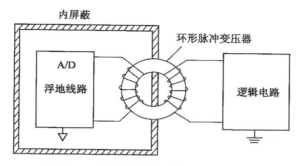

图 16.14 隔离脉冲变压器的结构与安装

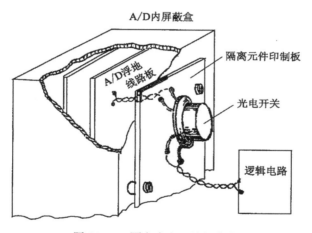

图 16.15 隔离光电开关的安装

3）浮地电路的电源结构有两种，一种是用工频电源变压器初次级隔离（见图 16.17）；另一种是用换流器电路高频变压器隔离，安装方式如图 16.14 所示。

4）浮地部分电路的元件和引线不能引出内屏蔽盒外，而逻辑部分的元件和引线也不能引入内屏蔽盒内。两部分的电气联系由隔离元件（脉冲变压器、光电开关和继电器）实现，隔离元件安装在结构交界面上，隔离元件的引线各自分别进入自己的扎线束。

5）A/D 转换器受程控的外线路控制或传送信息时，外线路也不能捆入 A/D 的逻辑线路扎线束，更不能进入浮地线路的扎线束。

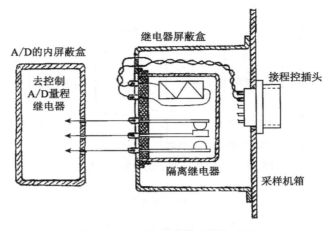

图 16.16　A/D 机箱继电器的安装

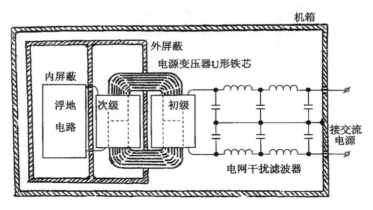

图 16.17　浮地电路的供电结构

6）浮地电路与内屏蔽必须尽量远离（要适当，否则会增大设备体积），内屏蔽与机壳也要有良好电气隔离措施，这样才能达到分布电容（C_1 和 C_2）小，绝缘电阻（R_1 和 R_2）大的目的。

经过以上措施，多路采样机箱容易做到 $C_1 \approx C_2 \approx 1\ 000 \sim 1\ 500$ pF，$R_1 \approx R_2 \approx 10^8 \sim 10^{10}$ Ω。这时对 50 Hz 的共态干扰抑制可达到 -150 dB，对直流干扰抑制可达 -160 dB。

16.6　小结

本章从运载火箭测试发控系统（这是航天工程中的名称，在民用工程中称自动化测试系统）的 4 种技术结构出发，重点论述了数字仪器在系统中的核心作用，并从美国初期在自动化系统研制中走的弯路，抓住了设计的技术要点；系统设备（仪器）通用性与专用性的合理划分；选用抗干扰能力强的积分式 A/D 转换器为数字仪器方案；解决系统庞大带来的电磁兼容性差等问题。因此，本章的论述重点是解决三大抗干扰问题的分析方法和工程途径。当然，还有许多系统和仪器设计理论与实际方法未论，这与第 15 章无线电控制综合测试仪器要解决的问题类似，由上层（分系统或系统）提出的使用环境和性能指标制订方案（比较各种技术方案的优缺点和研制难度）；完成"初样"或"试样"的各类研制性试验和验收性试验；完成数字仪器之间或系统之间，电气接口与机械接口的协调性试验等。这样就能研制出性能指标适用、抗干扰能力强、可靠性高的程控数字仪器。自动化测试系统的性能和可靠性水平，主要取决于程控式数字仪器的性能指标。

第17章 运载火箭测试发控系统总体设计

17.1 引论

本章概要地介绍了运载火箭测试发控系统的总体设计方法，包括运载火箭各系统与本系统的密切联系、控制系统各分系统的地面测试方法与测控线路设计、测试发控系统结构设计与布局设计、主要系统接口设备设计、测试发控软件系统设计等。该系统圆满地完成了各设计阶段的大型试验任务及最后的地球同步卫星发射任务。

大型（3级）运载火箭是发射地球同步卫星的运载工具，火箭的Ⅰ、Ⅱ级采用常规推进剂（偏二甲肼/四氧化二氮），Ⅲ级采用低温推进剂（液氢/液氧）。它是我国运载能力较大的火箭之一。由于火箭的复杂性和新技术，因而使系统庞大，给测试发控系统带来了更高的要求。

根据运载火箭的设计惯例，火箭的测试发控系统是以火箭的控制系统为主要目标进行设计的。但是，测试发控系统又与火箭箭体结构、动力系统、遥测系统、外测安全系统、卫星系统、发射场指挥调度系统等均保持着密切的信息联系。因此，测试发控系统总体设计也是航天工程跨系统的设计之一。

17.2 运载火箭的组成与测试发控系统的关系

运载火箭的内部结构与仪器安装位置如图 17.1 所示。整个运载火箭由五大系统组成，各系统与测试发控系统的关系如下。

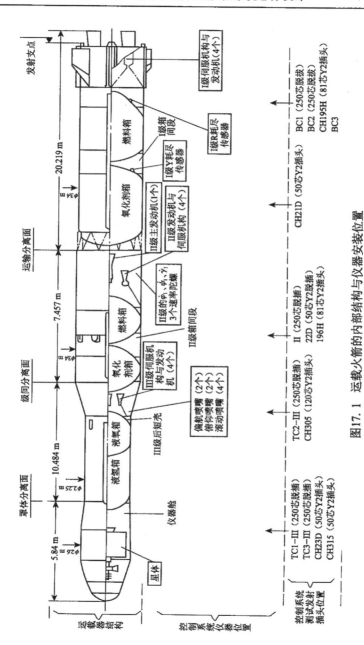

图17.1　运载火箭的内部结构与仪器安装位置

17.2.1　箭体结构与分离系统

箭体结构包括贮存推进剂的箱体、导管活门组件、用于整个火箭的供液、供气、泄液、排气等设备。整个箭体结构又可分为Ⅰ级箭体结构、Ⅱ级箭体结构、Ⅲ级箭体结构、卫星整流罩4个部分。各级分离办法如下：Ⅰ、Ⅱ级间分离采用热分离，Ⅱ、Ⅲ级之间分离采用冷分离，星箭分离采用冷分离，卫星整流罩采用旋转罩体分离。这些分离方法的控制指令皆由箭上控制系统计算机按系统规定的时间发出，并通过电子程序配电器输出大电流控制信号。地面测试发控系统在火箭分系统测试或总检查中将准确地测出指令发出时刻和终止时刻，并将准确地检查出这些控制线路的可靠性。在箭体结构上布置与地面系统电缆的连接插座时，一定要遵循操作方便、安全可靠、不产生电磁干扰等原则。

17.2.2　动力装置系统

动力装置系统由发动机和增压输送系统组成。整个火箭的动力系统分为Ⅰ级动力系统、Ⅱ级动力系统和Ⅲ级动力系统。Ⅰ级动力系统由4台常规推进剂发动机组成，"×"形安装，最大摆角±10°，为火箭提供姿态控制力矩。Ⅱ级动力系统由1台主发动机（安装在中央不动，真空推力大）和4台可单向摆动的游动发动机（"＋"形安装）组成，最大摆角±60°，为火箭提供姿态控制力矩。该发动机仍用常规推进剂。

Ⅲ级动力系统由4台液氢/液氧低温推进剂发动机（按"＋"形安装）组成，最大摆角±20°，为火箭姿态控制提供控制力矩。

测试发控系统将对动力系统的启动和关闭控制时序指令进行准确测试。在发射过程中，将对发动机系统的置换、吹除、预冷、加注、增压、卸压、补加、补压、加注连接器脱落、气管连接器脱落、点火等一系列动作进行控制或状态监视。

17.2.3　控制系统

控制系统是运载火箭的主要系统之一，是整个火箭的神经中枢。

控制系统仪器布置在箭上，地面测试发控系统与控制系统联系而布置在地面。箭上部分与地面部分融为一体，并与外系统密切联系。控制系统的箭上组成部分如图 17.2 所示。整个系统又由 4 个分系统组成。

17.2.3.1 制导分系统

制导分系统由平台、加速度表放大器和数字计算机组成。控制火箭按预定的轨道飞行，保证一定的入轨精度。

17.2.3.2 稳定分系统

稳定分系统由平台、变换放大器和伺服机构组成，Ⅰ、Ⅱ 级还采用速率陀螺，用以敏感箭体姿态角速率和箭体弹性振动引起的附加姿态角速度。整个稳定系统主要完成火箭在各飞行段的程序飞行和姿态稳定。Ⅲ 级飞行段有两次滑行段控制，采用无水肼小喷管的开关控制方案，由平台和开关放大器组成，主要完成滑行段的推进剂管理和姿态稳定。

17.2.3.3 配电与时序指令分系统

配电部分按小功率的控制系统仪器和大功率设备（如伺服机构马达、火工品电爆管和电磁活门等）分别供电的办法。主配电器完成控制系统小功率仪器的供电，副配电器完成大功率设备的供电。主副配电器在地面测试时用地面整流电源，临发射点火前 1 min 转向箭上电池供电。时序指令系统采用计算机电子程序配电（以下简称程配）方案，完成火箭在整个飞行过程的时序控制。

17.2.3.4 测试发控分系统

测试发控分系统完成对上述 3 个系统的分系统测试和整个运载火箭的总检查任务，并完成射前检查和发射控制任务，其复杂性和规模超过了过去研制的同类系统。它与遥测系统、外测安全系统、动力加注系统、卫星系统、发射场的摆杆消防系统、指挥调度系统等均有信息控制关系，采用以小型通用计算机为中心的地面计算机测试发控方案。这部分的设计将是本章论述的重点。

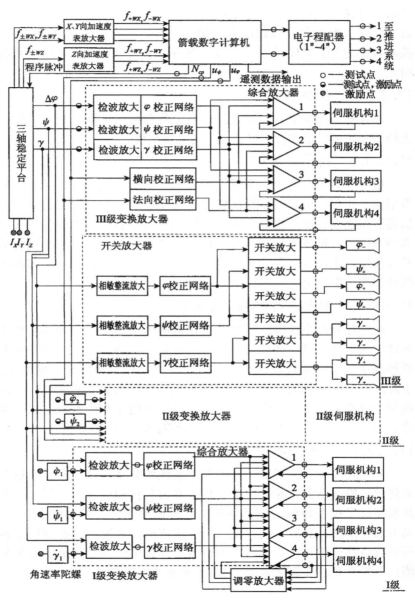

图 17.2　运载火箭控制系统原理框图

17.2.4　遥测系统

火箭在飞行过程中，箭体结构与分离、动力系统和控制系统的工作性能参数，通过该系统的测量传感器输出信号，按幅度、频率或相位调制射频载波，再发送到地面接收站。该系统在地面测试阶段，将与测试发控系统一起对火箭上的各系统仪器工作状态参数进行测试，并互相校验测试结果，以提高测试结果的可靠性。在发射状态下，遥测地面测控台与发射控制台有密切的联系，它们将协调一致地完成转电、脱落插头（简称脱插）脱落等发射点火条件。

17.2.5　外测安全系统

该系统的主要任务是：在卫星入轨前，配合地面设备对各级箭体进行实时测量和实时监视；星箭分离后，继续对Ⅲ级火箭箭体实时测量，以预报卫星远地点参数。若箭体设备在飞行过程中发生了不可挽回的故障，则根据地面所发安全指令或箭体平台给出的信号，将箭体炸毁于空中。因此，它具有外弹道测量能力和安全控制能力。测试发控系统在发射状态下与该系统的地面控制台有密切联系，控制系统的转电、点火条件与外测安全系统的转电好、工作正常条件连锁。

17.3　测控方法与测控线路设计

测试发控系统结构的研究，首先以完成运载火箭及其控制系统的测试发控方法研究为前提。测试任务的大部分是箭上控制系统，少数是箭上其他系统。发控任务是：对箭上设备进行供电转电控制，动力系统的卸压、增压、补加、补压、气管脱落等控制，射前查询箭上各系统工作是否正常，查询靶场设施工作状态是否正常，最后对火箭进行转电、脱插脱落、Ⅰ级发动机点火等控制，火箭在离开发射架的瞬间给出供全航区测控使用的"起飞零点"信号。

根据运载火箭总体与控制系统的要求，地面测试发控系统将承担分系统测试，控制系统与外测系统、动力系统、外测安全系统的匹配测试，以及 3 种状态的总检查（或称为全系统模拟飞行）。为了完成上述测试发控任务，将根据不同的测试状态和测试阶段，考虑到操作方便、抗干扰和可靠性等因素来进行箭上和地面的信息连接设计，然后进行各种测试方法的研究和测试控制线路设计。

17.3.1 箭地信息连接方式设计

箭地信息连接采用 3 种方式（参见图 17.1）。

17.3.1.1 手动操作 CH 插头连接

采用国产专用标准 Y2 圆形插头座，接点从 19 芯到 120 芯分多挡。在系统使用上，要求高的地方采用双点（电缆相应地为双线）传送一个信息。其插座部分安装在箭上仪器（或箭上电缆网）上，操作时通过火箭壳体上的专设窗口进行，主要传送大量控制系统仪器间或控制系统与其他系统间的测量、控制、激励信号，如平台至变换放大器（简称变放）、变放至伺服机构、变放内部相敏整流器至网络、程序配电器至动力系统的控制指令信号等，均由 CH 插头引出至地面系统。这些都是进行高精度分系统测试和全系统模飞（总检查Ⅱ）时需要的测试、激励和控制点。它占整个箭地信号量的 $60\% \sim 70\%$。

17.3.1.2 电控脱落 TC 插头连接

采用国产专用 250 芯电控脱落插头，其插座安装在火箭Ⅱ、Ⅲ级相应的壳体上，由电控指令脱落。主要传送火箭处于发射状态需要测量的信号或激励的信号、一次电源信号和二次电源信号、分系统检测信号、系统正常状态监视信号等。这时火箭已加注待发，人已不能接近火箭进行操作，全部 TC 插头在转电（点火前 1 min，由地面供电转至箭上电池供电）后约 10 s，由地面发电控指令而自动脱落。这种信息数量比较少，约占整个箭地信息量 $20\% \sim 30\%$。

17.3.1.3 力拉脱拔 BC 插头

采用国产专用 250 芯脱拔插头，它与电控脱落插头结构完全一样。不同点是，其插座安装在火箭Ⅰ级壳体尾部，连接地面电缆网的插头用钢丝绳与发射基座拴在一起。该插头主要传送发射状态下转电后需要监测的信号：Ⅰ级发动机点火控制线、Ⅱ级伺服机构地面供电线、紧急关机控制线等，在火箭点火建立推力离开发射基座的瞬间拔掉。这类信息约占整个箭地信息量的 5%～10%。

17.3.2　电源配电系统的测试方法与测控线路设计

17.3.2.1　主配电器的配电控制方法

主配电器的配电控制原理如图 17.3 所示，其配电方法如下：

1）当在地面测试状态时，主配电器由地面控制系统整流电源 $\pm M_1$ 供电。系统规定供电顺序为：接通 J_{GW} ——稳定系统供 $+W$ 输出，接通 J_{GJ} ——计算机供电 $+J$ 输出，接通 J_{GP} ——平台稳压电源和三相电源 $+P$ 输出，接通 J_{GP} 90 s 后接通 J_G（地面控制逻辑连锁保证）——平台高频电源 $+G$ 输出。由图 17.3 可见，J_{GW}、J_{GJ}、J_{GP}、J_G 通时，$J_{P1\sim4}$ 通，实现地面电源 $\pm M_1$ 供电。

2）当发射前 1 min 时，执行转电命令，按下发控台转电按钮，转电逻辑解锁，等待全航区时间统一勤务系统送来分信号（将此分信号作为点火前 1 min 标准时间）执行转电。图 17.3 中地面 J_{ZD} 通，主配电器 $J_{Z1\sim3}$ 通，$J_{K1\sim7}$ 通，并通过 $J_{Z1,2}$ 触点自保，实现箭上电池Ⅰ供电。当转电好信号从箭上送回地面后，J_{GW}、J_{GJ}、J_{GP}、J_G 断开，这时 $\pm M_1$ 和 $\pm B_1$ 同时供电，待转电好信号发出 10 s 后，地面控制逻辑发出脱插脱落指令，3TC1 脱插自动脱落，脱插的供电信号和控制信号全部断开。

3）地面测试时，或点火后 7.5 s 以前，发现故障，可执行断电命令。有以下 3 种情况：接通发控台断电开关；点火后发现故障按紧急关机按钮；点火后等待 7.5 s 火箭仍不能离开发射基座（脱拔插头仍未脱开），发控台将自动发出紧急关机指令完成断电。在执行断电指令时，$J_{Q1,2}$ 通，则 $J_{Z1\sim3}$ 断，$J_{K1\sim7}$ 断，而 $+W$、$+J$、$+P$、$+G$ 断开。

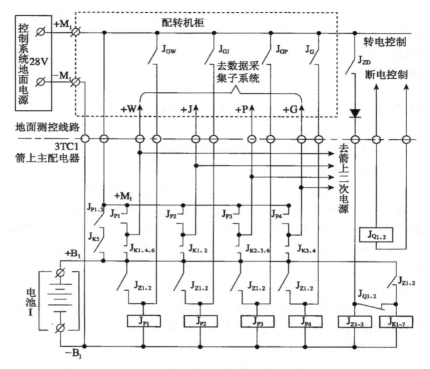

图 17.3　主配电器配电控制原理

17.3.2.2　主配电系统与地面供电测控原理

主配电系统与地面供电测控的原理如图 17.4 所示，二次电源所需测试的参数与所带的负载为：

1) 开关放大器，需测试的有放大器的稳压电源±15 V，控制滑行段 8 个喷管 $P_{1\sim8}$ 的直流电压 28 V。

2) 单相电源，测 9 V 交流电压，测频 500 Hz，供平台角传感器激磁、速率陀螺传感器激磁。

3) 双相电源 1，测 9 V 交流电压，测频 1 kHz；给 $\dot{\varphi}_1$、$\dot{\psi}_1$、$\dot{\gamma}_1$ 速率陀螺马达供电。

4) 双相电源 2，测 9 V 交流电压，测频 1 kHz，给 $\dot{\varphi}_2$、$\dot{\psi}_2$ 速率陀螺马达供电。

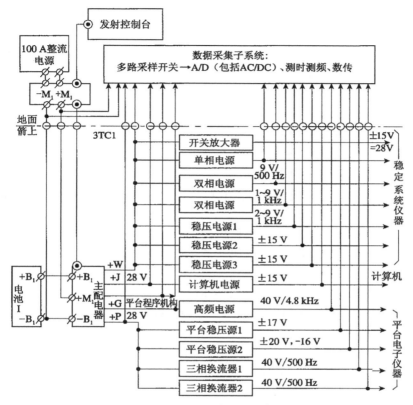

图 17.4　主配电系统与地面供电测控原理

5）稳压电源 1，测＋15 V 直流电压，给 Ⅰ 级变放、Ⅰ 级调零装置、Ⅰ 级伺服机构反馈电位器供电。

6）稳压电源 2，测＋15 V 直流电压，给 Ⅱ 级变放、Ⅱ 级伺服机构反馈电位计供电。

7）稳压电源 3，测＋15 V 直流电压，给 Ⅲ 级变放、Ⅲ 级伺服反馈电位计供电。以上是稳定系统供电。

8）计算机电源，给箭上计算机的 CPU、接口及外围电路供电。

9）高频电源，测 40 V 交流电压，测频 4.8 kHz，供平台 X、Y、Z 向积分陀螺激磁，X、Y 向加速度表激磁。

10）平台稳压电源 1，测 +17 V 直流电压，给平台伺服回路供电。

11）平台稳压电源 2，测 ±20 V 直流电压、−1.6 V 直流电压，给 X、Y 加速度表放大器、X、Y 加速度表的伺服放大器、平台光电管脉冲放大器供电。

12）三相换流器 1，测 40 V 交流电压，测频 500 Hz，给平台 X、Y 向加速度表马达和 B_1、C_1 方位锁定传感器激磁。

13）三相换流器 2：测 40 V 交流电压、测频 500 Hz，给平台 X、Y、Z 向积分陀螺马达供电。

17.3.2.3　两个副配电系统与地面供电测控原理

两个副配电系统与地面供电测控的原理如图 17.5 所示，副配电器 1 所带的负载为：

1）输出端 1.1，Ⅱ级伺服机构供电；

2）输出端 1.2，Ⅰ级关机（紧急关机），氧化剂主、副活门和燃料主活门控制；

3）输出端 1.3，Ⅰ级分离爆炸螺栓；

4）通过程配 4 输出端 1.4，动力系统活门和分离爆炸螺栓。

副配电器 2 所带的负载为：

1）输出端 2.1：Ⅲ级伺服机构；

2）输出端 2.2：抛罩（周向）爆炸螺栓；

3）输出端 2.3：供给程配 1、2、3 电源；

4）输出端 2.4：Ⅱ级分离爆炸螺栓。

上述供电的基本测控方法是：

1）一次电源 $\pm M_1$、$\pm M_2$、$\pm M_3$、$\pm B_1$、$\pm B_2$、$\pm B_3$ 在箭上或地面均有采样点，变成数字量后在计算机中进行误差计算和列表输出；还有控制台电磁式仪表监视和笔录仪监视（负载启动、断开和转电前后电源的超调和波动均有详细的记录）。

2）二次电源的交流或直流输出，用 A/D 采样测电压，用测时测频仪测频，其结果均送入计算机处理。其中速率陀螺马达负载电流用笔录仪记录马达的启动特性。

3）数据采集系统的直流测量误差为 0.1%，交流测量误差为 1%，测时测频的主振精度为 5×10^{-7}。

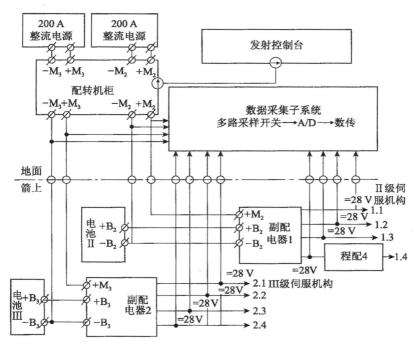

图 17.5 两个副配电系统与地面供电测控原理

17.3.3 稳定系统的测试方法与测控线路设计

稳定系统测试原理如图 17.6 所示。

稳定系统按 4 个分系统进行测试，即变换放大器测试、小回路测试、指令极性测试和转台极性测试。图 17.6 为运载火箭 I 级稳定系统及其测试控制线路，II 级、III 级均相似，各级的输入输出略有差别（见表 17.1）。

变放的输入包括平台姿态角传感器输出信号、速率陀螺输出信号和计算机输出的横法向输出导引信号。根据不同的分系统测试，产生方法也不同。变放测试和小回路测试由地面信号源产生。指令极性测试由地面信号源给平台 X、Y、Z 陀螺受感器加信号产生姿态角输出，地面信号源给速率陀螺受感器加信号产生姿态角变化速率输

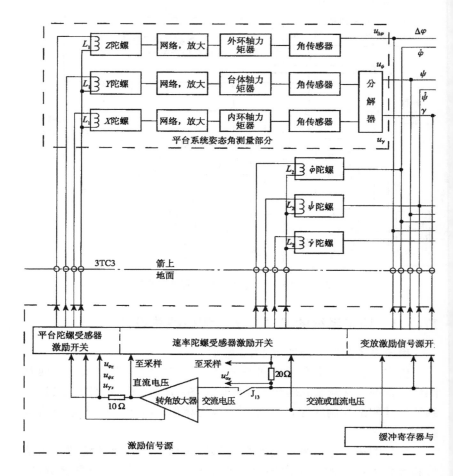

图17.6　稳定

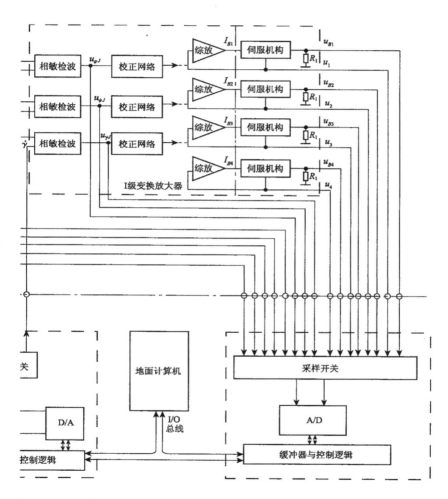

系统测试原理

出。转台极性测试由安装平台的地面倾斜台转动一个小角度产生姿态角输出，由安装速率陀螺的转台定速旋转产生角速率输出。

表 17.1　　火箭各级稳定系统输入输出情况

系统通道	输入/输出名称		第 I 级	第 II 级	第 III 级
变放输入	姿态角	$\Delta\varphi$	有	有	有
		ψ	有	有	有
		γ	有	有	有
	姿态角变化速率	$\dot\varphi$	有	有	无
		$\dot\psi$	有	有	无
		$\dot\gamma$	有	无	无
	导引	u_{FD}	无	有	有
		u_{HD}	无	有	有
变放输出	1 路输出 u_{B1}		有	有	有
	2 路输出 u_{B2}		有	有	有
	3 路输出 u_{B3}		有	有	有
	4 路输出 u_{B4}		有	有	有
系统输出	1 路输出 u_1		有	有	有
	2 路输出 u_2		有	有	有
	3 路输出 u_3		有	有	有
	4 路输出 u_4		有	有	有

变放输出 u_{Bi} 为变放输出电流 I_{Bi} 在测量电阻 R_1 上产生的压降，即

$$u_{Bi} = I_{Bi}R_1 \qquad (17.3-1)$$

在 I 级、II 级、III 级变放中 $R_1 = 100\ \Omega$，I_{Bi} 最大线性范围电流为 12 mA。在求各级某波道的传递系数时，要考虑到各级发动机的安装方式。I、II 级为"×"形安装，III 级为"＋"形安装。

稳定系统的输出 u_i，为反映发动机摆角大小的伺服机构角度传感器 R_0 上的直流输出电压。同样，在求小回路传递系数时，要考虑到各级发动机的安装方式。

下面介绍各分系统的测试方法和数据处理要求。

17.3.3.1　变放测试

只给变放供电，平台、速率陀螺和伺服机构不供电。其测试步骤为：

1）由测试供电系统（一次电源和二次电源）供电。若正常，继续；若不正常，转故障自寻程序。

2）短路变放各输入（由地面信号源激励开关实现，详见图 17.20），采样变放检波输出零位 u_{aJ0}^j，变放输出零位 u_{Bi0}^j。其中火箭级代号 $j=1\sim3$，输出通道 $i=1\sim4$，输入信号代号 $\alpha=\varphi$、ψ、γ、$\dot{\varphi}$、$\dot{\psi}$、$\dot{\gamma}$、FD、HD。各种零位值应满足要求。零位值采样必须在加电和输入端短路约 5 min 后进行，这时变放才稳定，否则就测不准。

3）分别在变放输入端加激励信号，由地面激励信号源的 D/A 转换器来完成。采用三点加信号法，即施加使变放完全接近饱和的输入信号、50%饱和值的输入信号、5%饱和值的输入信号。以上 3 个值正负极性各加 1 次。不加信号的通道短路，加好信号后经 3 s 采样 u_{Bi}^j（由于变放采用积分网络，导引加直流信号后，将延迟 10 s 后才能采样 u_{Bi}^j）。

4）地面计算机按以下步骤进行数据处理。

【步骤 1】　地面测试发控中央处理计算机计算各级各波道、各路的静态放大系数

$$K_{Bai}^j=\frac{\Delta u_{Bi}^i}{\Delta u_{aJ}^j}\quad\left\{\begin{aligned}&j=1,\ 2,\ 3\\&\alpha=\varphi,\ \psi,\ \gamma,\ FD,\ HD\\&i=1,\ 2,\ 3,\ 4\end{aligned}\right\}\quad(17.3-2)$$

$$K_{Bai}^j=\frac{\Delta u_{Bi}^i}{\Delta u_{a}^j}\quad\left\{\begin{aligned}&j=2,\ 3\\&\alpha=FD,\ HD\\&i=1\end{aligned}\right\}\quad(17.3-3)$$

（17.3-2）式为变放检波输出至变放输出段的放大系数，准确度较高，因为都是高精度的直流电压采样；（17.3-3）式为变放输入（为交流小信号）至变放输出段的放大系数，准确度较低，可作参考。

$$\begin{cases} \Delta u_{Bi}^j = u_{Bi}^j - u_{Bi0}^j \\ \Delta u_{aJ}^j = u_{aJ}^j - u_{aJ0}^j \\ \Delta u_a^j = u_a^j - u_{a0}^j \end{cases} \tag{17.3-4}$$

式中　u_{Bi0}^j——变放在输入端均短路时，测得的变放输出零位；

　　　u_{a0}^j——变放在输入端短路时，测得的变放输入端零位；

　　　u_{aJ0}^j——变放在输入端均短路时，测得的变放检波输出零位。

【步骤 2】　求测得的计算值 K_{Bai}^j 与标准值 $\overline{K}_{Bai}^j$ 的相对误差 W_{Bai}^j。

$$W_{Bai}^j = \frac{K_{Bai}^j - \overline{K}_{Bai}^j}{\overline{K}_{Bai}} \tag{17.3-5}$$

式中　$\overline{K}_{Bai}^j$——j 级 α 波道第 i 路放大系数标准值。

【步骤3】　根据发动机的安装方式，求各级各波道的回路放大系数的平均值 K_{Ba}^j：

Ⅰ、Ⅱ级"×"形安装俯仰波道时，有

$$K_{Ba}^j = \frac{K_{Ba1}^j + K_{Ba2}^j - K_{Ba3}^j - K_{Ba4}^j}{4} \qquad (j=1,2; \alpha = \varphi, \dot{\varphi}, FD)$$

$$\tag{17.3-6}$$

Ⅰ、Ⅱ级"×"形安装偏航波道时，有

$$K_{Ba}^j = \frac{K_{Ba1}^j - K_{Ba2}^j - K_{Ba3}^j + K_{Ba4}^j}{4} \qquad (j=1,2; \alpha = \psi, \dot{\psi}, HD)$$

$$\tag{17.3-7}$$

滚动波道与发动机安装方式无关，Ⅰ、Ⅱ、Ⅲ级均适用，有

$$K_{Ba}^j = -\frac{K_{Ba1}^j + K_{Ba2}^j + K_{Ba3}^j + K_{Ba4}^j}{4} \qquad (j=1,2,3; \alpha = \gamma, \dot{\gamma})$$

$$\tag{17.3-8}$$

Ⅲ级"＋"形安装俯仰波道时

$$K_{Ba}^j = \frac{K_{Ba2}^j - K_{Ba4}^j}{2} \qquad (j=3; \alpha = \varphi, FD) \tag{17.3-9}$$

Ⅲ级"＋"形安装偏航波道时

$$K_{Ba}^j = \frac{K_{Ba1}^j - K_{Ba3}^j}{2} \qquad (j=3; \alpha = \psi, HD) \tag{17.3-10}$$

【步骤 4】　求出测试计算的平均放大系数 $K_{B\alpha}^j$ 与标准平均放大系数 $\overline{K}_{B\alpha}^j$ 之间的相对误差

$$W_{B\alpha}^j = \frac{K_{B\alpha}^j - \overline{K}_{B\alpha}^j}{\overline{K}_{B\alpha}^j} \qquad (17.3-11)$$

以上测试的零位、放大系数、平均放大系数，相对误差等均要进行合格范围的判断。

17.3.3.2　小回路测试

只启动变放和伺服机构，平台不启动。输入端用地面信号源加信号，测变放检波器输出 $u_{\alpha J}^j$ 和伺服机构反馈电位器输出 u_i^j。测试方法为：

1）接通稳定系统供电，采样一次电源（包括中频机组电压及其频率）。并判断是否合格。

2）将变放输入端短路，采样变放检波器输出零位 $u_{\alpha J0}^j$、伺服机构输出零位 u_{i0}^j 和变放输入激励电压 $u_{\alpha 0}^j$。

3）用与变放测试相同的方法加激励，不加信号的波道短路。各姿态角和姿态角变化速率波道加信号延迟 3 s 后采样 u_i^j，加导引信号后延迟 10 s 采样 u_i^j。

4）地面计算机按以下步骤进行数据处理。

【步骤 1】　求各级各波道各路的放大系数为

$$K_{\alpha i}^j = \frac{\Delta u_i^j}{\Delta u_{\alpha J}^j} \qquad \begin{cases} j=1,2,3 \\ \alpha = \varphi, \dot{\varphi}, \psi, \dot{\psi}, \gamma, \dot{\gamma} \\ i=1,2,3,4 \end{cases} \qquad (17.3-12)$$

$$K_{\alpha i}^j = \frac{\Delta u_i^j}{\Delta u_\alpha^j} \qquad \begin{cases} j=1,2,3 \\ \alpha = FD, HD \\ i=1,2,3,4 \end{cases} \qquad (17.3-13)$$

$$\begin{cases} \Delta u_i^j = u_i^j - u_{i0}^j \\ \Delta u_{\alpha J}^j = u_{\alpha J}^j - u_{\alpha J0}^j \\ \Delta u_\alpha^j = u_\alpha^j - u_{\alpha 0}^j \end{cases} \qquad (17.3-14)$$

【步骤2】　　求实测放大系数 K_{ai}^j 与标准值 $\overline{K}_{ai}^j$ 之间的相对误差为

$$W_{ai}^j = \frac{K_{ai}^j - \overline{K}_{ai}^j}{\overline{K}_{ai}^j} \tag{17.3-15}$$

【步骤3】　　求各级各波道、各路放大系数的平均值 K_a^j：

"×"形安装的计算式为

$$K_a^j = \frac{K_{a1}^j + K_{a2}^j - K_{a3}^j - K_{a4}^j}{4} \qquad (j = 1,2; \alpha = \varphi, \dot\varphi, FD) \tag{17.3-16}$$

$$K_a^j = \frac{K_{a1}^j - K_{a2}^j - K_{a3}^j + K_{a4}^j}{4} \qquad (j = 1,2; \alpha = \psi, \dot\psi, HD) \tag{17.3-17}$$

滚动波道与发动机安装方式无关，有

$$K_a^j = -\frac{K_{a1}^j + K_{a2}^j + K_{a3}^j + K_{a4}^j}{4} \qquad (j = 1,2,3; \alpha = \gamma, \dot\gamma) \tag{17.3-18}$$

以上值均要进行合格范围的判断。

17.3.3.3　指令极性测试

该测试与小回路测试类似。平台、变放、伺服机构都工作。不同之处在于不用信号源给变放加信号，而是信号源给平台陀螺受感器和速率陀螺受感器加信号，则平台将有姿态角输出，速率陀螺将有角速率输出，给变放加信号，实现稳定系统测试。其测试步骤如下：

1）校准好平台倾斜台水平度，使之不产生附加姿态角输出。

2）箭上计算机按预定的程序发固定的 u_{FD}（或 u_{HD}）信号，延时 $10\,\mathrm{s}$ 采样 u_{FD}（或 u_{HD}）、u_i^i（$j=2$，3；$i=1$，2，3，4）。

3）分别给速率陀螺受感器加正、负指令电流信号，延迟 $3\,\mathrm{s}$ 后，采样 u_{aZ}^i（反映受感器电流大小的电压信号，由信号源中串入的 $10\,\Omega$ 电阻上取出）、u_{aJ}^j、u_i^i（$j=1$，2；$\alpha=\dot\varphi$，$\dot\psi$，$\dot\gamma$；$i=1$，2，3，4）。

4）断瞄准，加 $I_Y = +100\,\mathrm{mA}$，延迟 $20\,\mathrm{s}$ 时采样 u_{GZ}，断开 I_Y 后延迟 $1\,\mathrm{s}$ 采样 u_{GJ}^j、u_i^i；再加 $I_Y = -100\,\mathrm{mA}$，延迟 $40\,\mathrm{s}$ 时采样 u_{GZ}，断 I_Y 后延迟 $1\,\mathrm{s}$ 采样 u_{GJ}^j、u_i^i；再加 $I_Y = +100\,\mathrm{mA}$，延迟 $20\,\mathrm{s}$ 采样

u_{FJ}^j、u_i^j。A/D 控制字的延迟码选 1 s。

5）断调平，加 I_Z 指令，采样 $u_{\varphi Z}$、$u_{\varphi J}^j$、u_i^j 参数与次序同 4），加最后一次 $I_Z=+100$ mA，延迟 20 s 采样 $u_{\varphi J}^j$、u_i^j。

6）加 I_X 指令，采样 $u_{\varphi Z}$、$u_{\varphi J}^j$、u_i^j 参数与次序同 3），加 $I_X=-100$ mA，延迟 40 s 采样完。断各级伺服机构，再加 $I_X=+100$ mA，20 s，复原。

对于转台极性测试，只在第Ⅲ级进行，所以计算仅在发动机"＋"形安装情况下进行数据处理。其计算式为

$$K_\alpha^j = \frac{K_{\alpha 2}^j - K_{\alpha 4}^j}{2} \qquad (j=3;\ \alpha=\varphi,\ FD) \qquad (17.3-19)$$

$$K_\alpha^j = \frac{K_{\alpha 1}^j - K_{\alpha 3}^j}{2} \qquad (j=3;\ \alpha=\psi,\ HD) \qquad (17.3-20)$$

平均传递系数 K_α^j 与标准值 $\overline{K}_\alpha^j$ 之间的相对误差为

$$W_{K\alpha}^j = \frac{K_\alpha^j - \overline{K}_\alpha^j}{\overline{K}_\alpha^j} \qquad (17.3-21)$$

以上计算值均要进行合格范围的判断。

17.3.3.4　转台极性测试

该测试与小回路测试类似，但不用地面信号源激励，而是将速率陀螺置于转台上使之输出，给稳定系统加信号。平台安装在倾斜台上，摇动倾斜台相应转轴使平台输出相应姿态角信号给稳定系统加信号。这样，惯性器件的传递系数也检查到了。其测试步骤如下：

1）控制系统给平台稳定系统和平台系统供电，并测试各供电参数，应合格。

2）平台进行调平瞄准，调瞄好后给伺服机构供电。

3）采样系统零位值 $u_{\alpha J}^j$、u_{FD}、u_{HD}、u_i^j。

4）接通速率陀螺回转台，速率陀螺输出，延迟 2～3 s 后采样 $u_{\alpha J}^j$、u_i^j；再转平台倾斜台，依次加姿态角信号，延迟 2～3 s，采样 $u_{\alpha J}^j$、u_i^j。各波道正、负两种极性各加一次，加滚动信号前注意断开瞄准。

5）地面计算机进行数据处理。

【步骤 1】　按照小回路测试计算公式（（17.3—12）式～（17.3—

18) 式）进行计算，并判断合格范围。

【步骤 2】　计算从受感器加信号作系统输入到伺服机构输出的传递系数 $A_{\alpha i}^{j}$

$$A_{\alpha i}^{j} = \frac{\Delta u_i^j}{u_{\alpha Z}^j K_{\alpha Z}^j} \qquad (j=1, 2; \ \alpha = \dot{\varphi}, \ \dot{\psi}, \ \dot{\gamma}) \qquad (17.3-22)$$

式中　$u_{\alpha Z}^j$——速率陀螺受感器激磁电压（在激励信号源 20 Ω 电阻上取得，见图 17.6）；

　　　$K_{\alpha Z}^j$——已知的速率陀螺受感器激磁常数。

$$A_{\alpha i}^{j} = \frac{\Delta u_i^j}{T(u_{\alpha Z} K_{\alpha Z} + \Phi_{1\alpha i} \Phi_{2\alpha i} + \Phi_{3\alpha i})} \qquad (j=1,2,3; \alpha = \varphi, \psi, \gamma)$$

$$(17.3-23)$$

式中　$u_{\alpha Z}$——陀螺受感器激磁电压（在信号源中 10 Ω 电阻上取得）；

　　　$K_{\alpha Z}$——已知的陀螺受感器指令传递系数；

　　　T——加指令的时间；

　　　Φ_1，Φ_2，Φ_3——地球自转对 α 波道 i 路传递系数的修正数。

设地球自转角速度在俯仰、偏航、滚动方向的分量为 ω_φ、ω_ψ、ω_γ，各级各波道各路的修正值如表 17.2 所示。ω_φ、ω_ψ、ω_γ 与地球自转角速度 Ω、测点纬度 β 和方位角 A 有关，其表示式为

$$\begin{cases} \omega_\varphi = -\Omega \cos \beta \sin A \\ \omega_\psi = -\Omega \cos \beta \cos A \\ \omega_\gamma = \Omega \sin \beta \end{cases} \qquad (17.3-24)$$

表 17.2　各级各波道各路的修正值

φ_A ／ i ／ $\varphi_{A\alpha i}$ ／ α	Φ_1				Φ_2				Φ_3			
	1	2	3	4	1	2	3	4	1	2	3	4
滚动波道 γ	$+\omega_\gamma$	$+\omega_\gamma$	$+\omega_\gamma$	$+\omega_\gamma$	0	0	0	0	0	0	0	0
俯仰波道 φ	$+\omega_\varphi$	$+\omega_\varphi$	$+\omega_\varphi$	$+\omega_\varphi$	$+\omega_\psi$	$-\omega_\psi$	$+\omega_\psi$	$-\omega_\psi$	$-0.5\omega_\gamma$ $-0.5\omega_\gamma$	$+0.5\omega_\gamma$ $+0.5\omega_\gamma$		
偏航波道 ψ	$+\omega_\psi$	$+\omega_\psi$	$+\omega_\psi$	$+\omega_\psi$	$+\omega_\psi$	$-\omega_\psi$	$+\omega_\psi$	$-\omega_\psi$	$-0.5\omega_\gamma$ $+0.5\omega_\gamma$	$+0.5\omega_\gamma$ $-0.5\omega_\gamma$		

注：Ⅲ级 $\Phi_2 = 0$。

根据（17.3－24）式可算出北京、上海和西昌的修正值如表 17.3 所示。

表 17.3 北京、上海和西昌的修正值

修正项目 /((°)/s) \ 地点 / 修正值	北京	上海	西昌
ω_φ	$-3.101\ 57\times10^{-3}$	$-3.459\ 10\times10^{-3}$	$-3.561\ 35\times10^{-3}$
ω_ψ	$0.773\ 31\times10^{-3}$	$0.862\ 45\times10^{-3}$	$0.887\ 94\times10^{-3}$
ω_γ	$2.672\ 70\times10^{-3}$	$2.156\ 83\times10^{-3}$	$1.972\ 16\times10^{-3}$

【步骤 3】 计算出实测计算值 A_{ai}^j 与理论值 $\overline{A}_{ai}^j$ 之间的相对误差为

$$W_{Aai}^j = \frac{A_{ai}^j - \overline{A}_{ai}^j}{\overline{A}_{ai}^j} \qquad (17.3-25)$$

17.3.4 制导系统的测试方法与测控线路设计

17.3.4.1 制导系统的任务

制导系统的主要任务是：

1）箭上计算机根据平台给出的 3 个惯性坐标系的 3 个加速度量 $f\dot{w}_X$、$f\dot{w}_Y$、$f\dot{w}_Z$，按关机方程计算关机量。当关机余量等于零时，计算机发出关机时序指令 t_1 和 t_2（双通道输出）脉冲，控制程配触点，完成对发动机的关机控制。

2）箭上计算机根据起飞时间基准、各级关机基准，按规定时间发出时序脉冲 t_1 和 t_2，通过程配触点，完成对火箭上各系统的时序控制。

3）根据平台加速度表输出 $f\dot{w}_X$、$f\dot{w}_Y$、$f\dot{w}_Z$，按导引方程完成横向 u_{HD} 和法向 u_{FD} 的导引计算，u_{HD} 和 u_{FD} 送入变换放大器实现导引控制。

4）根据火箭飞行的程序角变化要求，计算机向平台的程序机构发送程序脉冲，以完成火箭的程序飞行。

17.3.4.2 测试线路原理

根据上述任务，可设计出测试线路原理图（见图 17.7）。测试任务由以下 3 个方面的地面设备来完成：

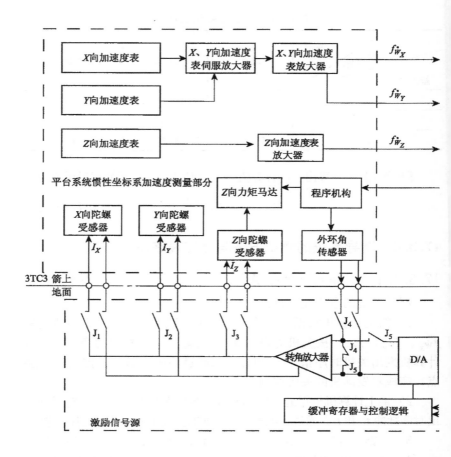

图17.7 制导

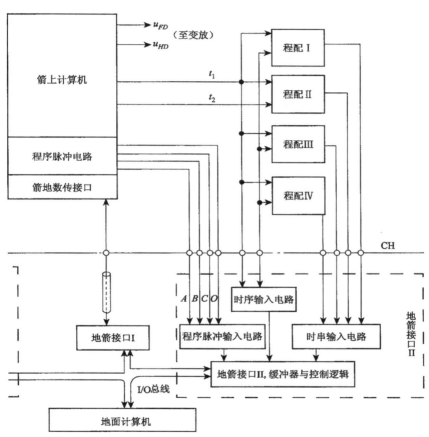

系统测试原理图

1) 利用信号源中的转角放大器和箭上计算机发固定的程序脉冲来实现平台转角的任务，再用箭上计算机测得转角后加速度表的输出脉冲值，并通过地箭接口 I （箭地数据交换接口）将箭上计算机测得的数据传给地面计算机进行数据处理。

2) 地箭接口 II 为箭上计算机时序测试接口和箭上计算机程序脉冲测试接口。

3) 地箭接口 I 完成对箭上时序控制信号的接通和断开时刻测试。

17.3.4.3　测试方法

制导系统测试分为平台加速度表当量测试和箭上计算机模飞测试两大类。

（1）平台加速度表当量测试方法

惯性坐标 3 个轴上安装的 3 个加速度表的当量值是否准确，是整个制导系统能否达到精度要求的关键。因此，也是测试的关键。火箭竖立在发射台上，惯性坐标系 XYZ 与箭体坐标系 x_1、y_1、z_1 的关系如图 17.8 所示。

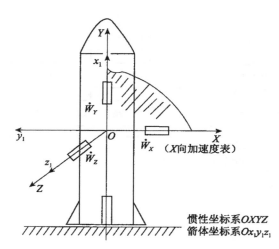

图 17.8　火箭在发射台上惯性坐标系与箭体坐标系的关系

由于 3 个加速度表所测的 3 个加速度 $\dot{W}_X$、$\dot{W}_Y$、$\dot{W}_Z$ 是互相垂直的，它们与当地的重力加速度 g 的关系为

$$g^2 = \dot{W}_X^2 + \dot{W}_Y^2 + \dot{W}_Z^2$$

即

$$1 = \left(\frac{\dot{W}_X}{g}\right)^2 + \left(\frac{\dot{W}_Y}{g}\right)^2 + \left(\frac{\dot{W}_Z}{g}\right)^2 \qquad (17.3-26)$$

加速度表仅仅敏感沿其输入轴方向的加速度 $\dot{W}_j$，而且输出与输入之间保持着线性关系，即

$$n_j = K_j T \dot{W}_j \qquad (17.3-27)$$

式中　n_j——计数时间 T 内，加速度表输出的脉冲数（个脉冲/s）；

　　　K_j——加速度表的传递系数，又称标度因数（个脉冲/(s·g)）。

因

$$K_j = \frac{n_{Kj}}{g} \qquad (17.3-28)$$

式中　n_{Kj}——加速度表的当量，即加速度表在测量一个重力加速度 g 时，输出端每秒内输出的脉冲数（个脉冲/s）。

故将 (17.3-28) 式代入 (17.3-27) 式得

$$n_j = \frac{n_{Kj}}{g} T \dot{W}_j \qquad (17.3-29)$$

因此，一般式表示为

$$\frac{n_j}{n_{Kj} T} = \frac{\dot{W}_j}{g} \qquad (j = X, Y, Z) \qquad (17.3-30)$$

将 (17.3-30) 式代入 (17.3-26) 式有

$$1 = \left(\frac{n_X}{n_{KX} T}\right)^2 + \left(\frac{n_Y}{n_{KY} T}\right)^2 + \left(\frac{n_Z}{n_{KZ} T}\right)^2$$

$$T^2 = \frac{n_X^2}{n_{KX}^2} + \frac{n_Y^2}{n_{KY}^2} + \frac{n_Z^2}{n_{KZ}^2} \qquad (17.3-31)$$

根据 (17.3-31) 式可求得以下当量公式为

$$
\begin{cases}
n_{KX} = \sqrt{\dfrac{n_X^2}{\sqrt{T^2 - \left(\dfrac{n_Y}{n_{KY}}\right)^2 - \left(\dfrac{n_Z}{n_{KZ}}\right)^2}}} \\[3em]
n_{KY} = \sqrt{\dfrac{n_Y^2}{\sqrt{T^2 - \left(\dfrac{n_X}{n_{KX}}\right)^2 - \left(\dfrac{n_Z}{n_{KZ}}\right)^2}}} \\[3em]
n_{KZ} = \sqrt{\dfrac{n_Z^2}{\sqrt{T^2 - \left(\dfrac{n_X}{n_{KX}}\right)^2 - \left(\dfrac{n_Y}{n_{KY}}\right)^2}}}
\end{cases}
\qquad (17.3-32)
$$

在实际测试应用中，可以用加速度表的实际出厂值（17.3－32）式进行简化：

1）X 表和 Y 表均采用气浮陀螺加速度表。出厂时，可测得在指定地方（北京、上海或西昌）的加速度表当量为

$$
\begin{aligned}
n_{KX} = n_{KY} &= (200 \pm 0.2) \\
&= (1 \pm 0.001)200（个脉冲 /s）
\end{aligned}
$$

2）Z 表的当量值为

$$
\begin{aligned}
n_{KZ} &= (3\,000 \pm 200) \\
&= (1 \pm 0.067)3\,000（个脉冲 /s）
\end{aligned}
$$

把上述值代入（17.3－32）式，可得加速度表当量测试的计算式为

$$
\begin{cases}
n_{KX} = \sqrt{\dfrac{n_X^2}{\sqrt{T^2 - \dfrac{1}{200^2}\left[n_Y^2 + \left(\dfrac{n_Z}{15}\right)^2\right]}}} \\[3em]
n_{KY} = \sqrt{\dfrac{n_Y^2}{\sqrt{T^2 - \dfrac{1}{200^2}\left[n_X^2 + \left(\dfrac{n_Z}{15}\right)^2\right]}}} \\[3em]
n_{KZ} = \sqrt{\dfrac{n_Z^2}{\sqrt{T^2 - \dfrac{1}{200^2}\left(n_X^2 + n_Y^2\right)}}}
\end{cases}
\qquad (17.3-33)
$$

在系统中，3 个当量的具体测法如下（参见图 17.7）：

1）X 表的当量 n_{KX} 测试及 Y 表负输出的检查方法。把已调平的平台调平断开，接通转角回路，箭上计算机以 6 Hz 频率发 $N_C =$

5 700 个（程序机构 $N_C=1$ 个，转角 $1'$，即 $1°/60$ 个程序脉冲），所以惯性平台的坐标系沿 Z 轴转得 $+\varphi=95°$（详见图 17.9），所需转角时间 $t=5\,700/6=950$（s）。转完后延时 1 min，转角稳定下来，断开转角回路。这时 X 表将产生近似在 $1g$ 下的脉冲输出。箭上计算机进行 $n_X=20\,000$ 个脉冲计数，并计下所需时间 T_X。同时也计 n_Y 值和 n_Z 值。将箭上计算机的这些参数送入地面计算机，按（17.3－33）式的 n_{KX} 公式，用高精度浮点解释程序进行计算，即

$$n_{KX}=\frac{20\,000}{\sqrt{(T_XA_J)^2-\dfrac{1}{4\times10^4}\left[n_Y^2+\left(\dfrac{n_Z}{15}\right)^2\right]}} \tag{17.3－34}$$

式中　A_J——箭上计算机时标误差修正系数。

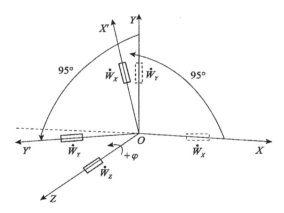

图 17.9　发 $N_C=5\,700$，平台坐标系转 $+\varphi=95°$

因为箭上计算机时钟稳定度为 10^{-5}，所以常用地面测时测频仪时钟（稳定度为 10^{-7}）来进行误差校准。产品在出厂时加速度表有一标定当量值 $\overline{n_{KX}}$，地面计算机按（17.3－35）式计算测试结果的相对误差，并判断合格范围，即

$$W_X=\frac{n_{KX}-\overline{n_{KX}}}{\overline{n_{KX}}} \tag{17.3－35}$$

测试计算完后，箭上计算机再以 6 Hz 频率发出 $N_C=-5\,700$ 个程序归零脉冲，使程序机构回到零位，断开转角回路，接通调平，将平

台调好。

2）Y 表的当量 n_{KY} 测试及 X 表负输出检查方法。断开调平，接通转角回路，箭上计算机以 6 Hz 发 $N_C=-300$ 个脉冲，这是 $\varphi=-\dfrac{300}{60}=-5°$（见图 17.10），所需转时 $t=\dfrac{300}{6}=50$（s），转完后延迟 30 s 断开转角回路。箭上计算机进行 $n_Y=20\,000$ 个脉冲计数，计时 T_Y，也计 n_X 值和 n_Z 值。将这些参数送入地面计算机按（17.3—33）式的 n_{KY} 公式进行浮点计算，即

$$n_{KY}=\cfrac{20\,000}{\sqrt{(T_Y A_J)^2-\dfrac{1}{4\times 10^4}\left[n_X^2+\left(\dfrac{n_Z}{15}\right)^2\right]}}+N_K$$

$$(17.3-36)$$

式中　N_K——地球自转补偿项，与测试点有关。

测完后，接通调平，箭上计算机发 $N_C=300$ 归零脉冲，断开转角回路，接通调平。

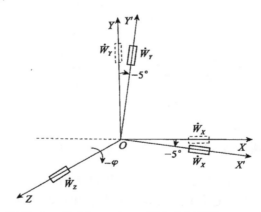

图 17.10　发 $N_C=-300$，平台坐标系转 $\varphi=-5°$

3）Z 表的当量 n_{KZ} 的测试方法。调平好后，断开调平，给平台 X 陀螺受感器加指令 $I_X=-100\ \mathrm{mA}$，150 s，这时，内环以 X_P 为轴转 $\psi=-15°$（内环转速为 0.1（°）/s，$150\times 0.1=15°$，见图 17.11）。然后，箭上计算机用 n_{KY} 同样的程序进行 $n_Y=20\,000$ 个脉冲的定数计时

T_Y，计 n_X 值和 n_Z 值。将这些参数送入地面计算机，按（17.3－33）式中的 n_{KZ} 进行浮点计算，即

$$n_{KZ} = \frac{n_Z}{\sqrt{(T_Y A_J)^2 - \left[\left(\dfrac{20\,000}{n_{KY}}\right)^2 + \left(\dfrac{n_X}{200}\right)^2\right]}}$$

$$(17.3-37)$$

式中　　n_{KY}——（17.3－36）式计算出来的结果。

根据产品证明书中的标定值 $\overline{n_{KZ}}$，计算 n_{KZ} 的相对误差为

$$W_Z = \frac{n_{KZ} - \overline{n_{KZ}}}{\overline{n_{KZ}}} \qquad (17.3-38)$$

测试完后，加 $I_X = +100\,\mathrm{mA}$，150 s，归零。接通调平。断电！当量全部测试完毕。

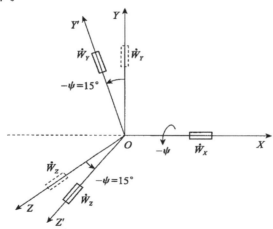

图 17.11　给 X 陀螺受感器加指令电流
（$I_X = -100\,\mathrm{mA}$，150 s，平台坐标系转 $\psi = -15°$）

（2）箭上计算机飞行测试

该测试主要是检查箭上计算机的硬件和软件功能。平台、程序配电器均不参加工作，其目的在于：

1）验证计算机关机方程的计算程序；

2）验证计算机导引方程的计算程序；

3）验证计算机发程序脉冲 N_{cx} 的计算程序；

4）验证计算机发时序指令的计算程序。

1）、2）项的计算，依赖于平台输出 $\dot{W}_X$、$\dot{W}_Y$、$\dot{W}_Z$。在该测试中 $\dot{W}_X = \dot{W}_Y = \dot{W}_Z = 0$，为了得到近似于真实飞行状态下的关机时间和导引输出，必须反过来计算在这种情况下需装定的关机装定值 K_{W_m}，这就是实时模飞的意义；而 3）、4）项是按起飞时间或各级关机时间为基准装定的脉冲量或时序指令，执行程序与加速度量无关，因此，模飞程序与飞行程序是一致的。

（3）制导系统地面全模飞测试

该测试是制导系统全面检查，它是在加速度表当量测试正常（说明平台惯性测量系统正常）和箭上计算机飞行测试正常（说明制导系统程序运行正常）的情况下进行的。启动平台并"调平瞄准好"、启动箭上计算机和程序配电器。在平台 Y 向加速度表接受 $1g_0$ 情况下（X 向加速度表和 Z 加速度表也有很小量的输出），执行关机方程计算和导引方程计算，并按飞行状态发出时序指令和程序脉冲。

17.3.5　发射控制线路设计

发射控制线路要完成的主要任务有：

1）地面电源的遥控和调整，箭上控制系统仪器的供电控制，控制系统供电情况显示。

2）对箭上仪器各种工作状态的控制和显示。

3）对动力系统的控制和状态监视。例如吹除、预冷、加注、卸压、补加、补压等的控制和监视。

4）在发射状态下，对外系统（如配气台、瞄准窗、摆杆、消防、外测控制台、遥测控制台，液氢/液氧加注控制台、星体控制台、时统控制台等）的状态进行监视，并作为发射条件。

5）发射状态显示和点火控制。如增压、转电（由时统发射前 1 min 控制）、脱插脱落、电缆摆杆摆开，点火（由时统 00 s 控制）。

全部发射控制和状态监视既可由发射人员手动完成，也可由地面计算机执行发控程序通过发控接口自动完成。发控线路的组成如图 17.12 所示。

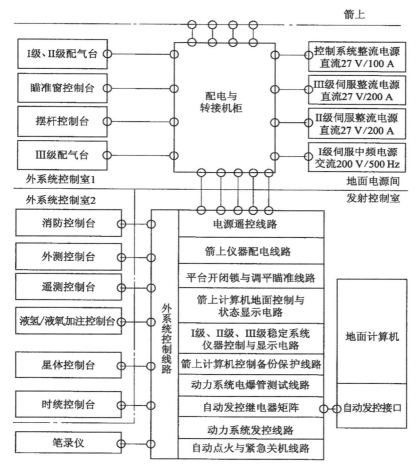

图 17.12　发射控制线路

整个发控线路的工作状态，由测试发控钥匙开关 K_{YS} 和测试状态开关 K_{ZT} 确定，参看图 17.13。在不同的状态下，由不同状态继电器工作，以作为发控特征条件。

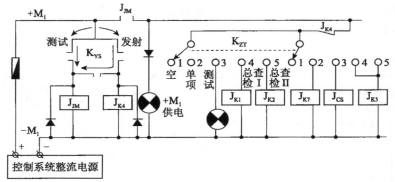

图 17.13　测试发控状态控制线路

$$\text{钥匙开关 } K_{YS} \begin{cases} \text{"测试"位置 } J_{JM} \uparrow; \text{ 再由 } K_{ZT} \text{位置决定不同的测试状态:} \\ 1) \text{ 单项检查: } J_{K7} \uparrow; \\ 2) \text{ 测试: } J_{CS} \uparrow; \\ 3) \text{ 总检查I: } J_{K1} \uparrow, J_{K5} \uparrow; \\ 4) \text{ 总检查II: } J_{K2} \uparrow, J_{K5} \uparrow。 \\ \text{"发射"位置 } J_{JM} \uparrow, J_{K4} \uparrow。 \end{cases}$$

J↑ 或 J 表示继电器"导通"工作，J↓ 或 $\bar{J}$ 表示继电器"断开"不工作。

由图 17.13 可见，J_{K1}、J_{K2}、J_{K7}、J_{CS}、J_{K5} 与 J_{K4} 是互补的，即 $J_{K1} = \bar{J}_{K4}$。也就是说，只要在"发射状态"$J_{K4} \uparrow$，"测试开关"K_{ZT} 就不再起作用。下面将以"总检II"为例，来看发控线路的工作顺序和逻辑设计的布尔表达式。

1) K_{YS} 置"测试"位置，$J_{JM} \uparrow$；K_{ZT} 置"总检查II"位置，$J_{K2} \uparrow$、$J_{K5} \uparrow$。

2) 接通分系统仪器电源，相应的供电好继电器工作，其布尔表达式为

$$J_{GDH} = J_{WY1} \cdot J_{WY2} \cdot J_{WY3} \cdot J_{DX} \cdot J_{SX1} \cdot J_{SX2} \cdot J_{GPD} \cdot J_{SXD1} \cdot J_{SXD2} \cdot J_{GJH}$$

$$(17.3-39)$$

式中　J_{WY1}，J_{WY2}，J_{WY3}——稳定系统 3 个稳压电源好的指示；

　　　J_{DX}——单相电源好；

J_{SX1}，J_{SX2}——两个双相电源好；

J_{GPD}——平台高频电源好；

J_{SXD1}，J_{SXD2}——平台两个三相电源好；

J_{GJH}——计算机供电好。

3）接通平台开锁，并接通调平瞄准，这时箭上小功率仪器工作全部正常，应显示"部件准备好"，其布尔表达式为

$$J_{BH} = J_{GDH}(J_{K4} \vee J_{K5})\overline{J}_{CS}(J_{DH01} \vee J_{DH02})J_{CPL} \cdot J_{JH} \cdot J_{TP2} \cdot J_{MZ2} \cdot J_{CXL}$$

$$(17.3-40)$$

式中　J_{GDH}——供电好；

$(J_{K4} \vee J_{K5})$——在发射状态或在总检查Ⅰ、Ⅱ状态均为逻辑"是"状态；

$\overline{J}_{CS}$——在非"测试"状态；

J_{DH01}——点火零位 1，总检查Ⅰ状态为"1"；

J_{DH02}——点火零位 2，总检查Ⅱ状态为"1"；

J_{CPL}——程序配电器在零位指示；

J_{JH}——箭上计算机好；

J_{TP2}——平台调平好；

J_{MZ2}——平台瞄准好；

J_{CXL}——平台程序机构在零位。

4）接通Ⅰ级、Ⅱ级、Ⅲ级伺服机构，接通Ⅰ级调零回路，它们都有相应的控制条件。

5）接通Ⅰ级、Ⅱ级、Ⅲ级动力系统的增压、吹除、预冷、卸压、补压、补加等开关或按钮，它们都有相应的控制条件。动力系统工作好后，发控台控制加注连接器和气管连接器脱落。动力系统全部准备好。

6）进入最后 1 min 发射程序，完成转电。实现转电的条件可由以下布尔式表示，即

$$J_{ZD1} = J_{QT3} \cdot J_{QT13} \cdot J_{BH} \cdot J_{YC} \cdot J_{WD14} \cdot J_{WX1} \cdot J_{WC} \cdot$$

$$(J_{ZD1} \vee AN_{ZD}) \cdot \overline{J}_{ZD2} \cdot J_{WD13} \qquad (17.3-41)$$

式中　J_{QT3}——Ⅰ级、Ⅱ级气管脱落好；

J_{QT13}——Ⅲ级气管脱落好；

J_{BH}——部件准备好；

J_{YC}——遥测允许转电；

J_{WD14}——Ⅰ级调零接通；

J_{WX1}——卫星正常；

J_{WC}——外测转电好；

J_{ZD1}——转电自保触点；

AN_{ZD}——转电按钮；

$\bar{J}_{ZD2}$——"箭上转电好"非信号（即完成在"转电好"后要把转电电位断开）；

J_{WD13}——Ⅱ级伺服机构地面启动好标志。

7）在射前约 30 s，按下点火按钮，由时统 00 s 信号完成点火。点火按钮接通的条件是

$$\begin{cases} J_{DH234} = J_{DH1} \ (J_{DH00} \lor J_{DH234}) \\ J_{DH1} = J_{TH} \ (J_{BG2} \lor J_{K2}) \ (AN_{DH} \lor J_{HD1}) \end{cases} \quad (17.3-42)$$

式中　J_{TH}——"总脱好"，指箭上各系统脱落插头全部脱好；

J_{BG2}——电缆摆杆摆开；

J_{K2}——总检查Ⅱ标志（也就是在总检查Ⅱ状态下，电缆摆杆不摆的情况下，也能完成模拟点火动作）；

AN_{DH}——点火按钮；

J_{HD1}——自保触点；

J_{DH234}——执行发动机的点火继电器；

J_{DH00}——点火母线工作标志。

总之，发射控制线路的设计是烦琐而严密的，它要求状态清楚，控制顺序和控制条件严谨。如果发生误操作也具备不会产生设备损坏的容错能力，线路和元件要求有很高的可靠性。

17.3.6　控制系统总检查设计

总检查是包括各个控制系统的分系统并考虑与火箭其他系统的连接有关的最全面、最完整的联合检查。以检查安排的时间程序而论，它包括控制系统加电顺序检查，分系统检查，分系统联合检查，动力系统射前检查，增压、转电、脱落、点火、紧急关机以及全部飞行过程的参数测试。为使检查全面、严密，便于故障分离，总检

查分以下 3 种情况进行。

17.3.6.1　总检查 II

总检查 II 又称"全系统模拟飞行"，其特点是：

1）系统线路状态为箭上系统与地面系统；地面系统与外系统（包括消防控制台、外测控制台、遥测控制台、液氢/液氧加注控制台、星体控制台、时统控制台等）的全部连接插头连好。箭上系统与地面系统的 CH 插头、TC 插头和 BC 插头全部连接好。为使地面计算机获取最多、最全面的信息量创造条件。

2）测试内容包括箭上全部仪器和各分系统的射前检查数据；转电至脱插脱落之间，地面电源转为箭上电池后的电源测试数据；整个飞行段的时序、时串、导引、程序脉冲和伺服机构输出数据；录取数字量遥测数据等。地面计算机给箭上计算机装定"保护关机模拟飞行程序"。这是获取测试参数最多的一次总检查。

3）发射控制系统的"假转电"（即有转电控制的操作过程而不完成转电任务）、"假脱落"（即有脱落控制指令而脱插并不脱落）状态。

该检查的主要目的是全面地检查箭上和地面各仪器在系统中工作的性能参数、仪器间和系统间的匹配参数。故障定位可以到仪器。

17.3.6.2　总检查 I

总检查 I 又称"飞行状态模飞"，其特点是：

1）系统线路状态为真实发射状态的箭上与地面的连接，即只连接 TC 插头和 BC 插头，而手操作的 CH 插头不连。外系统插头与测试发控系统连接好。该检查只获取射前和飞行状态箭上各系统的重要数据。系统中仪器间的输入输出数据、数字量遥测数据等均不录取。

2）飞行段测试只测时序指令发出时间。飞行过程中按时序指令断伺服机构供电和断开级间分离插头。地面计算机给箭上计算机装定制导关机模飞程序。

3）发射控制线路为"真转电"（发射阵地转电用箭上电池，综合试验室和技术阵地用地面电源完成的模拟电缆供电）、"真脱落"（在转电后 10 s 脱插自动脱落）状态。

这次模飞完全与真实飞行状态一致。点火前，箭上与地面没有附加连接，飞行段只有 TB 插头与地面保持信息联系。能获得各分系统的重要数据，能判断系统的正常功能。

17.3.6.3　总检查Ⅲ

总检查Ⅲ又称"紧急关机模飞"或"真实发射模飞"，其特点是：

1）系统线路状态同"总检查Ⅰ"线路状态。

2）测试内容只获取射前检查数据，起飞后 7.5 s 紧急关机，不录取飞行数据。

3）发控线路是"真转电"、"真脱落"状态，同"总检查Ⅰ"。

这种状态是真实的发射状态，在测试方面是获得能判断箭上系统正常最精练的数据，发控过程采用自动测试、自动查询、屏幕显示与口令相结合的指挥，手动控制的办法，以保证发射过程准确无误地进行。

控制系统全系统综合试验完全按以上 3 种总检查进行。测试通过后，将合格的箭上控制系统仪器设备交总装厂装箭。火箭运往试验靶场，首先在水平测试厂房进行各级火箭与卫星的对接，并以 3 种总检查为基础进行全箭与卫星的总检查测试；最后，火箭分级车载转发射阵地，进行各级火箭和卫星的垂直对接。同样，以 3 种总检查为基础，进行火箭的总检查，或者外系统全航区参加的总检查。

17.4　测试发控系统设计

在介绍了运载火箭的组成及其测控要求和控制系统的测控方法与测控线路设计以后，测试发控系统的任务和基本测控方法均已清楚。在此基础上，再考虑技术先进性、可靠性和抗干扰能力等，即可构成一个完善的系统。

17.4.1　系统结构的确定与布局

由于运载火箭测试项目繁多，数据处理要求高，必须采用以小型计算机为中心的自动检测发控系统。各种系统接口设备和标准外围设备，均以小型计算机标准总线相连。火箭测试发控系统框图如图 17.14 所示。

按信号特征分类布局是系统抗干扰设计的有效办法，可分为以下几类。

17.4.1.1　测量类（数据采集子系统）

由采样通道（采样开关、A/D 转换器、接收/驱动器）和激励通道（激励开关、D/A 转换器、接收/驱动器）组成，这部分要尽量靠近箭体，使引线最短，干扰最小。而接口与采集子系统之间的数字量传送将达几百米至数千米，一般用同轴电缆来完成。数字量传送输出电路为了提高信号脉冲幅度，常用变压器隔离输出，输入电路常用门槛电压嵌位，使幅度小于门槛电压的干扰进不去。

17.4.1.2　数字信息交换类（箭上计算机与地面计算机数据交换接口，地面计算机与指挥中心计算机数传接口）

箭地数据传输距离 300 m，用同轴电缆直接传输。发控间至指挥中心相距 10 km，测试发控系统计算机由数传接口经数传机与指挥中心计算机通信。这部分高速数字脉冲码传输，要求可靠性高，不允许出现误码。

17.4.1.3　发控类（自动发控接口和地面电源配电）

自动发控接口由 3 部分组成：

1）计算机通过接口发出操作码控制配电转接器（发控台手动开关也可控制配电转接器），完成箭上各分系统和仪器的状态控制。

2）接收箭上时序系统发出的时间控制信号，计算机测试其接通断开时间。

3）火箭发往地面的各种状态信号，计算机通过查询接口查询这一信号在某时刻是否存在或消失。

地面电源分为电源主机和遥控箱两部分。电源主机置于靠近火箭的电源间（约 100 m，但又不能太近，受火箭燃料加注状态的安全距离的限制），靠近火箭是为了减小供电电缆压降和电缆发热。这一部分，功率和幅度都较大（幅值交流有效值为 200 V，功率高达 30 kW），是系统中的干扰源。因此，单独走一路，不会干扰数据采集子系统和数字信息交换接口的工作。

根据上述分析，整个测试发控系统分别布置在发射控制间、电源间和 9 层塔架仪器间。测试发控系统的阵地布置如图 17.15 所示。

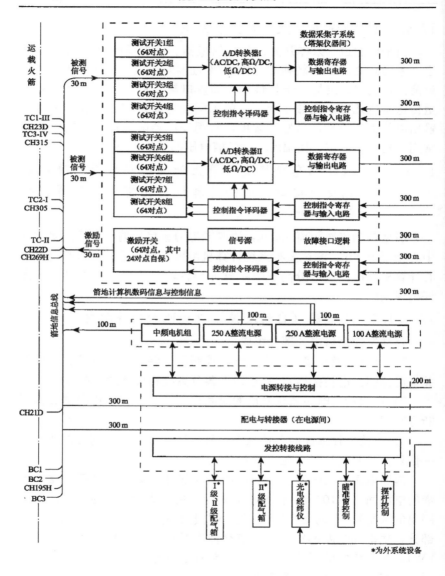

图17.14 火箭测试

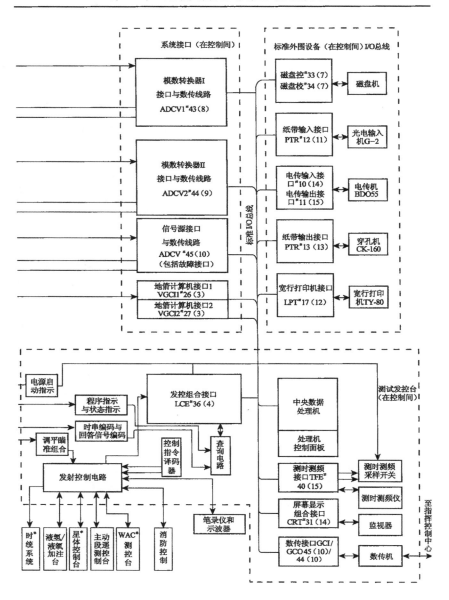

发控系统框图

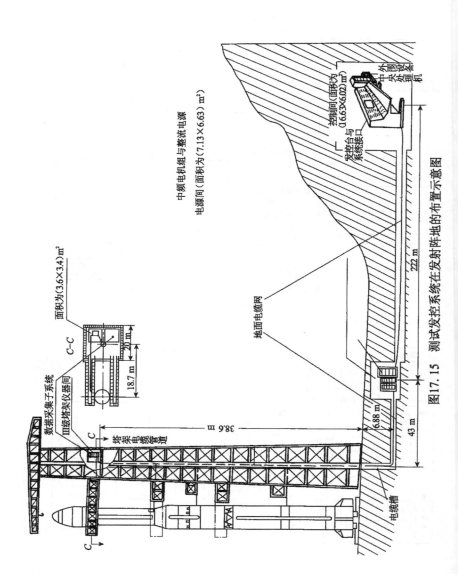

图17.15 测试发控系统在发射阵地的布置示意图

17. 4. 2 系统技术指标的确定

17.4.2.1 采样开关与 A/D 转换器

设置两个模拟量采样通道，每路 256 个采样开关。

（1）直流电压测量

量程：0. 4 V，4 V，40 V（可超量程 50％）。

精度：优于 0. 1％（各量程满度精度）。

测量速度：50 次/s。

输入阻抗：各量程输入阻抗不低于 1 MΩ。

输入端浮地。

抗干扰能力：对常态和共态干扰抑制能力，不劣于 100 dB。

自检要求：三点校准——0 位，±6.1 V。

（2）交流电压测量

量程：0. 2 V，2 V，20 V，200 V（超量程 50％）。

精度：优于 1％（各挡满度精度）。

频率响应：50～5 000 Hz。

响应时间：不大于 2 s。

输入阻抗：大于 500 kΩ，电容小于 15 pF。

测量方法：平均值响应，有效值显示。

输入端浮地。

17.4.2.2 激励开关与信号源

激励开关设置 64 个，其中 24 个能接通后自保，信号源采用 D/A 转换器实现。

（1）交流信号源

输出交流正弦波信号，频率为 1 kHz，在 820 Ω 负载上电压为 0～±7.5 V 连续可变（交流电压的极性由与标准电压的相位关系而定，同相为正，反相为负）；最大固定误差为最大电压（7.5±0.1）V；设有 3 个固定输出：10 V，12 V，5 V。

（2）直流输出信号

在 820 Ω 负载上输出 0～±10.5 V，零位输出小于 20 mV。

（3）转角放大器

转角放大器用作平台转角或大功率信号输出，其输出在 70 Ω 负载上能输出 0～100 mA直流信号。输入信号与 U_{a1b1}（传感器标准电压）同相时输出为正。输入信号频率1 kHz，放大倍数不小于 200 mA/V。

17.4.2.3 测时测频与计时

（1）周期测量

量程：1 ms，10 ms，100 ms。

精度：优于 $10^{-6}\pm 1$ 计数。

输入信号：正弦波或方波，幅度为 4～28 V。

（2）频率测量

量程：1 MHz、100 kHz、10 kHz。

精度：优于 $10^{-6}\pm 1$ 计数。

输入信号：正弦波或方波，幅度为 4～28 V。

（3）模飞计时

最大计时：1 300 s。

相邻两时串，最小时间间隔不小于 0.05 s。

时串测试精度优于 0.001 s。

输入信号：方波，宽度为 20 ms，幅度不小于 20 V。

17.4.2.4 发射控制线路指标

发射控制线路分"自动"和"手动"发控两部分，手动发控线路是基础。手动开关或在按钮上并上自动继电器触点，通过自动发控接口由地面计算机来控制，即"自动"发控线路；其指标如下：

1）自动操作继电器矩阵为 64 个，均能自保、解保，输出触点均用常开触点；另有 32 个触点开闭自选，每对触点承受 28 V、2 A 的纯电阻负载。

2）自动查询继电器矩阵为128 个，查询信号输入为（28±3）V。

3）时串信号输入隔离变换单元为 128 路，同时来的信号不多于 6 个。

17.4.2.5　地面电源指标

（1）控制系统供电 100 A/24～40 V 整流电源（双机并联，自动切换，自动调压）

交流输入：三相，线电压为(380±38) V,(50±1.5) Hz。

额定整流输出：24 ～ 40 V 可变(控制系统要求(28＋3) V),最大输出电流为 100 A(控制系统实际用(60＋5)A),输出功率为 4 kW。

在外界条件变化下，输入电压和负载在规定条件下变化时，调压精度优于±3%，稳定度优于±1%，波纹系数小于 3%，输出三相不平衡度优于 4%。

突加或突减 100% 负载时，过渡过程时间不大于 3 s。

允许过载：25%，历时 20 min 而不能损坏，保持原指标不变。

可靠工作时间：不少于 24 h，寿命为 9 a。

（2）Ⅱ级、Ⅲ级伺服机构用 250 A/30～60 V 整流电源（双机并联，自动切换，自动调压）

交流输入：三相，线电压为(380±38) V,(50±1.5) Hz。

额定整流输出：30～40 V 可变（伺服机构要求(28＋3) V),电流最大输出为 250 A(伺服机构要求(180＋5)A,启动电流为 640 A,持续时间不大于 1 s),输出功率为 15 kW。

调压精度优于±3%，稳定度优于±1%，波纹系数小于 3%～5%。

允许过载：25%，历时 15 min 后其性能不变。

可靠工作时间：不小于 8 h（工作方式间歇，工作 30 min，休息 15 min），寿命为 9 a。

（3）Ⅰ级伺服机构用中频交流电源（双机并联，自动切换，自动调压）

交流输入：三相，线电压为(380±38) V,(50±1.5) Hz。

中频交流输出：额定功率为 30 kW，额定线电压为 200 V，额定电流优于 100 A，启动电流不大于 100 A/台，功率因数为 0.8；接法为星形（伺服机构要求（200＋8）V、（50±10）Hz 相电流 60 A，启动电流为 440 A，负载星形接法）。

在额定负载 0～100％范围内，任一稳定负载下其输出电压的波动不超过额定值的±5％。

在空载或满载时，自动调压范围不小于额定值的±5％，手动调压范围不小于±10％。

允许过载：25％，历时 20 min，电源技术指标不变。

可靠工作时间：不小于 8 h（工作间歇，工作 30 min，休息 15 min），寿命 9 a 内工作不小于 2 000 h。

17.4.2.6　显示器指标

显示器为 51 cm 彩显，可显示发控测试过程的汉字、英文字母和数字共 128 个符号。

17.4.3　计算机对系统设备的管理方式与接口设计

17.4.3.1　管理方式

计算机对各接口设备采用以下 3 种管理方式。

（1）程序方法

该方法是用输入输出跳转指令来询问设备，用传输指令完成信息交换及控制功能。由于有软件介入，只能限制在较低速的接口设备用。

（2）中断管理系统

该方法所需硬件少，但每次信息交换都需要软件介入，通过中断管理程序进行。这种方法也只能限制在较低速的设备上。

（3）直接内存通道

直接内存通道又称"数据通道"法，无须软件介入，能达到高速数据传送，但硬件复杂，成本高，适用于成批数据交换的高速外围设备，如磁带机和磁盘机等。

17.4.3.2　接口设计

测试发控系统各接口设备的数据交换方式、代号、设备码、屏蔽码的规定如表 17.4 所示。

表 17.4　接口设备的名称、代号及数据交换方式

序号	设备名称	代号	设备码	屏蔽码	数据交换方式
1	电传输入	TTI	10	14	程序中断
2	电传输出	TTO	11	15	程序中断
3	纸带输入	PTR	12	11	程序中断
4	纸带输出	PTP	13	13	程序中断
5	实时时钟	RTC	14	13	程序中断
6	模数转换器 I	ADCV1	43	8	程序中断
7	模数转换器 II	ADCV2	44	9	程序中断
8	信号源	DACV1	45	10	程序中断
9	宽行打印	LPT	17	12	程序中断/数据通道
10	测时测频仪	TFE	40	5	程序中断
11	屏幕显示	CRTO	30	14	程序中断
12	地箭接口 I	GVCI1	26	3	程序中断
13	地箭接口 II	GVCI2	27	3	程序中断
14	自动发控	LCE	36	4	程序中断
15	数传输入	GCI	45	10	程序中断
16	数传输出	GCO	44	10	程序中断

计算机通过标准接口逻辑（见图 17.16）对各设备进行管理，由用于数据交换的缓冲寄存器、用于数据通道的控制逻辑、用于程序中断控制的控制逻辑 3 部分组成。整个输入/输出总线共 47 根，其中双相数据总线 16 根；主机至外设的设备码线 6 根，控制线 19 根；外设至主机的状态线 6 根。总线最长不超过 15 m，信号低电平为 0～0.4 V，高电平为 2.2～2.7 V。

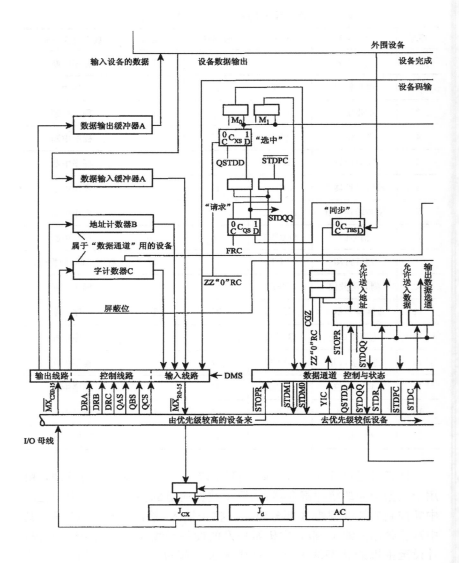

图17.16　外部设备

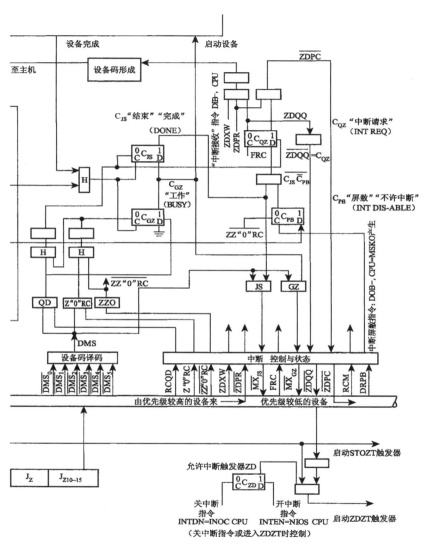

标准接口逻辑图

　　整个中断过程是主机通过接口逻辑与外设互相呼应完成，主机通过 I/O 指令（特别是中断型指令）对外设进行控制，而外设通过状态触发器（C_{GZ}，C_{JS}，C_{PB}，C_{QZ}）进行外设状态的回答。基本过程是：主机启动某外设后发"开中断指令"（NIDC CPU 或 INTEN），主机处于允许"中断请求"状态。外设工作完毕申请中断后，主机响应中断转入中断状态（ZDZT＝1）。中断状态完成两个操作：主程序断点地址写入 0 单元，形成一条隐指令 JMP @1；完成从程序断点转到00001 单元（放主中断程序入口），执行典型的主中断程序。

　　典型的主中断程序主要完成"中断识别"（硬件排队和软件排队）、"中断屏蔽"、"开封中断"，转入该外设的"中断处理程序"（即通过外设的缓冲器与主机的 J_{cx} 交换数据信息）或者进入"中断服务程序"，最后进入"中断解除"完成恢复中断之前的累加器和"进位"标志。下面列出主中断汇编语言程序。

```
    , LOC      0              ; 这伪指令使汇编程序将下一语句
                                放在规定的位置。

               0              ; 清除位置 0——将被用来保存 PC
               INTRP          ; 将主中断处理机程序的地址置入
                                单元 1
CMASK：0                      ; 将在这里保留现用的屏蔽字（原
                                为 0）
        ⋮
        ⋮

; 当处理机被中断，这中断被置于关闭并自动转到 INTRP
; 先找到中断源
INTRP：SKPDZ     PTR          ; 先测试读出器
       JMP       PTRIN        ; 是，则为它服务
       SKPDZ     PTP          ; 否，测试打孔器
       JMP       PTPIN        ; 转移到为打孔服务
       STA       0，TTSAV     ; 也不；必定是电传打字；保留
                                ACO
       LDA       0，0         ; 保留从单元 0 来的返回地址
       STA       0，TTSAV+1
       LDA       0，CMASK     ; 留下现行屏蔽
```

	STA	0，TTSAV+2	
	LDA	0，CN3	；将屏蔽的 14，15 位置位（使电传打字中断屏蔽）
	CTA	0，CMASK	；置新的现行屏蔽
	DOBS	0，CPU	；MSKO 为 0 能中断
	SKPDZ	TTO	；测试电传打字输出
	JMP	TTOIN	；转移到为输出服务
	SKPDN	TTI	；测试输入
	JMP	ERROR	；有错误——没有装置需要服务
	⋮		；为电传打字输入服务
	JMP	TTDSM	；必须退出
TTOIN	⋮		；为电传打字输出服务
	⋮		
TTDSM：	INTDS		；为了退出，先关中断
	LDA	0，TTSAV+2	；恢复前屏蔽
	STA	0，CMASK	
	MSKO	0	
	LDA	0，TTSAV	；恢复 AC0
	INTEN		；开中断
	JMP	@TTSAV+1	；回到被中断的程序
TTSAN：	0		；将 AC0 保留在这里
	0		；将 PC（来自 0 单元）保留在
	这里		
	0		；将现行屏蔽保留在这里
CN3：	3		

；穿孔子程序

PTPIN	STA	0，PPSAV	；保留累加器
	STA	1，PPSAV+1	
	STA	2，PPSAV+2	
	STA	3，PPSAV+3	
	MOVL	0，0	；保留"进位"
	STA	0，PPSAV+4	

	LDA	0，0	；保留 0 单元
	STA	0，PPSAV+5	
	LDA	0，CMASK	；保留现行屏蔽
	STA	0，PPSAV+6	
	LDA	0，CN7	；将屏蔽的 13、14、15 位置位 （穿孔、电传打印输入及输出）
	STA	0，CMASK	；置新的现行屏蔽
	DOBS	0，CPU	；MSKO 并接上中断 ；为穿孔机服务
	INTDS		；切断中断
	LDA	0，PPSAV+6	；恢复前屏蔽
	STA	0，MASK	
	MSKO	0	
	LDA	0，PPSAV+4	；恢复"进位"
	MOVR	0，0	
	LDA	0，PPSAV	；恢复累加器
	LDA	1，PPSAV+1	
	LDA	2，PPSAV+2	
	LDA	3，PPSAV+3	
	INTEN		；开中断
	JMP	@PPSAV+5	；恢复 PC
PPSAV			
，LOC	+7		；保留 7 个单元
CN7：	7		

；读出器子程序

PTRIN	STA	0，PRSAV	；保留 AC 和"进位"，不去管 PC 或屏蔽，中断留在切断状态
	STA	1，PRSAV+1	
	STA	2，PRSAV+2	
	STA	3，PRSAV+3	
	MOVL	0，0	
	STA	0，PRSAV+4	
	⋮		；读出器服务

```
        ⋮
    LDA     0，PRSAV+4    ；恢复"进位"和 AC
    MOVR    0，0
    LDA     0，PRSAV
    LDA     1，PRSAV+1
    LDA     2，PRSAV+2
    LDA     3，PRSAV+3
    INTEN                ；接上中断
    JMP     @0           ；恢复 PC
PRSAV
，LOC    ，+5           ；保留 5 个单元
```

17.5 主要系统接口设备设计

测试发控系统的接口设备有 16 个，这里仅介绍 4 个与系统极为密切的接口设备的设计。其他接口设计方法类似，从略。

17.5.1 模拟量测试接口设备设计

17.5.1.1 功能

该接口设备具有直流电压和交流电压测试功能（技术指标见17.4.2 节），完成对箭上和地面一、二次电源设备的测试，以及稳定系统测试和制导系统导引输出电压测试。

17.5.1.2 硬件设计

该接口设备分为系统接口与子系统设备两部分（参见图 17.14）。系统接口采用标准接口逻辑，与主机并行交换数据，置于控制间靠近主机。子系统设备置于塔架仪器间，靠近火箭，与系统接口之间采用串行数据传输。主机用 I/O 指令，即

    DOAS 1，ADVC 1

将模数转换器 I 的"控制字"送入接口 A 缓冲器（详见图17.17），指令中 S 信号将工作触发器 C_{GS} 置"1"，A 缓冲器将控制字串行移入子系统，完成设备的各种控制，其控制字结构见表 17.5。

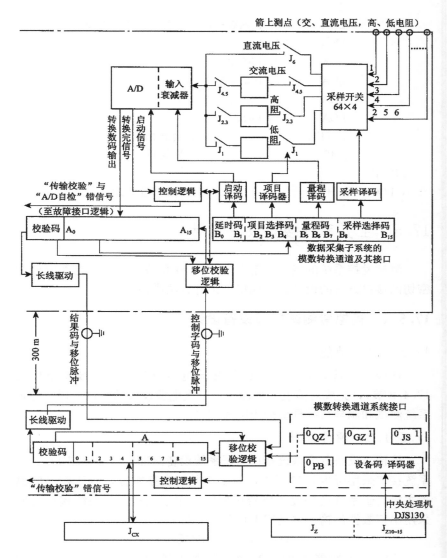

图 17.17　模拟量测试接口设备原理

表 17.5　控制字结构

延时码	项目选择码	量程选择码	采样开关码							
0　1 00＝1 ms 01＝1 s 10＝3 s 11＝连续采样	2　3　4 100＝AC 交流测量	5　6　7 001＝0.2 V 010＝2 V 011＝20 V 100＝200 V	8　9　10　11　12　13　14　15							
	111＝DC 直流测量	001＝0.4 V 010＝4 V 011＝40 V 101＝零点校准 110＝负基准校准 111＝正基准校准								

17.5.1.3　A/D 转换器

采用 V—T 型 A/D 转换器,其转换原理详见图 17.18。该转换器适用于计算机控制和处理,可自动扣除零漂,测试精度高。根据图 17.18 中的波形图,被测电压 u_X 可表示为

$$u_X = \frac{n_X - n_0}{n_r - n_0} E_r \qquad (17.5-1)$$

式中　E_r——基准电压;

n_0——输入端短路时的零位脉冲数;

n_X——被测电压 u_X 输入时输出脉冲数;

n_r——基准电压变换脉冲数。

令

$$m = \frac{E_r}{n_r - n_0} \qquad (17.5-2)$$

则 (17.5—1) 式变为

$$u_X = m(n_X - n_0) \qquad (17.5-3)$$

式中　m——转换器变换当量 (V/个脉冲);

$n_X - n_0$——扣除零位后的 u_X 的转换增量。

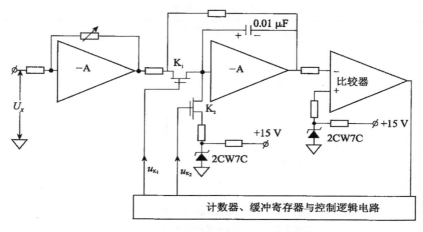

（a）转换原理

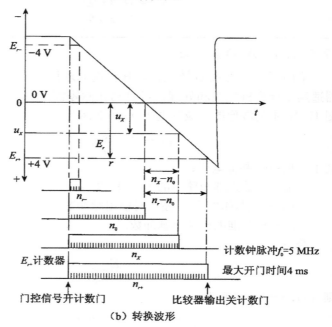

（b）转换波形

图 17.18　V—T 型 A/D 转换器原理及波形

m 可在"零校准"和"正基准校准"后求出。（17.5—3）式为基本量程计算式，其他量按（17.5—4）式计算，即

$$u_X = Wm(n_X - n_0) \qquad (17.5-4)$$

式中　n_X——任意量程的转换数字量；

　　　W——量程系数，在直流 0.4 V、交流 0.2 V 量程，取 $W = \dfrac{1}{10}$；在直流 4 V、交流 2 V 量程，取 $W = 1$；在直流 40 V、交流 20 V 量程，取 $W = 10$；在直流 400 V、交流 200 V 量程，取 $W = 100$。

（17.5—4）式为电压测量数据处理式。

17.5.1.4　接口的程序操作

（1）校准

在一定的时间间隔内进行一次校准，无须每次采样都进行校准，时间间隔大小由机器的稳定度而定。其步骤如下：

1）主机向接口 ADVC1（或 ADVC2）发"零校准"控制字，该控制字由计算机的 AC1 累加器发出，即

$$(076400)_8 = (\underbrace{0\ 1}_{\substack{\text{延时}\\ \text{1 s}}}\ \ \underbrace{1\ 1\ 1}_{\text{A/D测直流电压}}\ \ \underbrace{1\ 0\ 1}_{\text{校零}}\ \ \underbrace{0\ 0\ 0\ 0\ 0\ 0\ 0\ 0}_{\text{无须接任何采样开关}})_2 = (\text{AC1})$$

主机执行 I/O 指令为

DOAS　1，ADVC1

即将控制字发至 ADVC1 中的缓冲器 A，并启动接口工作，A/D 转换完后向主机发中断请求，主机转主中断程序用 I/O 指令

DIAC　Φ，ADVC1

将 ADVC1 接口缓冲器 A 中的零位值 n_0 取至主机的 ACΦ 中，$(\text{AC}\Phi) = n_0$ 存入"工作单元 I"，即（工作 I）$= n_0$。

2）同 1）将负基准控制字

$$(077000)_8 = (0\ 1\ 1\ 1\ 1\ 1\ 1\ 0\ 0\ 0\ 0\ 0\ 0\ 0\ 0\ 0)_2 = (\text{AC1})$$

送入 ADVC1 中，可得到负基准数字量 n_{r-}，并存入工作单元 II，即（工作 II）$= n_{r-}$。

3）同 1）将正基准控制字

$(077400)_8 = (0\ 1\ 1\ 1\ 1\ 1\ 1\ 1\ 0\ 0\ 0\ 0\ 0\ 0\ 0\ 0)_2 = (AC1)$

送入 ADVC1 中，可得到正基准数字量 n_{r+}，并存入工作单Ⅲ，即（工作Ⅲ）$= n_{r+}$。

4）根据 1）所得到的数字量，由（17.5－5）式可计算出正负电压测量时间的变换当量，即

$$\begin{cases} m_{r+} = \dfrac{E_{r+}}{n_{r+} - n_0} \\[3mm] m_{r-} = \dfrac{E_{r-}}{n_{r-} - n_0} \end{cases} \qquad (17.5-5)$$

其中，$|E_{r+}| = |E_{r-}| = 4\ \text{V}$，再将 m_{r+} 和 m_{r-} 存入工作单元，即

$$(工作\ Ⅱ) = m_{r-}$$
$$(工作\ Ⅲ) = m_{r+}$$

完成 1）～4）后，校准完毕。

（2）箭上系统或地面系统的电压测量

假设要测量箭上电池Ⅰ的直流电压（28 V），应在主机 AC1 中放如下控制字：

$(075402)_8 = (\underset{\substack{延时\\1\,s}}{0\ 1}\ \underset{\substack{A/D测\\直流电压}}{1\ 1\ 1}\ \underset{\substack{直流电压\\40\,V挡}}{0\ 1\ 1}\ \underset{\text{电池采样开关}}{0\ 0\ 0\ 0\ 0\ 0\ 1\ 0})_2 = (AC1)$

主机用 I/O 指令

$$\text{DOAS}\quad 1,\ \text{ADVC1}$$

向 ADCV1 发控制字，ADCV1 转换完后，向主机发中断请求，主机响应后用 I/O 指令

$$\text{DIAC}\quad Φ,\ \text{ADVC1}$$

取测试结果（ACΦ）$= n_X$（n_X 为直流电压＋28 V 的数字量），并同工作单元Ⅲ中的 m_{r+} 和工作单元Ⅰ中的 n_0 代入（17.5－6）式计算，即

$$u_X = 10 m_{r+}(n_X - n_0) \qquad (17.5-6)$$

u_X 即为电池Ⅰ的测得值。

17.5.2 信号源接口设备设计

17.5.2.1 功能

该接口设备产生各种交直流信号,来模拟各种惯性元件的输出;给伺服机构油面气压传感器加信号;给平台的陀螺受感器加信号;给速率陀螺受感器加信号;完成在平台加速度表当量测试中实现转角控制;完成稳定系统测试时的输入端测量开关控制和变 a_0 继电器控制。

17.5.2.2 硬件设计

该接口设备分为系统接口与子系统设备两部分(参见图 17.19)。系统接口采用标准接口逻辑,与主机并行交换数据,置于控制间靠近主机。子系统设备置于塔架仪器间,靠近火箭,与系统接口之间采用串行数据传输。信号源接口设备的逻辑原理如图 17.19 所示。

信号源接口控制字结构为:

激励控制开关码	交直码	极性码	电压值二进制码
A_0　　　　A_5	A_6 "0" 交流 "1" 直流	A_7 "0" 负电压 "1" 正电压	A_8　　　　A_{15}

由于信号源对主机来说,只有输出控制工作的状态,没有结果回送向主机请求中断的问题。因而,在信号源接口设备中,设置了数据采集子系统在数传中的 3 种出错状态:

	A_{13}	A_{14}	A_{15}
信号源传错	0	0	1
A/DⅡ数传错	0	1	0
A/DⅠ数传错	1	0	0

当出现任何一种错误时,信号源接口向主机申请中断,主机取回标志码,即可知道是哪一接口数传出错。

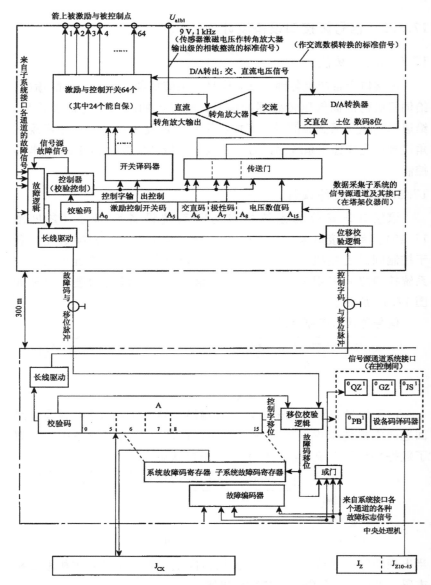

图 17.19　信号源接口设备逻辑原理

在稳定系统测试中，信号源完成变放输入短路和加信号控制的方法如图 17.20 所示。图 17.20 中 J_{40}、J_{41}、J_{42}、J_{43}、J_{44} 分别为激励开关，$\overline{J}_{07}$、$\overline{J}_{17}$、$\overline{J}_{27}$、$\overline{J}_{37}$、$\overline{J}_{47}$ 分别为短路开关（有自保功能）。

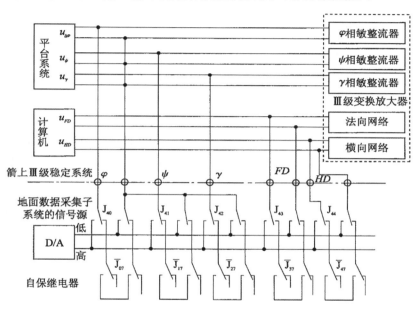

图 17.20　变放输入端短路和激励原理

信号源对稳定系统变放大系数 a_0 的控制开关采用自保开关。

信号源中还设有完成平台加速度表当量测试时平台转动角度的转角放大器。平台在俯仰方向实现转角时，平台外环角传感器输出接转角放大器输入，转角放大器输出接 Z 陀螺受感器。转角放大器输出除给平台 X、Y、Z 3 个陀螺受感器加信号（这时平台相应姿态角有输出）外，还给速率陀螺受感器加信号（这时产生相应的速率陀螺输出信号）。

17.5.2.3　接口的程序操作

这里以稳定系统测试操作为例：

1）主机用输出指令

$$\boxed{\text{DOAS \quad 1, DAVC1}}$$

向信号源 DAVC1 发如下自保开关控制字：

$(016000)_8$　　　　　　变放 φ 输入短路开关

$(036000)_8$　　　　　　变放 ψ 输入短路开关

$(056000)_8$　　　　　　变放 γ 输入短路开关

$(076000)_8$　　　　　　变放 u_φ 输入短路开关

$(116000)_8$　　　　　　变放 u_ψ 输入短路开关

注意：信号源在发两次控制字之间一定要有一个延时 Δt（用延时程序完成），对 Δt 的要求是 $\Delta t \geqslant t_1$（控制字在接口中的移位时间）$+t_2$（被控制继电器的吸合时间）。

2）主机用 I/O 指令启动模数转换器接口完成变放输出或系统输出（伺服机构反馈输出）的零位电压测试。

3）主机用输出指令

$$\boxed{\text{DOAS \quad 1, DAVC1}}$$

向 DAVC1 的缓冲器 A 发控制字

$$(101577)_8 = \underbrace{1 \quad 0 \quad 0 \quad 0 \quad 0}_{J_{40}} \quad \underbrace{1}_{\text{交流}} \quad \underbrace{1}_{+} \quad \underbrace{0 \quad 1 \quad 1 \quad 1 \quad 1 \quad 1 \quad 1}_{3.75\,V}$$

即向变放输入模拟正 $\Delta\varphi$ 信号（"交流$+3.75\,V$"）。这时稳定系统产生相应正 $\Delta\varphi$ 的输出。

4）主机用 I/O 指令启动模数转换器接口完成变放输出或系统输出的测试。

主机采集的数据，根据 17.3.3 节中所述的公式进行传递系数与误差计算。

17.5.3　自动发控接口设备设计

计算机主要是通过自动发控接口完成发射控制的自动化。自动发控接口逻辑原理如图 17.21 所示。它由操作码控制逻辑线路、查询码逻辑线路和时串编码逻辑线路 3 部分组成。

17.5.3.1　自动操作过程

主机用 $\boxed{\text{DOAS　1，LCE}}$ 指令将 AC1 中的发控操作码送入 LCE 接口的缓冲器 $A_0 \sim A_5$。

接口将 $A_0 \sim A_5$ 译码，译码输出线再反编码回送到 $A_0 \sim A_5$，主机用 $\boxed{\text{DIA　Φ，LCE}}$ 指令把反编码取回至主机的 ACΦ 中。

对 AC1 和 ACΦ 的内容进行校对，用如下 3 条指令完成：

SUB# 1，Φ，SZR；（ACΦ）－（AC1）＝0 则跳。

HALT　　　　　　；若相减不为零，停机。

DOBS 2，LCE　　；（AC2）＝000001 执行操作。

校对正确，给接口 B 寄存器的 B_{15} 送"1"，打开控制矩阵门，操作码执行。若校对不正确，则停机。所有的自动操作继电器均能自保，当操作码 $A_6＝1$ 时，释放相应操作码的自保开关。

17.5.3.2　自动查询过程

设有一查询码在 AC1 中，用指令 $\boxed{\text{DOAS　1，LCE}}$ 将查询码送入接口寄存器 $A_8 \sim A_{14}$。

经查询译码器和驱动器使继电器矩阵中相应继电器工作，产生一个电位，与被查询的电位相符合（被查询信号可能是箭上仪器的回答信号，也可能是地面来的状态信号），符合信号到查询编码器编码，并送入 $A_8 \sim A_{14}$。同时，将中断触发器置零，向主机申请中断，将 A_{15} 置零标志查询中断。

主机响应中断后，用 $\boxed{\text{DIA　Φ，LCE}}$ 指令取回 $A_8 \sim A_{14}$ 之内容置于 ACΦ 中，与 AC1 中发的查询码比较。若正确，往下执行（否则停机）。

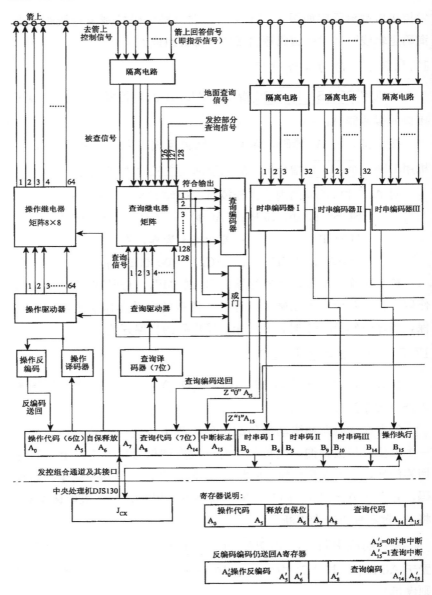

图17.21　自动发控

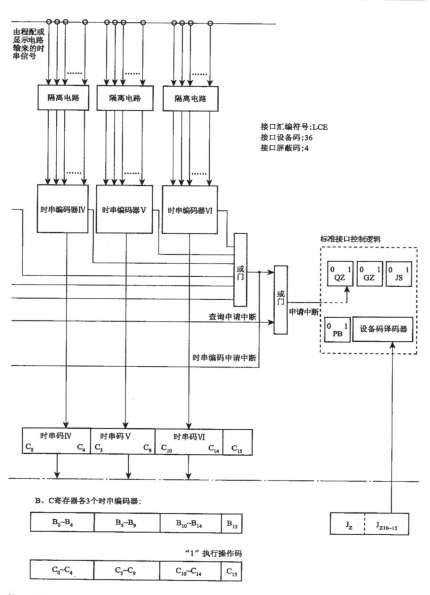

接口逻辑原理

17.5.3.3　时串编码操作过程

由箭上时序系统的程配输出送下的时序信号，经隔离电路送至编码器 Ⅰ～Ⅵ，每个编码器 5 位，即同时来的时串信号不能超过 6 个。编码置入 B 寄存器或 C 寄存器，并同时向主机申请中断，将 A_{15} 置"1"（标志时串中断）。该操作与地箭接口 Ⅱ（时序 t_1 和时序 t_2 测试接口）和测时测频接口（作计时接口）一起，作为模飞状态时序测试和时串测试用。

当地箭接口 Ⅱ 接收到时序 t_1、t_2 后，立即从测时测频接口取出当时的时刻，并存入相应单元。t_1、t_2 申请中断后约 40 ms（程配工作时间加上传输编码时间），自动发控接口发出时串中断请求，主机一方面从"发控接口"取回时串编码，同时从测时测频接口取出当时的时刻。计算机即可将时序步数与发出时间、时串控制点与控制时刻测试并打印显示出来。

17.5.4　地箭接口设计

箭上计算机与地面测试发控系统的信息连接由 3 部分组成（参见图 17.22）：地箭接口完成箭上计算机与地面计算机之间的数据交换（地面计算机向箭上计算机装定飞行程序和飞行数据，地面计算机启动箭上计算机某一程序工作，地面计算机在模拟飞行测试中实时录取数字遥测量等均属此类操作）；地箭计算机接口 Ⅱ 测试箭上计算机时序信号 t_1 和 t_2 的发出时刻，测试箭上计算机发程序脉冲的个数和极性；发射控制台完成对箭上计算机的显示和控制、程序机构零位指示、箭机自检合格指示、上电显示、自检状态控制、开封锁状态控制、横法向导引记录等。

地箭接口 Ⅰ 的设计任务为：

1）根据地面计算机和箭上计算机各自的数据结构和通信规程，进行接口硬件和软件的约定。地面计算机接口要将地面计算机数据格式变为箭上计算机能接收的数据格式，并将箭上计算机发来的数据格式变为地面计算机能接收的格式，即完成数据格式的转换。

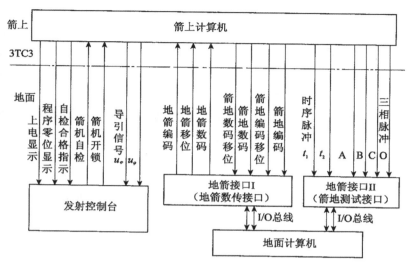

图 17.22　箭上计算机与地面计算机的主要信息连接图

2）解决远距离（这里为 300 m）数据传输问题。完成传输电缆的选取和输入输出电路的设计。传送中不允许出现误码，即在传输中受干扰也能通过硬件或软件查出并重新传送。这是运载火箭箭地数据传输最突出的特点。

3）地面计算机可启动箭上计算机任意某一程序工作。

4）根据箭上计算机数字遥测量的数据结构，设计遥测数据处理程序。

地箭接口 II 的设计任务为

1）时序脉冲信号宽 20 ms，幅度大于 18 V 的双路脉冲，地箭接口将分别用两位寄存器记录 t_1 和 t_2 到来的时刻。箭上计算机开算时，地面计算机同时启动 TFE 接口进行 1 ms 计时，当主机接收到时序中断时，立即到 TFE 接口取出相应时间。同时，程序判断 t_1、t_2 寄存器状态，是否两路时序正常。

2）程序脉冲为 3 路对称方波信号 A、B、C，各路顺序相差 120°，各波形上升或下降沿都计一个程序脉冲。以 A—AB—B—BC—C—CA 的顺序定义为正程序脉冲，程序机构正转；以 A—

AC—C—CB—B—BA 的顺序定义为负程序脉冲，程序机构反转。接口将用 3 个寄存器记录 A、B、C 波形的高低电平（寄存器相应为"1""0"状态），任何某一寄存器状态的变化将申请一次中断，主机将以接收中断的次数来记录程序脉冲的个数，根据寄存器状态的变化规律来确定程序脉冲的极性。

3）时序脉冲和程序脉冲的长线传输将满足波形失真的要求，不应受外界的干扰。由于该波形脉冲宽、幅度大，均采用光电隔离电路传输。

4）在同一接口中有时序中断和程序中断，采用状态寄存器来区分。由于该接口逻辑线路繁杂，硬件或接口操作论述从略。

17.5.5　接口的程序检查方法举例

【例1】　启动某一接口设备的程序（以 13# 设备码为例）

000200	0602 13	NIOC 13
000201	0611 13	DOAS 0 13
000202	0636 13	SKPDN 13
000203	000777	JMP. −1
000204	063077	HALT

说明：（ACΦ）=某接口设备的控制字。

【例2】　测时、测频（TFE）接口测周期程序

000100	060240	NIOC 40
000101	061140	DOAS 0 40
000102	063640	SKPDN 40
000103	000777	JMP. −1
000104	065440	DIB 1 40
000105	072640	DIC C 2 40　（072440　DIC　240）
000106	000772	JMP. 6　（063077　HALT）

说明：后两条也可用括号中的指令。

ACΦ 中放测周期的控制字，CZ—3 中有：

1) 地面中频电源　　FZ（200 V/500 Hz），034500；

2) 单相电源　　　　F67（9 V/500 Hz），034600；

3) 双相电源 1　　　F68—1（9 V/1 kHz），034700；

4) 双相电源 2　　　F68—2（9 V/1 kHz），035000；

5) 三相电源 1　　　F77—1（40 V/500 Hz），035100；

6) 三相电源 2　　　F77—2（40 V/500 Hz），035200；

7) 高频电源　　　　F72（40 V/4.8 Hz），035300。

【例3】　A/DⅠ（#43）[或 A/DⅡ（#44）]检查程序

000100　061143　DOAS　0　43

000101　063643　SKPDN 43

000102　000777　JMP. —1

000103　064443　DIA 1 43

000104　063077　HALT

000105　000773　JMP. —1

说明：ACΦ 中放要测试内容的控制字。控制字的形成根据接口约定的"延时码"、"量程品种码"和"采样开关码"而定。

【例4】　用 TFE（#40）接口 1 ms 计时状态来测 A/DⅠ（#43）延时码延时值程序

000400　060240　NIOC 40

000401　061143　DOAS 0 43

000402　075140　DOAS 3 40

000403　063643　SKPDN 43

000404　000777　JMP. —1

000405　065440　DIB 1 40

000406　072640　DICC 2 40

000407　063077　HALT（若需用示波器测波形，改为 000771

JMP. 7）

说明：

1) 在 ACΦ 中放 A/D 控制字（以—4自校为例）

$$(AC\Phi) = \begin{cases} 037000 & （150\ ms\ 延时挡） \\ 077000 & （1\ s\ 延时挡） \\ 137000 & （3\ s\ 延时挡） \end{cases}$$

2）在 AC3 中放 TFE，1 ms 计时控制字

$$(AC3) = 100000$$

3）测试一次后，在 AC1 中为计时高位，在 AC2 中为计时低位。

4）当测 A/D Ⅱ时，将 #43 改为 #44 即可。

【例 5】　　检查信号源接口（#45）给箭上某激励点加信号程序，以给箭上开关放大器输入"交流＋0.3 V"信号，并在开关放大器检波器输出处测试的程序举例如下：

```
000100    060245    NIOC 45
000101    061145    DOAS 0 45
000102    060244    NIOC 44
000103    075144    DOAS 3 44
000104    063644    SKPDN 44
000105    000777    JMP . —1
000106    064444    DIA 1 44
000107    063077    HALT
```

说明：

1）D/A（#45）接口不能问 done 触发器，即不能使用 SKPDN 45 指令。

2）ACΦ 中放激励控制字

$$(AC\Phi) = 100412 \quad （加\ u_{\Delta\varphi}\ 为"交流＋0.3\ V"）$$
$$102412 \quad （加\ u_{\psi}\ 为"交流＋0.3\ V"）$$
$$104412 \quad （加\ u_{\gamma}\ 为"交流＋0.3\ V"）$$

3）AC3 放测试控制字

$$(AC3) = 075034 \quad （延时\ 1\ s，直流\ 4\ V，测\ Ju_{\Delta\varphi}）$$
$$075035 \quad （延时\ 1\ s，直流\ 4\ V，测\ Ju_{\psi}）$$
$$075036 \quad （延时\ 1\ s，直流\ 4\ V，测\ Ju_{\gamma}）$$

4）AC1 中为测量结果。

17.6　测试发控软件系统设计

17.6.1　测试发控系统软件的组成

1）伺服机构油面气压测试程序；

2）变换放大器测试程序；

3）稳定系统小回路测试程序；

4）调零精度测试程序；

5）开关放大器测试程序；

6）转台极性测试程序；

7）指令极性测试程序；

8）加速度表当量测试程序；

9）箭上计算机飞行测试程序；

10）总检查Ⅱ程序（箭上计算机装定"模飞Ⅱ"纸带）；

11）总检查Ⅰ程序（箭上计算机装定"模飞Ⅰ"纸带）；

12）总检查Ⅲ程序（即射前检查与发控程序，箭上计算机装定"飞行纸带"）。

17.6.2　测试发控系统硬件检查程序

测试发控系统硬件检查程序由接口检查程序和等效器检查程序两大类组成。

17.6.2.1　接口检查程序

1）穿孔机检查程序；

2）光电输入机检查程序；

3）电传输出检查程序；

4）电传输入检查程序；

5）实时钟接口检查程序；

6）宽行打印机及接口检查程序；

7）彩色屏幕显示检查程序；

8）测时测频及接口检查程序；

9）自动发射控制接口检查程序；

10）信号源与采集 I 联合检查程序；

11）信号源与采集 II 联合检查程序；

12）快速采集（150 ms 延时）检查程序；

13）计算机内存空间检查和指令检查程序；

14）宽行打印机数据通道功能检查程序；

15）光电机检查快启停检查程序。

17.6.2.2 等效器检查程序

1）初始控制程序；

2）供电线路检查程序；

3）伺服机构油面气压线路检查程序；

4）稳定系统测控线路检查程序；

5）制导系统测控线路检查程序；

6）总检查程序。

17.6.3 测试发控系统软件设计方案

为使测试发控软件系统紧凑，在 100 系列机有限的 32 kB 内存单元中，程序纸带一次送入即可执行全部分系统测试或总检查。因此，程序设计方案选定以基本汇编语言、宏汇编语言或浮点解释程序为基础来进行分系统程序和总检查程序的设计。这就避免了高级语言执行速度慢和编译程序中许多不必用的程序占用大量内存单元的矛盾。因而，该方案编出的程序精练，占用内存少，使用方便，程序运行效率高。其缺点是设计工作量大。

在分系统测试程序中采用了"模块化"和"进程"等现代操作系统程序设计的思想。所谓进程，就是将程序分成测试、计算、打印显示。3 个进程由 3 级程序进行控制，即

最高级：主程序，控制 3 个进程，包括测试项目的控制。

次级：调度具体项目程序。

基本级：每个项目调度的具体程序，即设备管理程序。

总检查程序由于牵动着全部箭上系统和地面系统的联合工作，

程序的执行时间长，控制、计算、显示和打印的量都很大。因此，该程序采用以整个运载火箭的射前检查和发射控制流程为主程序，调用 70 多个子程序的方案进行设计。外部接口的调用由主程序启动，主程序响应中断后的处理由主中断程序调用处理子程序完成。

总检查（包括Ⅰ、Ⅱ、Ⅲ）程序，采用同一主程序进行。点火以前的采样、控制和查询都是一样的，只是点火后有所区别：总检查Ⅰ转电脱插脱落，只能测时序信号（TB 插头输出）。总检查Ⅱ，TC 插头不脱落，CH 插头插上，可测得时序、时串和稳定系统的各种电压参数。总检查Ⅲ，为发射状态，点火后到紧急关机即结束。根据以上特点，在一个指定单元 A_1 设置状态字来加以区分，即

$$(A_1) = 000000 \quad 总检查Ⅰ$$
$$= 000001 \quad 总检查Ⅱ$$
$$= 100000 \quad 总检查Ⅲ（发射程序）$$

总检查程序要调用的子程序有：

1）格式打印子程序，主要用于造表；

2）印字符串子程序，主要用于打印标题；

3）选择列表设备子程序；

4）存取字符子程序；

5）发一批 A/D Ⅰ（或 A/D Ⅱ、TFE）控制字子程序；

6）录取 A/D Ⅰ（或 A/D Ⅱ、TFE）缓冲区中一数据子程序；

7）偶校验子程序；

8）发一个信号源控制字子程序；

9）发一个操作、查询控制字子程序；

10）A/D Ⅰ（或 A/D Ⅱ、TFE）打印一批数据子程序；

11）显示子程序；

12）出错显示处理子程序；

13）数字运算子程序；

14）箭地/地箭数传子程序；

15）光电输入解释程序；

16）时序显示动作子程序；

17）五/八与八/五转换子程序；

18）中断处理程序，其中包括 13 个接口处理子程序；

19）浮点解释程序。

17.7　小结

运载火箭测试发控系统是运载火箭的重要组成部分，是整个航天工程（如同步通信卫星发射工程）发射场地面设备的中枢。因此，本章论述的总体设计内容仅是测试发控系统设计的主要部分，未涉及测试发控系统与航天工程其他系统（卫星系统、测检通信系统、发射场系统等）的接口关系设计，测试发控系统的研制生产、试验等内容。

第18章　高可靠性火箭控制系统设计

18.1　引论

本章着重论述控制系统方案和控制计算方法。由于篇幅限制，火箭控制系统的工程任务分析与综合设计（如可靠性与安全性设计、软件设计、系统接口与电路设计、供电接地与电磁兼容设计等）从略。本章各部分论述的重点如下：

第一部分，论述火箭控制系统的组成、系统结构和主要基本概念。着重论述火箭控制方案的导航计算、制导计算和姿态（含姿态稳定）控制原理。

第二部分，论述导弹与火箭发展初期和中期的飞行控制系统。由于运载火箭（简称火箭）是由导弹改进而来的，所以本部分不全面论述某一火箭控制系统，而只论述制导或姿控中某一独特的控制方案。对于近程导弹，着重介绍射程控制和精度补偿方案。运动参数测量采用惯性器件（陀螺和加速度表）实现，这就是控制系统发展初期的惯性控制系统。由于中程导弹对控制精度要求越来越高，当时的惯性器件水平满足不了要求，所以导弹的横向（即偏航）控制，采用了无线电横偏校正控制系统，把导弹横向精度提高到了一个新的水平；纵向控制仍采用惯性控制，即无线与惯性并用的控制系统，它代表了控制系统的一个发展阶段。远程导弹发展时期，由于惯性器件水平和坐标转换技术的提高，横向惯性坐标转换和纵向双补偿视速度特征量关机的全惯性控制系统得以实现，标志着控制系统发展到了一个新的时期，革除了无线电控制的庞大地面设备，大大地提高了导弹的机动性和抗干扰能力。本部分还论述了控制系统执行机构的两个发展阶段。在近程和中程导弹阶级（初、中期），采用燃气舵偏转产生控制力矩，导弹加尾翼实现姿态与稳定控制。在远程和洲际导弹阶段，导弹需要增大控制力矩，飞行时间加长（火箭发射地球同步卫星需工作 20 min 以上），要求执行机构的工作寿命相应提高，燃气舵的严重烧蚀已不能满足要求。因此，发展了液压伺服机构推动发动机摇摆产生控制力矩的方案，而控制回路将由固定校正网络的单回路改进为时变校正网络的多回路，大大地提高了姿态控制精度和全弹的稳定性。本部分论述的控制方案为近代火箭控制系统和载人火箭控制系统的研制，奠定了坚实的技术基础。

第三部分，论述现代火箭控制系统的两种典型方案，平台计算机控制系统和速率捷联控制系统，着重论述系统构成和控制方程。这是火箭控制系统的核心，是现代火箭控制系统由模拟式控制系统转变为数字式控制系统的技术进步标志，是火箭控制误差补偿的全面体现，是适应性最强的控制系统结构。这里，控制方程的推导和误差分析、可靠性与安全性设计等综合设计内容从略。

第四部分，论述载人火箭控制系统的冗余方案。这是全文论述的重心，它是当今可靠性要求最高、结构最复杂的系统。该部分着重论述载人火箭控制系统方案——采用冗余系统结构、冗余设计原则和混合式冗余系统结构、平台/捷联复合控制系统结构及冗余管理算法。

18.2　火箭控制系统的组成、典型结构与基本概念

18.2.1　控制系统的组成

运载火箭控制系统由箭上飞行控制系统和地面测试发控系统两部分组成。前者在火箭上，后者在发射场的发射塔、塔地下电源间和测试发射控制室中。美国和苏联早期研制导弹与火箭控制系统时都是这样分类的。到 20 世纪 70 年代后期，由于箭上和地面系统大量使用数字计算机，地面实现了测试、发控和指挥的三位一体化，测试发控系统就变为运载火箭的一个独立系统了。箭上飞行控制系

统由制导系统、姿态控制系统、时序控制系统和电源配电系统 4 部分组成。测试发控系统由测试系统、发射控制系统、监控指挥系统、故障诊断专家系统和地面电源系统 5 部分组成。火箭控制系统的组成如图 18.1 所示。

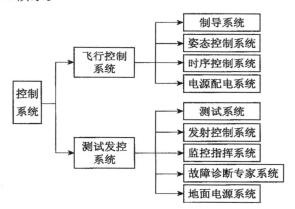

图 18.1　火箭控制系统的组成框图

18.2.2　飞行控制系统的结构和任务

飞行控制系统的结构如图 18.2 所示。其中，制导系统的任务是，克服火箭沿预定轨道飞行中的各种干扰，适时发出关机指令和导引指令，保证火箭和飞船（卫星）的入轨精度，为此要实现工具误差补偿，确定导航方程、关机方程、导引方程；姿态控制系统的任务是，克服火箭飞行中的各种干扰，确保火箭按预定轨道稳定飞行，使起飞火箭的漂移量、姿态角偏差、姿态角速度、发动机摆角、攻角等控制在允许的范围内，并按飞行程序和制导系统导引信号，改变火箭姿态，实现制导系统对火箭质心运动的控制；时序控制系统的任务是，按要求引爆各火工品，实现发动机点火、关机、分离、箱体补压，提供某些电路需要的控制时间，如允许关机、定时机关等；电源配电系统的任务是，提供控制系统各装置所用电源并按要求的形式配电，实现箭地电源转换。

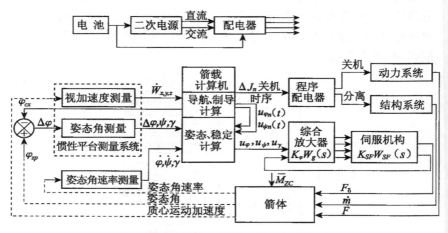

图 18.2　火箭飞行控制系统一般结构图

18.2.3　测试发控系统的结构和任务

运载火箭测试发控系统的结构如图 18.3 所示。各种箭上设备的性能参数与状态信号（模拟量或数字量）的数据采集（含各类测试用的信号源和测试状态控制）系统、各类电缆光缆和数传设备组成测试系统；配转机柜和火箭状态控制（测试、发控、动力系统和箭体结构分离状态监控，射前增压、转电、脱落、点火、起飞、紧急关机等监控）组成发射控制系统；地面计算机网络、数据与话音通信、多屏显示等组成监控指挥系统；各系统的地面测试计算机和地面计算机网络及其故障诊断软件系统组成故障诊断专家系统；控制、遥测、外测安全的地面电源（一次电源），一、二级伺服机构马达地面供电电源、配电转接机柜和发控台供配电组合组成地面电源系统。该系统在发射场技术阵地完成火箭的分系统测试、分系统间匹配测试和总检查，以及与火箭有关系统的联合检查等；在发射阵地完成火箭与外系统的发射演练、射前检查和发射控制等任务。

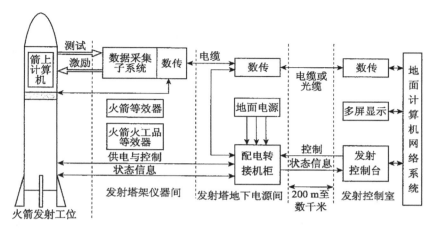

图 18.3　火箭测试发射系统一般结构图

18.2.4　控制系统设计的基本概念

从 20 世纪 50 年代到 70 年代，由于要求速率捷联惯性控制系统的计算量大、计算速度高，工程上无法实现，因此惯性平台（有三框架和四框架两种结构型）控制系统占据了整个航天控制的主导地位。

20 世纪 80 年代，由于微型计算机的存储容量和计算速度的迅猛发展，使速率捷联惯性控制的高速和大容量要求得到满足，精密机械的角速率陀螺（特别是挠性陀螺和激光陀螺）和视加速度表（挠性模式加速度表）的制造工艺水平的提高，更使速率捷联惯性控制系统如虎添翼，系统的质量和体积小、能耗低、角度机动无限制、可在几个基准内同时工作以及便于监控和冗余设计等突出优点，使平台惯性控制系统相形见绌。因此，速率捷联惯性控制系统在航空、航天领域得到了广泛应用，其潜在优越性还在继续发挥。

18.2.4.1　飞行器控制

关于飞行器控制问题，工程上对飞行器的质心运动控制称为制导控制，对飞行器绕质心的转动控制称为姿态控制。描述飞行器在空间的质心运动需要 3 个独立的坐标量，描述飞行器绕质心转动也要 3 个独立的坐标量，因此描述飞行器的运动需要 6 个坐标，也就是 6 个自由度。必须指出，用 6 个坐标量描述飞行器的运动状态，只对质心固定的刚体而言。事实上，像使用液体火箭发动机的运载火箭，不仅有横向的弹性振型和液体晃动，还有纵向耦合振动，其运动状态只能用精确的运动方程解决。

18.2.4.2　导航参数

描述飞行器质心位移运动的 3 个坐标称为导航坐标系。对于不同运动物体的运动描述，采用不同的坐标系。例如，地球表面的运动物体的运动描述常用地心赤道地理坐标系，其坐标轴固连于地球，随地球自转而转动；对于地球、水星空间探测器的运动描述，采用日心黄道坐标系；描述航天器质心位置的坐标称为导航坐标；导航坐标位置及其对时间的导数，称为航天器运动的速度；位置和速度合称为导航参数。

18.2.4.3　姿态参数

描述航天器绕质心转动的问题，常用原点在质心的本体坐标系，亦称为基准坐标系或箭体坐标系。描述航天器相对于基准坐标系各轴的转动参数称为角度量或方位参数，又称为驾驶参数或角运动参数。

18.2.4.4　导航信息

解算导航的输入信息有原信息和初始信息。原信息可理解为传感器测量的信息，有质心运动的位移信息和绕质心转动的角度信息。原信息传感器分为以下两类：

1）外部信息传感器，确定航天器运动的传感器，包括地球、太阳和星光定向传感器，测速测向雷达，测量迎面气流方向传感器，以及确定红外线辐射的传感器。

2）惯性传感器，测量角速度的陀螺仪和测量视加速度的加速度表。所谓视加速度是只有外力作用下产生的加速度，不包括引力加速度。通常，在飞行器本体坐标轴上，都安装有角速率陀螺和加速度表构成三维基准矢量。

18.2.4.5　导航方程解算

进行导航解算用的原信息就是角速度和视加速度数据，以及引力场数据。航天器的初始位置和初始角速度称为初始信息。可将整个导航计算看成是根据初始信息和当前所获原信息求取导航坐标信息的过程。航天器惯性导航系统的运动方程就是惯性坐标系中航天器运动方程，即

$$\ddot{r} = g + p \tag{18.2—1}$$

式中　r——惯性系中航天器的位移；

　　　g——航天器所在位置的引力加速度，它是物体高度的函数，即 $g(h)$；

　　　p——外力作用产生的加速度，即视加速度矢量。

导航计算就是对式（18.2—1）进行二次积分，求出航天器运动的速度和位置，即

$$\begin{cases} \dot{r} = \dot{r}_0 + \int_0^t (g + p) \mathrm{d}\tau \\ r = r_0 + \int_0^t \dot{r}\, \mathrm{d}\tau \end{cases} \tag{18.2—2}$$

函数 $g(h)$ 是原信息；p 为外力作用产生的视加速度，是加速度表测得的原信息；积分所需的初始信息 r_0 和 $\dot{r}_0$ 是计算前已知的。

18.3　火箭飞行控制技术的发展

火箭飞行控制系统由测量分系统、中间装置和执行机构组成。

测量分系统包括雷达、惯性测量系统（平台系统、速率捷联系统等）、惯性/无线复合系统、惯性/惯性复合系统、惯性/星光复合系统、惯性/GPS 复合系统等。

常用的中间装置有两种，一种是连续式中间装置（输入相敏检波与前置滤波器、变换放大器与滤波网络、模拟计算机电路与综合放大器等）；另一种是数字式中间装置（A/D 转换器、箭上数字计算机、D/A 转换器等）。

执行机构包括燃气舵、液压伺服机构控制的摇摆发动机等。

火箭飞行控制技术的发展是在控制算法及其硬件发展的基础上发展起来的。值得一提的是，作为航天运载工具的火箭最初都是由

导弹改装来的。

18.3.1　近程导弹的射程控制（V_k 和 θ_k 制导方案）

早期的近程导弹的射程 L 计算式可简单地表示为

$$L=\frac{V_k^2 \sin\ (2\theta_k)}{g} \tag{18.3-1}$$

式中　V_k——弹道主动段终点速度；

　　　θ_k——弹道主动段终点倾角；

　　　g——地球重力加速度。

准确控制 V_k 和 θ_k 可得到较高的射程精度。V_k 由视加速度 W_{x_1} 测量得到，θ_k 由惯性陀螺器件测得，通过计算导弹俯仰角 φ 和程序角 φ_{cx} 来保证射程精度。

18.3.2　射程偏差补偿方案

后来近程导弹用视速度关机量 J 控制射程

$$J=W_{x_1}-Kg_0 t \tag{18.3-2}$$

式中　J——对应控制射程的视加速度特征量（即视加速度关机特征量）；

　　　W_{x_1}——导弹纵轴测速元件测量得到的视加速度积分值；

　　　g_0——地面重力加速度；

　　　t——导弹飞行时间；

　　　Kg_0——补偿系数。

$Kg_0 t$ 能补偿导弹纵向干扰力引进的射程偏差。根据发动机推力偏差、弹体结构参数偏差、气动参数偏差等随机分布，可求出 Kg_0。经过这样补偿后，导弹的射程精度可大大提高。

18.3.3　无线电横校/惯性制导方案

纵向采用惯性加速度表补偿方案，用固连在弹体上的惯性加速度表测量纵向视加速度 W_{x_1}，以完成纵向射程控制。由于导弹落点的横向偏差大，还必须进行横向控制，把导弹控制在射面内。若采用横向惯性加速度表测量，导弹在角运动状态下，横向视加速度测量值中存在纵向视加速度的交链量，得不到真实的横向速度 V_z，所以横向只有采用无线电横校系统进行横向控制，其原理如图 18.4 所示。在导弹的射向后方 20～40 km 处，两个相距 50 m 的天线交替（50 Hz）发射超高频载波的与 5 kHz 和 7 kHz 调幅信号，在两天线发射的两波束中间形成一等信号面（又称等强信号区），弹上接收机在等信号面内接收到相等信号后，横向姿态控制信号输出为零，导弹横向舵机处于零位。当导弹偏离等信号面 ε 角时，接收机产生一个不等信号的 50 Hz 方波（方波幅值与 ε 成正比，方波相位决定导弹在等信号面的左右），再经校正网络实施姿态偏航控制，引导导弹回到射面。这种横校控制可达到相当高的射程精度。

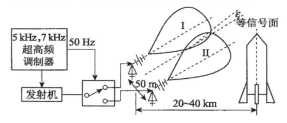

图 18.4　无线电横偏校正系统原理

18.3.4　横向惯性坐标转换和纵向双补偿视加速度特征量关机方案

由于无线电横校系统产生的等信号面会在山地产生畸变，加之布局上拖尾巴等限制，采用惯性坐标转换横向控制方案就成为必然趋势。为提高纵向射程控制精度，双补偿视加速度特征关机方案得以实现。因此将该方案称为全惯性双补偿捷联式制导方案，其原理如图 18.5 所示。

导弹在飞行中，不但纵向干扰力会引起关机误差，法向干扰力也会引起关机误差，最终造成射程偏差。所以，除了装纵向加速度表 W_{x_1} 外，还要装一个水平陀螺（$\delta\varphi$），用于测量弹体姿态角。这样就可按补偿制导原理建立关机特征量方程，即

$$J(t_k) = \int_0^{t_k} \dot{W}_{x_1} \, dt + \int_0^{t_k} K_2 \dot{W}_{y_1} \, dt + \int_0^{t_k} K_3 \delta\varphi dt - Kg_0 t_k$$

$$(18.3-3)$$

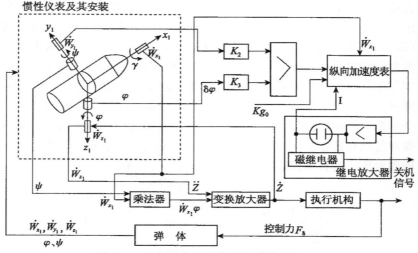

图 18.5　全惯性双补偿捷联式制导方案原理

式中　K_2，K_3——时变补偿系数；

Kg_0——常值补偿系数；

$\dot{W}_{x_1}$——纵向加速度表测量的弹体纵向视加速度；

$\dot{W}_{y_1}$——法向加速度表测量的弹体法向视加速度；

$\delta\varphi$——水平陀螺仪测量的弹体俯仰角与飞行程序角之差。

当 $J(t_k) = \overline{J}(\overline{t}_k)$ 时，关闭发动机。

$\overline{J}(\overline{t}_k)$ 为关机特征量的装定值，用模拟电路实现 $J(t_k) = \overline{J}(\overline{t}_k)$ 的发动机关机控制。

坐标转换的横向控制信号测量方程为

$$\ddot{Z} = -\dot{W}_{x_1}\psi + \dot{W}_{z_1} \qquad (18.3-4)$$

式中　$\ddot{Z}$——弹体在惯性空间的横向加速度，$\ddot{Z} = \dot{V}_z$；

$\dot{W}_{x_1}$——纵向加速度表测量的视加速度；

$\dot{W}_{y_1}$——横向加速度表测量的视加速度；

ψ——垂直陀螺仪测量的弹体偏航角。

利用弹体横向运动加速度信号，经姿态控制系统使弹体飞离射面位移减小。实现坐标转换是采用乘法器和变换放大器，实现双补

偿是用变系数装置和电解积分器。当时的计算机性能还不能满足弹
上的应用要求。

18.3.5　尾翼和燃气舵姿态控制方案

姿态控制方案是针对弹体绕质心转动、推进剂晃动和弹体弹性
振动为控制对象，保障稳定飞行而设计的。近程导弹弹体短、刚度
大、弹性振动频率高，所以重点研究的是液体晃动、气动力静不稳
定的刚体。姿态控制采用角位置、微分网络和燃气舵组成的稳定系
统，能满足增加阻尼要求。俯仰通道控制回路如图 18.6 所示，偏航
姿态稳定回路完全相同。

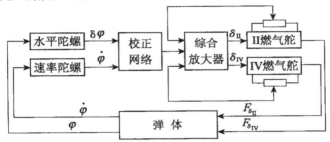

图 18.6　俯仰通道控制回路框图

18.3.6　液压伺服机构、摆动发动机和时变校正网络的多
　　　　回路姿态稳定方案

远程导弹和大型运载火箭采用多级结构，使飞行状态变得更加
复杂。除考虑刚体特性外，还要考虑多次（1～5 次）弹性振型以及
贮箱直径的增大后液体晃动的问题。加之干扰增多、推力矢量动态
特性影响、控制功能增加等因素，致使姿态控制设计增加了复杂性。
采用角位置、角速度和角加速度、时变校正网络的多回路姿态控制
方案可以满足要求，但要增加滚动通道角度和角速度的控制，以消
除弹（箭）体绕纵轴扭曲振型的影响。由于大型运载火箭校正网络
具有微分、积分、滤波作用的高阶网络，采用无源网络实现特性困
难，因此可以采用有源网络。同时也要用集成电路实现姿态控制的

信号变换、综合、功率放大和校正网络。由于大型运载火箭姿态控制需要更大的控制力，因此要采用不同转矩、功率和位置反馈的液压伺服机构，产生控制力去控制摆动发动机；伺服机构产生的相位滞后和幅谐振峰，均由校正网络补偿。俯仰通道姿态控制原理如图18.7所示。

　　偏航和滚动通道结构相同。该系统在发射地球卫星的火箭控制系统中得到应用。

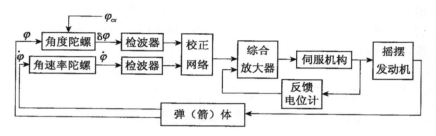

图 18.7　俯仰通道姿态控制原理

18.4　现代火箭控制系统的两种典型方案

18.4.1　平台/计算机控制系统

18.4.1.1　系统结构

　　在发射低轨道航天器（5～8 t）和高轨道地球同步卫星（1～4 t）时，运载火箭常采用平台/计算机控制系统方案。箭体运动参数测量采用三框架或四框架惯性平台，输出箭体质心在发射点惯性坐标系（以下简称定系）的3个视加速度量为 $\dot{W}_x$、$\dot{W}_y$、$\dot{W}_z$。输出箭体坐标系（以下简称动系）的3个姿态角为 $\Delta\varphi$、ψ、γ（其中 $\Delta\varphi = \varphi - \varphi_{cx}$，$\varphi_{cx}$ 为俯仰程序角，φ 为实时俯仰角），在箭体的特定位置装有角速率陀螺 $\dot{\varphi}$，$\dot{\psi}$，$\dot{\gamma}$ 解决弹性振型动稳定问题。中间装置采用校正网络综合放大器的连续式控制系统（见图18.8），也可采用箭上计算机为中间装置的数字式控制系统（见图18.9）。

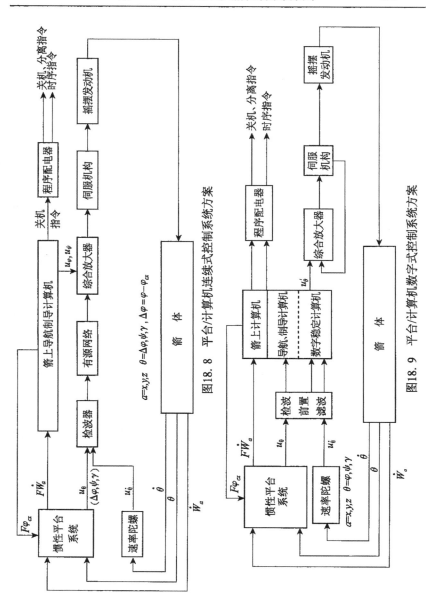

图18.8　平台计算机连续式控制系统方案

图18.9　平台计算机数字式控制系统方案

18.4.1.2　导航方程

对于图 18.8 和图 18.9 的导航制导计算框图如图 18.10 所示。

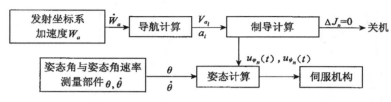

图 18.10　导航制导计算框图

平台的加速度表测量 $\dot{W}_a$ 以脉冲形式输出，导航计算以采样周期 τ 内的脉冲个数来计，其速度增加量为 ΔW_a。火箭飞行速度受地球引力加速度的影响，为 $\frac{1}{2}$（$g_{a_i}+g_{a_i-1}$）τ。所以在第 i 次采样时，火箭的速度 V_{a_i} 和位置 a_i 方程分别为

$$V_{a_i}=V_{a_i-1}+\Delta W_{a_i}+\frac{1}{2}\left(g_{a_i}+g_{a_i-1}\right)\tau \qquad (18.4-1)$$

$$a_i=a_{i-1}+\left[V_{a_i-1}+\frac{1}{2}\left(\Delta W_{a_i}+g_{a_i-1}\tau\right)\right]\tau \qquad (18.4-2)$$

式中　a——发射点惯性坐标系的 3 个坐标，$a=X,Y,Z$；

　　　i——采样次数；

　　　τ——采样周期，$\tau=t_i-t_{i-1}$；

　　　g_{a_i}——引力加速度考虑了地球为标准椭球的影响，并与发射地理位置和飞行高度有关。

18.4.1.3　制导方程

制导方程由关机方程和导引方程两部分组成。

（1）关机方程

①射程关机方程

采用摄动方程形式可表示为

$$\begin{cases} \Delta L_L = \sum_{j=1}^{7} \dfrac{\partial L}{\partial \xi_{jn}}\xi_j(t) - \overline{J}_L \\ \xi_j = [V_X,V_Y,V_Z,X,Y,Z]^{\mathrm{T}} \end{cases} \qquad (18.4-3)$$

式中　$\dfrac{\partial L}{\partial \xi_{jn}}$——标准弹道各级标准关机时刻的偏导数；

　　　$\bar{J}_L$——标准弹道射程关机量；

　　　n——关机的次数（这里表示火箭在飞行过程中有多次关机）。

在关机前，$\Delta L_L < 0$，当 $\Delta L_L \geqslant 0$ 时，发关机指令。这是一个典型的射程关机方程。

②速度关机方程

采用全量方程形式可表示为

$$\Delta J_v = V - \bar{J}_v \qquad (18.4-4)$$

式中　V——实测速度；

　　　$\bar{J}_v$——标准弹道速度关机量。

当 $\Delta J_v \geqslant 0$ 时，发出关机指令。

③轨道半长轴关机方程

采用全量方程形式可表示为

$$\Delta J_a = \left(\frac{2}{r} - \frac{V^2}{\mu} \right)^{-1} - \bar{J}_a \qquad (18.4-5)$$

式中　$\bar{J}_a$——标准弹道半长轴关机量；

　　　r——地球至火箭质心的距离；

　　　μ——地球引力常数。

在关机前，$\Delta J_a < 0$，当 $\Delta J_a \geqslant 0$ 时，发出关机指令。

（2）导引方程

$$\begin{cases} \mu_{\varphi_n}(t) = a_{cn}^{\theta H}(t) \left(\sum_{j=1}^{6} k_{jn}^{\varphi} \xi_j(t) - \bar{K}_{\mu\varphi_n}(t) \right) \\ \mu_{\psi_n}(t) = a_{cn}^{I}(t) \left(\sum_{j=1}^{6} k_{jn}^{\psi} \xi_j(t) - \bar{K}_{\mu\psi_n}(t) \right) \end{cases} \qquad (18.4-6)$$

式中　$n = $ Ⅱ 或 Ⅲ （第一级无导引控制）；

　　　$\xi = [V_X, V_Y, V_Z, X, Y, Z]^{\mathrm{T}}$；

　　　$\bar{K}_{\mu\varphi_n}(t) = \displaystyle\sum_{j=1}^{6} k_{jn}^{\varphi} \xi_j(t)$；

　　　$\bar{K}_{\mu\psi_n}(t) = \displaystyle\sum_{j=1}^{6} k_{jn}^{\psi} \xi_j(t)$；

　　　$a_{cn}^{\theta H}(t) = a_{cn}^{\theta H}(t)\, I(t)$；

$$a_{an}^I(t) = a_{an}^I(t)\, I(t);$$

$I(t)$ —— 导引特性（包括自起导时间、起导过程时间段、止导时间）；

$a_{an}^{\theta H}$, a_{an}^I, k_{jm}^ψ, k_{jm}^φ, $\overline{K}_{u\varphi_n}(t)$, $\overline{K}_{u\psi_n}(t)$ —— 已知常数或变系数。

18.4.1.4 姿态与稳定控制方程

平台/计算机方案姿态控制计算方法有两种：连续式和数字式。这里仅介绍数字式俯仰姿态控制系统（见图 18.11）。根据图 18.11 可以写出俯仰控制方程的表示式为

$$\delta_{\varphi 1} = a_{\delta 1}^0(t)(W_{PT}(s)\Delta\varphi + a_1 W_{ST}(s)\dot{\varphi})W_g(s)D_1^\varphi(Z)H_0(s)W_{SF1}(s)$$

$$(18.4-7)$$

式中 $a_{\delta 1}^0(t)$ —— 常数或变系数，$a_{\delta 1}^0(t) = K_P K_j K_g K_{AD} K_y^\varphi(t) K_{C1}$；

$$a_1 = \frac{K_S}{K_P}.$$

偏航和滚动的控制框图和方程结构完全一样，一般没有程序角控制。对于要求高的大型运载火箭数字网络一般由六阶差分方程组成，即

$$D_1^\varphi(Z) = \frac{A_{20} + A_{21}Z^{-1} + A_{22}Z^{-2} + A_{23}Z^{-3} + A_{24}Z^{-4} + A_{25}Z^{-5}}{B_{20} + B_{21}Z^{-1} + B_{22}Z^{-2} + B_{23}Z^{-3} + B_{24}Z^{-4} + B_{25}Z^{-5}}$$

$$(18.4-8)$$

式中 $A_{20} \sim A_{25}$, $B_{20} \sim B_{25}$ —— 数字网络常数，由网络特性决定并随飞行段变化。

18.4.2 速率捷联/计算机控制系统

18.4.2.1 典型系统结构

典型的速率捷联/计算机控制系统原理如图 18.12 所示。由于 20 世纪 70 年代以后超大规模集成电路计算机技术和精密机械惯导器件技术的发展，使建立在四元数计算坐标转换方法上的速率捷联控制方案在工程上获得应用。因此又称速率捷联/计算机控制系统为数学平台控制系统。

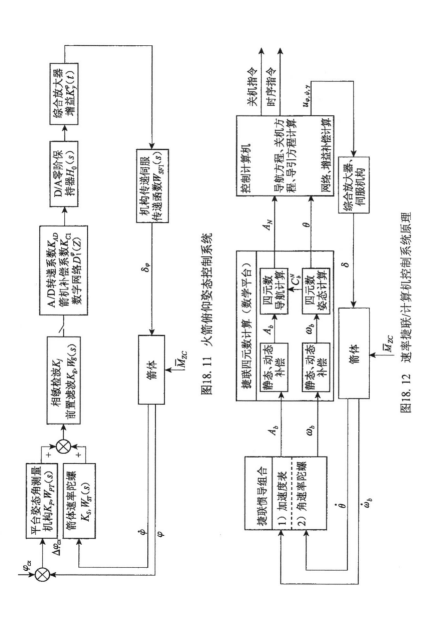

图18.11　火箭俯仰姿态控制系统

图18.12　速率捷联/计算机控制系统原理

18.4.2.2　速率陀螺和加速度表的误差补偿

速率捷联方案及其数学平台计算如图 18.12 所示。固连在箭体坐标系上的捷联惯性组合由 3 个加速度表（输出信号 A_{xb}，A_{yb}，A_{zb}）和 3 个角速率陀螺（输出信号 ω_{xb}，ω_{yb}，ω_{zb}）组成。为提高数学平台计算的制导与姿态控制计算精度，必须首先对加速度表和角速率陀螺的测量误差进行静态和动态补偿。角速率陀螺的静态补偿与加速度有关，加速度表的动态补偿又与角速度有关。如果不考虑陀螺和加速度表的误差，传递函数可以很简单地表示为

$$\begin{cases} \omega_b'' = K_g \omega_b \\ A_b'' = K_a A_b \end{cases} \qquad (18.4-9)$$

式中　ω_b''——陀螺输出；

　　　K_g——陀螺标度因数；

　　　ω_b——箭体角速度；

　　　A_b''——加速度表输出；

　　　K_a——加速度表标度因数；

　　　A_b——箭体加速度。

由于实际存在各种干扰因数，角速度输出 ω_b'' 和线加速度输出 A_b'' 中存在各种干扰误差，主要有以下两类误差（分析中不考虑标度因数中的误差）。

（1）角速率陀螺测量误差模型方程（以单自由度角速陀螺为例）

$$\begin{cases} \omega_{xb}'' = K_g(x)\Big(D_F(x) + \omega_{xb} + E_{xy}\omega_{yb} + E_{xz}\omega_{zb} + \dfrac{J_z - J_x}{H}\omega_{xb}\omega_{zb} - \\ \qquad \dfrac{J_r}{H}\dot{\omega}_{yb} + D_y(x)A_{yb}\Big) + D_z(x)A_{zb} + D_{xz}(x)A_{xb}A_{zb} + \varepsilon_{gx} \\[2mm] \omega_{yb}'' = K_g(x)\Big(D_F(y) + \omega_{yb} + E_{yz}\omega_{zb} + E_{yx}\omega_{xb} + \dfrac{J_z - J_x}{H}\omega_{yb}\omega_{zb} + \\ \qquad \dfrac{J_r}{H}\dot{\omega}_{xb} + D_y(y)A_{yb}\Big) + D_z(y)A_{zb} + D_{yz}(y)A_{yb}A_{zb} + \varepsilon_{gy} \\[2mm] \omega_{zb}'' = K_g(z)\Big(D_F(z) + \omega_{zb} + E_{xz}\omega_{xb} + E_{zy}\omega_{yb} - \dfrac{J_z - J_x}{H}\omega_{yb}\omega_{zb} + \\ \qquad \dfrac{J_r}{H}\dot{\omega}_{xb} + D_y(z)A_{yb}\Big) + D_z(z)A_{zb} + D_{yz}(x)A_{yb}A_{zb} + \varepsilon_{gz} \end{cases}$$

$$(18.4-10)$$

式中 ω''_{xb}, ω''_{yb}, ω''_{zb}——x_b 轴、y_b 轴、z_b 轴陀螺仪角速率脉冲输出
（个脉冲/s）；

$K_g(x)$, $K_g(y)$, $K_g(z)$——角速率陀螺标度因数，$K_g(x)=$
$K_g(y)=K_g(z)=\dfrac{HK_f}{K_t}$（个脉冲/rad）；

K_f——模数转换比例系数（个脉冲/(s・A)）；

K_t——力矩器比例系数（N・m/A）；

$D_F(x)$, $D_F(y)$, $D_F(z)$——角速率陀螺常值漂移（rad/s）；

ω_{xb}, ω_{yb}, ω_{zb}——箭体绕 x_b 轴、y_b 轴、z_b 轴的转动角速度
（rad/s）

E_{ij}——绕箭体 j（$j=x_b$, y_b, z_b）轴角速度，对 i（$i=x_b$,
y_b, z_b）轴输出量影响的安装误差系数；

J_x, J_y, J_z——角速率陀螺浮子组件绕输入、输出、自转轴
的转动惯量（kg・m²）；

H——角速率陀螺动量（kg・m²/s）；

K_{xx}, K_{zz}——陀螺浮子沿输入、自转轴的柔性系数（N・s⁴/
m³）；

A_{xb}, A_{yb}, A_{zb}——箭体沿 x_b 轴、y_b 轴、z_b 轴的惯性加速度
（m/s²）；

ε_{gx}, ε_{gy}, ε_{gz}——随机漂移（rad/s）。

（2）摆式加速度表测量误差模型方程

$$\begin{cases}
A''_{xb} = K_a(x)\Big(k_0(x)+A_{xb}+k_{1y}(x)A_{yb}+k_{1z}(x)A_{zb}+K_{2x}(x)A_{xb}^2+\\
\qquad\qquad \dfrac{J_z-J_x}{pg_0}\omega_{zb}\omega_{xb}+\dfrac{J_y}{pg_0}\dot\omega_{yb}+\varepsilon_{ax}\Big)\\[2mm]
A''_{yb} = K_a(y)\Big(k_0(y)+A_{yb}+k_{1z}(x)A_{zb}+k_{1x}(y)A_{xb}+K_{2y}(y)A_{yb}^2+\\
\qquad\qquad \dfrac{J_z-J_x}{pg_0}\omega_{xb}\omega_{zb}-\dfrac{J_y}{pg_0}\dot\omega_{xb}+\varepsilon_{ay}\Big)\\[2mm]
A''_{zb} = K_a(z)\Big(k_0(z)+A_{zb}+k_{1y}(z)A_{xb}+k_{1y}(z)A_{yb}+K_{2z}(z)A_{zb}^2-\\
\qquad\qquad \dfrac{J_z-J_x}{pg_0}\omega_{zb}\omega_{yb}-\dfrac{J_y}{pg_0}\dot\omega_{xb}+\varepsilon_{az}\Big)
\end{cases}$$

$$（18.4-11）$$

式中　$A''_{xb}, A''_{yb}, A''_{zb}$——$x_b$ 轴、y_b 轴、z_b 轴加速度表输出脉冲频率（个脉冲/s）；

$K_a(x), K_a(y), K_a(z)$——加速度表标度因数，$K_a(x) = K_a(y) =$

$$K_a(z) = \frac{\beta K_f}{K_t}（个脉冲/(s \cdot g_0)）；$$

β——摆性（$N \cdot m/g_0$）；

K_t——力矩器比例系数（$N \cdot m/A$）；

K_f——模数转换比例系数（个脉冲/($A \cdot s$)）；

$k_0(x), k_0(y), k_0(z)$——加速度表偏置（g_0），即常值漂移；

g_0——引力加速度（9.806 65 m/s^2）；

A_{xb}, A_{yb}, A_{zb}——x_b 轴、y_b 轴、z_b 轴向惯性加速度（g_0）；

$k_{2x}(x), k_{2y}(y), k_{2z}(z)$——二次项系数（$g_0^{-1}$）；

J_x, J_y, J_z——摆组绕输入轴、摆轴、输出轴的转动惯量（kg · m^2）；

$\varepsilon_{ax}, \varepsilon_{ay}, \varepsilon_{az}$——随机量；

$k_{1y}(x), k_{1z}(x), k_{1z}(y), k_{1x}(y), k_{1x}(z), k_{1y}(z)$——安装误差系数。

其他误差还有标度因数误差（处于静态基座上的陀螺标度误差，处于恒速转动的加速度表标度误差）和动态误差（处于角振动或振动状态下的标度误差），以及陀螺和加速度表的非线性和不对称误差。

18.4.2.3　数学平台中的姿态四元数计算

用四元数的数学方法研究刚体运动非常方便，略去了欧拉变换的烦琐三角函数计算。四元数 q 的定义为

$$q = q_0 + q_1 i + q_2 j + q_3 k \qquad (18.4-12)$$

可以利用四元数 q 来确定刚体的位置，如图 18.13 所示。单位四元数可以等价一个圆心角或球面上的一段大圆弧 AB，其表面 OAB 垂直于单位矢量 ξ，且按右手定则，θ 为角 AOB 对于 ξ 有正值。可用球面上的一段大圆弧表示刚体的某一位置。对于刚体的每一位置，都可以找到与之对应的单位四元数。q 可表示为

$$q = \cos\frac{\theta}{2} + \boldsymbol{\xi}\sin\frac{\theta}{2} \qquad (18.4-13)$$

由刚体绕定点转动的理论可知，以定点 O 为球心的圆球及刚体转轴 $O\xi$ 在圆球上构成的大圆可代替刚体的某一位置。

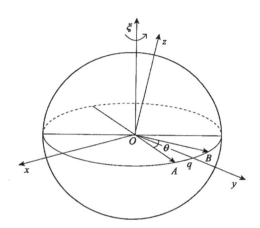

图 18.13　单位四元数的几何意义示意图

将（18.4－13）式中的矢量部分 $\boldsymbol{\xi}\sin\dfrac{\theta}{2}$ 投影到定系和动系上，则单位四元数为

$$q = \cos\frac{\theta}{2} + \left(v_1\sin\frac{\theta}{2}\boldsymbol{i} + v_2\sin\frac{\theta}{2}\boldsymbol{j} + v_3\sin\frac{\theta}{2}\boldsymbol{k} \right) \qquad (18.4-14)$$

式中　v_1，v_2，v_3——单位矢量对动系的方向余弦；

　　　$\boldsymbol{i}$，$\boldsymbol{j}$，$\boldsymbol{k}$——动系各轴的单位矢量。

$$\begin{cases} q_0 = \cos\dfrac{\theta}{2} \\[2mm] q_1 = v_1\sin\dfrac{\theta}{2} \\[2mm] q_2 = v_2\sin\dfrac{\theta}{2} \\[2mm] q_3 = v_3\sin\dfrac{\theta}{2} \end{cases} \qquad (18.4-15)$$

因此，q_0、q_1、q_2、q_3 这 4 个参数完全决定了刚体的位置。这 4 个参数不是独立的，符合（18.4－16）式，即

$$q_0^2+q_1^2+q_2^2+q_3^2=1 \qquad (18.4-16)$$

因此，独立参数（自由度）仍然是 3 个。（18.4－15）式形式的四元数 q 称为罗德里格—哈密顿参数，它是单位转动四元数的矢量部分在动系上的投影。矢量 $q_3 \boldsymbol{k}$ 在定系不动，是 $\boldsymbol{R}$ 绕轴转（$-\theta$）得到的四元数，即绕轴转角。因此，对于 R' 进行 $q(\ )q^{-1}$ 变换得到 $\boldsymbol{R}$，即

$$\boldsymbol{R}=qR'q^{-1} \qquad (18.4-17)$$

式中　$\boldsymbol{R}=（0,\ \boldsymbol{r}）$——矢量 $\boldsymbol{R}$ 在定系中的四元数表达式；

　　　$\boldsymbol{R}'=（0,\ \boldsymbol{r}'）$——矢量 $\boldsymbol{R}$ 在动系中的四元数表达式。

经四元数运算，（18.4－17）式变为

$$\boldsymbol{r}=\boldsymbol{r}'+2q_0（\boldsymbol{q}\times\boldsymbol{r}'）+2\boldsymbol{q}\times（\boldsymbol{q}\times\boldsymbol{r}'） \qquad (18.4-18)$$

将（18.4－18）式写成在动系和定系坐标轴上的投影定量式为

$$
\begin{aligned}
\boldsymbol{r}=&x\boldsymbol{i}+y\boldsymbol{j}+z\boldsymbol{k}\\
=&\boldsymbol{i}[(q_0^2+q_1^2-q_2^2-q_3^2)x'+2(q_1q_2-q_3q_0)y'+2(q_3q_1+q_2q_0)z']+\\
&\boldsymbol{j}[2(q_1q_2+q_3q_0)x'+(q_0^2-q_1^2+q_2^2-q_3^2)y'+2(q_2q_3-q_1q_0)z']+\\
&\boldsymbol{k}[2(q_1q_3-q_2q_0)x'+2(q_2q_3+q_1q_0)y'+(q_0^2-q_1^2-q_2^2+q_3^2)z']
\end{aligned}
$$

$$(18.4-19)$$

（18.4－19）式中的 x、y、z 可分别表示为

$$
\begin{cases}
x=(q_0^2+q_1^2-q_2^2-q_3^2)x'+2(q_1q_2-q_3q_0)y'+2(q_3q_1+q_2q_0)z'\\
y=2(q_1q_2+q_3q_0)x'+(q_0^2-q_1^2+q_2^2-q_3^2)y'+2(q_2q_3-q_1q_0)z'\\
z=2(q_1q_3-q_2q_0)x'+2(q_3q_2+q_1q_0)y'+(q_0^2-q_1^2-q_2^2+q_3^2)z'
\end{cases}
$$

$$(18.4-20)$$

将（18.4－20）式写成矩阵式为

$$
\begin{bmatrix} x \\ y \\ z \end{bmatrix}=
\begin{bmatrix}
q_0^2+q_1^2-q_2^2-q_3^2 & 2(q_1q_2-q_3q_0) & 2(q_1q_3+q_0q_2)\\
2(q_1q_2+q_3q_0) & q_0^2-q_1^2+q_2^2-q_3^2 & 2(q_2q_3-q_1q_0)\\
2(q_1q_3-q_2q_0) & 2(q_3q_2+q_1q_0) & q_0^2-q_1^2-q_2^2+q_3^2
\end{bmatrix}
\begin{bmatrix} x' \\ y' \\ z' \end{bmatrix}
$$

$$(18.4-21)$$

式 (18.4－21) 中的四元数转换矩阵可表示为

$$C_b^N = \begin{bmatrix} q_0^2+q_1^2-q_2^2-q_3^2 & 2(q_1q_2-q_3q_0) & 2(q_1q_3+q_0q_2) \\ 2(q_1q_2+q_3q_0) & q_0^2-q_1^2+q_2^2-q_3^2 & 2(q_2q_3-q_1q_0) \\ 2(q_1q_3-q_2q_0) & 2(q_3q_2+q_1q_0) & q_0^2-q_1^2-q_2^2+q_3^2 \end{bmatrix}$$

$$(18.4-22)$$

将 (18.4－21) 式用于箭体坐标系 b 到发射点坐标系 N 的坐标转换计算是方便的。但惯性测量装置 (IMU) 中的角速率陀螺只能测量箭体转动角速度 $\bar{\omega}_b$，不能测量箭体转动四元数，所以需像建立方向余弦微分方程表达方向余弦与角度 $\bar{\omega}_b$ 间的关系一样，建立四元数微分方程，以表达箭体转动四元数与转动角速度间的关系。

根据四元数的运动方程，有

$$\frac{\mathrm{d}q}{\mathrm{d}t} = \frac{1}{2}q(t)\bar{\omega}_b \quad \text{或} \quad \dot{\bar{q}}(t) = \frac{1}{2}\bar{q}(t)\bar{\omega}_b \qquad (18.4-23)$$

IMU 的陀螺仪测量出箭体从第 $k-1$ 次采样到第 k 次采样时间内的转角增量为

$$\begin{cases} \Delta\theta_x(k) = \displaystyle\int_{k-1}^{k} \omega_{xb}(k)\mathrm{d}t \\[2mm] \Delta\theta_y(k) = \displaystyle\int_{k-1}^{k} \omega_{yb}(k)\mathrm{d}t \\[2mm] \Delta\theta_z(k) = \displaystyle\int_{k-1}^{k} \omega_{zb}(k)\mathrm{d}t \end{cases} \qquad (18.4-24)$$

则有

$$\Delta\theta(k) = \sqrt{(\Delta\theta_x(k))^2 + (\Delta\theta_y(k))^2 + (\Delta\theta_z(k))^2}$$

$$(18.4-25)$$

因此，(18.4－23) 式可写成四元数差分方程形式为

$$q_k = q_{k-1}\left(\cos\frac{\omega_b\Delta t}{2} + \frac{\bar{\omega}_b(k)}{\omega_b(k)}\sin\frac{\omega_b(k)\Delta t}{2} \right) \qquad (18.4-26)$$

式中　$\omega_b(k)$——从第 $k-1$ 次到第 k 次采样时间内的箭体角速度，

$$\omega_b(k) = |\bar{\omega}_b(k)| 。$$

当采样周期 Δt 很短时，可以认为 $\omega_b(k)$ 为一常数。于是可写成

$$
\begin{cases}
\Delta\theta(k) = \omega_b(k)\Delta t \\
\overline{\omega_b(k)} = \dfrac{\Delta\theta_x(k)}{\Delta\theta(k)}\bar{i}_b + \dfrac{\Delta\theta_y(k)}{\Delta\theta(k)}\bar{j}_b + \dfrac{\Delta\theta_z(k)}{\Delta\theta(k)}\bar{k}_b
\end{cases}
\tag{18.4-27}
$$

将 (18.4—27) 式代入 (18.4—26) 式得 k 次四元数，由 k 次角增量和 $k-1$ 次四元数运算求得的关系式为

$$
\begin{bmatrix} q_0 \\ q_1 \\ q_2 \\ q_3 \end{bmatrix}_k =
\begin{bmatrix}
q_0 & -q_1 & -q_2 & -q_3 \\
q_1 & -q_0 & -q_3 & q_2 \\
q_2 & q_3 & q_0 & -q_1 \\
q_3 & -q_2 & -q_1 & -q_0
\end{bmatrix}_{k-1}
\begin{bmatrix}
\cos\dfrac{\Delta\theta}{2} \\[2mm]
\dfrac{\Delta\theta_x}{\Delta\theta}\sin\dfrac{\Delta\theta}{2} \\[2mm]
\dfrac{\Delta\theta_y}{\Delta\theta}\sin\dfrac{\Delta\theta}{2} \\[2mm]
\dfrac{\Delta\theta_z}{\Delta\theta}\sin\dfrac{\Delta\theta}{2}
\end{bmatrix}_k
$$

$$\tag{18.4-28}$$

式中　$\Delta\theta_x$，$\Delta\theta_y$，$\Delta\theta_z$——k 次采样值；

　　　$\Delta\theta$——由 (18.4—25) 式得到的计算值。

当采样周期 Δt 很短和转角 $\Delta\theta$ 很小时，正余弦函数按泰勒级数展开，取 $\Delta\theta$ 的二阶小量时，得二次近似式为

$$
\begin{bmatrix} q_0 \\ q_1 \\ q_2 \\ q_3 \end{bmatrix}_k =
\begin{bmatrix}
q_0 & -q_1 & -q_2 & -q_3 \\
q_1 & -q_0 & -q_3 & q_2 \\
q_2 & q_3 & q_0 & -q_1 \\
q_3 & -q_2 & -q_1 & -q_0
\end{bmatrix}_{k-1}
\begin{bmatrix}
1 - \dfrac{1}{8}\Delta\theta \\[2mm]
\Delta\theta_x\left(\dfrac{1}{2} - \dfrac{\Delta\theta^2}{48}\right) \\[2mm]
\Delta\theta_y\left(\dfrac{1}{2} - \dfrac{\Delta\theta^2}{48}\right) \\[2mm]
\Delta\theta_z\left(\dfrac{1}{2} - \dfrac{\Delta\theta^2}{48}\right)
\end{bmatrix}_k
$$

$$\tag{18.4-29}$$

由 (18.4—25) 式和 (18.4—29) 式可见，通过 IMU 陀螺测量 k 次采样 $\Delta\theta_x$，$\Delta\theta_y$，$\Delta\theta_z$，就可求出 $\Delta\theta$，再用 $k-1$ 次四元数 q_0，q_1，q_2，q_3 即可求出 k 次的四元数 q_0，q_1，q_2，q_3。

初始四元数 $q_0(0)$、$q_1(0)$、$q_2(0)$、$q_3(0)$ 可由固连箭体的惯性仪表和辅助瞄准装置测量的初始克雷洛夫角 φ_0、ψ_0、γ_0 求得。其关系式为

$$\begin{bmatrix} q_0(0) \\ q_1(0) \\ q_2(0) \\ q_3(0) \end{bmatrix} = \begin{bmatrix} \cos\dfrac{\varphi_0}{2}\cdot\cos\dfrac{\psi_0}{2}\cdot\cos\dfrac{\gamma_0}{2}+\sin\dfrac{\varphi_0}{2}\cdot\sin\dfrac{\psi_0}{2}\cdot\sin\dfrac{\gamma_0}{2} \\ \cos\dfrac{\varphi_0}{2}\cdot\cos\dfrac{\psi_0}{2}\cdot\sin\dfrac{\gamma_0}{2}-\sin\dfrac{\varphi_0}{2}\cdot\sin\dfrac{\psi_0}{2}\cdot\cos\dfrac{\gamma_0}{2} \\ \cos\dfrac{\varphi_0}{2}\cdot\sin\dfrac{\psi_0}{2}\cdot\cos\dfrac{\gamma_0}{2}+\sin\dfrac{\varphi_0}{2}\cdot\cos\dfrac{\psi_0}{2}\cdot\sin\dfrac{\gamma_0}{2} \\ \sin\dfrac{\varphi_0}{2}\cdot\cos\dfrac{\psi_0}{2}\cdot\cos\dfrac{\gamma_0}{2}-\cos\dfrac{\varphi_0}{2}\cdot\sin\dfrac{\psi_0}{2}\cdot\sin\dfrac{\gamma_0}{2} \end{bmatrix}$$

$$(18.4-30)$$

由 IMU 角速率陀螺输出信息求出的四元数转换矩阵 $\boldsymbol{C}_b^N$ 后，即可求箭体坐标系的姿态角 φ、ψ、γ，即

$$\boldsymbol{C}_b^N = \begin{bmatrix} C_{11} & C_{12} & C_{13} \\ C_{21} & C_{22} & C_{23} \\ C_{31} & C_{32} & C_{33} \end{bmatrix} \qquad (18.4-31)$$

式中　$C_{11}=q_0^2+q_1^2-q_2^2-q_3^2$；
　　　$C_{12}=2(q_1q_2-q_3q_0)$；
　　　$C_{13}=2(q_3q_1+q_0q_2)$；
　　　$C_{21}=2(q_1q_2+q_3q_0)$；
　　　$C_{22}=q_0^2-q_1^2+q_2^2-q_3^2$；
　　　$C_{23}=2(q_3q_2-q_1q_0)$；
　　　$C_{31}=2(q_3q_1-q_2q_0)$；
　　　$C_{32}=2(q_3q_2+q_1q_0)$；
　　　$C_{33}=q_0^2-q_1^2-q_2^2+q_3^2$。

则有

$$\begin{cases} \varphi=\arctan\dfrac{C_{21}}{C_{11}} \\ \psi=\arctan\,(-C_{31}) \\ \gamma=\arctan\dfrac{C_{32}}{C_{33}} \end{cases} \qquad (18.4-32)$$

由于发射时刻箭体垂直向上，x 轴与 y 轴重合，因此

$$\varphi_N=\varphi+\frac{\pi}{2}$$

（18.4-29）式、（18.4-30）式和（18.4-32）式为数学平台姿态计算方程。

18.4.2.4　数学平台中的导航计算

捷联惯导组合三轴向的加速度表输出为 A_{xb}、A_{yb}、A_{zb}，经静态和动态误差补偿后所得（18.4-11）式输出 A_{xb}''，A_{yb}''，A_{zb}''；通过四元数转换矩阵 C_b^N，并考虑重力加速度 $g(Y_N)$ 的影响，可用以下方程求出发射点惯性坐标系 $OX_N Y_N Z_N$ 的 3 个加速度分量 A_{XN}、A_{YN}、A_{ZN}，即

$$
\begin{bmatrix} A_{XN} \\ A_{YN} \\ A_{ZN} \end{bmatrix} = \begin{bmatrix} 0 & -1 & 0 \\ 1 & 0 & 0 \\ 0 & 0 & 1 \end{bmatrix} \cdot C_b^N \cdot \begin{bmatrix} A_{xb}'' \\ A_{yb}'' \\ A_{zb}'' \end{bmatrix} - \begin{bmatrix} 0 \\ g(Y_N) \\ 0 \end{bmatrix} \quad (18.4-33)
$$

式中　$g(Y_N) = g_0 \left(1 - \dfrac{2Y_N}{R} \right)$，$R$ 为地球半径。

对（18.4-33）式积分可求出惯性坐标系的 3 个速度分量 V_{XN}、V_{YN}、V_{ZN}，即

$$
\begin{bmatrix} V_{XN} \\ V_{YN} \\ V_{ZN} \end{bmatrix} = \int_0^{\Delta t} \begin{bmatrix} A_{XN} \\ A_{YN} \\ A_{ZN} \end{bmatrix} \mathrm{d}t + \begin{bmatrix} V_{XN0} \\ V_{YN0} \\ V_{ZN0} \end{bmatrix} \quad (18.4-34)
$$

式中　V_{XN}，V_{YN}，V_{ZN}——经地球自转角速度修正后，发关发动机指令。

由（18.4-34）式积分可求出惯性坐标系的 3 个位置分量 X_N、Y_N、Z_N，即

$$
\begin{bmatrix} X_N \\ Y_N \\ Z_N \end{bmatrix} = \int_0^{\Delta t} \begin{bmatrix} V_{XN} \\ V_{YN} \\ V_{ZN} \end{bmatrix} \mathrm{d}t + \begin{bmatrix} X_{N0} \\ X_{N0} \\ X_{N0} \end{bmatrix} \quad (18.4-35)
$$

（18.4-33）式、（18.4-34）式和（18.4-35）式为数学平台导航计算方程。

18.4.2.5　制导与姿态控制计算的方程组

制导与姿态控制的计算方程完全与平台计算机控制系统的方程相同，即（18.4-1）式～（18.4-5）式为制导计算方程，（18.4-

7）式或（18.4-8）式为姿态控制方程。速率捷联姿态控制方程的姿态角输入量由（18.4-32）式求出。

速率捷联控制系统的数学平台（导航加速度计算和姿态角计算）的计算流程如图 18.14 所示。

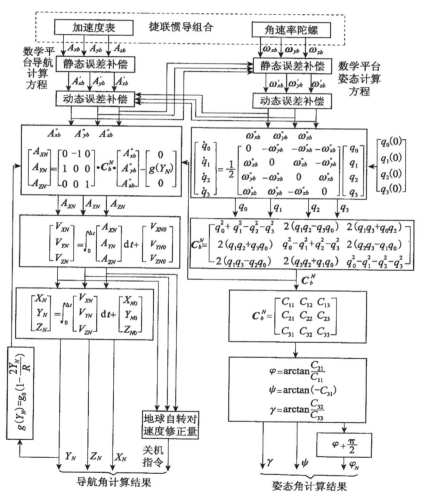

图 18.14 数学平台（导航加速度计算和姿态角计算）的计算流程

18.5　载人火箭控制系统的冗余方案

18.5.1　国外载人火箭控制系统的发展与特点

18.5.1.1　国外运载火箭控制系统的发展阶段

国外运载火箭控制系统的发展大体上经历了以下 3 个阶段：

1）中远程和洲际导弹控制系统发展阶段。基本上采用无线或惯性的单一系统结构。

2）由导弹改进为发射无人航天器的运载火箭控制系统发展阶段。在原来导弹控制系统的基础上，并联一个不同方案的控制系统，构成系统冗余结构。较多的型号控制系统采用双重冗余结构。

3）由发射无人航天器到发射载人航天器的运载火箭控制系统发展阶段。控制系统从双重冗余结构到多重冗余结构，突出的特点是具有人控功能（运动控制和冗余管理）和逃逸系统。

18.5.1.2　载人火箭及其控制系统方案

载人火箭（含航天飞机）的控制系统均采用系统级冗余技术（双套或三套控制系统）。

美国水星－宇宙神 D 火箭的控制系统采用双套无线电制导系统和双套惯性组合/自动驾驶仪姿态控制系统。

美国双子星座－大力神 ZLV4 火箭的控制系统采用全系统冗余制导与控制系统。其中主要系统为无线电制导/惯性姿态控制系统，副系统为船载平台－计算机制导/箭载惯性姿态控制系统，并采用故障判断/切换装置和自动/手动切换。该系统冗余结构如图 18.15 所示。

美国阿波罗－土星 V 火箭的控制系统采用完整的双套制导与控制系统。其中，主系统为箭载平台－计算机全惯性制导与控制系统，计算机和伺服机构均采用冗余结构；副系统为船载平台－计算机全惯性制导与控制系统，还曾考虑再增加一套捷联式制导与控制系统作为备份（后因船载备份工作良好，故未采用）。该系统冗余结构如图 18.16 所示。

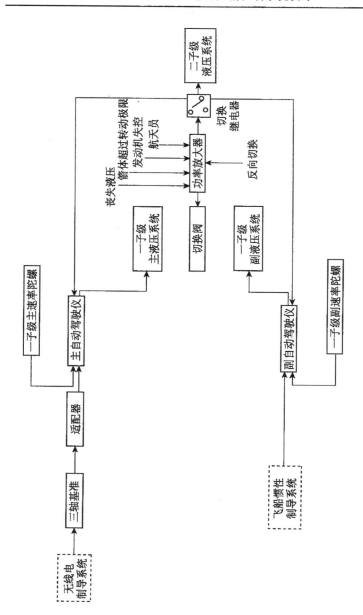

图18.15　双子星座—大力神ZLV4火箭制导和控制系统框图

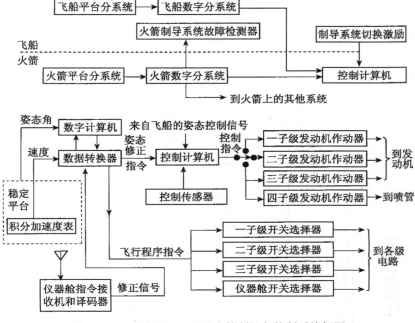

图 18.16　阿波罗－土星Ⅴ火箭制导与控制系统框图

　　美国航天飞机的电子系统（包括制导、导航与控制系统）采用多冗余结构。其中，制导与控制系统采用四冗余、全数字飞行控制系统，有 3 套 4 框架全姿态惯性平台和 4 台控制计算机，具有完善的自动/手动控制功能。

　　苏联东方号火箭的控制系统采用两套不同类型的惯性制导与控制系统。一套为平台控制系统，另一套为捷联控制系统；而且每套都在飞行方向上增加了积分加速度表，即在系统级冗余的基础上，重要部件又采用冗余。

　　苏联联盟号火箭的控制系统采用两套不同类型的惯性制导与控制系统，其结构与东方号火箭的控制系统相同，并在部件级加强了冗余。

　　欧洲航天局阿里安 5 火箭的控制系统采用两套激光速率捷联式惯性制导与控制系统。阿里安 4 和阿里安 5 火箭的控制系统冗余结构如图 18.17 和图 18.18 所示。

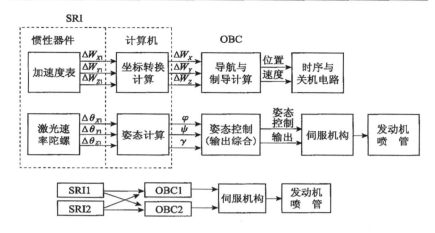

图 18.17　阿里安 4 火箭双套惯性组合和箭上计算机的冗余结构框图

SRI—速率捷联惯性组合；OBC—箭载计算机

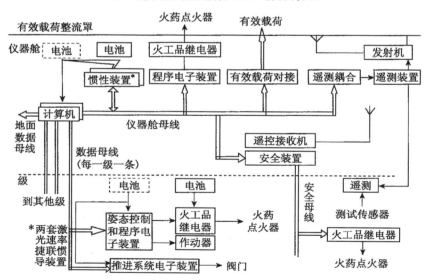

图 18.18　阿里安 5 火箭控制系统框图

国外载人火箭（含航天飞机）的主要性能参数及其控制系统结构如表 18.1 所示。

表 18.1　国外载人火箭（含航天飞机）的主要性能参数及其控制系统结构

序号	火箭型号	主要性能参数及用途	控制系统结构
1	水星－宇宙神 D 火箭（美国第一种载人火箭，用于发射水星号载人飞船）	一级半，长 29.7 m，最大直径（含助推器）4.87 m，起飞质量 117.93 t，起飞推力 1 610.26 kN，运载能力（低轨道 470 km，32°）1.36 t。由宇宙神洲际导弹发展而来，用于发射水星号载人飞船。1962 年首发载人飞船成功。1959 年～1967 年共发射 18 次，失败 6 次，成功率 67%	控制系统采用系统冗余方案，用两套互相关联的系统进行制导与控制： 1）单脉冲跟踪雷达（X 波段）/连续波测速雷达（L 波段），相互冗余的无线电制导系统（测速定位（R）、方位角（A）、仰角（E））； 2）姿态控制由两套惯性组合和两套自动驾驶仪组成的冗余系统完成
2	双子星座－大力神 ZLV4 火箭（美国用于发射双子星座号载人飞船）	2 级，长 33.22 m，最大直径 3.05 m，起飞质量 148.3 t，起飞推力 1 912.7 kN，运载能力（483 km 轨道）3.62 t。1964 年首次发射，到 1966 年共发射 12 次，成功率 100%（该火箭是在大力神 2 导弹上进行了 11 项改进而成）	控制系统采用全系统冗余制导与控制系统： 1）主系统由无线电制导系统（R, A, E）/主惯性姿态控制系统组成，装在火箭上； 2）副系统由飞船平台－计算机制导系统/副惯性姿态控制系统（装在火箭上）组成； 3）采用专用设备的故障判断/切换装置实现自动/手动切换
3	阿波罗－土星 V 火箭（美国用于发射阿波罗号载人飞船）	3 级，长 110 m，最大直径 10 m，翼展 19 m，起飞质量 2 945 t，起飞推力 34 029 kN，运载能力（逃逸轨道）50 t。1967 年 11 月 9 日首发不载人阿波罗 4 号飞船，1968 年 12 月 21 日首发载人阿波罗 8 号飞船入绕月轨道，至 1973 年 12 月，共发射 13 次，成功率 100%	控制系统采用系统级冗余，具有完整的两套制导与控制系统： 1）主系统为火箭上的平台－计算机全惯性制导与控制系统，数据转换器采用双冗余和三冗余结构，控制计算机采用部件冗余和多个并联元件冗余结构。伺服机构采用冗余结构。 2）副系统为飞船上的平台－计算机全惯性制导与控制系统。还曾考虑在运载火箭上增加一套捷联式制导与控制系统作为备份（后因第一备份方案工作良好，未用第二备份方案）

续表

序号	火箭型号	主要性能参数及用途	控制系统结构
4	航天飞机（美国天地往返重复使用载人航天运载器）	全长 56.14 m，高 23.34 m，起飞质量 204 t，起飞推力 20 802.7 kN（过载 < 3 g），运行轨道高度 185～1 110 km，运行时间 7～30 天，乘员 3～7 人（可达 10 人），有效载荷 29.5 t（入轨）、14 t（出轨），地面周转时间 14 天。1981 年～2003 年，共发射 103 次，失败 2 次，成功率 98%	电子系统为冗余结构，包括制导、导航与控制（GNC）系统，数据处理系统，测量系统，通信系统，辅助导航系统。共有 300 多个电子"黑盒子"，用 300 多 km 长电缆连接。　　GNC 系统为四冗余计算机组，3 套 4 框架全姿态惯性稳定平台，用星光跟踪器在轨校准，惯性姿态控制系统的速率陀螺（10 个）、角加速度计（4 个）和控制计算机（4 台），都有冗余，具有完善的自动和手动功能
5	东方号火箭（苏联用于发射东方号载人飞船）	2 级 + 4 个助推器，长 38.36 m，最大直径 10.3 m，起飞质量 287 t，起飞推力 4 002.5 kN，运载能力 4 730 kg（近地轨道）、1 840 kg（太阳同步轨道 650 km，98°）。1961 年 4 月 12 日首次将东方号飞船送上天，至 1991 年共发射 149 次。1970 年～1989 年共发射 92 次，失败 1 次，成功率 98.9%；1981 年～1989 年成功率为 100%	它由月球号火箭改进而成。控制系统采用两套惯性制导系统：　　1）一套在一子级仪器舱内，用于助推段和一子级制导，由平台和积分加速度表组成，在箭体上。　　2）另一捷联式惯性制导系统装在二子级上，沿箭体轴向还装一个积分加速度表，用来积分飞行轨道方向的加速度；还有一套弹射座椅式应急救生系统
6	联盟号火箭（苏联/俄罗斯用于发射上升号和联盟号载人飞船）	2 级 + 4 级助推器，长 49.52 m，最大直径 10.3 m，起飞质量 310 t，起飞推力 4 002.5 kN，运载能力 7 200 kg（近地轨道）。1965 年发射上升号载人飞船，1967 年发射联盟号载人飞船（柯马罗夫返回时死亡）。1970 年～1989 年共发射 578 次，失败 12 次，成功率 97.9%	控制系统方案同东方号火箭，有两套惯性制导系统：　　1）一子级装有惯性平台和积分加速度表；还装有一个捷联加速度表，用于推力调节控制。　　2）第二套惯性制导系统装在二子级上，包括一个捷联积分加速度表，用于速度—推力和关机控制；还有一套逃逸塔式应急救生系统

续表

序号	火箭型号	主要性能参数及用途	控制系统结构
7	能源号火箭（苏联最大的运载火箭，发射暴风雪号航天飞机）	2级，长 58.7 m，最大宽度 18 m，起飞质量 2 200 t，起飞推力 35 457 kN，运载能力 100 t（200 km 轨道）。1987 年 5 月"基本型"首发成功，1988 年 11 月 15 日发射暴风雪号航天飞机成功。仅发射 2 次，都成功	电子系统（包括制导与控制系统）采用冗余设计技术，内部系统结构不详
8	阿里安 5 火箭（欧洲航天局原计划用于发射载人使神号航天飞机）	2级，长 46.4~55.9 m，最大直径 13.2 m，起飞质量 713~733 t，起飞推力 11 400~13 000 kN，运载能力 6.9 t（地球同步转移轨道，5°~12°），18 t（500 km×500 km，28.5°），22 t（90×450 km，28.5°）。1995 年首飞失败。原计划 1998 年发射不载人使神号航天飞机	阿里安 1 火箭~阿里安 3 火箭控制系统采用平台-计算机全惯性控制系统，单套无冗余。阿里安 4 火箭控制系统采用平台-计算机/激光陀螺速率捷联-计算机两套控制系统，主系统故障后自动切换到副系统。到阿里安 4 火箭第四发，改为双套激光捷联系统。阿里安 5 火箭控制系统同阿里安 4 火箭的双套捷联控制系统

18.5.1.3　载人火箭控制系统冗余方案特点

1）控制系统采用系统级冗余，可以避免单故障点的存在。能够做到"一次故障工作"，"二次故障安全"。

2）控制系统采用冗余技术，既可以在火箭上增加一套备用控制系统（最好是不同类型），又可以将飞船的控制系统作为备份（例如美国的双子星座－大力神 ZLV4 火箭和阿波罗－土星Ⅴ火箭）。

3）在互为冗余的控制系统内部，还可以采用整机冗余、部件冗余和元件冗余，以进一步提高可靠性。

4）采用成熟的技术，备用系统一定要简单可靠并经过飞行试验的考验。当代的速率捷联惯性制导与控制系统最具优势。

5）在系统级冗余中，故障判断/切换的可靠性是关键，其可靠性指标必须优于冗余系统。双冗余或三冗余，控制计算机兼作冗余管理，用软件实现故障切换方案（例如美国的航天飞机和欧洲航天局的阿里安 4 火箭和阿里安 5 火箭等，均采用软件故障切换方案）优于单独的故障判断/切换装置的硬件方案。

18.5.2 控制系统冗余设计的原则

（1）系统冗余是提高控制系统可靠性的最好方法

从系统结构划分，可以分为系统冗余和整机内部部件冗余两种。

对运载火箭控制系统来说，系统冗余就是在原系统的基础上，并联一个或两个不同的成熟系统。系统冗余既可以保持原系统的可靠性指标不变和构成系统的整机不变，又能使性能、成本保持最佳状态。目前常用的系统冗余方案有无线电/惯性冗余控制系统、平台/捷联冗余控制系统。

整机（平台、计算机或伺服机构）内部部件冗余，由于要改变原整机的线路结构、生产工艺和试验方法，因此无法保持原成熟整机的可靠性指标。

（2）构成系统级的各个控制系统必须采用成熟的技术，并经过飞行试验的验证

在弹道导弹基础上发展起来的运载火箭，其控制系统也多数是在导弹控制系统的基础上，再并联一个惯性控制系统或无线电控制系统构成双重冗余控制系统。当用运载火箭发射载人航天器时，由于要求提高控制系统的可靠性和安全性，因此构成了三重冗余的控制系统或增加了航天员逃逸救生系统。无论是双重冗余还是三重冗余的系统，它们的单个控制系统都是简单成熟的。逃逸救生系统也要求简单可靠。美国的大力神 ZLV4 火箭在原导弹系统的基础上增加了一套无线电制导系统，其可靠性由原来的 88.8% 提高到 99.75%。美国的土星 V 火箭的制导系统采用了惯性平台/捷联的主备系统。欧洲航天局的阿里安 4 火箭前三发采用平台/捷联主备控制系统，到第四发改为捷联/捷联双重冗余方案，以降低成本；阿里安 5 火箭（发射载人航天飞机时），仍沿用阿里安 4 火箭的捷联/捷联双重冗余控制系统。

载人火箭的控制系统必须采用多重冗余，并必须满足"故障—工作/故障—安全"的原则，安全性指标要求达到 0.999。

平台系统是 20 世纪 60 年代末期发展起来的最成熟的运载火箭控制系统，目前仍有许多运载火箭的控制系统采用此方案，并且主系统是冗余的。

（3）捷联式制导系统是控制系统冗余备用方案的优选方案

世界航天国家载人火箭的控制系统经历了以下发展过程：位置捷联系统（由测量大姿态角的框架式二自由度陀螺或静电陀螺和加速度表组成）→三轴或四轴稳定平台系统（由 3 个单自由度陀螺组成平台框架稳定回路，从而建立了稳定的惯性空间）→速率捷联系统（由测量箭体角速率的陀螺和加速度表组成，又称为"数学平台"系统）。

速率捷联制导系统是在小型高速箭载计算机（超大规模集成电路构成）、高精度大角速率的速率积分陀螺、动力调谐陀螺（挠性陀螺）和激光陀螺成熟应用的基础上发展起来的。它与平台系统相比，具有体积和质量小、成本低（只是平台的 1/10）、易维护使用和便于冗余设计等显著优点。速率捷联制导系统在美国、苏联的火箭和航天器控制系统中得到了成功应用，欧洲航天局的阿里安 4 火箭、阿里安 5 火箭和日本的 H－2 火箭也采用了激光陀螺捷联惯性测量组合。

（4）采用箭载计算机实现故障判别与主/备切换

采用两台相同的箭载计算机（1 和 2）同时接收框架平台和数学平台的输入信息，并进行两惯性组合的故障判别与切换。在完成相同的制导与稳定计算后，两台箭载计算机各自采用标准的弹道数据、稳定的计算数据以及它们的故障偏差，将主箭载计算机的计算结果送到备箭载计算机进行故障判断，以确定箭载计算机 1 是"正常"或"故障"。箭载计算机的输出规则是：箭载计算机 1 和箭载计算机 2 都正常，箭载计算机 1 输出；箭载计算机 1 正常，箭载计算机 2 故障，箭载计算机 1 输出；箭载计算机 1 故障，箭载计算机 2 正常，箭载计算机 2 输出。时序装置和综合放大器都有箭载计算机 1 和箭载计算机 2 的输入通道，但只有一台箭载计算机输出。

箭载计算机方案的软、硬件技术成熟，设备简单，可靠性高；而采用单独的判别器和切换器的技术复杂，会产生可靠性"瓶颈"。

18.5.3　平台/速率捷联控制系统冗余方案的比较

载人火箭控制系统采用平台/速率捷联控制系统时，可以采用下列两种冗余方案：

第一种方案是平台—计算机全惯性制导与控制系统作为主系统，采用技术成熟的挠性速率捷联惯导组合，再加上速率捷联四元数计算机，组成数学平台作为备用系统。用双套箭载计算机同时接收框架平台和数学平台的输出信号，经制导、时序计算和姿态控制计算后，同时送到时序控制装置和综合放大器。

第二种方案是箭载平台—计算机全惯性制导与控制系统作为主系统，船载速率捷联惯性系统（包括惯导组合和船载计算机）作为备用系统，其他箭载结构与第一种方案相同。

第一种方案应用独立性好，火箭可以发射其他有效载荷，也便于研制与管理。

第二种方案简单、成本低，适用于专门发射载人飞船的火箭；但研制与管理难度较大，并增加了火箭与飞船之间的协调工作。

18.5.4　载人火箭控制系统冗余设计的一般法则

18.5.4.1　基本概念

为提高控制系统的可靠性，可以采用下列两种方法：

1) 故障预防（fault prevention）法：不允许故障存在，使系统的失效概率减少到可以接受的程度。这是多年来采用的传统方法。

2) 容错（fault tolerance）法：允许故障发生，但其影响可借助冗余技术自动抵消，使系统保持正常工作。

可以采用的冗余技术包括附加硬件、附加软件、附加时间或它们的组合。

冗余的含义是：当系统无故障时，取消这些多余部分，系统仍能正常工作。

容错设计的一个重要原则是：技术成熟和系统结构简单。只有这样才能达到提高可靠性的目的。如果技术不成熟、系统很复杂，那么就会适得其反。

　　容错系统的广义定义是：在特定故障存在的情况下，该系统具有执行正常功能的内在能力（无外界的帮助）。所谓"特定故障"是指系统硬件电平偏离正常工作范围或软件内部出错。

　　在系统运行期间，故障可以分为两类：

　　1）可以预见的故障；

　　2）不可以预见的故障。

　　对于高可靠的系统必须同时考虑两类故障的容错管理措施。

　　容错系统是借助于冗余技术实现的。冗余技术又分为静态冗余和动态冗余。

18.5.4.2　静态冗余

　　静态冗余又称为屏蔽冗余（masking redundancy），它依靠采用附加的系统（元件或设备）来屏蔽掉故障系统（元件或设备）。三模冗余（TMR，triple modular redundancy）和纠错码是屏蔽故障常用的两种方法。运载火箭控制系统的冗余结构，基本上是按照 TMR 系统理论建立的。纠错码法常用于数字设备内部硬件和软件的可靠性设计。

　　（1）三模冗余

　　三模冗余是冯·伊曼（Von Neumann）于 1956 年首先提出来的，冗余的基本思想如图 18.19 所示。图中 M 为完成特定功能的模块；V 为表决器（又称为多数表决器），它可以是一个简单的电路，也可以是一个微处理器。

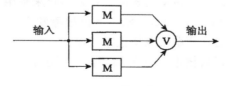

图 18.19　三模冗余框图

　　三模冗余也可以扩展为任意一个冗余模块构成 N 模冗余（NMR）系统。NMR 系统容许 $n=(N-1)/2$ 个模块发生故障，N 为奇数。NMR 系统可靠度的计算公式为

$$R_{\text{NMR}} = \sum_{i=0}^{n} \binom{N}{i} (1 - R_{\text{M}})^i R_{\text{M}}^{(N-i)} \qquad (18.5-1)$$

式中　R_{M}——单个模块 M 的可靠度。

对于 TMR 系统来说，$N=3$，$n=1$，这里假设表决器的可靠度为 1（不发生故障）。在 TMR 系统中，如果 3 个模块发生故障是相互独立的，那么系统的可靠度为

$$R_{\text{TMR}} = R_{\text{M}}^3 + 3R_{\text{M}}^2 (1 - R_{\text{M}}) = R_{\text{M}}^2 (3 - 2R_{\text{M}}) \qquad (18.5-2)$$

如果 $R_{\text{M}} = 0.5$，代入（18.5-2）式，那么可以得 $R_{\text{TMR}} = 0.5$，可靠度无改善。举例说明，单个模块的可靠度很低时，采用 TMR 系统提高不了可靠性，从而要求每个模块都要有较高的可靠性水平。工程上常用的方法是充分地进行老炼筛选。R_{M} 是时间的指数函数，用失效率 λ 表示可靠度 $R_{\text{M}} = e^{-\lambda t}$，将其代入（18.5-2）式计算得 $R_{\text{TMR}} = 3e^{-2\lambda t} - 2e^{-3\lambda t}$。

单个模块的平均无故障时间（MTBF）为 $\dfrac{1}{\lambda}$，而 TMR 的 MTBF 为

$$\int_0^\infty R_{\text{TMR}} dt = \int_0^\infty (3e^{-2\lambda t} - 2e^{-3\lambda t}) \, dt = \frac{5}{6\lambda} \qquad (18.5-3)$$

图 18.20 示出了单个模块和 TMR 系统可靠度函数的曲线关系。

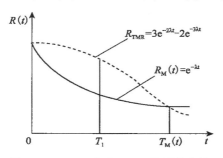

图 18.20　R_{TMR} 和 R_{M}（t）的函数曲线

从图 18.20 可以看出，当任务时间 $t=0$ 时，冗余系统与不冗余系统的可靠度是一样的。当任务时间 $t=T_1$ 时，TMR 系统的可靠度明显优于模块的可靠度。当任务时间延长到 $t=T_{\text{M}}$ 时，即模块晚期

失效，其可靠度很低时，冗余系统也不起作用。当任务时间再延长到 $t > T_M$ 时，冗余系统还不如单个模块的可靠度水平。因此，对冗余系统又提出了一个比 MTBF 更好的参数，那就是可靠度改善因数（RIF），即非冗余系统失效概率与冗余系统失效概率之比。如果非冗余系统的可靠度为 R_M、冗余系统的可靠度为 $R_{T/S}$，那么可靠度改善因数为

$$\text{RIF} = \frac{1 - R_M}{1 - R_{T/S}} \qquad (18.5-4)$$

（18.5-4）式没有考虑表决器 V 的可靠度。事实上，表决器 V 的可靠度 $R_V = e^{-\lambda_V t}$ 要串入系统，（18.5-2）式将变为

$$R_{TMR} = R_V \left(3R_M^2 - 2R_M^3\right) = R_M^2 R_V \left(3 - 2R_M\right) \qquad (18.5-5)$$

令 $R_M^2 \left(3 - 2R_M\right) = R_{3M}$，则

$$R_{TMR} = R_V R_{3M} \qquad (18.5-6)$$

（18.5-5）式或（18.5-6）式为三模冗余系统的可靠度的完整表达式。从（18.5-2）式到（18.5-6）式可以得出以下结论：

1）TMR 系统可靠度只有在单个模块的可靠度达到足够高的水平时，才能达到比单个模块可靠度更高的目的。

2）TMR 系统的可靠度 R_{TMR} 是单个模块三并联的可靠度 R_{3M} 乘上表决器 V 的可靠度 R_V，所以要求 $R_V \gg R_{3M}$，否则构成的 TMR 系统就没有意义。

（2）三模冗余的可靠度计算举例

【例1】 采用 3 套平台冗余的航天飞机控制系统，其单套平台的可靠度 $R_M = 0.992$，表决器 V 的可靠度 $R_V = 0.995$，可以求出 $R_{3M} = 0.999\ 8$。

代入（18.5-6）式可以求出 $R_{TMR} = 0.994\ 8$

代入（18.5-4）式可以求出 RIF$= 1.538\ 5$

由于对表决器 V 的要求高，因此提出了如图 18.21 所示的 3 个表决器 V 方案。此方案称为三重 TMR 系统结构。

3 个表决器 V，只要有两个正常工作即可。该系统的可靠度 R_{SYS} 为

$$R_{SYS} = (R_M R_V)^3 + 3\ (R_M R_V)^2\ (1 - R_M R_V) \qquad (18.5-7)$$

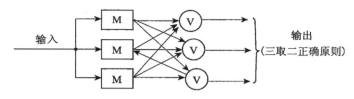

图 18.21　三重 TMR 系统结构

令 $R_T = R_M R_V$

$$R_{SYS} = R_T^3 + 3R_T^2(1 - R_T) \qquad (18.5-8)$$

如果 $R_V = 1$，那么 $R_{SYS} = R_M^3 + 3R_M^2 (1 - R_M) = R_M^2 (3 - 2R_M)$，即 (18.5-2) 式与基本的 TMR 系统一样。

【例 2】　同例 1 的条件一样，$R_M = 0.992$，$R_V = 0.995$，改用三重 TMR 系统后，可求出 $R_{SYS} = 0.9995$ 和 RIF = 16。

从例 1 和例 2 的比较可以看出，R_{SYS} 比 R_{TMR} 的可靠度提高了一个数量级，可靠度改善因数 RIF 提高了 10.4 倍。

（3）三模冗余系统的优点

由以上分析可以看出，TMR 系统具有以下突出的优点：

1）能立即实现故障屏蔽，对于永久性故障和瞬时性故障均能得到良好的屏蔽。如果只屏蔽瞬态干扰引起的瞬时故障，那么无须进行模块切换，而由判别器中的软件实现屏蔽。

2）在屏蔽之前，无须单独进行故障检查。

3）能很容易地由无冗余的系统组成 TMR 系统，而且能很好地保留原系统的可靠性水平。

18.5.4.3　动态冗余

（1）动态冗余系统

动态冗余系统是由若干个模块组成的，只有一个在线运行，称为主模块；其他处于离线备用（也可以在线运行备用）的模块，称为备模块。如果主模块发生故障，则由故障检测器（简称故检器）切换到备模块，取代主模块继续工作。动态冗余的实质就是故检器不停地进行故障检测和故障后的工作恢复。具有 n 个备模块的动态冗余方案如图 18.22 所示。

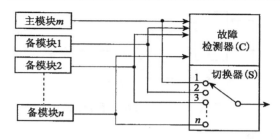

图 18.22　具有 n 个备模块的动态冗余方案

当 $R_C = R_S = 1$ 时，即故检器切换的可靠度为 1 时，具有 n 个备模块的动态冗余系统的可靠度为

$$R_n = 1 - (1 - R_M)^{(n+1)} \tag{18.5-9}$$

如果 $n = 1$，那么主/备式冗余系统的可靠度为

$$R_{N1} = 1 - (1 - R_M)^2 \tag{18.5-10}$$

在给定的任务时间内，每个动态冗余系统均有限定的最佳备用模块。在任务时间短的情况下，有一个备模块最好。

【例】　如果 $R_M = 0.9$，代入（18.5-10）式，那么可以得出 $R_{N1} = 1 - 0.1^2 = 0.99$。

R_{N1} 比 R_M 提高了一个数量级，改善非常明显。

（2）动态冗余系统分类

动态冗余系统又可以分为两大类：冷备用系统和热备用系统。

热备用系统就是常用的双计算机系统。欧洲航天局的阿里安 4 火箭和阿里安 5 火箭的平台/捷联惯导冗余组合和双箭载计算机（见图 18.17 和图 18.18）就是典型的双计算机系统，故检器和切换器均由箭载计算机（OBC1 和 OBC2）的故检/切换（R_C 和 $R_S \approx 1$）软件完成。

双箭载计算机系统的可靠度为

$$R_{N12} = [R_M^2 + 2CR_M(1 - R_M)]R_{SC} \tag{18.5-11}$$

式中　R_{SC}——故检器和切换器的可靠度，对双箭载计算机来说，它是由故检/切换软件模块实现的，$R_{SC} = 2R_C - R_C^2$（R_C 为箭载计算机故检/切换软件的可靠度）；

　　　　C——有效系数（Coverage factor）。

C 的定义为：在存在故障的条件下，检测出故障和重构系统成功的条件概率。它主要取决于选取的故障检测参数和故障判别模型的正确性。如果完全准确有效，那么 $C=1$；如果 $R_{SC}=1$，那么（18.5—11）式与（18.5—10）式完全一样。事实上，$C=1$ 是可能的，而 $R_{SC}=1$ 是不可能的，所以（18.5—11）式变为

$$R_{N12} = \{1 - (1 - R_M)^2\} R_{SC} \qquad (18.5-12)$$

令 $R_{ZM} = 1 - (1 - R_M)^2$，为两模块并联，那么（18.5—12）式为

$$R_{N12} = R_{2M} R_{SC} \qquad (18.5-13)$$

如果动态冗余系统采用不同类型的模块（例如平台与捷联）的冗余，那么 R_{2M} 为两个不同模块（R_{M1} 与 R_{M2}）的并联，即

$$R_{2M} = R_{M1} + R_{M2} - R_{M1} R_{M2} \qquad (18.5-14)$$

　　【例】　在图 18.17 的阿里安 4 火箭控制系统的冗余系统中，框架平台为主系统，数学平台为备用系统，双箭载计算机作为故检器和切换器。计算该系统的可靠度。

　　框架平台和数学平台一样，$R_M = 0.992$，单台箭载计算机的可靠度为 0.995。

$$R_{SC} = 2 \times 0.995 - 0.995^2 = 0.999\ 975$$
$$R_{2M} = 1 - (1 - 0.992)^2 = 0.999\ 936$$
$$R_{N12} = 0.999\ 975 \times 0.999\ 936 = 0.999\ 911$$

　　可见，可靠度是相当高的，RIF＝89.9，比例 2 中的 RIF 提高了 5.6 倍。这显示出了主/备式惯性组合与双箭载计算机故检切换的突出优点。

18.5.4.4　混合冗余

　　把静态冗余和动态冗余两种方法结合起来使用，称为混合冗余。它通常采用一组 TMR 系统和一组主/备式系统。美国双子星座一大力神 ZLV4 火箭的控制系统、阿波罗一土星 V 火箭的控制系统，欧洲航天局的阿里安 4 火箭和阿里安 5 火箭的控制系统的冗余结构都是混合冗余。阿里安 4 火箭的前三发采用框架平台/速率捷联的主/备式惯性组合的动态冗余结构，从第四发开始采用速率捷联/速率捷联的主/备式惯性组合的动态冗余结构。前者是不同体制的惯性组合

冗余（主要是由单一平台惯性导航系统并联一个技术成熟的速率捷联惯性导航系统，构成冗余控制系统结构的过渡阶段），后者是相同体制的惯性组合冗余（主要是为降低成本，因为平台系统的价格是捷联系统的 10 倍）。计划载人的阿里安 5 火箭的控制系统也采用该方案。后来的阿里安 4 火箭和阿里安 5 火箭控制系统的故障检测和冗余判断与切换，都采用双箭载计算机同时接收两组惯性组合的信息来实现。这是一个典型的 TMR 系统冗余结构。

阿里安 4 火箭和阿里安 5 火箭的混合冗余方案是在双子星座－大力神 ZLV4 火箭和阿波罗－土星 V 火箭控制系统冗余方案的基础上发展起来的。从克服共因失效的角度出发，不同体制的惯性组合冗余比相同体制的惯性组合冗余的方案好。阿里安 5 火箭第一发失败就是共因失效造成的，冗余系统未能发挥作用。典型的平台/捷联双箭载计算机混合冗余系统结构如图 18.23 所示。框架平台和数学平台（捷联惯性组合与四元数计算机）构成主/备式动态冗余。箭载控制计算机 1、2 实现故障检测与切换。框架平台为主系统，出现故障后，箭载控制计算机 1（简称箭机 1）或箭载控制计算机 2（简称箭机 2）关闭框架平台输出信息，转用数学平台输出信息。箭机 1 或箭机 2 的制导计算和姿态计算均有 3 个输入信息。制导计算的输入信息有：框架平台加速度表输出 $\dot{W}_i^P$（$i=x,\ y,\ z$）、数学平台四元数计算机加速度表输出 $\dot{W}_i^J$、设计值 $\dot{W}_i^S$。姿态计算的输入信息有：框架平台的姿态角输出 θ_i^P（$i=x,\ y,\ z$）、数学平台四元数计算机角速率输出 $\dot{\theta}_i^J$、安装在火箭特定位置的角速率陀螺输出 $\dot{\theta}_i$。制导计算和姿态计算均为 TMR 系统静态冗余结构。箭机 1 与箭机 2 同时工作，时序控制装置同时接收箭机 1 或箭机 2 的关机与时序指令，综合放大器同时接收箭机 1 或箭机 2 的姿态控制信号。箭机 1 与箭机 2 同时工作，互相有通信接口（RS422），其输出法则是：箭机 1 与箭机 2 都正常时，箭机 1 输出（D1、V1）；箭机 1 正常，箭机 2 故障，箭机 1 输出（D1、V1）；箭机 1 故障，箭机 2 正常时，箭机 2 输出（D2、V2）。时序控制装置和综合放大器尽管都能接收箭机 1 与箭机 2 的输出信息，但实际工作时只有一台箭载计算机输出，另一台不输出。

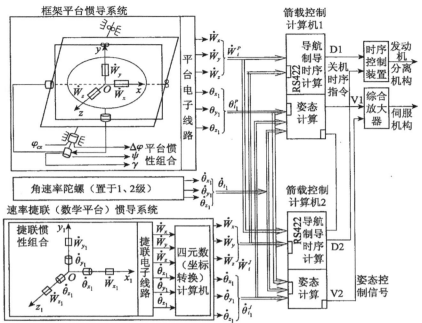

*捷联姿态角的计算输出与平台姿态角一致，角或角速率都可，便于姿态控制综合。

图 18.23 平台/捷联双箭载计算机混合冗余系统结构

18.5.5 平台/捷联复合控制系统及其冗余管理

上面介绍了复合冗余结构的典型系统－平台/捷联惯性控制系统。从系统的控制数学模型出发，还需要建立一套冗余管理的数学模型。

18.5.5.1 平台惯性控制系统（主系统）

平台惯性控制系统的核心是框架平台。框架平台由具有定轴性的 3 个角位置陀螺稳定的发射点惯性坐标系（定系 I）上的 3 个线加速度表，以及测量 3 个方向的视加速度的装置构成。通过箭载计算机实现运动方程计算并完成导航和制导任务。平台控制系统的内部结构、制导与导航方程、姿态与稳定控制方程，见 18.4.1 节。

18.5.5.2　速率捷联惯性控制系统（备用系统）

速率捷联惯性系统的核心是捷联惯性组合和四元数计算机构成的数学平台。安装在火箭本体坐标系（动系 E）上的 3 个轴向的角速率陀螺和线加速度表测量角速率 $\dot{\theta}_i^i$ 和视加速度 $\dot{W}_{i_1}^i$；然后经过四元数计算，将其坐标转换成发射点惯性坐标（定系 I）上的 3 个视加速度 $\dot{W}_i^I$，再经过箭载计算机进行导航和制导计算。这就是速率捷联惯性导航系统的任务。

速率捷联惯性控制系统的典型系统结构、速率陀螺和加速度表的误差补偿、数学平台的姿态四元数计算、数学平台的导航计算、数学平台的制导与姿态计算方程组见 18.4.2 节。

18.5.5.3　故障可测性与冗余管理数学模型

（1）火箭突发性失稳故障的不可测性

由于动力系统突然爆炸和箭体结构突然断裂均在几十毫秒内发生，因此难以敏感和快速反应，所以无法进行冗余设计。

（2）火箭各系统的缓变故障是可测的

控制系统（惯性导航组合，箭载控制计算机或变换放大器，伺服机构和一、二次电源）的失效，往往通过姿态信息反映出来。例如，运载火箭失去惯性基准（平台或捷联惯性组合故障），其姿态失稳的最大角变化率约为 15(°)/s，从产生故障（发现姿态信息失常）到完全失稳（称为故障延续时间 t_F）约为 0.3 s。这就要求故障检测、判断和切换要在 0.3 s 内完成。因此，有可能对控制系统进行冗余设计，实现故障隔离和进行系统重组。

（3）故障识别的可靠性

从图 18.23 可以看出，将进行姿态控制的 3 个角速率信息（平台、捷联和角速率陀螺）分别送到箭载控制计算机 1 和箭载控制计算机 2 进行"3 取 2"的判别，这说明判别和切换环节也是双冗余的，保证了高可靠。还要考虑消除由于电磁兼容问题造成的突发性干扰误判。另外，必须在 t_F 时间内对故障进行多次判别，以消除"野值"。这是冗余管理软件中的故障瞬时抑制措施。如果姿态计算

周期 T_C 为 20 ms，当计算出不可信的"野值"时，仍要输出上次的正常值（或输出"限幅值"），以不影响箭体的稳定而进行多次判别。目前在进行 10～15 次判别后，再对火箭进行控制，也能保证火箭不失控。

（4）运载火箭飞行控制参数设计值和偏差值的已知性

飞行轨道、时序控制和姿态控制的设计值、正常允许偏差、故障偏差和灾难性故障偏差，可以建立故障判别模型在地面仿真实验和飞行遥测数据处理中确定。

（5）平台/捷联姿态信息故障判别模型

由图 18.23 可以看出，箭载控制计算机 1 和箭载控制计算机 2 同时对 3 个输入信息（$\dot{\theta}_{i_1}^P$、$\dot{\theta}_{i_1}^J$、$\dot{\theta}_{i_1}$）进行"3 取 2"的判别。平台的框架角（β_{XP}、β_{YP}、β_{ZP}）已通过平台的分解器变成了箭体坐标系姿态角 $\theta_{i_1}^P$（$i=x$，y，z），并对时间微分求出角变化率值 $\dot{\theta}_{i_1}^J$，然后就可以与速率捷联惯导系统输出 $\dot{\theta}_{i_1}^J$（$i=x$，y，z）、角速率陀螺输出 $\dot{\theta}_{i_1}$ 进行比较。其故障判别模型为

$$| \dot{\theta}_{i_1}^P - \dot{\theta}_{i_1}^J | \leqslant \Delta\dot{\theta}_1 \qquad (18.5-15)$$

$$| \dot{\theta}_{i_1}^P - \dot{\theta}_{i_1} | \leqslant \Delta\dot{\theta}_2 \qquad (18.5-16)$$

$$| \dot{\theta}_{i_1}^J - \dot{\theta}_{i_1} | \leqslant \Delta\dot{\theta}_3 \qquad (18.5-17)$$

式中　$\Delta\dot{\theta}_1$——平台与捷联故障判别偏差值；

　　　$\Delta\dot{\theta}_2$——平台与速率陀螺故障判别偏差值；

　　　$\Delta\dot{\theta}_3$——捷联与速率陀螺故障判别偏差值。

如果（18.5—15）式和（18.5—16）式成立，平台正常，那么箭载控制计算机 1 和箭载控制计算机 2 均用平台输出信息进行姿态计算。

如果（18.5—15）式和（18.5—16）式不成立，而（18.5—17）式成立，那么平台失效，准备切换。如果箭载控制计算机 1 和箭载控制计算机 2 输入故障判别都一致，连续判别 n 次后均如此，那么

箭载控制计算机 1 和箭载控制计算机 2 改用捷联输出 $\dot{\theta}_{i_1}^J$ 进行姿态计算，完成平台的故障屏蔽。

如果（18.5－15）式、（18.5－16）式和（18.5－17）式均不成立，说明火箭出现故障，按故障火箭处理。

（6）平台/捷联制导控制的加速度故障判别模型

如果框架平台上的 3 个加速度表输出为 $\dot{W}_i^P (i=x,y,z)$，数学平台（捷联惯性组合与四元数计算机）上的 3 个加速度表输出为 $\dot{W}_i^J$ $(i=x,y,z)$，那么通过线性化弹道计算法，可以求出加速度设计值 $\dot{W}_i^S (i=x,y,z)$。

该系统制导计算加速度信息的故障判别模型为

$$| \dot{W}_i^P - \dot{W}_i^J | < \Delta\alpha_1 \qquad (18.5-18)$$

$$| \dot{W}_i^P - \dot{W}_i^S | < \Delta\alpha_2 \qquad (18.5-19)$$

$$| \dot{W}_i^J - \dot{W}_i^S | < \Delta\alpha_3 \qquad (18.5-20)$$

式中　$\Delta\alpha_1$，$\Delta\alpha_2$，$\Delta\alpha_3$——判别平台、捷联好坏的故障偏差值，可以通过大量的地面仿真实验和飞行遥测数据处理来确定。

如果（18.5－18）式和（18.5－19）式成立，那么取平台加速度表输出进行制导计算。

如果（18.5－18）式和（18.5－19）式不成立，而（18.5－20）式成立，说明平台故障，准备切换；箭载控制计算机 1 和箭载控制计算机 2 故障判断一致，连续判断 n 次后均如此，那么箭载控制计算机 1 和箭载控制计算机 2 改用捷联输出进行制导计算，完成平台的故障屏蔽。

如果（18.5－18）式、（18.5－19）式和（18.5－20）式均不成立，说明火箭出现故障，按故障火箭处理。

第 19 章　载人航天器人控系统的设计与地面试验

本章将论述载人航天工程关键技术之一，载人航天器人工控制（简称人控）系统的设计与地面试验。它是工程总体设计的重要内容、载人航天器的重要控制功能、航天员训练系统的重要组成部分，是载人航天工程跨系统的设计项目。本章将以美、俄两国载人航天器的人控系统为实例，来论述 8 个方面的设计与试验内容：设计原则与任务要求；系统结构、功能和配套设备；主要仪器设备及其特性；人控系统的安装布局要求与人机工效学；飞船离轨返回的人工控制；飞船交会对接的人工控制；人控系统的可靠性设计；人控系统的地面试验。

载人航天器的人工控制系统是载人航天器的重要组成部分，也是载人航天器的突出特点，是无人航天器所没有的。人工运动控制系统是载人航天器制导、导航和姿控（GNC）系统的重要组成部分（经常称为人工控制部分）。自动控制（简称自控）功能和人工控制功能必须综合分析，并进行联合设计。自控是 GNC 系统的基础，人控是自控的备份。

19.1　人控系统的设计原则与任务要求

从美国的水星号、双子星座号、阿波罗号飞船，天空实验室试验性空间站到航天飞机；从苏联的东方号、上升号、联盟号、联盟 T 号、联盟 TM 号飞船到礼炮号和和平号空间站，其飞行试验证明，航天员从准备发射、空间飞行到返回着陆要完成大量的任务，这是与无人航天器最大的区别。航天员要完成的主要任务可归纳为下列两个方面：

1）控制载人航天器沿其质心转动和平移，称为人工控制。当控制载人航天器绕质心运动和相对质心运动时，就可以完成交会、对接和下降着陆。

2）控制载人航天器上的各种仪器设备和科学观测控制操作，称为人工操作。

人控系统作为整个载人航天器控制的可靠性措施，是非常必要的。人控系统就是把一系列的控制操作授予了航天员，它通常比由自动控制系统来完成显得更优越、更合算。因为人控系统可以使载人航天器控制系统结构简化，体积和质量减小，功耗降低等。所以，载人航天器设计必须建立一个完整的，既有人控也有自控功能的综合体。只有这个综合体才能使载人航天器完成多种复杂的任务。航天员介入控制系统，大总体必须要对人控系统单独提出附加要求，而这些要求不必考虑是否需要自动。

19.1.1　人控系统的设计原则

人控系统设计的基本原则如下：

1）人控系统应设计成一个独立的控制系统单元，既能独立完成人工控制的功能，也不影响自动控制系统功能的完成。

2）人控系统必须保证操作灵活、简单。

3）人控系统设计要考虑人机工效学，人活动的特殊情况，人的精神状态，训练、疲劳性以及各种空间因素引起人体的不稳定性。

4）人控系统要保证载人航天器控制在从自动系统过渡到人控系统时，各种工作制式能够快速接通。

5）在人控系统的成套设备中应有显示设备，用以承担人控时的信息监控任务。

19.1.2　人控系统在载人航天器各飞行段要完成的任务

19.1.2.1　轨道飞行段任务

1）建立和保持对地三轴定向。

2）建立和保持对太阳单轴定向。

3）轨道校正。

19.1.2.2 返回地面段任务

1）在制动脉冲给出前，保持规定方向的三轴定向。

2）下降时刻给出制动脉冲。

3）在制动过程中为保证着陆点精度，必须保持稳定的姿态。

19.1.2.3 交会、对接段任务

1）捕获和发现对接目标。

2）导航和交会。

3）停靠和对接。

19.2 人控系统的结构、功能和配套设备

载人航天器的人控系统一般由显示器、光学瞄准镜、转动控制（姿态控制）手柄、平移控制手柄（载人航天器质心平移控制）和人控线路组成。

显示器为航天员提供人控操作的姿态和状态信息，引导航天员控制手柄的极性和大小。

光学瞄准镜用于航天员观测地球，以获取载人航天器的姿态信息。

转动控制手柄（姿控手柄）是航天员转动指令极性和大小的"三自由度转动机构"。

平移控制手柄是航天员发送平移指令极性和大小的"三自由度机构"。

人控线路把航天员控制手柄操作的信息转换到相应的开关发动机上去，以控制冲量的大小。

19.2.1 手柄机械联动比例控制系统

手柄机械联动比例控制系统将手柄用机械联动装置与推进剂调节阀相连动，构成手柄三轴控制器，如图 19.1 所示。手柄的方位控制推进剂流入"正"或"负"的姿控发动机，手柄的转角大小控制推进剂流量，从而控制产生推力的大小，所以载人航天器的角加速度与手柄控制转角成比例。这种系统已用于载人航天器轨道飞行的

各个阶段，仅仅依靠纯目视（光学瞄准镜作为目视设备）就可以完成人控返回，并能达到足够的精度。这种系统最大的优点是简单，只要发动机系统是好的（与电源无关），就可以由航天员操纵比例控制力矩而抵消连续干扰力矩实现返回控制。但是，这种系统也有很大的缺点，即复杂的联动装置和滑动型分流阀的细间隙容易导致死区等不可靠因素。

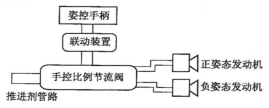

图 19.1　手柄机械联动比例控制系统

19.2.2　手柄电路控制冲量比例控制系统

目前，美、俄两国载人航天器的人控手柄都由球型转动联动电位器组成，手柄的 3 个自由度对应 3 个姿态角（俯仰角、偏航角和滚动角），手柄的零位对应电位器中点。前后推动手柄为负正俯仰角，左右推动手柄为负正偏航角，顺时针或反时针转动手柄为负正滚动角。姿态角的大小对应手柄转角的大小，姿态角的正负对应手柄转动的方向。俄罗斯联盟 TM 号载人飞船手柄的最大偏量为 100 mm，俯仰角和偏航角为 $\pm 32°$，滚动角为 $\pm 62°$，电位器输出电压为 ± 12 V（正电压对应正姿态角，负电压对应负姿态角）。

图 19.2 示出了手柄电路控制冲量比例控制系统的原理，以及手柄由零位转到（线性化示图）最大转角（以正俯仰角为例）控制开关发动机冲量的波形。假设理论开关发动机的推力为 F，$F\tau_1$ 为最小冲量（N·s），最大转角对应的最大冲量为 $F\tau_a$，载人航天器制导、导航和姿控（简称 GNC）系统选取的控制周期为 T（由控制精度要求决定）。τ_1 为发动机最短允许工作时间（取决于开关发动机的设计水平），τ_a 为开关发动机最大工作时间（一般取决于发动机两次工作之间的最短允许关闭时间 τ_N，$\tau_a = T - \tau_N$）。当然，从 GNC 设计品质出发，τ_1 越小越好（工程上的最好水平为 20

ms)，τ_a 越大越好（工程上，返回控制段选择 $T=80\sim160$ ms，τ_N 最好水平为 20 ms，因此 $\tau_a=160-20=140$（ms））。

美国的水星号飞船采用了电传操纵最小冲量人控系统。它用电气方法直接控制开关发动机，以满足"应急返回控制"的需要；用微动开关继电器电路控制两种不同推力的发动机（F 为 0.45 kg 与 10.89 kg），低推力时手柄转到 30%工作位置，高推力时转到 90%工作位置。利用手柄产生脉冲来获得速度增益，可以实现载人航天器姿态的稳定控制。

19.2.3　联盟 TM 号飞船的人控系统结构

联盟 TM 号飞船的人控系统设计是当代载人航天器最具代表性的系统。它采用了如图 19.2 所示的姿控手柄，既可以与自动部分结合起来完成人工控制，也可以单独完成人工控制，具有全自动人控、

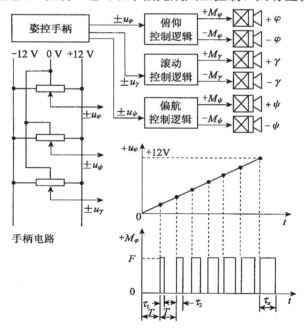

图 19.2　手柄电路控制冲量比例控制系统（电路与波形）

半自动人控、带有角速率阻尼的人控和直接人控 4 种工作模式。每种工作模式均能完成对地、对太阳定向，惯性飞行，交会对接和输出校正脉冲等控制任务，详见表 19.1。人控系统总框图如图 19.3 所示，其最小配置为光学瞄准镜、人控手柄、人控接口处理单元、功放与控制线路、小发动机和主发动机。从联盟 TM 号飞船 GNC 系统的冗余结构考虑，根据系统失效程度，人控系统可以分为 7 种工作模式，即半自动人控、数字回路人控、模拟回路人控、利用光学瞄准镜的直接人控、交会对接人控、从轨道人控返回、3 种距离的人控对接。每种工作模式完成的任务、所用的设备如表 19.2 所示。联盟 TM 号飞船人控方案的硬件配套表如表 19.3 所示。

表 19.1　人控系统功能与设备使用状况表

控制方式	控制任务	载人航天器信息仪表				手动系统仪表				阳光指示器	载人航天器时钟
		信号命令集	光电信号轨道显示器	综合输入指示器	手动输入指示器	专用瞄准镜	驾驶瞄准镜	光电测距仪	照明设备		
全自动人控	对地定向	+	+	+		+					
	惯性飞行	+	+	+							
	对太阳定向	+	+						+	+	
	对接	+	+	+		+			+		
	输出校正脉冲	+	+	+							
半自动人控	对地定向	+	+		+	+					
	惯性飞行	+	+	+	+						
	对太阳定向	+	+	+	+				+	+	
	对接	+	+	+	+	+					·
	输出校正脉冲	+	+	+	+						
带有速率阻尼的数字和模拟人控	对地定向	+	+			+					
	惯性飞行	+	+	+							
	对太阳定向	+	+						+	+	
	对接	+	+	+		+			+		
	输出校正脉冲	+	+	+		+					+

续表

控制方式	控制任务	载人航天器信息仪表				手动系统仪表				阳光指示器	载人航天器时钟
		信号命令集	光电信号轨道显示器	综合输入指示器	手动输入指示器	专用瞄准镜	驾驶瞄准镜	光电测距仪	照明设备		
直接人控	对地定向	+	+			+					
	惯性飞行										
	对太阳定向	+	+							+	+
	对接					+					
	输出校正脉冲	+	+			+					+

表 19.2　各种工作模式完成的任务和所用的设备

工作模式	工作任务	综合敏感元件	指令仪表	执行机构
半自动人控	1) 建立和保持对地三轴稳定； 2) 建立和保持单轴对太阳定向； 3) 建立和保持相对惯性坐标系的定向； 4) 飞船选择相对坐标系的程序转弯； 5) 轨道校正	红外地平仪 太阳敏感器 加速度表 角速率陀螺	红外地平仪 太阳敏感器 加速度表 角速率陀螺	主发动机 小发动机
数字回路人控	1) 利用光学瞄准镜对地定向； 2) 利用太阳敏感器对太阳定向； 3) 利用控制手柄给出校正脉冲； 4) 飞船在各个阶段的稳定； 5) 根据光学瞄准镜和照明完成交会过程的定向	角速率陀螺 光学瞄准镜	太阳敏感器	主发动机 小发动机
模拟回路人控	1) 对地三轴定向； 2) 单轴对太阳定向； 3) 飞船平移； 4) 轨道校正； 5) 在手动控制过程的稳定	角速率陀螺 光学瞄准镜	太阳敏感器 加速度表 红外地平仪 角速率陀螺	主发动机 小发动机

续表

工作模式		工作任务	综合敏感元件	指令仪表	执行机构
利用光学瞄准镜的直接人控		1) 对地三轴稳定； 2) 利用专用瞄准镜由姿控手柄直接控制； 3) 利用控制手柄发出定向脉冲	光学瞄准镜		主发动机 小发动机
交会对接人控		利用光电仪表导引到其他飞船	光学瞄准镜 驾驶瞄准镜		小发动机
从轨道人控返回（返回段）		以给定精度返回	角速率陀螺 加速度表 二自由度陀螺	目测监控设备 返回控制台	小发动机
人控对接	25 km 段	在船载计算机失效时，船天员根据交会雷达的参数（在综合显示屏上），完成悬停接近的交会	角速率陀螺	交会雷达	主发动机 小发动机
	5 km 段	在交会雷达失效时，保证接近	角速率陀螺	光学瞄准镜 驾驶瞄准镜	主发动机 小发动机
	300 m 段	在交会雷达失效或由于精度低不能保证交会时，完成飞船的最终对接	角速率陀螺	光学瞄准镜	小发动机

表 19.3 联盟 TM 号飞船人控系统硬件配套表

序号	部件、仪器	缩写	数量/套
1	船载数字计算机组件 数字计算机 记忆装置	БЦВК БЦВМ ЛПУ	1 1 1
2	船载接口装置	БСУ	2
3	角速率陀螺	БДУС	2
4	红外地平仪	ИКВ	2
5	太阳敏感器	ДОС	2
6	加速度表组	БА	1

续表

序号	部件、仪器	缩写	数量/套
7	小发动机	ДМТ	1
8	主发动机	МД	1
9	船载配电器	БК	1
10	电源配电单元	БРП	2
11	交会雷达	РТСС	1
12	逻辑控制装置	ЛПУ	1
13	人控接口处理单元	БСР	1
14	船载综合控制体	СУБК	5
15	航天员控制台	ПК	2
16	驾驶瞄准镜	ВП	1
17	专用瞄准镜	ВСК4	1
18	光电测距仪	ОЭД	1
19	返回速率陀螺（挠性 1×3）	БДУС	1组
20	二自由度陀螺（$\gamma=\pm170°$，$\psi=\pm50°$）	СГ	1
21	解算装置	СРП	2
22	返回控制台	БУСП	1
23	返回控制装置	ПУСП	1
24	自动备份装置	РБА	1
25	返回执行机构	СИОС	1
26	电源系统	СЗП	1
27	二次电源系统	ВИП	2
28	无线电指令	КРЛ	1
29	遥控系统	СТК	1
30	机械对接装置	СМС	1

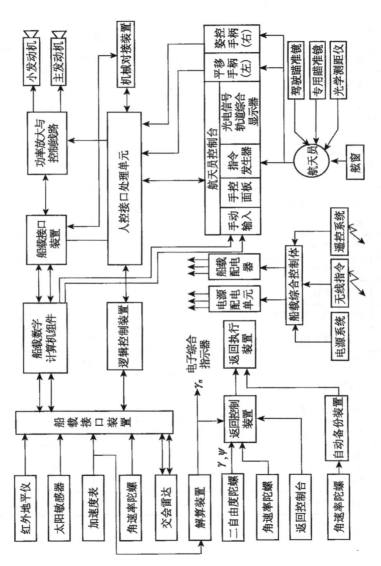

图19.3 联盟TM飞船的人控系统框图

联盟 TM 号飞船为各飞行段人控系统设计了以下 3 种控制回路：

1）使用船载计算机和自动及人控系统中的测量部件（姿控手柄、平移手柄、专用瞄准镜、手控信息输入指示器、交会雷达）构成的控制回路；

2）不使用船载计算机，只使用自动控制系统中的测量部件（红外地平仪、角速率陀螺、太阳敏感器、交会雷达）和人控系统中的测量部件（姿控手柄、平移手柄、专用瞄准镜、舷窗）构成的控制回路；

3）不使用船载计算机和自动控制系统中的测量部件，只使用手控系统中的测量部件（姿控手柄和平移手柄）和光学测量部件（专用瞄准镜、舷窗）构成的控制回路。

总之，联盟 TM 号飞船的人控系统是建立在数字控制回路和模拟控制回路基础上的。

19.2.4 数字控制回路人控系统

19.2.4.1 系统结构、原理与功能

数字控制回路人控系统分为半自动人控工作模式和全人控工作模式两种状态。

（1）半自动人控工作模式

数字控制回路人控系统结构如图 19.4 所示，它完成半自动人控工作模式。

飞船在轨道飞行段的各种运动与工作任务，以程序形式存入数字计算机的内存中，航天员可以通过控制面板把信息送入船载计算机。选择人控系统的半自动工作模式完成如下 5 项任务：

1）建立和保持对地三轴定向；

2）建立和保持对太阳单轴定向；

3）建立和保持飞船固连坐标系相对惯性坐标系的定向；

4）飞船选择相对坐标系的程序转弯；

5）轨道校正，即自动完成主发动机接通的循环程序和测量速度增量；当达到需要的速度后，给出断开主发动机命令的程序；在所

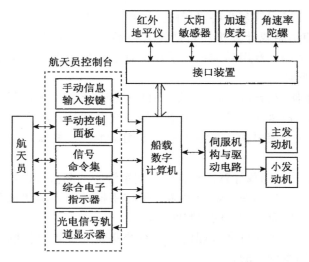

图 19.4　数字控制回路人控系统框图

有定向模式中，在完成编程转角和给定校正脉冲阶段，都要保证飞船的自稳定性。

从图 19.4 可见，半自动工作模式完成的 5 项任务，由航天员在控制台上把控制信息或设备信息以数码的形式输入（输出）到人控系统的船载计算机中。其控制信息决定：

1）手控系统工作模式（半自动或人控）；

2）系统工作模式（完成 5 项任务中的某一项任务）；

3）动态运行图（按预定的程序和规则进行控制）。

其设备信息决定物理量的代码和数字大小，包括：

1）编程速度增量给定值 ΔV；

2）主发动机工作时间给定值 Δt；

3）编程转角给定值 $\Delta\theta$、$\Delta\psi$、$\Delta\gamma$。

在程序执行过程中，航天员把人控系统船载计算机的信息送回到控制台上显示。

（2）人控工作模式

采用手柄的数字控制回路系统结构如图 19.5 所示，它完成人控工作模式。

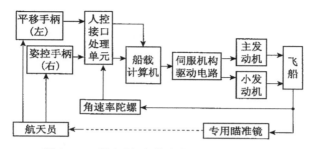

图 19.5　采用手柄的数字控制回路系统框图

采用手柄的数字回路完成飞船的姿态控制和平移运动控制。姿态控制是船体随其 3 个船体坐标轴的转动，平移运动控制是船体质心随其轨道坐标系 3 个坐标轴方向的平移。图 19.5 是一个包含航天员的闭环控制回路，经过角速率陀螺实现角速度反馈，经过专用瞄准镜和舷窗实现大回路反馈。航天员通过舷窗或利用专用瞄准镜信息，搬动姿控手柄（右）和平移手柄（左），经船载计算机和功率放大器形成控制主发动机或小发动机的脉冲信号。

接通小发动机后，飞船获得角加速度，改变角速度；当其角速度达到给定值时，断开小发动机。当搬动姿控手柄达到一定角度的偏离值时，即产生相应的飞船角速度。带有姿控手柄的数字回路可以完成以下动态操作：

1）用专用瞄准镜建立轨道坐标系；

2）在无角度限制下，完成飞船转动；

3）用姿控手柄给出校正脉冲，同时使用平移手柄和姿控手柄完成变轨状态下的飞船稳定；

4）完成飞船与运载火箭分离后的稳定（即消除初偏）控制；

5）用专用瞄准镜或舷窗完成对空间目标的定向；

6）航天员根据控制台上给出的太阳敏感器信息，建立和保持太阳定向。

采用手柄的数字回路控制的精度指标是：

1）根据专用瞄准镜的信息建立的轨道坐标系的保持精度为俯仰角和滚动角±5°；

2）根据太阳敏感器的信息建立的太阳定向保持精度为±5°；

3）利用红外地平仪建立和保持轨道对地定向的精度为俯仰角和滚动角±3°，偏航角±6°。

19.2.4.2 数控回路人控系统（自控或人控）仪器特性（含与 GNC 共同部分）

（1）角速度敏感器组

角速度敏感器组由固连在飞船轴 Ox、Oy、Oz 上的 3 个二自由度陀螺组成，测量飞船瞬间角速度在船体坐标轴上的投影。角速度敏感器组由速率陀螺组和反馈放大器组（陀螺处理线路）构成，给出正比于飞船角速度的电信号。其技术指标如下：

1）敏感度阈值为 0.002(°)/(s·bit)；

2）角速度线性测量范围为±6(°)/s；

3）工作时间为 10 000 h；

4）开关次数为 500；

5）功耗为 40 W；

6）质量为 23 kg。

（2）红外地平仪

红外地平仪是测量飞船所在地地平的仪器。该仪器有一个圆锥形轴，仪器的敏感元件绕该轴旋转。红外地平仪由机械光学头和电子模块两部分构成，接收地面的热（红外）辐射。其光学机电系统保证锥体扫描和建立本地地平。在改变飞行高度时，锥体扫描角将按新的地平线重新建立。

红外地平仪敏感轴顺着飞船的 y 面定向，但方向相反，即一y。当飞船的垂直轴 y 偏离仪器的敏感轴向时，在俯仰和滚动方向给出飞船运动控制信号。红外地平仪的技术指标如下：

1）误差为±40′；

2）瞬时视场为 2°×2°；

3）角线性变化范围为 2°；

4）工作高度范围为 150～500 km；

5）寿命为 20 000 h；

6）功耗为 5.5 W。

如果太阳进入红外地平仪视场，那么运动控制系统将给出禁止建立地平仪的信号，并禁止锥体扫描。

（3）太阳定向敏感器

太阳定向敏感器完成飞船垂直轴的太阳定向。在太阳敏感器视场内，实时向俯仰和滚动方向控制系统输出直流电压脉冲信号。敏感器视场分为几个区，每个区的敏感元件是照相接收器。太阳不在敏感器视场时，输出"阴影"信号。太阳敏感器敏感轴指向飞船的垂直坐标轴 y 向。其技术指标如下：

1）误差为 $\pm30'$；

2）光学块的圆视场为 $90°\times180°$；

3）寿命为 6 500 h；

4）质量为 3 kg；

5）功耗为 9 W。

（4）加速度表组

加速度表组由 3 个弦杆加速度表组成，用来测量飞船 x 轴向的线加速度。加速度表测量飞船加速度的原理是，测量加速度表质量的惯性力，该质量就是加速度表敏感元件的质量。弦杆振动频率正比于作用在飞船上的加速度。其技术指标如下：

1）不间断工作的最长时间为 100 min；

2）工作中最低间歇时间为 60 s；

3）允许开关次数为 300 次；

4）寿命为 100 h；

5）质量为 3 kg；

6）功耗为 15 W。

19.2.5 模拟控制回路人控系统

联盟 TM 号飞船 GNC 系统的模拟控制回路是从联盟号飞船继承下来的。当新型号飞船采用数字控制回路后，它变为备用控制回路，但仍在应急救生、返回再入、小升力控制等状态下发挥主导作用。当数字控制回路失效时，它仍保证飞船完成人控系统的任务。

模拟控制回路建立在直接控制指令仪表来的信息，并产生飞船的控制规律。最简单的控制规律是采用模拟（连续）信号，并且能使用简单的模拟计算器。

模拟控制回路人控系统又分为：利用在航天员控制台上显示的控制指令仪表的信息，进行人控的工作模式（即控制台模式）；只利用专用瞄准镜和舷窗信息进行手控的直接工作模式（即光电仪表模式）。其组成及工作原理如图 19.6 和图 19.7 所示。

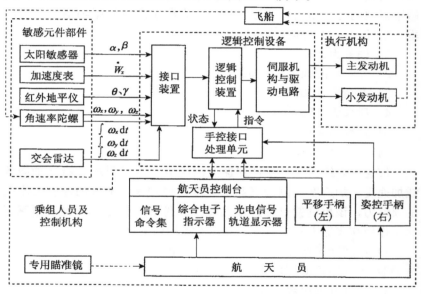

图 19.6　模拟控制回路控制台模式人控系统框图

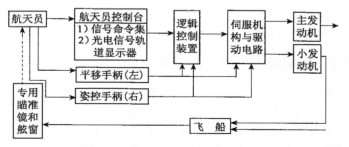

图 19.7　模拟回路光电仪表模式人控系统框图

19.2.5.1　模拟控制回路控制台模式人控系统

该人控工作模式主要利用在航天员控制台上显示的控制指令仪器的信息，来指导姿控手柄（右）和平移手柄（左），同时也可用人控光学仪器（专用瞄准镜、舷窗等）来构成人控系统。

（1）人控系统的组成

模拟控制回路控制台模式人控系统主要由下列 4 部分组成：

1）敏感设备，包括加速度表、角速率陀螺、太阳敏感器、红外地平仪和交会雷达；

2）逻辑控制部分，包括逻辑控制装置、接口装置（敏感和手控）；

3）执行机构，包括伺服机构与驱动电路、主发动机和小发动机；

4）手控机构设备，包括姿控手柄（右）、平移手柄（左）、航天员控制台（信号命令集、综合电子指示器、光电信号轨道显示器）和专用瞄准镜。

航天员可以根据要完成的人控任务（轨道飞行任务），按下所要选择的敏感器开关。

（2）人控系统需完成的任务

模拟控制回路控制台模式人控系统完成的任务是：

1）建立和保持对地三轴定向；

2）建立和保持对太阳单轴定向；

3）飞船平移运动；

4）轨道校正；

5）完成所有人控系统工作模式的稳定性控制。

航天员控制定向的工作原理是：航天员利用控制台上的信号命令集、综合电子指示器、角速率陀螺、平移手柄和姿控手柄实现飞船的人控定向（太阳定向和轨道定向）。

（3）飞船的姿态控制

飞船的姿态控制，即飞船的定向控制，有速率阻尼模式和直接控制模式两种。

①速率阻尼模式

速率阻尼模式用于控制飞船的旋转和飞船相对于船体坐标系 3 个轴的角运动。角运动的控制通过姿控手柄实现，并与旋转角速度有负反馈。负反馈信号由角速率陀螺来实现。在逻辑控制装置中，由变阻器构成的相加器来完成对手柄信号和角速率信号的输入综合。其规律为

$$U_j = K_{i_p} U_{i_p} + K_{\omega_i} U_{\omega_i} \qquad (19.2-1)$$

式中　j——通道下标（接收俯仰、偏航、滚动的值）；

　　　K_{i_p}——手柄控制信号相关系数；

　　　U_{i_p}——手柄控制信号；

　　　K_{ω_i}——角速度信号相关系数；

　　　U_{ω_i}——角速率陀螺输出信号（正比于角速度值）。

为保证在保持轨道定向时航天员的工作，在模拟手控回路中由控制台"俯仰移动"命令给出指令。在给出这个命令时，逻辑控制装置给出一个姿控信号，角速度值与轨道飞行的角速度值相等，方向相反。当直接用加速度表和小发动机进行平移手控时，只用平移手柄，不用逻辑控制装置，也不用角速率陀螺进行负反馈。执行机构的工作时间直接由人控机构尾端接触头闭合的时间来控制。

②直接控制模式

直接控制模式用于控制飞船绕船体坐标轴的旋转（相对于姿控柄尾端接触头闭合点的控制）。该工作模式不用飞船角速度在固连坐标系 3 个轴上的投影值，角速率陀螺信号不进入控制回路参与控制，仅送到航天员控制台显示。因此，平移手柄在中心位置时，飞船只按姿控手柄给定值进行旋转。这种模式的角速度可以任意大，仅是船载软件对其进行数值上的限制。

（4）飞船的平移控制

飞船的平移控制，即飞船沿着船体坐标系 y 轴和 z 轴向的平移运动，由平移手柄尾端接触头触点给出命令。通过给出的命令，平移手柄上的电门给出校正脉冲。如果这时还伴有姿控的速率阻尼模式，那么飞船的稳定由姿控手柄来完成。平移运动主发动机开关的工作时间，由航天员用控制台上的秒表来选择；需要达到的平移速

度和位置，航天员可从显示器上显示的加速度表信息看到。执行机构遵照严格的程序，随时准备按照航天员控制台上的信息和必要次数的信号命令集的命令来工作。

(5) 人控系统的技术指标

模拟控制回路人控系统的主要技术指标如下：

1) 用专用瞄准镜建立和保持轨道坐标系，俯仰和滚动方向的精度为 $±1.5°$，偏航方向的精度为 $±3.5°$（在航天员控制台上显示）；

2) 用太阳敏感器建立和保持轨道定向的精度为 $±5°$；

3) 用红外地平仪建立和保持轨道定向精度（在航天员控制台上显示），俯仰和滚动方向为 $±3°$（将速率陀螺信息送到航天员控制台上显示），偏航方向为 $±6°$（也在航天员控制台上显示）。

19.2.5.2　模拟控制回路光电仪表模式人控系统

该人控工作模式是利用光电仪表（专用瞄准镜和舷窗）的信息来进行飞船运动的直接控制。控制信号来自姿控手柄和平移手柄的尾端杆头。其原理如图 19.7 所示。该控制回路完成飞船轨道飞行段下列任务：

1) 在平移手柄直接模式下，按照专用瞄准镜信息建立和保持对地三轴定向；

2) 采用直接工作模式，由姿控手柄给出校正脉冲，稳定轨道坐标系各轴。

该模式还考虑了在没有角速率陀螺和角速率负反馈的情况下，按照要求的动态特性来调试给定图形实现的可能性。

19.3　人控系统的主要仪器设备及其特性

19.3.1　航天员控制台

19.3.1.1　控制台的用途

控制台供航天员完成下列任务：

1) 给飞船系统发出控制命令。

2）监控飞船系统的功能。

3）获得空间时间信息。

4）监视燃料消耗和电源系统的参数。

5）按照人控系统要求发出以下控制命令：

• 选择控制回路（数字或模拟）；

• 选择和编排控制任务；

• 监控人控系统工作模式的执行；

• 打开（关闭）基本仪器或备份仪器（加速度表、角速率陀螺、太阳敏感器、红外地平仪）；

• 在目标监控设备上监控飞船的空间位置参数；

• 在不正常情况下关掉自动控制模式；

• 监控交会对接参数；

• 控制飞船上升和下降参数；

• 与船载数字计算机交换信息。

19.3.1.2　控制台面板的组成

控制台面板如图 19.8 所示，其上安装有下列控制机构和信息指示器：

1）载人航天器时钟，显示当前时间与预测事件到来时间；

2）手控信息输入指示器，手动输入给定命令，控制程序输入；

3）综合电子指示器，调用显示参数，显示飞船位置和速度，显示计算机信息；

4）光电信号轨道显示器；

5）燃料指示器，计算燃料储备量；

6）信号命令集，给出命令，监视状态，进行人工控制；

7）空间导航指示器；

8）通信通道开关；

9）控制台开关按键。

此外，控制台上还安装了两组熔性保险器，以保护每个设备的电源。

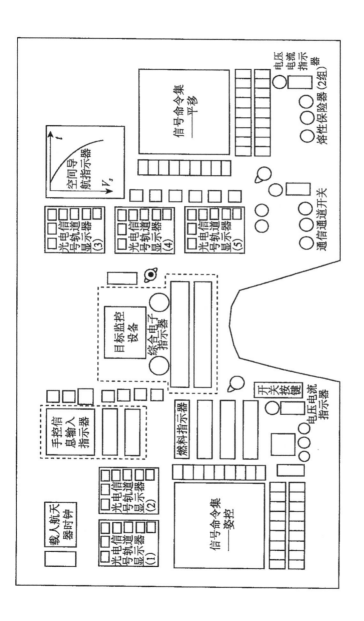

图19.8　航天员控制台面板布局

19.3.2　飞船运动控制手柄

在人控系统的数字回路和模拟回路中，人工定向和飞船稳定都要用姿控手柄给出飞船运动的角速度值。姿控手柄有 3 个自由度，每个方向的偏离（x，y，z 通道）都会引起相应变阻器指针的偏离。变阻器信号输入到控制滚动、偏航和俯仰的通道中。对于模拟回路和数字回路的工作都是一样的。平移手柄用来实现人控系统交会对接控制，给出控制信号用于改变飞船质心在船体坐标系各轴向的位置，该位置的偏离对应于航天员扳动平移手柄的幅度。

19.3.2.1　姿控手柄的技术指标

姿控手柄的技术指标如下：

1）可单独或同时控制飞船按 3 个通道运动，即俯仰（上下）、偏航（左右）、滚动（顺时针或逆时针转动）；

2）变阻器可调的转动角，俯仰角和偏航角为 ±32°，滚动角为 ±62°（手柄最大偏离量为 100 mm）；

3）手柄从中位到边界的运动是平滑的；

4）在中位，手柄能可靠地定位而固定；

5）手柄能自动返回（从任何偏离中心的位置）到中心位置（在不加力的条件下）；

6）在边界位置的 3 个控制通道（俯仰、偏航、滚动），各自有一对常开触点闭合；

7）把手柄从中心位置移开时，所需力矩为 2 000～3 500 g·cm（俯仰、偏航）和（800±200）g·cm（滚动）；

8）在手柄中心位置死区，正比控制关系的变阻器线圈和滑动点间没有任何电平（在其他位置有电联系）；

9）节点对的电功率不超过 15 W（31 V 直流电压时）；

10）手柄要求的电功率不大于 4 W；

11）手柄电源电压为 27 V（直流）和 6 V（直流）；

12）带保护套的手柄质量为（900±25）g；

13）手柄安装在圆柱形基础上，长为 257 mm（带保护套时），直径为 94.5 mm。

19.3.2.2　平移手柄的技术指标

平移手柄的技术指标如下：

1）可单独或同时控制飞船按两个通道运动，即顺飞船垂直轴（离开/向自身）、顺飞船纵向轴（左/右）；

2）手柄从中位到边界是平滑运动的；

3）在中位，手柄能可靠地固定；

4）在撤走力后，手柄能自动返回到中心位置（从任何偏离位置）；

5）当手柄偏离到任何一个边界位置时，有一对常开触点闭合；

6）当手柄同时在两个通道偏离到边界位置时，有两对常开触点闭合；

7）加在手柄上的力矩为（300±150）g・cm（手柄离开中心位置）和（500±200）g・cm（手柄离开中心位置向两个通道偏离）；

8）节点对的电功率小于 27 W；

9）有效载荷时的直流电压为 27 V；

10）没有保护套时手柄质量为 700 g；

11）结构和尺寸与姿控手柄一样。

19.3.2.3　姿控手柄和平移手柄的安装与结构特点

姿控手柄和平移手柄各自固定在航天员座椅的专用支架上。

姿控手柄和平移手柄的外形如图 19.9～图 19.12 所示。

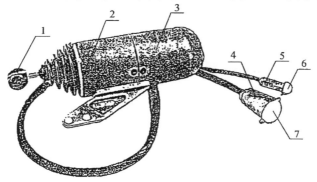

图 19.9　姿控手柄外形

1—手把；2—皮套；3—皮套；4，5—插针；6，7—保护罩

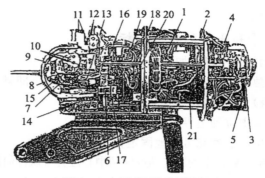

图 19.10　平移手柄结构图

1—测距计变阻器（偏航）；2—盘；3—正比控制变阻器（俯仰）；4—测距计变阻
器（俯仰）；5—薄膜断开器（俯仰）；6—万向支架基础；7—万向支架子夹子；
8，9—半环；10，11—斜推体对；12—触点对；13—触点对；14，15—半环转动
限制器；16—偏航定向器；17—限制螺杆；18—支架基础；19—正比控制变阻器
（滚动）；20—测距计变阻器（滚动）；21—正比控制变阻器（偏航）

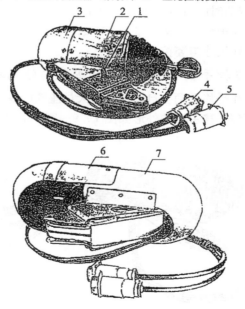

图 19.11　人控系统手柄外形

1—控制校正脉冲的开关；4，5—针插头；6—保护套；2，3，7—皮套

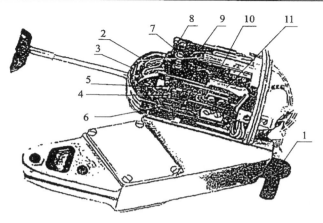

图 19.12　手柄无皮套时的外形

1—基础；2，3—半环；4，5—万向支架机构；

6—对接触点；7—凸轮；8，9—触点对；10，11—固定器

联盟 TM 号飞船用的控制手柄为手指形，还有其他类型的（如胳膊肘形）。手柄有 3 个自由度，由 3 个半环保障。这 3 个半环可以在平面上移动。对手柄的要求是：允许半环偏离到极限角，与航天员胳膊肘的偏离角相符合。这样，半环旋转中心与坐标轴的交点、航天员胳膊转动的中心都相吻合。事实上，3 个通道控制时，航天员只要微动一下胳膊肘就行了。

手柄的具体形状和结构的选择与飞船类型、技术条件和完成的任务都有关系。

19.3.3　航天员观察用的光学仪器

19.3.3.1　光电测距仪

光电测距仪是一种手提式小型测距仪器，在飞船进行手控交会对接时，供航天员目测交会对接目标的距离。其工作原理是测量光束到达目标再返回的传播时间。脉冲前沿的间隔就是被测时间间隔，远程距离正比于时间间隔，即

$$D = c \frac{t}{2} \qquad (19.3-1)$$

式中　D——目标距离；

　　　　c——光速；

　　　　t——被测时间间隔。

测量结果将显示在测量仪器上（以米为单位）。

该仪器的技术指标如下：

1）测量最大距离为 19 995 m；

2）仪器放大倍数为 7；

3）仪器视场角为 6.7°；

4）最大测量误差小于 10 m；

5）尺寸为 433 mm×278 mm×320 mm；

6）质量小于 2.5 kg。

航天员使用该仪器时，将它对准目标，打开"开/关"，将其置于"开"的位置，按下"测量"按钮。当指示灯亮后放开"测量"按钮，被测目标距离便在指示器上显示出来。若在轨道阴影段应打开照明灯，其测距误差不大于 10 m。

19.3.3.2　专用瞄准镜

专用瞄准镜的外形如图 19.13 所示。它是一种用于观测目标的光学仪器。瞄准镜有两个光学系统：中心的和周边的，可以同时进行观测。此外，中心光学系统还可以改变观测角度（上升角极限为90°）。目标影像投影到装有透镜式、散式或全息屏幕的平面上，观测距离为 250～950 mm。

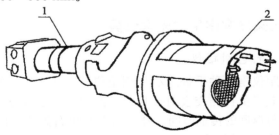

图 19.13　专用瞄准镜外形

1—外面部分；2—内部

（1）专用瞄准镜的技术指标

①中心光学系统

视场角：大于 15°；

中心系统放大：0.7±0.1；

中心系统入瞳直径（对有透镜式屏幕的平面）：大于 77 mm。

②周边系统

每个视筒（共 8 个）的视场角：14°（径向），30°（正切方向）；

周边系统放大：0.09±0.01；

周边系统入瞳直径：大于 60 mm；

入瞳焦距：（750±50）mm。

③在有透镜式屏幕系统中瞄准轴向的透光度

中心系统：大于 45%；

周边系统：大于 38%；

④在有散射式屏幕系统中瞄准轴向的透光度

中心系统：大于 28%；

周边系统：大于 25%。

⑤工作温度范围

外露部分：−60～+50℃；

舱内部分：−10～+40℃。

⑥外形尺寸与质量

外形尺寸：见图 19.14；

质量（不带盒和盖）：小于 26 kg。

（2）旋钮的使用

航天员使用专用瞄准镜时，主要使用舱内部分面板上的 4 个旋钮。每个旋钮的名称及用途是：

1）"屏幕"旋钮，跟踪无限远物体（"∼"位置）和跟踪有限距离目标 4 m 处的物体（"4 m"位置）；

2）"快门"旋钮，挡住太阳光进入周边系统；

3）中心光滤波器，在用中心视角观测太阳时使用；

4）周边光滤波器，在用周边视场观测太阳时使用。

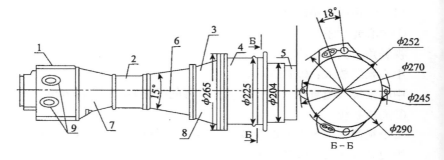

图 19.14 专用瞄准镜外部尺寸

1—防护罩；2—中心视筒；3—保护套；4—法兰盘；5—保护皮套；6—座；
7，8—圆柱系统的筒组；9—包干燥剂的防护罩

19.3.3.3 驾驶瞄准镜

驾驶瞄准镜是一种准直仪瞄准镜。在飞船执行交会对接任务时，航天员用它观测轴向目标。驾驶瞄准镜安装在飞船舷窗平面上，用5个销钉拧紧。它通过密封插头，由船载电源供电。

驾驶瞄准镜的技术指标为：

1）出镜直径为 18 mm；

2）视场角为 10°；

3）可见放大倍数为 1；

4）出瞳距仪器轴距离为 110 mm；

5）电源为 27 V；

6）工作温度为 −10~40℃；

7）尺寸为 90 mm×180 mm×170 mm；

8）质量小于 1 kg。

19.3.4 逻辑控制装置

逻辑控制装置在比较姿控手柄的控制信号与角敏感器的现行信号后，产生一个小发动机控制信号（参见图 19.6 和图 19.7）。

在速率阻尼模式中，根据逻辑控制装置的命令控制飞船的定向。航天员根据控制台指令仪器发出的命令信号和专用瞄准镜的信号对飞船进行控制。

逻辑控制装置在对地球定向、对太阳定向和稳定模式中都工作。在给出校正脉冲的同时，也稳定飞船的运动。

逻辑控制装置还完成控制系统仪器（加速度表的电子部分、角敏感器负反馈放大器组、红外地平仪、太阳敏感器）信号的匹配。

19.3.5　人控接口处理单元

在人控模式中，人控接口处理单元使单个控制系统仪器工作。人控接口处理单元保证接收、处理和转发控制台来的指令，并转送到直接控制模式、速率阻尼控制模式和半自动控制模式的控制系统设备。人控接口处理单元也能将控制系统信息送回航天员控制台，进行状态显示。

19.3.6　人控系统对其他综合系统的要求

人控系统与其他船载仪器和系统（如船载计算机、加速度表、小发动机、主发动机、接口装置、无线电指令线路、电源装置和遥测装置）有密切关系。

在人控数字回路中，以二进制码的形式与船载计算机进行命令交换。此外，船载计算机与用户间（如控制台、平移手柄）的信息交换是以继电器式命令和信号实现的。

在人控系统的模拟回路中，经变换器把模拟信号变成数字信号，从而完成各种继电器式命令和信号的信息交换。

人控系统对其他系统的要求如下：

1）脉冲命令交换的技术特性是：

- 输入信号幅度为 23.6～32 V；
- 输入信号宽度为 0.2～3 s；
- 输出信号幅度为 23～31 V；
- 输出信号宽度为 0.2～1 s。

2）继电器式输出命令的电压为 23～32 V。

3）电源系统给人控系统仪器（控制台、逻辑控制装置、姿控手柄、平移手柄）提供 23～32 V 直流电。

4）遥测接收的各类信号是：

● 遥测 6 V 电压的模拟（电压表）信号；

● "干簧"继电器（继电器接触点），闭合电阻小于 5 Ω，断开电阻大于 100 kΩ。

19.4　人控系统的安装布局要求与人机工效学

19.4.1　人在载人航天飞行中的作用与限制

19.4.1.1　人在载人航天飞行中的作用

飞船的多次飞行试验证明：人不但能成功地克服空间飞行条件（失重、封闭舱内空间有限、人体疲劳、辐射和气象的危险）中的不利因素，还能完成下列各种任务：

1）控制飞船运动和船载设备的专用操作功能，完成瞄准、交会对接和改变飞行程序等任务。

2）在脱离轨道时，用人控系统控制飞船应急返回。

3）监控船载系统工作。一些船载设备工作不正常时，经航天员维修能使它们恢复正常功能。

19.4.1.2　人在载人航天飞行中的限制

飞船的多次飞行试验表明：

1）航天员不能忍受超出其身体限制条件下的活动（在地面上可能不是问题）。

2）舱体和设备布局上的缺点、噪声和振动、指示系统和人控系统质量不好等因素，都可能影响航天员的工作能力。因此在设计和制造飞船时，一定要考虑这些因素，特别是船载仪器设备的布局。

19.4.2　船载仪器设备的布局和特殊要求

（1）对仪器位置的布局要求

一定要将可靠性较低的仪器布置在便于维修和更换的位置。

（2）对系统设备的特殊要求

除了对飞船整体和船载系统状态信息、火灾危险信号、自动导航设备、飞船控制、通信手段、船载控制计算机和它们的工作等有特殊要求外，还必须考虑航天员和船载系统设备相互通信和相互依赖的复杂问题。其核心问题就是协调航天员和船载系统设备间的位置，即航天员座椅的结构，以建立便于操作与显示的系统。

19.4.3 对航天员控制台和座椅的基本要求

19.4.3.1 对航天员控制台的基本要求

航天员控制台是飞船的一个单元部件，其可靠性和工作准确性在很大程度上决定了完成任务的成功率。

（1）控制台的尺寸与布局

航天员控制台的尺寸和各种装置的布局主要根据人体测量的特性而定。控制台的尺寸和各种装置的布局如图19.15所示。要求在失重条件下，航天员能以最快的速度和地面上习惯的姿势进入控制台工作。图19.15所示控制台位置区是根据控制机构的使用条件、人的动作和人体测量特性来布局的。

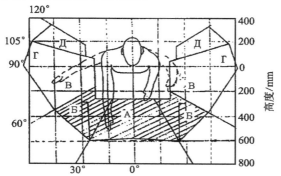

图 19.15 航天员控制台的尺寸与布局

А—控制机构和用手调节的仪器安装区；Б—经常使用和精确读数的仪器安装区；
В—周期性使用的仪器安装区；Г—不经常使用的控制机构安装区；
Д—不要求精确读数或位置移动的控制机构安装区

（2）对人控系统和控制台的要求

对人控系统和控制台的具体要求如下：

1）飞船舱体、控制台和仪器设备的尺寸要尽可能小；

2）仪器和机械结构的质量要尽可能小；

3）便于航天员走向座椅；

4）设备、仪器和控制机构的工作可靠性高，防火、防腐蚀性能好；

5）显示手段先进，保证航天员在控制台前工作舒适；

6）结构工艺良好；

7）尽可能采用标准化的主控仪器和结构布局；

8）最大限度地采用标准部件、仪器和控制机构，并使它们统一化；

9）外形美观。

19.4.3.2 对航天员座椅的要求

对航天员座椅的具体要求如下：

1）要根据航天员活动的空间特性来确定其座椅，最终要根据测量的人体特征来确定其座椅，而且座椅的工位要尽量小。

2）要考虑航天员的精神状态。如果座椅太挤就会使航天员很快疲倦，因此要使航天员能在有限的空间内任意活动。

3）必须考虑航天员的身高与胖瘦。按照测量的人体高度和宽度，再增加 4%～5% 的尺寸来设计座椅。

4）在负压和低温条件下，航天员必须穿很重的航天服，因此设计的座椅尺寸还要增加 20%～30%（因为设计座椅时采用的是不着装的人体模型）。

5）座椅的各个活动部件（手、脚、身躯等）要采用球型关节。在每种情况下都要使航天员感到舒适，并能适应工作过程中的各种姿势。这有助于提高航天员的工作质量和工作效率。

19.4.4 仪器设备的布局

人控系统仪器设备的操作部件，一般都放置在航天员最便于观察与操作的地方。每个仪器的按钮都有固定位置，使航天员操作起来就像自动控制一样。

在确定人控系统仪器设备的安装区时，要考虑常用仪器设备和控制机构的工作模式。监控仪器不应放在航天员手动操作时挡住其视线或看不到指示器的位置。

控制台上的仪器和控制机构的布局要考虑其用途，一定要放在建议区域内。应采用传统的表格并填写上所有仪器的控制机构。

仪器的控制机构可以采用以下几种分类方法：

1）根据指示特点（范围、定量）和信息内容（参数、控制信号）进行分类，以便在给定的时间内观察它们的概率分布；

2）根据用途、原理、体积、工作时间、调节参数等特点进行分类；

3）根据指示、信号和控制机构区进行分类。

对人控系统机构的特殊要求如下：

1）在保证完成飞行控制任务的条件下，控制台工作面上要尽可能少地安装控制机构；

2）所有的执行机构必须安装在航天员在任何情况下都能操作的地方；

3）航天员的肩关节不能活动时，通过手臂和手腕的动作也能操作所有的执行机构；

4）航天员操作仪器和控制机构时无须转动身体和弯腰。

19.4.5　仪器设备的结构和安装建议

信息显示设备要安装在航天员最佳观察区内（$30° \sim 40°$的范围内）。

当航天员分不清目标形状时，考虑用圆柱形系统，眼睛快速地活动能很容易地观察到清晰的目标。所允许的最大视角为 $90°$。

对手控机构（手柄、按钮、按键、开关、测角器）的共性要求是：

1）放置在最佳操作区；

2）体积和质量小；

3）信号识别容易；

4）抓住、按压和转动方便；

5）工作过程不能有大的位移；

6）手控机构的位置和目标位置相协调。

手柄运动方向和参数调节改变方向以及航天员活动特点应相互协调：

1）手柄运动"背自身方向"、"向上"、"向右"时，要产生相应的"开"、"启动"、"参数值增加"；

2）手柄运动"向自身"、"向下"、"向左"时，要产生相应的"关"、"停止"、"参数值减小"；

3）按下上面、前面、右面的按钮时，产生相应的"开"、"启动"、"参数值增加"；

4）按下下面、后面、左面的按钮时，产生相应的"关"、"停止"、"参数值减小"。

安装手柄时要考虑它们之间的位置、大小和形状。把手柄的输出电压设计成正比于离开中心位置的距离，使航天员就像"感觉"到目标距离一样。手柄的大小、形状一定要能使航天员的手恰好抓住。

如果航天员的手能自由地握住手柄，而且在手微小运动时手柄不动，那么这种安装为宜。

综上所述，确定了控制机构的阻力后，在设计手控机构的形状和尺寸时，不仅要考虑发动机的特性，也要考虑人手的感觉。人控系统主要部件的布局取决于飞船的总体设计，而飞船的总体设计又要与人控系统的特殊要求相结合。

19.4.6　飞船工作面的布局实例

下面给出两种工作面布局的例子：

第一种工作面考虑了航天员控制台的工作状况，如图 19.16 所示。

第二种工作面考虑了专用瞄准镜的工作状况，如图 19.17 所示。

与人控系统有关的手控设备包括航天员控制台、平移手柄、姿控手柄、专用瞄准镜、驾驶瞄准镜、光学测距仪、人控接口处理单元。这些手控设备的质量和耗电量如表 19.4 所示。

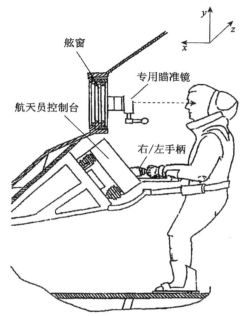

图 19.16　航天员在控制台前的工作位置

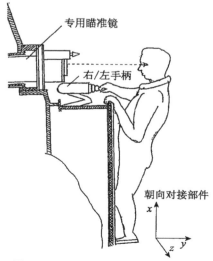

图 19.17　航天员专用瞄准镜的位置

表 19.4　手控设备的质量和耗电量

手控设备名称	质量/kg	耗电量/W
控制台	22	14~120
平移手柄	0.9	4
姿控手柄	0.7	1
专用瞄准镜	26	2
驾驶瞄准镜	1	1
光学测距仪	2.5	1
人控接口处理单元	4.5	10
共计	57.6	33~139

19.5　飞船离轨返回的人工控制

19.5.1　飞船离轨返回着陆控制阶段的划分

飞船离轨返回着陆控制分为以下几个阶段：

1）校正发动机速度矢量，完成飞船定向；

2）启动保证飞船减速和过渡到下降轨道的校正发动机；

3）返回舱与推进舱分离；

4）准备再入大气层的返回舱定向（即再入调姿）；

5）返回舱在大气层中作小升力控制飞行；

6）弹开返回舱降落伞舱盖；

7）打开制动降落伞；

8）打开主降落伞；

9）分离前的制动屏蔽；

10）启动软着陆发动机。

在飞船离轨返回着陆过程中利用人控系统产生飞船制动脉冲和实现定向；飞船在大气层飞行中，控制着陆回路，以保证给定的飞行距离和着陆精度。采用自动模式控制距离和采用线性预测法测定着陆地的差距，即控制系统现行相对位置矢量相对于某个预定值（编程值）之差的间接信息测量法。

除自动控制模式外，还有两种备用模式，即人控升力着陆模式和人控弹道着陆模式。航天员可以在控制台上选择需要采用的模式。

19.5.2　飞船返回再入段的特点和过程

飞船从飞行轨道降落到地面的过程称为返回。飞船的返回再入段是飞船任务中特别重要的阶段。安全返回是太空探索成功的保证，必须确保航天员安全返回地面。

19.5.2.1　飞船返回再入段的特点

飞船返回再入段的特点如下：

1）巨大的动能必须在本阶段耗尽；

2）船载设备必须承受巨大的动态过载；

3）由于返回过程已不是惯性飞行，因此速度很快，这就增加了故障发生的概率，从而对控制系统也提出了更高的要求。

飞船再入一般是主动完成的，即制动发动机点火→降低飞行速度→改变飞行轨道→使飞船沿下降轨道进入大气层的边缘。这种方法简单，能有效地使飞行速度下降到轨道速度的 1%～2%（初始值）。而计算出的燃料消耗量不超过在轨飞行的 1%。

19.5.2.2　飞船从飞行轨道过渡到返回轨道的过程

飞船从飞行轨道过渡到返回轨道，是通过以下过程实现的：

1）选择返回轨道使之通过着陆区；

2）计算制动火箭点火时刻和点火持续时间；

3）在返回轨道上，飞船建立正确而稳定的姿态；

4）启动制动火箭，使飞船沿新的轨道到达大气层。

19.5.2.3　飞船自动返回转入手控返回的条件与模式

（1）飞船自动返回转入手控返回的条件

当自动控制回路失效时，可以过渡到半自动控制模式；半自动控制模式失效时，可以转换到利用速率阻尼人控数字回路模式；速率阻尼人控数字回路模式失效时，可以转换到人控模拟回路模式；人控模拟回路模式也失效时，最后可以转换到人控直接控制模式。

（2）飞船自动返回转入手控返回的模式

在飞船返回段，飞船在大气层中下降的速度很快，它将承受巨大的压力。返回控制回路从制动火箭点火后，就要保证飞船所要求的稳定姿态和其他控制任务，直到降落伞打开。返回的安全性和可靠性是通过控制设备备份实现的。为此，可以采用以下5种附加的工作模式保证飞船安全返回：

1）自动可控式返回模式；

2）人控可控式返回模式；

3）自动弹道式返回模式；

4）人控弹道式返回模式；

5）备份弹道式返回模式。

19.5.3　各种人控返回工作模式

（1）小升力控制自动返回模式

自动控制返回模式是飞船通过对落点偏差的预测来完成的，落点预测是利用飞船的状态矢量相对于标准值的偏差实现的，而飞船的状态又是利用加速度表、船载时钟标准弹道 $t(v^*)$ 的计算来实现的（v^* 为飞船的视速度）。这时的自动控制模式（即小升力控制）是利用一个专门的解算装置来比较实际的返回时间（T_r）和计算的返回时间（T_f）作为飞船速度的函数，然后将比较结果作为控制指令。

在大气层飞行段，自动控制模式要保证滚动角程序转弯和三轴稳定。

控制系统在计算滚动角小升力控制时，将引入二自由度陀螺。根据飞船仪表的信息，利用自动返回模式参数来监视飞船的返回过程。

（2）人控返回模式的引入条件

在下列情况下飞船将采用人控返回模式：

1）进入大气层的条件被破坏；

2）发动机工作的稳定性被破坏；

3）自动返回控制系统的部件失效。

自动返回控制设备失效过渡到手控系统，可以通过自动切换或返回控制台工作状态选择开关切换来完成。

航天员可以利用返回控制台实现对滚动角小升力的控制。人控返回由航天员根据飞船控制台给出的信息来实现。

（3）人控自旋返回条件的确定

当采用小升力控制自动返回模式失效时，即转入采用人控自旋返回控制模式。此时要保证飞船沿 x 轴按照一定的角速度旋转，以消除升力的影响。返回控制由航天员根据飞船控制台给出的信息进行。

（4）人控弹道式返回与备份弹道式返回模式

当采用自动弹道式返回模式不能完成任务时，由航天员转入采用人控弹道式返回模式，并由飞船控制台控制飞船沿其滚动轴以恒速转动（自旋）。

当采用弹道式返回控制模式也不能完成任务时，航天员可以转入采用备份弹道式返回模式。该回路是一个独立的工作回路。

自动返回与人控返回需要的设备如下：

1）自动返回模式（AYC）需要的设备有加速度表、返回控制角速率陀螺（液浮 3×3，挠性 1×3）、返回控制装置、解算装量、返回执行机构；

2）人控返回模式（PYC）需要的设备有加速表度、二自由度陀螺（$\gamma=\pm170°$，$\psi=\pm50°$）、返回控制角速率陀螺、返回控制装置、解算装置、返回控制台、返回执行机构。

（5）最少控制部件的自动与人控弹道式返回模式和备份弹道式返回模式

当自动返回模式和人控返回模式都不能正常完成任务时，可以转入最少控制部件的自动与人控弹道式返回模式和备份弹道式返回模式。

采用上述几种返回模式所需要的设备如下：

1）自动弹道式返回模式需要的设备有返回控制角速率陀螺、返回控制装置、返回执行机构。

2）人控弹道式返回模式需要的设备有返回控制角速率陀螺、返回控制台、返回执行机构。

3）备份弹道式返回模式要求以最少的控制仪器和执行机构独立

完成返回控制任务。返回飞船要保持恒定的转速，并在其他通道进行速率阻尼。采用该返回模式需要的设备有返回控制角速率陀螺、备份返回控制装置、返回执行机构。

19.6　飞船交会对接的人工控制

19.6.1　飞船转入人控交会对接的条件

人控系统的重要任务之一是完成交会对接。

在自动交会对接时，当自动算法出现未能预料的以下情况时，即转入人控交会对接控制：

1）用于对接的无线电系统完全或部分失效；

2）在停靠阶段，交会雷达不能达到要求的高精度以及对接部件不能达到正确的状态；

3）船载计算机出现故障，必须把交会雷达被测参数（相对距离 ρ、相对速度 $\dot{\rho}$、俯仰角 θ、偏航角 ψ、俯仰角速度 ω_y、偏航角速度 ω_z）显示在交会雷达的圆形屏幕上。

19.6.2　人控交会对接控制的方法

利用交会雷达的信息，航天员可以在 25 km 内用平移运动进行交会，把相对距离（ρ）和相对速度（$\dot{\rho}$）逐步归零，并保持在交会雷达圆形屏幕上（参见图 19.18）。即把瞄准线的角速度和方向角归零，以对准目标（参见图 19.19）。在交会的停靠阶段，同时要使滚动角归零。

如果有其他测距仪，例如光电测距仪可以通过舷窗测得目标的距离。在没有交会雷达（出故障后）时，从 5 km 处开始进行交会。这时可以用专用瞄准镜和驾驶瞄准镜帮助测角参数 θ、ψ、γ 和 ω_y、ω_z 归零。

在 300 m 处，可以用专用瞄准镜进行交会。在大于 300 m 处，控制飞船质心运动的执行机构是瞬间闭合的主发动机。在远程段，为消除飞船的测向偏差，在偏差平面上相对瞄准线 B 转动 90°；若需

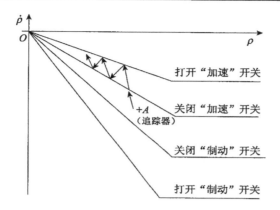

图 19.18　航天员逐步把相对距离和相对速度归零，
并保持在交会雷达圆形屏幕上

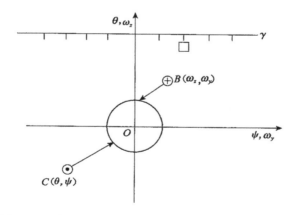

图 19.19　把瞄准线的角速度和方向角归零，以对准目标

制动，还要转动 180°。在停靠段，采用按笛卡儿坐标系位置安装的
小发动机。这些小发动机也用于飞船的定向和稳定控制。

在 25 m 处，航天员首先进行飞船"悬停"，并准备向交会目标
的对接部分试飞，然后停靠。在交会目标上有对准点（即"抓点"），
它由圆和中心的十字组成。航天员控制红外地平仪，使十字停在圆
中心（参见图 19.20）。

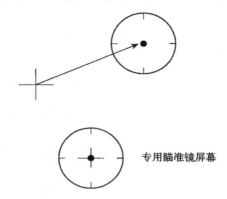

专用瞄准镜屏幕

图 19.20　在 25 m 处，航天员控制红外地平仪使十字停在圆中心

只有在 300 m 距离时，才可能实现停靠。停靠时，相对运动的初始值必须为

$$0 < \dot{\rho} < 2 \ (\text{m/s})$$
$$|\omega_y, \omega_z| < 0.3 \ ((°)/\text{s})$$

19.6.3　人控停靠驾驶过程

为保持飞船相对瞄准线在"俯仰"和"偏航"的定向，首先要把姿控手柄扳向交会目标在专用瞄准镜屏幕偏离中心值的反方向，并保持这个位置，直到交会目标达到屏幕中心。当交会目标与专用瞄准镜屏幕的中心重合时，将姿控手柄恢复到中心位置（因为姿控手柄的偏离值与交会目标移动至专用瞄准镜屏幕中心的速度有关）。

在相距 100 m 处，航天员已能分辨出交会目标的几何图形。此时，航天员保持滚动定向，并去掉滚动方向与交会目标的偏差。

为了周期性地把瞄准线的角速度降低到可能的最小值，必须完成下列操作：

1）将平移手柄置于中位，测量交会目标在专用瞄准镜屏幕上的移动速度。

2）如果移动速度大于 10 格（每格 0.1(°)/s），那么把平移手柄扳向交会目标移动方向，一直到交会目标停止移动为止。

3）让交会目标停止时，将平移手柄扳回到中位，平移手柄离开中位，交会目标的移动速度可能比要求的大。这可能是由小发动机的安装误差所引起的干扰力矩作用的结果。这个干扰力矩使飞船的残留旋转速度稍有增大。考虑到这个因素，必须多次（2～3 次）扳动平移手柄才能使交会目标停止移动。在每次扳动手柄期间，必须再次测出交会目标的移动速度。

19.6.4　人控与距离有关的交会速度控制

采用手提式光学测距仪或专用瞄准镜屏幕显示角值（交会目标十字靶的尺寸、交会目标的专用灯光或交会目标的直径）。

如果飞船与交会目标的距离在 100 m$\leqslant\rho\leqslant$300 m，那么飞行靠初速度的惯性实现。初速度值为关掉发动机时刻显示在屏幕上的值。

距离等于 100 m 时，要进行 2～3 次制动，直到交会速度等于零，此时飞船到交会目标的距离为 0～25 m。如果不能把交会目标的交会速度降低到零，那么可用接近"零"的速度值。在 25 m 处，航天员完成"悬停"（交会速度等于零），并开始向交会目标的试飞。此时，交会目标在目标监控设备屏幕上的光标位置最佳（参见图 19.21）。

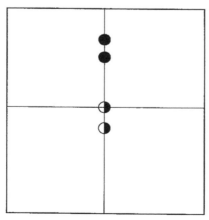

图 19.21　在 25 m 处，交会目标在目标
监控设备屏幕上的光标最佳位置

19.6.5　"悬停"后向交会目标试飞的人控过程与参数要求

19.6.5.1　向交会目标试飞的人控过程

向交会目标试飞的具体过程如下:

1）选择试飞方向,保证以最短的路程接近对接部件。

2）按滚动向旋转飞船,使它的 xOy 平面与试飞平面重合。

3）将平移手柄对准试飞方向,然后扳动平移手柄使交会目标"停"在屏幕上。

4）为使交会目标影像停留在专用瞄准镜屏幕上,平移手柄要偏离中位 $10°\sim20°$;交会目标不动时,平移手柄回到中位。

5）用平移手柄继续使交会目标停留在屏幕上,同时周期性地接通平移手柄开关,使交会速度下降到零。

6）采用电视系统时,在目标监控设备屏幕上出现电视光标,其试飞方向根据图 19.22 和图 19.23 确定(在与交会目标对接时,试

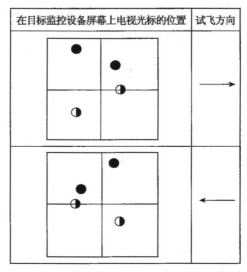

图 19.22　根据屏幕光标位置确定试飞方向

飞方向由交会目标十字靶中心相对于专用瞄准镜屏幕投影中心位置的偏离状态而定）。

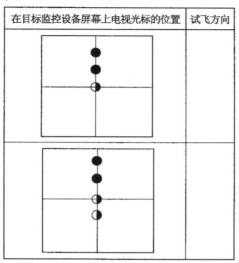

图 19.23　按光标位置逐步对准，试飞减速，消除姿态角偏差

7）交会目标在屏幕上或在对接十字靶到达最佳位置时，将平移手柄扳向与试飞方向相反的位置。此时，继续利用姿控手柄使交会目标保持不动，再将平移手柄返回中位。交会目标不动时，将姿控手柄返回中位。为了不跳过"最佳位置"，在试飞停止前先降低试飞速度。

8）按光点或靶消除滚动角、俯仰角、偏航角的偏差。

19.6.5.2　向交会目标试飞的人控参数要求

取交会相对速度 $\dot{\rho}=0.3$ m/s（在飞向交会目标时，飞船与交会目标的相互定向在改变，所以必须周期性地完成向交会目标试飞的人控过程的动作）。只要信号指令装置照明图"接触"一亮，停靠控制就完成了。"接触"瞬间，飞船与交会目标相对运动参数保持在下列范围：

1）交会速度为 0.2～0.4 m/s；

2) 俯仰角、滚动角和偏航角的偏差小于 3°；

3) 瞄准线角速度小于 0.2(°)/s 时，机械部分的交会对接一定会成功进行；

4) 与交会目标交会对接时，专用瞄准镜十字中心与交会目标十字靶心的允许误差约为 0.9°（9 mm）；

5) 交会目标十字靶心与专用瞄准镜中心的俯仰角和偏航角的偏差小于 3°；

6) 为保证停靠时有最好的对接目标观察条件，指向太阳方向应在"目标"的 xOz 平面，并与 Ox 轴成 60°～79°。试飞和对接不要在地球阴影中进行。

19.6.5.3　停靠运动参数要求

在数控回路中，航天员完成停靠任务需要的运动参数如下：

1) 相对距离(ρ) 的数值；

2) 相对速度（$\dot{\rho}$）的数值；

3) 角速度分量为偏航角速度 ω_y 和俯仰角速度 ω_z。

使用交会雷达可以减轻航天员的工作，因为相对运动参数都显示在雷达显示器上。根据雷达显示器上的参数，航天员使用平移手柄直到瞄准线的角速度分量下降到零。在25 m处，完成交会任务时，航天员的其他控制过程与上述控制过程类似。

如果飞船在 25 m 处完成"悬停"，那么要消除瞄准线角速度，而且关闭交会雷达后，才能完成向交会目标的试飞并与其对接。如果不需要试飞，那么航天员继续进行交会对接。在进行停靠和对接时，航天员必须用平移手柄和姿控手柄，使俯仰角速度 ω_y 和偏航角速度 ω_z 保持零，而 $\dot{\rho}=0.3$ m/s。航天员的控制过程参见19.2.5 节。

19.6.5.4　停靠过程中需要的仪器和设备

为避免停靠过程中交会目标与飞船来回相互定向，建议航天员在 15 m 处就开始用平移手柄和姿控手柄，把交会目标的十字靶中心保持在专用瞄准镜的屏幕中心，用可见的监视设备监视飞船向交会目标的停靠和对接。其过程中需要使用下列仪器和设备：

1）安装在飞船上的专用瞄准镜。

2）安装在交会目标上的光标指示器。

3）安装在交会目标上的十字靶（飞船定向正确时，靶的基础中心和十字重合在专用瞄准镜屏幕的中心）。

19.7　人控系统的可靠性设计

19.7.1　可靠性设计原则

为保证人控系统的高可靠性和安全性，该系统必须按照以下原则进行设计：1 个故障不影响飞行任务的完成；2 个故障不影响航天员安全返回。

19.7.2　可靠性设计措施

人控系统的可靠性取决于构成系统的部件可靠性，即测量部件、计算部件和执行部件的可靠性。首先要考虑回路、仪器和功能部件的备份及仪器电路的可靠性，特别是仪器电路元件的可靠性。根据仪器的重要性可采用电路级备份，即元件双备份、通道双备份、通道三备份、优化通道三备份（三选二）。

在人控系统中，有的仪器没有电路级备份，一个元件失效整个仪器就不能工作。这类仪器有红外地平仪、平移手柄、姿控手柄和专用瞄准镜等。没有电路级备份的原因是：

1）它们的结构简单，本身可靠性高；

2）它们在构成系统时，有仪器级或功能级备份或有两种备份。

仪器级备份在联盟 TM 号飞船中所起的作用是比较明显的，它保证了系统正常工作的能力。角速率陀螺、加速度表、红外地平仪和执行机构（发动机）等都有充分的备份，只是光学仪器中的敏感元件备份复杂。人控模式可以消除飞船的角速度或联合体（对接后）的角速度，也可以完成对飞船下降和着陆的控制。

19.7.3　人控备份手段的必要性和充分条件

19.7.3.1　人控备份手段的必要性

人控系统采用备份是必要的，但还不够充分，因为备份也可能出现故障，如果不能及时发现故障并采取相应的措施（过渡到备份仪器或改变工作模式）就不能完成任务。

19.7.3.2　完成任务的充分条件

航天员完成任务的充分条件是：

1）及时发现故障；

2）正确定位故障；

3）采取可行措施，使仪器级或功能级备份起作用，继续完成任务。

一般来说，上述任务由航天员或逻辑控制装置来完成。在数字控制回路中，用船载计算机软件包来完成。该软件包可以监控系统执行模式的过程和状态，自动识别异常情况，并把这些信息送到逻辑控制装置，然后告诉航天员，最终自动改变完成任务的模式和系统回路。

19.7.3.3　正确操作的充分条件

航天员正确操作的充分条件是：

1）船上工作条件舒适；

2）目标照明良好；

3）温度正常；

4）身体位置适于操作；

5）各种控制手段都能保证航天员成功地完成任务；

6）所设计的航天员座椅必须能固定所有不参与工作的关节，以免航天员在情绪波动、过载、神经紧张时出现打盹、疲倦现象而影响操作精度；

7）由航天员控制的参数，其变化不能过快，例如要限制飞船与交会目标交会速度的变化；

8）手柄控制死区不影响人控自控系统的稳定性；

9）为便于控制，航天员要按照几何图形（如屏幕上的运动点）来控制。

19.7.3.4　人控模式的优点

当自控模式程序执行有误或执行不下去时，就要改用人控模式。人控模式的优点是：

1）人本身就是一个非常灵活的自适应系统，而且经过训练的航天员的头脑、感觉器官和运动器官的作用又有了很大提高，因此航天员能处理有关的自动控制过程。

2）人控系统可以预先设计好操作程序，当一些机构出现故障时，可以用另一些机构代替。例如，在停靠模式时，测量设备发生故障，航天员可以利用光学设备和自己的眼睛进行观察和控制。当然，这些在地面上要事先设计好，航天员还要在专门的训练设备或转台上进行训练。停靠操作训练结果证明，航天员的操作速度和操作质量不断提高，几乎接近"自动"的极限水平。试验证明，当航天员的操作训练水平达到最高值时，其操作水平也就难以进一步提高了。

3）试验证明，航天员经过 50～100 次训练就能达到最高的操作水平。此外，座椅一定要给航天员创造一个舒适的环境，使其能达到与在地面上一样的操作水平。

4）可以按照设计师的思想将人控和自控模式做成相互替换式的系统，以提高飞船控制系统的可靠性和完成任务的适应性。

19.8　人控系统的地面试验

19.8.1　地面仿真试验与自主试验

19.8.1.1　地面仿真试验

人控系统在安装到飞船上之前，要进行地面仿真试验。仿真试验包括：

1）在转台上，仿真部分人控系统；

2）在转台上，仿真整个人控系统；

3）在综合电动转台上，试验人控系统。

在进行人控系统的地面仿真试验时，要调试算法，要检查人员介入操作时的静态特性与动态特性。

19.8.1.2　地面自主试验

人控系统地面自主试验包括：

1）自主试验人控系统的正常状态功能；

2）试验人控系统正常状态的相互电连接，及其部件在半自动和人控模式混合系统的连接；

3）人控系统综合试验；

4）试验人控系统的极性与部分程序控制过程。

在进行人控系统的地面自主试验时，要检查各功能化系统的工作正确性；要检查各功能化模式执行程序的正确性，并考核给出命令的正确性；要检查与混合系统交换信号的正确性；要检查各独立部件（平移手柄、人控接口处理单元等）间的相互作用和全部元件。

19.8.2　航天员在人控系统中的数学模型

可将航天员在调节飞船的运动状态作为一个控制环节来描述，其传递函数的一般形式为

$$W_0(s) = \frac{k_0 A(s)}{I(s)} e^{-\tau s} \qquad (19.8-1)$$

式中　k_0——放大系数；

　　　τ——反应滞后时间（0.13～0.25 s）；

　　　$A(s), I(s)$——复变函数表示的多项式，它的系数与具体任务
　　　　　　　　　　条件有关。

（19.8－1）式为复变量 s 表示的复变函数 $F(s)$ 形式的传递函数表示式。

传递函数的结构与参数取决于系统的设备和航天员的工作条件。最通用的传递函数形式为

$$W_1(s) = \frac{k_0(T_1 s + 1)}{(T_2 s + 1) T_3 s}\, e^{-\tau s} \qquad (19.8-2)$$

式中　T_1——前置时间常数；

　　　T_2——精神—肌肉常数；

　　　T_3——滤波常数。

经过严格训练的航天员不存在扰动问题，只有最小生理和心理负荷情况，因此采用简单的放大环节即可以表示航天员的传递函数，即

$$W_2(s) = k_0 \qquad (19.8-3)$$

也可以用放大环节描述航天员的传递函数，即

$$W_3(s) = \frac{k_0}{T_4 s + 1}\, e^{-\tau s} \qquad (19.8-4)$$

式中　T_4——放大环节时间常数。

航天员也可能是一个积分环节，其传递函数为

$$W_4(s) = k_0 e^{-\tau s} \qquad (19.8-5)$$

航天员也可能是两重积分环节，其传递函数为

$$W_5(s) = k_0(1 + T_5 s) e^{-\tau s} \qquad (19.8-6)$$

式中　T_5——双重积分环节时间常数。

最终选择哪种作为传递函数，要视航天员在人控回路中真实的测试结果而定。这就要采用控制论中的"过程识别"技术。具体地说，要对航天员人控操作特性进行评价。其基本评价内容包括：

1）反应时间，从航天员看到显示操作信号开始，直到航天员完成操作后作出回答信号的一段时间间隔。

2）静态特性，输入和输出数值之间建立的相互关系。

3）动态特性，描述随着时间的进展，其过程与条件变化的数学模型。最简单的动态特性是过渡过程的时间、过程中被控量的振荡次数和调节量的最大偏差值等。

4）频率特性，包括：

• 幅度特性 $A(\omega)$——输出的强迫振荡值与输入振荡幅值之比；

• 相频特性 $\varphi(\omega)$——输入信号与输出信号之间的相位差；

• 幅相特性——实数和虚数的传递函数。

　　5）系统特性，即评价航天员系统的质量，如能量消耗量、完成飞行任务的顺利程度等。

　　为评价航天员对控制飞船及其系统的心理能力，可以利用模拟飞行条件的专门设备来比较各种方案。航天员在工作中要记录以下参数：

　　1）脑电流图，显示头脑的生物电活动；

　　2）皮肤电流反应，确定两部分皮肤之间电阻与电位的变化；

　　3）心动电流图，显示心脏肌肉的生物电活动；

　　4）肌肉电流图，记录肌肉的生物电流；

　　5）呼吸图，记录呼吸过程。

19.8.3　人控系统的仿真

19.8.3.1　人控定向系统仿真平台

　　人控定向系统仿真平台用于地面条件下，研究航天员的活动与操作设备的能力。在异常情况下，研究飞船的控制算法时要采用专用试验转台。试验转台由模拟计算机、光学瞄准器仿真器和航天员座椅等组成。

　　航天员座椅与航天员在空间的位置和飞船中光学瞄准器的位置相对应，并具有真实的平移手柄、光学瞄准器仿真器。

　　在模拟计算机上建立了控制飞船的系统模型，可以仿真手控"飞船定向"的制式，还可以利用各种发动机作为执行机构。

　　控制台上显示的控制参数信息保证了航天员的工作。航天员可以及时调整参数特性，以保证在定向仿真中作为航天员控制飞船的模型的正确性，也就是根据程序中预先安排好的各类角位置，完成"对地"定向。

19.8.3.2　脱轨人控系统仿真台

　　该仿真台是将专门技术和人-机工效要求赋予脱轨人控系统。仿真中要考虑航天员在下降段的下降速度、从失重状态过渡到超重条件下的神经和肌体紧张情况，以及完成控制动作的时间差等都要发生变化。

　　控制过程的超重现象用离心机仿真。在离心机的"肩"上安装航天员工作位。离心机的转速与飞船实际飞行的质心运动参数一致。

19.8.3.3　仿真人控系统回路的稳定性过程

　　飞船定向任务与飞船稳定性密切相关。由于船体的挠动，角速度敏感器组的幅频特性和角速度死区有可能引起飞船不稳定。在大的角速度死区时，即使平移手柄在中位也会有大量的残余速度，致使飞船很快地偏离"对地"或"对太阳"的定向。利用转台可以仿真所有在这些因素影响下的飞船的运动。

　　在指定的转台上仿真时，转台上有逻辑控制装置的校正电路，可以选择可能性最低的死区和放大系统。利用计算机完成仿真任务，要在计算机上建立飞船绕质心运动的方程，并考虑飞船或其他监测监控设备组成的"联合体"的多次挠动。为了更好地反映稳定过程的动态特性，最好能在模型中放入更多的实际使用的仪器，其中包括角速度敏感器、小发动机伺服机构、有放大器的逻辑控制装置等。在这种模型中，要用到飞船的弹性模型和发动机的动态特性。

19.8.3.4　失重条件下飞船的人控定向仿真

　　这种仿真的目的在于测试失重条件下航天员工作的可靠性。可以利用飞机飞行试验室的姿控手柄进行飞船定向试验，飞行试验台屏幕上点的移动由计算机控制。失重时，航天员借助姿控手柄消除偏移，同时可以测出航天员的生理学参数。失重试验还能得出人体、手和头在座椅中的最佳固定条件，以帮助选择最佳的手柄类型。

19.8.3.5　远距离交会仿真

　　航天员最困难的任务之一就是完成飞船的人工交会和停靠，特别是在一些仪器或发动机工作不正常时，就更加困难。为此，要建立一个距目标 25 km～300 m 内的手控飞船交会台和手控停靠台（300～0 m）。

　　只有综合电子指示器显示出交会雷达送来的相对运动参数时，才能实现 25 km 处的人控交会。在数模混合计算机上编排好飞船发动机的运动方程动态特性，并考虑发动机和各种牵引设备安装的不对称性引起的干扰力矩，以及角速度敏感器、交会雷达的静态和动态误差，仪器的死区等。

在仿真时要考虑发动机故障、交会目标的丢失和交会雷达部分信息的丢失（如 ρ、$\dot{\rho}$、ω_y、ω_z）等情况。在仿真时要尽可能使用综合电子指示器、姿控手柄、平移手柄、主发动机开关等实物。

远距离交会仿真与航天员控制交会的过程要相符合。航天员的任务是：

1）当交会雷达工作正常，但部分信息丢失时，捕获交会目标；

2）捕获到交会目标后，即可在综合电子指示器上得到相对运动参数的信息；

3）利用主发动机和小发动机按照交会对接人工控制步骤完成交会，而且能在主发动机、小发动机和交会雷达出现故障时及在各种干扰条件下完成交会任务；

4）保证在交会阶段燃料消耗尽可能少；

5）取得正常情况和灾难情况下交会的经验。

采用仿真过程的数模混合计算机系统来估计启动发动机（主发动机、小发动机）的次数、消耗的燃料量和远距离交会的各种初始条件。

19.8.3.6　停靠过程仿真

（1）停靠过程仿真的任务

停靠过程仿真的具体任务如下：

1）按照交会对接人工控制步骤，在正常情况下或在交会雷达、小发动机出现故障时进行 300→0 m 停靠；

2）在距交会目标 25 m 处"悬停"；

3）在最后阶段停靠。

（2）仿真方法

在仿真时，要利用交会雷达的信息和显示在综合电子指示器上的运动参数（ρ、$\dot{\rho}$、θ、ψ、ω_y、ω_z），并直接用专用瞄准镜和驾驶瞄准镜观测目标。停靠仿真利用数模混合计算机、综合电子指示器、姿控手柄和平移手柄接通相应的发动机。交会目标模型放在万向支架上，万向支架的转动由数模混合计算机电视装置控制。电视装置的接收筒指向模型，面向航天员。交会目标在屏幕上的影像位置正比于 θ、ψ、γ，而影像大小反比于 ρ（到交会目标的距离）。

航天员在转台上可以采用两种方法完成停靠，即使用交会雷达或在交会雷达出现故障时借用光学仪器。可在转台上训练航天员并评估其操作质量。评估航天员操作质量的标准包括停靠消耗的燃料量、对接前的停靠精度和不成功的对接次数。

（3）达到对接机构部件的运动学参数要求

运动学参数要求如下：

1）$\dot{\rho}$ 小于 0.2～0.4 m/s；

2）v_y、v_z 小于 0.1 m/s；

3）Δy、Δz 小于 0.3 m；

4）纵向轴间角度小于 5°；

5）滚动向的角偏小于 5°。

上述参数又称为"对接初始条件"。

替代万向支架上的交会目标模型时，可以用个人计算机建立一个目测模型（在显示器上）来替代电视装置。数模混合计算机把相对运动参数输入到个人计算机后，变换成的模型图反映了运动方程的规律。在这种情况下一定要采用电视装置，尽管交会目标的影像是假设的。

19.8.3.7　人控系统综合仿真台

在人控系统综合仿真台中，具有飞船舱体模型和航天员使用的全部设备，其中包括控制台、信息仪器、手控系统控制机构和光学仪器定向控制机构。

在人控系统仿真时采用更好的舱内布局。舱内设备和控制台不必介入人控运动，控制台可以用画的模型或仪器实物照片。

综合仿真台有外部环境和舱内变化仿真器。外部环境仿真器仿真噪声、振动和航天员敏感器的空间环境或地面环境。舱内变化仿真器可以改变舱内温度气体模式，同样也能模仿飞船内各种系统接通和工作后引起的不同噪声。飞行导航参数计算器和飞行动力学计算器能独立地或通过目测信息系统，给航天员提供运动参数和控制过程动力学参数。

飞船舱体固定在离心机"肩"上，可以模拟超重。超重是影响飞船导航、下降脱轨控制的重要因素。

为了动力学仿真和使飞船定向灵敏，模型室可绕定向轴转动，并能在3个投影轴上移动。根据仿真程序和控制过程，由动力学模型计算机控制这些运动（经专用的驱动装置来实现）。

在上述模型中，控制过程参数、系统特性及操作功能状态都记录在记录块上并进行处理。这个记录块比较简单，实际上是数模计算机的一部分，作为仿真时的专用补充设备，用于记录航天员生理和精神活动指标。

转台模型既采用了数学仿真，也采用了实物仿真。数学仿真获得目标控制特性，实物仿真为外部环境目测信息、光学仪器、部分控制台等。采用实物控制机构、指示器和目测器件保证了航天员的工作条件、真实的空间环境和超重模拟的可行性。飞船舱体运动仿真器、噪声等状态的建立，为航天员建立控制过程模型补充了更多的信息。总之，人控系统综合仿真台能验证一系列的任务。

19.8.4　人控系统自主电试验

19.8.4.1　试验目的与项目

人控系统自主电试验的目的是检查在给定工作模式下系统的功能，其试验项目包括：

　　1）检查速度和直接模式中飞船的定向和稳定回路；

　　2）校正脉冲给出的模式；

　　3）检查手动输入键到船载计算机信息交换的数码通道。

19.8.4.2　各种试验项目的试验步骤

　　（1）检查飞船定向和稳定回路的步骤

　　按照航天员控制台来的命令，实施下列步骤：

1）启动姿控手柄（电压表记录）；

2）接通角速率陀螺，保证必要的有效性；

3）接通控制速度模式；

4）监视姿控手柄控制信号的极性（在有平移手柄控制信号的情况下）并与相应接通的小发动机进行比较；

5）监视目测监控设备上的闪动图，直到从小发动机来的信号灯点亮。

直接模式的检查同上类似，只是不接通角速率陀螺，在航天员控制台上输入"直接模式"的标志。

（2）校正脉冲给出模式的步骤

按照航天员控制台来的命令，实施下列步骤：

1）给出启动稳定电路的命令；

2）准备启动主发动机；

3）主发动机工作时，角速率陀螺开关生效；

4）目测监控设备监视主发动机系统的准备情况；

5）利用姿控手柄开关启动主发动机，并用控制台上的秒表记录时间。

（3）检查信号命令的步骤

检查启动测量仪器（角速率陀螺、加速度表、红外地平仪、太阳敏感器）的命令，并在航天员控制台上接通信号命令集的模式（在信号命令集上选好仪器的标号）。检查接到信号命令集上的键，给出相应的开（关）仪器命令，同时用信号命令集的闪动图进行监视。

（4）检查仪器命令与目测监控设备模拟信号的步骤

在目测监控设备输入端输入一定的参数集，并监视改变监控设备仿真器（红外地平仪、角速率陀螺、加速度表、交会雷达）的信号。目测监控设备的参数也相应发生改变。

（5）检查手动输入键到船载计算机信息交换的数码通道的步骤

首先，在控制台上接通"数字回路"、"半自动模式"命令，船载计算机进入接收信息模式；然后，按照具体控制设备拨好数码，用手动输入键输入信息，并用指示器监视，以检查输入控制任务的正确性。在遥控系统上能监测到从航天员控制台、姿控手柄和平移手柄来的命令和信号，以及从手控系统设备来的各种信息。

第 20 章　航天工程供电与接地的电磁兼容性设计

20.1　引论

本章主要论述航天工程（大总体）供电与接地的电磁兼容性（EMC）设计。这是航天工程各系统集中于航天发射场，进行"合练"或首次发射时都要遇到的问题。各系统在发射场的供电与接地系统一旦出问题，就得中止试验。因此，该专题必须在大总体方案设计中解决。实践证明：分类供电与单地网一点接地系统方案，可以完好地解决这一难题。

本章分为 4 部分来论述这一问题：

1）现代航天工程中供电与接地的电磁兼容性设计是航天工程总设计的重要组成部分，单地网一点接地方案是在"多地系统"的基础上，针对由于计算机系统的广泛应用而暴露出供电与接地系统新矛盾的综合处理方案，符合当今国际与国内的航天工程标准，但这种方案在实施时必须严格贯彻 6 条基本设计原则；

2）供电与接地的电磁兼容性设计原理；

3）航天发射场测发厂房单地网一点接地的技术状态，各系统的正确使用和常犯错误的分析；

4）航天发射场测发厂房的接地线路类型、各系统内部接地设置和正确接地方法。

20.2　供电与接地方案的提出及设计要求

航天工程，特别是载人航天工程是当今最为复杂和庞大的工程。构成载人航天工程的系统有运载火箭系统、载人航天器系统、测控通信系统、发射场系统、回收着陆系统、航天员系统、空间应用系统等。这些系统最终都将集中布置到航天发射场方圆数十千米的区域内，进行联合演练、测试和发射。因此，航天发射场的电磁干扰不仅功率大、频带宽，而且各系统信息传输电缆纵横，特别是供电与接地线路构成了诸电气与电子设备的公共干扰源、受感器和寄生耦合电路。为了使航天发射场中各系统能协调、可靠地工作，必须从发射场的供电与接地设施到各系统的用电与接地，实施"航天工程供电与接地的电磁兼容性"的统一设计。

在 20 世纪 60 年代和 70 年代初期，美国、苏联和我国的航天发射场采用的"多地系统"，即防雷地、电网供电设备保护地、运载火箭和卫星的电源地（一、二次电源）、模拟地和数字地等在发射场分开设置，"各自为政"，"互不影响"。这在当时以电子管或晶体管电路为主的电子设备，以及信息传输主要用继电器或变压器隔离的时代是可行的，设备和传输线路能够承受雷击和供电网搭地造成的地网间大电位差。

但是，自 20 世纪 70 年代末以来，大规模集成电路和微机在航天工程各系统得到了广泛应用。火箭、卫星和航天发射场不仅大量采用了微机及其网络系统，信息传输采用了数字通信设备，而且供电与接地也出现了多种类型。"多地系统"（各个系统要求设置不同的地），不仅在航天发射场工程上难以实施，而且也不能满足电磁兼容性和安全性的要求。数字设备和微机的工作受到干扰，输入/输出电路和接口逻辑组件被高压电击穿的事故时有发生。如果发生雷击或供电网搭地等事故，必将造成设备元器件大量被击穿。因此，我国于 80 年代末、90 年代初制定的国军标 GJB 1696—93《航天系统地面设施电磁兼容性和接地要求》（1993 年 9 月 3 日发布，参考了美军标 MIL - STD - 1542B）规定：每个航天系统地面设施都应安装接地极分系统，以便在雷电和电源故障时提供一个到大地去的低阻抗通路，确保危险电压不发生在设施内。该分系统应能将直接雷击的能量扩散到大地里，不危及设备和人身安全。这个分系统应与设施内所埋入的全部电极和地下的金属物体互相连接。并规定：接地极分系统对大地的直流电阻应不大于 10 Ω。对多雷地区，应考虑接地极分系统更低的电阻,以降低设备损伤的概率。这就是航天发射场测发厂房采用的单地网一点接地方案。这种方案不仅有良好的雷击和电网故障的回流通路,而且消除了测发厂房地面设施接地间的大电位差,使设备和人身的安全得到了保证。但是,单地网一点接地方案对航天发射场测发厂房供电与接地的设计与施工提出了严格要求。同时,也对各系统的用电与接地提出了严格要求。这些要求是:

1)航天发射场测发厂房应设置符合标准的接地网,并在接地网的适当位置(离配电室较近的地方)设置接地井,井内设置与接地网接触良好的"接地铜排",即一点接地设备。变电站输入的五线制(L1、L2、L3、N、PE)供电线的中线(N)和保护地(PE),先接接地铜排,然后再分开引入测发厂房配电室的配电柜,柜中 N 线与PE 线分开布线,供电线(五路)分色引至用户测试间配电盘,严禁N 线与 PE 线混接混用。如果 N 线与 PE 线在接地铜排处断开,那么线间(含与大地网和供电线 L)绝缘电阻不低于1 MΩ。N 线为单相交流 220 V 的零线,PE 线一般作供电设备(大功率设备)机箱的安全保护地,航天系统的精密电子设备(如计算机和测量仪器等)一般不用。

2)测发厂房的信号地(S)(又称工艺地或技术地)也由接地铜排引出,按用户要求提供有关系统和分系统专用。布线时,应尽量远离供电网(减少电网寄生耦合干扰),并在根部分支引入各系统的测试间配电盘。

3)按用户要求,引入测试间配电盘的 PE 线与 S 线,系统(或分系统)间不得混用。如果在 PE 线和 S 线的分支处断开,那么线间应有良好的绝缘(绝缘电阻不小于1 MΩ)。选用导线应符合规范,并尽量减小引线间分布参数。

4)各系统(或分系统)应按《发射场供电与接地使用说明》实施用电与接地的连接。各系统在未接入之前,应检查本系统(或分系统)设备的 N 线、PE 线与 S 线之间的绝缘(绝缘电阻不小于1 MΩ)。选用导线应符合规范,并尽量减小引线间分布参数。

5)各系统(或分系统)对电磁兼容性要求高的设备,可独立设置 UPS 电源、稳压电源或隔离变压器,以减小本系统设备与供电网间的寄生耦合，提高本系统的供电质量。这些设备除技术指标满足要求外，还要求供电边与输出边隔离（不共地），电路不接机壳，机壳一般接 PE 线。如果系统中精密设备的电路不"浮地"而接机壳，那么也可将机壳浮起来不接任何地，但要采取安全保护措施。

6）系统间（或分系统间）不同地（含 PE 线或 S 线的不同支路）设备的接口电路，必须采用具有隔离器件（光电开关或脉冲变压器）的接口电路，传输线用双绞线，以降低共模干扰的影响，防止接口电路被击穿。

20.3　供电与接地的电磁兼容性设计原理

20.3.1　基本概念

20.3.1.1　电磁兼容性的定义

电磁兼容性是指产品在规定的电磁环境中能够可靠工作的能力。

20.3.1.2　电磁干扰的定义和种类

电磁干扰（EMI）是对电气或电子产品的性能形成不利影响的不希望的电压和电流。

电磁干扰有两种：

1）系统内电磁干扰，系统内部产生的电磁干扰，如开关瞬变、信号谐波、伪发射、信号上的寄生信号等。

2）系统间电磁干扰，从系统外部进入的电磁干扰。

20.3.1.3　电磁干扰控制

电磁干扰控制（EMIC）是指通过修改设计，调整信号或噪声电平的过程。

20.3.1.4　电磁干扰三要素

电磁干扰三要素是：

1）传导或辐射发射源（干扰源）；

2）接收敏感器（敏感器）；

3）前两者之间的电传递或耦合介质（耦合通路）。

这三者之间的关系如图 20.1 所示。电磁干扰三要素的常见类型如表 20.1 所示。

图 20.1 电磁干扰三要素及其相互关系

表 20.1 电磁干扰三要素的常见类型

类型	干扰源	耦合通路	敏感器
1	通信发射机	分割的空间	通信接收机
2	雷达和遥测发射机	屏蔽材料	雷达和遥测接收机
3	导航发射机	吸收材料	导航接收机
4	接收机的本振、计算机和外设	滤波器、电源线和地线	数字计算机
5	马达、开关、电源线、日光灯、点火引擎	电源线、地线	弹药和火炮（火工品、电爆管）、微机
6	天然源：宇宙、雷电、银河系的射频辐射	空间	对人身（生理）的危害

干扰的电传递分为传导耦合和辐射耦合两种。

传导耦合又可分成电导耦合、电容耦合和电感耦合 3 种。传递阻抗 Z_i 可用四端网络表示（见图 20.2）。

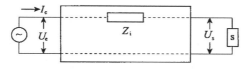

图 20.2 传导阻抗等效为四端网络

$$U_s = U_e - Z_i I_e \qquad (20.3-1)$$

式中 U_e——干扰源电压；

I_e——干扰源输出的干扰电流；

　　　Z_i——耦合通路的干扰传递阻抗；

　　　U_s——敏感器敏感到的干扰电压。

　　电导耦合为两个元件之间或导线之间的接触电阻 R_i 形成的耦合。

　　电容耦合（亦称电场耦合）为两个元件或导线之间杂散电容 C_i 形成的耦合。

　　电感耦合（亦称磁场耦合）为两条导线间的互感 M_i 形成的耦合。

　　如果 3 种耦合同时存在，那么干扰传递阻抗 Z_i 可表示为

$$Z_i = R_i + \mathrm{j}\omega M_i - \mathrm{j}\frac{1}{\omega C_i}$$

$$= R_i + \mathrm{j}\left(\omega M_i - \frac{1}{\omega C_i}\right) \qquad (20.3-2)$$

　　从（20.3-2）式可见，电容耦合和电感耦合与频率 f 有关（$\omega = 2\pi f$），f 为干扰信号的频率。不同干扰信号有不同的频谱，各种周期性的或非周期性的（随机的或单次的）波形，都可以经傅里叶变换后得出信号的频谱表示式。得出不同频率的干扰幅值后，就可用（20.3-1）式和（20.3-2）式计算出使接收敏感器敏感的干扰电压。系统或设备的电磁兼容性特征可根据电传递介质（或通路）的公式来划分。电传递可分为传导和辐射两种：

　　1）电阻、电容、电感、导线（体）构成的金属通路称为传导通路；

　　2）非金属通路称为辐射通路。

　　敏感器受干扰是由于与干扰源间存在耦合通路造成的。若要减少干扰，就必须采取以下措施：

　　1）对干扰源，采用去耦、屏蔽，使之不放出或少放出噪声信号。要改进 10 dB 的噪声环境，只需要用一个 40 dB 的屏蔽体就可以实现。

　　2）对耦合通路，如果存在辐射耦合通路，那么需要拉开空间距离或进行屏蔽。如果是传导耦合，可以采用滤波与隔离的方法。

　　3）对敏感器，采用局部去耦、隔离、屏蔽措施，以减小对干扰

源的敏感度，或采用敏感度差的元件重新设计电路。

产生电磁干扰的条件是"三要素"同时存在。因此，要达到系统或设备的电磁兼容性要求，只要破坏"三要素"之一即可。

对电磁兼容性的分析计算与测试，通常以分贝（dB）为单位。传导发射和传导敏感度常用功率（P）、电压（U）和电流（I）的分贝值表示。

功率、电压用分贝表示的相互关系如表20.2所示。

表 20.2　功率、电压比值的分贝对应表

分贝值	功率比	电压比	分贝值	功率比	电压比
0	1.00	1.00	10	10	3.16
1	1.26	1.12	20	100	10
3	2.00	1.41	30	1 000	31.6
5	3.16	1.78	60	10^6	1 000
6	4.00	2.00	−10	0.1	0.316
7	5.00	2.24	−20	0.01	0.1
9	8.00	2.82	−30	0.001	0.036
10	10.00	3.16	−60	10^{-6}	0.001

20.3.2　干扰源

20.3.2.1　电磁现象的经典描述

所有宏观电磁现象均满足麦克斯韦方程组（微分形式）

$$\nabla \times \boldsymbol{H} = \boldsymbol{J}_0 + \frac{\partial \boldsymbol{D}}{\partial t} \tag{20.3—3}$$

$$\nabla \times \boldsymbol{E} = -\frac{\partial \boldsymbol{B}}{\partial t} \tag{20.3—4}$$

$$\nabla \cdot \boldsymbol{D} = \rho_e \quad \text{（高斯定理的微分形式）} \tag{20.3—5}$$

$$\nabla \cdot \boldsymbol{B} = 0 \tag{20.3—6}$$

式中　$\nabla \times H$——磁场 H 的旋度；

$\dfrac{\partial D}{\partial t}$——位移电流密度；

$\nabla \times E$——电场 E 的旋度；

$\dfrac{\partial B}{\partial t}$——磁感应强度密度；

ρ_e——自由电荷密度；

$\nabla \cdot D$——电位移矢量 D 的散度；

$\nabla \cdot B$——磁感应强度矢量 B 的散度（矢量场 B 的散度是个标量场）；

J_0——传导电流密度矢量。

（20.3－4）式和（20.3－5）式是非稳定情况，表示电场既有散度，又有旋度。（20.3－6）式表示磁感应强度 B 永远是个无散度的场。

利用结构方程

$$\begin{cases} D = \varepsilon E \\ B = \mu H \\ J_0 = \sigma E \quad\text{（欧姆定律的微分形式）} \end{cases} \qquad (20.3-7)$$

式中　ε——介电常数；

μ——磁导率；

σ——电导率。

消去一个未知数，可以得出电场 E 的波动方程

$$\varepsilon\mu \frac{\partial^2 E}{\partial t^2} - \nabla^2 E = -\frac{\nabla \rho_e}{\varepsilon} - \mu \frac{\partial J_0}{\partial t} \qquad (20.3-8)$$

用类似方法，可以得出磁场 H 的波动方程

$$\varepsilon\mu \frac{\partial^2 B}{\partial t^2} - \nabla^2 B = \mu(\nabla \times J_0) \qquad (20.3-9)$$

由（20.3－8）式和（20.3－9）式可见，凡有电荷、电流存在的地方，都可能产生电磁波。$\nabla \times J_0$ 是电流密度的旋度，它同环路电流产生磁场是一致的。$\nabla \rho_e$ 是电荷梯度，$\dfrac{\partial J_0}{\partial t}$ 是电流密度随时间的变化率。由（20.3－3）式～（20.3－6）式可知，电磁波是可以相

互转化的。所以电流的交变、电流及电荷的分布不均都可以产生电磁波；并由产生源向空间四处传播，构成辐射干扰。电磁信号也可以直接通过导体（电线或电缆）传导，构成传导干扰。

　　由于任何一个电子元件、电缆、电路、设备或系统都可能产生电磁信号，并通过辐射或传导影响敏感器的正常工作，因此任何电气和电子设备都是干扰源。但是，敏感器是否能正常工作，取决于敏感器的敏感阈值（简称阈值）P_d。敏感器被干扰的条件关系式为

$$P_s = P_i RC \geqslant P_d \qquad (20.3-10)$$

式中　P_s——敏感器上的敏感功率（W）；

　　　P_i——干扰源产生的干扰功率（W）；

　　　R——影响因子（常数）；

　　　C——耦合系数（常数）。

美军标 MIL-STD-1541 规定：

　　1）一般电子系统的电磁兼容性条件是 $\dfrac{P_d(f)}{P_s(f)} \geqslant 6$ dB（功率比为 4），f 表示某一干扰频率。

　　2）电爆系统的电磁兼容性条件是 $\dfrac{P_d(f)}{P_s(f)} \geqslant 20$ dB（功率比为 100）。

20.3.2.2　干扰源分类及性质

　　电子设备运行之处，无论是地球表面、地下、大气层或宇宙空间都会有电磁干扰。干扰源可以分为两大类，即自然干扰源和人为干扰源。前者来自宇宙大气的自然现象（例如，雷电、静电等），后者来自工业、通信、电力和运输导致的干扰。

　　干扰源按照干扰的传播方式可以分为传导干扰源和辐射干扰源，即通过导体传导的干扰和通过空间辐射的干扰。而多数干扰同时具有传导和辐射两种特性。

　　干扰源按照干扰信号属性分类，可以分为功能性干扰源和非功能性干扰源。前者的信号属于功能上的需要，只不过是由于寄生耦合存在和敏感器过于敏感而引起的干扰；后者为完成功能时的副产品或寄生杂波信号引起的干扰。

（1）传导干扰源

传导干扰源分为非功能性干扰源和功能性干扰源。

① 非功能性干扰源

非功能性干扰源常与动力、照明设备有关，例如直流电动机的换向器、工业控制机、运输工具等。换向器由于电弧和电流瞬变而产生干扰，其干扰模型有：电枢线圈中电流方向的改变；线圈磁场位置改变，感应电压也改变；换向器从一个线圈转到另一个线圈而电压发生变化；有些电枢线圈被电刷短路，在不同电刷时间电枢的阻抗变化；电刷电弧等。这些干扰都可通过电源供配电线和地线传到电子设备的电路上而引起干扰。由于启辉器和整流器的原因，日光灯既产生传导干扰又产生辐射干扰。如果在日光灯上并联一个 0.01 μF 的电容，那么可使传导和辐射干扰降低 20～30 dB。脉冲电路、马达、继电器等元器件工作时，工业控制机可产生大量宽频带噪声，并且很容易通过信号电缆、电源线和地线干扰其他电子设备。由于设备辐射和输出信号线上存在大量宽频带噪声，因此大功率开关电源，例如 30 kW 中频（500 Hz）开关电源，很容易干扰微机和小功率电子设备，使之不能正常工作。

② 功能性干扰源

功能性干扰源一般是系统中的某一部分功能直接影响到另一部分的功能。由于它在系统内部（或设备内部），因此从设计开始就要精心解决。对于那些可能产生干扰源的部位都必须采用屏蔽或滤波措施。

（2）辐射干扰源

辐射干扰源是以电磁场形式在介质中传播而形成的干扰。在球面坐标系中，一个电流元在 (r, θ, φ) 点产生的电场强度和磁场强度分别为

$$E_\theta = \frac{Ik^3}{4\pi\omega\varepsilon_0}\left[-\frac{1}{\mathrm{j}(kr)} + \frac{1}{(kr)^3} + \frac{1}{\mathrm{j}(kr)^3}\right]\sin\theta \mathrm{d}l \qquad (20.3-11)$$

$$E_r = \frac{Ik^3}{2\pi\omega\varepsilon_0}\left[-\frac{1}{(kr)^2} + \frac{1}{\mathrm{j}(kr)^3}\right]\cos\theta \mathrm{d}l \qquad (20.3-12)$$

$$H_\varphi = \frac{Ik^2}{4\pi}\left[-\frac{1}{\mathrm{j}(kr)} + \frac{1}{(kr)^2}\right]\sin\theta \mathrm{d}l \qquad (20.3-13)$$

式中　$k=\dfrac{2\pi}{\lambda}$，λ 为干扰源波长；

　　　$\mathrm{d}l$——电流元的长度（在球面坐标系原点）；

　　　r——球面观测点 P 到原点的距离(m)；

　　　θ——观测点与 $\mathrm{d}l$ 的夹角；

　　　φ——方位角；

　　　I——$\mathrm{d}l$ 中的电流（A）；

　　　ε_0——空间介电常数。

一个长的载流导体在 $(r,\ \theta,\ \varphi)$ 处产生的磁场强度和电场强度可通过积分得到

$$H_\theta=\frac{k^3}{4\pi}\left[-\frac{1}{kr}-\frac{1}{\mathrm{j}(kr)^2}+\frac{1}{(kr)^3}\right]\sin\theta\,\mathrm{d}m \tag{20.3—14}$$

$$H_r=\frac{k^3}{2\pi}\left[-\frac{1}{\mathrm{j}(kr)^2}+\frac{1}{(kr)^3}\right]\cos\theta\,\mathrm{d}m \tag{20.3—15}$$

$$E_\varphi=\frac{k^3}{4\pi\omega\varepsilon_0}\left[-\frac{1}{kr}-\frac{1}{\mathrm{j}(kr)^2}\right]\sin\theta\,\mathrm{d}m \tag{20.3—16}$$

式中　$\mathrm{d}m$——小电流环的磁偶矩。

在（20.3—11）式～（20.3—16）式中，含 $\dfrac{1}{r^2}$ 项为感应场；$\dfrac{1}{r^3}$ 项为静电（磁）场。

在电磁干扰术语中，上述 3 种场构成了辐射发射。

在一般情况下，$r<\dfrac{\lambda}{2\pi}=\dfrac{1}{k}$ 为近场，$r>\dfrac{\lambda}{2\pi}=\dfrac{1}{k}$ 为远场。但对于那些方向性强的辐射来说，则依方向而异。

一根长度为 L 的天线，如果天线上的电流为 I，则发射功率为

$$P_r=I^2\times80\pi^2\left(\frac{L}{\lambda}\right)^2 \tag{20.3—17}$$

如果偶极子天线的中间电流为 I，两端电流为零，则发射功率为

$$P_{r0}=I^2\times20\pi^2\left(\frac{L}{\lambda}\right)^2 \tag{20.3—18}$$

由（20.3—17）式和（20.3—18）式可见，当 $L<\dfrac{\lambda}{2}$ 时，发射

功率小，即中低频辐射干扰小，高频辐射干扰大。

20.3.2.3　干扰的时域特性

用示波器测量干扰波形非常直观。直角坐标的纵坐标为电压（U）或电流（I），横坐标为时间（t）。干扰类型包括：可控硅电路通断时在负载上产生的干扰；继电器或开关瞬间通断时的噪声电压；热噪声的随机高斯分布电压；时钟电路和整流开关调压器等的周期性干扰；以及核爆炸的电磁辐射脉冲干扰（电场强度约达 10^5 V/m，磁场强度约达 260 A/m）。

20.3.2.4　干扰的频域特性

对单周期函数 $f(x)$ 的傅氏变换，如果周期为 T，在 $\left[-\dfrac{2}{T}, \dfrac{2}{T}\right]$ 内函数 $f(x)$ 只要为有限个第一类间断点，并在有限个区间内 $f(x)$ 单调变化，那么 $f(x)$ 可展开为傅氏级数。如果 $f(x) = -f(x)$，即 $f(x)$ 是反对称函数，那么傅氏展开式为

$$f(x) = \sum_{n=1}^{\infty} (b_n \sin n\omega x) \qquad \left(\omega = \frac{2\pi}{T}\right) \tag{20.3-19}$$

如果 $f(x) = f(-x)$，即 $f(x)$ 为偶函数，那么

$$f(x) = \frac{a_0}{2} + \sum_{n=1}^{\infty} (a_n \cos n\omega x) \qquad \left(\omega = \frac{2\pi}{T}\right) \tag{20.3-20}$$

对于能量有限的非周期函数可得

$$\begin{cases} f(x) = \dfrac{1}{2\pi} \displaystyle\int_{-\infty}^{\infty} F(\omega) \mathrm{e}^{j\omega t} \mathrm{d}\omega \\[2mm] F(\omega) = \displaystyle\int_{-\infty}^{\infty} f(x) \mathrm{e}^{-j\omega t} \mathrm{d}x \end{cases} \tag{20.3-21}$$

$F(\omega)$ 为 $f(x)$ 的傅氏变换式，或为 $f(x)$ 的频谱密度函数。图 20.3 表明频谱和信号函数成一傅氏变换对。

功率谱（或能谱）与相关函数成一变换对。功率谱 $W(f)$ 和频谱 $F(f)$ 二者的关系为

$$W(f) = |F(f)|^2 \tag{20.3-22}$$

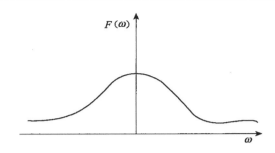

图 20.3　$f(x)$ 的频谱密度 $F(\omega)$

另外，由于周期信号的能量是无限的，因此只能得到功率谱。而在有限时间范围内非周期信号的能量是有限的，在无限时间上的平均功率趋于零，因此在傅氏变换中求得的谱是能量密度谱。对于周期函数，有以下傅氏变换：

$$f(x) = \frac{a_0}{2} + \sum_{n=1}^{\infty} (a_n \cos n\omega_0 x + b_n \sin n\omega_0 x)$$

$$= \sum_{n=1}^{\infty} (c_n e^{jn\omega_0 x}) \qquad (20.3-23)$$

式中　　$a_0 = \dfrac{2}{T} \displaystyle\int_{-\frac{T}{2}}^{\frac{T}{2}} f(x) \mathrm{d}x;$

　　　　$a_n = \dfrac{2}{T} \displaystyle\int_{-\frac{T}{2}}^{\frac{T}{2}} f(x) \cos n\omega_0 x \mathrm{d}x;$

　　　　$b_n = \dfrac{2}{T} \displaystyle\int_{-\frac{T}{2}}^{\frac{T}{2}} f(x) \sin n\omega_0 x \mathrm{d}x;$

　　　　$c_n = \dfrac{1}{T} \displaystyle\int_{-\frac{T}{2}}^{\frac{T}{2}} f(x) e^{-jn\omega_0 x} \mathrm{d}x.$

$n=0$ 相应的量为直流分量，$n=1$（或 -1）的量为基波分量，而其他分量为谐波分量。用指数展开式 $f(x) = \displaystyle\sum_{n=-\infty}^{\infty} c_n e^{jn\omega_0 x}$ 作广义函数的傅氏变换为

$$F(\omega) = \mathscr{L}[f(x)] = \sum_{n=-\infty}^{\infty} [c_n 2\pi \delta(\omega - n\omega_0)] \qquad (20.3-24)$$

或

$$F(\omega) = \sum_{n=-\infty}^{\infty} [c_n\delta (f-nf_0)]$$

$$= c_0 + \sum_{n=-\infty}^{\infty} [c_n\delta (f-nf_0) - n\delta (f+nf_0)] \quad (20.3-25)$$

$f(x)$的频谱函数 $F(f)$ 如图 20.4 所示。

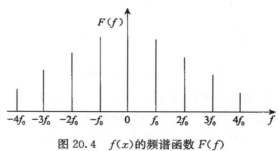

图 20.4　$f(x)$的频谱函数 $F(f)$

20.3.2.5　干扰的频带宽度

信号的频带宽度定义是：如果一个信号 $f(t)$ 的傅氏变换式（频谱）为 $f(\omega)$，那么设在 $F(\omega)$ 最大值 $\dfrac{1}{\sqrt{2}}$ 倍处的频率 f_1 和 f_2 间的宽度 $B=f_2-f_1$，称为频带宽度或带宽。

关于干扰信号的频带宽度是窄带还是宽带，是相对于测量仪器的频带宽度 $\triangle f$ 来说的。

对于一个单一正弦波干扰来说，如果在某一频率上（f_0，$2f_0$，$3f_0$，…）只有一条线（见图 20.5），并落在一个具有足够灵敏度的测量仪器的输入通带 $\triangle f$ 内，那么它的电压（电流）幅度不随仪器的输入带宽 $\triangle f$ 变化而变化，测量值用 $dB\mu V$ 表示，并随仪器的输入频率扫描而变化。将该干扰称为窄带干扰。

对于一个尖脉冲信号来说，仪器带宽 $\triangle f$ 不含信号的所有信号频谱时，仪器输出为零。如果干扰信号在时域中表现为无限大幅度和无穷小时间时，其 $F(\omega)=A$（常数），那么测量仪器输出幅度（电压或电流）与扫描频率无关，只与输入信号带宽成正比（见图 20.6），测量值用 $dB\mu V/MHz$ 表示。将该干扰称为宽带干扰。

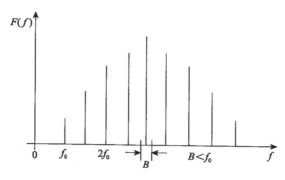

图 20.5　窄带干扰频谱特性

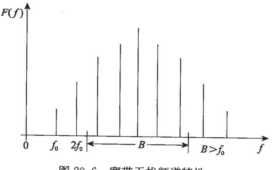

图 20.6　宽带干扰频谱特性

简单来说，保持测量仪器带宽 Δf 不变，对干扰信号进行扫描（改变输入频率 f_0，$2f_0$，$3f_0$，…），如果仪器输出幅度变化尖锐，那么称为窄带干扰；如果仪器输出幅度变化不大，那么称为宽带干扰。

20.3.3　敏感器

敏感器是干扰的受害者。如果一个电子设备受外来干扰源的干扰，那么它就是敏感器。然而，该设备又放射出干扰信号，干扰别的电子设备，所以它又是干扰源。系统电磁兼容性设计，就是要使系统中的电子设备既不被干扰，也不干扰别的电子设备。

衡量一个电子设备接受干扰的程度指标为敏感度。不同类型的电子设备，其敏感度的量度是不同的。例如，数字通信设备的敏感度，是以干扰影响敏感器终端的比特误码率来计算的；音响话音设备的敏感度，是以干扰影响音质清晰度来评定的；图像通信设备的敏感度，是以图像最终视觉效果为依据来评估的。

由于后两种涉及人的感官响应特性，因此干扰敏感度的评定和测量比较复杂。影响设备电磁干扰敏感度的因素有灵敏度、选择性带宽、阻带斜率、输入阻抗、接地方式、接口电路类型等。其中最主要的是前两个。灵敏度越高，干扰影响越显著；带宽越宽，进入设备的干扰能量越大。因此，可用敏感器敏感电压对灵敏度之比来量度敏感器的敏感度，通常称为干扰敏感度。

20.3.3.1 模拟电路（放大器或接收机）的干扰敏感度

模拟电路的灵敏度等于输入端等效内部热噪声。干扰源有相干源和非相干源。非相干源的总干扰信号与各分量干扰信号间遵循功率叠加原理，相干源则遵循电压叠加原理。在最坏的情况下，相干源（例如，宽带瞬变或脉冲辐射）的干扰电压大小与带宽成正比，而干扰功率与带宽的平方成正比。因此，模拟电路的干扰敏感度可表示为

$$S_V = \frac{KB}{N_V} = \frac{KB}{\sqrt{4RFK_TB}} = \sqrt{\frac{K^2B}{4RFK_T}} \qquad (20.3-26)$$

式中 S_V——电压比表示的敏感器的敏感度；

B——带宽（Hz）

N_V——内部噪声电压；

R——端口等效输入阻抗（Ω）；

F——敏感器内部等效噪声系数；

$K_T = 4 \times 10^{-21}$（W/Hz）；

K——相乘因子。

20.3.3.2 数字电路的干扰敏感度

数字电路的干扰敏感度可表示为

$$S_D = 20\lg\frac{B}{N_{NIL}} \qquad (20.3-27)$$

式中　S_D——数字敏感器的敏感度；

　　　B——逻辑带宽，$B=\dfrac{1}{\pi\tau_r}$（Hz）；

　　　τ_r——逻辑上升时间；

　　　N_{NIL}——抗噪声电压（V）。

通常被干扰条件为：

源干扰强度×耦合因子＞敏感器门限。

20.3.4　电磁干扰的耦合通路

电磁干扰的耦合通路可以分为辐射耦合和传导耦合两种。

辐射耦合为天线、设备机箱、电缆三者之间的 9 种组合。其中，天线对天线、天线对电缆、电缆对电缆（3 种）是主要的，占电磁干扰情况的 95%。其他 6 种组合的电磁干扰问题不大。

传导耦合为电磁干扰源通过导线直接耦合到受害敏感器；或通过供电与接地线路构成的寄生耦合通路，间接耦合到受害敏感器。

20.3.4.1　公共阻抗耦合

这是 3 种辐射耦合和两种传导耦合中的第一类情况。电流流过公共回路（接地板、安全总线）的公共耦合阻抗时，形成的电位差经过接地回路耦合（共地阻抗耦合和地回路耦合）到敏感器的输入端。共地阻抗耦合将地电流转换成共模干扰电压 V_i（即电磁干扰源）。

图 20.7 表示内源和负载分别在两端的不同处接地时，流过地阻抗的电流 I_g 和电压 V_g 为

$$I_g=\frac{V_{gi}+V_{gu}}{Z_g+Z_L+Z_w+Z_C} \qquad (20.3-28)$$

$$V_g=V_{gi}+V_{gu} \qquad (20.3-29)$$

式中　V_{gi}——干扰源，直流或 50 Hz/60 Hz/400 Hz 交流分量；

　　　V_{gu}——干扰源，电源交流频率分量；

　　　Z_g——干扰源阻抗；

　　　Z_L——负载到干扰源的引线阻抗；

　　　Z_w——干扰源到负载的引线阻抗；

　　　Z_C——共地阻抗。

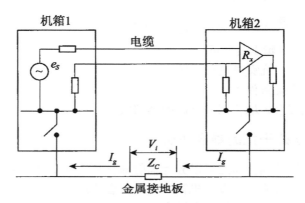

图 20.7　共地阻抗耦合

图 20.8 为图 20.7 的等效电路。

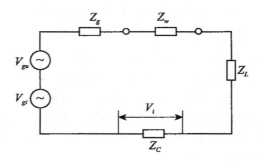

图 20.8　图 20.7 的等效电路

在直流和低频时（50～400 Hz），由于 Z_L 和 Z_w 远大于 Z_C 和 Z_g，因此可将（20.3—28）式简化为

$$I_{gi} = \frac{V_{gi}}{Z_L + Z_w} \qquad (20.3\text{—}30)$$

注意，干扰源电压含有高次谐波和高频噪声时，（20.3—30）式不成立，只能用（20.3—28）式和（20.3—29）式。

【例】　将 50 Hz/220 V 的交流发电机的中线和负载接到 1 mm 厚的钢板上，负载功耗 P_L 为 1 kW，计算共地阻抗和共模电压的危害。

已知不希望的 10 次谐波电流为发电机基波电流的 2%，求 10 次谐波时的共模电压。

解：

1）求负载阻抗

$$Z_L = \frac{V^2}{P_L} = \frac{220^2}{1\,000} = 48.4 \text{（}\Omega\text{）}$$

2）求基波电流

$$I_{gi} = \frac{V_{gi}}{Z_L} = \frac{220}{48.4} = 4.545 \text{（A）}$$

3）根据钢板的厚度和频率可查出共地阻抗 Z_C 值为：

50 Hz 时，$Z_C = 106\ \mu\Omega$

500 Hz 时（10 次谐波），$Z_C = 275\ \mu\Omega$

4）可求出共模电压为

50 Hz 时，$V_i = I_{gi} Z_C = 4.545 \times 106 = 481.8 \text{（}\mu\text{V）}$

500 Hz 时，$V_i = I_{gu} Z_C = (I_{gi} \times 2\%) \times Z_C$
$$= 4.545 \times 0.02 \times 275 = 24.998 \text{（}\mu\text{V）}$$

传导地回路耦合（GLC）是分析不同系统间数传接口干扰的重要等效电路。

公共阻抗耦合产生的干扰电压通过地回路耦合起作用，在受害设备的输入端口产生干扰噪声电压。减少传导地回路耦合的最有效方法是浮地和隔离。图 20.9 示出了共模耦合（CMC，Common Mode Coupling）电压 V_i 和敏感器干扰电压 V_0 的电路。

图 20.9 的等效电路如图 20.10 所示。

由图 20.10 可见，V_i 作用在敏感器 a_1 和 b_1 两点的干扰电压 V_0 不仅取决信号源和敏感器浮地与屏蔽的质量，而且取决于平衡传输电路的对称性。

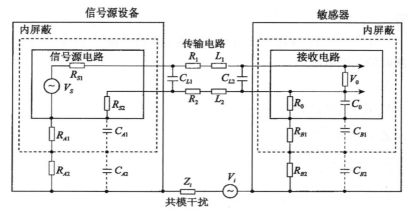

图 20.9　传导地回路耦合的干扰原理

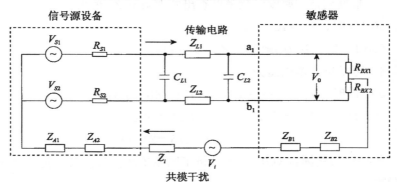

图 20.10　图 20.9 的等效电路

设传输线的分布电容 C_{L1} 和 C_{L2} 可忽略不计（适应于低频电路），不考虑有用信号 V_S（$V_S = 0$），可求得以下干扰计算式

$$I = I_1 + I_2$$

$$= \cfrac{V_i}{(Z_i + Z_{A1} + Z_{A2} + Z_{B1} + Z_{B2}) + \cfrac{(R_{S1} + Z_{L1} + R_{BX1})(R_{S2} + Z_{L2} + R_{BX2})}{R_{S1} + Z_{L1} + R_{BX1} + R_{S2} + Z_{L2} + R_{BX2}}}$$

$$(20.3 - 31)$$

$$I_1 = \frac{V_i - I(Z_i + Z_{A1} + Z_{A2} + Z_{B1} + Z_{B2})}{R_{S1} + Z_{L1} + B_{BX1}} \qquad (20.3 - 32)$$

$$I_2 = \frac{V_i - I(Z_i + Z_{A1} + Z_{A2} + Z_{B1} + Z_{B2})}{R_{S2} + Z_{L2} + R_{BX2}} \quad (20.3-33)$$

$$V_0 = I_1 R_{BX1} - I_2 R_{BX2} \quad (20.3-34)$$

式中　Z_i——地回路共模电压内阻，取决于地系统地网电缆的规格与接地电阻；

V_i——地网作用在两机箱间的干扰电压；

Z_{A1}——信号源电路与内屏蔽间的浮地阻抗，$Z_{A1} = R_{A1} + \dfrac{1}{\mathrm{j}\omega C_{A1}}$，$R_{A1}$ 为绝缘电阻，C_{A1} 为分布电容，如果无浮地结构，那么 $Z_{A1} = 0$；

Z_{A2}——内屏蔽与机箱间的浮地阻抗，$Z_{A2} = R_{A2} + \dfrac{1}{\mathrm{j}\omega C_{A2}}$，$R_{A2}$ 为内屏蔽与机箱间的绝缘电阻，C_{A2} 为分布电容，如果无浮地结构，那么 $Z_{A2} = 0$；同样，在敏感器机箱中，$Z_{B1} = R_{B1} + \dfrac{1}{\mathrm{j}\omega C_{B1}}$，$Z_{B2} = R_{B2} + \dfrac{1}{\mathrm{j}\omega C_{B2}}$，如果无浮地结构，那么 $Z_{B1} = 0$，$Z_{B2} = 0$；

R_{S1}，R_{S2}——信号源平衡输出阻抗，如果完全对称，那么 $R_{S1} = R_{S2}$；

Z_{L1}，Z_{L2}——接口传输电路干扰传输阻抗 $Z_{L1} = R_1 + \mathrm{j}\omega L_1$，$Z_{L2} = R_2 + \mathrm{j}\omega L_2$，如果完全对称，那么 $Z_{L1} = Z_{L2}$；

R_{BX1}，R_{BX2}——敏感器对称输入电阻，如果完全对称，那么 $R_{BX1} = R_{BX2}$。

讨论：

1）从（20.3-31）式可见，希望 V_0 小，就要求 Z_{A1}、Z_{A2}、Z_{B1} 和 Z_{B2} 大，这就需要浮地或加内屏蔽。电路地直接机箱，这些阻抗都为零。

2）从（20.2-32）式和（20.2-33）式可见，希望 V_0 小，就要求对干扰的传输线阻抗大，即 Z_{L1} 和 Z_{L2} 大，I_1 和 I_2 小。要做到这一点，只有在接口加隔离电路才能实现。这样就能使有用信号 V_{S1} 和 V_{S2} 传送阻抗低，干扰 V_i 传送阻抗高。

3）从（20.3—34）式可见，希望 V_0 小，采用平衡输入/输出电路（例如，脉冲变压器对称输出，平衡差分放大器输入电路），使 $I_1 = I_2$，$R_{BX1} = R_{BX2}$，那么 $V_0 \to 0$。

20.3.4.2　辐射共模耦合和辐射地回路耦合

辐射共模耦合和辐射地回路耦合是电磁干扰的第二类耦合。辐射共模耦合是把图 20.11 所示的回路面积 S 的电磁场转换成共模电压 V_i，V_i 像一个电磁干扰源，沿着整个信号传输电路形成一个差模电压 V_B，加到受害敏感器的输入端构成电磁干扰威胁。

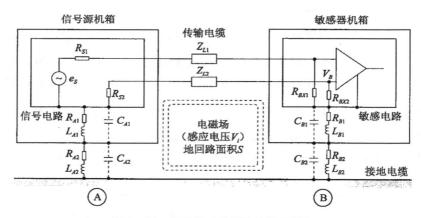

图 20.11　电磁场对地回路的共模耦合

在图 20.11 中，信号源机箱和敏感器机箱与图 20.9 的差别是没有内屏蔽，但电路是浮地的。浮地绝缘电阻分别为 R_{A1}、R_{B1}，浮地分布电容为 C_{A1}、C_{B1}。机箱接地电缆电阻为 R_{A2}、R_{B2}，分布电感为 L_{A2}、L_{B2}，分布电容为 C_{A2}、C_{B2}。如果未实现一点接地，那么还要考虑 A、B 两点间的地网分布参数，而且地回路面积将增大，场感应电压也增大。离开大地的水平悬空信号线，在水平电场 E 作用下的导线感应开路电压为

$$V_i = \int_0^l E \mathrm{d}S \qquad (20.3-35)$$

式中　V_i——地回路共模电压（V）；

　　　E——干扰电场强度（V/m）；

　　　S——地回路面积；

　　　l——电缆长度（m）。

当 $l \ll \lambda$（即在低频）时，（20.3－35）式简化为

$$V_i = El \cos\theta \qquad (20.3 - 36)$$

式中　λ——干扰电磁波的波长；

　　　θ——传输电缆与电场线间的夹角（平行时 θ＝0）。

地回路面积增大和阻抗降低时，V_i 增加。如果信号 e_S 的传输电路有"光耦"或"变压器"隔离电路，即对于 V_i 的 Z_{L1} 和 Z_{L2} 很大，那么 V_i 作用于敏感器输入的差模电压 V_B 将变小。当信号传输电路对称时（$R_{S1}＝R_{S2}$，$Z_{L1}＝Z_{L2}$，$R_{BX1}＝R_{BX2}$），$V_B{\rightarrow}0$。

因此，减小辐射干扰的有效方法是：在电缆长度不能缩短的情况下，为尽量减小地回路面积 S，可将两信号传输线双绞、加外屏蔽套，并使电缆紧贴着地网布置。

20.4　航天发射场的供配电与各系统的用电

20.4.1　航天发射场的供配电状态

航天发射场的供配电，一般采用 35 kV/10 kV 和（380 V/220 V）的三级变电供电方案。35 kV 电源深入场区，10 kV 深入负荷中心变电站，380 V/220 V 三相五线制引入测发厂房配电室，并分别为动力设备和电子设备的两个变压器变电，将大功率设备和小功率设备分开供电（见图 20.12）。用测发厂房接地网所设接地井的接地铜排，实现单地网一点接地方案。变电站来的 N 线和 PE 线，在进入测发厂房前，先进入地网，然后再从地网引出经配电柜引入系统测试间配电盘，N 线、PE 线和 S 线不能混接。在系统测试间配电盘上，各类引线必须分色布线，以便维护与使用。

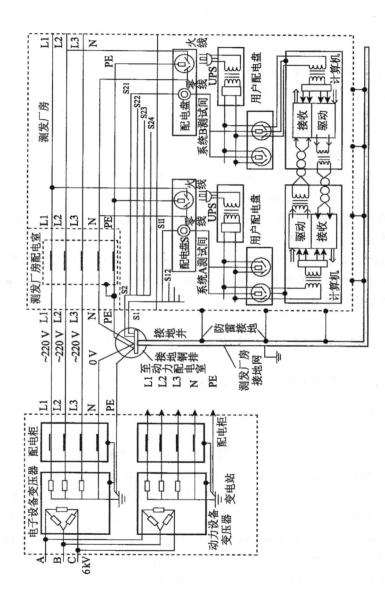

图20.12 发射场供配电与接地原理
(单地网–点接地方案示意图)

20.4.1.1 变电站的系统接地和保护接地

发射场测发厂房的三相五线制（L1、L2、L3、N、PE）供电，是符合现代航天工程标准的。

变电站变压器低端 Y 形输出绕组的中点 N 线必须接地，称为系统接地 N。其作用是：

1）当发生雷击时，由于地面瞬变电磁场使低压电路感应幅值变得极高，因此低压电路的对地绝缘要承受很高的冲击电压。接地后，由于雷电电流对地泄放，降低了线路瞬态电压，因此也减小了电路被击穿的危险。

2）当高压（10 kV 以上）和低压（380 V/220 V）共通道走线，高压线路碰上低压线路时，将引起低压线路过压。如果系统接地，那么可以大大降低过压幅值，从而保护了低压线路的安全。

3）当低压火线漏电时，可使漏电流先流过保护电器（断路器、熔断器或漏电保护器），保护电器动作并切断电源，可以避免事故发生。

可见，如果没有系统接地，故障电流将无通路，那么故障将持续存在，许多耐压低于交流 300 V 的低压电器就可能被击穿或造成人身伤亡。

变电站和配电室的变压器和配电器等电气设备的金属外壳接地称为保护接地。变压器和配电线路设备对机壳绝缘下降时，如果没有保护接地，那么金属外壳的电压将升至很高，设备可能被高压击穿，人接触外壳会触电伤亡。如果有保护接地，那么金属外壳漏电流顺畅流回，外壳电压接近大地电压，从而保护电器动作并切断电源，使人和设备得到保护。国际电工委员会的标准 IEC536－2《电气设备和电子设备电击防护要求分类》（1992 年）规定：对只具备一层基本绝缘带金属外壳的低压电气设备（Ⅰ类设备）必须实施保护接地。IEC364－4－41《电击防护》（1992 年）规定：380/220 V 线路在用户房间走线，对外的绝缘电阻不小于 50 kΩ，这时漏电流为 4.4 mA。IEC364－4－442《高压系统接地故障时低压电气装置的保护措施》（1993 年）对变电站 10 kV 设备的系统接地和保护接地明确规定：为使 10 kV 侧故障电压不窜入低压配电回路，要将两地分设，相距不小于 10 m。

20.4.1.2 测发厂房的一点接地系统

变电站和测发厂房配电室的配电柜、系统接地（N）和保护接地（PE）必须分别设置，在接地井的接地铜排上一点相接，信号地（S）也在接地铜排上引出。它们在测发厂房内走线时不能混接、混用，S 线应尽量远离配电线（L1、L2、L3、N、PE）。断开接地铜排各接线，断开配电柜开关和断开负载后，供电线和各地线（N、PE、S）间绝缘电阻不小于 1 MΩ。测发厂房防雷接地在接地网上就近接地（如图 20.12 所示）。这样，雷击或高压线掉地引起的地网大电流高电位差，不会击穿设备间。因为，一点接地保证了供电线路和各类地线间电位的同时升降，不产生设备间的电位差，从而保证了供电系统和测发设备的安全。

20.4.1.3 对发射场供电特性的要求

GJB1696—93《航天系统地面设施电磁兼容性和接地要求》中的 5.1.1 指出：航天系统地面设备所用供电质量不能满足要求时，可用电源调整设备（例如，不中断电源（UPS）和稳压电源等）满足下列电源特性：

1）电压调整率为额定电压的 ±5%（空载到满载，功率因数范围为 1~0.8）；

2）频率稳定度为 ±1 Hz（50~400 Hz）；

3）谐波失真为 5%（所有谐波之和）；

4）瞬变，按照 GJB151.3 中的 5.2 规定，除二次和三次谐波以外，所有谐波发射和乱真发射的峰值功率应比基频功率低 80 dB，二次和三次谐波应抑制在 $40+10\lg P$（P 为基频峰值功率，单位为 W）或 80 dB，选其低者；

5）配电电压应符合 GJB156 规定的市电压，但不低于 380 V/220 V。

20.4.2　各系统的用电（以运载火箭和载人航天器为例）

20.4.2.1　运载火箭和载人航天器上设备用电

运载火箭和载人航天器上设备用电是由运载火箭/载人航天器电源或地面电源供电实现的。地面电源供电在射前测试中使用，在运载火箭点火前 1~3 min 转入运载火箭/载人航天器上电源供电，直至完成飞行任务。而发射场的供电系统只与运载火箭或载人航天器地面电源发生供电关系，与运载火箭/载人航天器上电源无直接关系。

20.4.2.2　运载火箭或载人航天器的地面电源

运载火箭或载人航天器的地面电源由较大功率的整流电源或开关电源构成。输入电源由发射场系统测试间配电盘供电，输出功率由几千瓦至几十千瓦不等。这种电源的机柜一般接配电盘的 PE 地，输出电源的正负母线要与发射场电网隔离，不与电源机柜连通。对于那些功率大、脉冲干扰大的地面电源来说，一般不用测试间配电盘直接供电，而由变电站动力变压器供电，以免通过测发厂房供电与接地线路对精密测量仪器和计算机产生干扰。

20.4.2.3　各系统的计算机和测量设备用电

对于各系统的计算机和测量设备，一般不从测试间配电盘直接供电，而经 UPS 电源、交流稳压电源或隔离变压器供电，以实现与发射场供电网的良好隔离或断电保护。

20.4.2.4　用户配电盘

各系统（或分系统）应设置用户配电盘（见图 20.12），用户配电盘上的电源插座要按系统仪器要求对号专用。用户配电盘插座的火线和零线，可直接连 UPS 电源的火线和零线。用户配电盘的地可接 PE 地，也可接 S 地或空地（即不接地，使仪器机壳浮空）。

20.4.3　N 线和 PE 线混接的危害性分析

从测发厂房配电室到各测试间配电盘供电线的中线（N）和保护地（PE）混接，将给用户系统设备引入强干扰。其原因是：用户设备使用单相供电，火线由 L 线供给，零线由中线（N）供给，所以 N 线是各测试间设备用电负荷电流的公共回流线（见图 20.13）。

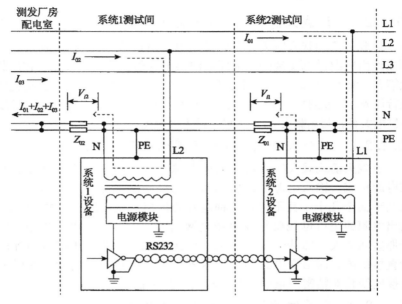

图 20.13　N 线和 PE 线混用后，用户设备引入干扰原理

由图 20.13 可见，I_{01}、I_{02}、I_{03} 为各相供电负荷回流电流，均由 N 线回配电室（最终到变电站变压器副边中心点）。Z_{01}、Z_{02} 为 N 线和 PE 线混接后的导线阻抗。回流电流中的成分极为复杂，有工频交流 220 V 的负荷电流，有电源经非线性负荷后产生波形畸变的谐波电流，有大负荷"接通"和"断开"的冲击脉冲电流等。导线阻抗有导线直流电阻，有分布电容和分布电感等。回流电流在导线阻抗上产生的共模干扰电压 V_{i1} 变为用户设备间的共模电压，加在通信接口电路上。在用干扰测量示波器进行实测的情况下，当三相供电不平衡时，V_{i1} 的工频电压达十几伏；当用户设备加电、断电时，脉冲干扰电压峰值达 20～30 V。所以接口电路被击穿是常见的事。图 20.13 所示电路的电磁兼容性分析，完全可以用 20.3.4 节介绍的等效电路方法（见图 20.7）进行计算。图 20.14 为图 20.13 的电磁兼容性分析等效电路。

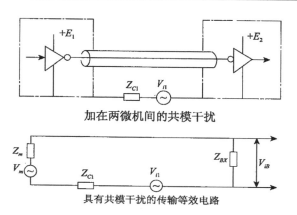

图 20.14　图 20.13 的电磁兼容性等效电路

正确的方法是，N 线和 PE 线在测发厂房接地铜排上的一点接地后，在厂房内的布线要严格分开，保证 PE 线上无电源回流。也就是说，在用户设备间不会产生共模干扰电压，即 $V_{i1} \approx 0$。

20.4.4　供电隔离与接口隔离的优越性分析

用户设备机箱从安全出发必须接地（PE 或 S）。一种方法是直接用测试间配电盘电源 PE 地，这样电网干扰将很容易进入用户系统；另一种方法是系统所有设备机箱都接到 S 地上，这样会导致大功率设备（干扰源）通过共用电源和地线耦合线路干扰精密电子设备（微机和数字仪表等）。这两种方法都不可取。

20.4.4.1　正确的供电隔离与接口隔离方法

用户系统中的电源等功率设备，可直接用测试间配电盘供电，机箱一般接盘上的 PE 地。设备电路必须与机箱绝缘，输出电路与供电网间有良好的隔离。

用户系统中的精密电子设备一般采用 UPS 电源或稳压电源供电，电源的输出与电网隔离，但不接机箱，电源机箱接 PE 地。精密电子设备机箱接专用的 S 地。如果设备需要与外系统设备通信，那么接口装置必须采用隔离电路。隔离电路的"驱动"和"接收"部分分别与对应设备的供电源和地线相连，供电与接地和接口隔离原理如图 20.15 所示。图中，在系统 1 和系统 2 的微机中，电路不浮地而与机箱相连，这样不利于系统电磁兼容性能的结构（工业控制微机的电路不接机箱）。

　　图 20.15 的电磁兼容性分析等效电路如图 20.16 所示。这仅是图 20.15 双向接口电路一个方向的等效电路（另一个传输方向的等效电路与此完全相似），用该电路可导出抗干扰计算式。

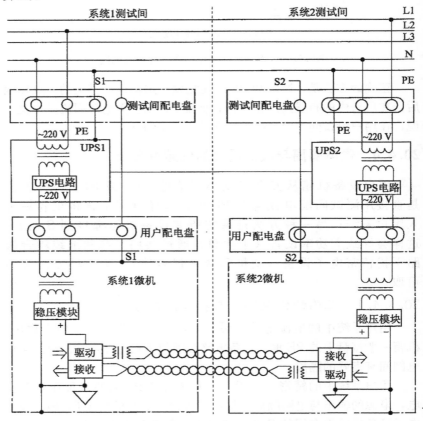

图 20.15　微机系统的通信接口、供电与接口

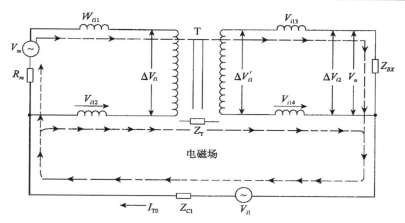

图 20.16 图 20.15 的电磁兼容性分析等效电路

20.4.4.2 接口电路的电磁兼容性分析

在一般情况下，接口电路的电磁兼容性分析要考虑两种干扰源的作用：

1）系统 1 和系统 2 中微机的信号地和供电路（指测试间电网→UPS→微机电源）拾取的传导干扰电压 V_{i1} 为

$$V_{i1} = V_{S1} + V_{S2} + V_{E1} + V_{E2} \qquad (20.4-1)$$

式中 V_{S1}——系统 1 中微机地线上的传导干扰电压；

V_{S2}——系统 2 中微机地线上的传导干扰电压；

V_{E1}——系统 1 中微机供电线路引入的干扰电压；

V_{E2}——系统 2 中微机供电线路引入的干扰电压。

2）系统 1 和系统 2 中微机接口信息传输线拾取的电磁场的辐射干扰电压 V_i（见 20.3.4.2 节）。由于接口电路一般采用隔离变压器，其初/次级引出线是双绞的，因此两绞线感应的电磁场感应电压能相互抵消，即

$$\begin{cases} V_{i11} = V_{i12} \\ V_{i13} = V_{i14} \end{cases} \qquad (20.4-2)$$

20.4.4.3 传导干扰与辐射干扰引起的差模干扰电压

由图 20.16 可见：

1）在传导干扰电压 V_{i1}（地线共模电压）的作用回路中，由于隔离变压器 T 的初/次级间呈现出高阻抗 Z_T，因此共模电流 I_{T0} 作用在变压器初/次级两双绞线上的传导干扰电压是近似相等的。传导干扰电压 V_{i1} 引起的差模干扰电压为

$$V_n = 0 \qquad (20.4-3)$$

2）辐射干扰作用在变压器初级绕组上的干扰电压 ΔV_{i1} 为

$$\Delta V_{i1} = V_{i11} - V_{i12} = 0 \qquad (20.4-4)$$

因此，变压器次级干扰电压 $\Delta V_i'$ 为

$$\Delta V_i' = 0 \qquad (20.4-5)$$

3）辐射干扰引起的差模干扰电压 ΔV_{i2} 为

$$\Delta V_{i2} = \Delta V_i' + (V_{i13} - V_{i14}) = 0 \qquad (20.4-6)$$

20.4.4.4　传导干扰和辐射干扰引起的差模干扰电压趋于零的条件

（1）采用隔离电路

应采用隔离电路，使隔离阻抗 Z_T 尽量大。通常采用的隔离电路有变压器和光电耦合器，如图 20.17 所示。

（2）采用双绞线

接口传输线采用双绞线，以保证拾取的辐射干扰相等，最终使作用到接口接收电路入端的差模干扰电压趋于零。这也是采用 RS422 接口差分放大器（输入/输出为对称电路）的优越性所在。

（3）浮地

系统中的微机电路最好不接金属机箱而浮地（参见图 20.9 和图 20.11）。浮地阻抗（Z_A 或 Z_B）越大，吸收共模干扰电压 V_i 也越大。这样可以大大减小作用在微机逻辑电路上的干扰。电路与机箱相接的仪器（见图 20.15），如果抵抗不住地线引入的共模干扰电压 V_i，那么也可将该仪器（代机箱）浮起来不接地，但要防止仪器漏电或静电积累带来的安全问题。

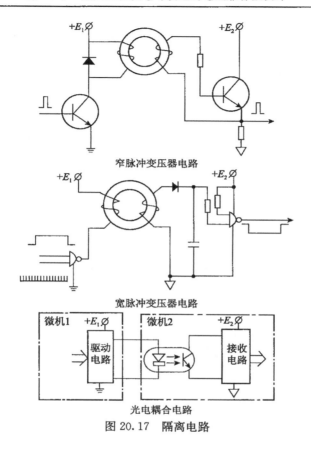

窄脉冲变压器电路

宽脉冲变压器电路

光电耦合电路

图 20.17　隔离电路

20.5　航天发射场测发厂房单地网一点接地设施与各系统的接地

20.5.1　测发厂房的接地线路类型

在航天工程系统中，设备最集中的地方是发射场的测发厂房（参见图 20.12）。测发厂房除配电室外，还有专门的地线设施。这些地线有三相（交流 380 V/220 V）五线（L1、L2、L3、N、PE）制中的 N 线和 PE 线，还有防雷地和信号地。

航天工程各类地的设置原则是：工程中各系统的接地必须满足安全、空间放电和电磁兼容性的综合要求；各类地在测发厂房地网上一点接地，以防止不希望的地电流在电路间流动和相互作用而影响电子设备正常工作。

由变电站至测发厂房的 N 线和 PE 线，首先在接地铜排上接地后，再分别进入测发厂房配电室配电柜，并在后面的布线中严禁混接。N 线只作为各系统测试间单相配电的零线，即用户耗电的回流线，不能作为任何地线用。

PE 线一般接在系统测试间配电盘的三芯供电插座的中间接点上，供系统大功率电源设备（机壳）作为保护地用。由图 20.12 可见，供电网和电源设备的故障漏电流，不会在"一点接地"的地线之间产生干扰电压，尽管这点电位波动很大。

建筑物的防雷网在测发厂房接地网就近入地。由图 20.12 可见，地网上由雷击电流引起的大干扰不会引入"一点接地"的地线之间，尽管这点电位波动很剧烈。

S 地是测发厂房中最干净的地线，从根部分支多条专供各系统不同类型的电路使用。系统设备的接地类型有单点接地、多点接地、混合接地和浮地（不用测发厂房任何接地线）。

20.5.2　各系统的内部接地设置

各系统根据仪器电路类型的不同，采用了如下不同的接地方法：单点地、多点地、混合地和浮地。对于系统中大功率电源建议使用变电站动力变压器供电，并使用保护地。通常，测发厂房信号地分支与系统的以下"地"连接：

1）单点地是将每条接地线直接接到单点地上。低频电路采用单点地最有效。

2）多点地是将每条接地线直接接到一个低阻抗的公共接地平板上。这个公共接地平板通常设置在使地线减小到最短的位置上。高频电路的电路尺寸大于几分之一波长时，采用多点地最好。

3）混合地是低频电路部分用单点地，高频电路部分用多点地。图 20.18 是通信卫星中电子系统的混合接地。

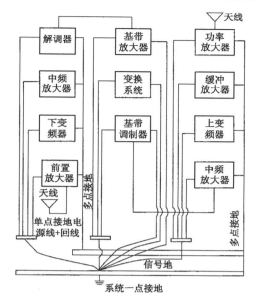

图 20.18　通信卫星的混合接地系统

4）浮地是将某些功能电路的"地"独立起来的接地方法。例如，数据采集子系统的采样开关、A/D 转换器的输入电路的"地"都要浮起来，不与任何"地"相连。因为它们的输入高/低端子可能要接到被测系统电路的采集点上（就像用万用表测量任何电路的两点间参数一样）。如果浮地电路要与其他电路发生信息传递关系，那么就必须采用隔离变压器或光电隔离器等隔离电路，以免共地引入大的共模干扰。但是，浮地隔离会导致静电积累，造成隔离元件的击穿。因此，不同"地"电路之间进行信息传递时，必须采取隔离措施，但要考虑隔离元件的两地间电位差或被干扰电压击穿的问题。一般来说，分段绕制（初级、次级在环形磁芯两边分开绕）的脉冲变压器耐压最高，光电耦合器入出边耐压有限。

系统内大功率电源机箱一般使用测试间配电盘保护地。

系统内通信、控制、数据管理等分系统仪器使用的单点地、多点地、混合地，要根据电磁兼容性分析选用不同的信号地线。辐射干扰大和不怕干扰的设备要合用一条信号线（S_{11}）；辐射干扰小和灵敏度高的设备要合用另一条信号线（S_{12}），特别怕干扰的仪器也可把机壳浮起来不接地（但要注意安全）。

20.5.3　系统接地要注意的问题与方法

20.5.3.1　系统接地要注意的问题

系统接地时要注意以下问题：

1) 确定系统中使用了哪些频率，包括信号频率和干扰频率。要将接地类型设计成：电路的低频部分采用单点接地，高频部分采用多点接地，而且有时需要采用混合接地布置。系统接地类型常用的图形符号见图 20.19 所示。

図 20.19　系统接地类型常用的图形符号

S—信号地或二次电源地；Sh—屏蔽地；DC——次电源；P—单点地；St—结构地

2) 要对系统中使用的电源和信号电平分类，并要分析采用机箱结构体作为电源回路可能遇到的问题。

3) 根据接地分类和系统中使用的信号电平规定：直流电源回路、分系统"地"和接口"地"、屏蔽端接和互连，以及同轴电缆和外层电缆套的处理等问题均需精心设计。

20.5.3.2　系统接地常用的方法

（1）一次电源的供电用返回线接地

载人航天器一次电源由太阳电池提供。一次电源必须直接返回到单点地，每个子系统（发射机、接收机、姿态控制系统、科学实验仪器）应有单独的信号地返回线和电源地返回线。所有科学实验仪器的外壳地应与上述返回线隔离，以防止机壳内的电源、低电平信号、射频放大器输出等与机壳互连。如图 20.20 所示，这些"地"最后连在一起必须是一点接地。

（2）分系统和接口的接地

首先，分系统和接口的接地必须遵循使公共阻抗耦合减到最小的原则；其次，分系统和接口的返回线必须尽可能地靠近它们相应的信号线，以使环面积减到最小（双绞线可以满足要求），也就是干扰场对电缆的耦合减到最小。

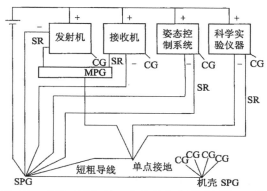

图 20.20　各类"地"的一点接地各自形成回路互不耦合

SPG—单点接地；MPG—多点接地；CG—机壳地；SR—信号回路

如果高频电路的接地线长到接近使用频率的 1/4 波长时，就要求多点接地。由此形成的接地环不如低频电路的那样严重。因为射频波阻抗比音频阻抗高，所以射频场与接地环之间存在的耦合较小。

在平衡电路（如差分放大器）中，接地不能损害电路的平衡。在音频电路中，信号返回线应与其他返回线之间具有良好的隔离，以免地线信号之间产生寄生耦合。

（3）屏蔽线的端点接地与屏蔽线间的互连

屏蔽层的端接方法取决于所选用的电缆类型，例如双绞线、单导体或屏蔽的单导体，同时也与屏蔽所针对的频率有关。

双绞线屏蔽电缆（STP）的信号线和返回线由双绞线承担，而屏蔽套接到插头座的机壳上，也就是接到仪器机壳上。如果两仪器机箱不共地，那么只接一边。

同轴电缆的屏蔽套为信号地线，常接在插头座的信号地接点上，屏蔽套外面必须有一层绝缘套与插头座外壳绝缘。是采用低频一点接地法，还是用高频多点接地法，取决于电线长度与信号或干扰频率的波长之比。

（4）同轴电缆和外层电缆套的处理方法

使用同轴高频电缆时，屏蔽层为信号负端，并与载人航天器的结构外壳相连，单点接地只接一端，多点接地两端都接。

使用多芯线的金属套或导线金属管时，要接到机壳上或载人航天器结构地上。

第 21 章　空间交会对接系统概论

21.1　引论

交会对接(rendezvous and docking，RVD)包含着交会和对接两方面的内容。

交会(rendezvous)是指两个航天器在交会轨道上相互接近的过程。其中一个航天器为追踪航天器，如载人飞船或航天飞机。一般情况下追踪航天器为主动方，并装有主动测量设备。另一个航天器为目标航天器，如空间站、留轨舱等，目标航天器通常为被动方，并装有合作目标，如雷达应答机、光学的角反射器等。当两个航天器接近到满足对接机构实施对接的初始条件时，其交会过程即结束。

对接(docking)是指当两航天器接近到满足对接机构实施对接的初始条件时，对接机构在特定的指令下完成相互耦合和刚性密封连接的过程。

交会对接则起着桥梁和纽带作用，它把空间试验室与飞船有机地连接起来。图 21.1 为航天飞机与和平号空间站进行交会对接的示意图。和平号空间站作为目标航天器，航天飞机作为追踪器。航天飞机为了把航天员或物资设备送往和平号空间站，必须和空间站进行交会对接。

一般两航天器进行交会是两航天器进行对接前必须的一个过程。有时两航天器为了靠近也需要进行交会。例如，为了摧毁空中某一危险目标，在制导站的引导下，导弹需要捕获和测量跟踪目标，跟踪测量目标的过程也是一个交会过程。它的任务是摧毁目标，并不需要和目标对接。也就是说，要实现对接必须进行交会，但反过来，交会并不一定要对接。

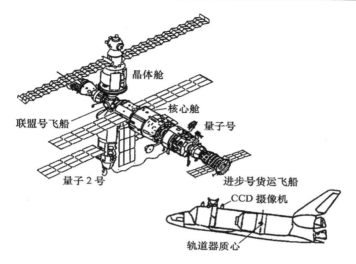

图 21.1　航天飞机与和平号空间站交会对接示意图

　　交会对接是载人航天工程中一个重要的组成部分。根据我国载人航天工程的初步规划,在 21 世纪初将在近地轨道上建立小型空间实验室,为研究地球环境、开发资源以及开展空间科学研究提供试验基地。载人飞船作为载人航天工程中天地间往返的运输工具,完成空间试验室与地球之间人员的交换、物资设备的输送、空间救生以及空间维护等各项任务。

　　在轨组建大型的空间站(或空间试验室)也必须应用交会对接技术。如苏联/俄罗斯的和平号空间站,有 6 个对接口,对接了 5 个实验舱,大大扩展了和平号空间站的功能。1998 年开始组建的国际空间站,有美国、俄罗斯、加拿大、日本和欧空局共计 16 个国家参加,这个长108 m、宽 88 m、质量 430 t 的庞然大物,由美国舱、日本舱、俄罗斯舱、欧洲舱等多个舱段像搭积木一样连接而成,连接的过程中交会对接技术发挥着重要作用。

　　两个航天器在空间进行交会的过程,实际上是精确测量与控制的过程。测量系统的作用是适时向制导、导航和控制系统(guidance, navigation and control,GNC)提供两航天器之间的相对运动信息,如两航天器之间的相对位置、相对速度、相对姿态以及它们的变化率。因此,相对测量设备的方案制订和研制水平,就成为空间交会对接系统的第一大关键技术。另一个关键技术就是空间对接机构。本章将重点论述这两大关键技术。

21.2　空间交会对接系统的基本组成

两个航天器在空间实现交会对接是一项非常复杂的高难度航天技术。要完成交会对接任务,必须掌握对航天器的姿态与飞行轨道的测量技术、对航天器的控制技术、通信技术以及对接机构等关键技术。由此可见,交会对接不仅技术复杂,难度大,而且涉及面宽,它与载人飞船的总体设计、飞船的控制与稳定系统设计、飞船的动力系统、地面测控系统、通信系统等都彼此之间相互约束。因此,交会对接是一庞大的系统工程。按功能划分,它一般由以下几部分组成(见图21.2):

1)惯性测量传感器组合;

2)相对测量传感器组合;

3)GNC 系统;

4)对接机构;

5)人控及显示部分;

6)地面测控站及其他支持设备。

实现自主交会对接要求 GNC 系统具有两个方面的功能:

1)测量和确定单个航天器的位置、速度和姿态。航天器对地定向,主要是用惯性测量传感器完成。如红外地平仪、太阳传感器等,称为绝对导航;

2)测量和确定两个航天器之间的相对位置、速度和姿态主要用船载相对测量传感器来完成,如微波交会雷达、激光雷达、全球定位系统(GPS)、光学成像测量传感器等,称为相对导航。

本章主要介绍航天器之间的相对测量技术及其所用的各种测量传感器。

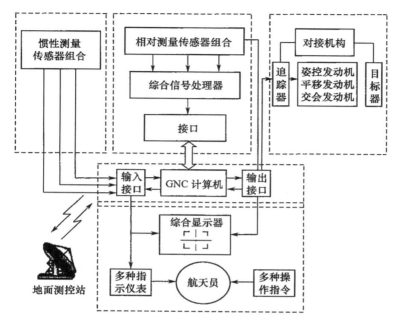

图 21.2 交会对接系统基本构成

船载测量传感器实时测量两航天器之间的相对位置和相对速度信息,在逼近段之内同时还要测出两航天器之间的相对姿态角及角速度。测量数据经坐标转换和数据处理后,送入控制计算机,控制计算机根据各测量传感器提供的测量信息和引导规律计算出的控制量,通过驱动器驱动相关的发动机,控制载人飞船完成与目标航天器的交会对接任务。

21.3 空间交会对接过程的阶段划分

交会过程涉及两个航天器的相对运动,一般情况下一个航天器按动力学方程在不加推进控制的条件下运行,称之为目标航天器,另一个航天器则采用主动控制的方式接近目标航天器直至对接成功,称之为追踪航天器。目标航天器的运行轨道为目标飞行轨道,追踪航天器运行轨道为追踪轨道。下面,以常用交会对接轨道为例简述交会对接过程。

21.3.1　目标飞行轨道和追踪轨道

21.3.1.1　目标飞行轨道

　　目标航天器轨道一般采用回归轨道,这样追踪航天器在地面等待发射时,在一定的回归周期前后发射,目标航天器和追踪航天器的初始相位能基本保持不变,这将有利于发射窗口的选择以及有利于交会对接中追踪航天器轨道的设计。如采用二天回归,则轨道高度约 350 km。

21.3.1.2　追踪轨道

　　追踪航天器的轨道为运载火箭将追踪航天器送入近地点约 200 km,远地点比目标轨道低约 20～30 km 的椭圆轨道,即初始轨道,运行到第 6 圈远地点时点火,通过霍曼变轨使追踪航天器进入一个调相轨道,调相轨道是近地点高度为 220 km,远地点比目标轨道远地点低 20～30 km 的近圆轨道。运行到第 9 圈的升交点,发动机点火,调整倾角误差,第 16 圈北纬最高点,调整升交点误差,在调相轨道上运行到第 21 圈,在远地点点火,追踪航天器变轨进入比目标航天器低 20～30 km 的圆轨道等待交会。第 25 圈进行组合修正,然后在第 28 圈点火进入寻的段轨道,第 29 圈进入接近轨道,第 30 圈进入绕飞段轨道,并在第 35 圈进行对接。图 21.3 给出了交会对接运行轨道示意图。

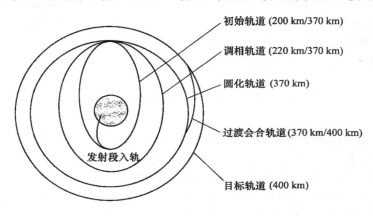

图 21.3　交会对接运行轨道示意图

21.3.2　交会对接过程阶段划分

两航天器交会对接一般采用分段控制方法,如图 21.4 所示。

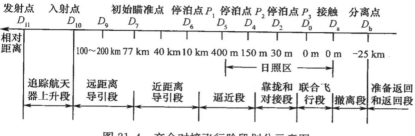

图 21.4　交会对接飞行阶段划分示意图

交会对接过程分为追踪航天器上升(发射)段、远距离导引段、近距离导引段、逼近段、靠拢和对接段、联合飞行段、撤离段、准备返回和返回段。

追踪航天器上升段:从追踪航天器和运载火箭组合体起飞至追踪航天器与运载火箭分离入轨。

远距离导引段:从追踪航天器入轨至追踪航天器捕获到目标航天器(相距约 77 km)为止。

近距离导引段:从追踪航天器和目标航天器相距约 77 km～400 m 为止。

逼近段:追踪航天器和目标航天器相对距离从 400～30 m。

在逼近段有两种方式:一是目标航天器对接面在其速度的反方向,且与追踪航天器共面,追踪航天器从目标航天器的后面对接;二是当目标航天器的对接面不在速度的相反方向时要求追踪航天器从距离 400 m 开始在平面内或平面外绕目标航天器飞行,以便捕获对接走廊,一旦捕获到对接走廊,追踪航天器就沿对接轴平移,直至距航天器 30 m 外停止平移,准备平行靠拢和对接段。

靠拢和对接段:两航天器由相距 30 m 到对接机构合拢为止的飞行段。

联合飞行段:从两航天器完成对接开始到完成联合飞行任务,两航天器实现分离为止。

撤离段：从两航天器分离至相距约 25 km 为止。

准备返回和返回段：从两航天器分离后相距约 25 km 开始追踪航天器经轨道机动制动返回着陆为止。

由图 21.4 可以看出，船载测量传感器从近距离引导段开始进行测量两航天器之间的相对运动参数。其测量距离是由远到近；测量的目标是从点目标到体目标；测量参数由少到多；测量精度随着两航天器相对距离的逼近而逐渐提高。上述工作特点与船载测量系统的配置和系统设计密切相关。

21.4 国外交会对接测量技术的发展状况

自 20 世纪 60 年代美国双子星座 8 号飞船与阿金纳号火箭在世界上首次实现空间交会对接至今已有近 40 年的历史。在这段时间里真正实现了实用化的交会对接的只有美国和苏联，据统计，世界上已实现了 200 多次航天器的交会对接，其中苏联就占 120 多次。为此，美苏付出了巨大的代价。世界各技术先进国家都在稳步加速发展各自的空间站体系，竞争十分激烈。苏联发展空间站最早，建成的空间站也最多，和平号空间站已装有 6 个对接口，不断地补充科学仪器，扩大空间站的组成，保证了空间站连续 10 多年的有效运行；美国、俄罗斯、加拿大、日本、欧空局等 16 个国家已正在建立国际空间站；欧共体计划先发射实验舱，与国际空间站对接，而后独立发展自己的哥伦布号空间站；日本也将发射实验舱，并与国际空间站对接。伴随着交会对接技术的不断发展和完善，作为交会对接系统关键之一的测量技术也得到很大的发展。

特别是随着计算机技术、信息处理技术、光学成像技术以及激光技术的发展应用，促使空间交会对接技术逐步向着尽量减少航天员的在轨操作，实现自动交会对接；另一方面是尽量减少对地面站的依赖，实现自主交会对接。下面重点介绍美国、苏联、欧空局（ESA）以及日本在空间交会对接有关测量技术方面的研究概况。

21. 4. 1　美国交会对接测量技术

在 20 世纪 60 年代初,美国为双子星座号飞船研制的测量传感器是 L 波段的微波雷达。它采用脉冲测距和相位单脉冲比幅技术实现角跟踪,目标航天器上装有应答机,在低功率条件下获得较大的作用距离(150 m～460 km)。

系统采用了具有 70°×70°覆盖空域的天线来发射非相干脉冲。应答机根据接收的询问脉冲,发射一个频率上有偏移,时间上有延时的应答脉冲,由于异频转发使雷达频率的表面反射回波得到抑制。同时在飞船上装有光学设备——目视瞄准器。航天员根据仪表盘上的显示结果和光学瞄准器的目视结果,以手控方式进行交会对接。

70 年代初在阿波罗号飞船登月过程中,登月舱和服务舱的交会对接采用了 X 波段的连续波跟踪雷达传感器。在绕月球 150 km 的轨道上,它能完成与指挥服务舱的交会,与服务舱的应答器协同工作。交会雷达能测出登月舱相对服务舱之间的距离、距离变化率、角度和角度变化率。安装在交会雷达天线部件上的陀螺稳定天线孔径视线,使其不受登月舱运动而变更,因此保证了角速度的精确测量。同时装有光学瞄准器以解决 150 m 时由航天员手控实现对接。先后 6 次登月成功,证明这套交会对接测量系统技术比较成熟。

20 世纪 80 年代,美国挑战者号航天飞机上用于交会对接和通信的是 Ku 波段的多功能雷达,除完成交会测量功能外,还具有通信和导航功能。利用脉冲往返时间测量距离;载波多普勒频移测量速度;单脉冲比幅测量角度。系统采用合作应答方式,作用距离为 30 m～550 km。由航天员采用手动实现对接。该多功能的雷达系统也是当今世界上较重要的发展方向。

摩托罗拉公司在机载火控雷达的基础上,为 NASA 的新型不载人轨道航天器研制了 X 波段全固态、单脉冲跟踪、调频、脉冲多普勒交会雷达。

目前美国正在进一步发展毫米波雷达,它的最先进交会雷达为 90 GHz 的随机信号雷达,具有断续连续波和连续波两种工作模式,测量距离由 22 km～1 m,对协同目标和非协同目标都能工作。

美国随着航天飞机和载人永久性国际空间站研究工作的深入开展,较重视光电传感器的研究。例如 1995 年美国航天飞机与和平号空间站对接时,在航天飞机上安装了激光测距和 3 套不同焦距的电荷耦合器件(CCD)摄像机。在近距离交会对接测量时,激光雷达有许多优越性,如发射口径小、波束窄、角分辨率高、测量精度高等优点。美国约翰逊空间中心,1986 年报道的激光雷达对接系统,用连续波半导体激光器作为光源,用相位法测距,已能从 0 m～22 km,配以位置敏感检测器(PSD)作姿态测量。美国麦道公司 1992 年为航天飞机研制的激光雷达,已能精确地测量出两航天器间的相对距离、相对速度及姿态角。总之,激光测距、激光雷达及光电传感器作为交会对接系统中的测量传感器,在美国的航天技术中也逐渐得到应用。

21.4.2　苏联/俄罗斯交会对接测量技术

1967 年 10 月苏联先后发射两艘不载人的联盟号飞船,即宇宙 186 号和宇宙 188 号,在世界上首次完成了无航天员参与的空间交会对接试验。紧接着 1969 年 1 月又成功地完成了联盟 4 号和联盟 5 号两艘载人飞船的空中交会对接,以及后来的和平号轨道站的交会对接。他们所采用的测量传感器均以微波雷达为主体,并配备辅助的光学设备,如光学瞄准器,激光测距机。目标航天器上装有应答机,为了测量两航天器的相对姿态,在目标航天器上装有 4 部雷达天线(A1,A2,A3,A4),追踪航天器上装有 5 部天线 A5～A9。用在联盟号飞船上的这套测量设备称为机载交会测量系统。其天线配置如图 21.5 所示。

这是一套性能比较完善的交会测量系统,用它可获得在观测坐标系中被动飞船的相对状态矢量信息,包括距离、径向速度、视线角速度以及视线与主动飞船连线的俯仰角、偏航角。系统可以实现整个球面的相互搜索。在交会初期,不需要预先给出飞船的相互角位置。该系统在宇宙 183 号和宇宙 188 号交会对接时进行了试验使用。

苏联/俄罗斯先后开发了两代交会对接微波雷达,1962 年开始研制 ИГЛА 系统,1967 年第一次用于空间对接,至 1990 年完成了 80 多次对接任务(其中 4 次不成功);1979 年开始研究 KYPC,1986 年正式投入使用,共用了 50 次,无一失败。

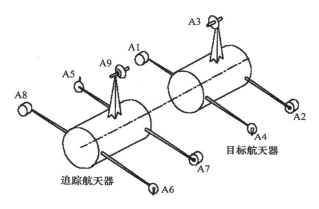

图 21.5　联盟号飞船天线配置情况

KYPC 系统包括安装于主动航天器上的询问系统和安装于被动航天器上的应答系统,工作于 S 频段。询问信道和应答信道工作于不同载波,系统用于测量航天器在瞄准线坐标系内的相对运动信息,相对距离 R,相对速度 $\dot{R}$,瞄准线在惯性空间的方位角 α、角速度 Ω_α 和高低角 β、角速度 Ω_β,瞄准线与航天器相关坐标轴间的夹角偏航角 ψ 和俯仰角 θ。两航天器位置无任何先验信息的条件下,实际有效捕获范围大约在全向搜索距离 100 km,锥角搜寻距离 400 km 之间。

随着空间交会对接技术的不断完善,俄罗斯测量技术也有较大发展,如光电成像测量技术、激光雷达等也逐渐被采用。

21.4.3　欧洲空间局交会对接测量技术

欧空局到目前为止虽然还没有实现空间交会对接,但对交会对接测量技术的研究工作非常重视,在测量技术的研究方面有两大特点:

1)在传感器的选用上采用分段式,在两个航天器之间不同的距离上采用不同的传感器,并且具有一定距离的重叠以提高可靠性,同时两种传感器还可以互相备份,大体上分两段,远距离采用微波雷达,近距离采用激光雷达,接近段采用光学成像测量传感器及位置传感器。

2)自主式,在 100 km 以内不依赖地面站,着重研究自主式交会对接。

德国 MBB 公司 1985 年研制的自主式交会对接测量系统中用激光雷达和 CCD 光电成像传感器相结合,完成相对距离,速度及姿态的测量。由于研究经费不足等原因,上述研究工作仍停留在试验阶段。另外,欧空局又提出了一个方案用在欧洲舱段与国际空间站交会对接,其测量系统是 GPS 加光电成像设备。相对距离在 200 m 以上用 GPS 测量两航天器之间的相对位置,200 m 以内用光电成像测量两航天器之间的相对位置及相对姿态。

欧空局从 20 世纪 80 年代初期开始,也在发展空间交会雷达,同时采用两种手段,互为备份,在微波雷达中,采用 S 波段和毫米波(90 GHz)两种方案,均为连续波协作目标体制。S 波段交会雷达中又在研究"顺序波束测角"和"比相测角"两种方案,测距均采用侧音测距,测速采用连续波多普勒测速,在毫米波交会雷达中采用连续波调频,协同目标工作体制,测角为单脉冲角跟踪,测距为相关检波/频谱分析距离跟踪,测速为相关检波/频谱分析多普勒测速。

21.4.4　日本交会对接测量技术

日本根据其航天计划发展的需要,在 20 世纪 80 年代末开始研究交会对接测量技术,并积极开展测量传感器的研究。主要用在空间实验舱(JEM)和国际空间站对接,同时考虑到日本研制的希望号航天飞机与空间站的对接。由于航天飞机是无人航天器,因此其重点在无人自动交会对接上下工夫。

日本是国际空间站的参加国之一,他们为了验证空间无人自动交会对接技术,自 1990 年开始研制 ETS－Ⅶ工程试验卫星,并于 1998 年成功地进行了空间自动交会对接试验。日本的测量系统,很有特点,下面作重点介绍。

ETS－Ⅶ的系统组成如图 21.6 所示。该系统由目标航天器、追踪航天器、数据中继卫星和地面设备所组成,整个试验过程在地面测控站和中继卫星的支持下进行。

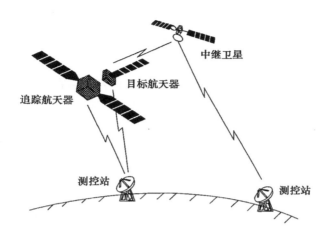

图 21.6　RVD 实验系统

本试验系统包括两个航天器,即追踪航天器和目标航天器,追踪航天器的质量约为 2.5 t,目标航天器的质量约为 0.4 t。ETS－Ⅶ首先用日本研制的 H－Ⅱ火箭发射,送入 550 km 的高空。在交会对接试验中追踪航天器与目标航天器先进行分离,然后从相距约 16 km 的距离开始接近,最后两航天器开始进行交会和对接。交会对接试验过程分为 3 个阶段,在不同的阶段,分别采用不同的测量传感器:

1)相对接近段,工作距离为 500 m～16 km。用的主要测量传感器为 GPS,用差分 GPS 来测量追踪航天器与目标航天器之间的相对位置和相对速度。追踪器 GPS 接收机(CGPSR)和目标器 GPS 接收机(TGPSR)测量时,把 TGPSR 接收到的数据经通信线路传输到追踪航天器上的数据处理设备,数据处理设备把从 TGPSR 和 CGPSR 送来的数据进行差分处理,得到两航天器间的相对位置和相对速度的测量数据,并把它送入导航控制设备进行导航。同时用绝对 GPS 和地面引导站作为差分 GPS 的备份。本阶段的测量精度按 3σ 来计算,位置误差≤20 m,速度误差≤5 cm/s。

2)最后接近段,工作距离为 0.3～660 m。本阶段主要是用激光测距和 CCD 光学成像传感器组成复合式的测量系统,测量相对距离、方位角和仰角。距离测量误差为 0.1 m,角度测量误差为 0.05°,功耗约 70 W。在相对姿态角≤20°的情况下,视场为 4°。在追踪航天器上装有发射功率为 50 mW 的激光二极管(LD),雪崩光电二极管接收器(APD)和二维 683×492 像素的 CCD 面阵传感器,在目标航天器上装有角反射器。由追踪航天器向目标航天器的角反射器上发射经调制的激光束(调制频率为 15 MHz)。根据发射和反射的激光相位差测量两航天器间的距离,用 CCD 接收到的角反射器发回的图像信号,测量计算方位角及仰角。为了提高可靠性安装了两套激光测量系统,其波长分别为 810 nm 和 860 nm,一个为主系统,另一个为冗余系统。

3)对接逼近段,工作距离为 0.3~10 m。要求本阶段高精度的测出两航天器间的相对位置和相对姿态。1 m 之内在轴向的测距误差为2 cm,滚动角误差为 0.05°,捕获时间 10 s,频率为 2 Hz,视场角为12°。在追踪航天器上装有发光二极管(LED)照明设备和 CCD 光学成像传感器。在目标航天器上装有反射光的目标标识器。用 LED 照射目标标识器,通过 CCD 接收到的目标图像进行计算处理,测出两航天器之间的相对位置和相对姿态。

系统测量设备的配置归纳起来用图 21.7 表示。

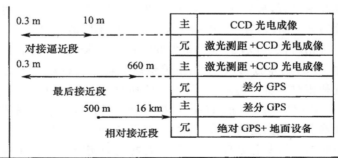

图 21.7　ETS—Ⅶ测量范围及测量设备的配置

ETS—Ⅶ测量系统的特点是设备配置简单,测量精度高,可靠性好,同时对控制系统的控制精度及稳定性要求也比较高。

21.4.5　相对测量技术发展趋势及典型设备技术指标

综合美国、苏联/俄罗斯、欧空局以及日本交会对接测量技术的情况，可以归纳出如下特点：

1）微波交会雷达是一种被普遍采用的测量传感器。自 20 世纪 60 年代至今近 40 年的实践考验，技术成熟，在今后仍是一种非常可靠的测量手段。随着微波雷达技术及电子器件的发展，使用的工作频率逐渐提高，由 L 波段、S 波段、C 波段向 Ku 波段及毫米波段发展。

2）激光雷达以其波束窄、分辨率高、测量精度高等优点，受到各国科学家的重视。尤其是半导体激光器使用后，激光雷达技术达到了比较成熟的阶段，逐渐被用到空间交会对接系统中，但应用比较多的是激光测距机。

3）CCD 光学成像测量传感器是一种高智能化的测量技术，由于它体积小，质量小，功耗小，能精确测出两航天器之间的相对位置和姿态。在空间交会对接的最后逼近段和对接段得到广泛应用。随着信息处理技术的发展，其应用范围会更加广泛。

4）PSD 位置传感探测器，是 20 世纪 80 年代后期出现的一种非接触式测量传感器。由于其具有位置分辨率高、光谱响应宽、电路简单、测量精度高等优点，发展很快，在交会对接的逼近段和对接段是一种可用的传感器，但尚未看到具体应用的实例。

5）GPS/GLONASS 全球定位系统具有全球覆盖、全天候、多功能、实时等优点，在交会对接中得到广泛应用。它在美国、日本以及欧空局研究的测量系统中已占主要地位。

6）采用多传感器分段测量是主要的一种测量方法，各种传感器获得的信息能综合利用，可以大大地简化测量设备，改善系统性能和提高可靠性。这是交会对接测量技术很重要的发展方向和研究内容。

7）在测量方法上由依靠地面的非自主式过渡到不依靠地面的自主式测量，由航天员操作的非自动式对接到不依赖航天员操作的自动对接。多功能多传感器复合的光电测量系统，是交会对接测量系统发展的必然趋势。欧空局和日本在光电复合测量系统的研究方面起步最早，技术也比较成熟。

各国测量传感器性能，见表 21.1～表 21.4。

表 21.1　微波交会雷达性能

序号	名　称	主要性能	主要特点	备　注
1	L波段（双子星座号飞船）	测距范围 R：30 m～470 km(应答式)　30 m～22 km(反射式)；测距精度：1%R；测速精度：±5%或0.3(3σ)m/s	角度覆盖：70°×70°；非相干脉冲单脉冲；天线随动	20世纪60年代美国研制，用在双子星座号飞船对接
2	X波段（阿波罗号飞船）	在绕月球150 km的轨道上能完成登月舱与服务舱的对接；测距精度：1%R；测速精度：±0.3%或1%(3σ) m/s	应答机装在指挥服务舱；连续波侧音比幅单脉冲	20世纪70年代初用于阿波罗登月计划
3	S波段（欧空局）	测距范围 R：0.1～100 km；测距精度：0.5%R；质量：28 kg/30 kg；功耗：61 W/65 W	角度覆盖：60°×80°；无天线随动	欧空局为中远程交会雷达提供的方案
4	Ku波段（航天飞机）	测距范围：30 m～22 km(反射式)　30 m～550 km(应答式)；质量：110 kg；功耗：288 W	天线搜素范围为±30°；脉冲多普勒体制并具有通信功能；发射脉冲功率为60 W	20世纪80年代美国休斯公司研制，目前仍在使用

续表

序号	名　称	主要性能	主要特点	备　注
5	X 波段全固态脉冲多普勒雷达	作用距离：20 km 角速度精度：1(°)/s 质量：40 kg 功耗：45(跟踪)～62(搜索) W	PD 比幅单脉冲 天线随动	1990 年摩托罗拉公司研制 用于无人航天器对接
6	全程微波雷达测量技术	测距精度：0.5 m 测速范围：1.5～150 m/s 测速精度：0.02 m/s 测角精度：0.3°	搜索空域全方位目标器和跟踪器共用 9 部天线	用于苏联的联盟号
7	90 GHz （欧空局）	测距范围：0.1～30 km 角速度精度：±0.01(°)/s 测角精度：±0.01° 质量：48 kg 或 36 kg 功耗：147 W 或 132 W	连续波调相比幅单脉冲 角度覆盖：±80° 天线随动	
8	94 GHz 随机信号	测速精度：±0.025 m/s 质量：19 kg	角度覆盖：±80° 天线随动	

表 21.2　激光交会雷达性能

序号	名　称	主要性能	主要特点	备　注
1	空间交会激光雷达	远距离：3～120 km 近距离：0～3 km	激光器作光源,晰像管为接收器件,远距离用脉冲法测距,近距离用相位法测距。压电晶体驱动反射镜完成扫描,利用晰像管测量目标姿态	美国 1967 年研制
2	航天器的激光雷达	根据作用距离选择光源的功率和反射镜尺寸	光源为脉冲 CO_2 激光器,高频 HgCdTe 探测器阵列为接收器件,检流计式扫描装置,外差脉冲法测距,在目标航天器上安装一个特殊的圆形对接标志,完成姿态测量	美国 1976 年研制
3	激光对接系统	远距离：22 km～100 m 近距离：0～100 m	半导体激光器为光源,光电二极管作为接收器件,检流计式扫描装置,相位测距,由 PSD 和 Wallstion 棱镜完成测量	美国 1986 年研制
4	空间交会激光雷达	测距范围：0.2 m～131.1 km 角分辨率：0.24° 5 个调制频率	连续波半导体激光器为光源,相位测距,装有 3 个反射器	美国 1988 年研制

续表

序号	名　称	主要性能	主要特点	备　注
5	空间交会激光雷达	测距范围：20 km～300 m 测距精度：0.5 cm 测速精度：1 cm/s 姿态角精度：0.6° 方位角精度：0.1° 质量：21 kg	GaAs 半导体激光器为光源，双音频调制，100 kHz，100 MHz，时间平均法测速	美国 1988 年研制
6	空间交会激光雷达	测距精度：<0.3 m 俯仰角：0.9°，偏航角在±10°之内 测角精度：0.9° 滚动角：±180° 测角精度：0.9° 可测姿态角度最远距离：100 m	测速方法为时间平均法，姿态角是通过测距及扫描角度计算得出，光源用半导体激光器	美国 1992 年研制

表 21.3　CCD 及 PSD 性能

序号	名　称	主要性能	主要特点	备　注
1	CCD 测量系统	测距范围：0～200 m	利用计算机进行特征识别获得距离和姿态信息	日本 1985 年研制
2	自动视频交会对接系统	测距范围：0～300 m	合作目标上配置 3 个标志灯，CCD 作接收器，通过计算获得距离及姿态信息	美国 1987 年研制
3	交会对接用激光测距	测距范围：0～200 m 测角精度：0.2°～0.4°	200 m 以内用 CCD 测量姿态，配合激光测距	日本 1989 年研制
4	用于交会对接的跟踪光雷达	近距离用 CCD 成像	GaAIAs 激光二极管，四象限检测器和 CCD 成像，音频测距	日本 1989 年研制
5	用于自主交会对接传感器	测距范围：20 km 至接近	半导体激光器为光源，作为接收器件，检流式扫描器，姿态测量由 PSD 完成，共有两个激光器，脉冲和连续调制的 GaAIAs 半导体激光器	西德 1983 年研制
6	自主 RVD 的光电传感器	测距范围：0～200 m	配合激光雷达，接近段用 CCD 测姿态角	西德 1989 年研制
7	交会对接光学传感器	测距范围：0～10 m 距离分辨率：1～14 mm	用 PSD 作接收传感器，合作目标上配置有反射器，通过计算获得距离及姿态信息	西德 1989 年研制
8	交会对接的光学传感器系统	测距范围：0.3～600 m	CCD 成像测姿态，半导体激光连续测距	日本 1995 年研制
9	CCD 传感器用于空间交会	测距范围：1～110 m	CCD 成像测姿态，用半导体激光照射目标	美国 1997 年研制

表 21.4　GPS 与 GLONASS 系统参数比较

项　目		GPS	GLONASS
卫星数/颗		21+3	21+3
轨道面/个		6	3
轨道高度/km		20 200	19 100
轨道倾角/(°)		55	64.8
运行周期		11 h 58 min	11 h 15 min
星历数据		轨道开普勒根数	地心直角坐标
坐标系		WGS—84	PZ—90
测距信号		伪随机噪声码(C/A)	伪随机噪声码(C/A)
测距码格式		哥尔德码	m 序列
码元素/bit		1 023	511
码周期/ms		1	1
码频率/MHz		1.023	0.511
卫星信号分区		码分	频分
发射频率/MHz	L1	1 575.42	1 602.562 5~1 615.5
	L2	1 227.60	1 246.437 5~1 256.5
SA 措施		有(已取消)	无

21.5　测量过程及其特点

21.5.1　测量过程

　　追踪航天器对目标航天器的测量过程是交会对接过程的重要内容。在地面测控站等引导设备的支持下,当追踪航天器(可以是飞船,或航天飞机),由过渡轨道进入交会轨道时,相对测量传感器即开始工作。首先是大视场搜索目标航天器,当捕获到目标后即转入自动跟踪状态。测量传感器开始捕获的最远相对距离与过渡轨道与交会轨道之间的轨道差有关。如果轨道差小,捕获距离当然就近。

　　如图 21.8 中的 A 点,即为测量传感器开始搜索捕获目标的开始点,这时追踪航天器与目标航天器之间的相对距离大约为 $100\sim70$ km。自 A 点开始测量传感器要连续不断地对目标航天器进行跟踪测量,一般在 150 km~150 m 时,可把目标航天器看做点目标,此时要测量的参数有:两航天器之间的相对距离;相对速度;方位角及俯仰角。当两航天器逐渐逼近到 150 m 时,进入对接走廊,两航天器接近共轴。此时应把目标航天器看做体目标。测量的参数除两航天器之间的相对位置外,还要测量两者之间的姿态及其变化率。一直测量到满足对接的初始条件为止。

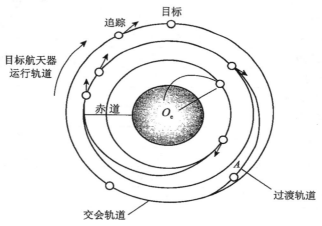

图 21.8　交会测量过程示意图

归纳起来交会的测量过程是由远到近,即从 150 km 到 0 m。测量的目标由点目标到体目标,测量的参数由少到多,测量的精度是随着相对距离接近逐渐提高。

21.5.2　测量系统特点

由上述测量过程,可以很清楚看出用在 RVD 中的测量系统具有以下主要特点:

1)被测量目标为合作目标,有较高的协同性,为测量传感器或测量系统的研究提供了较有利的条件;

2)测量的动态范围比较大,如从 150 km(或 200 km)到 1.5 m,大

约 10^5 的动态范围,对测量系统的配置有较高要求;

　　3) 测量精度高,但受测量距离的约束,测量距离越近,精度越高;

　　4) 测量参数多,有相对位置、相对速度、相对姿态及其变化率共计 12 个运动参数;

　　5) 适时性强,要适时进行测量,一般要求为 5～10 Hz;

　　6) 大约工作在高度为 400 km 的空间,空间环境恶劣,测量设备必须适应空间环境;

　　7) 可靠性、安全性要求高。

　　测量系统的上述特点是对测量传感器进行研究和设计的主要依据。

21.6　测量技术研究的主要内容

　　应用在 RVD 中的测量技术,概括起来应包含两方面的研究内容:

　　1) 测量传感器的研究;

　　2) 测量系统的研究。

21.6.1　测量传感器研究

　　用作非接触测量的传感器种类很多,针对琳琅满目的测量传感器,分析哪些测量传感器适合在 RVD 中应用、用什么样的测量方法能最有效地完成测量任务、如何保证测量传感器的安全性和可靠性等都属于测量传感器研究的内容。综合国际上 30 多年来交会对接的经验,下面主要介绍 4 种较有实用意义的测量传感器,如电波交会雷达、激光交会雷达、卫星导航测量系、CCD 光学成像系统。

21.6.2　测量系统研究

　　RVD 中的测量过程是一个渐变的动态测量过程,测量的空域变化比较大。例如测量的相对距离变化范围为 1.5 m～150 km,而且对测量精度的要求以及对测量参数的要求都随着相对距离的渐近而变化。鉴于上述情况,用任何单一的测量传感器均无法完成测量任务。近代多采用多传感器分段测量的方法共同完成测量任务的组合形式,称为测量系统。

测量系统研究的主要内容包括：

1）用哪些测量传感器组合在一起能最有效地完成测量任务；

2）如何综合处理和利用各种测量信息；

3）如何保证系统的可靠性及安全性；

4）如何诊断系统的故障和重组；

5）如何降低测量系统的功耗，减小体积和质量等。

21.7　船载相对测量系统体制研究

21.7.1　测量系统配置原则

为保证获得可靠的测量参数，配置测量系统时应考虑以下几个原则：

1）尽可能采用成熟技术；

2）独立自主，立足国内技术基础；

3）积极吸取国际先进经验，并充分考虑与国际上的交会对接测量技术相兼容；

4）为保证测量系统的安全性及可靠性，各测量段都应有相应的冗余措施；

5）以自主自动交会对接为主，同时也要考虑有航天员参与对接的情况。

21.7.2　交会控制的最终目标——对接的初始条件

测量系统的技术要求与对接的初始条件密切相关，而对接的初始条件又决定于对接机构，由于对接机构不同，其对接的初始条件也就不同。因此，在考虑对测量系统的技术要求之前，先约定对接机构及相应的对接初始条件（详见 21.8.2 节）。对接机构的种类比较多，如常用的"锥—杆"式对接机构、"撞锁与抓手"对接机构以及周边式对接机构等。当前俄罗斯和国际空间站对接时用的是周边式对接机构，其结构形式如图 21.9 所示。

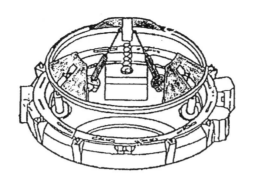

图 21.9　周边式对接机构

　　下面以周边式对接机构形式为例,进行讨论。周边式对接的初始条件如表 21.5 所示。对于不同的对接机构有不同的初始条件。

表 21.5　对接初始条件

项　目	要　求	项　目	要　求
V_x	0.05～0.3 m/s	$\pm\varphi, \pm\theta, \pm\psi$	≤4°
$\pm V_Y, \pm V_Z$	≤0.1 m/s	$\pm\dot\varphi, \pm\dot\theta, \pm\dot\psi$	0.8(°)/s
Δr	≤0.2 m		

　　表 21.5 中给出的初始条件,包含着 GNC 系统的总误差,而测量系统允许的误差应小于表中所列出的值。

21.7.3　测量系统的主要技术要求

　　在 150 km～100 m,要求获得两航天器之间的相对位置和相对速度信息。其测量精度要求为:

　　距离 ρ　　　　　　$\delta\rho \leqslant 0.01\rho$
　　距离速率 $\dot\rho$　　　$\delta\dot\rho \leqslant (0.5～0.1)$ m/s(从远距离至近距离)
　　角度 $\alpha(\beta)$　　　$\delta\alpha(\delta\beta) \leqslant 0.3°$
　　角速率 $\dot\alpha(\dot\beta)$　　　$\delta\dot\alpha(\delta\dot\beta) \leqslant 0.05$(°)/s

　　在 100 m 至 0 m（对接后距离为零,实际上测量传感器与合作目标之间距离为 1.6 m 左右）时,要求获得两航天器之间相对位置、相对速度和相对姿态及其变化率信息。其测量精度要求为：

相对位置　　　　$\rho \geqslant 5$ m 时为 1‰ρ

　　　　　　　　$\rho < 5$ m 时 < 5 cm

轴向相对速度　　$\rho \geqslant 5$ m 时为 0.1 m/s

　　　　　　　　$\rho < 5$ m 时 < 0.03 m/s

横向相对速度　　$\rho \geqslant 5$ m 时为 0.05 m/s

　　　　　　　　$\rho < 5$ m 时为 0.01 m/s

相对姿态角　　　$1°$

相对姿态角速率　$\leqslant 0.2 \sim 0.1(°)/s$

21.7.4　测量体制（测量设备配置方案）及其分析

随着微电子技术和计算机技术的高速发展，交会对接中用的测量技术也取得了长足进步。从 20 世纪 60 年代主要由航天员参与的人工交会对接到当代不依靠航天员的自动交会对接，在测量系统的配置上和操作方式上有了巨大的变化。根据航天员在交会对接中的参与程度不同可分为 4 种工作模式：

1）遥测操作方式，完全由地面设备通过遥测和遥控来实现 RVD；

2）人控操作方式，航天员在地面测控站引导下，利用船载设备进行观察和操作（详见 19.6 节）；

3）自动控制方式，由船载设备和地面站配合实现 RVD，不需航天员介入；

4）自主控制方式，不依靠地面站，完全由船载设备实现。

采用自主控制方式时，航天员可以参与也可以不参与。如果航天员不参加，则称为自动自主式，这种方式的优势在于：减轻了航天员在 RVD 过程中的操作强度；减少了对地面设备过多过高的要求，又不会使船载设备太复杂，因而节约大量资金；提高了 RVD 的可靠性。

也可以把以航天员人控操作实现交会对接的工作方式，称为传统的工作模式。它所用的测量系统（或称测量体制）是以微波雷达为主，电视监视为辅的体制。例如，美国航天飞机和空间站的交会对接、苏联/俄罗斯的载人飞船与空间站的交会对接均是这种工作模式。实践证明该测量系统技术成熟，安全可靠，是一种值得重视的测量系统。

另一种工作方式是航天员不参与交会对接，主要由船载测量设备和地面站相配合的工作方式，我们把它称为现代工作模式。这种工作模式的典型代表即是日本的 ETS－Ⅶ 工程试验卫星上用的测量系统。该测量系统由全球定位系统 GPS、激光测距、CCD 测姿态共同组成，在地面站的支持下共同完成测量任务。其主要优点是可实现无人自主自动对接，设备简单。应该说，是一种先进的测量系统。

参考国际上在 RVD 中所采用的测量方法，结合我国的国情，现分别介绍几种以自动交会对接为主的测量系统（或称测量体制）以供参考。

21.7.4.1　GPS/GLONASS＋电波交会雷达＋CCD 光学成像传感器

以 GPS/GLONASS 兼容接收机及其差分系统和微波雷达作为完成两航天器相距 100 km 至 100 m 左右的近距离引导段及部分逼近段的测量手段。

以 CCD 光学成像传感器作为两航天器相距 150～0 m 的最后平移段及靠拢对接段的测量手段。其组成如图 21.10 所示。

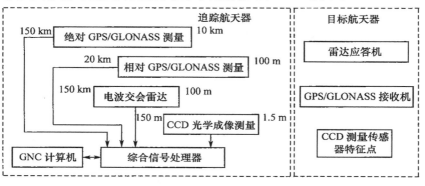

图 21.10　测量体制一

21.7.4.2　GPS/GLONASS＋激光雷达＋CCD光学成像传感器

该体制以 GPS/GLONASS 兼容接收机及其差分系统作为完成两航天器相距 100 km 至 100 m 左右的近距离引导段及部分逼近段的测量手段。

在两航天器相对 20 km～50 m 段激光雷达与 GPS/GLONASS 作为最后平移段及靠拢对接段的测量手段。

以 CCD 光学成像传感器作为两航天器相距 150～0 m 的最后平移段及靠拢对接段的测量手段，其组成如图 21.11 所示。

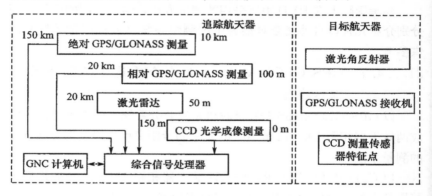

图 21.11　测量体制二

21.7.4.3　GPS/GLONASS＋电波雷达＋激光雷达＋CCD光学成像测量传感器

该体制以 GPS/GLONASS 兼容接收机及其差分系统和微波雷达作为完成两航天器相距 100 km 至 100 m 左右的近距离引导段及部分逼近段的测量手段。

激光雷达在 20 km～50 m 之间作为 GPS/GLONASS 和微波雷达的备份。

以 CCD 光学成像传感器作为两航天器相距 150～0 m 的最后平移段及靠拢对接段的测量手段，其组成如图 21.12 所示。

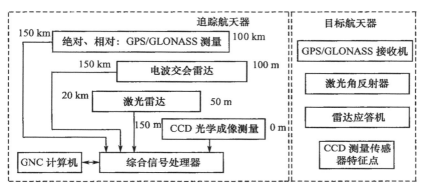

图 21.12 测量体制三

21.7.4.4 GPS/GLONASS＋激光测距＋CCD 光学成像测量传感器

该体制从 20 km 开始到 500 m 采用绝对 GPS 测量，600～0.3 m 用差分 GPS 测量，同时在 600～0.3 m 段又增加了激光测量距离，CCD 光学成像测量角度的配置方案，其组成如图 21.13 所示。

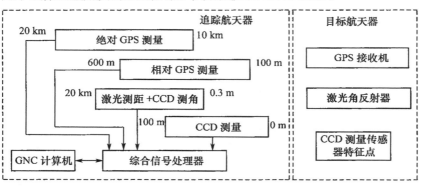

图 21.13 测量体制四

21.7.4.5 GPS/GLONASS＋CCD 光学成像测量传感器

该体制从 150～10 km 采用绝对 GPS/GLONASS 进行测量，从 20 km～100 m 采用相对 GPS/GLONASS 测量，从 200～0 m 采用 CCD 光学成像进行测量，其组成如图 21.14 所示。

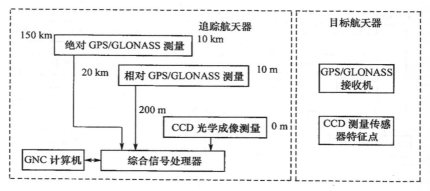

图 21.14　测量体制五

　　上述 5 种测量体制，各有千秋。测量体制的建立或测量系统的组成往往受许多因素的制约，如对接的初始条件、GNC 的控制导引方式、国家的综合技术实力、设备的研制周期、国家投入经费的强度以及国际上的政治环境等都直接影响到测量体制的确定。这是一个复杂的系统工程问题，只有在约束条件基本确定的前提下，才能进行测量系统方案的详细设计，在此仅对上述测量体制作概要分析。上述 5 种测量体制从配置上虽然各不相同，但它们有几个共同点是值得重视的，例如：

　　1）上述各种测量系统中均采用了卫星导航系统（有的是单用 GPS 体制，有的是采用 GPS/GLONASS 兼容体制）。该系统具有测量动态范围宽、体积小、质量小、功耗小、采用差分处理后测量精度也比较高等优点，适合空间环境应用，是一种值得重视的测量传感器；其缺点是易受干扰。

　　2）CCD 光学成像测量传感器是逼近段及停靠对接段普遍采用的一种测量设备，它具有体积小、质量小、功耗小、可靠性高的优点，在合作目标的配合下，可精确测出 12 个运动参数，在交会对接测量系统中得到了广泛应用。

　　3）由于采用多传感器分段测量的体制，所以各种测量信息的综合利用是一项非常重要的研究内容。信息综合处理器可有效地提高系统的可靠性及安全性，由于信息的相互补充利用可使测量系统大为简化，减小体积和质量，使测量系统的综合能力大为提高。

在测量系统的配置上要多做调研和数学仿真等基础方面的研究工作，只有基础工作深化之后，才有条件设计出配置合理的优化测量系统。

21.8　空间对接机构

21.8.1　空间对接机构的总体概念

空间对接机构是装配大型空间设施和进行复杂空间作业的前提，是载人航天工程必须突破的关键技术，也是载人航天工程最复杂的关键设备之一。

航天器的空间对接技术是从 20 世纪 60 年代初开始发展的，美国与苏联不仅先后实现了航天器的空间交会对接，而且两国还沿着不同的道路发展了各自的对接机构。20 世纪 70 年代，美国与苏联还共同研制了异体同构周边式对接机构（APAS，АПАС）。这种对接机构以通用性为原则，采用了新的设计思想，并于 1975 年 7 月成功地进行了阿波罗 18 号飞船与联盟 19 号飞船的首次国际对接。后来，这种对接机构的改进型 АПАС—89 用在和平号空间站上，并于 1995 年 6 月成功进行了与美国阿特兰蒂斯号航天飞机的对接。现在，АПАС—89 对接机构又成了国际空间站的基础部件。

21.8.1.1　空间对接的任务

空间对接的任务可以归纳为以下几项：

1）对大型空间结构进行在轨组装，以及增加或更换空间站舱段等。

2）定期为空间平台或空间站加注燃料，补充给养、器材和交换航天员。这是空间站和飞船、航天飞机之间频繁进行的操作。空间站的对接机构要多次使用。

3）进行空间维修和救援。

4）进行空间站的其他作业等。

21.8.1.2　空间对接的工作原理及操作程序

空间对接机构要完成航天器之间的多次对接、联合飞行和分离。对接要有很高的连接精度、足够的连接刚度和强度，并形成密封的过渡通道，供航天员使用。

（1）对接的工作原理

交会末段，由于导航控制系统的误差，互相接近的航天器之间总存在着一定的相对速度、相对位置和姿态差值。要利用对接机构消除这些差值，同时消耗以相对速度撞击产生的能量，并形成两航天器间的刚性连接。因此，对接机构的动力学模型及其仿真试验，对于对接机构的结构设计是非常重要的。典型的两航天器的对接过程包括以下几个步骤（见图 21.15）。

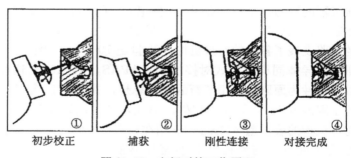

图 21.15　空间对接工作原理

① 初步校正

利用对接机构的几何形状进行两航天器相对位置和姿态的初步校正，同时通过缓冲系统吸收和消耗撞击能量。

两航天器互相接近时，对接机构开始碰撞。对接机构采用具有自导向特性和相容性的形状如锥—杆的结构。由于存在相对速度，主动部件的销杆自动插入被动部件的接受锥中，并自动导向。

② 捕获

由于两航天器的初始位置和姿态偏差较大，且偏差值很离散，一次难以完全修正，因此要先形成精度不高的柔性连接（称为捕获），然后两航天器的刚性连接框通过机构连接起来。

当初步校正和缓冲进行到一定程度，相对偏差较小时，捕获机构动作，两航天器通过捕获锁相互连接而不可分离，但仍可继续小范围移动。

③ 拉紧

由于两航天器交会末段的相对速度差离散在一个较大的范围内，捕获时对接机构吸收的动能和纵向压缩量很不确定，因此对接机构提供一个较大的纵向预留值，捕获后用机构将它们拉紧。拉紧过程由机构控制，非常准确而缓慢，而且在拉紧的同时还能进行校正航天器之间的偏差。

捕获完成后，首先停顿一段时间，然后弹簧组件和缓冲阻尼器继续工作，不断消耗对接时的撞击能量。同时，弹簧组件恢复初始平衡状态，校正航天器之间的位置和姿态。之后，由液压或机电式机构将两航天器相互拉紧。

④ 刚性连接

两航天器在连接面形成高强度、高刚度的连接，并形成密封通道。

拉紧末端利用隔框面上的定位元件进行最终校正，使两航天器之间构成精确的相对位置，并启动刚性锁在航天器的刚性隔框间形成巨大的连接力，同时压紧密封圈，完成密封。

（2）对接操作的主要程序

① 缓冲

两航天器的对接机构相互接触，开始对接程序，对接机构缓冲器吸收撞击能量。

② 校正初始误差

随着缓冲过程的进行，初始误差被不断校正。

③ 捕获（咬合）

当满足捕获条件后捕获机构动作，形成两航天器之间的第一次连接，即形成不可分离的柔性连接。

④ 校正

捕获之后，继续校正两航天器之间的相对姿态和位置偏差。

⑤ 拉紧

利用机构将两个航天器拉紧，并使其对接隔框互相接近。

⑥最终调整

利用对接隔框面的定位元件，使两航天器的对接隔框面实现精确校正。

⑦刚性连接

隔框面的锁定机构动作，形成两航天器之间的刚性连接（第二次连接）并构成密封通道，同时完成电气及液压接头的连接。

至此，两航天器对接完成，可以向密封通道充气，然后打开舱门。

（3）分离操作的主要过程

①解锁

放开第一次和第二次连接。

②脱开

解锁后两航天器相互推开。

③分离完成

由传感器向航天器控制系统发出信号，告知分离完成。

上述过程是对接操作的一般工作过程，各种对接机构的具体操作略有区别。

21.8.2　对对接机构的主要技术要求

两航天器的空间对接是非常复杂的过程，对接机构应具备如下功能。

21.8.2.1　消除初始误差

两航天器对接时，应使它们之间保持共轴并有确定的纵向速度，而其他两坐标轴上的横向线速度、角速度应为零。由于导航控制系统的误差，对接时各种参数的误差分布在一定的范围内，称为对接初始条件。对接机构在对接时要消除这些误差，这也是对接机构的初始设计条件。

对接初始条件参数的定义的示意图如图 21.16 所示。几种对接机构的对接初始条件如表 21.6 所示。

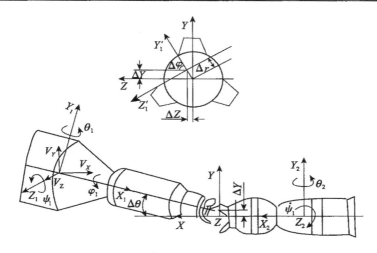

图 21.16 对接机构的对接初始条件示意图

XYZ—初始条件参数读数坐标；V_X，V_Y，V_Z—相对速度；$\Delta r (\Delta Y, \Delta Z)$—侧向位移；

$\Delta \theta (\Delta \psi)$—$X$ 轴与 X_1 轴在平面 $XY (XZ)$ 上投影之间的夹角

21.8.2.2 承受对接和分离过程中的各种载荷

对接过程中，两航天器之间将产生很大的力，包括撞击、缓冲校正和机构拉紧等。接触瞬间的撞击力很大，它由两航天器之间的相对速度、发动机推力和缓冲器性能决定。撞击力在两航天器之间产生纵向、横向的分力，俯仰、偏航、滚动方向的力矩，这些力将对航天器产生很大的附加载荷。对接面还将承受内部通道的气体压力、密封元件和弹性元件的推开分力，调姿和变轨时发动机工作的载荷，船上设备工作时的扰动和振动，以及对接后的综合体和另一航天器对接时产生的载荷。

两航天器分离时也会产生附加的纵向力，正常时该力值不大。应急状态下，两航天器应在几秒钟内完成分离。分离时，如果未放出过渡通道中的空气，那么将会产生很大的分离力。

21.8.2.3 完成各种辅助功能

对接过程中，应能完成电气、液压接头的连接，形成方便的密封过渡通道，并进行通道增压、减压、气密性检查等。

表 21.6　几种对接机构的对接初始条件

设计的对接机构	V_X/(m/s)	$\pm\Delta r$/m	$\pm\Delta V_{XZ}$/(m/s)	$\pm\Delta\varphi$/(°)	$\pm\Delta\dot\varphi$/((°)/s)	$\pm\Delta\psi$/(°)	$\pm\Delta\dot\psi$/((°)/s)
联盟号飞船—礼炮号空间站	0.1~0.6 (0.5)	0.4	0.1	7	1.0	15	1.0
双子星座号飞船—阿金纳号火箭	0.03~0.46	0.3	0.15	10		10	
阿波罗号飞船—天空实验室	0.03~0.3	0.3	0.15	10	1.0	10	1.0
改进后的阿波罗号飞船—联盟号飞船	0.1~0.3	0.3	0.1	5	0.7(主动) 0.1(被动)	5	0.7(主动) 0.1(被动)
AΠAC-89 型对接机构	0.05~0.3	0.2	0.06	4	0.4	10	0.4
联盟 TM 号飞船—空间站	0.1~0.3	0.3	0.07	5	0.6	10	0.6
欧洲软锥击对接机构	0.05	0.075	0.005	2.5	0.2	2.5	0.2

21.8.2.4　质量与功耗小

对接机构应具有较小的质量，以节省航天器的有效载荷。航天器的电源容量有限，对接机构应具有较小的功耗。

21.8.2.5　保证长期工作性与高可靠性

对接机构在开放的空间中工作，对接面要保持很长时间，例如联盟号飞船能与空间站保持 6 个月的对接状态，然后分离，空间站与模块舱之间的连接则长达数年之久。空间站上的对接机构要在空间放置数年而能保持正常的工作性能，这就要求对接机构既要有足够的连接可靠性，又要有足够的分离可靠性。

21.8.2.6　具有良好的通用性

良好的互换性、通用性是对对接机构的重要要求。今后的空间飞行将会越来越国际化，同时也要考虑未来的轨道救生等问题，因此，通用型的对接机构将是对接机构发展的一个主要方向。在未来的国际空间站上，俄罗斯部分将安装锥－杆式和异体同构周边式两种对接机构，而美国部分将仅安装 АПАС 对接机构。

21.8.3　对接机构与工程总体的关系

21.8.3.1　对接机构的质量限制

由于对接机构的质量较大，因此对于只起被动作用的机构，可以不安装传动缓冲系统，这样可以大大减小其质量。

21.8.3.2　与交会对接控制系统的接口关系

交会对接控制系统在交会末段形成的误差是对接的初始条件，也是对接机构的设计条件。交会对接控制系统的横向误差决定对接机构的外廓尺寸，相对速度差决定传动与缓冲系统的行程和能容，并影响对接机构的质量。

21.8.3.3　与航天器结构系统的接口关系

对接机构的隔框与航天器刚性密封连接，并可迅速可靠分离。对接机构的内部通道与舱门一致，舱门结构应与对接机构相协调。

21.8.3.4　与热控系统的接口关系

对接机构只能在一定的温度范围内工作，温度由热控系统保证。

21.8.3.5　与 GNC 系统的接口关系

对接开始后，关闭姿控系统，打开正推发动机，捕获后关闭正推发动机。

21.8.3.6　与遥测系统的关系

对接机构与地面之间的各种工作参数、数据和工作指令由遥测系统传递。

21.8.4　空间对接机构的类型

当前，世界上使用的空间对接机构大约有以下 8 种类型。

21.8.4.1　联盟号飞船的对接机构

苏联第一种在轨道上进行试验的对接机构是联盟号飞船的对接机构（见图 21.17）。该机构的对接过程是自动进行的，可以完成载人或不载人飞船的对接，但不能形成密封通道，因此航天员要通过开放的空间从一艘飞船进入到另一艘飞船。对接机构分成主动和被动两部分，分别安装在追踪器和目标器上，对接机构采用锥—杆相容性的原理设计。该机构采用电磁阻尼器作为阻尼元件，它为纯机电式对接机构的设计打下了基础。

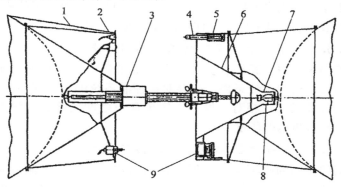

图 21.17　联盟号飞船的对接机构

1—主动对接部分；2—导向槽；3—对接传动机构；4—导向杆；

5—被动对接部分；6—接纳锥；7—锥底圆柱槽；8—卡子用的小槽；9—电连接器

21.8.4.2　联盟号飞船—礼炮号空间站的对接机构（锥—杆式）

在联盟号飞船对接机构的基础上，苏联又研制了锥—杆式对接机构。该机构可以形成两个航天器之间的刚性连接，并能形成过渡通道（见图 21.18 所示）

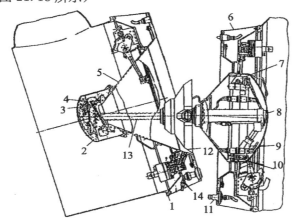

图 21.18　联盟号飞船—礼炮号空间站对接机构对接时的咬合状态
1—被动对接部件；2—接纳锥的小圆锥；3—槽支撑；4—支撑的传动；
5—接纳锥；6—主动对接部件；7—侧向缓冲器；8—卡爪传动；9—侧向弹簧缓冲器；
10—爆炸螺栓；11—导向杆；12—角度限制器；13—对接驱动杆；14—导向槽

锥—杆式对接机构的主动部件安装在追踪器的舱门盖上，而被动部件同目标器的舱门制成一体。该机构的缓冲采用混合式方案，即传动机构和缓冲元件有机结合，可以完成传动与缓冲及校正多种功能。整个机构为纯机电式，缓冲阻尼部件为弹簧组件和电磁阻尼器。苏联也曾研制过采用液压缓冲的方案，但由于质量太大而放弃了。

锥—杆式对接机构的质量和外形尺寸小，滚动方向的校正工作是在捕获之后，拉紧过程中完成的，捕获时的附加载荷较小。这种机构对接广泛，用于苏联和俄罗斯的飞船与空间站的对接作业，以及空间站的在轨组装。

21.8.4.3　用于双子星座计划的对接机构

用于双子星座号飞船和阿金纳号火箭的对接机构，是美国的第一种对接机构。它的主动部件安装在阿金纳号火箭上，主动部件的内锥由弹簧—液压缓冲器支撑，用于完成缓冲和阻尼。在对接撞击过程中，对接机构进行滚转方向的校正，同时也引起较大的附加载荷。这种对接机构的尺寸和质量都大，其外形参见图 21.19。

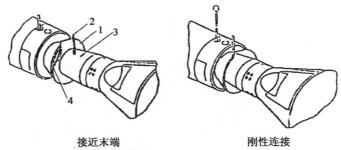

接近末端　　　　　　　　　　刚性连接

图 21.19　双子星座号飞船同阿金纳号火箭的对接
1—接纳锥；2—校正杆；3—卡爪槽；4—卡爪

21.8.4.4　用于阿波罗登月计划的对接机构

美国为阿波罗登月计划研制了一种新的对接机构。它的主动部件安装在指挥舱上，被动部件安装在登月舱上。对接中产生的撞击由弹簧和气液缓冲装置进行缓冲和阻尼。这种对接机构在登月舱上的部件结构简单、质量小。但此种对接机构在工作时需要航天员进行大量的手动操作，因此对接时间长，航天员消耗的体力大（见图 21.20）。

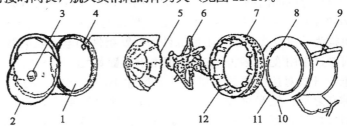

图 21.20　阿波罗号飞船的对接机构
1—登月舱通道；2—登月舱盖；3—减压阀和调压阀；4—内锥的支点；
5—内锥；6—对接机构；7—对接框架；8—指挥舱盖；
9—通道；10—指挥舱壳体；11—前框架；12—锁

21.8.4.5　联盟号飞船—阿波罗号飞船的异体同构周边式对接机构

美国和苏联为联盟号飞船—阿波罗号飞船的联合飞行研制了另一种全新的对接机构。该机构放置在对接隔框的周边，既可以作为主动部件，也可以作为被动部件，也就是可以与本身相似的机构进行对接，所以称为异体同构周边式对接机构（美称 APAS，俄称 AПAC）如图 21.21 所示。

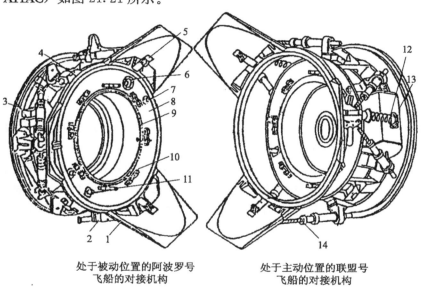

处于被动位置的阿波罗号
飞船的对接机构　　　　处于主动位置的联盟号
飞船的对接机构

图 21.21　异体同构周边式对接机构

1—带有导向瓣的捕获环；2—液压缓冲器；3—对接机构的传动机构；4—锁钩；
5—捕获锁；6—导向槽；7—推杆；8—对接框；9—对接密封圈；10—结构锁；
11—导向杆；12—弹簧状电缆；13—传动差速器；14—滚珠丝杠

后来，美国和苏联依据相同的想法，又研制了原理不同的对接机构。联盟号飞船的对接机构为全机电式，传动链为差动式，缓冲阻尼元件和传动链有机地结合在一起。阿波罗号飞船的对接机构的传动和缓冲采用并联方式，使用了弹簧-液压缓冲器。阿波罗号飞船

的对接机构的质量为 430 kg，联盟号飞船的对接机构的质量为
270 kg。

21.8.4.6　АПАС—89 对接机构

通过对 АПАС 对接机构的不断改进，俄罗斯研制了 АПАС—89
内导向板异体同构周边式对接机构。这种对接机构的导向片改为
向内翻，四周的空间安装了电、液接头，并扩大了对接隔框直径，
提高了承载能力，减小了外廓尺寸，其通用性好。这种对接机构
的适用范围广泛，可用于飞船与空间站、航天飞机与空间站，以
及空间站舱段之间组装的对接。1995 年 6 月美国阿特兰蒂斯号航
天飞机与和平号空间站利用该机构完成了对接，其结构如图 21.22
所示。

21.8.4.7　数控式对接机构

美国和西欧正在研制数控式对接机构。这种对接机构仍为周边
式，其导向环由丝杠支撑，电机直接驱动丝杠。

对接时，导航测量系统提供两航天器之间的相对位置、速度、
姿态等数据，控制系统按照设定的工作模式对机构进行实时控制，
调整阻尼系统，使撞击力最小。该系统可对导向环进行精确控制，
同时提供可变的弹性阻尼系数，使撞击能量的缓冲和吸收过程最佳。
该系统的结构如图 21.23 所示。

21.8.4.8　"＋"形布局对接机构

目前，欧洲航天局正在研制"＋"形布局的小型卡爪式对接机
构。该机构在对接面周边"＋"形布置碰锁，没有缓冲拉紧等执行
机构，只是在两航天器相对距离很近时由碰锁进行最后的校正和连
接。该系统结构简单，但对对接初始条件要求很严，对导航控制系
统要求很高。其系统结构如图 21.24 所示。

虽然对接机构已出现了多种方案，但随着航天技术的不断发展，
一些方案被放弃，而另一些方案被保留下来并不断发展，其中包括
锥—杆式机构，异体同构周边式机构和数控式机构。

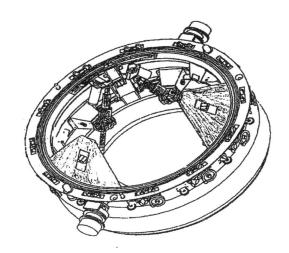

АПАС-89外形图

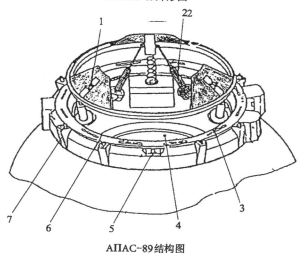

АПАС-89结构图

图 21.22　АПАС—89 对接机构

1—捕获锁；2—丝杠；3—隔框锁；4—通道；5—卡板；6—隔框图；7—插头

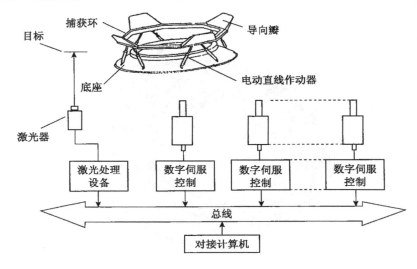

图 21.23　　数控式对接机构

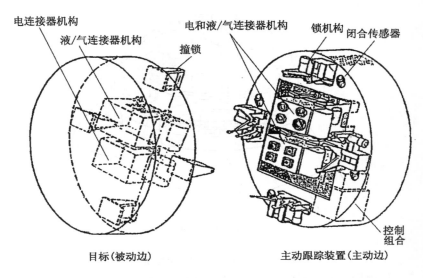

目标(被动边)　　　　　　　主动跟踪装置(主动边)

图 21.24　　欧洲航天局正在研制的"十"形布局的对接机构

21.8.5 异体同构周边式对接机构

21.8.5.1 对接机构的组成

异体同构周边式对接机构的结构（参见图 21.9）形式有两种，即外翻式 AΠAC—75 和内翻式 AΠAC—89（见图 21.25）。两种结构的空间布局不同，但工作原理基本一样。AΠAC—89 的外形尺寸更小，承载能力更大，布局更合理。

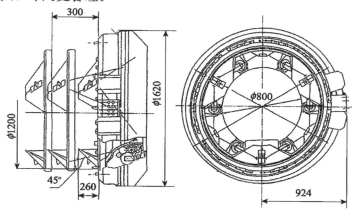

图 21.25　AΠAC—89 对接机构

这种对接机构沿对接框架的周边分布，因此称为周边式。对接机构由主动部件和被动部件组成，可以同自身类似的机构对接，也就是"自己与自己"对接。

最初设计这种对接机构的目的是：

1）使安装这种对接机构的任意两个航天器能够进行对接，例如，在轨道上提供帮助或者进行相互协同操作；

2）希望不设置对接机构"销杆"和"内锥"之类的部件，而空出对接机构的中心部分作为过渡通道。

异体同构周边式对接机构由导向环、对接隔框、传动机构等组成。导向环由 6 个丝杠支撑，可伸出对接平面，使对接机构成为主动状态，而导向环收缩于对接隔框面之下时，机构成为被动状态。

导向环上装有 3 个导向片，每个导向片上各装有一套捕获锁。

对接隔框上装有隔框锁和推杆，用于最后校正的定位销，定位插口，电气、液压接头，密封元件等。两航天器对接后由对接隔框形成密封的过渡通道。对接隔框上装有卡板，它和导向片上的捕获锁配合完成捕获。传动缓冲机构也安装在对接隔框上，完成导向环的移动和对接过程中的缓冲与校正。

异体同构周边式对接机构经改装后可以安装在目标器上成为纯被动部件，质量将大为减小。

21.8.5.2　对接机构的工作过程

（1）对接工作过程

①准备

由传动缓冲机构将主动方导向环伸出到预定位置，系统处于等待状态。

②接触

两对接环接触，传感器发现信号转入对接模式，关闭姿控系统，打开正向固定推力发动机。接触中，导向环在 6 个自由度上移动，吸收和消耗撞击能量。

③捕获

两导向环重合时，捕获锁动作，进行捕获，两航天器实现柔性连接（第一次连接）。

④校正

等待一段时间，过程②中吸收的能量被释放出来，纠正两航天器之间的姿态差。

⑤拉紧

由传动缓冲机构拉紧导向环，两航天器互相接近，隔框面上的弹簧推杆被压缩。

⑥刚性连接

隔框互相接近，隔框接触传感器启动，隔框锁动作，橡胶圈被压紧，两航天器密封刚性连接。

⑦ 开舱门

过渡通道增压，检查气密性，打开舱门。

至此，对接完成。

（2）分离操作过程

分离操作过程如下：

1）关闭舱门和均压阀，过渡通道减压，检查气密性。

2）打开捕获锁。

3）打开隔框锁，由弹簧推杆将两航天器相互推开。传感器发出信号，启动控制系统和发动机，实现分离。

至此，分离完成。

（3）对接机构的备份

对接机构备份操作的作用如下：

1）每套捕获锁有两个锁舌，只要其中一个锁舌工作即可。

2）捕获后传动缓冲机构无法自动完成校正时，可以进行强制校正。

3）隔框锁有 12 套，分两组分别驱动，一组正常驱动即可实现刚性连接，保证密封性（АПАС—89）。

4）捕获锁分离失败，可打开卡板，实现分离。

5）捕获锁中的火工品有备份，在无法分离时起用备份。

6）隔框锁中也有用于分离火工品的备份。

21.8.5.3　АПАС—89 对接机构的特点

该机构具有良好的互换性，主被动部件一体化，舱门开关方便，承载能力大，适合于当今各类载人航天工程，但其质量比锥—杆式和数控式对接机构稍大一些。

21.8.5.4　АПАС—89 对接机构的技术关键及解决方法

（1）动力学参数设计与仿真

对接机构的动力学参数将直接影响其性能。机构运动的动力学仿真分析可以验证参数设计、分析对接过程、辅助进行方案修改和指导有关试验。因此，仿真分析可以缩短研制周期、节省研制经费。

对接机构传动链和元件参数的设计仿真问题，涉及机构的动力学和碰撞力学等方面的问题，难度较大。

目前，动力学分析主要依靠计算机模拟仿真，通过相应的专用分析软件（含动力学、碰撞力学理论）进行研究。

（2）可靠性

对接机构组成复杂、运动元件多、工作环境恶劣，将严重影响其工作可靠性。

在设计阶段就要考虑系统的可靠性并采取有效的提高可靠性的措施。可以将可能出现的故障按其危险程度进行分类、确定故障等级、进行可靠性预测并正确分配可靠性指标。采取冗余设计等可靠性设计方法，并将元件备份与功能备份相结合，以提高系统总体的可靠性。

（3）密封

橡胶密封元件在真空和太阳辐射下会出现老化问题，降低使用性能。为此，应着力开发耐低温、抗辐射、耐臭氧的新型密封材料。

（4）阻尼元件

作为缓冲系统的重要元件，电磁阻尼器的特性将直接影响对接机构的动力学性能，而且还要求该元件体积和质量小、能容大，因此设计难度比较大。

第 22 章　空间交会对接控制原理与工程设计

交会是指两个航天器在轨道上的接近过程，即从追踪航天器（简称追踪器）远距离（150～80 km）导引去接近目标航天器（简称目标器）开始，直到满足两航天器对接机构实施对接的初始条件为止。对接是指在满足两航天器对接机构初始条件下，对接机构完成耦合和刚性密封连接的过程。

交会对接的控制，由追踪器和目标器的控制系统联合完成。追踪器一般是飞船或航天飞机，目标器一般是空间站（在试验初期，有用飞船的留轨舱或用卫星来代替的）。追踪器具有完整的交会对接控制系统，目标器配有交会对接的合作控制设备。对于不同的交会对接控制方案，两航天器上的交会对接设备配置是不一样的。本章的编写目的和结构为：

建立交会对接的总体概念：交会对接将涉及的控制动力学问题；交会对接的过程和分段控制；接近变轨的一般方法。

建立交会控制的基本理论：描述两航天器相对运动的常用坐标系（轨道相对坐标系、惯性相对坐标系和射线直角坐标系）；运动方程的建立及在不同坐标系中的表示式。

22.4 节和 22.5 节介绍两种常用的交会控制方案——"自由轨道法接近控制"与"瞄准线法接近控制"，包括控制方程、系统构成、仪器设备（测量设备、中间装置和执行机构）和控制要点。

22.6 节扼要地介绍联盟 TM 飞船（追踪器）与和平号空间站（目标器）的交会对接工程设计。突出系统结构、设备组成和技术指标，以明确交会对接测量设备的功能要求和技术要求。

逼近段以后的交会控制，大都需要航天员人工控制辅助完成。

本章主要介绍自动交会对接控制。

现代空间交会对接控制方案及全球定位系统（GPS）测量系统的应用，将交会控制精度提高到一个新的水平。

根据传统交会对接方案和现代交会对接方案，可以看到交会对接测量设备在航天器控制系统中的地位和应达到的技术指标。这是实现空间交会对接的重要基础。

22.1　空间交会对接控制基础

22.1.1　交会对接的动力学问题

交会对接动力学是航天动力学的一个重要分支。航天动力学主要研究单个航天器在重力场和其他外力作用下的质心运动问题，它是航天器控制系统设计的理论基础。航天器控制系统的功能包括两大部分：一是航天器的轨道动力学及其控制；二是航天器的姿态动力学及其控制。在航天器的控制系统设计中，用于轨道控制的称为导航制导系统，用于姿态稳定与控制的称为姿态控制系统，统称为航天器（包括运载火箭、卫星和飞船等）的制导、导航和控制系统。航天动力学以数学、力学和控制理论为基础，由3部分组成，即轨道动力学（研究航天器的质心沿轨道的运动）、姿态动力学（研究航天器绕其质心的角运动或姿态运动）、火箭动力学（研究航天器发射、轨道机动飞行、制动飞行等过程中带有工作火箭发动机的运动）。由于航天器推进剂的消耗，航天器的质心不断变化，因此在工程设计中必须按轨道飞行段的划分进行分段研究，如载人飞船（或航天飞机）的轨道飞行就分3段，即发射段（运载火箭点火起飞至船箭分离）、运行段（火箭/飞船分离至返回制动火箭点火）、返回段（返回制动火箭点火至着陆）。交会对接动力学是关于多个航天器间相对运动的动力学。由于飞船和空间站的结构复杂、体积庞大、液体晃动等原因，还有柔性、多体、变结构等动力学问题亟待研究解决。目前对一个刚体或多个刚体，一个中心刚体携带几个挠性附件（如太阳帆板、大型天线等）的控制方法，基本得到解决。交会对接动力学要解决如下主要课题。

22.1.1.1　多自由度轨道和姿态（刚体）动力学

一个刚体航天器的运动有 6 个自由度（3 个线位置量，3 个角运动量），两个航天器的运动，一共有 12 个自由度，而且轨道和姿态之间是相互耦合的。两个航天器的交会对接与地对空导弹的拦截有所不同，后者只要求两航天器的轨道相交即可，而前者则要求变轨，使轨道方向相同和相对速度接近于零，要求精确地调整位置和姿态。

22.1.1.2　多刚体动力学

两个航天器交会对接完成后，变成一个大航天器，这就是多刚体动力学问题。目前的凯恩（Kane）法起源于"伪坐标"概念，其特点是用广义速率代替广义坐标来描述系统的运动，将矢量形式的力与惯性力直接向特定的特征矢量方向投影，以消除理想的约束力，因而具有矢量力学和分析力学的特点。无论采用哪种方法，都要求能建立一种"高度程式化"适宜编程的"动力学方程"。

22.1.1.3　挠性体动力学

由于挠性附件相对中心刚体的转动和振动，使动力学系统的维数大为增加，加大了 RVD 动力学的研究难度。挠性航天器是一个分布式参数系统，其描述运动的偏微分方程在理论上是无穷维的，工程上只能采用低维偏微分方程来描述，这就使模型误差产生对稳定性的影响。

22.1.1.4　带液航天器的晃动动力学

航天器推进剂贮箱构成一个非线性、非定常的分布式参数系统。挠性和晃动都影响姿态、质心的不断变化有可能产生失稳，这是一个必须要解决的问题。

22.1.1.5　碰撞动力学

对接时，难免有碰撞。可能有弹性，也可能无弹性，这与对接机构的结构和材料有关。碰撞动能将转换成力和力矩的作用，从而引起航天器相对位置和姿态的变化。为顺利进行 RVD，必须研究逼近过程的最佳相对速度和对接机构的碰撞动力学特征。

22.1.2 交会对接工程设计要点

22.1.2.1 轨道交会的分段控制

交会的分段控制过程一般分为远距离导引段、近距离（自主接近）导引段（寻的段、接近段）、逼近段（绕飞段、平移段）、靠拢对接段（靠拢段、对接段）。这里以联盟 TM 飞船与和平号空间站交会对接过程（见图 22.1）为例来看飞船（追踪器）向空间站（目标器）接近的分段控制过程。ρ 为两行天器相对距离，"悬飞"为有一恒定 ρ 值相对速度为零的飞行状态。

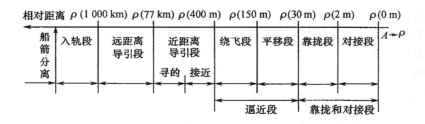

图 22.1 联盟 TM 号飞船与和平号空间站交会对接过程控制段划分

（1）远距离导引段

通过地面测控网，将飞船转移至空间的圆轨道（406 km），飞船制导、导航、控制系统及其交会雷达，开始进行远程靠近机动，地面站和飞控中心对轨道参数进行检查，船上和地面都进行远程靠近机动计算，飞船与空间站相距 300～100 km 左右（远距离导引段可控 ρ 至 70～80 km）结束，相对速度约为 50 m/s（参见图 22.2）。

（2）近距离导引段

飞船距空间站 250 km 时，雷达已能抓到目标，飞船不需地面导引而转入自主导引阶段（地面导引和自主导引，中间有一段重叠）。从相距 250～50 km，中间进行两次冲量变轨。飞船进入定相轨道（$h_p/h_a = 280$ km/325 km），第三次冲量使"定相轨道"圆化（325

km），追踪轨道与目标轨道高差约 80 km。选择两航天器相距 100 km 左右时，用自由轨道制导方法实施接近控制，经两次冲量，使追踪器进入目标器轨道（400 km 圆轨道）。在两航天器相距 400 m 时，近距离导引结束（参见图 22.3）。

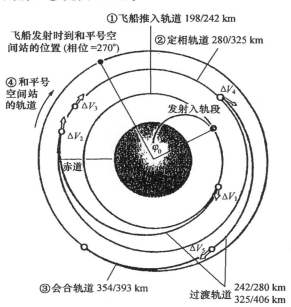

飞船轨道参数

	t/min	h_a/km	h_p/km
① 飞船推入轨道	88.62	242	198
② 飞船定相轨道	90.28	325	280
③ 飞船会合轨道	91.71	393	354
④ 和平号空间站的轨道	92.25	406	375

图 22.2 远距离导引方案

（3）逼近段（绕飞段和平移段）

近距离导引到相距 400 m 左右，飞船处于悬停状态（即追踪器与目标器处于同一轨道，相同运行速度状态）后，追踪器用视线制导法，退出悬停状态，对目标器进行绕飞，使两航天器对接机构在一条线上，相距约 200 m（参见图 22.4），追踪器再用平移发动机实施平移飞行；当相对距离达到 20 m 左右时，逼近段结束。KYPC 为俄罗斯交会雷达型号。

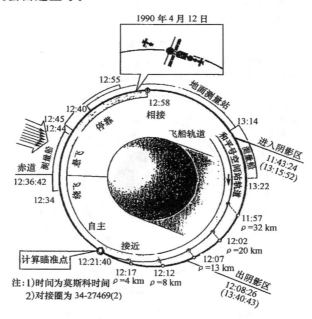

图2.3　联盟 TM—11 飞船与和平号空间站近距离交会方案

（4）靠拢和对接段

两航天器相距 20 m 时，已能在视频显示器上清楚地看到停靠参数和对接状态，继续用视线控制法，由小发动机进行缩小距离和调整相对姿态的控制，使之满足下列对接初始条件（以异体同构内翻周边式 AΠAC—89 对接机构为例）：

横向误差　　<0.25 m；

角轴心差　　<4°；

纵向速度　　0～0.4 m/s；

横向速度　　0～0.06 m/s；

角速度　　　0.4 (°)/s。

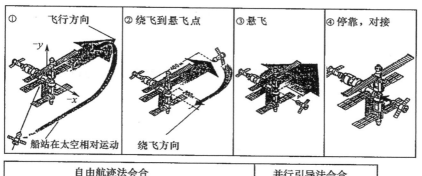

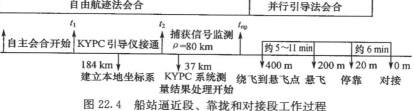

图 22.4　船站逼近段、靠拢和对接段工作过程

22.1.2.2　交会机动的控制目标

交会机动的作用是使两航天器在交会时，相对运动状态矢量 $q(t)$ 达到某给定值（每一分段控制的最终瞄准点），最后使该值接近或等于零。

在直角坐标系中，相对位置矢量 $\rho(t)$ 的 3 个分量和相对速度矢量 $V(t)$ 的 3 个分量，可表示为

$$q(t) = \begin{bmatrix} \rho(t) \\ V(t) \end{bmatrix} \tag{22.1-1}$$

交会时一般将目标器作圆轨道运动，追踪器在轨道上作机动飞行去接近目标器。机动飞行结束时刻 t_k 所要求的最终条件（即机动目标）有 3 种。

（1）软接触

这种情况的相对状态矢量值在交会时刻均变为零，即

$$\begin{cases} q(t_k) = 0 \\ \rho(t_k) = 0 \\ V(t_k) = 0 \end{cases} \tag{22.1-2}$$

这种机动常用于大型航天器的组装、运输货物、替换航天员等情况。

（2）硬接触

这种机动，交会时刻只有相对位置矢量值为零，而相对速度矢量可为任意值，即

$$\begin{cases} \rho(t_k) = 0 \\ V(t_k) = V_k \end{cases} \qquad (22.1-3)$$

这种机动常用于清除已完成使命的航天器，当需清除妨碍空间作业物体和空间飞行物体时，用这种交会。

（3）悬停（编队飞行）

这种机动的特点是，机动结束时相对位置矢量为一给定值（一般很小），相对速度矢量值应变为零，即

$$\begin{cases} \rho(t_k) = \rho_k \\ V(t_k) = 0 \end{cases} \qquad (22.1-4)$$

常用于完成航天器在轨维修任务后，需要编队飞行观察维修效果时用。

22.1.3　交会变轨的一般方法

22.1.3.1　霍曼变轨方法（共面变轨）

航天器在轨道飞行中变轨，也称机动，是航天器的可控运动。其目的是由自由飞行的初始轨道转移至某种最终轨道。若初始轨道和最终轨道在同一平面内，航天器变轨称为共面变轨或平面内机动。

通常，初始轨道和最终轨道是给定的。需要确定消耗推进剂最少的最佳机动。选定启动发动机工作时间，并确定推力矢量的大小和方向。

（1）圆轨道速度 V_{kp} 表达式

从空间物理学知道，作圆周运动的地球卫星，轨道速度 V_{kp} 产生的离心力 $\dfrac{mV_{kp}^2}{r}$ 等于地球引力产生的向心力 mg_r，即

$$\frac{mV_{kp}^2}{r} = mg_r \qquad (22.1-5)$$

任意高度的地球引力加速度 g_r 与地面加速度 g_0 的关系为

$$g_r = g_0 \left(\frac{R}{r} \right)^2 \qquad (22.1-6)$$

将（22.1－6）式代入（22.1－5）式得

$$\frac{m V_{\text{kp}}^2}{r} = m g_0 \left(\frac{R}{r} \right)^2$$

则有

$$V_{\text{kp}} = \sqrt{g_0 R \frac{R}{r}} \qquad (22.1-7)$$

由万有引力定律可得航天器（质量为 m）在地球（质量为 M）轨道上受地心引力大小为

$$m g_0 = G \frac{mM}{R^2}$$

则有

$$g_0 = G \frac{M}{R^2} = \frac{\mu}{R^2} \qquad (22.1-8)$$

式中　G——万有引力常数，$G = 6.67 \times 10^{-11}$ N·m²/kg²；

μ——地球引力常数，$\mu = 3.986 \times 10^5$ km³/s²。

将（22.1－8）式代入（22.1－7）式得圆轨道速度表达式为

$$V_{\text{kp}} = \sqrt{\frac{\mu}{R^2} R \frac{R}{r}} = \sqrt{\frac{\mu}{r}} \qquad (22.1-9)$$

（2）二次冲量转移轨道

当终轨半径 r_2 与初轨半径 r_1 之比 $\frac{r_2}{r_1}$ 不很大时，采用霍曼二次冲量转移轨道进行变轨最佳（参见图 22.5）。

从（22.1－9）式可写出初轨（半径 r_1）和终轨（半径 r_2）的圆轨速度表达式，即

$$\begin{cases} V_{\text{kp1}} = \sqrt{\dfrac{\mu}{r_1}} \\[2mm] V_{\text{kp2}} = \sqrt{\dfrac{\mu}{r_2}} \end{cases} \qquad (22.1-10)$$

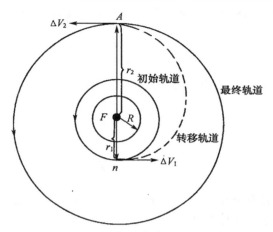

图 22.5 霍曼二次冲量转移轨道

从初圆轨变到转移椭圆轨 $\left(\dfrac{r_1}{r_2}\right)$ 的速度增量 ΔV_1 为

$$\Delta V_1 = V_{kp1}\sqrt{\frac{2r_2}{r_1 + r_2}} - V_{kp1} = V_{kp1}\left(\sqrt{\frac{2r_2}{r_1 + r_2}} - 1\right)$$

$$(22.1-11)$$

同理可求，由椭圆轨 $\left(\dfrac{r_1}{r_2}\right)$ 的远地点变为终圆轨的速度增量 ΔV_2 为

$$\Delta V_2 = V_{kp2} - V_{kp2}\sqrt{\frac{2r_1}{r_1 + r_2}} = V_{kp2}\left(1 - \sqrt{\frac{2r_1}{r_1 + r_2}}\right)$$

$$(22.1-12)$$

为便于分析比较，求以下无量纲参数：

终轨半径 r_2 与初轨半径 r_1 之比为

$$\tilde{r} = \frac{r_2}{r_1} \geqslant 1 \qquad (22.1-13)$$

初轨变到转移轨的增量 ΔV_1 与初轨速度 V_{kp1} 之比为

$$\Delta\tilde{V}_1 = \frac{\Delta V_1}{V_{kp1}} = \sqrt{\frac{2r_2}{r_1 + r_2}} - 1 \qquad (22.1-14)$$

$$\Delta\tilde{V}_1 = \sqrt{\frac{2\tilde{r}}{1 + \tilde{r}}} - 1 \qquad (22.1-15)$$

同理可求

$$\Delta \widetilde{V}_2 = \frac{\Delta V_2}{V_{kp1}} = \frac{1}{\sqrt{\widetilde{r}}}\left(1 - \sqrt{\frac{2}{1+\widetilde{r}}}\right) \qquad (22.1-16)$$

则

$$\Delta \widetilde{V}_\Sigma(\widetilde{r}) = \Delta \widetilde{V}_1 + \Delta \widetilde{V}_2 = \sqrt{\frac{2\widetilde{r}}{1+\widetilde{r}}} - 1 + \frac{1}{\sqrt{\widetilde{r}}}\left(1 - \sqrt{\frac{2}{1+\widetilde{r}}}\right)$$

$$(22.1-17)$$

令 $\dfrac{\mathrm{d}\Delta \widetilde{V}_\Sigma}{\mathrm{d}\widetilde{r}} = 0$，即对（22.1—17）式求最大值点，则有

$$\widetilde{r}^3 - 15\widetilde{r}^2 - 9\widetilde{r} = 0$$

求解得 $\widetilde{r} = 15.58$，此时所需转移速度最大。可见，往高轨道转移相对来说损耗推进剂少。

由（22.1—15）式～（22.1—17）式可得如图 22.6 所示曲线。

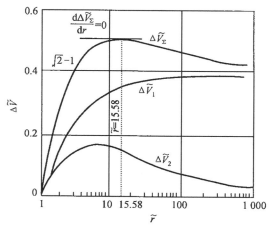

图 22.6　$\Delta \widetilde{V}_\Sigma$、$\Delta \widetilde{V}_1$、$\Delta \widetilde{V}_2$ 与 $\widetilde{r}$ 之间的关系曲线

（3）三次冲量转移轨道

当 $r_A \gg r_1$ 时，须利用三次冲量双椭圆转移轨道，见图 22.7。这时总速度增量为

$$\Delta V_\Sigma = \Delta V_1 + \Delta V_2 + \Delta V_3 \qquad (22.1-18)$$

如何选 r_A，使 ΔV_Σ 最小，一般应有 $r_A \gg r_2$。当 $r_A = r_2$ 时，三次冲量转移就变成二次冲量转移。

由（22.1—11）式和（22.1—12）式可求得三次变轨的速度增量表示式为

$$
\begin{cases}
\Delta V_1 = V_{\text{kp1}}\left(\sqrt{\dfrac{2r_A}{r_1+r_A}}-1\right) \\[3mm]
\Delta V_2 = V_{A2}-V_{A1} = V_{\text{kp2}}\left(\sqrt{\dfrac{2r_2}{r_2+r_A}}-\sqrt{\dfrac{2r_1}{r_1+r_2}}\right) \\[3mm]
\Delta V_3 = V_2 - V_{\text{kp2}} = V_{\text{kp2}}\left(\sqrt{\dfrac{2r_A}{r_2+r_A}}-1\right)
\end{cases}
$$

$$(22.1-19)$$

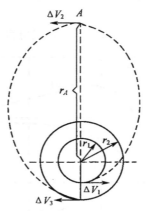

图 22.7　三次冲量转移轨道图

由于 $\Delta V_\Sigma = f(r_1, r_2, r_A)$，$r_1$，$r_2$ 已知，选 r_A，使 ΔV_Σ 最小，令

$$
\begin{cases}
\Delta \widetilde{V}_\Sigma = \dfrac{\Delta V_1}{V_{\text{kp1}}} + \dfrac{\Delta V_2}{V_{\text{kp1}}} + \dfrac{\Delta V_3}{V_{\text{kp1}}} \\[3mm]
\widetilde{r}_2 = \dfrac{r_2}{r_1} \\[3mm]
\widetilde{r}_A = \dfrac{r_A}{r_1}
\end{cases}
$$

$$(22.1-20)$$

则

$$\Delta \tilde{V}_\Sigma(\tilde{r}, \tilde{r}_A) = \left(\sqrt{\frac{2\tilde{r}_A}{1+\tilde{r}_A}} - 1 \right) + \left[\frac{1}{\sqrt{\tilde{r}}} \left(\sqrt{\frac{2\tilde{r}}{\tilde{r}+\tilde{r}_A}} - \sqrt{\frac{2}{1+\tilde{r}}} \right) \right] +$$

$$\frac{1}{\sqrt{\tilde{r}}} \left(\sqrt{\frac{2\tilde{r}_A}{\tilde{r}+\tilde{r}_A}} - 1 \right)$$

$$(22.1-21)$$

$\tilde{r}_A = \tilde{r}_2$ 时，$\Delta \tilde{V}_3 = 0$（因 $\tilde{r}_A = \tilde{r}_2$ 时，$r_A = r_2$，上面 $\Delta V_3 = 0$）

即

$$\Delta \tilde{V}_3 = \frac{\Delta V_3}{V_{kp1}} = 0 \qquad (22.1-22)$$

讨论：

1）$1 < \tilde{r}_A < \tilde{r}_2$ 此法不可取。

2）$\tilde{r}_2 \leqslant \tilde{r}_A < \infty$

$1 < \tilde{r}_2 < 11.94$ 时，采用二次冲量转移轨道；

$\tilde{r}_2 > 15.58$ 时，采用三次冲量转移轨道。

由于 $\tilde{r}_2 = \dfrac{r_2}{r_1}$，椭圆周期（$r_1$，$r_A$）为

$$T_{1A} = \frac{2\pi}{\sqrt{\mu}} a^{\frac{3}{2}} \qquad (22.1-23)$$

式中 $a = \dfrac{r_1 + r_A}{2}$。

三次冲量转移时间比二次冲量转移时间长，出现危险情况可能性大。因此，选择三次冲量转移时，应尽量考虑时间问题。图 22.8 示出了转移轨道半径与转移次数的关系。

对于地球同步卫星入轨的 3 种方法：

1）按三次冲量转移，再加上大远地点半径处的旋转轨道面；

2）二次冲量转移，绕大椭圆过渡轨道入轨；

3）直接发射入轨（一次冲量入轨）。

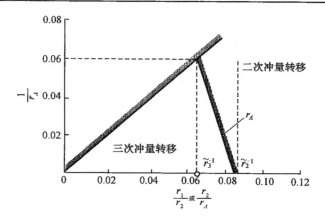

图 22.8　转移轨道半径与转移次数的关系

22.1.3.2　空间机动（非共面变轨）

若初轨平面和终轨平面不重合（见图 22.9），则两轨道转移过程中必须变轨道平面，即进行空间机动。

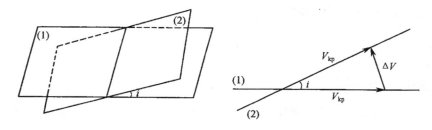

图 22.9　非共面轨道

（1）轨道平面的改变

将一个轨道速度 V_{kp} 的圆轨道的轨道平面改变角 i，所需冲量为

$$\Delta V = 2V_{kp}\sin\frac{i}{2} \tag{22.1-24}$$

当 i 较大时，ΔV 也将大（如 $i=60°$，$\Delta V=V_{kp}$），此时可采用三冲量转移方法。在理想情况下，此三冲量可为：

1）$\Delta V_1 = 0.41V_{kp}$ 使圆轨道在其轨道面（1）内，变成抛物线；

2) $\Delta V_2 \approx 0$，当轨道半径已非常大时，可施以小冲量 ΔV_2 使轨道面转入平面（2），并沿抛物线返回；

3) $\Delta V_3 = 0.41 V_{kp}$，当轨道又回到原圆轨道高度时，加 ΔV_3 使之形成圆轨道。

以上三冲量的机动方式，所需总冲为 $\Delta V_\Sigma = 0.82 V_{kp}$，然而机动时间需无穷大（即不能实现）。

改变轨道平面，可使用以下两种方法。

① 单冲量转移

冲量表式为

$$\Delta V^{(1)} = 2 V_{kp} \sin \frac{i}{2} \qquad (22.1-25)$$

$$\Delta \widetilde{V}^{(1)} = \frac{\Delta V^{(1)}}{V_{kp}} = 2 \sin \frac{i}{2} \qquad (22.1-26)$$

② 三冲量转移

选择在某大椭圆远地点 r_A 处，用 ΔV_2 作轨道面的机动。三冲量速度之和为

$$\begin{aligned}
\Delta V_\Sigma^{(3)} &= \Delta V_1 + \Delta V_2 + \Delta V_3 \\
&= 2 V_{kp} \left(\sqrt{\frac{2 r_A}{r + r_A}} - 1 \right) + 2 V_{kp}(r_A) \sqrt{\frac{2r}{r + r_A}} \sin \frac{i}{2}
\end{aligned}$$

$$(22.1-27)$$

则有

$$\Delta \widetilde{V}_\Sigma^{(3)} = \frac{\Delta V_\Sigma^{(3)}}{V_{kp}} = 2 \left(\sqrt{\frac{2 \widetilde{r}_A}{1 + \widetilde{r}_A}} - 1 \right) + \frac{2}{\sqrt{\widetilde{r}_A}} \sqrt{\frac{2}{1 + \widetilde{r}_A}} \sin \frac{i}{2}$$

$$(22.1-28)$$

什么情况下，有 $\Delta \widetilde{V}^{(1)} > \Delta \widetilde{V}_\Sigma^{(3)}$，即由（22.1-26）式和（22.1-28）式可得

$$2 \sin \frac{i}{2} > 2 \left(\sqrt{\frac{2 \widetilde{r}_A}{1 + \widetilde{r}_A}} - 1 \right) + \frac{2}{\sqrt{\widetilde{r}_A}} \sqrt{\frac{2}{1 + \widetilde{r}_A}} \sin \frac{i}{2}$$

$$\left[\sin \frac{i}{2} - \sqrt{\frac{2}{\widetilde{r}_A (1 + \widetilde{r}_A)}} \sin \frac{i}{2} \right] > \left(\sqrt{\frac{2 \widetilde{r}_A}{1 + \widetilde{r}_A}} - 1 \right)$$

$$\sin \frac{i}{2}\left[1-\sqrt{\frac{2}{\widetilde{r}_A(1+\widetilde{r}_A)}}\right] > \left(\sqrt{\frac{2\widetilde{r}_A}{1+\widetilde{r}_A}}-1\right)$$

即

$$\sin \frac{i}{2} > \frac{\sqrt{\dfrac{2\widetilde{r}_A}{1+\widetilde{r}_A}}-1}{1-\sqrt{\dfrac{2}{\widetilde{r}_A(1+\widetilde{r}_A)}}} \qquad (22.1-29)$$

在 $\widetilde{r}_A \to \infty$ 时，（22.1−29）式右端等于 0.41，即 $i > 48.94°$时，

$$\Delta \widetilde{V}^{(1)} > \Delta \widetilde{V}_{\Sigma}^{(3)} \qquad (22.1-30)$$

在 $\widetilde{r}_A = 1$ 时有

$$\frac{\sqrt{\dfrac{2\widetilde{r}_A}{1+\widetilde{r}_A}}-1}{1-\sqrt{\dfrac{2}{\widetilde{r}_A(1+\widetilde{r}_A)}}} = \frac{(\sqrt{2\widetilde{r}_A}-\sqrt{1+\widetilde{r}_A})\sqrt{\widetilde{r}_A}}{\sqrt{\widetilde{r}_A+\widetilde{r}_A^2}-\sqrt{2}} = 0$$

$$(22.1-31)$$

当对（22.1−29）式的分子、分母分别求微分后，其值等于 1/3，即 $i < 38.94°$时，

$$\Delta \widetilde{V}^{(1)} < \Delta \widetilde{V}_{\Sigma}^{(3)} \qquad (22.1-32)$$

由此可得出以下结论：

1）$i < 38.94°$时，采用单冲量转移；

2）$i > 48.94°$时，采用三冲量转移；

3）$38.94° < i < 48.94°$之间时，可选出适当的 r_A 值，得到优化的三冲量方案（参见图 22.10）；

4）在用三冲量改变轨道平面时，选择三次运动平面转弯的方法更好，这就是发射地球同步轨道卫星的方法。即使每个冲量 ΔV_1 均提供一个轨道平面转角 i，采用对称机动法，即令

$$i_1 = i_3$$
$$i_2 = i - 2i_1$$

（2）非共面圆轨二冲量转移

设初圆轨 r_1 小，终圆轨 r_2 大，两轨面交角为 i（参见图 22.11），有两种转移方法：

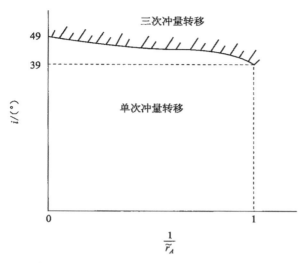

图 22.10　改变轨道面夹角 i 与转移方法的关系

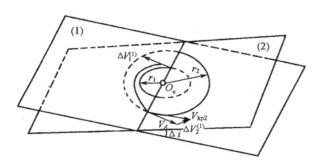

图 22.11　非共面圆轨道间二冲量转移图

1）只在过渡椭圆轨道的远地点变轨时，同时改变轨道面（地球同步轨道卫星的发射常用这种方法），即

$$\Delta V_1^{(1)} = V_{kp1}\left(\sqrt{\frac{2r_2}{r_1 + r_2}} - 1\right) \qquad (22.1-33)$$

$$V_A = V_{kp2}\sqrt{\frac{2r_1}{r_1 + r_2}} \qquad (22.1-34)$$

$$\Delta V_2^{(1)} = \sqrt{V_A^2 + V_{kp2}^2 - 2V_A V_{kp2} \cos i} \qquad (22.1-35)$$

$$\Delta V_{\Sigma}^{(1)} = \Delta V_1^{(1)} + \Delta V_2^{(1)} \qquad (22.1-36)$$

2）两个变轨冲量 $\Delta V_1^{(2)}$ 和 $\Delta V_2^{(2)}$ 分别提供轨道改变量 i 和 $i-i_1$，则有

$$\Delta V_1^{(2)} = \sqrt{V_n^2 + V_{kp1}^2 - 2V_n V_{kp1} \cos i} \qquad (22.1-37)$$

$$V_n = V_{kp1} \sqrt{\frac{2r_2}{r_1 + r_2}} \qquad (22.1-38)$$

$$\Delta V_2^{(2)} = \sqrt{V_A^2 + V_{kp2}^2 - 2V_A V_{kp2} \cos(i-i_1)}$$

$$(22.1-39)$$

$$\Delta V_{\Sigma}^{(2)} = \Delta V_1^{(2)} + \Delta V_2^{(2)} \qquad (22.1-40)$$

令　$\delta(\Delta V_{\Sigma}) = \Delta V_{\Sigma}^{(1)} - \Delta V_{\Sigma}^{(2)}$，一般总有 $\delta(\Delta V_{\Sigma}) > 0$，即用 $\Delta V_{\Sigma}^{(2)}$ 法可以节省能量。使用 $\Delta V_{\Sigma}^{(2)}$ 转移法，对不同的转移要求，可选出最佳的 i_1 值。在 $i=30°$，$\bar{r}=15.35$ 时，用此法可得到的能量节约量为 $\delta(\Delta V_{\Sigma}) = 0.027$，此为 $\Delta V_{\Sigma}^{(2)}$ 方法可以得到的最大可能节省值。在 i 太大时，$\Delta V_{\Sigma}^{(2)}$ 可以得到的好处要小得多。变轨面夹角 Δi 和变轨冲量 ΔV_{Σ} 与轨道半径间的关系曲线如图 22.12 和图 22.13 所示。

可以得出如下结论：对于重型远距卫星（如绕月飞行航天器），方法 2）的 $\Delta V_{\Sigma}^{(2)}$ 转移法好处更大些；对于一般远距离卫星，方法 1）$\Delta V_{\Sigma}^{(1)}$ 的优点是控制简单。

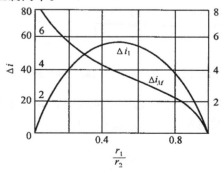

图 22.12　变轨道面夹角 Δi 与轨道半径的关系

Δi_1——一次变轨面角；Δi_M——二次变轨面角

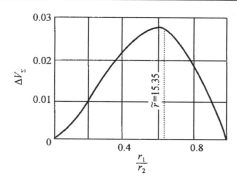

图 22.13　变轨冲量与轨道半径的关系

r_1—初轨半径；r_2—终轨半径

22.1.3.3　轨道交会变轨控制

（1）轨道交会的分类

轨道交会的分类如图 22.14 所示。

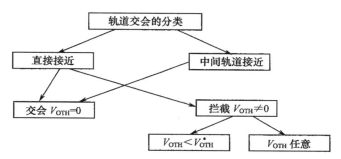

图 22.14　交会对接轨道的分类

V_{OTH}—两航天器相对运动速度；V_{OTH}^*—规定的相对拦截速度

（2）接近轨道的控制步骤

接近轨道的控制步骤如下：

1）远距离导引（几千千米至 100 km），主要由地面导引站完成；

2）近距离导引（100 km 至几十米），主要由航天器自主完成；

3）停靠（10～1 m，V_{OTH} = 0.1～0.7 m/s），主要由航天器上

的光学传感器（光学瞄准镜，光学成像控制，电视跟踪）完成；

　　4）对接由交会对接机构的初始条件确定。

（3）远距离导引

　　地面站导引，航天器使用二圆轨道的霍曼变轨方案共面接近。从动力学看，共面接近是最佳接近，此时目标器与追踪器的轨道平面重合，这得靠选择追踪器的发射时刻完成，如图 22.15 所示（图中 C 为联盟号飞船，M 为和平号空间站）。

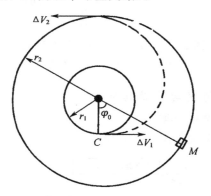

图 22.15　飞船与空间站交会的远距离导引

　　设 C 在 M 后（φ_0 为 M 对 C 的超前角）以 ΔV_1 的冲量加速，飞行 t_C 时段后（飞越 π），与 M 接近（M 转角为 $\pi - \varphi_0$），飞行时间为 t_M，则接近条件为

$$t_C = t_M$$

$$t_C = \frac{\pi}{\sqrt{\mu}} \left(\frac{r_1 + r_2}{2} \right)^{\frac{3}{2}} \qquad (22.1-41)$$

$$t_M = \frac{\pi - \varphi_0}{\omega_M} = \frac{\pi - \varphi_0}{\sqrt{\frac{\mu}{r_2^3}}} \qquad (22.1-42)$$

（22.1-41）式与（22.1-42）式相等，可求得 φ_0，即

$$\frac{\pi}{\sqrt{\mu}} \left(\frac{r_1 + r_2}{2} \right)^{\frac{3}{2}} = \frac{(\pi - \varphi_0) r_2^{\frac{3}{2}}}{\sqrt{\mu}}$$

得

$$\varphi_0 = \pi\left[1 - \left(\frac{r_1 + r_2}{2r_2}\right)^{\frac{3}{2}}\right] \tag{22.1-43}$$

令　$\tilde{r} = \dfrac{r_2}{r_1}$，则有

$$\varphi_0 = \pi\left[1 - \frac{1}{2\sqrt{2}}\left(\frac{1}{\tilde{r}} + 1\right)^{\frac{3}{2}}\right] \tag{22.1-44}$$

由（22.1—44）式可得：当 $\tilde{r} = 1$ 时（即不变轨时）$\varphi_0 = 0$；当 $\tilde{r}$ 增大时，φ_0 也增大（即终轨比初轨高很多时，超前 φ_0 增大，这是自然的）。不能完全取超前角 φ_0，这样 C 点加速 ΔV_1 后，两者可能经 t_C（或 t_M）飞行要碰撞上，实际取超前角应比 φ_0 大一点（即取 φ_H），使两者到 t_C 后有一个前后差，即"停靠"距为 $10 \sim 3$ m，对应差角 $\Delta\varphi = \varphi_H - \varphi_0$，$\Delta\varphi \in [0, 2\pi]$，等待时间 t_{os}，为

$$t_{os} = \frac{\Delta\varphi}{\Delta\omega} = \frac{\Delta\varphi}{\left(\sqrt{\dfrac{\mu}{r_1^3}} - \sqrt{\dfrac{\mu}{r_2^3}}\right)} = \frac{r_1^{\frac{3}{2}}\Delta\varphi}{\sqrt{\mu}\left(1 - \tilde{r}^{-\frac{3}{2}}\right)} \tag{22.1-45}$$

从（22.1—45）式看出，初轨与终轨越接近，即 $\dfrac{r_2}{r_1} = \tilde{r} \to 1$，

$t_{os} = \dfrac{r_1^{\frac{3}{2}}\Delta\varphi}{0} = \infty$，即等待时间 t_{os} 越长。为使 t_{os} 不大，应使初始失调角 $\Delta\varphi$ 不大，并使 $\tilde{r} \neq 1$，同时要对飞行轨道参数作精确的测量与预报（一般要花 $3 \sim 5$ 圈的飞行时间）。轨道接近时，由于初始轨道并非圆轨道及速度冲量 ΔV_1 与 ΔV_2 的施加有误差，所以一般不会仅用二冲量就完成轨道接近。

（4）非共面接近

假设和平号空间站运行轨道平面在一定时间内不变，如图 22.16 所示。发射联盟号飞船的入轨点在和平号轨道面内。由于发射联盟号飞船时滞后或超前，就会使联盟号（追踪器）轨道面与和平号（目标器）轨道面产生一个夹角 γ，若要完成轨道接近就需要"机动"，这种不共轨道面的机动称为"空间机动"。图中，X 轴为赤道面与轨道面的交线，Z 轴垂直于赤道面为地轴，则可由右手定则确

定 Y 轴（在赤道面内）。n_2 为和平号空间站轨道矢量，若 $n_2=1$，则有

$$\begin{cases} n_X = 0 \\ n_Y = n_2(-\cos(90°-i)) = n_2(-\sin i) \\ n_Z = n_2(\sin(90°-i)) = n_2(\cos i) \end{cases} \quad (22.1-46)$$

则和平号空间站轨道面单位法向矢量 $n_2 = (n_X, n_Y, n_Z) = (0, -\sin i, \cos i)$，同理（见图 22.17），联盟号飞船轨道面的倾角与和平号一样，仍为 i，但由于发射时的滞后，升交点产生了一个 Ω 升交点角距，即

$$\Omega = \omega_Z \Delta t_C \quad (22.1-47)$$

式中　Ω——升交点角距；

　　　　ω_Z——地球的自转角速度；

　　　　Δt_C——联盟号飞船发射入轨的时间偏差。

这时，联盟号飞船的轨道平面单位矢量 n_1 为

$$n_1 = (n_x, n_y, n_z) = (\sin i \sin \Omega, -\sin i \cos \Omega, \cos i) \quad (22.1-48)$$

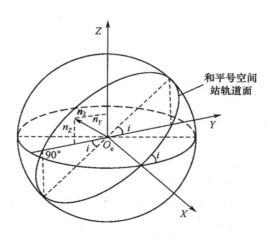

图 22.16　和平号空间站的轨道

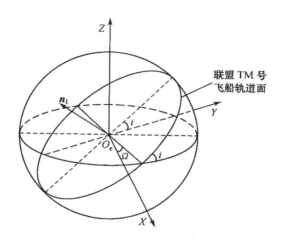

图 22.17　联盟 TM 号飞船的轨道

若两轨道面的夹角为 γ（见图 22.18），则

$$\cos \gamma = \boldsymbol{n}_1 \boldsymbol{n}_2$$
$$= (0, -\sin i, \cos i)(\sin i \sin \Omega, -\sin i \cos \Omega, \cos i)$$
$$= \sin^2 i \cos \Omega + \cos^2 i \qquad (22.1-49)$$

所需共面机动速度为

$$\Delta V = 2V_{kp} \sin \frac{\gamma}{2}$$

$$= 2V_{kp} \sqrt{\frac{1}{2}(1 - \cos \gamma)}$$

$$= 2V_{kp} \sqrt{\frac{1}{2}(1 - \sin^2 i \cos \Omega - \cos^2 i)} \qquad (22.1-50)$$

由于 Ω 很小，取 $\cos \Omega \approx 1 - \dfrac{\Omega^2}{2}$，所以

$$\Delta V = 2V_{kp} \sqrt{\frac{1}{2}\left(1 - \sin^2 i + \sin^2 i\left(\frac{\Omega^2}{2}\right) - \cos^2 i\right)}$$
$$= V_{kp}\Omega \sin i \qquad (22.1-51)$$

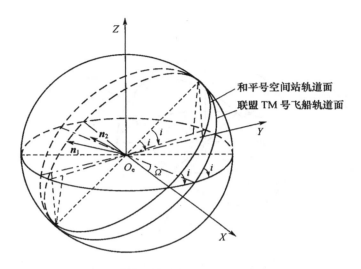

图 22.18　和平号空间站与联盟 TM 号飞船之间的轨道关系

将 $\Omega = \omega_z \Delta t_C$ 代入（22.1—51）式得

$$\Delta V = V_{kp} \omega_Z \sin i \cdot \Delta t_C \qquad (22.1-52)$$

从（22.1—52）式可见，若早 1 s 或迟 1 s，需补偿的速度是 V_{kp} $\omega_z \sin i$。当轨道上相距 $H_{kp} = 225$ km，$i = 51.8°$ 时，有 $V_{kp} \omega_z \sin i = 0.44$ m/s^2。经过远距离导引机动后，两航天器相距接近 100 km 以内时，船上自主测量系统已能捕获目标，远距离导引宣告结束。

（5）近距离导引

两航天器经远距离导引后，相距 100 km（常取 75 km）时开始近距离导引。直到数百米（常取 100 m）时结束，此时相对速度达到 3 m/s。该段航天器独立获取处理信息，不依赖地面指挥系统。常用的制导方法有：

1）自由轨道法，由船载计算机完成（见 22.4 节）；

2）追踪法，此法实现起来简单，但推进剂消耗较多；

3）平行接近法，此法由船载系统独立完成，需要精确知道目标航天器弹道，采用二次冲量转移即可，最多不超过三次冲量（见 22.5 节）。

（6）航天器轨道接近后的停泊状态

停泊是两航天器在相对速度 $V_{OTH} < 0.5$ m/s、两轴线的夹角不大于 $1° \sim 3°$、两轴线平行距离不超过 $30 \sim 40$ cm 的相对状态。两航天器的相对旋转角速度也有严格的要求（理论要求为 $\omega_{相对} = 0$，当两航天器质量相差很大时，要求可以放宽）。

22.2　描述两航天器相对运动的相对坐标系

两航天器在地球（或其他行星）轨道上运动，在完成交会并最终实施对接任务中，由于两航天器相对距离越来越小，不需要研究行星中心坐标系内的绝对运动，而只需要研究与目标器固连坐标系内的相对运动。因此，这个坐标系的原点常常取在目标器 m_1 的质心 O_1 上，m_1 通常只绕行星作圆轨道运动。而追踪器 m_2 则在轨道上作机动飞行，逐步去接近目标航天器 m_1。因此，m_1 位置可事先确定，并由地面测控网长期预报轨道参数。

由于相对坐标系轴的定向不同，而有各种不同的相对坐标系类型。通常取航天器角稳定情况下的基准计算坐标系作为相对坐标系的定向方案。用得最多的相对坐标系有 3 种。

22.2.1　旋转直角相对坐标系 $O_1 X_B Y_B Z_B$ （轨道相对坐标系）

旋转直角相对坐标系（见图 22.19）在地球惯性坐标系 $O_e X_n Y_n Z_n$ 空间，绕地球中心 O_e 的角速度旋转，$O_e X_n Y_n Z_n$ 坐标系原点在地球中心，但不随地球旋转，即 $X_n Y_n$ 面与目标器 m_1 轨道面重合，相对直角坐标系原点 O_1 与目标器 m_2 质心重合。Y_B 轴指向地球中心半径（当地垂线）方向，X_B 轴指向轨道前进方向，Z_B 轴垂直于轨道面，$O_e X_B Y_B Z_B$ 符合右手定则。m_1 绕地球旋转角速度为 ω_1，两航天器在 $O_e X_n Y_n Z_n$ 坐标系中的位置矢量分别为 r_1 和 r_2。

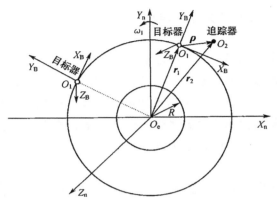

图 22.19　旋转直角相对坐标系 $O_1X_BY_BZ_B$

$O_eX_nY_nZ_n$ —地球惯性坐标系

22.2.2　非旋转直角相对坐标系 $O_1X_HY_HZ_H$（惯性相对坐标系）

非旋转直角相对坐标系（见图 22.20）的轴始终与地球惯性坐标系 $O_eX_nY_nZ_n$ 保持一致，$O_1X_HY_HZ_H$ 各轴相对 $O_eX_nY_nZ_n$ 的旋转角速度等于零，即航天器绕地球运动过程中始终作平行移动，O_1Z_H 与 O_eZ_n 方向一致，O_1Y_H 沿惯性空间中固定方向，O_1X_H 位于轨道平面内，$O_1X_HY_HZ_H$ 三轴符合右手定则。

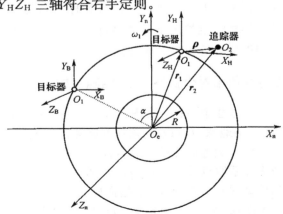

图 22.20　非旋转直角相对坐标系 $O_1X_HY_HZ_H$

$O_1 X_H Y_H Z_H$ 坐标轴初始方向，一般选发射点惯性坐标系方向，即 O_1 为发射点（地球表面某点），$O_1 Y_H$ 取当地垂线方向（即地球半径方向），$O_1 X_H$ 取发射方向，X_H 轴和 Y_H 轴在轨道面内，Z_H 轴垂直于轨道面。发射前，$X_H Y_H$ 轨道面与 $X_n Y_n$ 平面重合。

22.2.3　瞄准线直角相对坐标系 $O_1 X_A Y_A Z_A$（射线直角坐标系）

瞄准线直角相对坐标系（见图 22.21）的原点与目标器的质心 O_1 重合，X_A 轴指向追踪器质心 O_2，即为两航天器之间的瞄准体，坐标系故此而得名。$O_1 X_A$ 与相对距离矢量 $\boldsymbol{\rho}$ 方向重合；Y_A 轴和 Z_A 轴垂直于瞄准线，$O_1 X_A Y_A Z_A$ 符合右手定则。该坐标轴指向相对于地球惯性坐标系 $O_e X_n Y_n Z_n$ 指向是任意的。$O_1 X_A$ 若在目标器 m_1 轨道面内，可视为共面交会；$O_1 X_A$ 若不在目标器 m_1 轨道面内，可视为侧面交会（或称非共面交会）。该坐标系的轴向由两航天器质心相对运动的特性确定。瞄准线直角相对坐标系又称视线坐标系。

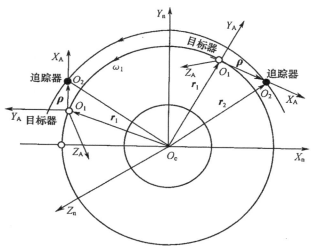

图 22.21　瞄准线直角相对坐标系 $O_1 X_A Y_A Z_A$（X_A 轴为视线）

采用瞄准线直角相对坐标系时，航天器的质心在惯性坐标系的全部相对运动，可分为两种运动：

1）沿瞄准线（沿 X_A 轴）的纵向相对运动；

2）沿垂直于 X_A 轴的横向相对运动（Y_A 和 Z_A 轴方向）。航天器的全部相对运动由 X_A 轴方向的相对距离矢量 $\boldsymbol{\rho}$ 和相对速度矢量 $\boldsymbol{V_\rho} = \dot{\boldsymbol{\rho}}$ 确定：则速度矢量 $\boldsymbol{V_\rho}$ 是目标器 m_1 在惯性空间速度 $\boldsymbol{V_1}$ 在瞄准线方向的投影分量（即瞄准线直角相对坐标系的纵向相对运动速度）；而 $\boldsymbol{V_{YZ_A}}$ 速度矢量则是 $\boldsymbol{V_1}$ 在"瞄准线直角相对坐标系"中的横向相对运动速度（$\boldsymbol{V_{YZ_A}}$ 在"瞄准线直角相对坐标系" Y_A 轴和 Z_A 轴上的投影，分别为 $\boldsymbol{V_{Y_A}}$ 和 $\boldsymbol{V_{Z_A}}$）。可用以下矢量式表示

$$\begin{cases} \boldsymbol{V_1} = \boldsymbol{V_\rho} + \boldsymbol{V_{YZ_A}} \\ \boldsymbol{V_\rho} = \dot{\boldsymbol{\rho}} \\ \boldsymbol{V_{YZ_A}} = \boldsymbol{V_{Y_A}} + \boldsymbol{V_{Z_A}} \end{cases} \qquad (22.2-1)$$

两航天器在视线坐标系和惯性坐标系中运动线速度矢量和角速度矢量的关系，详见图 22.22。

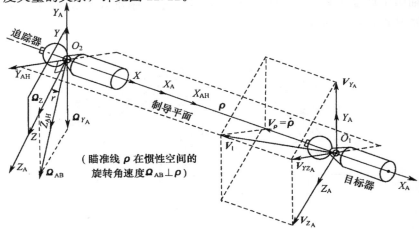

图 22.22　视线坐标系和惯性坐标系中的线运动和角运动的关系

V_1—目标器在惯性空间的运动速度；V_ρ—V_1 在瞄准线方向的投影分量；

V_{YZ_A}—V_1 在瞄准线横向 Y_{AH} 上的分量，称为横向速度；O_2XYZ—横向坐标系；

$O_2X_AY_AZ_A$—瞄准线坐标系，不与制导平面固连；$O_2X_{AH}Y_{AH}Z_{AH}$—瞄准线坐标系，与制导平面固连；

γ—Y_A 轴与 Y_{AH} 轴、Z_A 轴与 Z_{AH} 轴夹角；$\boldsymbol{\rho}$—相对运动距离矢量；$\dot{\boldsymbol{\rho}}$—相对运动速度矢量

从（22.2-1）式和图 22.22 可见线运动矢量和角运动矢量间的关系，其中：

$V_\rho = \dot{\rho}$ 为瞄准线方向的相对速度矢量（其模为 $V_\rho = \dot{\rho}$），为目标器速度矢量 V_1 在视线轴上的投影分量；

V_{YZ_A} 为垂直于瞄准线的横向速度，为 V_1 在 $Y_A Z_A$ 平面上的投影分量；

V_{Y_A} 为 V_{YZ_A} 在 Y_A 轴方向上的投影分量；

V_{Z_A} 为 V_{YZ_A} 在 Z_A 轴方向上的投影分量。

因此，当视线距矢量 ρ 值给定时，两航天器间纵向运动完全由矢量 V_ρ 来确定；而横向运动则由 V_{YZ_A} 的值确定。而 V_{YZ_A} 确定值可表示为

$$V_{YZ_A} = \Omega_{AB} \times \rho \qquad (22.2-2)$$

当 ρ 给定时，航天器的横向运动完全可用瞄准线在惯性空间中的旋转角速度 Ω_{AB} 值描述。矢量 Ω_{AB} 垂直于矢量 V_{YZ_A} 和 ρ 所在平面（即瞄准线在惯性空间旋转时形成的平面），当我们面向 Ω_{AB} 时，瞄准线逆时针旋转。矢量 Ω_{AB} 的模由（22.2-3）式决定，即

$$\Omega_{AB} = \frac{V_{YZ_A}}{\rho} \qquad (22.2-3)$$

矢量 V_{YZ_A} 和 ρ 所在平面（$X_{AH} Y_{AH}$ 平面）称为制导平面。因为相互接近的两航天器的相对运动都在这个平面内进行。当矢量 V_{YZ_A} 的方向，即矢量 Ω_{AB} 的方向变化时，制导平面也随之改变其在空间的位置。因此，借助船载测量设备对矢量 Ω_{AB} 的方向进行跟踪，便可连续测出制导平面在空间的位置。也就是说，只要相对距离矢量 ρ 的方向（X_{AH} 轴向）确定后，就可测出横向速度分量 V_{YZ_A}（Y_{AH} 轴向），根据右手定则即确定 Z_{AH} 轴（也就是 Ω_{AB} 的方向），在追踪器上建立了瞄准线坐标系 $O_2 X_{AH} Y_{AH} Z_{AH}$。

用这种方法建立的基准坐标系 $O_2 X_{AH} Y_{AH} Z_{AH}$（参见图 22.22）称为与制导平面固连的瞄准线（射线）坐标系。该坐标系的 $X_{AH} Y_{AH}$ 与制导平面相重合；Z_{AH} 轴沿矢量 Ω_{AB} 方向；Y_{AH} 轴与矢量 V_{YZ_A} 平行并同在"制导平面"内。因此，Y_{AH} 轴和 Z_{AH} 轴可在垂直于瞄准线 ρ 的平面内以制导平面绕瞄准线旋转的角速度 $\Omega_{X_{AH}}$ 移动。

瞄准线坐标系的 Z_A 轴和 Y_A 轴，与坐标系 $O_2 X_{AH} Y_{AH} Z_{AH}$ 不同，它不与制导平面固连，与矢量 $\boldsymbol{\Omega}_{AB}$ 和 $\boldsymbol{V}_{YZ_A}$ 的方向也不一致，故角速度 $\boldsymbol{\Omega}_{X_A} \neq \boldsymbol{\Omega}_{X_{AH}}$（绕瞄准线移动）。实际上最常用的是瞄准线坐标系 $O_1 X_A Y_A Z_A$，其中 Z_A 轴和 Y_A 轴处于垂直于瞄准线的平面内且绕瞄准线的角速度 $\boldsymbol{\Omega}_{X_A} = 0$。

22.3　两航天器质心的相对运动方程

22.3.1　两航天器质心运动方程的一般数学描述

两航天器质心运动的相对状态矢量 $\boldsymbol{q}(t)$，可用以下矢量－矩阵形式表示，即

$$\begin{cases} \boldsymbol{q}(t) = \begin{bmatrix} \boldsymbol{\rho}(t) \\ \boldsymbol{V}_\rho(t) \end{bmatrix} \\ \dfrac{\mathrm{d}\boldsymbol{q}}{\mathrm{d}t} = \boldsymbol{\varphi}(\boldsymbol{q}, t) \end{cases} \qquad (22.3-1)$$

式中　$\boldsymbol{q}(t)$——相对位置矢量 $\boldsymbol{\rho}(t)$ 和相对速度矢量 $\boldsymbol{V}_\rho(t)$ 组成的相对状态矢量；

　　　　$\boldsymbol{\varphi}(\boldsymbol{q}, t)$——作用在两航天器质心上的作用力之差确定的矢量函数。

(22.3-1) 式一般是非线性方程。

下面研究追踪器 m_2 在相对坐标系中的质心运动描述方法。在推导相对运动方程前，先作以下假设：

1）目标器 m_1 的轨道为圆轨道，这一假设可以大大简化方程的形式，也符合实际，因为许多空间任务都要求航天器 m_1 采用近似的圆形轨道；

2）地球是一个质量均匀分布的球体，其质量的不均匀性和扁率，对交会轨道设计影响可略而不计；

3）对航天器只考虑地球重力和控制发动机推力的作用，其他作用力的扰动影响均不考虑。

22.3.2　在旋转直角相对坐标系中的运动方程

这里引用固定惯性坐标系 $O_e X_n Y_n Z_n$ 和旋转相对坐标系

$O_1 X_B Y_B Z_B$（轨道相对坐标系，参见图 22.19）。

矢量 $\boldsymbol{\rho}$ 为追踪器 m_2 相对于目标器 m_1 的相距位置矢量，而矢量 $\boldsymbol{r}_1$ 和 $\boldsymbol{r}_2$ 分别确定两航天器在惯性坐标系中的位置。

为接近目标器 m_1，追踪器 m_2 必须完成动力飞行，根据牛顿第二定律可得

$$\frac{\boldsymbol{F}}{m_2} = \boldsymbol{a}_{B0} + \boldsymbol{a}_e + \boldsymbol{a}_c \qquad (22.3-2)$$

式中　$\boldsymbol{F}$——作用在追踪器 m_2 上的合力矢量；

　　　m_2——追踪器的质量；

　　　$\boldsymbol{a}_{B0}$——旋转坐标系（轨道坐标系）中 m_2 的相对加速度矢量；

　　　$\boldsymbol{a}_e$——牵连加速度矢量，$\boldsymbol{a}_e = \boldsymbol{a}_1 + \boldsymbol{\varepsilon} \times \boldsymbol{\rho} + \boldsymbol{\omega}_1 \times (\boldsymbol{\omega}_1 \times \boldsymbol{\rho})$，$\boldsymbol{a}_1$ 为旋转坐标系原点 O_1（目标器 m_1）的加速度矢量，$\boldsymbol{\omega}_1$ 为旋转坐标系原点 O_1（目标器 m_1）的角速度矢量，$\boldsymbol{\varepsilon}$ 为旋转坐标系原点 O_1（目标器 m_1）的角加速度矢量 $\left(\boldsymbol{\varepsilon} = \dfrac{\mathrm{d}\boldsymbol{\omega}_1}{\mathrm{d}t}\right)$；

　　　$\boldsymbol{a}_c$——科里奥利加速度。

如果旋转坐标 3 个轴 X_B、Y_B、Z_B 对应的单位矢量为 $\boldsymbol{i}$、$\boldsymbol{j}$、$\boldsymbol{k}$ 时，追踪器的相对加速度 $\boldsymbol{a}_{B0}$ 可表示为

$$\boldsymbol{a}_{B0} = \ddot{X}_B \boldsymbol{i} + \ddot{Y}_B \boldsymbol{j} + \ddot{Z}_B \boldsymbol{k} \qquad (22.3-3)$$

式中　$\ddot{X}_B = \dfrac{\mathrm{d}^2 X_B}{\mathrm{d}t^2}$；

　　　$\ddot{Y}_B = \dfrac{\mathrm{d}^2 Y_B}{\mathrm{d}t^2}$；

　　　$\ddot{Z}_B = \dfrac{\mathrm{d}^2 Z_B}{\mathrm{d}t^2}$。

且有

$$\rho = \sqrt{X_B^2 + Y_B^2 + Z_B^2} \qquad (22.3-4)$$

同时，可写出牵连加速度 $\boldsymbol{a}_e$ 中各分量的表达式。由于目标器 m_1 作圆轨道运动（假设 1），而作均角速度运动，角加速度 $\varepsilon = \dfrac{\mathrm{d}\boldsymbol{\omega}_1}{\mathrm{d}t} = 0$，$\boldsymbol{a}_e$ 的第二项为零，而 Z_B 轴与角速度矢量 $\boldsymbol{\omega}_1$ 相重合，$\boldsymbol{a}_e$ 的第一项 $\boldsymbol{a}_1$

为

$$a_1 = \frac{\mathrm{d}(\boldsymbol{\omega}_1 \times \boldsymbol{r}_1)}{\mathrm{d}t} = \boldsymbol{\omega}_1 \times (\boldsymbol{\omega}_1 \times \boldsymbol{r}_1) = -\omega_1^2 r_1 \boldsymbol{j} \qquad (22.3-5)$$

$\boldsymbol{a}_{\mathrm{e}}$ 的第三项为

$$\boldsymbol{\omega}_1 \times (\boldsymbol{\omega}_1 \times \boldsymbol{\rho}) = -\omega_1(\omega_1 X_{\mathrm{B}} \boldsymbol{i} + \omega_1 Y_{\mathrm{B}} \boldsymbol{j}) \qquad (22.3-6)$$

因此，$\boldsymbol{a}_{\mathrm{e}}$ 为（22.3-5）式与（22.3-6）式之和，即

$$\begin{aligned} \boldsymbol{a}_{\mathrm{e}} &= -(\omega_1^2 X_{\mathrm{B}})\boldsymbol{i} - (\omega_1^2 Y_{\mathrm{B}} + \omega_1^2 r_1)\boldsymbol{j} \\ &= -(\omega_1^2 X_{\mathrm{B}})\boldsymbol{i} - \omega_1^2(Y_{\mathrm{B}} + r_1)\boldsymbol{j} \end{aligned} \qquad (22.3-7)$$

（22.3-2）式的最后一项，$\boldsymbol{a}_{\mathrm{c}}$ 为

$$\boldsymbol{a}_{\mathrm{c}} = 2\boldsymbol{\omega}_1 \times \boldsymbol{\rho} = (-2\omega_1 \dot{Y}_{\mathrm{B}})\boldsymbol{i} + (2\omega_1 \dot{X}_{\mathrm{B}})\boldsymbol{j} \qquad (22.3-8)$$

将矢量（22.3-2）式投影到旋转坐标系各轴上的方程式，可由（22.3-3）式、（22.3-7）式和（22.3-8）式的对应轴项合起来，得到追踪器在旋转相对坐标系各轴的标量方程为

$$\begin{cases} \ddot{X}_{\mathrm{B}} - \omega_1^2 X_{\mathrm{B}} - 2\omega_1 \dot{Y}_{\mathrm{B}} = \dfrac{F_{X_{\mathrm{B}}}}{m_2} \\[2mm] \ddot{Y}_{\mathrm{B}} - \omega_1^2 Y_{\mathrm{B}} - \omega_1^2 r_1 + 2\omega_1 \dot{X}_{\mathrm{B}} = \dfrac{F_{Y_{\mathrm{B}}}}{m_2} \\[2mm] \ddot{Z}_{\mathrm{B}} = \dfrac{F_{Z_{\mathrm{B}}}}{m_2} \end{cases} \qquad (22.3-9)$$

（22.3-9）式中有 $\dfrac{F_{X_{\mathrm{B}}}}{m_2}\boldsymbol{i} + \dfrac{F_{Y_{\mathrm{B}}}}{m_2}\boldsymbol{j} + \dfrac{F_{Z_{\mathrm{B}}}}{m_2}\boldsymbol{k} = \boldsymbol{a}(t)$，实际控制了 3 个加速度分量，即 $a_X = \dfrac{F_{X_{\mathrm{B}}}}{m_2}\boldsymbol{i}$；$a_Y = \dfrac{F_{Y_{\mathrm{B}}}}{m_2}\boldsymbol{j}$；$a_Z = \dfrac{F_{Z_{\mathrm{B}}}}{m_2}\boldsymbol{k}$。追踪器 m_2 上的作用力 $\boldsymbol{F}$（模为 $F^2 = F_{X_{\mathrm{B}}}^2 + F_{Y_{\mathrm{B}}}^2 + F_{Z_{\mathrm{B}}}^2$）是推力 $\boldsymbol{P}$ 与重力 $\boldsymbol{G}$ 的矢量和。

各轴上的重力分量可写为

$$\begin{cases} G^2 = G_{X_{\mathrm{B}}}^2 + G_{Y_{\mathrm{B}}}^2 + G_{Z_{\mathrm{B}}}^2 \\[2mm] G_{X_{\mathrm{B}}} = -\dfrac{\mu}{r_2^3} m_2 X_{\mathrm{B}} \\[2mm] G_{Y_{\mathrm{B}}} = -\dfrac{\mu}{r_2^3} m_2 (Y_{\mathrm{B}} + r_1) \\[2mm] G_{Z_{\mathrm{B}}} = -\dfrac{\mu}{r_2^3} m_2 Z_{\mathrm{B}} \end{cases} \qquad (22.3-10)$$

式中　μ————地球引力常数；

$r_2 = \sqrt{X_B^2 + (Y_B + r_1)^2 + Z_B^2}$ 。

则引力加速度为

$$\begin{cases} \dfrac{G_{X_B}}{m_2} = -\dfrac{\mu X_B}{r_2^3} \\[3mm] \dfrac{G_{Y_B}}{m_2} = -\dfrac{\mu(Y_B + r_1)}{r_2^3} \\[3mm] \dfrac{G_{Z_B}}{m_2} = -\dfrac{\mu Z_B}{r_2^3} \end{cases} \qquad (22.3-11)$$

将推力和引力产生的加速度代入（22.3－9）式得

$$\begin{cases} \ddot{X}_B - 2\omega_1 \dot{Y}_B - \omega_1^2 X_B = \dfrac{P_{X_B}}{m_2} - \dfrac{\mu X_B}{r_2^3} \\[3mm] \ddot{Y}_B + 2\omega_1 \dot{X}_B - \omega_1^2 (Y_B + r_1) = \dfrac{P_{Y_B}}{m_2} - \dfrac{\mu(Y_B + r_1)}{r_2^3} \\[3mm] \ddot{Z}_B = \dfrac{P_{Z_B}}{m_2} - \dfrac{\mu}{r_2^3} Z_B \end{cases}$$

$$(22.3-12)$$

（22.3－12）式是一个非线性微分方程组。由于两航天器间的距离 ρ 要比两航天器到地球中心的距离 r_1 和 r_2 小得多。可把（22.3－12）式变为近似线形微分方程，即

$$\rho = \sqrt{X_B^2 + Y_B^2 + Z_B^2} \ll r_1 \qquad (22.3-13)$$

于是，可把 $\dfrac{1}{r_2^3}$ 表示为

$$\frac{1}{r_2^3} = \frac{1}{r_1^3} \left(1 - \frac{2Y_B}{r_1}\right)^{-\frac{3}{2}} \left[1 + \frac{X_B^2 + Y_B^2 + Z_B^2}{r_1(2Y_B + r_1)}\right]^{-\frac{3}{2}} \qquad (22.3-14)$$

将（22.3－14）式用幂级数简化，可得

$$\frac{1}{r_2^3} = \frac{1 - \dfrac{3Y_B}{r_1}}{r_1^3} \qquad (22.3-15)$$

利用 $\omega_1 = \sqrt{\dfrac{\mu}{r_1^3}}$，即 $\dfrac{\omega_1^2}{\mu} = \dfrac{1}{r_2^3}$ 代替（22.3－11）式的重力加速度分量为

$$\begin{cases} g_{X_B} = \dfrac{G_{X_B}}{m_2} = -\dfrac{\mu X_B \omega_1^2}{\mu} = -\omega_1^2 X_B \\[3mm] g_{Y_B} = \dfrac{G_{Y_B}}{m_2} = -\dfrac{\mu(Y_B + r_1)\omega_1^2}{\mu} = -\omega_1^2 Y_B - \omega_1^2 r_1 \\[3mm] g_{Z_B} = \dfrac{G_{Z_B}}{m_2} = -\dfrac{\mu Z_B \omega_1^2}{\mu} = -\omega_1^2 Z_B \end{cases}$$

$$(22.3-16)$$

将（22.3－16）式代入（22.3－12）式中，将发动机推力加速度直接表示为

$$\begin{cases} a_{X_B} = \dfrac{P_{X_B}}{m_2} \\[3mm] a_{Y_B} = \dfrac{P_{Y_B}}{m_2} \\[3mm] a_{Z_B} = \dfrac{P_{Z_B}}{m_2} \end{cases} \qquad (22.3-17)$$

则（22.3－12）式变为

$$\begin{cases} \ddot{X}_B - 2\omega_1 \dot{Y}_B = a_{X_B} \\[2mm] \ddot{Y}_B + 2\omega_1 \dot{X}_B - 3\omega_1^2 Y_B = a_{Y_B} \\[2mm] \ddot{Z}_B + \omega_1^2 Z_B = a_{Z_B} \end{cases} \qquad (22.3-18)$$

（22.3－18）式中 a_{X_B}、a_{Y_B}、a_{Z_B} 为追踪器发动机推力在 X_B、Y_B、Z_B 轴向产生的加速度。则方程（22.3－18）可充分描述追踪器 m_2 质心在相对坐标系 $O_1 X_B Y_B Z_B$ 中的运动。

Y_B 轴向和 $\dot{Y}_B$ 向中没有 Z_B 分量，而 Z_B 轴向中又没有 X_B 和 Y_B 分量，因为坐标 Z_B 确定了与目标器轨道面垂直方向的运动，而 X_B 和 Y_B 是确定在目标器轨道面中的运动的，因此可将整个相对运动划分为轨道面内的运动（即 X_B 和 Y_B 两轴向的运动）和垂直于轨道平面的运动（即 Z_B 轴向的运动），分别加以研究。

方程（22.3－18）中的 $2\omega_1 \dot{X}_B$ 和 $-2\omega_1 \dot{Y}_B$ 项是科里奥利加速度分量，而 $-3\omega_1^2 Y_B$ 和 $\omega_1^2 Z_B$ 项是以 $\dfrac{\rho}{r_1}$ 级的相对误差算出来的重力加速

度与牵连加速度的矢量差的分量。运动方程（22.3—18）与自由空间（在没重力和除推力之外其他力情况下）的航天器相对运动方程的区别就在于这些项，它们在惯性坐标系中的形式为

$$\begin{cases} \ddot{X}_n = a_{ZX} \\ \ddot{Y}_n = a_{ZY} \\ \ddot{Z}_n = a_{ZZ} \end{cases} \quad (22.3-19)$$

附加项由坐标系 $O_1 X_B Y_B Z_B$ 的非惯性坐标系和接近航天器重力加速度的不相等决定。只有在接近机动时间 T 很小时（比目标器轨道周期短得多时），重力加速度不相等影响很小，可忽略不计。把航天器相对运动看成自由空间内的运动，通常用于"停靠"以后各段。在 T 很大时，远程导引段，必须要用非线性方程（22.3—12）了。只要 T 不超过目标器的轨道周期，多数情况是可以用近似方程（22.3—18）来研究相对运动的。这些方程可以用 ρ/r_1 级的相对误差来计算重力加速度之差。这些常系数线性方程，便于解析求解。

由方程（22.3—18）可较简便地求得航天器质心在倾斜旋转直角坐标系 $O_1 X'_B Y'_B Z'_B$ 中的相对运动方程。由图 22.19 很容易写出由相对球坐标系 $\rho\alpha\beta$（ρ 为视线距，α 为偏离角，β 为视线角）与倾斜旋转直角坐标系 $O_1 X'_B Y'_B Z'_B$（该坐标系由 $O_1 X_B Y_B Z_B$ 经两次旋转得到，第一次旋转 α，第二次旋转 β）的转换关系式，即

$$\begin{cases} X'_B = \rho \\ Y'_B = 0 \\ Z'_B = 0 \end{cases} \quad (22.3-20)$$

同时，可写出倾斜旋转直角坐标系 $O_1 X'_B Y'_B Z'_B$ 至旋转坐标系 $O_1 X_B Y_B Z_B$ 之间的转换关系，即

$$\begin{cases} X_B = X'_B \cos\alpha \cos\beta - Y'_B \sin\beta \cos\alpha + Z'_B \sin\alpha \\ Y_B = X'_B \sin\beta + Y'_B \cos\beta \\ Z_B = - X'_B \sin\alpha \cos\beta + Y'_B \sin\alpha \sin\beta + Z'_B \cos\alpha \end{cases}$$

$$(22.3-21)$$

进一步可求出运动方程，即

$$\begin{cases} \ddot{X}'_B - a\dot{Y}'_B + b\dot{Z}'_B - cX'_B - dY'_B - fZ'_B = a_{X'} \\ \ddot{Y}'_B - a\dot{X}'_B + g\dot{Z}'_B - dX'_B - hY'_B + kZ'_B = a_{Y'} \\ \ddot{Z}'_B - b\dot{X}'_B - g\dot{Y}'_B + fX'_B + kY'_B - lZ'_B = a_{Z'} \end{cases}$$

$$(22.3-22)$$

（22.3－22）式中相对位置的常数为：

$a = 2\omega_1 \cos \alpha$；

$b = 2\omega_1 \sin \alpha \sin \beta$；

$c = \omega_1^2 (3\sin^2 \beta - \sin^2 \alpha \cos^2 \beta)$；

$d = \omega_1^2 \sin \beta \cos \beta (3 + \sin^2 \alpha)$；

$f = \omega_1^2 \cos \beta \sin \alpha \cos \alpha$；

$g = 2\omega_1 \cos \beta \sin \alpha$；

$h = \omega_1^2 (3\cos^2 \beta - \sin^2 \beta \sin^2 \alpha)$；

$k = \omega_1^2 \sin \beta \sin \alpha \cos \alpha$；

$l = \omega_1^2 \cos^2 \alpha$。

方程（22.3－22）为常系数线性方程，不难求得其解析解。

22.3.3　在非旋转(惯性)直角坐标系中的运动方程

描述两航天器质心在非旋转坐标系 $O_1 X_H Y_H Z_H$ 的相对运动微分方程，也可由方程（22.3－18）求得。为此，将引入旋转坐标系 $O_1 X_B Y_B Z_B$ 至非旋转坐标系 $O_1 X_H Y_H Z_H$ 之间的坐标转换式为

$$\begin{cases} X_B = X_H \cos \tau + Y_H \sin \tau \\ Y_B = -X_H \sin \tau + Y_H \cos \tau \\ Z_B = Z_H \end{cases}$$

$$(22.3-23)$$

式中　　$\tau = \omega_1 t$。

假设非旋转坐标系与旋转坐标系在起始时，Y_H 轴与 Y_B 轴重合，即非旋转坐标系的 Y_H 轴的初始状态为当地垂线方向，指向太空。任意时的转换，好像坐标系 $O_1 X_B Y_B Z_B$ 以角速度 ω_1 往回绕 $O_1 X_H Y_H Z_H$ 坐标系旋转，将（22.3－23）式代入（22.3－18）式后得

$$
\begin{cases}
\ddot{X}_H + \omega_1^2 X_H (1 - 3\sin^2\tau) + 1.5\omega_1^2 Y_H \sin^2\tau = a_{X_H} \\
\ddot{Y}_H + 1.5\omega_1^2 X_H \sin^2\tau + \omega_1^2 Y_H (1 - 3\cos^2\tau) = a_{Y_H} \\
\ddot{Z}_H + \omega_1^2 Z_H = a_{Z_H}
\end{cases}
$$

$$(22.3 - 24)$$

式中　$a_{X_H} = \dfrac{P_{X_H}}{m_2} = a_{X_B}\cos\tau - a_{Y_B}\sin\tau;$

$\qquad a_{Y_H} = \dfrac{P_{Y_H}}{m_2} = a_{X_B}\sin\tau + a_{Y_B}\cos\tau;$

$\qquad a_{Z_H} = \dfrac{P_{Z_H}}{m_2} = a_{Z_B}\text{。}$

由于旋转坐标系 $O_1 X_B Y_B Z_B$ 的 X_B 轴和 Y_B 轴与非旋转坐标系 $O_1 X_H Y_H Z_H$ 的 X_H 轴和 Y_H 轴都在同一个轨道面上，只是 X_B 轴和 Y_B 轴绕 O_1 点作周期性旋转（旋转角速度为 ω_1，旋转角为 $\omega_1 t$，t 为两坐标相重合为起始零点的计算时间），Z_B 轴和 Z_H 轴都垂直于轨道面。一般零时刻取 Y_B 轴与 Y_H 轴重合，并与当地垂线方向重合。如果非旋转坐标系的 Y_H 轴指向不是当地垂线为起始零点，而是由 X_H 轴指向某一星球方向为起始零点（见图 22.23），Y_B 轴与 Y_H 轴之间有一夹角 θ_0（旋转坐标系的 Y_B 轴始终是当地垂线方向），则非旋转坐标系中运动方程式（22.3－24）变为

$$
\begin{cases}
\ddot{X}_H + \omega_1^2 X_H (1 - 3\sin^2(\tau - \theta_0)) + 1.5\omega_1^2 Y_H \sin^2(\tau - \theta_0) = a_{X_H} \\
\ddot{Y}_H + 1.5\omega_1^2 X_H \sin^2(\tau - \theta_0) + \omega_1^2 Y_H (1 - 3\cos^2(\tau - \theta_0)) = a_{Y_H} \\
\ddot{Z}_H + \omega_1^2 Z_H = a_{Z_H}
\end{cases}
$$

$$(22.3 - 25)$$

式中　θ_0——$t = 0$ 时 Y_B 轴与 Y_H 轴间的夹角。

（22.3－24）式和（22.3－25）式是非旋转坐标系 $O_1 X_H Y_H Z_H$ 中的相对运动方程，它们是线性微分方程，但与旋转坐标系中的方程（22.3－18）不同，它们是变系数的，导致解变得很复杂。由于重力加速度的线性化，方程也是近似的，使用范围根据接近时间 T 由方程（22.3－18）使用范围确定。

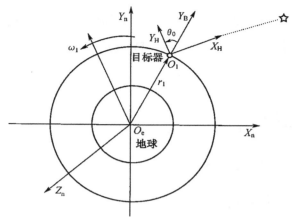

图 22.23　非旋转坐标系 Y_H 轴与旋转坐标系 Y_B 轴起始时刻有一夹角 θ_0

　　倾斜非旋转直角坐标系 $O_1 X'_H Y'_H Z'_H$（参见图 22.23）中的相对运动方程，可用倾斜旋转直角坐标系 $O_1 X'_B Y'_B Z'_B$ 中的方程（22.3—22）的办法，从方程（22.3—24）求得

$$\begin{cases} \ddot{X}'_H + \omega_1^2 X'_H (1 + 3\cos^3\alpha\ \sin^2\tau_\beta) + 1.5\omega_1^2 Y'_H \cos\alpha\ \sin^2\tau_\beta - \\ \qquad 1.5\omega_1^2 Z'_H \sin^2\alpha\ \sin^2\tau_\beta = a'_{X_H} \\ \ddot{Y}'_H + 1.5 X'_H \omega_1^2 \cos\alpha\ \sin^2\tau_\beta + \omega_1^2 Y'_H (1 - 3\cos^2\tau_\beta) + \\ \qquad 1.5\omega_1^2 Z'_H \sin\alpha\ \sin^2\tau_\beta = a'_{Y_H} \\ \ddot{Z}'_H - 1.5\omega_1^2 X'_H \sin^2\alpha\ \sin^2\tau_\beta + 1.5\omega_1^2 Y'_H \sin\alpha\ \sin^2\tau_\beta + \\ \qquad \omega_1^2 Z'_H (1 - 3\sin^2\alpha\ \sin^2\tau_\beta) = a'_{Z_H} \end{cases}$$

$$(22.3 - 26)$$

其中，$\tau_\beta = \tau - \beta$，$\alpha$ 和 β 是确定倾斜非旋转直角坐标系 $O_1 X'_H Y'_H Z'_H$ 中 X'_H 轴方向的角。

　　在追踪器 m_2 与目标器 m_1 共轨道面接近的情况下，即 Z_B 轴与 Z_H 轴完全重合时，$\alpha = 0$，因此方程（22.3—26）将简化为

$$\begin{cases} \ddot{X}'_H + \omega_1^2 X'_H (1 - 3\sin^2\tau_\beta) + 1.5\omega_1^2 Y'_H \sin^2\tau_\beta = a'_{X_H} \\ \ddot{Y}'_H + 1.5 X'_H \omega_1^2 \sin^2\tau_\beta + \omega_1^2 Y'_H (1 - 3\cos^2\tau_\beta) = a'_{Y_H} \end{cases}$$

$$(22.3 - 27)$$

（22.3—27）式中无 Z 向分量，这是共面的缘故。当重力加速度之差忽略不计时，方程（22.3—27）还能更简化为

$$\begin{cases} \ddot{X}'_H = a'_{X_H} \\ \ddot{Y}'_H = a'_{Y_H} \end{cases} \qquad (22.3-28)$$

这说明，航天器在安全接近时，航天器在自由空间的相对运动完全由推进装置的推力确定。

22.3.4 瞄准线（射线）相对坐标系中的运动方程

22.3.4.1 瞄准线坐标系 $O_1 X_A Y_A Z_A$ 相对非旋转（惯性）坐标系 $O_1 X_H Y_H Z_H$ 之间的关系

从图 22.20 和图 22.21 可见，瞄准线坐标系的 X_A 轴为追踪器 m_2 与目标器 m_1 的连线并指向 m_2，Y_A 轴和 Z_A 轴垂直于 X_A 轴并符合右手定则，所以其坐标轴的指向相对于惯性坐标系 $O_1 X_H Y_H Z_H$ 是任意的，由两航天器质心相对运动的特性确定。

从图 22.24 可见，只要将 $O_1 X_H Y_H Z_H$ 坐标系进行 3 次旋转，就可实现瞄准线坐标系 $O_1 X_A Y_A Z_A$ 的转换。

第一步：作为瞄准线 $O_1 O_2$ 连线（即 X_A 轴）的两航天器相距矢量 $\boldsymbol{\rho}$，在惯性坐标系 X_H 轴和 Y_H 轴构成平面（目标器 m_1 轨道面）上的投影 $O_1 X_{H1}$，$\boldsymbol{\rho}$ 与 X_{H1} 夹角为 α，则 $X_{H1} = \rho\cos\alpha$。这时，惯性坐标系以 Z_H 为轴 X_H 轴和 Y_H 轴逆时针转 β 角，使 X_{H1} 转到与 ρ 在 $X_H Y_H$ 面上投影 X_{H1} 重合，Y_H 轴转到 Y_{H1} 轴。

第二步：将惯性坐标系（经第一旋转后的状态），Z_H 轴和 X_{H1} 轴绕 Y_{H1} 轴转 α 角，使 X_{H1} 轴与 X_A 轴重合，Z_H 轴转到 Z_{H1} 轴。

第三步：将惯性坐标系的 Y_{H1} 轴和 Z_{H1} 轴绕 X_A 轴逆时针旋转角 γ，使 Y_{H1} 轴与 Y_A 轴重合，Z_{H1} 轴转到 Z_A 轴。

根据图 22.24 可以求出 X_H 和 Y_H，即

$$\begin{cases} X_H = X_{H1}\cos\beta = \rho\cos\alpha\cos\beta \\ Y_H = X_{H1}\sin\beta = \rho\cos\alpha\sin\beta \\ Z_H = -\rho\sin\alpha \end{cases} \qquad (22.3-29)$$

瞄准线坐标系 $O_1 X_A Y_A Z_A$，相对于惯性坐标系 $O_1 X_H Y_H Z_H$ 的绝对

角速度矢量 $\boldsymbol{\Omega}_0$，也就是相对距离矢量 $\boldsymbol{\rho}$ 在惯性空间的绝对角速度矢量 $\boldsymbol{\Omega}_0$ 在瞄准线坐标系各轴的投影 Ω_{X_A}、Ω_{Y_A} 和 Ω_{Z_A}，可用图 22.24 的坐标转换角 α、β 和 γ 的变化率 $\dot{\alpha}$、$\dot{\beta}$ 和 $\dot{\gamma}$ 分别投影到 X_A 轴、Y_A 轴和 Z_A 轴上求得：

1）在 $X_A O_1 Z_H$ 面上，$\Omega_{X_A} = \dot{\gamma} - \dot{\beta}\sin\alpha$；

2）在 $X_{H1} O_1 Z_A$ 面上，$\Omega_{Y_A} = \dot{\beta}\cos\alpha\,\cos\gamma + \dot{\alpha}\cos\gamma$；

3）在 $X_{H1} O_1 Z_A$ 面上，$\Omega_{Z_A} = \dot{\beta}\cos\alpha\,\cos\gamma - \dot{\alpha}\sin\gamma$。

最后求得

$$\begin{cases} \Omega_{X_A} = \dot{\gamma} - \dot{\beta}\sin\alpha \\ \Omega_{Y_A} = \dot{\beta}\cos\alpha\,\cos\gamma + \dot{\alpha}\cos\gamma \\ \Omega_{Z_A} = \dot{\beta}\cos\alpha\,\cos\gamma - \dot{\alpha}\sin\gamma \end{cases} \qquad (22.3-30)$$

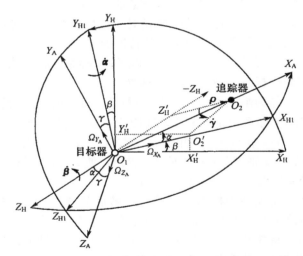

图 22.24　瞄准线坐标系 $O_1 X_A Y_A Z_A$ 至惯性坐标系 $O_1 X_H Y_H Z_H$ 的转换

$\boldsymbol{\rho}$—目标器与追踪的相对距离矢量；$\dot{\boldsymbol{\beta}}$—Z_H 轴上的 X_H 轴、Y_H 轴转角 β 的角速度矢量；

$\dot{\boldsymbol{\alpha}}$—$Y_{H1}$ 轴上的 X_{H1} 轴、Z_H 轴转角 α 的角速度矢量；$\dot{\boldsymbol{\gamma}}$—$X_A$ 轴上的 Y_{H1} 轴、

Z_{H1} 轴转角的 γ 的角速度矢量；Ω_{X_A}—$\boldsymbol{\Omega}_0$ 在 X_A 轴上的投影；

Ω_{Y_A}—$\boldsymbol{\Omega}_0$ 在 Y_A 轴上的投影；Ω_{Z_A}—$\boldsymbol{\Omega}_0$ 在 Z_A 轴上的投影。

由（22.3－30）式，$\dot{\alpha}$、$\dot{\beta}$、$\dot{\gamma}$ 用 Ω_{X_A}、Ω_{Y_A}、Ω_{Z_A} 的表达式为

$$\begin{cases} \dot{\gamma} = \Omega_{X_A} + (\Omega_{Y_A}\sin\gamma + \Omega_{Z_A}\cos\gamma)\tan\alpha \\ \dot{\alpha} = \Omega_{Y_A}\cos\gamma - \Omega_{Z_A}\sin\gamma \\ \dot{\beta} = (\Omega_{Y_A}\sin\gamma + \Omega_{Z_A}\cos\gamma)/\cos\alpha \end{cases} \quad (22.3-31)$$

22.3.4.2　瞄准线坐标系相对运动方程

将（22.3－29）式和（22.3－31）式代入（22.3－24）式，进行代数变换和三角函数变换后，可求出不与制导平面固连的瞄准线坐标系运动方程，即

$$\begin{cases} \ddot{\rho} - \rho\Omega_{AB}^2 + \omega_1^2\rho(1 - 3\sin^2\tau_\beta\cos^2\alpha) = a_{X_A} \\ \rho\dot{\Omega}_{Z_A} + 2\dot{\rho}\Omega_{Z_A} + \rho\Omega_{X_A}\Omega_{Y_A} - \\ \quad 3\omega_1^2\rho\sin\tau_\beta\cos\alpha(\sin\tau_\beta\sin\alpha\sin\gamma - \cos\tau_\beta\cos\gamma) = a_{Y_A} \\ -\rho\dot{\Omega}_{Y_A} - 2\dot{\rho}\Omega_{Y_A} + \rho\Omega_{X_A}\Omega_{Z_A} - \\ \quad 3\omega_1^2\rho\sin\tau_\beta\cos\alpha(\cos\tau_\beta\sin\gamma + \sin\tau_\beta\sin\alpha\cos\gamma) = a_{Z_A} \end{cases}$$

$$(22.3-32)$$

式中　Ω_{AB}——瞄准线在惯性空间的旋转角速度矢量的模，$\Omega_{AB} = \sqrt{\Omega_{Y_A}^2 + \Omega_{Z_A}^2}$。

如果瞄准线坐标系的 X_A 轴和 Y_A 轴在垂直于瞄准线的平面内有固定方向，则 $\Omega_{X_A} = 0$，方程（22.3－32）可化为

$$\begin{cases} \ddot{\rho} - \rho\Omega_{AB}^2 + \omega_1^2\rho(1 - 3\sin^2\tau_\beta\cos^2\alpha) = a_{X_A} \\ \rho\dot{\Omega}_{Z_A} + 2\dot{\rho}\Omega_{Z_A} - 3\omega_1^2\rho\sin\tau_\beta\cos\alpha(\sin\tau_\beta\sin\alpha\sin\gamma - \cos\tau_\beta\cos\gamma) \\ \quad = a_{Y_A} \\ -\rho\dot{\Omega}_{Y_A} - 2\dot{\rho}\Omega_{Y_A} - 3\omega_1^2\rho\sin\tau_\beta\cos\alpha(\cos\tau_\beta\sin\gamma + \sin\tau_\beta\sin\alpha\cos\gamma) \\ \quad = a_{Z_A} \end{cases}$$

$$(22.3-33)$$

在与制导平面固连瞄准线坐标系中，$\Omega_{Y_A} = 0$，$\Omega_{Z_A} = \Omega_{AB}$，方程（22.3－32）又可简化为

$$\begin{cases} \ddot{\rho} - \rho\Omega_{AB}^2 + \omega_1^2\rho(1 - 3\sin^2\tau_\beta\cos^2\alpha) = a_{X_A} \\ \rho\dot{\Omega}_{Z_A} + 2\dot{\rho}\Omega_{AB} - 3\omega_1^2\rho\sin\tau_\beta\cos\alpha(\sin\tau_\beta\sin\alpha\sin\gamma - \cos\tau_\beta\cos\gamma) \\ \qquad = a_{Y_A} \\ -\rho\dot{\Omega}_{Y_A}\Omega_{AB} - 3\omega_1^2\rho\sin\tau_\beta\cos\alpha(\cos\tau_\beta\sin\gamma + \sin\tau_\beta\sin\alpha\cos\gamma) \\ \qquad = a_{Z_A} \end{cases}$$

$$(22.3 - 34)$$

方程组（22.3－34）中的 Z 向方程不是微分方程，故可得 Ω_{X_A} $=\Omega_{X_{AH}}$，即可对制导平面绕瞄准线旋转的角速度进行解算。该方程表征制导平面绕瞄准线的旋转。如果两航天器是共轨道平面的，方程（22.3－34）中的 $\alpha=\gamma=\Omega_{X_A}=0$，由于 Ω_{AB} 垂直于轨道平面，并与轴 Z_H 相重合，因而（22.3－34）式可简化为

$$\begin{cases} \ddot{\rho} - \rho\Omega_{AB}^2 + \omega_1^2\rho(1 - 3\sin^2\tau_\beta\sin^2\alpha) = a_{X_A} \\ \rho\dot{\Omega}_{Z_A} + 2\dot{\rho}\Omega_{AB} + 3\omega_1^2\rho\sin\tau_\beta\cos\tau_\beta = a_{Y_A} \end{cases} \qquad (22.3 - 35)$$

如果接近航天器的重力加速度差忽略不计，即认为两航天器在自由空间内相对运动，只变推进装置推力，则方程（22.3－35）更可简化为

$$\begin{cases} \ddot{\rho} - \rho\Omega_{AB}^2 = a_{X_A} \\ \rho\dot{\Omega}_{Z_A} + 2\dot{\rho}\Omega_{AB}^2 = a_{Y_A} \end{cases} \qquad (22.3 - 36)$$

（22.3－36）式被广泛用于两航天器接近距离很小时的相对运动动力学，这是航天器进入停靠段控制的最大特点。

方程（22.3－32）～方程（22.3－36）是非线性微分方程，只能用数值积分才能与（22.3－31）式一起求解。这些方程采用参数 ρ 和 Ω_{AB} 作变量，这是追踪器质心运动测量部件可测得的参数，可直接用于运动学方程。但在某些接近控制方法中，会使 $\Omega_{AB}=0$，方程（22.3－32）～方程（22.3－36）与倾斜非旋转坐标系 $O_1X_H'Y_H'Z_H'$ 中的（22.3－26）式～（22.3－28）式一致。对于（22.3－26）式～（22.3－28）式中条件 $\Omega_{AB}=0$ 等价于条件 $\dot{Y}_H'=\dot{Z}_H'=Y_H'=Z_H'=0$，因为方程（22.3－26）～方程（22.3－28）是线性方程，所以接近阶段航天器相对运动方程研究可以大大简化。

22.3.5　两航天器质心相对运动线性化方程的通式

本节求出的两航天器质心相对运动的所有线性方程，均可用"矢量－矩阵"法写成通式，即

$$\frac{\mathrm{d}\boldsymbol{q}}{\mathrm{d}t} = \boldsymbol{D}(t)\boldsymbol{q} + \boldsymbol{\xi}_a \qquad (22.3-37)$$

式中　$\boldsymbol{q}$——包含相对位置矢量 $\boldsymbol{\rho}$ 和相对速度矢量 $\boldsymbol{V}$ 在内的状态矢量，$\boldsymbol{q} = \begin{bmatrix} \boldsymbol{\rho} \\ \boldsymbol{V} \end{bmatrix}$；

$\boldsymbol{D}(t)$——系数矩阵，其形式由相对坐标系的类型确定；

$\boldsymbol{\xi}_a$——控制作用确定的矢量函数，$\boldsymbol{\xi}_a = \begin{bmatrix} 0 \\ a \end{bmatrix}$。

（22.3－37）式中，第一项表示两航天器当地重力加速度矢量差和相对坐标系（即在该坐标系中研究接近）的非惯性确定（即参考系运动引起哥氏力）。

$\boldsymbol{\rho}$ 和 $\boldsymbol{V}$ 均可用相对坐标系的 3 个分量表示，所以矩阵 $\boldsymbol{D}(t)$ 有六阶，可表示为

$$\boldsymbol{D}(t) = \begin{bmatrix} \boldsymbol{O} & \boldsymbol{E} \\ \boldsymbol{A}(t) & \boldsymbol{B}(t) \end{bmatrix} \qquad (22.3-38)$$

式中　$\boldsymbol{O}$——三阶零矩阵；

$\boldsymbol{E}$——单位矩阵；

$\boldsymbol{A}(t), \boldsymbol{B}(t)$——三阶平方矩阵。

根据（22.3－38）式，可将方程组（22.3－37）改写为

$$\begin{cases} \dfrac{\mathrm{d}\boldsymbol{\rho}}{\mathrm{d}t} = \boldsymbol{V} \\[2mm] \dfrac{\mathrm{d}\boldsymbol{V}}{\mathrm{d}t} = \boldsymbol{A}(t) \cdot \boldsymbol{\rho} + \boldsymbol{B}(t) \cdot \boldsymbol{V} + a \end{cases} \qquad (22.3-39)$$

方程（22.3－39）是一个简化方程，因为方程中进行了差分重力加速度的线性化。而且，该方程没考虑地球重力场的非中心性（地球偏心率影响）、其他天体重力场影响、运动周围介质的影响等造成的扰动加速度。一般情况下，描述两航天器质心相对运动学方

程（22.3－37）是非线性的，形式与（22.3－1）式相同。

22.4　自由轨道法接近控制

22.4.1　船载交会接近控制系统方案

交会接近控制系统由定向控制系统和机动控制系统两部分组成。定向控制系统保证航天器的基准轴在空间的定向，属船载系统。机动控制系统是保证交会过程给定位移的机动控制，一部分在船上，一部分在地面。但地面的只有在远距离导引段使用，近距离导引段主要由船载设备完成。船载机动控制系统如图 22.25 所示。

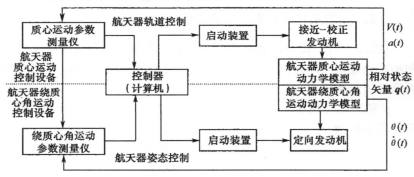

图 22.25　船载机动控制系统框图

控制器一般由计算机组成，主要完成测量仪器输出信息的二次处理；根据控制程序和控制规律形成发动机装置的控制信号。

质心运动测量仪表可分为两大类：

1）测量相对于目标器的运动参数测量仪表（相对运动参数测量仪）；

2）测量相对于地球表面运动参数的测量仪表（轨道特性参数测量仪表）。

相对运动参数测量仪表的功能，还包括追踪器搜索和发现目标器，这是获取相对运动参数的必要条件。

追踪器的质心运动参数测量仪，常用的有微波雷达、激光雷达和光学瞄准设备等无线电仪器和惯性测量仪器。

控制器是控制系统输入/输出的逻辑部件，运算部件和存储部件。根据相对运动参数信息和惯性器件获得的轨道特性，确定相对状态矢量 $q(t)$ 的实际值。然后，根据给定的控制规律（由选定的接近方法决定）形成控制发动机装置的信号。控制器常用数字微型计算机实现（早期曾用模拟计算机）。

接近/校正推进装置是控制系统的执行机构。用它来改变追踪器的速度，使之逐渐接近目标器。

航天器绕质心的角运动控制，主要是实现航天器的空间定向和角稳定，所以又称为定向和角稳定系统。（航天器的角运动过程就是由定向过程和角稳定过程两部分组成的。）

定向是航天器的本体轴（通常是主轴）与选定基准计算坐标系的空间轴方向按一定方式对准的过程。

角稳定是消除飞行中航天器本体轴与基准计算坐标系相对轴的角偏移过程。

定向和角稳定控制系统，包括航天器绕质心角运动参数测量、控制器和定向发动机及其控制装置。角运动参数测量仪是该系统的传感器件，它建立所选基准计算坐标系与航天器本体坐标系间对应轴的偏差角。

22.4.1.1　基准坐标系形成器

基准坐标系形成器由所选基准计算坐标系决定，可采用相对坐标系。

（1）建立旋转相对坐标系 $O_1 X_B Y_B Z_B$

同任何坐标系建立一样，只需找出两个轴定向即可，一是用红外地平仪或无线电垂直仪确定当地垂线方向（Y_B 轴）；二是借助陀螺仪确定航天器轨道运行角速度矢量（用右手定则确定轨道转角矢量为垂直于轨道平面的矢量，即 Z_B 轴方向）。这就建立了旋转相对坐标系 $O_1 X_B Y_B Z_B$。

（2）建立非旋转坐标系（惯性坐标系）$O_1 X_H Y_H Z_H$

一般是将惯性坐标系的主轴实现惯性空间定向，即固定方向。

借助天文定向仪实现对某星的定向，而利用航天器上的陀螺罗盘在轨运行角速度矢量（与轨道面垂直，符合右手定则）方向定向。例如火箭在地面发射时，利用惯性陀螺稳定平台的调平（Y_H 轴初始指向为当地垂线方向）和发射方位瞄准（X_H 轴初始指向为轨道面内的发射方向）。在起飞和轨道运行段，X_H 轴和 Y_H 轴保持方向不变（Z_H 轴按右手定则确定，垂直于轨道平面），$O_1 X_H Y_H Z_H$ 保持初始对准后的状态不变。

（3）建立与制导平面固连的瞄准线（视线）相对坐标系 $O_2 X_{AH} Y_{AH} Z_{AH}$

可借助陀螺稳定平台来建立该坐标系，但这个平台的初始瞄准方向和瞄准线相对惯性空间的旋转角速度的方向 Ω_{AB} 连续定向。借助交会雷达确定连接追踪器和目标器的瞄准线方向（X_{AH} 轴方向）及其角速度矢量方向（Z_{AH} 轴方向）。

22.4.1.2　航天器壳体相对于该基准坐标系的角位置和角速度传感器

组成角运动参数测量仪的两类设备是电位计式、感应式和其他型传感器，它们将航天器壳体相对于建立的基准坐标系的角偏差变为电信号。在非旋转坐标系（惯性坐标系）$O_1 X_H Y_H Z_H$ 中，这些偏移速度可用角速度传感器测出，通常为二自由度速率陀螺。可用陀螺角速度传感器测出航天器绕质心运动的绝对角速度分量（航天器壳体在惯性空间的旋转速度）。因此，对基准旋转坐标系或瞄准线坐标系而言，为确定俯仰 ϑ、偏航 ψ、滚动 γ（变化速率），还得获取基准坐标系在惯性空间的绝对旋转角速度分量。该信息由基准坐标系的设备得到。陀螺平台惯性组合与速率捷联惯性组合获得角位移变化速率值是不一样的。

22.4.1.3　相对运动参数的测量

船载接近机动控制系统的主要特点之一，是必须确定相对状态矢量 $q(t)$。因此，控制系统首先应获取相对状态矢量 $q(t)$ 的分量信息的测量设备。现在最广泛使用的无线电测量设备所获取的相对运动参数信息有：相对距离 ρ、相对速度 $\dot{\rho}$、α（方位角）、β（高低角）、

角坐标的速度 $\Omega_\alpha = \dot{\alpha}$ 和 $\Omega_\beta = \dot{\beta}$。参数 ρ、$\dot{\rho}$、α、β、Ω_α、Ω_β，完全可以确定航天器质心相对于与航天器壳体固连球面坐标系的矢量 $q(t)$ 的诸分量。船载控制系统测量装置完全可以测量出相对坐标系所需分量。

（1）空间搜索方法

船载相对坐标测量装置的搜索方法，应保证在区域内寻找到目标，测得目标的角坐标。而且方法要简单。搜索区可分为球形、半球形或扇形。远距离导引段搜索区形状，由追踪器送入目标器轨道的方法决定。追踪器入轨方案有直接送入交会点和送入偏置点两种。用前一方案，必须用球形搜索；用后一种方案可在很窄的扇面内搜索，装置简单，可用窄波束对空间进行栅状扫描。美国 NASA 的搜索雷达，采用电子控制光束相控阵天线，厘米波段（$\lambda = 4 \sim 3$ cm），天线用半导体器件组成（16 个 2.5 cm×2.5 cm 模块组成），方位角和俯仰角在±60°之间快速扫描。如果采用方向性不强或无方向性天线，只有用改变飞船的姿态来寻找目标。

（2）被测参数的组成

相对运动参数组成和数目，取决于交会机动类型和控制方法。

硬接触交会机动，只需测 5 个参数，即角 α 和 β、瞄准线角速度 Ω_α 和 Ω_β、相对距离 ρ。

软接触和悬停时，船载相对坐标测量装置，只测相对状态矢量 $q(t)$ 在球坐标系中的 6 个分量，即 ρ、$\dot{\rho}$、α、β、Ω_α、Ω_β。

22.4.1.4　推进装置

推进装置是接近机动控制的执行机构。质心运动由接近－校正推进装置完成，绕质心的角运动（定向和调姿）由定向动力装置完成。前者称为平移推进装置，后者称为姿控推进装置。

22.4.2　自由轨道法接近控制概念

常用的两航天器的接近控制方法有两种，即自由轨道法和瞄准线接近法。

所谓自由轨道，就是航天器按程序进行轨道接近时，对两航天器质心的相对状态矢量 $q(t)$ 的各分量没有任何限制。控制作用在时间上是不连续的，为 δ 脉冲形式或时间脉冲形式。整个接近轨道实际由重力场内自由运动段组成，两段之间的连接点与发动机的启动时刻相吻合。自由轨道法由此而得名。

自由轨道法又有双脉冲法和多脉冲法之分。

双脉冲法是自由轨道方法的主要方法，如图 22.26 所示。

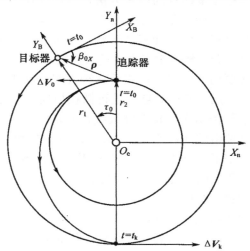

图 22.26　双脉冲自由轨道法接近控制

追踪器在两个程序脉冲作用下质心速度发生两次变化，$t=t_0$ 时施加第一个脉冲，ΔV_0 为轨道的切线方向，追踪器作升轨自由运动，目标器在目标轨道上做圆轨自由运动，经过一定时间，它们的坐标相重合（为软接触和硬接触情况）或者很接近（为悬停状态），在接近机动结束时刻 $t=t_k$，施加第二个程序脉冲（ΔV_k），使两航天器速度相等，并保持一段距离（一般 $\rho=200$ m）。因此，软接触和悬停需加第二个脉冲（ΔV_k），故称双脉冲自由轨道法。而硬接触只需要一个脉冲即可，故称单脉冲自由轨道法。但实际难以做到。

多脉冲法与双脉冲法的区别在于机动开始 $t=t_0$ 到机动结束时刻 $t=t_k$ 的轨道中间点上需附加程序脉冲。联盟 TM 号飞船与和平号空间站对接时（见图 22.2）就附加了一个脉冲，称之为三脉冲自由轨道法。实践证明，用多脉冲法接近比用双脉冲法接近燃耗少，双脉冲法和多脉冲法的控制原理一样，只是后者控制算法复杂一些，完成时间长些。

22.4.3　控制数学模型与控制程序

22.4.3.1　双脉冲自由轨道控制算法

双脉冲自由轨道控制算法是用相对距离矢量确定相对速度矢量 V 的间接法。两航天器质心相对运动方程，一般是非线性微分方程，可引用式（22.3－1）的矢量—矩阵形式表示为

$$\begin{cases} \boldsymbol{q}(t) = \begin{bmatrix} \boldsymbol{\rho}(t) \\ \boldsymbol{V}(t) \end{bmatrix} \\ \dfrac{\mathrm{d}\boldsymbol{q}}{\mathrm{d}t} = \boldsymbol{\varphi}(\boldsymbol{q}, t) \end{cases} \qquad (22.4-1)$$

自由轨道法，就是计算追踪器"差动重力加速度"的控制方法。

在接近段，两航天器质心相对运动的线性动态模型是正确的。将过渡矩阵 $\boldsymbol{\Phi}(t, t_0)$，写为 3×3 的三阶子矩阵，则（22.4－1）式可表示为

$$\begin{bmatrix} \boldsymbol{\rho}(t) \\ \boldsymbol{V}(t) \end{bmatrix} = \begin{bmatrix} \boldsymbol{\Phi}_{11} & \boldsymbol{\Phi}_{12} \\ \boldsymbol{\Phi}_{21} & \boldsymbol{\Phi}_{22} \end{bmatrix} \begin{bmatrix} \boldsymbol{\rho}(t_0) \\ \boldsymbol{V}(t_0) \end{bmatrix} \qquad (22.4-2)$$

式中　$\boldsymbol{\Phi}(t, t_0) = \begin{bmatrix} \boldsymbol{\Phi}_{11}(t, t_0) & \boldsymbol{\Phi}_{12}(t, t_0) \\ \boldsymbol{\Phi}_{21}(t, t_0) & \boldsymbol{\Phi}_{22}(t, t_0) \end{bmatrix}$

这时（22.4－2）式可写成两个矢量—矩阵关系式的形式，即

$$\boldsymbol{\rho}(t) = \boldsymbol{\Phi}_{11}(t, t_0)\boldsymbol{\rho}(t_0) + \boldsymbol{\Phi}_{12}(t, t_0)\boldsymbol{V}(t_0) \qquad (22.4-3)$$

$$\boldsymbol{V}(t) = \boldsymbol{\Phi}_{21}(t, t_0)\boldsymbol{\rho}(t_0) + \boldsymbol{\Phi}_{22}(t, t_0)\boldsymbol{V}(t_0) \qquad (22.4-4)$$

当追踪器沿自由轨道飞行时，（22.4－3）式和（22.4－4）式可由 t_0 时刻的相对位置值和相对速度值，向 t 时刻的坐标值转换，求出使追踪器到达给定坐标点 $\boldsymbol{\rho}(t_k) = \boldsymbol{\rho}_k$ 所需的相对速度矢量 V_{OT} 的值。为此，将下列值

$$\begin{cases} t = t_k \\ \boldsymbol{V}(t_0) = \boldsymbol{V}_{OT} \\ \boldsymbol{\rho}(t_k) = \boldsymbol{\rho}_k \\ \boldsymbol{\rho}(t_0) = \boldsymbol{\rho}_0 \end{cases}$$

代入（22.4－3）式得

$$\boldsymbol{\rho}_k = \boldsymbol{\Phi}_{11}(t_k, t_0) \cdot \boldsymbol{\rho}_0 + \boldsymbol{\Phi}_{12}(t_k, t_0) \cdot \boldsymbol{V}_{OT} \qquad (22.4-5)$$

改写（22.4－5）式得

$$\boldsymbol{V}_{OT} = \boldsymbol{\Phi}_{12}^{-1}(t_k, t_0) \cdot [\boldsymbol{\rho}_k - \boldsymbol{\Phi}_{11}(t_k, t_0) \cdot \boldsymbol{\rho}_0] \qquad (22.4-6)$$

式中　$\boldsymbol{\Phi}_{12}^{-1}(t_k, t_0)$ ——矩阵 $\boldsymbol{\Phi}_{12}(t_k, t_0)$ 的逆矩阵；

　　　$\boldsymbol{\rho}_0$——追踪器的初始相对位置矢量，$\boldsymbol{\rho}_0 = \boldsymbol{\rho}(t_0)$。

一般情况下，初始相对速度矢量的实际值 $\boldsymbol{V}(t_0) = \boldsymbol{V}_0$，与要求的 $\boldsymbol{V}_{OT}$ 不相等。为使一致，必须在 t_0 时刻赋予追踪器初始速度增量 $\Delta\boldsymbol{V}_0$，它由下式确定，即

$$\Delta\boldsymbol{V}_0 = \Delta\boldsymbol{V}_{OT} - \boldsymbol{V}_0 = \boldsymbol{\Phi}_{12}^{-1}(t_k, t_0) \cdot [\boldsymbol{\rho}_k - \boldsymbol{\Phi}_{11}(t_k, t_0) \cdot \boldsymbol{\rho}_0] - \boldsymbol{V}_0$$

$$(22.4-7)$$

将追踪器引至目标器（相对坐标系原点）不重合时，可用 （22.4－7）式求出第一次程序推力脉冲所要求的速度增量。当在距 离 $\boldsymbol{\rho}_k$ 上进行追踪器相对于目标器的悬停接近机动时，就需要进行这 样的制导。

如果，需要实施软接触（$q(t_k) = 0$，$[\boldsymbol{\rho}(t_k) = 0, \boldsymbol{V}(t_k) = 0]$）或硬接触 （$\boldsymbol{\rho}(t_k) = 0$，$\boldsymbol{V}(t_k) = \boldsymbol{V}_k$）机动时，则 $\boldsymbol{\rho}_k = 0$，则 （22.4－6）式和 （22.4－7）式变为

$$\boldsymbol{V}_{OT} = -\boldsymbol{\Phi}_{12}^{-1}(t_k, t_0) \cdot \boldsymbol{\Phi}_{11}(t_k, t_0) \cdot \boldsymbol{\rho}_0 \qquad (22.4-8)$$

$$\Delta\boldsymbol{V}_0 = -\boldsymbol{\Phi}_{12}^{-1}(t_k, t_0) \cdot \boldsymbol{\Phi}_{11}(t_k, t_0) \cdot \boldsymbol{\rho}_0 - \boldsymbol{V}_0 \qquad (22.4-9)$$

如果，需要实施硬接触（$\boldsymbol{\rho}(t_k) = 0, \boldsymbol{V}(t_k) = \boldsymbol{V}_k$）或者悬停（编队飞行， $\boldsymbol{V}(t_k) = 0, \boldsymbol{\rho}(t_k) = \boldsymbol{\rho}_k$）机动时，为使两航天器的速度相等，必须施加第 二个程序脉冲（双脉冲自由轨道法）。因此，第二个脉冲要赋予追踪器 的速度增量，测出机动结束时 t_k 的相对速度值，即令 $\boldsymbol{V}_{OT} = \boldsymbol{V}(t_0)$，则 由（22.4－4）式求得此值，即

$$\boldsymbol{V}(t_k) = \boldsymbol{V}_k = \boldsymbol{\Phi}_{21}(t_k, t_0) \cdot \boldsymbol{\rho}_0 + \boldsymbol{\Phi}_{22}(t_k, t_0) \cdot \boldsymbol{V}_{OT}$$

$$(22.4-10)$$

由（22.4－10）式可知，消除相对速度 $\boldsymbol{V}_k$ 所需第二程序速度增量的大小和方向为

$$\Delta \boldsymbol{V}_k = -\boldsymbol{V}_k = -\boldsymbol{\Phi}_{21}(t_k, t_0) \cdot \boldsymbol{\rho}_0 - \boldsymbol{\Phi}_{22}(t_k, t_0) \cdot \boldsymbol{V}_{\mathrm{OT}}$$

$$(22.4 - 11)$$

将 $\boldsymbol{V}_{\mathrm{OT}}$ 的值（（22.4－8）式）代入（22.4－11）式，得到悬停时所需速度增量为

$$\Delta \boldsymbol{V}_k = [\boldsymbol{\Phi}_{22}(t_k, t_0) \cdot \boldsymbol{\Phi}_{12}^{-1}(t_k, t_0) \cdot \boldsymbol{\Phi}_{11}(t_k, t_0) - \boldsymbol{\Phi}_{21}(t_k, t_0)] \cdot$$
$$\boldsymbol{\rho}_0 - [\boldsymbol{\Phi}_{22}(t_k, t_0) \cdot \boldsymbol{\Phi}_{12}^{-1}(t_k, t_0)] \cdot \boldsymbol{\rho}_k \qquad (22.4 - 12)$$

而软接触的速度增量为

$$\Delta \boldsymbol{V}_k = [\boldsymbol{\Phi}_{22}(t_k, t_0) \cdot \boldsymbol{\Phi}_{12}^{-1}(t_k, t_0) \cdot$$
$$\boldsymbol{\Phi}_{11}(t_k, t_0) - \boldsymbol{\Phi}_{21}(t_k, t_0)] \cdot \boldsymbol{\rho}_0 \qquad (22.4 - 13)$$

从（22.4－12）式和（22.4－13）式可见，在完成接近机动的时间 $T = t_k - t_0$ 内，$\Delta \boldsymbol{V}_k$ 只是追踪器的初始位置 $\boldsymbol{\rho}_0$ 和最终位置 $\boldsymbol{\rho}_k$ 的函数。

22.4.3.2　轨道确定法

轨道确定法比上述的间接法精度高。由轨道上两点（t_{-2}，t_{-1}）位置矢量（$\boldsymbol{\rho}_{-2}$，$\boldsymbol{\rho}_{-1}$）求机动开始（t_0）相对状态矢量 $\boldsymbol{q}_0$，以（22.4－7）式～（22.4－13）式建立的双脉冲自由轨道控制算法为基础，可确定机动开始（t_0）时的相对状态矢量 $\boldsymbol{q}_0$，并给定接近时间 $T = t_k - t_0$ 后，从（22.4－7）式～（22.4－13）式可求出"两个程序推力脉冲"组成的控制程序 $\boldsymbol{a}(t)$，程序脉冲宽度 τ 级最大加速度 $a_{\max}$（由发动机最大推力 $P_{\max}$ 决定）。这就决定了追踪器在 t_0 和 t_k 时刻间要求的速度增量。

22.4.4　自由轨道控制的质量特性

机动燃耗是控制方法效率的重要质量特性。双脉冲自由轨道法的燃耗，可按全特征速度值估算总燃耗。硬接触特征速度为

$$V_{\mathrm{XAP}} = \Delta V_0 \qquad (22.4 - 14)$$

软接触和悬停的特征速度为

$$V_{\mathrm{XAP}} = \Delta V_0 + \Delta V_k \qquad (22.4 - 15)$$

式中　ΔV_0，ΔV_k——第一和第二程序速度增量，详见（22.4－7）
　　　　　　式～（22.4－13）式。

如果追踪器的发动机按极化方式配置，则

$$\begin{cases} \Delta V_0 = \sqrt{\Delta V_{X0}^2 + \Delta V_{Y0}^2 + \Delta V_{Z0}^2} \\ \Delta V_k = \sqrt{\Delta V_{Xk}^2 + \Delta V_{Yk}^2 + \Delta V_{Zk}^2} \end{cases} \qquad (22.4-16)$$

如果采用笛卡儿方式配置，则

$$\begin{cases} \Delta V_0 = \mid \Delta V_{X0} \mid + \mid \Delta V_{Y0} \mid + \mid \Delta V_{Z0} \mid \\ \Delta V_k = \mid \Delta V_{Xk} \mid + \mid \Delta V_{Yk} \mid + \mid \Delta V_{Zk} \mid \end{cases} \qquad (22.4-17)$$

式中　V_{X0}，V_{Y0}，V_{Z0}，V_{Xk}，V_{Yk}，V_{Zk}——选定相对坐标系 $X_0 Y_0 Z_0$ 中
　　　　　　的速度增量分量。

例如在旋转坐标系 $O_1 X_B Y_B Z_B$ 中 $\Delta V_{X0} = \Delta \dot{X}_{B0}$，$\Delta V_{Y0} = \Delta \dot{Y}_{B0}$，
$\Delta V_{Z0} = \Delta \dot{Z}_{B0}$，$\Delta V_{Xk} = \Delta \dot{X}_{Bk}$，$\Delta V_{Yk} = \Delta \dot{Y}_{Bk}$，$\Delta V_{Zk} = \Delta \dot{Z}_{Bk}$。

由（22.4－14）式和（22.4－15）式可见，总燃耗与接近机动
的初始条件及完成时间（$T = t_k - t_0$）有关。控制程序初始条件和时
间的选取，要以燃耗最小为指标。因此，最佳接近初始条件和时间
选取，在数学上就变为寻求多变量函数的极值问题 $V_{XAP} = V_{XAP}$（q_0，
T）。共面交会，多变量函数的变量为 5 个（矢量 q_0 4 个分量，时间
T）；非共面交会，多变量函数的变量增至 7 个（矢量 q_0 6 个分量，
时间 T）。当追踪器的接近轨道为任意时，多变量使得 V_{XAP} 绝对极小
值点的求取十分困难。如果交会接近的两航天器都在一个轨道面上，
而且各自都在圆轨道上（见图 22.26）飞行时，初始条件和接近时间
按霍曼过渡椭圆接近（霍曼接近），采用双脉冲自由轨道法可使特征
速度 V_{XAP} 绝对值最小。从图 22.26 可见，霍曼椭圆的近地点在追踪
器的初始轨道上，与追踪器送入接近轨道的第一个程序脉冲相重合。
远地点处于目标器轨道上，与第二个程序推力脉冲的施加时刻相重
合。两个脉冲的推力方向都在两圆轨道的切线方向。由于目标器圆
轨高，绕地球飞行的角速度比追踪器绕圆轨的角速度小，因此，两
个航天器变轨时要同时达到交会点，在开始接近时刻，目标器必须
位于追踪器（地表面轨道投影）稍前一点，即相位上超前一个圆心
角 τ_0。τ_0 的大小取决于两航天器圆轨的高度差，这可由几何图求出。

完成霍曼接近所需时间为

$$T_X = t_k - t_0 = \frac{T_{AX}}{2} \qquad (22.4-18)$$

式中 T_{AX}——追踪器沿霍曼椭圆运行的时间，$T_{AX} = 2\pi \sqrt{\dfrac{a^3}{\mu}}$，其中

a 为霍曼椭圆的半长轴，$a = \dfrac{r_1 - r_2}{2}$；r_1 和 r_2 为目标器和追踪器圆轨道半径；μ 为地球重力常数。

在这段时间内目标器飞过的角距为

$$\tau_1 = \omega_1 T_X \qquad (22.4-19)$$

式中 ω_1——目标器绕地球运行的角速度，$\omega_1 = \sqrt{\mu}\, r_2^{-\frac{3}{2}}$。

因为在这段时间内，追踪器沿霍曼过渡椭圆通过的角距为 $\tau_a = \pi$，所以两航天器相位误差对应圆心角等于

$$\tau_0 = \pi - \tau_n = \pi\left[1 - \left(1 - \frac{r_2 - r_1}{2r_1}\right)^{\frac{3}{2}}\right] \qquad (22.4-20)$$

由于两航天器间的轨道高度差远小于他们的轨道半径，可将 (22.4-20) 式中右边展开成二项式级数，只取展开式第一项，于是可简单表示为

$$\tau_0 = 0.75\pi\left(1 - \frac{r_1}{r_2}\right) = 0.75\,\frac{\pi\Delta r}{r_2} \qquad (22.4-21)$$

式中 $\Delta r = r_2 - r_1$。

同时，也可证明，追踪器轨道高于目标器轨道，则角 τ_0 值仍由 (22.4-21) 式确定，且 τ_0 为负值。这说明目标器的相位落后于追踪器相位。

(22.4-20) 式和 (22.4-21) 式既可确定相对位置的初始条件，也可确定相对速度的初始条件（这要求两航天器运行在圆轨道上，并共轨道面）。要完成霍曼接近必须满足地心惯性坐标系 $O_e X_n Y_n Z_n$ 中的初始条件。图 22.27 所示圆轨共面接近情况。

由图 22.27 可见，原点在目标器质心 O_1 的旋转坐标系 $O_1 X_B Y_B Z_B$ 条件，则有

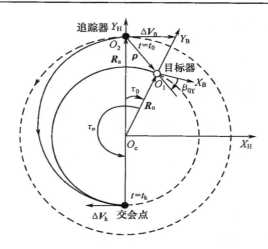

图 22.27 两航天器圆轨道共面接近轨迹（目标器在追踪器之下）

$$Y_{B0} = k_k X_{B0} \qquad\qquad (22.4-22)$$

$$\dot{Y}_{B0} = k_v \dot{X}_{B0} \qquad\qquad (22.4-23)$$

式中　$k_k = \tan\beta_{0X} \approx \dfrac{\Delta r}{\tau_0 r_1} = \dfrac{4}{3\pi}$，$\beta_{0X} \approx -23°$；

$k_v = \dfrac{V_2 \sin\tau_0 - \omega_1 X_{B0}}{V_1 - V_2 \cos\tau_0 + \omega_1 Y_{B0}}$，$V_1$ 和 V_2 为地心坐标系 $O_e X_n Y_n Z_n$

中目标器和追踪器的轨道速度。

　　因此，完成霍曼接近的一个必要条件是：机动开始时 t_0 追踪器位于目标器前上方或后下方，和横轴 X_B 的夹角 $\beta_{0X} \approx -23°$ 的直线上，这条直线由 (22.4-22) 式确定。如图 22.26 所示，这时初始相对速度分量应满足 (22.4-23) 式。图 22.28 中，在相对坐标系 $X_B Y_B$ 面上的轨迹，第二象限为追踪器轨道比目标器轨道高（即图 22.27）的情况，第四象限为追踪器轨道比目标器轨道低（即图 22.26）的情况。图 22.28 中的 1 点对应于图 22.26 中两航天器间初始相对位置。图 22.28 中的 2 点对应于图 22.27 中两航天器间初始相对位置。应当指出，(22.4-22) 式直线的斜度，霍曼接近时追踪器相对于目标器的连线与目标器的水平轴（X 轴）的夹角 β_{0X} 为常数（近似 $-23°$），并当 $\Delta r \ll r_1$ 时，与航天器轨道高度差无关。

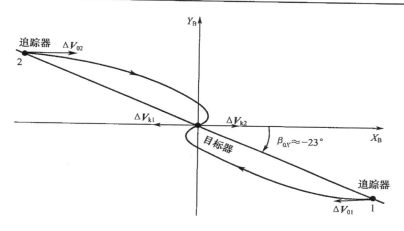

图 22.28 追踪器向目标器圆轨共面接近在
旋转相对坐标系中的轨迹

按（22.4－18）式和（22.4－19）式，可求得霍曼接近的时间
为

$$T_X = \frac{\pi}{\omega_1}\left(1 - \frac{\Delta r}{2r_1}\right)^{\frac{3}{2}} \qquad (22.4-24)$$

当 $\Delta r \ll r_1$ 时

$$T_X = \pi\left(1 + \frac{0.75Y_{B0}}{r_1}\right)\omega_1 \qquad (22.4-25)$$

由（22.4－24）式和（22.4－25）式可见，当轨道高度差 $\Delta r \ll r_1$
时，T_X 接近于目标器轨道的半周期。例如：追踪器圆轨道半径 $r_2 =$
6 600 km，目标器圆轨半径为 $r_1 = 6\,700$ km 时，$\Delta r = 100$ km，接近时
间对应的角度 $\omega_1 T_X = 178°$。因此，在执行霍曼接近之前一定要把追
踪器引导到满足（22.4－22）式和（22.4－23）式的初始条件状态
下，才能开始霍曼双脉冲机动接近控制，即从图 22.29 中 A 点引导
至 P 点后才能开始霍曼机动。

当两航天器共面，目标器为圆轨，追踪器为椭圆轨时，采用 3
脉冲霍曼机动接近控制方法。该方法的核心是先用一脉冲将追踪器
轨道变为圆轨，再在满足上述双脉冲变轨初始条件（P 点）下，实
施双脉冲霍曼机动接近。

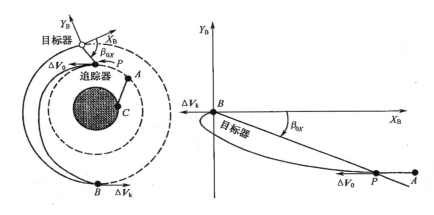

图 22.29　追踪器向高轨目标器接近的轨迹

22.5　瞄准线法接近控制

22.5.1　控制原理与控制数学模型

瞄准线法接近控制与 22.4 节讲的自由轨道法接近控制方法不同。主要区别在对航天器质心的相对运动轨迹提出了限制。在机动初始条件和完成时间任意时，相对坐标系中程序轨迹应当是一条通过两航天器质心的直线，即相对运动应当沿着瞄准线进行，而瞄准线在相对坐标系中的旋转角速度保持为零，如图 22.30 所示。

相对速度矢量 V 的方向，每个瞬时均与航天器的瞄准线方向相重合。

根据相对坐标系的类型，瞄准线接近法用两种坐标系。

22.5.1.1　瞄准线在非旋转（惯性）坐标系 $O_1 X_H Y_H Z_H$ 中稳定接近方法

从图 22.30 可见，瞄准线在接近过程中平行前移，即瞄准线在惯性空间的旋转角速度 Ω_{AB} 等于零，所以，该法又称为惯性平移接近法，这是最广泛采用的方法。由于追踪器运动轨迹变为强迫轨迹，机动燃耗比自由轨道法多。正因为该限制，瞄准线接近法可实现与未知轨道参数的航天器（目标器）交会，技术上实现比较简单。

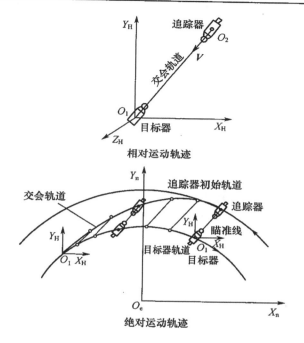

图 22.30　惯性平行接近法

采用惯性平移接近法的质心运动是绕航天器质心的角运动，它们的控制过程均在同一相对瞄准线坐标系 $O_1 X_A Y_A Z_A$ 中完成（详见图 22.22）。航天器不需要确定当地垂线方向的仪器（在自由轨道法中是必不可少的）。建立瞄准线坐标系的瞄准线方向，由测量设备跟踪天线测量轴方向确定（该法中定向系统是不可少的信息源），还要测两航天器质心相对运动的参数：径向距离 ρ、径向速度 $\dot{\rho}$、角速度 Ω_{Y_A} 和 Ω_{Z_A}（瞄准旋转角速度矢量 $\boldsymbol{\Omega}_{AB}$ 和它在瞄准线坐标系 Y_A 轴和 Z_A 轴上的投影）。从图 22.22 可见，上述参数是足以描述两航天器在惯性空间的全部相对运动的状态特征。质心运动可划分为沿 X_A 轴的纵向相对运动和沿 Y_A 轴和 Z_A 轴的横向相对运动。参数 $\rho = X_A$ 和 $\dot{\rho} = \dot{X}_A$ 描述纵向相对运动。而当已知 ρ 时，参数 Ω_{Y_A}、Ω_{Z_A} 描述了横向相对运动。

根据导出的"不与制导平面固连的瞄准线坐标系" $O_1 X_A Y_A Z_A$ 的

相对运动方程（22.3－32），假设不考虑作用在航天器上的差动引力加速度，即 $\omega_1^2\rho=0$，只考虑推力装置的推力作用，方程（22.3－34）变为

$$
\begin{cases}
\ddot{\rho} - \rho\Omega_{AB}^2 = a_{X_A} \\
\rho\dot{\Omega}_{Z_A} + 2\dot{\rho}\Omega_{Z_A} = a_{Y_A} \\
-\rho\dot{\Omega}_{Y_A} - 2\dot{\rho}\Omega_{Y_A} = a_{Z_A}
\end{cases}
\tag{22.5－1}
$$

（22.5－1）式中 a_{X_A}、a_{Y_A} 和 a_{Z_A} 为主发动机在机动接近过程产生的纵向通道和横向通道的控制加速度。（22.5－1）式第一个方程为纵向运动，第二个方程为横向运动。

同样的假设条件，可求出"与制导平面固连的瞄准线坐标系" $O_2 X_{AH} Y_{AH} Z_{AH}$ 的运动微分方程（22.3－34）为

$$
\begin{cases}
\ddot{\rho} - \rho\Omega_{AB}^2 = a_{X_A} \\
\rho\dot{\Omega}_{AB} + 2\dot{\rho}\Omega_{AB} = a_{Y_A}
\end{cases}
\tag{22.5－2}
$$

（22.5－2）式第一个方程为纵向运动，第二个方程为横向运动。因航天器质心的相对运动是在导引平面内进行的，所以与导引平面固连的瞄准线坐标系方程就变为二维了。

（22.5－1）式和（22.5－2）式为非线性微分方程，通常无解析解，但在惯性平行接近法情况下，均可给出控制加速度与相对运动参数 ρ、$\dot{\rho}$、Ω_{Y_A}、Ω_{Z_A} 之间的直接关系。运动参数可由交会雷达测定，并由瞄准线导引法控制系统进行控制。

（22.5－2）式的平行接近法更简单，其特点是在运动过程中保持 $\Omega_{AB}=0$，横向和纵向控制是相对独立的，纵向由变轨发动机控制，横向由平移发动机控制。横向控制使瞄准线在惯性空间内的旋转角速度保持接近零，即在机动过程中瞄准线在非旋转相对坐标 $O_1 X_H Y_H Z_H$ 中位置不变（见图 22.30）。横向控制很理想，横向速度接近于零。（22.5－1）式可见，控制程序主要是找出纵向相对运动的单维问题。纵向规律的选定，首先是保证航天器的接近，其次是在软接触和悬停下使 $\dot{\rho}$ 趋于零。同时还要考虑最大准许燃耗、执行机构特性（发动机类型、最大推力、最多启动次数等）、机动时间和机动精度。纵向运动规律是追踪器质心沿瞄准线运动。

22.5.1.2 瞄准线在旋转坐标系 $O_1 X_B Y_B Z_B$ 中稳定接近方法

该法在共面接近中，瞄准线旋转角速度等于航天器质心绕地球运动的轨道角速度，又称为轨道平行接近法。这种方法数学模型比上述方法复杂，用得比较少，故此从略。

22.5.2 惯性平行接近法的控制规律

22.5.2.1 横向控制规律

追踪器质心横向控制要消除机动开始时刻瞄准线在惯性空间的初始旋转角速度保持为零。因此，整个接近段，横向相对运动横向分量的程序控制规律为

$$\Omega_{AB} = \begin{bmatrix} \Omega_{Y_A} \\ \Omega_{Z_A} \end{bmatrix} = 0 \qquad (22.5-3)$$

22.5.2.2 纵向运动控制规律

由于瞄准线接近法中，可不对纵向相对运动进行限制，故可用双脉冲自由轨道法来进行控制，这样最省燃料。该法已在前一节讲述了。双脉冲自由轨道法进行纵向控制时，在控制程序开始时刻 t_0 和机动结束时刻 t_k 施加控制脉冲。前节讲过，在瞄准线相对坐标系 $O_1 X_A Y_A Z_A$ 中，确定追踪器机动的程控脉冲产生的速度增量值。例如，（22.3—35）式的第一个方程为 $\ddot{\rho} - \rho \Omega_{AB}^2 + \omega_1^2 \rho (1 - 3\sin^2 \tau_\beta) = a_{X_A}$，假设 $\Omega_{AB} = 0$ 和 $a_{X_A} = 0$，则

$$\ddot{\rho} + \omega_1^2 \rho [1 - 3\sin^2 (\omega_1 t - \beta_0)] = 0 \qquad (22.5-4)$$

（22.5—4）式两项为差动引力加速度引起，当采用惯性平行接近法时，可能没差动引力加速度大小和方向的信息。所以（22.5—4）式变为

$$\ddot{\rho} = 0 \qquad (22.5-5)$$

但可把（22.5—4）式第二项看成扰动，可通过校正控制消除，所以（22.5—5）式的解为

$$\rho = \rho_0 + \dot{\rho}_0 t \qquad (22.5-6)$$

$$\dot{\rho} = \dot{\rho}_0 \qquad (22.5-7)$$

式中　ρ，$\dot{\rho}$——瞄准线的相对距离和相对速度的当前值；

　　　　ρ_0，$\dot{\rho}_0$——机动开始时的相对距离和相对速度。

　　由此，可得机动结束 t_k 时在相对距离 ρ_k 上实现悬停所要求的初始速度为

$$\dot{\rho}_{0T} = -\frac{\rho_0 - \rho_k}{T} \qquad (22.5-8)$$

式中　T——接近时间，$T = t_k - t_0$。

　　完成软接触和硬接触时要求的初始速度由（22.5-9）式确定，即

$$\dot{\rho}_{0T} = -\frac{\rho_0}{T} \qquad (22.5-9)$$

　　瞄准线（纵向）及其垂线（横向）的初始程序速度增量 ΔV_{A0} 的分量 ΔV_X 和 ΔV_Y 分别为

$$\Delta V_X = \Delta \dot{\rho}_0 = \dot{\rho}_{0T} - \dot{\rho}_0 \qquad (22.5-10)$$

$$\Delta V_Y = -V_{Y0} = -\rho_0 \Omega_{AB0} \qquad (22.5-11)$$

式中　V_{Y0}——瞄准线的横向线速度初始值；

　　　　Ω_{AB0}——瞄准线旋转角速度的初始值。

　　实施悬停目标，机动结束时刻 t_k 的终止程序速度增量 $\Delta \dot{\rho}_k$ 为

$$\Delta \dot{\rho}_k = \frac{\rho_0 - \rho_k}{T} \qquad (22.5-12)$$

　　实施软接触目标的速度增量为

$$\Delta \dot{\rho}_k = \frac{\rho_0}{T} \qquad (22.5-13)$$

　　如果追踪器的发动机采用直角坐标配置，则（22.5-10）式～（22.5-13）式可确定发动机作用于追踪器质心的速度增量值。当发动机以极化方式配置，初速增量大小由（22.5-14）式和（22.5-15）式决定，即

$$\Delta V_{A0}^2 = \Delta \dot{\rho}_0^2 + \Delta V_{Y0}^2 \qquad (22.5-14)$$

$$\cos \beta_0 = \frac{\Delta \dot{\rho}_0}{\Delta V_{A0}} \qquad (22.5-15)$$

　　（22.5-10）式～（22.5-15）式是惯性平行接近法中建立双脉冲控制算法的基本关系式。当测出了 ρ_0、$\dot{\rho}_0$ 和 Ω_{AB0} 时，在给定接

近时间 T 后，就可求出控制程序的 $a_{XY_A}(t)$。这时，控制程序由两个大推力的程序脉冲组成。在软接触情况下，实现程序控制的纵向运动的理论相轨迹，如图 22.31（a）所示，由于发动机推力总是有限的，纵向运动实际轨迹如图 22.31（b）所示。

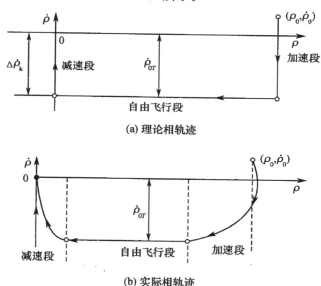

(a) 理论相轨迹

(b) 实际相轨迹

图 22.31　软接触程序控制纵向运动相轨迹

从图可见，相轨迹由 3 个飞行段组成：

1）加速段，沿瞄准线加速到所要求的径向速度 $\dot{\rho}_{0T}$，并消除瞄准线初始角速度 Ω_{AB0} 的飞行段；

2）自由飞行段，追踪器沿瞄准线稳定地自由飞行；

3）减速段，将追踪器沿瞄准线稳定地减速或者速度变为零的飞行段。

但在要求接近时间要求最短的情况下，也可不要中间的自由飞行段。而在硬接触时可以不要减速段。如果实施硬接触时，可能出现导引结束时能保证要求的相对速度，这时只有接近机动沿瞄准线的自由运动段就够了。

22.5.2.3 纵向控制减速段的参量程序控制规律

从图 22.31（b）可见，第一段和第三段在小推力接近——校正发动机情况下，可能相当长，这两段是强迫运动服从于与自由运动规律（（22.5－10）式～（22.5－13）式确定）完全不同的另一种规律。其次，由于没船载当地垂线向仪器和目标器轨道参数的信息，利用（22.5－10）式～（22.5－13）式计算控制程序未考虑差动引力加速度不同，对自由飞行段和前后强迫飞行段有极坏的影响，使交会时刻最终条件精度急剧下降。为消除这一问题，必须在减速段采用参数程序控制规律。

参数程序控制规律常采用简单的幂函数形式为

$$\dot{\rho} = k\rho^n \qquad (22.5-16)$$

式中 k，n——设计系统时选择的常数。

（22.5－16）式给出的当前速度值由相对距离值 ρ 决定的规律，并不能解决 n 为任何常数的情况，只能保证 $n > 0$ 时的软接近。如果 $n = 1$，即选定线性程序控制规律，即在阻尼段完成接近需时 T_T 会无限增大。（24.5－16）式在 $n = 1$ 时的接近时间 T_T 的求法为

$$T_T = \int_{\rho_{T0}}^{\rho_{Tk}} \frac{1}{k\rho} d\rho = \frac{\ln \rho_{Tk} - \ln \rho_{T0}}{k} \qquad (22.5-17)$$

式中 ρ_{T0}——阻力段开始时刻相对距离；

ρ_{Tk}——阻力段结束时刻相对距离。

对于悬停（$\rho(t_k) = \rho_{Tk}$，$\dot{\rho}(t_k) = \dot{\rho}_{Tk} = 0$）的机动，时间 T_T 就是最终时间。但当 $\rho_{Tk} \to 0$ 时，$T_T \to \infty$。

如果选择非线性程序控制规律，即取 $n > 1$，T_T 由（22.5－18）式确定，即

$$T_T = \int_{\rho_{T0}}^{\rho_{Tk}} \frac{1}{k\rho^n} d\rho = \frac{\dfrac{1}{\rho_{Tk}^{n-1}} - \dfrac{1}{\rho_{T0}^{n-1}}}{k(1-n)} \qquad (22.5-18)$$

当 $\rho_{Tk} \to 0$ 时，$T_T \to \infty$。

为得到软接触时，最终接近时间 T_T，n 必须在 0 和 1 之间，即 $0 < n < 1$ 取值。必须以追踪器质心运动的发动机推力为限制，它产生

的控制加速度 a_{X_A} 由（2.5－16）式经两次微分，取 $\rho = \rho_{Tk}$ 时的值确定，即

$$a_{X_A} = \ddot{\rho}_{Tk} = k^2 n \rho_{Tk}^{2n-1} \qquad (22.5-19)$$

由（22.5－19）式可知，如 $n < 0.5$，则当 $\rho_{Tk} \to 0$ 时，加速度 $a_{X_A} \to \infty$。所以不能用有限推力发动机实现接近。为在减速段对追踪器纵向进行控制，采用（22.5－16）式的非线性参量程序控制规律，其中 $0.5 < n < 1$，$k < 0$。当发动机为有限推力时，实现规定接近时间的软接触。多种情况，减速段采用分段线性控制规律，如图 22.32 所示。

$$\dot{\rho} = \begin{cases} k\rho & (\rho_{Tk} < \rho < \rho_{T0}) \\ \dot{\rho}_{Tk} & (\rho < \rho_{Tk}) \end{cases} \qquad (22.5-20)$$

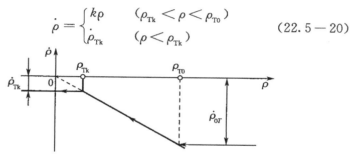

图 22.32　减速段分段控制规律相轨迹

图 22.32 的控制规律相轨迹图可在要求的机动时间内实现机动接近。但要实现零相对速度，只要合理选择 $\dot{\rho}_{Tk}$ 就不会引起太大的麻烦。软接触可允许相对速度为 $0.1 \sim 0.5 \ \mathrm{m/s}$ 量级，对接机构的阻尼器和弹簧能够接受这个冲撞而吸收。

分段线性参数控制规律（22.5－20）式 的优点在于参数 ρ 和 $\dot{\rho}$ 对输入测量参数变换工作量很小，控制系统简单；缺点是在规定时间完成机动，对接近发动机推力变化有要求。从（22.5－20）式可见，$\dot{\rho} = k\rho$ 用线性规律时，ρ 按指数减小，$\rho = \rho_0 \exp(kt)$（$k < 0$）。所以控制加速度 $a_{X_A} = \ddot{\rho} = k^2 \rho_0 \exp(kt)$ 也按指数减小。如果发动机断续工作，则启动次数太多。若追踪器用的化学发动机连续工作，需推力大幅度变化而带来复杂性，对（22.5－19）式最好选 $n = 0.5$。为实现（22.5－16）式的控制规律，控制加速度 a_{X_A} 值为常数，用恒定推力

发动机控制即可（接近控制过程的航天器质量变化忽略不计）。当 $n=0.5$ 时，沿瞄准线的纵向运动规律（22.5-16）式为

$$\dot{\rho} = k\sqrt{\rho} \qquad (22.5-21)$$

它是纵向运动微分方程 $\ddot{\rho}=a_{X_A}$ 在 a_{X_A} 等于常数时的解。它在 ρ 和 $\dot{\rho}$ 的相平面内的图形为通过坐标原点的抛物线（如图 22.33 所示）。

图 22.33 的抛物线减速接近控制是用恒推力发动机连续工作一段时间实现的。时间 T_k 和恒定减速度 a_{X_A} 表示为

$$T_k = \frac{\dot{\rho}_{0T}}{a_{X_A}} \qquad (22.5-22)$$

式中　$a_{X_A}=0.5k^2$。

而相对距离 ρ 按（22.5-23）式的规律变化

$$\rho = \rho_0 + \dot{\rho}_0 t + (0.5kt)^2 \qquad (22.5-23)$$

式中　$\rho_0 = \dfrac{\dot{\rho}^2}{k^2}$。

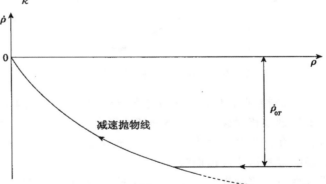

图 22.33　采用恒定推力发动机接近控制的相轨迹

22.5.3　瞄准线接近控制的质量特征

22.5.3.1　燃料消耗特征

采用瞄准线接近法，机动燃料消耗由特征速度 V_{XAP} 的大小估算。V_{XAP} 包括 3 个主要部分，这与瞄准线接近法机动的 3 个飞行段相对应：

1）初始飞行段，总相对速度增量 ΔV_1，它用于消除瞄准线的初始角速度，并沿瞄准线产生要求的接近速度；

2）速度增量 ΔV_2，它等于沿瞄准线法线方向的推力加速度积分，并用于接近过程的第二、第三机动段保持瞄准线角速度为零值；

3）速度增量 ΔV_3，它用于最终飞行段追踪器向目标器接近时，使追踪器沿瞄准线减速。

因此，实现硬接触接近时，V_{XAP} 由（22.5—24）式确定，即

$$V_{\text{XAP}} = \Delta V_1 + \Delta V_2 \qquad (22.5-24)$$

而实现软接触和悬停时

$$V_{\text{XAP}} = \Delta V_1 + \Delta V_2 + \Delta V_3 \qquad (22.5-25)$$

式中　$\Delta V_2 = \displaystyle\int_{t_0}^{t_k} | a_{Y_A} | \, \mathrm{d}t$；

$\Delta V_3 = \dot{\rho}_k$，由（22.5—12）式和（22.5—13）式决定；

$\Delta V_1 = \Delta V_{A0}$，由（22.5—14）式（22.5—15）式决定。

在没有第一飞行段的情况下，上述速度分别为

$$V_{\text{XAP2,3}} = \Delta V_2 \qquad (22.5-26)$$

$$V_{\text{XAP2,3}} = \Delta V_2 + \Delta V_3 \qquad (22.5-27)$$

但用（22.5—24）式～（22.5—27）式算出的燃料并不准，主要是未考虑差动引力加速度对燃料的影响。因此，必须解算差值微分方程来确定（22.5—12）式～（22.5—15）式。该解可给出估算燃料值的一组曲线（见图 22.34 和图 22.35）。

图 22.34 和图 22.35 中，β_0 为接近方向与当地水平线的夹角。这些估算燃料消耗的曲线，可以满足工程设计的需要。

22.5.3.2　瞄准线接近燃耗分析的讨论

1）燃耗曲线计算法也可用于接近时间不固定第二阶段和接近段初始条件相吻合（即没接近第一段）的情况；

2）只要给定 ρ_0、$\dot{\rho}_0$ 和 β_0，就可立即从曲线求出接近所需时间 T 和燃耗 $V_{\text{XAP2,3}}$；

3）利用曲线可估计出航天器没有当地垂线方向信息时所需燃料储备，其值为对应最坏初始条件组合情况的燃耗；

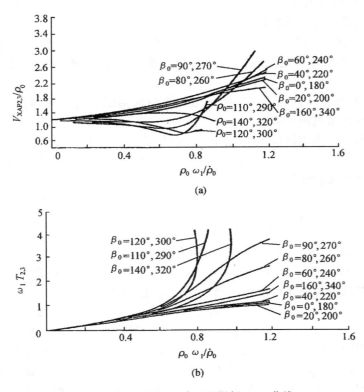

图 22.34　惯性平行接近法燃耗 V_{XAP} 曲线

4）用图 22.34（b）曲线可求出不同角度 β_0 时 $\dot{\rho}_{0T}$ 的值，再由图 22.34(a) 求出 $V_{XAP2,3}$ 的最大值，由此估计采用惯性平行接近法追踪器所需最大燃料储备；

5）由图 22.34（a）和图 22.35（a）可知，惯性平行接近法比轨道平行接近法更为经济。因为保持瞄准线对惯性空间稳定，控制加速度 a_{Y_A} 大小仅取决于差动引力加速度的横向分量。而轨道平行接近时，还要增加克服"科里奥利加速度"所用的燃料。

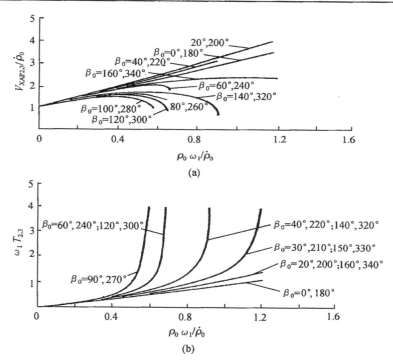

图 22.35　轨道平行接近法燃耗 V_{XAP} 曲线

22.5.4　瞄准线接近法的校正控制

由于程序控制执行不理想，计算控制程序未考虑差动引力加速度，零值瞄准线角速度保持不精确（离心加速度和科里奥利加速度的分量）都会起扰动作用，使实际相对运动偏离按程序给定的相对运动。为消除这些扰动，完成精确接近机动控制，必须实施"瞄准线接近法"控制的"线性校正规律"或"非线性校正规律"控制。

22.5.4.1　线性校正控制

根据航天器接近时的校正控制，校正控制线性算法的脉冲推力产生的加速度为

$$a_k = \sum_{i=1}^{n} \boldsymbol{B}_i \Delta \boldsymbol{q}(t_i) \delta(t - t_i) \qquad (22.5-28)$$

连续推力的情况为

$$a_k = B(t)\Delta q(t) \qquad (22.5-29)$$

式中　B_i——3×6 的常系数矩阵；

　　　n——校正脉冲数；

　　　t_i——推力脉冲施加时刻；

　　　$B(t)$——元素随时间变化的 3×6 矩阵。

（22.5—28）式和（22.5—29）式沿瞄准线控制校正加速度 a_{kr} 和垂直瞄准线的控制校正加速度 a_{ky} 是偏差的线性函数，即

$$a_{kr} = k_x(\dot\rho - \dot\rho_{XY_A}) \qquad (22.5-30)$$

$$a_{ky} = k_y \dot\rho\Omega_{AB} \qquad (22.5-31)$$

式中　k_x，k_y——控制系统放大系数；

　　　$\dot\rho_{XY_A}$——程序速度值。

这种方法的缺点，在于要求发动机推力有一定的操纵范围，加大了工程上的复杂性。

22.5.4.2　非线性校正控制

瞄准线接近的减速段，采用参量程序控制规律，常用简单幂函数（22.5—16）式，即 $\dot\rho = k\rho^n$，常数 $n=0.5$ 条件下，用恒定推力发动机断续工作，实现航天器接近的非线性校正规律得到广泛应用。航天器横向运动非线性校正规律如图 22.36 所示。

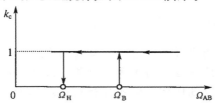

图 22.36　横向运动非线性校正控制规律图

指令信号 k_c（为 1 时对应发动机开，为 0 时对应发动机关）与瞄准线角速度测值 Ω_{AB} 之间的关系曲线描述了用加速度表的控制系统，横向线速度值 $V_{Y_A} = \Omega_{AB}\cdot\rho$ 沿横坐标轴取量。当 Ω_{AB} 超过给定的上限值 Ω_B 时，$k_c=1$，一直保持到 Ω_{AB} 小于下限值 Ω_H 为止。横向校正中 Ω_{AB} 随时间变化曲线，如图 22.37 所示。

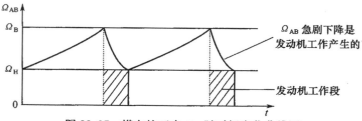

图 22.37　横向校正中 Ω_{AB} 随时间变化曲线图

门限值 Ω_B 和 Ω_H 一般为常值，随相对距离 ρ 的减小而改变，还要考虑测量装置的误差和控制系统的工作特点。当追踪器在导引平面固连相对瞄准线坐标系内定向时，最好是完成横向定期校准后，瞄准线角速度 Ω_{AB} 的符号不变，否则就要每校正一次后，追踪器就要绕纵轴做 180° 的程序转动，因为 Ω_{AB} 变号相当于要求基准坐标系的 Y_{AH} 轴方向做 180° 的改变。航天器横向基准轴 Y 方向也随之改变。Ω_H 要大于测量误差和发动机关机时延。Ω_B 由校正所需燃耗和发动机启动次数等约束条件确定。

根据减速段参量程序控制律（22.5—16）式（即 $\dot{\rho}=k\rho^n$），程序速度 $V_{YZ_A}=\dot{\rho}_{YZ_A}$（垂直于瞄准线的横向相对速度），随相对距离 ρ 的减小而减小，门限也会减小。所以纵向机动发动机指令信号 l_c（参见图 22.38，为 1 时发动机工作，追踪器减速），随相对距离 ρ 和相对速度 $\dot{\rho}$ 的变化曲线（称转换线），如图 22.38 和图 22.39 所示。

从图 22.39 可见，追踪器自由飞行过程中，相点 A 的运动轨迹与沿瞄准线作用的扰动加速度是减速还是加速有关。当扰动为减速时，点 A 沿相轨迹 1 运动；当扰动为加速时，点 A 沿相轨迹 3 运动；当没扰动加速度时，相轨迹为水平直线 2。$\dot{\rho}_{PB}$ 和 $\dot{\rho}_{TB}$ 为追踪器发动机开机线，$\dot{\rho}_{PH}$ 和 $\dot{\rho}_{TH}$ 为关机线。

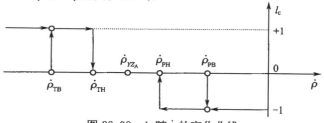

图 22.38　l_c 随 $\dot{\rho}$ 的变化曲线

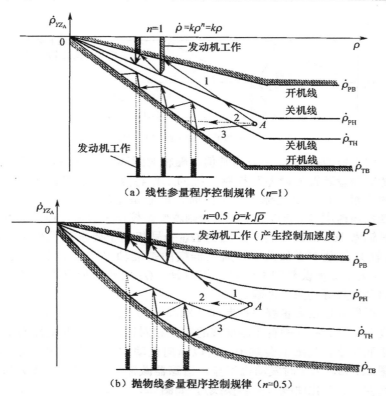

（a）线性参量程序控制规律（$n=1$）

（b）抛物线参量程序控制规律（$n=0.5$）

图 22.39　线性参量与抛物线参量程序控制规律

22.5.5　瞄准线接近法的硬件构成方案

　　为实现瞄准线接近法，在追踪器上必须装有测量以下参数的仪器：

　　1）相对距离 ρ；

　　2）相对速度 $\dot{\rho}$；

　　3）瞄准线在惯性空间的旋转角速度 Ω_{AB}（大小和方向）；

　　4）瞄准线在与目标器固连的坐标系中的方向（角 α 和 β）的信息。

　　瞄准线接近法的控制系统原理如图 22.40 所示。

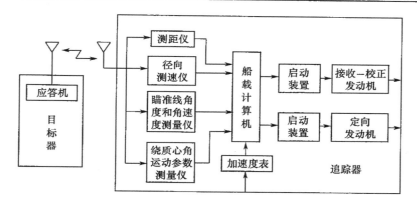

图 22.40 瞄准线接近法控制系统原理框图

采用瞄准线接近法时,最好采用与制导平面固连的瞄准线坐标系 $O_2 X_{AH} Y_{AH} Z_{AH}$,建立该坐标系,必须有瞄准线相对于航天器体轴的方向,以及瞄准线在惯性空间旋转角速度大小和方向的信息。这个仪器就是追踪器上安装的自动跟踪雷达,对目标器进行跟踪测量。雷达输出用来校准 $O_2 X_{AH} Y_{AH} Z_{AH}$ 坐标系轴向的陀螺稳定平台。

22.6 飞船控制系统设计

空间交会对接是运输飞船或航天飞机的中心任务。以上各节论述了各种控制方程的表示式,本节将论述苏联联盟 TM 飞船控制系统的工程设计,从而建立运输飞船执行空间飞行 RVD 任务的全过程工程概念。

本节首先论述和平号空间站(目标航天器)与联盟 TM 号飞船(追踪航天器)RVD 各段工作模式,然后论述联盟 TM 飞船从发射、经定向轨道和过渡轨道的变轨,最后在和平号空间站轨道上完成 RVD 任务。随后,论述完成 RVD 任务各轨道飞行段的划分;船载自主控制与地面站辅助控制的方法;联盟 TM 飞船 GNC 系统的硬件和软件设计;GNC 系统主要仪器部件的性能参数等。

22.6.1　飞船完成交会对接任务各飞行段的工作模式

联盟 TM 号飞船完成与空间站交会对接过程轨道段划分，参见图 22.1。

22.6.1.1　飞行主动段（入轨段）

从火箭点火起飞开始，到船箭分离止。这是最紧张、最危险的飞行段，航天员从－2 h 进舱到船箭分离，火箭可能发生故障，给航天员造成生命危险，逃逸系统是解决航天员安全的主要手段。

联盟 TM 号在船箭分离后，进入轨道飞行，按 3 个阶段设计（参见图 22.1～图 22.4），分述如下。

22.6.1.2　轨道飞行第一段

从船箭分离开始，到完成交会对接前。这一段又分为 4 个阶段。

（1）轨道飞行开始段

船箭分离后，首先消除分离产生的扰动；太阳电池帆板和天线展开；对接机构拉杆伸出；对船上各系统和设备状态进行检查。入轨后轨道为 $h_p/h_a=200/234$ km。

（2）远距离导引段

参见图 22.2，通过地面测控网（见图 22.41），将飞船引导到空间站轨道面内的圆轨道上；检查运动控制系统自动和手动回路的工作能力；检查组合动力装置执行机构的工作能力；检查航向交会雷达交会靠近装置；然后根据雷达靠近装置与对接自动器、运动控制系统和组合动力装置检查结果，作出飞近空间站的决定；决定后开始远程靠近机动，飞控中心对轨道参数进行检查；船上和地面都进行远程靠近机动的整值计算；飞船距和平号空间站 300～100 km 时，船上 GNC 系统进入轨道站自主导引段，远程导引段结束。

（3）近距离导引段和逼近段

参见图 22.1，近距离导引段分为寻的段和接近段。前段完成了飞船从基准轨道进入空间站的近距离导引区范围内实现"寻的"。后者是飞船绕空间站飞行，进入对接组件轴线上实现悬飞"接近"。

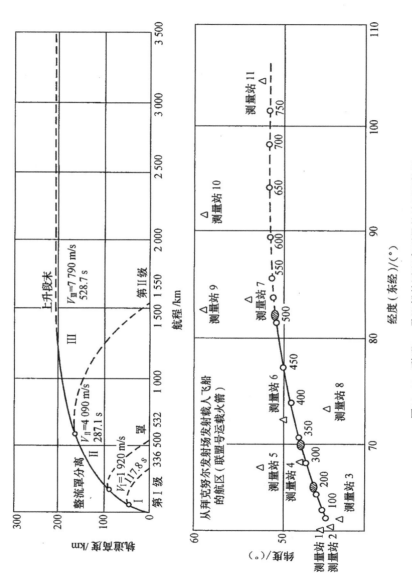

图22.41　联盟TM号飞船的远距离引导的地面测控网

近距离导引段从 100～77 km（飞船至和平号轨道距离）开始，到飞船至轨道站400～200 m 的悬停状态为止。本段是 GNC 系统按航向雷达的信号自动进行导引的。为实现机动，开始段使用靠近/修正发动机，结束段则使用大推力停靠与定向发动机。飞船进入悬停状态。这时飞船与空间站相距 400～200 m，中间再经过一个逼近段（续飞和悬飞）相距至 20 m。

（4）靠拢和对接段

从悬停状态退出，整定值装入 GNC 系统开始，到对接后将对接机构完全拉出时结束。飞船与轨道站实现自动方式停靠，在两航天器相距为 20 m 开始。停靠时，飞船相对于空间站的运动，由小推力发动机进行控制，航天员在控制台的视频控制装置屏幕上目视停靠参数。对接状态从接触到轨道站的头部拉杆时起，直到对接机构完全拉紧为止。对接时完成的主要任务是使对接处严格密封，在飞船与空间站间建立起电气与液路管线。在对接状态下，对接与内部转接系统直接进行工作。若执行对接过程的直接回路失效，将由航天员控制台或地面无线指挥，转入航天员人控 RVD，直到完成对接，相距为零。

22.6.1.3　轨道飞行第二段

该段完成 RVD 的联合飞行：从飞船与轨道站对接开始，至飞船与轨道站分离结束。这段又可分为 3 个阶段：

1）航天员准备转入轨道站与飞船封存段；

2）轨道站工作段；

3）飞船准备返回地球段。

22.6.1.4　轨道飞行第三段

该段是船站分离后开始，到着陆为止。该段又分为 3 个阶段：

1）准备发出与发出制动冲量段（制动段）；

2）飞船进入地球大气层外和大气层内的返回段；

3）大气层低空返回着陆段。

22.6.2 飞船与空间站交会对接的轨道控制

22.6.2.1 船箭主动飞行段

该段主要是由地面测控站监测运载火箭的运动参数，规定完成的任务如下：

1）对发射过程实时进行外弹道测量；

2）及时测定飞船的初轨参数；

3）计算火箭各级落点及发射段出故障时，预报联盟 TM 飞船的应急返回着陆点；

4）对火箭控制系统制导算法的仿真，预测火箭的运动；

5）根据箭上制导算法的遥测数据，及时评估飞行情况；

6）将上述监测结果输送到发射场协调计算中心和飞控中心的显示器。

船/箭发射入轨段的主要性能参数如下：

有效载荷	6 900 kg；
轨道参数	远地点 450 km，近地点 200 km，轨道倾角 50.5°；
有效载荷尺寸	高 4.7 m，圆柱体直径 2.3 m。

发射联盟号飞船的入轨参数（入轨后的计算轨道）如下：

远地点高度	$h_a = 240$ km；
近地点高度	$h_p = 202$ km；
轨道倾角	$i = 51.6°$；
运行周期	$T = 88.6$ min；
箭船系统起飞质量	310.6 t；
飞船质量	7.1 t；

从拜科努尔发射场发射，到联盟 TM 号飞船入轨，沿航区布置了 11 个无线电测距跟踪站（见图 22.41）。下图为测量站布置和轨道在地球上的投影，上图为轨道高度和航程。

发射场和飞控中心求解火箭弹道的算法和程序是不同的，这可保证可靠性，提高计算结果的置信度。发射场的计算结果用于主动段控制，飞控中心计算结果用于辅助，而到了船/箭分离之后，飞控中心才开始对飞船进行控制，直到返回舱与飞船分离为止。

22.6.2.2　轨道飞行段

俄联盟 TM 号飞船与进步号货运飞船与和平号空间站对接，采用两昼夜方案。早期的飞船与礼炮号空间站对接，用过一昼夜方案。前者可靠、经济。

联盟 TM 号飞船，两昼夜绕地球飞行 32 圈，其转轨机动（从一个轨道到一个新轨道）顺序如下：

第 1 圈，送入 200/240 km 轨道；

第 4～5 圈，施加两个脉冲速度冲量 ΔV_1 和 ΔV_2，转至定向轨道 250/350 km；

第 17～18 圈，进行轨道修正机动，给 ΔV_3 冲量；

第 32～33 圈，用两个速度冲量 ΔV_4 和 ΔV_5，飞船直接送入和平号空间站的自主引导区；

第 34 圈，会合与对接圈。

远距离引导机动对接方案如图 22.2 所示。最初两次机动（第 1 个机动周期）和第 3 次机动（第 2 个机动周期），由飞控中心根据当前轨道参数进行计算。并用测控网，按注入飞船运动控制系统的指令完成，最后的机动（第 3 个机动周期）由飞船上计算机根据轨道参数求出的和平号站和飞船的相对轨道参数，以及"航向"系统在其作业区内独立测出的结果进行计算的。

联盟 TM 号飞船在远距离引导段典型的机动参数和轨道参数如表 22.1 和表 22.2 所示。

表 22.1　联盟 TM 号飞船进入自主引导段和对接区的速度冲量参数

速度冲量参数	ΔV_1	ΔV_2	ΔV_4	ΔV_5
圈	4	5	32	33
飞行时间	5 h 15 min	6 h 19 min	47 h 48 min	48 h 33 min
升交点经度/（°）	180	77	301	121
速度增量/（m/s）	18.2	27.6	36.2	18.6

表 22.2　联盟 TM 飞船过渡轨道参数

轨道参数	入轨后的计算轨道	入轨后的实际轨道	ΔV_1 后的轨道	ΔV_2 后的轨道	ΔV_4 后的轨道	ΔV_5 后的轨道	和平号空间站的轨道
T/min	88.6	88.65	89.2	90.1	91.4	92	92.66
i/ (°)	51.65	51.65	51.65	51.65	51.65	51.65	51.65
h_p/km	202	200	202	227	342	353	406
h_a/km	240	234	277	359	361	422	425

　　联盟 TM 号飞船与和平号空间站的自主会合停靠进行机动的圈数，要在测控网保证作业范围内进行，随时监测速度冲量执行情况。测控网主要作业有：

1）进行轨道测量；

2）确定和预报轨道，计算增速冲量；

3）将装定值注入载人飞船的仪器；

4）对机动执行情况进行遥测；

5）机动后测量轨道；

6）计算机动误差；

7）确定和预报机动后的运动参数。

　　图 22.42 是飞船航迹在地面的投影。并显示了俄测控站对飞船一昼夜（1~16 昼夜圈）的覆盖区。以后几个昼夜的飞行航线，主要是升交点精度的不同，图 22.43 表明了飞船处于测控站覆盖区内的时间，并注明了进行机动的时刻。显然，这样选择机动圈数是能在机动前后处于测控站覆盖区的。俄测控站仅在飞船第 7（6）圈到第 11（10）圈不能观测到。俄飞船采用昼夜飞行圈的编号是从升交点经度小于东经 20°的一圈开始的，这一圈作为第 1 昼夜圈。

　　在一圈中直接处于地面跟踪站覆盖区的轨道区段是短的，从图 22.43 可见。飞行高度 350 km，对第 5 和第 12 昼夜圈时间为 5~12 min，对第 1、第 5、第 16 圈为 20~23 min。

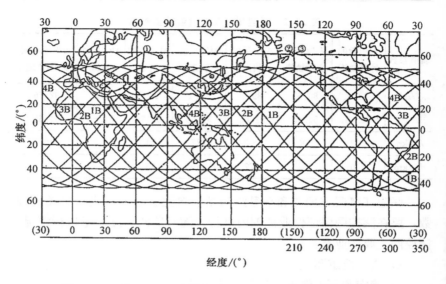

图 22.42　联盟 TM 号载人飞船飞行航迹和各跟踪站的覆盖区

①—地面测量站；②—0°覆盖区边缘；③—7°覆盖区边缘

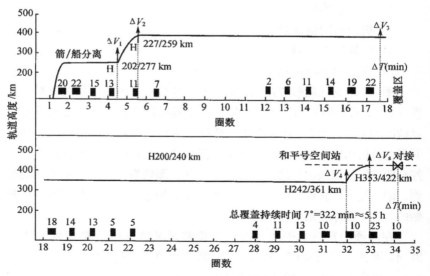

图 22.43　联盟 TM 号载人飞船进行机动的方案及俄罗斯测控站对飞船的覆盖范围

22.6.2.3　飞船轨道飞行段采用的测轨方法

（1）在飞行的第 1 天进行定轨

1）根据第 1 圈的测量结果，制定进入计算轨道的实际轨道参数；

2）根据第 1～2 圈的测量结果，计算第 1 段进行机动的数据；

3）根据第 3～6 圈的测量结果，核定机动参数的实际值；

4）根据第 5，6 圈和第 12～14 圈的测量结果，计算第 2 时段进行机动的数据。

（2）在飞行的第 2 天进行定轨

1）根据第 12～19 圈的测量结果，核定机动参数的实际值；

2）根据第 19～21 圈的测定结果，供自主轨道机动和会合使用。

22.6.3　飞船的 GNC 系统

22.6.3.1　GNC 系统的任务

（1）主动段救生

平时系统处于准备状态，箭船出现故障时提供逃逸救生使用。

（2）轨道段

定位、定向、轨道机动、交会对接、对太阳定向。

（3）交会对接段（轨道段中的任务之一）

交会对接时停靠精度（见图 22.44）如下：

姿态角（俯仰和偏航）　　　　$\varphi \leqslant 7°$，$\psi \leqslant 7°$；

轴向偏移　　　　　　　　　　$\delta \leqslant 0.4$ m（联盟 TM 号飞船提高到 0.25 m）；

交会雷达测距误差　　　　　　$\delta \rho = 10 \pm 0.02\rho$（m）；

交会雷达测速误差　　　　　　$\delta \dot{\rho} = 2 \pm 0.5\dot{\rho}$（m/s）；

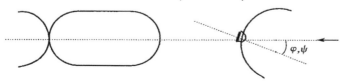

图 22.44　交会对接示意图

交会雷达测角误差　　　　　$0.5°\sim1°$；

交会雷达测角速度误差　　　1×10^{-2} $(°)/s$。

（4）离轨、返回、着陆

机动、交会、返回、太阳定向的定向精度和定向时间如表 22.3 所示。

表 22.3　定向精度和定向时间

状　态	定向精度/$(°)$	定向时间/min
机动	±1.5	20
交会	±1.0	20
返回	±1.0	20
太阳定向	±6～10	5

22.6.3.2　系统结构及控制回路

GNC 系统结构如图 22.45 所示，其系统组成如下：

1）轨道飞行段控制系统，包括接近和对接系统（即飞行基本控制系统）。该系统的仪器设备装在仪器舱、生活舱和返回舱。

2）返回控制系统，装在返回舱内。

3）应急救生系统，降落系统及软着陆发动机的控制回路，对飞船基本控制系统起补充作用。

联盟 TM 号飞船的 GNC 系统分为数字控制回路、模拟控制冗余回路和返回控制回路。老的联盟号飞船只有模拟控制回路，联盟 TM 号飞船的数字控制回路是新设计的，并作主控制回路，模拟控制回路降为备份。

22.6.3.3　数字控制回路

数字控制回路有以下 4 种工作状态：

1）轨道预测定位；

2）轨道机动；

3）交会对接；

4）控制返回。

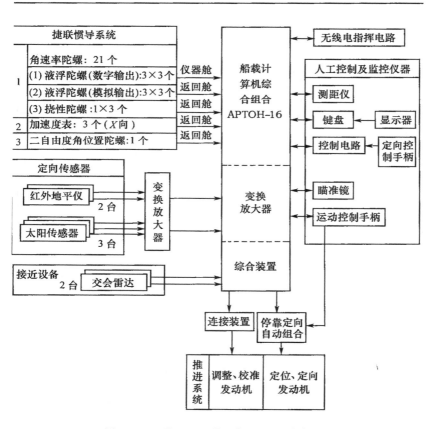

图 22.45　联盟 TM 号飞船 GNC 系统框图

以上工作状态均有：

1）自动方式；

2）半自动方式；

3）手动方式。

半自动方式是航天员根据电视屏、数字显示器等仪表指示数据，通过操纵手柄进行控制。电视屏可显示雷达测量数据及图像，航天员通过电视屏、瞄准镜和停靠定向瞄准器及操纵手柄进行控制。

数字控制回路如图 22.46 所示。它将完成以下 4 项任务。

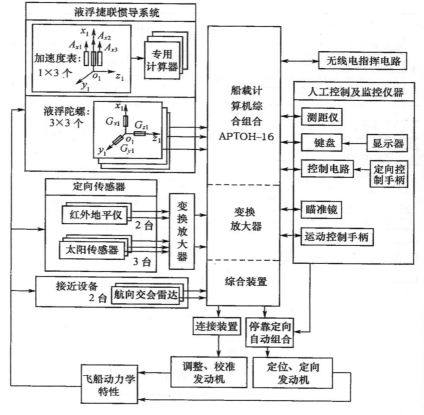

图 22.46 联盟 TM 号飞船 GNC 系统数字控制基本回路框图

（1）定位

采用速率捷联/计算机控制方法完成定位与制导（参见 18.4.2 节）。图 22.47 定义了飞船定位常用的坐标系：

1）惯性坐标系 $O_e XYZ$。X 轴、Y 轴位于赤道平面内，X 轴指向春分点，Y 轴与 X 轴成正交夹角，Z 轴指向北极。

2）轨道坐标系 $O_1 X_0 Y_0 Z_0$。$O_1 Y_0$ 沿当地垂线；$O_1 X_0$ 为飞船飞行方向（飞船轨道切线方向）；$O_1 Z_0$ 垂直于轨道平面方向，其方向符合右手定则，与轨道转动角速度矢量方向相反。

3）视线坐标系 $O_2X_AY_AZ_A$。飞船与对接目标（空间站）间建立的坐标系。O_2X_A 轴指向为飞船与对接目标的连线，并指向目标，其他两轴位置取向，由视线坐标系向轨道坐标系的最小过渡而定。

4）太阳坐标系 $O_1'X_CY_CZ_C$。$O_1'X_C$ 指向为飞船与太阳连线，其他轴任意指向。

5）船体坐标系 $O_1x_1y_1z_1$。O_1x_1 为船轴心，指向前方；O_1y_1 在轨道面内；O_1z_1 符合右手定则。

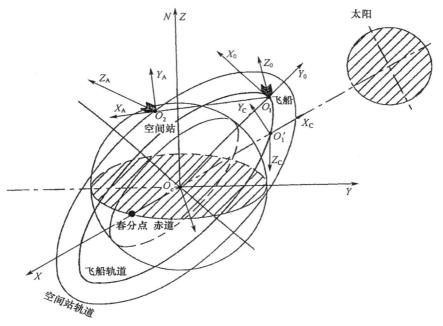

图 22.47　轨道与坐标系

（2）轨道控制

飞船起飞到对接，总共要用两昼夜（约 30 圈）的时间，其间要进行 4 次冲量机动。机动所需冲量 ΔV，机动姿态和机动时间都由地面决定。

头 3 圈进行轨道测量，空间站轨道高度为 400 km，当飞船机动到 380～390 km 的近圆轨道后，还要自由飞行 14 圈。在自由飞行期间，各种传感器均不工作，开机重新工作只需 30 min。第 3 次或第 4 次机动能否进行，要看实际飞行情况而定。

（3）交会对接

飞船距目标 250 km 后，船上交会雷达开始工作，从 250 km 到 50 km 进行二次冲量机动。由交会雷达测出 6 个相对参数，船上计算机对雷达测量数据进行滤波、变换、优化，软件比较复杂。当 $\rho \leqslant$ 5 km 时，开始绕飞靠近，制导方法采用平行导引法，参见 22.5 节。导引到 400 m 时，相对速度约为 5 m/s。

起初，为使两个相对接口对准，采取让空间站转动的方法，但空间站燃料消耗大；后来改为空间站不转，飞船绕飞机动，相距 100 m，进行二次对接。对接时采用 14 kg 推力姿控发动机进行。

（4）离轨返回

选再入角 $\theta = 1° \sim 1.2°$ 时，数字回路和模拟回路都工作，模拟回路备份。如果 300 kg 机动发动机出现故障，则启动 4 台 14 kg 的正推发动机进行离轨制动。制动的速度增量 $\Delta V = 115$ m/s，返回舱和设备舱、生活舱分离时间是弹性的，一般在 $H = 100 \sim 120$ km 段分离（确定大气高度为 80 km）。

上述 4 种工作状态，除自动完成外，还可用半自动和手动方式完成。一般情况下都用自动控制。航天员只要按一下专门按钮，即可转换控制方式。

22.6.3.4　模拟控制冗余回路

模拟控制冗余回路（参见图 22.48）与数字回路的主要区别是不用计算机，采用变换放大器，在轨飞行段作数字回路的备份。当数字回路出现故障时，飞船运行一圈后用模拟回路控制返回。

故障工作模式的飞行程序是：红外地平仪以轨道坐标系对地定向，定好向后转 90°，并关闭红外地平仪（也可不关），使飞船纵轴垂直于水平面。从对地定向转 90° 后开始，则保持此姿态运行 1/4 圈，使飞船姿态接近离轨制动姿态。

模拟回路没有半自动工作方式，绕飞、停靠、对接，采用手动控制。手动控制时，自动控制不起作用，航天员既可按原自动飞行程序操作，也可改变原飞行程序。

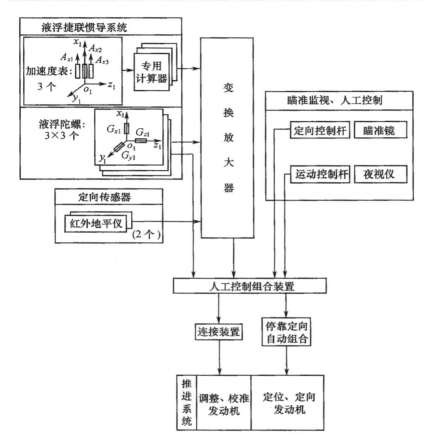

图 22.48　联盟 TM 号飞船 GNC 系统模拟控制冗余回路框图

22.6.3.5　返回控制回路

返回控制有自动、手动、（这里实际是半自动，航天员看电视屏操作）、弹道式返回、冗余弹道式返回 4 种工作方式。返回控制回路如图 22.49 所示。

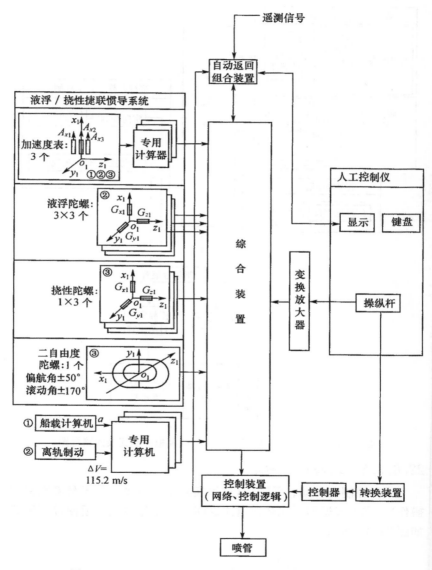

图 22.49　联盟 TM 号飞船 GNC 系统返回控制回路框图

①—数字控制基本回路设备；②—模拟控制冗余回路设备；③—返回控制回路设备

返回控制系统的惯性测量仪表有：

1）加速度表，3 个控制回路都用。

2）角速率陀螺，仅用于模拟输出的液浮积分陀螺和挠性角速率陀螺，都装在返回舱中（而液浮积分陀螺数字输出仅用于基本回路，装在设备舱内，返回再入前要分离掉的）。

3）二自由度角位置陀螺，用于测量返回舱的滚动角，因返回升力控制滚动角 γ_{np} 变化范围较大，制导方程为

$$\gamma_{np} = f(\Delta V_{np} - \Delta V)$$

式中　ΔV_{np}——一定时间间隔内标准返回轨道上的速度增量；

　　　ΔV——一定时间间隔内实测的速度增量。

返回过程中，俯仰通道配平攻角稳定，因而不测量俯仰角，只用俯仰角速率陀螺信号进行控制。滚动、偏航通道用二自由度角位置陀螺和角速率陀螺综合后进行稳定控制，如图 22.50 所示。

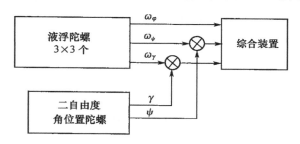

图 22.50　返回回路的姿态角输入综合

ω_φ—x_1 向角速率；ω_ψ—y_1 向角速率；ω_γ—z_1 向角速率；γ—滚动角；ψ—偏航角

人控返回是由航天员根据显示的轨道曲线及数据，控制操纵杆调整角 γ_{np}。弹道式返回（备用方案）同冗余弹道式返回一样，只是采用两个不同的回路。

22.7　交会对接控制对相对运动测量设备的要求

交会对接的相对运动测量设备，分别安装在追踪器和目标器上。追踪器（飞船或航天飞机）安装测量设备的主体，目标器安装测量

设备的合作目标（如雷达的应答机或光学成像设备的光源等）。追踪器上还有自主式的轨道与姿态控制系统，常用的自主测量设备有：惯性测量组合、红外地球传感器、太阳传感器和星光传感器等。主要用于航天器在发射段（待发段和上升段）、在轨运行段和返回着陆段的轨道和姿态控制。交会对接测量设备主要作为两航天器交会接近的测量手段，自主测量设备可提供交会对接测量设备的初始条件，也可用于人控状态下的冗余管理。本节论述交会对接控制对相对运动参数测量设备的要求，主要包括船载的微波雷达、激光雷达、卫星导航测量（GPS）和 CCD 光电成像测量等。

22.7.1　相对运动参数测量要求

两航天器交会对接时相对运动参数主要有相对距离、相对速度、相对角度、相对姿态及其变化率。由于测量的动态范围比较大，一般采用多种测量传感器分段测量方法。根据各种传感器的固有特点分配其工作范围。对测量精度的要求，随着相对距离的接近而逐渐提高。具体技术指标已在 21.4.5 节介绍，在此从略。

22.7.2　测量设备温湿度环境要求

飞船的返回舱和轨道舱是密封的，环境控制系统保证了舱内人和仪器的工作环境，但飞船舱外的环境还是比较恶劣的。其具体要求如下：

1）舱内压强与气体成分为 81～101 kPa，氧氮混合气体分压 20～24 kPa；

2）密封舱温度为（21±4）℃，返回舱返回过程温度不大于 40 ℃，轨道舱运行段－10～+50 ℃；

3）密封舱湿度为 30%～70%；

4）安装在舱外（红外探头）传感器设备的环境温度为－1～+40 ℃；

5）安装在舱外其他设备环境温度为－30～+60 ℃；

6）安装在舱外的太阳电池阵环境温度为－110～+70 ℃。

22.7.3　测量设备力学环境要求

22.7.3.1　正弦振动环境

飞行期间和地面运输船载设备都要经过正弦振动环境的考核。飞行中推进剂燃料管路还会引起火箭纵向耦合振动（POGO）。正弦振动频率范围为 $5\sim2$ kHz（地面运输时，频率为 $0.3\sim30$ Hz）。

22.7.3.2　随机振动环境

主要由起飞声场、气动力激振和结构传递的振动引起。频率范围为 $20\sim2$ kHz，频率分辨率为 1/6 倍频程进行分析所得的功率谱密度来表示。

22.7.3.3　声学环境

由起飞、动力飞行和再入期间，发动机排气噪声和气动噪声在航天器外面产生的脉冲压力所引起。一般在整流罩内达 146 dB，逃逸火箭启动时，可达 156 dB。声学仿真时频率取 31.5 Hz$\sim$10 kHz 之间值，以 1/3 倍频程分析所得声压级（SPL）表示。

22.7.3.4　爆炸冲击环境

由航天器上分离火工品装置触发时，结构影响造成。结构响应加速度近似于许多复杂的衰减正弦波叠加，在 $15\sim20$ m/s 内衰减到最大值加速度的百分之几。定义为 $Q=10$ 的单自由度系统响应的最大绝对冲击响应谱（Q 为弱阻尼系统固有频率上的加速度放大系数）。冲击响应谱在 100 Hz$\sim$10 kHz 范围内，用 1/6 倍频程或更窄频率间隔进行分析得出。

22.7.3.5　加速度环境

航天器在发射、返回和逃逸时，会产生最大加速度（过载）。发射段最大为 $6\,g$，返回段最大为 $10\,g$，逃逸时可达 $30\,g$（时间短，受过训练的人 5 min 内可承受 $6\sim7\,g$，2 min 内可承受 $10\,g$，几十秒内可承受 $12\,g$）。

22.7.4　测量设备其他环境要求

测量设备其他环境一般指地球稠密大气层以外的各种环境，如真空、低温、磁场、太阳辐射、粒子辐射、微重力环境等。

22.7.4.1　真空环境

100 km 高度（零海拔高度算起）真空度为 4×10^{-2} Pa；200 km 处为 10^{-4} Pa；1 000 km 处为 10^{-11} Pa。对于载人飞船轨道高度为数百千米范围，真空度在 10^{-5} Pa 以下。

22.7.4.2　冷黑环境

太空是一个温度为 4 K，吸收系数 $a=1$ 的冷黑空间，太空吸收航天器发出的全部辐射热，就好像一个理想黑体。

22.7.4.3　温度交变环境

航天器在轨运行，其外热流（太阳辐射）和内热流（电子仪器和环控生保）是变化的。全日照（受晒因子＝受照时间 t_s/运行周期 $t_0=1$）和仪器都工作时，温度最高。处于阴影和仪器最少工作时，温度最低。航天器绕地球运行，处于温度交变环境中。

22.7.4.4　太阳辐射环境

太阳是一个强大辐射源，辐射出 γ 射线、X 射线、紫外线、可见光、红外线、微波和无线电波等各种波长的电磁波。不同波长的辐射能量大小不同。可见光（$0.38\sim0.78$ μm）辐射最强，可见光和红外部分（小于 0.1 μm）的辐射能占总能量的 90％以上。

22.7.4.5　粒子辐射环境

主要是质子和电子，能量为（$0.5\sim50$）$\times10^6$ eV。质子最大通量 10^6 个/（$cm^2\cdot s$），电子最大通量 10^8 个/（$cm^2\cdot s$）。银河宇宙线和太阳宇宙线也产生高能粒子，能量 $10^8\sim10^{19}$ eV。但近地轨道辐射剂量不大，载人航天受影响最大的是太阳爆炸引起的太阳宇宙辐射。

22.7.4.6　原子氧环境

原子氧是近地轨道（$200\sim500$ km）残余大气的重要组分。波长小于 240 nm 的紫外线辐射，分子氧离解，或由载体的高温等离子体诱发。原子氧与载人飞船相撞能量达 4～5 eV。原子氧对航天器材料表面的氧化和腐蚀破坏性极大。

22.7.4.7 磁环境

地球近地轨道存在磁场较强。在太阳风作用下空中地磁场偏离偶极磁场，而被局限在一定范围内（称为"磁层"）。航天器内由于铁磁物质和环电流的存在，磁层作用产生干扰力矩，而影响航天器的姿态，并产生漂移。

22.7.4.8 微流星与空间碎片

微流星有零星微流星和雨流微流星之分，微流星直径在 0.1～10 μm 范围，速度可达 10～70 km/s，质量 1～10^{-6} g。主要危害航天器表面，产生砂毛及洼坑，0.5 mm 以上直径微流星能打穿舱壁。

22.7.4.9 微重力

载人航天器的微重力环境为 10^{-4}～10^{-5} g。失重环境对航天员生理影响很大，如失水、肌肉萎缩和生理功能紊乱等。

22.7.5 测量设备电磁兼容设计要求

电磁兼容性是使测量系统在规定的环境中按设计要求正常工作，而不会因电磁干扰造成失败或不允许的性能恶化。任何系统原则上不得因为辐射或传导产生的电磁干扰而影响其他设备或系统的正常工作，而本系统对其他系统产生的电磁干扰又必须具有一定承受能力，即不能影响本系统的正常工作。也就是说任何一个系统既要抗外来电磁干扰，又要控制自身辐射所产生的电磁干扰强度。本节不但研究船载测量设备的电磁兼容设计，还涉及在地面测试状态下的地面测试系统的电磁兼容设计。

电磁干扰是由无用的乱真的传导或辐射的电信号引起的，它能造成系统电性能下降，甚至严重恶化。因此，有效控制电磁干扰非常重要。

电磁干扰在频域上从低频到微波段都有，有宽带，也有窄带；有相参，也有非相参。电磁干扰信号的产生有人为的也有自然的。人为的干扰又分为有意的或无意的。

电磁干扰的控制问题，是系统设计应解决的问题。对测量系统来说，根据其特点，目前对系统之间电磁干扰应从频率的选择，工作时间，安装位置及工作方向四个方面加以考虑。系统内部电磁干扰主要是传导或漏辐射产生的，所以系统内部电磁干扰的控制，主要是解决自身的干扰。

22.7.5.1　电磁环境

测量设备所安装的环境很复杂，除本测量系统之外，还有通信设备、引导设备、供电设备等配套设备；另外，测量设备周围有其他电子设备；还有自然界的干扰，如太阳噪声和天电干扰等。电磁干扰信号频率覆盖范围很宽，对测量系统容易造成干扰，所以在系统设计前应尽可能的搞清楚电磁干扰的类型和特性，为电磁兼容设计提供依据。

（1）电磁干扰测量

设计者应到设备使用现场进行电磁干扰测量，给出各种频段范围的干扰场强，尽可能地把现场电磁干扰环境进行定量描述，为测量系统设计提供依据。

（2）现场调研

对使用现场周围各种电器的工作频段和频率进行调研，以便为系统提供依据，或明确提出对系统使用频率的限制，避免系统间的干扰。

（3）天电干扰

这种干扰在任何地方都是不可避免的自然干扰，为了防止对系统的干扰，并保证工作安全，在设计时必须考虑对抗措施。

22.7.5.2　预防电磁干扰的措施

（1）加强电磁兼容管理

其具体措施如下：

1）制定明确的电磁兼容设计规范，明确电磁兼容设计要求，目标及责任；

2）制定电磁兼容实验计划，测试系统的抗干扰能力和抗干扰敏感度是否满足设计要求。

（2）屏蔽要求

其具体要求如下：

1）易受干扰和干扰辐射源设备的机柜、机箱及电路组件的盒子，都应按屏蔽要求设计。在测量系统中，结构设计原则上采用三级屏蔽。

2）对电缆屏蔽，高、低频电缆一律采用屏蔽电缆，如果要求屏蔽性能特高者，最好采用双绞线和双层屏蔽的电缆。传输重要信息的低频电缆一律用双线制双绞线屏蔽电缆，以防止泄漏和引入外来干扰。

（3）接地

良好接地是改善屏蔽性能的有力手段。因此应考虑：

1）电缆屏蔽层两端应严格接地。

2）机柜应牢固接地，跨接电阻不大于 2.5 mΩ。

3）接地线应采用导电性能良好的宽厚比值大的铜带或铜丝编织带制成，并牢固地搭接在地桩上，确保跨接电阻小，一般均在毫欧级。大地母线在机房内的布置，呈星形开放式的一点接地，不允许形成闭合回路，而产生地线间的公共耦合。

4）信号地、电源地、避雷针地的地桩各自分开，也可接在一点的地线设备上，避免互相通过地线耦合引而引入干扰。要求信号地接地电阻不大于 2 Ω，电源的接地电阻不大于 4 Ω，避雷针的接地电阻不大于 10 Ω。

5）弱信号、大功率放大器、伺服驱动等设备的接地母线应分开，并以星形方式一端接到地桩（点接）上，避免后两者的大幅度突变电流变化对其他电路产生的瞬态干扰。

　　6）数字逻辑电路地或弱信号精密电路地可浮地，构成独立的供电接地系统，也可将整个电路屏蔽起来。与外电路的接口必须采用"光电开关"或"脉冲变压器"的隔离电路。

　　（4）滤波

　　供电网由于负荷变化，对测量系统可能构成直接电磁干扰，故供电网必须先经过电网滤波器或 UPS（不中断电源设备）后，再进入本系统各设备，其具体要求如下：

　　1）进入机房的电网电源先经过电网滤波器后再进入机房或者再进入机房内各分机设备；

　　2）本系统设备内的各电路组件的电源应加去耦滤波器。

　　（5）机房设计及布局

　　地面设备机房设计及布局应尽量减小进入机房的干扰场强，避免外来干扰对设备的威胁：

　　1）在强功率干扰源方向的机房、窗及通风口，应采用屏蔽措施，尽量减弱进入机房内的干扰场强；

　　2）进入机房的波导在进入机房前应先接地；

　　3）与机房内设备无关的电缆、波导等馈线，原则上不得穿过本机房；

　　4）电缆敷设时，避免电源电缆和信号传输电缆相互靠近或处于同一线扎中。机柜内电源线应尽量短，且和信号传输线分开走，并采用屏蔽的电源线。

　　（6）设计确定

　　1）频率选择。频率组合干扰是系统内部和系统之间的主要干扰来源之一，设备和部件选用的频率必须是组合干扰最小或易于对抗的频率。必要时进行充分论证和实验，而后才能确定。

　　2）检测门限。交会对接测量系统可能是多副载波在同一个公用通道内传输的连续波雷达系统，也可能是一种窄带系统，各信号检测门限（以 S/N 表示）必须有适当的电平，因此系统设计时，各个组成部分的设计应进行平衡折中，保证重点。使干扰的影响最小，或忽略不计。

3）各设备之间的数字电路接口，应尽量采用高电平传输的隔离（不同地的）电路，以增强抗干扰的能力。

4）各设备应尽量采用差分或平衡接口电路，以减小接地电路引入的干扰。

5）一般低速器件的电磁干扰的敏感度比高速器件低，因此在满足电性能要求的前提下，尽量采用前者，以免把电路的速率或频率响应余量设计过大。

22.7.5.3　减弱电磁干扰的措施

采取上述措施的目的都是为了防止外来的电磁干扰，而测量系统本身也是一个电磁干扰源，因此还应考虑减小本系统对其他系统的电磁干扰问题：

1）大功率发射机除加强屏蔽设计，减小泄漏外，大功率设备一律采用屏蔽设计，而且是独立结构，应和其他分机保持一定距离，尽量靠近天线，以减小传输馈线距离。尽量减小或抑制因泄漏产生的空间干扰使它不超过"军标"要求。

2）对发射信号及各振荡源的输出应采用滤波措施，抑制谐波、杂波及带外噪声，以减小或消除对其他设备的干扰。

3）冷却、空调及易产生火花的设备，要求采用隔音和消火花的措施，减小噪声并消除火花干扰。

4）对微波设备和具有放射性辐射的设备，应有良好的屏蔽措施，微波泄漏和 X 射线剂量应符合国军标 GJB7－84《微波辐射安全限值》的规定。

附录 A 世界主要航天
国家的运载火箭

附录 A 是对世界主要航天国家的运载火箭性能的概述。从中可看出其发展道路和技术进步，从而得出 2.7 节的结论，以作为我国发展运载火箭的借鉴。

A1 苏联/俄罗斯的运载火箭

苏联/俄罗斯主要有东方号系列（СЕМЕЙСТВО BOCTOK）、联盟号系列（СЕМЕЙСТВО СОЮЗ）、宇宙号系列（KOCMOC）、质子号系列（СЕМЕЙСТВО ПРОТОН）、旋风号系列（СЕМЕЙСТВО ЦИКЛОН）、天顶号系列（СЕМЕЙСТВО ЗЕНИТ）和能源号（ЭНЕРГИЯ）等多个系列、多种型号的运载火箭，现分别介绍如下。

A1.1 东方号系列运载火箭

东方号系列运载火箭包括卫星号、月球号、东方号、上升号、联盟号、进步号、闪电号等火箭（后 4 种火箭又构成了联盟号系列运载火箭），其总体参数如表 A1 所示。

卫星号运载火箭由洲际导弹 P—7（SS—6）改进而成，于 1957 年 10 月 4 日首发世界上第一颗人造地球卫星。该火箭的主要技术性能如表 A2 表示。

月球号运载火箭于 1959 年 1 月 2 日发射了世界上第一个月球探测器。该火箭的主要技术性能如表 A3 所示。

表 A1　东方号系列运载火箭总体参数

型号名称	西方代号	级　数	全长/m	底部最大直径/m	起飞质量/t	起飞推力/kN	运载能力/kg		
							LEO	大椭圆轨道	绕月轨道
卫星号	SL—1/2	1+4 枚助推器	29.17	10.3	267	3 904.4	1 327	—	—
月球号	A—1(L)	2+4 枚助推器	33.5	10.3	279	4 002.5	—	—	360
东方号	A—1(V)	2+4 枚助推器	38.36	10.3	287	4 002.5	4 730	—	—
联盟号	A—2	2+4 枚助推器	49.52	10.3	310	4 002.5	7 200	—	—
闪电号	A—2—e	3+4 枚助推器	42	10.3	306	4 002.5	—	1 600	1 620

注：LEO——近地轨道。

表 A2 卫星号运载火箭主要技术性能

级数	1+4 枚助推器	起飞推力	3 904.4 kN
全长	29.167 m	推重比	1.49
底部最大直径	10.3 m	运载能力	1 327 kg（近地轨道）
起飞质量	267.3 t		

助 推 器			
全长	19.8 m	推进剂	液氧/煤油
直径	2.68 m	海平面总推力	821×4＝3 284 kN
起飞质量	42.5×4=170 t	海平面比冲	
结构质量	3.5×4=14 t	主机	2 452.5 N·s/kg
		游机	2 442 N·s/kg
推进剂质量	39×4=156 t	工作时间	120 s
发动机	РД－107 共 4 台，每台有 4 个主推力室，2 个游动推力室		

一 子 级			
级长	28.75 m	推进剂	液氧/煤油
直径	2.95 m	海平面总推力	722.3 kN（额定值）
起飞质量	95.7 t		620.4 kN（减额值）
结构质量	7.2 t	真空总推力	912.3 kN
推进剂质量	88.5 t	真空比冲	3 021.5 N·s/kg
发动机	РД－108	工作时间	300 s

整 流 罩			
长度	1.2 m	质量	约 0.3 t
直径	3 m		

表 A3 月球号运载火箭主要技术性能

级数	2+4 枚助推器	起飞推力	4 002.5 kN
全长	33.5 m	推重比	1.46
底部最大直径	10.3 m	运载能力	860 kg（绕月轨道）
起飞质量	279 t		

助 推 器			
全长	19.8 m	发动机	4 台 РД－107
直径	2.68 m	推进剂	液氧/煤油
起飞质量	43×4=172 t	海平面总推力	821×4＝3 284 kN
结构质量	3.5×4=14 t	海平面比冲	2 491.7 N·s/kg
推进剂质量	39.5×4=158 t	工作时间	120～140 s

续表

一 子 级

级长	28.75 m	推进剂	液氧/煤油
直径	2.95 m	海平面总推力	745 kN（额定值）
起飞质量	97.3 t	真空总推力	941.8 kN
结构质量	7.8 t	真空比冲	3 090.2 N·s/kg
推进剂质量	89.5 t	工作时间	约 320 s
发动机	РД—108		

二 子 级

级长	2.98 m	发动机	РД—448 初型
直径	2.58 m	推进剂	液氧/煤油
子级质量	8 t	真空推力	49.1 kN
结构质量	1.1 t	真空比冲	3 100 N·s/kg
推进剂质量	6.9 t	工作时间	430 s

整 流 罩

长度	2.4 m	质量	约 0.7 t
直径	2.58 m		

东方号运载火箭是世界上第一种载人火箭。1961 年 4 月 12 日该火箭把载有航天员加加林的东方号飞船送入地球轨道。东方号火箭是在月球号火箭的基础上改进而成的，其主要技术性能如表 A4 所示。

表 A4 东方号运载火箭主要技术性能

级数	2+4 枚助推器	运载能力	
全长	38.36 m	近地轨道	4 730 kg
底部最大直径	10.3 m	太阳同步轨道	1 840 kg（650 km，98°）
			1 150 kg（920 km，99°）
起飞质量	287 t	入轨精度	
起飞推力	4 002.5 kN	太阳同步轨道倾角偏差	±0.17°
推重比	1.42	近地轨道高度偏差	±40 km
		周期偏差	±22 s

续表

一 子 级			
级长	28.75 m	推进剂	液氧/煤油
直径	2.95 m	海平面总推力	745 kN
起飞质量	101 t	真空总推力	941.8 kN
结构质量	7.8 t	真空比冲	3 090.2 N·s/kg
推进剂质量	93.2 t	工作时间	约 320 s
发动机	РД—108		

二 子 级			
级长	2.98 m	发动机	РД—448
直径	2.58 m	推进剂	液氧/煤油
子级质量	7 t	真空推力	54.9 kN
结构质量	1.1 t	真空比冲	3 198.1 N·s/kg
推进剂质量	5.9 t	工作时间	440 s

整 流 罩			
长度	6.8 m	有效容积	
直径	2.7 m	圆柱段直径	2.25 m
质量	2.5 t	长度	4.7 m

A1.2　联盟号系列运载火箭

　　联盟号系列火箭是在东方号运载火箭基础上发展而来的，现已发展为上升号、闪电号、联盟号、联盟号 U、联盟号 U2、联盟号 U/伊卡尔、联盟号 U/弗雷盖特、联盟号 FG、联盟号 2/弗雷盖特（又称联盟号 ST）、联盟号 3 等 10 余个型号。联盟号系列运载火箭的主要技术性能如表 A5 所示。

　　联盟号火箭按照箭体结构可分为二级型和三级型两种。

　　二级型联盟号火箭主要用于发射卫星和载人/不载人航天器到近地轨道。二级型联盟号火箭于 1963 年 11 月 16 日进行首次发射，将第二代照相侦察卫星宇宙 22 送入近地轨道。1964 年 10 月发射了第一艘上升号载人飞船，首次实现了多人航天和空间舱外活动。从 1967 年 4 月开始发射联盟号载人飞船，从 1978 年 1 月开始发射进步号无人货运飞船。

　　三级型联盟号火箭主要用于发射高轨道卫星或深空探测器。三级型联盟号火箭于 1960 年 10 月开始发射，1961 年 2 月首次发射成功，将第一颗金星探测器送入日心轨道，后又用于发射世界上第一颗火星探测器和月球－4～月球－14 号探测器。1965 年 4 月开始发射闪电号通信卫星后，三级型联盟号火箭又称作闪电号运载火箭。此外，该火箭还用于发射预警卫星。1990 年以后，又在二级型联盟号火箭的基础上发展了商用的联盟号 U/伊卡尔、联盟号 U/弗雷盖特、联盟号 2/弗雷盖特等运载火箭。

表 A5　联盟号系列运载火箭主要技术性能

级数	2+4 枚助推器	起飞推力	4 002.5 kN
全长	49.52 m（载人型）	推重比	1.32
	45.22 m（非载人型）	运载能力	7 200 kg（近地轨道）
底部最大直径	10.3 m	入轨精度	
起飞质量	约 310 t	轨道高度偏差	±40 km
		轨道周期偏差	±22 s

助推器和一子级基本上与东方号火箭相同。

二　子　级			
级长	8.1 m	发动机	РД－461
直径	2.66 m	推进剂	液氧/煤油
子级质量	24 t	真空推力	294.3 kN
结构质量	约 3 t	真空比冲	3 237.3 N·s/kg
推进剂质量	约 21 t	工作时间	245 s

续表

整　流　罩			
长度	11. 36 m（非载人型）	有效容积	
直径	3 m	长度	7 m
质量	4. 5 t	直径	2. 7 m

A1. 3　宇宙号系列运载火箭

宇宙号系列运载火箭主要有宇宙号 1 和宇宙号 3/3M 两种型号，它们都是在中程弹道导弹的基础上研制的。宇宙号 1 火箭于 1962 年投入使用；宇宙号 3 火箭在 1966 年～1968 年进行过 4 次研制性试射；宇宙号 3M 火箭是宇宙号 3 火箭的实用型，于 1967 年开始使用。宇宙号系列火箭的总体参数如表 A6 所示。

表 A6　宇宙号系列运载火箭总体参数

型号名称	西方代号		级数	全长/ m	最大 直径/m	起飞 质量/t	起飞 推力/kN	运载能力/kg	
								LEO	SSO
宇宙号 1	B—1	SL—7	2	30	2. 26	43	635	600	——
宇宙号 3M	C—1	SL—8	2	32. 4	3. 2	109. 5	1 480	1 500	850

注：SSO——太阳同步轨道。

A1. 4　质子号系列运载火箭

质子号系列运载火箭为发射重型航天器而设计，不由导弹衍生。该系列火箭共有二级型、三级型（质子号 K、质子号 M）和四级型（质子号 K/上面级 D 系列、质子号 K/微风 M 和质子号 M/微风 M）3 种型号，其总体参数如表 A7 所示。

表 A7　质子号系列运载火箭总体参数

型号名称	级数	全长/m	最大直径/m	起飞质量/t	起飞推力/kN	运载能力/t					
						LEO	GTO	GEO	月球轨道	金星轨道	火星轨道
二级型质子号	2	41	7.4	633	8 840	12.25	—	—	—	—	—
质子号 K	3	57.85	7.4	700	9 600	19.76	—	—	—	—	—
质子号 M	3	55.05	7.4	700	9 600	21	—	—	—	—	—
质子号 K/上面级 DM3	4	60.1	7.4	690	9 600	—	2.75~4.35	1.88	6.2	5.4	5.0
质子号 M/微风 M	4	58.178	7.4	690	9 600	—	3.86~6.19	2.92	—	—	—

注：GTO——地球同步转移轨道；GEO——地球同步轨道。

A1.5　旋风号系列运载火箭

旋风号系列运载火箭包括旋风号 2、旋风号 2K、旋风号 3 和旋风号 4 等几种型号。它们都是在苏联采用可储存液体推进剂的第二代洲际弹道导弹的基础上发展而来的，主要用于发射军用卫星。该系列火箭的总体参数如表 A8 所示。

表 A8　旋风号系列运载火箭总体参数

型号名称	级数	全长/m	直径/m	起飞质量/t	起飞推力/kN	运载能力/t	
						LEO	SSO
旋风号 2	2	39	3	179.1	2 946	4	1.46
旋风号 2K	3	39.95	3	179.1	2 946	2	1.46
旋风号 3	3	39.27	3	189	2 973	3.6	—
旋风号 4	3	39.95	3~4	198	2 971	5.25	—

A1.6　天顶号系列运载火箭

天顶号系列运载火箭主要有两种型号，即 2 型（1985 年 4 月首飞）和 3 型（1993 年首飞）。天顶号（2 型和 3 型）火箭的总体参数如表 A9 所示。

表 A9　天顶号（2 型和 3 型）火箭总体参数

型号名称	级数	全长/m	最大直径/m	起飞质量/t	起飞推力/kN	运载能力/t		
						LEO	GTO	GEO
天顶号 2 型	2	57	3.9	459	7 257	13.8~15.7	—	—
天顶号 3 型	3	58.9	3.9	466	7 257	—	4.5~6	1.9~2.4

A1.7　能源号运载火箭

能源号运载火箭是一种重型通用运载火箭（代号为 11K25，西方代号为 SL—17）是为发射载人或不载人航天器而设计的，于 1974 年首飞。能源号火箭的主要技术性能如表 A10 所示。

表 A10　能源号运载火箭主要技术性能

级数	2 级	推进剂质量	约 2 000 t
全长	60 m	起飞推力	34 833 kN
最大宽度	20 m	推重比	1.48：1
子级质量	2 400 t	运载能力（200 km 轨道）	105 t
助　推　级			
级长	32 m	发动机	4 台 РД—170 发动机
子级质量	约 1 500 t	推进剂	液氧/煤油
地面推力	29 028 kN	地面比冲	3 033 N·s/kg
真空推力	31 616.8 kN	工作时间	一约 150 s
芯　级			
级长	60 m	推进剂质量	约 700 t
直径	8 m	发动机	液体火箭发动机
子级质量	约 800 t	推进剂	液氧/液氢
地面推力	5 805 kN	真空比冲	4 452 N·s/kg
真空推力	7 845.2 kN	工作时间	约 380 s

A2　美国的运载火箭

美国的运载火箭系列繁多，这里主要介绍比较重要的大型系列火箭，即雷神系列（THOR FAMILY）、宇宙神系列（ATLAS FAMILY）、德尔它系列（DELTA FAMILY）、侦察兵系列（SCOUT FAMILY）、土星系列（SATURN FAMILY）和大力神系列（TITAN FAMILY）。

A2.1　雷神系列运载火箭

雷神系列运载火箭是在雷神中程导弹基础上发展而来的，有 10 个型号，主要用于发射军用卫星和早期的航天探测器，1958 年开始投入使用。该运载火箭的总体参数如表 A11 所示。

表 A11　雷神系列运载火箭总体参数

型号名称	级数	全长/m	最大直径/m	起飞质量/kg	起飞推力/kN	近地轨道运载能力/kg
雷神一艾布尔（发射探测器）	3	27.28	2.44	51 670	676.82	122.5
雷神一艾布尔（发射地球卫星）	2	24.11	2.44	53 810	676.82	277.0
雷神一阿金纳 A	2	25.61	2.44	53 200	676.82	771.12
雷神一阿金纳 B	2	26.02	2.44	56 600	765.62	952.5
雷神一阿金纳 D	2	25.51	2.44	56 600	765.62	953.5
大推力雷神一阿金纳 D	2	29.0	2.44	68 950	1 485.32	1 500
长贮箱大推力雷神一阿金纳 D	2	33.0	2.44	91 630	1 461.62	2 000
雷神一博纳 1	2	21.56	2.44	49 320	676.82	91.0
雷神一博纳 2	2	21.77	2.44	49 750	676.82	136.0
雷神一博纳 2A	3	24.31	2.44	50 450	676.82	226.8

A2.2　宇宙神系列运载火箭

宇宙神系列运载火箭是在宇宙神洲际导弹基础上发展而来的，有 20 多种型号，基础级共 16 种。该系列运载火箭的总体参数如表 A12 所示。

A2.3　德尔它系列运载火箭

德尔它系列运载火箭是在雷神中程导弹基础上发展而来的，是美国发射最多的火箭，最早使用于 1960 年，可发射近地轨道、地球同步轨道和全球定位轨道各类卫星。该系列运载火箭的总体参数如表 A13 表示。

表 A12 宇宙神系列运载火箭总体参数

型号名称	级数	全长/m	最大直径[1]/m	起飞质量/t	起飞推力/kN	运载能力[2]/t	使用起止时间
宇宙神 B	1.5	25.908	4.876	110.66	1 610.26	0.072 58	1958 年
宇宙神 D	1.5	29.07	4.876	117.93	1 610.26	1.36	1959 年~1967 年
宇宙神 LV—3A—艾布尔	3.5	30.3	4.876	117.915	1 610.26	0.68	1959 年~1960 年
宇宙神 LV—3A—阿金纳 A	2.5	30.2	4.876	123.81	1 610.26	2.268	1960 年~1961 年
宇宙神 LV—3A—阿金纳 B	2.5	29.87	4.876	124.85	1 610.26	2.27	1961 年~1965 年
宇宙神 LV—3C—半人马座 D	2.5	32.817	4.876	136.055	1 730.358	4.85	1962 年~1967 年
宇宙神 E/F	1.5	25.9	4.876	121.95	1 730.34	1.712	1968 年~1995 年
宇宙神 SLV—3—阿金纳 B	2.5	30.11	4.876	131.414	1 730.358	2.77	1964 年~1966 年
宇宙神 SLV—3—阿金纳 D	2.5	33.2	4.876	127	1 727.41	3.81	1963 年~1967 年
宇宙神 SLV—3A—阿金纳 D	2.5	36.7	4.876	148.8	1 758.558	3.856	1968 年~1978 年
宇宙神 SLV—3A—博纳 2	2.5	≥28.15	4.876	129.905	1 758.558	0.684	1968 年
宇宙神 SLV—3C—半人马座 D	2.5	38.35	4.876	146.732	1 758.558	3.851	1967 年~1972 年
宇宙神 SLV—3D—半人马座 D1—A	2.5	39.9	4.876	130.79	1 918.962	5.119	1973 年~1983 年

续表

型号名称	级数	全长/m	最大直径1)/m	起飞质量/t	起飞推力/kN	运载能力2)/t	使用起止时间
宇宙神 G—半人马座 D1—A	2.5	42~43.9	4.876	163.565	1 952.324	6.8	1984年~1989年
宇宙神 H	2.5	31.9	4.876	132.8	1 952.324	1.36*	1983年~1987年
宇宙神 1—半人马座 D1—A	2.5	42~43.9	4.876	163.9~164.29	1 953.95	5.7~5.9	1990年~1997年
宇宙神 2—半人马座 2	2.5	47.42	4.876	187.2	2 084	2.68~2.77△	1991年~1998年
宇宙神 2A—半人马座 2A	2.5	47.42	4.876	189.98	2 084	3.07△	1992年~2002年
宇宙神 2AS—半人马座 2A	2.5	47.42	5.10	237.14	2 950	3.72△	1993年~2004年
宇宙神 3A—半人马座 3	2	52.8	—	220.7	2 600	4.037	2000年~2004年
宇宙神 3B—通用半人马座	2	54.5	—	225.4	2 600	4.119~4.5△	2002年~2005年
宇宙神 5—通用半人马座	2	58.3~65.3	—	334.78~950.64	3 827~11 481	9.05~19.05	2002年至今

注: 1) 芯级直径为3.05 m。
2) 未加上标的均为近地轨道运载能力; * 表示太阳同步轨道运载能力; △表示地球同步转移轨道运载能力。

表 A13　德尔它系列运载火箭总体参数

序号	型号名称	级数	全长/m	底部最大直径/m	起飞质量/t	起飞推力/kN	运载能力/kg		首末发射日期
							LEO	GTO	
1	德尔它	3	28.06	2.44	50.8	675.78	271.8	45	1960-05~1962-09
2	德尔它 A	3	28.06	2.44	50.8	741.88	317.1	68	1962-01~1962-10
3	德尔它 B	3	28.3	2.44	57.8	764.08	376	68	1962-12~1964-03
4	德尔它 C	3	28.3	2.44	—	764.08	407.7	82	1964-10~1969-01
5	德尔它 D	3	28.3	4.11	65.0	1 492.69	575.3	104	1964-08~1965-04
6	德尔它 E	3	29.2	4.11	75.0	1 492.69	733.9	150	1965-11~1971-04
7	德尔它 E-1	3	29.3	4.11	—	1 492.69	732	200	1966-07~1969-06
8	德尔它 G	2	—	4.11	—	1 492.69	—	—	1966-10~1967-09
9	德尔它 J	3	29.2	4.11	—	1 492.69	800	263	1968-07（仅 1 次）
10	德尔它 L	3	32.3	4.11	约91	1 492.69	998	356	1969-08~1972-01
11	德尔它 M	3	32.3	4.11	约92	1 492.69	—	356	1968-09~1971-02

续表

序号	型号名称	级数	全长/m	底部最大直径/m	起飞质量/t	起飞推力/kN	运载能力/kg		首末发射日期
							LEO	GTO	
12	德尔它 N	2	30.27	4.11	约92	1 492.69	907	—	1968-08~1972-03
13	德尔它 M6	3	32.3	4.11	约106	2 164.81	—	454	1971-03（仅1次）
14	德尔它 N6	2	30.27	4.11	约106	2 164.81	1 270		1970-01~1971-03
15	德尔它 300	2	—	4.11	—	1 492.69	—	—	1972-10~1973-11
16	德尔它 900	2	—	4.11	约120	2 164.81	1 723	—	1972-07~1972-10
17	德尔它 1604	3	35.36	4.11	—	2 164.81	—	—	1972-02~1973-10
18	德尔它 1900	2	—	4.11	—	2 164.81	—	—	1973-12（仅1次）
19	德尔它 1410	2	—	4.11	—	1 700.87	—	—	1975-04（仅1次）
20	德尔它 1910	2	—	4.11	—	2 164.81	—	—	1975-06（仅1次）
21	德尔它 1913	3	35.36	4.11	—	2 164.81	—	—	1973-06（仅1次）
22	德尔它 1914	3	35.36	4.11	约134	2 164.81	—	680	1972-11~1973-04

续表

序号	型号名称	级数	全长/m	底部最大直径/m	起飞质量/t	起飞推力/kN	运载能力/kg LEO	运载能力/kg GTO	首末发射日期
23	德尔它2310	2	33.31	4.11	106.6	1 615.42	1 540.2	—	1974—11~1981—10
24	德尔它2313	3	35.36	4.11	约105	1 615.42	—	约554	1974—01~1977—08
25	德尔它2910	2	33.31	4.11	134.8	2 311.33	1 947.2	—	1975—01~1978—10
26	德尔它2913	3	35.36	4.11	—	2 311.33	—	—	1975—08~1976—05
27	德尔它2914	3	35.36	4.11	134.9	2 311.33	—	724	1974—04~1979—08
28	德尔它3910	2	35.36	4.57	190.3	3 188.19	2 750	—	1980—02~1988—02
29	德尔它3913	3	35.36	4.57	188.4	3 188.19	—	830	1981—08（仅1次）
30	德尔它3914	3	35.36	4.57	189.7	3 188.19	—	954	1975—12~1987—04
31	德尔它3910—PAM	3	35.36	4.57	190.8	3 188.19	—	1 154	1980—11~1982—06
32	德尔它3920	2	35.36	4.57	191.9	3 188.19	2 800	—	1982—07~1989—03
33	德尔它3924	3	35.36	4.57	191.3	3 188.19	—	1 080	1982—10~1987—02

续表

序号	型号名称	级数	全长/m	底部最大直径/m	起飞质量/t	起飞推力/kN	运载能力/kg		首末发射日期
							LEO	GTO	
34	德尔它 3920—PAM	3	35.36	4.57	192.5	3 188.19	—	1 270	1982—08～1987—03
35	德尔它 4925	3	35.36	4.57	约201	3 364.81	—	1 270	1989—08～1990—12
36	德尔它 5920	2	35.36	4.57		3 511.41	—	—	1989～11（仅1次）
37	德尔它 6920	2	39.81	4.60	210.56	3 565.1	2 840	—	1990—02～1992—06
38	德尔它 6925	3	39.38	4.60	217.27	3 565.1	—	1 447	1989—02～1992—07
39	德尔它 7920	2	39.38	4.60	230.12	3 606.3	3 624	—	1995—11
40	德尔它 7925	3	39.38	4.60	230.85	3 606.3	—	1 832	1990—11
41	德尔它 7925H	3	39.79	5.0	285.82	4 149.9	—	2 180	2003—07
42	德尔它 7320	2	39.38	4.60	150.09	2 265.0	—	—	1999—06
43	德尔它 7326	3	39.38	4.60	150.46	2 265.0	—	929	1998—10～2001—08
44	德尔它 7420	2	39.79	4.60	163.66	2 712.1	—	—	1998—02

续表

序号	型号名称	级数	全长/m	底部最大直径/m	起飞质量/t	起飞推力/kN	运载能力/kg LEO	运载能力/kg GTO	首末发射日期
45	德尔它 7425	3	39.38	4.60	164.74	2 712.1	—	1 129	1998—12~2002—07
46	德尔它 7426	3	39.38	4.60	163.67	2 712.1	—	1 060	1999—02（仅1次）
47	德尔它 8930	2	39.1	4	301.454	4 891	8 292	3 810	1998—08~2000—08
48	德尔它 4M	2	62.8	5.08	256	2 891	9 106	4 231	2003—03
49	德尔它 4M+(4, 2)	2	62.8	8.50	325	4 359	12 300	5 941	2002—11
50	德尔它 4M+(5, 2)	2	66.1	8.50	334.2	4 359	10 616	4 869	在研
51	德尔它 4M+(5, 4)	2	66.1	8.50	398.8	5 827	13 869	6 822	在研
52	德尔它 4H	2	71.7	15.50	730.9	8 673	21 892	12 757	2004—12

A2.4　侦察兵系列运载火箭

侦察兵系列火箭为四级固体小型火箭，由 NASA 的试验/试用型 X 系列，实用型 A、B、C、D、D－1、E/F－1、G－1 系列和美国空军蓝色侦察兵系列组成。该系列运载火箭的总体参数如表 A14 所示。

表 A14　侦察兵系列运载火箭总体参数

型号名称	级数	全长/m	最大直径/m	起飞质量/t	起飞推力/kN	近地轨道运载能力/kg
侦察兵 X－1	4	21.76	1.016	20	444.92	60
侦察兵 X－2	4	21.76	1.016	—	—	76
侦察兵 X－3	4	21.76	1.016	—	—	88
侦察兵 X－4	4	—	1.016	—	449.14	103
侦察兵 A	4	22.00	1.016	18	449.14	120
侦察兵 B	4	22.39	1.016	18.1	449.14	150
侦察兵 D－1	4	23.00	1.14	21.25	—	180
侦察兵 E/F－1	4	—	—	—	—	190
侦察兵 G－1	4	22.44	1.14	22	—	210
蓝色侦察兵 Jr	4	12.30	0.79	5.8	222.61	—
蓝色侦察兵 1	3	21.90	1.01	16.750	512	—
蓝色侦察兵 2	4	22.00	1.01	16.890	512	—

A2.5　土星系列运载火箭

土星系列运载火箭因完成人类首次登月而闻名于世。它包括土星Ⅰ、土星ⅠB 和土星Ⅴ三种型号。土星 1 型火箭有三种不同的上面级，土星 1B 型火箭有两种不同的上面级。运送阿波罗号飞船的是土星Ⅴ火箭。土星系列运载火箭的总体参数如表 A15 所示。

表 A15 土星系列运载火箭总体参数

型号名称	级数	全长/m	最大直径/m	起飞质量/t	起飞推力/kN	运载能力/t
土星 I	2	57.3	6.53	508	6 690	9（圆轨道）
土星 I B	2	68.63	6.6	589	7 296	18（185 km 圆轨道，倾角为 28.5°）
土星 V	3	110.04	10.06	2 945.95	34 029	50（逃逸轨道，倾角为 28.5°）

A2.6 大力神系列运载火箭

大力神系列运载火箭是在大力神 2 洲际导弹的基础上发展起来的，主要包括大力神 2、大力神 3、大力神 34、商业大力神和大力神 4 等。该系列运载火箭的总体参数如表 A16 所示。

A3 其他国家的运载火箭

A3.1 欧盟的运载火箭

欧洲联盟 10 国在法国建议下，于 1972 年成立欧洲空间局（ESA）。在 1973 年之前研制了欧洲 1 号、欧洲 2 号和欧洲 3 号运载火箭，但因种种原因夭折。后于 1973 年 12 月开始研制阿里安 1 运载火箭，1979 年首飞；1980 年 7 月研制阿里安 2 和阿里安 3 运载火箭，1984 年 8 月阿里安 3 首飞失败，1986 年 5 月阿里安 2 首飞成功；1982 年开始研制阿里安 4 运载火箭，1988 年 6 月首飞成功；1988 年 1 月开始研制阿里安 5 运载火箭，1995 年 10 月第一次飞行试验失败，1996 年鉴定性试飞成功，2000 年后投入商业服务。阿里安运载火箭的总体参数如表 A17 所示。

表 A16　大力神系列运载火箭总体参数

型号名称	级数	全长/m	最大直径/m	起飞质量/t	起飞推力/kN	运载能力/t				使用起止日期
						LEO	GEO	GTO	逃逸轨道	
大力神 2LV4	2	33.22	3.05	148.31	1 912.7	3.62²⁾	—	—	—	1964-04-08~1966-11
大力神 2SLV	2	36~42.9	3.05	155	1 912.7	3.175	—	—	—	1988-09-05
大力神 2S	3	39⁴⁾	5.10	272.76	4 595.0	4.897	—	—	1.134	—
大力神 3A	3	39.2	3.05	约169	1 912.7	3.30	—	—	—	1964-09-01~1965-05
大力神 3B	3	39.84~41.5	3.05	约166	2 313.0	3.60³⁾	—	1.1	0.6	1966-07-29~1984-04
大力神 3C	3	39.8~50.6	9.70	约636	10 675.7	13.41	1.63	4.4	3.15	1965-06-08~1982-03
大力神 3D	2	47.2	9.70	约634	10 675.7	13.59	—	—	—	1971-01-15~1983-06
大力神 3E	3	48.76	9.70	约644	10 675.7	15.4	3.35	7.0	5.4	1974-02-11~1977-09
大力神 34B	2	—	3.05	184	2 353.1	3.74	—	—	—	1971-03-21~1987-02
大力神 34D	2	49.35	9.82	688.78	12 419.4	14.36	—	—	—	1982-10-30
大力神 34D—过渡级	3	49.35	9.82	688.8	12 419.4	—	1.905	—	—	1989-09
大力神 34D—惯性上面级	3	49.35	9.82	690.9	12 419.4	—	1.817	—	—	1990-01-01
商业大力神 3	2	48.2	9.82	约693.0	12 419.4	14.74	—	—	—	—

续表

型号名称	级数	全长/m	最大直径/m	起飞质量/t	起飞推力/kN	运载能力/t				使用起止日期
						LEO	GEO	GTO	逃逸轨道	
商业大力神3—过渡级	3	48.2	9.82	约695	12 419.4	—	1.895	4.626	—	—
商业大力神3—惯性上面级	3	48.2	9.82	约698	12 419.4	—	—	4.944	—	—
商业大力神3—PAM—D	3	48.2	9.82	约682	12 419.4	—	—	1.882	—	—
大力神4A	2	50.72	—	860.71	11 230	17.70	—	—	—	1990—06—08~1997—10—23
大力神4A—惯性上面级	3	52.49	—	861.30	11 230	—	2.38	—	—	1989—06—14~1994—12—22
大力神4A—半人马座	3	58.59	—	873.43	11 230	—	4.54	—	—	1994—02—07~1998—08—12
大力神4B	2	51.17	—	924.88	13 531.6	21.68	—	—	—	1990—05—22~2005—10—19
大力神4B—惯性上面级	3	52.94	—	923.00	13 531.6	—	3.60	—	—	1997—02—23~2004—02—14
大力神4B—半人马座	3	59.04	—	935.45	13 531.6	—	5.77	—	—	1997—10—15~2003—09—08

注：1) 未加标注的为185 km轨道；
2) 483 km轨道；
3) 极地轨道；
4) 不包括有效载荷。

表 A17　阿里安系列运载火箭总体参数

型号名称	级数	全长/m	箭体最大直径/m	起飞质量/t	起飞推力/kN	运载能力/kg		使用起止时间
						LEO	GTO	
阿里安 1	3	47.7	3.8	210.3	2 360	2 500	1 850	1979 年～1986 年
阿里安 2	3	49.5	3.8	222	2 700	5 000	2 175	1986 年～1989 年
阿里安 3	3	49.5	6	242	2 700	5 800	2 854	1984 年～1989 年
阿里安 40	3	59.8	3.8	243	2 700	4 600	1 900	1990 年～1999 年
阿里安 42L	3	59.8	9	363	4 050	7 000	3 200	1994 年～2002 年
阿里安 42P	3	59.8	6.2	320	4 000	6 000	2 600	1990 年～2002 年
阿里安 44L	3	59.8	9	470	5 400	9 400	4 200	1989 年～2001 年
阿里安 44LP	3	59.8	9	418.5	5 350	8 300	3 700	1988 年～2001 年
阿里安 44P	3	59.8	6.2	355	5 300	6 500	3 000	1991 年～2001 年
阿里安 5G	2	46.4	13.2	746	11 400	16 000	6 900	1996 年～2003 年
阿里安 5G+	2	47.5	13.2	746	11 400	—	6 900	2004 年
阿里安 5GS	2	47.5	13.2	753	11 400	—	6 500	2005 年
阿里安 5ES	2	52	13.2	767	13 000	—	—	2008 年
阿里安 5ECA	2	53.78	13.2	780	13 000	—	10 500	2002 年
阿里安 5ECB	2	55.9	13.2	790	13 000	—	12 000	计划暂停

A3.2　日本的运载火箭

日本宇宙科学研究所（ISAS）为发射卫星，在 4 级固体火箭 M—4S的基础上研制了 L—4S—5 运载火箭，并于 1970 年 2 月成功发射了日本第一颗人造地球卫星（大隅号）。此后，日本又研制了 M 系列 M—4S、M—3C、M—3H/M—3S、M—3SⅡ 和 M—V 固体运载火箭，主要发射用于天文观测、月球和行星探测的科学卫星。该系列运载火箭的总体参数如表 A18 所示。

表 A18　M 系列运载火箭总体参数

型号名称	级数	全长/ m	直径/ m	起飞质量/kg	起飞推力/kN	运载能力[2]/kg	首次发射时间
L—4S[1]	4	16.5	0.735	9 400	732.58	26	1966 年
M—4S	4	23.6	1.41	43 800	1 936.1	180	1970 年
M—3C	3	20.2	1.41	41 600	1 936.1	195	1974 年
M—3H	3	23.8	1.41	49 000	2 186.2	290	1977 年
M—3S	3	23.8	1.41	49 600	2 215.2	290	1980 年
M—3SⅡ	3	27.8	1.41	61 700	1 715.0	780	1985 年
M—V	3	30.7	2.50	139 000	3 698.4	1 800	1997 年
M—V 改进型	3	30.8	2.50	140 400	3 698.4	1 850	2003 年

注：1) L—4S 是 M 系列的试验火箭；
　　2) 高度 250 km、倾角 31°的圆轨道。

1967 年 7 月，日本与美国签订了一项空间合作协议，引进了美国雷神—德尔它火箭技术，开始研制 N 系列运载火箭。N 系列运载火箭包括 N—1 火箭和 N—2 火箭，其总体参数如表 A19 所示。

表 A19　N 系列运载火箭总体参数

型号名称	级数	全长/m	最大直径/m	起飞质量/kg	起飞推力/kN	地球同步转移轨道运载能力/kg
N—1	3	32.57	4.02	91 470	1 461.6	300
N—2	3	35.36	4.02	135 390	2 157.6	670

在研制和使用 N 系列运载火箭的同时，日本研发了具有更大推力的 H—1 运载火箭，并于 1986 年 8 月首飞成功。为摆脱利用美国技术"不能为第三国发射卫星"的限制，开拓国际卫星发射市场，日本于 1984 年 7 月开始自主研制 H—2 火箭，并于 1994 年 2 月首飞成功。1995 年以后，日本又相继研制了 H—2A 系列和 H—2B 运载火箭。H 系列运载火箭的总体参数如表 A20 所示。

表 A20　H 系列运载火箭总体参数

型号名称		级数	全长/m	最大直径/m	起飞质量/t	起飞推力/kN	地球同步转移轨道运载能力/kg
H—1		3	40.3	4.02	140.6	2 157.6	1.1
H—2		2	50	7.6	270.0	4 050	3.8
H—2A	H2A202	2	53	4	289	5 564	3.7
	H2A2022	2	53	4	321	7 154	4.2
	H2A2024	2	53	4	351	8 744	4.6
	H2A204	2	53	4	445	10 054	5.7
H—2B		2	56	5.3	551	10 078	8

附录 B　常用天体运行数据和特性参数

　　人造天体（卫星、飞船和探测器等）的运动也符合自然天体的运动规律，设计这些人造天体的时候，经常会应用这些天体运行的数据和特性参数。

　　人类生活的地球是航天器的始发地。地球是太阳系中的一颗行星，并围绕太阳公转（公转周期为 1 a＝365.26 d），同时又自转（自转周期为 1 d＝23 h56 min4.1 s）。太阳系中除地球外，还有 7 大行星。各行星的轨道运行参数如表 B1 所示，这是设计行星探测器时常用的数据。地球卫星参数（见表 B2）、月球的物理参数和轨道特性（见表 B3）、天文常数（见表 B4）、地球的物理特性（见表 B5）。月球和行星的物理特性（见表 B6）、月球和各行星人造卫星的参数（见表 B7）等，都是设计人造天体时，要经常查用的。月球是地球唯一的卫星，是离地球最近的天体。因此，研制月球探测器是当今星际航行的首个目标，其次才是研制地球外行星及其卫星探测器，这就要用到行星的自然卫星运行特性参数（见表 B8）。

　　在设计探测器的精确轨道时，要进行轨道摄动源分析，要用到太阳和行星空间的许多环境参数，如太阳的物理特性（见表 B9）、星际空间中的辐射和场（见表 B10）、银河系参数（见表 B11）和太阳光谱辐射照度（见表 B12）等。在进行探测器有效载荷系统设计时（光学摄影、轨道定位定姿等）都要用到这些参数。

表 B1　行星轨道

行星	长半轴		公转周期		会合周期/d	平均日运动[1]/(°)	平均轨道速度/(km/s)	偏心率 e (1970 年)
	AU	10⁶ km	回归年	d				
水星	0. 387 099	57. 9	0. 240 85	87. 969	115. 88	4. 092 339	47. 89	0. 205 628
金星	0. 723 332	108. 2	0. 615 21	224. 701	583. 92	1. 602 131	35. 03	0. 006 787
地球	1. 000 000	149. 6	1. 000 04	365. 256	—	0. 985 609	29. 79	0. 016 722
火星	1. 523 691	227. 9	1. 880 89	686. 980	779. 94	0. 524 033	24. 13	0. 093 377
木星	5. 202 803	778. 3	11. 862 23	4 332. 589	398. 88	0. 083 091	13. 06	0. 048 45
土星	9. 538 84	1 427. 0	29. 457 7	10 759. 22	378. 09	0. 033 460	9. 64	0. 055 65
天王星	19. 181 9	2 869. 6	84. 013 9	30 685. 4	369. 66	0. 011 732	6. 81	0. 047 24
海王星	30. 057 8	4 496. 6	164. 793	60 189	367. 49	0. 005 981	5. 43	0. 008 58

注:1)平均日运动是从太阳上看真近点角的平均变化。

　　2)近日点经度 $\tilde{\omega}$ 是从春分点所测得的值,即 $\tilde{\omega}=\Omega+\omega$,式中 Ω 是沿着黄道从春分点向

运行参数

对黄道的倾角 i (1970年)/ (°)	升交点经度 Ω (1900年)/ (°)	$\Delta\Omega/$ ((°)/世纪)	近日点平均经度2) $\tilde{\omega}$ (1990年)/ (°)	$\Delta\tilde{\omega}/$ ((°)/世纪)	行星经度 L (1970年1月1日正午)/ (°)	近日点飞越日期 (1970年或更早以前)
7.004 2	47.145 8	+1.185 3	75.898 3	+1.554 4	47.982 5	1970—12—25
3.394 4	75.779 7	+0.899 7	130.152 7	+1.391 7	265.414 4	1970—05—21
—	—	—	101.219 7	+1.716 7	99.742 2	1970—01—01
1.850 0	48.786 3	+0.771 1	334.218 3	+1.840 6	12.675 2	1969—10—21
1.304 7	99.441 6	+1.010 8	12.720 8	+1.610 6	203.419 7	1963—09—26
2.489 4	112.788 8	+0.872 8	91.097 2	+1.958 3	43.005 5	1944—09—08
0.773 0	73.478 3	+0.498 9	171.53	+1.5	184.290 2	1966—05—20
1.772 7	130.681 1	+1.098 3	46.67	+1.4	238.923 3	1876—09—02

东至升交点测得的值，而 ω 是在行星的运动方向沿着轨道从升点至近日点所测得的近日点辐角。

表 B2　地球卫星参数

高度 h/km	地球角半径/(°)	周期/min	速度/(km/s)	所需能量/(MJ/kg)
0	90.00	84.49	7.905	31.14
100	79.92	86.48	7.844	31.62
200	75.84	88.49	7.784	32.09
300	72.76	90.52	7.726	32.54
400	70.52	92.56	7.669	32.98
500	68.02	94.62	7.613	33.41
600	66.07	96.69	7.558	33.83
800	62.69	100.87	7.452	34.62
1 000	59.82	105.12	7.350	35.37
2 000	49.58	127.20	6.898	38.60
3 000	42.85	150.64	6.519	41.14
4 000	37.92	175.36	6.197	43.18
5 000	34.09	201.31	5.919	44.87
10 000	22.92	347.66	4.933	50.22
20 000	13.99	710.60	3.887	54.83
35 786(同步)	8.70	1 436.07(1 个恒星日)	3.075	57.66
∞	0.0	∞	0.0	62.39

注：表中的角半径、周期和所需能量适用于具有任意偏心率的椭圆轨道，但速度只适用于圆轨道。对于非圆形轨道，在确定地球角半径时应把 h 看做是瞬时高度；而在确定周期和所需能量时则应把 h 看做是平均高度。平均高度 $h_m = (P+A)/2$，其中 P 和 A 分别是近地点高度和远地点高度。

表 B3　月球的物理参数和轨道特性

特　性	值
到地球的平均距离	384 401±1 km
极端距离	356 400—406 700 km
轨道偏心率	0.054 9
轨道对黄道的倾角(波动±0.15°，周期为173 d)	5.145 3°
公转周期(相对于恒星，T 是 1900 年以后的世纪)	27.321 661 40＋T×1.6×10⁻⁷历表日
朔望月(新月至新月)	29.530 588 2＋T×1.6×10⁻⁷历表日
回归月(从二分点到二分点)	27.321 582 14＋T×1.3×10⁻⁷历表日

续表

特 性	值
近地点月（从近地点到近地点）	$27.554\ 550\ 5-T\times4\times10^{-7}$ d
交点月（从交点到交点）	27.212 220 d
章动周期＝交点的旋转周期（逆行的）	18.61 回归年
近地点的旋转周期（正向的）	8.85 a
经度光学天平动（月心位移）	$\pm7.6°$
纬度光学天平动（月心位移）	$\pm6.7°$
地球上永远看不见的表面积	41%
赤道对黄道的倾角	1.542°
赤道对轨道的倾角	6.68°
半径：a 朝地球侧；b 沿轨道侧；c 朝极点侧	
平均半径 $\dfrac{b+c}{2}$	1 738.2 km
$a-c$	1.09 km
$a-b$	0.31 km
$b-c$	0.78 km
在距地球的平均距离处的平均角径	0.518 2°
月球与地球的质量比	0.012 300 02
月球的质量[1]	$7.348\ 3\times10^{22}$ kg
平均密度	3.341 g/cm³
表面重力	162.2 cm/s²
表面逃逸速度	2.38 km/s

注：1）假定 $G=6.672\times10^{-11}$ m³/(kg・s²)。

表 B4 天文常数

参 数	符 号	值	单 位	误 差
高斯引力常数	k	$1.720\ 209\ 895\times10^{-2}$	rad/d	
地球赤道半径	$R_\oplus$	$6.378\ 140\times10^{6}$	m	0.78
地球动态形状因数	J_2	$1.082\ 63\times10^{-3}$	—	9.2
地球扁椭因数	f	$3.352\ 81\times10^{-3}$	—	6.0
$1/f$		$2.982\ 57\times10^{2}$	—	6.0
地球引力常数	$GM_\oplus$	$3.986\ 005\times10^{14}$	m³/s²	0.75

续表

参　数	符　号	值	单　位	误　差
月球引力常数	GM_M	$4.902\ 794 \times 10^{12}$	m^3/s^2	3.6
太阳引力常数	$GM_\odot$	$1.327\ 124\ 38 \times 10^{20}$	m^3/s^2	0.038
引力常数	G	$6.672\ 0 \times 10^{-11}$	$m^3/(kg \cdot s^2)$	615(3)
月球质量	M_M	$7.348\ 3 \times 10^{22}$	kg	615(3)
太阳质量	$M_\odot$	$1.989\ 1 \times 10^{30}$	kg	615(3)
地球质量	$M_\oplus$	$5.974\ 2 \times 10^{24}$	kg	615(3)
月球与地球之质量比	$M_M/M_\oplus$	$1.230\ 002 \times 10^{-2}$	—	3.6
公元 2000 年的黄道倾斜度	ε	$23°26'21''448 =$ $2.343\ 929\ 11 \times 10^1$	(°)	1.2
总岁差(经度/儒略天文历表世纪)(2000 年)	P	$1.396\ 971\ 28$	(°)/世纪	30
章动常数(2000 年)	N	$2.558\ 58 \times 10^{-3}$	(°)	600
天文单位	AU	$1.495\ 978\ 70 \times 10^{11}$	m	0.013
太阳视差	$\pi_\odot$	$2.442\ 819 \times 10^{-3}$	(°)	0.80

表 B5　地球的物理特性

特　性	值
赤道半径 a	6 378.140 km
扁率因子(椭圆率)$\dfrac{a-c}{a} \equiv f$	0.003 352 81＝1/298.257
极半径[1] c	6 356.755 km
平均半径[2] $\sqrt[3]{a^2 c}$	6 371.00 km
偏心率[2] $\sqrt{\dfrac{a^2-c^2}{a}}$	0.081 892
表面积	$5.100\ 66 \times 10^8\ km^2$
体积	$1.083\ 21 \times 10^{12}\ km^3$
赤道的椭圆率 $\dfrac{a_{max}-a_{min}}{a_{mean}}$	约 $1.6 \times 10^{-5}(a_{max}-a_{min} \approx 100\ m)$
最大经度 a_{max}	20°西和 160°东

续表

特　性	值
太阳与地球的质量比	332 946.0
地球引力常数 μ	3.986 005$\times 10^{14}$ m^3/s^2
地球质量[2]	5.974 2$\times 10^{24}$ kg
平均密度	5.515 g/cm^3
重力场常数 $\begin{cases} J_2 \\ J_3 \\ J_4 \end{cases}$	$+1$ 082.63$\times 10^{-6}$ -2.54×10^{-6} -1.61×10^{-6}
地心至地球—月球质心的平均距离	4 671 km
平均剩余日长	0.001 5 s/世纪
经度总岁差(即二分点岁差)/儒略世纪(2000 年)	1.396 971 28 (°γ/世纪
岁差变化率	$+6.181\times 10^{-4}$ (°γ/世纪^2
黄道倾斜度(2000 年)	23.439 291 1°
倾斜度变化率(T 为儒略世纪)	$(-1.301\ 25\times 10^{-2}T-1.64\times 10^{-6}T^2 +$ $5.0\times 10^{-7}T^3)(°)$
地球章动的幅度	2.558 6$\times 10^{-3}$(°)
恒星日长(1980 年)	86 164.091 8 s$=$23 h56 min4.091 8 s
恒星年长(1980 年)	3.158 814 954 8$\times 10^7$ s$=$365.256 360 51 d
回归年长(基准$=r$)(1980 年)	3.156 925 551$\times 10^7$ s$=$365.242 193 88 d
近点年长(近日点到近日点)(1980 年)	3.155 843 322 2$\times 10^7$ s$=$365.259 643 77 d

注:1)根据所采用的 f 和 a 的值。

2)假定 $G=6.672\times 10^{-11}$ m^3/(kg·s^2);用 μ 值更为精确。

表 B6　月球和行星的

行星	赤道半径/km	椭圆度 $\dfrac{R_e - R_p}{R_e}$	星体引力常数 $GM^{1)}/$ (10^{12} m^3/s^2)	质量[1]/ 10^{24} kg	平均密度/ (g/cm^2)	赤道与轨道夹角/(°)	大气主要成分（按含量多少排列）
月球	1 738.2	0.000 54	4.902 786	0.073 483	3.341	6.68	无
水星	2 439	0.0	22.032 08	0.330 22	5.4	<28	无
金星	6 052	0.0	324.858 8	4.869 0	5.2	3	CO_2, N_2, O_2, H_2O
地球	6 378 140	0.003 352 81	403.503 3	6.047 7	5.518	约 23.44	N_2, O_2, Ar, H_2O, CO_2
火星	3 397.2	0.009	42.828 29	0.641 91	3.95	23.98	CO_2, Ar, CO, H_2O
木星	71 398	0.063	126 712.0	1 899.2	1.34	3.08	H_2, He, H_2O, CH_4, NH_3
土星	60 000	0.098	37 934.0	568.56	0.70	26.73	H_2, CH_4, $NH_3^{5)}$
天王星	25 400	0.06	5 803.2	86.978	1.58	97.92	H_2, CH_4
海王星	24 300	0.021	6 871.3	102.99	2.30	28.80	H_2, CH_4

注：1) 在质量和引力常数中包括行星＋大气＋卫星（即"地球"值是地球＋月球）。实际质量受到引力
$G(M_{行星} + M_{卫星})$。这里所给出的值得自国际天文联合会所采用的值[Müller 和 Jappel, 1977]。

2) 逆行的。

3) 高纬度的旋转周期约 9.928 h。

4) 高纬度的旋转周期约 10.63 h。

5) 土星最大的卫星土卫六大气的主要成分是 CH_4。

6) 全部反射光与全部入射光之比。

7) V(1,0) 是观测者直接位于太阳和行星之间，而太阳到行星的距离（天文单位）和观测者到行星的距离

8) 从地球上看到的星等；水星和金星的星等其距角最大。

9) 指所看到的土星环系的外边缘的亮度。

10) 蓝色星等减目视星等。

物理特性[10]

结合 (BOND) 反照率[6] A	单位距离 下的目视 星等[7] $V(1,0)$	在望点观测 得的平均目 视星等[8] V_0	色指数[10] $B-V$	小角度相 角变化 A_1	日下 温度/ K	背日侧 温度/ K	赤道旋转 周期(对恒星)
0.067	+0.23	−12.73	+0.91	+0.026	—	104	27.321 661 d
0.056	−0.36	−0.2[7]	0.91	0.027	600	100	59 d
0.72	−4.34	−4.22[7]	0.79	0.013	240	240	244.3 d[2]
0.39	−3.9	—	0.2	—	295	280	23.934 47 h
0.16	−1.51	−2.02	1.37	0.016	250	—	24.622 94 h
0.70	−9.25	−2.6	0.8	0.014	120	—	9.841 78 h[3]
0.75	−9.0[8]	+0.7[9]	1.0	0.044	90	—	10.23 h[4]
0.90	−7.15	+5.5	0.55	0.001	65	—	10.82 h
0.82	6.90	+7.9	0.45	0.001	50	—	15.80 h

常数(G 取 6.672×10^{-11} m³/(kg·s²))的限制。因此,对于精度高的工作,应采用的行星引力常数

(天文单位)的乘积为 1 时的目视星等。

表 B7 月球和各行星人造卫星的参数[1]

行星	逃逸速度/(km/s)	在星体表面上的圆形轨道的速度/(km/s)	同步轨道	
			离开表面的高度/km	速度/(km/s)
月 球	2.376	1.679	86 710	0.235
水 星	4.263	3.014	241 400	0.301
金 星	10.346	7.316	1 536 000	0.459[2]
地 球	11.180	7.905	35 786	3.075
火 星	5.023	3.552	17 033	1.448
木 星	59.62	42.16	87 820[3]	28.22
土 星	35.53	25.12	49 150[3]	18.63
天王星	21.77	15.39	36 130	9.78
海王星	23.40	16.55	57 480	9.12

注: 1) 在地球轨道上逃离太阳系的速度是 29.785 km/s。
　　2) 逆行的。
　　3) 对赤道旋转而言；行星的旋转在较高纬度处比较慢。

表 B8　各行星的自然卫星运行特性参数

行星	卫星	轨道长半轴/(10³km)	与主星的最大角距/(°)	公转周期(相对于恒星)/d	轨道倾角/(°)	轨道偏心率	半径/km	卫星与行星的质量比[1]	估算的质量/(10²¹ kg)	在望点观测到的星等[2]	逃逸速度/(km/s)
地球	月球	384		27.321 661	23	0.055	1 738	0.012 300 02	73.5	-12.7	2.373 5
火星	1 火卫一	9	0.006 9	0.318 910	1	0.021	7			+11.5	约 0.02
	2 火卫二	23	0.017 2	1.262 441	2	0.003	4			+12.6	约 0.01
木星	1 木卫一	422	0.038 3	1.769 138	0	0.000	1 810	4.70×10^{-5}	89.3	+4.9	2.57
	2 木卫二	671	0.061 1	3.551 181	1	0.000	1 480	2.56×10^{-5}	48.6	+5.3	2.09
	3 木卫三	1 070	0.097 5	7.154 553	0	0.001	2 600	7.84×10^{-5}	149	+4.6	2.76
	4 木卫四	1 883	0.171 6	16.689 018	0	0.007	2 360	5.6×10^{-5}	106	+5.6	2.45
	5 木卫五	181	0.016 3	0.418 178	0	0.003	80			+13	约 0.1
	6 木卫六	11 476	1.045 5	250.566	28	0.158	50			+14.2	约 0.1
	7 木卫七	11 737	1.069 4	259.65	26	0.207	12			+17	约 0.03
	8 木卫八	23 500	2.15	739	147	0.40	10			+18	约 0.02

续表

行星	卫星	轨道长半轴/(10³km)	与主星的最大角距/(°)	公转周期(相对于恒星)/d	轨道倾角/(°)	轨道偏心率	半径/km	卫星与行星的质量比1)	估算的质量/(10²¹ kg)	在望远点观测到的星等2)	逃逸速度/(km/s)
木星	9 木卫九	23 600	2.17	758	156	0.275	9			+18.6	约0.02
	10 木卫十	11 700	1.069 4	259.22	29	0.12	8			+18.8	约0.01
	11 木卫十一	22 600	2.05	692	163	0.207	9			+18.6	约0.02
	12 木卫十二	21 200	1.93	630	147	0.169	8			+18.7	约0.01
土星	1 土卫一	186	0.008 3	0.942 422	2	0.020	270		0.04	+12.2	0.13
	2 土卫二	238	0.010 5	1.370 218	0	0.004	300		0.08	+11.8	0.18
	3 土卫三	295	0.013 3	1.887 802	1	0.000	500		0.64	+10.5	0.34
	4 土卫四	377	0.016 9	2.736 916	0	0.002	480		1.1	+10.6	0.35
	5 土卫五	527	0.023 6	4.417 503	0	0.001	650		2.3	+9.9	0.51
	6 土卫六	1 222	0.054 7	15.945 449	0	0.029	2 440	2.41×10⁻⁴	137	+8.3	2.74
	7 土卫七	1 483	0.066 3	21.276 657	1	0.104	220		0.1	+14	0.21

续表

行星	卫星	轨道长半轴/(10³km)	与主星的最大角距/(°)	公转周期(相对于恒星)/d	轨道倾角/(°)	轨道偏心率	半径/km	卫星与行星的质量比¹⁾	估算的质量/(10²¹kg)	在望点点观测到的星等²⁾	逃逸速度/(km/s)
土星	8土卫八	3 560	0.159 7	79.330 84	15	0.028	550		1.1	+10.7	0.68
	9土卫九	12 950	0.580 8	550.33	150	0.163	120			+15	约0.1
	10土卫十	159	0.007 2	0.749 0	0	0.0	150			+14	约0.3
天王星	1天卫一	192	0.003 9	2.520 38	0	0.003	350		1.3	+14.3	0.46
	2天卫二	267	0.005 6	4.144 18	0	0.004	250		0.5	+15.1	0.30
	3天卫三	438	0.009 2	8.705 88	0	0.002	500		4.3	+13.9	0.75
	4天卫四	586	0.012 2	13.463 26	0	0.001	450		2.6	+14.1	0.60
	5天卫五	130	0.002 8	1.414	0	0.00	120		0.1	+16.8	0.18
海王星	1海卫一	355	0.004 7	5.876 54	160	0.00	1 900	2×10⁻³	206	+13.6	3.7
	2海卫二	5 562	0.073 3	359.88	28	0.75	120			+19.1	约0.2

注：1) 只给出了已知其动态估算值的那些卫星/行星质量比，这些动态估算值由国际天文学联合会于 1976 年公布。

2) 从地球上观测到的。

表 B9　太阳的物理特性

特　性	值
光电层（可见表面）半径	$6.959\ 9 \times 10^5$ km
1 AU 处的光电层角直径	$0.533\ 13°$
质量	1.989×10^{30} kg
平均密度	1.409 g/cm³
总辐射	3.826×10^{26} J/s
1 AU 处每单位面积上的总辐射	$1\ 358$ J/(s·m²)
表面逃逸速度	617.7 km/s
太阳黑子最小时的极磁场	$(1 \sim 2) \times 10^{-4}$ T
1AU 处视在的目视星等	-26.74
绝对目视星等（10 pc[1] 处的星等）	$+4.83$
色指数 $B-V$	$+0.65$
光谱类型	G2V
有效温度	$5\ 770$ K
太阳相对于邻近恒星的速度[2]	15.4 km/s，指向 $\alpha=268°$，$\delta=\pm 26°$
赤道对黄道的倾角	$7.25°$
1980 年赤道升交点的经度＋经度的变化率	$75.48°+0.014(°)/a$
太阳黑子区的恒星旋转速率，是纬度的函数 $L（\lvert L \rvert \leqslant 40°）$	$(14.44-3.0\sin^2 L)$ (°)/d
所采用的恒星旋转周期（$L=17°$）	25.38 d
相应的会合旋转周期（相对于地球）	27.275 d
平均太阳黑子周期	11.04 a
以前出现的最大太阳黑子的日期	1957 年 9 月，1968 年 9 月
从出现最大太阳黑子到出现最小太阳黑子的平均时间	6.2 a

注：1) 1 pc（秒差距）$=2.06 \times 10^5$ AU。

2) 所列值是速度分布最频值。速度分布的平均值是 19.5 km/s（指向 $\alpha=271°$，$\delta=+30°$），它受高速恒星的影响很大。

表 B10　星际空间中的辐射和场

（1）（银道面）星际空间中的辐射密度	恒星照明和散射	7×10^{-13} erg/cm^3
	普遍背景（热辐射）	4×10^{-13} erg/cm^3
	总计	11×10^{-13} erg/cm^3
（2）等效温度	普遍背景	2.7 K
	总辐射	3.5 K
（3）太阳附近的恒星所发出的总辐射	1.45×10^{-23} erg/（cm^3 · s）	
（4）银道面附近的电离辐射密度（$\lambda < 912$Å，不包括 HI 区）	2×10^{-15} erg/（cm^3 · s）	
（5）星际磁场	7×10^{-10} T	
（6）星际能量密度的比较	从恒星来的总辐射	0.7×10^{-12} erg/cm^3
	湍流气体运动	0.5×10^{-12} erg/cm^3
	背景辐射	0.4×10^{-12} erg/cm^3
	宇宙线	1.6×10^{-12} erg/cm^3
	磁场	1.5×10^{-12} erg/cm^3

注：1 erg＝10^{-7} J。

表 B11　银河系参数

（1）直径	25 kpc	
（2）延伸球状系统（即银晕）直径	30 kpc	
（3）厚度	2 kpc	
（4）总质量	$1.4 \times 10^{11} M_\odot$	
（5）绝对星等（在银河系外从银极方向观看）	$M_V = -20.5$	
（6）太阳与银心的距离	（10.0±0.8）kpc	
（7）太阳与银道面的距离	（8±12）pc（在银道面以北）	
（8）太阳邻近区的这部分银河系自转速度	250 km/s	
（9）银河系的位能	1.5×10^{59} erg	
（10）逃逸速度	从银心	700 km/s
	从太阳附近	360 km/s
	从银河系边缘	240 km/s
（11）银河系的年龄	10×10^9 a	

注：1 kpc＝2.06×10^8 AU。

表 B12　太阳光谱辐射照度

X 射线、紫外波段			红外、微波波段		
波长/μm	光谱辐射照度/ （W/(cm² · μm))	亮温度/K	波长/μm	光谱辐射照度/ （W/(cm² · μm))	亮温度/K
0.005	2.24×10^{-6}	69 200	20.0	1.60×10^{-6}	4 900
0.01	1.78×10^{-6}	37 500	25.0	6.10×10^{-7}	4 515
0.015	2.76×10^{-6}	26 730	30.0	3.00×10^{-7}	4 550
0.02	9.70×10^{-6}	21 670	35.0	1.6×10^{-7}	4 470
0.025	4.72×10^{-6}	17 550	40.0	9.41×10^{-8}	4 455
0.03	1.68×10^{-6}	14 570	50.0	3.80×10^{-8}	4 360
0.035	1.188×10^{-5}	13 620	60.0	1.92×10^{-8}	4 530
0.04	3.4×10^{-7}	11 690	80.0	6.54×10^{-9}	4 780
0.045	4.0×10^{-7}	10 650	100.0	2.66×10^{-9}	4 880
0.05	1.0×10^{-6}	10 070			
0.055	3.2×10^{-7}	8 945	120.0	1.29×10^{-9}	4 825
0.06	1.38×10^{-6}	8 768	150.0	5.34×10^{-10}	4 845
0.065	8.2×10^{-7}	8 058	200.0	1.71×10^{-10}	4 885
0.07	2.4×10^{-7}	7 256	250.0	7.04×10^{-11}	4 915
0.075	4.4×10^{-7}	7 007	300.0	3.42×10^{-11}	4 950
0.08	8.4×10^{-7}	6 811	400.0	1.10×10^{-11}	5 005
0.085	1.62×10^{-6}	6 652	500.0	4.55×10^{-12}	5 060
0.09	2.14×10^{-6}	6 425	600.0	2.22×10^{-12}	5 120
0.095	9.4×10^{-7}	5 954	800.0	7.13×10^{-13}	5 195
0.1	2.26×10^{-6}	5 920	1 000.0	2.97×10^{-13}	5 280
0.105	3.88×10^{-6}	5 827	1 200.0	1.46×10^{-13}	5 370

续表

波长/μm	X射线、紫外波段 光谱辐射照度/ (W/(cm² · μm))	亮温度/K	波长/μm	红外、微波波段 光谱辐射照度/ (W/(cm² · μm))	亮温度/K
0.11	1.36×10^{-6}	5 375	1 500.0	6.10×10^{-14}	5 490
0.115	1.16×10^{-6}	5 155	2 000.0	2.00×10^{-14}	5 675
0.12	8.67×10^{-5}	6 073	2 500.0	8.43×10^{-15}	5 850
0.125	1.52×10^{-6}	4 881	3 000.0	4.10×10^{-15}	5 900
0.13	1.2×10^{-6}	4 685	4 000.0	1.32×10^{-15}	6 000
0.14	3.0×10^{-6}	4 601	5 000.0	5.58×10^{-16}	6 200
0.15	7.0×10^{-6}	4 536			
0.16	2.3×10^{-5}	4 581			
0.17	6.3×10^{-5}	4 620			

附录 C　用于轨道计算的正则单位制

由于地球到太阳的平均距离、地球质心到月球质心的平均距离，以及太阳的质量等都不精确，所以天文学家假设太阳的质量为一个"质量单位"，把地球到太阳的平均距离作为"距离单位"（称为一个"天文单位"）。这样就可避开基本不精确的问题，同时也可简化轨道计算，这种规范的单位制为正则单位制。

通常正则单位制以一个假想的圆轨道为基础。在太阳为中心的二体问题中，参考轨道的半径为 1 天文单位（AU）的圆轨道。对于其他行星为中心体的参考轨道也用最小高度（即正好擦过中心体表面）的圆轨道（参见图 C1）。

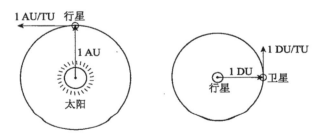

图 C1　圆轨道参数

距离单位（DU）定义为参考轨道半径，时间单位（TU）定义为参考轨道上卫星速度的正则单位为 1 DU/TU 的时间，并由此导出引力常数 μ 的正则单位为 1 DU^3/TU^2。不同星球为中心体的正则单位有不同的下标符号，常用的正则单位符号如表 C1 所示。在航天动力学中常用的正则单位有"地心坐标标准单位" $\oplus$ 和"日心坐标标准单位" $\odot$，详见表 C2。正则单位与其他常用单位的换算关系见表 C3。

表C1　常用正则单位符号

⊙ 太阳	♀ 金星	♃ 木星	⛢ 天王星
☾ 月球	⊕ 地球	♄ 土星	♆ 海王星
☿ 水星	♂ 火星		

表 C2　地心坐标系标准单位和日心坐标系标准单位

名　称		正则单位制	非国际单位制	国际单位制
地心坐标系标准单位	平均赤道半径 $r_\oplus$	$1\ DU_\oplus$	$2.092\ 567\ 257\times10^7$ ft $3\ 963.195\ 563$ mile $3\ 443.922\ 786$ n mile	$6\ 378.145$ km
	时间单位	$1\ TU_\oplus$	$13.446\ 864\ 57$ min	$806.811\ 874\ 4$ s
	速度单位	$1\ DU_\oplus/TU_\oplus$	$25\ 936.247\ 64$ ft/s	$7.905\ 368\ 28$ km/s
	引力常数 $\mu_\oplus$	$1\ DU_\oplus^3/TU_\oplus^2$	$1.407\ 646\ 882\times10^{10}$ ft³/s²	$3.986\ 012\times10^5$ km³/s²
	角速度 $\omega_\oplus$	$0.058\ 833\ 656\ 5$ rad/$TU_\oplus$	$0.250\ 684\ 477\ 3$ (°)/min	$7.292\ 115\ 856\times10^{-5}$ rad/s
日心坐标系标准单位	地球到太阳的平均距离	$1\ AU_\odot$	$4.908\ 125\ 0\times10^{11}$ ft	$1.495\ 996\times10^8$ km
	时间单位	$1\ TU_\odot$	$58.132\ 821$ d	$5.022\ 675\ 7\times10^6$ s
	速度单位	$1\ AU_\odot/TU_\odot$	$9.771\ 932\ 9\times10^4$ ft/s	$29.784\ 852$ km/s
	引力常数 $\mu_\odot$	$1\ AU_\odot^3/TU_\odot^2$	$4.686\ 801\ 6\times10^{21}$ ft³/s²	$1.327\ 154\ 4\times10^{11}$ km³/s²

表 C3　正则单位与常用其他单位的换算关系

1 s=1.239 446 309×10⁻³ $TU_\oplus$	1 n mile=2.903 665 564×10⁻⁴ $DU_\oplus$
1 (°) /s=14.081 523 66 rad/$TU_\oplus$	1 ft/s=3.855 607 85×10⁻⁵ $DU_\oplus/TU_\oplus$
1 rad/$TU_\oplus$=0.071 015 042 4 (°) /s	1 km/s=0.126 496 320 5 $DU_\oplus/TU_\oplus$
1 ft=4.778 818 92×10⁻⁸ $DU_\oplus$	1 n mile/s=0.234 270 9 $DU_\oplus/TU_\oplus$
1 mi=2.523 216 39×10⁻⁴ $DU_\oplus$	

注：$\pi=3.141\ 592\ 653\ 59$；
$\quad\ 1°=0.017\ 453\ 292\ 519\ 9$ rad；
$\quad\ 1$ rad$=57.295\ 779\ 513\ 1°$。

参 考 文 献

[1] 航空航天编辑委员会. 中国大百科全书：航空航天. 北京：中国大百科全书出版社，1985.

[2] 张钧. 当代中国的航天事业. 北京：中国社会科学出版社，1986.

[3] 中国军事百科全书编审委员会. 中国军事百科全书：军事技术Ⅰ、Ⅱ卷. 北京：军事科学出版社，1997.

[4] 冉隆燧. 运载火箭测试发控工程学. 北京：宇航出版社，1989.

[5] 王丹阳. 世界航天运载器大全. 北京：宇航出版社，1996.

[6] 戚发轫. 中国航天器工程进展. 北京：中国科学技术出版社，1999.

[7] 坦普尔 R K G. 中国的创造精神（中国的 100 个世界第一）. 陈养正，等，译. 北京：人民教育出版社，2003.

[8] WERTZ J R, LARSON W J. 航天任务的分析与设计. 王长龙，等，译. 北京：航空工业出版社，1992.

[9] LARSON W J, PRANKE L K. Human spaceflight: Mission analysis and design. the McGran-Hill Companies Inc, 2001.

[10] 贾乃华. 宇航物理. 北京：科学出版社，1990.

[11] 胡中为，萧耐园. 天文学教程. 北京：高等教育出版社，2003.

[12] 哥白尼. 天体运行论. 叶式辉，译. 西安：陕西人民出版社，2001.

[13] 钱学森. 星际航行概论. 北京：科学出版社，1963.

[14] 霍金. 时间简史. 许明贤，吴忠超，译. 长沙：湖南科学技术出版社，2007.

[15] 爱因斯坦. 相对论. 易洪波，李智谋，编译. 重庆出版社，2007.

[16] 冉隆燧. 关于运载火箭控制系统施行可靠性计划与可靠性设计问题的探讨. 制导与控制，1980（1）.

[17] CAPPELLARI J O, VELEZ C E, FUCHS A J. Mathematical theory of the goddard trajectory determination system (NASA-TM-X-71106). Goddard Space flight Center, 1976.

[18] 杨嘉墀，李颐黎，等. 航天器轨道动学与控制. 北京：宇航出版社，1995.

[19] 王希季，李颐黎，等. 航天器进入与返回技术. 北京：宇航出版

社，1991.

[20] 屠善澄，陈义庆，等．卫星姿态动力学与控制．北京：宇航出版社，1999.

[21] 龙乐豪，等．总体设计：上册．北京：宇航出版社，1989.

[22] 徐延万，等．控制系统：上册．北京：宇航出版社，1989.

[23] 戚发轫，等．载人航天器技术．北京：国防工业出版社，1999.

[24] 费奥多西耶夫，西亚列夫．火箭技术导论．王根伟，等，译．北京：国防工业出版社，1958.

[25] 钱学森．工程控制论．北京：科学出版社，1958.

[26] 黄纬禄．弹道导弹总体与控制入门．北京：中国宇航出版社，2006.

[27] 梁思礼．梁思礼文集．北京：中国宇航出版社，2004.

[28] 王永志，王丹阳．同步通信卫星的发射．北京：国防工业出版社，2005.

[29] CORNELISSE J W，SCHÖYER H F R，NAKKER K F．火箭推进与航天动力学．杨炳尉，冯振光，译．北京：宇航出版社，1986.

[30] BATE R R，MUELLER D D，WHITE J E．航天动力学基础．吴鹤鸣，译．北京：航空航天大学出版社，1990.

[31] 郗晓宁，王威，等．近地航天器轨道基础．长沙：国防科技大学出版社，2003.

[32] 张淑琴，等．空间交会对接测量技术及工程应用．北京：中国宇航出版社，2005.

[33] 冉隆燧．积分式 V-F 数字电压表的误差分析∥全国第三次数字仪表会议论文集．青岛：[出版者不详]，1968.

[34] 冉隆燧．数控系统计算机设计方法．制导与控制，1978（2）.

[35] 冉隆燧．如何传送距离超过 100 呎的传感器信号？——采用"电压/频率转换器"将满足你的精度要求．制导与控制，1978（3）.

[36] 冉隆燧．运载火箭测试发控系统的抗干扰设计．宇航学报，1986（3）.

[37] 冉隆燧．长征三号运载火箭控制系统设计技术总结．导弹与火箭技术，1989（5）.

[38] 冉隆燧．大型自动化系统的供电与接地．航天控制，1990（3）.

[39] 冉隆燧．载人运载火箭控制系统冗余设计研究．载人航天，1998（4）.

[40] 冉隆燧．现代航天工程供电与接地的电磁兼容设计．载人航天，1999（3）.

[41] 冉隆燧．载人航天器人控系统的设计与地面试验．载人航天，2000（2）.

[42] 冉隆燧．美国航天工程设计与试验可靠性实践总结报告．载人航天，2000（5）.

[44] 冉隆燧. 空间交会对接控制原理与飞船控制系统设计. 载人航天，2002（专集）.

[45] 徐福祥. 中国卫星工程的成就和展望∥中国航天工程进展：专辑. 北京：科学出版社，1999.

[46] 彭成荣. 中国通信广播卫星技术的发展和应用∥中国航天工程进展：专辑. 北京：科学出版社，1999.

[47] 尚志，张柏楠，等，神舟七号出舱活动飞船研制综述. 载人航天，2009（2）.

[48] MIL-STD-1540C 运载器、末级飞行器、航天器试验要求.

[49] LIONS J L. Ariane 5 flight 501 failure report. ariane 501-presentation of inqairy boad report，Paris：ESA Contractor Report，1996.

[50] PARAG K L. Fault tolerant and fault testable hardware design. London：Prentice-Hall International，Inc. 1985.

[51] GJB 1696—93　航天系统地面设备电磁兼容性和接地要求.

[52] 凯瑟 B E. 航天和航空系统的电磁干扰控制. 李玉兰，译. 北京：宇航出版社，1989.

[53] ГОНЧАРЕВСКИЙ В С. Радиоуцравление сближеием космических аппаратов. Советское Радио，1979.

[54] КУБАСОВ В Н，ДАНКОВ Г Ю，ЯБЛОНЬКО Ю П. Мтоды сближения на орбите. Машиностроение，1985.

[55] 陈锋，赵光燕，黄昭宇，等. 中美较量大写真. 北京：中国人事出版社，1996.

[56] 王树增. 远东朝鲜战争. 北京：解放军文艺出版社，2006.

[57] K. J. Aström，B. Wittenmark. Computer-controlled systems（theory and design）. Tsinghua University Press Prentice Hall，1997.

[58] G. C. GOODWIN，S. F. GRAEBE，M. E. SALGADO. Control system design. Tsinghua University Press Prentice Hall，2001.

[59] 林来兴. 空间交会对接技术. 北京：国防工业出版社，1995.

[60] 陈芳允，等. 卫星测控手册. 北京：科学出版社，1992.

[61] 娄汉文，等. 空间对接机构. 北京：航空工业出版社，1992.

[62] 李东旭. 逃逸飞行器分离动力学仿真. 北京：科学出版社，2003.

[63] 贾乃华，等. 航天科技：1-3 册. 重庆出版社，1999.

[64] 张育林，郑荣跃，沈力平，等. 载人航天工程基础. 长沙：国防科技大学出版社，1997.